GUIDE

DU

MÉDECIN PRATICIEN

A LA MÊME LIBRAIRIE

CASTEX (**A.**), chargé du cours de laryngologie à la Faculté de médecine de Paris. — **Consultations Oto-Rhino-Laryngologiques** à l'usage des praticiens, 1912, 1 vol. in-8 de 268 pages, avec 99 fig. .... 6 fr.

GILLET (**H.**). — **Formulaire des Médications nouvelles**, 8e *édition*. 1913, 1 vol. in-18 de 301 pages, avec fig., cartonné....... 3 fr.

HERZEN (**V.**). — **Guide et Formulaire de Thérapeutique générale et spéciale**, *conforme au Codex 1908*. 7e *édition*, 1913, 1 vol. in-18 de 1000 pages, sur papier indien, relié............ 10 fr.

HUCHARD (**H.**), membre de l'Académie de médecine. — **Consultations médicales**. I. *Maladies du Cœur et Artériosclérose*. II. *Maladies de l'Appareil digestif et de l'Appareil respiratoire*, 1910. 1911, 2 vol. in-8 de 1112 pages.......... 24 fr.
Chaque volume se vend séparément.......... 12 fr.

JEANNIN (**C.**) et **GUÉNIOT**, agrégés à la Faculté de médecine de Paris. — **Thérapeutique Obstétricale et Gynécologique**, 1913, 1 vol. in-8 de 756 p., avec 319 fig., cart.......... 14 fr.

LITTRÉ, de l'Institut, et **GILBERT**, professeur à la Faculté de médecine de Paris. — **Dictionnaire de Médecine, de Chirurgie, de Pharmacie et des Sciences qui s'y rapportent**, 21e *édition*, entièrement refondue, 1908, 1 vol. gr. in-8 de 1842 p., à 2 col., avec 866 fig. br., 25 fr ; relié.......... 30 fr.

MANQUAT (**A**). — **Traité élémentaire de Thérapeutique**, 6e *édition*. 1911-1913, 4 vol. gr. in-8 de 600 pages chacun, brochés, 40 fr. ; reliés.......... 48 fr.
Chaque volume se vend séparément : br. 10 fr. rel.... 12 fr.

MARTIN (**O.**). — **Nouveau Formulaire magistral de Thérapeutique clinique et de Pharmacologie**. Préface du professeur Grasset. 6e *édit.*, 1913, 1 vol. in-18 de 1000 p., sur papier mince, rel. 10 fr.

PALASNE DE CHAMPEAUX. — **Guide clinique et thérapeutique du Praticien**. 1909, 1 vol. in-8 de 334 p., cart.......... 5 fr.

PAUCHET (**V.**), professeur à l'École de médecine d'Amiens, et **DUCROQUET**, chargé du service d'orthopédie à la Policlinique Rothschild. — **Technique thérapeutique chirurgicale**. 1911. 1 vol. in-8 de 543 p., avec 552 fig., cart.......... 15 fr.

POULARD, ophtalmologiste des hôpitaux de Paris. — **La Pratique Ophtalmologique** à l'usage des praticiens. 1912, 1 vol. in-8 de 368 pages, avec 167 figures noires et coloriées, cart..... 8 fr.

Paris Médical, *La Semaine du Clinicien*, publié sous la direction du professeur A. Gilbert, professeur de clinique à la Faculté de Médecine de Paris, médecin de l'Hôtel-Dieu, membre de l'Académie de médecine. *Paris Médical* paraît tous les samedis depuis décembre 1910; les abonnements partent du 1er de chaque mois, (L'année commence le 1er décembre).
Années parues, 1911-1912, Chaque.......... 15 fr.
Abonnement annuel : France et Colonies 12 fr. ; Etranger. 15 fr.

GUIDE

DU

Médecin Praticien

AIDE-MÉMOIRE DE MÉDECINE DE CHIRURGIE ET D'OBSTÉTRIQUE

PAR

le Dr F. JACOULET

ANCIEN INTERNE DES HÔPITAUX DE PARIS
LAURÉAT DE LA FACULTÉ DE MÉDECINE

Avec 373 figures dans le texte

PARIS
LIBRAIRIE J.-B. BAILLIÈRE ET FILS
19, RUE HAUTEFEUILLE

1913

PRÉFACE

Dans ce guide du médecin praticien nous avons voulu présenter sous une forme concise les connaissances indispensables au médecin dans le domaine de la médecine, de la chirurgie, de l'obstétrique.

Nous n'avons eu qu'un seul but, c'est de permettre au praticien, en présence d'un cas embarrassant, de se remettre rapidement en mémoire les symptômes d'une maladie, les éléments principaux du traitement. Dans ce volume, nous n'avons pas voulu négliger les maladies des organes des sens, yeux, fosses nasales, oreilles, larynx. Bien souvent le praticien est obligé de traiter les affections de ces organes ; en tous cas il importe qu'il ait quelques notions précises en oculistique et en oto-rhino-laryngologie. Il est incontestable que le diagnostic ne saurait s'établir, ni le traitement s'instituer sans les secours que l'étiologie et la pathogénie fournissent pour expliquer le comment des processus morbides et sans les lumières que l'anatomie pathologique jette sur leur nature. Mais il est aussi évident que, dans la pratique courante, le médecin n'a pas à résoudre les questions qui intéressent le savant : loin même de se les poser, il demande qu'on lui en indique les solutions et surtout les conséquences pratiques qui en résultent. Il voit en elles non le but de ses études, mais le moyen d'exceller dans son art (Guibal).

Nous avons surtout insisté sur la partie thérapeutique, en utilisant les progrès récents tant en médecine qu'en chirurgie; mais systématiquement nous avons écarté les traitements insuffisamment éprouvés, les médications qui nécessitent une surveillance constante des malades, surveillance souvent difficile à obtenir, les interventions chirurgicales à indications encore discutées ou à résultats incertains.

Nous indiquons tout d'abord les règles de l'*antisepsie*, de l'*anesthésie* et des *injections de sérum*, facteurs principaux de l'évolution des sciences médicales contemporaines ; nous passons ensuite en revue les *maladies générales*, celles de la *peau* et des *tissus*; celles du *crâne*, de la *tête* et du *cou*; celles du *rachis* et du *bassin*; celles du *thorax* et de *l'abdomen*, et enfin celles des *appareils* en particulier ; nous avons particulièrement détaillé la description des maladies des *membres*, si importantes aujourd'hui tant par leur fréquence que par le résultat de leur traitement bien institué, et, pour les mêmes raisons, nous avons insisté sur l'étude des *hernies*, passant plus rapidement sur les maladies plus rarement observées.

Pour chaque cas, nous avons donné toutes les indications permettant de faire un diagnostic ferme et de différencier l'affection étudiée des maladies qui peuvent lui ressembler : c'est ainsi que nous avons établi, par exemple, un tableau des caractères différenciels des luxations de la hanche : en arrière, iliaque et ischiatique ; en avant, pubienne et obturatrice ; en bas ; en haut.

Pour chaque traitement, nous donnons les indications

qui peuvent le faire prescrire ou proscrire : à quel moment et dans quelles conditions faut-il intervenir, faut-il agir immédiatement ou temporiser ? Voilà, certes, des questions toujours de première importance et souvent bien difficiles à trancher ; voilà ce que nous voudrions avoir réussi à exposer clairement.

Le régime, si important dans la thérapeutique médicale, est étudié en détail, en particulier pour la tuberculose, le diabète, le rhumatisme, la neurasthénie, etc.

Le manuel opératoire chirurgical et obstétrical a été développé dans une large mesure : il ne suffit pas, en effet, de connaître quand on doit intervenir, il faut aussi savoir comment on doit le faire. Nous décrivons les divers procédés actuellement employés, donnant sur chacun d'eux les indications et contre-indications que comporte son application ; c'est ainsi que nous exposons la technique des *ligatures d'artères*, des *amputations*, des *résections*, des *réductions de hernies*, etc.

Nous osons espérer que ce livre sera consulté avec fruit par les médecins praticiens qui y trouveront des indications que la mémoire la plus fidèle aura pu oublier. Ainsi méritera-t-il le nom d'Aide-mémoire de médecine, de chirurgie et d'obstétrique.

F. JACOULET.

GUIDE

DU

MÉDECIN PRATICIEN

I. — ANTISEPSIE. ASEPSIE

Le médecin de campagne n'a pas toujours à sa disposition, comme son collègue de la ville, des objets de pansement et de petite chirurgie, stérilisés comme il convient, pour tous les actes de la chirurgie. Il doit savoir réaliser lui-même l'asepsie et l'antisepsie des instruments et des objets de pansement.

Asepsie des mains du médecin. — A l'ancienne méthode du brossage et du savonnage des mains pendant 20 minutes dans l'eau bouillie, on a récemment substitué celle plus simple et aussi efficace du lavage des mains à l'alcool. Voici une technique simple et sûre : nettoyage rapide des mains dans l'eau tiède; puis brossage pendant 5 à 6 minutes dans l'alcool à 95° ou à son défaut dans l'alcool à brûler. Par ce procédé, on est à même d'exécuter en toute sécurité n'importe quelle intervention.

Si on a fait des opérations septiques les jours précédents, il faudra mettre des gants ou bien tremper le bout des doigts dans la teinture d'iode pendant une minute.

Asepsie du champ opératoire. — Raser à sec si besoin est ; badigeonner tout le champ opératoire avec un tampon imprégné de teinture d'iode ancien Codex; cinq minutes après le badigeonnage, on peut commencer à opérer.

Le vagin et le rectum peuvent être désinfectés de la même façon.

Chez l'enfant et les sujets à peau fine, employer un mélange d'iode et de goménol (goménol 1/3, teinture d'iode ancien Codex 2/3).

Asepsie des instruments. — Flamber ses instruments, c'est se condamner à les endommager notablement : l'ébullition convient bien mieux.

Tous les instruments nécessaires à l'opération sont placés dans une serviette de grosse toile ; les quatre coins de la serviette sont réunis et pris entre les mors d'une grosse pince à kyste : le tout est plongé dans une marmite pleine d'eau bouillante.

Pour élever le point d'ébullition de l'eau et atténuer la formation de la rouille sur les instruments, on ajoute des cristaux de carbonate de soude à la dose d'une cuiller à soupe par litre d'eau.

Au bout de vingt minutes, la stérilisation est suffisante ; avec la pince, on retire de l'eau la serviette pleine d'instruments, on laisse égoutter et le tout est posé dans un plateau préalablement flambé ; on enlève la pince : les coins de la serviette sont écartés et refoulés sous le plateau. Les instruments sont prêts pour l'intervention.

Asepsie des objets de pansement. — L'idéal est d'avoir des compresses et des champs autoclavés : on en trouve actuellement dans le commerce à des prix abordables. A défaut, on procédera de la façon suivante ; on prépare : tubes de caoutchouc d'irrigateurs, drains de caoutchouc, canules de verre ; mouchoirs et serviettes lessivés pour couvrir les plaies ; ouate hydrophile du commerce ; crins de Florence. On fait bouillir tout cela pendant une demi-heure, une heure dans une grande marmite fermée par son couvercle. On peut élever le point d'ébullition en ajoutant à l'eau une grosse poignée de sel marin ou de carbonate de potasse. On retire la marmite du feu et on ne touche aux objets de pansement qu'au moment de s'en servir ; on les prend avec une pince préalablement flambée et on les dispose dans des cuvettes stérilisées comme il a été dit.

Antiseptiques à employer. — **Sublimé** (*bichlorure de mercure*). — En solutions de 0,25 à 1 p. 1000 : bains, pansements antiseptiques; nettoyage des mains au cours d'une intervention. Il provoque parfois des érythèmes.

Acide phénique. — En solution de 1 à 3 p. 100 : même usage; il a l'avantage d'être anesthésiant (brûlures peu étendues, furoncles), mais il est toxique, très irritant.

Biiodure de mercure. — Antisepsie oculaire et utérine :

Biiodure de mercure.............	0gr,05
Alcool à 90°...............	20 grammes.
Eau..........................	1 000 —

Iodoforme. — Inconvénients : odeur désagréable ; érythèmes. Employer surtout la gaze iodoformée et les crayons d'iodoforme, pour les fistules tuberculeuses.

Formol. — En solution à 2 p. 100, mêmes usages que le sublimé (1).

Permanganate de potasse. — En solution à 1 p. 4000 : convient pour le lavage de plaies très infectées, fétides.

Eau oxygénée. — A douze volumes ; on l'emploie mélangée à l'eau bouillie : un tiers d'eau oxygénée, deux tiers d'eau.

II. — ANESTHÉSIES

ANESTHÉSIE PAR LE CHLOROFORME

Le malade est à jeun si possible depuis la veille; la poitrine et l'abdomen sont libérés de toute constriction, le malade couché, la tête basse. Prévenir le malade des sensations qu'il va éprouver, le rassurer, lui recommander de respirer par la bouche. Vaseliner le nez, les joues, les lèvres.

Verser 5 ou 6 gouttes de chloroforme sur une compresse, un mouchoir et l'appliquer sur la bouche et le nez du patient, mais en permettant l'accès d'une certaine quantité d'air.

Donner du chloroforme à doses faibles et continues; après

(1) Toutes ces solutions devront être faites avec de l'eau stérilisée par ébullition à l'air libre ou sous pression. — Lorsqu'on pratique une opération sur une région non infectée, il vaut mieux user d'**eau simplement bouillie**, qui n'irrite pas les tissus, comme tous les antiseptiques précités.

une période d'excitation, cris, agitation, facies vultueux, surtout marquée chez les alcooliques, survient la période d'anesthésie : anesthésie cutanée, résolution musculaire. On reconnaît que le malade dort quand la cornée est insensible, la pupille rétrécie, les réflexes crémastériens abolis.

Pendant la durée de l'anesthésie, surveiller la face qui doit rester rosée, la respiration qui doit être profonde et régulière, la cornée qui doit rester insensible, la pupille qui est contractée, et enfin le pouls.

Incidents et accidents de l'anesthésie. — Contre l'**excitation du début**, il suffit de diminuer la quantité d'air et d'augmenter celle du chloroforme.

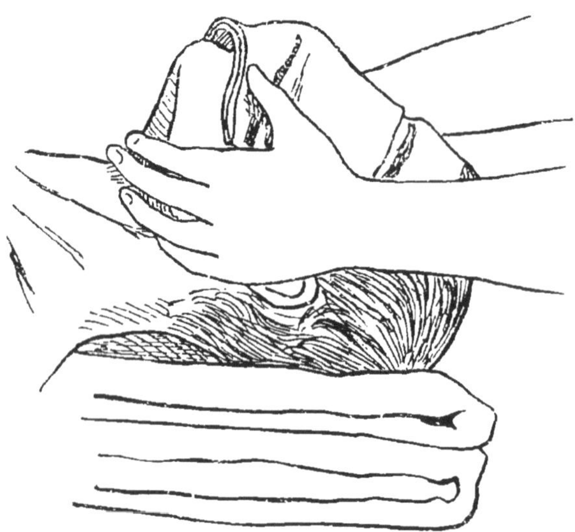

Fig. 1. — Comment on repousse le maxillaire inférieur en avant pendant la chloroformisation.

Les **vomissements** s'annoncent par une brusque dilatation de la pupille, réapparition du réflexe cornéen, du hoquet; pousser le chloroforme, tourner la tête du malade de côté, nettoyer le visage et la bouche avec une serviette.

L'**asphyxie** s'annonce par la cyanose de la face et des lèvres, des altérations du rythme respiratoire.

Si la respiration est stertoreuse, c'est que la langue retombe en arrière sur le larynx; porter le maxillaire en haut et en avant, comme pour le luxer; au besoin tirer la langue au dehors soit avec une pince, soit mieux avec les doigts.

Si la respiration est gargouillante, c'est que l'entrée du larynx est obstruée par des mucosités; les enlever avec une compresse montée sur une pince.

Si la respiration est faible, puis nulle; **pratiquer la respiration artificielle** : saisir la langue avec une pince et l'attirer hors de la bouche; un aide tient l'opéré par les pieds; deux aides saisissent chacun un bras, les élèvent verticalement (inspiration), les baissent et appuient fortement sur le thorax (expiration). Faire ces mouvements **lentement, rythmiquement**, longtemps, jusqu'au retour des mouvements respiratoires spontanés. Ausculter le cœur. S'il a cessé de battre, la mort est définitive. Le chloroformisateur pratique en même temps des *tractions rythmiques* de la langue, l'attire hors de la bouche fortement pendant l'élévation des bras (inspiration), la rentre dans la bouche pendant l'abaissement des bras. Inhalations d'oxygène. Flagellations de la face. Piqûres de caféine.

La **syncope** précoce est rare, la syncope tardive est plus fréquente.

Elle s'annonce par la brusque dilatation de la pupille avec disparition du réflexe cornéen; facies livide; la respiration, puis le pouls s'arrêtent.

Comme précédemment, respiration artificielle et tractions rythmées de la langue. Si tout échoue, massage direct ou indirect du cœur.

Contre-indications de l'anesthésie chloroformique. — Affections cardiaques; individus débilités, intoxiqués (hernie étranglée), anémiés par de grandes hémorragies.

ANESTHÉSIE PAR L'ÉTHER

Mêmes conditions générales que pour la chloroformisation.

On emploie le masque de Julliard formé d'un treillage métallique recouvert de taffetas imperméable (fig. 2); au fond est une éponge sur laquelle on verse 15 à 20 gr. d'éther; avec le masque, on embrasse étroitement la figure du patient, pour s'opposer à l'arrivée d'air; par instant, le masque est relevé pour permettre une respiration normale et pour verser de nouvelles quantités d'éther. Ainsi pendant toute l'opération.

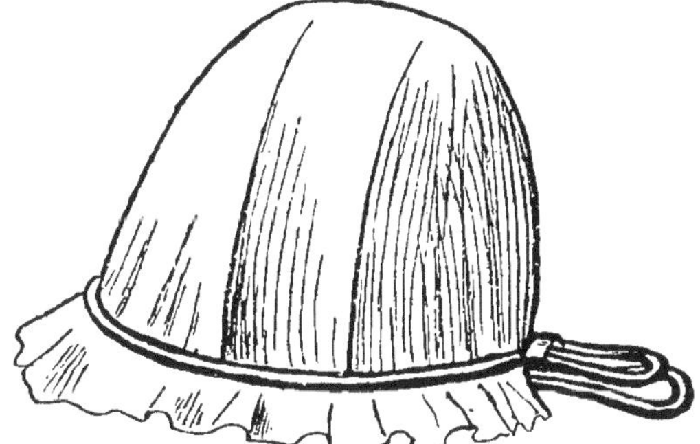

Fig. 2. — Masque à éthérisation de Julliard.

L'excitation est plus durable qu'avec le chloroforme et plus violente.

L'éther provoque les mêmes accidents que le chloroforme, mais plus rarement ; traitement identique.

Contre-indications. — Chez les vieillards, chez les emphysémateux bronchitiques, l'éther expose aux congestions pulmonaires.

ANESTHÉSIE LOCALE A LA NOVOCAINE

Employer une solution de novocaïne à 1 p. 200, autoclavée ; y ajouter quelques gouttes d'une solution d'adrénaline à 1 p. 1000.

On pourra injecter dans les tissus jusqu'à 60 centimètres cubes de cette solution. Faire dans l'épaisseur du derme une injection « traçante et continue » au point où portera l'incision ; puis, injecter dans le tissu cellulaire sous-cutané ; on incise alors la peau ; les muscles, les aponévroses sont tour à tour anesthésiés, puis incisés.

Pour l'anesthésie des muqueuses. — Employer une solution au 10e.

Ne pas employer l'anesthésie locale chez les enfants au-dessous de 10 ans.

La proscrire dans le cas de tissus enflammés ou ulcérés.

Maintenir le malade couché pendant une heure après l'opération.

L'anesthésie locale rendra de grands services dans la pratique rurale et permettra de mener à bien des opérations importantes.

ANESTHÉSIE PAR VOIE RACHIDIENNE

Indications. — Sujets qui ne peuvent supporter l'éther ou le chloroforme ; opération portant sur la moitié sous-ombilicale du corps.

Instrumentation. — Seringue en verre stérilisée par ébullition ; aiguille à ponction lombaire, longue de sept centimètres, en platine.

On emploiera des ampoules préparées d'avance de stovaïne Billon.

Stovaïne	0gr,080
Chlorure de sodium....................	0gr,0022
Eau..................................	2 cc.

Technique. — Le malade est assis, faisant le « gros dos » ; badigeonnage à la teinture d'iode de la région sacro-lombaire ; on repère les deux crêtes iliaques ; sur la ligne horizontale qui les unit on trouve une apophyse épineuse lombaire, au-dessous de laquelle on ponctionne ; l'aiguille est poussée doucement à travers les muscles et les ligaments ; un léger ressaut indique qu'elle a traversé la dure-mère et pénétré dans le cul-de-sac arachnoïdien : l'écoulement de liquide céphalo-rachidien vient prouver que la ponction est bien faite. La seringue est remplie de la solution de stovaïne : on l'adapte à l'embout de l'aiguille et on pousse doucement le piston. L'aiguille est retirée d'un seul coup ; un léger massage suffit à faire disparaître le trajet créé par l'aiguille.

Au bout de dix minutes, l'anesthésie est complète ; elle dure d'une heure à une heure et demie.

Contre-indications. — Si l'on veut pratiquer avec un minimum de risques la rachianesthésie, il faut se conformer aux préceptes suivants :

Jamais d'anesthésie lombaire pour une hernie étranglée, une péritonite, une occlusion intestinale ; l'anesthésie locale doit suffire. Jamais d'anesthésie lombaire pour pratiquer une intervention dans le cas de collections suppurées sous-ombilicales.

Si on a recours à la position de Trendelenburg, on ne basculera la malade que vingt minutes après l'injection rachidienne. Ne jamais dépasser la dose de sept centigrammes de stovaïne. Avoir sous la main des ampoules de strychnine et de spartéine, prêtes à être injectées en cas d'accident.

C'est donc dans le cas d'amputations portant sur le membre inférieur, de déchirures du périnée, d'étranglement hémorroïdaire, de rupture de grossesse tubaire, de torsion de kyste de l'ovaire que la rachianesthésie sera le plus souvent indiquée et qu'elle donnera d'excellents résultats.

Accidents. — Vomissements pendant et après l'opération ; céphalées post-opératoires ; collapsus.

INJECTIONS DE SÉRUM ARTIFICIEL

Indications. — Perte de sang notable ; état de choc traumatique ; infections graves ; faiblesse considérable du sujet.

I. Injection sous-cutanée. — Instruments. — Irrigateur d'une contenance de 2 litres, tube caoutchouc long de deux mètres, aiguille fine : le tout stérilisé. Solution :

Chlorure de sodium.............	7	grammes
Sulfate de soude.............	5	—
Eau stérilisée..................	1000	—

Technique. — On enfonce l'aiguille dans les muscles de la région antéro-externe de la cuisse, sous la peau de la même région, sous la peau de l'abdomen ou de l'aisselle, après asepsie préalable. L'irrigateur est suspendu à 2 mètres au-dessus du lit. L'écoulement d'un litre se fait en 10 à 30 minutes. On injecte sur place 1000 à 1500 grammes ; puis on retire l'aiguille et on obture l'orifice avec de l'ouate collodionnée. La résorption du liquide se fait en quelques heures. On peut injecter de la sorte deux à trois litres de liquide par jour.

II. Injection intraveineuse. — Lorsqu'il faut parer rapidement à la perte de sang, on choisit une veine du coude ou une veine malléolaire. Compression circulaire au-dessus pour faire saillir le vaisseau ; incision cutanée longitudinale d'un centimètre ; dénuder la veine avec la sonde cannelée ; passer sous elle un fil double ; inciser latéralement la veine, introduire l'oreille et la pousser dans le bout central ; lier le bout périphérique de la veine ; lier le bout central sur l'aiguille ; on a veillé à ce qu'elle ne contienne pas d'air ; quand l'injection est faite, retirer l'aiguille trocart, lier le bout central de la veine ; un point de suture ; pansement. On injecte ainsi 1 à 2 litres de sérum tiède.

Si on doit répéter l'injection, choisir une autre veine.

III. — MALADIES GÉNÉRALES

FIÈVRE TYPHOÏDE

Symptômes d'une fièvre typhoïde d'intensité moyenne. — 1° **Période d'incubation.** — La première période est précédée par une phase d'incubation, d'une durée approximative de deux semaines, pendant laquelle les symptômes manquent, ou consistent en malaise, lassitude, épistaxis, céphalée.

2° **Période d'invasion, premier septenaire.** — Le début se fait par un frisson, ou une série de frissonnements ou des troubles gastriques ou intestinaux, et par l'élévation de la température (fig. 3). Graduellement, les signes de la période

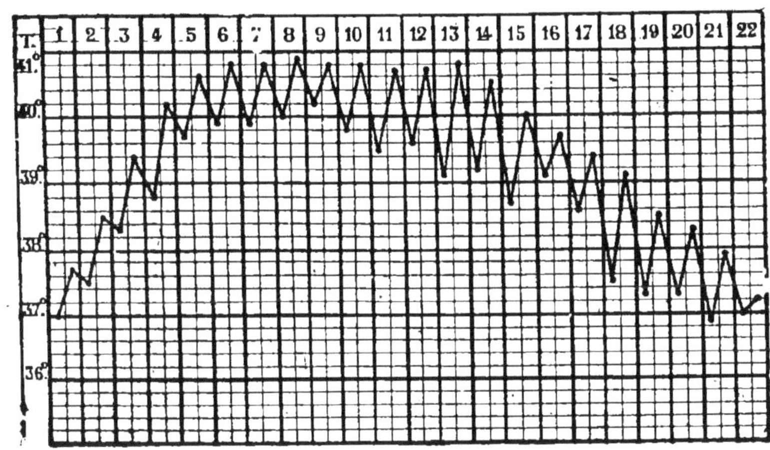

Fig. 3. — Fièvre typhoïde, forme simple (Wunderlich).

prodromique s'accentuent ; la céphalée devient violente, l'accablement profond. Le sommeil est troublé : le malade accuse des vertiges, des bourdonnements d'oreille dès qu'il se lève, ou s'assied sur son lit. Les saignements de nez, peu abondants, se répètent. L'appétit disparaît totalement. La langue est pâteuse. L'abdomen se distend légèrement ; il est douloureux à la palpation dans la fosse iliaque droite, où l'on peut percevoir le gargouillement, en explorant avec précaution. La diarrhée apparaît; la rate s hypertrophie; il y a des signes de bronchite légère (toux et à l'auscultation râles ronflänts et sibilants). Le pouls est à 100, large, peu résistant, quelquefois déjà dicrote. La température s'élève progressivement jusqu'à 40°. Cette période dure 4 à 7 jours.

3° **Période d'état, deuxième septenaire.** — Elle est caractérisée par l'éruption à peu près constante des taches rosées lenticulaires : macules, faisant quelquefois une petite saillie acuminée, de 2 à 4 millimètres de diamètre, d'un rose vif, de nombre variable, une vingtaine ordinairement, siégeant surtout sur l'abdomen, la face antérieure de la poitrine; il faut aussi les chercher sur le dos, le cou, les membres supérieurs, les cuisses, s'effaçant par la pression ou la traction exercée sur la peau. L'éruption peut se faire par poussées successives.

Un certain nombre de symptômes nerveux, par leur réunion, constituent l'**état typhoïde**; ce sont : la prostration, consistant en un affaissement général, une inertie profonde, la perte involontaire des matières et des urines, quelquefois la rétention d'urine, la stupeur, simple obnubilation mentale, ou hébétude profonde qui, jointe à la pâleur du visage, aux fuliginosités des lèvres, à la sécheresse de la langue, forme le **facies typhique**; la somnolence, le délire, diurne ou nocturne, simple, furieux ou mélancolique; les tremblements musculaires, les soubresauts tendineux; la carphologie (mouvements automatiques des mains et des doigts).

Les troubles digestifs s'accusent : la langue devient sèche, rôtie (langue de perroquet); la *diarrhée* : les malades ont deux à cinq selles fétides, *ocre jaune*, il y a du gargouillement de la fosse iliaque droite, l'abdomen est légèrement météorisé. La percussion de la rate donne de la matité.

Les *urines* sont rares, colorées, souvent albumineuses. Le malade est très amaigri.

Il y a des signes de bronchite généralisée (toux et à l'auscultation râles ronflants et sibilants de toute la poitrine).

La fièvre oscille autour de 40° (39°-38°,5 le matin, 39°,5-40°,5 le soir).

La période d'état dure de 4 à 7 jours.

4° **Période de défervescence, troisième septenaire.** — La défervescence peut être *brusque :* en 24 ou 48 heures, la température revient à la normale et tous les symptômes s'amendent. Ordinairement elle est *lente*. C'est progressivement que l'état général s'améliore, le pouls est moins fréquent et moins dépressible, la diarrhée disparaît; l'appétit renaît. D'autres fois la convalescence est retardée, la fièvre persiste quelque temps.

Pendant la convalescence, la *fièvre* peut réapparaître au début de l'alimentation (*febris carnis*); elle peut être due à une complication, ou annoncer une rechute.

Complications. — C'est aux complications qu'est due, dans 75 p. 100 des cas, la mort des typhiques. Elles peuvent atteindre les divers appareils.

1° **Appareil digestif**. — Angines; ulcérations bucco-pharyngées; vomissements incoercibles.

Hémorragie intestinale. — Survient dans 5 p. 100 des cas, précoce ou tardive (deuxième ou troisième semaine); présence du sang dans les selles, qui ont l'aspect du goudron; si elle est abondante, le pouls devient petit, fréquent, il y a de la tendance au collapsus, à la syncope; abaissement de la température. Le pronostic est en rapport avec la quantité.

Perforation intestinale. — Dans 2 à 3 p. 100 des cas. Elle peut être le premier accident d'une fièvre typhoïde latente; elle survient ordinairement dans la troisième, quatrième, ou inquième semaine. Annoncée par du mélæna, de la diarrhée, elle se manifeste par une douleur abdominale très vive, surtout dans la fosse iliaque droite, puis ballonnement du ventre, vomissements porracés, bientôt algidité et collapsus.

2° **Autres appareils**. — Méningite; paraplégie; otite moyenne; myocardite; gangrène sèche des extrémités par artérite, ou gangrène humide. *Laryngite ulcéreuse*, avec œdème de la glotte pouvant nécessiter la trachéotomie; congestion pulmonaire. *Pneumonie* (quelquefois pneumonie au début : pneumo-typhus); ictère (rare). *Albuminurie:* rétention d'urine; ostéites; arthrites; parotidites suppurées. *L'orchite* s'observe chez les jeunes et se termine ordinairement par guérison; mammite; purpura. Cholécystite purulente.

Formes cliniques et pronostic. — Les aspects cliniques de la fièvre typhoïde peuvent varier suivant l'intensité, l'évolution, la localisation prédominante de certains symptômes, suivant les conditions individuelles du sujet (1).

Formes légères. — A symptômes atténués, forme ambulatoire dans laquelle le malade continue à vaquer à ses occupations ; elle est dangereuse, parce qu'elle peut être révélée par un accident brusque.

Forme foudroyante. — Abortive, prolongée.

Forme bilieuse. — Vomissements, teinte subictérique, urines foncées.

Forme ataxo-adynamique. — Exagération des phénomènes nerveux.

Forme hémorragique. — Hémorragies multiples : épistaxis, purpura, hématémèse, mélæna, hématurie, etc.

Forme dite cérébro-spinale. — Thoracique, cardiaque, pneumo-typhus, laryngo-thyphus, arthro-typhus.

Fièvre typhoïde de l'enfant. — La température reste moins élevée ; les taches rosées sont discrètes ou peuvent manquer ; l'hémorragie et la pertoration intestinales sont exceptionnelles. Quelquefois symptômes méningitiques ; aphasie ; otite ; rechutes assez fréquentes. En somme, pronostic moins sérieux que chez l'adulte.

Fièvre typhoïde du vieillard. — Fréquence de l'adynamie, pronostic grave.

Fièvre typhoïde et maladies associées. — Aggravation de la tuberculose, des maladies du cœur, de la diphtérie, de l'alcoolisme, du paludisme.

Fièvre typhoïde et grossesse. — Le plus souvent, la fièvre typhoïde chez la femme enceinte détermine l'avortement, ou l'accouchement prématuré. Le fœtus est ordinairement expulsé mort.

Dans les suites de couches, l'invasion d'une fièvre typhoïde est d'un pronostic grave.

Pronostic. — Dès que la température atteint 41°, que le pouls dépasse 95 et devient irrégulier, que la prostration nerveuse s'accuse, que la diarrhée est excessive, le pronostic devient sombre. Son appréciation repose en outre sur d'autres considérations : épidémicité, sexe, âge, maladies antérieures ou concomitantes, milieu, acclimatement, etc.

(1) Thoinot et Ribierre, Fièvre typhoïde, *6e tirage*, 1912.

Diagnostic. — Fondé sur la marche de la température (quatre jours d'ascension, huit ou dix jours en plateau ; puis oscillations descendantes), sur les taches rosées, l'hypertrophie de la rate, la stupeur, la diarrhée, le gargouillement de la fosse iliaque droite.

A différencier de : grippe (début brusque), tuberculose aiguë; embarras gastrique fébrile, intoxication alimentaire ; endocardite infectieuse, pneumonie, appendicite, péritonite par perforation.

Traitement.

I. Traitement de la forme normale. — Médication, hygiène.

1° **Hygiène.** — Installer le malade dans une chambre vaste, bien aérée, sur un lit large et sans rideaux. S'il est possible, choisir deux chambres contiguës où l'on pourra alternativement transporter le malade le jour et la nuit, sinon placer deux lits dans la même chambre, dont la température doit être de 16° environ. Faire renouveler l'air plusieurs fois par jour ; éviter le bruit, la lumière, les visites (contagion rare, mais possible). Les soins de propreté doivent être minutieux : lavages fréquents de la bouche, de la région fessière et périnéale. Les selles doivent être recueillies dans l'eau de chaux (prophylaxie).

Couper les cheveux ras chez l'homme ; chez la femme, les relever sur le sommet de la tête.

Mesures d'antisepsie des personnes qui approchent le malade.

2° **Alimentation.** — Exclusivement liquide : bouillon, lait de poule, légers potages avec jus de viande de temps en temps ; vin, eau-de-vie, ou champagne. Boissons (2 à 3 litres par jour) : limonade vineuse, sirops acidulés, eau pure, tisanes froides et surtout lait.

Recueillir les urines de la journée ; donner un lavement d'eau bouillie matin et soir. Prendre la température rectale toutes les trois heures.

3° **Médicaments.** — *Antiseptiques :* Purgatif salin tous les trois jours (15 à 20 gr. de sulfate de soude), sauf dans le cas de complications intestinales ou de vomissements ; calomel chez l'enfant ; cachets de naphtol β, 2gr,50 par jour (cachets de 0gr,20 chaque, Bouchard) ; acide lactique, 15 à 20 grammes par jour dans l'eau; Eau de Seltz, s'il y a intolérance gastrique (Hayem).

Antithermiques : Sulfate ou bromhydrate de quinine de 0gr,50 à 3 grammes pendant 3 jours, puis cesser.

4° **Bains froids.** — *Si la température ne dépasse pas* 39°, faire des lotions froides : le malade nu est placé dans une baignoire vide ; on verse sur la tête et sur les épaules, pendant 2 à 5 minutes, de l'eau à 15°; frictions, puis enveloppement dans une couverture.

Si la température dépasse 39°, s'il y a des symptômes nerveux accusés, instituer les bains froids (méthode de Brand). Se servir d'une baignoire assez grande, remplie jusqu'à moitié d'eau de source, dans laquelle on pourra ajouter du naphtol. L'eau est changée au moins une fois par jour, et chaque fois qu'elle aura été souillée. Le médecin doit assister au premier bain.

L'eau du bain aura 18° *en moyenne.*

Avant le bain, mouiller la face et la poitrine avec de l'eau plus froide que celle du bain ; faire boire quelques gorgées de vin vieux.

Pendant le bain, frictionner le thorax et les membres du malade ; affusions sur la tête avec de l'eau plus froide, à trois reprises. Faire boire, au milieu du bain, un demi-verre d'eau froide.

Au bout de 10 à 15 minutes se produit un frisson (différent du frissonnement subi par le malade à l'entrée dans l'eau); à ce moment, retirer le malade du bain (sauf dans les formes hyperthermiques). Le malade, essuyé légèrement, est reporté dans son lit, couvert modérément, une boule d'eau chaude aux pieds. Donner du bouillon, du lait ou un léger potage.

La température prise après le bain révèle un abaissement de 0°,8 à 1°.

Les bains sont donnés toutes les 3 heures, tant que la température atteint 39°.

Contre-indications aux bains : hémorragie abondante, péritonite, cardiopathies, âge avancé, répulsion parfois insurmontable du malade.

II. Traitement suivant les cas et les complications. — **1° Dans la fièvre typhoïde à fièvre intense, à forme ataixque ou adynamique.** — Chez l'adulte, bains froids abaissés à 15°, toutes les 2 heures; applications froides dans leur intervalle (drap mouillé, compresses froides). Diminuer leur nombre, si l'abaissement de la température est très considérable (3 ou 4°). Bains progressivement refroidis (Bouchard). Sulfate de quinine, 1 gramme à 1gr,50 par jour.

2° **Dans les fièvres typhoïdes graves, mais sans grande réaction fébrile, fièvre typhoïde des débilités, des épuisés.** — User seulement des affusions, des applications froides ou bain à 28°, durant de 3 à 5 minutes. Boissons alcoolisées.

3° **Chez l'enfant.** — Quinine et lotions froides suffisent ordinairement. Si le bain est nécessaire, le donner seulement à 25 à 28°. Drap mouillé, s'il y a bronchopneumonie.

4° **Chez le vieillard.** — Bains tièdes; quinine; toniques (vin, alcool); injections de caféine, d'éther.

5° **Chez la femme enceinte.** — On peut faire prendre les bains froids. L'eau doit être aseptisée autant que possible.

Pendant les suites de couches, faire cesser l'allaitement.

6° **Diarrhée excessive.** — Applications de compresses froides sur l'abdomen; vessie de glace; kéfir; sous-nitrate de bismuth; lavements amidonnés additionnés de quelques gouttes de laudanum; alimentation exclusivement liquide.

7° **Vomissements.** — Boissons glacées et gazeuses; alimentation rectale.

8° **Hémorragie intestinale.** — Au premier septenaire : supprimer les lavements, continuer les bains; au deuxième et au troisième septenaires : immobilité, supprimer momentanément les bains froids et les lavements; vessies de glace sur le ventre; injections sous-cutanées d'ergotine; injections de sérum.

9° **Perforation intestinale, péritonite.** — Supprimer bains et lavements; la seule chose à faire c'est la laparotomie. L'anesthésie locale, toujours suffisante, n'augmente pas le choc. Faire une incision dans la fosse iliaque droite, extérioriser le cæcum et l'iléon et chercher attentivement la perforation, souvent très petite, punctiforme : suture en bourse et enfouissement. Ramener si possible l'épiploon de façon à ce qu'il recouvre l'anse iléo-cæcale. Drainage. Injections de caféine, huile camphrée, nucléinate de soude, argent colloïdal.

10° **Complications pulmonaires.** — Bains froids. Si le cœur faiblit : bains tièdes progressivement refroidis; stimulants.

11° **Complications cardiaques.** — Bains tièdes, avec affusions froides, ou bains progressivement refroidis ; bains chauds si le collapsus se prolonge ; boissons stimulantes, injections d'éther, décubitus horizontal. Digitale, spartéine.

12° **Néphrite.** — Bains froids indiqués ; régime lacté ; lavement froid de 1 litre, toutes les 2 ou 3 heures (action diurétique).

13° **Accidents nerveux** (délire, agitation). — Bains froids, affusions froides ; hydrate de chloral en lavement (Merklen).

14° **Traitement de la convalescence.** — L'alimentation solide ne pourra être reprise qu'après huit jours d'apyrexie complète. On commencera par : œufs peu cuits, sans pain, poisson bouilli, blanc de poulet, avec vin rouge ou vin blanc de Bordeaux ; quinquina. Continuer à surveiller la température.

Ne permettre au malade de se lever qu'après une semaine de convalescence sans incident.

Si la fièvre réapparaît, donner de la quinine.

Si la fièvre persiste, revenir aux bains froids.

Prophylaxie. — L'isolement s'impose dès qu'on soupçonne l'infection ; changement immédiat de tout linge souillé. Lavages des mains des personnes qui soignent le malade à l'aide d'une solution de sublimé à 1 p. 1000. Désinfection des selles et des urines avec un lait de chaux, des cristaux de sulfate de fer ; verser de l'eau de chaux dans les latrines ; laver chaque fois le bassin à l'eau bouillante.

GRIPPE

Maladie épidémique, contagieuse.

Symptômes. — 1° **Période de début.** — Début presque toujours *brusque*, ou précédé de quelques prodromes, tels que : frissons, fièvre, malaise, vertiges, céphalalgie violente, rachialgie, sensation de brisement dans les membres. Durée : un jour ou deux.

2° **Période d'état.** — Coryza avec larmoiement, laryngo-bronchite, symptômes d'embarras gastrique. La fièvre est irrégulière, le plus souvent, elle s'élève rapidement à 39-40° ; s'y maintient pendant 3 ou 4 jours, puis la défervescence se fait brusquement.

L'état général est atteint : facies fatigué, pâle, plombé; faiblesse musculaire, rêvasseries, délire. Les douleurs sont intenses et de sièges multiples : céphalée, douleur lombaire, névralgies. Il peut exister un érythème scarlatiniforme ou morbilliforme. Il y a de la toux, parfois coqueluchoïde, de l'expectoration (bronchite légère). Le pouls peut être petit, irrégulier dans le cas de troubles cardiaques (arythmie, fausse angine de poitrine). Les épistaxis, hémoptysies, métrorragies ne sont pas rares. La langue est rouge sur les bords, opaline à la surface. L'appétit a disparu. Il peut y avoir des vomissements répétés, de la diarrhée.

Les urines sont diminuées; légèrement albumineuses. Durée très courte ou prolongée, suivant les cas et les épidémies.

Formes cliniques et pronostic. — La grippe peut être, dans quelques cas, très bénigne ou très grave.

Formes thoraciques, gastro-intestinales, nerveuses; formes larvées, frustes.

Complications. — Elles se montrent plutôt au cours des rechutes que pendant une première atteinte.

Bronchite capillaire, déterminant une dyspnée à forme suffocante, entraînant rapidement l'asphyxie.

Pneumonie grippale, ordinairement grave, souvent bilatérale, peu de frissons, dyspnée intense; déferrvescence bâtarde.

Bronchopneumonie; pleurésie, collapsus cardiaque; stomatites; néphrite aiguë; orchite; paralysies localisées; dépression intellectuelle dans quelques cas; otites moyennes; tuberculose pulmonaire.

Diagnostic. — Avec : variole; scarlatine; rhumatisme; fièvre typhoïde; méningite; tuberculose; embarras gastrique.

Traitement. — **Traitement abortif** : purgatif : calomel ou huile de ricin à prendre le matin à jeun. Quatre heures plus tard faire prendre au malade trois cachets par jour.

Caféine	$0^{gr},05$
Exalgine	$0^{gr},10$
Phénacétine	$0^{gr},20$
Bichlorhydrate de quinine	$0^{gr},30$
Antipyrine	$0^{gr},40$

Lavages de la bouche et de la gorge avec une solution de phénosalyl (1 cuiller à café par litre d'eau) ; antisepsie nasale avec l'huile mentholée.

Traitement curatif. — a) *Si les phénomènes bronchopulmonaires persistent*, prescrire la révulsion et les expectorants, si la toux est sèche, quinteuse, on aura recours au bromoforme, à l'aconit. Dans la bronchite avec sécrétion purulente, prescrire la terpine.

b) *Si le cœur faiblit*, injections d'huile camphrée, de spartéine, L gouttes de solution de digitaline au millième en une fois, un seul jour.

c) *Si les phénomènes nerveux prédominent*, bains tièdes, vessie de glace sur la tête, extrait de valériane en lavements.

Dans la convalescence, souvent longue et pénible, prescrire les strychnées, les phosphates, les lécithines, la kola.

Sulfate de strychnine...	0gr,03
Arséniate de soude.............	0gr,15
Extrait mou de quinquina......	15 grammes.
Cognac.........	60 —
Julep gommeux ....q. s.p.	125 —

Une cuiller à dessert au repas de midi.

TYPHUS EXANTHÉMATIQUE

Synonymie. — Typhus pétéchial, typhus des prisons, fièvre de famine.

Symptômes. — Après incubation de 12 jours environ, apparaissent brusquement des frissons, une courbature intense, des nausées, de la fièvre. Du 4e au 7e jour, une éruption de taches rosées, analogues à celles de la rougeole, se fait sur l'abdomen et les membres. Il y a de la céphalée frontale, du délire, de la petitesse du pouls ; puis prostration et stupeur. Constipation, escarres au sacrum. Terminaison favorable vers le 14e jour.

Complications. — Bronchopneumonie, laryngite ulcéreuse, phlébite, myocardite, otite.

Formes. — Inflammatoire, ataxique, sidérante, légère.

Diagnostic. — Avec fièvre typhoïde, typhus récurrent, rougeole, pneumonie, urémie, pyohémie. Fondé sur l'épidémicité.

Traitement. — Prophylaxie, en cas d'épidémie (isolement, mesures antiseptiques). Hygiène, lotions froides, glace sur la tête en cas de céphalée, bains froids, opium.

TYPHUS RÉCURRENT

Causes. — Dû au spirochætes Obermeieri. Observé en Irlande, Russie, Pologne.

Symptômes. — Début brusque par un frisson violent, lassitude générale, vomissements, fièvre 41°-42°. Pouls 120. Rate grosse et sensible. L'accès dure 5 à 7 jours, il y a de l'insomnie, un délire léger la nuit ; le jour le malade a encore sa connaissance. Ictère.

L'accès cesse brusquement ; sept jours après éclate un 2e accès semblable au 1er. Il peut y en avoir un 3e et même 4 ou 5. La guérison est la terminaison ordinaire.

Formes. — Bilieuse, grave ou syncopale.

Diagnostic. — Fondé sur l'examen du sang.

Traitement. — Toniques ; alimentation légère.

DYSENTERIE

I. **Dysenterie aiguë.** — *Symptômes.* — Douleurs abdominales, coliques surtout dans l'hypogastre et la fosse iliaque gauche ; ténesme (envies fréquentes, incessantes et le plus souvent infructueuses d'aller à la selle). Déjections spéciales muqueuses, glaireuses, mucoso-sanglantes, séreuses, hémorragiques et gangréneuses, d'aspect lavure de chair, fraî de grenouille, d'odeur fétide. La fièvre est très inconstante.

Formes. — Bénigne, grave, algide, typhoïde, cholériforme, gangréneuse, hémorragique.

Complications. — Perforation intestinale (douleur abdominale, météorisme, vomissements porracés, peut être latente) ; *abcès du foie ;* arthrites ; phlébite ; paralysies.

Diagnostic. — Avec coliques intestinales, empoisonnements.

Traitement. — 1° **Traitement local.** — Au début, lavements émollients, très chauds (42°) sous faible pression (bock à 0,50 centimètres) — ou bien lavements au permanganate de potasse à 1 p. 2000 gardés une ou deux minutes, toutes les douzes heures, — ou bien lavements à l'eau oxygénée.

A une période plus avancée, lavements au tanin (0,5 p. 100), au ratanhia (2 à 10 gr.) au nitrate d'argent (1 p. 1000).

2° **Traitement général**. — *Ipéca à la brésilienne.* — On verse 250 à 300 grammes d'eau bouillante sur 2 à 8 grammes de poudre d'ipéca ; on laisse reposer pendant 24 heures, on décante. L'infusion est prise par cuillerées d'heure en heure ; on verse une 2e fois la même quantité d'eau sur la poudre d'ipéca, puis une 3e.

Calomel. — A dose massive : 0,50 à 1 gramme ou à doses filées : 0,05 toutes les heures.

II. Dysenterie chronique. — ***Causes.*** — Propre aux contrées tropicales.

Symptômes. — Mêmes signes, avec périodes de rémissions et de rechutes, conduisant à la cachexie dysentérique.

Traitement. — Lavements nitrate d'argent ; iode ; opiacés, et traitement général ; prophylaxie : faire bouillir l'eau potable.

CHOLÉRA ASIATIQUE

Symptômes. — Incubation de quelques heures à 6 jours.

1re période (phase phlegmorragique). — **La diarrhée** est le premier symptôme ; elle persiste avec les caractères suivants : selles décolorées, claires comme de l'eau, contenant des flocons blanchâtres, riziformes ; d'odeur nulle, de réaction alcaline ; très fréquentes, mais peu abondantes. Vomissements, soif, hoquet.

Les *crampes*, débutant dans les mollets, puis se généralisant sont extrêmement douloureuses. La *température* centrale s'abaisse peu ; la température périphérique peut tomber à 32°-29°. Le cholérique a un **facies spécial**, amaigri, ridé, taché de noir, cyanosé, couvert de sueurs froides. Le pouls est rapide et affaibli ; les urines se suppriment ; la voix s'éteint ; la respiration s'embarrasse ; l'amaigrissement est très rapide ; la mort peut survenir dans le coma avant la 2e phase.

2e période (phase de réaction). — La réaction régulière est caractérisée par le rétablissement des différentes fonctions conduisant à la guérison ; la réaction irrégulière par les accidents locaux (pneumonie, gangrène, ictère, exanthèmes, suppuration) ou généraux (adynamie, ataxie, coma, état typhique, réaction abortive), qui aggravent beaucoup le pronostic.

Diagnostic. — Avec indigestions graves, péritonites septiques, choléra nostras (non épidémique).

Traitement. — Sérothérapie, encore à l'étude.

Contre les vomissements : eau chloroformée par cuillerées toutes les heures, limonades acides, glace par petits fragments.

Contre la diarrhée : limonade lactique (eau 1 000 gr. acide lactique, 15 gr. sucre, q. s.) ; calomel ; lavages intestinaux à l'eau bouillie, additionnée de 10 p. 100 de tanin.

Bains chauds répétés (39 à 41°), enveloppements chauds. Injection intra-veineuse de sérum artificiel.

Prophylaxie. — Rigoureuse désinfection des mains après tout contact avec le malade ou les objets souillés par lui.

PESTE

Foyers actuels de la peste : Cyrénaïque, Assyr, Irak-Arabi, Perse, Astrakan, Inde, Yunnam, Oporto.

Symptômes. — Début brusque, après une incubation de 2 à 7 jours, par un frisson, accompagné de céphalée, anxiété précordiale, douleurs vagues. L'anéantissement général s'accuse : la soif est vive ; la langue sèche ; vomissements. La fièvre est à 40°-41° ; le pouls devient filiforme ; dysurie.

Du 7e au 4e jour, apparaissent les **bubons** (ganglions enflammés) dans l'aine, l'aisselle, le cou, le creux poplité — qui se résorbent, ou suppurent — et les **charbons** (petites tumeurs gangréneuses siégeant sur toute la surface du corps), pétéchies, hémorragies. L'aggravation continue jusqu'au 5e jour, où la mort survient dans 60 p. 100 des cas.

Formes. — Gastro-intestinale, respiratoire (simulant la pneumonie), hémorragique, ataxique.

Diagnostic. — Avec fièvre typhoïde, paludisme, charbon, typhus.

Traitement. — Mesures d'hygiène; toniques, café, alcool, sulfate de quinine; bains froids. Sérum antipesteux.

FIÈVRE JAUNE

Endémique dans le golfe du Mexique, Antilles, Côtes du Brésil, du Pérou, Sénégambie, et Sierraleone.

Symptômes. — Après incubation de 2 à 6 jours, début violent par un frisson, pendant le sommeil, perte d'appétit, sécheresse de la peau, rachialgie, constriction épigastrique, fièvre à 40°-41° et céphalée frontale. Le visage est injecté, la langue humide; il y a des vomissements, de la constipation, de l'oligurie.

Vers le 4e jour, après une amélioration apparente, apparaît l'ictère, variable comme intensité, et les vomissements hémorragiques, avec état typhoïde. Mort par ataxo-adynamie ou guérison vers le 6e jour, annoncée par des phénomènes critiques: diarrhée, sueurs, polyurie.

Diagnostic. — Avec accès pernicieux du paludisme, fièvre bilieuse hématurique des paludéens; fièvre récurrente, ictère grave.

Traitement. — Ipéca; saignée; ventouses scarifiées dans les lombes; acétate d'ammoniaque, 4 à 5 grammes dans une tisane ou une potion; purgatifs; bains froids; glace au creux épigastrique; injections d'éther, de morphine.

MORVE

Maladie commune à l'homme et aux animaux, surtout à l'espèce équine. L'incubation variable succède à l'inoculation par une plaie, ou une blessure, qui prend un mauvais aspect.

Symptômes. — Il y a des manifestations superficielles (*farcin*), et des manifestations internes (*morve*), qui peuvent être aiguës ou chroniques.

Farcin aigu. — Dans le territoire de la plaie, puis à distance, apparaissent des lymphangites, qui suppurent, des abcès, des ulcérations, des éruptions pustuleuses et gangréneuses. Les signes généraux sont graves : céphalée, vomissements, douleurs, accès de fièvre. Pronostic très grave.

Morve aiguë. — Coryza purulent, sanguinolent, fétide, précède les accidents cutanés. Il y a en outre de la laryngite, de la bronchite, souvent érysipèle de la face suivi de vésicules gangréneuses. La fièvre est intense. Durée moyenne de quinze à vingt jours.

Farcin et morve peuvent être chroniques.

Diagnostic. — Avec fièvre typhoïde; rhumatisme aigu, variole, érysipèle de la face; syphilis et tuberculose dans les formes chroniques.

Traitement. — Mesures prophylactiques, prises par les personnes qui approchent les chevaux; panser antiseptiquement les abcès et les ulcérations; reconstituants et toniques.

CHARBON

Le charbon produit par la Bactéridie de Davaine, est une maladie commune à l'homme et aux animaux.

Symptômes. — Il y a un *charbon externe* ou *pustule maligne* et un *charbon interne* (gastro-intestinal ou pulmonaire).

Pustule maligne. — La pustule maligne débute au niveau de l'inoculation, ordinairement sur une partie découverte de la surface cutanée, par une tache rouge, remplacée par une vésicule, puis par une escarre. D'autres vésicules entourent la première; la peau s'indure, s'œdématie. En même temps, il y a : fièvre, lassitude, frisson, céphalalgie, inappétence, vomissements, constipation; le pouls est fréquent, irrégulier. Du 4e au 9e jour, la mort peut survenir par algidité (abaissement de la température, refroidissement cyanose, anurie). La guérison se manifeste par l'atténuation des signes locaux, puis généraux. L'escarre tombe et laisse une ulcération.

Aux paupières, l'œdème est considérable et les signes généraux très intenses (*œdème malin des paupières*).

Charbon interne. — Dans le charbon interne (rare), le début se fait par des signes généraux, éclatant brusquement : malaise, sueurs froides, frissons, vertiges, céphalée. La fièvre survient par accès; puis elle est remplacée par l'abaissement progressif de la température. Le malade pâlit, se cyanose; le visage est couvert de sueurs visqueuses, quelquefois éruptions cutanées purpuriques ou gangréneuses. Mort dans le collapsus, avec ou sans délire ou convulsions. Tantôt les troubles digestifs dominent (variété gastro-intestinale), tantôt ce sont les phénomènes respiratoires, dyspnée, toux, signes de congestion pulmonaire (variété pulmonaire, maladie des chiffonniers).

Diagnostic. — **Pustule maligne**. — Avec furoncle, anthrax, ecthyma, morve, œdème bénin des paupières, érysipèle.

Charbon interne. — Avec empoisonnements, fièvre typhoïde, intoxications alimentaires.

Traitement. — Intervenir d'urgence avant le 3e ou le 4e jour.

Traitement local. — Parmi les différents procédés, le suivant est le meilleur : le malade est endormi ; excision large de l'escarre allant profondément jusqu'au muscle, pratiquée avec le couteau du thermocautère ; larder de coups de thermocautère toute la zone œdématiée. Avec une seringue de Pravaz, injecter 5 ou 6 centimètres cubes d'acide phénique au centième ou de la solution iodo-iodurée suivante :

Iodure	0gr,10
Iode de potassium	0gr,20
Eau	10 cc.

Ou au besoin de teinture d'iode pure.

Pansement humide renouvelé deux fois par jour ; pulvérisations phéniquées.

Traitement général. — Dans les grands centres, sérothérapie avec le sérum de Marchoux ; alcool à haute dose, café, quinquina.

Dans le cas de charbon interne, toniques et 10 gouttes de solution iodo-iodurée cinq fois par jour. Inhalations d'oxygène, saignée.

Prophylaxie. — Isoler et traiter tout animal charbonneux ; s'il meurt, l'incinérer ou l'enfouir profondément dans un lit de chaux vive.

En cas d'épizootie, vaccination préventive à l'aide de cultures atténuées par la chaleur.

TUBERCULOSE MILIAIRE AIGUE, GRANULIE

Elle peut être *primitive ;* le plus souvent, elle est *secondaire* à une tuberculose déjà en évolution, évidente ou latente.

Symptômes. — **Forme catarrhale**. — Débute comme une bronchite : par de la toux, de l'expectoration muco-purulente, des vomissements, fièvre (qui peut faire défaut); puis la dyspnée augmente.

Forme suffocante. — Après quelques jours de malaise, avec amaigrissement, apparition des accès de suffocation, pseudo-asthmatiques, et l'asphyxie progresse rapidement. Signes de pleurésie des bases, et de péritonite.

Autres formes. — Formes de bronchite capillaire; de bronchopneumonie, typhoïde, cérébrale, rénale, rhumatismale.

Pronostic. — Le pronostic est grave.

Traitement. — Iodure de sodium, 8 à 20 grammes par jour; antipyrine; sulfate de quinine; alcool; vins; kola; alimentation.

TÉTANOS

Survient le plus souvent à la suite d'une plaie des extrémités, souillée par la terre. La solution de continuité peut passer inaperçue (tétanos spontané), après l'accouchement (tétanos utérin, tétanos des nouveau-nés). Il apparaît ordinairement du 4e au 14e jour après la blessure.

Symptômes. — Début par la contracture légère, puis permanente, des muscles masticateurs (trismus), s'étendant bientôt aux muscles de la nuque, des membres et du tronc (muscles volontaires). Il y a d'abord des secousses musculaires, puis les muscles restent contracturés. Suivant la prédominance de certains groupes musculaires, on distingue : l'opisthotonos, l'emprosthotonos, le pleurosthotonos, l'orthotonos). La rigidité peut être invincible. Elle présente de temps à autre des exacerbations spasmodiques; sous l'influence de causes banales (bruit, lumière, mouvement), les muscles se tendent, quelquefois se rompent; ces crises sont extrêmement douloureuses. Les muscles des yeux sont respectés.

Symptômes généraux. — La fièvre s'élève à 39°, 40° et 42° et plus. Le pouls est à 100, 130, 140; irrégulier. Le rythme respiratoire s'accélère et devient irrégulier. Les urines diminuent. L'état mental reste intact.

Marche. — **Tétanos aigu.** — Durée quatre à cinq jours, quelquefois 36 ou 24 heures. La mort survient dans la plupart des cas.

Tétanos chronique. — Les symptômes généraux sont moins

graves, les contractions moins étendues; il y a des rémissions, une durée plus longue; guérison dans la moitié des cas.

Diagnostic. — Avec affections bucco-pharyngées déterminant du trismus, accidents de la dent de sagesse, phlegmon de l'amygdale. Avec le torticolis rhumatismal. Avec la méningite cérébro-spinale, l'intoxication par la strychnine.

Traitement. — a) **Traitement préventif.** — Nettoyage de toute plaie souillée, badigeonnage à la teinture d'iode, cautérisation. Injections de 10 centimètres cubes de sérum antitétanique, renouvelées huit jours après.

b) **Traitement du tétanos déclaré.** — Isolement du malade, dans l'obscurité. Sérothérapie intensive. Chloral à haute dose : 10, 12 et 20 grammes, en lavements, injections de morphine.

Dans les cas graves, injections intra-rachidiennes d'une solution de sulfate de magnésie à 20 p. 100 : 20 centimètres cubes; injections intra-cérébrales de sérum antitétanique.

Méthode de Baccelli. — Très en vogue en Italie : chaque jour injecter 30 à 40 centimètres cubes d'une solution aqueuse d'acide phénique à 3 p. 100.

BÉRIBÉRI

Maladie infectieuse, probablement contagieuse, consistant essentiellement en une polynévrite généralisée. Existe dans l'Inde, Chine, Japon, Annam, Malaisie, Afrique Orientale, Antilles, Brésil.

Symptômes. — **Forme suraiguë.** — Début par constriction à l'épigastre, orthopnée ; convulsions, pouls tumultueux, la mort survient rapidement.

Forme aiguë ou subaiguë. — Début par un malaise général et fièvre, puis faiblesse dans les membres allant jusqu'à la parésie ; œdème débutant par les membres inférieurs et s'étendant à tout le tégument. Dyspnée, palpitations, convulsions; mort par syncope ou affaiblissement progessif.

Forme chronique. — La plus fréquente. Paralysies flasques périphériques, avec troubles de la sensibilité ; œdème généralisé, formes anomales et formes associées.

Diagnostic. — Avec myélites diffuses, sclérose en plaques, ataxie, myxœdème, lathyrisme.

Traitement. — 1° **Préventif.** — Prophylaxie par mesures antiseptiques et hygiène.

2° **Curatif.** — Toniques; révulsifs sur le rachis; noix vomique; nitrate d'argent; frictions sèches, hydrothérapie, massage, électricité.

RAGE

Symptômes. — 1° **Période d'incubation.** — Le temps qui s'écoule entre la morsure par l'animal enragé et l'apparition des premiers symptômes est extrêmement variable; le plus souvent, l'incubation dure deux mois.

2° **Période prodromique.** — Tendance à la tristesse, céphalalgie, sensation de fatigue, dépression psychique pouvant aller jusqu'à la tentative de suicide; constriction thoracique; fièvre. Cette phase dure 2 à 3 jours.

3° **Période d'hydrophobie.** — La respiration prend un rythme saccadé; le malade accuse de l'oppression. Spasmes du pharynx et du larynx, entraînant l'impossibilité de déglutir. Au moment de boire, à la seule vue du liquide, le malade a un spasme pharyngé. Il y a exagération de tous les réflexes musculo-tendineux, cutanés, pupillaires et de la sensibilité, surtout de la sensibilité au froid : le plus petit courant d'air, même à distance, suffit pour déterminer des frissonnements. Parfois, hallucinations des divers sens. Les spasmes se généralisent et constituent des accès convulsifs, épileptiformes ou tétaniformes; accès de manie aiguë. Dans l'intervalle des accès, le malade reprend sa connaissance. Sueurs abondantes; dysurie, température, 40°-42°; le pouls est rapide et intermittent Au bout de 1 ou 2 jours, la mort survient par asphyxie ou syncope.

4° **Troisième période, paralytique.** — Phase de quelques heures, qui précède la mort, pendant laquelle le malade, épuisé, tombe dans le collapsus.

Diagnostic. — Avec hydrophobie simple, ou certaines péricardites; épilepsie; delirium tremens; tétanos.

Traitement. — Appliquer sur le membre mordu une ligature arrêtant le cours du sang veineux; faire au besoin la succion; cautériser la plaie immédiatement au fer rouge ou à l'acide sulfurique; vaccination pastorienne immédiate.

Traitement de la rage déclarée. — Mettre le malade à l'abri de la lumière, du bruit, des courants d'air, des odeurs; injections de morphine; chloral. Si possible, s'emparer de l'animal enragé et le mettre en observation, plutôt que de l'abattre afin d'être certain du diagnostic.

DENGUE

Maladie générale épidémique, spéciale aux pays chauds.

Symptômes. — Incubations de 4 jours au moins. Début absolument brusque dans la plupart des cas, avec céphalée, malaise, vertiges, lassitude.

Période d'état. — Elle est constituée par la fièvre (frisson, élévation à 39°-40°, avec chute brusque), douleurs siégeant dans les genoux, puis dans les autres articulations, la région cervicale, lombaire; céphalée; éruption polymorphe (papuleuse, ortiée, vésiculeuse, avec desquamation). L'état général est profondément atteint.

La durée n'excède pas une ou deux semaines; la convalescence peut être longue.

Pronostic. — Bénin; les complications (adénite, lymphangite, troubles nerveux) sont rares.

Diagnostic. — Avec accès palustre, embarras gastrique, grippe, lumbago, maladies éruptives, urticaire.

Traitement. — Sels de quinine; affusions froides.

Localement: liniment belladoné ou chloroformé contre les arthralgies; chloral, antipyrine, opiacés; toniques.

RHUMATISME ARTICULAIRE AIGU

Symptômes. — 1° **Prodromes**. — Quelques prodomes précédent le plus souvent l'attaque: malaise, coryza, fièvre, angine érythémateuse, d'une durée de huit jours, laryngite.

2° **Période d'état**. — L'attaque est constituée par les arthrites et par des symptômes généraux. Un plus ou moins grand nombre d'articulations sont prises à la fois, huit à dix dans un rhumatisme moyen. L'articulation devient très douloureuse, surtout la nuit; les membres sont immobilisés, pour éviter tout mouvement; la peau rougit modérément; il y a de l'épanchement intra-articulaire, en même temps que du gonflement des tissus péri-articulaires. Les articulations peuvent être prises successivement ; chacune d'elles est atteinte environ pendant une semaine.

La fièvre est élevée, mais elle n'a pas de courbe régulière. Pendant les premiers jours, elle atteint le soir 38°-39°, puis elle reste à 39°-40° pendant la période d'état. La persistance de l'hyperthermie doit faire craindre des complications cérébrales. La température s'abaisse progressivement au bout de 2 à 4 semaines. L'accélération du pouls est parallèle à l'élévation de la température : 90 à 100, parfois 120. Les *sueurs* sont constantes, très abondantes et quelquefois accompagnées de sudamina et d'éruptions miliaires. On peut observer des épistaxis. Le sommeil est nul au début ; l'intelligence reste intacte. Les urines sont rares et colorées. Le malade est anémique (augmentation des leucocytes et diminution des globules rouges).

Les récidives sont fréquentes chez les sujets prédisposés.

Diagnostic. — Avec complications articulaires, dans la grippe, la fièvre typhoïde, les angines ; avec ostéomyélite juxta-épiphysaire, rachitisme fébrile, mal de Pott cervical (rhumatisme vertébral) ; enfin avec les pseudo-rhumatismes toxiques et infectieux, en particulier le rhumatisme blennorragique.

Complications. — **Endocardite aiguë.** — En raison de la fréquence des complications cardiaques et de leur début insidieux, le médecin doit toujours examiner le cœur d'un rhumatisant aigu. A l'auscultation, on constate que les bruits du cœur sont sourds, lointains, parfois accompagnés d'un frottement (endo-péricardite). En même temps, la fièvre s'élève de nouveau ; il peut y avoir des palpitations, de la douleur précordiale, de l'accélération et de l'irrégularité du pouls, de la cyanose, de l'œdème pulmonaire (râles ronflants et sibilants des deux côtés de la poitrine). Les troubles cardiaques peuvent disparaître avec l'attaque de rhumatisme, ou bien persister et devenir l'origine d'affections valvulaires chroniques.

Péricardite. — Fréquente chez l'enfant ; se traduit à l'auscultation par un bruit de frottement (péricardite sèche) : s'accompagne assez peu souvent d'épanchement. Aboutit souvent à la symphyse cardiaque chez l'enfant.

Aortite. — Phlébite.

Complications pulmonaires. — Elles prennent la forme de catarrhe suffocant (début brusque, menaces d'asphyxie, cyanose, expectoration spumeuse, pronostic très grave) ou la forme de congestion pulmonaire.

Pleurésie. — Elle reste ordinairement latente; accompagnée de péricardite.

Rhumatisme cérébral. — Apparaît ordinairement pendant la période d'état; annoncé par l'élévation de la température qui demeure à 40°, l'accélération du pouls, les sueurs profuses.

Se manifeste par céphalée, vomissements, délires tantôt calmes, tantôt furieux, aboutissant au coma. Sa marche est suraiguë, aiguë ou chronique.

Il faut le diagnostiquer avec délire alcoolique, urémie cérébrale.

Albuminurie. — Bénigne le plus souvent; quelquefois néphrite hémorragique.

Eruptions cutanées. — Urticaire, nodosités sous-cutanées ou intra-cutanées, adénite.

Rhumatisme musculaire.

Traitement. — **Traitement par le salicylate.** — Donner dès le début le salicylate de soude, de 4 à 8 grammes par jour, en fractionnant la dose :

Salicylate de soude..............	1 gramme.

Pour 1 cachet n° 20, de 4 à 8 cachets par jour.

Ou bien en solution :

Salicylate de soude..............	20 grammes.
Eau distillée......................	300 —

4 à 8 cuillerées par jour, dans de l'eau de Vichy. Chaque cuillerée contient 1 gramme de salicylate.

ou la potion suivante :

Salicylate de soude..............	6 grammes.
Cognac........	20 —
Sirop d'orange..	30 —
Eau distillée......................	100 —

F. s. a. — A prendre en six fois dans les 24 heures.

Chez l'enfant. — Salicylate de 1 à 2 grammes, jusqu'à 5 ans ; 2 à 4 grammes jusqu'à 12 ans.

Le salicylate sera donné jusqu'à cessation des douleurs articulaires à dose entière, puis pendant une quinzaine, en diminuant la quantité.

Contre-indications à l'administration du salicylate. — L'apparition d'accidents toxiques (vomissements, bourdonnements d'oreille et même surdité, vertiges, épistaxis, délire, collapsus) ; la grossesse ; l'existence d'une néphrite antérieure ou de lésions cardiaques.

Donner alors l'**antipyrine** (3 à 6 gr. par jour) ; le **salol** (3 à 6 cachets de 0gr,75, ou le **salophène** (3 à 6 cachets de 1 gr).

Traitement des complications. — *En cas de troubles gastriques.* — Le salicylate peut être donné par la voie rectale.

Contre les sueurs abondantes. — Sulfate d'atropine.

Contre l'insomnie. — Hydrate de chloral ou sirop de morphine.

Contre la fièvre. — Sulfate de quinine.

En outre, envelopper les articulations malades d'un pansement légèrement compressif, après avoir appliqué le liniment :

Chloroforme.............	20 grammes	pour onctions.
Baume tranquille........	80 —	

Ou la teinture :

Chlorhydrate de cocaïne...........	1 gramme.
Teinture d'iode.....................	30 grammes.

Contre les complications cardiaques. — Ventouses scarifiées sur la région précordiale ; repos absolu. S'il y a de l'arythmie : caféine ou digitale. Voir *Maladies du cœur.*

Contre le rhumatisme cérébral :

Bromure de potassium.............		4 grammes.
Sirop de laurier-cerise.......	āā	20 —
Sirop d'opium...............		
Eau distillée		120 —

F. s. a — Potion à prendre par cuillerées à soupe.

En outre, donner des bains froids de 24° à 20° ; morphine ; chloral.

Traitement de la convalescence. — Alimentation encore légère ; toniques et ferrugineux ; éviter les refroidissements et l'humidité ; bains sulfureux, massage, si les articulations sont encore douloureuses ; eaux sulfureuses ou chlorurées sodiques si les douleurs persistent.

PSEUDO-RHUMATISMES

Les arthrites, avec symptômes généraux simulant plus ou moins le rhumatisme aigu, peuvent s'observer au cours d'un certain nombre d'infections ou intoxications, telles que ; intoxications par : antipyrine, iodoforme, quinine, digitale, mercure, iodures alcalins, plomb, toxines alimentaires, injections de sérums, infections diphtérique, blennorragique, pneumococcique, staphylococcique, grippale, ourlienne, des fièvres éruptives (rhumatisme scarlatin), érythème polymorphe, etc. (Voir ces différentes affections). C'est à ces manifestations qu'on donne le nom de *pseudo-rhumatismes*.

Diagnostic. — Il reposera sur l'absence d'antécédents rhumatismaux, la moindre intensité des phénomènes généraux, la rareté des complications cardiaques, l'évolution subaiguë ou chronique, les conditions étiologiques.

Traitement. — Il s'adressera surtout à la cause. En outre, on emploiera les antiseptiques généraux, les analgésiques.

RHUMATISME CHRONIQUE DÉFORMANT

Si la symptomatologie et les modalités du rhumatisme noueux sont bien connues de tous, la thérapeutique à appliquer est difficile et ses résultats souvent médiocres, étant donné l'obscurité qui entoure la pathogénie de cette affection.

Traitement général. — 1° Le **régime alimentaire** sera le égime lacto-végétarien plus ou moins strict ; 2° en **hiver**, conseiller l'**huile de foie de morue** à dose aussi élevée que possible ; 3° **si les urines indiquent de l'hypoacidité** et une déminéralisation notable, prescrire l'**acide phosphorique**.

Acide phosphorique officinal......	10 grammes.
Phosphate de soude.......... ..	20 —
Eau distillée..................	200 cc.

Une cuiller à soupe avant chaque repas.

4° *Si on soupçonne l'origine thyroïdienne de la maladie*, tenter avec prudence **l'opothérapie thyroïdienne.**

Le traitement général interne comporte surtout l'emploi de l'iode et de l'arsenic. Prescrire l'arsenic en injections sous-cutanées (cacodylate), en potion; entre deux séries de piqûres, médication iodée : commencer par 5 gouttes de teinture d'iode, trois fois par jour; augmenter d'une goutte par jour pendant une semaine, rester à la dose maxima pendant une semaine, redescendre progressivement pendant la troisième.

Par périodes de 15 jours recourir aux injections sous-cutanées de thyosinamine, dont on connaît l'action résolutive sur les tissus fibreux.

Thiosinamine..................	2 grammes.
Antipyrine..................	3 —
Eau distillée..................	40 cc.

1 centimètre cube par jour en injection profonde.

Tous les deux jours, prescrire un bain de 20 minutes de durée, à 40°; dans chaque bain ajouter :

Émulsion de savon noir.....	ãã 100 grammes.
Essence de térébenthine	

Traitement local. — Massage des articulations malades et des muscles de voisinage; bains de sable à 50 ou 55°, pendant 20 minutes; à la sortie du bain, massage avec la main enduite de la pommade :

Baume de Fioraventi.........	ãã 5 grammes.
Teinture de noix vomique....	
Lanoline..................	ãã 20 grammes.
Vaseline..................	

Révulsion locale : pointes de feu, teinture d'iode.

Au moment des poussées subaiguës douloureuses, suspendre

mobilisation et massage; repos absolu des jointures; onctions sur les jointures avec la pommade suivante assez efficace :

Dermatol........................	5 grammes.
Vaseline	25 —

A l'intérieur, suspendre la médication iodée et arsenicale et prescrire l'aspirine à doses élevées : 2 grammes par jour ou bien les préparations de colchique.

Teinture de semences de colchique	15 grammes.
Teinture de racines d'aconit......	5 —

20 gouttes 3 fois par jour.

Si les douleurs ne cèdent pas, formuler

Hydrate de chloral. .... Bromure de potassium.......	āā	4 grammes.
Sirop de codéine.........		30 —
Eau................... Q. s. p.		90 cc.

1 cuiller à soupe chaque soir.

Traitement thermal. — Boues de Dax et Saint-Amand eaux de Bourbon-l'Archambault, Bourbon-Lancy.

VARIOLE

Symptômes. - 1° **Variole discrète.** — Caractérisée par une éruption de pustules séparées les unes des autres par de larges espaces de peau saine.

Période d'incubation. — Elle vraie de 7 à 14 jours, suivant les individus; douze jours en moyenne.

Période d'invasion. — Elle débute par des frissons (convulsions chez l'enfant) fièvre (40°-41°), transpiration, céphalalgie, vomissements, douleurs lombaires ou *rachialgie*, quelquefois éruption qui précède l'éruption variolique ; c'est le *variolous rash*, revêtant la forme hypérémique, ou l'aspect hémorragique, morbiliforme, scarlatiniforme. Cette période dure 3 jours.

Période d'éruption. — Elle lui fait suite et s'annonce par l'amélioration de tous les symptômes, la fièvre tombe; puis apparaît l'éruption (3e ou 4e jour de la maladie) : à la face au cou, au cuir chevelu, puis sur le reste du corps. Ce sont des palpules se transformant bientôt en **pustules**, qui, sur le tronc et sur les membres, présentent souvent une dépression centrale ou ombilication. Il y a en même temps dysphagie, toux, éternuement, larmoiement (éruption sur les muqueuses).

Période de suppuration. — Les vésico-pustules suppurent, deviennent dures au toucher, laissent écouler leur contenu et se dessèchent. C'est la période de suppuration; la fièvre, réapparaît; le visage est tuméfié; les pieds et les mains sont œdématiés; il existe une soif très vive.

Période de dessiccation. Les pustules se recouvrent de croûtes jaunâtres, ou noirâtres, qui tombent et laissent des cicatrices persistantes.

2° **Variole confluente.** — L'éruption est généralisée au point de ne laisser aucun espace de peau saine.

L'invasion se fait par les mêmes symptômes que dans la variole discrète.

L'éruption, à la face, est diffuse et simule l'érysipèle; puis les vésicules couvrent toute la peau et se confondent. Les muqueuses sont plus violemment atteintes. L'alimentation devient presque impossible. La fièvre persiste pendant l'éruption.

La suppuration, qui se prolonge plus ou moins longtemps, entraîne une tuméfaction considérable du visage, qui est couvert de phlyctènes opalines, grisâtres, exhalant une odeur fétide. La fièvre augmente, et s'accompagne de délire; il y a salivation excessive. La dessiccation se fait par larges écailles; la convalescence est plus longue que dans la variole discrète. La confluente d'emblée est ordinairement mortelle.

3° **Varioloïde.** — Variole qui n'aboutit pas à la suppuration: l'éruption avorte. La varioloïde peut être confluente. Guérit généralement sans laisser de traces.

4° **Variole hémorragique** — Elle peut être *précoce*, c'est-à-dire présenter d'emblée les accidents hémorragiques. Les symptômes d'invasion sont beaucoup plus intenses que dans la forme discrète. Souvent rash purpurique, c'est-à-dire formé de taches ecchymotiques ne s'effaçant pas sous le doigt. En outre apparaissent : ecchymoses sous-conjonctivales, épistaxis, hémoptysie, hématurie, gingivorragie, hémorragies dans les phlyctènes. L'état général est grave ; la dyspnée et l'agitation sont très marquées. Le malade succombe rapidement, dans la prostration et en pleine connaissance.

La variole hémorragique peut être *tardive* ; les symptômes précédents se montrent plus tard, alors que l'éruption s'annonçait comme régulière. Elle est favorisée par l'alcoolisme et la puerpéralité.

5° **Varioles anomales, malignes.** — Apparition brusque de symptômes graves dans une variole jusque-là normale : délire, dyspnée, langue sèche, pouls petit, convulsions, coma.

Complications. — Bronchopneumonie pseudo-lobaire ; myocardite ; endocardite, laryngite ; ophtalmies ; otites ; albuminurie ; parotidite ; abcès sous-cutanés multiples.

Diagnostic. — Avec rougeole boutonneuse ; varicelle ; gale pustuleuse ; acné ; staphylococcie ; vaccine généralisée.

Traitement. — 1° **Hygiène.** — Placer le varioleux dans une chambre spacieuse et bien aérée, d'une température de 17° à 18°. Boissons fraîches ; laxatifs légers ; bouillon, lait, eau vineuse.

2° **Médication.** — DANS LES CAS INTENSES : préparations toniques (macération de quinquina, sels de quinine, alcool) ; opium, bains froids ; lotions d'eau tiède.

En outre **médication éthéro-opiacée** :

Sirop d'éther.............	60 à 80 grammes.

donné à doses fractionnées, et :

Extrait thébaïque...............	0gr,10

pour une pilule ; donner par jour deux de ces pilules.

A cette médication, on peut ajouter une potion contenant 20 à 40 gouttes de perchlorure de fer.

Faire sur le visage des pulvérisations d'une durée de 1 minute (les yeux étant protégés), à l'aide de l'appareil de Richardson avec la solution suivante :

Sublimé.....................	āā	1 gramme.
Acide citrique.............		
Alcool..............................		5 c. c.
Ether......... *q. s.* pour faire		500 —

Lavages antiseptiques de la bouche.

Dans la variété hémorragique, chlorure de calcium : 4 grammes dans une potion.

3° *Prophylaxie.* — Nécessité de l'**isolement** du malade pendant un minimum de 40 jours et de **la désinfection** de tous les objets ayant été en contact avec lui, la contagion se réalisant surtout par les croûtes. **Revaccination** de l'entourage.

VACCINE, VACCINATION

La *vaccine* est une maladie provoquée chez l'homme par l'inoculation du cow-pox des Bovidés et qui lui confère l'immunité à l'égard de la variole.

Symptômes. — L'incubation est silencieuse ; elle dure 3 jours. A la fin du 3e jour apparaît, aux points d'inoculation, une papule rouge qui, les jours suivants, se transforme en pustule. Celle-ci est complètement développée le 8e jour ; elle est formée d'une élevure rouge de la peau, portant à son centre la vésicule ombiliquée qui contient la lymphe vaccinale, et entourée d'une auréole rouge. Le 9e jour, la suppuration s'établit ; les ganglions de la région sont douloureux. Le 10e jour, la vésico-pustule s'affaisse, se dessèche et est remplacée par une croûte brune, qui ne se détache que vers la 3e ou 4e semaine, en laissant à sa place une cicatrice indélébile.

La réaction générale est très variable. Souvent elle est nulle. D'autres fois on observe : anorexie, diarrhée légère, agitation nocturne, fièvre très peu marquée ; chez les jeunes enfants : convulsions. La fièvre dure du 5e au 8e jour en moyenne.

Anomalies. — *Vaccinoïde* ou *fausse vaccine*, caractérisée par les mêmes phénomènes, mais atténués et s'observant chez les sujets en état d'immunité incomplète. Vaccine sans éruption ou vaccine latente, dans laquelle l'incubation se prolonge 8 à 30 jours.

Vaccine généralisée : il se produit de nouvelles pustules autour du point d'inoculation.

Eruptions vaccinales (roséole, érythème, miliaire, pemphigus, eczéma, purpura).

Complications. — Phlegmon, adénite, érysipèle, vaccine ulcéreuse, syphilis vaccinale, cette dernière produite par l'inoculation de la lymphe vaccinale provenant d'un sujet syphilitique ; le chancre apparaît au 20e jour, alors que la vaccine est terminée.

Vaccination. — Elle peut être faite à tout âge, à partir de 6 semaines, en toute saison. Les maladies aiguës la feront différer. Le lieu d'élection est la région externe du bras, ou le mollet; lorsqu'il existe un nœvus, il y a avantage à le choisir comme point d'inoculation, la cicatrisation pouvant le faire disparaître.

Technique. — La région sera savonnée et lavée à l'eau boriquée, les antiseptiques pouvant nuire à l'action du vaccin. On se sert de la lancette, de l'aiguille, ou du vaccinostyle Mareschal, lequel ne sert que pour un seul individu. L'aiguille ou la lancette sera flambée; l'instrument est chargé de lymphe sur ses deux faces. La main gauche tend la peau de la région, pendant que la main droite, tenant l'instrument comme un porte-plume, l'introduit obliquement entre l'épiderme et le derme à 2 millimètres de profondeur ; et l'instrument est retiré et essuyé sur la petite plaie. On fait ainsi, sans recharger la lancette, trois inoculations à un bras, puis on recommence la même opération au bras opposé. On peut encore déposer trois gouttes de lymphe aux points où, ensuite, on fera les piqûres. On peut aussi pratiquer des scarifications, puis appliquer le vaccin.

On laisse sécher à l'air, puis on recouvre d'un linge fin et d'un léger pansement. On peut se servir d'un verre de montre fixé par du sparadrap.

Choix du vaccin. — Au point de vue du choix du vaccin, on ne se sert plus actuellement du vaccin humanisé, en raison du danger de la syphilis vaccinale. On emploie soit le vaccin pris directement sur une génisse inoculée, soit la pulpe glycérinée de vaccin conservée; la conservation peut se prolonger 7 mois (Saint-Yves-Ménard et Chambon).

L'immunité conférée par la vaccine disparaît au bout de 5 à 8 ans, d'où la nécessité des revaccinations.

VARICELLE

Symptômes. — 1° **Période d'incubation.** — L'incubation dure d'ordinaire 14 jours.

2° **Période d'invasion.** — La période d'invasion (lassitude, fièvre modérée, état saburral) est peu intense et dure 1 ou 2 jours. Exceptionnellement elle rappelle celle de la variole.

3° **Période d'éruption.** — Elle débute indifféremment par le tronc ou par la face. L'éruption est caractérisée par l'apparition d'une macule sur laquelle se montre une vésicule épidermique, qui augmente de volume, et devient une bulle contenant une sérosité claire ; après deux jours, ce liquide se trouble et devient purulent : il se forme une croûtelle noirâtre.

4° **Période de dessiccation.** — La dessication commence le 3e jour et finit le 8e, où la croûte se détache, sans laisser de cicatrice. Elle s'accompagne de prurit.

Variétés. — Papuleuse, miliaire, globuleuse.

L'éruption procède par poussées successives, de sorte qu'il coexiste des éléments à des stades différents de leur évolution.

Il y a en même temps exanthème des muqueuses buccopharyngée, conjonctivale, vulvaire ou préputiale, laryngée (Comby).

Complications. — Furonculose ; gangrène ; ostéo-arthrites ; bronchopneumonie ; pleurésie ; albuminurie ; orchite.

Traitement. — Garder l'enfant à la chambre, isolé pendant 10 à 12 jours à compter de l'éruption purgatif léger ; diète ; mitigée ; sulfate de quinine ; bains ; appliquer de la poudre de talc ou d'amidon ; gargarismes boriqués ; instillations d'un collyre faible au sulfate de zinc contre la conjonctivite ; toniques.

Surveiller les complications.

SCARLATINE

Symptômes. — 1° **Scarlatine régulière.** — **Incubation.** — Parfois aucun symptôme ; ordinairement malaise, fièvre vespérale. Cette période dure *en moyenne* 2 à 7 jours.

Invasion. — Frissons répétés, vomissements incoercibles, fièvre (39°-40°), pouls 120 ; la peau est sèche et brûlante. Angine constante. La langue est saburrale, carminée sur la pointe et les bords. Le malade est abattu ; l'enfant a des convulsions. Il n'y a pas de toux. L'invasion dure 1 *jour*.

Éruption. — Elle n'a pas de siège de début fixe. Elle est constituée d'abord par de petites taches, puis par une rougeur diffuse de la peau, couleur jus de framboise, écrevisse cuite. Il n'y a pas de saillie appréciable au doigt; elle est dure, âpre au toucher (contrairement à celle de la rougeole). La peau est légèrement œdématiée, les paupières sont gonflées.

L'éruption, au bout de 2 jours, atteint son acmé, s'y maintient 24 heures, puis elle pâlit. La gorge est douloureuse; les amygdales sont augmentées de volume. La langue est ver-

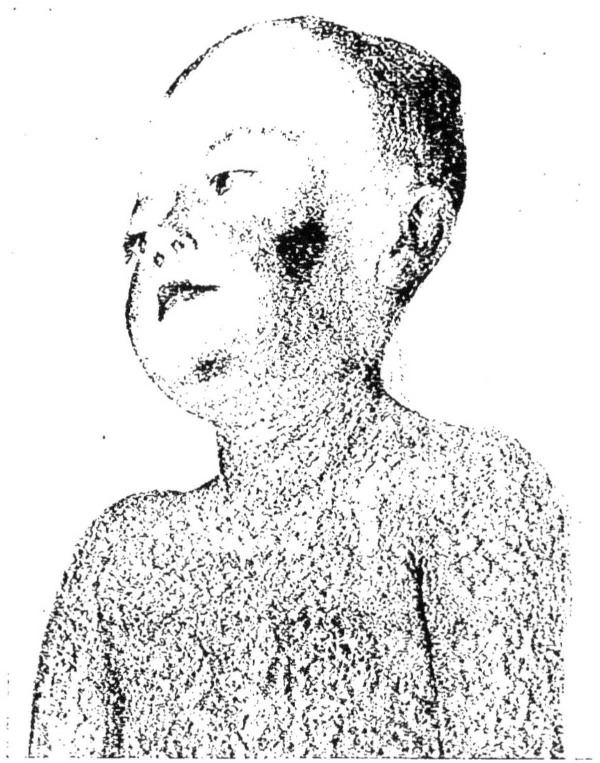

Fig. 4. — Exanthème de la scarlatine.

nissée, et si on fait tomber l'enduit épithélial, elle se présente avec son aspect framboisé caractéristique.

La fièvre atteint 40°-41°; le pouls atteint 120 et jusqu'à 160, chez l'enfant. La soif est vive, il y a de la somnolence, de la céphalalgie; chez l'enfant, des convulsions.

Desquamation. — Après 4 ou 5 jours, l'éruption desquame. La *desquamation* est très fine au visage et sur le tronc; aux membres elle se fait par squames; aux mains et aux pieds, elle se fait par grandes plaques. Les régions les premières envahies desquament aussi les premières; les mains et les pieds, desquament les derniers. Elle dure de une à huit semaines. Les symptômes généraux s'amendent et la guérison survient.

Les *urines* de la période d'état sont rares, riches en urée ; celles de la convalescence sont augmentées et contiennent un peu d'albumine.

2° **Scarlatines anomales.** — La période d'invasion peut être très réduite ou manquer complètement ; l'éruption peut rester pâle, rosée, ou au contraire être foncée, rouge-violet dès le début ; miliaire, pemphigoïde. L'éruption peut encore être fugace, partielle, ou même manquer. La desquamation peut se faire deux fois sur la même région ; ou faire défaut, dans les scarlatines légères.

Scarlatines malignes. — Caractérisées par l'intensité de la fièvre (41°-43°), des symptômes nerveux (agitation, dyspnée, convulsions, délire). Formes nerveuses (foudroyante, lente, tardive). Forme hémorragique très exceptionnelle (primitive ou secondaire) : épistaxis, hématurie, purpura, melæna, escarres et gangrène. La malignité est propre à certaines épidémies de scarlatine ; l'alcoolisme, la *puerpéralité* y prédisposent.

Scarlatines bénignes. — Abortive, légère, apyrétique, fruste.

Forme gastro-intestinale. — Diarrhée, ténesme, douleurs abdominales, selles dysentériformes. Forme à rechutes.

Complications. — **Angines.** — L'angine érythémateuse, pultacée du début, est la règle. Les angines membraneuses (ou couenneuses) sont ou précoces ou tardives ; les premières apparaissent du 3e au 6e jour. Ces angines (2e, 3e et 4e semaine) sont souven tdiphtériques. Les angines gangréneuses sont rares.

Néphrite. — Dans un tiers des cas de scarlatine, il y a de l'albuminurie précoce. Dans les autres cas de néphrite, l'albuminurie apparaît du 15e au 20e jour ; elle peut ne se manifester que par l'anasarque, ou bien par des accidents urémiques aigus, ou suraigus, par l'hématurie, l'anurie, la pyélite.

Rhumatisme scarlatin. — Il est assez fréquent.

Complications dues aux suppurations. — Pleurésies, arthrites suppurées, adéno-phlegmon du cou, otites.

Traitement. — Isolement. Alimentation liquide, tisanes tarfraîchissantes (décoction d'orge perlé au lait, limonades), régime lacté. Bains tièdes à 30° ou 32°, avec frictions savonneuses au moment de la desquamation. Faire une antisepsie rigoureuse de la cavité bucco-pharyngée, source des princi-

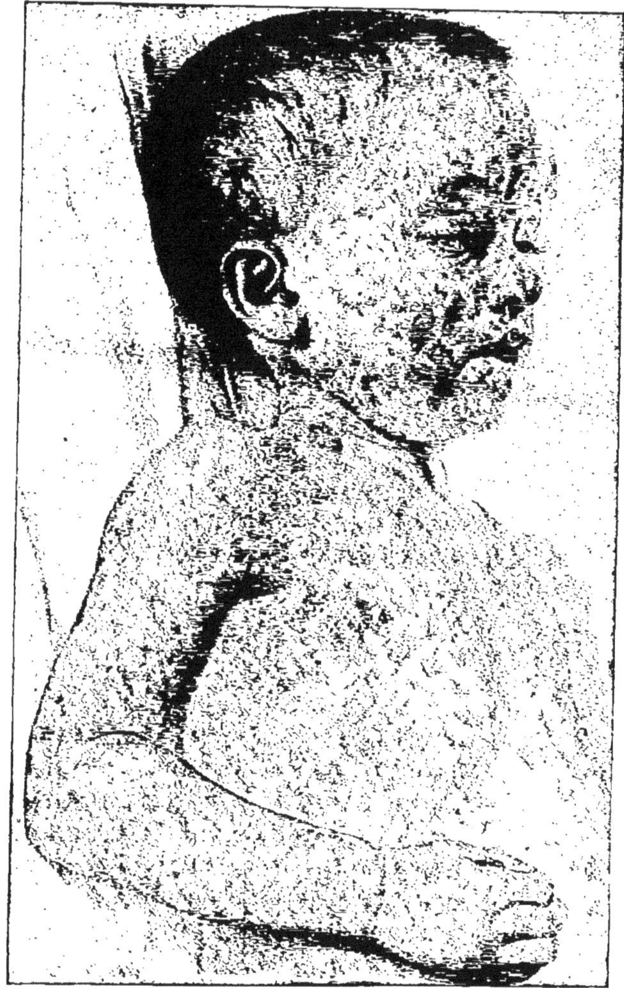

Fig. 5. — Exanthème de la rougeole.

pales complications. Dans la scarlatine légère, la première sortie ne sera autorisée qu'au 40e jour après la desquamation.

Formes graves. — Bains froids, lotions froides ; antipyrine ou sulfate de quinine, contre la fièvre.

Contre la tendance au collapsus: grogs, injections de caféine à petites doses ; sérum artificiel ; acétate d'ammoniaque 2 à 3 gr. en potion) ; musc (20 centigr. à 1 gr.); sirop d'éther; bromure de potassium.

En outre le malade sera mis au régime lacté absolu.

Prophylaxie. — La contagion s'exerçant pendant l'éruption et la desquamation, l'isolement devra être respecté pendant ces périodes et on observera les mesures de désinfection à l'égard des objets ayant été au voisinage ou au contact du scarlatineux.

ROUGEOLE

Symptômes. — **1° Rougeole normale.** — **Incubation.** — L'incubation, qui dure de 8 à 10 jours, ne se manifeste que par un peu de fièvre, qui peut même faire défaut.

Invasion. — L'invasion est annoncée par l'élévation de la température à 39°-39°5, des frissons et le catarrhe nasal (éternuement, épistaxis, rougeur de la lèvre supérieure, douleur frontale), oculaire (larmoiement, photophobie, gonflement des paupières), et laryngo-bronchique (toux rauque, enrouement de la voix, accès de suffocation ; quelques râles à l'auscultation). En même temps, il y a de la rougeur de la gorge, des bourdonnements d'oreilles, des vomissements, du gonflement des ganglions. La langue est blanche, saburrale ; la soif vive. La phase d'invasion dure 4 ou 5 jours, puis ses symptômes s'atténuent.

Éruption. — L'éruption se fait **de haut en bas** (face, tronc, membres) et dure de 3 à 5 jours. Elle est formée de papules rosées, veloutées, avec intervalles de peau saine ; elle peut être : boutonneuse, miliaire, ecchymotique, confluente ou discrète. La fièvre s'est de nouveau élevée : 40°-41° ; puis elle cesse **brusquement**. Le pouls atteint 130-140 ; il a de la diarrhée ; les urines contiennent de l'albumine. Tous ces symptômes s'amendent dès que l'éruption s'efface, mais la toux persiste encore quelques jours.

Desquamation. — La desquamation se fait dans l'ordre d'apparition de l'éruption : elle commence par la face, alors que l'éruption disparaît seulement aux membres inférieurs.

Elle se fait par lamelles furfuracées très fines, lui donnant un aspect farineux. Elle peut passer inaperçue.

La convalescence commence et conduit régulièrement à la guérison.

2° **Rougeoles anomales.** — **Rougeoles bénignes.** — Formes abortives: tous les symptômes sont atténués, l'éruption est rapide et fugace, mais la rechute est assez fréquente; frustes (absence de catarrhe). Rougeole sans éruption, admise par Trousseau.

Rougeoles malignes. — Rougeole hémorragique ou rougeole noire dans laquelle les papules sont ecchymotiques et accompagnées de taches purpuriques ; il se produit des hémorragies multiples.

Rougeole ataxo-adynamique : la prostration, l'agitation et le délire sont intenses; le pouls est rapide, la respiration accélérée; elle peut se terminer par le coma.

Forme suffocante, caractérisée par une dyspnée considérable, de l'anxiété respiratoire qui apparaissent dès l'invasion, et sans que l'examen de la poitrine révèle de signes stéthoscopiques.

L'éruption, dans toutes ces formes, se fait mal.

Forme inflammatoire ou synochiale.

Rougeoles secondaires. — Les rougeoles qui suivent la fièvre typhoïde, la scarlatine, celles des cachectiques, des convalescents, de la puerpéralité sont ordinairement graves et souvent compliquées.

Complications. — Convulsions, épitaxis, laryngites catarrhale, ulcéreuse, diphtérique; bronchite capillaire, *broncho-pneumonie*, *tuberculose*, *adénopathie trachéobronchique*, stomatites (aphteuse, ulcéro-membraneuse, diphtérique, noma), kératites, otites, entérites, gangrènes, coqueluche.

Traitement. — Isoler le malade, pour éviter la contagion, et prendre les mesures de désinfection applicables à toutes les maladies infectieuses. Soins hygiéniques.

Dans les formes graves, donner les bains froids (20° à 24°), suivant les préceptes indiqués pour la fièvre typhoïde.

Lavages antiseptiques de la bouche, du nez. Laisser lever le malade du 10ᵉ au 15ᵉ jour, et sortir vers le 25ᵉ.

Pendant la période d'invasion, donner une potion contenant 2 à 4 grammes d'acétate d'ammoniaque :

Acétate d'ammoniaque liquide.....	20	grammes.
Eau distillée...............	90	—
Eau de menthe..................	20	—
Sirop de fleurs d'oranger..........	30	—

1 à 2 cuillerées à soupe par jour.

Contre la toux : kermès et opiacés.
Contre la conjonctivite : fomentations boriquées chaudes.

RUBÉOLE

Maladie spécifique, considérée, aujourd'hui, comme distincte de la rougeole

Symptômes. — L'éruption rubéolique présente par places es caractères de l'exanthème scarlatiniforme, et à d'autres ceux de l'exanthème de la rougeole. La desquamation est peu accusée. L'enanthème (éruption des muqueuses conjonctivales et pharyngées) est moins marqué que dans la rougeole, les ganglions rétro-maxillaires surtout, et aussi les ganglions axillaires, inguinaux, sont tuméfiés et douloureux à la pression. La fièvre n'atteint guère 39° et ne dure que 2 à 3 jours; la céphalée, la courbature, sont légères. Il peut d'ailleurs exister des rubéoles graves. Il n'y a pas de catarrhe.

Diagnostic. — Avec rougeole, scarlatine, roséole syphilitique, érythème polymorphe, roséoles médicamenteuses.

Traitement. — Maintenir le malade au chaud pendant quelques jours et l'isoler pendant huit jours à partir du début de la maladie.

SUETTE MILIAIRE

Symptômes. — L'incubation peut être très courte (24 heures, Thoinot). Les prodromes (malaise, affaiblissement) peuvent manquer et l'invasion s'annonce brusquement par une agitation très grande survenant au milieu de la nuit, une angoisse épigastrique intense, des palpitations, des frissons, de la céphalée. Des sueurs profuses baignent le malade. Tout se calme dans le jour, pour apparaître la nuit suivante. Fièvre 38°-39°, jusqu'à 42°, dans les cas graves.

Éruption. — L'éruption, vers le 4e jour, est précédée

d'une aggravation des symptômes généraux : délire, accès de suffocation, fièvre. Ils se calment quand l'éruption s'est faite. Le prurit la précède. L'éruption se montre à la nuque, au cou et au tronc, puis aux membres supérieurs, aux mains et aux pieds. Elle est constituée par un exanthème à type morbilliforme, scarlatiniforme, ou purpurique, pouvant coexister ou se succéder. En même temps apparaissent les petites vésicules claires constituant la miliaire. L'éruption met 1 à 3 jours à se former, puis elle pâlit ; les taches purpuriques persistent plus longtemps.

Desquamation. — La desquamation suit immédiatement. Les signes généraux s'amendent ; cependant on peut voir survenir des hémorragies, des lipothymies.

Convalescence. — La convalescence débute vers le 10ᵉ jour ; elle est longue et traînante.

Formes cliniques. — Fièvres frustes ; fièvres malignes (syncopale, suette maligne précoce) ; forme rubéolique.

Diagnostic. — Avec choléra sudoral ; scarlatine ; rougeole.

Traitement. — Isolement des malades ; désinfection par la vapeur sous pression des objets contaminés par eux ; nettoyage des locaux.

Contre les accidents nerveux graves, on donnera la morphine : bains froids ; alimentation : bouillon, lait, boissons acidulées (acide citrique : 2gr,50 par litre d'eau sucrée) ;

Pendant la convalescence, toniques, fer, glycérophosphate de chaux.

OREILLONS

Symptômes. — Une des régions parotidiennes devient douloureuse, la mastication est pénible : la sécrétion salivaire diminue : la tuméfaction occupe la région, puis s'étend aux régions voisines. Ces symptômes peuvent être quelquefois précédés de fièvre, frissons, vomissements. Chez l'enfant, la maladie décroît dès le 4ᵉ jour et la guérison survient du 6ᵉ au 8ᵉ jour. Mais le côté opposé peut être atteint. Chez les adolescents et les adultes, l'orchite est fréquente, s'annonçant par un état typhoïde plus ou moins marqué et la tuméfaction douloureuse du testicule (non de l'épididyme).

Elle se termine souvent par atrophie pouvant entraîner le féminisme.

Suivant les épidémies, les oreillons revêtent une forme grave ou bénigne, localisée aux parotides, ou bien généralisée aux autres glandes (sous-maxillaire, sublinguale, mamelles, ovaire).

Complications. — Albuminurie; endocardite; œdème laryngé, bronchite.

Diagnostic. — Parotidites; adénite; inflammation du conduit auditif externe; orchite blennorragique.

Traitement. — Isoler le malade pendant 15 ou 20 jours; pendant la phase aiguë de l'affection: repos à la chambre, régime alimentaire semi-liquide.

Quatre fois par jour, gargarisme au chloral, à l'eau de Labarraque étendue. Si les douleurs parotidiennes sont vives, liniment avec :

Extrait de belladone	5	grammes.
Ichtyol	15	—
Glycérine .... Q. S. p.	150	—

Dans les cas fébriles avec délire, phénomènes méningés, bains tièdes trois fois par jour. En cas d'orchite, repos absolu; le scrotum sera maintenu relevé contre le pubis, éviter les onctions à l'onguent mercuriel, stypage au chlorure de méthyle ou liniment formulé plus haut.

Dans la convalescence, fer, quinquina, etc... Si il y a atrophie testiculaire, essayer les douches périnéales et les courants continus.

INFECTIONS MYCOSIQUES

Ce sont l'actinomycose et la sporotrichose.

Actinomycose. — Infection par le champignon *Actinomyces.* La localisation à la face et au cou est la plus fréquente.

Souvent le début se fait comme un abcès dentaire, ou bien par une nodosité siégeant sur une face interne du maxillaire inférieur ou à son angle postérieur. Bientôt la peau rougit, s'ulcère et la tuméfaction s'ouvre au dehors par plusieurs orifices qui restent fistuleux; le pourtour de la tumeur est très induré et les bords de la plaie bourgeonnent. L'abcès peut fuser vers le cou, vers le thorax. L'état général reste bon ; la pression de la tumeur est seule pénible.

L'actinomycose peut siéger à la langue; dans les poumons (simulant la tuberculose); dans les plèvres; dans les viscères abdominaux; dans les centres nerveux (signes de tumeur cérébrale).

La marche est chronique.

Diagnostic. — Avec gommes syphilitiques; abcès et adénites tuberculeuses; cancer.

Sporotrichose. — Elle se présente sous formes de gommes cutanées tout à fait semblables aux gommes syphilitiques ou tuberculeuses. Mais en outre le sporotrichum peut déterminer des lésions synoviales, osseuses, articulaires, viscérales.

Traitement des mycoses. — L'iodure de potassium agit efficacement : débuter par 2 grammes et monter progressivement à 4, 6 et 8 grammes; durée du traitement : un mois. Le traitement local est inutile dans les mycoses fermées : s'il y a un gros abcès, l'évacuer par ponction. Si les lésions sont ulcérées ou fistuleuses, applications de teinture d'iode ou d'eau iodo-iodurée; protéger les lésions avec de l'emplâtre de Vigo.

Iodure de fer......................	4	grammes.
Iodure de potassium..............	4	—
Emplâtre de diachylon............	50	—
Essence de térébenthine...........	Q. S.	

LADRERIE

Elle résulte de la généralisation dans les tissus du Cysticercus cellulosæ, scolex du Tænia solium.

Symptômes. — Elle se caractérise par l'existence de petites tumeurs sous-cutanées et intra-musculaires, dures, lisses généralement non douloureuses. On peut observer des accidents oculaires, nerveux.

Diagnostic. — Avec gommes syphilitiques, névromes, fibromes cutanés, adénopathies; il ne peut guère être affirmé que par l'examen microscopique d'une de ces tumeurs enlevée chirurgicalement.

Traitement. — Iodure de potassium; extrait éthéré de fougère à petites doses; ponction des tumeurs.

TRICHINOSE

Déterminée par la pénétration dans l'organisme humain d'un nématode, la trichine, qui est ingérée, à l'état larvaire, dans la viande de porc. Rare en France.

Symptômes. — Les premiers symptômes suivant l'ingestion de la viande trichinée sont ceux d'une indigestion, accompagnée de fièvre 40°-41°, de frisson, d'abattement. Les vomissements sont abondants; les selles peuvent avoir l'aspect cholériforme. Il y a de l'œdème de la face. Tous ces symptômes peuvent d'ailleurs faire défaut. Vers le 8e ou 9e jour, apparaissent des douleurs musculaires multiples; certains muscles sont contracturés ; les muscles des membres, ainsi que les muscles viscéraux (diaphragme, œil, larynx) sont pris. En même temps, la fièvre persiste, avec délire, adynamie.

Cas graves. — Dans les cas graves, la durée se prolonge 3 et 4 mois; la mort peut survenir par accidents pulmonaires ou cachexie; la gravité des cas varie suivant les épidémies, c'est-à-dire suivant que la viande consommée est plus ou moins riche en trichines. La convalescence est très lente.

Diagnostic. — Le diagnostic repose sur le fait qu'un groupe de personnes ayant consommé la même viande de porc est atteint des mêmes accidents. Diagnostiquer avec rhumatisme, fièvre typhoïde, choléra, grippe.

Traitement. — Purgatifs répétés (sulfate de soude, 30 gr.; huile de ricin, 15 gr.).

Antihelmintiques :

Extrait éthéré de fougère mâle.....	8 grammes.
Calomel..............................	0gr,80

F. s. a. 16 capsules, à prendre de 5 en 5 minutes dans du thé léger; un quart d'heure après la dernière capsule, prendre 30 grammes d'huile de ricin.

Dès que les symptômes musculaires sont apparus, soutenir l'état général; surveiller la production possible d'escarre aux membres inférieurs.

Prophylaxie. — Nécessité de la **cuisson** ou d'une **salaison** suffisante de la viande de porc.

FILARIOSE

Ensemble des désordres pathologiques produits par l'infection de l'organisme par la *filaria sanguinis hominis*, et s'observant dans certaines contrées : Inde, Chine, Antilles, Brésil, Australie, Egypte. La filaire est probablement absorbée par l'eau de boisson.

Symptômes. — Le début se fait par de la lymphangite et de l'épaississement de la peau de la région génitale; puis les ganglions se tuméfient et deviennent douloureux. Les urines peuvent devenir blanches, graisseuses. La santé générale est peu troublée. La guérison spontanée est la terminaison ordinaire.

Diagnostic. — Avec éléphantiasis; hématochylurie endémique. Le diagnostic se fera à l'aide de l'examen microscopique du sang, recueilli la nuit, l'examen révélera la présence des filaires.

Traitement. — Changement de milieu, hydrothérapie; alimentation convenable, médication tonique chez les sujets anémiés.

MÉNINGITE CÉRÉBRO-SPINALE ÉPIDÉMIQUE

Symptômes. — **Période de début.** — Début presque toujours brusque, parfois foudroyant, par des frissons, de la céphalée, de la rachialgie.

Période d'excitation. — Caractérisée par le délire, les convulsions, l'hyperesthésie.

Période de dépression. — Dans laquelle apparaissent la stupeur, les contractures, le coma, l'anesthésie. On décrit sous le nom de *signe de Kernig* la contracture des membres inférieurs, telle que, dans la position assise, l'extension des jambes est impossible à obtenir. En outre, on observe les autres signes des méningites : vomissements, constipation, paralysies oculaires, inégalité pupillaire, arythmie respiratoire (Cheyne-Stokes), carphologie, albuminurie, intermittences du pouls. La fièvre atteint dès le début 39, 40, 41°; elle est irrégulière et peut s'élever jusqu'à 43°.

Les symptômes cérébraux ou médullaires peuvent prédominer suivant les cas. La conjonctivite et l'otite entraînant la surdité sont fréquentes.

Pronostic. — Grave; il varie avec les épidémies.

Diagnostic. — Avec : méningite tuberculeuse, grippe, tétanos.

Traitement. — Glace et affusions froides sur la tête. Bains, purgatifs; antiseptiques.

Sérothérapie antiméningococcique. — L'appliquer d'une façon précoce suivant la technique suivante.

Pratiquer une ponction lombaire et évacuer le plus de liquide céphalo-rachiden possible : 50 et 100 centimètres cubes; on aspire dans une seringue 30 centimètres cubes de sérum et on l'injecte très lentement; aussitôt après l'injection, le malade est couché la tête basse et déclive. — Renouveler l'injection trois ou quatre jours plus tard et varier la quantité du sérum suivant l'intensité des symptômes.

Accidents de l'injection. — La *douleur* est parfois très violente : injection de morphine; la *rupture de l'aiguille* sera évitée si on emploie une aiguille de platine; *anaphylaxie :* éviter si possible de renouveler l'injection; *méningite sérique*, à ne pas confondre avec une rechute de méningite cérébro-spinale.

PALUDISME

Synonymie. — Fièvres intermittentes; fièvre paludéenne; malaria; Fièvres des Indes; de Canton; du Bengale; de la Tchernaïa; fièvre pernicieuse.

Causes. — Dû à la pénétration dans le sang d'un parasite animal spécial, l'hématozoaire découvert par Laveran en 1880. Il est *endémique* dans la Bresse et la Sologne en France; les Marais Pontins et la Campagne Romaine, en Italie; en Grèce, Hongrie, Algérie, Basse-Egypte, Sénégal, Madagascar, Inde, Perse, Cochinchine, golfe du Mexique, Antilles, Amérique centrale, etc.

Symptômes. — Le *paludisme* se manifeste sous des formes diverses.

1° **Fièvre intermittente**. — L'accès de fièvre intermittente en est le plus fréquent. Après une incubation de 6 à 10 jours, et quelques prodromes (malaise, troubles gastriques, lassitude) éclate le **frisson**, premier stade de l'accès, ou stade de froid. Il débute par le claquement des dents, puis le tremblement se généralise à tout le corps : les extrémités se refroidissent; il y a de l'oppression respiratoire; la température atteint 40°. Le frisson dure de 1 à 2 heures. Il est suivi du **stade de chaleur,** pendant lequel le malade ressent une chaleur progressivement pénible et qui dure 1 à 2 heures, pour faire place au **stade sueur**, caractérisé par la moiteur de la peau, une transpiration abondante, une sensation de bien-être et la chute de la température. Ce dernier dure 2 à 4 heures.

Le retour d'un de ces accès peut avoir lieu tous les jours (*fièvre quotidienne*), tous les deux jours (*fièvre tierce*), tous les trois jours (*fièvre quarte*). Plus rares sont les formes redoublées (2 accès dans le même jour), revenant tous les 2 ou 3 jours. Un type peut d'ailleurs se transformer en un autre.

2° **Fièvre rémittente et fièvre continue.** — Dans la fièvre rémittente, il y a toujours une élévation de la température, sans rémission complète, mais avec des paroxysmes fébriles périodiques, qui font défaut dans la forme continue.

Elle s'accompagne souvent de symptômes gastro-bilieux (vomissements, diarrhée, ictère, douleurs musculaires, hypertrophie hépato-splénique, céphalée, hémorragies multiples).

Elle peut, dans les **formes graves**, revêtir les types : nerveux, ataxo-adynamique, hématurique, hémoglobinurique. Elle peut s'associer à la fièvre typhoïde (*fièvre typho-palustre*).

3° **Fièvres pernicieuses**. — Ces formes mettent la vie du malade en danger en quelques jours ou en quelques heures. Elles se montrent sous forme *épidémique*, d'autant plus fréquemment qu'on s'approche de la zone tropicale.

Variétés: comateuse; convulsive; algide ou cholériforme; diaphorétique; dysentériforme; syncopale; cardialgique; pneumonique, pleurétique.

4° **Cachexie palustre**. — Toutes les formes précédentes peuvent aboutir à la cachexie : celle-ci quelquefois s'établit d'emblée. La cachexie paludéenne se caractérise par : l'anémie, la pâleur terreuse de la peau, l'amaigrissement et l'affaiblissement ; l'hypertrophie très considérable de la rate, et celle, moins notable, du foie; souvent de l'œdème, de l'ascite, de l'albuminurie. Elle est d'un pronostic très grave. Le foie peut être atteint de différentes façons : hépatite aiguë, subaiguë, cirrhose paludéenne.

5° **Formes larvées.** — Le paludisme peut se manifester par des accidents isolés : névralgie du trijumeau, du sciatique; coryza, diarrhée, purpura, migraine présentant souvent une allure périodique.

Diagnostic. — Avec : fièvre typhoïde, fièvres intermittentes symptomatiques (tuberculose pulmonaire, abcès du foie), ictères, dysenterie, fièvre jaune, coup de chaleur, choléra.

Nécessité, dans certains cas, de rechercher dans le sang l'hématozoaire de Laveran.

Traitement. — 1° **Fièvre intermittente.** — Donner un purgatif. Puis 75 centigrammes ou 1 gramme de **Sulfate de quinine**, en deux doses, l'une immédiatement, l'autre 5 heures avant le retour supposé du prochain accès (la quinine n'agissant qu'au bout de cinq heures).

2° **Fièvre rémittente.** — Vomitif, puis sulfate de quinine : 1 gramme par jour, donné au moment de la rémission.

3° **Fièvre pernicieuse.** — Sulfate de quinine : 2 à 3 gr., par voie stomacale, ou bien en injection sous-cutanée :

Eau distillée........................	10 grammes.
Alcool............................	4 —
Bromhydrate de quinine...........	2 —

Injecter aseptiquement 1 à 3 seringues de Pravaz de cette solution.

Le sulfate de quinine non toléré peut être remplacé par le bromhydrate ou le lactate, ou la poudre de quinquina (8 grammes de poudre de quinquina jaune dans du café noir), associé ou non à 2 centigrammes d'extrait d'opuim.

4° **Cachexie.** — On emploiera les solutions arsenicales (1/2 cent. d'arséniate de soude au repas); les préparations ferrugineuses, l'hydrothérapie tiède.

La quinine peut être administrée à titre prophylactique.

ÉRYSIPÈLE

Inflammation aiguë de la peau, due au streptocoque.

Symptômes. — L'érysipèle débute par des signes généraux : frissons, malaise, céphalée, élévation thermique à 40° ; le lendemain ordinairement apparaît la plaque érysipélateuse, pouvant siéger sur n'importe quelle région cutanée, le plus souvent à la face. Elle est constituée par une tache rouge ou lie de vin, au niveau de laquelle la peau est épaissie, douloureuse à la pression, et limitée par une saillie, un **bourrelet** qui s'étend progressivement. Les ganglions correspondants sont tuméfiés. Dans les régions à tissu cellulaire lâche (paupières, scrotum, grandes lèvres), l'œdème est considérable. Quand l'érysipèle a pour cause occasionnelle une plaie infectée, celle-ci se modifie : ses bords sont gonflés; la suppuration se tarit. L'extension au cuir chevelu se traduit par l'œdème et la douleur à la pression ; la chute des cheveux peut en être la conséquence; les cheveux repoussent, mais lentement.

Au bout du 6e ou du 8e jour, commence la période de déclin; les signes généraux s'amendent, la fièvre diminue; la plaque érysipélateuse s'affaisse et reprend peu à peu la coloration normale de la peau.

Variétés. — **Formes graves.** — On observe un état typhoïde alarmant : langue sèche, ventre ballonné, diarrhée, teinte ictérique, albuminurie, délire, coma.

Formes abortives. — L'érysipèle siège sur le nez ou les deux pommettes et s'étend très peu : les signes généraux sont minimes.

Erysipèle à répétition. — Certains sujets sont exposés aux récidives; chez la femme, on peut voir l'érysipèle survenir à chaque époque menstruelle, ou même remplacer les règles (érysipèle supplémentaire).

Érysipèle ambulant. — Il s'étend de proche en proche à toute la surface cutanée.

Complications. — Erysipèle des fosses nasales.

Broncho pneumonie (considérée, dans quelques cas, comme érysipèle du poumon) ; érysipèle bucco-pharyngé; érysipèle gastro-intestinal ; abcès sous-cutanés; phlegmon de l'orbite ;

arthrites suppurées; gangrène cutanée; septicémie; pleurésies; néphrite; endocardite mitrale.

Diagnostic. — Avec : l'érythème provoqué par l'application de substances irritantes : (pommades, eau sédative, teintures pour les cheveux, etc.); l'urticaire, le zona ophtalmique (limitation à la ligne médiane, présence de bulles sur le trajet des branches nerveuses) : l'eczéma aigu; la dacryocystite des paupières; *la morve aiguë; l'œdème charbonneux des paupières.*

Traitement. — **Local.** — Appliquer sur la plaque érysipélateuse des pansements antiseptiques faibles ; pulvérisations antiseptiques; de préférence, application 2 à 4 fois par jour du topique suivant :

Gaïacol .... }
Teinture d'iode .... } āā 5 grammes.
Ether alcoolisé .... }
Essence de menthe poivrée : quelques gouttes.

ou bien recouvrir la plaque de traumaticine, d'une pommade à l'ichtyol.

Général. — Vin de quinquina, potion de Todd, purgatif, antipyrine.

Dans les formes ataxo-adynamiques, donner des bains froids chez les sujets jeunes; injections de collargol.

DIABÈTES SUCRÉS

Symptômes. — La présence du sucre dans l'urine, l'exagération de la soif et de la faim, l'augmentation de la quantité d'urine excrétée (glycosurie, polydipsie, polyphagie, polyurie) constituent le diabète sucré.

La *recherche du sucre* dans l'urine se fait à l'aide du **réactif de Fehling** :on met dans un tube à essai 2 à 3 centimètres cubes de cette liqueur et on chauffe jusqu'à ébullition, pour s'assurer que la liqueur est bonne et ne se réduit pas d'elle-même : elle doit conserver sa couleur bleue. On ajoute l'urine (10 cc. environ) et on chauffe de nouveau. Si l'urine contient du sucre, il se produit immédiatement un précipité de protoxyde de cuivre : le liquide prend une teinte verte, puis jaune, puis rouge.

Causes d'erreur : la réduction doit être immédiate; certains médicaments peuvent réduire la liqueur de Fehling : chloroforme, chloral, sulfonal, benzoate de soude, copahu.

Le dosage du sucre se fait à l'aide de la liqueur de Fehling titrée ou du saccharimètre.

Variétés. — Trois formes cliniques du diabète sucré :

Le diabète pancréatique ou diabète maigre, lié à la sclérose du pancréas;

Le diabète nerveux, lié à des lésions spontanées ou traumatiques de la région bulbo-protubérantielle;

Et le diabète constitutionnel ou diabète gras, diabète arthritique, diabète proprement dit.

Diabète pancréatique. — Il survient ordinairement chez les sujets qui ne sont pas de souche arthritique; plus souvent chez des ouvriers que chez les riches, par opposition avec le diabète constitutionnel, plus souvent chez l'homme que chez la femme; de 20 à 60 ans.

Symptômes. — Début quelquefois **brusque** par :

Douleurs lombaires, vomissements, coliques, ictère. La polydipsie apparaît parfois comme phénomène initial : le malade a une soif impérieuse, plus vive la nuit que le jour; il boit de 4 à 6 litres, 10 litres et plus par jour. La polyphagie augmente aussi rapidement ; elle est plus irrégulière que la polydipsie. La bouche est sèche, ainsi que les lèvres et la langue ; les digestions restent excellentes ; la constipation est presque constante, quelquefois remplacée par de la diarrhée. Les douleurs abdominales sont fréquentes.

La polyurie arrive bientôt au taux de 5, 10, 15 litres d'urine par 24 heures, taux qui se maintient jusqu'à la période terminale. Les urines sont claires et très denses. La glycosurie est ordinairement très élevée et persistante : 200, 400 et jusqu'à 1 000 grammes par 24 heures. La quantité d'urée est souvent augmentée.

Les troubles génitaux consistent dans la diminution des désirs vénériens, l'agénésie, l'impuissance.

On observe en outre : la perte de la force musculaire, l'abolition des réflexes rotuliens, quelquefois des névralgies, l'affaiblissement de la mémoire et de la volonté, des modifications du caractère qui devient triste, apathique, de la somnolence.

L'amaigrissement est précoce et rapide. Les malades perdent de 4 à 5 kilogrammes par mois. La température reste normale ou s'abaisse à 36°.

Marche. Durée. Terminaisons. — En deux à trois ans, parfois en 6 à 12 mois, le diabète pancréatique arrive à la phase terminale : on observe alors l'atténuation de la polyphagie, de la polydipsie, de la polyurie et la diminution du sucre. Le malade succombe dans la coma, ou, plus souvent, à la phtisie pulmonaire, complication presque constante du diabète pancréatique.

Diabète nerveux. — Début insidieux ou rapide. La glycosurie est variable, tantôt faible (quelques grammes), tantôt considérable (500 à 800 gr.) La polyurie atteint 4 à 10 litres, parfois 15 à 20. La polydipsie suit les variations de la polyurie ; comme elle, elle peut manquer.

La polyphagie est moins constante et moins intense. L'état général est rarement aussi atteint que dans les autres diabètes. Les troubles nerveux, par contre, ne sont pas rares : hémiplégie, paralysies oculaires, paralysies des nerfs facial ou hypoglosse, du pneumogastrique, vertiges, anesthésie, hyperesthésie, céphalée.

La guérison peut survenir au bout de quelques semaines ou quelques mois ; rarement il dure deux ans. Lorsqu'il dépasse un an, il se termine ordinairement par la mort (amaigrissement, perte des forces, perte de l'intelligence ; souvent signes de tuberculose pulmonaire).

Diabète constitutionnel. — Il s'observe surtout chez l'adulte (exceptionnellement chez l'enfant, où il revêt une forme rapidement mortelle), de 30 à 40 ans chez la femme, de 40 à 60 chez l'homme ; les professions sédentaires, l'alimentation féculente et sucrée ou surabondante y prédisposent. Il existe parfois simultanément chez le mari et chez la femme (*diabète conjugal*). L'hérédité *arthritique* se trouve presque toujours : les ascendants sont atteints de diabète ou bien de rhumatisme, obésité, gravelle, goutte, asthme, migraine, lithiase biliaire, eczéma. On peut retrouver aussi une hérédité névropathique.

Symptômes. — Début essentiellement insidieux ; le sucre n'est souvent découvert dans les urines qu'à l'occasion d'un accident tel que : anthrax, gangrène, balanite, agénésie. L'obésité est parfois un signe précoce, précédant la glycosurie et se montrant dès le jeune âge, ou vers 25 ou 30 ans. La glycosurie est d'abord intermittente ; à la période d'état, le diabète est caractérisé par les quatre symptômes : glycosurie, polyurie, polydipsie, polyphagie.

Les *urines* sont pâles, décolorées, denses (1030, 1045), leur quantité est variable ; elle atteint 3 à 4 litres par jour en moyenne. La glycosurie est de 15 à 30 ou 40 grammes par jour ; elle n'atteint pas les chiffres du diabète pancréatique ou nerveux. Elle est augmentée par les repas copieux, les fatigues intellectuelles ou physiques ; diminuée par le repos, le régime azoté, les maladies intercurrentes. La quantité d'urée peut atteindre 40 et 60 grammes par 24 heures, l'albuminurie n'est pas rare ; les sels minéraux sont augmentés. — La polydipsie est généralement modérée, ainsi que la polyphagie.

Les troubles dyspeptiques n'apparaissent que tardivement. On observera la diminution des sécrétions salivaire (sécheresse de la bouche, de la langue, troubles du goût, embarras de la parole), sudorales (sécheresse de la peau). La température est abaissée ou normale. La force musculaire reste normale ; cependant les malades se plaignent de lassitude, de fatigue facile ; la mémoire est légèrement affaiblie, le sens génésique est diminué.

Marche, durée, terminaisons. — Le diabète constitutionnel a une marche insidieuse, chronique. Longtemps l'état général reste excellent et l'embonpoint ou l'obésité persistent. La glycosurie peut exister seule. A la longue, les symptômes s'accusent et l'amaigrissement progresse d'une façon continue. Après une durée de 10, 20, 30 ans, la mort survient, due à une complication ou au coma diabétique.

Complications. — **Appareil digestif.** — Langue dépouillée de son épithélium ; carie dentaire ; périostite alvéolo-dentaire ; angine ; dilatation de l'estomac ; entérite simple ou ulcéreuse.

Foie. — Cirrhose hypertrophique ; atrophique ; diabète bronzé ou cirrhose pigmentaire (mélanodermie, hypertrophie du foie, congestions).

Poumon. — Tuberculose pulmonaire à début insidieux, à marche rapide ; pneumonie ; gangrène pulmonaire ; bronchites ; cachexie.

Cœur et vaisseaux. — Hypertrophie cardiaque ; artérite

chronique ; gangrène des membres, superficielle ou profonde, sèche ou humide.

Peau. — (Diabétides de Fournier), prurit; érythèmes; acné; urticaire; zona; herpès; eczéma; furoncles, anthrax; phlegmon; gangrène cutanée.

Appareil génito-urinaire. — Albuminurie ; cystite ; urétrite ; balanite et posthite; eczéma de la vulve; diminution de la virilité.

Système nerveux. — Monoplégie; hémiplégie; paraplégie à forme légère ou à forme grave, forme ataxique (pseudo-tabes); chute spontanée des ongles; mal perforant ; atrophie musculaire; état lisse et pâle de la peau; névralgies (intenses, symétriques), arthralgies, céphalalgie; perversion du goût, de l'odorat; cataracte; amblyopie à forme légère ou grave ; paralysies oculo-motrices; troubles psychiques; vertiges; crises de sommeil; coma diabétique.

Coma diabétique. — Survient après un excès de fatigue, des émotions. Après une courte période d'invasion marquée par : l'odeur spéciale, aigrelette, de l'haleine, une dyspnée intense sans bruit morbide à l'auscultation, une diarrhée quelquefois cholériforme, un délire d'excitation plus ou moins intense, le malade tombe dans le coma : face pâle, pupilles dilatées, immobilité, les extrémités se refroidissent et la mort survient dans cet état, avec abaissement progressif de température.

Diagnostic. — Recherche systématique du sucre chez les obèses, les arthritiques; importance des complications qui peuvent ouvrir la scène et avoir la valeur de signes révélateurs du diabète.

Diagnostic avec glycosuries simples ; tabes ; affections cutanées; coma alcoolique, saturnin, cholérique, opiacé.

Traitement. — 1° **Régime.** — a. ALIMENTS DÉFENDUS. — Substances sucrées ou féculentes, ne pas supprimer complètement les féculents; sucre, miel, pâtisseries; raisins, prunes, abricots, poires ; légumes sucrés : carottes, navets, betteraves ; farineux ; le pain ordinaire. On remplacera le pain par de la pomme de terre cuite à l'eau.

b. ALIMENTS PERMIS. — Viandes de boucherie, gibier, volaille, poissons, œufs, épinards, salades, haricots verts ; fruits contenant des huiles ; fromages.

c. Boissons défendues. — Vins mousseux, eaux gazeuses.

d. Boissons permises. — Thé ou café non sucré, *eau*, vin rouge coupé d'eau.

2° **Hygiène.** — Exercice modéré chaque jour; bains alcalins, frictions sèches. Eviter les émotions, le surmenage.

3° **Médications.** — Aucune n'est spécifique.

Antipyrine, 1gr,50 à 2 grammes par jour, 4 à 5 jours, 2 fois, avant les repas; huile de foie de morue, alcalins, quinquina (Robin).

Arsenic, alcalins, sulfate de quinine:

Bicarbonate de soude... 2 gr.
Pour 1 cachet n°30, 2 à 3 par jour.

Sel de Seignette......... 3 gr.
Pour 1 paquet n°20, un paquet 2 fois par jour, dans un verre d'eau de Vals.

Benzoate de lithine..... 0gr,25
— de soude...... 0gr,50
Pour 1 cachet n°10, 2 à 3 par jour.

Liqueur de Fowler. X à XXX gouttes par jour.

Ensuite on emploiera les opiacés, le bromure, la belladone:

Bromure de potassium. 20 gr.
Eau distillée........... 300 gr.
F. s. a. 2 à 4 cuillerées à soupe par jour.

Extrait de belladone... 1 cgr.
— de valériane } āā 10 cgr.
Poudre de — }
Pour 1 pilule n° 40, 2 à 5 pilules par jour.

Extrait thébaïque...... 2 cgr.
— de belladone. 1 cgr.
Pour 1 pilule n°30, 3 pilules par jour.

Sulfate de quinine. } āā 10 cgr.
Extrait de quinquina. }
Pour 1 pilule, n°30. 2 à 5 par jour.

Eaux arsenicales et alcalines.

Coma diabétique: donner dans les 24 heures, 20 grammes de bicarbonate de soude.

Les injections intra-veineuses de bicarbonate de soude sont préférables.

Chlorure de sodium....................	7 grammes.
Bicarbonate de soude..................	10 —
Eau stérilisée........	1000 cc. (Lépine.)

OBÉSITÉ

Symptômes. — Le développement excessif du tissu adipeux peut s'accompagner de troubles divers : difficulté de la marche, faiblesse musculaire, somnolence, essoufflement, épistaxis, œdème, (cœur graisseux), palpitations, dyspepsie, frigidité sexuelle, bronchites; rechercher le sucre dans l'urine.

Prophylaxie. — Prophylaxie par l'hygiène; vie active, exercice, marche, gymnastique. Alimentation modérée, peu de féculents, peu de graisse, pas plus de 100 à 200 grammes de pain. Ne pas boire plus d'un verre et demi par repas; manger d'abord, boire ensuite; s'abstenir de bière et d'alcool.

Traitement. — Hydrothérapie; frictions sèches; eau de Vichy et iodure de potassium; bains de vapeur; purgatifs salins.

Iodothyrine de Bayer : 1 gramme par jour, pendant 15 jours au plus (surveiller l'état du cœur et des reins). Régime lacté intégral pendant 3 semaines (200 gr. de lait toutes les 2 heures, eau), suivi d'un régime carné de 3 à 6 semaines et ensuite régime composé d'œufs, fromage sec, fruits, légumes verts, pain en croûte ou grillé (100 gr.), peu de vin, eau d'Evian; régime lacté intermittent.

Traitement thermal. — Brides et Marienbad; si l'obèse est arthritique avec uricémie, la cure hygiéno-diététique doit être précédée d'un séjour à Vittel ou Contrexéville.

Si *le cœur faiblit :* repos, régime sévère, caféine.

GOUTTE

Symptômes. — La goutte débute ordinairement par l'accès de goutte : douleur très vive apparaissant brusquement, souvent la nuit, siégeant à l'articulation métatarso-phalangienne du gros orteil, accompagnée de gonflement, rougeur de la peau, fièvre légère. Arthropathies chroniques multiples, surtout des articulations des doigts et des orteils; nodosités cutanées ou sous-cutanées, siégeant aux coudes, autour des articulations, aux oreilles (tophi ou dépôts d'urate de soude); cachexie goutteuse; gastrite; angine de poitrine; asthme et bronchite goutteuses; lithiase urinaire; albuminurie; céphalalgie; ictus apoplectiformes; augmentation de l'acide urique dans les urines, parfois glycosurie.

Diagnostic. — Rhumatisme chronique, arthrite aiguë du gros orteil (blennorragique ou rhumatismale), goutte saturnine.

Traitement. — *Dans l'accès aigu* : liniments chloroformés ou au baume tranquille sur l'articulation, cataplasmes laudanisés; pansement ouaté; colchique; teinture de colchique, XX à XXX gouttes par jour en 2 fois, ou bien :

Teinture de colchique... 1 gr.
Sirop de belladone.... } āā 20 gr.
— de laurier-cerise }
Eau distillée........... 80 gr.
Prendre en 3 fois dans la journée.

Vin de semences de colchique............... 5 gr.
Acoolature de racines d'aconit......... XX gouttes.
Sirop de fleurs d'oranger 20 gr.
Eau distillée........... 100 gr.
Prendre, en 3 fois, dans la journée.

Dans la goutte chronique : salicylate de soude, benzoate de lithine, carbonate de lithine (20 à 40 centigrammes). Exercice modéré, régime sobre et régulier, pas d'excès intellectuels.

RACHITISME

Symptômes. — Début insidieux, vers l'âge de 6 mois. Déformations du squelette. Retard de la fermeture des fontanelles.

Exagération des bosses craniennes; craniotabes (ramollissement de l'occipital); maxillaire inférieur, repoussé en avant, entraînant la déviation des dents; chapelet rachitique des articulations chondrosternales; nouures, ou tuméfaction des extrémités articulaires des os des membres, exagération des courbures de l'humérus, des os de l'avant-bras, du fémur. Troubles dyspeptiques, gastro-entérite, bronchite, irritabilité nerveuse ou tristesse, apathie, amaigrissement plus souvent qu'obésité.

Marche. — Après 6, 8 mois, 1 ou 2 ans, dans les formes graves, terminaison par guérison complète ou avec persistance de quelques déformations. Complications : bronchopneumonies, gastro-entérites.

Diagnostic. — Avec syphilis osseuse héréditaire, hydrocéphalie.

Traitement. — *Si la dentition n'est pas terminée*, lait maternel ou lait stérilisé, exclusivement.

Si l'enfant est plus âgé, œufs, cervelles, purées féculentes, pas de viandes, de fruits, de boissons fermentées ou excitantes. Empêcher l'enfant de se tenir debout. Bains salés, tous les 2 ou 3 jours. Frictions stimulantes d'huile de camomille camphrée, ou de baume de Fioraventi sur le rachis et les membres. Huile de foie de morue, à dose aussi forte que peut le supporter l'estomac, sirop antiscorbutique, phosphate de chaux en poudre ou sirop de lactophosphate de chaux du Codex; solution Coirre. Séjour à la mer.

OSTÉOMALACIE

Symptômes. — Ramollissement progressif des os, entraînant des déformations de la taille, des membres, du bassin, des fractures spontanées, avec douleurs vives, survenant chez l'adulte, surtout dans le sexe féminin, durant plusieurs années et se terminant fatalement par la mort, par pneumonie, phtisie, néphrite.

Traitement. — Huile de foie de morue, phosphate de chaux, séjour à la mer, frictions cutanées, bains salés.

Castration ovarienne.

ACROMÉGALIE

Symptômes. — Début insidieux, dans l'adolescence. Déformation du squelette : élargissement et allongement des doigts, des mains, des pieds; développement excessif du maxillaire inférieur et de toute la face; augmentation de volume des os des membres; cyphose vertébrale; céphalalgie; diminution de la vue; dépression mentale.

Traitement. — Symptomatique : toniques, analgésiques.

Essayer la médication hypophysaire.

MYXŒDÈME

Symptômes. — Bouffissure de la face, du cou; téguments blanc jaunâtre, épaissis, indurés, œdème dur, non dépressible;

chute des poils; atrophie du corps thyroïde; somnolence; paresse intellectuelle.

Chez l'enfant : idiotie myxœdémateuse.

Traitement. — Ingestion de corps thyroïde de mouton, ou d'extraits de thyroïde ou de thyroïdine. Ce traitement doit être très surveillé.

CHLOROSE

Symptômes. — Le début est brusque, rapide ou lent. Pâleur, teinte jaune verdâtre « cire vieille », du visage, décoloration des muqueuses (conjonctives palpébrales, lèvres), légère bouffissure des paupières, rougeurs émotives. Palpitations au moindre effort. A l'auscultation : bruit de souffle continu avec renforcement systolique à la base du cou, au niveau de la jugulaire interne, parfois dans les autres veines; souffle systolique de l'artère pulmonaire ou aortique, quelquefois à la pointe (souffles extra-cardiaques ou cardio-pulmonaires de Potain); oppression respiratoire; toux chlorotique; dyspepsie; constipation.

Irrégularités menstruelles, diminution ou suppression des règles. Étourdissements, vertiges, bourdonnements d'oreille, syncopes ; rarement fièvre (formes fébriles). L'examen du sang décèle une diminution plus ou moins marquée du nombre de globules rouges et une diminution proportionnellement plus considérable de l'hémoglobine.

Marche. — Chronique, avec accès successifs ; durée moyenne de 6 à 8 mois.

Complications. — Endocardite, thromboses veineuses, hémorragies, néphrite, influence défavorable de la grossesse dans les formes sérieuses.

Diagnostic. — Avec les chloro-anémies symptomatiques : tuberculeuse, syphilitique; les anémies paludéenne, saturnine, cancéreuse, leucémique.

Traitement. — Repos au lit de 4 à 5 semaines; repos intellectuel et moral ; séjour à la campagne (et non à la mer) ; inhalations d'oxygène ; frictions à l'alcool ; hydrothérapie (à la fin du traitement) ; bains chauds ; lait ; soupes au lait; viandes crues ; acide chlorhydrique, s'il y a hypopepsie ; médication ferrugineuse ; oxalate de protoxyde de fer, chlorure ferreux, lactate de fer, protoiodure de fer, sous forme de pilules de Vallet, de Blanchard, de Rabuteau (2 à 4 par jour au moment des repas) ou :

Fer réduit............ 10 cgr.
Poudre de quinquina. } ãã 25 cgr.
— de cannelle... }
Pour 1 cachet n° 20, 1 à chaque repas.

Lactate de fer.......... 10 cgr.
Poudre de rhubarbe... 10 —
Extrait de quinquina.. 5 —
Pour 1 pilule n° 40, 1 à 2 pilules à chaque repas.

Protoxalate de fer..... 10 cgr.
Pour 1 cachet n° 30, 2 à 4 par jour.

Tartrate ferrico-potassique.............. } ãã 5 cgr.
Poudre de coca...... }
Extrait de quinquina. }
Pour 1 pilule n° 30, 4 à 8 par jour.

Donner le fer par périodes de 15 jours, l'associer aux amers, quinquina, houblon, quassia.

Contre la dyspepsie : eaux alcalines (hyperchlorhydrie) ou craie préparée, magnésie, belladone, opium, noix vomique, colombo.

S'il y a des complications pulmonaires, remplacer le fer par l'arsenic, opothérapie ovarienne, eaux minérales ferrugineuses ou arsenicales.

ANÉMIE PERNICIEUSE PROGRESSIVE

Symptômes. — Début insidieux par la perte des forces, la pâleur, l'essoufflement, les troubles digestifs. A la période d'état : pâleur de la peau et des muqueuses ; œdème des membres inférieurs ; hémorragies cutanées ; épistaxis ; gingivorragies ; hémorragies rétiniennes ne troublant souvent pas la vue ; pouls veineux jugulaire vrai ou faux ; souffles extra-cardiaques ; palpitations ; anorexie, vomissements, diarrhée. Pas d'hypertrophie de la rate, ni du foie, ni des ganglions ; affaiblissement musculaire ; céphalalgie, vertiges ; douleurs osseuses, parfois paraplégie ; fièvre terminale. L'examen du sang décèle une anémie considérable (moins de 1 million de globules rouges), sans diminution parallèle de l'hémoglobine ; avec déformations nombreuses des globules (globules géants et nains ; globules à noyau) ; absence de rétractilité du caillot.

Marche. — Progressive, parfois avec rémissions, mais se terminant par la mort après une durée de 2 à 8 mois.

Diagnostic. — Avec chlorose ; anémie hémorragique ; anémies symptomatiques des entérites chroniques, de l'ankylostome duodénal, de la tuberculose au début, des cancers latents, de la leucémie.

Traitement. — Repos absolu ; régime lacté mixte ; lavements ; inhalations d'oxygène ; ferrugineux (surveiller les effets de leur administration) ; arsenic : liqueur de Fowler, 5 à 20 gouttes par jour ; sérum artificiel.

LEUCÉMIE, LYMPHADÉNIE, LEUCOCYTHÉMIE

Symptômes. — **Début**. — Très insidieux, par faiblesse, céphalées, pâleur, dyspnée.

Période d'état. — Anémie (diminution des globules rouges, augmentation considérable des globules blancs), pâleur de la peau, décoloration des muqueuses, hémorragies ; tuméfaction des ganglions cervicaux, inguinaux, axillaires ; hypertrophie de la rate, qui peut descendre jusqu'à la fosse iliaque ; dyspnée ; œdème pulmonaire ; dyspepsie ; souffles anémiques à l'auscultation ; faiblesse progressive, perte des forces, fièvre vespérale, œdème des membres, Parfois marche rapide ; terminaison, après une durée de 1 à 4 ou 6 ans, par cachexie ou complications.

Formes cliniques. — Lymphadénie sans leucémie, ou adénie ; formes splénique, ganglionnaire, intestinale, cutanée (mycosis fongoïde) et myélogène, suivant la prédominance des lésions.

Diagnostic. — Avec hypertrophies de la rate (paludisme) ; adénites syphilitiques et tuberculeuses ; anémies symptomatiques.

Traitement. — Toniques ; fer ; sulfate de quinine ; iodure de fer, arsenic, cacodylate de soude ; solution ferro-arsenicale (teinture de Mars tartarisée, 10 gr. ; liqueur de Fowler, 5 gr. ; acide citrique, q. s.), X à XX gouttes à chaque repas ; injections interstitielles dans les ganglions de V à XXX gouttes de la solution suivante :

Phosphate de soude	1 gramme
Sulfate de soude	2 grammes
Arséniate de soude	0gr,20 centigr.
Eau distillée	Q. S. p. 20 cc.

Bains sulfureux; bains salés; eaux de Salies-de-Béarn, Salins, Lavey, Uriage, La Bourboule.

Tenter la radiothérapie (Béclére).

PURPURA

Symptômes. — Apparition de taches cutanées formées par de petites hémorragies de la peau, peu nombreuses ou généralisées à tout le tégument, de dimensions petites (pétéchies), moyennes, ou étendues (ecchymoses), de coloration rouge, puis violacée, puis jaunâtre et ne disparaissant pas sous la pression du doigt.

Variétés. — Purpuras secondaires des cachexies, du scorbut, de la variole hémorragique, de l'ictère grave. Purpuras primitifs; purpura simple; maladie de Werloff; typhus angio-hématique.

Traitement. — Eviter toute médication susceptible d'aggraver les hémorragies, telle que l'iode et les iodures. Administrer les toniques : quinine, quinquina, fer, strychnine, ergot de seigle; boissons acidulées : limonade citrique, sulfurique, eau de Rabel, sirop antiscorbutique, pilules et infusions de matico, repos absolu au lit, séjour à la campagne.

SCORBUT

Dû à la privation de végétaux frais dans l'alimentation.

Symptômes. — Début par pâleur, anémie, abattement; douleurs des membres, ecchymoses, indurations sous-cutanées, gingivite hémorragique; hémorragies viscérales; œdème; cachexie; ulcérations cutanées.

Traitement. — Prophylaxie : habiter en lieu sec, ensoleillé ; vêtements chauds; régime rafraîchissant; fruits acidulés ; légumes verts ; peu de viande ; pas de conserves salées ; jus de citron; cochléaria, thé chaud, amers et ferrugineux.

Période d'état : repos absolu au lit, lavages de la bouche au chlorate de potasse ; toucher les ulcérations avec de l'acide chromique en solution à 1 p. 30. Ergotine, sirop antiscorbutique.

HÉMOPHILIE

Etat diathésique, héréditaire ou isolé, caractérisé par une prédisposition aux hémorragies provoquées, telle que la moindre plaie saigne indéfiniment, et par une tendance aux hémorragies spontanées en tous les points du corps (Labbé).

Symptômes. — 1° *Hémorragies provoquées à l'occasion d'un traumatisme minime;* ecchymose à la suite d'un choc, d'une chute, d'un pinçon ; suintement sanguin interminable à la suite d'une légère coupure, de l'avulsion d'une dent, etc...

2° *Hémorragies spontanées au niveau de la peau* (ecchymoses), des muqueuses (épistaxis, entérorragie) des viscères (hématurie), des muscles (hématomes).

3° *Attaques répétées de gonflement articulaire* avec hémarthrose intéressant différentes jointures.

Traitement. — 1° **Traitement général.** — Employer les **coagulants du sang** ; sérum artificiel, gélatine, chlorure de calcium (2 à 4 gr. par jour), extraits splénique, rénal, ovarien, sérum de cheval frais ou sérum antidiphtérique injecté dans une veine (20 c.c.) ou bien les **constricteurs vasculaires** : ergot de seigle, ratanhia, adrénaline.

2° **Traitement local.** — L'amadou, l'antipyrine, le perchlorure de fer sont insuffisants ; le chlorure de calcium en solution à 2 p. 100, le sérum gélatineux n'ont guère plus d'action. Par contre, le sérum antidiphtérique a une action hémostatique puissante : on panse la plaie avec de la gaze imbibée de sérum (Weil).

Le traitement des **arthropathies hémophiliques**, nécessite, outre le traitement général, l'immobilisation du membre ; dès que la poussée hémorragique sera terminée, on cherchera à mobiliser la jointure avec beaucoup de prudence pour ne pas réveiller d'hémorragies.

IV. — INTOXICATIONS

EMPOISONNEMENTS EN GÉNÉRAL

Traitement. — 1° *Si le poison a été avalé*, lavage de l'estomac par la sonde gastrique, ou vomitif (ipéca, tartre stibié) et boissons abondantes; lavement purgatif; tenter de neutraliser le poison, c'est-à-dire d'introduire dans l'estomac une certaine quantité de substance capable de former avec lui une combinaison insoluble (Voir plus loin).

2° *Combattre l'état asphyxique* par les inhalations d'oxygène, la respiration artificielle, les tractions rythmées de la langue; la syncope par la position horizontale, les inhalations de nitrite d'amyle, les injections de caféine; les convulsions, par le chloroforme en inhalations; le collapsus, par les frictions générales, les boissons chaudes, l'alcool, le café, les injections sous-cutanées d'éther ou d'huile camphrée.

3° *Surveiller les lésions locales* et favoriser l'élimination (A. Robin).

ALCOOLISME

Symptômes. — **Alcoolisme chronique.** — Dyspepsie, anorexie, pituites matinales, tremblement des mains, incertitude de la marche, diminution de la mémoire, insomnie, cauchemars, vertiges, hallucinations, crampes, diminution de la sensibilité. Complications viscérales: *delirium tremens* (tremblement généralisé, agitation extrême, vociférations, hallucinations de la vue, sueurs, hyperthermie), mélancolie alcoolique-pseudo-paralysie générale, névrite des membres inférieurs,, hystérie, pneumonie aiguë avec ictère et delirium tremens, tuberculose, albuminurie, cirrhose du foie.

Alcoolisme aigu, ivresse. — Excitation des diverses fonctions, sueurs, polyurie, odeur alcoolique de l'haleine, vomissements, loquacité, agitation, démarche titubante, perte de la sensibilité : puis dépression, somnolence ou coma avec résolution musculaire, dilatation pupillaire.

Traitement. — **Alcoolisme aigu.** — Isolement et repos, opium à haute dose, injections sous-cutanées de morphine ; contre la fièvre : bains frais, enveloppements humides ; alcool à faible dose.

Alcoolisme chronique. — Régime lacté, bicarbonate de soude, eau de Vichy, puis médication tonique : phosphate de chaux ;amers, noix vomique, hydrothérapie.

ABSINTHISME AIGU

Symptômes. — Raideur tétanique des muscles du cou et du tronc déterminant un opisthotonos ; puis convulsions désordonnées ; l'attaque dure environ une heure.

Traitement. — Chloral ; bromures ; opium.

SATURNISME

Symptômes. — **Forme aiguë**, rare.

Forme chronique : anémie, dyspepsie, liseré gingival, **coliques de plomb** : douleurs abdominales, coliques avec irradiations aux lombes, aux organes génitaux, extrêmement intenses, diminuées par la pression large de l'abdomen ; vomissements ; constipation ; rétraction de l'abdomen ; langue blanchâtre ; pouls dur et lent ; **encéphalopathie** ; délire, convulsions, coma ; paralysie saturnine des extenseurs de l'avant-bras, sauf le long supinateur ; paralysies brachiale, péronière, généralisée ; paralysies oculaires ; albuminurie ; goutte saturnine.

Diagnostic. — La colique de plomb doit être différenciée de : coliques néphrétiques ou hépatiques ; empoisonnements aigus ; péritonite aiguë ; occlusion intestinale, appendicite.

La paralysie doit être différenciée de la paralysie radiale.

Traitement. — *Dans l'intoxication aiguë :* lavages de l'estomac, sulfate de soude, acide sulfurique étendu.

Traitement général : purgatifs salins ; bains de vapeur ; jaborandi, diurétiques ; iodure de potassium.

Dans la colique de plomb : cataplasmes laudanisés sur le ventre, injection de morphine pour calmer la douleur, puis lavement purgatif, miel soufré et purgatif :

Miel..................	80 gr.	Eau-de-vie allemande.	āā 15 gr.
Soufre................	20 —	Sirop de nerprun....	

P. 20 à 60 gr. par jour.

HYDRARGYRISME

Symptômes. — **Forme suraiguë** (ingestion de sublimé corrosif). — Vomissements, douleurs gastriques violentes, œdème buccal, haleine fétide, salivation abondante, pouls filiforme, refroidissement, collapsus ; mort en 24 à 48 heures.

Forme aiguë. — Stomatite mercurielle; coliques, diarrhée, ténesme, selles dysentériformes, douleurs abdominales; diminution des urines, agitation, insomnie, cyanose, sueurs froides, collapsus, ou guérison.

Formes légères. — Stomatite, éruptions érythémateuses.

Formes chroniques. — Stomatite, tremblement, convulsions, paralysies périphériques, hystéro-épilepsie ; dépression mentale, cachexie.

Traitement. — *Forme aiguë.* — Lavage de l'estomac (tube de Faucher), vomitif, lait. Eau albumineuse ou sulfureuse, caféine, frictions, bains chauds, opiacés.

Autres formes. — Traitement de la stomatite (V. *Stomatites*) ; fer, iodure de potassium, quinquina.

INTOXICATION PHOSPHORÉE

Symptômes. — **Intoxication chronique.** — Nécrose des maxillaires.

Intoxication aiguë. — Vomissements d'odeur alliacée et diarrhée, douleurs épigastriques. Puis, après une accalmie apparente : ictère grave avec hémorragies, tendance au collapsus, terminaison dans le coma avec hypothermie.

Traitement. — Lavage de l'estomac avec eau oxygénée. (pas d'alcalins) ;vomitif ; essence de térébenthine (4 à 8 gr. par 24 heures).

INTOXICATION ARSENICALE

Symptômes. — **Forme suraiguë.** — Chaleur âcre à la gorge, vomissements, douleur épigastrique, refroidissement des extrémités; syncopes; hoquet; diarrhée séreuse; crampes dans les membres; pâleur, puis cyanose du visage, suppression des urines (type cholériforme).

Forme aiguë. — Vomissements; puis, plus tard, ballonnement du ventre, fièvre, langue rouge, éruptions cutanées; catarrhe rhino-laryngo-bronchique; diarrhée; ictère.

Formes chroniques. — Cachexie, anémie, chute des cheveux et des ongles, tremblement, paralysies.

Traitement. — Vomitif; hydrate ferrique légèrement ammoniacal; lavage de l'estomac avec :

Magnésie calcinée................	20 grammes.
Eau.......................... ...	2 litres.

INTOXICATION PAR L'OXYDE DE CARBONE

Symptômes. — **Accidents immédiats.** — Quelquefois mort rapide, par syncope réflexe; ou : céphalalgie intense; bourdonnements d'oreille, douleur rétro-sternale, vertiges, nausées, obnubilation, puis faiblesse musculaire, perte de connaissance avec abolition de la sensibilité; cyanose.

Accidents consécutifs. — Paralysies, convulsions, anesthésie, troubles vaso-moteurs et sensoriels, excitation mentale; amnésie; anémie.

Traitement. — Respiration artificielle, tractions rythmées de la langue; excitation de la peau par frictions, flagellation, inhalations d'oxygène; saignée et injection de sérum artificiel.

INTOXICATION PAR LE SULFURE DE CARBONE

Symptômes. — Cette intoxication s'observe chez les ouvriers travaillant à la fabrication industrielle de ce produit. Céphalalgie intense; l'haleine a l'odeur de sulfure de carbone; paralysies; ivresse passagère; amblyopie.

Traitement. — Inhalations d'oxygène; iodure de potassium; lait; thé, diurétiques; bains sulfureux; bromures, chloral; protoxalate de fer.

INTOXICATION PAR L'OPIUM

Symptômes. — **Intoxication aiguë.** — Nausées, vomissements, céphalée, cyanose, sueurs froides, myosis, pouls petit, irrégulier, lent, délire, excitation, puis asthénie, dilatation pupillaire, coma.

Intoxication chronique. — Anorexie, dyspepsie, sueurs, anémie, affaiblissement psychique, diminution de la mémoire, de la volonté, cachexie.

Traitement. — **Intoxication aiguë** — a. *Immédiatement après l'ingestion* — Provoquer le vomissement par titillation de la luette, vomitif (ipéca, tartre stibié); solution iodo-iodurée; tanin (4 gr. dans 200 d'eau); permanganate de potasse (1 gr. dans 200 d'eau); acidulé avec HCl ou vinaigre, s'il s'agit de laudanum.

b. *Il y a des phénomènes toxiques.* — Café en grande quantité, injections de caféine; frictions; sinapisme; respiration artificielle; tractions rythmées de la langue.

Intoxication chronique. — N'user qu'en cas de nécessité de la médication opiacée; suppression graduelle de morphine, la suppression brusque pouvant être dangereuse.

INTOXICATION PAR LA COCAÏNE

Symptômes. — Forme aiguë : agitation, loquacité, délire passager, bourdonnements d'oreilles, fourmillements dans les doigts et les orteils; faiblesse générale, demi-stupeur, refroidissement, sueurs froides, lipothymies; parfois convulsions; quelquefois troubles persistants : vertiges, insomnie, céphalalgie, palpitations.

Traitement. — Position horizontale, flagellation, aspersions d'eau froide; frictions; inhalations d'ammoniaque, d'acide acétique, vinaigre, nitrite d'amyle; injections d'éther et de caféine; inhalations d'éther et chloroforme; respiration artificielle; tractions rythmées de la langue.

INTOXICATION PAR LES ACIDES

Symptômes. — Ulcérations de la bouche, du pharynx, sensation de brûlure, vomissements sanglants, diarrhée ou constipation; soif vive; pouls petit; sueurs froides; péritonite par perforation; rétrécissement ultérieur de l'œsophage.

Traitement. — Alcalins : eau de savon, eau de chaux, magnésie; lavage de l'estomac; boissons émollientes : lait, eau albumineuse; injection de morphine contre les douleurs.

INTOXICATION PAR LES ALCALIS CAUSTIQUES

(Potasse, soude, ammoniaque).

Symptômes. — Gastro-entérite, vomissements, douleur, collapsus, etc.

Traitement. — Acides dilués; eau vinaigrée (1 p. 10), jus de citron, limonade citrique, tartrique; lait, eau albumineuse, huile.

INTOXICATION PAR LES ANTIMONIAUX, ÉMÉTIQUE

Symptômes. — Gastro-entérite aiguë; collapsus cholériforme.

Traitement. — Eau tiède, lavages d'estomac; solution de tanin (tanin 10 gr., eau 1 litre) à boire par demi-verres.

INTOXICATION PAR LES SELS D'ARGENT

Traitement. — Lavage de l'estomac avec de l'eau salée; lait; eau albumineuse.

INTOXICATION PAR L'ATROPINE, LA BELLADONE

Symptômes. — Dilatation énorme des pupilles; sécheresse de la gorge; tremblements; délire; dépression; coma.

Traitement. -- Vomitifs et lavages d'estomac; solution de tanin ou iodo-iodurée; chloral.

INTOXICATION CANTHARIDIENNE

Symptômes. — Gastro-entérite, cystite, néphrite.

Traitement. — Boissons mucilagineuses; pas de boissons alcooliques ni huileuses.

INTOXICATION CHLOROFORMIQUE

Traitement. — Mettre la tête dans une position déclive, respiration artificielle, tractions rythmées de la langue, pressions rythmiques de la région cardiaque (120 par minute); flageller le visage avec des compresses froides; inhalations d'oxygène, de nitrite d'amyle.

INTOXICATION PAR LES CYANURES ET L'ACIDE CYANHYDRIQUE

Traitement. — Administrer un mélange à parties égales de sulfate ferreux et de carbonate de soude.

INTOXICATION PAR L'IODE ET LES IODURES

Traitement. — Eau amidonnée.

INTOXICATION PAR LA NICOTINE, LE TABAC

Symptômes. — **Intoxication aiguë.** — Malaise, nausées, vomissements, vertiges, défaillances.

Dans les cas graves : vertiges, ralentissement du pouls, dyspnée, sueurs froides, refroidissement, stupeur, asphyxie.

Intoxication chronique. — Dyspepsie, amaigrissement, palpitations, angor pectoris, amblyopie, tremblement.

Traitement. — Suppression totale ou graduelle du tabac.

Dans l'intoxication par ingestion : lavage de l'estomac, solution iodo-iodurée ou de tanin.

INTOXICATION PAR LA QUININE

Traitement. — Comme antagonistes, donner les opiacés ou la belladone.

INTOXICATION PAR LA STRYCHNINE
(Noix vomique, fève de Saint-Ignace, brucine).

Symptômes. — Photophobie, agitation, secousses musculaires, raideur tétanique, trismus, cyanose, dilatation pupillaire, fièvre, convulsions, asphyxie.

Traitement. — Au début, évacuer l'estomac ; tanin, solution iodo-iodurée, huile de ricin, lait chargé de crème.

INTOXICATION PAR LES SELS DE ZINC

Traitement. — Lavage de l'estomac avec une solution de carbonate de soude à 5 p. 1000.

MORSURES DE SERPENTS, VIPÈRES, etc.

Traitement. — *Localement :* ligature du membre, succion, réfrigération ; lavages au permanganate de potasse à 1 p. 100 ou à l'hypochlorite de chaux à 1 p. 12, ou mieux en injection sous-cutanée autour de la plaie ; enlever la ligature et laver la plaie ; si possible, sérum antivenimeux (Calmette).

A l'intérieur : alcool, acétate d'ammoniaque, caféine ; inhalations d'oxygène et respiration artificielle dans les cas graves.

INTOXICATIONS ALIMENTAIRES

Symptômes. — Début brusque par diarrhée, coliques, vomissements, frissons, sueurs, fièvre, vertiges, céphalée, dépression ; syncopes ; dilatation pupillaire ; urticaire et éruptions diverses ; forme typhoïde, cholériforme.

Traitement. — Lavages de l'estomac, de l'intestin ; lait ;

boissons abondantes et diurétiques, sudorifiques, bains tièdes; alcool, quinquina à l'intérieur; éther, caféine en injections; frictions stimulantes.

V. — MALADIES VÉNÉRIENNES

SYPHILIS

Définition. — La *syphilis* débute toujours par un chancre, au point d'inoculation du virus (sauf la syphilis héréditaire). Après le chancre, apparaissent une série d'accidents généralisés, dont l'un est constant : la roséole, et qui constituent la période secondaire. Après une phase plus ou moins longue, peuvent survenir les accidents tardifs de la période tertiaire.

I. — CHANCRE SYPHILITIQUE.

Symptômes. — Le chancre apparaît 20 à 25 jours après l'inoculation, qui peut être vénérienne, ou accidentelle. Il siège le plus souvent aux organes génitaux (gland, méat, prépuce, scrotum ; grandes ou petites lèvres, vagin), mais il peut siéger en toute région de la peau ou des muqueuses, (lèvres, gencives, langue, amygdales, conjonctive, muqueuse anale). Au début, il a l'aspect d'une érosion muqueuse, couleur rouge vif, non indurée, qui bientôt devient saillante. A la phase d'état, le chancre repose sur une base **indurée**, parcheminée, il y a une couleur rouge, chair musculaire, parfois recouvert d'une mince fausse membrane, quelquefois douloureux à la palpation. Dans la région ganglionnaire correspondante (régions inguinales dans le cas de chancre génital), on trouve des ganglions petits, multiples, durs, indolents.

La dimension du chancre est ordinairement de 1 centimètre de diamètre; mais il peut être nain, ou géant, hypertrophique, atteindre 3 et 4 centimètres de diamètre. Le plus souvent il est unique; on peut voir des chancres multiples. La réparation se fait en quelques semaines ; sur la peau il persiste une cicatrice pigmentée.

Complications. — Adénite suppurée; gangrène, chancre mixte (à la fois chancre syphilitique et chancre mou); phagédénisme (extension rapide de l'ulcération); herpès concomitant.

Diagnostic. — Avec l'herpès : n'est pas **induré** (à moins qu'il n'ait été irrité par l'urine ou par des pansements caustiques) ; il ne s'accompagne qu'exceptionnellement d'adénopathie; les vésicules forment un contour polycyclique; l'évolution est rapide.

Avec le chancre mou : le chancre mou est creux, a un fond jaunâtre, bourbillonneux, non **induré**; l'auto-inoculation est positive.

Avec les balanites ulcéreuses, l'épithélioma, les gommes tertiaires ulcérées.

II. — PÉRIODE SECONDAIRE. SYPHILIDES SECONDAIRES.

Le début de la période secondaire est parfois accompagné de phénomènes généraux : céphalée, surtout nocturne, anémie; insomnie, douleurs osseuses et musculaires, quelquefois fièvre, ictère, adénopathie généralisée.

Dans les formes graves (*syphilis malignes précoces*), ces accidents sont très marqués et sont accompagnés de localisations viscérales précoces.

1° **Roséole**. — C'est presque toujours la première éruption de la période secondaire ; elle apparaît environ 40 jours après le chancre. Elle est constituée par des macules arrondies, de dimensions variables, plus ou moins confluentes, apparentes surtout à la poitrine, aux avant-bras, aux cuisses, de couleur rose tendre, « fleur de pêcher ». Elle peut être éphémère; elle dure ordinairement deux ou trois semaines. Pas plus que les autres syphilides, elle ne s'accompagne d'**aucun prurit**. On peut observer des roséoles récidivantes ou roséoles de retour. Elle disparaît sans laisser de traces.

Diagnostic. — Avec : la roséole simple épidémique et saisonnière, les roséoles médicamenteuses (balsamiques), l'urticaire, le pityriasis rosé de Gibert.

2° **Syphilides pigmentaires, papuleuses, érosives, croûteuses, vésiculeuses.** — Après la roséole, d'une façon précoce ou tardive, peuvent apparaître : la syphilide pigmentaire, siégeant surtout à la région cervicale (collier de Vénus), consistant en petites taches blanchâtres, entourées d'un réseau pigmenté, jaunâtre ou moins foncé; les syphilides papuleuses, constituées par une éruption de *papules* lenticulaires lisses, saillantes, couleur rouge jambon, parfois larges (syphilides en nappe, nummulaire, en cocarde), parfois miliaires, lichénoïdes, circinées : les syphilides papulo-squameuses, formées de papules, dont l'épiderme s'épaissit et desquame suivant les variétés psoriasiforme, eczématiforme ou pityriasiforme; les syphilides papuleuses cornées siégeant surtout à la paume des mains et à la plante des pieds; les syphilides papulo-érosives, dans lesquelles les papules deviennent suintantes et s'ulcèrent; les syphilides vésiculeuses et bulleuses, dans lesquelles les papules sont surmontées d'une vésicule herpétiforme ou varioliforme, ou, très rarement, pemphigoïde; les syphilides pustuleuses et pustulo-croûteuses, où les éléments éruptifs se recouvrent de pus concret et de croûtes, s'ulcèrent superficiellement (ecthyma syphilitique) ou profondément (rupia).

Diagnostic. — Avec vitiligo, lichen, psoriasis, eczéma palmaire et plantaire, impétigo.

3° **Alopécie et onyxis.** — Dès le début de la période secondaire, les cheveux, les poils de la barbe, des aisselles, du pubis, tombent plus ou moins rapidement. Au cuir chevelu, l'alopécie a généralement l'aspect dit « en clairière. »

La repousse des cheveux est la règle sous l'influence du traitement.

Les ongles peuvent s'épaissir, devenir cassants, se détacher.

4° **Syphilides secondaires des muqueuses.** — La plus fréquente est la syphilide papulo-érosive ou plaque muqueuse : c'est une érosion siégeant sur la face interne des joues ou des lèvres, aux commissures labiales, sur la langue, sur les amygdales ou aux organes génitaux, rouge ou rosée, limitée par un liseré opalin. Elle est essentiellement contagieuse.

Diagnostic. — Avec : glossite exfoliatrice, herpès, hydroa.

III. — PÉRIODE TERTIAIRE. — SYPHILIDES TERTIAIRES. GOMMES CUTANÉES ET VISCÉRALES.

Les accidents tertiaires peuvent apparaître dès la 2e année (tertiarisme précoce) ou très tardivement, après 20 ans, 30 ans; ils appartiennent surtout aux 3e, 4e et 5e années de la syphilis.

Symptômes. — Les syphilides tertiaires cutanées revêtent plusieurs formes : *tuberculeuse*, constituée par l'épaississement et la rougeur de la peau, disposée en papules isolées ou groupées en arcs de cercles, tantôt squameuses ou croûteuses; *tuberculo-ulcéreuse*, résultant du ramollissement et de l'ulcération de la forme précédente; l'ulcération se recouvre ordinairement de croûtes dures, verdâtres ou noirâtres; *tuberculo-gangréneuse; érythémateuse.*

Gommes. — Les gommes cutanées ou sous-cutanées ont l'aspect de tumeurs de volume variable, arrondies, indolentes, d'abord dures à la palpation; elles se ramollissent, s'ouvrent au dehors et donnent issue à un pus jaunâtre, puis séreux. L'ulcération gommeuse peut s'étendre en surface et en profondeur.

Les gommes viscérales donnent lieu à des symptômes en rapport avec leur localisation (cerveau, foie, etc.).

Syphilides tertiaires des muqueuses. — Les syphilides tertiaires *des muqueuses* présentent une grande gravité ; elles siègent surtout dans les fosses nasales (céphalée, insomnie, coryza fétide, élimination de séquestres osseux gangrenés) ; dans le pharynx (destruction du voile du palais, sténose pharyngée); dans la langue (nodosités multiples dans l'épaisseur de la langue ; ulcérations, fissures de la muqueuse); dans le larynx (aphonie, dyspnée, œdème de la glotte); sur la muqueuse rectale.

Diagnostic. — Avec : lupus ; ulcérations tuberculeuses, chancre mou phagédénique; épithélioma ; les gommes doivent être distinguées des abcès froids, des adénites, des tumeurs bénignes.

IV. — AFFECTIONS PARASYPHILITIQUES.

Dans ce groupe, on place un certain nombre d'affections d'origine syphilitique, mais qui restent rebelles au traitement spécifique, telles que: le tabes, la paralysie générale, la leucoplasie buccale.

V. — SYPHILIS HÉRÉDITAIRE.

La syphilis héréditaire, d'origine maternelle, paternelle ou mixte, peut se manifester pendant la période fœtale: elle détermine la mort du fœtus et l'avortement ou l'accouchement prématuré. Ordinairement elle se manifeste par des symptômes apparaissant quelques semaines après la naissance (syphilis du nouveau-né) ; mais elle peut rester latente pendant des années (syphilis héréditaire tardive).

a) **Syphilis héréditaire du nouveau-né.** — Il présente souvent un état cachectique spécial, qui apparaît au bout de 2 ou 3 semaines : maigreur, couleur jaunâtre de la peau, anémie, diarrhée, développement de l'abdomen et qui se termine par la mort. Les syphilides cutanées sont papuleuses, papulo-squameuses, ou érosives ; les syphilides bulleuses des régions palmaires et plantaires sont fréquentes. Les ganglions sont parfois très développés. Les ulcérations peuvent laisser, à la région fessière surtout, des cicatrices indélébiles. Il existe presque constamment du coryza, des érosions labiales et anales.

Les troubles viscéraux consistent en : bronchopneumonie, hypertrophie du foie et de la rate, tuméfaction suivie d'atrophie des testicules, vomissements, diarrhée.

Plus tard, l'enfant peut être atteint de : kératite interstitielle, otite, hydrocéphalie, périostites, pseudo-paralysie par ostéite des extrémités des os longs. Outre les malformations congénitales fréquentes à la naissance (bec-de-lièvre, pied-bot, spina-bifida, malformations digitales, asymétries craniennes, micro-céphalie), on peut voir s'accuser les **stigmates dystrophiques**: infantilisme, arrêt de développement des testicules, des seins, des ovaires ; érosions semi-lunaires des deux incisives médianes supérieures de la 2e dentition (dent d'Hutchinson), malformations des dents, otites, kératites (triade d'Hutchinson), déformations craniennes, retard du développement intellectuel.

b) **Syphilis héréditaire tardive.** — Le maximum des manifestations tardives a lieu vers l'âge de 12 ans. Syphilide tuberculeuse sèche ou ulcéreuse, ostéo-périostites, ostéo-myélites gommeuses, siégeant surtout sur le tibia (tibia en lame de sabre); arthralgies ; altérations du système dentaire (érosions, microdontisme, amorphisme, vulnérabilité); syphilis cérébrale épileptiforme ; iritis ; surdité, etc.

Diagnostic. — Chez le nouveau-né : avec roséole simple, ecthyma, érythème simple ou dû à la gastro-entérite, ulcérations des fesses, pemphigus simple, rachitisme.

Chez l'adolescent et l'adulte : avec infantilisme d'autre cause ; rachitisme partiel ; tuberculose ; méningite.

VI. — TRAITEMENT DES SYPHILITIQUES.

A. — Hygiène générale.

En présence d'un chancre, que doit-on faire ?

On a prétendu qu'il ne fallait pas dire le diagnostic. Il faut toujours dire au malade qu'il a la syphilis ; la syncope passée, dire au malade que c'est moins grave que la tuberculose; il s'agit d'un traitement de 4 ans.

Le malade ne doit plus fumer, ne plus boire d'alcool, ne pas manger de mets épicés. Soigner le système dentaire. Se coucher de bonne heure; ne pas se fatiguer. Aucun rapport sexuel avant 4 ans. Les objets de table doivent être lavés et personnels.

Faire attention aux abaisse-langue, crayons de nitrate, otoscopes. Surveiller l'hygiène de la peau ; bains d'amidon ou bains alcalins ; pas de bains sulfureux qui déterminent une poussée de syphilides.

Tout frottement peut occasionner des syphilides (faux-col, vésicatoire). Dans les cas douteux, faire fumer et donner des bains sulfureux pour déterminer des accidents.

B. — Traitement médical

Il n'y a pas de traitement de la syphilis, mais des syphilitiques. Ricord disait : « Tous les hommes sont égaux devant la vérole. » Ce n'est pas tout à fait exact.

Examiner le foie, le rein, le cœur, le système nerveux.

Chez les lymphatiques, les tuberculeux. — Se méfier des effets de l'iodure.

Donner du sirop iodotannique, du sirop d'iodure de fer; suralimentation.

Chez les arthritiques, les nerveux. — Hydrothérapie chaude, frictions.

Campagne. Thérapeutique sédative du système nerveux.

Chez les hépatiques. — Douches chaudes sur le foie.

Suppression de l'alcool, etc.

Autrefois on traitait la syphilis par le gaïac et la salsepareille.

Décocté.	Gaïac..	50 gr.	ou infusion.	Salsepareille.	30 gr.
	Eau....	1000 —		Eau.........	1000 —

Excellent pour le moral du malade; c'est le dépuratif qui joue un si grand rôle dans l'état moral des syphilitiques.

1° *Traitement local.*

Chancre. — Si l'évolution est normale, bains de verge avec oxycyanure de mercure à 0gr,25 p. 1000; puis application de dermatol.

Chancre du fourreau, du limbe. Excision.

Chancre phagédénique : peroxyde de zinc; bains de verge avec eau oxygénée à 12 volumes; iodoforme.

Remonter l'état général : huile de foie de morue, alcool.

Induration persistante. Iodure de potassium 2 grammes; en 15 jours l'induration disparaît.

Chancre du méat : détermine de l'atrésie; dilater le méat.

Chancre de la lèvre : pommade de glycérolé d'amidon boriqué au 1/10.

Syphilides secondaires. — Muqueuses. — Nitrate d'argent: gorge, anus, scrotum. Teinture d'iode, éther de pétrole iodé pour les lésions exposées à la vue.

Cutanées. — Éviter toute irritation; proscrire tabac, alcool, poivre, bains sulfureux. Arranger les dents. Hygiène et propreté méticuleuses.

Accidents tertiaires. — Application de teinture d'iode ou d'éther de pétrole iodé. Huile de cade pure.

Dans ces derniers temps, on a préconisé les injections locales d'iodure de potassium.

Labadie-Lagrave fait pour l'accident tertiaire une injection quotidienne de 2 centimètres cubes d'une solution d'iodure de potassium à 3 pour 100.

Sensation de brûlure; cuisson pendant 15 minutes.

Disparition en 3 semaines d'accidents qui semblaient devoir résister à des traitements intensifs internes. En réalité, c'est qu'on ne donne pas assez d'iodure à l'intérieur : la guérison serait rapide encore si on administrait l'iodure par les voies digestives inférieures.

Dans le cas de *syphilides tertiaires ulcéreuses :* si peu étendues, attouchement quotidiens à la teinture d'iode; si étendues, nitrate acide de mercure; ne pas laisser baver le nitrate.

Leucoplasie. — Elle peut guérir, quoiqu'en dise Fournier. Pas de nitrate d'argent.

Badigeonnages avec.	Menthol...	0gr,05
	Alcool à 90°	5 grammes.
	Glycérine neutre	50 —

2° ***Traitement général.*** — Il peut être mercuriel et ioduré ou arsenical

Administration du mercure.

I. **Pilules.** — Formules innombrables.

Pilules de Dupuytren.	Bichlorure de mercure	0gr,01
	Extrait d'opium	0gr,02
	Extrait de gaïac	0gr,04

pour 1 pilule; 1 à 3 par jour.

Pilules bleues	Mercure pur	0gr,05
	Conserves de roses	0gr,75
	Réglisse pulvérisé	0gr,25

pour 1 pilule; 1 à 4 par jour.

Inconvénients des pilules. — Le mercure est modifié par le suc gastrique ou intestinal, il a une action sur l'estomac ; les pilules peuvent traverser le tube digestif sans se dissoudre.

On a conseillé de faire des pilules molles.

Formules de Queyrat :

Protoïodure de mercure	0gr,03
Extrait d'opium	0gr,01
Extrait de gentiane	0gr,10
Glycérine neutre	ãã 0gr,02
Savon médicinal	

pour 1 pilule; 1 à 3 par jour.

II. **Injections de mercure ; sels solubles ou insolubles.**

a. Sels solubles.

Solution de cyanure de mercure (Abadie) ; injections intraveineuses.

Cyanure de mercure	0gr,50
Eau distillée stérilisée............	50 grammes.

Benzoate de mercure, le meilleur sel soluble.

Benzoate de mercure.....................	0gr,30
Benzoate d'ammoniaque....	1gr,50
Cocaïne pure.	0gr,15
Eau distillée stérilisée q. s. p. 30 cc.	

1 centimètre cube contient 1 centigramme ; 1 injection quotidienne pendant 20 jours de 2 centimètres cubes.

Repos de 1 mois et nouvelle série.

Biiodure de mercure.

Biiodure de mercure	1 gramme.
Iodure de potassium............ ..	1 —
Triphosphate de sodium..........	1 —
Eau distillée...........	50 grammes.

Solution alcaline, ne coagule pas l'albumine. Douloureux ; accidents d'intoxication.

b. Sels insolubles.

Huile grise, formule de Lafay.

Mercure purifié....................	40 grammes.
Lanoline anhydre purifié..........	12 —
Vaseline solide....................	13 —
Huile de vaseline purifiée.........	35 —

C'est une huile à 40 p. 100 ; 1 centimètre cube *équivaut* à 40 gouttes ; 1 goutte *égale* 0,008 milligrammes.

En injectant 1/8 de centimètre cube, on injecte 8 centigrammes de mercure.

La seringue de Barthélemy contenant 1/4 de centimètre cube, on injectera 1/2 seringue.

Technique. — Injecter entre l'épine iliaque postérieure et le trochanter employer de longues aiguilles de 6 à 7 centimètres.

Laver à l'éther, Enfoncer en plein muscle ; s'assurer qu'on n'est pas dans un vaisseau. Retirer brusquement l'aiguille : sinon on sème superficiellement du mercure qui produit des nodosités douloureuses. Dans le tissu cellulaire, le mercure s'encapsule et la résorption peut donner lieu à une grave intoxication.

Calomel. — Il est douloureux : c'est un de ceux qui exposent le plus aux intoxications.

Calomel........................	0gr,50
Huile d'olive....................	10 grammes.

1 centimètre cube contient 0,05 centigrammes; 1 injection par semaine.

SMIRNOF.	Calomel........................	1 gramme.
	Glycérine neutre stérilisée.......	10 grammes.

1 centimètre cube contient 10 centigrammes; 1 injection tous les 15 jours.

III. **Frictions**. — Onguent napolitain, onguent mercuriel double. 1 à 6 grammes pour l'adulte.

Mercure métallique..............	500 grammes.
Axonge benzoïnée................	460 —
Cire blanche....................	40 —

1 à 2 grammes pour l'enfant.

Le soir, une friction gros comme une noisette, face interne des cuisses, jarrets, flancs, pli du coude, aisselle.

Prévenir que le mercure abîme l'or. Brosser et savonner la peau. Friction de 10 minutes avec un gant de peau. Recouvrir d'ouate ; savonner le lendemain.

On fait absorber davantage avec les frictions ; on arrête le traitement quand on veut. Traitement excellent et énergique.

Frictions pendant les 8 premiers jours de chaque mois pendant 2 ans.

IV. **Sirop de Gibert.** — Chaque cuillerée contient 1 centigramme de biiodure, 0gr,50 de iodure de potassium.

Sirop d'écorces d'oranges amères.	600 grammes.
Biiodure de mercure.............	0gr,30
Iodure de potassium.............	15 grammes.

On peut remplacer le sirop d'écorces d'oranges par le sirop de framboises.

V. **Administration de l'iodure.** — *a*) Dans les accidents primaires toutes les fois que le chancre reste cartilagineux ; *b*) dans les accidents tertiaires, les petites doses donnent de l'iodisme, commencer par 2 grammes.

Bromure de potassium pur	60	grammes.
Eau stérilisée	450	—
Chaque cuillerée représente.... .	2	—

Prendre dans du lait matin et soir; s'il n'est pas supporté par l'estomac, le donner par l'intestin ; donner 2, 4, 6, 8, 10 grammes; on peut aller jusqu'à 14,16 sans inconvénients.

C. — Méthodes de traitement

L'école de Vienne ne veut traiter que lorsqu'il y a des accidents. Or les accidents sommeillent avant de se manifester et ce sont les syphilitiques non traités qui font du tabes, de la paralysie générale.

Frictions de 8 jours :	tous les	mois	pendant	1re	et 2e	année.
—	—	—	2 mois	—	3e	—
—	—	—	3 —	—	4e	—

Pour les injections : benzoate 20 jours ; repos d'un mois.

Repos de 2 mois la 3e année.

— de 3 — la 4e —

La 5e et 6e année, faire 2 séries de frictions ou d'injections.

Au bout de 4 ans, traitée ou non, la syphilis n'est pas contagieuse pour la jeune femme, mais l'est pour l'enfant.

Traiter les femmes pendant la grossesse.

Si la mère est au courant, injections ou frictions.

Si elle ignore, 2 cuillers par jour de sirop de Gibert pendant les 4 premiers mois de la grossesse.

L'enfant supporte très bien le traitement spécifique. L'essayer.

Administration des arsenicaux. — Les composés arsenicaux ont acquis une grosse importance dans ces dernières années. Nous n'en retiendrons que deux : l'hectine de Mouneyrat, l'arséno-benzol d'Ehrlich.

Hectine. — Préconisée dans le traitement abortif de la

syphilis : injections péri-chancreuses quotidiennes de 0gr,20 d'hectine, pansement du chancre avec une pommade à l'hectine à 5 p. 100. Injections de 0gr,10 à 0gr,20, journalières, pendant un mois. Chez l'enfant, on donne l'hectine par injection, par doses progressives : 0gr,03, 0gr,05 et 0gr,10.

Contre-indications de l'hectine ; névrite optique récente ou ancienne, brightisme, cardiopathie, artério-sclérose.

Arséno-benzol. — Quatre préparations d'arséno-benzol sont à la disposition du praticien : salvarsan d'Erlich, curalués de Lévy-Bing et Lafay, arséno-benzol de Billon, novarsan français.

Injections sous-cutanées. — Peu employées.

Injections intra-musculaires. — Indiquées si on emploie le curalués.

Injections intra-veineuses. — Les plus employées ; la préparation de la solution varie suivant chaque produit ; nous n'y insisterons pas.

Technique des injections intra-veineuses. — On a préconisé de nombreux appareils ; Gastou, Milian, Émery, etc... L'appareil le plus simple et le plus pratique est celui de Duret (Ampoule-filtre Aseptauton).

Le malade, à jeun depuis 2 ou 3 heures, sera étendu sur un lit dans un endroit bien éclairé.

On fera la compression du bras au moyen d'un lien posé

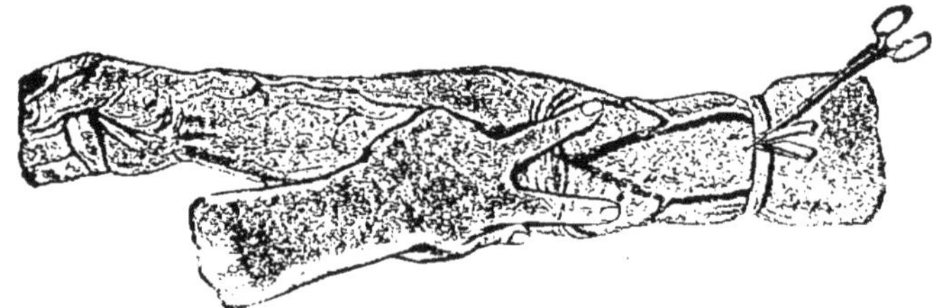

Fig. 6. — Fixation de la veine par traction longitudinale de la peau (Milian).

au-dessous du coude et modérément serré pour ne pas entraver la circulation artérielle (tube de caoutchouc fixé par une pince hémostatique) ; si les canaux veineux ne se gonflent pas assez rapidement, augmenter la circulation locale en faisant faire au malade des contractions musculaires en serrant et étendant alternativement la main.

La veine idéale à choisir est la médiane céphalique, c'est-à-dire la veine qui forme la branche externe du V du pli du coude — nettoyer simplement la peau avec un tampon d'ouate imbibé de préférence d'alcool à 90° ou d'eau de Cologne.

Premier temps : Fixer la veine par traction de la peau et du

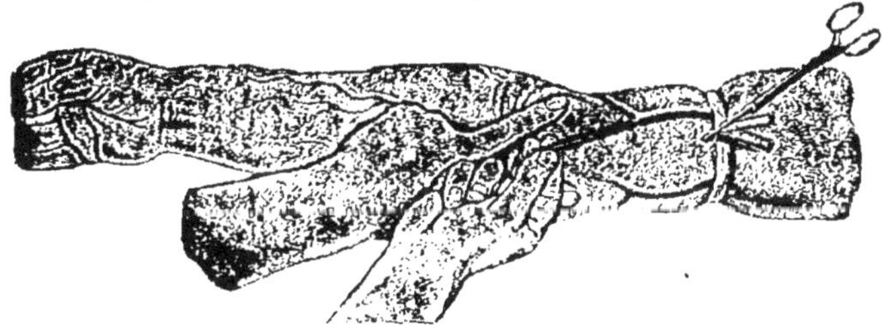

Fig. 7. — Ponction de la veine, après fixation longitudinale de la peau (Milian).

tissu cellulaire : 1° longitudinalement en tirant la peau du coude de haut en bas vers le poignet, à 4 ou 5 centimètres au-dessous du point visé; et 2° latéralement en écartant les doigts.

Deuxième temps : Cathétériser la veine, c'est-à-dire traverser la paroi supérieure de la veine et enfiler l'aiguille dans la

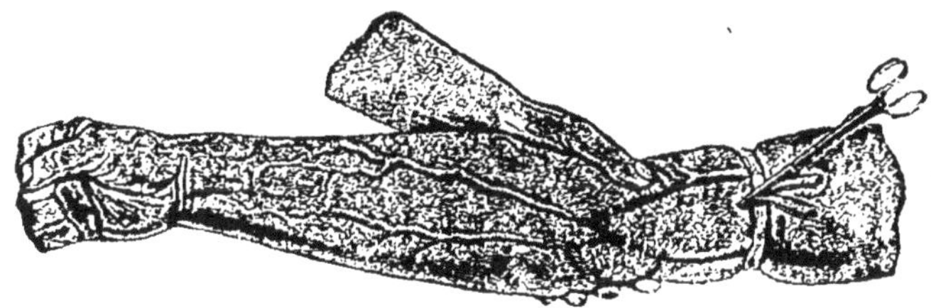

Fig. 8. — Fixation de la veine par traction transversale de la peau (Millian).

lumière du vaisseau, sans perforer sa paroi postérieure. Pour cela piquer la peau sur la veine, puis enfoncer lentement sous un angle de 45° environ; quand la paroi supérieure est perforée une petite gouttelette de sang apparaît à la naissance du biseau de l'aiguille spéciale.

Alors à ce moment abaisser le pavillon de l'aiguille, de haut en bas et d'avant en arrière, jusqu'à l'amener presque horizontale et parallèle à la direction de la veine, puis pousser horizontalement d'arrière en avant pour cathétériser la veine (le sang s'écoule alors en abondance par le pavillon de l'aiguille) et continuer à l'enfoncer de plusieurs millimètres; ainsi l'aiguille se trouve solidement emprisonnée sans aucune crainte

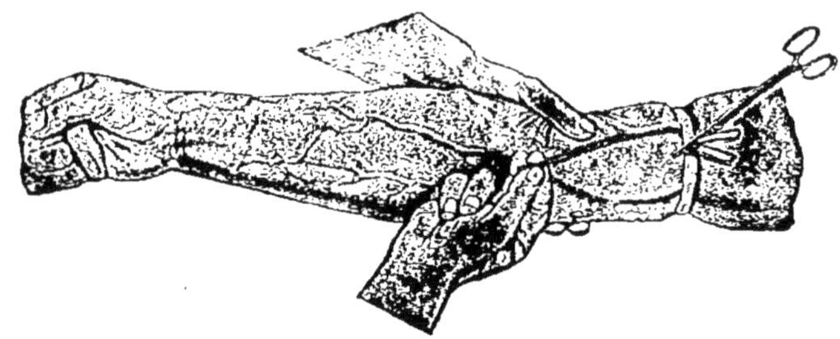

Fig. 9. — Ponction de la veine, après sa fixation par traction transversale de la peau (Milian).

de sortir au moindre mouvement du sujet, — le sang coulant toujours de l'aiguille, y adapter l'ajutage du tuyau de l'appareil et laisser couler la solution en ouvrant la pince et après avoir levé le lien circulaire qui fait obstacle à la circulation en retour.

Si le liquide passait dans le tissu cellulaire, il se formerait une boule sous la peau, il faut alors retirer l'aiguille et piquer une autre veine, autrement on s'exposerait à produire un abcès arsénical du tissu cellulaire.

Ne pas faire couler la solution trop vite, pour cela on varie la hauteur de l'ampoule de $0^m,75$ à $1^m,50$ au-dessus du lit du malade. Une injection bien faite ne doit pas modifier la coloration du visage, si celui-ci vient à rougir, arrêter l'écoulement en serrant sur le tube et ne le laisser reprendre qu'au retour du visage à l'état normal et en diminuant la rapidité de l'écoulement en abaissant l'ampoule. Le pouls doit aussi rester régulier, autrement arrêter quelques instants et reprendre. Quand il n'y a plus de solution dans l'ampoule, retirer brusquement l'aiguille sous la pression d'un tampon de coton imbibé d'eau oxygénée, par exemple, laver les taches de sang, puis passer un peu de teinture d'iode ou d'alcool camphré sur la petite plaie, et placer une petite bande d'ouate hydrophile aseptique sans mettre une bande qui gênerait la circulation du bras. En opérant ainsi on évite tout accident local ou général. — Le malade devra ensuite rester chez lui et se reposer, de préférence rester au lit et ne dîner que très légèrement : prendre simplement un peu de bouillon ou du lait; et lendemain il reprendra sa vie normale.

Les injections intraveineuses de salvarsan sont maintenant les plus employées car elles sont plus actives, en raison de leur assimilation immédiate par le torrent circulatoire, et sont absolument indolores.

Chez les sujets jeunes et vigoureux, on peut utiliser sans

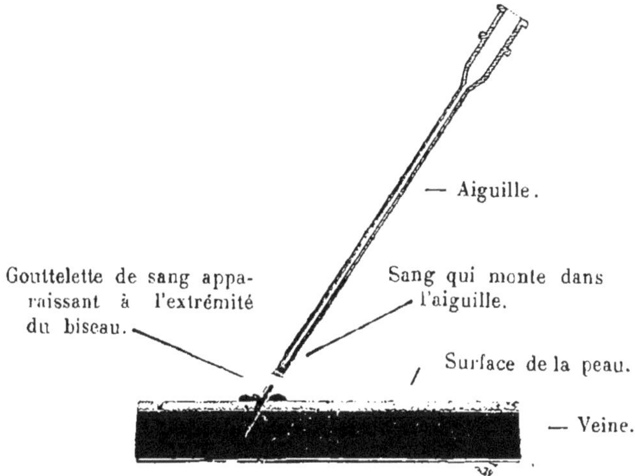

Fig. 10. — Ponction de la veine avec une aiguille à biseau long. (L'issue du sang en haut du biseau, bien avant son arrivée au pavillon de l'aiguille, nous indique que la paroi supérieure de la veine est perforée et qu'il n'y a plus qu'à cathétériser la veine (milian).

hésiter dès la première injection : pour les hommes 0gr,40 et pour les femmes 0gr,30, lorsqu'il n'existe pas une contre-indication formelle (paralysie générale avancée, tabes à la période cachectique, myocardite).

Une injection de salvarsan, même à dose forte, ne mettant pas à l'abri de récidives, des réinjections sont nécessaires et elles doivent être faites d'une façon systématique.

Le traitement adopté aujourd'hui de préférence est celui en 4 injections faites à 8 ou 10 jours d'intervalle à doses progressivement plus élevées et atteignant 0gr,60 à la dernière injection.

Cependant chez les adultes parfaitement sains, en pleine vigueur, atteints de chancre syphilitique, il sera préferable de les traiter d'emblée par une dose de 0,60 qu'on répétera 3 ou même 4 fois à dix jours d'intervalle.

Le sujet reste néanmoins en observation après ce traitement intensif et reçoit encore une ou plusieurs injections à longs intervalles dans le cas où il y aurait eu récidive ou au cas où le Wassermann serait resté ou redevenu positif un mois après la dernière injection.

Un traitement mercuriel dans l'intervalle est toujours très favorable à la guérison.

Chez les sujets dont l'intégrité organique n'est pas certaine ou atteints d'accidents du système nerveux central, chez les tabétiques et les sujets montrant les premiers symptômes de la paralysie générale, il faut employer le salvarsan avec prudence.

La première injection sera, dans ce cas, de $0^{gr},10$. Si cette dose est supportée, on pourra augmenter progressivement les doses dans les injections suivantes jusqu'aux doses normales ou mettre en œuvre le traitement à doses faibles et échelonnées à des intervalles plus ou moins éloignés suivant la tolérance du malade à la première dose : dans ce cas, on injectera $0^{gr},10$, $0^{gr},15$ ou $0^{gr},20$ au maximum à la fois.

Chez les femmes gravides syphilitiques, on peut employer le salvarsan sans inconvénient en commençant par une dose de 0,20, puis 0,30, 0,40 et 0,50. Chez les nourrissons faire de 0,002 à 0,003 par kilogr.

Contre-indications. — Le nombre de contre-indications formulées par l'auteur de la méthode est aujourd'hui considérablement atténué.

La méthode ne paraît formellement contre-indiquée que dans le cas d'affections organiques *très prononcées : cardiaques, rénales et hépatiques*, surtout quand la fonction de ces deux derniers organes est plus ou moins compromise, leur rôle d'émonctoire en partie supprimé.

Il faut agir avec prudence particulière toutes les fois que l'on peut craindre une hémorragie (hémiplégie, par exemple, ou affection ulcéreuse de l'estomac) : chez les cardiaques qui présentent des lésions vasculaires, surtout lorsque les phénomènes de dilatation n'arrivent pas au volume d'un anévrisme caractérisé ; chez les hépatiques dont la fonction hépatique n'est que partiellement altérée; chez les pulmonaires; chez les malades qui souffrent de méningo-encéphalites aiguës ou subaiguës; chez les sujets porteurs d'une affection chronique de la moëlle (tabes, myélites diverses, paralysies spasmodiques); ils supportent aisément 10 et même 20 centigrammes de salvarsan, répétés plusieurs fois au besoin ; mais il serait imprudent de faire la première injection avec une dose supérieure de salvarsan.

BLENNORRAGIE

Synonymie. — Urétrite aiguë. Chaudepisse.

Symptômes. — 1° **Locaux.** — 2 à 8 jours après le coït infectant, sensation de prurit au méat en urinant, picotement; puis la douleur s'accroît dans la miction et siège à la fosse naviculaire ; le méat est lisse, rouge, laisse perler un écoulement blanc, opaque, jaunâtre, puis les douleurs mictionnelles occupent tout l'urètre, lequel est dur, sensible à la pression. Les érections, plus fréquentes la nuit, sont douloureuses, l'urètre étant inextensible, la verge se courbe en avant, *chaudepisse cordée.* L'écoulement provoque de la balanite, du phimosis chez les prédisposés, la phlébite de la veine dorsale de la verge, l'adénite inguinale.

2° **Généraux.** — Fièvre, inappétence, malaise, amaigrissement. Après deux ou trois semaines, la douleur mictionnelle est moindre, l'écoulement devient blanc verdâtre et s'épaissit; il diminue de quantité et devient plus clair; il cesse ou bien il persiste sous forme d'une goutte matinale, *goutte militaire, gonorrhée.*

Complications. — Le cours de la blennorragie peut être coupé de complications diverses.

Urétrite postérieure. — Pollakiurie, ténesme, besoins impérieux, faux besoins, douleur et hématurie à la fin de la miction.

Cystite. — Mêmes symptômes; pus dans les urines.

Pyélo-néphrite.

Prostatite. — Abcès de la prostate.

Déférentite et épididymite. — On voit quelquefois une péritonite succéder à la déférentite.

Rhumatisme blennorragique. — C'est une des complications les plus graves de cette affection.

Conjonctivite.

Traitement. — 1° **Traitement abortif.** — Diday prétend en avoir recueilli de bons résultats. Il n'est applicable que 24 à 36 heures après le coït suspect, lorsque le méat est rouge, qu'il est le siège d'un prurit provoqué par la miction et d'un écoulement muqueux. Injecter 5 à 6 centimètres cubes d'une solution de nitrate d'argent à 1 p.30 et fermer l'orifice du méat. Le liquide limite son action aux parties antérieures de l'urètre, les seules occupées encore par le gonocoque. Le méat étant tenu fermé, faire refluer le liquide d'avant en arrière pour le faire pénétrer dans les plis et les lacunes de l'urètre. Quand la douleur devient très vive, laisser s'échapper le liquide irritant. Très rapidement le méat se gonfle, un écoulement abondant apparaît, la miction est douloureuse; en quelques jours, l'écoulement devient muqueux et il se tarit. En cas d'échec, ne pas renouveler la tentative.

2° **État aigu.** — Bains de siège chauds et prolongés; bains locaux de la verge. Proscrire les alcools, la bière, le café, les épices. Ordonner les tisanes délayantes, chiendent, réglisse. Faire dès le début des lavages de l'urètre. Le mieux consiste à avoir un bock d'une contenance d'un litre, suspendu à un mètre au-dessus du malade; un tube en caoutchouc; une canule bouillie avant chaque lavage. Le liquide est une solution tiède de sublimé, de 1,2 jusqu'à 10 p. 1000 ou de permanganate de potasse de 0,25 à 2 p. 1000, selon la tolérance du canal. Le malade pisse d'abord, se nettoie le gland avec du coton hydrophile stérilisé et de l'eau boriquée; puis il lave avec le jet le méat et la fosse naviculaire; introduisant le bout mousse et non irritant de la canule dans le méat, il lave son urètre, à canal libre, c'est-à-dire sans fermer le méat sur la canule. Le liquide sous pression déplisse l'urètre, pénètre jusqu'au bulbe, est arrêté par le sphincter urétral et ressort sans pénétrer dans la vessie, sans risquer d'infecter les voies urinaires supérieures. Ce lavage sera fait deux à trois fois par jour.

3° **Etat subaigu.** — Prendre chaque jour trois cuillerées à bouche de l'une des potions suivantes :

℞ Baume de copahu / Sirop de tolu..... / Sirop de pavots } ãã 30 gr.	Baume de copahu. / Alcool rectifié..... / Sirop de tolu..... / Eau de menthe... / Eau de fleurs d'oranger.......... } ãã 30 gr.
Eau distillée de menthe 60 —	
Eau de fleurs d'oranger 10 —	
Gomme arabique...... *Q.S.*	
(Ricord).	
F. s. a.	F. s. a. 3 à 5 cuillerées par jour, en trois fois (potion de Chopart).

Ou bien deux à trois fois par jour, gros comme une noisette de l'un des opiats suivants, dans un pain azyme :

Cubèbe................	60 gr.	Cubèbe.............	60 gr.
Copahu................	30 —	Copahu.............	*q.s.*
Cachou............... / Alun.............. }	ãã 5 —	Magnésie...........	8 —
Carbonate de magnésie.		Sous-carbonate de fer	4 —
F. s. a. Opiat		Alun................	4 —
(Dorvault).		Ratanhia......... ...	15 —
		Gomme arabique.....	4 —
		F. s. a. (Langlebert).	

Capsules de cubèbe et d'alun de Duval, capsules Mothes-Raquin.

4° **Période de déclin.** — Au bout de plusieurs semaines, lorsque l'écoulement est à peu près nul, séreux, transparent, on continue le traitement balsamique et on y joint des injections astringentes. On se sert d'une seringue en verre, avec laquelle on pousse 15 grammes environ dans le canal, que l'on y maintient en tenant le méat fermé.

℞ Sulfate de zinc.... / Acétate de plomb.. }	ãã 1 gr.	℞ Alun........... / Acide tannique.. }	ãã 1 gr
Eau distillée.......	150 gr.	Eau de roses. .. / Vin de Roussillon }	ãã 100 gr.
℞ Sulfate de zinc... / Sulfate de plomb. }	ãã 1 gr.	℞ Extrait de ratanhia	1 à 3 gr.
Eau de roses......	100 gr.	Eau distillée......	200 gr.
		Laudanum de Sydenham..........	0gr,50

5° **Érections douloureuses et chaudepisse cordée.** — Grands bains tièdes; compresses froides dans la journée; si les érecitons surviennent la nuit, se couvrir peu dans le lit, se lever, marcher un instant dans la chambre, s'appliquer une compresse d'eau froide sur les reins; lavements camphrés (camphre 1 à 2 gr; un jaune d'œuf, eau bouillie tiède 150 gr); lupulin en pilules (1 à 4 gr. le soir); bromure de potassium (1 à 3 gr. par jour, dans une potion sucrée): suppositoires belladonés.

Teinture de belladone	XV gouttes
Extrait thébaïque	0gr,01
Beurre de cacao	4 grammes.

F. s. a. Un suppositoire.

Frictions au périnée, le soir, avec la pommade :

Axonge	30 gr.
Extrait de belladone	āā 4 à 5 —
Camphre pulvérisé	

F. s. a. (Pommade de Ricord).

Camphre pulvérisé	āā 3 gr.
Thridace	
Mucilage de gomme	Q. S.

F. s. a. 20 pilules : 4 à 5 par jour (Ricord).

6° **Cystite du col.** — Cesser les injections et les lavages de l'urètre; boissons abondantes; repos au lit; bains prolongés; quart de lavement, avec XV gouttes de laudanun; tisane de graine de lin, édulcorée avec le sirop d'orgeat (Ricord). Prendre trois fois par jour, dans de l'eau, un paquet :

Bicarbonate de soude	1 gramme.
Salol	0gr,75

F. s. a. pour un paquet.

7° **Abcès.** — Incision précoce.

8° **Orchite.** — La prévenir par le port d'un suspensoir, par la cessation des sports, de la marche prolongée, du saut, etc.

Chez la femme, le blennoragie est surtout une vaginite presque toujours compliquée d'urétrite (Cf: *Vaginite.*)

BLENNORRÉE

Synonymie. — Urétrite chronique, *goutte militaire.*

Symptômes. — Ecoulement peu abondant d'une mucosité peu épaisse, peu colorée : n'apparaissant que longtemps après la miction: si faible quelquefois qu'on ne trouve qu'une goutte, le matin au réveil, en pressant soigneusement sur tout l'urètre d'arrière en avant. A l'occasion d'un excès, d'une fatigue, l'affection se réchauffe et on a les signes d'une urétrite subaiguë.

Chaudepisses à répétition. — Troubles divers; spermatorrhée, refroidissement génital, lenteur de l'érection et de l'éjaculation; neurasthénie, rétrécissements inflammatoires de l'urètre.

Traitement. — Instillations de nirate d'argent. *S'assurer auparavant que le calibre de l'urètre est normal :* s'il y a des rétrécissements, le dilater avec les bougies Béniqué. Pour instiller, on se sert de la seringue compte-gouttes de Guyon, de la bougie à bout olivaire, d'une solution de nitrate d'argent à 1 p. 50. Faire pisser le malade; introduire la bougie dans l'urètre jusqu'au sphincter vésical, qui l'enserre étroitement; la ramener lentement à soi jusqu'à ce qu'elle en soit dégagée : la boule est alors dans la fosse du bulbe; verser 8 à 10 gouttes lentement, puis retirer la bougie. La première miction est douloureuse; elle doit être retardée. On fait une seconde instillation deux jours après; ainsi pendant 6 fois. Puis on laisse un repos de 5 à 6 jours et on recommence une nouvelle série de 6 instillations avec une solution de nitrate à 1 p. 30. La guérison s'observe souvent. On a conseillé d'ajouter à ces manœuvres le massage rectal de la prostate, pour en chasser mécaniquement le gonocoque réfugié dans ses glandules.

Pendant tout le traitement, le malade doit s'abstenir de coït, de fatigues, d'excès quelconques et veiller sur son alimentation.

CHANCRE SIMPLE

Synonymie. — Chancre mou, chancrelle.

Définition. — Ulcération du derme, contagieuse par inoculation, due au bacille de Ducrey.

Symptômes. — Début 48 heures après l'inoculation, par une petite vésicule qui se rompt et laisse une ulcération. Celle-ci est arrondie, ou irrégulière de forme; ses bords sont sinueux, taillés à pic, décollés; le fond est jaunâtre, anfractueux. La base n'est pas indurée; la peau environnante est enflammée ; le moindre contact est douloureux et amène une petite hémorragie. La réparation se fait en 20 à 30 jours en moyenne.

Siège. — Le chancre simple est rarement unique; il y en a ordinairement quatre ou cinq, quelquefois beaucoup plus, qui siègent sur le prépuce, le gland, le scrotum, la face interne des cuisses, les grandes lèvres, le clitoris, etc. Il a rarement un siège extra-génital.

Complications. — Chancre avec balanite érysipélateuse; chancre diphtéroïde; hémorragies; lymphangite de la verge; adénite inguinale suppurée (bubon); bubon chancrelleux (transformation en chancre mou); phagédénisme (extension progressive aux régions voisines; gangrène; chancre *mixte* (au moment où devrait commencer la cicatrisation, vers le 20e jour, le chancre mou prend les caractères du chancre syphilitique, l'inoculation des deux infections ayant été simultanée).

Diagnostic. — Avec : ecthyma simple, chancre syphilitique, herpès génital; l'auto-inoculation est positive dans le cas de chancre mou, négative dans les autres affections.

Traitement. — Bains locaux à 40° ou 45°; cautérisation à deux ou trois reprises, à deux jours d'intervalle, avec un tampon d'ouate hydrophile, imbibé de chlorure de zinc en solution à 1 p. 10; pâte de Socin

Chlorure de zinc	1 gramme
Oxyde de zinc	1 —
Eau distillée	Q. S.

appliquée pendant 24 heures; attouchements caustiques avec alcool phéniqué à 1 p. 10; nitrate d'argent à 1 p. 30; poudre d'iodoforme, de sous-nitrate de bismuth.

En cas de gangrène, débrider la face supérieure du prépuce au bistouri ou au thermocautère; grands bains prolongés.

En cas de bubon, pansements antiseptiques, jusqu'à la fluctuation, puis ponction au bistouri et injection de nitrate d'argent à 1 p. 100.

VÉGÉTATIONS

Synonymie. — Papillomes bénins, choux-fleurs, crêtes de coq.

Symptômes. — Les végétations siègent, chez l'homme, sur le sillon palano-préputial, le gland, le prépuce, l'anus;

chez la femme, sur les lèvres, le vagin, le col utérin. Elles peuvent s'étendre sur la région périnéale, les fesses, les cuisses. Elles se présentent sous l'aspect de petites tumeurs, isolées ou agglomérées, de couleur jaunâtre, à bords dentelés ou découpés, tantôt dures, sèches, tantôt molles, rouges, suintantes. Elles sont indolentes, à moins qu'elles ne soient enflammées par la marche, la miction, la défécation. Elles peuvent devenir gangréneuses, s'accompagner d'adénite, de blennorragie.

Diagnostic. — Avec les syphilides hypertrophiques végétantes.

Traitement. — *Si les végétations sont peu développées.* — On peut tenter la destruction par l'application de substances caustiques (acide chromique, acide azotique, nitrate acide de mercure, pâte de Vienne) ou par les antiseptiques et astringents (parties égales de poudre d'acide salicylique et alun, ou de poudre de sabine, tanin).

Si les végétations sont très développées. — Il est préférable d'avoir recours au traitement chirurgical, sous chloroforme : excision par les ciseaux des végétations pédiculées, râclage à la curette des végétations sessiles; en même temps, on arrête l'hémorragie avec le thermocautère. Ensuite surveiller attentivement la plaie pour faire l'ablation des végétations qui pourraient repousser; pansement boriqué ou au sublimé à 1 p. 200.

VI. — MALADIES DE LA PEAU

ÉRYTHÈMES

ÉRYTHÈME POLYMORPHE

Symptômes. — Début par : fièvre légère, arthralgies; éruption formée de papules surélevées, rouge vif, puis violacées, s'effaçant par la pression, siégeant surtout à la face dorsale des mains et des poignets, aux coudes et aux genoux; sur les macules et papules peuvent apparaître des bulles (hydroa): nodosités dermiques, douloureuses, pouvant se montrer seules rouges, puis livides, siégeant surtout aux membres inférieurs (érythème noueux).

Complications. — Arthrites, congestion pulmonaire, pleurésie, endocardite.

Traitement. — Purgatif ; bicarbonate de soude, salicylate de soude (2 à 4 gr.); eau de Vichy, sulfate de quinine.

Localement : poudres inertes, talc ou oxyde de zinc; liniment opiacé ou chloroforme, contre les douleurs.

ÉRYTHÈMES DE CAUSE EXTERNE

Étiologie. — Applications de pansements, pommades, liquides irritants. Ingestion de certains médicaments tels que antipyrine, arsenic, bromure, chloral, copahu, santal, iodures alcalins, mercure.

Symptômes. — Rougeur diffuse, œdème, prurit, apparition d'un érythème scarlatiniforme, morbilliforme, vésiculeux, l'éruption peut se généraliser au delà du point où a porté l'agent irritant (teinture pour les cheveux, arnica, iodoforme, etc...).

Traitement. — Suppression du médicament. Lait, boissons diurétiques, laxatif, Localement applications émollientes, poudres inertes.

URTICAIRE

Symptômes. — Papules du diamètre de 0 fr.50 à une pièce de 5 francs,isolées ou réunies entre elles, arrondies ou ovalaires, de couleur rosée, pâles au centre, rouges à la périphérie, très prurigineuses, pouvant disparaître rapidement. Forme fébrile et forme non fébrile; parfois extension aux muqueuses; œdème et plaques buccales, œdème de la glotte.

Traitement. — Purgatif léger; salicylate de soude, cachets de salicylate de bismuth et benzonaptol, alcalins, lait ; locaement : lotions d'eau chaude, additionnée d'un tiers de vinaigre, ou d'eau phéniquée à 1 p. 100; poudre de talc.

PITYRIASIS ROSÉ DE GIBERT

Symptômes. — Eruption érythémato-squameuse, se faisant sous forme de taches ovalaires, ou arrondies ; apparaissant sur les épaules, le cou, le tronc, les membres; peu de prurit; disparaissant en 15 jours.

Traitement. — Bains d'amidon, pommade à l'oxyde de zinc, ou glycérolé d'amidon.

HERPÈS

Symptômes. — Après quelques prodromes, apparition en un point de la peau, ou sur les muqueuses (lèvres, narines, langue, organes génitaux, anus), de petites vésicules réunies en groupe, contenant un liquide clair, puis purulent, reposant sur une base érythémateuse, accompagnées ou non de névralgie.

Variétés. — Herpès symptomatique (dans la pneumonie, l'embarras gastrique, la fièvre typhoïde); fièvre herpétique (angine); herpès récidivant des organes génitaux; herpès à localisation nerveuse ou zona.

Traitement. — Sulfate de quinine, purgatif; localement : poudres inertes.

ZONA

Synonymie. — Herpès zoster.

Symptômes. — Après quelques signes généraux, malaise, fièvre, apparition de vésicules d'herpès suivant à peu près la distribution d'un nerf.

Variétés. — Zona intercostal, zona du trijumeau, ou zona ophtalmique (avec complications possibles du côté de l'œil, kératite, fonte de l'œil), zona des nerfs lombo-abdominaux, honteux, sciatiques.

Complications. — Zona hémorragique, gangréneux (chez le vieillard), avec persistance ultérieure de la névralgie.

Traitement. — Saupoudrer les vésicules avec de la poudre d'amidon ou d'oxyde de zinc, maintenue avec une couche d'ouate. *Si les vésicules sont rompues :* pommade à l'oxyde de zinc, ou liniment oléo-calcaire, antipyrine, opiacés *contre les névralgies.*

PEMPHIGUS

Symptômes. — Éruption de bulles, volumineuses, globuleuses, distendues par un liquide opalin, reposant sur des taches rouges.

Variétés. — Pemphigus aigu de l'adulte, du nouveau-né ; pemphigus chroniques graves ; pemphigus foliacé ; pemphigus prurigineux ou dermatite herpétiforme.

Traitement. — *A l'intérieur :* arsenic, sirop de sulfate de strychnine du Codex (1 à 3 cuillerées à café par jour), fer, quinquina.

Localement : cataplasme, pommade oxyde de zinc ; bains.

ECZÉMA

Symptômes. — **Eczéma aigu.** — Rougeur, tuméfaction douloureuse de la peau, démangeaisons ; éruption de très petites vésicules confluentes, remplies d'un liquide clair, qui se rompent et sécrètent un liquide transparent, poisseux, formant des croûtes jaunâtres ; desquamation ; parfois fièvre, adénopathie, courbature.

Eczéma chronique. — Chronique d'emblée, ou après plusieurs poussées aiguës ; formation incessante de vésicules, prurit, induration de la peau.

Variétés. — Eczémas sec, inpétigineux, lichénoïde ; eczéma du cuir chevelu, de la barbe, des lèvres, du sein, de l'anus, de la vulve, du scrotum ; eczéma des ongles.

Traitement. — **Traitement général.** — Laxatif, diurétiques, lait, eaux alcalines (Vichy, Vals) ; pas d'aliments fermentés ou excitants (pas de poissons, fromages, crustacés, mets épicés) ; sels de lithine ; liqueur de Fowler, acide phénique (dans eczéma aigu) : en solution à 1 p. 1000 ; ou en sirop :

Sirop phéniqué :	Acide phénique.	1 gramme.
	Sirop de sucre...	1000 grammes.
	Eau............	500 —

Traitement local. — *Eczéma aigu.* — Poudre de talc mélangée avec moitié d'oxyde de zinc ou de sous-nitrate de bismuth.

Contre les démangeaisons, ajouter 1 p. 100 de camphre pulvérisé ; cataplasmes pour faire tomber les croûtes.

Eczéma chronique. — Recourir à une des pommades suivantes :

Pâte ichtyolée de Darier. (eczéma et pyodermites).

Oxyde de zinc	ãã 25 gr.
Amidon	
Vaseline............	
Lanoline	
Ichthyol.............	2 à 5 gr.

Pommade de Gaucher.

Soufre précipité	ãã 1 gr.
Acide salicylique pulvérisé.............	
Camphre pulvérisé...	
Huile de cade. ..	10 grammes.
Oxyde de zinc...	20 —
Vaseline	30 —

PITYRIASIS OU SÉBORRHÉE SÈCHE DU CUIR CHEVELU

Synonymie. — Pellicules.

Symptômes. — Squames très petites, sèches ou grasses tombant spontanément ou par le grattage, pouvant entraîner la chute des cheveux.

Traitement. — *Traitement général:* celui de l'eczéma, *Localement :* nettoyer la tête avec une décotion de bois de Panama, tiède, une fois par semaine ; lavages avec la solution de bicarbonate de soude à 5 p. 100, tous les deux jours ; pommade soufrée, (vaseline 30 gr., soufre précipité pur tamisé, 2 à 3 gr.) ; lotion soufrée, poudre soufrée (5 à 10 gr. de soufre p. 100 gr. de poudre inerte) ; lotion sulfo-camphrée d'Hillairet (soufre 15 gr., alcool camphré 12 gr., eau 250 gr.) ; lotion sulfureuse (polysulfure de potassium 50 gr., eau 100 gr.), 50 gouttes dans un demi-verre d'eau.

PRURIGO

Symptômes. — Éruption de papules petites, rouge vif, avec démangeaisons très vives, siégeant surtout au tronc, au cou, à la face interne des cuisses, aux fesses ; poussées successives ; diagnostic avec lichen (papules polyédriques, planes).

Traitement. — Pommade à l'oxyde de zinc et au menthol ; calmants ; hydrothérapie ; huile de foie de morue en usage externe.

PRURIT CUTANÉ

Symptômes. — Généralisé ou partiel ; la démangeaison est le seul symptôme.

Variétés. — Prurit sénile, prurit génital, prurit anal.

Traitement. — Abstention d'aliments excitants, de thé, café, tabac, alcool, charcuterie ; eaux alcalines ; grands bains d'amidon ; poudre d'amidon.

Le soir, lotion chaude vinaigrée pendant quelques minutes, puis pommade :

Oxyde de zinc	3 grammes
Vaseline	30 —

Saupoudrer de poudre d'amidon et maintenir la nuit. Le matin, laver à l'eau chaude et lotion au sublimé faible (1 p. 2000) ; à l'intérieur : acide phénique, bromure de potassium, belladone.

Dans les formes graves, employer la *colle de zinc.*

Gélatine	120 grammes.
Grénétine	100 —
Gomme arabique	5 —
Glycérine	} ââ 300 grammes.
Eau bouillie	
Oxyde de zinc	100 grammes.
Phénosalyl	2 grammes. (Thibierge.)

Faire fondre au bain-marie ; appliquer la colle avec un pinceau plat : le badigeonnage effectué, on frictionne douce-la surface enduite de colle avec de la ouate dont les brins adhérent à la colle et évitent l'adhérence aux vêtements. Au bout de 8 jours, décollement spontané de l'enduit.

PSORIASIS

Symptômes. — Éruption papuleuse d'éléments plus ou moins étendus, se recouvrant de squames sèches, blanchâtres, micacées ; siège d'élection aux coudes, aux genoux ; peu de prurit ; marche essentiellement chronique, parfois aiguë.

Traitement. — *A l'intérieur :* arsenic, iodure de potassium.

Localement : employer une des pommades suivantes :

Glycérolé cadique faible.		**Glycérolé cadique fort.**	
Huile de cade.........	100 gr.	Huile de cade.........	500 gr.
Glycérolé d'amidon....	900 —	Glycérolé d'amidon ...	500 —
Extrait fluide aqueux de Panama.	2 —	Extrait fluide aqueux de Panama.............	5 —

Ne pas prescrire les glycérolés l'hiver, car la sensation de froid qu'ils engendrent est pénible à supporter.

Dans les cas rebelles, formuler (Darier) :

Acide pyrogallique............... Aristol..........................	ãã 1 gramme.
Résorcine..................... Acide salicylique...............	ãã 2 grammes
Soufre précipité................. Huile de cade..................	ãã 3 —
Axonge ou vaseline	60 à 90 —

Ou bien, prescrire des badigeonnages avec

Acide chrysophanique	10 grammes.
Chloroforme.........................	90 —

Recouvrir de traumaticine. Ne pas le prescrire pour la figure; pour le psoriasis irritable, prescrire

Huile de cade.................... Oxyde de zinc...................	ãã 20 grammes.

ACNÉ

Symptômes. — Papules rouges, à base indurée et douloureuse, formées par les follicules pileux et les glandes sébacées, pouvant se terminer par suppuration, ou persister à l'état induré. *Siège* d'élection : face, épaules, poitrine. *Marche* par poussées successives, surtout à la puberté.

Variétés. — Acné rosacée, pustuleuse, acné nécrotique, acné noueuse, acné comédon.

Traitement. — Alcalins, ergot de seigle, arsenic, alimentation modérée, benzo-naphtol, lotions chaudes, frictions avec eau savonneuse.

Pommade de Brocq.

A appliquer journellement et progressivement 5, 10 ou 15 minutes.

Camphre	}	
Résorcine	} ãã	10 gr.
Soufre précipité	}	
Savon noir	15	grammes.
Craie préparée	5	—
Vaseline	30	—

Pommade de Gaucher.

Camphre	0gr,50
Résorcine	1 gr.
Soufre précipité	2 —
Savon noir	1 —
Craie préparée	8 —
Vaseline	15 —

Traitement thermal. — Uriage, Luchon, Barège.

FOLLICULITE. — SYCOSIS

Synonymie. — Folliculite de la barbe et des régions pilaires; inflammation pustuleuse des follicules pileux.

Variétés. — Non trichophytique; trichophytique (teigne).

Traitement. — Epilation, pulvérisation, cataplasmes, lotions émollientes.

Pommade courante.

Goudron liquide		5 gr.
Lanoline		40 —
Ichthyol	}	
Résorcine	} ãã	1 —
Huile de bouleau	}	

Pommade plus active.

Naphtol β		5 à 10 gr.
Savon vert	}	
Craie préparée	} ãã	25 —
Soufre lavé	}	
Lanoline	}	

HYPERHYDROSE

Exagération de la sécrétion sudorale.

Traitement. — Lotions à l'acide chromique, au naphtol.

PELADE

Alopécie du cuir chevelu et de la barbe, laissant des plaques dénudées, lisses, brillantes, sans trace d'élément pileux.

Traitement. — Epiler la périphérie de la plaque; couper les cheveux ras; lotion sublimée à 1 p. 1000 ou 1 p. 500; badigeonnages tous les trois ou quatre jours avec lotion acétique, ou lotions excitantes :

Appliquer au pinceau.

Acide acétique glacial.	ãã 5 gr.	
Acide phénique........		
Hydrate de chloral.....		
Teinture d'iode.........	15 —	

Frictions légères avec

Acide acétique glacial..	1 gr.
Hydrate de chloral.....	4 —
Ether sulfurique........	30 —

ÉPITHÉLIOMA DE LA PEAU

Synonymie. — Cancroïde.

Symptômes. — Début par une petite plaque qui s'ulcère, saigne, se couvre de croûtes et s'ulcère de nouveau, s'étendant peu à peu pour constituer une ulcération plus ou moins vaste, envahissant les paupières, le nez, les lèvres, le cuir chevelu, etc., sans adénopathie, ni cachexie.

Traitement. — 1° Cautérisation ignée : convient aux cancroïdes de petites dimensions, s'étendant peu en profondeur ; employer le couteau du thermocautère, appliqué à plat sur toute la lésion, de façon à la détruire par carbonisation. Pansement humide ou au chlorate de potasse.

2° Cautérisation chimique ; au préalable faire tomber les croûtes et aseptiser la lésion. Employer :

Caustique de Manoc.

Acide arsénieux.........	2 gr.
Sulfure de mercure.....	6 —
Eponge calcinée........	12 —

Solution de Czerni-Trune-Ceck.

Acide arsénieux........	1 gr.
Eau...............	ãã 50 —
Acool à 90°........	

La pâte de Canquoin est également recommandable.

3° Râclage avec la curette tranchante, suivi de cautérisation ignée.

4° Excision large au bistouri.

IMPÉTIGO

Symptômes. — Eruption pustuleuse, plus ou moins confluente, siégeant surtout à la face, s'ulcérant et se recouvrant rapidement de croûtes épaisses, jaunâtres, friables, ne laissant pas de cicatrices.

Traitement. — Préparations iodées, huile de foie de morue à l'intérieur.

Localement : cataplasmes d'amidon, compresses boriquées, poudre de talc ; après la chute des croûtes avec pommade : vaseline 30 grammes ; acide borique et oxyde de zinc, 3 grammes.

Eviter que l'enfant ne s'inocule par contact avec les doigts.

LUPUS TUBERCULEUX

Symptômes. — Début par de petits nodules cutanés qui se réunissent et forment des plaques plus ou moins étendues, de coloration rouge violacée ou pâle, saillantes, mollasses à la palpation, avec épaississement périphérique et congestion du derme, sans aucune tendance à la régression, finissant par s'ulcérer ; les bords de l'ulcération sont décollés, déchiquetés ; le fond est rouge, livide, saignant ou bourgeonnant, sécrétant un liquide sanieux ou purulent ; l'ulcération peut avoir une marche très lente, ou au contraire rapidement destructive ; *siège* surtout à la face, au nez, aux lèvres, pouvant envahir les muqueuses.

Complications. — Tuberculose aiguë, érysipèle, épithélioma.

Traitement. — *Interne :* huile de foie de morue à haute dose ; préparations iodées, sirop iodo-tannique, arsenic, créosote.

Biphosphate de chaux	15	grammes.
Liqueur de Pearson	10	—
Sirop iodo-tannique	300	—

Externe : Variable suivant la variété.

Dans le cas de *lupus vulgaire*, prescrire.

Trichlorure d'antimoine } Acide salicylique }	ãã	2	grammes.
Créosote de hêtre } Extrait de chanvre indien }	ãã	4	—
Lanoline		8	—

Dans le cas de *lupus verruqueux*, prescrire :

Potasse caustique	ãã 5 grammes.
Chaux vive	
Savon vert	
Eau distillée	

Cautérisations ignées au thermocautère ou mieux au galvanocautère.

Exérèse chirurgicale des lupus bien circonscrits ; grattage, râclage.

FAVUS

Symptômes. — Le favus peut se développer sur toute région de la peau, mais surtout sur le cuir chevelu ; apparition de points jaunâtres autour de la base des cheveux ; dépression cupuliforme et squames périphériques (godet favique).

Traitement. — Couper les cheveux ras ; cataplasmes, lotions de sublimé à 1 p. 500 ou eau oxygénée ; épilation autour des points malades ; pommade au turbith à 1 p. 10 ; traitement tonique.

TRICHOPHYTIE OU TEIGNE

Symptômes. — Petites plaques disséminées dans le cuir chevelu, au niveau desquelles les cheveux tombent ; les cheveux sont cassés un peu au-dessus de leur base ; desquamation et épaississement de la peau ; marche très longue, récidivante, guérissant spontanément à la puberté.

Traitement. — Prophylaxie pour éviter la contagion par l'isolement des malades ; couper les cheveux ras ; épiler les plaques malades jusqu'à 1 centimètre au delà de leurs limites. savonnages, lotions antiseptiques, badigeonnages à la teinture d'iode, ou à la vaseline iodée à 1 p. 100 ; bâton pommade à l'huile de croton :

Huile de croton	10 grammes.
Lanoline	10 —
Cire jaune	5 —

Si le traitement échoue, recourir à la radiothérapie (Sabouraud), continuer le traitement trois mois après la guérison apparente.

Sur la peau où la trichophytie se développe sous forme de plaques arrondies, avec un anneau vésiculeux (*herpès circiné*), application de teinture d'iode.

PHTIRIASE

Symptômes. — Démangeaisons très vives, excoriations, éruptions prurigineuses, pustuleuses.

Variétés. — Poux de tête, poux du corps, poux du pubis.

Traitement. — *Phtiriase de la tête :* couper les cheveux ras, savonnages, lotions à l'alcool camphré, ou sublimé à 1 p. 500 ou 1 p. 300. *Chez la femme*, poudre de staphysaigre, lotions au sublimé, au vinaigre chaud.

Phtiriase du corps : désinfection des vêtements, bains sulfureux et lotions phéniquées à 1 p. 100.

Phtiriase du pubis : (taches bleues); lotions de sublimé à 1 p. 500 et 1 p. 200, répétées deux ou trois fois.

GALE

Symptômes. — Démangeaisons s'accusant surtout la nuit, lésions de grattage, excoriations, croûtes, pustules ; le maximum des lésions siège aux poignets, aux espaces interdigitaux, aux aisselles, aux organes génitaux, le visage est respecté ; la lésion essentielle, qu'il faut rechercher à la loupe, est le sillon, petite ligne grisâtre, longue de 2 à 3 millimètres, incurvée, terminée par une saillie blanchâtre contenant l'acare.

Traitement. — Friction générale au savon noir, suivie d'un bain chaud; après le bain, friction énergique sur tout le corps avec pommade d'Helmerich ou de Hardy : fleur de soufre 2 parties; carbonate de potasse 1 partie; axonge 12 parties; laissée en contact avec la peau pendant 24 heures; bains, désinfection par l'étuve des vêtements, du linge, des draps de lit, sans quoi la récidive est fatale.

Contre l'irritation déterminée par le traitement : bains d'amidon.

Chez l'enfant, ou *chez* les *malades affaiblis :* pommade (baume styrax pur 20 gr., huile de camomille camphrée 100 gr.) ou pommade au naphtol; baume du Pérou, en frictions pendant un quart d'heure (30 à 50 gr.), laisser pendant la nuit.

VII. — MALADIES DU SYSTÈME NERVEUX

MÉNINGITE TUBERCULEUSE

Symptômes. — **Période de début.** — Début par une phase prodromique qui peut durer de quelques jours à deux ou trois semaines et plus, caractérisée par : la perte de l'appétit, l'amaigrissement, la dépression psychique, tristesse, irascibilité, émotivité, agitation nocturne, trismus, céphalalgie.

Période d'excitation. — Céphalalgie ordinairement intense, exagérée par la lumière ; vomissements fréquents, faciles, se produisant sans effort ; constipation persistante et rétraction du ventre en bateau. La fièvre est rémittente (38°,5, 39° le soir), le pouls est fréquent et variable, plus tard il se ralentit, pour s'accélérer de nouveau à la période terminale ; photophobie, inégalité pupillaire, fixité du regard, douleurs à la pression des globes oculaires, hyperesthésie cutanée, attitude en chien de fusil, convulsions de la face ou des membres, contractures, raideur de la nuque, secousses musculaires, délire, hallucinations, cri hydrencéphalique.

Période de paralysie. — Souvent précédée d'une phase de transition, pendant laquelle les symptômes paraissent s'atténuer ; mais la respiration devient irrégulière, suspirieuse, tantôt ralentie, tantôt précipitée ; rythme de Cheyne-Stokes : raie méningitique ; puis dépression cérébrale, torpeur, paralysies des membres, des yeux ; rétention d'urine, coma terminal.

Marche. — La méningite tuberculeuse évolue ordinairement en deux ou trois semaines, parfois en quelques jours, parfois elle dure plus d'un mois. Les rémissions momentanées sont exceptionnelles.

Formes cliniques. — *Méningite de la première enfance :* a une marche souvent très rapide. *Méningite de la seconde enfance :* forme classique. *Méningite de l'adulte :* elle est souvent secondaire à la phtisie pulmonaire ; on observe alors une apparente amélioration des signes pulmonaires. *Méningite des vieillards:* début insidieux, latent, atténuation des symptômes. La méningite tuberculeuse peut être partielle (méningite en plaques).

Diagnostic. — **Chez le nouveau-né.** — Avec hémorragie méningée, sclérose cérébrale infantile, rachitisme, athrepsie, helminthiase, dentition laborieuse.

Chez l'enfant. — Avec pneumonie à forme cérébrale, hystérie, fièvre typhoïde, syphilis méningée.

Chez l'adulte. — Avec fièvre typhoïde, grippe, paludisme, urémie cérébrale, délirium tremens, intoxications par l'opium, la belladone, l'aconit, hémorragie méningée, tumeurs intracrâniennes, méningite aiguë non tuberculeuse.

Chez le vieillard. — Avec pneumonie, fièvre typhoïde.

Traitement. — Placer le malade au repos, dans le silence et l'obscurité ; instituer le traitement antisyphilitique sous sa forme mixte et intensive : frictions sur les flancs ou les cuisses avec :

Extrait de belladone...	2 gr.	Iodure de potassium..	5 gr.
Onguent napolitain....	30 —	Sirop d'écorces d'oranges amères..........	200 —
F. s. a. pommade			

2 à 4 cuillerées à dessert par jour.

Révulsifs : sinapismes aux jambes ; réfrigération : glace et compresses froides sur la tête.

Purgatifs : Chez l'enfant :

Calomel	0gr,05
Sucre en poudre...........................	0gr,20

Pour 1 cachet n° 8, 1 toutes les 3 heures.

Appliquer sur la tête rasée la pommade :

Iodoforme........................	4 grammes.
Vaseline..........................	30 —

F. s. a.

Injections hypodermiques de créosote, gaïacol, iodoforme :

Créosote pure (ou gaïacol).........	2 grammes.
Huile d'olive stérilisée............	30 —

Injecter sous la peau 2 ou 3 centimètres cubes.

Contre la fièvre : sulfate de quinine ($0^{gr},50$ chez l'adulte, $0^{gr},10$ chez l'enfant en suppositoire).

Contre la douleur : antipyrine, chloral, opiacés. Ponction lombaire.

Contre l'agitation, le délire, les convulsions : bromures, antispamodiques (musc, chloral, valériane, valérianate de caféine) :

Valérianate d'ammoniaque.........	ãã	$0^{gr},05$
Extrait de valériane...............		

Pour 1 pilule, 2 à 6 par jour.

Bromure de potassium.......	ãã	10 grammes.
— de sodium.........		
— d'ammonium		
Eau distillée.....................		300 —

1 cuillerée à soupe.

MÉNINGITE AIGUE

Symptômes. — Céphalalgie, vomissements, constipation avec rétraction du ventre, fièvre plus élevée que dans la méningite tuberculeuse (40-41°), pouls rapide ; délire bruyant et agitation, hallucinations (forme délirante) ; contractures des membres, des mâchoires, du tronc, de la nuque ; convulsions partielles ou généralisées, hyperesthésie cutanée, photophobie ; raie méningitique, paralysies siégeant sur les muscles d'abord convulsés, irrégularités respiratoires, asphyxie, coma.

Variétés cliniques. — Méningites primitives, méningites secondaires, méningites de la pneumonie; suivant la localisation: méningites de la base, de la convexité, méningites circonscrites ; méningites des alcooliques (souvent latentes).

Diagnostic. — Avec méningite tuberculeuse, délire alcoolique, hystérie.

Traitement. — Voir *Méningite tuberculeuse*.

MÉNINGITES CHRONIQUES

Symptômes. — Début lent, insidieux, par de la faiblesse musculaire, difficulté de la marche, vertiges, tremblements, affaiblissement de la mémoire, céphalée ; ces signes peuvent se poursuivre plusieurs mois, sans fièvre, jusqu'à ce qu'apparaissent des vomissements, la constipation, la fièvre, ou une attaque d'apoplexie, une hémiplégie due à une hémorragie méningée, des paralysies partielles des yeux ou des membres ; la mort survient ordinairement par hémorragie méningée dans le coma.

Variétés. — Méningite syphilitique alcoolique.

Diagnostic. — Avec tumeurs cérébrales, paralysie générale.

Traitement. — Antisyphilitique, révulsifs, iodures alcalins.

HÉMORRAGIES MÉNINGÉES

(PACHYMÉNINGITE HÉMORRAGIQUE, HÉMORRAGIE SUS-ARACHNOIDIENNE)

Symptômes. — Céphalalgie persistante, localisée en un point du crâne ; attaque d'apoplexie avec hémiplégie totale ou partielle ; coma avec étroitesse et rigidité des pupilles, convulsions épileptiformes, délire avec agitation.

Marche. — Tantôt foudroyante, tantôt on observe des attaques répétées successives, tantôt l'hémorragie reste latente chez les aliénés, les vieillards.

Diagnostic. — Avec hémorragie cérébrale, ramollissement, tumeur cérébrale, épilepsie.

Traitement. — *Pendant une attaque :* émissions sanguines locales (sangsues aux tempes, ventouses scarifiées à la nuque) saignée, glace sur la tête, sinapismes aux jambes.

En dehors des accidents : régime sévère, abstinence de boissons alcooliques ; traitement de la céphalalgie par les analgésiques, les calmants.

HYDROCÉPHALIE

Définition. — Épanchement de liquide séreux dans les ventricules cérébraux ; l'hydrocéphalie est congénitale ou acquise, la première amenant la mort au moment de la naissance.

Symptômes. — Augmentation progressive du volume de

la tête dans les quelques mois qui suivent la naissance. La circonférence de la tête dépasse le chiffre normal de 40 à 45 centimètres (6 à 12 mois) ; les pariétaux, le frontal font fortement saillie ; les yeux sont saillants ; la face reste petite ; les fontanelles et les scissures qui les réunissent sont très écartées ; strabisme, nystagmus, diminution de la sensibilité faiblesse musculaire, affaiblissement de l'intelligence, tristesse, apathie ; l'état général reste bon.

Marche. — Essentiellement chronique, quelquefois accès aigus avec agitation, délire, vomissements. Quelques auteurs admettent une hydrocéphalie aiguë, simulant la méningite tuberculeuse ou l'éclampsie.

Diagnostic. — Avec déformation rachitique du crâne.

Traitement. — Émissions sanguines, calomel, vésicatoires, onctions mercurielles, iodure de potassium, ponction crânienne ou trépanation dans quelques cas.

ABCÈS DU CERVEAU

Synonymie. — Encéphalite suppurée.

Symptômes. — **Période prodromique.** — Céphalée opiniâtre, à paroxysmes nocturnes, à maximum localisé ; vertiges, attaques épileptiformes, troubles intellectuels, changement de caractère, perte de la mémoire, délire, idées de suicide (forme mentale), monoplégie ou hémiplégie, aphasie, névralgies crâniennes, fièvre irrégulière, amaigrissement ; tous ces accidents pouvant se succéder sans ordre, ou survenir par crises.

Période d'état. — Annoncée par de la fièvre avec vomissements, convulsions, céphalée intense, paralysies oculaires, dyspnée, coma.

Formes. — Foudroyante, méningitique, typhoïde, pyémique.

Diagnostic. — Avec méningite aiguë, hémorragie cérébrale, embolie ou thrombose cérébrale, tumeurs cérébrales, mastoïdite aiguë suppurée.

Traitement. — Si l'existence de l'abcès est certaine et son siège reconnu, la trépanation s'impose, pour évacuer et drainer le foyer.

Sulfate de quinine, analgésiques, bromure de potassium.

ANÉMIE CÉRÉBRALE

Symptômes. — Somnolence, hébétude, difficulté pour le travail intellectuel, ou bien phénomènes d'excitation : agitation, insomnie habituelle, délire, bourdonnements d'oreilles, flammèches devant les yeux, céphalalgie, faiblesse des membres inférieurs, coma.

Diagnostic. — Avec congestion cérébrale, céphalalgies d'autres causes.

Traitement. — *Dans les formes rapides :* mettre le malade dans la position horizontale, la tête en position déclive, frictions avec cognac, rhum, vinaigre; injections sous-cutanées d'éther, inhalation de nitrite d'amyle (VI à X gouttes versées sur un mouchoir).

Quand le malade a repris connaissance : stimulants.

Cognac ou rhum.......	46 gr.
Teinture de cannelle...	10 —
Sirop de quinquina.....	40 —
Eau..................	60 —

F. s. a. une potion, à prendre par cuillerées à soupe.

Acétate d'ammoniaque	6 gr.
Potion cordiale.......	150 —

F. s. a. par cuillerées à soupe.

Cachets de caféine ($0^{gr},25$), potions de caféine, injections d'huile camphrée, d'éther; kola, noix vomique, strychnine, phosphure de zinc, thé.

CONGESTION CÉRÉBRALE

Symptômes. — Survient surtout chez les obèses, arthritiques, goutteux; début par céphalée, bourdonnements d'oreilles, le malade voit des barres rouges, des raies de feu; vertige, éblouissements, délire, hébétude, face rouge vultueuse, vomissements, attaques épileptiformes ou apoplectiformes, coma.

Diagnostic. — Avec épilepsie, hémorragie cérébrale, anémie cérébrale, délire alcoolique, insolation.

Traitement. — Saignée, sangsues derrière l'oreille, révulsifs (sinapisme aux bras et aux jambes), glace sur la tête, purgatifs, bromures de potassium et de sodium, valérianate d'ammoniaque ($0^{gr},25$), antipasmodiques.

HÉMORRAGIE CÉRÉBRALE

Symptômes. — **Phase de début.** — Début sans apoplexie, la paralysie survenant en pleine connaissance, ou ***avec apoplexie*** : perte de connaissance, chute, résolution musculaire. La sensibilité et les réflexes sont abolis; incontinence des matières et des urines, respiration stertoreuse. L'hémiplégie se révèle pendant le coma par : la flaccidité absolue des membres d'un côté du corps, la déviation des traits de la face du côté sain, la joue du côté paralysé étant soulevée à chaque expiration, la déviation conjuguée de la tête et des yeux, la tête et les globes oculaires se tournant du côté de l'hémisphère atteint; pendant le coma, peuvent survenir des convulsions partielles ou généralisées, des contractures, une escarre fessière à évolution rapide (décubitus acutus). La température est abaissée à 36, 35°,4 après l'ictus; puis elle se relève et monte à 40, 41° et le malade meurt dans le coma, ou bien le coma se dissipe et survient la phase de *paralysie.*

Phase de paralysie. — L'hémiplégie se caractérise par la déviation de la face, l'orbiculaire des paupières est respecté. Aux membres : il y a impotence plus ou moins marquée du membre supérieur; le membre inférieur « fauche » pendant la marche; l'hémianesthésie est inconstante et transitoire.

Phase de contracture. — Au bout de quelques semaines apparaît la *contracture* du membre supérieur en flexion, du membre inférieur en extension; le plus souvent les réflexes s'exagèrent; il y a de la trépidation épileptoïde du pied; la contracture persiste indéfiniment.

A l'hémiplégie peuvent s'adjoindre d'autres symptômes : arthropathies, amyotrophie, hémi-tremblement de variété choréique, athétosique, ataxique, parkinsonienne; attaques apoplectiformes ou épileptiformes, aphasie.

Diagnostic. — **Pendant l'apoplexie.** — Avec ramollissement cérébral, hémorragie méningée, tabes, paralysie générale, tumeurs cérébrales, sclérose en plaques, hystérie, urémie, coma diabétique.

Pendant l'hémiplégie. — Avec hémiplégie hystérique, syphilis cérébrale, hémorragie méningée.

Traitement. — **Hygiène.** — Chambre aérée : silence autour du malade ; cathétérisme en cas de rétention d'urine ; matelas d'eau, poudres isolantes pour prévenir les escarres.

Après l'ictus apoplectique. — Si le malade peut avaler, lui administrer un purgatif.

Calomel	0gr,30
Poudre de jalap	0gr,25

Si le malade ne peut avaler, lavement purgatif : 20 grammes de sulfate de soude dans une décoction de 10 grammes de follicules de séné.

La révulsion consistera en sinapismes sur les membres inférieurs ; n'employer le vésicatoire que chez les sujets pléthoriques et après examen des urines. Émissions sanguines : sangsues, ventouses.

Comme médication adjuvante, soutenir le cœur, si ses battements sont faibles; si le pouls est hypotendu, Grasset recommande la potion suivante, à prendre par cuillerées.

Acétate d'ammoniaque		5 grammes.
Teinture de cannelle		3 —
Sirop de fleurs d'oranger		30 —
Eau de tilleul	q. s. p.	120 cc.

Si le malade n'avale pas, recourir à la voie hypodermique : éther, huile camphrée à 1 p. 10, spartéine.

A la période d'hémiplégie. — Faire lever l'hémiplégique, le mettre dans un fauteuil ; mouvements passifs pour éviter les contractures et l'ankylose, suivis de massage.

Électrisation : employer courants galvaniques faibles ; séances de courte durée. Hydrothérapie.

RAMOLLISSEMENT CÉRÉBRAL

Symptômes. — **Période de début.** — Début lent, progressif, ou bien par apoplexie avec hémiplégie totale ou dissociée, déviation conjuguée de la tête et des yeux, décubitus acutus.

Période d'état. — A la période d'état, on constate soit une hémiplégie totale, soit une monoplégie du bras ou du membre inférieur, une hémiplégie faciale, d'abord flasque, puis avec contracture. La paralysie est quelquefois variable, un membre paralysé pouvant recouvrer sa motilité ; pendant la phase de contracture, peuvent survenir des attaques apoplectiformes, des accès d'épilepsie généralisée, ou localisée à un membre, à la face (épilepsie jacksonienne).

L'aphasie est fréquente ; elle est totale, ou partielle (agraphie, aphémie, surdité verbale, cécité verbale) ; perte de la mémoire, délire, divagations, facies hébété, pleurs sans motifs, parole embarrassée, traînante, démarche à petits pas, gâtisme (incontinence des matières et des urines).

Formes cliniques. — Ramollissement par embolie d'origine cardiaque, caractérisé par une hémiplégie droite avec aphasie, ramollissement sénile, ramollissement par artérite syphilitique.

Diagnostic. — Avec hémorragie cérébrale.

Traitement. — *Dans le cas de syphilis* : frictions mercurielles avec l'onguent napolitain (5 gr. par jour) et :

Iodure de potassium.............	20	grammes.
Eau distillée.....................	300	—

4 cuillerées à soupe par jour.

APHASIE

Définition. — Abolition ou perversion de la faculté de comprendre les signes visuels ou auditifs (aphasie sensorielle), ou d'exprimer des signes écrits ou parlés (aphasie motrice).

Symptômes. — L'aphasie peut exister seule ou être associée à une hémiplégie droite ; elle débute progressivement ou brusquement ; tantôt elle est fugace, tantôt elle persiste définitivement. Elle comprend quatre variétés, qui existent rarement à l'état pur : la **surdité verbale**, ou impossibilité de comprendre la signification des mots entendus et même de tous les sons représentant des idées ; le malade entend que l'on parle, mais ne comprend rien ; la surdité verbale, comme les autres variétés d'aphasie, peut être totale, ou partielle, c'est-à-dire ne porter que sur certains mots ou groupes de mots ; la **cécité verbale**, ou impossibilité de reconnaître la signification des mots écrits et cependant le malade peut écrire et saisit ce qu'on lui dit ; l'**agraphie**, ou impossibilité d'écrire, avec conservation de l'audition, de l'articulation, de la lecture ; l'**aphémie**, ou aphasie motrice, ou impossibilité de prononcer les mots, avec conservation des autres facultés. Quelques malades ne peuvent prononcer que certains mots ou monosyllabes.

Diagnostic. — Avec les troubles du langage liés à des troubles moteurs (paralysie générale, paralysie bulbaire, hémiplégie faciale, sclérose en plaques); dans l'aphasie, les muscles des lèvres, de la langue, du pharynx, du larynx ne sont pas paralysés, les centres du langage seuls sont atteints.

Diagnostic de la cause. — Syphilis, ramollissement cérébral, tumeur méningée, intoxication, hystérie.

Traitement. — Rééducation par les exercices de lecture, d'écriture, de mémoire; traitement de la cause.

ENCÉPHALITE CHRONIQUE

Synonymie. — Sclérose cérébrale infantile primitive, sclérose atrophique, sclérose hypertrophique de l'enfance et porencéphalie.

Symptômes. — Chez un nouveau-né ou un jeune enfant apparaissent des convulsions à forme épileptique généralisée, puis localisées à un membre; l'attaque se termine sans coma; l'intelligence ne se développe pas; l'enfant peut rester définitivement idiot; aux convulsions succèdent des paralysies à forme hémiplégique, le plus souvent, parfois accompagnées de troubles de l'équilibration (sclérose du cervelet); la contracture suit la paralysie et revêt le type de flexion; les muscles s'atrophient; le développement du squelette est retardé; l'hémiplégie est fréquemment accompagnée d'hémiathétose ou d'hémichorée, de troubles des sens (strabisme); la sensibilité reste intacte.

Marche. — La sclérose atrophique est compatible avec la vie; la sclérose hypertrophique se termine ordinairement au bout de quelques années par des accès épileptiques répétés ou par une maladie intercurrente (tuberculose, fièvre éruptive).

Diagnostic. — Avec éclampsie infantile, épilepsie, tumeurs cérébrales, hémiplégie choréique, paralysie obstétricale des nouveau-nés, paralysie infantile; maladie de Little; porencéphalie.

Traitement. — Chloral, musc, bromure de potassium, glace sur la tête, antispasmodiques, iodure de potassium.

HÉMIPLÉGIE SPASMODIQUE INFANTILE

Symptômes. — Débute, pendant la première enfance (à moins qu'elle ne soit congénitale), par des convulsions suivies d'une hémiplégie flasque, puis spasmodique, ou d'une paraplégie; la contracture est plus ou moins marquée et peut permettre des mouvements choréiformes. Il y a atrophie du côté atteint. L'intelligence est affaiblie ou complètement annihilée, l'enfant reste idiot. Les accès d'épilepsie sont plus ou moins fréquents.

Diagnostic. — Avec maladie de Little, paralysies obstétricales, épilepsie.

Traitement. — Pendant les convulsions: grands bains tièdes, chloral, bromures; massage, frictions des membres, culture intellectuelle.

PARALYSIE GÉNÉRALE PROGRESSIVE

Synonymie. — Méningo-encéphalite interstitielle diffuse.

Symptômes. — **Période de début.** — *Troubles psychiques :* modification du caractère, tristesse, apathie, émotivité exagérée ou indifférence; suractivité mentale, actes bizarres, indélicats on grossiers, excès alcooliques et vénériens, affaiblissement mental, perte de la mémoire, puérilité, extravagance, dépression, idées de suicide ou excitation maniaque.

Troubles somatiques : attaques apoplectiformes ou épileptiformes, à type généralisé ou partiel, paralysies oculo-motrices, ptosis, inégalité pupillaire, paresse ou abolition des réflexes pupillaires, névralgies craniennes, embarras de la parole, tremblement de la langue, des mains, diminution du sens génital.

Période d'état. — Affaiblissement progressif de l'intelligence, de la mémoire; délire expansif, délire des grandeurs, délire dépressif, idées mélancoliques alternant avec la mégalomanie, idées de suicide, de persécution ; les troubles moteurs s'accusent : maladresse, tremblement, démarche mal assurée, embarras de la parole, bredouillement, accrocs dans la prononciation des mots, écriture heurtée, tremblée, pleine d'omissions ou de fautes grossières, contractures, diminution des réflexes.

Période terminale. — La démence devient complète; la marche est impossible, incontinence des matières fécales et des urines, attaques apoplectiformes, l'alimentation devient impossible, cachexie.

Marche, Durée, Terminaison. — La marche est chronique et progressive : la première période peut durer deux et trois années; les deux dernières périodes évoluent en quelques mois et se terminent par la mort (coma, méningite aiguë, broncho-pneumonie, escarres), parfois marche aiguë.

Diagnostic. — Avec neurasthénie, tabes, manie, délire vésanique, accès de mélancolie, délire alcoolique, démence sénile, syphilis cérébrale (pseudo-paralysie générale syphilitique); pseudo-paralysies saturnine ou alcoolique, tumeurs cérébrales.

Traitement. — Les actes désordonnés ou dangereux, la dépression profonde peuvent nécessiter l'internement dans un asile d'aliénés. Révulsifs (vésicatoires, teinture d'iode, pointes de feu sur le rachis); acide arsénieux : 4 à 10 granules de Dioscoride (1 milligr.) par jour; liqueur de Fowler II à XX gouttes par jour, arséniate de soude, iodure de potassium.

Si l'on soupçonne la pseudo-paralysie générale syphilitique, instituer le traitement spécifique (qui reste impuissant dans la paralysie générale progressive vraie, d'origine syphilitique).

Dans le cas d'attaques apoplectiformes, traitement de la congestion cérébrale.

TUMEURS CÉRÉBRALES

Symptômes. — La céphalée est ordinairement le premier symptôme; elle est souvent intolérable; empêchant le sommeil, arrachant des cris au malade, persistante, sujette à des exacerbations. Les convulsions épileptiformes, simulant l'épilepsie vraie, la déchéance intellectuelle avec somnolence, hébétude, sont, avec la céphalée, les signes les plus constants. Les autres symptômes n'ont rien de fixe dans leur apparition; ils peuvent s'associer de différentes façons : vomissements à type cérébral, c'est-à-dire se produisant sans nausée, sans effort; vertiges, stase papillaire (ou étranglement de la papille, révélée à l'ophtalmoscope par la teinte grisâtre, l'état tortueux des vaisseaux, la saillie de la papille); les convulsions localisées à un membre, à la face; aphasie totale ou partielle, vertige gyratoire, paralysies d'un côté du corps, d'un membre ou de la moitié de la face, paralysies oculaires, amaurose, névralgies du trijumeau, délire.

1° **Signes de compression générale de l'encéphale.** — Céphalalgie, constipation, vomissement cérébral qui se fait sans nausées et sans efforts. Ralentissement du pouls et de la respiration, accès apoplectiformes ou épileptiformes, troubles intellectuels, vertiges.

2° **Signes de compression locale.** — S'ajoutant aux précédents.

Suivant le **siège** de la tumeur, on observera la prédominance de certains symptômes.

Aux tumeurs corticales de la région rolandique appartiennent surtout les convulsions partielles, suivies de paralysies flasques, puis spasmodiques, épilepsie jacksonnienne ou bien phénomènes paralytiques, hémiplégie croisée, flaccide, complète ou monoplégies.

Les tumeurs de la région frontale antéro-supérieure déterminent des troubles intellectuels précoces : céphalée frontale et modifications du langage articulé troubles de l'intelligence, du caractère.

Les tumeurs centrales déterminent l'hémiplégie vulgaire, quelquefois hémichorée et hémianesthésie.

Les tumeurs basilaires peuvent déterminer des paralysies oculaires, l'amaurose, la paralysie faciale, les troubles de la déglutition et de l'articulation (IXe et XIe paires), les vomissements fréquents, l'hémiplégie alterne, les ralentissements du pouls, l'irrégularité de la respiration, *lésions du côté du nerf optique et des papilles*, troubles olfactifs, paralysies oculaires.

Les tumeurs du cervelet entraînent des troubles de l'équilibre et de la station (démarche ébrieuse, titubation).

Marche, Durée, Terminaison. — La marche des tumeurs cérébrales est moins en rapport avec leur localisation ou leur nature (bénigne, maligne, tuberculeuse) qu'avec la rapidité de leur développement : forme foudroyante, débutant par un ictus apoplectiforme et se terminant dans le coma; formes rapides, évoluant en quelques semaines; formes lentes (8 mois, 15 mois, 2 ans et plus).

Diagnostic. — Avec abcès du cerveau, méningites aiguës, hémorragie et ramollissement.

Traitement. — S'il existe des antécédents personnels ou héréditaires de syphilis, instituer immédiatement le traitement mixte à doses élevées.

Le traitement symptomatique ne donne pas de résultats.

On doit s'adresser à la tumeur elle-même. Traitement spécifique, lorsqu'on soupçonne la syphilis ; traitement antituberculeux, si on soupçonne un tubercule.

Si, après échec du traitement spécifique poursuivi pendant 6 semaines à 2 mois, la tumeur est accessible et paraît limitée, on pourra tenter l'intervention chirurgicale.

Crâniectomie. — Elle peut être définitive ou temporaire.

1° **Crâniectomie définitive.** — L'incision des parties molles peut être semi-lunaire, en fer à cheval, ou bien cruciale ; de toutes façons, l'incision sera faite d'emblée jusqu'à l'os, de façon à sectionner le péricrâne. Celui-ci est récliné avec une rugine et rabattu avec le lambeau de parties molles auxquelles il adhère.

La trépanation de la paroi osseuse peut se faire avec le trépan, peu employé actuellement, avec la fraise, avec le ciseau.

Si l'opérateur dispose de fraises, il amorce l'orifice avec une mèche perforatrice montée sur vilebrequin, puis continue avec une fraise de 12 à 16 millimètres. Pendant la traversée du diploé, la fraise expulse une bouillie rouge ; au niveau de la table interne, la résistance augmente et les copeaux osseux deviennent plus nombreux ; on manœuvre la fraise doucement pour éviter de blesser la dure-mère.

Si l'opérateur n'a pas de fraises à sa disposition, il pratiquera la trépanation à la gouge et au ciseau. Le ciseau appliqué obliquement sur le crâne et frappé à petits coups enlève une série de copeaux : on finit par obtenir une perte de substance à peu près circulaire. Ce procédé expose davantage à la blessure de la dure-mère et du cerveau.

L'agrandissement de l'orifice de trépanation se fait soit en creusant d'autres trous voisins du premier et en faisant sauter les ponts osseux intermédiaires, soit plus rapidement avec les pinces-gouges de Championnière.

2° **Crâniectomie temporaire.** — Incision des parties molles en fer à cheval, à pédicule inférieur. Rugination du périoste sur une largeur de 15 à 20 millimètres. Avec la fraise, on perce une série de trous que l'on réunit soit à la pince coupante, soit avec la scie de Gigli. Le volet osseux ainsi taillé ne tient plus qu'au niveau du pédicule des parties molles; on achève de le mobiliser par ostéoclasie.

3° **Incision de la dure-mère.** — On fait une incision cruciale de la dure-mère. Si la tumeur est inextirpable, se contenter de la crâniectomie décompressive qui soulage beaucoup le malade. Si la tumeur est extirpable, l'énucléer au doigt ou avec une spatule mousse.

SYPHILIS CÉRÉBRALE

Symptômes. — **Période de début.** — Céphalée souvent localisée en un point du crâne, gravative ou constritive, et plongeant le malade dans l'abrutissement ; à paroxysmes nocturnes ; vertiges ; éblouissement, insomnie, sensation de vide cérébral, obnubilation passagère de l'intelligence, parésie des membres, paralysies oculaires ; parfois le début se fait par un ictus apoplectiforme suivi d'hémiplégie.

Période d'état. — Accès d'épilepsie partielle et consciente (aura, contractions toniques, puis cloniques d'un des membres ou de la face) ; hémiplégie ; elle est précédée ordinairement par la céphalée, les étourdissements, les vomissements et débute soit progressivement, sans perte de connaissance, soit brusquement par ictus ; elle est incomplète (c'est-à-dire que les mouvements ne sont pas complètement abolis) et partielle (c'est-à-dire occupant un membre, ou le membre supérieur et la face) ; aphasie, surtout motrice ; elle peut exister isolée comme phénomène de début, ou être associée à l'hémiplégie droite ; la sensibilité est généralement indemne ; paralysies des nerfs craniens, surtout de la IIIe paire (ptosis, strabisme divergent, mydriase) : ictus congestifs ou apoplectiformes ; troubles intellectuels ; dépression des facultés, diminution de la mémoire, incohérence des paroles et des actes, délire (folie syphilitique), pseudo-paralysie générale syphilitique.

Période terminale. — Si le traitement n'intervient pas, l'état général s'aggrave : anorexie, amaigrissement, cachexie, gâtisme; si le traitement intervient, la guérison peut être complète ou incomplète, et alors il persiste une hémiplégie, du ramollissement cérébral ou un état de démence complète.

Formes cliniques. — Formes céphalalgique, congestive,

convulsive, apathique, mentale, paralytique; méningite syphilitique de la base, syphilis cérébrale héréditaire, précoce ou tardive.

Diagnostic. — Avec tubercules du cerveau, méningite tuberculeuse, embolie cérébrale d'origine cardiaque, hystérie, neurasthénie.

Traitement. — Le traitement doit être mixte, intensif et prolongé ; iodure de potassium, porté rapidement à haute dose :

Iodure de potassium	20 grammes.
Eau distillée	300 —

1 cuillerée à soupe contient 1 gramme d'iodure de potassium; donner 3 cuillerées par jour et jusqu'à 10.

Frictions mercurielles avec 4 à 10 grammes d'onguent napolitain, ou injection hypodermique de biiodure :

Biiodure de mercure	0gr,04
Huile d'œillette stérilisée	10 grammes.

Faire dissoudre, injecter 1 à 2 seringues de Pravaz par jour.

Surveiller l'état de la bouche : gargarismes au chlorate de potasse, ou solutions antiseptiques, pour prévenir la stomatite mercurielle (Voir *Traitement de la syphilis*).

Hydrothérapie, bromures de potassium et de sodium, révulsifs sur la nuque.

Contre les convulsions : chloral, valériane, bromures, toniques et reconstituants.

TUMEURS DU CERVELET

Symptômes. — Céphalalgie, siégeant ordinairement dans la région occipitale, extrêmement violente, revenant par accès tous les deux ou trois jours; vertiges, démarche titubante, ébrieuse, vomissements se faisant sans effort, troubles de la vue, très fréquents, depuis l'amblyopie légère jusqu'à la cécité; conservation de la force musculaire; plus rarement : hémiplégie, paralysie faciale, hyperesthésie, troubles de l'ouie : l'intelligence reste intacte.

Marche. — Après une phase prodromique variable, les

accidents ultimes ont une marche rapide : la terminaison se fait par syncope, apoplexie ou coma.

Diagnostic. — Avec névralgie occipitale, céphalée syphilitique, neurasthénie, vertige de Ménière, tumeurs cérébrales, tabes.

Traitement. — Toujours soupçonner la nature syphilitique de la lésion et instituer le traitement (Voir *Syphilis cérébrale*). En cas d'échec, intervention chirurgicale.

ABCÈS DU CERVELET

Symptômes. — Signes d'ancienne otorrhée, céphalalgie, vomissements, titubation, perte de connaissance, fièvre continue ou à oscillations.

Diagnostic. — Avec tumeur cérébelleuse, abcès du cerveau, mastoïdite suppurée, méningite aiguë.

Traitement. — Trépanation.

HÉMORRAGIE DU CERVELET

Symptômes. — **Début.** — Céphalée, vomissements, vertiges, étourdissements, ictus.

Période d'état. — Vomissements, faiblesse musculaire généralisée, hémiplégie croisée ou directe; convulsions, contractions, myosis, accélération de la respiration et du pouls, stupeur, coma.

Diagnostic — Avec hémorragie cérébrale, hémorragie méningée, méningite tuberculeuse.

Traitement. — Même traitement que dans l'hémorragie cérébrale (voir p. 87).

PARALYSIE LABIO-GLOSSO-LARYNGÉE

Synonymie. — Paralysie bulbaire progressive.

Symptômes. — Paralysie de la langue : il y a d'abord gêne pour mouvoir la langue, puis impossibilité ; elle reste appliquée sur le plancher de la bouche ; elle est le siège de contractions vermiculaires; la paralysie de la langue entraîne des troubles du langage (articulation des lettres i, r, l, s, g, k, d, b,) de la mastication et de la déglutition : le malade se sert de ses doigts pour mettre les aliments sur la langue; il renverse la tête en arrière pour avaler.

Paralysie des lèvres, qui restent immobiles, laissent écouler la salive, n'interviennent plus dans l'articulation des labiales ; paralysie du voile du palais et du pharynx : d'où reflux des liquides par le nez, chute des aliments dans le larynx et accès de toux ; paralysie du larynx : d'où voix monotone, dysphonie, aphonie, accès de suffocation ; les muscles atteints sont le siège de contractions fibrillaires et s'atrophient.

Marche. — Après une durée de 2 à 3 ans en moyenne, la paralysie labio-glosso-laryngée se termine sans troubles intellectuels, sans fièvre, par paralysie cardiaque ou respiratoire (syncope ou asphyxie) ou par bronchopneumonie, gangrène pulmonaire.

Diagnostic. — Avec paralysie faciale double, myopathie, paralysie du voile, aphasie, paralysie pseudo-bulbaire (ramollissement cérébral) ; le syndrome labio-glosso-laryngé peut constituer une maladie primitive, ou bien survenir dans l'atrophie musculaire progressive, la sclérose latérale amyotrophique, la syringomyélie, la sclérose en plaques.

Traitement. — *Electrisation :* galvanisation ; on applique les électrodes sur les apophyses mastoïdes et on fait passer le courant pendant 2 à 3 minutes, en changeant alternativement le sens.

Injections sous-cutanées de picrotoxine (1/2 milligramme) ou en pilules (2 à 4 par jour).

Picrotoxine	0gr,001
Poudre de noix vomique	āā 0gr,05
Ergotine	āā 0gr,05

Pour 1 pilule.

Iodure de potassium ; contre la salivation : atropine (1/2 milligramme par jour).

Contre les accès de dyspnée avec suffocation, trachéotomie, alimentation par la sonde, morphine.

OPHTALMOPLÉGIE NUCLÉAIRE PROGRESSIVE

Symptômes. — Début lent par le ptosis ou la diplopie. Quand l'ophtalmoplégie est constituée, les yeux sont fixes, les paupières sont tombantes ; le malade renverse la tête en arrière pour voir devant lui, il tourne la tête pour voir à droite ou à gauche (facies d'Hutchinson). Les réactions pupillaires sont normales à la lumière et à l'accommodation. Elles sont atteintes dans l'ophthalmoplégie interne.

Marche. — Cet état peut rester stationnaire pendant des années, ou bien l'ophtalmoplégie devient totale, c'est-à-dire externe et interne, ou bien la paralysie bulbaire s'étend à la langue, aux lèvres, etc., à la respiration, au cœur.

Diagnostic. — Avec ophtalmoplégies d'origine basilaire (toujours totales), orbitaire, périphérique, du goitre exophtalmique, de l'hystérie, du tabes, de l'atrophie musculaire.

Traitement. — Traitement antisyphilitique (Voy. *Syphilis cérébrale*) ; électrisation des muscles de l'œil ; strychnine :

Sulfate de strychnine	0gr,001
Extrait de quinquina	0gr,05
Poudre de cannelle	*Q. S.*

Pour 1 pilule n° 30, 2 a 10 par jour.

COMPRESSION DE LA MOELLE

Symptômes. — (Compression lente de la moelle dorsale). — 1° **Période prodromique.** — Douleurs des membres pseudo-névralgiques, douleurs intercostales, d'intensité variable (constrictives, térébrantes, fulgurantes, névralgiques) ; elles sont ordinairement permanentes, s'accompagnent d'hypéresthésie ou d'anesthésie cutanée, d'atrophie musculaire.

2° **Période de paralysie flaccide.** — Les mouvements des membres inférieurs deviennent impossibles. Réflexes abolis, incontinence d'urine et des matières en rétention, anesthésie, sensations d'engourdissement, de fourmillement,

3° **Période de paralysie spasmodique.** — Contractures, crampes, tremblements spasmodiques, flexion irréductible des membres, atrophie, état lisse et cyanique de la peau, éruptions diverses.

Marche. — Guérison parfois spontanée, aggravation progressive et mort par escarre sacrée, cystite et pyélonéphrite, phtisie pulmonaire, dégénérescence amyloïde. La paraplégie peut rester flasque.

Variétés. — Compression de la moelle cervicale (paraplégie cervicale, paralysie des membres supérieurs, toux et dyspnée, hoquet, dysphagie, troubles oculo-pupillaires, attaques épileptiformes, crises syncopales).

Compression de la région dorso-lombaire, ou renflement lombaire, compression unilatérale avec symptôme de Brown-Sequard (hémiparaplégie motrice avec hémianesthésie du côté opposé). Compression brusque (paraplégie à début brusque).

Diagnostic. — Avec névralgies, névrites, myélite diffuse, tabes, hystérie.

Traitement. — 1° **De la cause**. — Réduction d'une luxation ou d'une fracture vertébrale, trépanation du rachis, quelquefois indiquée dans le mal de Pott. Essai du traitement syphilitique, s'il ne s'agit ni du mal de Pott, ni d'un cancer vertébral.

2° **Des symptômes**. — Analgésiques, morphine, électrisation, seulement *s'il n'y a pas de tendance spasmodique*. —Voyez *Traitement du mal de Pott*.

HÉMORRAGIES DE LA MOELLE

Synonymie. — Hématomyélie.

Symptômes. — Début subit par une paraplégie, accompagné de douleurs dans la région rachidienne et dans les membres. Paralysie des sphincters anal et vésical, parfois hémiparaplégie avec hémianesthésie croisée (syndrome de Brown-Sequard).

Complications. — Cystite purulente, escarres sacrées, entraînant la mort. La guérison est rare : la paraplégie avec atrophie persiste.

Diagnostic. — Avec compression rachidienne, myélite aiguë (fièvre), syringomyélie.

Traitement. — Révulsifs sur la région rachidienne. Purgatifs drastiques. Sonder la vessie aseptiquement.

MYÉLITE AIGUE

Symptômes. — **Période de début.** — Début quelquefois brusque, ordinairement lent par la rachialgie, douleur dans les membres, fièvre.

Période d'état. — Paraplégie complète ou incomplète, douleurs dans les membres inférieurs, anesthésie incomplète ou complète, réflexes rotuliens abolis (exagérés si la lésion siège dans la moelle supérieure). Incontinence de l'urine et des matières. Escarre sacrée. Atrophie musculaire, œdème.

Complications. — Cystite purulente, diarrhée, broncho-pneumonie.

Marche. — Rapide avec terminaison fatale (escarre, pneumonie, fièvre), ou lente avec guérison, ou terminaison par myélite chronique.

Formes. — Myélite dorso-lombaire, myélite aiguë cervicale (douleurs de la nuque, paralysie des membres supérieurs et des muscles du tronc, dysphagie, pouls lent). Myélite aiguë diffuse ou paralysie ascendante de Landry (à la paraplégie succède la paralysie des membres supérieurs et des muscles bulbaires). Myélite des maladies infectieuses.

Diagnostic. — Avec névrite, paraplégie du tabes ou de la sclérose en plaques, paraplégie hystérique.

Traitement. — Révulsifs sur la région rachidienne (vésication, ventouses, glace, pointes de feu). Sulfate de quinine, salol ; traitement de la cystite.

MÉNINGO-MYÉLITE SYPHILITIQUE

Symptômes. — **Période de début.** — Début progressif par des douleurs transitoires, une sensation de faiblesse des mesures inférieurs, incontinence d'urine passagère.

Période d'état. — Paraplégie spasmodique (crampes, tremblement des membres inférieurs, exagération des réflexes, trépidation épileptoïde du pied). Peu de troubles de la sensibilité, douleurs parfois fulgurantes. Tantôt rétention, tantôt incontinence des urines et des matières, agénésie, peu ou pas de troubles trophiques. Parfois symptômes de lésions cérébrales coexistantes. Marche chronique, susceptible de guérir par le traitement spécifique.

Formes aiguës. — Myélite aiguë diffuse, myélite ascendante aiguë, de pronostic grave par la possibilité de troubles bulbaires, de l'infection des voies urinaires, des escarres, passage à la forme chronique.

Diagnostic. — Avec sclérose en plaques, tabes (pseudotabes syphilitique). Myélites transverses du mal de Pott, tumeurs rachidiennes, etc. Chez tout paraplégique, rechercher les antécédents de syphilis.

Traitement. — Pointes de feu le long du rachis. Pansement des escarres. Cathétérisme aussi aseptique que possible. Traitement antisyphilitique : mêmes indications que pour la syphilis cérébrale (voy. *Syphilis cérébrale*).

TABES DORSAL

Synonymie. — Ataxie locomotrice progressive (Duchenne de Boulogne). Sclérose des cordons postérieurs de la moelle.

Symptômes. — **Motilité.** — Ataxie ou défaut de coordination des mouvements volontaires, avec conservation de la force musculaire ; il n'y a pas de parésie, mais perte de la mesure et de la direction de l'effort musculaire. Aux membres supérieurs, elle se manifeste par la maladresse, la difficulté ou l'impossibilité de saisir de petits objets ; aux membres inférieurs, par la difficulté de la marche : les jambes sont lancées dans toutes les directions, le pied porte sur le talon. L'ataxie peut être peu accusée au début. Paralysies, hémiplégie faciale, paraplégie, paralysie linguale, radiale, monoplégies. Signe de Romberg (dans la station debout, si le malade ferme les yeux, il oscille et perd l'équilibre).

Sensibilité. — Douleurs fulgurantes, hyperesthésie, anesthésie cubitale, plantaire ; anesthésie thermique ; retard des sensations.

Réflexes. — Abolition du réflexe rotulien, exceptionnellement augmenté.

Troubles oculaires. — Paralysies fugaces, partielles, dissociées des nerfs moteurs de l'œil (strabisme, diplopie, chute de la paupière supérieure). Signe d'Argyll-Roberston, consiste en ce que la pupille, brusquement exposée à la lumière, reste immobile, au lieu de se contracter, tandis que le réflexe à l'accommodation est conservé. Déformation, inégalité pupillaire. Névrite optique (affaiblissement de la vue, jusqu'à la cécité, papille tabétique), parfois accompagnée de névrite auditive.

Troubles viscéraux. — Paresse vésicale, incontinence d'urine, crises douloureuses vésicales ou rénales. Impuissance, crises voluptueuses chez la femme, frigidité. Crises gastriques (douleurs extrêmement vives, vomissements). Anorexie. Diarrhée tabétique, ténesme, incontinence rectale. Ictus laryngé. Insuffisance aortique.

Troubles encéphaliques. — Vertiges. Ictus congestifs ou apoplectiformes. Rarement troubles intellectuels; parfois apparition des signes de la paralysie générale (tabes cérébro-spinal).

Troubles trophiques. — Fractures spontanées. Arthropathies (à début brusque, non douloureuses), éruptions cutanées diverses (zona, ecchymoses, ichtyose). Mal perforant. Chute des ongles, des dents. Atrophies musculaires. Pied-bot tabétique.

Marche, Durée, Terminaison. — Le début peut se faire par l'un quelconque des signes précédents (période préataxique) ; [ordinairement le tabes apparaît six à quinze ans après la syphilis]. L'ataxie se montre progressivement, après plusieurs années (période ataxique). Plus tard, la nutrition s'altère, surviennent des complications (période cachectique), la durée totale pouvant atteindre 10, 15, 20 ans. La marche peut être aiguë.

Diagnostic. — Avec titubation cérébelleuse ; astasie, abasie ; paraplégies incomplètes, névrites périphériques (pseudo-tabes alcoolique, saturnin, diabétique, polynévritique). Neurasthénie. Syphilis cérébro-spinale diffuse. Affections de la vessie, de l'estomac.

Traitement. — Le **traitement antisyphilitique** doit être institué aussitôt que possible ; s'il s'agit d'un tabes aigu, prescrire des injections d'huile au calomel; sinon biiodure ou benzoate de mercure ; traitement intensif et prolongé, en surveillant le malade.

Le **traitement externe** consiste en : révulsion de chaque côté de la colonne dorsale. Hydrothérapie tiède, massage, suspension. **Rééducation** suivant la méthode de Frænkel-Faure ; elle est contre-indiquée quand il s'agit d'un tabes rapide, à complications ostéopathiques.

Le **traitement adjuvant** consistera dans l'administration de l'iodure de potassium à petite dose, de pilules de nitrate d'argent : 3 pilules de 0,01 par jour, de phosphore sous forme d'huile phosphorée en capsules, de nitrite de soude.

Contre les douleurs fulgurantes : antipyrine, santonine, morphine ; contre les crises gastriques, médication alcaline intensive, protoxalate de cérium : 0,50 par jour en 4 fois ; morphine.

En cas d'ictus laryngé, trachéotomie, chloroforme.

Troubles urinaires : faradisation de la vessie ; poudre de seigle ergoté, $0^{gr},20$; 2 cachets par jour.

Excitation génitale : Bromure de camphre, valérianate de zinc.

Amyosthénie et asthénie :

Arséniate de soude..............	$0^{gr},05$	
Extrait hydro-alcoolique de kola..	10	grammes.
Sirop d'écorces d'oranges....*Q.S.p.*	300	cc.

2 cuillerées à soupe par jour.

TABES DORSAL SPASMODIQUE

Symptômes. — 1° **Chez l'adulte, maladie de Erb-Charcot.** — **Début.** — Progressif par la parésie des membres inférieurs, les secousses musculaires, l'exagération des réflexes.

Période d'état. — Il y a paraplégie spasmodique, caractérisée par l'impossibilité de marcher ou par la démarche spasmodique, l'exagération des réflexes rotuliens, la trépidation épileptoïde du pied. Les contractures peuvent s'étendre aux muscles du tronc et des membres supérieurs. Pas de troubles de la sensilibité, ni de la trophicité, ni sphinctériens, ni céphaliques ; la durée est indéfinie.

2° **Chez l'enfant, maladie de Little.** — L'enfant est né avant terme. Quelques mois après la naissance, apparaît la raideur spasmodique des membres, plus accusée aux membres inférieurs, exagération des réflexes, clonus du pied.

Diagnostic. — Avec compression de la moelle, mal de Pott, sclérose en plaques fruste.

Traitement. — Révulsifs sur le rachis (teinture d'iode, pointes de feu). Chlorure d'or.

Chlorure d'or et de sodium....... 0gr,30
Eau distillée...................... 15 grammes.
15 gouttes par jour.

Gymnastique active et passive, massage.

Le traitement chirurgical, long et pénible, consiste en ténotomies, anastomoses musculo-tendineuses, arthrodèses.

MALADIE DE FRIEDREICH

Synonymie. — Ataxie héréditaire.

Symptômes. — Début dans l'enfance, de 7 à 14 ans. Incoordination motrice des membres inférieurs, parfois des supérieurs, instabilité semblable à celle de la chorée. Abolition des réflexes rotuliens. Pas de troubles sensitifs, ni sphinctériens; nystagmus, parole embarrassée, scandée, inégale, déformation des pieds en pied-bot varus équin, orteils en griffe. Scoliose de la région dorsale. Durée indéfinie.

Diagnostic. — Avec tabes dorsal, sclérose en plaques, chorée.

Traitement. — Suspension. Electrothérapie, gymnastique des mouvements, toniques.

SCLÉROSE EN PLAQUES

Symptômes. — **Motricité**. — Tremblement intentionnel, c'est-à-dire provoqué et exagéré par les mouvements volontaires, surtout marqué aux membres supérieurs; parésie ou paraplégie des membres inférieurs, démarche cérébelleuse ou cérébello-spasmodique, hémiplégie, accès de contracture des membres, trépidation spinale, exagération des réflexes.

Sensibilité. —Sensation d'engourdissement, douleurs fulgurantes, paresthésies.

Organes des sens. — Nystagmus (secousses des muscles oculo-moteurs), strabisme, diplopie, myosis, ou inégalité pupillaire, névrite optique (lésions ophtalmoscopiques de la papille, diminution de la vue).

Accidents bulbo-protubérantiels. — Tremblement de la

langue, parole lente, scandée, monotone, vertiges, crises de dyspnée, attaques apoplectiformes et épileptiformes.

Troubles intellectuels. — Ordinairement nuls, accès de rire ou de pleurs, affaiblissement de la mémoire.

Durée. — 6 à 10 ans et plus.

Formes. — Cérébrale, spinale, cérébro-spinale, fruste, forme aiguë.

Diagnostic. — Avec paralysie agitante. Tremblements mercuriel, hystérique, sénile. Paralysie générale, tabes. Paraplégies spasmodiques, hystérie.

Traitement. — Hydrothérapie. Iodure de potassium et de sodium, à dose faible et prolongée. Strychnine. Solanine.

SYRINGOMYÉLIE

Symptômes. — Dissociation syringomyélique de la sensibilité : la sensibilité tactile et le sens musculaire sont conservés : la sensibilité thermique (au chaud et au froid), ainsi que la sensibilité à la douleur (analgésie), sont supprimées. Cette analgésie spéciale occupe soit tout le corps, soit un membre, soit un segment de membre ne correspondant pas à un territoire de nerf périphérique. Le malade se fait des brûlures accidentelles sans s'en apercevoir. Atrophie musculaire, débutant par l'éminence thénar (type Aran-Duchenne) ; abolition des réflexes rotuliens. Panaris analgésique, déviation de la colonne vertébrale. Souvent état lisse et cyanique de la peau. Inégalité pupillaire. Vertiges, accès de dyspnée.

Marche. — Essentiellement chronique.

Diagnostic. — Avec atrophies musculaires, lèpre nerveuse, sclérose latérale amyotrophique, hystérie.

Traitement. — Hydrothérapie, bains chauds. Electrothérapie, toniques : fer, quinquina. Iodures, nitrate d'argent, révulsion sur la colonne vertébrale.

SCLÉROSE LATÉRALE AMYOTROPHIQUE

Symptômes. — Début par la parésie spasmodique des membres supérieurs et par l'atrophie des petits muscles de la main. Plus tard on constate : Exagération des réflexes tendineux (rotuliens, du masséter). Rigidité des muscles des membres, de la face. Atrophie musculaire, avec contractions fibrillaires, d'où, à la main, attitude « en griffe », en main de singe » ; troubles bulbaires, paralysie des lèvres, de la langue, du pharynx, du larynx, accès de suffocation, tachycardie, syncopes. Il n'y a ni troubles sensitifs, ni troubles sphinctériens, rarement de l'affaiblissement de l'intelligence.

Marche. — Progressive : après une *durée* de 15 mois à 2 ans, la maladie se termine par une bronchopneumonie (par chute des aliments dans la trachée), par une syncope, ou par une crise dyspnéique.

Diagnostic. — Avec atrophie musculaire primitive, syringomyélie, poliomyélites, paralysie labio-glosso-laryngée primitive. Sclérose en plaques.

Traitement. — Révulsion sur la région vertébrale (pointes de feu, teinture d'iode).

A l'intérieur : nitrate d'argent, ou phosphure de zinc.

Phosphure de zinc	0gr,008
Poudre de cascarille	0gr,05
Sirop de gomme	*Q. S.*

Pour une pilule n° 30, 1 à 5 par jour.

PARALYSIE INFANTILE

Synonymie. — Poliomyélite antérieure.

Symptômes. — **Début.** — Début brusque par la fièvre (39°, 40°) durant 2 à 5 jours, quelquefois accompagnée de convulsions.

Période d'état. — La fièvre tombe, et on constate une paralysie d'un membre, ou une paraplégie, une hémiplégie. Cette paralysie dure quelques semaines (5, 6, 8 semaines), puis elle disparaît, sauf au niveau de certains groupes musculaires qui restent définitivement paralysés, par exemple les extenseurs du pied, le jambier antérieur, les fléchisseurs de la jambe sur la cuisse, le deltoïde. Les muscles s'atrophient ; les tendons se rétractent, le membre cesse de se développer (période des déformations), il reste grêle, et, par suite de la suppression de l'action de certains muscles, il prend des attitudes vicieuses, dont la plus fréquente est le pied-bot varus équin (paralytique). Refroidissement du membre. La sensibilité reste intacte ; les réflexes sont abolis ; l'exploration électrique décèle la réaction de dégénérescence (1).

Marche. — Le début peut être apyrétique. Les déformations des membres et l'atrophie sont définitives.

Diagnostic. — Au début, avec maladies fébriles ; à la phase de paralysie, avec impotence du rachitique. Pseudo-paralysie syphilitique de Parrot (par ostéite épiphysaire), myélites consécutives aux maladies infantiles aiguës. — A la phase des déformations, avec pied-bot congénital ou déformations et atrophies consécutives aux arthrites, ostéites.

Traitement. — Au début : sulfate de quinine (20 à 50 centigrammes par jour). Antipyrine. — Contre les paralysies : révulsifs, frictions stimulantes. Electrothérapie galvanique. Douches simples ou sulfureuses, massage, appareils orthopédiques.

PARALYSIE SPINALE AIGUE DE L'ADULTE

Synonymie. — Poliomyélite antérieure aiguë.

Symptômes. — Ce sont les mêmes que dans la paralysie infantile ; début par la fièvre, parfois avec maux de reins, douleurs des membres, délire, céphalée. — Période de paralysie flasque et période de régression, avec atrophie rapide et profonde. Les déformations sont beaucoup moins accusées que dans la forme infantile.

Marche. — La phase aiguë dure 2 à 3 mois. On peut considérer la *paralysie générale spinale antérieure subaiguë* de Duchenne comme une forme subaiguë ou chronique de cette maladie.

Diagnostic. — Avec hémorragie de la moelle, atrophie musculaire.

Traitement. — Même traitement que dans la paralysie infantile.

(1) *Réaction de dégénérescence* : Abolition de l'excitabilité galvanique et faradique des nerfs. Abolition de la contractilité faradique des muscles : augmentation de leur contractilité galvanique. Secousse de fermeture plus forte au pôle positif qu'au pôle négatif.

ATROPHIES MUSCULAIRES PROGRESSIVES

Définition. — L'atrophie musculaire peut être d'origine **réflexe** et s'observer au cours d'une arthrite, d'une ostéite, ou d'une pleurésie.

Elle peut être **primitive** : elle résulte alors soit d'une lésion des cornes antérieures de la moelle (atrophie musculaire progressive **spinale**), soit d'une lésion du muscle lui-même (**myopathie** primitive progressive).

I. — ATROPHIE MUSCULAIRE PROGRESSIVE SPINALE

Synonymie. — Maladie d'Aran-Duchenne.

Symptômes. — Début par l'atrophie des muscles de la main. Les éminences thénar et hypothénar sont affaissées ; les espaces intermétacarpiens se creusent ; le pouce est déjeté en dehors, les doigts fléchis (main en griffe). Les mouvements d'opposition, de latéralité deviennent impossibles. L'atrophie et l'impuissance musculaire gagnent l'avant-bras, le bras, l'épaule, les muscles du tronc, puis les membres inférieurs. Les muscles sont affaissés, ou presque complètement disparus ; ils sont le siège de contractions fibrillaires ; la contractilité électrique ne disparaît que partiellement et progressivement ; quelquefois, réaction de dégénérescence partielle ou complète. Les réflexes restent normaux ; la sensibilité, les sphincters ne sont pas atteints.

Après une *durée* de quelques mois à plusieurs années, la maladie se termine par l'envahissement des muscles de la respiration, ou par la paralysie labio-glosso-laryngée.

Diagnostic. — Avec sclérose latérale (il y a exagération des réflexes), syringomyélie (dissociation de la sensibilité), lèpre anesthésique, myopathie primitive.

II. — MYOPATHIE PRIMITIVE PROGRESSIVE

Symptômes. — Atrophie localisée à certains groupes musculaires. Pas de contractions fibrillaires. Pas de réaction de dégénérescence. Pas de troubles sensitifs, ni des réflexes ; pas de syndrome labio-glosso-laryngé.

Formes cliniques. — Paralysie *pseudo-hypertrophique* de

l'enfance, souvent familiale et héréditaire, caractérisée par la faiblesse musculaire des membres, des muscles du tronc, contrastant avec une apparente hypertrophie (due à l'infiltration graisseuse).

Atrophie *facio-scapulo-humérale*, débutant par la face : les lèvres restent ouvertes, occlusion incomplète des paupières, impossibilité de souffler, atonie de la physionomie (facies myopathique).

Atrophie *scapulo-humérale* (Erb).

Atrophie débutant par les membres inférieurs (*type Charcot-Marie*).

Traitement. — Electrothérapie : courants galvaniques appliqués sur la colonne vertébrale ; galvanisation et faradisation des muscles, par séances répétées, mais de courte durée et à faibles courants. Révulsion sur la région rachidienne. Médication tonique. Hydrothérapie.

MALADIE DE THOMSEN

Symptômes. — Raideur spasmodique des muscles se produisant au début des mouvements volontaires, quelquefois hypertrophie des muscles, modification de l'état mental, instabilité, tristesse.

Marche. — Souvent héréditaire, ordinairement congénitale, débute dans l'enfance.

Traitement. — Massage, gymnastique méthodique, hydrothérapie.

NÉVRITES PÉRIPHÉRIQUES

Symptômes. — Douleurs spontanées et provoquées sur le trajet des nerfs. Troubles de la sensibilité objective, hypéresthésie, puis anesthésie. Paralysie répondant au territoire anatomique du nerf lésé avec abolition des réflexes. Atrophie musculaire. Troubles trophiques tardifs, état luisant, fendillé de la peau (*glossy skin*), éruptions diverses sur le trajet du nerf ; œdème, périostite, arthropathies.

Formes cliniques. — **Névrite secondaire.** — Traumatismes, compressions, opérations.

Névrite primitive ou spontanée. — Névrites chroniques

(alcoolique, saturnine, mercurielle, névrites des diabétiques, des cancéreux, des tuberculeux), névrites aiguës ou subaiguës (diphtérique, typhique, grippale, à frigore, par surmenage, névrite du bériberi).

Névrites localisées. — La plus fréquente est celle des membres inférieurs (paraplégie flasque avec *steppage*, c'est-à-dire chute de la pointe du pied, quand celui-ci se détache du sol, abolition des réflexes rotuliens, atrophie musculaire, pas de troubles sphinctériens) et celle des extenseurs de l'avant-bras (névrite saturnine).

Névrites généralisées ou polynévrites. — A marche aiguë (polynévrite infectieuse aiguë, avec fièvre, paralysie des 4 membres, douleurs fulgurantes). — A marche subaiguë, ou avec prédominance des troubles sensitifs et simulant le tabes (pseudo-tabes alcoolique, diabétique, diphtérique).

Diagnostic. — Avec névralgies, paraplégie d'origine médullaire, hystérie, myélite aiguë, atrophies musculaires, tabes.

Traitement. — Traitement de la cause. Electrisation galvanique et faradique modérée. Friction de la peau. Affusions froides. Massage. Analgésique (Antipyrine, phénacétine).

PARALYSIES DES NERFS PÉRIPHÉRIQUES

I. — PARALYSIE DES NERFS MOTEURS DE L'ŒIL

Symptômes. — Strabisme interne ou externe. Déviation secondaire de l'œil sain (l'œil sain décrit une excursion plus grande que l'œil malade, quand celui-ci cherche à se déplacer dans le sens du muscle paralysé). Diplopie croisée (strabisme divergent) ou homonyme (strabisme convergent). Fausse localisation des objets dans l'espace. Attitude de la tête ayant pour but de corriger le strabisme. Vertige.

Paralysie du moteur oculaire commun. — Chute de la paupière supérieure (ptosis). L'œil ne peut être porté ni en dedans, ni en haut, ni en bas, d'où strabisme divergent. Le malade rejette la tête en arrière et tourne la face du côté sain. Dilatation de la pupille (mydriase). La paralysie de la IIIe paire peut être partielle et ne porter que sur les filets du releveur de la paupière (ptosis), du droit supérieur (strabisme inférieur), du droit inférieur (strabisme inférieur), du petit oblique (déviation du globe en bas et en dedans).

Paralysie du pathétique. — Rarement isolée. Le globe oculaire est porté en haut et en dedans.

Paralysie du moteur oculaire externe. — Strabisme convergent. Diplopie latérale (les images sont sur un plan horizontal) et homonyme; le visage est tourné du côté malade.

Diagnostic. — Avec strabisme non paralytique. Spasmes musculaires. Ophtalmoplégies d'origine cérébrale ou nucléaire. Paralysie hystérique, tabétique, syphilitique, migraineuse ou par compression orbitaire.

Variétés. — Paralysies à frigore, infectieuses, traumatiques.

Traitement. — Sangsues, vésicatoires à la tempe. Traitement antisyphilitique. Electrisation : courants galvaniques faibles, le pôle positif étant à la nuque et le pôle négatif sur les paupières fermées. Courants faradiques faibles sur le pourtour de l'orbite. Correction par les verres.

A l'intérieur, sulfate de strychnine (pilules de 1 milligr.; 2 à 10 par jour). Noix vomique.

II. — PARALYSIE FACIALE

Symptômes. — Affaissement et disparition des sillons normaux et des rides dans la moitié du visage. Si le malade veut rire, souffler ou parler, la commissure labiale est entraînée du côté sain, les rides du front, les mouvements des sourcils ne se produisent plus du côté paralysé, l'œil reste largement ouvert, l'occlusion complète est impossible, les larmes s'écoulent sur la joue, la parole est embarrassée; la mastication difficile. La déviation de la langue et de la luette sont inconstantes. Diminution du goût, hyperacousie, suppression des réflexes. Anesthésie exceptionnelle, parfois phénomènes douloureux.

La paralysie peut être suivie de **contracture** (avec réaction de dégénérescence).

Diagnostic. — Avec les contractures ou spasmes du côté opposé, hémiplégie faciale d'origine cérébrale (l'orbiculaire des paupières, le frontal ne sont pas paralysés), hystérie.

Variétés. — Paralysie faciale double, rhumatismale, par otite moyenne, par tumeur parotidienne.

Traitement. — Courants faradiques d'intensité moyenne, (le pôle positif est placé du côté sain au-devant de l'apophyse mastoïde, le négatif du côté opposé); strychnine, noix vomique, phosphure de zinc. Bains sulfureux.

III. — PARALYSIE DU NERF CIRCONFLEXE

Succède ordinairement à un traumatisme de l'épaule.

Symptômes. — Le muscle deltoïde et le petit rond sont paralysés et s'atrophient; le bras pend inerte le long du tronc: l'abduction est impossible; souvent il y a une anesthésie de la région externe et postérieure de l'épaule et du bras.

IV. — PARALYSIE DU NERF CUBITAL

Symptômes. — Suppression de l'adduction de la main, des mouvements latéraux du petit doigt, de l'adduction du pouce, de la flexion des 1res phalanges et de l'extension des 2es et 3es, d'où main « en griffe », de l'écartement des doigts.

V. — PARALYSIE DU MÉDIAN

Symptômes. — Suppression de la flexion de la main, de la pronation, des mouvements du pouce, sauf l'adduction (cubital); de la flexion des 2es et 3es phalanges (« main de singe »).

VI. — PARALYSIE RADIALE

Symptômes. — Suppression de l'extension de la main, de l'extension des doigts (sauf des dernières phalanges, si auparavant on étend les premières), des mouvements de latéralité de la main; difficulté de la flexion des doigts, la supination est impossible et le long supinateur n'est plus perceptible à la palpation pendant la flexion de l'avant-bras. L'extension du bras (paralysie du triceps) est supprimée, quand le nerf est lésé dans l'aisselle (paralysie dite des béquilles). Les troubles sensitifs sont inconstants. Il peut exister sur la face dorsale du poignet une tuméfaction indolente (tumeur dorsale du poignet de Gubler). Conservation des réactions électriques.

Durée. — La paralysie à frigore guérit au bout de 3 à 5 semaines.

Diagnostic. — Avec paralysie saturnine (le long supinateur n'est pas paralysé). Paralysies radiculaires.

Diagnostic de la cause. – Froid ou rhumatisme; compression par cal osseux, luxation, traumatisme.

VII. — PARALYSIES RADICULAIRES DU PLEXUS BRACHIAL

Symptômes. — **Paralysie totale.** — Abolition de la motilité du membre supérieur; anesthésie totale de la main, de l'avant-bras, du bras et de l'épaule, sauf à la région interne. Troubles oculo-pupillaires: myosis et rétrécissement de la fente palpébrale. Atrophie musculaire.

Paralysie partielle à type supérieur. — Paralysie du deltoïde, biceps, brachial antérieur, long supinateur, pas de troubles oculo-pupillaires.

Paralysie partielle à type inférieur. — Paralysie des muscles thénariens et hypothénariens, des interosseux, des fléchisseurs de la main. Anesthésie en bande de la face interne du membre supérieur. Myosis et rétrécissement de la fente palpébrale.

VIII. — PARALYSIE DU NERF CRURAL

Symptômes. — Impossibilité de fléchir la cuisse sur le bassin, d'étendre la jambe sur la cuisse, difficulté ou impossibilité de la marche, de la station debout. Anesthésie de la face antéro-interne de la cuisse, du genou, de la moitié interne de la jambe, du bord interne du pied.

IX — PARALYSIE DU NERF SCIATIQUE POPLITÉ EXTERNE

Symptômes. — Pied abaissé, extrémité des orteils tournée en bas, la plante du pied regarde en dedans; abduction et adduction impossibles; pour marcher, le malade doit élever fortement la cuisse pour éviter que la pointe du pied ne traîne à terre (steppage).

Traitement des paralysies des nerfs périphériques. — Electrothérapie par les courants faradiques d'intensité faible; le pôle positif est appliqué sur le tronc nerveux, le pôle négatif, successivement pendant quelques minutes, sur les différents muscles. Massage, frictions excitantes, bains sulfureux. Hydrothérapie. Strychnine.

NÉVRALGIES

I. — NÉVRALGIE DU TRIJUMEAU

Synonymie. — Névralgie faciale.

Symptômes. — Accès douloureux d'intensité variable, parfois extrêmement violents, siégeant dans une moitié de la face, durant quelques minutes, un quart d'heure et plus, isolés ou se reproduisant plusieurs fois dans la même journée. Points douloureux à la pression, répondant à la sortie des trois branches du trijumeau : sus-orbitaire, sous-orbitaire, mentonnier. Irradiations vers la nuque, la région sus-claviculaire, l'épaule. L'accès peut s'accompagner de secousses des muscles de la face, de pâleur puis de rougeur de la moitié du visage, d'hypersécrétion lacrymale, salivaire, sudorale ; troubles tardifs : photophobie, surdité, chute des cheveux, zona, sclérodermie, insomnie, neurasthénie. La névralgie peut être limitée à l'une des branches du trijumeau.

Diagnostic. — Avec mal de dents, migraine, arthrite temporo-maxillaire.

Traitement. — En dehors de l'accès douloureux où on prescrira les calmants habituels de toutes les névralgies, il faut faire suivre au malade un traitement général. Bromhydrate de quinine : trois cachets de 0gr,25 par jour ; augmenter d'un cachet chaque jour jusqu'à six ; diminuer ensuite jusqu'à suppression complète du médicament (G. de la Tourette).

L'aconitine est un médicament actif, mais dangereux : 3 à 10 granules d'un dixième de milligramme par jour. Trigémine, Valyl, en capsules.

Dans les névralgies faciales graves, on aura recours souvent avec succès aux *injections d'alcool dans les branches du trijumeau*. Nous ne croyons pas que les injections d'alcool dans les nerfs pris à leur émergence des trous de la base du crâne soient du domaine de la pratique journalière : ces injections nécessitent une aiguille spéciale, une grande habitude.

A la portée de tous sont les *injections périphériques*. Employer la solution suivante ;

Alcool à 80°	2cc
Chlorhydrate de cocaïne	0cc,01

Prendre une aiguille longue de 5 ou 6 centimètres (aiguille à ponction lombaire) et l'enfoncer dans la région de la branche nerveuse douloureuse.

Pour le nerf maxillaire inférieur, repérer le trou mentonnier et y enfoncer l'aiguille : injecter un centimètre cube d'alcool; faire une deuxième injection au niveau de l'épine de Spix, contre la branche montante.

Pour le nerf maxillaire supérieur, chercher le trou sous-orbitaire, y enfoncer l'aiguille en suivant le plancher de l'orbite.

Pour la branche ophtalmique, injecter dans l'échancrure sus-orbitaire.

Cette méthode n'est pas aussi efficace que celle qui consiste à injecter l'alcool dans le trou ovale, petit rond : elle est plus pratique et soulage les malades pendant un laps de temps de 3 à 6 mois.

L'alcoolisation des nerfs a remplacé leur résection chirurgicale, qui n'amène qu'une guérison passagère. Dans les cas rebelles, on aura recours à la résection du ganglion de Gasser, opération difficile et grave.

II. — NÉVRALGIE CERVICO-OCCIPITALE

Symptômes. — La douleur a pour siège la nuque jusqu'au sommet de la tête, le pavillon de l'oreille, l'apophyse mastoïde, la région antéro-latérale du cou, la région acromio-claviculaire. Pendant l'accès, le malade tient la tête immobile et raide, tournée d'un côté; quelquefois myosis, rougeur du pavillon de l'oreille, coryza.

III. — NÉVRALGIE CERVICO-BRACHIALE

Symptômes. — Sensation d'engourdissement, de fourmillement des doigts; douleur vive, paroxystique, ascendante ou descendante sur le trajet des nerfs du membre supérieur, immobilisation du membre. Point douloureux apophysaire (7e vertèbre cervicale). Quelquefois : anesthésie, secousses musculaires, refroidissement ou au contraire rougeur de la peau, atrophie musculaire.

IV. — NÉVRALGIE DIAPHRAGMATIQUE OU PHRÉNIQUE

Symptômes. — Accès douloureux avec dyspnée, respiration saccadée, hoquet. Points douloureux à la pression : cervical, sterno-mastoïdien (à son insertion inférieure), sternal, diaphragmatique (insertion supérieure du grand droit), apophysaire (3e et 4e vertèbres cervicales), douleur exaspérée par la toux, le bâillement, l'éternuement. Irradiation au cou, au bras, à la mâchoire inférieure.

V. — NÉVRALGIE INTERCOSTALE

Symptômes. — Douleur continue sur le trajet d'un nerf intercostal, surtout des 5e, 6e, 7e et 8e, sensation de constriction exaspérée par les mouvements thoraciques, la toux, les bâillements, les efforts respiratoires. Accès douloureux, Points douloureux de Valleix : vertébral, médian, sternal. Irradiations à la face interne du bras, à la région lombaire. Zona. Parfois prédominance de la douleur à l'épigastre, ou à la glande mammaire (mastodynie).

Diagnostic. — Avec pleurodynie (rhumatisme des muscles de la paroi thoracique), fracture de côte, ostéites costales, névralgie phrénique. Point de côté de la pleurésie ou de la pneumonie. Colique hépatique, gastralgie.

VI. — NÉVRALGIE DU PLEXUS LOMBAIRE

Symptômes. — Douleur unilatérale avec points maxima sur le trajet des nerfs abdomino-génitaux (points lombaire, iliaque, inguinal, sus-pubien, sacré), douleur testiculaire, sur le trajet du crural, de l'obturateur.

VII. — NÉVRALGIE DU NERF HONTEUX INTERNE, DES NERFS COCCYGIENS

Symptômes. — La névralgie peut quelquefois se limiter au honteux interne (clitoris, urètre, partie postérieure du scrotum et des grandes lèvres, corps caverneux, périnée). La névralgie des nerfs coccygiens ou *coccygodynie* s'observe chez la femme, et se manifeste par des douleurs pendant la défécation, pendant la marche, ou quand la malade s'assoit.

VIII. — NÉVRALGIE SCIATIQUE

Symptômes. — Douleur sourde et continue, ou paroxystique et intense, siégeant sur le trajet du sciatique et de ses branches. Points douloureux : lombaire, sacro-iliaque, fessier, rétro-trochantérien, fémoraux, poplité, rotulien, péronier, malléolaire. Irradiation au périnée, au scrotum. Signe de Lasègue : la flexion de la cuisse sur le bassin n'est pas douloureuse quand la jambe est fléchie; elle est douloureuse quand la jambe est étendue. Claudication. Légère parésie. Parfois anesthésie ou hyperesthésie cutanée. Atrophie musculaire. Scoliose du côté de la sciatique ou du côté opposé.

Variétés cliniques. — Sciatique-névrite (atrophie musculaire précoce, troubles trophiques). Sciatique blennorragique, variqueuse, hystérique, sciatique double (compression médullaire, diabète).

Diagnostic. — Avec rhumatisme aigu. Coxalgie. Arthrite sèche.

Traitement des névralgies. — **Pendant les crises douloureuses.** — Antipyrine, 1 à 3 grammes en trois doses, associée ou non à la quinine (50 centigr. à 1gr50), ou, aconitine cristallisée (granules de 1/4 de milligr. 2 à 3 au maximum, par jour, à 6 heures d'intervalle), exalgine (25 centigr. 3 fois par jour). Phénacétine (50 centigr. par cachet). Opium, chloral. Pulvérisation de chlorure de méthyle. Liniment, huile ou pommade à la belladone, ou au chloroforme.

Si l'accès est excessivement douloureux. — Injection de morphine.

Extrait de belladone.....	1 gr.	Chloroforme.........	10 gr.
Onguent populeum......	30 —	Baume tranquille....	90 —
F. s. a. pour pommade.		M. liniment pour friction.	

Pendant l'intervalle des accès. — Onguent mercuriel belladoné. Badigeonnages de teinture d'iode pure ou associée par parties égales à du laudanum sur le trajet des nerfs. Vésicatoires, pointes de feu. Électrisation galvanique (courant ascendant). En outre, traiter la cause de la névralgie.

Sulfate de quinine, *chez les paludéens;* fer et quinquina *chez les chlorotiques;* salophène, iodure et iode, *chez les rhumatisants;* colchicine ou teinture de colchique, *chez les goutteux;* traitement mixte *chez les syphilitiques ;* traitement local, dans les névralgies par compression ou réflexes (dent cariée, etc.).

Cures minérales : Néris, Bourbon-Lancy, Bagnères-de-Bigorre, Plombières.

Dans les sciatiques graves, si la médication ci-dessus échoue, on aura recours aux procédés suivants :

1° **Injections sous-cutanées d'air stérilisé.** — Asepsie de la région, aiguille de moyen calibre, soufflerie de thermocautère ; interposer sur le tube de caoutchouc un tube de verre bourré de coton hydrophile stérile.

2° **Injections de sérum.** — Faire aux points douloureux 4 à 6 injections de 5 centimètres cubes chacune.

3° **Injections intra-rachidiennes par voie lombaire.** — Manuel opératoire habituel de la ponction lombaire; celle-ci effectuée, aspirer dans la seringue 1 ou 2 centimètres cubes de liquide céphalo-rachidien, puis une solution de novocaïne à 1 p. 200 (1cc); injecter dans la cavité arachnoïdienne.

4° **Injections épidurales.** — Repérer les deux cornes du sacrum, le tubercule sacré ; dans le triangle ainsi délimité, enfoncer l'aiguille et la pousser de bas en haut, aussi verticalement que possible, bien dans le plan médian. Injecter 3 à 4 centimètres cubes d'une solution de novocaïne à 1 p. 100.

5° **Injections de sérum dans l'espace pré-sacré.** — Enfoncer l'aiguille en avant du coccyx, la pousser en haut et en arrière dans la concavité du sacrum; injecter 30 à 40 centimètres cubes de sérum.

VIII — NÉVROSES

ÉPILEPSIE

Synonymie. — Épilepsie essentielle, mal comitial.

Symptômes. — 1° **Attaque d'épilepsie**. — Parfois brusque, elle est ordinairement précédée de quelques prodromes, annoncée par une *aura* sensitive (sensation de brûlure, de froid, d'engourdissement remontant d'un membre vers la tête), sensorielle (éblouissement, sifflements d'oreille, odeurs infectes, goût nauséeux), ou viscérale (dyspnée, vomissements, palpitations, etc.), ou psychique (acte délirant) ; le malade pâlit, jette un cri et tombe, les membres sont raidis, le tronc est immobilisé (phase tonique), la face est congestionnée, cyanosée. La perte de connaissance est complète. Après quelques secondes, les muscles se détendent et entrent en convulsion (phase clonique) ; les yeux sont attirés en haut, les muscles de la face se contractent en tous sens, la langue est mordue par les mouvements des mâchoires ; le pouce est habituellement recouvert par les autres doigts fléchis. Après quelques minutes, la crise se termine, le malade est plongé dans l'assoupissement ; les muscles sont en résolution, la peau est couverte de sueurs ; les urines s'écoulent au dehors. La respiration est régulière, ronflante (phase stertoreuse, durant 10 minutes à 1/2 heure et plus). Après l'attaque, le malade n'a aucune notion de ce qui s'est passé. L'attaque est souvent nocturne et ne se révèle que par l'incontinence d'urine, la morsure de la langue. Le retour des attaques est variable : 1 ou 2 par an, tous les mois, ou plusieurs en un jour. Plusieurs attaques peuvent être subintrantes : état de mal, s'accompagnant de fièvre (40°-41°).

2° **Épilepsie non convulsive**. — Absence (perte de connaissance fugace). Vertige (sensations vertigineuses, perte de connaissance, stertor). Crise de sommeil. Ictus apoplectiformes. Crise de tremblement. Épilepsie procursive. Équivalents psychiques (actes impulsifs, bizarres, violents, parfois criminels, automatisme ambulatoire). Attaques de manie aiguë.

3° **Stigmates épileptiques.** — La conformation physique peut être absolument normale. Souvent signes de dégénérescence : malformations congénitales, analgésie, rétrécissement du champ visuel. L'état mental s'affaiblit à mesure que les attaques sont plus fréquentes, affaiblissement de la mémoire, apathie, mélancolie, pouvant aller jusqu'à la démence.

Diagnostic. — Avec hystérie, épilepsie symptomatique (épilepsie syphilitique), apoplexie, vertiges,

Traitement. — *Pendant l'attaque.* — Laisser le malade étendu à terre; desserrer les liens du cou, écarter les objets qui pourraient le blesser.

En dehors des attaques. — Régime calme, pas d'aliments excitants, pas d'alcool, pas de tabac, éviter la fatigue intellectuelle et les émotions violentes. Hydrothérapie. Bromure de potassium ou poly-bromure, de 2 à 10 grammes par jour doses successivement croissantes et décroissantes avec repos une quinzaine sur trois). Belladone et opium, valériane, oxyde de zinc, pilules de Méglin (2 à 6 par jour).

ÉPILEPSIE PARTIELLE

Synonymie. — Epilepsie Bravais-Jacksonnienne.

Définition. — Convulsions résultant de l'irritation d'une partie limitée de la zone psycho-motrice (circonvolutions péri-rolandiques).

Symptômes. — La crise est précédée de prodromes : céphalée, vomissements, douleurs d'un membre, aura motrice (secousses musculaires dans un doigt, une main, un pied), sensitive, sensorielle ou psychique, toujours la même chez le même individu. Les convulsions passent par les trois phases tonique, clonique, résolutive ; elles ont un point de départ **limité** : facial, brachial ou crural, s'étendent à un côté du corps et peuvent se généraliser. La connaissance est toujours conservée au début de la crise, parfois pendant toute sa durée; dans ce cas, il n'y a pas d'amnésie. La crise peut être suivie d'aphasie, de paralysie des membres qui ont été le siège des convulsions (monoplégie, hémiplégie). Le retour des accès est variable ; subintrants, ils constituent **l'état de mal** ; à la longue, l'intelligence s'affaiblit.

Il existe des formes **frustes** (épilepsie sensitive, forme tonique, vertiges, migraine ophtalmique, absences).

Diagnostic. — Avec épilepsie vraie, hystérie.

Diagnostic de la cause. — Traumatisme crânien ancien ou récent, gomme méningée, tuberculose méningée, tumeurs cérébrales. Sclérose cérébrale, alcoolisme, urémie, épilepsie réflexe (vers intestinaux).

Traitement. — *Au début de la crise.* — Placer un lien circulaire sur le membre où débutent les convulsions, au-dessus de l'aura.

Pendant la crise. — Dégager la région cervicale, empêcher que le malade ne se blesse.

En dehors des crises. — Bromure de potassium, sodium, ammonium (4 à 8 gr. par jour, par doses croissantes et décroissantes).

Si la syphilis est en cause ou soupçonnée. — Traitement mixte à haute dose : Iodure de potassium (8 à 10 grammes), frictions mercurielles (5 à 10 gr. d'onguent napolitain) (voy. *Traitement de la syphilis cérébrale*).

Si la localisation de la lésion irritative peut être précisée. — Trépanation (voy. *Tumeurs cérébrales*).

NEURASTHÉNIE

Symptômes. — Céphalée en casque, insomnie, asthénie musculaire, rachialgie, dyspepsie gastro-intestinale, affaiblissement de la volonté, de la faculté d'attention, de la mémoire, émotivité excessive, état d'inquiétude persistante, de tristesse, de préoccupation. Vertiges. Asthénopie accommodative (fatigue rapide de la vue). Hyperesthésie, douleurs multiples, quelquefois tachycardie, impuissance.

Diagnostic. — Avec paralysie générale, tabes, mélancolie.

Traitement. — Au point de vue hygiène, conseiller le repos physique absolu et le repos intellectuel. Isolement. L'hydrothérapie froide convient à la plupart des malades : douche froide, courte, chez les impressionnables, affusions tempérées, enveloppements au drap mouillé. Massages, gymnastique suédoise, frictions au gant de crin.

Chez les neurasthéniques hypertendus, être sobre de médicaments; prescrire la théobromine.

Chez les hypotendus, prescrire la strychnine, l'arsenic, la kola, les glycérophosphates.

MALADIE DE PARKINSON

Synonymie. — Paralysie agitante.

Symptômes. — Début insidieux, parfois brusque, à la suite d'une forte émotion. Attitude particulière : le corps est penché en avant, la tête inclinée en avant, la physionomie est immobile. Si le malade marche, il semble entraîné au-devant de lui; le **tremblement** est surtout marqué aux extrémités : il existe et s'exagère au repos, cesse ou diminue à l'occasion des mouvements volontaires. Rigidité musculaire, lenteur des mouvements. Réflexes normaux. Sensation de chaleur cutanée. Formes frustes, hémiplégiques, ou rigidité en extension.

Diagnostic. — Avec tremblement de la sclérose en plaques (tremblement intentionnel), tremblement sénile héréditaire, hystérique, post-hémiplégique.

Traitement. — Tous les deux jours, séance d'électricité statique pendant 10 minutes; tous les 10 jours, pointes de feu sur la colonne vertébrale. Mobilisation passive des jointures, gymnastique suédoise. Traitement psychothérapique.

Chaque mois, pendant 15 jours, prescrire une cuillère à soupe à chaque repas de :

Arséniate de soude............	0gr,03
Phosphate monocalcique........	5 grammes.
Sirop iodotannique............	300 —

Pendant les 15 jours suivants, prescrire 2 à 4 des pilules :

Hyosciamine amorphe................	0gr,001
Codéine..................................	0gr,01
Excipient.................... *Q. S. p.*	une pilule n° 20

ou bien 10 gouttes 2 fois par jour de :

Teinture de gelseminum sempervirens 20 grammes.

ou enfin injections de un cinquième de milligramme de scopolamine, par jour.

Contre l'*insomnie*, prescrire un des cachets :

Véronal	0gr,25
Chlorhydrate d'héroïne	0gr,01

Concurremment essayer la médication parathyroïdienne : parathyroïdine de Vassal : 30 à 90 gouttes par jour.

Stations thermales. Lamalou, Néris.

HYSTÉRIE

Symptômes. — 1° **Stigmates hystériques.** — Anesthésie généralisée, hémianesthésie, anesthésie insulaire, segmentaire, anesthésie des muqueuses nasale, bucco-pharyngée, du conduit auditif. Rétrécissement du champ visuel. Amaurose, dyschromatopsie. Hyperesthésie et zones hystérogènes dont la pression peut déterminer ou au contraire faire cesser une attaque. Faiblesse musculaire. Amnésie. Aboulie. Diminution de l'attention. Émotivité exagérée.

2° **Attaque hystérique.** — Annoncée par des prodromes : modifications du caractère, hallucinations, vomissements, oppression, contractures fugaces, auras, boule hystérique. L'attaque évolue en quatre périodes ; épileptoïde (avec les phases tonique, clonique résolutive) ; phase des contorsions et des grands mouvements ; phase des attitudes passionnelles ; phase de délire. Les trois premières périodes durent de 15 à 30 minutes ; la dernière peut varier de quelques minutes à quelques jours. Le retour des attaques peut se faire tous les mois, ou tous les jours, ou plusieurs fois par jour, ou constituer un état de mal. Les attaques sont provoquées par une émotion morale vive, un traumatisme, une maladie infectieuse ou toxique.

L'attaque typique ou grande attaque peut être remplacée par une « petite attaque», dans laquelle les 3 premières périodes sont confondues, par une attaque fruste (état de mal épileptoïde, épilepsie partielle, vertige épileptoïde, attaque d'attitude passionnelle, d'extase, folie hystérique ou somnambulisme hystérique, caractérisé par des hallucinations, le dédoublement de la personnalité, les attaques de sommeil).

3° **Troubles de la motilité.** — Paralysies, ordinairement flasques, sans atrophie musculaire, accompagnées d'anesthésie segmentaire, hémiplégie, monoplégie, paraplégie, paralysie faciale, contractures, ordinairement très intenses, sans exagération notable des réflexes : hémispasme glosso-labié, blépharospasme, strabisme, torticolis, scoliose, coxalgie, spasme saltatoire. Chorée, astasie-abasie. Tremblements.

4° **Troubles sensitifs, trophiques, viscéraux.** — Névralgies, céphalée (*clou hystérique*), migraine ophthalmique. Œdème, atrophie musculaire (rare), fièvre. Aphonie. Mutisme, bégaiement, toux hystérique, éternuements, bâillements. Dysphagie. Vomissements. Anorexie absolue. Pseudo-péritonite, rétention d'urine, vaginisme.

Traitement. — Psychothérapie. Isolement. Suggestion hypnotique. Reconstituants : fer, quinquina, hydrothérapie, massage, gymnastique. Antispasmodiques. Bromures de potassium, sodium, ammonium :

Sirop.................	Bromure de potassium. }
Bromure de potassium. 15 gr.	— de sodium... } āā 10 gr.
Eau distillée..... }	— d'ammonium }
Sirop d'écorces d'oranges amères.. } āā 150 gr.	Eau distillée......... 300 gr.
1 à 10 cuillerées par jour.	1 à 3 cuillerées à soupe par jour.

Chloral. Musc. Valérianate d'ammoniaque ou de caféine.

Pendant les attaques. — Inhalations d'éther, compressions des régions ovariennes, des zones hystérogènes.

TÉTANIE

Symptômes. — **Prodromes.** — Fourmillements, raideur musculaire des membres, fièvre légère avec céphalalgie.

Période d'état. — L'accès se caractérise par la contracture des muscles des extrémités : flexion des doigts, de la main, des orteils, du pied, accompagnée de douleur, durant 5 minutes à 1/4 d'heure et plus. Parfois (formes graves), phénomènes généraux : éblouissements, congestion de la face, extension des contractures aux muscles du tronc, attaque épileptiforme, répétition fréquente des accès. La compression des nerfs détermine la réapparition d'un accès (signe de Trousseau), ainsi que la percussion du nerf ou d'un muscle ; l'excitabilité électrique est augmentée.

Formes. — Tétanie spontanée, parfois épidémique. Tétanie des femmes enceintes, des accouchées et des nourrices (formes à répétitions), tétanie de la dilatation gastrique, dans les maladies infectieuses, après l'extirpation du goître.

Diagnostic. — Avec tétanos, méningite, hystérie, crampes professionnelles.

Traitement. — Au moment de l'accès, inhalations de chloroforme ou bien prescrire :

Hydrate de chloral	0gr,30
Teinture de jusquiame	X gouttes
Sirop de fleur d'oranger	40 grammes.

[U]ne cuiller à café tous les quart d'heures.

Bains tièdes à 30°. Electricité galvanique : électrode négative à la nuque, électrode positive sur le nerf intéressé.

Traitement causal : affections gastro-intestinales ; intoxications, grossesse.

MIGRAINES

Symptômes. — **I. Migraine vulgaire.** — L'accès de migraine débute le matin, hémicrânie intense, vomissements nausées. La céphalalgie peut durer toute la journée, s'amende[r] le soir, ou dans la nuit. Parfois troubles sensitifs ou moteur[s] (spasmes, hémiplégie, aphasie, troubles vaso-moteurs dan[s] la moitié du crâne correspondant). La marche des accès es[t] variable, parfois régulière. Ils débutent dans l'adolescence.

II. Migraine ophtalmique. — Aux symptômes précédent[s] s'ajoutent des troubles visuels. Scotome scintillant, le malad[e] voit une tache sombre, limitée par une ligne lumineuse e[n] zigzag et qui se meut dans le champ visuel ; le scotome dure d[e] quelques secondes à une heure. Il peut être remplacé pa[r] une hémiopie homonyme. Les troubles visuels peuvent existe[r] seuls, ou être accompagnés par l'hémicrânie, par des troubl[es] sensitifs, des convulsions, des sensations auditives ou olfac[-] tives.

III. Migraine ophtalmoplégique. — La douleur, les nausée[s] les vomissements sont suivis de paralysie occulo-motrice d[e] côté atteint, portant ordinairement sur la troisième paire. Elle débute surtout dans l'enfance.

Diagnostic. — Avec névralgie faciale, céphalalgie simple, céphalalgie des affections cérébrales ou méningées, hystérie.

Traitement. — *Dans la migraine simple.* — Antipyrine associée au bicarbonate de soude ou bien un, deux et trois des cachets suivants:

Caféine........	0gr,05
Benzoate de soude du benjoin..........	0gr,10
Valérianate de quinine................	0gr,25
Antipyrine............................	ãã 0gr,40
Phénacétine...........................	ãã 0gr,40

Migrainine (antipyrine et caféine); cachets Faivre (oxyquinothéine), cérébrine Fournier (coca, théïne, analgésine).

Dans la migraine ophtalmique. — Au traitement précédent, ajouter la médication tribromurée. Corriger les vices de réfraction de l'œil.

Dans la migraine ophtalmoplégique. — Employer en outre la médication quinique.

CHORÉE

Synonymie. — Danse de Saint-Guy.

Symptômes. — Début lent par modifications du caractère, instabilité motrice, maladresse. Mouvements choréiques siégeant à la face (mobilité grimaçante du visage, projection de la langue, articulation des mots défectueuse), mouvements désordonnés de la tête, des membres, constamment changés de place, successivement fléchis, étendus ; gesticulations ; mouvements de flexion, d'inclinaison, d'extension du tronc. Pas de rigidité musculaire. L'intensité des mouvements, leur durée, peuvent mettre obstacle à l'alimentation. Troubles sensitifs rares. Affaiblissement intellectuel, parfois hallucinations visuelles, délire.

Durée. — 2 à 3 mois.

Formes. — Chorée tardive (c'est-à-dire après la puberté) ; chorée des femmes enceintes (pronostic grave) ; chorée de Huntington ou chorée chronique (affection distincte pour beaucoup d'auteurs) ; chorée récidivante.

Diagnostic. — Avec astasie-abasie, hystérie choréiforme arythmique, tics convulsifs, mouvements choréiformes post-hémiplégiques. Athétose double.

Traitement. — Toniques : fer, arsenic, quinquina. Sirop d'iodure de fer du codex, 1 à 4 cuillerées à soupe ; parfois liqueur de Fowler : II à X gouttes à chaque repas.

Tartrate ferrico-potassique.......	5	grammes.
Vin de quinquina...............	1000	—

1 verre à madère avant chaque repas.

Valérianate de fer. Bromures. Chloral. Antipyrine. Chloroforme ou éther en inhalations. Hydrothérapie. Opium.

ÉCLAMPSIE INFANTILE

Synonymie. — Convulsions essentielles.

Symptômes. — Début par la contraction tonique des muscles des membres et du tronc, la tête se renverse en arrière, le regard devient fixe, le visage se boursoufle. Les convulsions apparaissent ensuite à la face, aux mains, aux membres, les mouvements respiratoires sont rapides, incomplets. La sensibilité est abolie. Les convulsions externes peuvent être associées aux convulsions internes (spasme de la glotte). L'accès dure de quelques minutes à plusieurs heures.

Diagnostic. — Avec convulsions symptomatiques (épilepsie, affections méningées ou cérébrales), de la dentition, de l'helminthiase.

Traitement. — Déshabiller complètement le petit malade, Lotions vinaigrées. Bain frais ou tiède. Vomitif ou purgatif Bromures. Chloral en lavement ($0^{gr}.03$ à $0^{gr}.05$ chez les nouveau-nés) 20 à 30 centigr. de 2 à 6 ans. Valériane.

Dans les cas graves. — Inhalations de chloroforme ou d'éther.

MALADIE DE MÉNIÈRE

Synonymie. — Hémorragie labyrinthique.

Symptômes. — Début brusque par perte de connaissance, à la suite de laquelle persiste un état vertigineux, avec nausées, vomissements, bruits subjectifs des deux oreilles, et surdité ordinairement définitive. L'affection peut débuter progressivement. L'oreille externe et l'oreille moyenne sont normales.

Diagnostic. — Avec otite moyenne, occlusion du conduit auditif par un bouchon de cérumen, vertiges.

Traitement. — *Pendant l'attaque.* — Glace sur la tête, révulsifs, frictions sur le corps, purgatif. Repos absolu.

Plus tard. — Sulfate de quinine (4 à 6 pilules de 10 centigr. par jour), et iodure de potassium à faible dose.

IX. — MALADIES CHIRURGICALES DES TISSUS

LYMPHANGITE. ANGIOLEUCITE

Symptômes. — 1° **Symptômes locaux.** — A la suite, d'une plaie ou écorchure, quelquefois minime, traînées rouges, à marche ascendante sur les membres, se dirigeant vers les centres ganglionnaires de la région; œdème, douleur lancinante, augmentation de volume des ganglions correspondants. Hydarthrose dans quelques cas. L'ulcération qui a été le point de départ de la lymphangite peut guérir, tandis que celle-ci évolue. Elle se termine par la guérison, par des abcès miliaires répandus le long des traînées lymphangitiques, par un phlegmon circonscrit ou diffus, par un adéno-phlegmon.

2° **Symptômes généraux.** — Fièvre, frissons, céphalalgie, anorexie.

Traitement. — Nettoyer la plaie qui a été le point de départ de la lymphangite. Bains antiseptiques de cette plaie, si elle siège aux extrémités des membres : sublimé à 1 p. 2000, formol à 2 p. 100. Pansements humides, chauds, de la plaie et de toute la région atteinte d'angioleucite. Se tenir prêt à inciser, si des signes de collection purulente apparaissent.

Soutenir l'état général par l'alcool, la potion de Todd ; antipyrine, 1 gramme, sulfate de quinine, 1 gramme. Surveiller les urines; *s'il y a albumine*, régime lacté.

ABCÈS CHAUD. — PHLEGMON CIRCONSCRIT

Symptômes. — **1° Symptômes locaux.** — Il succède souvent à la lymphangite ou à une inoculation directe. Augmentation de volume de la région, œdème, chaleur, douleurs en un point et irradiées au voisinage. La résolution peut survenir par un traitement convenable. Dans le cas contraire, la formation du pus se caractérise par la rougeur, la fluctuation en un ou plusieurs points. Issue du pus, sphacèle plus ou moins étendu de la peau, mise à nu de l'aponévrose, des muscles.

2° Symptômes généraux. — Frissons, fièvre, céphalalgie, anorexie ; ils s'atténuent après l'ouverture.

Traitement. — Au début, panser comme ci-dessus la plaie causale ; bains et pansements humides.

Si les phénomènes généraux et locaux persistent ou augmentent, ne pas attendre que le pus se collecte, inciser sur la partie culminante de la tumeur.

Règles de l'incision. — Raser la région : la badigeonner à la teinture d'iode; le bistouri doit être flambé; les mains de l'opérateur doivent être aseptiques. Incision plutôt trop longue que trop courte, faite selon l'axe du membre, prolongée sur la sonde cannelée lorsqu'on a trouvé la poche de pus; avec la sonde ou les doigts, rompre les cloisons du tissu cellulaire; laver avec une solution antiseptique (sublimé, formol, eau oxygénée au tiers), chasser tout le pus ; mettre de larges drains dans la plaie ou des compresses de gaze aseptique peu tassées.

Appliquer le pansement humide. — Couvrir la plaie de compresses trempées dans un antiseptique faible chaud; pardessus mettre un imperméable (taffetas gommé); le recouvrir d'ouate ordinaire ; serrer modérément avec une bande de tarlatane. Le membre sera maintenu immobile; tous les jours, enlever le pansement, donner un bain antiseptique, faire un nouveau pansement humide. Quand le pus est moins abondant, diminuer la longueur des drains, appliquer un pansement aseptique sec.

Soutenir l'état général. — Lait, alcool, Todd, vin généreux.

PHLEGMON DIFFUS

Symptômes. — 1° **Symptômes locaux.**

Première période (inflammation). — Douleur, gonflement, œdème énorme, phlyctènes ; peau tendue, luisante ; adénite ; la région malade est dure et conserve l'impression du doigt ; douleurs vives, locales et irradiées ; impotence absolue du membre.

Deuxième période (mortification). — Du 1er au 6e jour, la peau rougit par places ; par endroits, dureté moindre, rénitence, fluctuation nette.

Troisième période (suppuration). — En ces endroits, la peau s'amincit, se nécrose, donne issue à un flot de pus. Les orifices se réunissent et la perte de substance du tégument peut être très considérable. Dans la plaie, lambeaux de muscles, d'aponévrose sphacélés, vaisseaux mis à nu, hémorragies graves. Les douleurs et les troubles généraux diminuent. La guérison se fait très lentement.

2° **Symptômes généraux.** — Frissons, fièvre intense, céphalée, délire ; attaque de délirium tremens chez les alcooliques ; diarrhée profuse ; pouls rapide ; adynamie.

Variétés. — **I. Phlegmon sus-aponévrotique.** — Celui que nous venons de décrire.

II. Phlegmon sous-aponévrotique ou profond. — Symptômes plus intenses, douleurs plus violentes. Suppuration plus tardive. Désordres plus graves.

III. Phlegmon érysipélateux. — De la plaie, partent des traînées lymphangitiques avec rougeur du tégument, plaques de sphacèle, phlyctènes à contenu noirâtre, gangrène à marche progressivement envahissante ; collapsus, adynamie, mort fréquente.

IV. Phlegmon gazeux. Septicémie gangréneuse. — Œdème énorme. Phlyctènes à contenu noirâtre. Sonorité à la percussion. Plaques de sphacèle énormes qui se détachent, laissant sourdre du pus noirâtre, mêlé de gaz d'odeur cadavérique horriblement fétide ; adynamie, collapsus ; marche envahissante, si un traitement énergique n'est pas vite institué ; fièvre intense, pâleur extrême ; urines nulles, langue sèche. La mort peut survenir en quelques jours avant l'issue du pus : cette forme succède souvent aux *piqûres anatomiques*.

V. Phlegmon aggravé par des complications. — 1° COMPLICATIONS IMMÉDIATES. — Phlébite, septicémie, arthrites purulentes, gangrène totale d'un membre, hémorragie, pleurésie, néphrite, escarre fessière.

2° COMPLICATIONS TARDIVES. — Suppuration interminable, fièvre hectique avec albuminurie, diarrhée et cachexie.

Traitement. — **I. Traitement général.** — Toniques, cordiaux, alcool *surtout si le malade est alcoolique* et dans le but de prévenir une attaque de délirium tremens.

Dans les cas graves. — Injections sous-cutanés massives de *sérum artificiel.*

II. Traitement local. — 1° PHLEGMON SUS-APONÉVROTIQUE. — Incisions précoces, larges, multiples, séparées par des intervalles suffisants de peau, afin d'éviter le sphacèle; bains antiseptiques chauds; drainage; lavages sous pression avec un bock; pansements humides antiseptiques.

2° PHLEGMON SOUS-APONÉVROTIQUE. — Même traitement. Il faut mettre à jour toutes les collections; pour cela, il y a avantage à opérer sous chloroforme.

3° PHLEGMON ÉRYSIPÉLATEUX. — Ajouter aux moyens précédents les pulvérisations prolongées antiseptiques avec le pulvérisateur de Lucas-Championnière.

4° PHLEGMON GAZEUX. — Incisions larges; précéder dans leur marche envahissante le pus et le gaz ; pulvérisations 2 fois par jour, une heure chaque fois avec l'*eau oxygénée* ; lavages avec l'eau oxygénée ; on a préconisé l'*injection d'eau oxygénée, avec une seringue de Pravaz, dans les tissus du voisinage du phlegmon* ; on le circonscrit d'une couronne d'air oxygéné défavorable aux anaérobies qui pullulent dans le phlegmon.

5° PHLEGMON COMPLIQUÉ. — Se comporter selon les circonstances.

ABCÈS FROIDS. ABCÈS MIGRATEURS. ABCÈS PAR CONGESTION

Symptômes. — **1° Locaux.** — Tumeur de volume variable, profonde ou superficielle, bien limitée ; dure, fluctuante, rénitente selon la tension de son contenu; téguments normaux; douleur nulle. A la longue, la peau est envahie, devient violacée, s'ulcère et laisse couler du pus tuberculeux. La poche est secondairement envahie par les agents ordinaires de la suppuration ; une fistule s'établit et peut durer indéfiniment; fièvre, amaigrissement; l'*infection* de la poche doit être évitée à tout prix, car elle constitue **une complication grave.**

2° **Généraux**. — Habitus tuberculeux, avant l'infection ; après l'infection, hecticité.

Traitement. — *Ne jamais inciser un abcès froid, même s'il est prêt à s'ouvrir spontanément. Ponction et injection modificatrices.*

INSTRUMENTATION. — Trocart n° 2 de l'appareil Potain; seringue de Luer pour aspiration.

LIQUIDES MODIFICATEURS. — Ether iodoformé, thymol camphré. Calot emploie :

Huile stérilisée	70	grammes.
Ether	30	—
Créosote	6	—
Iodoforme	10	—

Ne jamais employer le naphtol camphré (intoxication mortelle possible).

TECHNIQUE. — Asepsie des mains et du trocart; badigeonnage de la région à ponctionner à la teinture d'iode. Enfoncer le trocart non au point culminant de la poche, mais en dehors d'elle; pousser le trocart en ligne brisée jusqu'à ce que la sensation d'une résistance vaincue indique qu'on est dans la poche. Évacuer la poche par aspiration ; la laver à l'eau bouillie. On procède alors à l'injection.

Ether iodoformé : injecter 15 à 20 grammes dans la poche; tenir la canule fermée; les vapeurs d'éther distendent la poche; les laisser s'échapper; injecter une nouvelle dose d'éther; laisser sortir encore les vapeurs; quand la poche cesse de se distendre, retirer vivement le trocart. Il faut éviter de laisser de l'éther liquide qui se volatiliserait, distendrait la poche et provoquerait des douleurs vives. Boucher l'orifice du trocart avec du collodion.

Thymol camphré : injecter 5 à 15 grammes dans la poche et retirer le trocart en abandonnant le liquide dans la cavité.

On répétera les ponctions et injections tous les 15 jours environ jusqu'à guérison de l'abcès froid.

Si on a affaire à un abcès prêt à s'ouvrir, ponction sans injection, jusqu'à ce que la peau amincie ait repris sa vitalité.

Dans le cas de *fistule infectée*, injections modificatrices, de pâte au carbonate de bismuth (33 p. 100).

PLAIES PAR INSTRUMENT TRANCHANT

Symptômes. — 1° **Symptômes locaux.** — Douleur ; écartement des bords de la plaie ; hémorragie variable.

2° **Symptômes généraux.** — Nuls ou dépendant de la gravité du traumatisme et de la nervosité du sujet.

Traitement. — Raser la région ; badigeonnage de la plaie et de son pourtour à la teinture d'iode : enlever les corps étrangers ; pincer les vaisseaux et les lier ; si on ne peut les lier, laisser la pince et l'enlever au bout de 48 heures. — Suturer la plaie avec des crins de Florence, de la soie, du catgut, du fil de couturière que l'on aura fait bouillir pendant 10 minutes. — Suturer incomplètement et laisser un drain, en cas d'infection. Pansement aseptique.

Si la plaie suppure, désunir partiellement la plaie, en enlevant quelques fils ; laver la plaie avec les *antiseptiques :* alcool rectifié, éther officinal, sublimé à 1 p. 1000, formol à 2 p. 100. Pansement humide selon les règles édictées plus haut.

PLAIES PAR INSTRUMENT PIQUANT

Symptômes. — 1° **Locaux.** — Variables selon l'instrument, sa profondeur de pénétration, le siège, le nombre de blessures ; peu de douleurs ; hémorragie visible ; si le sang ne trouve pas une issue, hématome sous-cutané ou intra-musculaire.

2° **Généraux.** — Variables avec la nature de la blessure.

Traitement. — Enlever les corps étrangers. Si c'est nécessaire, **élargir la plaie**, pour lier les vaisseaux, désinfecter, évacuer le sang collecté. Réaliser l'antisepsie et les pansements comme ci-dessus.

PLAIES PAR INSTRUMENT CONTONDANT

Symptômes. — Variables selon la nature, le siège, la gravité de la blessure.

Traitement. — Il n'y a qu'une indication spéciale, supprimer d'emblée les tissus mâchonnés, écrasés, voués au sphacèle et tenter la réunion par première intention en tissu sain. Il est souvent même préférable de **réaliser l'antisepsie** et de laisser, sous son couvert, se faire spontanément la séparation du mort et du vif, certains tissus qui semblaient voués au sphacèle recouvrant leur vitalité.

Lorsque la plaie a été souillée par la terre, surtout dans les pays où le tétanos s'observe parfois, il est indiqué de pratiquer une injection sous-cutanée de **sérum antitétanique** à titre préventif.

PLAIES PAR ARRACHEMENT

Symptômes. — 1° **Locaux**. — Plaie irrégulière, par laquelle sortent des fragments d'os, de lambeaux musculaires. L'hémorragie est souvent nulle.

2° **Généraux**. — Phénomènes de shock le plus souvent.

Traitement. — Lier les vaisseaux. Il vaut mieux ne pas régulariser d'emblée le foyer traumatique.

Pansement antiseptique ; laisser les parties mortifiées se détacher d'elles-mêmes. Alors seulement on réséquera les os, tendons et muscles jusqu'à former un moignon régulier.

PLAIES PAR ARMES A FEU

Symptômes. — 1° **Locaux.**

A. Plaies par balles. — Ouverture d'entrée à bords arrondis, réguliers, taillés à l'emporte-pièce ; orifice de sortie irrégulier, à bords déchiquetés, renversés, saillants, frangés. S'il n'y a pas d'orifice de sortie, la balle est restée dans les chairs. Si la vitesse de la balle a été considérable, les vaisseaux sont rompus nettement et il y a soit hémorragie au dehors, soit anévrisme diffus ; si la vitesse a été peu considérable, les artères sont étirées, l'hémorragie est minime. La diaphyse des os éclate ;

les esquilles sont plus nombreuses, détachées du périoste, du côté de la sortie (Delorme). L'épiphyse peut être traversée en tunnel, creusée en gouttière, sans éclater. La balle peut rester enchâssée dans l'épiphyse. Douleur variable avec les délabrements nerveux.

B. Plaies par plombs de chasse. — Si le coup est tiré de près, la charge fait balle, la plaie est noirâtre, brûlée par la poudre. Si le coup est tiré de loin, les plombs se disséminent et provoquent des troubles variables.

2° **Généraux**. — Variables avec la gravité, le siège, le nombre des blessures. Dans les cas graves, syncope, pâleur, refroidissement, soif vive, pouls rapide et petit.

Traitement. — 1° **Général**. — Beaucoup de ces blessures sont au-dessus de nos ressources. Relever d'abord l'état du blessé par les boissons stimulantes, frictions sèches, enveloppements chauds, injections sous-cutanées d'éther, de caféine, de sérum artificiel.

2° **Local**. — A. Plaie contuse par fragment d'obus, par charge de fusil de chasse. — Déterger la plaie, enlever tous les corps étrangers, lavages abondants avec l'eau bouillie, ou avec des liquides antiseptiques; bourrer la plaie de gaze aseptique sans suture.

B. Plaie en séton des parties molles. — Nettoyer les orifices; s'abstenir de toute exploration dans le trajet; pansement aseptique; l'occlusion rapide est obtenue.

C. Plaie borgne. — Enlever les balles à fleur de peau; abandonner les balles pénétrées dans les membres, le crâne, le thorax. — Si on recherche les balles pénétrées dans l'abdomen, c'est surtout pour réparer les brèches intestinales. — On doit élargir la plaie, lorsque la balle a entraîné de la terre, des débris de vêtement, a déchiré une artère, une veine, lésé un nerf, un tendon, ouvert un réservoir naturel.

Les fractures doivent être immobilisées. La résection primitive des fragments est condamnée aujourd'hui. S'il existe des esquilles sans vitalité, on les enlèvera plus tard.

On ne pratiquera l'amputation que si l'artère nourricière d'un membre est déchirée et s'il est manifeste que la circulation collatérale ne saurait s'établir.

HÉMORRAGIE TRAUMATIQUE

Symptômes. — 1° **Locaux.** — *Hémorragie artérielle* : issue de sang rouge, vermeil, en jets saccadés, s'arrêtant par compression de l'artère à la racine du membre. — *Hémorragie veineuse :* sang noir, qui coule en bavant. — *Hémorragie capillaire :* sang rouge, qui coule en bavant, sans jet, par des orifices multiples.

2° **Généraux.** — Pâleur, pouls rapide et petit, tendances syncopales.

Traitement. — 1° **Local.** — Hémorragie artérielle. — Saisir les deux bouts de l'artère dans la plaie avec une pince et les lier séparément avec un catgut, un fil de soie, un fil de lin. Cette pratique s'impose pour n'importe quelle plaie artérielle. Il ne faut jamais lier à distance, entre la plaie et le cœur, car, après rétablissement de la circulation collatérale, l'hémorragie recommence par le bout périphérique de l'artère sectionnée.

Hémorragie veineuse. — Grosse veine : lier les deux bouts. Petite veine; comprimer avec de la gaze stérilisée.

Hémorragie capillaire. — Elle s'arrête par tous les moyens : tamponnement avec la gaze, compression, cautérisation avec le thermocautère au rouge sombre, attouchements avec l'eau oxygénée, la solution d'antipyrine à 1 p. 10

2° **Général.** — Toniques, reconstituants, injections de sérum artificiel.

BRULURES

Symptômes. — 1° **Locaux.** — Douleur variable avec la profondeur et l'étendue des brûlures. L'aspect varie selon le degré de la brûlure.

1er degré : Erythème de la peau, douleur, sans phlyctène;
2e Rougeur avec vésicules et phlyctènes;
3e Gangrène du corps muqueux seulement;
4e Gangrène totale de la peau jusqu'au tissu cellulaire;
5e Gangrène de tous les tissus jusqu'aux os;
6e Carbonisation totale.

2° **Généraux.** — Si la brûlure est très étendue, refroidissement progressif, anurie ou oligurie, coma et mort. Perforations ou hémorragies intestinales. Fièvre provoquée par chute des escarres et la suppuration.

Traitement. — 1° **Local.** — 1er DEGRÉ. — Enveloppem ouaté simple.

2e DEGRÉ. — Savonner doucement la partie brûlée, la lav l'alcool, en un mot l'aseptiser ; se garder d'enlever l'épider ouvrir les phlyctènes avec des ciseaux flambés, évacuer l quide par pression, de manière à appliquer l'épiderme sur corps muqueux; pansement humide à l'eau bouillie qu change tous les jours.

Si l'épiderme est enlevé, appliquer sur la plaie à vif, le pansement humide à l'eau bouillie ou boriquée, soit l niment oléo-calcaire, soit le pansement picriqué (Thierry). *pansement picriqué* doit être fait avec des compresses sées, trempées dans la solution saturée d'acide picrique, pliquées sur la plaie, recouvertes d'ouate hydrophile, interposition de taffetas gommé. C'est donc un pansement De plus, il doit être renouvelé rarement, tous les huit jo

AUTRES DEGRÉS. — Pansements humides favorisant détachement des escarres; aider leur rejet avec les cise pansements fréquents, pour empêcher la stagnation pus.

Réprimer les bourgeons charnus avec le nitrate d'arg Si la plaie est blafarde, l'exciter par des frictions à l'al par les attouchements à la teinture d'iode, les pansemen l'onguent styrax. Placer les plaies de manière à éviter le catrisations vicieuses, à empêcher l'adhérence des pa ulcérées. — Si l'épidermisation ne se fait pas, pratiquer greffes de Thiersch ou de Reverdin.

2° **Général.** — Rien de particulier, si la brûlure est profonde et peu étendue.

Si les brûlures sont étendues, même si elles sont sup cielles, intervenir énergiquement par les injections sous tanées de sérum, par les bains tièdes prolongés pendant sieurs jours, par les piqûres d'éther, de caféine.

S'il y a shock, alcool, punch, vin chaud, boissons éthé

GELURES

Symptômes. — 1er **Degré.** — Rougeur érythémateuse; démangeaisons provoquées par la chaleur; douleur plus ou moins vive, cuisante (engelures).

2e **Degré.** — Bulles, phlyctènes, tension, douleur.

3e **Degré.** — Mortification d'une partie variable de tissus, doigts, orteils, oreille, nez.

Traitement. — 1er **Degré.** — Ne pas réchauffer artificiellement les parties malades; compresses imbibées d'eau blanche, d'eau-de-vie camphrée, d'infusion de feuilles de noyer, pâte d'amandes mélangée à la farine de moutarde.

2e **Degré.** — Pansement comme pour les brûlures du 2e degré.

3e **Degré.** — Ne pas réchauffer tout de suite les parties gelées; frictions avec de la neige; bain dans l'eau glacée; enveloppement avec des couvertures de laine non chauffées; quand la circulation se rétablit, flanelle chaude. Tonifier le malade : vin chaud, cognac, punch, Todd.

Ne pas amputer d'emblée les parties qui paraissent nécrosées; laisser le sphacèle se déterminer spontanément. Régulariser ensuite pour constituer un bon moignon.

PUSTULE MALIGNE. CHARBON

(Voy. *Charbon*, p. 23).

MORSURES DE VIPÈRE

(Voy. p. 76).

FURONCLE OU CLOU

Symptômes. — 1° **Locaux.** Élévation dure, acuminée, surmontée d'une vésicule qui se rompt; du 6e au 10e jour, élimination du bourbillon, cessation de la douleur.

2° **Généraux.** — Fièvre légère

Traitement. — 1° **Local.** — Raser la région, pour éviter la pullulation de nouveaux furoncles; au début, une goutte de teinture d'iode sur le furoncle peut le faire avorter; ou mieux acétone iodé (iode 4 gr., acétone 10 gr.), il est préférable de piquer au centre une pointe fine de thermocautère; cataplasmes antiseptiques (amidon dilué dans l'eau phéniquée faible), compresses humides chaudes contre la chaleur.

Si le furoncle continue d'évoluer. — Incision au bistouri ou au thermocautère ; pansements humides antiseptiques, nettoyer à l'alcool, toucher le fond à la teinture d'iode, enlever le bourbillon avec une pince flambée.

2° **Général**. — En cas de furonculose, examiner les urines ; si elles contiennent du sucre, traitement antidiabétique.

ANTHRAX

Symptômes. — 1° **Locaux**. — Tumeur saillante, rouge, étendue, douloureuse, couverte de vésicules, qui prennent chacune les caractères du furoncle (*furoncle guêpier*). Elimination des bourbillons ; sphacèles des parties intermédiaires, large ulcération.

2° **Généraux**. — Fièvre, frissons.

Complications. — Phlébite, phlegmons, septicémie.

Phlébite de la veine faciale dans les furoncles et les anthrax de la lèvre.

Traitement. — 1° **Local**. — Incision cruciale au thermocautère; disséquer et relever les quatre lambeaux ; pointes de thermocautère à la périphérie. — Pulvérisations prolongées, pansements humides à l'eau oxygénée.

2° **Général**. — Todd, alcool, acétate d'ammoniaque. Electrargol. Chercher le sucre.

CANCROÏDE. CANCER CUTANÉ

Synonymie. — Cancer verruqueux, cancer des ramoneurs, ulcère chancreux, épithélioma.

Symptômes. — Verrue cutanée chez des personnes âgées, écailles à la surface ; la verrue se fendille, est le siège de démangeaisons ; elle prolifère (cancers verruqueux, mûriformes) ou bien creuse le derme (cancers térébrants). Extension progressive, à marche plus ou moins rapide. Adénite cancéreuse des ganglions correspondants.

Traitement. — Au début, ablation au bistouri de la tumeur et suture des bords de la plaie. Enlever les ganglions.

Quand le cancer est trop étendu. — Topiques calmants.

Contre les hémorragies et l'écoulement ichoreux. — *Râclage* à la curette.

TATOUAGES

Traitement. — **Exérèse.** — Suivie, si elle est large, de greffes dermo-épidermiques.

Méthode de Variot. — Verser sur le tatouage une solution concentrée de tanin. Puis faire à ce niveau des piqûres fines et serrées avec un jeu d'aiguilles semblables à celles qui servent aux tatoueurs. Passer ensuite en frottant sur les parties piquées un crayon de nitrate d'argent ; laisser le tanin, enduire de sel d'argent, jusqu'à ce que les piqûres se détachent en brun. Une escarre superficielle se forme ; elle se détache au bout de 15 jours ; panser à sec avec de la poudre de tanin.

Ignipuncture. — Pointes de feu fines, serrées, profondes.

EXOSTOSE

Symptômes. — Tumeur arrondie, sessile ou vaguement pédiculée, de consistance dure, osseuse, de forme variable, indolente à moins qu'elle ne soit syphilitique (douleurs nocturnes), faisant corps avec l'os. Elle occupe la clavicule, la face interne des tibias, le maxillaire inférieur, le sternum, les côtes, le radius, le cubitus, le fémur, les os du crâne.

Elle peut provoquer des troubles fonctionnels du côté des muscles, des compressions artérielles ou nerveuses.

Diagnostic. — *Ne pas confondre* avec cal exubérant, kystes de l'os, ostéosarcome.

Traitement. — Traitement spécifique, si la syphilis est en cause.

Ne pas intervenir *si les troubles fonctionnels sont nuls.* En cas contraire, extirper la tumeur, lorsqu'elle est pédiculée ; la supprimer avec la gouge et le maillet, lorsqu'elle est sessile (1).

(1) Pour les articles *loupes, lipomes, ulcères, adénites, synovites tendineuses ostéomyélite, ostéite, ostéosarcome,* voir : ***loupes du cuir chevelu, lipomes du cou, ulcères de jambe, adénite de l'aine, adénophlegmon du cou, synovite du poignet, ostéomyélite du fémur, ostéite du grand trochanter, ostéosarcome de l'extrémité inférieure du fémur.***

X. — MALADIES DU CRANE ET DE LA TÊTE

PLAIE DE TÊTE

Symptômes. — Aspect de la plaie variable selon que la plaie est faite par instrument piquant, tranchant, contondant, ou par balle; hémorragie variable; épanchement sous-cutané, sous-aponévrotique; corps étrangers variables dans la plaie.

Les symptômes cérébraux n'existent que si l'enveloppe crânienne est intéressée. Ils sont variables : il n'y a pas de troubles cérébraux; — le malade est en état de **commotion cérébrale** (résolution, coma, vomissement, ralentissement de la respiration et de la circulation, insensibilité). On peut observer, selon les lésions produites, la hernie du cerveau, la surdité, la cécité, la paralysie faciale, les paralysies oculaires.

Complications secondaires. — Abcès de l'encéphale, suppurations localisées; *méningo-encéphalite* (pouls fréquent, fièvre élevée, coma); troubles intellectuels, sensitifs, sensoriels, moteurs (paralysies, contractures, convulsions).

Traitement. — Raser largement le crâne autour de la plaie, badigeonnage à la teinture d'iode, se renseigner sur l'état de la boite crânienne par l'examen général, par la palpation, par l'exploration au stylet.

1er cas. **Plaie superficielle.** — Lier les vaisseaux, laver la plaie, évacuer le sang épanché et collecté, suturer partiellement la plaie au crin de Florence, la drainer, pansement aseptique à plat.

2e cas. **Plaie crânienne.** — Il faut intervenir sur-le-champ. Faire un lambeau demi-circulaire à base inférieure; examiner la plaie cranienne, enlever prudemment les esquilles, agrandir les plaies par balle, extirper celles-ci, lorsqu'elles sont superficielles et accessibles, lier les vaisseaux méningés s'ils sont intéressés, vider l'épanchement sanguin sus ou sous-dure-mérien, déterger les foyers cérébraux contus et mâchonnés, enlever les corps étrangers, tamponner avec de la gaze les plaies des sinus. Si la balle est profondément enfoncée dans l'encéphale, la laisser, car elle sera tolérée. Mettre un drain dans la plaie, suturer partiellement la peau. Pansement aseptique à plat.

FRACTURES DU CRANE

Symptômes. — 1° **Fractures de la voûte.** — *Il y a plaie* : on sent une fissure, une dépression.

Il n'y a pas plaie. — Chercher un enfoncement, la crépitation, une douleur localisée.

2° **Fractures de la base.** — **Signes rationnels.** — Hémorragies abondantes et prolongées par le nez, l'oreille, la bouche; écoulements abondants et prolongés de sérosité par les mêmes voies; paralysies immédiates de certains nerfs craniens : écoulement de matière cérébrale par l'oreille ; ecchymoses pharyngée, mastoïdienne, palpébrale, noires, apparaissant tardivement, de la profondeur vers la surface.

Signes de commotion cérébrale. — Perte de connaissance, de sensibilité, de mouvement, résolution musculaire complète, respiration et circulation ralenties; tous ces symptômes décroissent lentement et graduellement.

Signes de compression et de contusion. — Aux précédents, s'ajoutent le stertor, une hémiplégie ou une monoplégie, des convulsions ou contractures localisées, alternant ou non avec des paralysies.

Complications. — Secondaires et tertiaires, comme précédemment.

Traitement. — I. **Fractures de la voûte.** — 1° **Fermées.** — Intervenir pour relever ou enlever les fragments, dans les cas seulement où existent des troubles nerveux.

2° **Ouvertes.** — Incision large au milieu de la plaie; désinfection à l'eau oxygénée; suppression des esquilles; s'il y a fracture avec embarrure des fragments, détacher le fragment, régulariser la perte de substance osseuse à la pince-gouge; drain ou mèche, suture partielle.

II. **Fractures de la base.** — Antisepsie du pharynx et du conduit auditif externe : huile phéniquée, goménolée.

Ponction lombaire. — Elle donne de bons résultats; tous

les jours, faire une ponction jusqu'à ce que le liquide céphalo-rachidien soit devenu limpide ; ne jamais enlever plus de 20 centimètres cubes à la fois.

Si l'infection apparaît, trépanation double sous-temporale (Cushing)

OSTÉOMYÉLITE DU CRANE

Symptômes. — Début brusque chez un adolescent, par de la fièvre, de l'abattement ; puis empâtement en un point du crâne, donnant lieu bientôt à la suppuration ; passage à la chronicité ; suppuration persistante, séquestre.

Traitement. — Résection à la pince gouge jusqu'à ce qu'on arrive sur l'os sain. Ouverture précoce et trépanation de l'os, à la période aiguë. Curettage, à la période chronique.

TUBERCULOSE DES OS DE LA FACE ET DU CRANE

Symptômes. — Chez un sujet, jeune en général, déjà tuberculeux, apparition d'un abcès reposant sur un point osseux douloureux ; l'abcès froid s'ulcère ; ulcération à bords verdâtres, décollés, atones ; le stylet arrive sur l'os dénudé.

Traitement. — Général ; local : curettage de l'os, injection dans la fistule de thymol camphré, d'éther iodoformé.

SYPHILIS DU CRANE

Symptômes. — 1° **Physiques**. — *Exostoses* craniennes, de volume et de dureté variables ; *gommes* provenant des parties molles ou des os, formant une tumeur molle, puis s'ulcérant ; ulcération à bords à pic, à fond jaune.

2° **Fonctionnels**. — Céphalée avec exaspérations nocturnes, à siège superficiel ou profond ; crises de vertiges, d'assoupissement, convulsions localisées, épilepsie, quand les lésions se développent à la face profonde des os.

Traitement. — Mixte : frictions mercurielles ou injection sous-cutanée de sels solubles de mercure, avec absorption de fortes doses d'iodure de potassium.

HYDROCÉPHALIE

(Voy. p. 114).

ENCÉPHALOCÈLE

Symptômes. — Tumeur occasionnée par l'issue accidentelle ou congénitale d'une portion de l'encéphale.

Méningocèle. — Tumeur fluctuante, égale, sans bosselures, pédiculée, augmentant par les cris, les efforts; la pression réduit son volume et provoque des cris, des vomissements, des convulsions, de la stupeur; le pédicule est entouré par un cercle osseux.

Encéphalocèle proprement dite. — Molle, pâteuse, non fluctuante, sessile; la pression forte la réduit complètement ou non, provoque de la mydriase, du strabisme, des paralysies, l'anesthésie, la perte de connaissance.

Hydrencéphalocèle. — Irréductible, non pulsatile, elle n'augmente pas dans l'effort; sa compression ne provoque aucun trouble.

Traitement. — *Si la tumeur est énorme.* — On se contente de la protéger contre les agents extérieurs.

Si elle est de moyen volume. — Il faut en pratiquer la cure radicale. Incision de la peau; on tombe sur le sac méningé qu'on dénude comme un sac de hernie, jusqu'à l'orifice osseux; on ouvre le sac, ou réduit la matière cérébrale, s'il en contient, puis on jette une ligature au catgut sur le pédicule du sac que l'on excise; suture de la peau.

FONGUS DE LA DURE-MÈRE

Symptômes. — Affection de l'âge adulte, à développement lent et graduel, réductible, de consistance assez dure, jamais fluctuante, à surface irrégulière. Le malade a eu une période de douleurs et de troubles cérébraux précédant la perforation osseuse. Finalement la peau peut s'ulcérer et le fongus être siège d'hémorragies.

Traitement. — *Quand il est sous-cutané et limité.* — On peut tenter l'extirpation.

Quand il est ulcéré. — On se contentera d'appliquer des pansements antiseptiques et analgésiants. Radiothérapie.

CÉPHALÉMATOME

Symptômes. — Chez le nouveau-né, tumeur épicranienne molle, dépressible, fluctuante, du volume d'un œuf ou d'une noix, limitée sur son pourtour par la saillie d'un bourrelet osseux. La compression ne provoque ni troubles cérébraux, ni diminution de la tumeur.

Traitement. — S'abstenir d'interventions quelconques. La résolution se fait spontanément, sans compression, ni pansement d'aucune sorte.

ANÉVRYSME CIRSOÏDE

Symptômes. — Fréquent à la région temporo-frontale. Tumeur bosselée, à surface tourmentée, à laquelle arrivent des anses flexueuses; elle présente des battements isochrones au pouls, de l'expansion, du thrill ; elle augmente par la compression des veines du cou et diminue par la compression des artères.

Traitement. — Extirpation chirurgicale de la tumeur ; inciser sur elle, libérer le paquet de vaisseaux; lier vaisseaux afférents et efférents et enlever le paquet. La compression ne donne pas de résultats; l'électrolyse, l'acupuncture exposent aux hémorragies.

TUMEURS CÉRÉBRALES

(Voyez p. 122).

LOUPES DU CUIR CHEVELU

Symptômes. — Tumeurs de consistance et de volume variables, arrondies, indolentes, mobiles sur le squelette, ne modifiant pas la peau, uniques ou multiples, isolées ou confluentes, indolentes; par les traumatismes, elles s'enflamment, laissent sortir leur contenu semblable à du suif et suppurent indéfiniment.

Traitement. — Extirper avant la suppuration et la fistulisation. Anesthésie locale à la novocaïne-adrénaline sur toute la périphérie de la tumeur; anesthésie du tissu cellulaire sous-

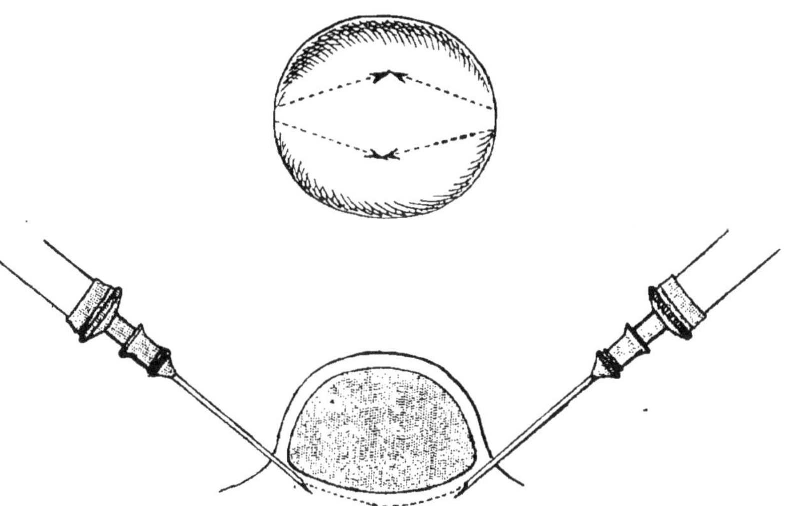

Fig. 11. — Mode d'anesthésie pour l'extirpation d'une loupe.

jacent à la tumeur (fig. 11); ablation de la tumeur et de la peau qui y adhère par une incision ovalaire. Suture au crin. Pansement compressif. Avoir soin d'extirper la totalité de la poche, pour éviter toute récidive.

XI. — MALADIES DE LA BOUCHE ET DES LÈVRES

LUXATIONS DU MAXILLAIRE INFÉRIEUR

Symptômes. — **I. Luxation bilatérale.** — Bouche largement ouverte; arcade dentaire inférieure portée en avant; aplatissement des tempes et des joues, tension et dureté des muscles masséters, dépression au-devant du conduit auditif; impossibilité de la mastication, de la déglutition et de la phonation, écoulement de salive hors de la bouche ; impossibilité de mouvoir le maxillaire.

II. Luxation unilatérale. — Bouche moins ouverte, tordue ; menton porté du côté sain, joue creuse ; du côté malade, joue plate, masséter tendu ; dépression devant l'oreille du côté luxé ; mouvements difficiles ; salivation : paroles et mastication gênées.

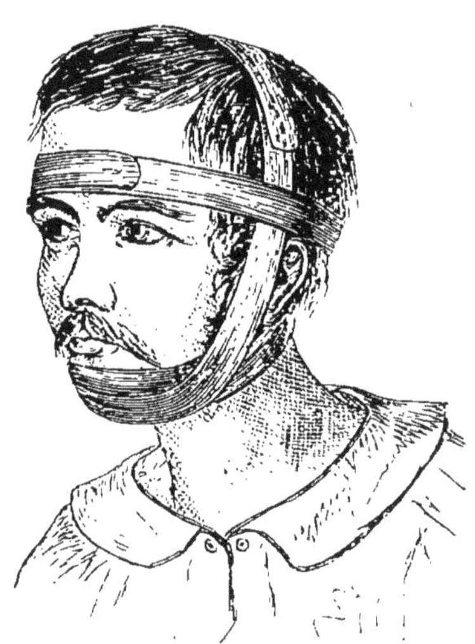

Fig. 12. — Appareil pour maintenir la réduction dans les luxations du maxillaire inférieur.

Traitement. — Introduire les pouces fortement garnis de toile et protégés dans la bouche, le plus loin possible et appliquer leur face palmaire sur les dernières molaires ; ramener les autres doigts sous le menton et embrasser solidement le maxillaire ; abaisser fortement, puis porter en arrière ses angles postérieurs et avec eux les branches montantes et les condyles. On sent un ressaut indiquant que la réduction est effectuée. Aussitôt les mouvements deviennent possibles.

Si la réduction est trop pénible, dans les luxations bilatérales, réduire successivement chaque côté.

Faire porter ensuite une fronde (fig. 12) ; pendant quelques jours, interdire la parole, ne faire prendre que des aliments liquides.

Dans les luxations anciennes, résection des condyles.

FRACTURES DU MAXILLAIRE INFÉRIEUR

Symptômes (fig. 13). — **I. Fracture du corps.** — Douleur réveillée par les mouvements et la pression ; gonflement de la région ; rainure et déplacements des fragments, le postérieur en haut et en dehors, l'antérieur en bas, en dedans et en arrière; crépitation et mobilité anormales; salivation; mastication impossible.

II. **Fracture de la branche montante.** — Déplacement et déformation nuls; gène de la mastication; douleur, mobilité, crépitation provoquées par l'examen.

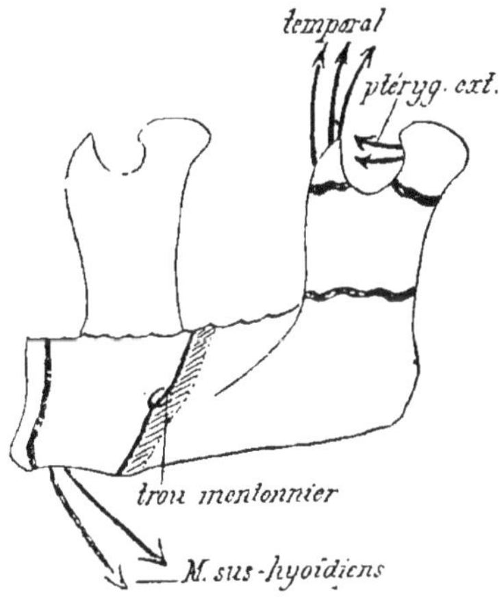

Fig. 13. — Traits de fracture du maxillaire inférieur.

III. **Fracture du col.** — Douleur, difficulté de la mastication; dépression pré-auriculaire; crépitation; immobilité du condyle.

Complications. — **Otorragies** par enfoncement de la paroi antérieure du conduit auditif; destruction du nerf dentaire inférieur et chute des dents; *septicémie par ouverture de la muqueuse buccale, infection du foyer de fracture*; nécrose d'une partie des fragments; défaut de consolidation.

Traitement. — Immobiliser les fragments par une fronde, régime liquide ou demi-liquide; ligature des dents avec un fil métallique. Suture osseuse des deux fragments.

DENTITION CHEZ LES ENFANTS

Symptômes. — 1° **Locaux.** — Rougeur, gonflement de la gencive, douleur, salivation, aphtes.

2° **Généraux et sympathiques.** — Fièvre, diarrhée, convulsions, agitation, troubles broncho-pulmonaires.

Traitement. — Faire mâcher des bâtons de réglisse, de guimauve : frictionner les gencives avec la teinture de safran, la poudre de safran unie au miel à parties égales, le sirop Delabarre. Pratiquer l'incision de la gencive, *lorsque la dent perce difficilement.* Calmer l'éréthisme général du système nerveux.

CARIE DENTAIRE

Symptômes. — A la surface de la dent, tache brunâtre; émail terne ou détruit; cavité plus ou moins profonde, remplie de débris alimentaires; douleurs vives provoquées par le toucher, par le contact des aliments sucrés ou acides, par l'impression du froid ou du chaud.

Traitement. — 1° **Préventif.** — Soins de propreté extrêmes de la bouche; laver et brosser les dents après chaque repas, le soir et le matin; les nettoyer avec un dentifrice.

2° **Symptomatique des crises douloureuses.** — Introduire dans la dent un petit tampon imbibé de chloroforme, de laudanum, de glycérolé de morphine, de la solution de cocaïne à 1 p. 30, ou Q. S. de la pâte suivante :

Acide arsénieux....................	0gr,25
Sulfate de quinine..................	0gr,75
Créosote..........................	X gouttes.

ou mieux encore un petit tampon d'ouate imbibé de la mixture :

Teinture d'iode................	āā 5 grammes.
Chloroforme....................	
Acide phénique au 1/2..........	

A l'intérieur, quinine, antipyrine, chloral, bromure de potassium. Injections sous-cutanées de morphine.

3° **Curatif de la carie.** — *Si la dent est assez bonne*, la plomber. *Si elle est entièrement cariée*, l'extirper.

EXTRACTION DES DENTS

Précautions préliminaires. — Bien examiner et reconnaître la dent malade, pour ne pas s'exposer à arracher une dent saine.

Anesthésie. — Elle peut être indiquée parfois, surtout lorsqu'on a plusieurs dents à arracher.

Anesthésie générale. — Chloroforme, éther, et surtout chlorure d'éthyle.

Anesthésie locale. — Cocaïne injectée dans l'épaisseur même de la gencive, mais seulement quand il n'y a pas d'inflammation.

Instruments. — Daviers. Leviers simples : langue de carpe, pied de biche, élévateurs.

Opération. — On n'emploie plus la clef de Garengeot ; on pratique l'avulsion des dents :

Avec les daviers (fig. 14). — Choisir un davier convenable ; saisir la dent au collet, non sur la couronne, en insinuant fortement les mors entre la dent et la gencive ; luxer la dent par des petits mouvements de latéralité ; la retirer suivant son axe.

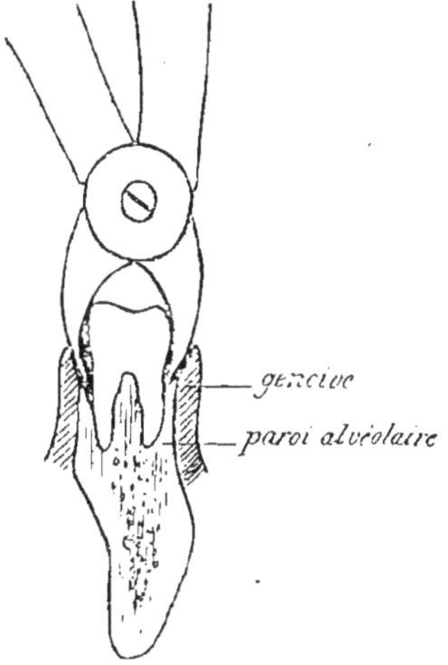

Fig. 14. — Schéma montrant le mode d'application du davier.

Accidents. — **Fracture de la dent,** qu'on évite par une bonne prise *sur le collet.*

Ouverture du sinus maxillaire. — Pratiquer l'asepsie buccale.

Hémorragie. — Bourrer l'alvéole avec de l'ouate imbibée d'eau oxygénée ou de la solution d'antipyrine au 10e ; toucher l'alvéole qui saigne avec une pointe de thermocautère au rouge sombre. Chez les hémophiles, tampon d'ouate imbibé de sérum antidiphtérique.

Avortement. — On s'abstiendra d'arracher les dents chez une femme enceinte, sauf indication absolue.

OSTÉO-PÉRIOSTITE DES MACHOIRES

Symptômes. — Cette affection succède à une carie dentaire, à l'arthrite alvéolo-dentaire sans carie, à l'évolution de la dent de sagesse, aux maladies locales, telles que le cancer, la syphilis, la tuberculose ; aux maladies générales, fièvre typhoïde, etc. Elle débute par la fluxion, la dureté de la gencive, l'œdème unilatéral ; il y a fièvre, douleurs violentes, inappétence, trismus, haleine fétide. L'inflammation locale augmente ; un certain nombre de dents sont expulsées, les signes d'un abcès profond ou superficiel apparaissent ; le pus se fait jour plus souvent vers la gencive, rarement vers la peau de la mâchoire ou du cou. La suppuration peut se tarir ou persister : par la fistule persistante, le stylet arrive sur des séquestres en nombre variable, qui se mobilisent. Le malade perd ainsi un nombre variable de dents, une partie variable de son maxillaire.

Traitement. — Incision précoce de la saillie gingivale, avant même la formation du pus. Lavages fréquents de la bouche avec l'eau boriquée, la solution de chlorate de potasse à 4 p. 100 ; les jours suivants, l'attouchement de la plaie à la teinture d'iode.

Si le gonflement de la mâchoire et la douleur persistent, si un abcès sous-maxillaire apparaît, inciser largement le long du bord inférieur du maxillaire, aller à la recherche du pus avec la sonde cannelée ; le périoste du maxillaire est souvent soulevé par du pus, il faut le ruginer pour donner issue au pus et éviter les nécroses étendues, consécutives à l'ostéomyélite du maxillaire. Drainer la plaie. La laver deux fois par jour avec une solution antiseptique. On ne doit arracher la dent cariée qu'après l'évolution aiguë de l'ostéo-périostite.

ACCIDENTS DUS A L'ÉVOLUTION DE LA DENT DE SAGESSE

Symptômes. — Gingivite, névralgies violentes, convulsions épileptiformes, trismus, angine, stomatite ulcéro-membraneuse, arthrite alvéolo-dentaire, abcès sous-gingival ou ostéo-périostique du maxillaire, avec nécrose plus ou moins étendue.

Traitement. — Incision de la gencive, *si elle empêche l'issue de la dent.*

Extirpation de la dent de sagesse, *si elle est l'origine de douleurs ou de phénomènes infectieux.*

Ablation de la dernière molaire, *si elle laisse trop peu de place à la dent de sagesse.* Calmer l'éréthisme nerveux. Traiter l'ostéo-périostite, comme il a été dit.

BEC-DE-LIÈVRE

Symptômes. — Division congénitale, unique ou double, de la lèvre supérieure, intéressant ou non le rebord gingival du maxillaire supérieur, la voûte palatine et la luette ; d'où les variétés suivantes : bec de lièvre unique ; bec de lièvre double ; bec de lièvre compliqué.

Traitement. — Il vaut mieux opérer à deux ou trois ans, parce que les enfants supportent mieux la perte de sang résultant de l'opération.

Bec-de-lièvre simple unilatéral. — Procédé de Clémot-Malgaigne (fig. 15). — Sur un des bords de la fissure, introduire d'avant en arrière, par transfixion, un petit bistouri

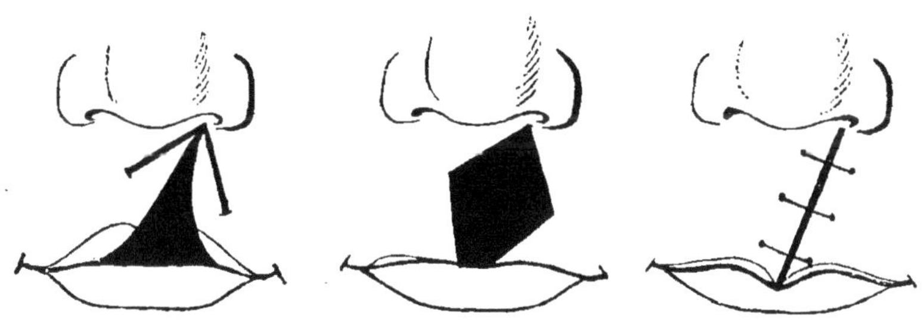

Fig. 15. — Bec-de-lièvre, procédé de Clémot-Malgaigne.

à lame étroite, couper en montant vers la narine toute l'épaisseur de la lèvre, à la limite de la peau et de la muqueuse; on détache ainsi un lambeau à base inférieure, à sommet atteignant le sommet de la fissure; agir de même sur le côté opposé. On a de la sorte deux lambeaux semblables qu'on

Fig. 16. — Bec-de-lièvre, procédé de Mirault.

abaisse, mettant en présence leurs faces cruentées. On suture avec une aiguille de Reverdin courbe et cinq ou sept crins de Florence fins, en les serrant modérément.

Pansement aseptique sec par-dessus : ne pas employer le pansement collodionné, qui provoque des phlyctènes. Le 5e jour, on enlève les fils. Il se forme ainsi un tubercule saillant en bas, qui disparaît par rétraction cicatricielle.

Procédé de Mirault (fig. 16). — Tailler un lambeau, comme

il vient d'être dit, sur le côté le plus étoffé. Aviver le bord opposé, au bistouri, en enlevant exactement toute la muqueuse de ce bord jusqu'à la peau et poursuivre un peu l'avivement sur le bord inférieur de la lèvre. Renverser en bas le petit lambeau et le suturer au bord cruenté. Suites opératoires identiques. Surveiller l'enfant, éviter la succion sur la plaie, car il en pourrait résulter une anémie grave; donner, au besoin, un peu de sirop diacode pour faire dormir.

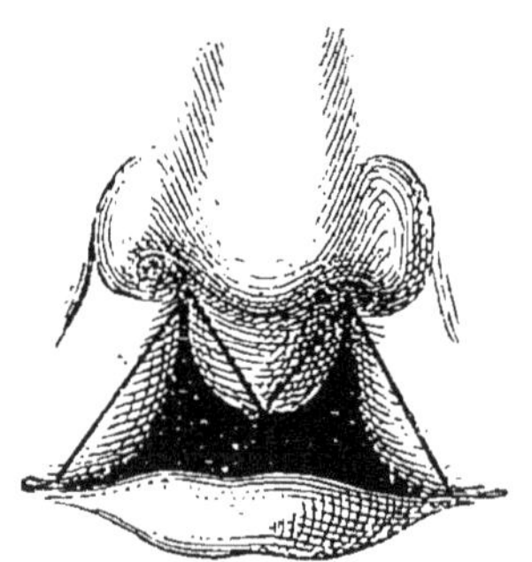

Fig. 17. — Bec-de-lièvre. Avivement.

Bec-de-lièvre simple bilatéral. — PROCÉDÉ DE MIRAULT. — Tailler le lambeau, comme il a été dit, sur le bord interne de chaque fissure, car le bord interne est le moins étoffé. Aviver les bords du bourgeon médian (fig. 17). Abaisser les deux lambeaux et les réunir l'un à l'autre sous le bourgeon médian par deux ou trois crins de Florence; les réunir aux bords cruentés du bourgeon médian.

Bec-de-lièvre bilatéral avec saillie du bourgeon médian. — Il ne faut pas enlever le bourgeon médian (Franco), car on crée une perte de substance difficile à combler. Il faut le remettre en place : inciser d'avant en arrière, de chaque côté, le recouvrement muco-périosté du vomer, dénuder les deux faces de cet os, à la rugine, sur une étendue suffisante ; sectionner aux ciseaux le pédicule vomérien supportant le lobule; refouler en arrière l'os intermaxillaire devenu mobile ; si c'est nécessaire, on peut pratiquer une résection cunéiforme du pédicule, à base inférieure. On reconstitue la lèvre par les procédés déjà décrits.

ÉPULIS

Symptômes. — Sur la gencive, tumeur arrondie, solide, dure, indolente, lisse, rouge brun.

Traitement. — Ablation au bistouri de la tumeur; résection partielle du bord alvéolaire de la mâchoire pour éviter toute récidive. Curetage de la cavité. Tamponnement à la gaze iodoformée, sans sutures.

KYSTE DENTAIRE

Symptômes. — Tumeur apparaissant au niveau du rebord alvéolaire, en un point où une ou bien plusieurs dents ne se sont pas développées; tumeur arrondie et dure d'abord, plus tard parcheminée, finalement augmentant de volume et devenant fluctuante.

Traitement. — Trépanation de la paroi osseuse; incision du kyste; curetage très attentif de la cavité, de façon à enlever la totalité de la membrane kystique. Tamponnement de la cavité à la gaze iodoformée.

SARCOME DES MACHOIRES

Symptômes. — Il se montre surtout sur le maxillaire inférieur, chez des hommes de 15 à 25 ans ayant un passé dentaire. On sent une tuméfaction à surface irrégulière, présentant de grosses bosselures, donnant parfois à la pression la crépitation parcheminée, présentant par place des battements. Douleurs variables. Peau adhérente, finalement ulcérée. Amaigrissement rapide.

Traitement. — Résection large du maxillaire et de tous les tissus infiltrés par le néoplasme.

TUMEUR ÉRECTILE DES LÈVRES

Symptômes. — Tumeur peu saillante, molle, dépressible et imparfaitement irréductible, augmentant de volume par les cris et l'effort, donnant à la muqueuse une coloration bleuâtre.

Traitement. — Électrolyse. Ignipuncture : faire dans la tumeur une série de pointes de feu avec une aiguille fine, séparées par 4 à 5 millimètres; l'aiguille doit être portée au rouge sombre seulement, pour qu'il ne se produise pas d'hémorragie.

Si la tumeur est bien limitée, il vaut mieux l'extirper : hémostase préventive avec deux clamps à intestin placés aux deux extrémités de la lèvre; ablation de la tumeur en ménageant le plus possible les fibres de l'orbiculaire des lèvres; sutures profondes avec des fils d'argent fins.

CANCROÏDE DES LÈVRES

Symptômes. — Il apparaît surtout sur la lèvre inférieure chez l'homme, après quarante ans. Au début, petit bouton recouvert d'une croûte, verrue, petite production cornée, petite fissure à bords indurés. L'affection évolue, augmente, s'ulcère et forme une ulcération à bords indurés, évasés : le tout repose sur une base indurée; le sillon gingival, la gencive, la joue, la lèvre supérieure, le maxillaire sont envahis par la progression du mal ; les ganglions sous-maxillaires sont souvent pris.

Traitement. — Il faut surtout s'abstenir, au début du traitement médical, des caustiques qui ne font qu'irriter le cancer et précipiter sa marche. Plus le traitement chirurgical est précoce, plus il est efficace.

On ne se contentera pas d'une excision en V à pointe inférieure; il faut prolonger le sommet du V jusqu'au menton et à l'extrémité de l'incision, brancher une incision en fer à cheval parallèle au bord inférieur dela mâchoire, par laquelle on extirpera les ganglions.

Si la lésion néoplasique est étendue, sacrifier la lèvre et faire une autoplastie.

ULCÉRATIONS DES LÈVRES

Voir *Ulcérations de la langue.*

Gerçures des lèvres. — Panser au beurre de cacao, pommade à la rose, pommade de concombres; toucher au nitrate d'argent.

Eczéma des lèvres. — Eviter de les mouiller constamment de salive. Couper la barbe et l'épiler. Pommade à l'oxyde de zinc (2 p. 50), à l'acide salicylique (1 p. 30).Pommade soufrée (1 p. 30). Dans les cas rebelles, toucher au nitrate d'argent à 1 p. 50.

PLAIES DE LA LANGUE

Traitement. — Si elles sont peu profondes, prescrire des lavages fréquents avec : eau bouillie, eau bicarbonatée (20 gr. p. 1000), eau phéniquée (1 p. 200), eau chloralée (1 p. 100), eau oxygénée au quart.

Si toute la langue est divisée, lier les artères avec du catgut, suturer les bords de l'incision avec des fils de catgut, ou de crin. Exciser les parties mâchées et ne suturer qu'en tissu sain. Les hémorragies en nappe s'arrêtent par les sutures qui étreignent une portion épaisse du muscle lingual. Lavages consécutifs fréquents.

GRENOUILLETTE

Symptômes. — Tumeur oblongue, située sous le plancher de la bouche, déviant le frein et la pointe de la langue; elle est indolente, elle peut, par son volume, gêner la mastication et la parole; elle est fluctuante; la muqueuse buccale glisse librement sur elle.

Traitement. — La ponction est insuffisante, suivie de récidive; la ponction avec injection de teinture d'iode expose à des abcès, au phlegmon du plancher de la bouche. Il n'y a qu'un traitement, l'extirpation : incision de la muqueuse, dissection de la tumeur, grâce au tissu cellulaire qui l'entoure, ablation, après ligature de ses vaisseaux nourriciers, suture incomplète de la muqueuse, en laissant sous elle un petit drain qu'on enlève au bout de trois jours. Lavages fréquents de la bouche.

CANCER DE LA LANGUE

Symptômes. — 1° **Physiques.** — Début. — *Saillie papillaire*, au niveau d'une plaque de leucoplasie, à la face supérieure de la langue, reposant sur une base indurée; — *infiltration interstitielle*, occupant le sillon amygdalo-glosse, formant un noyau unique, dur, indolore, qui s'ulcère et s'accroît; — *fissure* longitudinale à bords indurés.

Période d'état. — *Forme végétante.* — Végétations abondantes, quelquefois énormes, sur une base indurée.

Forme rongeante. — Ulcère à bords indurés, éversés, reposant sur une base dure, à fond sanieux, piqueté de vermiottes.

Forme atrophiante. — Squirrhe de la langue, qui est dure, plissée, ratatinée.

Écoulement sanieux et fétide. — Hémorragies abondantes. — Engorgement ganglionnaire très rapide ; les ganglions, d'abord durs, finissent par s'ulcérer : parfois ils s'infectent, d'où adéno-phlegmons.

2° **Fonctionnels.** — Les douleurs apparaissent à la période d'ulcération, sont provoquées par les liquides, les mets chauds ou froids; puis elles sont spontanées, nocturnes, locales et irradiées dans l'oreille. Gêne de la mastication, de la phonation, de la déglutition; salivation.

Marche. — Évolution progressive. Cachexie finale.

Le cancer tue en 14 mois environ.

Traitement. — Il faut s'assurer qu'on a bien affaire au cancer; dès que le diagnostic est posé, il faut intervenir chirurgicalement. Encore ne faut-il pas attendre que le cancer ait envahi le maxillaire, les piliers du voile, le pharynx, que les ganglions du cou soient envahis en masse. Comme pour tout cancer, les chances de cure radicale ou, tout au moins, la durée de survie, seront proportionnelles à la précocité de l'intervention.

Soins préparatoires. — Lavages fréquents de la bouche à l'eau oxygénée; habituer le malade à la sonde qu'on sera obligé de passer par les fosses nasales pour l'alimenter après l'intervention.

Intervention. — Il faut faire une intervention très large, si on veut éviter la récidive, quel que soit le volume du cancer; c'est dire que les excisions triangulaires de la langue sont à rejeter complètement.

Il y a intérêt à intervenir en deux temps pour diminuer le traumatisme opératoire.

1er Temps. — Incision le long du bord antérieur du sterno-mastoïdien; ligature de la carotide externe; ablation des ganglions carotidiens; sur l'incision on branche une autre incision longeant le bord inférieur de la mâchoire; ablation en bloc de la glande sous-maxillaire et des ganglions.

Sutures aux crins. — Mèche dans la région sous-maxillaire. L'opération sera faite des deux côtés.

2e *Temps*. — Exécuté une semaine après le premier, attirer la langue avec une pince; l'étreindre, en dehors du cancer, par deux pinces qui assurent l'hémostase; section cunéiforme entre les pinces; si on voit une grosse artère, la pincer et la lier; par quelques points de catgut passés dans l'épaisseur même des tranches de section on assure l'hémostase; on suture ensuite les deux lèvres de l'incision; pour se donner du jour, on pourra recourir à la section médiane du maxillaire.

Suites opératoires. — Lavages fréquents de la bouche; alimentation par la voie rectale ou par une sonde œsophagienne poussée par les fosses nasales.

ULCÉRATIONS DE LA LANGUE

Plaques des fumeurs. — *Symptômes*. — Plaques rouges et lisses, quelquefois blanchâtres, souvent couvertes d'une couche noirâtre reposant sur une légère ulcération.

Traitement. — Interdire l'usage du tabac.

Leucoplasie buccale. — *Symptômes*. — Enduit superficiel, blanchâtre, fendillé, existant sur la langue, la face interne des joues, les lèvres; si la plaque est enlevée, la langue est à vif, douloureuse, ulcérée; elle est liée à l'arthritisme, à la syphilis, à l'abus du tabac; elle précède souvent le cancer.

Traitement. — Causal: soins de propreté de la bouche. Au besoin, excision de la muqueuse leucoplasique (Morestin).

Ulcérations dentaires. — *Symptômes*. — Ulcération à fond sanieux, reposant sur une base indurée, placée en regard d'une dent cariée à bords blessants.

Traitement. — Supprimer ou limer la dent. Propreté de la bouche.

Aphtes. — *Symptomes*. — Ulcérations superficielles, arrondies, douloureuses, à enduit crémeux, occupant surtout la pointe et les bords, entourées d'une auréole inflammatoire, provoquant de la douleur pendant la mastication; on trouve des ulcérations analogues sur les lèvres, le palais, les joues; elles s'accompagnent souvent de troubles gastriques et fébriles.

Traitement. — Lavages fréquents avec l'eau boriquée, l'eau bicarbonatée (3 p. 100), l'eau chloralée (1 p. 100); brossage des dents; toucher légèrement les ulcérations avec la teinture d'iode, le crayon de nitrate d'argent; collutoires au borax, au chlorate de potasse. Formules de collutoires :

Chlorate de potasse....	5 gr.	Chlorure de chaux....	3 gr.
Miel....	15 —	Miel....	20 —
Mêler.		Mêler.	
Borate de soude.... }	àà 10 gr.	Bicarbonate de soude..	5 gr.
Miel.... }		Miel....	20 —
Mêler.		Mêler.	

Résorcine....	2 grammes.
Salol....	2 —
Glycérine....	15 —
Miel rosat....	15 —

Proscrire les mets irritants, les épices, l'alcool, le café, le tabac. Purger le malade. Laxatifs légers.

TUBERCULOSE LINGUALE

Symptômes. — 1° *L'ulcération tuberculeuse* commence par un certain nombre de tubercules miliaires qui s'ulcèrent, formant une ulcération peu profonde, à bords bleuâtres, entourée de **points jaunes**. Le fond est irrégulier, « **raviné** ». Il n'y a pas d'induration. Bords taillés à pic. Douleur vive à la surface et sur les bords. Salivation. Dysphagie. Coexistence fréquente d'une adénite tuberculeuse du cou, de la tuberculose pulmonaire et d'ulcérations semblables sur les joues, le pharynx.

2° *Le lupus de la langue* coexiste avec le lupus de la face.

3° *L'abcès froid* commence par une collection sous-muqueuse qui devient fistuleuse, présente un trajet à bords décollés et un fond bourgeonnant.

Traitement. — 1° **Général.** — Antituberculeux.

2° **Local.** — Enlever au bistouri les ulcérations peu étendues. *Si elles sont larges*, les cautériser profondément avec des pointes fines de thermocautère, ou superficiellement avec une solution concentrée d'acide lactique. Gargarismes fréquents surtout avec l'eau chloralée ou l'eau phéniquée à 1 p. 200, qui sont analgésiantes.

SYPHILIS LINGUALE

Symptômes. — 1° *Le chancre occupe* surtout la pointe et les bords, est unique en général, arrondi ou fissuraire ; pas de surélévation, bords non saillants ; centre creusé en cuiller ; surface lisse, rouge comme la chair musculaire ; induration légère ; douleur souvent provoquée par les aliments ; adénite dure avec un ganglion prédominant ; guérison rapide.

2° *Les plaques muqueuses* sont lisses, non érosives, ou bien ulcéreuses ou hypertrophiques et végétantes ; elles sont douloureuses.

3° *Les gommes* forment d'abord une tumeur saillante, indolente, fluctuante, puis une ulcération profonde, à bords taillés à pic, à fond bourbillonneux ; souvent orifices multiples ; pas d'adénite ; pas de douleurs spontanées.

4° *La sclérose linguale* provoque une induration de l'organe, soit superficielle, soit profonde ; dans ce dernier cas, la surface est creusée de sillons séparés par des mamelons (**langue ficelée, langue paquetée**) ; ulcérations superficielles.

Traitement. — 1° **Général.** — Nul, contre le chancre ; mercuriel, contre les plaques ; mixte, contre les gommes et la sclérose.

2° **Local.** — Limer et soigner les dents ; lavages fréquents avec les liquides habituels.

ACTINOMYCOSE LINGUALE

Symptômes. — D'abord tumeur intralinguale qui s'ulcère ; ulcération banale, ressemblant à la gomme syphilitique et au cancer ; le diagnostic se base sur la recherche des grains jaunes caractéristiques et les filaments mycéliens.

Traitement. — Iodure, à la dose de 4 à 6 grammes par jour.

STOMATITE DIPHTÉRIQUE

(*Voir* : *Diphtérie*).

STOMATITE MERCURIELLE

Symptômes. — Elle survient surtout à l'occasion du traitement mercuriel de la syphilis ; elle peut consister en une gingivite médiane inférieure avec gencive rouge, fongueuse, saignante, avec dents déchaussées, ébranlées, avec douleur dans la mastication, saveur métallique, haleine désagréable; on bien les deux gencives sont enflammées, la langue est tuméfiée, excoriée, portant l'empreinte des dents, la salivation abondante, l'haleine est très fétide, la bouche endolorie, le goût perverti ; dans les formes graves, toutes les dents tombent, les ulcérations sont profondes, suivies de cicatrices étendues.

Traitement. — 1° **Préventif.** — Doses convenables de mercure ; arracher les chicots, les racines ; soigner les dents cariées ; brosser les dents matin et soir et après chaque repas ; gargarismes fréquents avec la solution de chlorate de potasse à 3 p. 100.

2° **Curatif.** — Supprimer le mercure ; réaliser une antisepsie buccale très sérieuse. Brossage de la muqueuse buccale avec une brosse douce imbibée d'eau froide et imprégnée de savon :

Savon amygdalin	40 grammes.
Glycérine neutre	25 —
Extrait de ratanhia	àâ 1gr,40
Borate de soude	
Essence d'anis	1gr,50
Essence de menthe	0gr,40

(Queyrat).

3° **Général.** — Chlorate de potasse à l'intérieur.

STOMATITE ULCÉRO-MEMBRANEUSE

Symptômes. — D'abord liséré grisâtre autour des grosses molaires de la gencive inférieure gauche ; puis ulcération en croissant à bords rouges, couverte d'un enduit sanieux, adhérent. Les ulcérations s'étendent à la joue, à la langue, à la voûte palatine, aux amygdales, jamais au pharynx. Haleine très fétide, salivation, adénite sous-maxillaire, douleur spontanée et à la mastication. Fièvre, adynamie, malaise, courbature. Mal soignée, elle peut se compliquer de noma, d'adéno-phlegmons du cou. — On l'observe souvent sous forme épidémique.

Traitement. — Lavages fréquents ; déterger les ulcérations avec des tampons ouatés ; les toucher ensuite avec de la teinture d'iode, du nitrate d'argent faible. Le bleu de méthylène chimiquement pur est le remède de choix (Vincent). Soutenir l'état général. Surtout alimenter les malades.

STOMATITE GANGRENEUSE. — NOMA

Symptômes. — Elle succède toujours à une affection débilitante et n'est jamais primitive. Début sur la muqueuse des gencives et des joues d'un seul côté par une plaque rouge couverte de phlyctènes qui laissent une ulcération couverte de putrilage noirâtre : dents déchaussées, ébranlées ; maxillaire nécrosé par places ; gonflement œdémateux des tissus voisins ; haleine infecte ; salivation intense, fétide, colorée de sanies. Sur la peau de la joue, apparaît une escarre violacée qui se détache en 8 à 10 jours et laisse une perforation communiquant avec la bouche. Pâleur, teint plombé ; fièvre intense, pouls rapide, prostration, diarrhée fétide. Mort possible ou guérison.

Traitement. — 1° **Local.** — Lavages fréquents ; cautériser profondément le foyer gangréneux au thermocautère.

2° **Général.** — Il faut surtout nourrir les malades ; si la déglutition est impossible, introduire une sonde par le nez et l'œsophage et les alimenter par ce moyen. Injections sous-cutanées de sérum.

MUGUET

Symptômes. — Au début, chaleur dans la bouche, soif vive, langue rouge, luisante, desquamée. Puis piqueté blanc sur le dos et les bords de la langue, qui devient confluent, crémeux, envahit les joues, les lèvres, le palais, adhère fortement à la langue. Dysphagie intense, agitation, abattement, amaigrissement.

Pronostic grave, car il survient chez les cachectiques.

Traitement. — 1° **Général.** — Toniques, stimulants.

2° **Local.** — Lavages fréquents avec l'eau bicarbonatée à 3 p. 100, surtout après chaque prise de lait. Collutoires alcalins au borax et au bicarbonate de soude.

Enlever avec un tampon l'enduit blanchâtre. Attouchements légers avec un tampon imbibé de liqueur de van Swieten.

MALADIES DE LA LUETTE

EXCISION DE LA LUETTE

Lorsque la luette est trop longue, elle irrite constamment la base de la langue.

Traitement. — Pour l'enlever, on fait ouvrir fortement la bouche, on saisit la luette à son extrémité libre avec une pince et d'un coup de ciseau on la coupe à la base; faire gargariser avec de l'eau froide.

BIFIDITÉ DE LA LUETTE

Malformation congénitale qui peut provoquer des troubles de la déglutition et de la phonation.

Traitement. — Il suffit d'aviver les bords en regard de la luette et de les suturer.

DIVISION DU VOILE DU PALAIS

Symptômes. — Malformation congénitale. Le voile et la luette sont divisés. Voix nasonnée. Reflux des liquides par le nez pendant la déglutition.

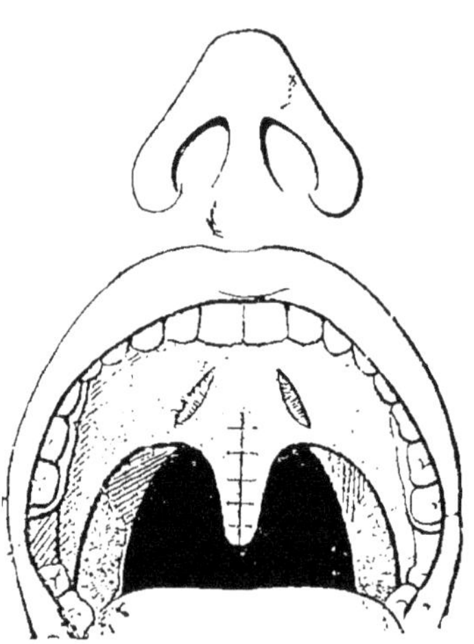

Fig. 18. — Staphylorrhaphie. Suture après sections musculaires de Sédillot.

Traitement. — **Staphylorrhaphie.** — Placer l'ouvre-bouche latéral. Saisir chaque moitié du voile avec une pince ou avec un fil gros et long qu'on amène hors de la bouche et qui sert à les tendre (fig. 18). Aviver les bords du voile et de la luette sur toute leur largeur. Si on ne peut les rapprocher facilement, faire sur le voile lui-même, à 10 ou 20 millimètres de la fissure, une incision oblique en dehors, longue de 15 millimètres, qui coupe la membrane du voile (Sédillot); on peut aussi couper les deux piliers en travers avec des ciseaux. Il faut que les bords se juxtaposent facilement, sans tiraillement. Passer les crins de Florence avec une aiguille de Reverdin, une aiguille courbe de Trélat, une aiguille articulée de Le Dentu ; ils doivent se correspondre exactement des deux côtés, être distants de 5 millimètres environ et modérément serrés. Lavages fréquents de la bouche avec de l'eau oxygènée ou un antiseptique faible quelconque. Le 6e jour, on enlève les fils.

PERFORATION DE LA VOUTE PALATINE

Symptômes. — 1° **Fonctionnels.** — Voix nasonnée ; reflux des liquides dans les fosses nasales.

2° **Physiques.** — Perforation de siège, forme, étendue variables, selon qu'elle succède à un traumatisme, à une nécrose tuberculeuse ou syphilitique, ou qu'elle est congénitale.

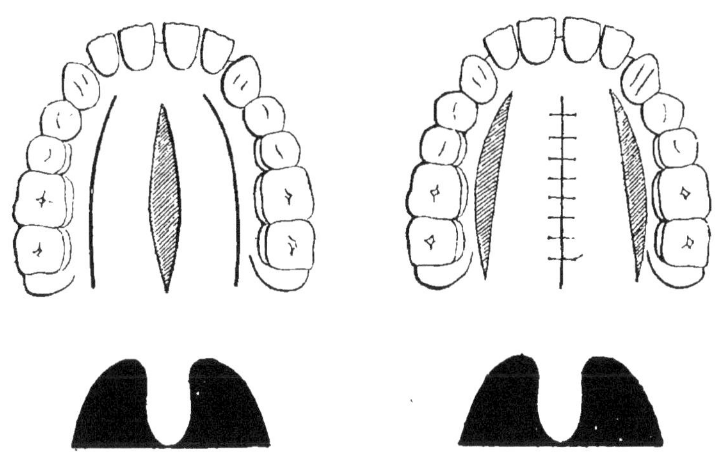

Fig. 19. — Uranoplastie avant la suture.

Fig. 20. — Uranoplastie après la suture.

Traitement. 1° **Palliatif.** — Appareils prothétiques qui bouchent la perforation et prennent appui sur les dents supérieures.

2° **Curatif.** — Uranoplastie.

Technique de l'uranoplastie. — Endormir le malade. Ouvre-bouche latéral ; mettre le sujet dans la position de Rose, la tête tombant sur le bord de la table et fortement étendu pour empêcher la chute du sang dans le larynx. Aviver les bords de la fente palatine. Pour mobiliser la muqueuse palatine, faire de chaque côté une incision plus longue que la fissure en avant et en arrière (fig. 19 et 20), allant jusqu'à l'os, au ras du bord alvéolaire, pour que les artères palatines soient dans le lambeau, assurent sa nutrition, empêchent sa nécrose. Détacher le lambeau avec un grattoir de Langenbek, en rasant le squelette pour prendre toute la périosto-muqueuse. Lorsque les lambeaux flottent et viennent librement au contact, les suturer par des crins de Florence. Soins consécutifs comme pour la staphylorraphie.

Urano-staphylorrhaphie. — Lorsqu'il y a fissure concomitante du voile et du palais, on associe les deux opérations.

S'il y a en même temps bec-de-lièvre (gueule de loup), on traite celui-ci par une opération préliminaire faite quelques mois auparavant.

FISTULE SALIVAIRE

Symptômes. — A la suite d'accidents, de plaies, une petite ouverture à la joue est le siège d'un écoulement constant qui s'accroît pendant la mastication, et qui irrite la joue.

Traitement. — Aboucher le canal de Sténon dans la bouche, lorsque cela est possible. Faire le cathétérisme du canal par l'orifice fistuleux, incision cutanée parallèle au canal, dissection et isolement du canal ; ponction de la joue au bistouri ; par la brèche on introduit le segment disséqué du canal et on le fixe par deux ou trois points de suture.

Procédé de la ponction. — On enfonce par la fistule un trocart qu'on pousse en avant et en dedans jusqu'à ce qu'il ait perforé la muqueuse jugale. On introduit dans le trajet un drain dont l'extrémité cutanée ne doit pas atteindre l'orifice fistuleux ; ce drain est muni d'un fil sortant seul par l'orifice cutané et fixé à la peau par un collodion. Au bout de quelques semaines, fistulisation de l'orifice buccal et fermeture spontanée de la fistule cutanée.

XII. — MALADIES DU COU

CONTUSIONS DU COU

Les troubles et symptômes varient selon les lésions anatomiques produites.

Fracture du conduit laryngo-trachéal (cartilages thyroïde, cricoïde, os hyoïde).

Symptômes. — S'accompagne de dyspnée intense, tendance à l'asphyxie, troubles de la phonation, de la déglutition, hémoptysie; à la palpation, gonflement du cou, déformation, mobilité anormale, crépitation.

Traitement. — Trachéotomie d'urgence, en cas de troubles asphyxiques graves; laisser ensuite la consolidation se faire. On est autorisé à intervenir chirurgicalement, en cas de déviation des fragments, pour les remettre et les suturer en bonne position.

Contusion de la région sterno-mastoïdienne. — Elle provoque un épanchement notable dans la gaine du muscle et un torticolis symptomatique.

Traitement. — Guérison par le repos.

PLAIES DU COU

Les plaies superficielles offrent peu d'intérêt; grâce à l'asepsie et à l'antisepsie,elles guérissent rapidement sans complication.

Les plaies profondes sont plus graves.

1° **Plaie de la région sus-hyoïdienne.** — ***Symptômes.*** — Plaie béante; les boissons, la salive coulent dans la plaie, phonation difficile; hémorragie assez abondante.

Traitement. — Lier les vaisseaux qui saignent. Suturer les lèvres de la muqueuse buccale, lorsqu'elle a été intéressée et suturer à eux-mêmes les muscles de la langue; drainer et suturer partiellement la peau; — *s'il se produit une fistule salivaire*, elle dure peu.

2° **Plaie laryngo-trachéale.** — *Symptômes.* — Une plaie par instrument piquant (fleuret) donne peu de troubles ; — par instrument tranchant (rasoir), on voit l'air sortir par la plaie dans l'expiration : phonation abolie ou conservée, selon que la plaie siège au-dessous ou au-dessus des cordes vocales, hémorragie variable ; emphysème sous-cutané.

Traitement. — Il faut agrandir la plaie transversale, lorsque cela est nécessaire pour bien voir. Lier les vaisseaux ; suturer les plaies du corps thyroïde, qui existent fréquemment. Les plaies du conduit laryngo-trachéal doivent être suturées immédiatement, quel que soit leur siège.

Si l'œsophage est intéressé en même temps que le larynx, il faut suturer sa plaie avec grand soin.

3° **Plaie des vaisseaux du cou.** — *Symptômes.* — Ce sont ceux de toute hémorragie qui est saccadée, abondante, qui donne du sang rutilant, lorsqu'une artère est blessée, et qui se fait en bavant, avec sang noir, lorsqu'une veine est atteinte. La mort est fréquente.

Traitement. — Intervenir immédiatement. Agrandir la plaie par une large incision. Aller droit à l'origine du sang et lier le vaisseau qui donne.

S'il s'agit d'une plaie transversale d'un gros vaisseau, lier les deux bouts pour éviter l'hémorragie.

Si la plaie n'intéresse qu'une partie du vaisseau (grosse artère ou grosse veine), surtout si elle est longitudinale et sans perte de substance, essayer la suture latérale du vaisseau qui, dans ces derniers temps, a donné d'excellents résultats aux chirurgiens.

SUPPURATIONS DU COU

Les suppurations superficielles sont rares ; les suivantes, qui sont profondes, sont plus intéressantes.

Symptômes. — **Adéno-phlegmon sous-maxillaire.** — Gonflement limité par le bord inférieur du maxillaire, l'os hyoïde, le sterno-mastoïdien ; dur ; sans changement de la peau d'abord ; puis (6e jour) peau rouge, fluctuation et finalement ouverture à la peau.

Adéno-phlegmon sous-angulo-maxillaire. — Il est, sous l'angle de la mâchoire, lié à l'évolution de la dent de sagesse ;

gêne la mastication, la phonation, la déglutition; trismus.

Adéno-phlegmon sus-hyoïdien médian. — Il succède à une lésion de la lèvre inférieure en général.

Adéno-phlegmon dans la gaine du sterno-mastoïdien. — Il est fusiforme et allongé suivant la direction de ce muscle.

Adéno-phlegmon sous-sterno-mastoïdien. — Empâtement de tout un côté du cou, profond, sans fluctuation, avec œdème de la peau sans rougeur; dyspnée, dysphagie, dysphonie. Le pus fuse vers l'aisselle, vers le médiastin, vers la trachée ou l'œsophage, vers la peau. Etat général grave.

Phlegmons diffus du cou. — Ils succèdent à un mal de gorge, à une lésion buccale ou pharyngée; d'abord adéno-phlegmon unilatéral sous-maxillaire, puis œdème diffus bilatéral. Dyspnée intense, dysphagie, dysphonie. Troubles de compression des veines et des nerfs du cou. Fièvre intense, état général infectieux. Le phlegmon s'accompagne souvent de gangrène plus ou moins étendue des tissus et téguments du cou. La mort est très fréquente.

Traitement. — De tous les moyens médicaux, il n'y a à conserver que les lavages fréquents de la bouche et du pharynx, le pansement du tégument extérieur, lorsque le point de départ de l'infection est à leur niveau. Les cataplasmes antiseptiques très chauds peuvent faire rétrocéder quelques inflammations bénignes.

L'**incision au bistouri** convient à presque tous les cas. Elle doit être précoce. *Ne pas attendre la fluctuation.*

Règles générales. — Lignes où le bistouri n'offre pas de danger (Gray-Croly) : raphé médian du cou, bord postérieur du sterno, bord inférieur du maxillaire inférieur. — Lignes où le bistouri est dangereux : bord antérieur du sterno, ligne allant de l'angle du maxillaire au milieu de la clavicule.

Règles particulières. ABCÈS SUPERFICIEL. — Se servir de la petite pointe du bistouri.

ABCÈS SOUS-MAXILLAIRE. — Incision parallèle au bord inférieur du maxillaire et sous lui.

Quand la peau est incisée, chercher le pus avec la pointe de la sonde cannelée; drainer la poche.

Si on ne trouve pas de pus collecté, empêcher par un drain que la peau ne se referme.

Pour les autres suppurations limitées, agir de même : incision cutanée sur la partie culminante de la tumeur; recherche du pus avec la sonde cannelée ; drainage et lavage.

PHLEGMON DIFFUS. — Pratiquer la trachéotomie ou le tubage, *si l'asphyxie est menaçante*. Incisions multiples, en évitant les lignes dangereuses.

THYROÏDITE SUPPURÉE

Symptômes.— Tumeur ayant la forme du corps thyroïde, douloureuse, bilatérale ou unilatérale, recouverte par la peau saine; dyspnée, dysphagie; fièvre; à l'empâtement profond succède la fluctuation.

Traitement. — Incision franche de la collection.

PAROTIDITES

Symptômes. — Gonflement de la région parotidienne, avec rougeur de la peau, chaleur, douleur : empâtement et gêne pour ouvrir la mâchoire. Fièvre. État infectieux. La parotidite est rarement primitive; elle succède généralement à une infection buccale, transmise à la parotide par le canal de Sténon. Elle complique toujours la maladie qu'elle accompagne (fièvre typhoïde, scarlatine, angine, etc.).

Diagnostic. — *Ne pas confondre avec oreillons.*

Traitement. — Au début, fomentations chaudes sur la glande avec antisepsie buccale rigoureuse.

Expression de la glande comme pour un abcès du sein; les pressions sur la glande font sourdre du pus par le canal de Sténon, l'expression souvent répétée peut suffire à guérir la parotidite d'origine canaliculaire.

Si l'empâtement persiste, ponctions multiples avec un ténotome pour éviter la blessure du facial, ou bien incision rétromaxillaire, chercher le pus, toujours très épais, avec la sonde cannelée. — Drainage, lavage, pansements humides.

ANÉVRYSMES ARTÉRIELS

Symptômes. — Les signes sont ceux des anévrysmes artériels en général (voir *A. poplité*).

Diagnostic. — **Signes différenciels.** — A. DE L'ARTÈRE CAROTIDE. — Il est allongé verticalement; le pouls temporal seul est affaibli et retardé.

A. DE L'ARTÈRE SOUS-CLAVIÈRE. — Il siège en dehors du sterno-mastoïdien, il est allongé transversalement; du même côté, le pouls radial est retardé et affaibli.

A. DU TRONC BRACHIO-CÉPHALIQUE. — Il siège entre les deux sterno, dans la fossette sus-sternale; à droite, le pouls radial et le pouls temporal sont retardés et affaiblis.

Traitement. — C'est celui des anévrysmes en général.

ADÉNOPATHIES CERVICALES

1° **Adénopathie cancéreuse.** — *Symptômes.* — Elle succède à un cancer de voisinage (lèvres, langue, amygdale, parotide, sein, œsophage, etc.). Tumeurs arrondies, multples, très dures, rapidement adhérentes aux organes et à la peau qui finalement s'ulcère.

Complications. — Infection et adénophlegmons; ulcération des vaisseaux du cou et hémorragies.

Traitement. — 1° **Curatif.** — Extirpation complète des ganglions et du cancer causal, lorsque cela est possible. La récidive est fréquente.

2° **Palliatif.** — *Contre l'écoulement ichoreux* et les hémorragies: curetage, compresses imbibées d'eau oxygénée, de la solution d'antipyrine à 1 p. 10, de perchlorure de fer.

Contre les douleurs: emplâtres morphinés; injections sous-cutanées de morphine.

2° **Adénopathie syphilitique.** — *Symptômes.* — *Adénopathie primitive.* — Elle accompagne le chancre des lèvres ou de la langue; ganglions multiples à la région sous-maxillaire, durs, petits, avec un ganglion plus gros, mobiles, indolores, sans aspect inflammatoire, guérissant avec le chancre.

Adénopathie secondaire. — Siège à la nuque.

Adénopathie tertiaire. — Sous forme scléreuse ou gommeuse.

Traitement. — Celui de la syphilis en général.

3° **Adénopathie tuberculeuse.** — *Symptômes.* — Rarement un seul ganglion; généralement pléiade de ganglions, siégeant devant l'oreille, sous l'angle de la mâchoire, sous le maxillaire, le long de la carotide; elle est plus souvent bilatérale;

ganglions mobiles et séparés, ou adhérents les uns aux autres, aux organes et à la peau; consistance inégale, points durs, à côté de points fluctuants. Les ganglions peuvent *suppurer*, s'ouvrir à la peau, donner des fistules, d'où coule un liquide grumeleux.

Traitement. — 1° **Les ganglions sont crus, durs.** — S'abstenir de toute intervention, surtout des injections interstitielles avec le chlorure de zinc, la teinture d'iode, l'huile créosotée, etc. Instituer un bon régime général; vie au grand air, à la mer, repos, suralimention, huile de foie de morue.

Si, après quelques mois, les ganglions augmentent, au lieu de rétrocéder, pratiquer l'extirpation totale.

2° **Les ganglions sont caséeux.** — Ponctionner la collection, l'évacuer, la remplacer par du thymol camphré ou de l'éther iodoformé. Veiller à ne pas produire une fistule.

3° **Les ganglions sont fistuleux.** — Pratiquer l'extirpation non seulement des ganglions fistuleux, mais encore celle des ganglions voisins crus ou caséeux.

Il est rare d'obtenir la guérison par de simples injections modificatrices dans les trajets.

4° **Adénopathie chronique non tuberculeuse.** — ***Symptômes.*** — Tous les caractères objectifs de l'adénopathie tuberculeuse. Cependant les ganglions ne suppurent pas et ne se fistulisent pas; inoculés au cobaye, ils ne le rendent pas tuberculeux. On trouve souvent la cause de ces adénites : chicots, gingivite chronique, ulcérations banales de la gorge, de la bouche, angines à répétition, plaies rebelles du cuir chevelu, etc.

Traitement. — Guérir l'ulcération causale. L'adénite ne réclame aucun traitement propre.

5° **Lymphadénome** (Voir : *Lymphadénie*).

6° **Lymphosarcome.** — ***Symptômes.*** — Un ganglion grossit, adhère aux organes voisins, à la peau et l'ulcère.

Il se comporte comme une tumeur maligne.

Traitement. — Ablation précoce. Radiothérapie.

LIPOMES DU COU

Symptômes. — Tumeurs lobulées, molles, quelquefois rénitentes et donnant une fausse sensation de fluctuation. Les lipomes sont *limités* et encapsulés, ou *diffus*. Verneuil a décrit des *pseudo-lipomes* du creux sus-claviculaire, amas de graisse qui se forme chez les femmes âgées et arthritiques.

Traitement. — Enlever les lipomes encapsulés et respecter les autres.

KYSTES SÉREUX DU COU

Symptômes. — Ils sont congénitaux et constatés à la naissance ou peu après. Ils occupent les régions sous-maxillaire ou sus-claviculaire, ou sterno-mastoïdienne. La tumeur est de volume variable, à surface lisse ou bosselée, dure ou rénitente, irréductible, reliée à la profondeur par un pédicule, qui va vers la langue, vers la colonne vertébrale, vers le médiastin.

Il peut exister des **troubles de compression** divers, qui causent la mort, en raison de l'évolution progressive de la tumeur.

Traitement. — Le meilleur est l'extirpation radicale : on devra la pratiquer à la fin de la première année, à moins d'y être forcé plus tôt; elle est souvent rendue difficile par les prolongements profonds de la tumeur.

Si elle est impraticable, essayer la ponction simple ou la ponction suivie de l'injection de quelques gouttes de teinture d'iode.

ABCÈS FROID

Symptômes. — Il est quelquefois d'origine ganglionnaire; plus souvent il provient d'une ostéite vertébrale ou d'une arthrite sous-occipitale. Tumeur liquide, rénitente, située dans le creux sus-claviculaire, indolore, irréductible, à marche lente, qui finit par adhérer à la peau et l'ulcérer, avec écoulement de liquide séreux et grumeleux.

Traitement. — Celui des abcès froids en général.

GOITRE

Symptômes. — 1° **Physiques.** — Tumeur à la partie antérieure et moyenne du cou, développée graduellement, de forme variable, selon que l'hypertrophie occupe tout le corps thyroïde (forme en croissant), ou une partie seulement. Tumeur élastique (goitre charnu) ou rénitente (goitre kystique), indolore; siège de battements (goitre vasculaire); non transparente à l'éclairage oblique; sans modification de la couleur de la peau; elle suit le larynx dans ses mouvements.

2° **Fonctionnels.** — Nuls, si le goitre est petit; considérables,

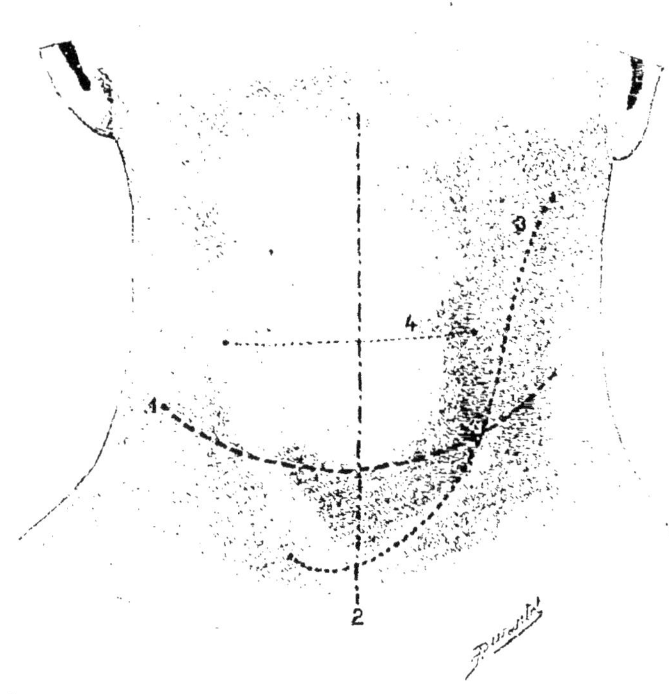

Fig. 21. — Incisions utilisées dans les opérations thyroïdiennes : 1, incision en cravate (*Kragenschnitt*) de Kocher ; 2, incision verticale médiane; 3, incision oblique le long du bord antérieur du sterno-mastoïdien, avec un prolongement parallèle à la clavicule opposée; 4, incision horizontale, combinée d'ordinaire avec l'incision verticale médiane, dans les cas de tumeurs volumineuses (Bérard).

si le goitre est volumineux ou mal placé (goitre rétro-sternal, goitre constricteur, goitre rétro-trachéal). Troubles de la voix (voix goitreuse), dyspnée, dysphagie, congestion veineuse de la face et dilatation des veines du cou, compressions nerveuses.

3° **Généraux.** — Troubles de myxœdème dans certains cas.

Traitement. — 1° **Médication iodée.** — Contre les goitres récents et mous, contre les poussées liées à la menstruation et à l'accouchement : teinture d'iode, 2 à 10 gouttes par jour; iodure de potassium, 5 centigrammes à 2 grammes, iodure d'amidon, 1 gramme. Interrompre le traitement, pendant une semaine, tous les 15 jours.

2° **Médication thyroïdienne.** — Tous les jours, 50 centigrammes de corps thyroïde frais de mouton ou de veau (glande du cornet). Bons résultats, mais inconstants.

3° **Traitement chirurgical.** — Incision cutanée en cravate (fig. 21) : hémostase minutieuse des différents plans, thyroïdectomie partielle sous-capsulaire. Laisser une portion suffisante de glande pour éviter les accidents, tels que mort rapide, tétanie, myxœdème.

On peut opérer *sous anesthésie locale.*

Dans les goitres plongeants, amenant la suffocation, extériorisation de la tumeur qu'on recouvre d'un simple pansement; ablation consécutive.

Ne jamais pratiquer dans un goitre d'injections interstitielles.

CANCER THYROÏDIEN

Symptômes. — Au début, aspect du goitre. Puis accroissement progressif, adhérences aux organes et à la peau; adénopathie; irradiations douloureuses : troubles de sténose trachéale, œsophagienne.

Traitement. — Extirpation totale, lorsqu'elle est possible, alimentation thyroïdienne pré- et post-opératoire.

Dans le cas contraire parer aux accidents dyspnéiques par la trachéotomie.

HYPERTROPHIE DU THYMUS

Symptômes. — Chez les nourrissons, stridor continu, dypsnée avec exacerbations paroxystiques; quelquefois dysphagie par compression de l'œsophage. Mort subite, en particulier si on porte la tête en hyperextension.

Les signes physiques sont peu nets en général : voussure de la région, matité rétro-sternale; perception d'une masse mollasse vers la fourchette sternale mobile avec la respiration.

Traitement. — *Uniquement chirurgical* : Incision médiane, verticale, longue de 4 centimètres ; on incise l'aponévrose cervicale superficielle, on récline les sterno-mastoïdiens, on tombe dans l'interstice des muscles sterno-thyroïdiens derrière lesquels est une lame conjonctive à travers laquelle on voit le thymus monter et descendre derrière le manubrium sternal ; dès que la capsule thymique est incisée, on énuclée facilement la glande. Suture des plans sans drainage.

Si la thymectomie est impossible, se contenter de la résection du manubrium sternal : opération palliative, parant aux accidents de suffocation.

TORTICOLIS AIGU RHUMATISMAL

Symptômes. — Douleur brusque sur un côté du cou ; la tête est penchée de ce côté, tournée vers l'autre ; tête et cou sont immobilisés ; douleur à la pression ; apyrexie, guérison en quelques jours ou passage à la chronicité.

Traitement. — Révulsifs ordinaires ; liniments calmants et révulsifs ; baume Opodeldoch, baume tranquille et chloroforme ; liniment ammoniacal ; cataplasmes chauds sur les muscles endoloris ; frictions avec la pommade camphrée, l'essence de térébenthine ; pansement ouaté. De bonne heure, massage, mobilisation, électrisation des muscles antagonistes. Essayer dès le début le traitement salicylé.

TORTICOLIS CHRONIQUE

Symptômes. — Tête inclinée, à droite le plus souvent, menton tourné de l'autre côté. Rétraction du sterno, qui forme une corde quand on redresse la tête. Hémiatrophie faciale. Déviation de la colonne vertébrale dorsale. Il peut y avoir diminution de l'intelligence par hémiatrophie du crâne et du cerveau.

La rétraction peut siéger en dehors du muscle sterno-mastoïdien. Dans ces cas, l'attitude de la tête est différente.

Dans le *torticolis spasmodique*, la déviation n'existe que par accès, survenant à intervalles variables et durant quelques minutes.

Traitement. — 1° *Torticolis permanent.* — Ténotomie des muscles rétractés et immobilisation dans un appareil plâtré, placé en bonne attitude.

2° *Torticolis spasmodique.* — Résection du nerf spinal au dessus du sterno-mastoïdien.

Ténotomie. — 1° A CIEL FERMÉ. — Reconnaître la situation des veines superficielles ; ponctionner avec un bistouri pointu la peau sur le bord interne du muscle, à deux centimètres au

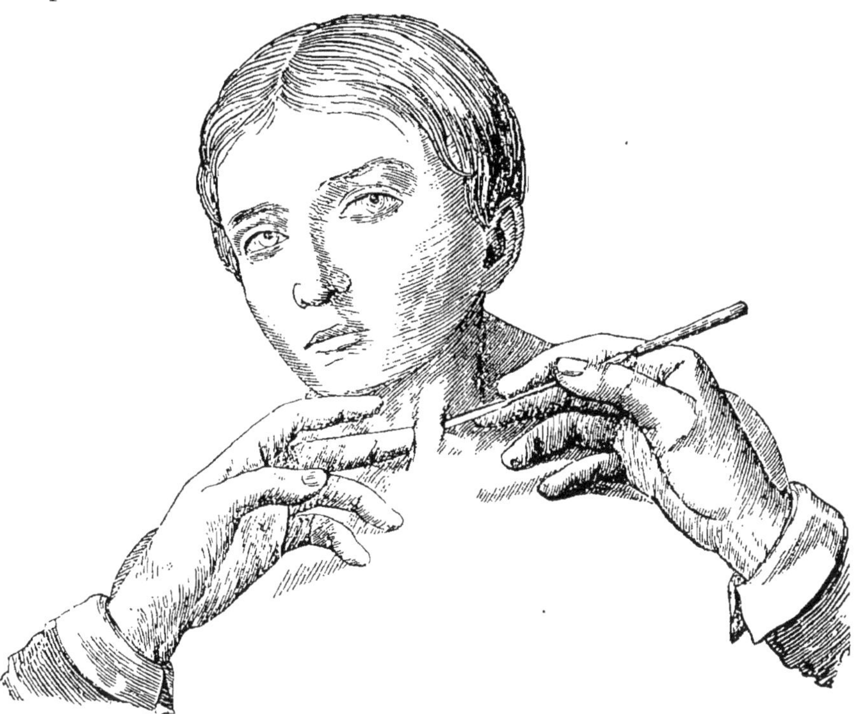

Fig. 22. — Ténotomie.

dessus du sternum, si on veut sectionner le faisceau sternal ; sous le bord externe, si on attaque le faisceau claviculaire. Glisser le ténotome entre la peau et le muscle et agir, de préférence, de la surface vers la profondeur (fig. 22). Il est moins commode de procéder en sens inverse. — *Pour sectionner le tendon*, on tourne le tranchant contre lui et on l'attaque par des mouvements de scie, en même temps qu'un aide redresse la tête et tend le muscle. *Lorsque la section est complète*, une encoche se produit entre les deux chefs séparés du muscle.

Si on veut sectionner les deux faisceaux à la fois, la section portera plus haut, là où ils sont réunis.

2° A CIEL OUVERT. — Incision large; section du muscle. Ce procédé permet de sectionner les brides fibreuses et aponévrotiques s'opposant au redressement parfait.

Dans les deux procédés, pansement aseptique et appareil plâtré immobilisant la tête en bonne attitude.

TUMEURS PAROTIDIENNES

I. — TUMEURS BÉNIGNES.

Symptômes. — Chez un sujet jeune, tumeur à évolution lente, de volume variable, mobile sur la glande, non adhérente à la peau, indolore, sans troubles de compression du facial, sans adénite. Si, à la longue, elle ulcère la peau par étirement, les bords de la plaie n'adhèrent pas à la tumeur; sécrétion peu abondante; état général non altéré.

Traitement. — Extirpation de la tumeur rendue facile par l'absence d'adhérences. L'incision sera horizontale pour éviter la blessure des filets du facial.

II. — TUMEURS MALIGNES.

Symptômes. — Chez un sujet ayant dépassé 40 ans, tumeur à évolution rapide, rapidement adhérente à la peau, à la glande, aux muscles, aux os. Adénite précoce. Douleurs vives, lancinantes.

Paralysie faciale par compression. Santé générale atteinte. A la période d'ulcération, les bords de la plaie sont indurés, éversés, le fond est végétant, donne un liquide ichoreux, est le siège d'hémorragies. La marche est plus rapide dans le **cancer encéphaloïde** ou **mélanique** que dans le **squirrhe atrophique**.

Traitement. — Au début, tenter l'extirpation totale de la glande et des ganglions. A une période avancée, on aura recours exclusivement au traitement palliatif.

XIII. — MALADIES DES YEUX

EXAMEN OPHTALMOSCOPIQUE

Pour qu'il soit praticable, la pupille doit être suffisamment dilatée. Instiller quelques gouttes de collyre (sulfate d'atropine, 0gr,01 ; eau distillée, 20 gr.). Se tenir à 50 centimètres du patient ; disposer la lampe à côté de lui, la flamme à la hau-

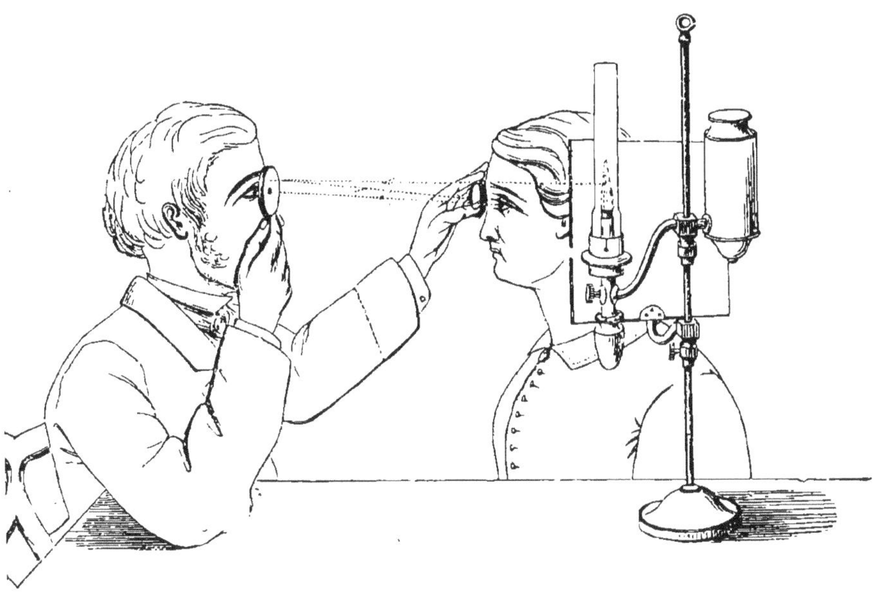

Fig. 23. — Examen ophtalmoscopique.

teur de ses yeux et isolée d'eux par un écran. La lentille biconvexe n° 2 1/4 est tenue de la main gauche, à 6 ou 8 centimètres de l'œil ; la main droite tient le réflecteur; chercher par des tâtonnements la rétine et la papille (fig. 23).

Normalement, la papille apparaît au centre de l'œil, blanc rosée, ovale, à contours irréguliers; de son centre partent des vaisseaux très nets, les veines, plus foncées, plus larges que les artères (fig. 24). La choroïde est parcourue par de nombreux vaisseaux rouges ou rouge saturne, richement anastomosés, très serrés; entre le vaisseaux, pigment uniformément répandu.

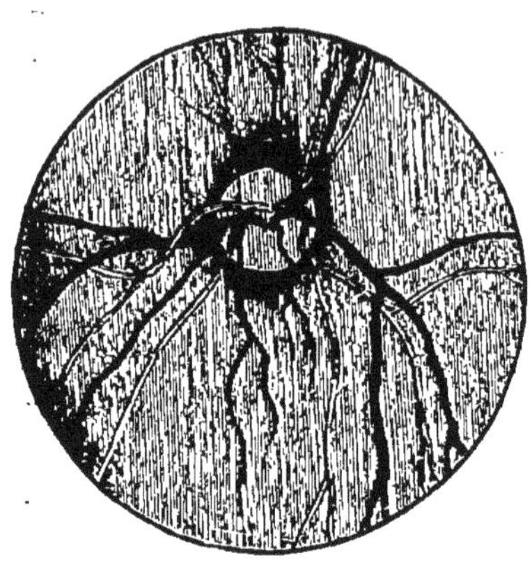

Fig. 24. — Œil normal.

L'examen ainsi pratiqué donne une **image renversée** du fond de l'œil; si on le pratique directement, sans lentille interposée, on a une **image droite.** Enfin, lorsqu'on projette l'image de la lampe, parallèlement à la surface de l'œil, avec une lentille, on a l'**éclairage oblique**, qui sert à l'examen de la cornée, de la chambre antérieure, de l'iris, de la capsule.

ORGELET

Symptômes. — Furoncle du bord libre de la paupière avec œdème de voisinage. L'orgelet finit par s'ouvrir.

Traitement. — Calmer les douleurs par des compresses chaudes, des cataplasmes antiseptiques boriqués; inciser la collection. Prévenir la récidive par des lavages fréquents du bord ciliaire.

CHALAZION

Symptômes. — Tumeur peu volumineuse, développée sur une glande de Meibomius.

Traitement. — Anesthésie locale par la cocaïne en instillation et en injection sous-cutanée. Incision de la tumeur par la face cutanée ou conjonctivale, selon le côté où elle proémine le plus; curetage de la poche; s'abstenir de cautérisations et ne pas perforer le cartilage tarse.

BLÉPHARITE CILIAIRE

Symptômes. — Rougeur et boursouflures des paupières, cils agglutinés le matin. Croûtes, pustules, squames à la base des cils; induration du bord libre des paupières; chute des cils; formation de boutons pustuleux à la base des cils; petits abcès dans l'épaisseur des paupières; ectropion.

Traitement. — Soustraire le malade aux causes d'irritation (lectures, veilles, air vicié, lumière vive, poussières). Traitement arsenical, hydro-minéral.

Enlever les croûtes à l'aide d'eau boriquée chaude; appliquer sur le bord libre des pommades au précipité blanc, 1 p. 30, au bioxyde jaune, 1 p. 40, à l'oxyde de zinc, 1 p. 20.

Applications légères d'eau de Cologne, d'alcool à 60°. Cautériser légèrement les ulcérations avec le crayon de nitrate. Guérir les pustules par l'épilation du bord ciliaire.

Les cils repoussent après guérison de la blépharite.

ENTROPION ET TRICHIASIS

Symptômes. — Renversement en dedans du bord ciliaire; irritation du globe oculaire par les cils.

Traitement. — 1° **Palliatif.** — Épilation.

2° **Curatif.** — Redressement du bord ciliaire (Panas). « C'est un redressement méthodique du bord ciliaire qui vient se couder à angle droit sur son ancien emplacement » (Terson).

ECTROPION

Symptômes. — Éversion des paupières, suivie de kératite, larmoiement.

Traitement. — 1° **Palliatif.** — Incision du canalicule et sondage contre le larmoiement; traitement de la conjonctivite.

2° **Curatif.** — Réfection de la *paupière* (blépharoplastie) par les méthodes italienne, française ou indienne.

TUMEURS ET FISTULES LACRYMALES

Symptômes. — Tumeur au niveau de l'angle interne de l'œil, indolente, pendant longtemps, contenant un liquide muqueux; sécheresse de la narine, larmoiement. Par moments, poussées inflammatoires, avec douleur, tension, rougeur, ulcération de la peau, formation d'une fistule rebelle. Nécrose des os.

Traitement. — *Contre le larmoiement* : dilatation du point et du canalicule avec le stylet ou section du canalicule, sondage du canal lacrymal, pratiqué régulièrement avec des sondes de calibre progressivement croissant.

Contre la blennorrée : dilatation progressive du canal pour effacer les rétrécissements. Antisepsie à l'aide du nitrate d'argent à 1 p. 100 ou 200, du permanganate à 1 p. 1000, du sulfate de zinc à 1 p. 50. Curetage du sac lacrymal par les voies naturelles; incision du sac, curetage par la voie cutanée, cautérisation au thermocautère, curetage des os, lorsqu'ils sont nécrosés. En même temps, empêcher la réinfection par des lavages fréquents de la narine et de la conjonctive.

Contre la tumeur enkystée : la disséquer et l'extirper comme un kyste.

Contre la dacryocystite phlegmoneuse : Incision à la partie culminante de l'abcès par la peau; lavages fréquents; mèches dans l'incision. Après quelques jours, sonder les conduits lacrymaux et panser à plat. Les larmes reprennent rapidement leur cours normal et la suppuration se tarit.

Contre la fistule : cathétérisme par les points, jamais par la fistule; la guérison est la règle. Si elle persiste, détruire la fistule au thermocautère.

Traitement général. — Selon les indications, traitement de la syphilis, de la tuberculose, de l'arthritisme.

CONJONCTIVITES

1° **Conjonctivite catarrhale**. — Elle est oculaire, palpébrale ou bien oculo-palpébrale.

Symptômes. — 1° **Catarrhe aigu**. — Les deux yeux sont atteints en même temps; cuisson vive. Rougeur de la conjonctive, saillie des papilles, aspect chagriné; chémosis séreux et inflammatoire; œdème des paupières. Sécrétion exagérée; accolement des cils par un liquide épais. Les signes s'accentuent le soir.

Complications irido-cornéennes : ulcérations marginales ou annulaires, avec photophobie, sensation de graviers, de corps étrangers; hypopion; perforation cornéenne; synéchies.

Récidives fréquentes. Gravité plus grande chez les adultes.

2° **Catarrhe chronique.** — Sécrétion réduite, limitée à l'angle interne de l'œil, matin et soir. Aspect villeux de la conjonctive; troubles fonctionnels modérés. Elle est liée à des affections des voies lacrymales, des voies nasales, du bord ciliaire, à l'alcoolisme, à certaines professions où l'œil est exposé aux irritations.

Traitement. — 1° **Catarrhe aigu.** — Soustraire le malade aux causes irritantes. Enlever les corps étrangers : deux fois par jour, irrigations antiseptiques tièdes des culs-de-sac avec une canule en verre à extrémité olivaire mousse : eau bouillie simple, eau bouillie boriquée, biiodure d'hydrargyre à 1/20000 Tous les matins, cautérisation au pinceau, les paupières retournées, avec le nitrate d'argent à 1/50; enlever l'excès de caustique avec une solution de sel marin.

Lorsque le catarrhe est moins aigu, une ou deux cautérisations avec le crayon de sulfate de cuivre; projeter après la cautérisation de la poudre de calomel sur la conjonctive (Landolt). Instillations de nitrate d'argent à 1/100.

Lotions avec la solution aqueuse de sous-acétate de plomb liquide (1 gr. p. 100) ou avec les liquides suivants :

Sulfate de cuivre....	0,10 à 0,25	Sublimé	0,0
Eau distillée........	10 gr.	Chlorhydrate d'ammoniaque.........	0,30
		Eau distillée........	180 gr.
Sulfate de zinc......	0,05 à 0,25	Alun................	1 gr.
Teinture d'opium...	X gouttes	Laudanum..........	X gouttes
Eau distillée........	15 gr.	Eau distillée........	100 gr.

S'il y a complication de kératite et d'iritis, on emploiera le collyre au sulfate neutre d'atropine (0,01 pour 10 d'eau), 2 ou 3 fois par jour; ou mieux une instillation biquotidienne de bromhydrate de scopolamine à 1/500 (Terson).

Contre les ulcérations cornéennes, insufflations de poudre d'iodoforme.

2° **Catarrhe chronique.** — Modifier l'hygiène du malade; guérir les affections péri-oculaires causales. Instillations avec le nitrate d'argent à 1 p. 100, l'alun à 1 p. 100, le sulfate de zinc à 1 p. 200, le borate de soude à 3 p. 100.

2° **Conjonctivite purulente blennorragique.** — ***Symp-***

tômes. — *a*) CHEZ LE NOUVEAU-NÉ : peu de jours après la naissance, gonflement des paupières, surtout de la supérieure; chémosis assez considérable; sécrétion purulente assez abondante, amassée sous les paupières, sortant souvent en jet, quand on les écarte, d'où l'indication pour le médecin de prendre des précautions. L'affection est bilatérale, moins maligne que chez

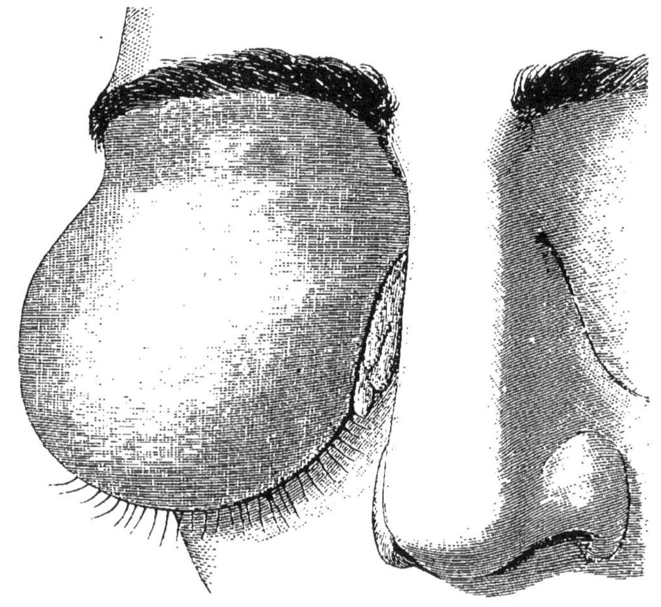

Fig. 25. — Conjonctivite purulente.

l'adulte, suivie généralement de guérison moyennant un traitement convenable.

b) CHEZ L'ADULTE : affection unilatérale en général, plus fréquente à droite. Début par de la chaleur, du picotement, une sensation de sable; rougeur; chémosis rapide et prononcé; conjonctives baignées par un liquide clair; œdème des paupières; allongement de la paupière supérieure (fig. 25). — A la deuxième période, écoulement de séro-pus, chémosis très accentué. L'ulcération de la cornée se traduit par la lourdeur, douleur gravative, malaise, frisson, fièvre; ulcère central, dans les cas graves, suivi de hernie du cristallin, de leucome adhérent, de staphylome, de panophtalmie; ulcère latéral, dans les cas bénins.

Autres complications : abcès sous-conjonctivaux, dacryoadénite.

Traitement. — 1° **Prophylactique**. — Désinfection sérieuse du vagin de la mère avant l'accouchement. Aussitôt après la naissance, essuyer les yeux avec un tampon ; instiller dans l'œil quelques gouttes de nitrate d'argent à 1 p. 200.

2° **Curatif**. — Le traitement est le même chez l'enfant et l'adulte, mais il doit être plus énergique chez ce dernier.

Instillations, 2 fois par jour, avec le nitrate d'argent à 1 p. 30, les paupières étant retournées, débarrassées de leur enduit, et les globes oculaires essuyés ; annuler l'excès de caustique avec la solution de sel marin. Toutes les deux heures, essuyer les conjonctives avec du coton aseptique trempé dans le permanganate de chaux à 1/5000. Quatre fois dans les 24 heures, irrigation d'un demi-litre avec la même solution, employer une canule en verre, éviter de projeter du pus et d'infecter l'entourage. Continuer ce traitement sévère jusqu'à cessation de l'écoulement, pour prévenir des récidives.

Quand l'écoulement est séreux, diluer la solution de nitrate. Sangsues sur les tempes contre la douleur. Cautérisation ignée du chémosis. Compresses froides sur l'œil. Protéger la cornée par du coton hydrophile interposé. Soigner les ulcérations cornéennes par les onctions iodoformées, le bleu d'éthyle, les attouchements au thermocautère ; employer l'ésérine (0,05 pour 15 d'eau) pour prévenir le prolapsus de l'iris. — Protéger le second œil, en le maintenant couvert constamment, surtout pendant la nuit.

3° **Conjonctivite granuleuse**. — *Symptômes*. — Développement, sous la conjonctive supérieure, de granulations acuminées, arrondies, sessiles, veloutées, molles ou dures (fig. 26) ; affection bilatérale.

Complications. — *Pannus* granuleux à la partie supérieure de la cornée ; érosions cornéennes superficielles, hypopion. Entropion et trichiasis. L'affection est souvent contagieuse.

Traitement. — Hygiène, soins de propreté, traitement tonique et antiscrofuleux.

Contre les formes sécrétantes, instillations de nitrate d'argent à 1 p. 50, ou avec le sulfate de cuivre à 1 p. 100. Tenter la destruction des granulations par les scarifications, les cautérisations à la pointe fine du galvanocautère, le hersage, le brossage, le polissage à l'acide borique, l'expression des granulations avec l'étrier de Knapp.

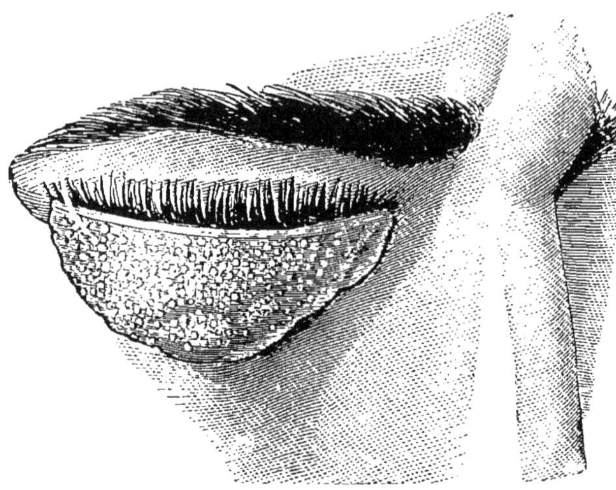

Fig. 26. — Conjonctivite granuleuse.

Contre le pannus, faire **la péritomie**, sectionner la conjonctive bulbaire tout autour du limbe.

Contre le symblépharon, faire la canthoplastie.

PTÉRYGION ET PINGUÉCULA

Symptômes. — Épaississement de la muqueuse conjonctivale ou hypertrophie du tissu cellulaire sous-jacent, à développement lent, produisant une saillie triangulaire dont la base est périphérique, la pointe vers la cornée, sans douleurs ni troubles de la vision, à moins que cette production ne s'étende sur la cornée (fig. 27).

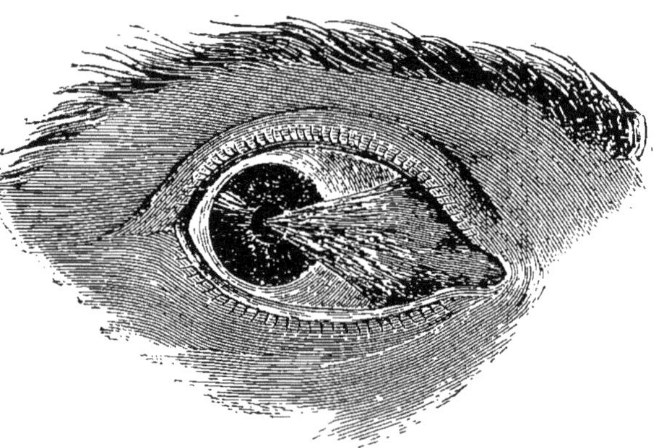

Fig. 27. — Ptérygion.

Traitement. — Avec un bistouri fin, disséquer le ptérygion, gratter l'emplacement, enlever le col d'un coup de ci-

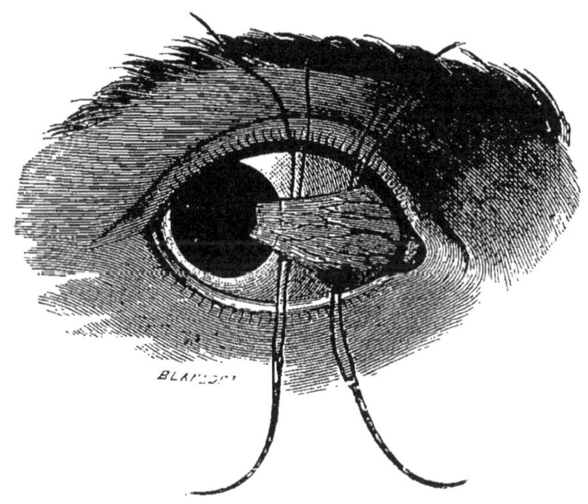

Fig. 28. — Opération du ptérygion.

seau : le corps du ptérygion sert à recouvrir la plaie conjonctivale, à laquelle il est suturé (fig. 28).

ULCÈRES ET ABCÈS DE LA CORNÉE

Symptômes. — Douleurs, hypopion, chémosis, synéchies iritiques ; érosion siégeant en divers points de la cornée, de forme variable, en coup d'ongle, serpigineuse ; infiltration au voisinage de l'ulcération et fusées purulentes.

Traitement. — 1° **De la cause.** — Blépharite, conjonctivite, trichiasis, ectropion, dacryocystite, ozène.

2° **Des ulcères.** — *Cas légers.* — Collyre au violet de méthyle, pommade iodoformée au 10ᵉ, occlusion de l'œil. Compresses chaudes, compresses d'ouate trempées dans l'infusion de camomille chaude.

Cas plus graves. — Injection sous-conjonctivale de 4 à 5 gouttes de sublimé à 1/2000. Lavages fréquents des culs-de-sac conjonctivaux avec l'eau boriquée, avec le biiodure d'hydrargyre. Cautérisation des ulcères avec la pointe fine du thermocautère, superficiellement, en cautérisant surtout par rayonnement. Si l'ulcère ne tend pas à la guérison et s'étend, ouvrir la chambre antérieure pour évacuer l'hypopion; faire l'incision au **limbe**; enlever avec une pince les débris purulents qui ne sortent pas d'emblée. Ésérine contre la hernie de l'iris et l'hypertension. Atropine, avec modération.

KÉRATITES ÉPITHÉLIALES

Symptômes. — **Kératite filamenteuse.** — Filaments sur la cornée, qui se pédiculisent rapidement, puis tombent en laissant une petite ulcération. Pronostic bénin.

Kératite bulleuse. — Phlyctènes sur la cornée, qui s'ulcère et qui montre une surface dépolie, terne, grisâtre, visible à l'éclairage oblique (fig. 29).

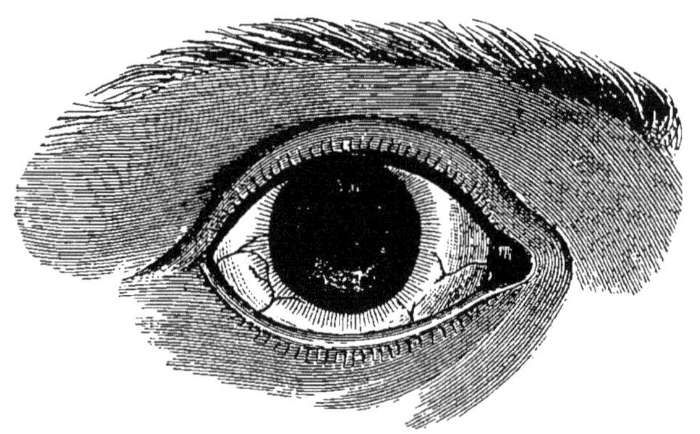

Fig. 29. — Kératite bulleuse.

Traitement. — Ablation des filaments; onctions avec la pommade iodoformée au 10e, instillations de violet de méthyle, instillatons de scopolamine ; dans les cas rebelles, cautérisations au thermocautère. Pas de nitratation.

KÉRATITES PARENCHYMATEUSES

Symptômes. — Début par des nuages grisâtres à la périphérie de la cornée, quelquefois au centre; aspect bleuté-verdâtre, brunâtre, roussâtre ou lardacé. Synéchies iridiennes. Rapidement des vaisseaux partis du limbe envahissent la cornée en pinceaux fins, déliés, parallèles, dirigés vers le centre (fig. 30 et 31). Douleurs peu marquées, photophobie intense, larmoiement. Vue éteinte; douleurs vives, en cas d'iritis.

La transparence de la cornée se rétablit de la périphérie au

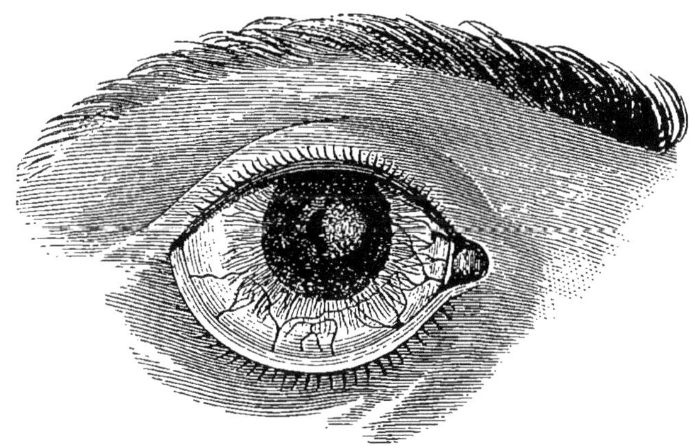

Fig. 30. — Kératite parenchymateuse.

centre et les vaisseaux disparaissent. Il est rare qu'il se fasse une irido-cyclite. Récidives fréquentes.

Traitement. — *Avant la vascularisation.* — Compresses très chaudes sur l'œil, conserves fumées, atropine trois fois par

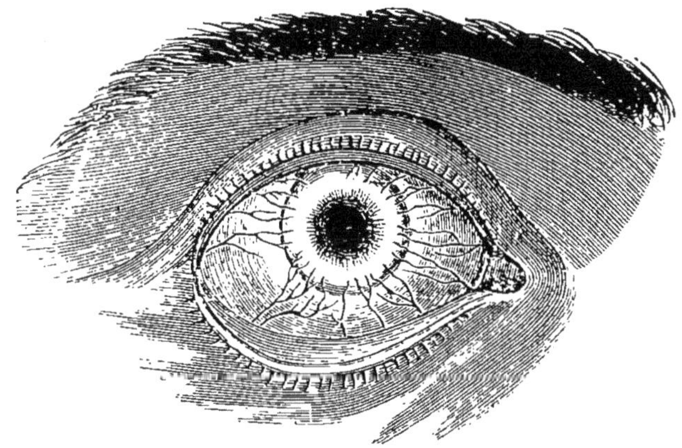

Fig. 31. — Kératite parenchymateuse.

jour. Frictions mercurielles et 2 grammes d'iodure par jour, si la syphilis est en cause.

Pendant la vascularisation. — Cesser les applications chaudes; instillations d'atropine; section de la conjonctive autour du limbe pour inciser les vaisseaux ; en cas d'hypertension, sclérotomie ou paracentèse.

Quand la vascularisation rétrocède. — Pommade au bioxyde jaune, cesser l'iodure. Pour faciliter la résorption des taies, péritomie sanglante ou ignée, injections sous-conjonctivales.

Pendant tout ce temps, traitement interne reconstituant ; quinquina, fer, arsenic, huile de foie de morue.

Le tatouage de la cornée ne sera pratiqué qu'à une période tardive.

LEUCOME

Symptômes. — Opacités non adhérentes : selon leur épaisseur, on les appelle *néphélion*, *albugo*, *leucome*. Eblouissements ou cécité complète. Nystagmus, strabisme, myopie à évolution rapide et troubles du fond de l'œil.

Traitement. — Insufflations de calomel ; massage avec la pommade au bioxyde jaune ; injections sous-conjonctivales ; péritomie. Le tatouage de la tache améliore la vision en faisant disparaître l'éblouissement.

STAPHYLOME

Symptômes. — Petite tumeur cornéenne, souvent consécutive à une adhérence de l'iris à la cornée, limitée ou étendue à toute la cornée, conique ou sphérique, de coloration variable ; il est opaque (fig. 32) ou pellucide (fig. 33), congénital ou acquis.

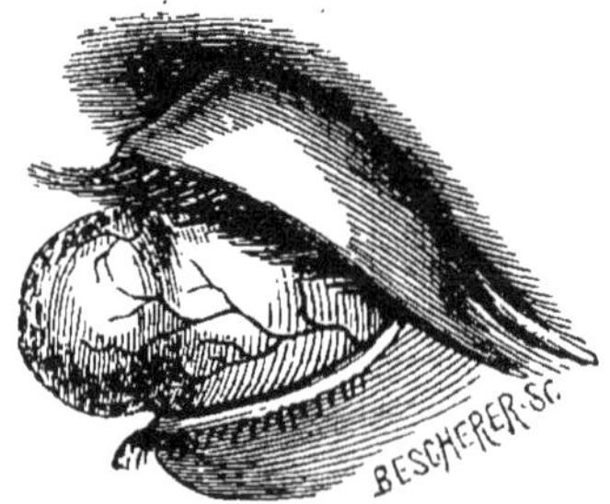

Fig. 32. — Staphylome opaque.

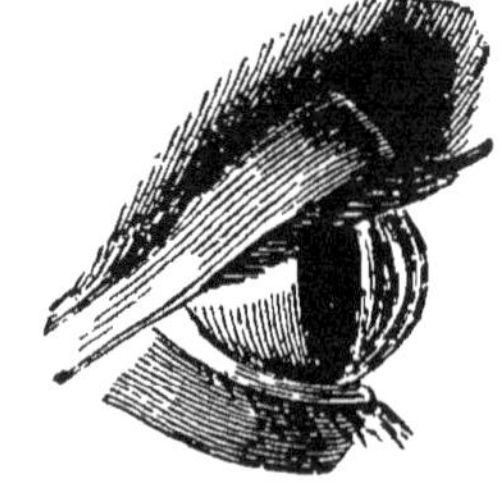
Fig. 33. — Staphylome pellucide.

Traitement. — Pratiquer une iridectomie. Enlever le cristallin, s'il est opacifié (fig. 34).

Après destruction des adhérences iriennes, pratiquer le tatouage et opérer le strabisme.

Résection du staphylome, en suturant les bords de la cornée

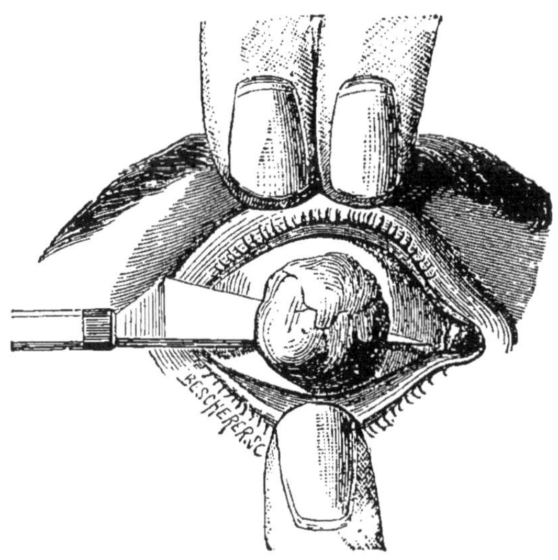

Fig. 34. — Opération du staphylome opaque.

avec des fils de soie, pour éviter l'issue du corps vitré ; enlever même le cristallin. Les fils de soie sont ôtés du 6ᵉ au 8ᵉ jour. Le moignon sert à porter une coque d'émail.

IRITIS, IRIDO-CHOROÏDITES

Symptômes. — 1ᵉʳ **Degré**. — L'éclairage oblique montre la cornée saine; aspect terne de la face antérieure de l'iris, injection périkératique; exsudat louche ou fibrineux dans la chambre antérieure; commencement de synéchies postérieures, iris peu mobile. Troubles de vision légers, photophobie, épiphora; névralgie ciliaire plus vive le soir, blépharospasme.

2ᵉ **Degré**. — Les iris bleus deviennent verdâtres; les iris noirs deviennent jaunâtres; pupille inégale, déformée, rebelle à l'atropine, resserrée; flocons albumineux dans la chambre antérieure; injection périkératique; photophobie; épiphora;

lueurs brillantes; douleurs aiguës, vives, lancinantes, à type hémicranien; insomnie. Ces deux degrés constituent **l'iritis séreuse** ou **aquo-capsulite**.

3e **Degré**. — Exsudat recouvrant l'iris; épanchement sanguin ou purulent dans son épaisseur; pupille inégale, déformée, petite, insensible à l'atropine (**Iritis plastique**).

4° **Iritis syphilitique**. — Survient à la période secondaire, se présente sous la forme séreuse ou plastique, quelquefois sous la forme gommeuse ou avec des granulomes. Cornée souvent trouble.

Terminaison. — Retour à la vision normale. Troubles de la vision par synéchies, par troubles de la réfraction. Glaucome secondaire, opacification du cristallin. Atrophie, suppuration de l'iris, décollement de la rétine.

Traitement. — 1° **Iritis aiguë**. — Collyre au sulfate d'atropine (0,05 p. 15 gr. d'eau), quatre à cinq gouttes par jour.

Contre les douleurs, applications prolongées de gâteaux d'ouate, trempés dans l'eau de camomille très chaude, quatre sangsues à la tempe, frictions avec l'onguent mercuriel belladoné, injections sous-cutanées de morphine. Port de conserves fumées. Bandage ouaté.

2° **Iritis syphilitique**. — Traitement actif de la syphilis secondaire par les frictions mercurielles et surtout les injections sous-cutanées et intra-veineuses.

3° **Iritis blennorragique**. — Balsamiques, térébenthine, salicylate de lithine.

4° **Iritis chronique**. — Détruire les synéchies, lorsqu'elles existent.

CATARACTE

Elle est congénitale ou acquise.

Symptômes. — Amblyopie progressive: mouches fixes; presbytie au début; astigmatisme, myopie, polyopie monoculaire; micropsie. Le **cataracté** marche la tête basse, redoutant la lumière et le soleil contre lesquels il s'abrite par des visières, des lunettes; il voit mieux au crépuscule. L'**amaurotique**, au contraire, cherche la lumière et marche la tête haute.

Variétés. — Examiner successivement avec l'éclairage

oblique, avec l'ophtalmoscope et avec le miroir concave à court foyer de Parent.

1° **Cataractes congénitales.** — **Cataracte laiteuse**, cristallin petit, opacité blanc bleuâtre de la pupille.

Cataracte zonulaire, zone opaque au centre, transparence à la périphérie, vision plus nette dans la demi-obscurité, myopie.

Cataracte pyramidale, opacité centrale en forme de pyramide.

2° **Cataractes acquises.** — **Cataractes dures.** — Elles débutent par une *opacité*, qui s'avance de la partie centrale du noyau cristallinien vers la surface.

Tache grise, verte ou noire, plus opaque au centre, avec longues aiguilles périphériques.

Circonférence du cristallin, restant transparente.

Volume de la cataracte, petit.

Iris, très mobile, non saillant en avant.

Ombre, portée par l'iris, sur la tache, large.

Chambre postérieure, paraissant très grande.

Cercle uvéen, peu ou point visible.

Chambre antérieure, normale.

Vision, meilleure à une lumière peu intense, jamais complètement abolie.

Marche, lente.

Cataractes molles. — L'*opacité* procède de la surface au centre et débute par des *stries*.

Tache d'un blanc bleuâtre, laiteux, quelquefois un peu grisâtre, ou bien encore nacrée et brillante.

Circonférence du cristallin, toujours opaque.

Volume de la cataracte, très grand.

Iris, peu ou point mobile, faisant une forte saillie en avant.

Ombre portée par l'iris, sur la tache, nulle.

Chambre postérieure, paraissant effacée.

Cercle uvéen, très grand et très apparent

Chambre antérieure, diminuée.

Vision abolie tout à fait, quand la cataracte est formée.

Marche, plus rapide.

Cataractes liquides. — L'*opacité* va de la surface vers le centre ; elle est disposée par couches, lorsque l'œil est immobile.

Tache uniforme, laiteuse, quelquefois plus tard jaune.

Circonférence du cristallin, toujours opaque.

Volume de la cataracte, souvent considérable.

Iris, poussé en avant, exécutant quelque fois des oscillations d'avant en arrière.

Ombre, nulle.

Chambre postérieure, effacée.

Cercle uvéen, très apparent.

Chambre antérieure, diminuée.

Vision, abolie.

Marche, très lente.

3° **Cataracte traumatique**. — Affection unilatérale, avec lésions de la cornée, de l'iris, du fond de l'œil.

4° **Variétés étiologiques**. — Rechercher le diabète, l'albuminurie, la phosphaturie, les affections cardiaques, l'athérome, l'hérédité, etc.

Traitement abortif. — Dans le cas de cataracte commençante, lorsque l'acuité visuelle est encore de 1/2, on peut espérer enrayer et guérir l'affection avec les bains d'yeux répétés chaque jour, pendant une demi-heure.

Employer la solution suivante :

Iodure de sodium desséché........	5	grammes.
Chlorure de calcium...............	5	—
Eau distillée......................	400	—

Verser le liquide tiède dans une cuiller à bords caoutchoutés. Durée du traitement : trois à six mois (Dor).

En cas d'échec, intervention chirurgicale.

Traitement. — Soins avant l'opération. — Lavage du nez, s'il y a ozène. Traiter la dacryocystite et n'opérer que lorsqu'elle est guérie. Examiner les urines et en faire disparaître le sucre et l'albumine. Remédier aux troubles cardiaques ou pulmonaires.

Opération. — Si la cataracte est double, opérer chaque côté séparément, à quelques jour d'intervalles.

1er *temps*. — Placer le blépharostat; fixer le globe oculaire avec la pince, placée au point diamétralement opposé à celui où aura lieu l'incision. Ponction avec le couteau de Graefe (fig. 35) dans la sclérotique, à 2 millimètres de la cornée, tranchant en haut; traverser la chambre antérieure; la pointe ressort sur la même ligne horizontale (fig. 36); tirer le couteau en avant et le faire sortir à l'union de la cornée et de la sclérotique.

Fig. 35. — Couteau de De Graefe.

2e *temps*. — Si l'iridectomie est nécessaire, on la pratique aussi petite que possible.

3e *temps*. — La paupière est relevée par un aide. Discision de la capsule au kystitome. Incision de la capsule, verticalement, puis en travers. Retirer à plat le kystitome.

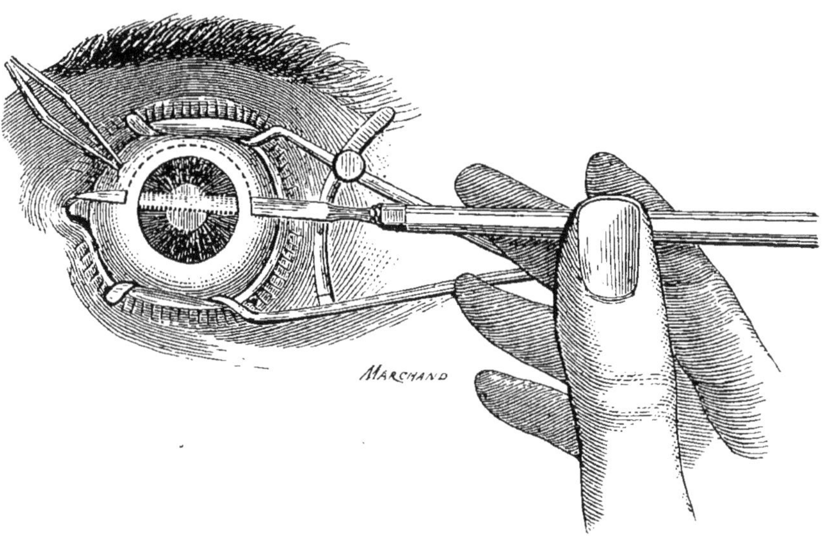

Fig. 36. — Extraction de la cataracte.

4e *temps*. — L'index gauche appuie sur la paupière inférieure et sur le globe oculaire. La main droite fixe la paupière supérieure et presse sur le globe. La pression chasse le cristallin qui s'engage dans la plaie et s'échappe (fig. 37). Enlever les débris des couches corticales avec une fine curette.

Pansement. — S'abstenir de tout lavage de la chambre antérieure. Mettre dans le cul-de-sac un peu de pommade à l'ésérine à 1 p. 200. Recouvrir l'œil d'un gâteau d'ouate hydrophile

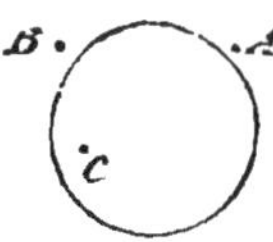

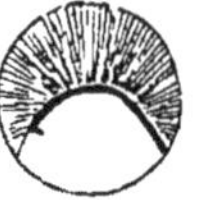

Fig. 37. — Extraction linéaire.

sèche stérilisée, maintenue en place par une bande de flanelle modérément serrée, sans gaze.

AMAUROSE. AMBLYOPIE

Affaiblissement ou perte de la vue, sans qu'il y ait obstacle à l'arrivée des rayons lumineux au fond de l'œil.

Causes. — Elle est d'origine centrale, d'origine périphérique (nerf optique et rétine), ou dépend d'une névrose. Chercher surtout si elle ne dépend pas de l'albuminurie, du diabète, de la syphilis, de l'hystérie.

Diagnostic. — *Ne pas confondre* l'amaurose avec la cataracte.

Cataracte. — 1° *Signes objectifs.* — Le cataracté a une démarche spéciale, il baisse la tête, se cache les yeux, pour intercepter les rayons lumineux et dilater la pupille ; ses yeux ont une direction presque toujours normale.

L'iris se dilate et se contracte bien ; la belladone agit vite sur lui.

Une bougie placée devant l'œil (procédé de Sanson) doit s'y refléter sous la forme de trois images : une droite antérieure, due à la cornée ; une moyenne renversée, produite par la face postérieure du cristallin ; une droite postérieure, due à la face antérieure du cristallin. Si l'une ou l'autre des deux dernières images vient à faire défaut, il existe une cataracte.

L'éclairage oblique fait découvrir les opacités (signe pathognomonique).

2° *Signes subjectifs.* — Le cataracté perd peu à peu la vue, il voit un nuage, un brouillard, une gaze interposés entre l'œil et les objets. L'altération de la vue est proportionnelle à l'opacité.

Le cataracté voit mieux dans une demi-obscurité.

Les objets éclairés semblent, au cataracté, obscurcis et troubles. Il n'est pas rare d'observer de la diplopie monoculaire. Les douleurs orbitaires ou circumorbitaires sont peu intenses.

Amaurose. — 1° L'amaurotique regarde en avant et en haut ; sa tête est immobile, il a l'air hébété ; il y a souvent un léger strabisme, de l'incertitude dans les mouvements oculaires.

La pupille est dilatée et paresseuse ; la belladone ne l'influence que lentement.

En général, les trois images restent nettes.

Absence complète d'opacité, quelquefois couleur jaunâtre, mais qui n'intercepte pas les rayons lumineux.

2° L'amaurose a souvent une attaque brusque ; au lieu de nuages, ce sont des taches noires que voit le malade ; dans l'obscurité, ces taches deviennent lumineuses.

L'amaurotique recherche la lumière.

Les objets éclairés apparaissent irisés, brisés, rayonnants. La diplopie monoculaire est rare.

Les douleurs sont fréquentes dans l'amaurose.

Traitement. — Supprimer la cause : albuminurie, diabète, syphilis.

Traitement de la névrose, lorsqu'il est indiqué, par l'hypnotisation, la suggestion, l'électrisation, la métallothérapie.

CHOROIDITES

Il y en a 3 variétés : 1° séreuse ; 2° plastique ; 3° atrophique.

1° **Choroïdite séreuse.** — ***Symptômes.*** — Les objets paraissent au malade entourés d'un brouillard ; douleurs orbitaires vives, gravatives, lancinantes, irradiées au front, aux pommettes, aux tempes, plus intenses le soir. Hypertension oculaire. Cornée terne et insensible. L'affection a une marche progressive, coupée de crises aiguës qui affaiblissent progressivement la vue. Papille peu mobile, irrégulière ; iris poussé en avant, changé de couleur ; injection périkératique légère. A l'ophtalmoscope, papille trouble, excavée.

Dans la forme chronique, la douleur, les troubles inflammatoires sont atténués ou manquent complètement.

Traitement. — Le traitement général suffit quelquefois : sudation, jaborandi (2 à 4 gr. en infusion), injection de pilocarpine (0,01 p. 20). Iodure de potassium. Sangsues à la tempe ;

injection de morphine *contre les douleurs*. Paracentèse ; iridectomie, *en cas de tension oculaire forte*, pouvant donner lieu à la compression du nerf optique ; atropinisation, conserves fumées.

2° **Choroïdite plastique. Irido-choroïdite.** — *Symptômes.* — Ils débutent tantôt par l'iris, tantôt par la choroïde et s'étendent finalement aux deux organes. Injection périkératique; symptômes d'iritis, synéchies postérieures, pupille peu mobile, exsudations pupillaires, iris bombé en avant. Diminution des dimensions de la chambre antérieure. Cornée terne. Douleurs orbitaires et péri-orbitaires, perte de la vue; abolition des phosphènes; impossibilité d'éclairer le fond de l'œil; ramollissement du globe oculaire.

La *choroïdite syphilitique* affecte souvent cette forme.

Traitement. — Atropinisation. Mercuriaux, iodure.

3° **Choroïdite atrophique.** — *Symptômes.* — Staphylome postérieur. Douleurs ciliaires; photophobie; héméralopie; mouches volantes; myopie progressive. A l'examen, flocons très fins flottant dans l'humeur vitrée. Papille vue comme à travers un nuage. A côté d'elle, taches brillantes, à marche progressivement croissante. Finalement atrophie de l'œil et amblyopie.

Traitement. — Rechercher la *syphilis* et établir un traitement énergique; frictions et injections mercurielles, iodure.

GLAUCOME

Symptômes. — 1° **Glaucome aigu.** — Injection périkératique vive; vaisseaux dilatés sur la sclérotique. Cornée terne, dépolie, insensible. Pupille dilatée. Iris moins brillant. Hypertension oculaire. Examen à l'ophtalmoscope très difficile. Douleurs vives, orbitaires et péri-orbitaires. Vision confuse ou abolie; le champ visuel est surtout rétréci dans sa portion nasale.

2° **Glaucome chronique.** — Les symptômes s'installent lentement. Diminution progressive de la vue, surtout du côté nasal, cercles irisés autour des lumières; pas de douleur, pas de phénomène inflammatoire. A l'examen, milieux transparents normaux, papille pâle, excavée; les vaisseaux faisant sur ses bords des crochets très nets. Tension oculaire variable.

Traitement. — 1° **Glaucome aigu.** — Instillations d'ésérine

0,05 p. 10 gr.), de pilocarpine (0,05 p. 10), trois à cinq fois par jour. Sclérotomie, iridectomie, pratiquées de bonne heure, quand le traitement médical est insuffisant, pour combattre la tension intra-oculaire.

2° **Glaucome chronique**. — Instillations fréquentes de pilocarpine ou d'ésérine à 1/100.

Dans les cas rebelles, sclérotomie ou iridectomie.

RÉTINITES

Cinq variétés principales : 1° hémorragique ; 2° albuminurique ; 3° diabétique ; 4° syphilitique ; 5° pigmentaire.

1° **Rétinite hémorragique**. — *Symptômes*. — Troubles

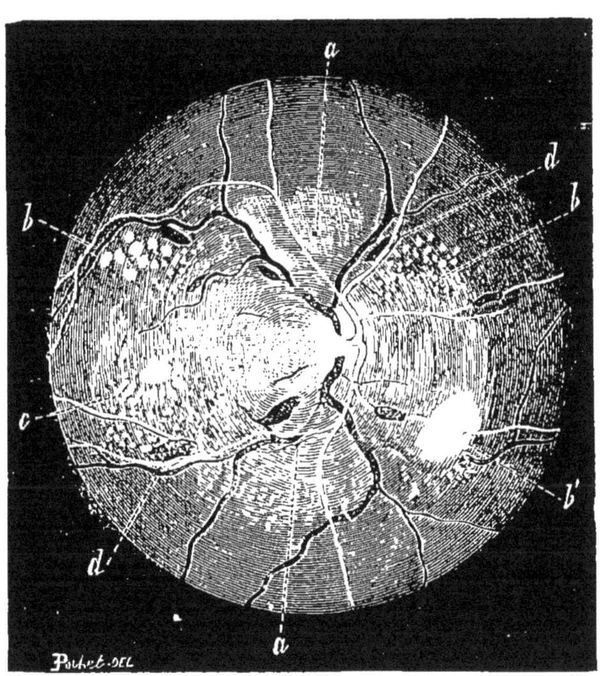

Fig. 38. — Rétinite albuminurique.

aa, infiltration séreuse péripapillaire ; *bbb*, taches blanches exsudatives ; *c*, exsudation caractéristique de la *macula* ; *dd*, hémorragie de la rétine.

variables de la vue, selon l'abondance et le siège de l'hémorragie : rétrécissement du champ visuel, scotomes, cécité, déformation des objets, chromatopsie. A l'ophtalmoscope, les taches hémorragiques apparaissent en pointillé, en flammèches, en plaques, situées au voisinage des vaisseaux, surtout des veines. La résorption du foyer hémorragique se fait lentement, surtout chez les sujets âgés.

Traitement. — S'adresser à la cause générale qui a occasionné l'hémorragie, diabète, albuminurie, cardiopathies, etc. Purgations énergiques, pour prévenir sa reproduction. Ergotine à l'intérieur ou en injections sous-cutanées. Iodure.

2° **Rétinite albuminurique** (fig. 38). — *Symptômes.* — Papille gonflée, à bords indistincts, nuageuse ; taches hémorragiques à aspect strié, au niveau du pôle postérieur de l'œil ; infiltration séreuse péri-papillaire ; sur la macule, irradiations blanchâtres, analogues aux rayons d'une roue de voiture. Lésions bilatérales, à installation lente. Marche insidieuse aboutissant à la perte de la vue.

Traitement. — Celui de l'albuminurie en général.

3° **Rétinite diabétique.** — *Symptômes.* — Taches apoplectiques, exsudats, foyers de dégénérescence, atrophie de la papille.

Traitement. — Général, celui de la glycosurie.

Contre les hémorragies, employer l'ergot de seigle, mais avec prudence, pour éviter les gangrènes.

4° **Rétinite syphilitique.** — *Symptômes.* — Début lent ; vision centrale diminuée : mouches volantes ; cécité variable pour les couleurs ; lésions limitées au pôle postérieur : papille à bords indistincts, recouverte d'opacités grisâtres.

Traitement. — Antisyphilitique énergique, par les frictions et les injections mercurielles.

5° **Rétinite pigmentaire.** — *Symptômes.* — Héméralopie ; rétrécissement concentrique du champ visuel ; taches pigmentaires irrégulières, déchiquetées, dentelées, le long des vaisseaux. Marche chronique.

Traitement. — Éviter le soleil, la lumière vive, la poussière, la fatigue des yeux. Verres fumés. Fer, quinquina, strychnine en collyres ou à l'intérieur.

DÉCOLLEMENT DE LA RÉTINE

Symptômes. — Vue subitement altérée : les objets paraissent brisés, dissociés, contournés. A l'ophtalmoscope, on voit derrière le cristallin une masse grisâtre, jaunâtre, bosselée,

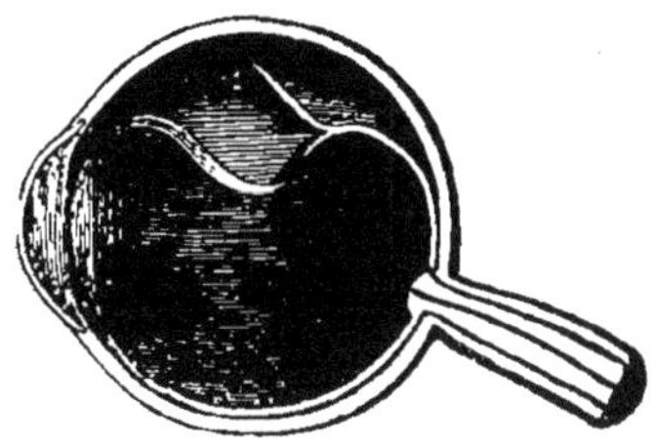

Fig. 39. — Décollement de la rétine.

tremblotante, fluctuante, qui est la rétine décollée (fig. 39); sa surface est plissée, sillonnée de stries noires.

Traitement. — Nul.

EXTRACTION DES CORPS ÉTRANGERS DE L'ŒIL

1° **Corps étrangers de la conjonctive.** — Anesthésie à la cocaïne ou à la novocaïne à 1 p. 10; chez l'enfant, chloroforme. Enlever le corps étranger avec un stylet, un morceau de papier enroulé; si le corps étranger est enclavé dans la muqueuse, employer l'aiguille à corps étrangers, les pinces; au besoin excision aux ciseaux courbes d'un pli de la muqueuse.

Collyre à l'acide borique.

2° **Corps étrangers de la cornée.** — Immobiliser le globe oculaire dans la position qui met le mieux en évidence le corps étranger; s'il est saillant, l'enlever avec des pinces à mors coniques; s'il s'agit d'un corps magnétique, essayer le bâton aimanté ou l'électro-aimant.

Si le corps étranger profondément fiché dans la cornée proémine dans la chambre antérieure, pénétrer dans celle-ci avec un couteau lancéolaire, en évitant la sortie de l'humeur aqueuse et enlever le corps étranger avec une aiguille à cataracte.

Si le corps étranger tombe dans le chambre antérieure, incision au niveau du limbe scléro-cornéen avec le couteau de de Graefe : souvent le corps étranger est entraîné par l'humeur aqueuse, sinon le prendre avec la pince, la curette. Collyre à la pilocarpine ; pansement.

EXENTÉRATION OU CURAGE TOTAL DU GLOBE OCULAIRE

Indications. — Corps étranger intra-oculaire, panophtalmie; hémophtalmos traumatique.

Technique. — Anesthésie générale; désinfection attentive. Dissection de la conjonctive et section de la sclérotique à l'aide d'un couteau à cataracte ou des ciseaux courbes; saisir l'iris avec des pinces et l'arracher; introduire dans la cavité oculaire une curette mousse, expulser le cristallin, le corps vitré, râcler la région ciliaire, la choroïde, la rétine. Irrigation au sublimé; suture partielle des lambeaux de conjonctive.

ÉNUCLÉATION DE L'ŒIL

Technique. — Dissection de la conjonctive et ténotomie des muscles droits chargés sur un crochet à strabisme; les ciseaux rasant la sclérotique sectionnent le nerf optique, les muscles obliques. — Irrigations antiseptiques chaudes pour l'hémostase, suture partielle de la conjonctive.

XIV. — MALADIES DES OREILLES

BOUCHONS DE CÉRUMEN

Symptômes. — Surdité survenue brusquement; bourdonnements d'oreille. L'examen direct montre une masse noirâtre ou jaunâtre de consistance molle.

Traitement. — Injection d'eau chaude sous pression, avec une canule à bout olivaire; le jet dirigé entre le bouchon et la paroi le refoule par derrière.

Si le bouchon n'est pas expulsé facilement, le ramollir préalablement avec la solution suivante, instillée trois fois par jour pendant 48 heures.

Carbonate de soude.	1 gramme.
Eau............	ââ 10 grammes.
Glycérine	

ou :

Menthol............	0,50
Huile d'olives.......	50 grammes.

CORPS ÉTRANGERS

Symptômes. — Nuls ou bien bourdonnements d'oreilles ; douleurs locales ; vertiges, céphalalgies opiniâtres, vomissements ; examiner l'oreille avec le spéculum et le miroir de Clar.

Traitement. — Essayer l'injection chaude sous pression, avec une seringue à hydrocèle ou un irrigateur de Prat (fig. 40).

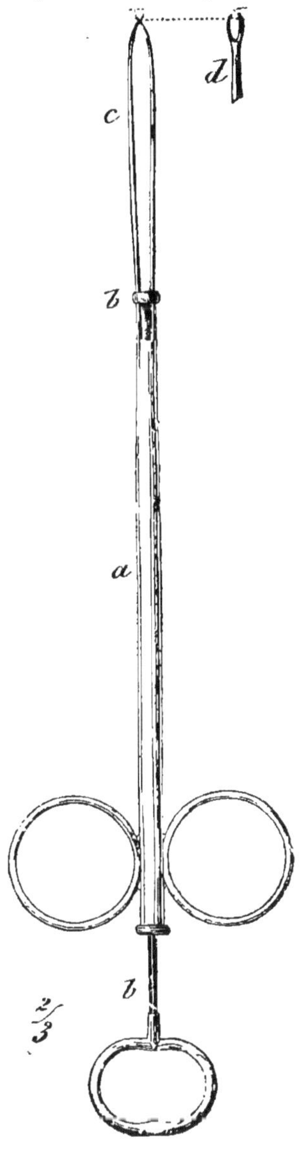

Fig. 41. — Pince de Bonnafont pour extraire les corps étrangers du conduit auditif; *a*, *b*, coulant; *c*, mors; *d*, dent.

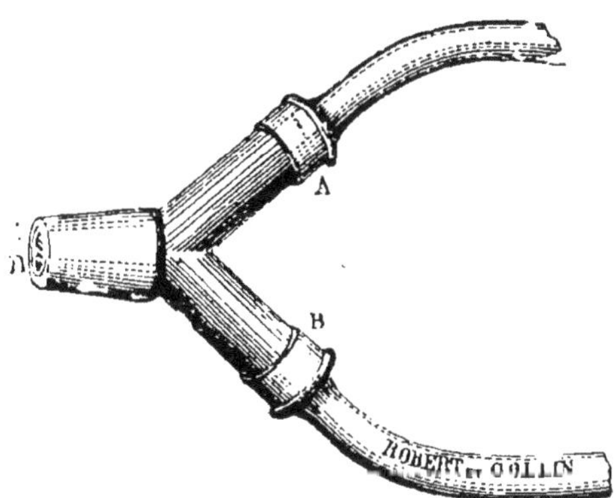

Fig. 40. — Irrigateur de Prat.

En cas d'insuccès, tenter l'extraction avec des pinces à griffe fines, (fig. 41), maniées adroitement et sous le contrôle de l'œil, grâce au spéculum; ne jamais intervenir à l'aveugle.

Si l'extraction est impossible, décollre le pavillon par une incision curviligne postérieure et enlever le corps étranger.

S'il est dans la caisse, un Stacke est nécessaire.

OTITE EXTERNE AIGUE

1° **Furoncle du conduit auditif**. — *Symptômes*. — Douleur, chaleur, tension; insomnie, agitation; tumeur acuminée, fermant la lumière du conduit.

Traitement. — Bains locaux par l'instillation d'eau de pavot chaude; sangsues devant le tragus, compresses chaudes sur l'oreille; incision du furoncle; lavages avec de l'eau boriquée chaude; bourdonnet d'ouate dans le conduit.

2° **Otite externe diffuse**. — Symptômes fonctionnels et généraux plus graves; complications possibles du côté de l'oreille moyenne.

Traitement. — Mêmes moyens antiphlogistiques que ci-dessus; instillation de quelques gouttes de cocaïne à 1/25 dans les cas de douleurs violentes; ne pas inciser; après l'ouverture spontanée, lavages fréquents avec une seringue.

OTITE EXTERNE CHRONIQUE

Symptômes. — Par suite d'une otite aiguë, de la présence d'un corps étranger, de cérumen, d'un polype, écoulement de pus jaunâtre, fétide; bourdonnements; croûtes grises, jaunes, dans le conduit.

Traitement. — 1° **Général**. — De la syphilis; de l'arthritisme (préparations arsenicales); de la scrofule (préparations iodées). Bains salés, sulfureux, alcalins. Eaux du Mont-Dore, de Vals, de Saint-Nectaire.

2° **Local**. — Grands lavages, souvent répétés, avec des solutions antiseptiques faibles et tièdes, acide salicylique (0,25) acide phénique (0,50), acide thymique (0,10 à 0,20), acide borique (2 à 4 gr.) pour 100 grammes d'eau. Modifier les parois par des liquides légèrement astringents ou caustiques, alcool à 60°.

Chlorure de zinc.....	1,50	Acide picrique.....	1 gramme.
Acide chlorhydrique..	X goutt.	Eau distillée......	50 —
Glycérine............	50 gr.		
Tanin............ }	ââ 25 gr..	Protargol à 1 p. 20 ou 1 p. 10.	
Glycérine........ }			

Ne pas faire d'insufflation de poudres inertes qui se coagulent avec le pus.

MYRINGITE AIGUE

Symptômes. — Douleurs vives dans l'oreille, bourdonnements, fièvre. La membrane est rouge, parfois infiltrée de pus.

Traitement. — Irrigations antiseptiques chaudes. Sangsues devant le tragus. Paracentèse, si infiltration purulente.

OTITE MOYENNE AIGUE

Symptômes. — Douleurs dans l'oreille et la moitié de la tête, exagérées la nuit, augmentées par l'effort, la déglutition; battements: résonance de la voix; nausées, vomissements; vertiges; fièvre, surdité; rougeur du tympan, qui est refoulé en dehors.

Après perforation, diminution des troubles.

Traitement. — Bains d'oreille avec l'eau de pavot chaude; instillations avec la solution :

Chlorhydrate de cocaïne.............	1 gramme.
Extrait d'opium.................. ...	10 cgr.
Eau distillée.......................	20 grammes.

Tampon imbibé de laudanum.

Couvrir les oreilles d'une couche d'ouate. Sangsues autour du pavillon. Insufflations d'air par la trompe.

Quand l'oreille est tendue par le pus, faire la paracentèse du tympan, en bas et en arrière, après insensibilisation avec le liquide de Bonain.

Chlorhydrate de cocaïne......... }	ââ 1 gramme.
Menthol......................... }	
Acide phénique neigeux......... }	
Chlorhydrate d'adrénaline.........	0,001 milligr.

Lavages consécutifs; instillations bi-quotidiennes de glycérine phéniquée à 1 p. 50.

OTITE MOYENNE CHRONIQUE SUPPURÉE OTORRHÉE

Symptômes. — Surdité variable. Douleurs variables. Écoulement de fétidité et d'abondance diverses. Perforation tympanique plus ou moins étendue. Lésions osseuses plus ou moins profondes. La trompe est ou non perméable.

Traitement. — Lavages fréquents, dans la journée, avec de l'eau chaude, boriquée, naphtolée, résorcinée, oxygénée; enlever les grumeaux avec un tampon d'ouate aseptique; instiller quelques gouttes des liquides suivants :

Acide phénique......	1 gramme.
Glycérine neutre......	10 grammes.

Sublimé.............	1 cgr.
Eau distillée.........	10 grammes.

Ichtyol...............	1 gramme.
Eau distillée..........	10 grammes.

Acide borique........	1 gramme.
Alcool................	1 —
Glycérine.............	10 grammes.

Naphtol..............	5 grammes.
Camphre.............	10 —
Alcool absolu.........	1 gramme.

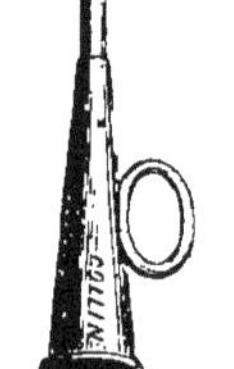

Fig. 42. — Sonde d'Itard.

Cathétérisme de la trompe d'Eustache. — Saisir la sonde (fig. 42) ou le cathéter de la main droite; l'introduire dans la narine, le bec en bas et en dehors, à l'union des faces externe et supérieure des fosses nasales (fig. 43). Quand la sonde a dépassé la portion osseuse du voile du palais, relever le bec de l'instrument qui pénètre dans l'orifice pharyngien de la trompe; une fois la sonde introduite, adapter à son pavillon libre l'insufflateur et chasser l'air dans la caisse, pour s'assurer si la trompe est ou non perméable.

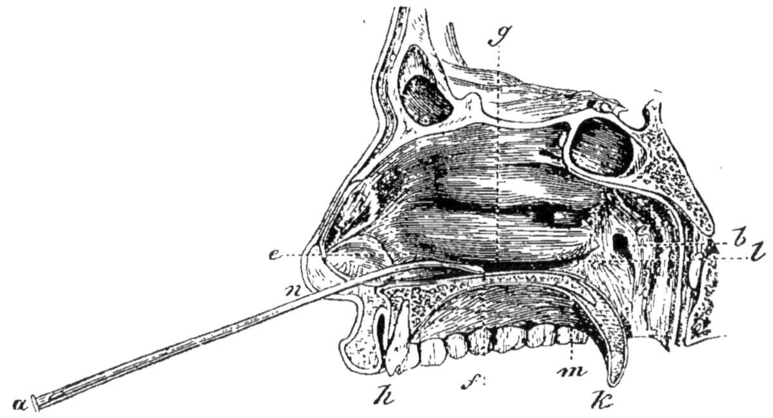

Fig. 43. — Introduction de la sonde dans la trompe d'Eustache. *a*, sonde ; *b*, orifice de la trompe ; *e l*, méat inférieur de la fosse nasale ; *g*, cornet inférieur ; *h*, dents incisives ; *k*, voile du palais.

Insuffler des poudres : iodoforme, acide borique, aristol, iodol, calomel.

MASTOÏDITE

Une des complications de l'otite aiguë ou chronique.

Symptômes. — 1° **Périostite de la mastoïde**. — Gonflement diffus rétro-auriculaire ; effacement du sillon ; douleur à la pression forte ; coïncidence d'une périostite du conduit auditif externe.

2° **Cellulite mastoïdienne**. — Gonflement, circonscrit à la mastoïde, avec conservation du sillon rétro-auriculaire. Douleur à la pression médiocre. Rougeur et gonflement de la paroi postéro-supérieure du conduit. Tension et douleur profonde. Phénomènes cérébraux fréquents.

Traitement. — 1° **Périostite**. — Incision, lavages, drainage.

2° **Cellulite**. — *Trépanation* de l'apophyse mastoïde (fig. 44). Incision cutanéo-périostique rétro-auriculaire, de la pointe de la mastoïde au-dessus du méat ; décoller le périoste en arrière, puis en avant : refouler le conduit auditif et dénuder le bord postérieur du méat ; trépaner au lieu d'élection (fig. 45) ; se servir du ciseau et du maillet; la quantité d'os varie avec la nature de la mastoïde, selon qu'elle est pneumatique ou osseuse; curetter l'antre ouvert; ouvrir les cellules malades; procéder prudemment en haut et en arrière, à cause du voisinage du sinus latéral.

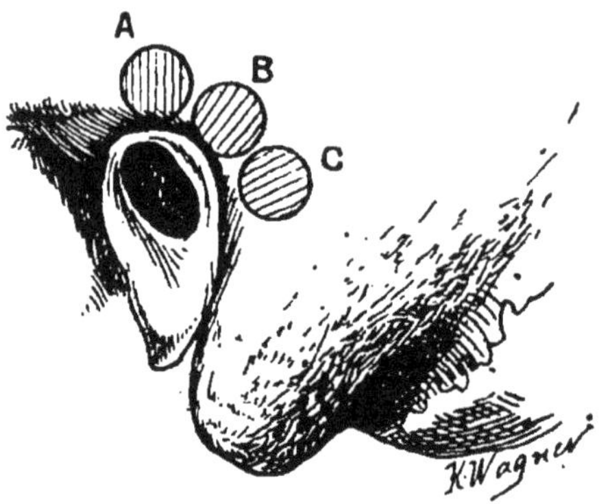

Fig. 44. — Lieux d'élection de la trépanation mastoïdienne suivant les âges. A, chez le nouveau-né ; B, chez l'enfant au-dessous de cinq ans; C, chez l'adulte (Auvray).

Dans les cas d'otorrhée chronique, il est indispensable de curetter l'attique (opération de Stacke) : isoler aussi profondément que possible le conduit auditif cutanéo-périostique de l'os que l'on a bien sous les yeux ; passer de l'antre nettoyé, par l'aditus, dans l'attique; ce protecteur est séparé de l'extérieur par un pont osseux qui constitue la paroi externe de l'aditus, et de l'at-

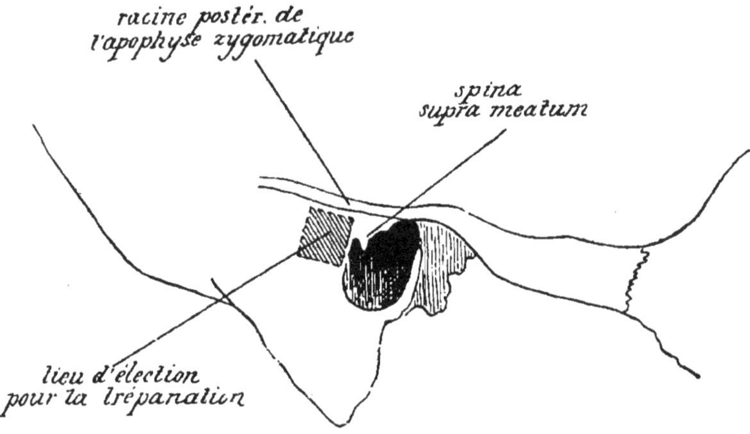

Fig. 45. — Lieux d'élection pour la trépanation (Luc).

tique; détruire ce pont, en évitant de descendre trop bas (nerf facial). La caisse largement ouverte est curettée; les osselets sont enlevés. Tamponner avec de la gaze les cavités largement réunies de la caisse et de la mastoïde; tamponner aussi le conduit auditif.

POLYPES DE L'OREILLE

Symptômes. — Otorrhée; surdité; examen au spéculum.
Traitement. — Extraire le polype; cautériser le pédicule

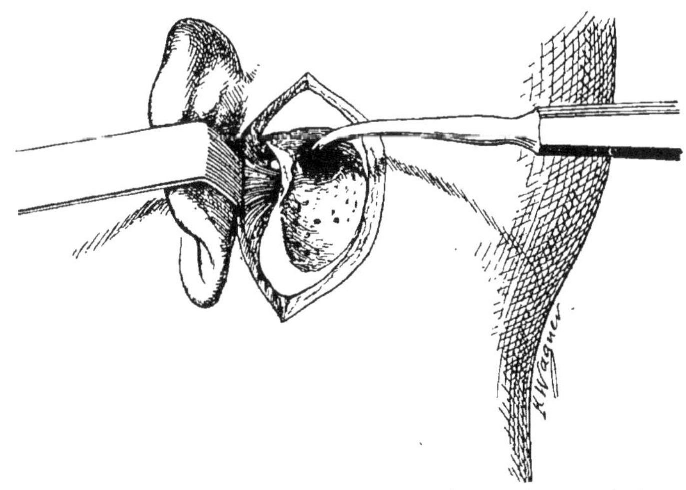

Fig. 46. — Résection de la paroi postérieure du conduit auditif osseux. Le protecteur de Stacke est mis en place, le bec dirigé dans l'aditus, et protège le canal demi-circulaire transverse (d'après Laurens).

qui saigne, avec une pointe fine de thermocautère; lavage avec de l'eau oxygénée ou un antiseptique faible; mèche de gaze dans le conduit.

MALADIE DE MÉNIÈRE

Symptômes. — Début brusque : vertiges, étourdissement, tintements d'oreille; pâleur, sueur, nausées, vomissement; titubation ou perte de connaissance. Répétition variable des accès. Rechercher la cause. Examen approfondi de l'oreille.
Traitement. — Traiter la cause.

ACOUPHÈNES

1° **Contre les bruits d'origine congestive**, recourir à la médication vaso-constrictive :

Antipyrine, acétanilide; strychnine (de 1 à 5 granules de 0,001 par jour); sirop d'ergotinine (2 cuillers à café par jour).

2° **Contre les bruits d'origine ischémique**, thérapeutique hypotensive :

Nitrite de sodium	1 gr.
Sirop d'écorces d'oranges	25 gr.
Eau	100 gr.

ou :

Guipsine, en pilules de	0gr,05
4 à 6 par jour.	

3° **Si l'origine des bruits est inconnue**, ou si les médications précédentes sont inefficaces, essayer :

Trigémine ... 0gr, 25 2 à 4 cachets par jour.	Valyl ... 0gr,05 6 à 10 capsules par jour.
Teinture de cimicifuga racemosa ... 2 à 4 cuillers à café par jour...	Extrait fluide d'hydrastis canadensis. Extrait fluide de viburnm prunifolium Teinture de piscidia. Teinture d'arnica.... } ââ 5 gr. 20 à 40 gouttes par jour.

4° **Si tout échoue**, tribromure à haute dose, 8 et 10 grammes comme chez les épileptiques.

XV. — MALADIES DU NEZ

ÉPISTAXIS

Écoulement de sang, d'abondance variable, dû à la rupture de l'artère de la cloison, le plus souvent à un centimètre en arrière du vestibule des fosses nasales.

Traitement.— Placer le sujet à l'air frais, la tête haute; compresses froides sur le front, les tempes; éther ou chloroforme sur le front. Introduire un spéculum nasal et cautériser l'artère qui saigne avec une pointe fine de thermocautère au rouge sombre. Introduire dans la moitié antérieure de la fosse nasale qui saigne une mèche de gaze imbibée de la solution d'antipyrine à 1/5, d'eau oxygénée; l'action des autres

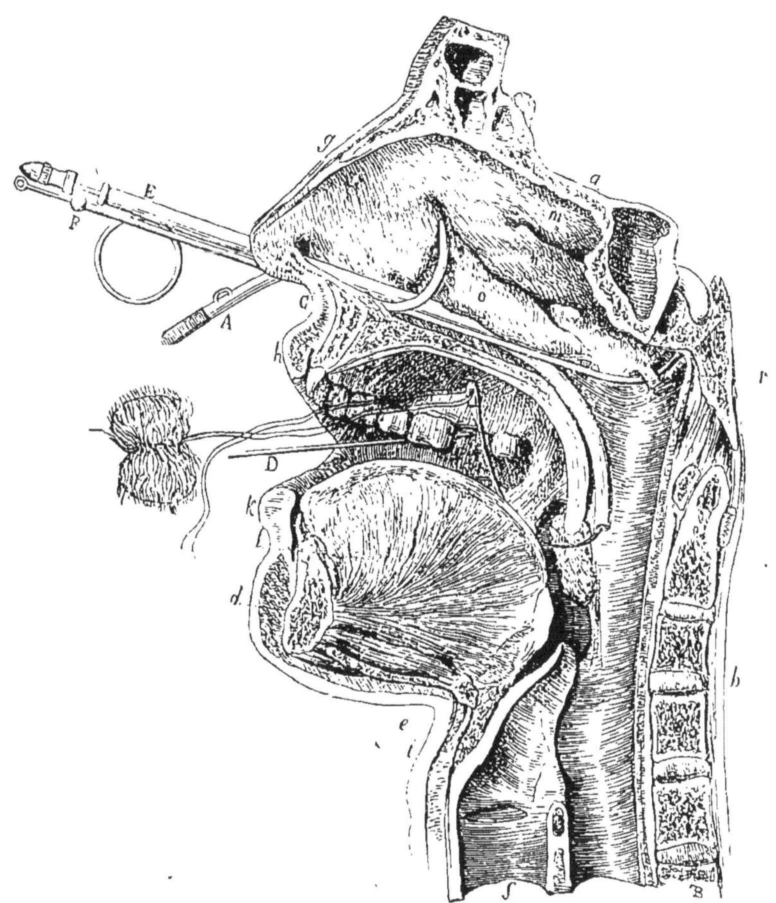

Fig. 47. — Tamponnement des fosses nasales, *b*, colonne vertébrale ; *g*, nez ; *C*, cloison sous-nasale ; *h*, lèvre supérieure ; *k*, lèvre inférieure ; *l*, muscle génio-glosse ; *d*, apophyse géni et insertion du muscle précédent ; *e*, coupe de l'os hyoïde ; *i*, saillie du cartilage thyroïde ou pomme d'Adam ; *m*, cornet supérieur des fosses nasales ; *n*, cornet moyen ; *o*, cornet inférieur.

prétendus hémostatiques, eau de Rabel, perchlorure de fer, tanin, ratanhia, alun, est très douteuse.

Tamponnement (fig. 47). — Dans les cas rebelles et menaçant la vie : introduire dans la narine une sonde molle de Nélaton ou une sonde de Belloc (fig. 48), dont l'extrémité est amenée dans la bouche ; attacher à cette extrémité les deux chefs d'un fil solide qui tient en son milieu un bourdonnet d'ouate hydrophile bien tassée, haut de quatre centimètres, épais de trois; retirer la sonde par le nez, avec elle les deux chefs de fil et le tampon d'ouate que le doigt pousse derrière le voile membraneux et met en place, son grand axe étant dirigé verticalement; les appliquer fortement contre l'ouver-

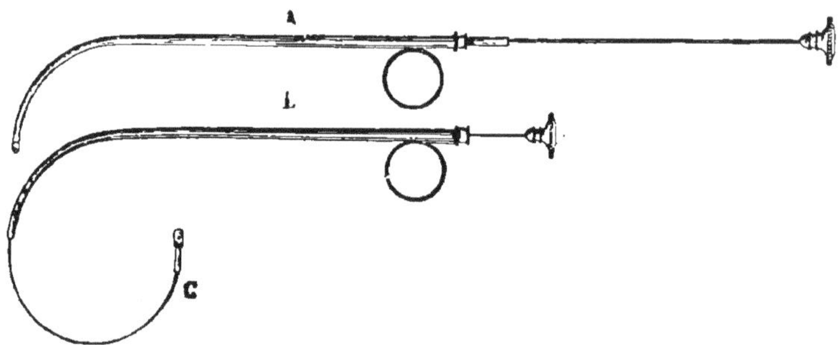

Fig. 48. — Sonde de Belloc, pour le tamponnement des fosses nasales.

ture postérieure de la fosse nasale ; en avant, un tampon d'ouate ferme l'orifice antérieur des fosses nasales ; les deux chefs du fil s'enroulent autour de lui, de manière à rendre les deux tampons solidaires ; au tampon postérieur est fixé un troisième chef de fil qui reste dans la bouche et est collé sur la face externe des joues par du collodion. Il servira à retirer le tampon en temps voulu. En effet, ce tamponnement doit être enlevé après 24 à 36 heures, pour éviter les accidents graves d'infection qui pourraient se produire, lavage prudent du nez avec un jet d'eau chaude.

CORYZA AIGU

Symptômes. — Prurit, sécheresse, picotement dans les narines, éternuement, gonflement de la muqueuse, sécrétion de mucus incolore, âcre ; respiration nasale gênée ; voix nasonnée ; olfaction diminuée ou abolie ; céphalalgie, fièvre, malaise, courbature.

Traitement. — 1° **Abortif.** — Bains de pieds sinapisés, révulsion généralisée ; renifler toutes les deux heures les pommades suivantes :

Cocaïne........	5 cgr.	Menthol............	1 cgr.
Camphre...............	5 gr.	Cocaïne............	0,03 cgr.
Salicylate de bismuth...	15 —	Vaseline............	30 gr.

Médication atropo-strychnée (cf. *Rhinite spasmodique*).

2° **Palliatif.** — Antipyrine, quinine contre la céphalalgie ; pommade boriquée dans le nez ; pas de lavages.

Contre l'obstruction nasale. — Pulvérisations avec la solution tiède de cocaïne à 1/100.

CORYZA CHRONIQUE

Symptômes. — Gêne de la respiration ; sécrétion muqueuse abondante.

Traitement. — Douches nasales avec la solution boriquée tiède.

Insufflation de poudres astringentes ; cautériser les exubérances muqueuses au galvanocautère, surtout la queue du cornet inférieur, souvent hypertrophiée.

RHINITE SPASMODIQUE

Enchifrènement ; accès d'éternuement.

Antispasmodiques ; bromure, valériane, belladone.

Anticongestifs ; antipyrine, strychnine et surtout médication atro-postrychnée de Lermoyez :

Sulfate de strychnine...........	0gr,05.
Sulfate neutre d'atropine................	0gr,05.
Sirop d'écorces d'oranges...............	100 grammes

Une cuiller à soupe pendant les dix premiers jours ; deux cuillers pendant les dix jours suivants.

OZÈNE

Symptômes. — Fétidité de l'haleine ; sécrétion séro-muqueuse très odorante ; croûtes expulsées très fétides. Muqueuse nasale atrophiée, couverte de croûtes.

Cornets atrophiés, pas d'ulcérations ; cloison parfois déjetée latéralement.

Traitement. — Lavages deux ou trois fois par jour avec la solution boriquée additionnée de $0^{gr},50$ de naphtol par litre; les faire suivre d'une insufflation de poudre : acide borique, aristol, acéto-tartrate d'alumine; ou bien d'un badigeonnage de la muqueuse avec le naphtol sulforiciné ou la glycérine iodée. Au début, employer une solution iodo-iodurée glycérinée à 1 p. 50 ou même 1 p. 100, augmenter progressivement la dose à chaque badigeonnage par addition de teinture d'iode; le badigeonnage doit atteindre tous les recoins des fosses nasales; à répéter tous les jours ou tous les deux jours pendant dix jours chaque mois.

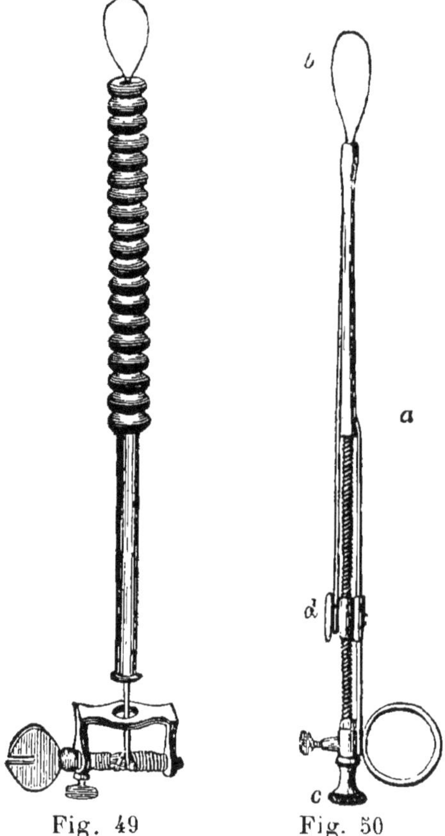

Fig. 49 Serre-nœud de Mayor.

Fig. 50 Serre-nœud de de Graefe.

On arrive ainsi à une quasi guérison de l'affection.

Traitement général approprié : huile de foie de morue, fer, arsenic, iodure de potassium.

CORYZA DES NOUVEAU-NÉS

Symptômes. — Respiration difficile, bruyante; difficultés de téter.

Chercher si le coryza est simple ou syphilitique.

Traitement. — *Si l'enfant est syphilitique,* traitement spécifique.

Si le coryza est simple, évacuer les narines avec la poire à air ou par une injection d'eau boriquée avec la poire, ne pas se servir du siphon de Weber. Insuffler ensuite une poudre, composée d'acide borique, de sucre de lait et de sous-nitrate de bismuth. Tenir l'enfant à la chambre. *Jamais de menthol.*

Si on soupçonne la blennorragie chez la mère, instiller quelques gouttes de nitrate d'argent à 1/100 dans les narines de l'enfant.

POLYPES MUQUEUX DES FOSSES NASALES

Symptômes. — Tumeur plus ou moins saillante, mobile ou non, pédiculée ou non, rosée, de consistance molle.

Gêne de la respiration, voix nasonnée; perte de l'odorat ; déformation de la narine et du nez.

Inflammàtion et rhinite, qui peut se transmettre à la caisse, aux sinus de la face, aux voies lacrymales. Epistaxis assez fréquentes.

Traitement. — **Arrachement** avec des pinces.

On saisit le pédicule et on le tord.

Ligature avec le serre-nœud de Roderic modifié par Mayor fig. 49) ou le serre-nœud de de Graefe (fig. 50).

Saisir le pédicule dans l'anse du fil métallique.

Serrer l'anse qui unit le pédicule et assure l'hémostase par écrasement et tiraillement des vaisseaux.

Excision aux ciseaux et cautérisation du pédicule avec la pointe du galvanocautère.

XVI — MALADIES DU PHARYNX

ANGINES AIGUES

I. — ANGINE CATARRHALE, OU ANGINE ÉRYTHÉMATEUSE ANGINE SIMPLE

Symptômes. — Début brusque par fièvre, courbature, frissons, et, chez l'enfant, convulsions, céphalalgie.

En même temps, mal de gorge se traduisant par une sensation de sécheresse de la gorge, de la difficulté et de la douleur de la déglutition. Les amygdales (ou une seule) sont rouges, vernissées, tuméfiées, ainsi que les piliers et le pharynx. Les mouvements de la tête sont pénibles; la voix est nasonnée; il peut y avoir rejet des aliments et des boissons par les fosses nasales. La palpation du cou sur les parties latérales détermine une douleur vive; les ganglions rétro-maxillaires sont augmentés de volume. Sur les amygdales peuvent se former des dépôts de matière blanchâtre, sous l'aspect de points blancs (*angine pultacée*).

Durée. — 4 à 6 jours en moyenne.

Terminaison. — Par guérison, formation d'un abcès amygdalien, aggravation de l'état général (vomissements, diarrhée, abattement, albuminurie).

Complications. — Œdème de la glotte, otite, adéno-phlegmon, abcès rétro-pharyngien, albuminurie, arthralgies, arthrites aiguës suppurées, érythèmes polymorphes, orchite.

Diagnostic. — Avec : angine phlegmoneuse, angine de la scarlatine, plaques muqueuses syphilitiques, chancre syphilitique de l'amygdale, angine pseudo-membraneuse (la fausse membrane ne se dissout pas dans l'eau, tandis que les dépôts de l'angine pultacée sont friables et se dissolvent dans l'eau). Muguet.

Traitement. — Gargarismes émollients (décoctions de racines de guimauve, d'orge perlé, de graines de lin), collutoires astringents (alun, borate de soude, chlorate de potasse). Application d'huile mentholée au 20ᵉ. Grands lavages chauds, avec des solutions antiseptiques.

Gargarisme émollient :

Racine de guimauve.	10 gr.
Tête de pavot concassée	n° 1
Eau	500 gr.
Faire bouillir et ajouter:	
Sirop de miel	50 gr.

Gargarisme astringent :

Alun	5 gr.
Décoction de feuilles de ronces	200 —
Miel rosat	50 —
F. s. a.	

Gargarisme astringent :

Chlorate de potasse...	10 gr.
Eau	200 —
Sirop de mûres	50 —

Collutoire :

Menthol	1 gr.
Huile d'olives	20 —
F. s. a.	

Contre la dysphagie, badigeonnages avec :

Chlorhydrate de cocaïne	$0^{gr},50$
Glycérine	30 —

Chez l'enfant, vomitif :

Poudre d'ipéca	$0^{gr},50$
Sirop d'ipéca	50 —

Une cuillerée à café toutes les 5 minutes.

Solutions pour irrigations (antisepsie de la bouche et du pharynx) :

Acide borique	30 gr.	Acide salicylique	1 à gr.
Eau	1 litre.	Eau	1 litre.
Naphtol α	0,25 cgr.	Chloral	10 gr.
Eau	1 litre.	Eau	1 litre

En outre, traitement général : benzonaphtol ($1^{gr},50$ à 2 gr. par jour), sulfate de quinine ($0^{gr},50$). Alimentation : de préférence aliments liquides et chauds.

II. — ANGINE PHLEGMONEUSE

Angine aboutissant à la suppuration soit de l'amygdale elle-même (phlegmon intra-tonsillaire), soit du tissu qui entoure l'amygdale (phlegmon péritonsillaire).

Symptômes. — Elle débute comme une angine simple érythémateuse; mais au 5e ou 6e jour, au lieu d'observer la défervescence des symptômes, la fièvre et la dysphagie s'accentuent; l'état général révèle la formation du pus (inappétence, abattement, fièvre vespérale, frissons, nausées).

Quand l'abcès est limité à l'amygdale, on constate que celle-ci (l'unilatéralité est la règle) est tuméfiée, les piliers sont à peine déformés, la luette légèrement œdématiée. Au bout de quelques jours, l'abcès formé s'ouvre spontanément au dehors, laissant à sa place une cavité irrégulière; la dysphagie disparaît et les signes généraux s'amendent rapidement.

Si la suppuration envahit le tissu péri-amygdalien, les signes généraux restent sérieux; la dysphagie est très marquée; il existe bientôt de la rigidité des muscles du cou, du trismus; la déglutition est impossible; la salive s'écoule au dehors; la parole devient inintelligible. L'examen de la gorge est très difficile; on peut le faciliter par un badigeonnage avec une solution de chlorhydrate de cocaïne au 10e. Une des amygdales est cachée par le pilier correspondant, qui est rouge sombre, élargi, œdématié. Le pus se collecte et une rémission se produit dans les symptômes; il peut se faire jour dans le pharynx.

Récidives. — Elles sont fréquentes chez certains sujets.

Complications. — Adéno-phlegmon du cou, hémorragies de la carotide, phlébite des veines jugulaires, septicémie.

Diagnostic. — Avec phlegmon latéro-pharyngien, gomme de l'amygdale.

Traitement des suppurations amygdaliennes et péri-amygdaliennes. — **Traitement médical.** — Salol à l'intérieur (1 gr. par jour); irrigations chaudes à l'eau bouillie; siphonnages à l'eau de selz.

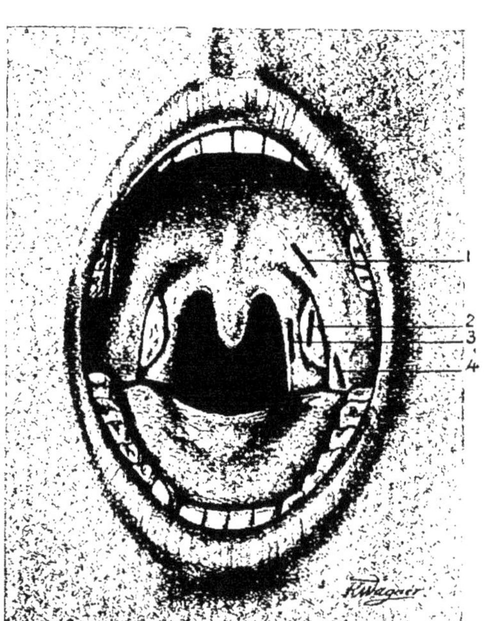

Fig. 51. — Schéma des incisions des abcès péri-amygdaliens; 1, abcès antéro-supérieur; 2, abcès intra-amygdalien; 3, abcès postérieur; 4, abcès juxta-amygdalien (d'après Escat).

Traitement chirurgical. — Intervention précoce (Moure). Préparer un abaisse-langue, un ouvre-bouche, un bistouri dont la pointe seule est libre. Anesthésie à la cocaïne ou au mélange de Bonain.

1° Abcès intra-amygdalien. — Au point le plus acuminé, incision longue descendant très bas, de façon à ne pas laisser de cul-de-sac inférieur. Ecouvillonnage avec un tampon imbibé de chlorure de zinc à 1 p. 20.

2° Abcès antéro-supérieur. — Inciser à un demi-centimètre

du bord libre du pilier antérieur, au niveau de son tiers supérieur; pousser le bistouri à 1 centimètre et demi de profondeur, en obliquant en dedans.

3° ABCÈS POSTÉRIEUR. — Inciser à la partie moyenne du pilier postérieur sur une longueur de 1 centimètre; obliquer le bistouri en dedans; aller peu profondément, un centimètre au plus.

4° ABCÈS EXTERNE. — Si le malade ne peut ouvrir la bouche, si l'abcès tend à fuser vers l'angle de la mâchoire, opérer par voie externe.

Anesthésie générale; inciser couche par couche à la hauteur de l'angle maxillaire, parallèlement au bord antérieur du sterno-mastoïdien. Pousser la sonde cannelée en avant, en dedans, en haut, à la rencontre de la tuméfaction fluctuante que l'index repère.

5° ABCÈS INFÉRIEUR. — Ponction à travers la base du pilier antérieur.

Soins consécutifs. — Antisepsie buccale, gargarisme détersif.

Acide phénique....................	4 grammes
Borate de soude................	âà 5 grammes
Bromure de potassium...........	
Alcool de menthe................	30 grammes
Glycérine.........................	120 cgr.

III. — ANGINE HERPÉTIQUE

Synonymie. — Angine aphteuse, herpès du pharynx, angine couenneuse commune.

Symptômes. — Début brusque par un frisson, de la fièvre (39°-40°), céphalalgie très intense, courbature, tandis que la déglutition est à peine douloureuse, bientôt la gorge se dessèche et la dysphagie apparaît. A l'examen de la gorge on peut voir, tout au début, une éruption de vésicules sur le voile, les piliers, les amygdales; ces vésicules se rompent très rapidement et laissent à leur place de petites ulcérations arrondies, dont la confluence constitue des érosions plus vastes, à bords polycycliques; ces érosions se couvrent d'une fausse membrane blanche, adhérente, *pouvant absolument simuler la diphtérie*. Les ganglions sous-maxillaires sont engorgés. Après 4 ou 5 jours, tous les symptômes s'amendent et les fausses membranes disparaissent.

Certains sujets sont exposés à des récidives fréquentes; chez la femme, on peut voir, pendant des années, une poussée à chaque période menstruelle.

Diagnostic. — Il est quelquefois facilité par la coexistence d'herpès sur les lèvres ou sur d'autres régions.

Avec : angines pseudo-membraneuses.

Traitement. — Même traitement que pour l'angine catarrhale, en évitant les collutoires antiseptiques et en usant de préférence des grands lavages de gorge.

IV. — ANGINES A FAUSSES MEMBRANES NON DIPHTÉRIQUES

Symptômes. — Début tantôt brusque, marqué par une soudaine élévation de température, un frisson, de la courbature, tantôt lent et insidieux, sans signes généraux et très peu de mal de gorge. Les fausses membranes apparaissent comme de petites plaques blanchâtres, irrégulières, qui s'étendent, se rejoignent, recouvrent une ou les deux amygdales, les piliers, et engainent la luette. Elles sont moins élastiques, plus friables, plus adhérentes et plus blanches que celles de l'angine diphtérique, en général. Si on les enlève, elles se reproduisent en quelques heures; au-dessous d'elles, la muqueuse saigne assez facilement, elle est rouge dans une zone assez étendue autour des fausses membranes. L'engorgement ganglionnaire est variable; l'état général peut rester satisfaisant. Au bout de 4 à 5 jours, les fausses membranes cessent de se reproduire et la gorge reprend son aspect normal.

Dans quelques cas, il s'agit d'une **forme grave**; l'exsudat a une teinte grisâtre; l'haleine est très fétide, il y a du coryza, de l'adénopathie très développée, de la prostration, de la fièvre à 39° et au-dessus, de l'albuminurie, un pouls très rapide; la mort peut survenir au bout de 4 ou 5 jours.

Diagnostic. — Avec l'angine diphtérique. Dans celle-ci les fausses membranes sont plus élastiques et grisâtres; l'haleine est très fétide; les ulcérations ont un aspect gangréneux, les ganglions sont très développés, l'état général est plus gravement atteint. Mais les angines non diphtériques peuvent réaliser tous ces signes et l'angine diphtérique n'a pas toujours cet aspect. Dans ces cas, en l'absence de renseignement sur la contagion, on doit se comporter comme s'il s'agissait de diphtérie, isoler le malade et le traiter par le sérum antidiphtérique. Le diagnostic certain ne peut être fourni qne par l'examen bactériologique (1).

Traitement. — Grands lavages de gorge. Gargarismes (voir *Angine simple*). Éviter d'ulcérer la muqueuse.

V. — ANGINE DIPHTÉRIQUE

Angine à fausses membranes, causée par le bacille de Löffler.

Symptômes. — **Début.** — Tantôt lent et insidieux, ce sont les signes locaux, le mal de gorge qui dominent; tantôt brusque, en partie. Chez l'enfant : frissons, fièvre, vomissements, convulsions; rien n'attire l'attention vers la gorge, d'où la nécessité de toujours l'examiner de parti pris chez l'enfant. De même, à la période d'état, ce sont tantôt les signes locaux qui prédominent, tantôt les signes généraux.

Examen de la gorge. — On constate de la rougeur et du gonflement des amygdales et sur l'une d'elles ou sur les deux, des points blancs ou de petites plaques blanchâtres, puis la fausse membrane envahit le voile, la luette qui est complètement engainée, les piliers, le fond du pharynx, les fosses nasales. Elle a une couleur grisâtre, ou gris noirâtre; quelquefois elle reste blanche, l'haleine est fétide; les ganglions cervicaux sont hypertrophiés. Dans les cas très graves, la fausse membrane peut prendre un aspect gangréneux, et, en se détachant. laisser à nu une muqueuse ulcérée saignant abondamment. En général la fausse membrane est ferme, élastique, blanche, puis grisâtre, se détachant en larges lambeaux, envahissant rapidement les régions voisines (larynx, fosses nasales).

Symptômes généraux. Parfois légers : fièvre à 38°5, 39°, malaise, anorexie, légère albuminurie; d'autres fois : prostration profonde, teint plombé, pouls petit et fréquent, fièvre irrégulière, urines en petite quantité et albumineuses, diar-

(1) Il consiste à recueillir du mucus en râclant la fausse membrane (avec un fil de platine ou un petit tampon d'ouate hydrophile) et le semer en tube de sérum qu'on place à l'étuve à 37°. Au bout de 18 à 24 heures, si des colonies se sont développées, l'examen microscopique montre s'il s'agit ou non du bacille de Lœffler.

rhée, hémorragies multiples, et myocardite (syncope, asphyxie), paralysies.

Formes. — *Légère*, durée 6 à 8 jours. — *Moyenne* : 10 à 12 jours. — *Grave*, dans laquelle les fausses membranes prennent une très grande extension. — *Toxique*, où la mort survient rapidement par intoxication générale.

Angines secondaires à scarlatine, rougeole, fièvre typhoïde. La guérison est toujours suivie d'une convalescence longue, qui n'est pas à l'abri de complications tardives.

Complications. — *Myocardite. Paralysies* : débutant par le rejet des liquides par le nez (paralysie du voile), le nasonnement, les accès de toux pendant la déglutition, la paralysie peut s'étendre aux membres inférieurs, aux muscles des yeux, aux muscles des membres, aux muscles du tronc, du cou, du rectum et de la vessie; aux muscles respiratoires et au cœur (crises bulbaires), troubles de la sensibilité, du langage. Suppuration des ganglions, otite moyenne. Bronchopneumonie. Érythèmes divers. Autres localisations de la diphtérie; muqueuses buccale, vulvaire, anale, peau dénudée, croup.

Diagnostic. — Avec angines pseudo-membraneuses non diphtériques, angine herpétique, angine pultacée.

Traitement. — Grands lavages de la gorge avec antiseptiques faibles ou de l'eau bouillie. Éviter d'ulcérer la muqueuse, ce qui faciliterait l'extension des fausses membranes. Enlever doucement avec un tampon d'ouate enroulé sur un bâtonnet les fausses membranes, si elles ne résistent pas. Boissons glacées. Alimentation : œufs, jus de viande, viande râpée, lavements nutritifs. Toniques (café, quinquina, kola).

Acétate d'ammoniaque } ââ 3 gr.
Extrait de quinquina. }
Teinture de cannelle.. 10 —
Sirop d'écorces d'oranges amères.......... 30 —
Vin de Malaga......... 100 —
F. s. a. 1 cuillerée à soupe toutes les 2 heures.

Caféine............... 0 gr.25
Benzoate de soude ... 2 gr.
Cognac ou rhum...... 30 —
Sirop groseilles....... 40 —
Eau de mélisse....... 80 —
F. s. a. 1 cuillerée à soupe toutes les 2 heures.

Limonade chlorhydrique à 4 p. 1000. Perchlorure de fer (1 ou 2 gouttes toutes les deux heures). Injections hypodermiques de caféine, d'éther.

Sérothérapie. — Injection sous-cutanée de sérum antidiphtérique à l'aide de la seringue de Roux ; injecter d'emblée une forte dose (40 à 60^{cc}) chez l'adulte et ne la renouveler qu'au bout de quelques jours : on a plus de chances par cette méthode que par celle des petites doses répétées, d'éviter les accidents *d'anaphylaxie sérique* (urticaire, albuminurie, douleurs rhumatoïdes).

Le sérum peut être employé à titre prophylactique, pour prévenir la contagion.

Hygiène. — Antisepsie de tous les objets qui servent aux malades, des personnes qui sont obligées de les approcher ; enquête sur l'origine de la maladie et déclaration du médecin à la mairie; désinfection de la chambre.

VI. — ANGINE GANGRÉNEUSE

Symptômes. — Surtout chez les enfants de 3 à 6 ans; elle est **secondaire** à la scarlatine ou à la rougeole. Début insidieux par aggravation de l'état général, adynamie profonde. Douleur à la déglutition très vive, mais elle peut manquer. Ce qui est caractéristique, c'est l'odeur fétide, fécaloïde, de l'haleine; l'adénopathie sous-maxillaire est variable. A l'examen de la gorge, on voit des plaques de gangrène qui s'ulcèrent, s'étendent vers le larynx, vers la bouche, les lèvres. Des plaques de gangrène peuvent se développer en d'autres points.

L'état général s'aggrave rapidement : délire, hypothermie, collapsus, diarrhée, vomissements, pouls incomptable. Durée : 6 jours au maximum.

Dans la forme circonscrite, la guérison est possible ; cependant des hémorragies très abondantes peuvent se produire.

Chez l'adulte, on peut oberver une forme **primitive** (Trousseau), dont le début ressemble à celui d'une angine simple ; mais l'haleine devient très fétide et les symptômes deviennent ceux d'une angine gangréneuse secondaire.

Diagnostic. — Avec : angine diphtérique ; stomatite gangréneuse.

Traitement. — Grands lavages désinfectants (permanganate à 1 p. 1000). Toniques (alcool, café, vin, quinquina), alimentation.

VII. — ANGINE DE VINCENT

Symptômes. — Angine due à l'association d'un spirille et d'un bacille fusiforme, caractérisée cliniquement par une ulcération profonde, anfractueuse, d'une seule amygdale ; cette ulcération est recouverte d'un enduit épais pseudo-membraneux ; après détersion, on voit l'ulcération à fond rouge sombre, saignante. Adénopathie sous-maxillaire. Signes fonctionnels habituels des angines aiguës.

Diagnostic. — Angine diphtérique unilatérale et surtout *chancre de l'amygdale.*

Traitement. — Lavages antiseptiques de la gorge. Toucher l'ulcération avec un tampon monté, enduit de bleu de méthylène ou de chlorure de chaux (médication quasi spécifique).

HYPERTROPHIE DES AMYGDALES

Symptômes. — Les deux amygdales sont plus ou moins volumineuses, de couleur normale ou rouge foncé, tantôt lisses et vernissées, tantôt mamelonnées, de consistance molle ou dure. Elles peuvent arriver au contact, déviant la luette d'un côté. L'amygdale peut être adhérente aux piliers du voile. Les autres régions du pharynx peuvent présenter de l'hypertrophie des éléments lymphoïdes.

Les troubles fonctionels sont inconstants, et non toujours en rapport avec le volume des amygdales; reflux des liquides par les fosses nasales, vomissements, voix sourde ou nasonnée, enrouement facile, dyspnée, avec béance de la bouche, toux amygdalienne, douleurs d'oreilles, surdité.

Marche. — Chronique, traversée de phases aiguës, surtout à la puberté.

Diagnostic. — Avec : amygdalite chronique, tumeurs de l'amygdale, épithélioma, chancre syphilitique, végétations adénoïdes du pharynx (nécessité de l'examen du pharynx nasal).

Traitement. — Cautérisations (alun, teinture d'iode, nitrate d'argent). Ignipuncture à l'aide du cautère galvanique. Ablation au bistouri, à l'amygdalotome, à l'anse galvanique, par morcellement (à l'aide de la pince de Ruault).

Après l'ablation, Gargarismes émollients et antiseptiques faibles.

AMYGDALECTOMIE
ABLATION DES AMYGDALES

Indications. — Hypertrophie de ces organes provoquant des troubles divers : nasonnement, gène de la respiration, angines à répétition. Il ne faut jamais la pratiquer pendant une amygdalite aiguë, mais plusieurs jours après la cessation de l'inflammation.

Opération. — 1° **Excision au bistouri**. — Sujet en face, gorge bien éclairée, dents écartées par un ouvre-bouche, tête tenue par un aide, membres immobilisés par un drap si c'est un enfant. Un deuxième aide abaisse la langue. L'opérateur saisit l'amygdale avec une pince de Museux tenue de la main gauche (amygdale gauche) ou de la droite (amygdale droite). Il la porte en avant et la dégage des piliers. De l'autre main il tient un bistouri droit boutonné, qu'il glisse au ras de la joue, tranchant en haut. Il coupe l'amygdale de bas en haut, en évitant d'intéresser le voile ou les piliers.

2° **Excision à l'amygdalotome**. — Sujet dans la même position. L'opérateur prend l'instrument de la main droite, le pouce dans l'anneau terminal de la tige, l'index et le médius dans les anneaux latéraux de la canule. Il l'introduit dans la bouche, la fourche en dedans. Il place la lunette autour de l'amygdale, en repoussant les piliers en dehors et il embroche l'amygdale avec la fourche qu'un mouvement de pouce y fait pénétrer ; en même temps, la fourche tire l'amygdale en dedans. Il tire avec l'index et le médius l'anneau coupant, qui sectionne la portion d'amygdale incluse dans la lunette. S'il se produit un écoulement de sang, gargarismes avec de l'eau froide, avec de l'eau très chaude, avec de l'eau oxygénée, avec la solution d'antipyrine (10 grammes dans 100 grammes d'eau) ; attouchements superficiels avec le thermocautère porté au rouge sombre ; si une artère donne un jet, ce qui est rare, la saisir avec une pince. Au besoin, suture des piliers du voile sur la tranche saignante.

3° **Ablation par morcellement**. — On emploie la pince de Ruault qui convient à toute espèce d'hypertrophie amygdalienne : pédiculée, enchatonnée, et réduit au minimum les risques d'hémorragie.

4° **Énucléation totale digitale.** — Libérer l'amygdale de ses adhérences avec le pilier antérieur, décoller la masse avec le doigt.

Prophylaxie de l'hémorragie après amygdalotomie (Escat). — Éviter d'opérer au cours ou au décours d'une amygdalite aiguë. Exiger un délai d'un mois entre la résolution de l'amygdalite et l'amygdalectomie. Ne pas opérer au moment de la période menstruelle. Éviter l'opération chez les hémophiles; éviter l'anesthésie locale à la cocaïne; prescrire la stovaïne. Prescrire le chlorure de calcium (2 et 3 gr. par jour) les deux jours qui précèdent l'opération. Proscrire tout badigeonnage des surfaces cruentées après l'opération. Usage de glace pilée pendant 12 heures après l'opération.

AMYGDALITE LACUNAIRE CHRONIQUE

Symptômes. — Gène et douleur à chaque déglutition. Accès de toux sèche, nausées, vomissements, douleurs d'oreille, névralgie faciale, dysphonie, mauvais goût de la bouche, fétidité de l'haleine. A l'examen de la gorge, on voit sur les amygdales des points blanchâtres, que la pression peut faire éliminer. L'amygdale est peu hypertrophiée.

Marche. — Chronique, sujette à des poussées aiguës ; quelquefois phlegmon de l'amygdale.

Diagnostic. — Avec : angine cryptique aiguë, pharyngomycose, tuberculose du pharynx.

Traitement. — Discision des cryptes amygdaliennes à l'aide d'un crochet mousse. Badigeonnages avec une solution iodo-iodurée ou mentholée, gargarismes boriqués.

PHARYNGO-MYCOSE LEPTOTHRIXIQUE

Symptômes. — L'examen de la gorge montre, sur les amygdales, la base de la langue, la face postérieure du pharynx, des grains blanchâtres ou jaunâtres, isolés ou agminés, adhérents à la muqueuse. Les signes fonctionnels peuvent être nuls ou consister en : sensation de chatouillement, de sécheresse avec toux pharyngée.

Marche. — Chronique, récidivante.

Diagnostic. — Avec : amygdalite chronique.

Traitement. — Ablation des points blancs avec une pince. Cautériser à l'acide chromique. Solution iodo-iodurée à 1/10.

Définition. — Affection due au développement d'un champignon, le *leptothrix buccalis.*

PHARYNGITE CHRONIQUE

Synonymie. — Catarrhe naso-pharyngien chronique.

Symptômes. — Sensation de sécheresse, de chatouillement, de corps étranger au-dessus du voile du palais. Céphalée à maximum frontal, ou à la nuque, bourdonnements d'oreille, toux, enrouement, aphonie, coryza.

La rhinoscopie postérieure permet de constater que le pharynx nasal est recouvert de muco-pus, visqueux et filant, ou concrété en croûtes. Au-dessous, la muqueuse est rouge, irrégulièrement tuméfiée. La muqueuse du pharynx buccal peut être atteinte, ainsi que la muqueuse laryngée.

Diagnostic. — Avec : ozène; suppuration du sinus maxillaire : ulcérations tuberculeuses.

Traitement. — Curetage de la voûte du pharynx, puis cautérisation avec : nitrate d'argent. acéto-tartrate d'alumine. iode, iodoforme, sozoiodol de zinc en badigeonnages ou insufflations.

PHARYNGITE CHRONIQUE DIFFUSE

Symptômes. — Toute la muqueuse pharyngée est rouge, tuméfiée, tantôt hérissée de saillies glandulaires, tantôt lisse et polie, ou parcheminée (pharyngite sèche). Souvent il y a coexistence de laryngite granuleuse.

La douleur est peu marquée et se réduit à de la gène dans la déglutition, sensation de sécheresse s'accusant par le froid, l'usage du tabac.

Diagnostic. — Avec : pharyngite folliculaire, catarrhe naso-pharyngien.

Traitement. — *S'il y a obstruction nasale*, rétablir la perméabilité nasale. Badigeonnages, tous les 3 ou 4 jours, avec : solution iodo-iodurée au 15e, ou avec le mélange :

Alcool camphré	60	grammes.
Tanin	2	—
Iodoforme	1gr,50	

SYPHILIS BUCCO-PHARYNGÉE

I. — CHANCRE

Chancre lingual. — Il a l'aspect d'une érosion arrondie ou ovalaire, sans bords, de couleur rouge, lisse et brillante, parfois recouverte d'une fausse membrane reposant sur une base indurée ; il est accompagné d'adénite sous-maxillaire souvent volumineuse.

Chancre de l'amygdale. — Il a l'aspect d'une ulcération à bords assez nets, rouge, brillante ou recouverte d'une membrane diphtéroïde, très dure au toucher ; il est accompagné d'une adénite cervicale rétro-maxillaire. La dysphagie est très intense.

Diagnostic. — Avec l'ulcère dentaire, l'herpès, l'épithéliome, les amygdalites, l'angine de Vincent.

II. — ACCIDENTS SECONDAIRES

Angine syphilitique précoce, hypertrophie des amygdales, plaques muqueuses à type érosif, papulo-hypertrophique, ulcéreux.

Diagnostic. — Avec : aphtes, glossite exfoliatrice marginée, herpès, stomatites, angines.

III. — ACCIDENTS TERTIAIRES

Le *syphilome diffus des lèvres et de la langue* consiste en une infiltration hypertrophique, dure, chronique, indolente.

Dans la *glossite scléreuse*, la langue est tuméfiée, dure, bosselée, dépapillée, creusée de sillons profonds, parfois ulcérée.

La *glossite gommeuse* est superficielle ou profonde.

De même, dans le pharynx (voile du palais, amygdales, parois pharyngées), on peut observer le syphilome diffus, les gommes.

Diagnostic. — Avec : ulcérations dentaires, tuberculeuses, lupus, cancer de la langue, leucoplasie des fumeurs.

Traitement. — Hygiène buccale sévère ; abstention du tabac, de mets épicés, de boissons alcooliques, propreté des dents, gargarismes, bains de bouche avec décoction émolliente ou liquides légèrement antiseptiques. Chlorate de potasse.

Dans les cas d'ulcérations profondes, pulvérisations ou irrigations avec la solution :

Teinture d'iode..................	XL gouttes.
Iodure de potassium..............	2 grammes.
Eau...............................	250 grammes.

Les pertes définitives de substance, les perforations du voile du palais pourront nécessiter un traitement prothétique ou chirurgical.

Pour le traitement général, voir *Syphilis*.

ABCÈS RÉTRO-PHARYNGIENS

Affection de la première enfance, succédant à : angine, coryza, pharyngite, stomatite, laryngite.

Symptômes. — Début par de la fièvre, de l'agitation, des convulsions; douleur et dysphagie; *voix nasonnée*, toux éteinte, dyspnée; on ne voit qu'une rougeur diffuse de la paroi pharyngienne postérieure.

Après 2 à 3 jours, les phénomènes généraux augmentent; dysphagie complète ; voix éteinte, dyspnée continue avec accès de suffocation; la vue donne peu de renseignements pour la cavité pharyngienne; l'opérateur se met derrière l'enfant, place un bouchon entre ses dents et introduit l'index recourbé en crochet derrière le voile; il sent une induration qui soulève et fait bomber le pharynx, rarement un point fluctuant; si les abcès siègent à la hauteur de la bouche, ils apparaissent comme une saillie refoulant le pharynx, rarement à son milieu (abcès rétro-pharyngien), généralement en dehors (abcès latéro-pharyngien).

Marche. — Ouverture spontanée et guérison; suffocation par entrée du pus dans le larynx : hémorragie par ulcération vasculaire. Non-ouverture et diffusion du pus, mort par infection.

Abcès froids rétro-pharyngiens, consécutifs à une ostéite tuberculeuse vertébrale; évolution lente, sans phénomènes généraux. Ils peuvent acquérir un volume considérable.

Traitement. — L'incision doit être précoce et être faite par la voie buccale. La tête de l'enfant est immobilisée par un aide, la gorge bien éclairée, la bouche large ouverte, la langue abaissée. L'opérateur prend un bistouri à lame fine, dont un demi-centimètre de pointe est seul laissé libre; le reste est couvert de diachylon; il pique à la partie saillante de la collection, le bistouri restant parallèle au plan sagittal, en évitant d'enfoncer la pointe du côté des vaisseaux carotidiens.

Si le pus ne s'écoule pas aussitôt, aller à sa recherche à l'aide d'une sonde cannelée, introduite par l'incision première.

Pencher l'enfant en avant pour éviter la chute du pus dans les voies aériennes.

Dans le cas d'abcès froid, ponction par voie externe ; enfoncer l'aiguille en rasant les apophyses transverses cervicales; évacuation; pas d'injection modificatrice.

FIBROMES NASO-PHARYNGIENS

Symptômes. — Cette affection ne s'observe que chez les sujets mâles de 15 à 20 ans; jamais après 30 ans.

Début par du coryza, du ronflement, la voix nasonnée, des troubles de déglutition, des épistaxis quelquefois abondantes des douleurs frontales violentes. A ce moment, le fibrome peut être révélé par l'examen avec le *speculum nasi* ou par le toucher du doigt introduit derrière le voile.

A la longue, la tumeur envahit et détruit les fosses nasales, les sinus maxillaires, les orbites et la cavité cranienne. La cachexie finale est provoquée par les troubles de la respiration, de la déglutition, les douleurs, les hémorragies, la suppuration continuelle.

Traitement. — *Si le sujet approche de l'âge adulte*, où l'évolution est peu rapide, on se contentera d'atteindre la tumeur par hémisection du voile du palais : on l'arrache, on cautérise et on rugine son implantation.

Chez le jeune enfant, au contraire, il faut une intervention radicale, enlevant toute la tumeur, pour prévenir sa récidive. Elle n'est possible qu'à la faveur d'une large voie d'accès, que le chirurgien se crée par la voie nasale, par la voie faciale (résection du maxillaire supérieur) ou par la voie palatine.

PARALYSIE DU VOILE DU PALAIS.

Symptômes. — Elle débute le plus souvent 8 à 15 jours après une angine diphtérique, quelquefois après une angine herpétique ou érythémateuse, ou bien dans le cours des affections organiques des centres nerveux. Elle se manifeste par le nasonnement, la difficulté de l'articulation des lettres *b* et *p*, la difficulté à parler, le ronflement pendant le sommeil, le reflux des liquides par les fosses nasales, les accès de toux déterminés par le passage de parcelles alimentaires dans le larynx, l'impossibilité pour le malade de souffler, de gonfler ses joues, de se gargariser, de fumer. Chez le nourrisson, la succion devient impossible.

L'examen de la gorge montre que le voile est pendant, immobile, parfois insensible au contact.

Au lieu d'être complète, la paralysie peut être unilatérale, ou partielle et ne porter que sur certains muscles du voile.

Marche. — Elle varie avec la cause : la paralysie diphtérique, lorsqu'elle est isolée, est généralement d'un pronostic bénin. Au contraire, dans la paralysie labio-glosso-laryngée, c'est un symptôme définitif.

Diagnostic. — Avec : angine simple, polype pharyngien, anesthésie du pharynx chez les hystériques, paralysie labio-glosso-laryngée.

Traitement. — Sérothérapie de la diphtérie, surveiller l'alimentation. Faradisation.

Chez l'enfant, II à III gouttes de teinture de noix vomique.

Chez l'adulte, injection sous-cutanée de sulfate de strychnine (1/2 centigramme).

Sulfate de strychnine............	0gr,10
Eau distillée......................	20 grammes.

1 seringue de Pravaz.

VÉGÉTATIONS ADÉNOÏDES DU PHARYNX

Symptômes. — Dyspnée après les efforts, respiration par la bouche, qui reste ouverte même pendant le repos et pendant le sommeil. Accès de toux. Voix nasonnée ; *m* et *n* sont transformés en *b* et *d*. Douleurs d'oreille, diminution de l'ouïe, écoulements. Facies hébété (fig. 52 et 53), retard du développement de l'enfant ; dans le pharynx, sur la face postérieure, on trouve des masses rouge pâle, très molles, friables, saignantes.

Diagnostic. — Avec : polypes nasopharyngiens (durs au toucher), polypes muqueux. Coryza chronique, Amygdalite chronique.

Fig. 52 et 53. — Facies hébété dans les végétations adénoïdes (Suarez de Mendoza).

Traitement. — Ablation par la voie buccale à l'aide de la pince à végétation, ou avec la curette de Schmidt. Pansements à la poudre d'aristol, gargarismes antiseptiques.

XVII. — MALADIES DE L'ŒSOPHAGE

CORPS ÉTRANGERS DE L'ŒSOPHAGE

Symptômes. — Renseignements fournis par le malade; dysphagie ; douleur fixe ; suffocation ; palpation quand le corps est arrêté au niveau du cou; examen avec l'explorateur électrique ou avec le résonnateur de Collin ; la radiographie montre le siège du corps, quand il est métallique. L'exploration avec une sonde ou une baleine est utile, quand le corps est gros; non, quand il est plat, comme un sou.

Traitement. — Il peut être dangereux de provoquer des vomissements. Bouillies épaisses, destinées à enrober et entraîner le corps: Essayer de le refouler dans l'estomac avec une boule olivaire montée sur une sonde. Tenter l'extraction avec le panier de de Graefe, celui de Kirmisson, avec le crochet mobile de Collin, avec des pinces longues et souples.

En cas d'insuccès, il ne reste comme moyen d'extraction que l'œsophagotomie externe et la gastrotomie.

En cas d'asphyxie, pratiquer la trachéotomie.

Œsophagotomie externe. — La seule opération qui soit entrée dans la pratique est l'œsophagotomie externe, pratiquée à la région cervicale. Inciser sur le bord antérieur du muscle sterno-mastoïdien du côté gauche; pénétrer dans sa gaine et l'érigner en dehors. Fendre le feuillet profond de la gaine, l'aponévrose moyenne et le muscle omo-hyoïdien. Récliner en dehors le paquet vasculo-nerveux du cou; en dessous, le corps thyroïde et la trachée; après avoir libéré le bord externe du lobe thyroïdien, on voit l'œsophage débordant à gauche la trachée; l'attirer, l'inciser sur son bord gauche, non sur sa face antérieure que suit le nerf récurrent. On peut alors extraire le corps étranger, soit avec les doigts, soit avec des instruments divers, selon sa situation. On suture ensuite l'œsophage et on ferme la plaie cervicale, en y laissant un petit drain de sûreté.

RÉTRÉCISSEMENTS CICATRICIELS DE L'ŒSOPHAGE

Symptômes. — Antécédents, le malade a ingurgité un liquide caustique ou toxique. Dysphagie; gêne progressive de la déglutition; successivemement les solides, les demi-liquides ne peuvent être déglutis. Régurgitations, vomissements œsophagiens sans effort; le bol alimentaire est rendu un temps variable après la déglutition, selon le siège de la sténose; les aliments sont peu modifiés et mêlés à de grandes quantités de salive et de glaires. Douleur à un point fixe, rétrosternale. Amaigrissement progressif. Le cathétérisme permet de reconnaître l'existence du rétrécissement, son siège, le degré de la sténose et le nombre de points rétrécis.

Traitement. — A part les rares cas où l'on soupçonne la syphilis et où le traitement mixte peut être essayé, le traitement est purement chirurgical.

L'œsophagotomie interne et l'électrolyse sont des moyens abandonnés, en raison des accidents, hémorragies, phlegmons du médiastin, auxquels elles exposent.

On doit tenter d'abord la *dilatation progressive temporaire* (Bouchard) à l'aide d'une série de bougies cylindro-coniques régulièrement calibrées et que l'on introduit en choisissant des numéros progressivement croissants. Une séance tous les deux ou trois jours, un ou deux numéros seulement à chaque séance; chaque numéro laissé en place cinq à dix minutes; ne pas dépasser 15 millimètres pour les enfants, 12 millimètres pour l'adulte. Le traitement est long. Il doit être continué par une séance renouvelée chaque mois.

Dans les cas de rétrécissement très serré. — Tenter la *dilatation permanente* par une bougie laissée en place plusieurs jours, laquelle ramollit le tissu fibreux du rétrécissement et facilite l'introduction d'une sonde plus grosse.

Contre les rétrécissements haut situés. — On peut faire *l'œsophagotomie* cervicale, au-dessous du rétrécissement.

Les rétrécissements infranchissables seront traités par la gastrostomie.

ULCÈRE SIMPLE DE L'ŒSOPHAGE

Symptômes. — Quelquefois pas de symptômes. Douleur siégeant à la région épigastrique, irradiant entre les deux épaules vers les hypocondres, apparaissant dès la fin de la déglutition, vive, brûlante. Le cathétérisme détermine une douleur très vive. La dysphagie s'accuse progressivement : les solides, puis les liquides sont jetés. La nutrition est compromise : amaigrissement, faiblesse, anémie. Parfois hématémèses, la cicatrisation peut être suivie de sténose de l'œsophage (cardia).

Diagnostic. — Avec ulcère de l'estomac.

Traitement. — Même traitement que l'ucère de l'estomac.

A la période de rétrécissement, cathétérisme forcé. Lavements nutritifs, traitement général.

ŒSOPHAGITE PAR BRULURES OU CAUSTIQUES

Symptômes. — Douleur intense, symptômes d'intoxication, shock. Au bout de quelques jours, les douleurs se calment, mais apparaissent des coliques, la diarrhée, du mélæna, des signes de perforation œsophagienne, stomacale ou intestinale, des signes de perforation œsophago-trachéale ; la mort est fréquente. En cas de survie, le rétrécissement succède à la guérison des plaies de l'œsophage.

Traitement. — Vider l'estomac avec le tube de Faucher et neutraliser le toxique.

Si on n'a pas de siphon, provoquer le vomissement par chatouillement du pharynx.

Faire ingurgiter de l'eau albumineuse, contenant de la craie, de la magnésie, de l'eau de chaux seconde, *si le caustique est acide.*

Ou bien du jus de citron, du vinaigre, *s'il s'agit de potasse, de soude, d'ammoniaque.*

Les jours suivants, régime lacté absolu et lavements nutritifs.

Ne pas pas introduire de sonde œsophagienne, qui irrite les tissus. Dès que les signes de sténose apparaissent, dilater et calibrer l'œsophage.

ŒSOPHAGISME, SPASMES DE L'ŒSOPHAGE

Symptômes. — Affection survenant chez l'adulte de 18 à 30 ans, et chez les nerveux, hystériques, névropathes, neurasthéniques. Apparition brusque : régurgitation, rejet des aliments immédiatement après leur ingestion ; régurgitation avec ou sans douleur ; spasmes violents de la gorge, sensation de boule, angoisse, symptômes asphyxiques. Ces accidents peuvent ne pas exister au repas suivant. Ils reviennent sans cause. Dans l'intervalle, troubles nerveux divers : hoquet, constriction de la gorge. Certains aliments passent, non certains autres. Quelquefois les liquides passent, non les solides, ou réciproquement.

L'exploration doit être pratiquée avec les olives les plus grosses ou avec une grosse sonde. On sent un obstacle, mais, en pressant d'une façon continue, l'olive pénètre dans l'estomac; au retour, il n'y a pas de ressaut, l'olive circule librement, le spasme a cessé.

Traitement. — 1° **Général**. — Sur le système nerveux : grands bains prolongés. Potions antispasmodiques, à la teinture de musc (1 à 2 gr.), à la teinture de castoréum (1 à 2 gr.), à la liqueur d'Hoffmann (2 à 4 gr.) ; sirop d'éther, de chloroforme. Belladone. Valériane. Bromure de potassium.

On peut ajouter à cela des applications sur la région sternale ou précordiale : cataplasmes très chauds, laudanisés ou non ; badigeonnage au collodion élastique morphiné (1 p. 30), à la teinture d'iode morphinée (1 p. 15), à la gutta chloroformée (4 p. 30).

2° **Local**. — Dilatation de l'œsophage, pratiquée tous les deux jours, avec une grosse olive enduite de vaseline cocaïnée ou belladonée (1 p. 50).

Affection primitive, ou symptomatique d'une lésion bulbo-protubérantielle.

PARALYSIE DE L'ŒSOPHAGE

Symptômes. — Les liquides sont déglutis, les solides restent dans l'œsophage. Il n'y a pas de régurgitation. Le cathétérisme ne rencontre aucun obstacle. A l'auscultation : bruit de glouglou postérieur. L'état général est peu altéré.

Traitement. — Alimentation par la sonde, lavements nutritifs.

CANCER DE L'ŒSOPHAGE

Symptômes. — Dysphagie progressive, intermittente d'abord, puis permanente : douleurs violentes : vomissements œsophagiens, comme précédemment ; amaigrissement extrême; adénite rétro-claviculaire gauche (Troisier).

Complications. — Multiples, précipitant la marche du cancer : hémorragies abcès du médiastin, gangrène et tuberculose pulmonaires, pleurésie cancéreuse, etc.

Traitement. — 1° **Curatif.** — Il n'est applicable qu'aux cancers limités, au début, siégeant sur la portion cervicale, de l'œsophage.

2° **Palliatif.** — Il a pour but de permettre au malade de s'alimenter, ce qu'on obtient par **le tubage œsophagien**, procédé applicable dans les cas où la sténose n'est pas très serrée, où le tubage ne provoque ni hémorragies, ni autres troubles; l'*œsophagostomie*, dans le cas de cancer haut situé; la *gastrostomie*, qui est l'opération le plus couramment pratiquée.

TECHNIQUE DE LA GASTROSTOMIE

Cette intervention peut et doit même être exécutée sous anesthésie locale. Elle est indiquée dans les sténoses de l'œsophage ou du cardia. Nous décrivons les deux procédés les plus employés.

I. **Procédé de Fontan.** — Incision verticale, longue de 6 centimètres, à extrémité supérieure atteignant le rebord costal, passant à travers le muscle droit.

Le péritoine ouvert, saisir l'estomac avec une pince à griffes de Tuffier, le plus près possible du cardia. Attirer au dehors un cône stomacal assez long dont la base sera fixée aux lèvres de la plaie pariétale par des sutures non perforantes. Sur le sommet du cône maintenu par deux pinces, inciser la musculo-séreuse stomacale, puis ponctionner la muqueuse et y faire pénétrer à frottement une sonde de Nélaton

A l'aide des deux pinces laissées en place, on refoule la portion d'estomac jusque-là saillante en dehors et on constitue ainsi un cul-de-sac conique à surface interne séreuse dont la sonde occupe l'axe; la base du cône invaginé est fixée à la peau par des points non perforants. Suture de la paroi.

II. **Procédé de Souligoux.** — Saisir avec une pince l'estomac, l'attirer au dehors. Le cône ainsi formé est tordu de 90° environ et fixé dans cette position par quelques points non perforants, nouvelle torsion de 120°, fixée comme précédemment. Suture de l'estomac aux lèvres de la plaie pariétale; ouverture du sommet du cône; suture de la séro-musculeuse à l'aponévrose, de la muqueuse à la peau.

XVIII. — MALADIES DE L'ESTOMAC

CORPS ÉTRANGERS DE L'ESTOMAC

Symptômes. — Certains corps étrangers sont tolérés et ne déterminent aucun trouble; ils sont expulsés par les selles ou par des vomissements.

Certains autres déterminent des troubles variables : vomissements incessants par occlusion du pylore; douleur continue, exagérée par la digestion et par la pression sur l'estomac; hématémèses, melæna. Perforation stomacale possible.

Traitement. — Les indications varient avec la nature du corps étranger.

1° *Corps étranger petit et sans aspérités.* — L'expulsion se fera spontanément. Rien à faire.

2° *Corps étranger petit, mais pointu ou tranchant.* — S'abstenir de vomitifs et de purgations. Faire ingérer des purées épaisses, des farineux, qui engloberont le corps étranger et le porteront vers le rectum. On n'intervient qu'en cas de complication.

3° *Corps étranger volumineux.* — Pratiquer la *gastrostomie*, après s'être assuré par la radiographie que le corps étranger est dans l'estomac. Incision sus-ombilicale médiane.

Attirer l'estomac au dehors; l'inciser largement au bistouri, pour extraire facilement le corps étranger. Suturer ensuite l'estomac : un premier plan de sutures adosse toutes les tuniques de l'estomac; un second plan séro-séreux achève l'occlusion. Suturer ensuite la paroi abdominale avec ou sans drainage.

DILATATION DE L'ESTOMAC

Syndrome dû soit à l'altération des parois de l'estomac, soit à l'existence d'un obstacle au niveau du pylore.

Symptômes. — Voussure épigastrique; ondulations péristaltiques. La palpation, pratiquée à jeun, détermine un bruit de **clapotage**, qui se produit jusqu'à la limite inférieure de l'estomac. A l'auscultation, on entend, pendant que le malade avale un liquide, un bruit de glou-glou intense. Par la percussion, on détermine, quand l'estomac contient des aliments, une sonorité tympanique ou hydro-aérique, limitée en bas par une zone de matité. Quand l'estomac a été évacué par la sonde et distendu à l'aide d'un mélange effervescent, on obtient une sonorité permettant de préciser très exactement les limites de l'organe dilaté. Par le **catéthérisme** pratiqué le matin à jeun, on retire du liquide.

Les troubles fonctionnels consistent en : éructations, pyrosis, régurgitations, vomissements, constipation : dyspnée, palpitations cardiaques. On observe en outre la ptose viscérale, soit limitée au foie, au côlon, au rein, soit généralisée aux organes abdominaux ; les éruptions cutanées (eczéma, urticaire, zona, acné); la déformation de l'articulation unissant la 1re à la 2e phalange des 4 derniers doigts (nodosités de Bouchard).

Complications. — Tétanie. Coma dyspeptique. Amaigrissement et anémie progressifs par inanition.

Diagnostic. — Avec : estomac abaissé, dislocation verticale de l'estomac.

Rechercher ensuite la *cause* de la dilatation, qui peut être :

1° *Une sténose pylorique.* L'estomac est très dilaté; les phénomènes douloureux sont assez accentués, les vomissements espacés et abondants: la constipation persistante. La sténose peut relever du cancer, d'un ulcère cicatrisé, d'une péritonite tuberculeuse, d'un rétrécissement congénital.

2° *La dilatation peut n'être pas due à une sténose*, mais à : l'hypersécrétion permanente, la neurasthénie, la surcharge alimentaire habituelle, la gastrite chronique.

Traitement. — Lavage de l'estomac avec de l'eau pure ou alcalinisée, ou avec de l'acide salicylique à 1 p. 1000. On fera un lavage quotidien.

Avant le repas, ou le soir avant le coucher, administrer les substances antiseptiques : menthol, naphtol, bétol, salol, acide salicylique.

Régime : repas peu copieux ; lait, bouillon, poudre de viande, purées ou glucose ou lactose (10 à 100 gr.).

Traiter en outre la cause : l'*hyperacidité*, par les alcalins à haute dose ; le catarrhe gastrique, par acide chlorhydrique ; l'*atonie musculaire*, par la noix vomique, l'ergotine, la faradisation, l'hydrothérapie.

La sténose pylorique pourra nécessiter la gastro-entérostomie, qui donne d'excellents résultats dans les sténoses non cancéreuses.

GASTRITE CATARRHALE AIGUË, INDIGESTION

L'indigestion (repas trop copieux, ingestion d'aliments avariés, trouble apporté à la digestion même après un repas normal) est la cause la plus fréquente de la gastrite aiguë catarrhale.

Symptômes. — *Forme très légère.* — Elle dure 2 ou 3 jours, il y a seulement de la tension épigastrique, diminution de l'appétit, renvois gazeux, fatigue musculaire.

Forme intense. — Ces signes s'accusent : le malaise général est profond ; la langue est saburrale, la bouche amère et pâteuse ; la soif est très vive. Nausées, vomissements, éructations gazeuses fétides, douleur épigastrique, constipation, puis diarrhée fétide ; céphalalgie, état vertigineux, insomnie ; pas de fièvre. Durée ; une huitaine de jours.

L'indigestion proprement dite débute souvent au milieu de la nuit par de la pesanteur à l'épigastre, une sensation de froid, accompagnée de sueurs abondantes, des nausées, puis des vomissements et de la diarrhée. Le lendemain, la prostration diminue : l'estomac reste distendu pendant un jour ou deux.

Diagnostic. — Avec : embarras gastrique, gastrite par intoxication.

Traitement. — Diète, boissons alcalines ou gazeuses. Purgatif salin ou calomel. Vomitif (ipéca ou tartre stibié).

S'il existe de la diarrhée : bismuth ou diascordium.

Potions stimulantes à l'eau de menthe, à l'eau de laurier-cerise, à l'éther, à la liqueur ammoniacale anisée.

Infusions chaudes de camomille, de tilleul, de fleurs d'oranger.

GASTRITE PHLEGMONEUSE

Définition. — Suppuration circonscrite ou diffuse de la couche sous-muqueuse de l'estomac, survenant sans cause appréciable, ou bien dans la pyémie, ou dans le cours d'une gastrite alcoolique.

Symptômes. — Début brusque par : frisson violent, fièvre, douleurs gastriques, vomissements. Température 40°. Pouls 120, 140. L'état général est grave : du 6ᵉ au 12ᵉ jour, la mort survient dans le délire et le collapsus. Quelquefois le pus est rejeté dans les vomissements ; on peut voir apparaître des signes de péritonite par perforation.

Diagnostic. — Très difficile, en raison de la rareté de l'affection à faire avec : péritonite aiguë, empoisonnement, colique hépatique, occlusion intestinale, abcès du foie.

Traitement. — Glace sur le ventre ; injection sous-cutanée de morphine. Potion de Rivière, ingestion de boissons glacées, lait glacé en petites quantités.

EMBARRAS GASTRIQUE

Symptômes. — Survenant sans cause appréciable. Début par malaise, lassitude, courbature, frissons, céphalée accompagnés d'un peu de fièvre. L'appétit est supprimé ; il y a des nausées, des vomissements, de la constipation. La langue est couverte d'un enduit blanchâtre, épais, la bouche est pâteuse. Le ventre est légèrement ballonné, la région épigastrique est sensible à la palpation. La température monte le soir à 38°, 39°, elle est normale le matin.

Durée. — 5, 6 ou 8 jours, puis tous les symptômes s'amendent assez rapidement, quelquefois avec sueurs abondantes et diarrhée. Telle est la forme appelée **fièvre gastrique rémittente.** Dans les pays chauds, en partie sur les bords de la Méditerranée, les symptômes sont un peu plus intenses (**fièvre gastrique climatique**).

Dans une forme plus intense (**fièvre synoque**), les signes généraux sont plus accusés, rappelant l'état typhoïde.

Dans quelques cas, les vomissements sont très abondants et répétés et il existe des selles diarrhéiques glaireuses (**forme**

muqueuse). D'autres fois les vomissements sont bilieux, les selles bilieuses, les urines ictériques, le foie gros et douloureux, la peau est jaune (**forme bilieuse**).

Diagnostic. — Avec : indigestion, fièvre typhoïde, fièvre herpétique, fièvre paludéenne, ictère catarrhal.

Traitement. — Repos, diète lactée, limonades froides. Purgatifs :

Sulfate de magnésie 30 à 60 gr.
Eau................ 250 à 300 —
Sirop de limon..... 50 gr.
F. s. a. en 2 fois à 1/2 h. d'intervalle.

Calomel....... 0gr,50 à 1 gr.
Miel........... 0 gr.

Contre la fièvre. — Antipyrine, sulfate de quinine.

Contre les vomissements. — Eaux gazeuses : boissons glacées, potion de Rivière.

GASTRITE TOXIQUE

Les substances *toxiques*, ingérées ou injectées sous la peau, déterminent des accidents gastro-intestinaux plus ou moins intenses : ces accidents sont décrits au chapitre *Intoxications*.

Les substances *caustiques* ou irritantes peuvent aussi déterminer des accidents gastriques, qu'elles aient été avalées par mégarde ou dans un but criminel acides sulfurique, chlorhydrique, azotique, phénique : ammoniaque, potasse, sels de potasse ou de soude, sublimé, alcool absolu, sulfate de cuivre, etc.).

Symptômes. — Après l'ingestion de la substance caustique apparaît une sensation de brûlure très vive, bientôt atroce, à la région épigastrique, des nausées suivies de vomissements très douloureux, muqueux, sanguinolents ; le ventre, d'abord rétracté, se ballonne ; souvent il existe de la diarrhée sanguinolente. La respiration est accélérée, les extrémités sont refroidies, les urines sont supprimées, la peau se couvre de sueurs, et le malade succombe dans le collapsus. D'autres symptômes peuvent survenir, dus spécialement à la substance ingérée. La terminaison varie d'ailleurs avec la quantité de toxique et la mort peut ne survenir que plus tard, par perforation de l'estomac ; la guérison est souvent suivie d'accidents ultérieurs : rétrécissements du pharynx, de l'œsophage.

Diagnostic. — Faire l'examen de la bouche, du pharynx ; examiner avec soin les matières vomies.

Traitement. — Evacuer le contenu de l'estomac par un

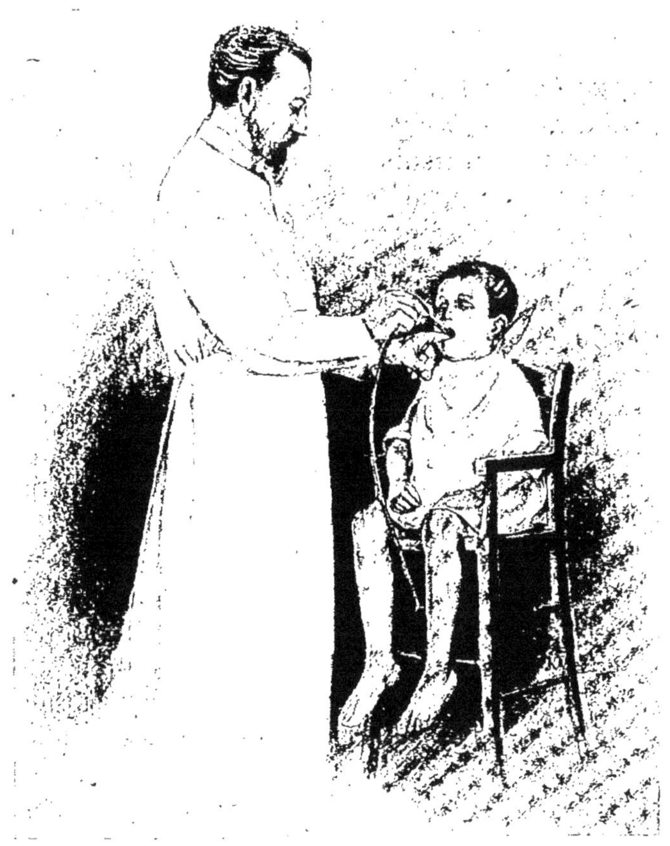

Fig. 54. — Lavage de l'estomac chez l'enfant.

grand lavage pratiqué à l'aide du tube de Faucher (fig. 54) avec de l'eau bouillie ; ou par une injection d'apomorphine. Neutraliser la substance caustique :

Si c'est un acide : lait chaud ou de magnésie.

Si c'est un alcali : eau acidulée ou vinaigrée.

Contre l'arsenic : sesquioxyde de fer ; magnésie hydratée.

Contre le phosphore : magnésie, essence de térébenthine.

Contre le sublimé : lait, eau albumineuse, etc.

En outre, combattre le collapsus par : injections d'éther, d'huile camphrée, caféine; frictions.

Combattre la douleur par une injection de morphine; les vomissements par l'ingestion de petits morceaux de glace.

Plus tard, diète lactée.

GASTRITE CHRONIQUE

Synonymie. — *Gastrite muqueuse* (gastrite alcoolique).

Symptômes. — *Début* lent, insidieux par des troubles dyspeptiques intermittents, durant quelques jours et consistant en : inappétence, difficulté des digestions, nausées, vomissements.

Période d'état. — Les troubles gastriques deviennent permanents : gêne et pesanteur épigastriques s'accusant après les repas; digestions pénibles; inaptitude au travail et ballonnement de la région épigastrique, tendance au sommeil après les repas. Vomissements muqueux, visqueux le matin (*pituite*), quelquefois sanguinolents, vomissements alimentaires, constipation, diminution progressive de l'appétit; sommeil pénible; l'état général, longtemps conservé, finit par s'altérer : le teint devient terreux, l'amaigrissement progresse. Si on sonde le malade, le matin à jeun, on retire de l'estomac 60 à 100 cc. d'un liquide visqueux, faiblement alcalin.

L'examen de la région épigastrique montre un estomac dilaté, parfois induré (gastrite sous-muqueuse hypertrophique).

Diagnostic. — Avec : Dyspepsies, ulcère, cancer de l'estomac.

Variétés. — Gastrite *primitive* (alcoolisme, alimentation défectueuse).

Gastrites *secondaires* (dans chlorose, malaria, intoxication saturnine ou mercurielle, cancer, affections du cœur et du foie, tuberculose soit au début, soit à la période terminale, syphilis).

Traitement. — **Hygiène.** — Vie calme et réglée; exercice modéré; frictions sèches sur la peau.

Mastication et insalivation prolongées. Repos après chaque repas dans un fauteuil.

Traitement général. — a) *Stimuler l'appétit :* Élixir de Gendrin, condurango, quassia amara, gentiane.

Persulfate de soude.... 2 gr.
Eau distillée.......... 300 —
1 cuillère à soupe avant chaque repas pendant 5 jours au plus

Tannate d'orexine 0gr,30 par cachet
Un cachet avant chaque repas.

b) *Faciliter les digestions* : Gasterine, dyspeptine, papaïne (0,20 à chaque repas), pepsine fluide.

Pepsine fluide titre 100	10	grammes.
Glycérine	80	—
Eau distillée de menthe.... q. s. p.	150	—

Remonter l'état général : glycérophosphate, cacodylate de soude.

Contre la constipation : Cascara sagrada ou purgatifs salins.

Eaux de Vichy, Vals, Pougues, Châtelguyon, Royat, Brides.

ULCÈRE DE L'ESTOMAC

Synonymie. — Ulcère simple, maladie de Cruveilhier, ulcère rond.

Symptômes. — *Début*, lent dans la plupart des cas, par troubles dyspeptiques, douleurs gastriques, vomissements, diminution de l'appétit.

Période d'état. Caractérisée par une douleur à caractères particuliers, des vomissements, des hémorragies gastriques.

Douleur. — Elle est liée à l'ingestion des aliments et apparaît immédiatement ou quelque temps après les repas; certains aliments trop chauds ou trop froids ou épicés, l'exaspèrent. Elle est intense, analogue à une brûlure, à une sensation de transfixion (douleurs « en broche »). Elle siège à l'épigastre un peu au-dessous de l'appendice xyphoïde, à maximum un peu à droite ou à gauche de la ligne médiane, suivant le siège de l'ulcère (cardia, pylore, grande ou petite courbure, faces). Elle s'irradie vers la région de l'épaule, et correspond à un point douloureux de la région dorsale (point rachidien), la pression l'exagère. Le paroxysme douloureux dure quelques heures; il cesse avec les vomissements.

Vomissements. — Ils sont plus ou moins abondants, muqueux le matin, alimentaires après les repas. Répétés, ils entraînent une inanition rapide.

Hémorragie. — Elle survient ordinairement après les repas; elle peut être foudroyante et mortelle en quelques heures, sans hématémèse, ou bien elle se produit plus lentement. On observera alors les signes d'hémorragie interne. Affaiblissement, pâleur syncopale, petitesse et rapidité du pouls, puis surviennent des nausées et le sang est vomi. Les selles peuvent contenir du sang. Enfin la quantité de sang peut être très faible.

L'appétit diminue peu à peu; la sécrétion gastrique est exagérée; flatulence et contispation. Les malades évitent de manger pour éviter le retour des douleurs. L'état général s'altère à la longue ; faiblesse générale, anémie, amaigrissement aménorrhée, neurasthénie.

Complications. — Perforation de l'estomac, déterminant une péritonite généralisée ou circonscrite, une pleurésie purulente (par ouverture à travers le diaphragme), un abcès gazeux sous-diaphragmatique. — Dilatation de l'estomac par cicatrisation d'un ulcère du pylore. — Association du cancer à l'ulcère.

Formes cliniques et marche. — Forme commune, dans laquelle existent tous les symptômes.

Forme gastralgique, caractérisée par la prédominance des phénomènes douloureux.

Forme hémorragique, dans laquelle les hématémèses répétées entraînent rapidement une anémie intense.

Forme dyspeptique; forme cachectique.

Forme latente, dans laquelle le premier accident est une perforation, une hémorragie abondante non précédée d'autres symptômes.

Durée, toujours assez longue, plusieurs années; les récidives sont fréquentes chez les jeunes femmes, la marche est parfois plus rapide.

Diagnostic. — Avec gastralgie nerveuse, colique hépatique, vomissements périodiques, maladie de Reichmann (voir *Dyspepsies*), gastrite alcoolique, cancer, perforations intestinales.

Traitement. — Régime lacté absolu : 2 litres à 2 l. 1/2 par jour à doses fractionnées.

Alcalins : bicarbonate de soude à hautes doses : prendre toutes les heures un des cachets :

Bicarbonate de soude.................... 0gr,60
Craie préparée.......................... 0gr,20
Pour 1 cachet.

Ou bien sous-nitrate de bismuth ou mieux carbonate de bismuth (1) à haute dose : 20 et 30 grammes par jour ; faire coucher, après absorption, le malade sur le dos, le ventre, les flancs de façon à ce que la bouillie bismuthée forme sur toute la muqueuse un pansement protecteur.

Quand les phénomènes douloureux se calment et que l'appétit reparaît. — Donner la poudre de viande (par jour deux à trois doses de 30 gr.) dans de l'eau ou du lait, sucré et aromatisé avec de l'essence de menthe. — Plus tard : régime lacté partiel : éviter les mets épicés, le vin, la bière, l'alcool.

Contre la douleur et les vomissements. — Opiacés, eau chloroformée, chlorhydrate de cocaïne.

Dans le cas de perforation. — La laparotomie est indiquée d'une façon formelle.

Dans le cas d'hémorragie. — Repos absolu au lit, ingestion de lait glacé par petites doses.

Dans les cas rebelles. — Alimentation par la sonde. Jéjunostomie qui met l'estomac au repos complet.

CANCER DE L'ESTOMAC

Symptômes. — Début essentiellement insidieux par des troubles dyspeptiques vagues, auxquels s'ajoutent bientôt l'anémie et l'amaigrissement propres au cancer.

Période d'état. — **Douleur.** — Elle existe dans la plupart des cas; elle est plus ou moins nettement localisée à la région épigastrique, s'irradie vers les espaces intercostaux, l'épaule, le sternum. Elle n'est pas influencée par les repas, et persiste en dehors d'eux, lancinante, sourde ou térébrante, parfois extrêmement violente.

Vomissements. — D'abord espacés, ils deviennent fréquents; ils sont alimentaires et les matières vomies contiennent des aliments non digérés; ils sont faiblement acides et d'odeur fétide. Ils sont fréquents dans le cancer du pylore.

(1) Le carbonate de bismuth a sur le sous-nitrate l'avantage d'éviter tout risque d'intoxication.

Hématémèse. — Elle consiste quelquefois en un vomissement de sang rouge, abondant; ordinairement le sang séjourne quelque temps dans l'estomac; il est rejeté sous l'aspect d'un liquide noirâtre, analogue à du marc de café.

En outre le malade se plaint de nausées, d'éructations gazeuses, acides et d'odeur putride; l'appétit diminue; il y a souvent du dégoût pour la viande. La constipation existe au début; elle est remplacée plus tard par la diarrhée. Les selles contiennent parfois du sang.

Examen de l'estomac. — Il montre qu'il peut être dilaté (cancer du pylore); la palpation de la région épigastrique peut révéler l'existence d'une tumeur dont le siège est variable, de consistance dure ou rénitente, et qui semble quelquefois disparaître (cancer du pylore). Il peut exister d'autres nodosités, s'il existe un cancer secondaire du foie ou du péritoine.

Ganglions. — Ils sont hypertrophiés et indurés : il faut rechercher en particulier les ganglions sus-claviculaires gauches.

Le suc gastrique est hypochlorhydrique dans la majorité des cas. Les urines peuvent être albumineuses, elles sont ordinairement hypoazoturiques.

L'amaigrissement, l'affaiblissement, l'anémie augmentent, la peau devient sèche et prend une teinte jaune paille.

Complications. — Propagation du cancer au pancréas, au foie, au péritoine, à la plèvre, aux poumons, perforation de l'estomac; fièvre à forme intermittente; coma; phlegmatia alba dolens; œdème des jambes; paraplégie.

Durée. — Après une durée qui varie de 4 mois ou 3 mois (cas de cancer aigu) à un an ou 14 mois, parfois entrecoupée de rémissions, le cancer de l'estomac aboutit fatalement à la mort par cachexie ou par une complication.

Diagnostic. — Avec : gastrite chronique, dyspepsie nerveuse, ulcère de l'estomac, dilatation, urémie, péritonite chronique, obstruction intestinale, cancer de l'œsophage (dans le cas de cancer du cardia.)

Traitement. — 1° **Traitement chirurgical.** — Précoce, si on veut avoir de bons résultats.

Indications. — Un noyau de cancer mobile, sans adhérences trop étendues, sans foyers métastatiques, commande une *opération radicale*, la *gastrectomie.* Il faut donc qu'on puisse enlever la totalité de la tumeur, ce qui suppose une intervention précoce, pratiquée avant la période de cachexie, le malade étant assez résistant; il ne faut pas attendre la période de sténose.

Si on ne peut enlever la totalité de la tumeur, escompter par conséquent une guérison radicale, la pratique à tenir varie selon les troubles observés : 1° *il n'y a pas de sténose pylorique*, s'abstenir de toute intervention; 2° *il y a sténose*, pratiquer une *gastro-entérostomie*.

TECHNIQUE OPÉRATOIRE. — *Pylorectomie*. — *Gastrectomie*. — Incision sus-ombilicale médiane, suffisamment étendue. Examen de la tumeur, se rendre compte si elle est opérable. Si oui, placer deux clamps au-dessus et au-dessous de la tumeur, à 5 ou 6 centimètres d'elle, en tissu sain. Sectionner la portion d'estomac comprise entre les clamps, au ras de ceux-ci. L'enlever, en détachant ses adhérences aux viscères voisins, qui sont parfois étendues. — Si on peut amener le moignon d'estomac au contact du duodénum, sans tiraillement, on les suture l'un à l'autre. Rétrécir la partie supérieure de la fente stomacale et suturer sa partie inférieure au duodénum. La suture est en deux plans : un plan profond, comprenant toutes les tuniques de l'estomac, un plan superficiel séro-séreux. Le fil à suture peut être du catgut, de la soie, du fil de lin. La suture a alors la forme d'un Y (procédé de Billroth) (fig. 55).

Si l'estomac ne peut venir au contact du duodénum, suturer séparément les deux tranches duodénale et gastrique, toujours par deux plans de sutures. Puis, aboucher le moignon d'estomac à l'origine du jéjunum par une gastro-entérostomie (procédé de Kocher). Drainer, s'il y a crainte d'infection du champ opératoire. Suturer la paroi (fig. 56 à 58).

Gastro-entérostomie. — Elle consiste à anastomoser l'estomac à la première anse du jéjunum. — Incision médiane sus-ombilicale. Attirer l'estomac au dehors et le retourner de manière à mettre sa face postérieure en avant. A travers le mésocôlon qu'on effondre, sentir battre l'artère mésentérique supérieure, reconnaître à sa gauche l'angle duodéno-jéjunal, attirer l'origine du jéjunum à travers le mésocôlon et le porter contre la face postérieure de l'estomac, on va les suturer (gastro-entérostomie postérieure trans-mésocolique de von Hacker). L'emploi des boutons de Murphy ou autres est inutile. Voici le procédé le plus habituellement suivi : suture en surjet séro-séreuse postérieure, unissant le jéjunum près de son mésentère à l'estomac; ouverture transversale assez large de l'estomac et du jéjunum sur son bord libre; suture des deux lèvres antérieures des deux organes; puis suture séro-séreuse antérieure. La bouche stomacale sera faite le plus loin possible

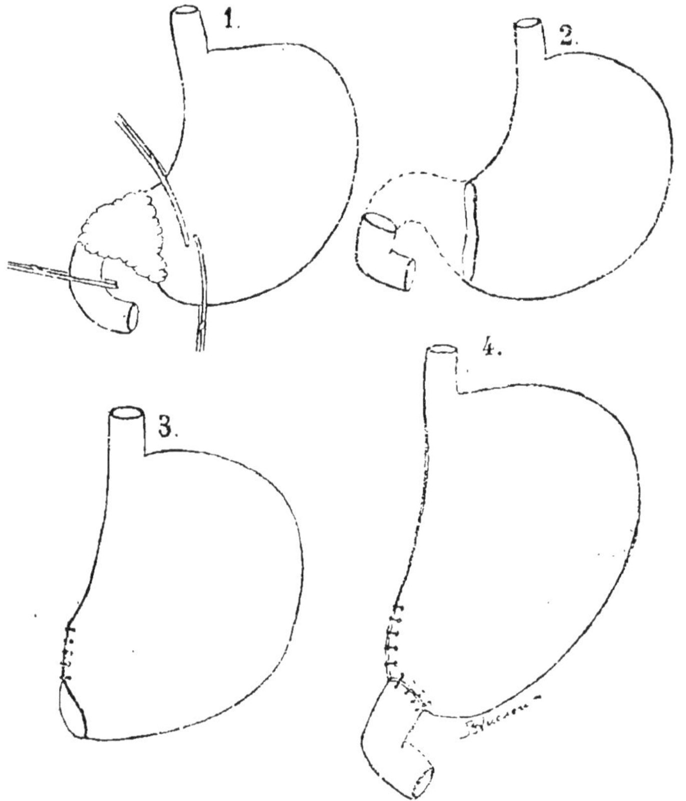

Fig. 55. — Gastrectomie (procédé Péan-Billroth).
1 et 2, premier temps; 3, deuxième temps; 4, troisième temps.

de la tumeur pour éviter sa sténose secondaire; elle sera faite d'emblée large de 5 à 6 centimètres.

Les viscères sont rentrés dans le ventre. Suture avec ou sans drainage.

Résultats. —*Pylorectomie.* — Pratiquée à temps, elle n'est pas plus grave que la gastro-entérostomie; elle donne une survie plus longue; elle peut faire espérer une guérison radicale. Mortalité opératoire faible. Les malades engraissent rapidement. Survie notable pouvant atteindre 4 et 5 ans.

Fig. 56 à 58. — Résection du pylore. Procédés de Billroth et de Kocher.

Gastro-entérostomie. — Elle donne une survie notable ; ce n'est qu'une opération palliative.

2° Traitement médical. — Régime lacté ; poudres alimen-

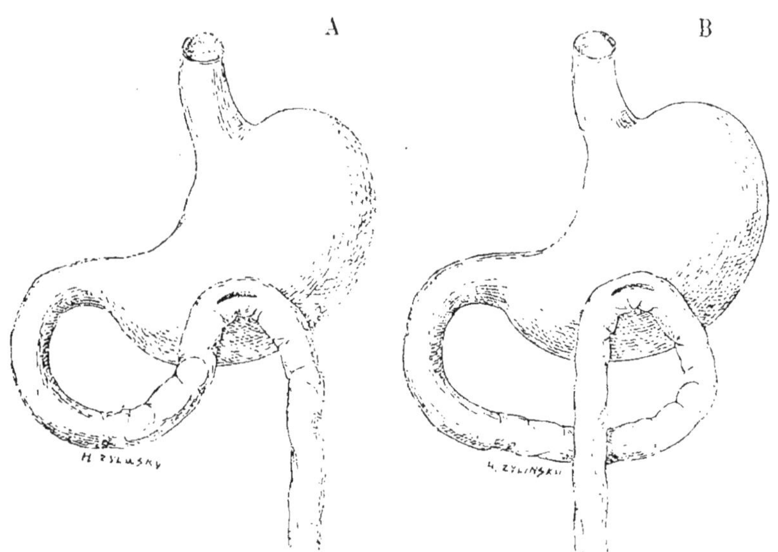

Fig. 59 et 60. — A (schéma). L'anse jéjunale est appliquée directement (ce qu'il ne faut jamais faire) ; B (schéma). L'anse est retournée (ce qu'il faut toujours faire).

taires ; lavements nutritifs : antisepsie gastro-intestinale (salol, salicylate de bismuth, naphtol).

Contre la douleur. — Opiacés, injections de morphine :

Sirop d'opium.... 20 à 40 gr.	Hypnal................ 2 gr.
Eau de laurier-cerise.... 10 —	Eau de laurier-cerise... 10 —
Eau distillée............ 100 —	Sirop de morphine..... 20 —
Par cuillerée à soupe.	Eau distillée.......... 100 —

Contre les vomissements. — Lavage de l'estomac :

Chlorate de soude...................... 10 gr.
Eau................................... 100 —

Faire dissoudre, à prendre par cuillerées à café dans les 24 heures.

GASTRALGIE

Névralgie des nerfs de l'estomac.

Elle peut exister comme symptôme essentiel et isolé, mais le plus souvent elle survient au cours d'états pathologiques variés.

Symptômes. — La crise gastralgique est souvent précédée de prodromes ; sensations de plénitude épigastrique, éructations, nausées, salivation ; la douleur siège à l'épigastre, d'où elle irradie vers l'hypocondre, vers le dos, l'abdomen et même le cordon spermatique. Elle consiste en une sensation de brûlure gastrique ou bien de constriction thoracique et s'accompagne parfois de sensations de faim et de soif. Elle peut être légère ou très accentuée avec réaction générale : pâleur de la face, refroidissement des extrémités. L'accès dure de quelques minutes à plusieurs heures; il se termine par des vomissements, ou par une miction abondante, une sensation extrême de faim, un impérieux besoin de sommeil.

Variétés. — *Gastralgie essentielle.* — Elle est en général peu intense; elle est provoquée par des aliments, tels que les épices, les condiments, le café, l'alcool, la glace, par certains médicaments, tels que les purgatifs drastiques, le copahu, la térébenthine, la quinine, le mercure, les iodures.

Gastralgie d'origine gastrique. — Elle est liée aux différentes affections douloureuses de l'estomac : l'ulcère simple, le cancer, l'hyperchlorhydrie, Dans *l'hyperchlorhydrie*, l'accès commence deux ou trois heures après le repas et dure de quelques minutes à plusieurs heures; il a à peu près la même durée chez chaque malade. Dans *l'hypersécrétion continue* (maladie de Reichmann), la gastralgie a les mêmes caractères; dans la variété *permanente*, l'accès est souvent nocturne et se termine par un vomissement.

Gastralgie des affections nerveuses. — Elle s'observe dans les névroses (hystérie, neurasthénie), dans les myélites, telles que la sclérose en plaques, le tabes, qui peuvent débuter par des crises gastriques.

Gastralgies réflexes. — Elles s'observent dans l'helminthiase, dans les affections utéro-ovariennes, dans la néphroptose.

Gastralgie dans les maladies générales. — Elle survient à la suite de la fièvre typhoïde, dans la phtisie pulmonaire, dans la goutte, dans certains accès fébriles pernicieux du paludisme.

Diagnostic. — Avec : colique néphrétique, colique hépatique, colique de plomb, gastrites par ingestion de caustiques, urémie gastrique, névralgie intercostale.

Traitement. — *Pendant l'accès.* — Applications chaudes sur la région épigastrique, sinapismes, injection de morphine.

Boissons glacées; eau chloroformée; perles d'éther.

Granules 4 à 8	Extrait thébaïque........	àà 1 cgr.
	Extrait de belladone.....	

ou :

Chlorhydrate de cocaïne..................	0gr,05
Eau distillée............................	100 —
Sirop de morphine......................	40 —
Eau de fleurs d'oranger.................	10 —

F. s. a. Potion à prendre par cuillerées à soupe.

En dehors des accès. — Rechercher la cause de la gastralgie (hypersécrétion, hyperchlorhydrie, ulcère, affection nerveuse, etc.), et instituer un traitement étiologique.

DYSPEPSIES

Définition. — La dyspepsie, ou difficulté habituelle de la digestion, peut exister à titre de symptôme, dans les affections organiques de l'estomac. Lorsque au contraire elle constitue un trouble purement dynamique et fonctionnel, elle constitue la dyspepsie proprement dite.

Symptômes. — Irrégularité de l'appétit; malaise débutant quelque temps après le repas et consistant en douleur épigastrique, quelquefois à forme gastralgique, ballonnement de l'épigastre ou clapotage, cessant spontanément ou après un vomissement.

En même temps, le malade a des bouffées de chaleur au visage, des palpitations, des étouffements, de l'obnubilation intellectuelle, un besoin invincible de dormir. Des troubles plus graves peuvent se montrer : dyspnée avec tachycardie, angoisse précordiale, aphasie transitoire, hémiplégie.

L'état général reste satisfaisant. Les caractères de la sécrétion gastrique diffèrent suivant les variétés cliniques.

Variétés cliniques. — 1° *Dyspepsie nerveuse ou atonie gastro-intestinale de Bouveret, dyspepsie asthénique.* — Le chimisme stomacal reste souvent normal; souvent aussi il y a hypochlorhydrie. Les malades sont fréquemment des neurasthéniques.

2° *Dyspepsie avec hyperchlorhydrie.* — Les accès douloureux ne se montrent que 3 ou 4 heures après les repas, durent quelques minutes à plusieurs heures et cessent après des vomissements.

Il existe des formes légères. L'exploration de l'estomac ne décèle pas de dilatation; le liquide gastrique (recueilli après repas d'épreuve d'Ewald) a une acidité supérieure à la normale, due à l'acide chlorhydrique libre ou combiné.

3° *Hypersécrétion continue ou maladie de Reichmann.* — Intermittente ou permanente, elle succède ordinairement à l'hyperchlorhydrie et se caractérise par ce fait que la sécrétion du suc gastrique est exagérée et se poursuit même à jeun. Elle se manifeste par des accès gastralgiques, souvent nocturnes, accompagnés de vomissements alimentaires et liquides, très abondants, d'une acidité marquée. Elle conduit à la dilatation gastrique, à la gastrite chronique avec cachexie.

Diagnostic. — Avec : gastrite chronique, ulcère, cancer, sténose pylorique, gastralgie, colique hépatique, dyspepsies symptomatiques de la tuberculose pulmonaire, de l'anémie.

Traitement. — *Contre les phénomènes douloureux :*

Extrait de belladone..................	āā 0gr,02
Poudre de racine de belladone........	

Pour 1 pilule n° 20, 2 à 5 par jour.

Eau distillée..	100 gr.
Bromure de sodium...	10 —
Eau de fleurs d'oranger	10 —
Sirop d'éther..........	40 —

F. s. a. 2 à 5 cuillerées à soupe par jour.

Eau chlorof. saturée..	100 gr.
Eau de menthe.......	20 —
Sirop de belladone....	30 —

M. 1 cuillerée à dessert tous les 1/4 d'heure pendant les crises.

ou : potion opiacée, potion au chlorhydrate de cocaïne, hypnal.

Contre l'hypochlorhydrie. Gentiane, quassia amara, colombo, condurango, noix vomique.

Alcalins avant les repas. Dans les cas graves, on donnera l'acide chlorhydrique à 3 à 5 pour 1000, à prendre à la fin du repas : deux ou trois petits verres à madère.

Alimentation suffisante, exercice modéré.

Contre l'hyperchlorhydrie. — Bicarbonate de soude, à prendre au début de la crise, magnésie calcinée; craie préparée.

S'il y a hypersécrétion. — Les lavages de l'estomac seront indiqués.

Bicarbonate de soude..	1 gr.	Bicarbonate de soude..	1 gr.
Magnésie calcinée.....	0gr,30	Craie préparée.........	0gr,60
Pour un cachet n° 35.		Pour un cachet n° 30.	

Alimentation azotée; peu de féculents, pas de matières grasses. Séjour à la montagne, à la campagne, hydrothérapie.

ANOREXIE

Symptômes. — Perte de l'appétit, pouvant exister dans diverses affections gastriques, mais pouvant constituer à elle seule un état morbide, c'est l'*anorexie nerveuse.* Le ou la malade (il s'agit le plus souvent d'une femme) réduit progressivement son alimentation jusqu'au refus systématique de tout aliment. La santé générale peut rester bonne pendant longtemps, mais elle finit par s'altérer : amaigrissement, perte des forces, pâleur, cyanose, hypothermie, cachexie. Les motifs que donnent les malades pour expliquer leur refus de manger sont souvent d'ordre psychique (idées religieuses, coquetterie, sitiophobie). Aussi bien l'anorexie nerveuse est-elle fréquente chez les aliénés, les hystériques: elle constitue parfois la première manifestation de l'hystérie, chez les jeunes filles de 15 à 20 ans.

Traitement. — Il faut tenir compte de ces conditions étiologiques : isolement rigoureux de la malade, et persuasion; alimentation par la sonde, hydrothérapie, suggestion.

VOMISSEMENTS

Rejet par la bouche des matières contenues dans l'estomac, survenant par excitation *réflexe* dans : indigestion, gastrite alcoolique, ulcère, cancer, hyperchlorhydrie, coliques hépatiques et néphrétiques, rein mobile, péritonites, helminthiase, occlusion intestinale, grossesse, laryngite tuberculeuse, phtisie pulmonaire, syndrome de Ménière; d'origine *centrale* dans : méningites, émotions morales, syncope, migraine, mal de mer, urémie, tumeurs cérébrales ou cérébelleuses, lésion bulbaires, hystérie, neurasthénie, tabes, certaines intoxications (morphine, nicotine, chloroforme), au début de quelques maladies infectieuses aiguës.

Vomissement nerveux proprement dit, vomissement essentiel. — Il comprend deux variétés :

Le vomissement *périodique* de Leyden, qui procède par accès à début brusque, à récidive quelquefois régulière et dans l'intervalle desquels la santé reste bonne.

Et le vomissement nerveux *chronique*, qui peut déterminer un état d'inanition grave.

Traitement. — Opium, belladone, bromure de potassium, eau chloroformée, éther, cocaïne, alimentation par la sonde, potion de Rivière. Les vomissements symptomatiques nécessiteront le traitement de la cause.

HÉMATÉMÈSE

Synonymie. — Vomissements de sang.

Symptômes. — Après quelques prodromes : douleur épigastrique, angoisse vague, anorexie, nausées, le sang est violemment rejeté au dehors. Il peut être rouge si l'hémorragie est récente, ou noirâtre, comparable à de la suie délayée ou à du marc de café, s'il a séjourné quelque temps dans l'estomac. Il peut y avoir en même temps melæna. La quantité de sang est variable; quand elle est considérable, on constate de l'affaiblissement et de l'accélération du pouls, des lipothymies, des étourdissements, une syncope même. Si une certaine quantité de sang passe dans le larynx, il se produit de la toux, pouvant faire croire à une hémoptysie.

Diagnostic. — Avec : vomissements biliaires noirs (examen spectroscopique et microscopique), hémoptysie : dans celle-ci, la toux est plus marquée, précède et suit l'accident ; il y a de la fièvre, des signes physiques pulmonaires.

On devra ensuite rechercher si l'hématémèse est due à une hémorragie de l'estomac (gastrorragie), liée à l'ulcère, au cancer ou, plus rarement, à la gastrite, ou bien à un ulcère du duodénum, à la cirrhose du foie, à une épistaxis déglutie, à un anévrysme aortique, à des varices œsophagiennes ; à une cause générale, comme dans le scorbut, variole hémorragique, purpura, ictère grave, empoisonnement par le phosphore ; à un traumatisme, à l'hystérie.

Traitement. — Repos le plus absolu ; ingestion de lait glacé par petites quantités, de glace par petits fragments : boissons acidulées ; opiacés à petites doses, ergotine en potion ou en injection sous-cutanée ; injection de sérum artificiel.

XIX. — MALADIES DES INTESTINS

ENTÉRITE AIGUE

Symptômes. — Le début est progressif ou brusque et s'annonce par des frissons, de la fièvre, des nausées, des vomissements. La fièvre atteint 39° ou 39°,5. Les douleurs abdominales revêtent la forme de coliques ; il existe de la diarrhée, muqueuse ou bilieuse, quelquefois lientérique. L'appétit est aboli, la langue est saburrale. Après une durée de huit à dix jours, la guérison survient. La diarrhée persiste parfois quelque temps.

Formes cliniques. — Entérites infantiles : la fièvre manque souvent ; les selles sont blanchâtres ou vertes ; l'état général reste assez bon ; le ventre est ballonné, sonore, non douloureux à la palpation ; ténesme anal ; cette entérite peut passer à l'état chronique ou se terminer par le choléra infantile.

Formes légères (indigestion intestinale) ;

Forme cholérique (selles séreuses, très fréquentes, affaiblissement du pouls, refroidissement des extrémités, symptômes persistant rarement plus d'un jour).

Formes dysentériques, typhoïde, convulsive, méningitique.

Diagnostic. — Avec : embarras gastrique, dysenterie, rectite, fièvre typhoïde.

Traitement. — **I. Chez l'adulte.** — Il comprend deux indications.

1° **Combattre la toxi-infection** : par des purgatifs : sulfate de soude, eaux minérales sulfatées; calomel soit à dose purgative ($0^{gr},40$ à $0^{gr},60$), soit à doses réfractées ($0^{gr},10$ toutes les heures) — par des antiseptiques intestinaux : salicylate de bismuth, benzonaphtol, acide lactique, etc. Les ferments lactiques atténuent les signes d'infection et d'auto-intoxication.

2° **Favoriser ultérieurement la guérison des lésions intestinales par les astringents** : extrait de ratanhia (1 à 5 gr. en potion), cachou (10 à 15 gr. de teinture), tannigène, bistorte.

Extrait de ratanhia	āā $0^{g},05$
— de bistorte	
— de diascordium	
Poudre de tormentille	
— de cachou	

Deux pilules avant chaque repas (Robin).

Contre la soif : limonade lactique, citronade.

Contre la fièvre : antipyrine, quinine.

Contre l'adynamie : thé au rhum, acétate d'ammoniaque.

II. Chez l'enfant. — Pendant 24 heures, ne donner à l'enfant que de l'eau bouillie pure ou additionnée de lactose, par très petites doses.

Quand les vomissements sont calmés, faire prendre à l'enfant :

α. Décoction de céréales : blé, orge, avoine, seigle, maïs son; une cuiller à soupe de chaque dans trois litres d'eau; réduire au litre, filtrer.

β. Bouillon de légumes (Méry).

Carottes	45 gr.
Pommes de terre	60 —
Navets	15 —
Pois secs	āā 6 gr.
Haricots secs	
Eau	1 litre.

Faire bouillir pendant 4 heures, filtrer, ramener à un litre, saler légèrement.

Outre ce régime alimentaire, prescrire une potion à l'acide lactique, le tannigène, le bismuth, etc. Ferments lactiques.

Dans les formes graves, bains chauds à 36°, 2 fois par jour, suivis de frictions à l'alcool. — Injections de sérum caféiné :

soit massives dans les formes avec hypothermie, soit fractionnées dans les formes hyperthermiques. Injections d'huile camphrée à 1 p. 10.

CHOLÉRA INFANTILE

Synonymie. — Entérite cholériforme, cholérine.

Symptômes. — Début brusque, souvent au cours d'une entérite aiguë, par des vomissements fréquents, séreux, se produisant sans effort, par la diarrhée : les selles sont rapidement séreuses, incolores, très abondantes. L'état général est grave : langue humide et saburrale, pouls fréquent, petit, misérable, fièvre peu élevée. Bientôt l'algidité s'accuse ; les extrémités se refroidissent, les yeux s'excavent, la température tombe à 37°, 36°. La mort survient dans le collapsus ou dans les convulsions. Il existe une forme lente et une forme suraiguë.

Diagnostic. — Avec : invagination intestinale, choléra asiatique (selles riziformes), gastro-entérite aiguë simple.

Traitement. — Voy. Entérite aiguë.

Contre la diarrhée. — Laudanum de Sydenham, à la dose de I à V gouttes, en potion ou en lavement. Elixir parégorique en potion. Sous-nitrate de bismuth (2 gr.). Extrait de ratanhia (1 gr.). Lavements d'ipéca ; limonade lactique. Stimulants : Bains sinapisés de 5 minutes à 38° suivis de frictions, boules d'eau chaude, boissons alcooliques (30 à 60 gr. de rhum ou cognac dans du thé chaud), injections d'éther, de caféine.

ENTÉRITE TUBERCULEUSE

Symptômes. — Le début est rarement franc ; ordinairement, que la tuberculose intestinale soit primitive, ou qu'elle survienne chez un phtisique, elle se développe insidieusement. La diarrhée est le principal symptôme : les selles sont fluides, grisâtres ou grumeleuses, ou hémorragiques ; cette diarrhée est persistante, rebelle au traitement. L'abdomen est souple, déprimé, non douloureux. L'état général s'aggrave : amaigrissement, prostration, sécheresse de la peau, pigmentation de la face, incontinence des matières.

Le pronostic est très grave.

Diagnostic. — Avec entérite simple, cancer intestinal.

Traitement. — Antidiarrhéique (voy. *Diarrhée*). Opiacés, toniques, stimulants.

ENTÉRITE MUCO-MEMBRANEUSE

Symptômes. — Tantôt ils sont très peu accentués et consistent dans le rejet de selles spéciales, tantôt ils constituent des crises de coliques très douloureuses pendant lesquelles le ventre est ballonné, accompagnées de vomissements, de fièvre pouvant simuler l'occlusion intestinale (vomissements fécaloïdes, faciès grippé, absence de matières et de gaz) ou la fièvre typhoïde. Les selles sont formées de mucus ayant l'apparence de glaires ou de fausses-membranes.

Diagnostic. — Avec dysenterie, invagination, coliques hépatiques, gastralgie, appendicite, étranglement interne.

Traitement. — **1° Local.** — *Lavages intestinaux* avec le bock et une canule longue de 15 à 20 centimètres; injecter sans forcer un litre à un litre et demi d'eau bouillie à 40° additionnée de tanin (5 gr. par litre), colombo (10 gr. par litre), ichtyol (1 à 10 gr. par litre). Un lavage tous les deux jours, pendant 10 jours. Lavements d'huile : 30 à 60 centimètres cubes d'huile à 45° à garder; deux fois par semaine.

Massage. Contre-indiqué dans les formes très douloureuses.

2° Général. — En cas de constipation, huile de ricin, magnésie, sel de Carlsbad. Tout récemment on a introduit dans la thérapeutique *l'agar-agar* qui donne de bons résultats (thaolaxine de Duret et Raby, 2 à 4 cuillers à café le soir en se couchant).

En cas de diarrhée, bismuth associé à opium, tannigène, ratanhia, etc. Au moment des crises douloureuses, bains chauds, compresses chaudes et si la crise ne s'atténue pas :

Codéine.............. 0gr,20	Extrait gras de cannabis indica.............. 0gr,30
Eau de laurier-cerise. 25 gr.	Julep gommeux...... 125 gr.
Eau distillée.......... 75 —	A prendre en 4 fois dans la journée.
2 à 5 cuillers à café en 24 heures.	

Régime lacto-végétarien.

Traitement thermal : Plombières, Châtelguyon.

HELMINTHIASE

Symptômes. — La présence des vers dans l'intestin peut rester complètement latente, et n'être reconnue que par leur constatation dans les selles. D'autres fois, elle détermine des troubles digestifs ou des troubles nerveux réflexes : anorexie ou au contraire faim insatiable ; douleurs épigastriques ; coliques ; selles glaireuses ; vomissements, prurit anal intense (oxyures), ténesme, démangeaisons périnéales ; insomnie, dilatation et inégalité pupillaires ; sueurs nocturnes, pâleur et bouffissure du visage, convulsions, pseudo-méningite. Parfois pénétrations dans les voies aériennes (*lombrics*).

Variétés. — Les vers intestinaux appartiennent à l'un des deux groupes des *Platodes* (*vers plats* ou *tænias*) et des *Nématodes* (*vers ronds*). Aux premiers appartiennent le tænia solium, le tænia inerme, le botriocéphalus latus ; aux seconds, l'ascaris lombricoïde, l'oxyure vermiculaire, l'ankylostome duodénal.

Tænias. — Les anneaux du tænia solium ont un pore génital latéral ; il est alterné, chez le tænia inerme (ou saginata) ; médian, chez le botriocéphale. L'ascaris lombricoïde (20 cent. de longueur) peut être constaté dans les selles ; les œufs sont toujours en très grande quantité.

Oxyures. — 5 millimètres de longueur ; ils peuvent généralement être constatés dans les selles ; la recherche des œufs au microscope permettra le diagnostic.

Ankylostome duodénal. — Il détermine une anémie progressive (anémie des mineurs), avec perte rapide des forces, des troubles digestifs constants, anorexie, tendance à manger de la terre (géophagie) ; dans les selles, on ne trouve que les œufs du parasite. L'anémie devra être distinguée de l'anémie cancéreuse, de la chlorose, de l'anémie pernicieuse progressive, de la leucémie.

Traitement. — **Prophylactique.** — Usage d'eau parfaitement pure, à l'abri des infiltrations et des souillures (nématodes), surveillance rigoureuse des viandes de porc et de bœuf (tænias).

Curatif. — Tænias. — Prendre à jeun l'une des préparations :

Extrait éthéré de fougère mâle........ .. 0gr,50
Calomel............... 0gr,05
Pour 1 capsule n° 16, 2 capsules toutes les 10 minutes.

Extrait éthéré de fougère mâle........... 0gr,30
Poudre de kousso...... 0gr,50
Calomel................ 0gr,05
Pour 1 bol n° 15, prendre 1 bol toutes les 10 minutes dans du pain azyme en cachet.
F. s. a

Kousso....... ..... 12 à 30 gr.
Eau bouillante...... 250 —
Faire infuser, laisser refroidir et prendre en une fois sans avoir passé.

Sulfate de pelletiérine...... 0gr,30 à 0gr,50
Tanin.......... 1 gr. à 1gr,50
Eau distillée. } àà 500 gr.
Sirop simple. }
Alcoolature de citron. X gttes.

Une demi-heure après l'administration d'un de ces tænifuges, donner de l'huile de ricin (15 à 30 gr.) ou de l'eau-de-vie allemande (15 gr.). Le malade s'asseoit ensuite sur un seau rempli d'eau tiède, afin d'éviter de rompre les anneaux. Tant que la tête n'a pas été évacuée, le parasite se reproduit.

Lombrics. — Prescrire :

Mousse de Corse..... 5 à 15 gr.
Eau bouillante....... 100 —
Faire infuser, passer, ajouter :
Sirop d'orange....... 30 gr.
A prendre le matin à jeun.

Santonine.
Enfants .... 0gr,02 à 0gr,10
Adultes .... 0gr,10 à 0gr,30
Tablettes de santonine (de 1 cgr.) (Codex), 2 à 10 tablettes.

Oxyures. — Pastilles de calomel du Codex (5 centigr.), 1 à 3. Fleur de soufre (0gr,75 à 1 gr.) dans du miel. Tablettes de santonine. Onguent gris au pourtour de l'anus.

Ankylostome duodénal. — Extrait éthéré de fougère mâle (voir *tænia*); thymol. Traitement de l'anémie (quinquina, ferrugineux, etc.).

HÉMORRAGIES INTESTINALES

Symptômes. — Les prodromes varient suivant l'intensité de l'hémorragie. Ils peuvent être très peu accusés ou bien on observe : douleurs abdominales, pâleurs soudaines, défaillance, chute de la température, petitesse du pouls, syncope. Le sang rendu par l'anus peut être rouge, ou mélangé aux mucosités, aux matières fécales; selles les ont alors l'aspect d'une masse noirâtre, visqueuse, comparable à du goudron, ou bi à du marc de café (*melæna*). La quantité de l'hémorrag varie de quelques grammes à un litre ; elle peut être isol ou répétée, suivant sa cause : plaie pénétrante, hémorroïde cancer de l'intestin, fièvre typhoïde, dysenterie, ulcère du du dénum, cirrhose du foie, melæna des nouveau-nés.

Diagnostic. — Avec : coloration noire des selles par bismuth, le perchlorure de fer, le ratanhia ; hémorragie n sale ou gastrique éliminée par l'intestin.

Traitement. — Repos absolu au lit. Boissons glacées, gla sur l'abdomen. Opiacés et ergotine. Chlorure de calcium.

Eau de Rabel...... .	3 gr.	Ergotine............. .	2 g
Sirop thébaïque......	30 —	Sirop de ratanhia......	30 –
Eau distillée.........	120 —	Eau de fleurs d'oranger	10 –
Alcoolature de citron. XX gouttes.		Eau distillée...........	90 –
Prendre par cuillerées à soupe.		F. s. a. par cuillerées à soup	

CONSTIPATION

Symptômes. — La constipation habituelle, compatib avec un état de santé satisfaisant, se caractérise par la raret relative des garde-robes ; lorsque l'intolérance se montre, pa un malaise général, de l'anorexie, de la céphalgie, des ve tiges, de l'insomnie, quelques coliques, la langue est blanch saburrale, il existe des nausées ; la palpation de l'abdom permet de constater de la matité sur le trajet du côlon et u tuméfaction correspondante. Les symptômes cessent après u débâcle diarrhéique ou de selles dures, noirâtres. Des acciden plus sérieux peuvent survenir ; dysurie, cystite du col, n vralgie sciatique, hémorroïdes, obstruction intestinale.

Traitement. — Il varie suivant que la constipation est u accident secondaire à un état pathologique aigu ou chroniqu un accident isolé, ou un phénomène habituel. Dans ce derni cas, il sera nécessaire d'instituer une hygiène spéciale.

1° **Chez le nourrisson**. — Chaque matin, lavement à l'ea bouillie, ou bien suppositoires de beurre de cacao, sirop (rhubarbe composé : 1 à 4 cuillerées à café ; de temps en temp huile de ricin (une cuillerée à café), frictions toniques sur ventre.

2° **Chez l'enfant.** — Régularité des garde-robes, alimentation rafraîchissante : café au lait, miel et beurre ; végétaux cuits ; compotes de fruits, purées de pruneaux, graines de lin macérées à froid 24 heures dans 4 fois leur volume d'eau : avaler l'eau et les graines ensemble, lavement d'eau froide tous les matins, contenant une cuillerée de glycérine ; s'il est nécessaire, recourir aux laxatifs.

3° **Chez l'adulte.** — Chaque matin, prendre un verre d'eau de Châtelguyon (source Gubler) ou d'eau de Carlsbad chauffée au bain-marie, ou un grand verre d'eau d'Evian chaude, additionnée d'une cuillerée à café de crème de tartre. Deux à cinq gouttes de teinture de noix vomique au commencement du repas, ou l'un des cachets suivants :

Magnésie.................... }	ãã 0gr,25
Bicarbonate de soude........ }	
Poudre de belladone............	0gr,02

Tous les 2 ou 3 jours, prendre en se couchant :

Poudre de rhubarbe......... }	ãã 0gr,20 à 0gr,50
— séné.............. }	

Pour 1 cachet.

ou une pilule de cascarine, podophylle, évonymine ; ou bien une cuillerée à café de poudre laxative (poudre de Rocher, ou de Vichy) ; n'avoir recours que rarement aux purgatifs salins ; changer de médicaments plutôt que d'accroître les doses. Huile de ricin (2 à 4 gr. le matin, en capsules molles), lavement d'huile d'olives pure, massage de l'intestin, lavements électriques.

Agar-Agar (Schmidt).

DIARRHÉE

Symptômes. — Les selles peuvent varier par leur nombre (3, 4 à 100, 150), leur abondance (jusqu'à plusieurs dizaines de litres), leur couleur (verdâtre, jaune, bilieuse, noire, grisâtre, argileuse), leur odeur (nulle ou fétide), leur consistance (boueuse, mousseuse ou absolument aqueuse). Tantôt la diarrhée n'a qu'une importance secondaire au milieu des autres symptômes de l'affection, tantôt elle paraît primitive, comme dans les diarrhées saisonnières (diarrhée catarrhale), dans l'entérite aiguë.

Traitement. — 1° **Diarrhée catarrhale.** — Diète, thé aromatisé de cognac. Magnésie calcinée : 4 grammes et laudanum de Sydenham, X à XX gouttes, à prendre dans un grog léger. Elixir parégorique, X gouttes sur un morceau de sucre, d'heure en heure.

Contre les douleurs abdominales. — Frictions d'huile de camomille camphrée, d'eau de Cologne, cataplasme laudanisé. Lavement avec :

Poudre d'amidon..................	4 cuillerées à bouche.
Laudanum de Sydenham........	XV gouttes.
Eau de guimauve..............	*Q. S.*

Le lendemain : purgatif salin (sulfate de soude ou de magnésie, 30 gr.), potages au lait, œufs, repos. Benzonaphtol.

Benzonaphtol..................	àà 0gr,25
Salicylate de bismuth.........	

Pour 1 cachet.

Ou poudre d'opium brut (1 centigr.), 3 par jour.

2° **Diarrhée infantile.** — *Forme légère.* — Régler les tétées, surveiller le régime de la nourrice, lait stérilisé, auquel on ajoute une cuillerée d'eau de chaux. Phosphate et carbonate de chaux, laudanum de Sydenham I à IV gouttes.

Forme intense. — Diète hydrique absolue : eau bouillie pure ou additionnée de quelques gouttes d'eau-de-vie. Calomel 5 à 20 centigrammes, suivant l'âge. Acide lactique 25 p. 100 dans le choléra infantile. Lavages de l'estomac à l'eau bouillie, de l'intestin avec l'eau salée à 7 p. 1000. Bains tièdes dans le cas d'hypothermie, frictions stimulantes, sérum artificiel. Lait stérilisé.

3° **Diarrhée chronique.** — Régime sévère : lait, œufs, viande crue. Calomel 1 à 5 centigrammes tous les 2 jours. Eau de Châtelguyon chaude tous les matins. Nitrate d'argent en pilules de 1 à 2 centigrammes par jour. Lait, ou eau albumineuse aromatisée avec eau de fleurs d'oranger. Phosphate de chaux et salicylate de bismuth āā 25 centigrammes en cachets, tanin à l'alcool 10 centigrammes, Diascordium 50 centigrammes à 4 grammes par jour, une fois par mois donner un purgatif salin.

APPENDICITE

Symptômes. — L'inflammation de l'appendice ne se présente pas toujours avec les mêmes symptômes (fig. 61 à 64). On peut décrire trois types cliniques principaux.

1° **Appendicite suraiguë avec péritonite généralisée diffuse.**

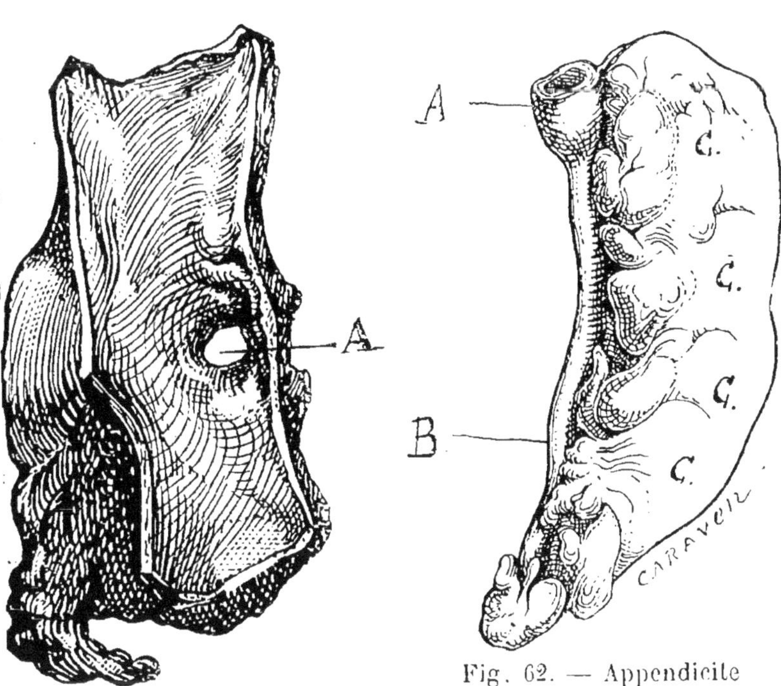

Fig. 61. — Perforation à l'emporte-pièce sur un appendice dans une péritonite suraiguë (Collection de Dr Guinard).

Fig. 62. — Appendicite oblitérante.

A, extrémité cœcale ; B, cordon fibrineux résultant de l'oblitération, C, C, C, C, mésograisseux (Collection du Dr Guinard).

— En pleine santé, début brusque, soit par une douleur vive dans la fosse iliaque droite, soit par les signes de la péritonite généralisée : douleur diffuse à tout le ventre, contracture et défense des muscles abdominaux, vomissements d'abord bilieux, puis fécaloïdes, absence de selles et de gaz, hypothermie, pouls rapide, filiforme, dépressible, traits tirés, extrémités refroidies, anurie. La mort rapide est la règle.

2° **Appendicite aiguë avec péritonite localisée.** — Douleur péri-ombilicale et dans la fosse iliaque droite d'intensité variable, provoquée par la pression au point de Mac Burney (fig. 65), ou au point de Lanz. A droite du ventre, hyperesthésie de la peau, contracture des muscles et défense de la paroi. Vomissements peu répétés; constipation opiniâtre; hyperthermie légère; pouls rapide. Après un temps variable, apparaissent les signes d'une collection d'étendue et de siège variables, selon le siège de l'appendice : fosse iliaque droite, région péri-ombilicale, petit bassin, fosse iliaque gauche. A ce niveau, matité, empâtement, douleur excessive.

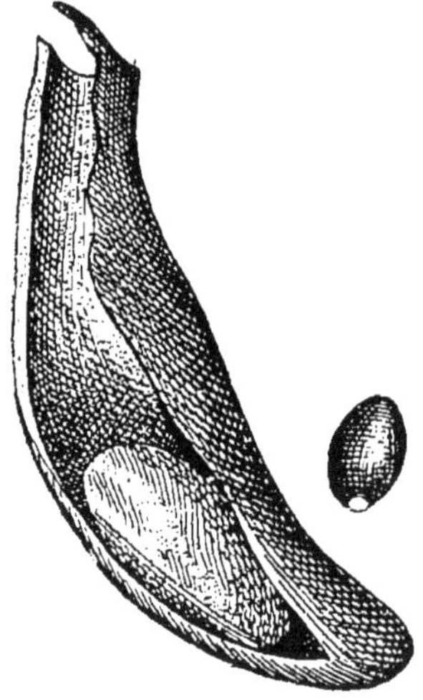

Fig. 63. — Appendicite avec corps étranger.

3° **Appendicite chronique ou à rechutes.** — Les *crises* se manifestent par les symptômes de la forme précédente, avec ou sans constatation d'un abcès; puis les symptômes tombent spontanément ou grâce au traitement médical. Entre les crises, il y a une douleur sourde à droite, spontanée et, à la palpation, une défense modérée, des troubles intestinaux divers. A intervalles variables, des crises nouvelles reparaissent.

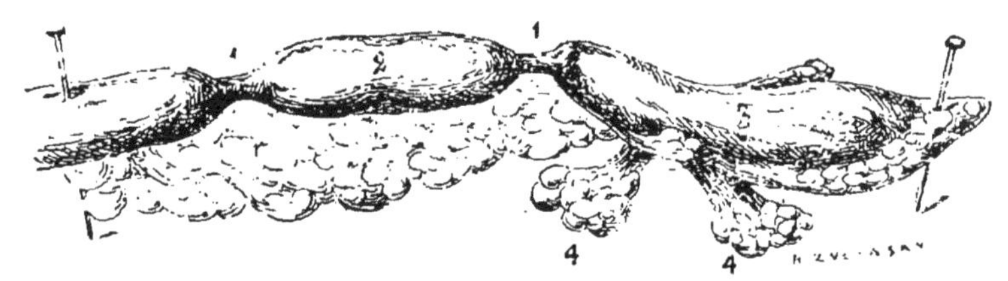

Fig. 64. — Appendice enlevé et étalé avec les deux étranglements (1, 1) et les deux cavités closes (2, 3).

Diagnostic. — Il ne faut pas prendre pour une appendicite les maladies accompagnées de coliques et de vomissements; les tumeurs de la fosse iliaque droite.

Traitement. — On se comporte différemment selon la variété clinique d'appendicite à laquelle on a affaire.

1° **Péritonite généralisée d'origine appendiculaire.** — Il faut opérer, car le malade abandonné à lui-même mourra sûrement. Il faut drainer largement le ventre par une incision médiane et, si c'est nécessaire, par des incisions latérales (Voy. *Péritonites aiguës*).

Si l'appendice est trouvé facilement, ce qui est la règle, jeter une ligature à sa base et l'extirper au thermocautère. Mettre de gros drains dans les incisions. Pansement aseptique. Injections intraveineuses et sous-cutanées de sérum. Injections de caféine, d'éther. Le pronostic est grave, la mort fréquente.

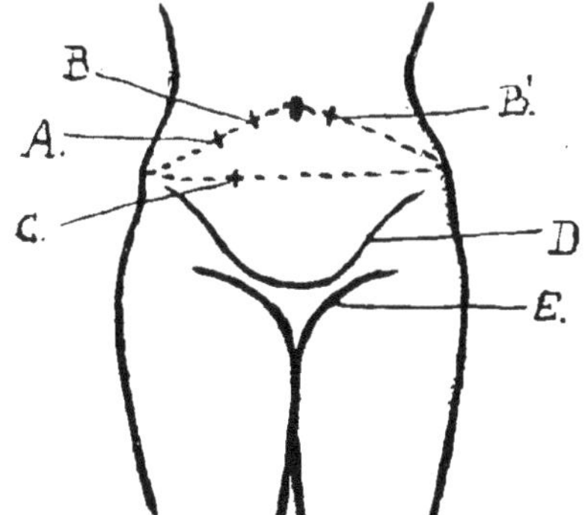

Fig. 65. — A, Point de Marc Burney; B, B, point de Morris; C, point de Lanz; D, pli de l'aine; E, pli de la cuisse.

2° **Abcès enkysté d'origine appendiculaire.** — Il y a du pus, il faut le drainer. On ncise à la partie saillante de la collection, quel que soit son siège et on évacue e pus.

Si l'appendice est visible. — L'extirper.

S'il est invisible. — S'abstenir de le rechercher : on risquerait de rompre les adhérences qui limitent la poche et de déterminer une péritonite généralisée. Drainer largement, sans suturer la plaie. Panser.

La suppuration dure un temps variable ; puis se tarit. La guérison peut être définitive par expulsion de l'appendice.

Si une fistule persiste. — On opère de nouveau et on va chercher l'appendice.

En cas d'abcès pelvien, incision par voie rectale, vaginale ou périnéale.

3° **Crise d'appendicite au début.** — Il faut tout faire pour *refroidir la crise* et opérer plus tard *à froid* ; certains chirurgiens pratiquent l'ablation de l'appendice lorsqu'ils sont appelés dans les 24 ou les 36 premières heures de la crise.

Traitement médical. — Pas de purgatifs, ni de vomitifs ; prescrire la diète absolue ou mitigée par quelques gouttes d'eau glacée, les injections sous-cutanées de morphine, l'application large de glace sur le ventre.

Si les symptômes s'améliorent, persister dans ce traitement, en se tenant prêt à opérer.

Si l'appendicite ne se refroidit pas, malgré ce traitement prolongé 12 ou 24 heures. — Prendre le bistouri; aller chercher l'appendice et drainer la fosse iliaque.

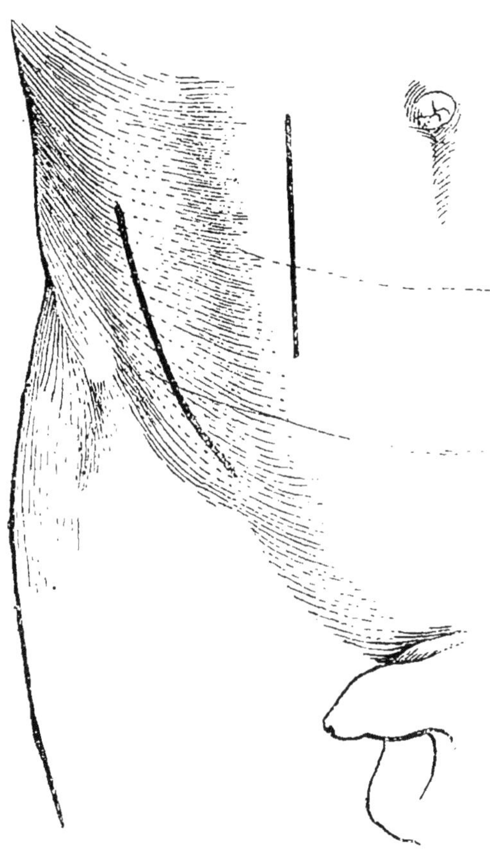

Fig. 66. — L'incision oblique iliaque de Roux et l'incision verticale de Jalaguier.

4° **Appendicite en dehors des crises.** — Après une ou deux crises d'appendicite **nettement constatée, et refroidie**, il faut opérer, pour prévenir les crises ultérieures, qui pourront être mortelles. L'appendicectomie à **froid** est d'une innocuité parfaite.

Technique de l'appendicectomie. — Incision : sur la ligne médiane, rarement; le long du bord externe du muscle droit (Jalaguier); parallèlement à l'arcade de Fallope, à un travers de doigt au-dessus d'elle, moitié en dedans, moitié en dehors de l'épine iliaque antéro-supérieure (Roux). — Le péritoine incisé, chercher l'appendice : recherche facile, si l'appendice n'est pas adhérent (attirer le cœcum, l'appendice est au dessous de l'abouchement de l'iléon) ; recherche difficile s'il y a un abcès, des adhérences serrées de l'intestin autour du cœcum, de l'appendice à la paroi. Cette recherche peut être laborieuse. — Enlever l'appendice : saisir le méso-appendice avec une pince, le sectionner, lier l'artère appendiculaire au catgut; lier au catgut l'appendice, au voisinage du cœcum; le couper avec le thermocautère; brûler profondément la mu-

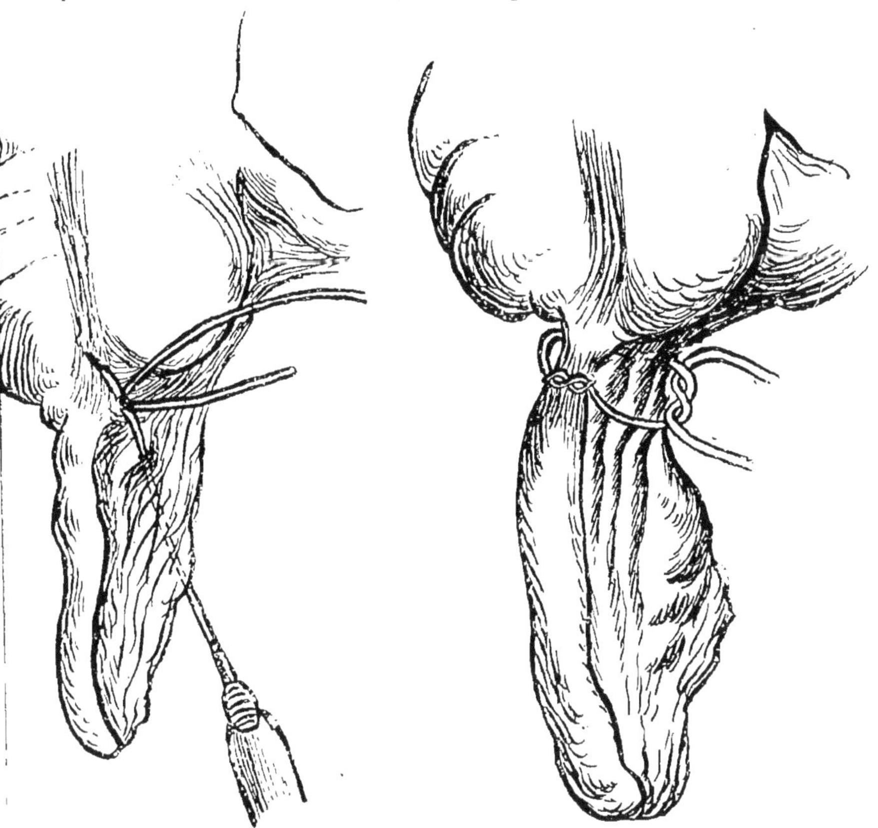

Fig. 67. — L'aiguille de Reverdin, traversant le méso près de l'insertion cœcale de l'appendice, charge un fil de catgut.

Fig. 68. — Le fil qui étreint par un nœud simple l'appendice est ramené autour du méso, qu'il étreint à son tour.

queuse; l'appendice se réduit à un moignon rôti et stérilisé. On peut rentrer ainsi le cœcum. Certains enfouissent le moignon par quelques points séro-séreux, qui rapprochent les parois du cœcum par-dessus lui. Drainer, s'il y a eu un petit abcès, si le péritoine a été souillé. En cas contraire, suturer la paroi sans drainage.

OCCLUSION INTESTINALE

Définition. — L'occlusion intestinale est caractérisée par l'ensemble des symptômes qui succèdent à un arrêt du cours des matières fécales.

Symptômes. — Ils se présentent différemment selon qu'on a affaire à une occlusion aiguë ou à une occlusion chronique.

I. Occlusion aiguë. — Début brusque en pleine santé ou bien précédé par des troubles digestifs vagues.

La douleur est le phénomène initial; elle est localisée d'abord en un point, puis elle s'étend et se généralise ; elle diminue à la période agonique.

La constipation est opiniâtre; arrêt absolu des matières et des gaz ; il peut y avoir pourtant quelques matières rendues par l'anus, mais pas de gaz.

Les vomissements, précédés de **nausées**, sont précoces, alimentaires, bilieux, finalement fécaloïdes; ils cessent à la fin.

Le météorisme devient rapidement intense, refoule le diaphragme, gêne la respiration. Ventre douloureux partout; matité dans la partie déclive quelquefois.

Symptômes généraux. — Hypothermie à 36°, 35°,5, pouls petit, dépressible, abdominal, urines rares, quelquefois nulles. Facies péritonéal, langue sèche, soif vive, prostration profonde.

Marche. — Une débâcle peut se produire. — La mort plus souvent survient au milieu d'une accalmie de tous les symptômes. La marche est généralement rapide. — D'autres complications peuvent survenir : congestion pulmonaire, pneumonie, bronchopneumonie, abcès du foie, septicémie, etc.

II. Occlusion chronique. — Début insidieux, évolution lente, intensité faible des phénomènes généraux ; les troubles s'accentuent progressivement ou aboutissent à une débâcle. Digestion mauvaise, constipation durant plusieurs jours, météorisme, vomissements ; puis débâcle et diarrhée, céphalée, vertiges, insomnie. Ces troubles peuvent aboutir à l'occlusion complète aiguë.

Diagnostic. — Il faut reconnaître l'occlusion et sa cause provocatrice. Rechercher s'il n'existe pas une hernie et examiner tous les orifices par où elles peuvent se produire : régions inguinale, crurale, périnéale, lombaire, ombilicale, ligne blanche, etc. Eviter d'attribuer à une hernie non étranglée les symptômes de l'occlusion.

Les péritonites (avec ou sans perforation intestinale) simulent l'étranglement, mais ici la constipation est moins absolue, les vomissements sont moins fécaloïdes, la douleur est plus superficielle, le météorisme est plus accentué (Jalaguier), il y a des signes d'épanchement, la fièvre s'observe quelquefois.

On interrogera le passé gastrique ; on en négligera jamais le toucher vaginal et rectal.

Diagnostic du siège. — Occlusion aiguë dans l'obstruction de l'intestin grêle ; occlusion chronique dans l'obstruction du gros intestin. La douleur du début est localisée au siège du mal. Les vomissements sont d'autant plus précoces que l'occlusion siège plus haut.

Diagnostic de la cause. — Eléments principaux de ce diagnostic : **invagination**, tumeur allongée dans la fosse iliaque droite, chez un enfant ou un vieillard, selles glaireuses sanguinolentes, sensation du bout invaginé par le toucher rectal. **Torsion de l'intestin et du mésentère** : absence de vomissements fécaloïdes, ballonnement énorme, ascite rapide (Delbet). Chez un vieillard, penser au cancer.

Traitement. — S'abstenir de purgatifs. On peut essayer à la rigueur, le lavement électrique au début, mais ne pas s'y attarder ; il fait perdre un temps précieux, il risque de provoquer des déchirures intestinales.

Traitement chirurgical. — Il peut seul guérir et soulager.

Indications. — *Occlusion aiguë*. — On a un diagnostic ferme, et le malade paraît résistant, pratiquer une laparotomie exploratrice, qui sera curative, si possible une fois l'agent de l'étranglement reconnu — Si le malade agonise, faire un anus contre nature au-dessus de l'obstacle et remettre à plus tard la levée de l'étranglement.

Occlusion chronique. — Comme il s'agit le plus souvent d'un cancer on pratiquera l'anus ou la cure radicale, selon l'état du sujet.

Laparotomie. — Manuel opératoire. — Incision médiane, sous-ombilicale d'abord ; aller droit au cæcum.

S'il est vide. – L'obstacle siège au-dessus sur l'intestin grêle.

S'il est tendu. — L'obstacle siège plus bas. Avec la main, aller reconnaître une bride, un volvulus, un étranglement interne.

Si on ne le trouve pas par cette exploration. — Sortir l'intestin, le dévider jusqu'à ce qu'on trouve la cause. La cause reconnue, sectionner les brides; extirper le diverticule de Meckel; supprimer les coudures, libérer l'intestin pris dans une hernie interne; faire cheminer les matières fécales qui obturent l'intestin; ouvrir l'intestin et enlever le corps étranger qui le bouche (calcul biliaire ou autre); tourner convenablement l'intestin en cas de torsion.

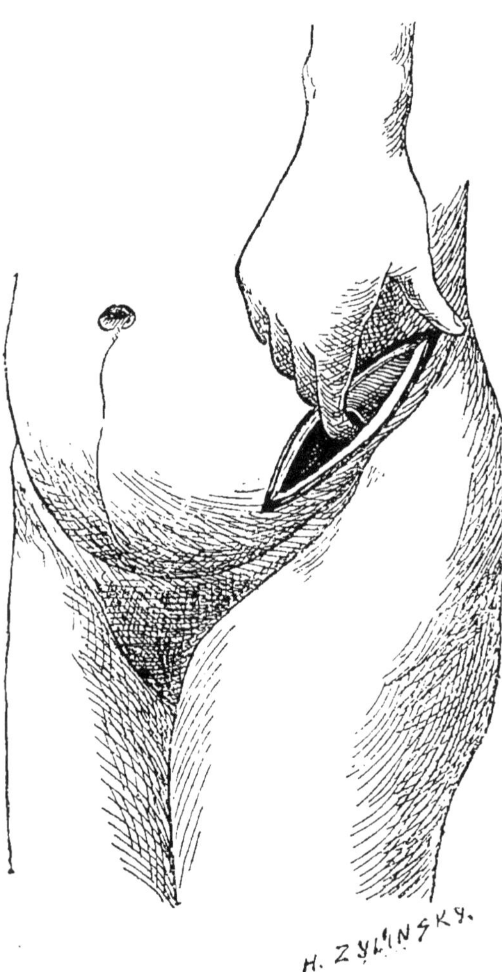

Fig. 69. — Technique de l'anus iliaque. Le doigt soulève le petit oblique en le déchirant.

S'il y a une invagination. — On peut supprimer la tumeur en entier (entérectomie) en suturant les deux anses bout à bout (entérorraphie terminale) ou latéralement ou bien faire une anastomose au-dessus et au-dessous de la tumeur;

En cas de cancer. — On peut faire l'entérectomie avec entéro-anastomose ou faire l'entéro-anastomose au-dessus et au-dessous de la tumeur sans enlever celle-ci.

Si l'intestin est dilaté. — La réintroduction est difficile ; le couvrir d'un champ opératoire chaud dont les bords sont passés sous les lèvres de la plaie, presser ensuite sur la serviette, comme on ferait sur un sac herniaire ; puis enlever la serviette.

Les ponctions capillaires sont une mauvaise pratique, exposant à l'infection ; il vaudrait mieux ouvrir franchement l'intestin hors de la plaie, le vider et le suturer ensuite.

Si le péritoine est éraillé sur l'intestin distendu. — Il faut le suturer.

Entérotomie. — Anus contre nature. — Indications du siège : *Si sténose rectale :* fosse iliaque gauche (S iliaque) ;

Si sténose colique : fosse iliaque droite (cæcum ou fin de l'iléon).

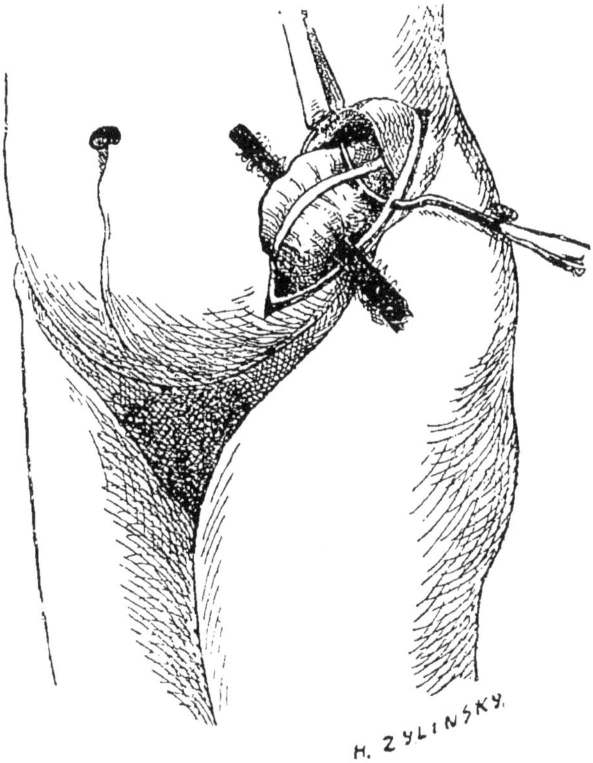

Fig. 70. — Technique de l'anus iliaque. L'aiguille fixe l'intestin au péritoine pariétal en passant un fil de soie sous la bandelette longitudinale.

Inconvénients. — Dans les cas de torsion du mésentère, l'anus est fait au-dessous de l'étranglement et il est sans utilité.

Technique opératoire. — Incision parallèle au ligament de Fallope, longue de 6 centimètres, intéressant la peau, les muscles, le péritoine ; attirer l'intestin dans la plaie (fig. 69).

Si le temps presse, s'il faut ouvrir de suite. — Faire un premier rang de sutures unissant l'intestin au péritoine pariétal (fig. 70), en surjet ou à points séparés, puis un second surjet unissant l'intestin à la peau (fig. 71) : sur l'intestin l'aiguille ne doit pas intéresser la muqueuse; immédiatement ou 6 heures après l'opération (Quénu), on pique, avec la pointe du thermocautère, l'intestin entre la double rangée de sutures; les gaz et les liquides s'échappent, ce qui soulage le malade; 24 heures après, les adhérences sont suffisantes; on agrandit l'ouverture au thermocautère.

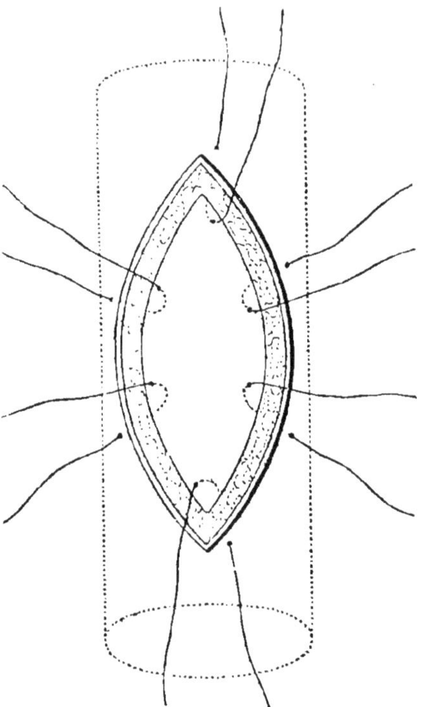

Fig. 71. — Entérotomie, fixation de l'anse intestinale à la paroi.

Si on n'est pas pressé d'ouvrir. — On suture l'intestin par 8 points qui passent dans l'intestin et dans toute l'épaisseur de la paroi; on panse à plat; il se fait des adhérences; au bout de 48 heures, on peut inciser l'intestin.

A cause de l'état précaire des malades, il vaut mieux opérer sans anesthésie générale; la novocaïne locale suffit.

ANUS CONTRE NATURE FISTULES INTESTINALES

Symptômes. — Écoulement de matières et de gaz par un orifice à bords rouges, irrités, ulcérés; l'intestin a deux orifices, l'un supérieur large, l'autre inférieur étroit, séparés par un éperon plus ou moins saillant; la fistule survient après une hernie étranglée, après un traumatisme, un abcès développé dans l'abdomen. Par le rectum, il sort aussi des matières ou bien il ne sort que des glaires. Les matières sortant par l'anus artificiel varient selon son siège sur le cours de l'intestin. Les malades dépérissent, surtout si l'anus siège haut sur l'intestin grêle. On observe des engorgements de l'infundibulum ; le prolapsus de l'intestin, surtout du bout supérieur ; le développement de phlegmons dans les parois voisines.

Traitement. — La guérison spontanée est rare, mais pos-

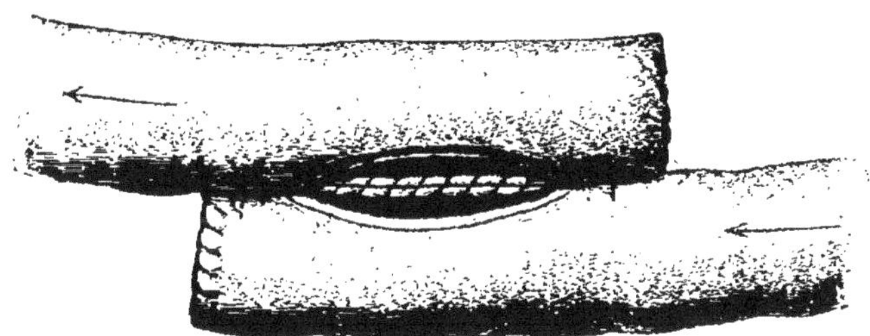

Fig. 72. — Anastomose latérale ordinaire (le surjet de la demi-circonférence postérieure est terminé).

sible ; elle s'observe dans les quatre à cinq mois qui suivent la formation de l'anus.

L'emploi de l'entérotome de Dupuytren est un moyen aveugle non chirurgical, exposant à déterminer le sphacèle de plusieurs anses ensemble.

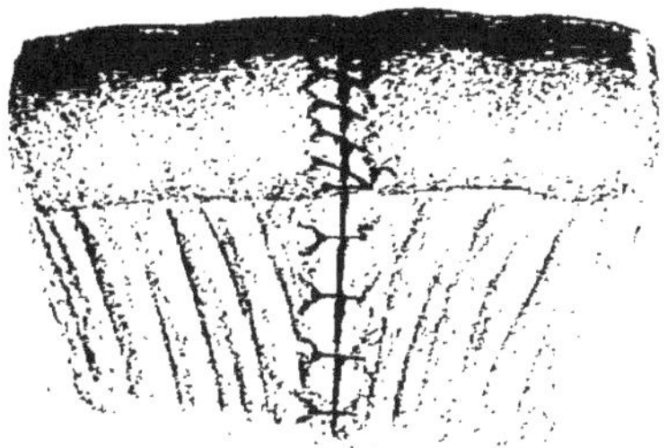

Fig. 73. — Entérectomie suivie d'entérorraphie circulaire (opération terminée).

Entérorraphie latérale. — Elle ne convient qu'aux petites fistules ou aux pertes de substances plus larges portant sur le gros intestin ; on libère l'intestin de ses adhérences à la paroi et on ferme la perte de substance en suturant ses bords par deux plans de sutures.

Entérectomie et entérorraphie. — Supprimer la portion de l'intestin qui répond à l'anus artificiel et toute la portion voisine d'intestin friable ; arrivé en tissu sain, pratiquer *la suture latérale* (fig. 72) ou *bout à bout* (fig. 73) des deux cylindres intestinaux.

Entéro-anastomose. — On anastomose les deux anses par une suture latérale à quelque distance de la fistule ; le cours des matières est ainsi rétabli et la fistule peut se fermer ; sinon, par une opération complémentaire, on ferme la fistulette, qui persiste, par une entérorraphie latérale.

XX. — MALADIES DE L'ANUS ET DU RECTUM

MALFORMATIONS DE L'ANUS ET DU RECTUM

Symptômes. — 1° **Il n'y a pas de communications de l'intestin avec l'extérieur.** — 1° L'anus a ses apparences régulières, il est plus ou moins profond et se trouve séparé de l'intestin par une épaisseur de tissus variable. — 2° Il n'y a pas de dépres-

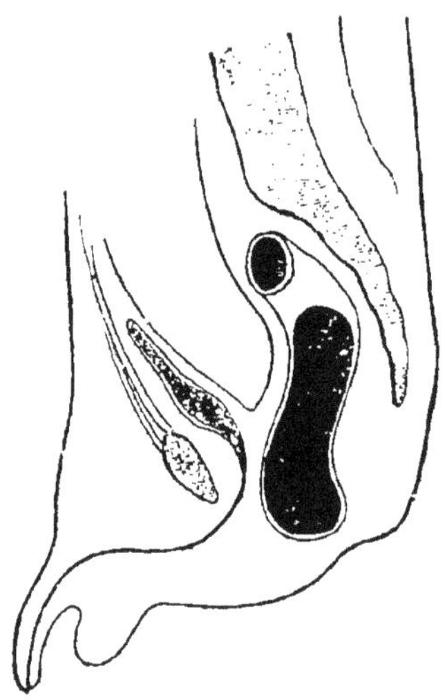

Fig. 74. — Anus fermé par une membrane mince (Pierre Delbet).

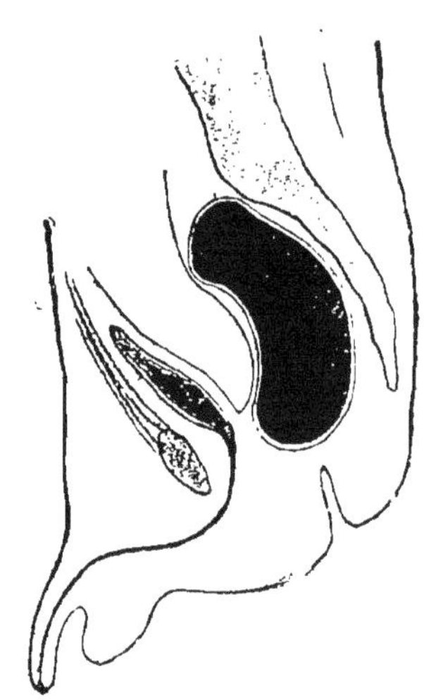

Fig. 75. — Anus séparé du rectum par une cloison mince.

sion anale. — Dans les deux cas, symptômes d'occlusion; ballonnement ; le méconium n'est pas rendu ; vomissements ; refroidissement des extrémités, mort dans les 5 jours qui suivent la naissance (fig. 74 et 75).

2° **Abouchement de l'intestin à l'extérieur.** — Il se fait anormalement, en un point quelconque du périnée; dans la

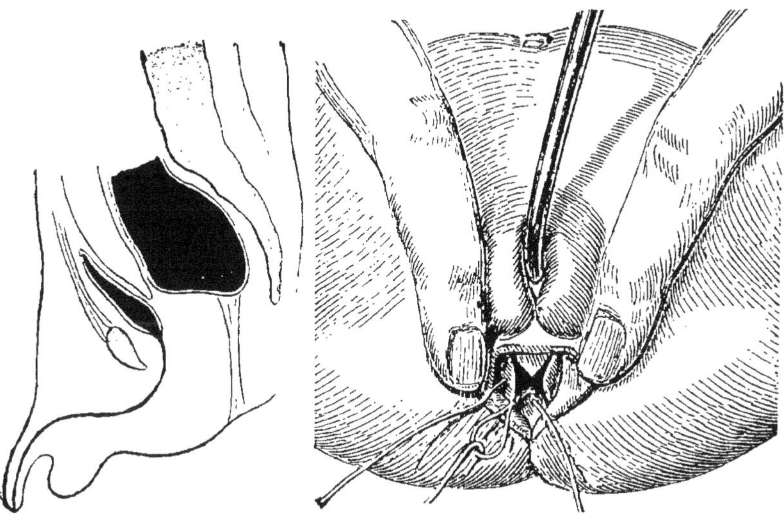

Fig. 76. — Anus relié au rectum par un cordon fibreux.

Fig. 77. — Incision cruciale dans l'imperforation de l'anus.

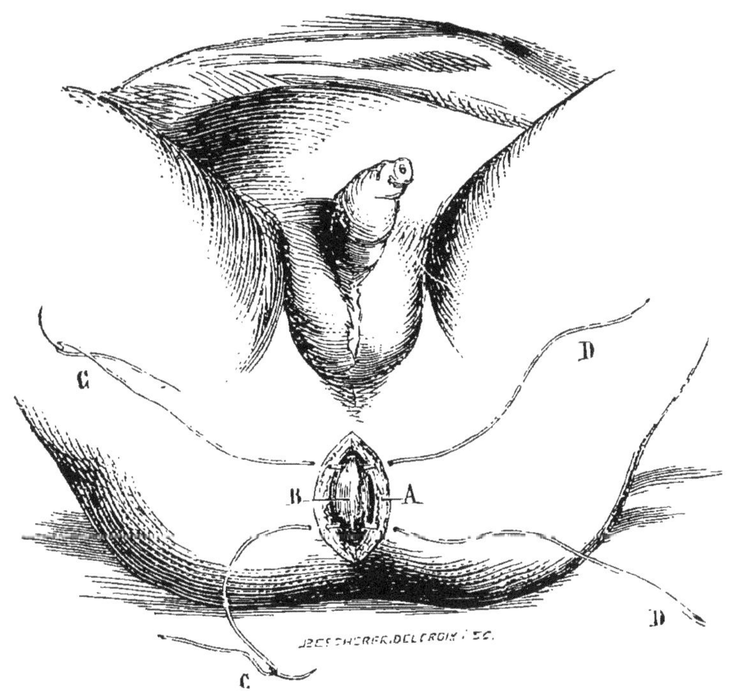

Fig. 78. — Imperforation de l'anus, Opération d'Amussat. A. plaie cutanée; B, ampoule intestinale découverte au fond de la plaie; CC DD, fils d'argent armés d'aiguilles passant dans l'ampoule et dans la plaie.

vessie ou l'urètre postérieur, dans le vagin. L'écoulement des matières se fait, mais il y a incontinence par absence de sphincter. L'ouverture dans la vessie est l'origine de troubles graves (fig. 76).

3° **Abouchement à l'extérieur.** — Il est normal, mais insuffisant. Il existe des rétrécissements membraneux, un éperon cylindrique. Les troubles varient selon le degré de sténose. Si l'écoulement de matière est suffisant dans le jeune âge, il peut devenir insuffisant à l'âge adulte et causer des accidents d'occlusion.

Traitement. — **Incision cruciale.** — On va à la recherche de l'extrémité de l'intestin (fig. 77).

Proctoplastie (Amussat). — Incision périnéale ; aller à la recherche de l'ampoule intestinale : la mobiliser, l'abaisser; la fixer aux bords de la plaie périnéale par plusieurs points de suture après l'avoir ouverte ; la muqueuse se continue avec le tégument externe.

Si on ne peut avoir l'ampoule rectale par le périnée, on fait une laparotomie pour la chercher (fig. 78).

Colotomie. — **Anus artificiel.** — On crée une infirmité, mais la vie est sauve.

Lorsqu'il s'agit d'un abouchement anormal, on peut attendre un âge assez avancé du malade; les opérations à pratiquer varient selon le siège où se fait l'abouchement anormal.

Les rétrécissements sont sectionnés simplement ou réséqués complètement.

CORPS ÉTRANGERS DU RECTUM

Ils peuvent être représentés par des matières accumulées, quelquefois par des corps avalés par la bouche, plus souvent par des corps introduits par le rectum. Ces derniers sont les plus nombreux.

Symptômes. — Douleurs, ténesme, troubles de rectite ; troubles d'occlusion; hémorragies; rétention d'urine; péritonite par perforation. Certains corps étrangers peuvent être tolérés très longtemps. Les commémoratifs, le toucher rectal renseignent sur leur vraie nature.

Traitement. — Il faut les extraire le plus rapidement possible. Dilater l'anus, si c'est nécessaire; abaisser fortement le coccyx avec une valve introduite en arrière et, s'il gène, le réséquer. Tenter l'extirpation à l'aide de pinces ordinaires.

Si la muqueuse enchatonne le corps étranger. — La sectionner.

C'est seulement dans les cas où le corps étranger est très volumineux qu'on est autorisé à pratiquer une rectotomie.

PLAIES DE L'ANUS ET DU RECTUM

Symptômes. — Hémorragie d'abondance variable. Douleurs. Nécessité de pratiquer le toucher rectal et l'exploration avec le spéculum.

Complications. — Péritonite par perforation ; abcès et phlegmon du bassin ; péritonite par propagation.

Traitement. — ***Si la plaie est incomplète.*** — Pratiquer des lavages fréquents du rectum avec de l'eau bouillie, de l'eau oxygénée ;

S'il y a hémorragie. — Lier le vaisseau qui saigne ou pratiquer un tamponnement du rectum, en mettant un tube pour l'expulsion des matières et des gaz ;

Si le péritoine est perforé. — Faire la laparotomie et suturer la plaie ;

S'il y a abcès périrectal. — Drainer largement.

INFLAMMATIONS. — RECTITES AIGUES

Symptômes. — Sensation de démangeaison, chaleur ; pesanteur, battements. Douleurs provoquées par la station verticale, la défécation, la miction. Epreintes, ténesme. Selles striées de pus, de sang, de fausses membranes. Ecoulement constant de glaires qui irritent et rougissent le périnée, les cuisses.

Traitement. — Régime lacté et benzo-naphtol à l'intérieur. Bains de siège. Suppositoires belladonés, opiacés, cocaïnés contre les douleurs. Dilatation de l'anus sous chloroforme, *si les épreintes sont trop vives.* Grandes irrigations rectales d'eau bouillie, suivies d'un petit lavement de lait de bismuth à garder, pour que le bismuth se dépose sur les parois rectales. Plus tard, lavements de tanin, de ratanhia.

RECTITES CHRONIQUES HYPERTROPHIQUES RÉTRÉCISSEMENTS

Symptômes. — Début par douleurs sourdes, ténesme, écoulement de glaires. Ces troubles s'accroissent progressivement. Végétations dures, surtout dans la défécation.

Symptômes de rétrécissement : défécation rare, pénible, laborieuse, avec émissions de matières filées ou en boulettes. Débâcles succédant à des périodes de constipation. La santé faiblit. *Complications infectieuses* : abcès, fistules, péritonite. Au toucher, on sent un rétrécissement bas situé, de plus en plus étroit à mesure qu'on monte, dur, inextensible, couvert d'une muqueuse adhérente, lisse ou irrégulière,

Traitement. — *Au début* : lavages du rectum, régime lacté, bismuth à l'intérieur et localement, suppositoires calmants.

A la période de rétrécissement, on a employé : *la dilatation lente* avec des bougies rigides, ou avec des laminaires, des éponges préparées ; la *dilatation brusque*, avec les doigts ou avec les dilatateurs, mais elle expose à la rupture de l'intestin, à la cellulite pelvienne, à la péritonite ; la *rectotomie postérieure* avec le thermocautère ou le bistouri, qui a donné lieu à de accidents infectieux ; l'*extirpation* de la tumeur avec abaissement de la partie sus-jacente de l'intestin et fixation à la peau ; l'*anus artificiel*, qui est employé à deux fins ; pour parer aux accidents d'occlusion ; pour drainer l'intestin, permettre de guérir la rectite et de traiter le rétrécissement par la dilatation de bas en haut et de haut en bas ; plus tard on fait la cure de l'anus artificiel.

ULCÉRATIONS ANO-RECTALES

Symptômes. — **Syphilis.** — *Accident primitif : Chancre.* Siège à la marge de l'anus, dans le rectum. Allongé dans le sens des plis radiés (chancre fissuraire, en feuillet de livre), induré, à surface ulcérée, souvent phagédénique. Pléiade ganglionnaire inguinale.

Accidents secondaires. — Plaques érosives, ulcéreuses, papulo-hypertrophiques.

Accidents tertiaires. — Ulcérations; gommes, rares.

Chancre mou. — Caractères habituels.

Tuberculose. — Ulcération étendue sur la peau ou vers la muqueuse, à bords découpés, irréguliers, livides, amincis, à fond bourbillonneux. Le **lupus** se caractérise par les nodules tuberculeux. On observe aussi la **tuberculose verruqueuse.**

Herpès. — Chaleurs et démangeaisons ; rougeur disséminée, parsemée de vésicules arrondies, transparentes, entourées d'un halo rosé ou rouge, grosses comme un grain de millet, coexistant souvent avec l'herpès des organes génitaux ou avec la blennorragie.

Eczéma. — Surfaces excoriées, d'un rouge vif, suintantes, à sécrétion fétide, siège d'une démangeaison intense ; rarement sèches avec desquamation.

Traitement. — **Syphilis.** — Traitement spécifique général selon l'époque de la syphilis ; localement, application de compresses imbibées de liqueur de van Swieten.

Chancre mou. — Lavages fréquents; cautérisations avec le crayon de nitrate d'argent; saupoudrer les ulcérations avec de la poudre de bismuth.

Tuberculose. — Relever l'état général.

Localement : *si l'ulcération est petite*, l'enlever totalement au bistouri ; *si l'ulcération est large*, la cautériser au thermocautère.

Herpès. — Propreté extrême; bains émollients ; poudre d'amidon.

Eczéma. — Bains fréquents; applications d'eau d'Alibour, d'eau blanche, de poudres inertes (amidon, lycopode, bismuth); pommade de tanin, d'oxyde de zinc, etc.

PRURIT DE L'ANUS

Symptômes. — Démangeaisons avec ou sans modification de la peau ; plus intenses le soir, au lit, causes d'insomnie.

Rechercher s'il n'est pas dû aux hémorroïdes, à de l'eczéma, aux oxyures.

Traitement. — Cataplasmes de fécule de pomme de terre appliqués le soir : suppositoires rectaux.

Chlorhydrate de cocaïne........	àà 0gr,02 centigr.
Chlorhydrate de morphine......	
Beurre de cacao........................	3 gr. (Brocq).

Badigeonnages répétés au nitrate d'argent en solution à 1 p. 10. Dans les prurits dus aux hémorroïdes, formuler.

Ergotine .... Extrait fluide d'hamamelis......	àà 2 grammes.
Teinture de benjoin..............	10 grammes.
Lanoline. .... Vaseline........................	àà 10 gr. (Brocq)

FISSURE A L'ANUS

Symptômes. — **Triade symptomatique** : 1° Ulcération. — Entre les plis radiés de l'anus, généralement en arrière, cutanéo-muqueuse, superficielle, à bords indurés dans les vieilles fissures; douloureuse à la pression.

2° Contracture du sphincter. — Elle s'exagère pendant les crises douloureuses qu'elle détermine.

3° Douleur. — D'intensité variable. *Variété tolérable* (Gosselin) : la douleur commence pendant la défécation, dure un quart d'heure à une heure, n'empèche pas le travail. *Variété intolérable :* douleur très violente, terrible, syncopale, avec irradiations à la vessie, l'urètre; provoquée par la défécation, l'issue de gaz, les efforts, le rire, etc. Le malade cesse de manger, s'affaiblit, se démoralise.

Toutes les ulcérations anales peuvent donner lieu au syndrome de la fissure.

Traitement. — **Médical.** — Pommades et suppositoires à la belladone, à l'extrait thébaïque, à la morphine, à la cocaïne. Cautérisations tous les deux ou trois jours avec le crayon de nitrate d'argent.

Lavements à l'eau de guimauve, à la décoction de racines de ratanhia (20 p. 1000).

Siredey a obtenu de bons résultats avec la *pommade au collargol* (1 p. 6)

Électrique. — Courants de haute fréquence (Doumer)

Chirurgical. — Dilatation du sphincter. — C'est le procédé efficace; endormir le malade à fond; si l'anesthésie est imparfaite, la dilatation peut donner lieu à une syncope mortelle, réflexe. Dilater le sphincter largement avec les pouces qu'on écarte ou avec un spéculum dont on ouvre les valves. Laisser dans le rectum un gros tube de caoutchouc entouré de mèches de gaze aseptique. Constiper le malade quelques jours, à l'aide de 5 à 10 centigrammes d'opium. La guérison est la règle.

On peut anesthésier le sphincter par la novocaïne locale (Reclus).

ABCÈS PÉRIRECTAUX

Symptômes. — **Abcès tubéreux**. — Développés dans les glandes sébacées de l'anus, analogues à ceux de l'aisselle.

Abcès de la marge de l'anus. — Rougeur, chaleur, douleur, battements; la fluctuation apparaît en quelques jours; l'abcès, developpé dans le *tissu sous-cutané*, s'ouvre à la peau, quelquefois dans le rectum, plus rarement des deux côtés à la fois, d'où fistules variables.

Abcès de la fosse ischio-rectale. — Douleur à la défécation; dysurie; phénomènes généraux moyens. Puis signes locaux d'inflammation, la marge de l'anus est soulevée, tendue, rouge, douloureuse au toucher, avec œdème du voisinage. La suppuration peut se diriger en avant vers les bourses, en arrière vers la fesse, en haut, dans l'espace pelvi-rectal supérieur; elle peut passer du coté opposé, formant un abcès en fer à cheval. Le pus est horriblement fétide, abondant.

Abcès de l'espace pelvi-rectal supérieur. — Fièvre élevée, frissons, céphalée, langue sèche. Constipation opiniâtre; dysurie. Douleur violente, ténesme, épreintes. Œdème de la marge de l'anus. Le toucher rectal fait reconnaître une tumeur bombant dans le rectum, empâtée, siège de battements, très douloureuse. Le pronostic est grave; cellulite pelvienne diffuse, phlegmon de la fosse iliaque; péritonite par propagation.

Tous ces abcès peuvent donner lieu à une fistule qui remontera plus ou moins haut; la fistulisation n'est pourtant pas fatale.

Traitement. — Il faut raser préalablement l'anus, le savonner, le désinfecter.

Abcès tubéreux. — Ouverture d'un coup de pointe.

Abcès de la marge. — Incision selon son grand axe.

Abcès ischio-rectal. — Incision précoce, avant que le pus devienne superficiel, sans ouvrir le rectum, par une incision parallèle au bord de l'anus, évacuer les diverticules, tamponner lâchement avec de la gaze aseptique.

Abcès pelvi-rectal supérieur. — Ne pas l'inciser par le rectum dans lequel il bombe, car l'infection secondaire est à craindre ; l'atteindre par la taille prérectale (Segond).

FISTULES ANO-RECTALES

Symptômes. — Elles succèdent à un abcès aigu ou s'installent insidieusement. Douleurs peu vives ou nulles ; suintement, démangeaisons. Parfois la fistule se ferme : il survient de la tension, de la douleur et l'orifice se rouvre. Intertrigo, furoncles, érythèmes divers. L'exploration avec un stylet flambé montre qu'on a affaire à une fistule *borgne externe, borgne interne ou complète* (fig. 79).

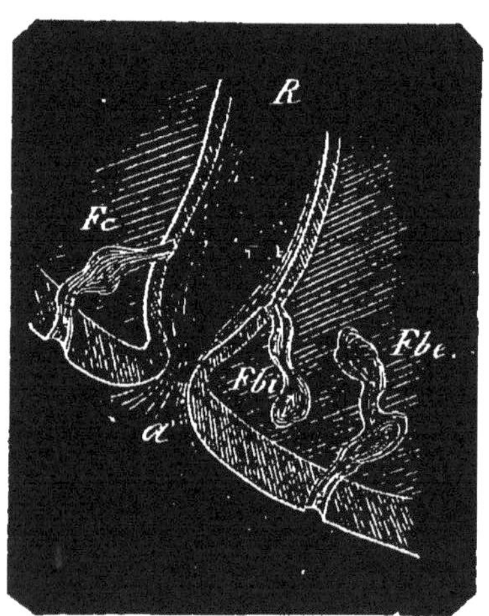

Fig. 79. — Fistules ano-rectales. R, rectum ; *a*, anus, *Fc*, fistule complète, *Fbe*, fistule incomplète externe ; *Fbi*, fistule incomplète interne.

Variétés. — **Variétés de formes.** — Fistules de l'espace pelvi-rectal supérieur ; fistule complexe en terrier de lapins ; fistule en fer à cheval (Chassaignac) à concavité antérieure.

Variétés causales. — Fistules d'origine rectale (cancer, rétrécissement) ; phlébitique (hémorroïdes) ; tuberculeuse ; urinaire ; ostéopathique.

Traitement. — **Injections irritantes.** — Succès incertain ; néanmoins dans les vieilles fistules pelvi-rectales supérieures on pourra essayer le bismuthage du trajet (injection d'une pâte au carbonate de bismuth à 33 p. 100).

Incision et cautérisation. — On sectionne non pas avec le bistouri mais avec le thermocautère ; on cautérise la fistule et tous ses diverticules. Panser à plat.

Incision au bistouri suivie du curettage de la fistule et de ses diverticules ; pansement à plat.

Excision de la fistule et suture (Quénu, Delbet). — Procédé de choix. Purgatif et lavement pendant 4 à 5 jours, opium la veille de l'opération, lavement le matin. Enlever au bistouri tous les tissus malades jusqu'en tissu sain, on n'ouvre le rectum que s'il est pénétré par la fistule. Suture par de grands fils métalliques, qui ne pénètrent pas dans la plaie, totale, par première intention. Constiper le malade pendant huit jours. La réunion est presque constante: s'il y a désunion, la guérison se fait comme après l'incision simple.

PROLAPSUS DU RECTUM

Symptômes. — 1° **Prolapsus muqueux** (fig. 80). — Chez l'enfant. — Il apparaît dans la défécation, forme une tumeur rouge vif, se couvre de mucosités visqueuses, se continue sans sillon

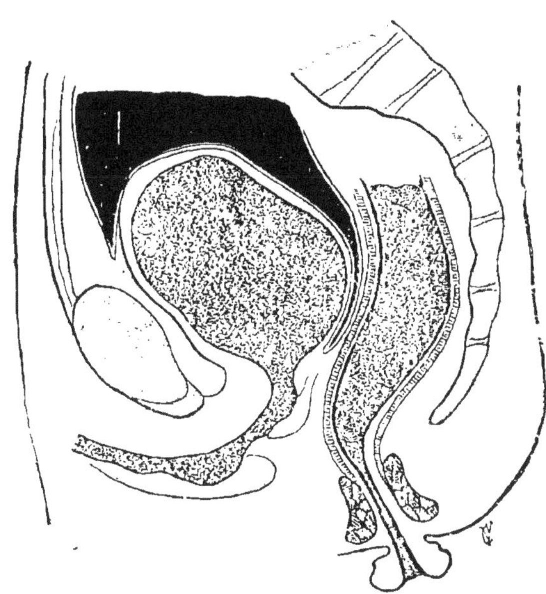

Fig. 80. — Prolapsus muqueux du rectum.
La muqueuse seule fait saillie hors de l'anus (Pierre Delbet).

avec la peau de l'anus; au centre est l'orifice anal. La réduction est généralement facile.

Chez l'adulte. — Il est dû à des hémorroïdes qui le rendent irrégulier, mamelonné.

2° **Prolapsus complet et invagination du rectum**. — Dans le premier cas (fig. 81), on voit deux cylindres accolés : l'externe se continuant avec la peau, l'interne avec la muqueuse; sa longueur est variable. Dans le second cas (fig. 82), l'ampoule rectale sort par l'anus dont la sépare une rigole circulaire. Le prolapsus se fait d'abord dans la défécation seulement, plus tard par le moindre effort. La muqueuse, d'abord rouge, s'excorie, se couvre de glaire, saigne.

Variétés. — *Prolapsus réductible*; *prolapsus incoercible*, qui

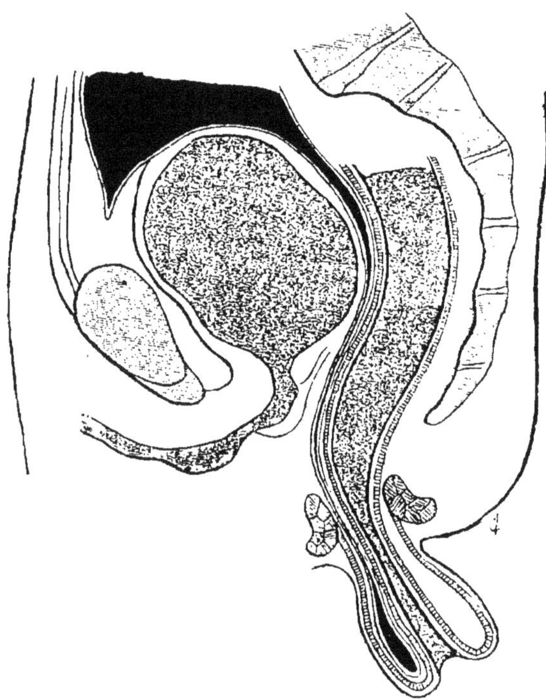

Fig. 81. — Prolapsus complet du rectum formé par deux cylindres adossés et comprenant les trois tuniques (Pierre Delbet).

se fait au moindre effort; *prolapsus irréductible* : douleurs vives, incontinence d'urine; la tumeur est bleuâtre, œdémateuse, très augmentée de volume, parsemée de taches brunâtres de sphacèle; occlusion; signes généraux d'infection; le sphacèle est partiel ou complet; la mort par infection est fréquente; si elle ne survient pas, la cicatrisation donne lieu à un rétrécissement; *prolapsus compliqué d'hédrocèle*, laquelle est en avant, sonore, se réduit avec gargouillement.

Traitement. — **Prophylactique.** — Soigner les hémorroïdes, supprimer la constipation, faciliter la miction *chez les vieillards*.

Chez l'enfant, empêcher qu'il ne reste trop longtemps sur le vase, faciliter la défécation par des lavements, laver le prolapsus, le réduire après l'avoir enduit de vaseline. Guérison spontanée de règle.

Chirurgical. — 1° **Prolapsus muqueux.** — Appliquer quelques raies de feu longitudinales, constiper quelques jours.

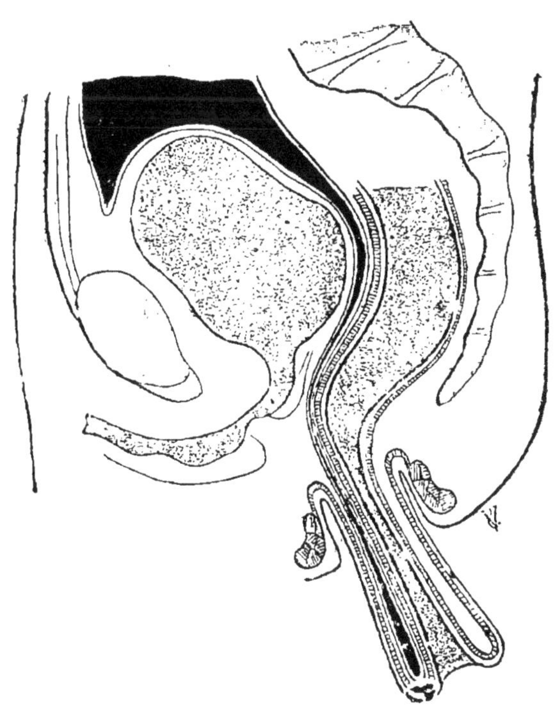

Fig. 82. — Prolapsus invaginé du rectum ou invagination procidente ; au-dessus de l'anus, il y a trois cylindres emboités les uns dans les autres (Pierre Delbet).

2° **Prolapsus complet.** — Recto-périnéorraphie (Duret). — Supprimer en arrière un triangle muqueux à base inférieure et un triangle cutané à sommet coccygien ; l'ablation est profonde et intéresse le sphincter ; suturer l'avivement ainsi produit. Ce procédé refait le périnée et supprime de la muqueuse trop abondante, rétrécit l'ampoule.

Recto-coccypexie (Marchand). — Incision double curviligne de l'anus au coccyx ; ablation du lambeau cutanéo-muqueux, d'une partie de l'anus et du sphincter ; mise à nu de la face postérieure du rectum, qu'on avive à la curette; plicature transversale du rectum, par des fils de catgut superposés en étage; plicature verticale, à l'aide des mêmes fils qu'on noue deux à deux; passer ces fils dans les tissus pré-coccygiens et les serrer; quatre crins (Verneuil) prennent les tissus et la face postérieure du rectum sans intéresser la muqueuse; affronter les téguments et les bords du sphincter sectionné.

Colopexie (Jeannel). — L'S iliaque est suturé par laparotomie à la paroi abdominale.

Exérèse. — Section au bistouri de la moitié antérieure du prolapsus au ras de l'anus; réduire l'hédrocèle; suturer les deux feuillets séreux; suturer les deux cylindres. Sectionner la moitié postérieure du prolapsus et suturer la muqueuse à la peau. Refaire l'anus et le périnée, si c'est nécessaire.

HÉMORROÏDES

Symptômes. — 1° *Flux hémorroïdaire*, écoulement sanguin, d'abondance variable;

2° *Tumeur hémorroïdaire*, qui se présente sous des aspects variables:

Hémorroïdes flasques, sans troubles fonctionnels:

Hémorroïdes turgescentes, arrondies, violacées, douloureuses, tendues;

Hémorroïdes indurées ou *marisques;*

Hémorroïdes fissuraires (signes de la fissure). Ce sont toutes des *hémorroïdes externes*.

Hémorroïdes internes non procidentes, pouvant donner lieu à des hémorragies abondantes.

Hémorroïdes internes procidentes : 1er *degré*, elles sont facilement réductibles sans douleur; 2e *degré*, réductibles lentement, en quelques heures et douloureuses; 3e *degré*, elles sont incoercibles, ou étranglées : douleurs violentes, spasmes, tumeur turgescente, puis noirâtre; l'étranglement se termine par la suppuration, par la gangrène accompagnée d'hémorragies; il laisse un rétrécissement.

La rectite est presque constante dans les hémorroïdes.

Traitement. — I. **Médical.** — Proscrire l'alcool, les mets excitants; régulariser les selles; propreté de l'anus par les lavements, les bains, les lotions fréquentes. Contre les hémorragies, irrigations et bains chauds, solutions astringentes, de tanin, perchlorure de fer, ratanhia, antipyrine. eau oxygénée, tamponnement du rectum.

II. Chirurgical. —Dilatation anale. — Insuffisante contre les hémorroïdes, radicale contre les accidents dus à la contracture du sphincter.

Excision au thermocautère. — Dilatation préalable; attirer les hémorroïdes, jeter un clamp ou une ligature au catgut sur leur pédicule, les exciser au thermocautère.

Excision au bistouri. — Préparation du malade : 2 purgatifs l'avant-veille et la veille de l'opération; lavage du rectum avec de l'eau bouillie la veille au soir. Le matin, 2 centigrammes d'extrait thébaïque.

Opération. — Dilatation du sphincter; incision circulaire de la muqueuse au pourtour de l'anus; dissection du manchon muqueux ano-rectal jusqu'à la partie saine de la muqueuse; incision longitudinale de la muqueuse à sa partie antérieure et placer un fil commissural antérieur en anse au-dessus de l'extrémité supérieure de cette incision; section progressive de la moitié droite du manchon muqueux et suture muco-cutanée de cette hémisection avec une aiguille intestinale fine et du catgut n° 1 : agir de même pour la moitié gauche de la muqueuse disséquée.

Soins consécutifs : lavage à l'eau bouillie : introduire dans l'anus un large drain de caoutchouc, entouré de gaze aseptique, qui permet l'issue des gaz et comprime la muqueuse; immobiliser les jambes. Constiper le malade pendant 8 jours avec 5 à 10 centigrammes d'opium par jour. Le 8e jour, purger le malade par 4 à 5 cuillerées d'huile de ricin administrées dans la journée.

POLYPES DU RECTUM

Symptômes. — *Chez l'enfant*, on observe au début des hémorragies rectales.

Chez l'adulte existent souvent des signes de rectite : faux besoins, pesanteur, ténesme. Quand le polype se pédiculise, il fait saillie par l'anus pendant la défécation, puis rentre. A la longue, il sort plus facilement, au moindre effort ou reste constamment à l'extérieur. Il peut provoquer le prolapsus, il s'ulcère et est l'origine de suppurations fétides.

Traitement. — Extirpation : couper le pédicule avec les ciseaux et lier les vaisseaux qui saignent ou les toucher au thermocautère.

CANCER DU RECTUM

Symptômes. — **Symptômes fonctionnels.** — **Période de début.** — Troubles de rectite, pesanteur, douleurs vagues, glaires; défécation pénible, constipation, diarrhée intermittente; troubles digestifs variés; hémorragies rectales d'abondance variable; dans les formes latentes, ces troubles n'existent pas.

Période d'état. — Deux formes cliniques.

1° Cancer mou végétant. — Troubles de rectite, glaires, ténesme, débris sphacéliques et fétides, diarrhée, hémorragies, douleurs locales et irradiées ; troubles digestifs, inappétence ; état général mauvais.

2° Cancer dur. — Constipation opiniâtre, alternant avec des débâcles; difficulté des selles; en plus, troubles de rectite.

Période de cachexie. — Obstruction chronique ou bien incontinence absolue. Complications : hémorroïdes, fissures, phlegmons périrectaux et fistules multiples, ouverture de la vessie, rétention d'urine, ouverture du vagin, péritonite cancéreuse, péritonite suppurée, cancer du foie, phlébite des membres inférieurs, etc.

Symptômes physiques. — Le toucher permet de sentir une tumeur plus ou moins élevée, d'étendue variable, présentant des végétations sur une base indurée, rétrécissant à des degrés variables la lumière du rectum, mobile ou non sur les parties profondes.

Traitement. — 1° **Palliatif.** — Il s'adresse aux cancers inopérables.

Curetage des fongosités. — Il facilite la défécation, diminue l'écoulement de glaires et de sang. Le pratiquer avec douceur.

Anus artificiel iliaque gauche. — Il assure le cours des matières et combat la rectite.

2° **Curatif.** — Il doit être le plus précoce possible. Le résultat est d'autant plus efficace que l'opération a été faite plus tôt.

CANCERS BAS SITUÉS. — Extirpation par la voie anale ou la voie périnéale.

CANCERS MOYENNEMENT SITUÉS. — Extirpation par la voie sacrée (Kraske), en unissant le bout supérieur au bout inférieur laissé intact avec le sphincter.

CANCERS HAUT SITUÉS. — Ablation abdomino-périnéale (Quénu). Laparotomie médiane ; lier les hypogastriques, ce qui annule l'hémorragie; disséquer le rectum ; enlever les ganglions cancéreux ; sectionner l'intestin au-dessus du cancer entre deux ligatures ; aboucher le bout supérieur à la peau, pour créer un anus contre nature; fermer la plaie abdominale. Le malade est mis dans la position de la taille; achever l'extirpation du rectum par la voie périnéale, ce qui est facilité par les manœuvres intra-abdominales.

XXI. — MALADIES DU FOIE

CONGESTION AIGUE DU FOIE

Symptômes. — Début par une douleur dans la région épigastrique et dans la région de l'hypocondre droit, vomissements, diarrhée, frissons, courbature. Langue saburrale, anorexie absolue, soif vive, céphalalgie. La fièvre s'élève le soir; le pouls est ralenti. Souvent on observe des épistaxis. La palpation et la percussion du foie sont douloureuses; la douleur, ou sensation de tension, de pesanteur, peut s'irradier à l'épaule droite. La matité hépatique est légèrement augmentée; la rate est grosse, l'ictère est fréquent; coloration de la peau, des sclérotiques; réaction de Gmelin dans l'urine. Les selles restent colorées.

Formes cliniques. — On distingue plusieurs formes :

Forme simple. — Légère, sans ictère, durant quelques jours; elle survient chez les dilatés de l'estomac, les goutteux.

Forme moyenne. — Avec ictères et parfois décoloration des selles; elle survient chez les buveurs, les alcooliques, ou après des excès de table; une **forme grave**, avec fièvre rémittente, qui survient chez les paludéens, ou qui n'est que le mode de début d'un abcès du foie, particulièrement dans les pays chauds.

La congestion du foie peut encore être consécutive à la suppression du flux menstruel, du flux hémorroïdaire, à la ménopause, à l'action du froid.

Diagnostic. — Avec : embarras gastrique, ictère catarrhal, hépatite suppurée. Dans les deux premiers cas, la décoloration des selles est complète; le foie est tuméfié. Dans le dernier cas, l'état général est beaucoup plus atteint, la fièvre persiste plus longtemps.

Traitement. — Variable suivant la cause.

Chez les *gros mangeurs, les alcooliques :* Régime lacté exclusif : purgatifs salins répétés; traitement des fermentations gastriques.

Chez les *dyspeptiques atoniques :* Alcalins, amers, noix vomique. — Pepsine, pancréatine.

Chez les *goutteux :* Révulsion sur l'hypocondre droit; calomel, purgatifs doux; colchique (2 grammes de teinture), salicylate de soude, acide benzoïque et benzoates; lithine et composés.

Chez les *diabétiques :* Pas de révulsion; prescrire graisses et aliments carnés : lait, légumes verts.

Chez les *paludéens :* Sulfate de quinine et quinquina; ipéca; hydrothérapie froide.

Chez les *dysentériques :* Tartre stibié et ipéca, dès le début. — Ipéca à la brésilienne (voy. Dysenterie). — Pilules de Segond :

Ipéca en poudre	0gr,40
Calomel	0gr,20
Extrait d'opium	0gr,05
Sirop de nerprun	Q. S.

Pour six pilules.

FOIE CARDIAQUE

Définition. — Congestion passive du foie, déterminée par la stase dans les veines sus-hépatiques, et survenant au cours des cardiopathies, surtout des affections valvulaires chroniques.

Symptômes. — L'examen du foie montre que celui-ci est douloureux et augmenté de volume; la matité verticale peut atteindre 22 et 24 centimètres.

Par la palpation, on peut percevoir les battements hépatiques, sorte d'expansion du foie qui se produit à chaque systole cardiaque.

L'hypertrophie du foie peut varier et s'accentuer sous l'influence de poussées passagères.

Les troubles digestifs consistent en : irrégularité de l'appétit, nausées, vomissements, constipation avec crises de diarrhée. Il existe un peu d'ascite et de l'œdème des membres inférieurs. Pas de réseau veineux sous-cutané abdominal ou très peu développé.

La peau a souvent une teinte subictérique ou ictérique; les urines présentent alors la réaction de Gmelin (acide nitrique nitreux); elles sont claires et peu abondantes.

Les autres symptômes de l'asystolie peuvent être dominés par les symptômes hépatiques (asystolie hépatique).

Terminaison. — Sa durée, sa marche, sa terminaison sont liées à celles de l'asystolie. La terminaison peut se faire par : cirrhose, cachexie, hématémèse, ictère grave.

Diagnostic. — Avec cirrhose atrophique ou hypertrophique, kyste hydatique, syphilis hépatique, cancer du foie.

Traitement. — Il comporte le traitement de l'asystolie : régime lacté, repos, purgatifs, diurétiques, etc. (voir *Asystolie*), ponction d'une ascite abondante, digitale. De plus : ventouses scarifiées sur la région hépatique ou saignée générale; eau-de-vie allemande, calomel à petites doses pendant les phases de congestion intense. Ensuite on administrera le bicarbonate de soude ou les eaux alcalines (Vichy-Grande-Grille ou Carlsbad).

CIRRHOSE ATROPHIQUE

(*Cirrhose de Laënnec*).

Définition. — Hépatite chronique, déterminée le plus souvent par l'intoxication alcoolique, parfois par l'intoxication saturnine.

Symptômes. — **Début.** — Lent et insidieux ; il est ordinairement masqué par les signes de gastrite chronique. A la dyspepsie s'ajoutent la constipation, le météorisme, la décoloration des selles, parfois des crises diarrhéiques, les signes d'alcoolisme chronique : rêves professionnels; tremblement des mains, langue sale, vomissements matutinaux, pyrosis, anorexie. La peau et les muqueuses peuvent présenter une teinte subictérique ; les urines contiennent de l'urobiline; glycosurie alimentaire, prurit, œdèmes localisés, varices, hémorroïdes, hypertrophie commençante de la rate.

Période d'état. — Ascite augmentant peu à peu, mobile, et bientôt très abondante. L'abdomen se distend; la respiration est gênée; les membres inférieurs et, souvent, la paroi abdominale sont œdématiés; circulation veineuse sous-cutanée abdominale, pas d'ictère ou quelquefois quelques poussées d'ictère peu marqué; la palpation et la percussion montrent que le foie est atrophié, dur, à surface inégale. Les troubles dyspeptiques s'accentuent; à la constipation succède la diarrhée; l'amaigrissement et la perte des forces apparaissent.

Durée. — Un à deux ans. La marche peut être rapide. La terminaison par régression et guérison est possible, mais exceptionnelle. La mort survient dans le marasme, par cachexie, par infection intercurrente, par une complication.

Complications. — Hémorragies : hématémèse, hémoptysie, épistaxis, purpura, mélæna, hématurie. Péritonite tuberculeuse, pneumonie. Erysipèle.

Diagnostic. — Avec gastrite chronique, péritonite tuberculeuse, péritonite cancéreuse, ascite d'origine cardiaque, syphilis hépatique.

Traitement. — Traitement général. Régime lacté, purgatifs salins (sulfate de magnésie ou de soude, tartrate de soude et de potasse). Hydrothérapie, antisepsie intestinale (benzonaphtol, bétol, etc.), suppression des boissons alcooliques. Eaux alcalines : Vichy, Vals, Pougues. Iodure de potassium.

Opothérapie hépatique. — 140 à 200 grammes de foie de porc haché dans du bouillon de légumes (Hirtz) — ou extrait de foie en poudre (huit cachets de 1 gr. par jour).

Diurétiques. — Oxymel scillitique, théobromine, urée, etc.

Oxymel scillitique	30	grammes.
Acétate de potasse	10	—
Nitrate de potasse	2	—
Décoction de baies de genièvre	120	—
Sirop des cinq racines	40	—

1 cuiller à soupe toutes les deux heures.

Pendant les phases de congestion hépatique. — Ventouses scarifiées sur l'hypocondre droit, grands lavements froids, vomitifs (poudre d'ipéca 1 gr. 50 à prendre dans de l'eau).

Contre la dyspepsie :

Benzonaphtol	0 gr. 25
Charbon	0 gr. 75

Pour un cachet, n° 20, 4 cachets par jour.

Contre l'ascite. — Quand elle n'est pas très abondante, on donnera soit des purgatifs drastiques (eau-de-vie allemande), soit des diurétiques.

Calomel	0 gr. 05
Poudre de scille	0 gr. 10
Extrait de genièvre	0 gr. 05

Pour une pilule, n° 15, 1 ou 2 par jour.

Oxymel scillitique	ãã 3 gr.
Sirop	ãã 3 gr.
Nitrate de potasse	2 —
Eau distillée	100 —

F. s. a. Potion à prendre par cuillerées à soupe.

Si l'ascite augmente, gênant les mouvements de la respiration. — La ponction est indiquée. L'évacuation du liquide ne sera pas faite complètement, afin d'éviter les accidents syncopaux.

Quand l'ascite sera reconstituée. — La ponction sera répétée.

CIRRHOSE HYPERTROPHIQUE AVEC ICTÈRE CHRONIQUE

(*Cirrhose de Hanot*).

Symptômes. — *Début* lent ou par une poussée subaiguë, consistant en douleurs dans l'hypocondre droit, fièvre légère, signes d'embarras gastrique et ictère. Puis tout disparaît, sauf l'ictère.

Période d'état. — Ictère s'accentuant sans rémission, de plus en plus foncé, parfois vert et même noir. La peau est sèche ; elle est souvent le siège d'éruptions lichénoïdes, prurigineuses. Les selles restent colorées. Le volume du foie augmente progressivement ; la matité verticale peut atteindre 20 centimètres et plus ; sa palpation détermine une douleur diffuse; la vésicule biliaire n'est pas dilatée, l'hypertrophie de la rate est constante, et se révèle par la matité, allant de la 8e à la 12e côte gauche ; elle peut être perceptible à la palpation. Il n'existe pas d'ascite, sauf quelquefois au début, ou à la période terminale, ni de dilatation des veines sous-cutanées abdominales.

Les urines sont très foncées et contiennent des pigments biliaires ; leur quantité est peu diminuée. Le pouls est mou, faible, non ralenti. Les hémorragies, épistaxis, hématémèse, mélæna, gingivorragie, purpura sont assez fréquentes.

Tous ces symptômes s'accentuent progressivement ; ils subissent de plus des exacerbations survenant par crises, au cours desquelles apparaît de la *fièvre*. Ces crises sont de plus en plus fréquentes et s'accompagnent bientôt d'amaigrissement, perte des forces, œdème des membres inférieurs, cachexie.

Après une *durée* moyenne de deux à quatre années, la cirrhose hypertrophique de Hanot se termine au milieu d'accidents fébriles (congestion pulmonaire des bases, langue sèche, subdélire) parfois accompagnés d'hémorragies, de diarrhée, ou bien dans le coma, ou par une infection surajoutée, érysipèle ou bronchopneumonie.

Diagnostic. — Fondé sur la réunion des trois signes : hypertrophie du foie et de la rate, ictère chronique, absence d'ascite ; à faire *avec* : ictère catarrhal prolongé, angiocholites de la lithiase biliaire, cancer de la tête du pancréas, foie cardiaque, cirrhoses paludéennes.

Traitement. — Régime sobre et, dans les phases fébriles, régime lacté. Eaux alcalines. Eau d'Evian, hydrothérapie, grands lavements froids tous les jours. Purgatifs salins et diurétiques. Calomel, à la dose de 1 à 2 centigrammes par jour, pendant 10 à 15 jours. Iodure de potassium. Frictions sèches et aromatisées sur la région hépatique.

Stimulants de la sécrétion biliaire.

Benzoate de soude	0 gr. 25
Phosphate de soude	0 gr. 50
Poudre de feuilles de jaborandi	0 gr. 10

Pour 1 cachet à prendre 3 heures après le repas.

Opothérapie hépatique.

SYPHILIS HÉPATIQUE

Chez l'adulte, la syphilis acquise peut déterminer des symptômes hépatiques à la période secondaire et à la période tertiaire.

Symptômes. — **Ictère syphilitique secondaire.** — L'apparition de l'ictère est contemporaine de la roséole ou des syphilides papulo-squameuses secondaires, c'est-à-dire qu'il survient vers le deuxième ou troisième mois après le chancre. Il s accompagne d'embarras gastrique, d'un peu de fièvre, de tuméfaction légère et douloureuse du foie et de la rate, de décoloration des matières, dure trois à quatre semaines. D'autres fois l'ictère secondaire revêt l'aspect et la gravité de l'ictère grave.

Accidents tertiaires (foie ficelé, cirrhose syphilitique, gommes). — Les lésions tertiaires restent parfois latentes. Ordinairement elles donnent lieu aux symptômes suivants, qui peuvent exister seuls, ou associés : Douleurs, ascite, ictère. Les douleurs siègent dans l'hypocondre droit et revêtent la forme de crises. L'ascite, avec œdème des membres inférieurs et circulation collatérale, est presque constante. L'ictère est rare, et, quand il existe, il est peu accentué, sauf dans les cas de compression des voies biliaires.

L'examen du foie montre que l'organe est très hypertrophié et déformé, dur à la palpation ; son bord antérieur présente des encoches et des saillies. La rate est hypertrophiée.

La syphilis tertiaire du foie aboutit lentement à une cachexie profonde. Il existe le plus souvent des altérations syphilitiques des autres viscères (testicule, cerveau, os, etc.).

Diagnostic. — Pour ce qui est de la syphilis héréditaire, voir *Syphilis héréditaire*.

Diagnostic avec : cancer primitif ou secondaire du foie, cirrhose hypertrophique, lithiase biliaire, kystes hydatiques.

Traitement. — L'efficacité du traitement antisyphilitique pourra, dans les cas difficiles, servir de pierre de touche au diagnostic. Il devra être institué immédiatement et à doses intensives. On aura recours aux frictions mercurielles (6 grammes par jour), aux injections sous-cutanées de calomel ou d'huile grise et on associera au mercure l'iodure de potassium (6 à

10 grammes par jour). L'ascite pourra nécessiter la ponction. Régime lacté (Voir en outre *Syphilis en général, traitement*).

TUBERCULOSE HÉPATIQUE

On peut observer, chez les tuberculeux, diverses variétés de lésions du foie.

Symptômes. — 1° **Dégénérescence graisseuse.** — Le foie n'est pas toujours hypertrophié, ni douloureux. Dans d'autres cas, l'augmentation du foie est énorme ; sa surface est lisse à la palpation. Il n'y a pas d'ascite, ni de circulation collatérale, ni d'ictère. Les urines sont rares, foncées; elles contiennent de l'urobiline et parfois du sucre.

2° **Cirrhose atrophique** (Hanot et Gilbert). — A marche subaiguë, présentant les mêmes symptômes que la cirrhose atrophique de Laënnec, plus de l'ictère léger, des hémorragies, de la fièvre, état général grave, *durée* 2 ou 3 mois.

3° **Cirrhose hypertrophique graisseuse.** — A marche aiguë, complication plus fréquente. Début par de la fièvre, du subictère, du délire, puis apparaissent des hémorragies, de l'œdème, le foie est gros et lisse; la rate tuméfiée; il y a peu d'ascite. Les urines sont rares, foncées, pauvres en urée, contenant des pigments biliaires. Les matières fécales sont décolorées. Après une durée de 5 à 6 ou 8 semaines, la mort survient dans le coma, ou dans un état typhoïde.

Diagnostic. — Les lésions doivent être recherchées ; les tubercules du foie sont presque toujours latents.

Diagnostic avec : cirrhose de Laënnec, péritonite tuberculeuse.

Traitement. — Traitement local par les ventouses, les frictions; toniques, calomel, antiseptiques intestinaux.

CANCER DU FOIE

Le cancer du foie peut être primitif ; mais, 7 fois sur 8, il est secondaire à un cancer de l'estomac, de l'intestin ou du pancréas.

Symptômes. — **Cancer secondaire.** — Les symptômes peuvent rester masqués par ceux du cancer préexistant ou ne se manifester que tardivement; ils revêtent alors les caractères du cancer primitif.

Cancer primitif. — Période de début. — Le *début* se fait par des troubles digestifs (anorexie absolue, souvent élective pour la viande, vomissements), des douleurs de la région hépatique, irradiant vers l'épaule, la diminution de la quantité d'urines, l'altération rapide de l'état général.

Période d'état. — Les signes diffèrent suivant qu'il s'agit d'un *cancer massif* ou d'un *cancer nodulaire.*

Cancer massif. — Il y a peu de douleurs, pas d'ascite, pas d'ictère; les selles sont décolorées et fétides. A la palpation et à la percussion, on trouve un foie très dur et descendant parfois jusqu'à l'ombilic ou le dépassant. La base du thorax est évasée à droite: la partie supérieure de l'abdomen est bombée. L'hypertrophie du foie augmente avec une grande rapidité.

Cancer nodulaire. — Les douleurs hépatiques sont très intenses, elles s'accompagnent souvent de dyspnée; il existe un peu d'ascite; l'ictère est tantôt léger et tardif dans son apparition, tantôt très marqué et persistant. Le foie est augmenté de volume, et sa surface est irrégulière, bosselée.

Marche. — La *marche* du cancer du foie, quelle que soit sa forme, est rapide, surtout dans le cancer massif : celui-ci évolue en 5 à 6 mois, quelquefois moins. La cachexie cancéreuse (amaigrissement, teinte cireuse, rarement adénopathie sus-claviculaire, diarrhée, œdème aux jambes, anémie) s'accuse rapidement, parfois accompagnée de fièvre. La mort survient dans le marasme, ou bien dans le coma, ou par complication infectieuse.

Diagnostic. — Avec : cancer de la vésicule biliaire, cirrhoses hypertrophiques, foie cardiaque, kyste hydatique.

Traitement. — *Contre les troubles digestifs.* — Régime lacté; éviter l'emploi des alcalins.

En cas d'ascite abondante. — Paracentèse.

Contre les douleurs. — Cataplasmes laudanisés; liniments calmants; analgésiques :

Chloroforme.........	10 gr.	Extrait de belladone...	0 gr. 01
Laudanum de Sydenham..............	5 —	Extrait d'opium........	0 gr. 02
Huile de jusquiame..	60 —	Pour 1 pilule, n° 20.	
M. Liniment.		2 à 4 pilules par jour.	

Hypnal................ 2 gr.
Eau de laurier-cerise.. 10 —
Sirop de morphine.... 20 —
Eau distillée.......... 100 —
Potion à prendre par cuillerées à soupe.

Injection sous-cutanée;
Chlorhydrate de morphine............ 0 gr. 10
Eau distillée....... 10 —
1 à 3 injections par jour (1 centigr. de morphine par seringue de Pravaz).

CANCER DES VOIES BILIAIRES

Symptômes. — Le cancer des voies biliaires peut débuter par l'ampoule de Vater, par le cholédoque ou par la vésicule; il s'observe souvent chez des femmes ayant eu des antécédents de lithiase biliaire. On constate des douleurs dans la région de l'hypocondre droit, de l'ictère avec décoloration des matières fécales, de l'anorexie, des vomissements, puis apparaissent des signes de cachexie cancéreuse. A l'examen du foie, on constate tantôt les mêmes signes que dans le cancer massif du foie, tantôt on peut délimiter la vésicule distendue, qui forme une tumeur lisse, arrondie et mobile.

Durée de 1 à 4 ou 5 ans.

La terminaison survient par cachexie, péritonite, hémorragie intestinale ou angiocholite suppurée.

Diagnostic. — Très difficile à faire avec : cancer du foie, lithiase biliaire, cancer du pancréas.

Traitement. — Mêmes indications que pour le cancer du foie.

PYLÉPHLÉBITES

Définition. — Inflammation du tronc et des grosses branches de la veine porte.

Symptômes. — 1° **Pyléphlébite non suppurée, ou thrombose de la veine porte (par compression par une tumeur ou au cours des cachexies).** — Parfois aucun symptôme. D'autres fois : hématémèse, mélæna, ascite à développement très rapide et à reproduction en 24 à 36 heures après une ponction, dilatation considérable des veines sous-cutanées abdominales ; diarrhée muco-sanguinolente, ictère rare.

2° **Pyléphlébite suppurée (consécutive à une ulcéra-**

tion gastrique, à une appendicite, à un abcès de la rate ou du foie). — Douleur spontanée, ayant deux points maximum : l'épigastre et l'hypocondre droit ; fièvre survenant par accès intermittents (avec frissons, stade de chaleur, stade de sueur) ; ictère avec tuméfaction du foie et de la rate ; diarrhée sanguinolente ; amaigrissement.

Durée moyenne. — 4 à 5 semaines.

Terminaison. — Par hecticité ou péritonite généralisée.

Diagnostic. — Avec fièvre paludéenne, angiocholite suppurée, abcès du foie.

Traitement. — Sulfate de quinine. Toniques et reconstituants. Opium et sirop de morphine. Ponction, si l'*ascite est abondante.*

LITHIASE BILIAIRE

Définition. — Production de calculs dans les voies biliaires ; elle peut rester latente, surtout chez les vieillards ; mais, le plus souvent, l'élimination des calculs par les voies biliaires donne lieu à des accidents, qui peuvent exister isolément ou se succéder les uns aux autres ; le plus fréquent, et celui qui apparaît ordinairement le premier, est la colique hépatique.

I. — COLIQUE HÉPATIQUE

Symptômes. — Début brusque, quelques heures après le repas, par des douleurs très vives siégeant : au creux épigastrique, autour de l'ombilic, à l'hypocondre droit, à l'épaule droite (fig. 83). Le malade cherche à calmer ses souffrances en prenant les positions les plus variées. La douleur a des phases d'atténuation, suivies de phases d'exacerbation ; l'accès dure 6 à 12 heures, quelquefois plus ; il reste le plus souvent apyrétique. En même temps, il y a des vomissements, une légère tuméfaction du foie, et un point douloureux nettement localisé au niveau de la vésicule biliaire. L'accès cesse brusquement ; la fin est marquée par une sensation de bien-être et par l'émission d'urines claires et abondantes (urines nerveuses).

L'ictère ne survient que dans un cas sur deux ; il apparaît quelques heures après l'accès ou le lendemain.

Si l'oblitération du canal cholédoque persiste, les selles sont décolorées, argileuses. L'intensité de l'ictère est d'ailleurs variable. On peut retrouver le ou les calculs dans les matières fécales.

Complications. — Rupture des canaux cystique et cholédoque déterminant une péritonite aiguë ; frissons, vertiges, convulsions épileptiformes, délire, hémiplégie, défaillance ou syncope, fièvre à type intermittent, congestion pulmonaire du côté droit, œdème des membres inférieurs, insuffisance tricuspidienne.

Formes cliniques. — Formes frustes ou larvées, se manifestant par une névralgie, un accès de gastralgie, formes courtes ou abortives, formes prolongées, formes légères et formes intenses.

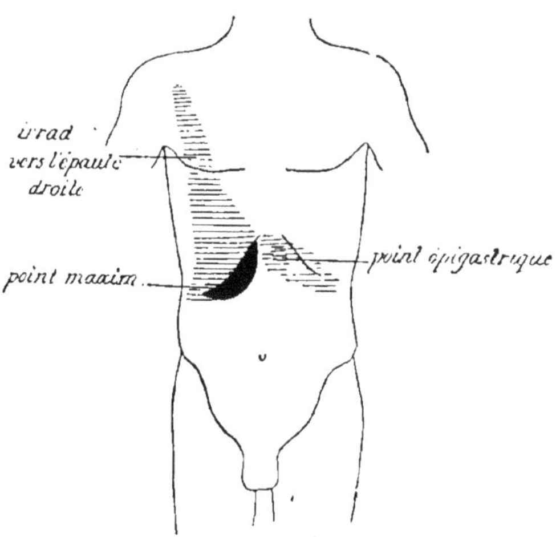

Fig. 83. — Siège et irradiations de la douleur de la colique hépatique.

Diagnostic.—Avec colique néphrétique (la douleur part de la région lombaire et non de l'hypocondre ; elle s'irradie vers l'uretère, non vers l'épaule), gastralgie, colique saturnine, perforation intestinale, crises du tabes. La présence de vers intestinaux ou de corps étrangers dans le canal cholédoque peut réaliser le syndrome de la colique hépatique.

Traitement. — **Au moment de l'accès.** — Faire une injection hypodermique de 1/2 centigramme ou 1 centigramme de chlorhydrate de morphine, vessie de glace sur l'hypocondre droit, cataplasme laudanisé chaud sur le ventre, antipyrine, grand lavement froid, lavement de chloral, boissons gazeuses et glacées (champagne frappé), eaux alcalines, bains prolongés, potion chloroformée.

Teinture de belladone........... XXX gouttes	Hydrate de chloral.... 2 à 4 gr.
Eau chloroformée. }	Lait.................. 150 gr.
Eau de menthe... } àà 60 gr.	Jaune d'œuf.......... n° 1.
M. par cuillerées à soupe tous les 1/4 d'heure.	F. s. a. pour lavement.

Après la crise. — Repos ; léger purgatif; rhubarbe associée au calomel ; huile d'olives à hautes doses à jeun ou glycérine à la dose de 1 à 3 cuillerées à café le matin dans un verre d'eau alcaline. Salicylate de soude, 2 à 3 grammes par jour ; antiseptiques intestinaux.

II. — OBSTRUCTION CHRONIQUE DES VOIES BILIAIRES PAR UN CALCUL

Symptômes. — L'obstruction peut n'être que partielle, c'est-à-dire siéger sur le canal cystique ou sur les canaux hépatiques.

L'obstruction du *canal cystique* se révélera par l'augmentation de volume de la vésicule; par la palpation et la percussion, on constatera que celle-ci forme une tumeur arrondie, lisse, rénitente, qui peut arriver à occuper une grande partie de l'abdomen. En outre, il existe des douleurs siégeant dans l'hypocondre droit; peu à peu le volume de la vésicule diminue et l'organe subit une rétraction scléreuse.

L'obstruction des *canaux hépatiques* est rarement isolée ; elle coïncide ordinairement avec celle du *canal cholédoque*, ou obstruction totale.

Dans celle-ci, le foie est augmenté de volume, la vésicule est dilatée, du moins au début; plus tard, le foie et la vésicule diminuent de volume. Il existe un **ictère** permanent, progressif, de plus en plus foncé (il peut cependant manquer quand le calcul laisse filtrer de la bile dans le canal); cet ictère chronique s'accompagne de prurit, de ralentissement du cœur, de décoloration des selles, troubles digestifs ; les urines présentent la réaction de Gmelin. Quand l'occlusion dure longtemps, l'état général s'altère; le malade s'amaigrit, s'affaiblit, se cachectise; si le cours de la bile n'est pas rétabli, la mort survient par ictère grave, par suppuration des voies biliaires, par une complication infectieuse.

Diagnostic. — Avec : cirrhose de Hanot, cancer des voies biliaires, ictère catarrhal, kyste hydatique du foie.

III. — SUPPURATION DES VOIES BILIAIRES ET ABCÈS DU FOIE.

Symptômes. — L'obstruction prolongée ou répétée du canal cholédoque peut s'accompagner d'angiocholite (inflammation des canaux biliaires), de cholécystite (empyème de la vésicule) et abcès du foie.

L'*angiocholite* se révèle par la *fièvre* (fièvre intermittente, fièvre bilio-septique); elle revêt divers types : nerveux, éphémère, ntermittent, présentant les caractères de l'accès palustre, rémittent. Chez les vieillards, les cachectiques, la fièvre peut manquer. Le foie et la rate sont peu tuméfiés; la palpation du foie est un peu douloureuse.

La cholécystite calculeuse se manifeste par des signes généraux : fièvre, altération de l'état général, et par des signes locaux : douleurs vives de la région, tuméfaction régulière, ovoïde, mate et douloureuse à la percussion, siégeant au-dessous du rebord costal droit, participant aux mouvements thoraciques dans les grandes inspirations (contrairement aux tumeurs rénales). La marche de la cholécystite est chronique, entrecoupée d'accès aigus; elle se termine par sclérose ou par ouverture de la poche suppurée au dehors ou dans un organe voisin, ou dans le péritoine, déterminant une péritonite aiguë, partielle ou généralisée.

Les abcès du foie se traduisent par la fièvre, l'augmentation de volume du foie, les douleurs de la région hépatique.

Diagnostic. — Avec : kyste hydatique suppuré, abcès du foie, tumeur du rein droit.

IV. — FISTULES BILIAIRES

Symptômes. — Les suppurations d'origine calculeuse peuvent s'ouvrir dans un organe voisin (fistules viscérales) ou à la surface cutanée (fistules cutanées ou externes). Les calculs peuvent s'évacuer dans les bronches, à travers le diaphragme et la plèvre (fistules hépato-bronchiques), en déterminant une vomique, dans le duodénum, le côlon, l'estomac. Dans ces derniers cas, au moment où s'établit la fistule, éclatent de violentes douleurs dans l'abdomen, parfois suivies de collapsus, et accompagnées d'une diarrhée abondante contenant de la bile et du pus.

Puis survient une phase d'amélioration, jusqu'à l'apparition d'accidents identiques ; la guérison est possible, mais le malade est exposé à la pyémie, au rétrécissement cicatriciel des voies biliaires, à la cirrhose biliaire (forme atrophique), aux complications de l'ictère chronique.

V. — MIGRATION ET ARRÊT DES CALCULS DANS L'INTESTIN

Les calculs volumineux peuvent arriver dans l'intestin par le canal cholédoque ou, plus fréquemment, par une fistule cystico-intestinale. Ils déterminent alors soit des coliques intestinales, soit de l'occlusion (constipation, vomissements bilieux et fécaloïdes, hypothermie, collapsus, tuméfaction abdominale). Ils peuvent encore être la cause d'une perforation intestinale, d'une appendicite.

Traitement de la lithiase biliaire. — Régime sévère. Repas peu copieux, plutôt fréquents qu'abondants. Éviter, dans les boissons, les eaux calcaires, les essences, alcools, vins mousseux ou alcooliques.

Éviter les graisses, féculents, sucre, viandes fermentées.

Eaux minérales : Vichy (Grande-Grille), Pougues, Vittel.

Traitement général. — Huile d'olives, cholagogue et laxatif à la dose d'un verre à madère chaque matin. — Huile de ricin, une cuiller à café chaque matin. — Glycérine, 4 cuillers à soupe par jour dans une infusion de boldo.

Salicylate de soude associé aux *glycérophosphates* (Chauffard).

Salicylate de soude...............	10 grammes.
Glycérophosphate de soude...........	} àà 7gr,50
Extrait de quinquina..................	
Sirop d'écorces d'oranges amères..	150 grammes.

Benzoate de soude, 1 gramme par jour pendant 20 jours par mois.

Urotropine. — L'urotropine s'élimine au niveau des voies biliaires et constitue un bon désinfectant, qui préviendra la formation de nouveaux calculs, la cholécystite calculeuse.

Les lithotriptiques (remède de Durande, huile de Harlem) ne sont plus employés.

Indications du traitement chirurgical. — *Dans le cas de suppuration de la vésicule, fistule biliaire, abcès du foie, péritonite, obstruction intestinale.* — Le traitement chirurgical s'impose.

Dans le cas d'obstruction du canal cholédoque. — On pourra avoir recours à l'une des opérations suivantes :

La cholécystentérostomie (abouchement de la vésicule dans l'intestin), *quand le cholédoque est définitivement obstrué* et que le cathétérisme des voies biliaires est impossible :

La cholécystectomie (ablation de la vésicule), *quand la vésicule est devenue inutile et que le cholédoque est perméable;*

La cholécystostomie (fistule abdominale), *quand le cholédoque est temporairement obstrué* (Voir plus loin).

Ne jamais attendre pour intervenir l'apparition des signes de déchéance hépatique.

ICTÈRES

ICTÈRE EN GÉNÉRAL OU JAUNISSE

L'ictère est un symptôme commun à un grand nombre d'affections du foie et constitué par la coloration jaune des téguments et le passage des pigments biliaires dans les urines.

Symptômes. — Les téguments, peau et muqueuse, sont colorés en jaune verdâtre. Les conjonctives et la muqueuse sublinguale sont colorées d'une façon précoce. L'intensité de la coloration est variable : jaune soufre pâle, jaune d'or, jaune verdâtre, vert bronzé ou même vert noir (ictère noir). L'ictère passe inaperçu si le malade est examiné à la lumière d'une lampe. Les sécrétions (salive, lait, sueur) ne sont pas colorées sauf l'urine. Les urines ictériques sont jaune foncé avec un reflet verdâtre ; quand l'ictère est intense, elles peuvent ressembler à une infusion de café. La présence de pigments biliaires est décelée par la **réaction de Gmelin** : Dans un verre conique contenant de l'urine, on fait couler lentement, le long des parois, environ 10 centimètres cubes d'acide azotique nitreux. Au niveau de la séparation des deux liquides se forme une série de disques colorés de haut en bas en jaune, vert, bleu, violet, rouge. Au-dessous peut apparaître un anneau d'albumine.

La présence des acides biliaires dans l'urine sera décelée par la réaction de Pettenkoffer (quelques gouttes de sirop de sucre, puis 3 à 4 centimètres cubes d'acide sulfurique pur).

Les symptômes qui accompagnent l'ictère sont les suivants : anorexie, sensation d'amertume de la bouche, vomissements, dyspepsie, constipation, décoloration des matières (s'il y a rétention complète de la bile), ralentissement du pouls, troubles cardiaques (souffle mitral ; souffle d'insuffisance tricuspidienne pour Potain) ; prurit, éruptions cutanées, arthralgies, xanthopsie (le malade voit les objets en jaune, héméralopie, xanthélasma (plaques ovalaires couleur peau de chamois siégeant surtout sur les paupières), asthénie musculaire, amaigrissement et fièvre.

Marche. Durée. Terminaison. — La marche et la terminaison varient essentiellement avec la cause de l'ictère. Il peut apparaître brusquement et disparaître rapidement (ictère émotif). Tantôt l'ictère disparaît en quelques jours et conserve une coloration franchement jaune verdâtre (ictère biliphéique); tantôt il persiste, devient chronique et s'accuse de plus en plus; sa teinte peut se modifier et devenir jaune rougeâtre (ictère hémaphéique de Gubler ou urobilinique). L'ictère chronique conduit progressivement à la cachexie; la mort peut survenir par ictère grave (ictères aggravés) ou au milieu d'accidents nerveux graves (insuffisance hépatique).

Diagnostic. — La coloration de l'ictère devra être distinguée de : la teinte jaune de la chlorose on des anémies, le teint jaune paille des cancéreux, la pigmentation de la maladie d'Addison. Certains médicaments éliminés par l'urine peuvent la colorer plus ou moins : acide picrique, rhubarbe, acide salicylique, santonine.

Le diagnostic de la cause de l'ictère sera fait en tenant compte du mode de début, de l'intensité de l'ictère, de sa durée, de sa marche, de l'âge du malade, de l'existence de la fièvre, de l'examen du foie et des autres viscères.

Traitement. — Diurétiques : Régime lacté partiel, lactose, nitrate de potasse, lactate de strontium, bicarbonate et benzoate de soude. Ex. :

Acétate de potasse.... 2 à 4 gr.
Sirop des cinq racines. 40 —
Eau distillée......... 80 —

F. s. a. Potion à prendre par cuillerées à soupe.

Azotate de potasse.... 2 à 4 gr.
Oxymel scillitique.. }
Sirop de framboises. } ãã 30 —
Eau distillée.......... 100 —

F. s. a. Potion à prendre par cuillerées à soupe.

Bicarbonate de soude................. }
Benzoate de soude.................... } ãã 0gr,50

Pour un cachet, n° 20. — 4 à 6 cachets par jour.

Purgatifs salins : sulfate de magnésie ou de soude.

Sudorifiques : Injection hypodermique de 1 centigramme

de pilocarpine. Bains tièdes, frictions sèches ou alcooliques.

Antiseptiques intestinaux et purgatifs cholagogues :

Calomel.......... 0gr,50 à 1 gr. Miel.............. 20 gr. M.	Podophyllin............. 0gr,05 Extrait de belladone..... 0gr,02 Pour une pilule, n° 10, une pilule par jour.

ou rhubarbe, aloès, évonymine; salol, salicylate de soude, benzoate de lithine.

Lavements froids.

Contre le prurit. — Bains alcalins et pommade au menthol, à l'ichtyol :

Menthol............... 1 gr. Huile d'olive........... 100 — Faire dissoudre. Liniment.	Ichtyol................ 10 gr. Alcool............ } ãã 40 — Ether sulfurique... } F. s. a. Usage externe.

Contre les troubles cardiaques. — Caféine ou spartéine. Eaux alcalines (Carlsbad, Vichy).

ICTÈRE CATARRHAL

Symptômes. — Début : A la suite d'excès de boisson ou d'écarts de régime, apparaissent des signes d'embarras gastrique; douleur épigastrique, anorexie, nausées, vomissements, malaise général avec courbature, céphalée, fièvre légère.

Au bout de cinq ou six jours, se montre l'ictère, ordinairement léger. Les selles sont décolorées et graisseuses. Le foie est rarement hypertrophié; la rate reste normale. Les urines ne contiennent pas d'albumine.

Après une ou deux semaines, l'ictère diminue progressivement; les selles reprennent leur coloration, les troubles digestifs disparaissent. Les urines reviennent à leur taux normal. Le retour des forces et la guérison complète se font parfois assez tardivement.

Parfois l'ictère persiste plus longtemps (*ictère catarrhal prolongé*); il peut se transformer en ictère grave.

Diagnostic. — Avec : ictères infectieux bénins, lithiase biliaire, cirrhose de Hanot.

Traitement. — Vomitif au début, puis purgatifs salins, ou calomel à petites doses. Diète lactée. Eau de Vichy, boissons acidulées. Grands lavements froids le matin (1 à 2 litres). Bains alcalins. Frictions et massages de la région hépatique.

Pendant la convalescence. — Eviter les épices, les aliments excitants, les boissons fermentées. Si le foie reste gros, prendre chaque matin 1/2 litre d'eau très chaude. Saison à Vichy.

ICTÈRES INFECTIEUX BÉNINS

Symptômes. — Début souvent brusque par frisson, céphalalgie, douleurs musculaires, vertiges, inappétence, vomissements, lassitude profonde, fièvre 38°,5 à 39°,5, épistaxis, diarrhée bilieuse, urine albumineuse, hypertrophie de la rate, tuméfaction douloureuse du foie. Du 5e au 7e jour (Chauffard), l'ictère apparaît et les symptômes généraux s'amendent. Les selles sont ordinairement décolorées; mais, dans quelques cas, elles sont bilieuses (ictères infectieux pléiochromiques).

Des rechutes successives peuvent se produire, accompagnées du même cortège symptomatique ; dans l'intervalle, la rate reste tuméfiée (ictère infectieux à rechutes).

Complications. — Éruptions cutanées, purpura, urticaire, iritis, hémorragies rétiniennes, parotidites, pneumonie, péricardite, convulsions, douleurs musculaires profondes.

Diagnostic. — Avec : ictère catarrhal, ictère grave. L'ictère infectieux est parfois épidémique.

Traitement. — Même traitement que dans l'ictère grave.

ICTÈRE GRAVE

Synonymie. — Atrophie jaune aiguë, ictère hémorragique essentiel.

Symptômes. — **Période de début.** Début brusque, rapide ou progressif par frisson, vomissements, rachialgie, ou malaise, céphalalgie, douleurs musculaires, diarrhée, épistaxis; parfois insidieux, par des symptômes d'embarras gastrique.

Période d'état. — L'ictère apparaît vers le 4e ou 5e jour en moyenne; il est peu accusé; les matières fécales sont peu à peu décolorées. Constipation. La percussion du foie, qui réveille de la douleur, montre que la matité hépatique diminue considérablement : elle peut tomber à 3 cm. La rate est augmentée de volume et sa percussion est douloureuse. La langue est d'abord saburrale, puis tremblante, sèche et rôtie, couverte ainsi que les lèvres d'enduits noirâtres, de fuliginosités. Anorexie, vomissements, hoquet. Le pouls est accéléré, petit et mou ; la dyspnée est constante. Les symptômes nerveux sont la stupeur, l'insomnie, le délire, les convulsions, le coma. Des hémorragies multiples se produisent : épistaxis, hématémèses, métrorragies, purpura. La température est irrégulière, à la fin, tantôt elle monte à 41°, tantôt elle descend au-dessous de la normale (ictère grave hypothermique). Les urines sont très diminuées de quantité ; elles contiennent beaucoup d'albumine et très peu d'urée.

Marche. Durée. Terminaisons. — Après 4 à 6 jours, quelquefois une semaine, l'ictère grave se termine : parfois par la guérison, après une crise urinaire abondante ; souvent par la mort, qui survient dans le coma, dans les convulsions, ou par le collapsus.

Diagnostic. — Avec : intoxication phosphorée aiguë, fièvre jaune dans les climats où elle existe, fièvre bilieuse hématurique du paludisme. Endocardite ulcéreuse, fièvre typhoïde.

Traitement. — Diète lactée. Boissons diurétiques chaudes en abondance, grands lavements froids; théobromine (1 à 3 grammes par jour en cachets de 0gr,50). Benzoate de soude; 1 à 4 grammes en potion. Inhalations d'oxygène.

Contre le délire et les convulsions. — Chloral (2 à 6 gr. par jour en lavement ou potion).

Contre l'état comateux et l'adynamie. — Injections de caféine et d'éther.

Contre la fièvre. — Bains frais, enveloppements humides.

Contre l'hypothermie. — Fomentations chaudes, frictions, injections de sérum artificiel.

Contre les hémorragies. — Ergotine, chlorure de calcium.

KYSTES HYDATIQUES DU FOIE

Symptômes. — **1° Fonctionnels**. — Douleur de l'épaule droite. Poussées d'urticaire. Dégoût des matières grasses.

Troubles digestifs divers. Parfois troubles subjectifs nuls. Dyspnée et toux pleurales. Ictère rare.

2° **Physiques.** — Voussure de la région hépatique. Augmentation de la matité du foie. Cette matité affecte des formes différentes selon que le kyste se développe en avant vers l'abdomen, ou en haut vers la cavité thoracique.

Évolution. — Marche progressive et ouverture dans le thorax, l'abdomen, les voies biliaires (avec symptômes de colique hépatique). *Infection et suppuration*, qui se traduit par la fièvre, la douleur, l'œdème de la paroi : ouverture à la peau, dans le péritoine (péritonite suppurée), dans le poumon (vomique), dans un des viscères de l'abdomen (estomac, intestin).

Traitement. — 1° **Du kyste non suppuré.** — Laparotomie ou brèche thoracique, selon le siège bas ou haut situé du kyste; incision et évacuation du kyste, en veillant à protéger les séreuses voisines; ablation de la poche germinatrice; refermer le ventre sans drainer la poche; celle-ci est capitonnée (P. Delbet), ou fermée sans capitonnage, ou laissée sans capitonnage ni fermeture. On ne doit plus marsupialiser.

2° **Du kyste suppuré.** — Incision immédiate, évacuation de la poche, marsupialisation, drainage; lavages consécutifs antiseptiques.

ABCÈS DU FOIE

Symptômes. — 1° **Fonctionnels.** — Point de côté, subictère, foie douloureux, troubles digestifs, fièvre à grands accès avec frissons. Cachexie rapide, amaigrissement.

2° **Physiques.** — Foie hypertrophié, douloureux à la pression, œdème de la paroi ; dilatation des veines épigastriques ; lésions pulmonaires et pleurales par irritation de voisinage.

Évolution. — Guérison spontanée rare. Ouverture à la peau, dans les bronches (vomique), dans la plèvre, dans l'intestin ou l'estomac, dans le péritoine.

Traitement. — Incision large et précoce (Segond). Inciser l'abdomen au niveau où la tumeur est la plus saillante. Chercher la collection avec un gros trocart. Evacuer en protégeant le péritoine. Drainer. Suturer la paroi au pourtour de l'ouverture, pour éviter de contaminer le péritoine. Lavages les jours suivants, quand l'abcès est isolé du péritoine.

Le traitement médical ne peut en rien modifier un abcès collecté.

CHOLÉCYSTOTOMIE OU TAILLE BILIAIRE

Définition. — Ouverture de la vésicule biliaire pour y manœuvrer, avec fermeture immédiate.

Indications. — Lithiase vésiculaire avec perméabilité des canaux biliaires et résistance suffisante des parois de la vésicule.

Opération. — Incision de la paroi abdominale et du péritoine : sur la ligne médiane au-dessous de l'ombilic : parallèlement aux fausses côtes du côté droit; le long du bord externe du muscle droit du côté droit, à la hauteur de la 10e côte.

Rechercher la vésicule, l'attirer au dehors, protéger le péritoine par des compresses, inciser la vésicule, extraire les calculs; suturer ensuite les parois par deux plans de suture; l'un qui adosse toutes les tuniques, le second séro-séreux ; réduire la vésicule dans l'abdomen ; suturer la paroi abdominale. Cette *cystotomie idéale* suppose des parois vésiculaires saines et résistantes.

En cas contraire, on n'ouvre la vésicule qu'après l'avoir fixée au péritoine pariétal; on la suture ensuite complètement, mais on laisse un drain dans la plaie de la paroi abdominale; si les sutures de la vésicule viennent à lâcher, la bile s'épanche au dehors.

CHOLÉCYSTOSTOMIE

Définition. — Création d'une fistule persistante de la vésicule, pour permettre l'écoulement de la bile au dehors.

Indications. — Oblitération du cholédoque avec rétention biliaire. Oblitération du cystique avec hydropisie ou empyème de la vésicule. Calcul de la vésicule avec parois faibles ne supportant pas la suture. Nécessité de drainer les voies biliaires infectées.

Opération (fig. 84). — Incision de la paroi abdominale comme ci-dessus; le siège de l'incision est réglé par le siège de la vésicule.

Rechercher la vésicule ; protéger le péritoine avec des compresses; évacuer la vésicule soit avec un trocart, soit par incision simple; fixer les bords de l'incision au péritoine pariétal, rétrécir l'incision pariétale et drainer la vésicule.

On peut n'inciser la vésicule qu'après l'avoir préalablement fixée à la paroi.

CHOLÉCYSTECTOMIE

Définition. — Extirpation de la vésicule biliaire.

Indications. — Altérations des parois s'opposant à la su-

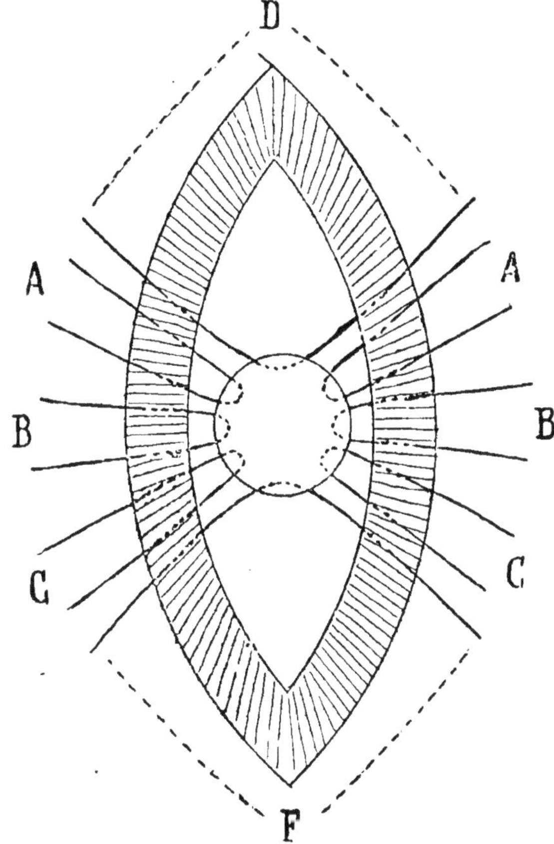

Fig. 84. — Cholécystostomie, premier plan des sutures Chaque point prend d'une part la paroi vésiculaire; d'autre part une faible épaisseur de la paroi abdominale (péritoine et peu de muscle).

FD, points commissuraux; ABC, points latéraux.

ture après une perforation de nature traumatique, calculeuse, typhique, etc. Tumeur maligne. Fistule biliaire avec parois friables. Coliques hépatiques rebelles.

Cette opération se justifie par ce fait que la vésicule n'est pas indispensable à la vie : elle n'est légitime que si le cholédoque est perméable.

Opération. — Incision abdominale sur la vésicule ; rechercher celle-ci ; la libérer de ses adhérences pathologiques aux organes voisins ; la vider par aspiration à l'aide d'un trocart ; isoler le cystique des organes du hyle ; jeter une forte ligature sur le cystique et sur l'artère qui l'accompagne ; sectionner le canal au delà de la ligature ; laisser un drain entouré de mèches au contact du moignon cystique.

CHOLÉDOCOTOMIE

Définition. — Incision du canal cholédoque pour en extraire les calculs.

Opération. — Incision pariétale longue, de 15 centimètres, sur le bord externe du muscle droit, ou mieux incision en baïonnette de Kehr. Foie, estomac, intestin sont réclinés et protégés par les compresses ; l'opérateur introduit son index gauche dans l'hiatus de Winslow, soulève le bord antérieur de cet orifice, fait saillir le calcul enclavé et l'immobilise ; incision prudente du péritoine, du cholédoque sur le calcul. Extraction du calcul à la curette, à la pince.

Cathétérisme des deux bouts du canal ; suture partielle si possible ; drain au contact du cholédoque. Cholécystectomie complémentaire. Mèches au contact du moignon cystique.

Si le calcul occupe la portion rétro-pancréatique du cholédoque, il faut décoller la deuxième portion du duodénum et la tête du pancréas ; si le calcul est enclavé dans l'ampoule de Vater, il faut l'aborder par duodénotomie.

CHOLÉCYSTENTÉROSTOMIE

Définition. — Abouchement de la vésicule dans l'intestin grêle.

Indications. — Oblitération du cholédoque par calcul, cancer du pancréas, de l'ampoule de Vater. Il faut que le cystique soit perméable et les parois de la vésicule suffisamment souples.

Opération. — Incision de Kehr ; découverte et libération de la vésicule; la vider avec un trocart, l'attirer au dehors et attirer l'anse intestinale sur laquelle doit porter l'anostomose, duodénum ou jéjunum. L'anastomose se fait comme pour la gastro-entérostomie. Suture de la paroi abdominale sans drainage, sauf indications spéciales.

XXII
MALADIES DU PÉRITOINE

PÉRITONITE TUBERCULEUSE

Symptômes. — 1° **Formes aiguës.** — Dans la tuberculose miliaire aiguë (voir *Granulie*), la prédominance des lésions péritonéales se manifeste par quelques symptômes : météorisme, douleurs abdominales, épanchement ascitique, vomissements et constipation. Souvent coexistent des signes de pleurésie sèche ou avec épanchement. La fièvre oscille entre 38° et 39°; le pouls est petit et fréquent; état typhoïde. La mort survient en un à trois mois.

2° **Formes chroniques.** — Le début est lent et insidieux; il se fait par des troubles gastro-intestinaux, alternatives de diarrhée et de constipation, douleurs abdominales, de l'amaigrissement avec perte des forces, l'augmentation de volume de l'abdomen.

A la phase d'état, on observe des douleurs abdominales, de l'ascite, des troubles digestifs et des modifications de l'état général. Les douleurs sont sourdes, diffuses, revenant parfois sous forme de crises de coliques intestinales; par la palpation on la détermine surtout dans les fosses iliaques, et vers l'ombilic. Mais elle peut faire défaut. L'ascite s'établit progressivement; elle peut subir des variations assez rapides; elle n'est pas aussi considérable que dans la cirrhose et le liquide n'est pas libre mais circonscrit dans les loges par les fausses membranes, d'où la production, par la percussion, de zones irrégulièrement distribuées, de matité et de sonorité qui ne se déplacent pas quand on fait coucher le malade sur l'un ou sur l'autre côté. La peau est lisse, parfois œdématiée et parcourue d'un faible réseau veineux sous-cutané; par la palpation de l'abdomen, plus ou moins tuméfié, on perçoit des plaques dures, résistantes (gâteaux péritonéaux) et des zones rénitentes, (collections séreuses ou purulentes), parfois de la crépitation amidonnée, une sensation d'empâtement, d'élasticité incomplète.

Les troubles digestifs consistent en : anorexie, soif vive, digestions pénibles, vomissements alimentaires et bilieux, constipation à laquelle succède plus tard la diarrhée.

L'état général s'altère profondément : Amaigrissement, fièvre hectique oscillant entre 38°, 39°, 39°,5 avec sueurs nocturnes, pouls fréquent et mou, faciès terreux, œdème des membres inférieurs.

Durée. — Variable, de quelques mois à 2 années, elle peut présenter des rémissions et des poussées aiguës. Elle peut guérir, mais le plus souvent elle aboutit à la mort par cachexie ou complication.

Complications. — Pleurésie, phtisie pulmonaire, méningite, perforations intestinales avec formations d'abcès circonscrits; ouverture de ces abcès à la surface cutanée; ascite abondante, obstruction intestinale, ou occlusion aiguë. Ces derniers accidents, ascite et occlusion intestinale, caractérisent la forme *fibreuse*, qui peut succéder à la forme ulcéro-caséeuse commune.

La péritonite tuberculeuse peut enfin rester localisée en certaines régions : périhépatite et périsplénite, pelvi-péritonite.

Diagnostic. — *Quand la marche est rapide*, avec : péritonites aiguës, fièvre typhoïde, cancer aigu du péritoine.

Quand la marche est chronique, avec : péritonites chroniques simples (rares), péritonite cancéreuse, cirrhose atrophique du foie, kystes de l'ovaire, grossesse, étranglements internes.

Traitement. — **Forme miliaire aiguë. —** Repos, diète, régime lacté. Révulsion locale : vésicatoires, ventouses scarifiées.

Contre les douleurs : onguent belladoné, vessie de glace, badigeonnages au collodion élastique, à la teinture d'iode; morphine.

Formes chroniques. — Instituer un traitement général : suralimentation par le lait, la poudre de viande, l'huile de foie de morue. Toniques. Révulsion locale. Si l'ascite est abondante, ponction abdominale.

Certaines formes peuvent bénéficier de la *laparotomie :* forme ascitique précoce, abcès enkysté, forme fibreuse.

Elle est indiquée dans la forme ascitique surtout; dans la forme fibreuse, elle a pour but surtout de libérer les adhérences, et de parer aux accidents de compression. Elle comprend les temps suivants :

1° *Incision sus-pubienne* de 7 à 8 centimètres, faite avec prudence, car l'intestin peut adhérer à la paroi ;

2° *Evacuation de l'ascite :* assécher les parties déclives avec des compresses aseptiques; réséquer certains tissus, lorsqu'ils sont malades et extirpables, épiploon, appendice, annexes ;

3° *Suturer* ensuite la paroi en trois plans.

Inutile de faire de grands lavages du péritoine avec de l'eau bouillie, du sérum ou des liquides toxiques.

Les résultats obtenus par la simple laparotomie sont très encourageants.

PÉRITONITES AIGUES

Symptômes. — Ils varient avec les formes cliniques.

1° **Péritonite putride par perforation intestinale.** — Douleur aiguë, intense, intolérable, localisée au niveau de la perforation, rapidement généralisée, exagérée par la toux, le hoquet, le vomissement, la pression. Vomissements porracés, hoquet, constipation absolue (*pseudo-occlusion*), dysurie, ténesme vésical. Le ventre est d'abord rétracté, puis ballonné. Tympanisme refoulant en haut la matité hépatique. Parfois signes d'épanchement, soit localisé, soit dans les fosses iliaques. Défense des muscles abdominaux à la palpation. Température variable : hypothermie ou température normale, rarement hyperthermie. Pouls petit, dur, serré, filiforme, dépressible, fréquent, 120 à 140 pulsations. Figure grippée, nez pincé, yeux excavés et cernés.

Mort habituelle, guérison plus rare par limitation de l'inflammation.

2° **Péritonite septique.** — Par ouverture intrapéritonéale d'une collection purulente. — Frisson violent ; douleur vive ; constipation ; vomissements. Défense de la paroi, rétraction du ventre puis ballonnement. Hyperthermie ; pouls abdominal. Les autres symptômes comme ci-dessus.

Traitement. — Il faut intervenir de bonne heure, c'est la condition du succès. — Étant donné que les causes les plus fréquentes de péritonite généralisée sont l'appendicite perforante, la perforation d'un ulcère duodénal ou pylorique, nous conseillons la pratique suivante.

Anesthésie à l'éther, désinfection du ventre à la teinture d'iode. Incision de Roux dans la fosse iliaque droite, évacuer le pus, assécher le péritoine. — Chercher l'appendice ; si c'est lui qui est en cause, l'attirer dans la plaie, l'enlever après ligature à sa base et section au thermocautère ; pas d'enfouissement. — Drain rétro-cæcal profond. — Drain plongeant dans le Douglas.

L'opérateur change de gants ; incision dans la fosse iliaque gauche. — Drain. — Incision médiane. — Drain.

Si l'appendice est sain, incision sus-ombilicale, rechercher une perforation du duodénum, la suturer. — Drainage.

Soins consécutifs. — Ils ont une importance considérable.

Position demi assise du malade, dite position de Fowler. — Pas de lavages péritonéaux ; raccourcir rapidement les drains, les mobiliser pour éviter les fistules stercorales. Injections de sérum, d'huile camphrée à 1 p. 10, d'électrargol. — Injection intra-rectale, goutte à goutte de sérum. — Injection intra-péritonéale d'huile camphrée (50 à 100 cent. cubes d'huile camphrée à 1 p. 10).

Lavages d'estomac. — Si la paralysie intestinale ne cède pas, entérostomie ou appendicostomie sous anesthésie locale. Glace sur le ventre.

CANCER DU PÉRITOINE

Symptômes. — La carcinose *miliaire aiguë* évolue rapidement : cachexie avec teint jaunâtre, délire, dyspnée, absence de symptômes abdominaux, mort dans le coma.

Dans la forme *chronique*, il existe des douleurs abdominales, avec irradiations vers les régions inguinales, ou vers l'épaule.

Le ventre est ballonné ; la percussion dénote de l'ascite (souvent hémorragique).

L'appétit est diminué : vomissements, diarrhée et constipation. Par la palpation, on perçoit des nodosités, des tumeurs de consistance variable ; les ganglions inguinaux sont hypertrophiés, les touchers rectal et vaginal doivent être pratiqués. En même temps s'installe une cachexie progressive, sans rémission, accompagnée de diarrhée, œdème des membres inférieurs, albuminurie. Primitive ou secondaire, la péritonite cancéreuse a une durée qui varie de 2 mois à un an ; la mort survient par cachexie, ou par une pneumonie, une généralisation cancéreuse, une péritonite purulente aiguë.

Diagnostic. — Avec : cirrhose du foie, mal de Bright, cancer de l'estomac ou de l'intestin, kyste de l'ovaire à marche rapide, péritonite tuberculeuse.

Traitement. — Ne pratiquer la ponction que dans le cas d'ascite très abondante ; toniques.

Contre les vomissements. — Eau chloroformée, chlorhydrate de cocaïne.

Contre la douleur. — Révulsifs locaux, analgésiques : chloral, opium, morphine.

ASCITE

Définition. — Epanchement de sérosité dans le péritoine.

Symptômes. — L'ascite débute progressivement par l'augmentation de volume du ventre, dyspepsie, tympanisme, constipation, fréquence des mictions, dyspnée, œdème des membres inférieurs et des organes génitaux, apparition d'une circulation veineuse sous-cutanée.

Dans la station debout, l'abdomen proémine en avant ; dans la position couchée, les flancs s'élargissent, parce que le liquide tend à gagner les parties déclives. L'ombilic se déplisse et se laisse distendre par le liquide. La peau de l'abdomen peut être œdématiée, lisse, luisante, parfois parcourue de vergetures. La palpation donne une sensation de tuméfaction élastique et uniforme. La percussion décèle une matité s'étendant dans les flancs, dans les fosses iliaques et de la sonorité sur la région ombilicale. Si on fait coucher le malade successivement à droite, puis à gauche, la matité se déplace avec le liquide, si l'ascite est cloisonnée. En appliquant une main à plat sur un des flancs et en percutant légèrement le côté opposé avec l'autre main on obtient la sensation caractéristique de *flot*, ou *fluctuation*.

Formes cliniques. — 1° **Ascite dans la cirrhose atrophique.** — L'ascite est progressive, nécessite des ponctions de plus en plus rapprochées, donnant issue à un liquide clair citrin, renfermant peu de fibrine et de matières albuminoïdes.

2° **Ascite dans les péritonites.** — L'ascite a peu de mobilité ; elle est d'abondance moyenne et peut subir des variations en plus ou en moins, le liquide est un peu louche, riche en fibrine, en matières albuminoïdes et en éléments figurés. Toutefois, dans certaines ascites tuberculeuses, ces caractères peuvent être très peu accentués.

3° **Ascite idiopathique des jeunes filles.** — Apparaît au moment de la puberté ou peu après, augmente peu à peu, sans trouble de la santé générale et se résorbe spontanément. Considérée comme une ascite de nature tuberculeuse et curable.

4° **Ascite chyleuse.** — Constituée par un liquide blanchâtre, opalescent, ressemblant à du lait.

5° **Ascite dans les tumeurs abdominales ; l'ascite survient encore** chez les cachectiques, les brightiques, les cardiaques, au cours des compressions de la veine porte, dans les pyléphlébites.

Diagnostic. — Avec : tympanite, rétention d'urine, grossesse, tumeurs abdominales, surtout kystes de l'ovaire.

Traitement. — Repos, révulsifs, régime lacté, diaphorétiques, diurétiques, purgatifs.

Traitement de la cause.

Quand l'ascite est abondante et gène la respiration, il est indiqué d'évacuer le liquide par la *ponction*. Celle-ci sera faite au milieu d'une ligne unissant l'ombilic à l'épine iliaque antéro-supérieure gauche, à l'aide d'un trocart ou d'un aspirateur, avec des précautions aseptiques rigoureuses. La plaie est fermée par une légère couche de collodion et un pansement ouaté.

XXIII. — MALADIES DU LARYNX

LARYNGITE AIGUE

Symptômes. — Sensation de gêne, de sécheresse, de constriction à la gorge, toux fréquente, quinteuse; expectoration d'abord claire, visqueuse, puis muco-purulente, purulente, dyspnée chez l'enfant. Voix voilée, enrouée, rauque. Quelques signes généraux, fièvre, malaise, courbature.

Diagnostic. — Avec : phtisie laryngée, paralysie laryngée.

Traitement. — Interdire la parole, l'usage du tabac, de l'alcool, des mets irritants. Boissons sudorifiques ; thé chaud, infusion de jaborandi à 5 p. 100, inhalations calmantes (benjoin, ciguë, houblon), sirop de codéine ou de morphine.

LARYNGITE CATARRHALE CHRONIQUE

Symptômes. — Sensation de sécheresse, de picotement dans la gorge; fatigue facile de la parole, toux fréquente. Expectoration peu abondante. Enrouement facile.

Traitement. — Révulsion sur la partie antérieure du cou : teinture d'iode, thapsia, huile de croton. Fumigations (goudron, eucalyptus), pulvérisations à l'acide phénique (1 p. 300) au tanin (5 p. 100). Attouchements du larynx avec chlorure de zinc (1 p. 30), nitrate d'argent (1 p. 30).

LARYNGITE STRIDULEUSE

Symptômes. — Début brusque, le plus souvent la nuit par des accès de suffocation. Toux rauque, sonore, striduleuse, altération de la voix, dyspnée intense caractérisée par des inspirations rapides, entrecoupées, ou saccadées. Agitation, convulsions, congestion et cyanose de la face. L'accès dure quelques instants, rarement plus d'une heure; il peut être unique ou se reproduire plusieurs jours de suite, en s'affaiblissant.

Diagnostic. — Avec : angine aiguë, croup.

Traitement.— Appliquer pendant 10 à 15 minutes, au devant du cou de l'enfant, une éponge trempée dans de l'eau chaude, ou un sinapisme pendant 2 à 3 minutes. Bains chauds.

Administrer un *vomitif* :

Poudre d'ipéca........................	0gr,40
Sirop d'ipéca............................	40 gr.

par cuiller à dessert toutes les 10 minutes.

L'accès passé, insister sur les *antispasmodiques* :

Bromure de potassium..	0gr,50	Chloroforme.......	X gouttes.
Sirop de belladone......	10 gr.	Glycérine..........	5 gr.
Sirop d'écorces d'oranges	30 —	Sirop de Tolu......	20 —
		Eau...............	60 —

à prendre dans la journée.

Traiter *l'état nerveux* (bromure de potassium); veiller à la perméabilité des fosses nasales, opérer les végétations adénoïdes, les amygdales hypertrophiées.

Si les crises se répètent, cure du Mont-Dore.

LARYNGITE DIPHTÉRIQUE. CROUP

Symptômes. — La laryngite diphtérique peut être primitive (croup d'emblée) ; plus souvent elle succède à une angine diphtérique, à une fièvre éruptive. Début par l'enrouement de la voix, la toux qui est basse, rauque, couverte ; légère fièvre, dyspnée, lenteur et difficulté de l'inspiration, puis de l'expiration. Accès de suffocation; avec agitation, cyanose, asphyxie imminente et de plus en plus grave, rejet de fausses membranes.

Tirage sus-sternal et épigastrique, à chaque inspiration, le creux sus-sternal se déprime, les sterno-mastoïdiens se tendent, le creux épigastrique se déprime, le tirage devient permanent, et l'asphyxie s'accuse.

Symptômes généraux : fièvre, pâleur, adénopathies, albuminurie, hémorragies. La diphtérie peut s'étendre aux fosses nasales (coryza couenneux), à la trachée et aux bronches (bronchopneumonie).

Diagnostic. — Avec : bronchite capillaire, corps étrangers des voies aériennes, abcès rétro-pharyngien, œdème de la glotte, laryngite striduleuse (ou faux croup).

Traitement. — Injection sous-cutanée de 10 à 20 centimètres cubes de sérum antidiphtérique chez l'enfant, faite aseptiquement sous la peau de l'abdomen, à l'aide de la seringue de Roux ; l'injection sera de 40 centimètres cubes, chez l'adulte ; répéter l'injection le surlendemain, si l'amélioration ne se produit pas. Lavages de la bouche et du nez avec l'eau de chaux, l'eau boriquée à 4 p. 100. Vomitif, vaporisation d'eau chaude et pulvérisation d'eau phéniquée faible. Toniques :

Extrait de quinquina..	4 gr.	Extrait de quinquina.	ââ 3 gr
Acétate d'ammoniaque	3 —	Acétate d'ammoniaque	
Rhum ou cognac......	30 —	Teinture de cannelle....	10 gr.
Sirop d'écorces d'oranges amères...	40 —	Sirop d'écorces d'oranges amères....	30 —
Eau — —	100 —	Vin de Malaga....... .	100 —
1 cuillerée à bouche toutes les heures.		1 cuillerée à bouche toutes les heures.	

Dès que le tirage est permanent, ou l'asphyxie menaçante. — Pratiquer le *tubage*, à condition que l'opéré puisse rester sous la surveillance d'une personne sachant détuber et replacer le tube.

Sinon pratiquer la *trachéotomie* (Voy. plus loin).

PHTISIE LARYNGÉE. LARYNGITE TUBERCULEUSE

Symptômes. — Troubles de la voix, qui devient enrouée, rauque, bitonale, éructante, ou aphonie complète, dysphagie, par suite des ulcérations de l'épiglotte, qui rendent la déglutition très douloureuse ; des parcelles alimentaires peuvent tomber dans le larynx, d'où accès de toux. Douleurs d'oreilles, toux rauque, voilée, quinteuse. Dyspnée peu marquée, ou accès de suffocation par œdème de la glotte (infiltration tuberculeuse). Expectoration de mucosités sanguinolentes ou de pus, de débris de muqueuse. Salivation exagérée. Vomissements. L'état général peut rester satisfaisant assez longtemps, mais s'il existe des lésions pulmonaires et si l'alimentation est compromise, la cachexie fait des progrès rapides. Examen laryngoscopique : gonflement des aryténoïdes, de l'épiglotte ; ulcérations de la muqueuse, qui est pâle, décolorée ; végétations.

Diagnostic. — Avec : laryngite chronique simple, polypes, cancer du larynx, lupus du larynx.

Traitement. — Traitement général de la tuberculose pulmonaire.

Traitement local. — Inhalations. — Deux fois par jour, d'une durée de 10 à 15 minutes chacune ; verser dans une cuiller à soupe d'eau chaude, XV à XXX gouttes du mélange :

Aldéhyde formique...............	} ââ 5 grammes.
Bromoforme........................	
Alcool à 90°.......................	

Aspiration pulvérulente. — A l'aide du tube de Leduc, d'Escat ; garnir le culot du tube de poudre ; l'extrémité opposée est introduite le plus loin possible dans la gorge ; le malade serre le tube entre ses lèvres et fait une inspiration brusque.

Deux à quatre fois par jour.

La poudre comprendra divers antiseptiques : diiodoforme, ektogan, aristol, orthoforme et du chlorydrate de cocaïne,

Insufflations et badigeonnages. — Ils seront faits par le médecin.

Chlorydrate de cocaïne............	} ââ 1 gramme.
Lactose pulvérisée.................	
Acide borique pulvérisé..........	
Gomme arabique pulvérisée......	

Pour insufflations (Lubet-Barbon).

Stovaïne..........................	0gr,01
Chlorhydrate de morphine.........	0gr,05
Eau distillée.......................	5 grammes.
Glycérine..........................	15 —

Pour badigeonnages (Lacroix).

Traitement chirurgical. — Grattage et cautérisation galvanique, suivis d'attouchements à la solution lactique.

Trachéotomie. — Elle trouve son indication dans le cas de dyspnée suffocante, de dysphagie accentuée.

SYPHILIS LARYNGÉE

Symptômes. — Laryngite catarrhale de la période secondaire, ou érythème laryngé, se manifestant par la dysphonie, apparaissant et disparaissant avec les autres accidents secondaires. Les plaques muqueuses sont très rares. Les gommes tertiaires, circonscrites ou infiltrées se manifestent par les troubles de la voix et la dyspnée.

Traitement. — Traitement général de la syphilis (voir *Syphilis*).

Local : pansements intra-laryngiens avec glycérine iodée (teinture d'iode 4 gr., glycérine 10 gr.), nitrate d'argent (1 p. 50).

Contre les ulcérations : Inhalations de sublimé (sublimé 20 centigr., alcool 50 gr., eau 200 gr.), iodoforme, badigeonnages phéniqués.

ŒDÈME DE LA GLOTTE

Définition. — Infiltration séreuse ou séro-purulente du tissu cellulaire du larynx. Accident commun à un grand nombre d'affections.

Symptômes. — Toux inconstante, douloureuse. Voix rauque ou éteinte ; dysphagie ; dyspnée progressive avec accès de suffocation répétés ; sensation de constriction à la gorge ; tirage ; cornage.

Marche. — Tantôt aiguë, dans les œdèmes inflammatoires ; tantôt lente et continue, dans les affections chroniques du larynx.

Diagnostic. — Avec : corps étrangers, paralysies récurrentielles, croup d'emblée ; dyspnée par lésions pulmonaires.

Traitement. — Injections sous-cutanées de pilocarpine (5 à 10 mgr.). Diurétiques (azotate de potasse) et purgatif (calomel), s'il s'agit d'œdème brightique. Inhalations de vapeur d'eau. Glace sur le cou.

Dans les cas graves : Tubage ou trachéotomie.

SPASMES DE LA GLOTTE DE L'ENFANCE

Symptômes. — Début brusque, souvent pendant le sommeil, chez un enfant à la mamelle, par accès de suffocation violent, menace d'asphyxie, cyanose, convulsions des membres, perte des matières. L'accès cesse brusquement, sans laisser de trouble laryngé.

La répétition des accès entraîne un état cachectique.

Diagnostic. — Avec : laryngite striduleuse, coqueluche, convulsions.

Traitement. — *Pendant l'accès.* — Desserrer les vêtements autour du cou ; frictions sur le thorax, aspersion avec de l'eau froide. Respiration artificielle

En dehors des crises. — Bromure de potassium (KBr 5 gr ; sirop d'écorces d'oranges amères 200 gr. ; eau 5 gr.), ou :

Teinture de musc....	XX go.
Julep gommeux......	130 gr.
Sirop de fl. d'oranger.	20 —

F. s. a. Potion à prendre par cuillerée à bouche toutes les heures.

Oxyde de zinc.......	0 gr. 05
Poudre de feuilles de belladone..........	0 — 02
Extrait de quinquina.	0 — 05

Pour une pilule, n° 30, 1 à 3 pilules par jour.

PARALYSIES DU LARYNX

Symptômes. — La paralysie des constricteurs de la glotte se traduit par l'aphonie complète, sans dyspnée ; le laryngoscope montre que les cordes vocales restent écartées, même au moment de l'effort vocal. La paralysie des dilatateurs se caractérise par la dyspnée inspiratoire continue, accentuée par le moindre effort ; l'expiration et la voix ne sont pas atteintes ; au laryngoscope, la fente glottique est linéaire et se rétrécit à chaque inspiration.

La paralysie récurrentielle peut être bi- ou unilatérale. La première, rare, s'accuse par l'aphonie, l'impossibilité de tousser, de cracher, l'absence de dyspnée, et, à l'examen laryngoscopique, par l'immobilité des cordes vocales qui restent en position cadavérique ; la paralysie unilatérale se traduit par la dysphonie et l'immobilité de l'une des cordes vocales.

Traitement. — De la cause : tumeurs, abcès, anévrysme comprimant le récurrent ; tabes, intoxications et infections (diphtérie, diabète, syphilis, alcoolisme, saturnisme) ; action du froid ; électrisation de la région laryngée, ou endo-laryngée. Strychnine. L'alimentation par la sonde peut être nécessaire.

CORPS ÉTRANGERS DU LARYNX

Symptômes. — Commémoratifs, examen avec le doigt, avec le laryngoscope ; suffocation ; toux violente, convulsive ;

voix rauque éteinte; crachement de sang; respiration sifflante, gênée; anxiété; douleur au point où le corps est arrêté; déglutition plus ou moins difficile. Alternatives de calme et d'angoisse, crises de suffocation, face violacée.

Les symptômes varient selon le volume, la nature des objets avalés (liquides, solides, haricots, pièces de monnaie, épingles, débris alimentaires, fragments d'os), selon leur mobilité.

Traitement. — Extraction avec l'aide du laryngoscope et de la cocaïne, au moyen de pinces et de serre-nœuds. Laryngotomie, trachéotomie, soit pour extraire le corps, soit pour permettre la respiration.

POLYPES DU LARYNX

Symptômes. — Voix rauque, étouffée, dyspnée variable, quelquefois apparaissant brusquement, surtout nocturne chez les enfants. Douleur et dyspnée rares.

L'examen objectif au laryngoscope (fig. 85) est le meilleur moyen de diagnostic.

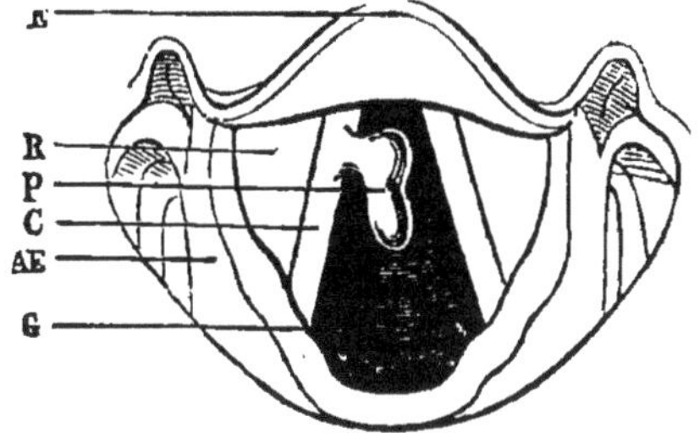

Fig. 85. — Polype du larynx.

Traitement. — Extraction à l'aide de serre-nœuds ou de pinces (fig. 86). Modifier la surface d'implantation avec le galvanocautère ou l'acide lactique.

CANCER DU LARYNX

Symptômes. — Voix rude, rauque (*voix de bois*); aphonie. Déglutition gênée. Dyspnée variable. Douleurs spontanées, irradiées dans le cou et l'épaule. Induration du larynx, augmentation de volume. Adénite. Modifications visibles au laryngoscope. Atteinte de l'état général.

Traitement. — 1° **Curatif.** — Ablation totale, variable dans ses délabrements, selon la période à laquelle le chirurgien est appelé ; ablation d'une corde vocale ou ablation de tout le larynx.

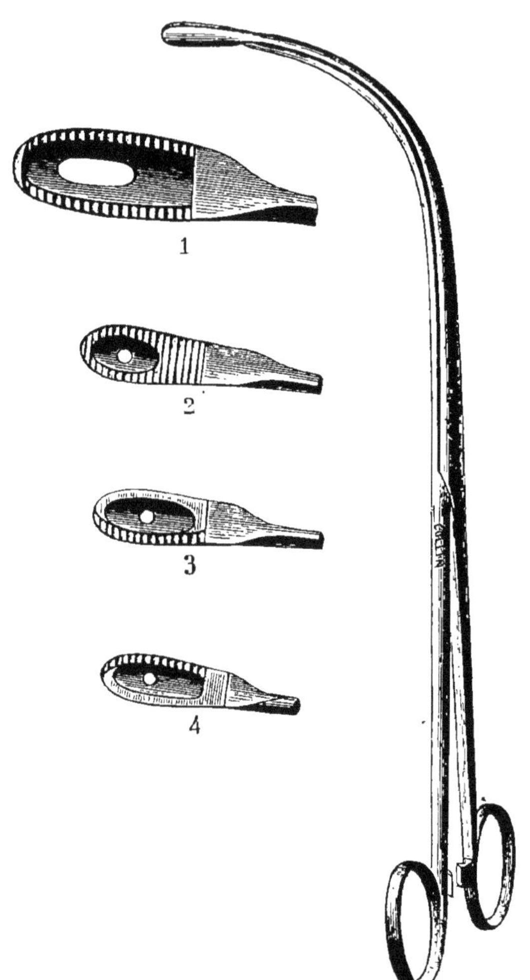

Fig. 86. — Pinces pour extraire les polypes du larynx.

2° **Palliatif.** — Trachéotomie contre la dyspnée. Insufflations calmantes contre les douleurs avec la poudre :

Poudre de morphine........................	}
Sucre de lait pulvérisé...........	} ãã
Gomme arabique puvérisée.................	}

Contre la dysphagie très prononcée : Gastrostomie.

TUBAGE DU LARYNX

Indications. — Tout obstacle mécanique siégeant au niveau du larynx.

Instruments. — *Ouvre-bouche* quelconque. *Tubes* à tubage, courts, légers, de grosseur variable selon l'âge du sujet. *Introducteur. Extracteur* (fig. 87).

Position. — Un aide tient l'enfant sur ses genoux et immobilise ses bras et ses jambes; un autre tient sa tête bien droite. L'opérateur se met en face (fig. 88).

Opération. — Mettre en place l'ouvre-bouche.

Avec l'index de la main gauche déprimer la base de la langue, aller relever l'épiglotte et l'appliquer contre la langue; sentir les aryténoïdes et ne plus les quitter. Le tube porté par l'introducteur, que tient la main droite, est glissé le long de la face antérieure de l'index-guide, intro-

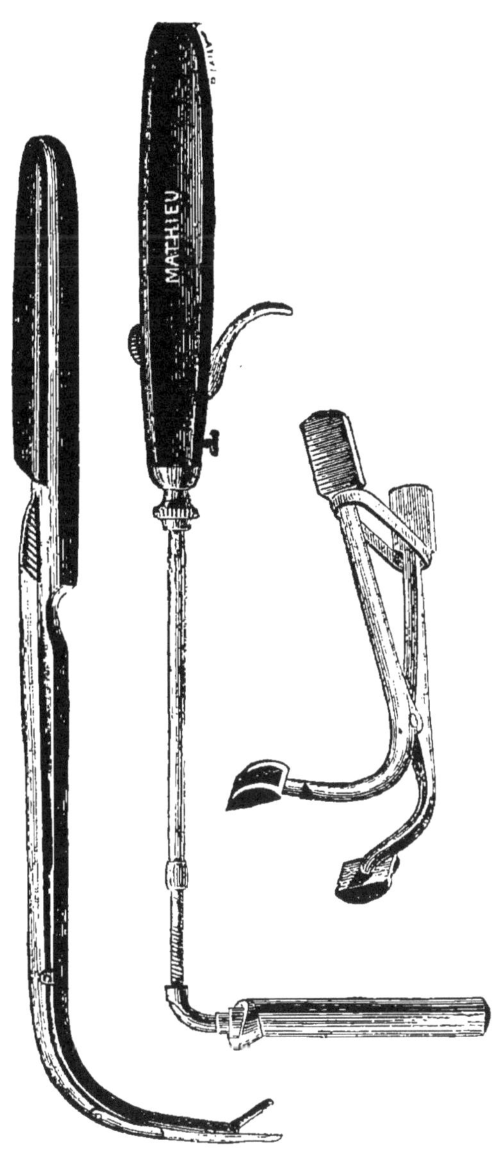

Fig. 87. — Instruments de O'Dwyer pour le tubage du larynx.

duit dans le larynx et mis en place par un déclanchement d'un coup de pouce de la main droite; on entend un **sifflement**

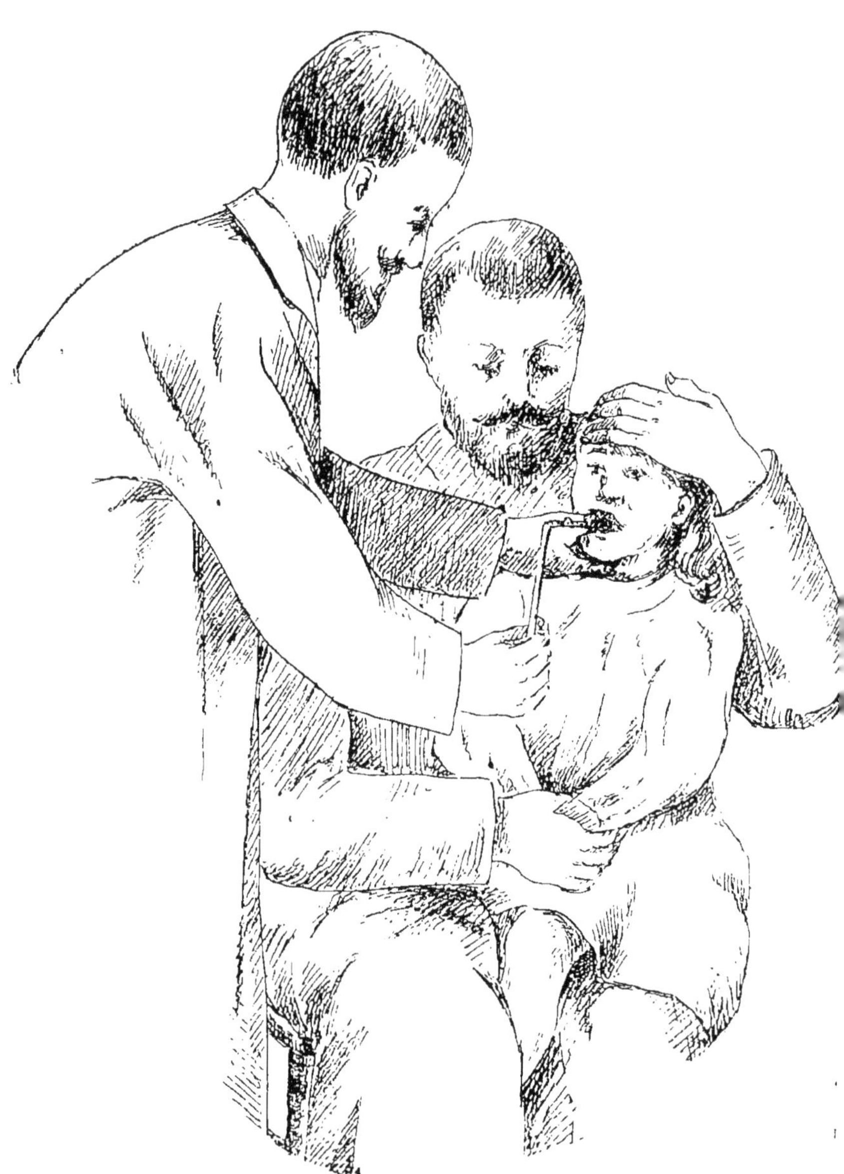

Fig. 88. — Position dans l'intubation.

caractéristique. Enlever l'ouvre-bouche, administrer un grog chaud qui excite la toux et fait expulser les glaires et les fausses membranes. Sectionner l'un des chefs du fil double;

que l'on a dû passer dans un des œillets de la tête du tube; enlever *le fil de sûreté.*

Accidents du tubage. — Le spasme du larynx arrête le tube, mais est vaincu par une pression douce. Un tube trop petit est expulsé, mais sa tête l'empêche de tomber dans la trachée. L'introduction dans l'œsophage ne fait pas cesser la dyspnée. En cas d'insuccès, ne pas insister plus de 20 à 25 secondes;

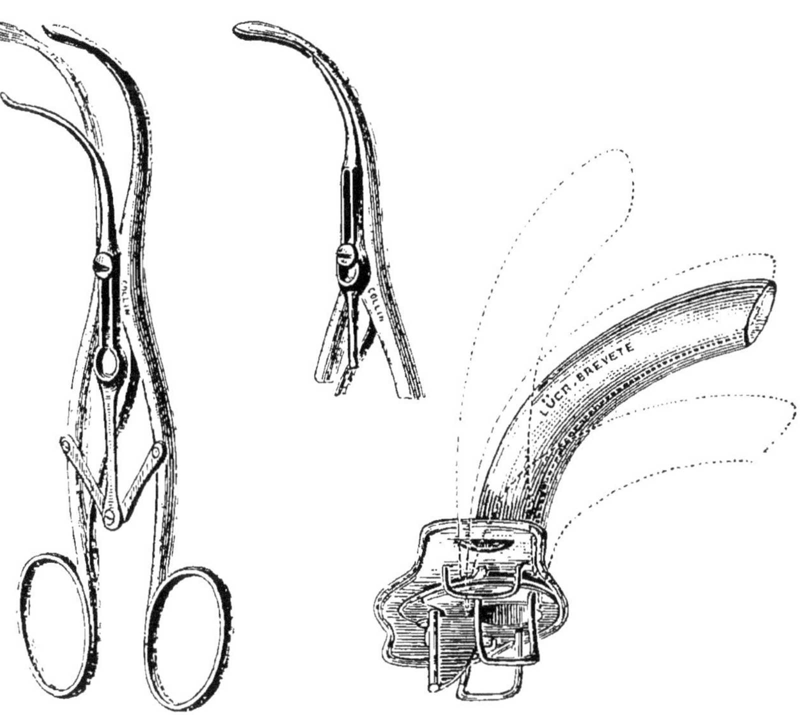

Fig. 89. — Écarteur à trois branches.

Fig. 90. — Canule de Trousseau modifiée par Luer.

s'arrêter et recommencer après quelques instants de repos.

Si le tube est obstrué par des membranes, l'enlever, le nettoyer et le remettre. Le tube dégluti est rendu par les selles.

Extraction du tube. — Position comme pour l'introduction. Chercher les aryténoïdes. Glisser l'extracteur le long de l'index-guide, introduire sa pointe dans l'orifice du tube, écarter les branches et tirer le tube, directement en haut d'abord, puis en avant.

Procédé de Bayeux. — L'enfant est placé comme pour l'intubation.

1er **Temps.** — La main gauche de l'opérateur saisit la tête par l'occiput; la main droite s'appuie sur l'épaule gauche de l'enfant et la pulpe du pouce sent la trachée; les deux mains ramènent l'enfant vers l'opérateur, en inclinant le tronc à 45° environ. Puis la main gauche relève fortement la tête et le pouce droit sent le larynx proéminer et perçoit le tube.

2e **Temps.** — Le pouce droit presse sur le tube et l'expulse.

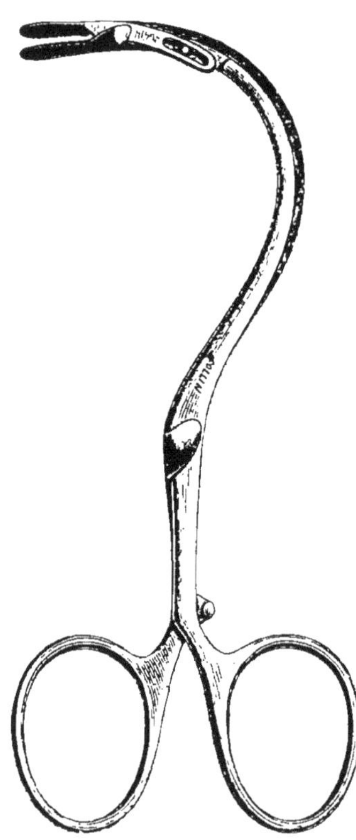

Fig. 91. — Pince à fausses membranes.

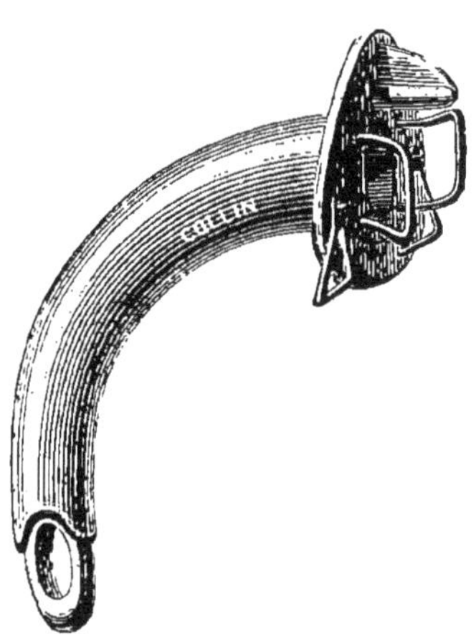

Fig. 92. — Canule-mandrin de Krishaber.

La main gauche abaisse la tête jusqu'à ce qu'elle regarde le sol.

Procédé de Froin. — L'introducteur est modifié, ainsi que les tubes, qui ont une anse inférieure; l'extracteur est un crochet s'adaptant à l'extrémité de l'index et s'engageant dans un orifice creusé à la partie supérieure du tube.

TRACHÉOTOMIE

Instruments. — Bistouri droit. Bistouri boutonné. Ecarteur à trois valves (fig. 89). Canules ordinaires ou canule de

Trousseau (fig. 90) et canule-mandrin de Krishaber (fig. 92). Pinces à dissection ou pinces à fausses membranes (fig. 91), pinces hémostatiques, fils à ligatures, ciseaux, écouvillon, barbes de plume.

Position. — Opérateur à droite du malade. Un aide immobilise la tête. Sujet allongé dans le décubitus dorsal, la tête modérément étendue.

Opération. — **I. Crico-trachéotomie rapide en deux temps.**

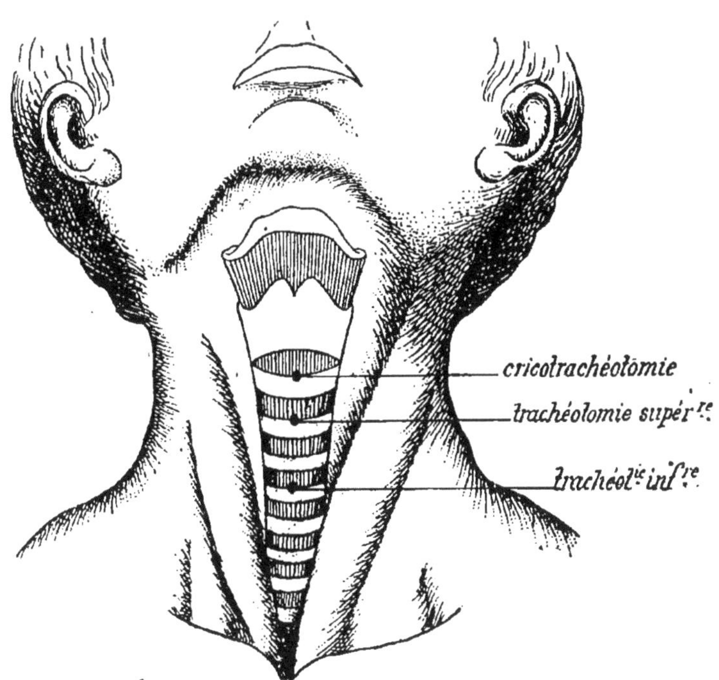

Fig. 93. — Méthodes de trachéotomie (début de l'incision).

— Le pouce et le médius gauches fixent la trachée, tendent et immobilisent la peau ; *la pulpe de l'index accroche le bord supérieur du cartilage cricoïde, pour ne plus l'abandonner*.

Incision cutanée, médiane, à partir du cricoïde, longue de 3 centimètres, intéressant l'aponévrose superficielle. Pénétrer entre les muscles sous-hyoïdiens, en deux ou trois coups de bistouri et arriver jusqu'au tube aérien ; reconnaître les anneaux de la trachée. Plonger le bistouri droit sur l'angle du cartilage (*crico-trachéotomie, enfants*) ou sous lui (*trachéotomie inférieure, adultes*) ; agrandir l'incision de haut en bas avec le bistouri boutonné, de 2 centimètres ; un sifflement se produit,

Introduire la canule, soit en accrochant avec l'index gauche. entre la pulpe et l'ongle, la lèvre droite de la plaie trachéale, pour l'écarter de la gauche et insinuer la canule; soit en introduisant la canule mandrin de Krishaber, dont on enlève ensuite le mandrin ; soit en se servant du dilatateur et en passant la canule entre ses branches. Asseoir l'enfant, pour permettre la respiration et l'expulsion de mucosités. Fixer la canule par un cordon lié derrière le cou ; entourer le cou de gaze aseptique et mouillée ; atmosphère chaude ; nettoyage fréquent de la canule.

II. Crico-trachéotomie en un temps (de Saint-Germain). — Ce procédé exige une habitude considérable de la trachéotomie. La main gauche saisit le larynx entre le pouce et le médius, de manière à le soulever au-devant des doigts, au niveau du creux crico-thyroïdien (fig. 93), enfoncer 13 millimètres de pointe, et agrandir l'incision verticalement en bas ; finir par une échappée qui allonge l'incision cutanée. Placer la canule.

Si le malade asphyxie : Retirer la canule interne qui peut être obstruée, la nettoyer et la remettre en place. Irriter la trachée avec une barbe de plume. Faire la respiration artificielle. Tractions rythmées de la langue. Frictions excitantes sur tout le corps. Injections sous-cutanées d'éther, de caféine.

XXIV
MALADIES DES BRONCHES

BRONCHITE AIGUË

Symptômes. — Début par légère courbature, malaise, coryza, fièvre, céphalalgie.

État : toux, d'abord sèche et quinteuse (période de crudité), puis grasse avec expectoration de crachats muqueux, puis muco-purulents (période de coction).

A l'examen de la poitrine, sonorité normale à la percussion ; à l'auscultation : râles disséminés dans toute la poitrine, râles sibilants et ronflants, s'entendant pendant l'inspiration et l'expiration, remplacés plus tard par des râles humides sous-crépitants.

Dans la forme légère, la phase de début et la phase d'état durent une huitaine de jours.

Dans la forme intense, une quinzaine, la terminaison se fait par guérison, bronchite capillaire ou passage à l'état chronique.

Diagnostic. — Avec : bronchites secondaires des maladies infectieuses, tuberculose au début.

Traitement. — Séjour à la chambre, dans une atmosphère tiède. Sulfate de quinine 0gr,25 à 0gr,75. Sinapisme ou cataplasme sinapisé sur la poitrine. Boissons chaudes ou légèrement alcoolisées : tisanes pectorales de fleurs de violette, mauve, guimauve, coquelicot, capillaire, sucrées avec :

Sirop de gomme....................	ââ 50 gr.
Sirop de tolu.........................	
Sirop de fleurs d'oranger.............	

Calmants contre la toux :

Alcoolature d'aconit (feuilles).........	1 gr.
Sirop de morphine.	30 —
Julep gommeux....	120 —

F. s. a. Potion à prendre par cuillerées à bouche toutes les heures.

Sirop de morphine.	ââ 40 gr.
— belladone.	
— baume de Tolu....	ââ 60 —
— coquelicot.	

M. 4 ou 5 cuillerées à bouche par jour.

Dionine..............................	0gr,20
Teinture d'aconit....................	1 gr.
Eau de laurier cerise...................	1 —

20 gouttes trois fois par jour.

Chez l'enfant :

Poudre de Dower..	0 gr. 20
Sirop de Tolu.......	20 —
Julep gommeux.....	75 —

M. Par cuillerées à café toutes les heures.

Sirop de Tolu......	ââ 40 gr.
Sirop de gomme...	
Sirop de Désessartz.	60 —

M. Prendre 4 à 5 cuillerées à dessert par jour.

Contre l'oppression : Vomitifs :
Chez l'enfant :

Poudre d'ipéca..... 1 gr. 50	Poudre d'ipéca..... 0 gr. 50
Tartre stibié....... 0 — 05	Sirop d'ipéca...... 50 —
En 3 paquets, à prendre à 10 minutes d'intervalle, dans 1/2 verre d'eau.	Par cuillerées à café toutes les 5 minutes, jusqu'au vomissement.

A la période de déclin. — Balsamiques, créosote, goudron, térébenthine, toniques, quinquina, glycérophosphates.

Terpine.......... } ââ 0gr,15	Terpine................ 0gr,20
Poudre de Dower. }	Benzoate de soude... .. 0gr,30
Pour 1 cachet : 5 par jour.	Baume de Tolu......... 0gr,10
	Pour 1 pilule 4 à 6 par jour.

En cas de récidive fréquente, cure thermale, sulfureuse ou arsénicale.

BRONCHITE CAPILLAIRE

Synonymie. — Catarrhe suffocant, bronchite des petites bronches.

Symptômes. — Dyspnée continue et progressive, atteignant 50 mouvements respiratoires par minute chez l'adulte, 80 chez l'enfant. Oppression, anxiété, cyanose, battements des ailes du nez, toux quinteuse. Fièvre 40° et plus. Asphyxie progressive; à l'auscultation : râles sibilants ronflants et sous-crépitants fins, bruit de tempête des deux côtés, submatité à la percussion.

Diagnostic. — Avec bronchite aiguë, bronchopneumonie, croup, congestion pulmonaire.

Traitement. — Vomitif. Boissons alcooliques. Stimulants, révulsifs, ventouses sèches. Traitement de la bronchopneumonie.

BRONCHITE CHRONIQUE

Symptômes. — Toux continue et par accès. Expectoration muqueuse, pituiteuse, muco-purulente. Dyspnée, oppression, essoufflement facile. A l'auscultation, surtout aux deux bases des poumons, râles secs sibilants et ronflants, râles humides, muqueux et sous-crépitants. Pas de fièvre.

Marche. — Chronique, avec poussées aiguës dépendant de la cause (cardiopathie, goutte, emphysème, etc.).

Complications. — Emphysème. Dilatation bronchique, asystolie, fétidité (bronchite fétide, gangrène pulmonaire).

Diagnostic. — Avec : tuberculose chronique, dilatation des bronches.

Traitement. — Il comprend trois étapes :

1° Calmants et balsamiques. — Une cuiller à soupe le soir en se couchant, du sirop :

Dionine	0gr,10
Héroïne	0gr,03
Sirop de gomme	200 gr.

Dans le jour, balsamiques : essence de térébenthine (2 à 4 capsules à chaque repas), goménol (2 capsules à chaque repas), terpine (1 gr. en 12 heures).

Au bout de huit jours, supprimer les balsamiques.

2° Vaso-constricteurs. — Ergotine, quinine, belladone, strychnine pendant 10 jours.

3° Sulfureux. — Fleur de soufre : 1 cuillerée à café le matin dans une infusion édulcorée avec du miel.

ou :

Monosulfure de sodium	0gr,20
Sirop de goudron	300 gr.

2 cuillerées à soupe par jour.

Traitement adjuvant. — Arsenic (arthritiques), iodure de potassium (emphysémateux), digitale (cardiaques).

Mont-Dore, Bourboule (tuberculeux) ; Saint-Nectaire (obèses, emphysémateux).

DILATATION DES BRONCHES

Synonymie. — Bronchectasie.

Symptômes. — Début progressif par des symptômes de bronchite.

A la période d'état : expectoration spéciale, le matin, le malade rejette 150 à 200 grammes de muco-pus, d'odeur fade ou fétide, se déposant par le repos en trois couches : purulente, muqueuse, spumeuse. Fétidité extrême de l'haleine. Crachements de sang. Toux quinteuse.

A l'examen physique, signes de bronchite chronique et signes de cavernes (bruit de pot fêlé, submatité, souffle caverneux, gargouillement, bronchophonie). L'état général reste bon pendant très longtemps; pas de fièvre ni d'amaigrissement.

Marche. — La guérison, exceptionnelle, est possible. Complications : bronchite capillaire, hémoptysie foudroyante, gangrène, pleurésie purulente, pyémie.

Diagnostic. — Surtout avec tuberculose chronique, gangrène pulmonaire, pleurésie interlobaire.

Traitement. — *Contre la fétidité de l'haleine et de l'expectoration*. — Balsamiques, copahu, cubèbe, terpine, créosote, eucalyptus, thymol :

Hyposulfite de soude (3 à 5 gr. dans un julep gommeux).

Créosote .... }
Goudron .... } āā 0 gr. 05
Poudre d'eucalyptus. }
— de benjoin .... }

Pour une pilule n° 60, 6 à 12 par jour.

Teinture d'eucalyptus... 3 gr.
Sirop de tolu .... } āā 25 —
— de térébenthine }
Eau distillée .... 100 —

Par cuillerée à bouche dans les 24 heures.

Ergot de seigle et strychnine, pour tonifier les muscles bronchiques.

Inhalations de la solution :

Créosote .... 4 ou gaïacol, ou eucalyptol.
Alcool à 90° 100
Eau 200

Toniques, quinquina, alimentation réconfortante. Eaux sulfureuses (Enghien, Cauterets).

ADÉNOPATHIE TRACHÉO-BRONCHIQUE

Symptômes. — Début, chez l'enfant, à la suite d'une rougeole ou d'une maladie infectieuse, par toux, accès de suffocation, dyspnée.

Symptômes fonctionnels. — Dyspnée continue avec ou sans cornage, accès de suffocation, spasmes de la glotte, dysphonie, toux coqueluchoïde, dysphagie. Cyanose de la face et du cou avec dilatation des veines. Œdème et bouffissure du visage. Hémoptysies.

Signes physiques. — Submatité dans l'espace interscapulaire et entre les articulations sterno-claviculaires. Bronchophonie.

Variétés. — Adénopathie tuberculeuse, simple, se ondaire, cancéreuse, leucémique.

Diagnostic. — Avec : asthme, coqueluche, corps étrangers de la trachée, *tumeurs du médiastin*, telles que cancer de l'œsophage, cancer ganglionnaire, lymphadénome, anévrysme aortique, abcès d'origine vertébrale, sarcome diffus.

Traitement. — Sirop iodo-tannique et huile de foie de morue, sirop de lactophosphate de chaux; solution :

Eau distillée	240 gr.
Hypophosphite de soude	6 —
Arséniate de soude	0gr,06

1 ou 2 cuillerées à café avant le repas.

Révulsion locale : teinture d'iode, pointe de feu entre les deux épaules ou sur le devant de la poitrine. Bains sulfureux ou salés. Climat marin.

Pendant les accès d'asthme. — Belladone en sirop, aconit, codéine, bromures, bromoforme. Cure thermale sulfureuse (Eaux-Bonnes, Cauterets) ou saline (Salies-de-Béarn, Biarritz, Salins, Bex).

COQUELUCHE

Symptômes. — La *quinte* de coqueluche est constituée par une série de petites expirations saccadées, suivies d'une inspiration longue, sifflante, rappelant le chant du coq, et se reproduisant plusieurs fois de suite. Après la quinte, rejet de mucosités filantes, albumineuses. Le nombre de quintes varie de 15, 20 à 40, 60 par jour et plus dans les formes graves.

Marche. — Période prodromique : toux opiniâtre, fièvre, ébauches de quinte ; dure une quinzaine. Période d'état ou des quintes, durant deux, trois semaines et plus. Période de déclin ou période catarrhale. La durée totale d'une coqueluche moyenne est de 40 à 60 jours, parfois beaucoup plus.

Complications. — Ulcérations du frein de la langue, vomissements, hémorragie sous-conjonctivale, emphysème, spasme de la glotte, éclampsie, bronchopneumonie, rougeole; diphtérie; tuberculose.

Diagnostic. — Avec adénopathie trachéo-bronchique, laryngite aiguë simple.

Traitement. — 1° Tenir la chambre s'il fait froid, fenêtre ouverte, sortir s'il fait chaud. Eviter la poussière et le vent, changer de chambre si possible matin et soir.

2° Matin et soir frictionner doucement tout le dos et toute la poitrine avec l'essence de térébenthine et en faire évaporer dans la chambre sur un chiffon étendu.

3° Quatre fois par jour introduire dans les narines une bonne quantité de la pommade :

Vaseline boriquée........................	15 gr.
Menthol..................................	0gr,05.

4° Aliments légers liquides ou demi-liquides par petits repas, de préférence après les quintes, pour éviter les vomissements.

5° Donner... cuil... à café par 24 heures (1).

Oxymel scillitique..............	} ââ 20 grammes.
Sirop de belladone..............	
Sirop de tolu...................	
Eau stérilisée..................	40 —

6° Si les quintes sont très fréquentes la nuit, donner avant le dernier repas un paquet d'antipyrine (2) de centigr.

7° Tous les 8 jours, légère purgation d'huile de ricin ou de calomel. En cas de fièvre, donner un bain tiède de 10 à 12 minutes.

Tel est le traitement classique de la coqueluche. On a prôné de multiples préparations que l'on pourra essayer si la coqueluche se prolonge :

Bromoforme............. 2 gr.
Teinture de belladone } ââ 5 gr.
Teinture d'aconit..... }
V à X gouttes, 2 à 4 fois par jour
(DEBOVE)

Valérianate de quinine (suivant l'âge).
Infusion de valériane. 100 gr.
(RICHARDIÈRE)

Inhalations de vapeur d'iodure d'éthyle.
Ichtyol ammonium......... 2 grammes par jour.

(1) 2 cuillerées à café par année d'âge.

(2) Au-dessus de deux ans, 0gr,20 à 1 gramme, chez les enfants plus âgés de 1 à 3 grammes.

Contre les vomissements. — Champagne et café noir.

Contre la syncope. — Nitrite d'amyle, en inhalations.

Contre l'épistaxis. — Aspiration d'eau boriquée, antipyrine.

Contre la broncho-pneumonie. — Vomitifs, bains frais répétés.

Contre l'adénopathie. — Iodure de fer, quinquina, teinture d'iode en badigeonnages, séjour à la campagne ou à la mer.

ASTHME

Symptômes. — L'accès d'asthme débute ordinairement d'une façon brusque, le soir ou la nuit, par de l'oppression, un besoin croissant d'air frais, de l'agitation. La dyspnée est intense et porte surtout sur l'expiration qui est plus longue que l'inspiration. Après une durée d'une heure et plus, pendant laquelle la cyanose s'accuse, apparaît une toux quinteuse qui aboutit à l'expectoration de crachats peu abondants, blanchâtres, visqueux, perlés, d'aspect caractéristique. Plusieurs accès constituent l'attaque d'asthme, dont les retours sont irréguliers; à la longue, l'élément nerveux disparaît; il ne persiste que de la bronchite chronique avec emphysème. L'accès d'asthme peut être remplacé par un accès d'éternuments.

Diagnostic. — Avec dyspnées par obstacle laryngé, dyspnée cardiaque, dyspnée urémique.

Traitement. — *Pendant l'accès.* — Asseoir le malade bien couvert, le cou dégagé; donner de l'air; plonger les mains dans l'eau très chaude.

Si l'accès est prolongé. — Injection sous-cutanée de morphine, ou bien chloral 2 à 4 grammes. Fumigation de papier nitré, cigarettes arsenicales, inhalations d'éthyle, d'éther, d'oxygène, de pyridine.

Dans l'intervalle des accès. — Arsenic, iodure de potassium à doses faibles et prolongées longtemps, teinture de lobélie (1 à 4 gr. par jour). Sirop de belladone et jusquiame Aérothérapie à double effet. Changement de climat.

Dans l'asthme catarrhal des enfants. — Eaux sulfureuses.

Dans l'asthme nerveux. — Eaux d'Ems, Royat, Mont-Dore.

Dans l'asthme goutteux. — Révulsion sur le thorax au moment de la crise, iodure alternant avec la colchique. Vichy, Vittel, Evian.

ASTHME D'ÉTÉ

Symptômes. — Début par coryza, catarrhe oculo-nasal, accès d'éternuments répétés, provoqués par la moindre irritation, se reproduisant régulièrement tous les ans.

Traitement. — Badigeonnages des fosses nasales avec une solution de cocaïne à 1 p. 100 et d'adrénaline à 1 p. 1000.

Respirer quelques gouttes de chloroforme mentholé (Castex).

Menthol............................	1 gramme.
Chloroforme,.......................	15 grammes.

Traitement général. — Médication atropo-strychnée. (Voy. *Rhinite spasmodique.*)

XXV
MALADIES DES POUMONS ET DES PLÈVRES

EMPHYSÈME PULMONAIRE

Symptômes. — Dyspnée, essoufflement, oppression au moindre effort. Respiration courte et bruyante. Conformation globuleuse de la cage thoracique. Sonorité exagérée à la percussion.

A l'auscultation : inspiration brève, humée ; expiration prolongée et rude. Râles de bronchite des deux côtés, bruit de tempête ou de pigeonnier. Crises dyspnéiques conduisant à l'asystolie.

Diagnostic. — Avec : bronchite chronique, asthme, cardiopathie.

Traitement. — 1° **Traitement général.** — Il comprend la médication arsenicale (cacodylate, arrhénal) et la médication iodurée (iodure de potassium) qu'on emploie alternativement.

2° **Traitement des accidents.** — Pseudo-asthme emphysémateux : morphine, pyridine, datura, etc.

Bronchite. — Si la toux est quinteuse, fatigante, prescrire :

Bromoforme	XXX à XL gouttes.
Teinture de bryone	àâ XXX gouttes.
— de grindelia	
— de noix vomique	
— de jusquiame	
Alcool	25 grammes.
Sirop diacode	75 —
Sirop d'écorces d'oranges	100 —

2 cuillerées à soupe par jour, le plus loin possible des repas (ROBIN).

Iodure de caféine	1gr,50
Iodure de sodium	2 gr.
Alcoolature d'aconit.	XX go.
Terpine	0gr,60
Teinture de lobélie	5 gr.
— — polygala	3 gr.
Bromure de potassium	4 gr.

Sirop d'éther	àâ 40 gr.
— de chloral	
— de morphine	
Eau chloroformée q. s. p. 150 gr.	

1 cuiller à soupe toutes les 2 heures (MASSACRÉ).

3° **Traitement thermal.** — Si la bronchite est sèche : Mont-Dore, Royat. S'il y a catarrhe abondant et artério-sclérose, Saint-Honoré-les-Bains, Luchon, Cauterets.

CONGESTION PULMONAIRE AIGUE

(*Fluxion de poitrine*).

Symptômes. — Début par point de côté, fièvre 40°, malaise, courbature, frissons, céphalalgie.

A la période d'état : douleur thoracique vive, siégeant sous le mamelon, dyspnée modérée ; toux absente ou peu marquée ; crachats comparés à une solution de gomme.

A l'examen physique, à l'une des bases, on trouve : submatité, souffle doux, superficiel, à tonalité basse, sans râles crépitants fins, vibrations thoraciques normales, ou peu diminuées. Au bout de 3 ou 4 jours, la fièvre tombe brusquement et l'état général s'améliore. Parfois on trouve en même temps des signes d'épanchement pleural (forme pleuro-pulmonaire de Potain et forme pseudo-pleurétique de Grancher).

Chez l'enfant. — La dyspnée est extrême ; il y a de la cyanose, et une température de 40, 41°.

Diagnostic. — Avec : pleurodynie, pneumonie, bronchite aiguë, phtisie aiguë, névralgie intercostale, pleurésie.

Traitement. — Cf. *Pneumonie.* — Ventouses sèches ou scarifiées, sinapismes, cataplasme sinapisé.

Si l'oppression est intense. — Si le malade est fort et vigoureux : Saignée. Vomitif (Poudre d'ipéca 1 gr. 50, tartre stibié 5 centigr). Le soir, une pilule de 5 centigrammes d'extrait thébaïque.

Après la défervescence. — Toniques, alimentation légère.

CONGESTION SECONDAIRE

Elle s'observe dans les maladies infectieuses : fièvre typhoïde, grippe, rhumatisme aigu, dans l'albuminurie, les cardiopathies, la grossesse, la colique hépatique, après les traumatismes, après une thoracentèse trop complète.

ŒDÈME AIGU DU POUMON

Symptômes. — Début brusque par une dyspnée extrêmement intense, avec anxiété, agitation, expectoration spumeuse, rosée ou sanguinolente.

A l'auscultation, râles fins dans toute la poitrine.

Traitement. — Saignée de 300 à 600 grammes; ventouses sèches et scarifiées. Injections sous-cutanées d'huile camphrée et de caféine, théobromine, 1 à 3 grammes par jour, iodure de sodium à petites doses, laxatifs salins. Régime lacté absolu.

PNEUMONIE LOBAIRE AIGUË

Symptômes. — **Début.** — Frisson unique prolongé, intense, fièvre vive, point de côté, céphalée, parfois frissonnements répétés.

Période d'état. — Point de côté violent sous-mamelonnaire. Dyspnée. Toux d'abord sèche, puis quinteuse. Expectoration spéciale. Crachats adhérents, rosés, visqueux comparés à la marmelade d'abricot, au sucre d'orge, crachats rouillés. Agitation nocturne, parfois délire. Pouls rapide, 110, 120 et chez l'enfant, 160 à 200. Fièvre 39, 40, 41° le soir; 1/2 de moins le matin. Faciès vultueux. Herpès labial. Examen de la poitrine à l'une des deux bases ; le plus souvent on constate : matité, augmentation des vibrations thoraciques, foyer de râles crépitants fins s'entendant à chaque inspiration, puis souffle tubaire, rude, intense, s'entendant aux deux temps. Bronchophonie. Urines rares, foncées, riches en urée, contenant une petite quantité d'albumine.

Terminaisons. — Le 7e, 8e ou 9e jour se produit brusquement la défervescence ; la température tombe à la normale, ou au-dessous, la chute peut se faire en lysis ; les signes généraux s'amendent ; le pouls se ralentit, les urines augmentent de quantité. Souvent se produisent des sueurs profuses ; à l'auscultation, le souffle disparaît ; on entend des râles sous-crépitants à l'expiration (dits râles crépitants de retour). La convalescence commence. La défervescence peut se faire plus tôt (formes abortives) ou plus tard (formes prolongées). La terminaison peut se faire par passage à l'hépatisation grise ; la température reste élevée, le délire, la dyspnée augmentent, les crachats prennenent une teinte jus de pruneaux, le souffle persiste, la langue se sèche, la mort survient dans l'adynamie.

Chez les diabétiques et les alcooliques. — La terminaison par gangrène est fréquente.

Complications. — Pleurésie purulente, myocardite, endopéricardite, méningite, néphrite, suppuration, paralysies.

Formes cliniques. — Pneumonie bilieuse, pneumonie du sommet (nécessité d'ausculter dans l'aisselle), pneumonie migratrice, pneumonie massive, pneumonie à rechutes ou récurrente, pneumonie centrale (seuls existent les signes rationnels sans signes physiques), pneumonie double, pneumonie avec delirium tremens, pneumonie latente des cachectiques, pneumo-typhus.

Diagnostic. — Avec : pleurésie, fièvre typhoïde, méningite, pneumonie caséeuse, congestion pulmonaire.

Traitement. — Séjour au lit, boissons chaudes, émollientes, sangsues, ventouses scarifiées à la région douloureuse ; vomitif (ipéca, tartre stibié) au début. Sulfate de quinine, 1 gramme ou 1 gr. 50 par jour.

Si la température est très élevée, accompagnée de délire, sécheresse de la langue chez les sujets jeunes. — Bains froids (comme dans la fièvre typhoïde).

Chez les malades plus âgés ou dont le cœur est affaibli. — Enveloppements humides et digitale :

Teinture 2 à 3 grammes par jour;

Ou macération : 2 grammes de poudre de feuilles dans 100 grammes d'eau, avec rhum et sirop d'écorce d'oranges amères *āā* 25 grammes, par cuillerées à soupe toutes les 5 heures.

Digitaline cristallisée, L gouttes de la solution Nativelle en une dose.

Toniques : vin de Bordeaux, cognac, extrait de quinquina.

Si le cœur faiblit. — Injections d'éther et d'huile camphrée.

Après la défervescence. — Diurétiques, laxatifs légers, alimentation reconstituante.

Calmants :

Bromure de sodium...	3 gr.
Hydrate de chloral....	2 —
Sirop de groseille.....	40 —
Eau distillée..........	90 —

Extrait thébaïque.....	0gr,05
Poudre de réglisse....	Q. S.

P. une pilule n° 10, 1 à 2 pilules.

Tonique : Todd :

Eau-de-vie ou rhum...	40 gr.
Sirop de sucre........	30 —
Teinture de cannelle..	5 —
Eau distillée..........	75 —

1 cuillerée toutes les heures.

Extrait de quinquina.	1 gr.
Rhum................	40 —
Sirop d'éc. d'or. amères	30 —
Eau distillée..........	80 —

1 cuillerée toutes les 2 heures.

Chez l'enfant :

Teinture de musc....	X go.
Bromure de sodium..	1 gr.
Sirop diacode........	30 —
Julep gommeux......	60 —

Par cuillerées à café.

Chez le vieillard :

Acétate d'ammoniaque	3 gr.
Extrait de quinquina..	4 —
Rhum................	40 —
Sirop de Tolu.........	30 —
Eau distillée..........	100 —

Par cuillerées à bouche.

Chez les alcooliques :

Rhum ou cognac.	80 à 100 gr.
Extrait d'opium..	0 gr. 10
Sirop d'éc. d'or. amères	40 gr.
Eau distillée....	80 gr.

1 cuillerée à bouche toutes les heures.

Ou vin opiacé.

TUBERCULOSE PULMONAIRE

Synonymie. — Phtisie ; phtisie chronique, phtisie aiguë.

I. — PHTISIE CHRONIQUE

Symptômes. — 1° **Période de germination ou période latente.** — Le malade a souvent un habitus spécial : aspect débile et délicat, peau fine et blanche, attitude maladive, nonchalante, apathie physique, infantilisme, doigts hippocratiques (hypertrophie de la phalangette et incurvation de l'ongle). Anémie, troubles dyspeptiques, amaigrissement sans cause, accès de fièvre survenant le soir et suivis de sueurs abondantes.

Auscultation du poumon. — On trouve à l'un des sommets (en auscultant dans la fosse sus-épineuse et dans la région sous-claviculaire), une **inspiration** rude et râpeuse, de timbre plus grave et se rapprochant de celui de l'expiration, un **affaiblissement** du murmure vésiculaire, la respiration devient **saccadée** ; l'expiration **prolongée**, et bientôt **soufflante**.

Percussion. — Il existe alors de la **submatité**.

2° **Période de début. — Toux.** — Elle est tantôt catarrhale, grasse et suivie d'expectoration muco-purulente, lorsqu'il existe de la laryngite ou de la bronchite comme phénomènes de début, tantôt sèche, quinteuse, semblable à une toux nerveuse et souvent provoquée par l'ingestion des aliments (toux gastrique) ; elle peut longtemps conserver ces caractères avant que l'examen de la poitrine révèle des lésions pulmonaires et sans altération de l'état général. Bientôt elle devient plus fréquente ; les accès sont plus longs, surtout la nuit ; elle s'accompagne parfois de vomissements.

Oppression. — Elle apparaît à l'occasion de la marche, de la montée.

De temps à autres apparaissent des **douleurs thoraciques.** Une **pleurésie** séro-fibrineuse peut être un mode de début de la tuberculose pulmonaire.

Hémoptysie ou crachement de sang. — C'est un signe important, parfois très précoce. Très variable comme abondance, elle est tantôt unique, tantôt répétée.

L'inspection de la poitrine montre un amaigrissement assez notable et de l'atrophie des muscles, surtout du grand pectoral.

PERCUSSION. — **Submatité** sous-claviculaire avec résistance au doigt, et **élévation** de la tonalité.

AUSCULTATION. — Respiration rude, saccadée ; expiration prolongée et soufflante, diminution du murmure vésiculaire, craquements secs, augmentation des vibrations vocales (appréciée en appliquant la main sur la région sous-claviculaire pendant que le malade compte à haute voix, et en comparant avec le côté opposé), retentissement exagéré de la voix.

3° **Période d'état ou de ramollissement.** — La toux, la dyspnée, les douleurs thoraciques, l'amaigrissement, les accès de fièvre vespérale persistent et s'accentuent.

PERCUSSION. — Accentuation de la submatité et élévation de la tonalité.

AUSCULTATION. — Respiration **soufflante** et apparition de bruits surajoutés : **craquements** secs (s'entendant surtout pendant l'inspiration) ou humides, à distinguer des râles sous-crépitants, frottements pleuraux. Aux craquements succèdent des râles sous-crépitants, de plus en plus gros et humides (comparables au bruit produit en soufflant avec un chalumeau dans de l'eau de savon), râles cavernuleux, puis râles caverneux ou **gargouillement** (constitué par des bulles peu nombreuses, grosses, inégales et mêlées de respiration caverneuse).

ÉTAT GÉNÉRAL. — L'état s'aggrave : la perte des forces, l'amaigrissement s'accusent. La fièvre se montre chaque soir, tandis que le matin la température est normale ou peu élevée. L'accès de fièvre se termine la nuit par des **sueurs** très abondantes. On observe parfois : des névralgies du trijumeau ou du sciatique. L'appétit se perd ; les quintes de toux déterminent des vomissements ; une diarrhée persistante s'installe. Les crachats deviennent verdâtres, opaques et l'examen microscopique y révèle la présence du bacille de Koch.

4e **Période terminale, période de cavernes.** — SIGNES PHYSIQUES. — Augmentation de la matité et des vibrations thoraciques, parfois la percussion donne un son tympanique (très vaste caverne), ou un bruit « de pot fêlé », obtenu en percutant, pendant que la bouche du malade est grande ouverte. La respiration devient **caverneuse** (ressemblant au bruit produit en inspirant et expirant avec force dans les deux mains disposées en cavité) et quelquefois, si la caverne est très grande, elle peut prendre le timbre **amphorique** et même **métallique**. Ces signes sont plus ou moins nets suivant que la caverne est pleine ou vide.

A côté du souffle caverneux, s'entendent d'autres bruits : râles muqueux, râles à grosses bulles, gargouillement, frottements, pectoriloquie, qui s'étendent à un niveau plus ou moins rapproché de la base du poumon. Les crachats prennent l'aspect nummulaire et sont rejetés en très grande abondance. L'hémoptysie peut réapparaître, parfois foudroyante.

La difficulté de l'alimentation, l'insomnie, les névralgies intercostales hâtent la cachexie. Les urines sont souvent albumineuses; la fièvre s'élève tous les soirs à 39°-40°, le matin à 38°-39°. La mort survient soit progressivement par asphyxie et consomption, soit avec délire calme ou violent, souvent précédée de purpura, phlébite, muguet.

Durée. — Elle varie de quelques mois à plusieurs années, toujours plus rapide chez l'enfant que chez l'adulte. La guérison peut s'observer à la première période et même, exceptionnellement, plus tard (phtisie fibreuse).

Complications. — Laryngite tuberculeuse avec ulcérations de l'épiglotte empêchant la déglutition, bronchites, congestion pulmonaire, pneumonie franche, gangrène pulmonaire, emphysème. Pleurésie séreuse ou purulente. Pneumothorax partiel ou généralisé, adénopathie trachéo-bronchique.

Ulcérations tuberculeuses de la langue, de la bouche et du pharynx, gastrite chronique, ulcérations intestinales, fistules anales et abcès de l'anus, péritonite tuberculeuse. Péricardite. Dilatation du cœur. Œdème cachectique. Phlegmatia des membres inférieurs. Méningite tuberculeuse. Névrites périphériques. Albuminurie (par néphrite; par tuberculose rénale : par dégénérescence amyloïde) et urémie, otite suppurée, coexistence du diabète (marche rapide de la tuberculose).

La grossesse aggrave la marche de la maladie.

Diagnostic. — **Début.** — Avec : anémie, chlorose, dyspepsie, rétrécissement mitral, laryngite catarrhale, bronchite simple.

Période d'état. — Avec : congestion pulmonaire du sommet, cancer pulmonaire, pneumonie du sommet.

Période des cavernes. — Avec : dilatation des bronches ; kystes hydatiques ; gangrène pulmonaire ; abcès du poumon ; pleurésie interlobaire ; pneumothorax partiel ; adénopathie trachéo-bronchique ; pleurésie primitive ; bronchite chronique.

Traitement. — **I. Prophylaxie.** — Le sujet issu de souche tuberculeuse doit vivre au grand air, à la campagne, dans des localités d'altitude élevée, faire beaucoup d'exercice. éviter toutes les causes de contagion, c'est-à-dire qu'il faut choisir pour l'enfant une nourrice indemne de tuberculose ; éviter qu'il couche dans la chambre de ses parents phtisiques, recueillir les crachats dans des vases contenant un liquide antiseptique, les détruire par la chaleur, ou les vider dans les cabinets d'aisance.

Les objets usuels du tuberculeux seront passés à l'eau bouillante chaque fois qu'il en aura fait usage.

II. Traitement général (1). — Nous allons étudier les principales méthodes de traitement.

A. Méthode Ferrier, recalcification. — 1° Alimentation avec des potages épais, laitages, œufs, rognons, riz de veau, viandes rôties ou grillées sans sauce, légumes en purée (pommes de terre, carottes, pois cassés, haricots), pâtes, fruits cuits, confitures). Supprimer les aliments gras, les aliments acides, les aliments fermentés. Ne manger que du pain grillé ou très cuit ; supprimer vin, bière, cidre, liqueurs.

Boire de l'eau de Pougues ou de Saint-Galmier : un verre et demi au maximum pendant le repas ; mais en boire un verre une heure avant chaque repas.

Manger suffisamment, sans chercher à faire de suralimentation ; ne rien prendre entre les repas.

2° Au milieu de chacun des trois principaux repas, prendre un des cachets suivants :

Carbonate de chaux	0gr,30
Phosphate tricalcique	0gr,50
Chlorure de sodium	0gr,15
Magnésie calcinée	0gr,10

Pour 1 cachet.

(1) Nous avons systématiquement laissé de côté la *tuberculinothérapie* qui nécessite une surveillance journalière du malade, une grande habitude de la part du médecin et qui jusqu'à nouvel ordre ne nous paraît pas du domaine de la pratique journalière. Voy. Kuss, *in Thérapeutique des maladies respiratoires et de la tuberculose pulmonaire* (Bibl. de Thérapeutique de Gilbert et Carnot).

En outre, 20 gouttes par jour d'une solution d'adrénaline à 1 p. 1000.

B. MÉTHODE KUSS. — Tanin et iode.

Le tanin doit être prescrit à la dose journalière de 2 grammes à 2gr,50 ou 4 à 5 grammes d'extrait de noyer.

L'iode est utilement associé au tanin :

Iodure de potassium	8	grammes.
Tanin à l'alcool	20	—
Cognac	60	—
Eau ... Q. S. p.	300	—

Une cuillerée à soupe après chaque repas.

Tanin à l'alcool	65	grammes.
Eau	170	—
Sirop de sucre	730	—

Ajouter :

Iode	1gr,30
Alcool à 90°	30 cc.

Une cuillerée à soupe après chaque repas.

Chez l'enfant, prescrire le sirop iodo-cachoutannique.

Extrait sec de cachou	80 grammes.
Eau chaude Q. S. pour former après dissolution et filtration	500 cc.
Sucre en morceaux (dissoudre à froid)	700 grammes.
Iode bisublimé	1gr,65
Alcool à 90°	30 cc.

Complétér le volume à 1 litre.
Deux à six cuillerées à café suivant l'âge.

C. MÉTHODE DE BAYLE.

Indépendamment du traitement hygiénique et médicamenteux, Bayle fait absorber à ses malades 100 à 150 grammes de rate de porc, chaque jour.

III. Traitement médicamenteux. — Nous signalerons les médications les plus employées.

Arsenic. — CONTRE-INDICATIONS. — Diarrhée et troubles digestifs.

INDICATIONS. — Anorexie, nutrition retardée.

Granules de Dioscoride :

Acide arsénieux	0 gr. 10
Mannite pure	4 —
Miel	*q. s.*

Faire 100 granules, 4 à 10 par jour. (Chaque granule contient 1 milligramme d'acide arsénieux).

Liqueur de Pearson :

Arséniate de soude	0 gr,05
Eau distillée	30 gr.

XII gouttes contiennent 1 mgr. d'acide arsénieux.

Arséniate de soude	0gr,10
Eau	300 gr.

2 cuillerées à soupe par jour.

Arséniate de soude	0gr,10
Sirop de gentiane	400 gr. (Lyon)

Créosote. — Par ingestion, injection sous-cutanée ou inhalations :

Créosote	0 gr. 03
Savon amygdalin	0 — 10
Benjoin pulvérisé	*q. s.*

Pour 1 pilule n° 60, 6 à 12 par jour.

Créosote	ãã 0 gr. 05
Goudron	
Poudre de benjoin	
— d'eucalyptus	

Pour 1 pilule n° 60, 6 à 12 par jour.

Huile de foie de morue créosotée :

Créosote	5 gr.
Huile de foie de morue	200 —

M. 2 à 4 cuillerées à bouche par jour.

Glycérine créosotée :

Créosote	2 gr.
Glycérine	200 —

M. 1 à 2 cuillerées par jour.

Vin créosoté :

Créosote	10 gr.
Alcool à 90°	150 —
Teinture de cannelle	30 —
Sirop d'écorces d'oranges amères	100 —
Vin de Grenache	Q. S.
p. faire 1 litre.	

M. 2 à 4 cuillerées à bouche par jour.

Créosote en inhalations :

Créosote	4 gr.
Alcool à 90°	100 —
Eau	200 —

Dans un flacon à 2 tubes placé dans un vase plein d'eau chaude. Par l'un des tubes, le malade aspire les vapeurs médicamenteuses.

Créosote pure........................ 10 gr.
Huile d'olives stérilisée................ 150 —

Pour injection hypodermique; on injecte par jour 5 à 16 gr. de cette solution.

Médicaments associés. — Formules innombrables.

Tanin...............	20 gr.	Gaïacol.................	$0^{gr},10$
Créosote de hêtre....	10 —	Tanin..............	ãã $0^{gr},50$
Phosphate de chaux.	20 —	Extrait de quinquina..	
F. S. A. 40 cachets.		pour 1 pilule	
4 par jour.		2 à 10 par jour.	

Terpine..............................	ââ $0^{gr},30$
Benzoate de soude.....................	
Tanin................................	ââ $0^{gr}, 10$
Tolu.................................	
Carbonate de gaïacol..................	
Phosphate de chaux....................	
Poudre d'opium.................	$0^{gr},02$ ou $0^{gr},05$

pour un cachet; 3 par jour (Massacré)

IV. Hygiène et alimentation. — Point capital du traitement de la phtisie. Varier les aliments, de façon à arriver à la suralimentation. Recourir au besoin au gavage par la sonde (tube de Faucher ou sonde de Debove). Faire faire quatre ou cinq repas par jour. Toutes les viandes seront permises (bœuf, mouton, charcuterie, volaille, poissons). Viandes crues, poudres de viande, peptones, bière, lait de vache, laits fermentés (koumys, képhir), huile de foie de morue à dose élevée :

Huile de foie de morue................. 60 gr.
Rhum.................................. 25 gr.
Essence de menthe..................... V gouttes.

Par contre, Ferrier proscrit toute suralimentation.

Aérothérapie. — Dans les stations d'altitude moyenne. Repos.

V. Traitement des principaux symptômes et accidents. — **Fièvre.** — Antipyrine, $0^{gr},50$ à 2 et 3 grammes par jour, associée au bicarbonate de soude pour ménager l'estomac :

Antipyrine............................. 1 gr.
Bicarbonate de soude.................. 0 — 50
Pour un cachet.

On peut remplacer l'antipyrine par l'antifébrine ou la phénacétine (2 cachets par jour de 0gr,50), la cryogènine (0gr,50 à 1 gr.).

Révulsion sur la poitrine (application de teinture d'iode, vésicatoires, ventouses, pointes de feu, pulvérisations de chlorure de méthyle, s'adressant aussi aux douleurs névralgiques).

Sueurs. — Frictions générales, lotions avec de l'eau aromatisée ou de l'alcool, atropine administrée quelques heures avant l'apparition présumée des sueurs :

Sulfate d'atropine....................	0 gr. 01
Poudre de guimauve....................	0 gr. 50
Sirop de gomme........................	Q. S.

Pour 20 pilules. (Chaque pilule contient *un demi-milligramme* de sulfate d'atropine. 1 à 3 par jour).

ou bien :

Agaric blanc.........	0 gr. 20
Extrait de ratanhia...	0 — 10

Pour 1 pilule n° 20. 2 à 5 par jour.

Seigle ergoté.........	0 gr. 50

Pour 1 cachet n° 4, 1 à 2 par jour.

Anorexie.

1° Métavanadate de soude	0gr,03
Eau distillée............	300 gr.

Elixir de Gendrin..............
1 cuillerée à café avant les repas.

1 cuillerée à soupe avant chaque repas pendant 5 jours.

2° Persulfate de soude.	2 gr.
Eau distillée...........	300 —

Même mode d'emploi.

Macération de quassia.. 2 gr. de copeaux dans un verre d'eau après macération de 12 heures.

Diarrhée. — Suspendre l'usage de l'huile de foie de morue. et de la créosote. Diminuer l'alimentation, donner œufs à la coque, riz, macaroni, thé.

En outre, l'une des préparations suivantes :

Sous-nitrate de bismuth.	4 gr.
Laudanum de Sydenh..	XX go.
Sirop de ratanhia......	30 gr.
Julep gommeux.......	120 —

F. s. a. par cuillerées à bouche dans les 24 heures.

Diascordium.......	ãã 0gr,15
Tanin..............	

Pour 1 pilule, n° 20, 1 pilule par jour.

Sous-nitrate de bismuth....	1 gr.
Poudre d'opium....	0 — 20

Pour 1 cachet, n° — 5 cachets par jour.

Vomissements. — Lavage de l'estomac, gavage par la sonde. Lorsqu'ils suivent les quintes de toux, traiter d'abord celle-ci.

Toux. — Potions calmantes :

Sirop d'opium...... } àâ 20 gr.
— de tolu........ }
Eau de tilleul.......... 720 —
M. par cuillerées à bouche.

Sirop de morphine... 30 gr.
Eau de laurier-cerise. 10 —
Eau distillée......... 110 —
M. par cuillerées à bouche.

Chez les enfants :

Bromure de potassium 2 gr.
Sirop d'éther....... } àâ 20 —
— de fleurs d'oranger........... }
Eau de tilleul......... 120 —
Par cuillerées à bouche

Sirop de lactucarium... 20 gr.
— capillaire..... } àâ 50 —
— coquelicot.... }
M. 4 à 6 cuillerées à café par jour.

Pilules de cynoglosse.
2 à 3 par jour.

Poudre de Dower.... 0 gr. 25
Pour 1 cachet, 2 à 4 par jour.

Expectoration. — Expectorants, balsamiques, astringents, inhalations médicamenteuses de créosote.

Kermès....... 0gr. 10 à 0 gr. 30
Julep gommeux 150 —
F. s. a. Une cuillerée à bouche toutes les 2 heures.

Oxyde blanc d'antimoine......... 0 gr. 25
Julep gommeux... 150 —
Une cuillerée à bouche toutes les 2 heures.

Tartre stibié... ... 0 gr. 05
Siop d'ipéca........ 30 —
Eau de fleurs d'oranger 10 —
— distillée......... 110 —
Une cuillerée à bouche toutes les 24 heures.

Sirop de térébenthine,
2 à 5 cuillerées par jour.

Sirop ou pastilles de Tolu.

Dyspnée. — Ventouses. Sinapismes. Injections hypodermiques de morphine ou d'éther. Inhalations d'oxygène, d'éther, d'iodure d'éthyle (VI à X gouttes sur un mouchoir), de nitrite d'amyle (IV à X gouttes). Sirop d'éther. Sirop de morphine. Perles d'éther.

Douleurs thoraciques, névralgies. — Révulsion (sinapismes, ventouses, teinture d'iode, vésicatoire, teinture d'iode morphinée) :

Chlorhydrate de morphine..... ..... 0 gr. 60
Teinture d'iode..................... 15 —

Frictions avec liniment :

Chloroforme........................	10 gr.
Baume tranquille....................	} ââ 50 —
Huile camphrée......................	

Badigeonnages des muqueuses (nasale, laryngée) avec :

Chlorhydrate de cocaïne..................	1 gr.
Glycérine................................	10 —

Sirop d'opium (1 à 2 cuillerées à bouche par jour).
Sirop de morphine (1 à 3 cuillerées à bouche par jour).
Injection sous-cutanée :

Chlorhydrate de morphine...........	0 gr. 10
Eau distillée bouillie................	10 —

Une seringue de Pravaz, soit 1 cgr.

Chloral. Antipyrine. Hypnal.

Hémoptysie. — Vomitifs (ipéca, tartre stibié). Ergot de seigle, en potion ou en injection hypodermique.

Ergotine................	2 gr.
Sirop de fleurs d'oranger.	30 —
Eau de tilleul............	20 —

Par cuillerées à bouche en 24 heures.

Application de glace sur la poitrine.

Chlorure de calcium..	2 gr.
Julep gommeux.......	120 —

Repos absolu, boissons glacées, aliments froids.

II. — PHTISIE AIGUË

Symptômes. — Elle peut survenir d'emblée ou dans le cours de la phtisie chronique. Elle revêt des formes très variables.

1° **Forme typhoïde.** — Céphalalgie, insomnie, congestion pulmonaire, épistaxis, diarrhée, adynamie et même taches rosées lenticulaires; le diagnostic avec la fièvre typhoïde se fera d'après l'hyperesthésie thoracique très vive, la stupeur moins profonde, les accès de dyspnée, les irrégularités de la température.

2° **Formes presque latentes.** — Après un peu de fièvre, courbature, malaise, survient un accès de suffocation ou une syncope mortelle.

3° **Forme suffocante.** — Dyspnée excessive, peu de signes à l auscultation, toux nulle ou légère, fièvre irrégulière, amaigrissement très rapide. Durée 20 à 30 jours.

Diagnostic : avec asystolie, bronchite capillaire, attaque d'asthme, cancer miliaire du poumon.

4° **Forme cérébrale.** — Symptômes de méningite, perte de connaissance, coma.

5° **Forme pneumonique, pneumonie caséeuse.** — Aiguë ou subaiguë. Début par fièvre, frissons et crachats pneumoniques. Oppression progressive, avec accès de dyspnée, absence de défervescence au 9e jour.

6° **Forme bronchopneumonique.**

Traitement. — Bromure et iodure de potassium, antipyrine, sulfate de quinine, sirop de morphine, toniques (alcool, vins, kola), injections d'éther, d'huile camphrée.

BRONCHOPNEUMONIE

Symptômes. — **Début.** — Début progressif, insidieux, par toux, dyspnée, fièvre, vomissements, abattement.

Période d'état. — Dyspnée d'abord légère, puis continue, avec battement des ailes du nez, tirage, toux quinteuse, puis catarrhale; au-dessus de 5 ans, expectoration muco-purulente peu abondante, point de côté inconstant, fièvre 39° à 40° ou 41° avec frissons, pouls rapide; marche irrégulière de la température, prostration, somnolence, teint pâle, terreux, langue et lèvres sèches, urines rares et albumineuses.

Signes locaux. — Percussion. — Sonorité normale au début, puis submatité dans un des côtés de la poitrine, vibrations normales ou peu augmentées, ou matité totale (forme pseudolobaire).

Auscultation. — Au début, signes de bronchite aiguë, puis râles sous-crépitants, respiration soufflante, souffle bronchique, bronchophonie, parfois mobilité ou disparition rapide de ces signes.

Formes cliniques. — Forme disséminée ou à foyers multiples.

Bronchopneumonie du nouveau-né (anxiété, respiration, convulsions, abattement profond).

Chez l'adulte. — Forme suffocante et forme typhoïde.

Chez le vieillard. — Allure traînante ou latente.

Diagnostic. — Avec : pneumonie, congestion pulmonaire aiguë, congestion passive, tuberculose bronchopneumonique.

Traitement. — 1° **Chez l'enfant.** — A). Ventouses, cataplasmes sinapisés. — Enveloppements humides toutes les 3 heures (eau froide additionnée d'un quart d'alcool). Bain sinapisé ; frictions stimulantes.

B). *Au début*, ipéca chez les enfants vigoureux.

Poudre d'ipéca	0 gr. 30
Sirop d'ipéca...........................	300 gr.

Si l'enfant est faible, quinine en suppositoire.

C). *Au bout de 2 ou 3 jours*, médication expectorante.

Oxyde blanc d'antimoine...........	1 gramme.
Benzoate de soude................	1 —
Sirop de polygala................	20 grammes
Infusion de tilleul............... ..	60 —

1 cuillère à café toutes les heures (Méry).

Injections d'huile camphrée, de caféine, d'éther.

2° **Chez l'adulte et le vieillard.** — Sulfate de quinine, 1 gramme à 1gr,50. Teinture de digitale, XV à XXX gouttes par jour en quatre fois. Toniques : quinquina et alcool. Ipéca à dose vomitive, préférable au tartre stibié. Pointes de feu légères sur le thorax. Boissons diurétiques, acétate de potasse. Inhalations d'oxygène. Prophylaxie par l'hygiène.

PNEUMONIE CHRONIQUE

Symptômes. — Signes locaux d'induration pulmonaire. Toux, dyspnée peu accusée, fièvre hectique, sueurs, amaigrissement, diarrhée, cachexie.

Variétés. — Pneumonie lobaire chronique, succédant à la pneumonie aiguë récidivante. Bronchopneumonie chronique, succédant aux maladies générales, chez les débilités. Pneumonies professionnelles ou pneumokonioses, pneumonies diffuses dues à l'inhalation de poussières atmosphériques : anthracose, sidérose, chalicose.

Diagnostic. — Avec : phtisie pulmonaire, cancer du poumon.

Traitement. — Révulsifs. Calmants. Digitale, dans le cas d'asystolie menaçante. Hygiène et prophylaxie professionnelles.

EMBOLIE PULMONAIRE

Symptômes. — Au cours d'une phlébite, à l'occasion d'un mouvement, d'un effort, ou sans cause, début brusque par un accès de suffocation ; dyspnée violente, avec inspirations profondes, 40 à 50 mouvements respiratoires par minute, anxiété, agitation, pâleur, cyanose, refroidissement. Arythmie cardiaque, rapidité du pouls. Parfois convulsions. Point de côté, hémoptysie.

Formes cliniques. — Forme foudroyante, forme syncopale, forme hémoptoïque.

Diagnostic. — Avec : Asthme, angor pectoris, urémie, œdème pulmonaire, bronchopneumonie.

Traitement. — Prophylaxie par le repos absolu dans le cas de phlegmatia.

Injection sous-cutanée d'éther, de morphine, d'huile camphrée. Révulsifs. Ventouses, sinapismes, inhalations d'oxygène, d'éther, de nitrite d'amyle, IV à X gouttes sur un mouchoir. Sirop d'éther (1 à 3 cuillerées à bouche). Perles d'éther (4 à 8). Saignée générale.

GANGRÈNE PULMONAIRE

Symptômes. — Début quelquefois brusque, ordinairement lent au cours d'une maladie antérieure. Douleur thoracique. Toux. Dyspnée. Fétidité extrême de l'haleine. Expulsion de crachats spéciaux, fétides, gris sales ou verdâtres, se déposant par le repos en trois couches (purulente, muqueuse, mousseuse), contenant des débris de tissu pulmonaire. Hémoptysie.

Etat général grave : Prostration, adynamie, sueurs, cyanose, fièvre 39°, 40°. Langue sèche, anorexie, diarrhée. Urines rares. Mort par septicémie ou asphyxie.

Formes. — Circonscrite, diffuse, avec pleurésie purulente ou putride. Marche rapide chez les diabétiques et les tuberculeux.

Diagnostic. — Avec : bronchite fétide, dilatation des bronches, pneumonie, fièvre typhoïde, pleurésie purulente.

Traitement. — Sulfate de quinine. Ventouses scarifiées, sinapismes. Teinture d'eucalyptus ou essence de térébenthine à l'intérieur; hyposulfite de soude, 4 à 5 grammes par jour en potion. Inhalations d'oxygène eucalypté :

Teinture d'eucalyptus. 10 gr.
Sirop de goudron }
— de térébenthine......... } ââ 250 —
4 cuillerées à bouche de ce sirop par jour.

Créosote.......... }
Goudron.......... } ââ 0 gr. 05
Aristol........... }
Benjoin pulvérisé..... Q. S.
Pour une pilule n° 60, 5 à 10 pilules par jour.

Contre la toux. — Opiacés et chloral, le soir. Toniques, quinquina, alcool. Alimentation substantielle.

S'il s'agit d'un foyer unique de gangrène pulmonaire, intervenir chirurgicalement d'une façon précoce : thoracotomie large, recherche du foyer par ponction, évacuation, drainage.

CANCER DU POUMON

Symptômes. — Douleur avec irradiations névralgiques. Dyspnée progressive. Toux. Expectoration muqueuse, ou sanguinolente, gelée de groseille; hémoptysie; crachats contenant des débris pulmonaires.

Signes locaux d'induration pulmonaire. Épanchement pleural séreux ou hémorragique, ou purulent. Signes de compression du médiastin (dyspnée par accès, dysphonie, œdème de la face, exophtalmie, dysphagie, vomissements, cornage, toux coqueluchoïde), mort par cachexie ou par asphyxie progressives.

Traitement. — *Contre la dyspnée.* — Éther, inhalations d'oxygène, révulsifs.

Contre la toux. — Les douleurs : opiacés, injection de morphine. Toniques. Stimulants.

Quand le liquide est trop abondant. — Ponction de la plèvre.

PNEUMOTHORAX

Définition. — Présence d'air ou de gaz dans la plèvre.

Symptômes. — Pendant un effort de toux, ou spontanément, apparition d'une douleur très violente dans la poitrine, avec anxiété, orthopnée, agitation, cyanose, menace d'asphyxie.

Le pneumothorax constitué se manifeste par : dilatation d'un côté du thorax. Abolition des vibrations vocales. Son tympanique à la percussion. Absence du murmure vésiculaire. Souffle amphorique, timbre amphorique de la voix, de la toux, des bruits venant de l'œsophage ou de l'estomac. Tintement métallique, bruit d'airain. Après quelques jours, la succussion hippocratique décèle l'existence de liquide dans la plèvre. Déplacement du cœur vers le côté opposé. Toux, dyspnée, expectoration purulente. Tous ces signes peuvent être limités à une région du thorax, être incomplets ou moins nets, s'accompagner de signes fonctionnels peu accusés dans le pneumothorax *partiel*.

Variétés. — Pneumothorax tuberculeux. Pneumothorax par pleurésie purulente. Pneumothorax simple ou primitif. Pneumothorax traumatique.

Marche. — Le pneumothorax simple peut guérir en trois semaines; s'il y a pyo-pneumothorax, la durée peut être beaucoup plus longue.

Diagnostic. — Avec : caverne tuberculeuse, épanchement pleural.

Traitement. — Toniques; alcool, quinquina. Balsamiques. Inhalations d'oxygène. Caféine. Éther. Ventouses. Révulsifs. Alimentation reconstituante. Repos absolu.

Si le pneumothorax est à soupape, ponction. Ultérieurement : empyème et résection costale, s'il y a lieu.

VOMIQUE

Définition. — Évacuation par la bouche d'une collection purulente provenant de la plèvre, du poumon ou de la partie supérieure de l'abdomen.

Symptômes. — Fièvre, dyspnée, malaise, puis accès de toux, au milieu duquel le malade rejette une plus ou moins grande quantité de liquide purulent. Les jours suivants, une certaine quantité peut être encore rejetée.

Diagnostic. — Avec dilatation des bronches, tuberculose pulmonaire à la période des cavernes, gangrène du poumon. Abcès rétro-pharyngien.

Variétés. — *L'abcès du poumon* se développe à la suite d'une pneumonie; il persiste de la fièvre à oscillations, de la toux, de l'oppression, des sueurs, des frissons, l'état général s'aggrave jusqu'à l'apparition de la vomique. La constatation de vésicules hydatiques, semblables à des grains de raisins flétris, dans le liquide, jointe aux signes antérieurs : toux, dyspnée progressive et intense, hémoptysie, urticaire, matité, fera faire le diagnostic de *kyste hydatique* du poumon.

La vomique peut enfin être la terminaison d'une *pleurésie purulente* totale ou partielle, surtout interlobaire ou diaphragmatique, d'un abcès du foie, du rein, de la rate, d'un abcès sous-diaphragmatique.

Traitement. — Asseoir le malade ; inhalations d'oxygène ; injections d'éther, de caféine, d'huile camphrée, respiration artificielle. Ensuite : créosote, gaïacol, eucalyptus ; inhalations médicamenteuses : térébenthine, benjoin. Alcool. Toniques, suralimentation.

Traitement chirurgical de l'abcès du poumon, de la pleurésie purulente (ponction, pneumotomie, pleurotomie).

PLEURÉSIE SÉRO-FIBRINEUSE

Symptômes. — **Début.** — Fièvre, frissons répétés, point de côté violent et toux sèche, oppression, ou par malaise, anorexie, gêne respiratoire.

Période d'état. — Point de côté sous-mamelonnaire, avec irradiation à l'épaule ou à l'épigastre. Excursion respiratoire incomplète du côté atteint, toux inconstante, sèche, sans expectoration. Dyspnée non toujours en rapport avec la quantité de l'épanchement, à la palpation, abolition des vibrations thoraciques sur 1/3, 1/2 ou les 2/3 de la hauteur d'un des côtés de la poitrine. Percussion : matité de la base avec sonorité exagérée de la partie supérieure du poumon : en avant, à droite abaissement du foie, à gauche disparition de la sonorité gastrique (zone de Traube) dans les épanchements abondants.

A l'auscultation : frottements (pleurésie sèche), souffle pleurétique, doux, lointain, voilé. Egophonie ou voix de polichinelle. Pectoriloquie aphone. Bronchophonie. Quand l'épanchement dépasse deux litres : la matité occupe une grande étendue, elle est absolue, dépasse la pointe de l'omoplate ; le souffle a un timbre tubaire. Les organes voisins sont déplacés; le cœur est refoulé à droite dans les épanchements gauches.

Fièvre irrégulière, pouls petit et rapide, dyspnée et cyanose, état saburral.

Marche — Guérison après 3 ou 4 semaines, passage à la pleurésie chronique (symphyse pleurale), à la purulence, mort subite, surtout dans les pleurésies à grand épanchement.

Diagnostic. — Avec : névralgie intercostale, pleurodynie, pneumonie massive, congestion pulmonaire avec épanchement, tuberculose pneumonique, hydrothorax, péricardite.

Traitement. — Localement ventouses, sinapismes, teinture d'iode, vésicatoire. Repos au lit. Diète lactée, teinture de digitale, X à XXX gouttes. Calomel, 10 à 20 centigr., tous les 2 ou 3 jours. Diurétiques (bicarbonate de soude 1 gr. et benzoate de soude 0 gr. 25 pour 1 cachet n° 12, 4 à 6 par jour). Scille. Purgatifs légers.

Dès que l'épanchement dépasse 1 litre. — Thoracentèse. Ne pas enlever en une fois plus de la moitié du liquide. Examen du liquide au point de vue de sa nature tuberculeuse. Pointes de feu. Séjour à la campagne.

Dans la pleurésie chronique. — Révulsifs. Iodure de potasium à l'intérieur. Pas de thoracentèse.

PLEURÉSIE HÉMORRAGIQUE

Diagnostic. — Difficile avant la ponction exploratrice faite avec la seringue de Pravaz.

Symptômes. — Elle s'observe dans : cancer de la plèvre, du poumon; tuberculose pleurale; hématome primitif de la plèvre.

Traitement. — Eviter les ponctions répétées.

Traitement général : toniques, stimulants, alimentation.

PLEURÉSIE PURULENTE

Symptômes. — Début ordinairement insidieux, à la suite d'une pneumonie ou d'une pleurésie séro-fibrineuse, au cours de la tuberculose pulmonaire ou d'une maladie infectieuse, par la dyspnée, la toux, l'affaiblissement. Signes locaux d'épanchement pleural : abolition des vibrations, matité, souffle pleurétique, skodisme sous-claviculaire, œdème de la paroi thoracique. Etat général grave : fièvre à oscillations, frissons répétés, sueurs abondantes, pâleur, amaigrissement, anorexie, langue sèche.

Marche. — Aiguë, subaiguë ou chronique.

Terminaison. — Par cachexie, hecticité ou par vomique et rejet du pus par les bronches avec pneumothorax consécutif. La pleurésie purulente est souvent partielle, enkystée, interlobaire ou diaphragmatique.

Variétés. — Pleurésie purulente métapneumonique, streptococcique, tuberculeuse, putride.

Diagnostic. — Avec : pleurésie séreuse, pneumonie tuberculeuse, caverne pulmonaire, kyste ou abcès du foie.

Traitement. — Au début, traitement de la pleurésie séreuse.

Dès que la présence de pus dans la plèvre est certaine, il faut intervenir.

1° *Dans les pleurésies putrides*, à streptocoques : thoracotomie, ouverture de la plèvre. — Drainage de la plèvre. — Pas de lavages.

2° *Dans les pleurésies à pneumocoques* : chez l'enfant, la thoracentèse peut quelquefois suffire.

Chez l'adulte, pleurotomie, drainage.

3° *Dans les pleurésies tuberculeuses*, traitement des abcès froids : ponctions aseptiques répétées. — Eviter la fistulisation à tout prix.

HÉMOPTYSIE

Symptômes. — Parfois prodromes : chatouillement, chaleur dans le larynx, puis accès de toux et rejet par la bouche d'une quantité variable de sang rouge et spumeux, ou bien noir, peu aéré. Si l'hémorragie est abondante, pâleur, accélération du pouls, lipothymies, parfois hémoptysie foudroyante.

La quantité, la marche, la répétition de l'hémoptysie varient avec la cause (tuberculose au début ou à la phase des cavernes, cancer ou gangrène pulmonaire, foyers d'apoplexie pulmonaire chez les cardiaques ou par embolie, anévrysme ouvert dans les bronches, kyste hydatique, hémoptysie congestive ou supplémentaire).

A l'examen physique, examiner surtout les sommets des poumons pour rechercher la tuberculose.

Diagnostic. — Avec : hématémèse, épistaxis, stomatorrhagie.

Traitement. — Placer le malade la tête élevée, le thorax incliné, dans l'immobilité absolue. Lui faire garder le silence et éviter de tousser et de respirer fortement. Glace sur la poitrine, ventouses sèches, sinapismes aux jambes, vomitif (ipéca ou apomorphine en injection), ou tartre stibié à doses fractionnées, si l'hémoptysie se reproduit. Extrait thébaïque ($0^{gr},05$) ou sirop de morphine (40 gr.) Ergotinine en injection sous-cutanée. Extrait fluide d'hydrastis canadensis, XXX gouttes en une fois. Chlorure de calcium; nitrite d'amyle en inhalations.

Contre les palpitations. — Teinture de digitale, V à X gouttes trois fois par jour.

ASPHYXIES

ASPHYXIE DES NOYÉS

Traitement. — Placer le malade dans un lit chaud sur le côté droit. Débarrasser la bouche et le nez des mucosités qu'ils renferment. Injection sous-cutanée d'éther répétée de 3 en 3 minutes jusqu'à 5 fois.

Respiration artificielle. Étendre et élever les bras, puis les ramener le long du thorax en le comprimant; la prolonger longtemps.

Tractions rythmées de la langue (Laborde).

Frictions énergiques sur tout le corps avec étoffe de laine, fomentations chaudes, sinapismes aux jambes, marteau de Mayor, vapeurs d'ammoniaque en inhalations, puis boissons chaudes, stimulantes, potions éthérées ou alcoolisées.

S'il y a des nausées. — Vomitif.

En cas de congestion cérébrale. — Sangsues derrière l'oreille et lavement purgatif.

ASPHYXIE DES PENDUS

Traitement. — Déshabiller le malade, le placer sur un lit, la tête élevée, compresses froides sur la tête, frictions énergiques du creux des mains et de la plante des pieds avec flanelle ou brosse, sinapismes aux jambes, éther en injections sous-cutanées.

Si la cyanose persiste. — Saignée ou sangsues.

ASPHYXIE PAR LES FOURS A CHAUX, LES CUVES DE BRASSEURS, LES GAZ DES FOSSES D'AISANCE, DES ÉGOUTS

Traitement. — Placer le malade au grand air la tête élevée, le cou dégagé, respiration artificielle de Sylvester, ou tractions rythmées de la langue, flagellation du visage, frictions sèches, sinapismes, éther, inhalations d'oxygène, boissons chaudes (grog, thé, café).

CHIRURGIE PLEURO-PULMONAIRE

THORACENTÈSE

Opération. — Reconnaître et marquer, sur le 6e espace intercostal à droite, sur le 7e à gauche, sur la verticale passant par l'angle inférieur de l'omoplate, le lieu de la ponction. Désinfection de la peau à la teinture d'iode. Le malade est couché sur le côté sain, le bras du côté malade fortement relevé pour agrandir les espaces intercostaux. La main gauche de l'opérateur reconnaît l'espace, fixe la peau pour l'empêcher de glisser devant la pointe de l'instrument. La main droite tient le trocart préalablement flambé et le pousse d'un coup sec à travers les parties molles jusqu'à ce que sa pointe paraisse libre dans la cavité pleurale. L'aiguille est retirée après que le trocart a été ajusté au tube et que le vide a été fait dans la carafe par l'aspirateur de Potain (fig. 79). On ne doit pas retirer, dans une seule séance, plus d'un litre ou un litre et demi de liquide, pour éviter l'œdème pulmonaire et l'expectoration albumineuse avec la toux opiniâtre qui le suivent.

Quand la quantité de liquide retirée paraît suffisante. — Retirer le trocart d'un seul coup et recouvrir la petite plaie d'ouate collodionnée.

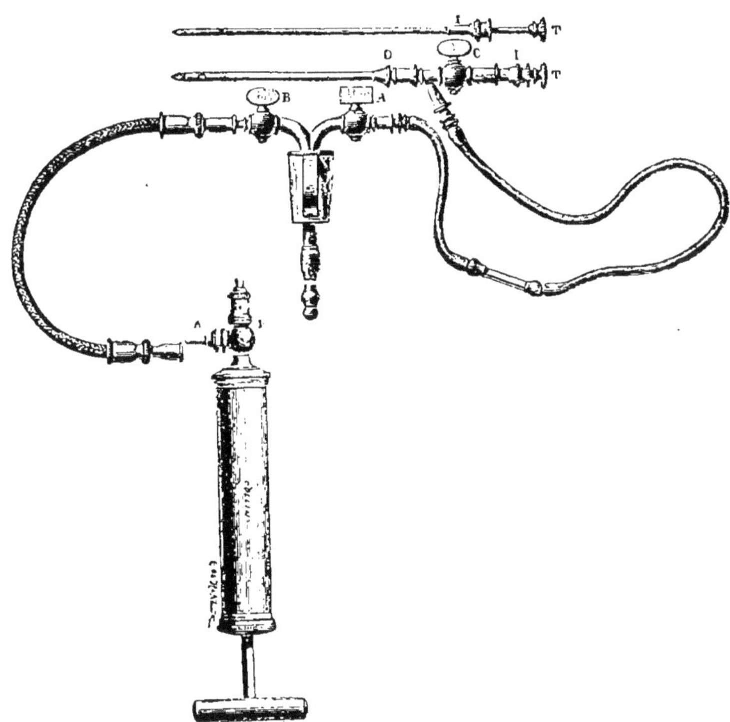

Fig. 94. — Aspirateur à double effet du Professeur Potain.

Pour faire *l'aspiration*, ouvrir le robinet B, fermer le robinet A, monter le tube recouvert de tissu sur la pompe par l'ajutage latéral A (aspirant). Visser la canule du trocart D sur le robinet mobile C, puis introduire la tige du trocart dans sa canule. L'appareil ainsi préparé sera monté sur le récipient dans lequel on fera le vide. La tige T du trocart est pourvue d'une pièce à frottement I; cette dernière s'ajuste sur le pavillon du robinet C. Quand la ponction sera faite, retirer T du trocart qui glisse dans le frottement I, jusqu'à ce qu'elle soit arrêtée par un renflement placé vers sa pointe; à ce moment le robinet C deviendra libre et pourra être fermé. Cette disposition de la pièce à frottement I permet de faire toute la manœuvre sans laisser passer l'air par la canule du trocart. Pour faire l'injection, monter le tube *en tissu* sur la pompe par l'ajutage terminal F (foulant); attacher le bouchon sur le goulot du récipient, puis refouler le liquide en se servant de la pompe.

Si l'épanchement pleural est encore notable. — On peut recommencer le lendemain.

EMPYÈME

Opération. — Le malade est placé comme précédemment et on note le même endroit de la cage thoracique sur lequel portera le bistouri. Anesthésie locale à la novocaïne, s'il s'agit d'une pleurotomie simple et chez les sujets très affaiblis. Anesthésie générale, si on doit pratiquer la résection partielle d'une ou deux côtes. Incision de 6 à 8 centimètres, parallèle à l'espace intercostal, section des muscles ; reconnaître le bord supérieur de la côte inférieure et sectionner sur lui les parois molles de l'espace pour éviter l'artère intercostale. Enfoncer une sonde cannelée, qui fait sourdre le pus ; ainsi guidé, agrandir l'incision. Introduire deux drains par la plaie et panser à plat. Pour faciliter le drainage et éviter l'écrasement des drains par les côtes, on peut réséquer une ou deux côtes, sur une longueur de 6 à 8 centimètres, par la méthode sous-périostée. Les lavages de la plèvre sont contre-indiqués dans presque tous les cas, car ils refoulent le poumon, rompent les adhérences jeunes et retardent la guérison. C'est seulement dans les cas de pleurésie fétide qu'on est autorisé à injecter, sans pression, de l'eau oxygénée. Pansement aseptique qu'on changera fréquemment, car l'écoulement de liquide est abondant.

THORACOPLASTIE

Indications. — Cette opération vise à supprimer la rigidité thoracique, pour que la paroi du thorax aille s'accoler au poumon rétracté, dans le cas de pleurésies chroniques, tuberculeuses en général.

Procédé d'Estlander. — Incision cutanée et formation d'un lambeau musculo-cutané, soit en U à concavité inférieure, soit en T, dont la branche verticale passe par la fistule pleuro-cutanée, avec deux volets latéraux. Suppression d'un nombre suffisant de côtes pour que la paroi puisse aller au contact du poumon : les côtes sont enlevées avec leur périoste, car la reproduction osseuse gênerait l'affaissement de la paroi. On peut être amené à supprimer 10 côtes. Cela fait, on peut être amené à décortiquer la gaine dure qui couvre le poumon et la plèvre pariétale. Suturer le lambeau musculo-cutané, mettre de gros drains dans les parties déclives et appliquer un pansement fortement compressif. Max Schede supprime le périoste costal, les muscles intercostaux, la plèvre viscérale et amène au contact le poumon et le lambeau cruenté.

Procédé de Quénu. — Incision en H. La branche horizontale passe par la fistule ; la côte correspondante est enlevée. La branche verticale postérieure passe par le bord axillaire de l'omoplate, de la 4ᵉ à la 10ᵉ côte ; résection sur chaque côte, de 2 centimètres avec le costotome. La branche verticale antérieure passe derrière le mamelon ; résection identique à niveau sur les mêmes côtes. On a ainsi un volet mobile qui s'enfonce au contact du poumon. Suture ; drainage par l'incision horizontale et par la partie la plus déclive de l'incision postérieure (fig. 95).

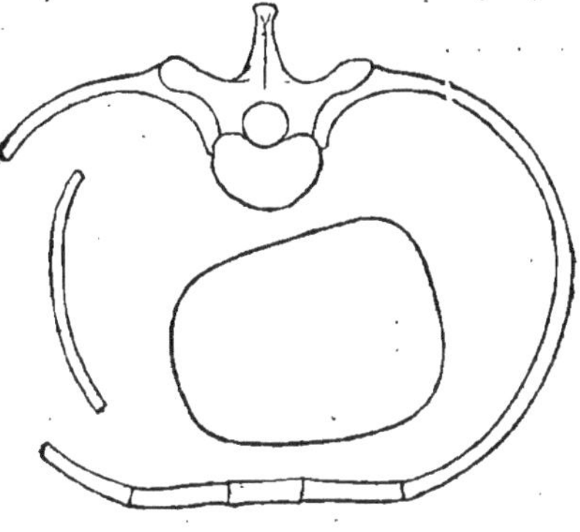

Fig. 95. — Thoracoplastie. Procédé de Quénu.

PNEUMOTOMIE

C'est l'incision du poumon.

Indications. — Abcès du poumon, de quelque nature qu'il soit. Kystes hydatiques, suppurés ou non ; foyers de gangrène limités. Les cavernes pulmonaires ne semblent pas être justiciables de ce traitement.

Manuel opératoire. — Reconnaître le siège du mal par les moyens d'investigation cliniques. En ce point, incision large de la paroi ; résection sous-périostée de 2 à 5 côtes ; ouverture de la plèvre et fixation du poumon s'il n'est déjà immobilisé par des adhérences, pour éviter la contamination de la plèvre. Si la collection est superficielle, l'inciser au thermocautère, drainer et panser ; si elle est profonde, la rechercher par la ponction et l'aspiration ; inciser le poumon avec le thermocautère porté au rouge sombre, pour éviter l'hémorragie ; drainer et panser.

XXVI. — MALADIES DU CŒUR DES VAISSEAUX

ENDOCARDITE AIGUE SIMPLE

Synonymie. — Endocardite rhumatismale.

Symptômes. — Début silencieux le plus souvent. Palpitations, accès d'oppression, anxiété précordiale, insomnie, fièvre modérée, accélération du pouls. A l'auscultation : assourdissement du timbre des bruits du cœur, du 2e bruit de la base d'abord, puis du 1er à la pointe. Souffle doux, siégeant ordinairement au 2e temps à la base, au 1er à la pointe (insuffisance aortique ou mitrale).

Parfois complication : collapsus cardiaque, embolies cérébrale ou intestinale.

Marche. — Guérison après 3, 4 ou 5 semaines, mais l'endocardite chronique peut lui succéder après un temps plus ou moins long.

Diagnostic. — Avec : péricardite aiguë, frottements pleuraux. Souffles extra-cardiaques.

Traitement. — *Dans l'endocardite rhumatismale.* — Salicylate de soude. Révulsifs sur la région précordiale. Caféine. Digitale (0,20 à 0,60 centigr. en infusion ou macération).

ENDOCARDITE INFECTIEUSE

Synonymie. — Endocardite ulcéreuse, ulcéro-végétante.

Symptômes. — **Début.** — Obscur, surtout à la suite d'une maladie infectieuse antérieure, ou bien : frissons, fièvre, accélération du pouls, palpitations, angoisse rétro-sternale.

Période d'état. — Prostration, sécheresse des lèvres et de la langue, ballonnement du ventre, diarrhée, délire, stupeur, ataxo-adynamie, albuminurie (forme typhoïde), ou bien frissons répétés, fièvre hectique, subictère, abcès multiples, hématurie par embolies (forme pyémique). A l'examen du cœur : bruits de souffle à plusieurs orifices et se modifiant d'un jour à l'autre, battements irréguliers, tumultueux; cyanose.

Durée. — De 8 ou 10 jours à 5 ou 6 semaines et plus.

Diagnostic. — Avec : fièvre typhoïde, tuberculose aiguë, fièvre puerpérale, méningite aiguë, fièvre éruptive au début, Ostéomyélite.

Traitement. — Ventouses scarifiées sur la région précordiale, vésicatoires volants, panser avec de la poudre de digitale.

Contre l'agitation, l'arythmie cardiaque, l'oppression précordiale. — Digitale, caféine.

Teinture de digitale XXX gout.
Bromure de potassium 5 gr.
Sirop de morphine.... 30 —
Eau de laurier-cerise.. 10 —
Eau distillée........... 100 —
Par cuillerée à bouche dans les 24 heures.

Caféine.............. 2 gr. 50
Benzoate de soude... 3 —
Eau distillée..... Q. S. p. 10 cc.
Injecter 1 cent. cube (soit 25 centigr. de caféine).

Sulfate de quinine ($0^{gr},50$). Extrait de quinquina. Salol. Benzonaphtol (Voy. *Myocardites*, traitement).

PÉRICARDITE AIGUE

Symptômes. — Le début est insidieux et souvent, quelle que soit sa variété, la péricardite reste latente; il faut la rechercher. Dyspnée, légère douleur précordiale, parfois dysphagie; dans les formes à épanchement rapide : pouls rapide; petit et faible, dyspnée intense, œdème, cyanose et asphyxie.

Signes physiques. — *A la phase de péricardite sèche* (péricardite rhumatismale au début) : frottement péricardique, différent du souffle en ce qu'il est superficiel, siège à la partie moyenne du cœur, s'entend aux deux temps ou entre les deux temps, ne se propage pas et a un timbre plus rude.

Quand l'épanchement est constitué (séreux, séro-purulent, purulent, ou hémorragique). — La matité précordiale est augmentée, voussure précordiale, diminution du choc de la pointe à la palpation et des bruits du cœur à l'auscultation.

Marche. — Assez rapide (2 à 3 semaines) dans le rhumatisme aigu; dans les formes graves, asystolie aiguë. Passage à l'état chronique (symphyse cardiaque),

Diagnostic. — Avec endocardite (souvent il y a endo-péricardite), pleurésie sèche ou enkystée antérieure, hypertrophie et dilatation cardiaque.

Traitement. — Révulsion sur la région précordiale; vésicatoire, sangsues, ventouses scarifiées, ou pointes de feu, ou encore application de glace. Repos absolu, alimentation légère, stimulants (vin, champagne, alcool, acétate d'ammoniaque, sirop d'éther, fer, quinquina), opium à petites doses.

Quand l'épanchement existe. — Diurétiques et purgatifs :

Vin de la Charité.....	200 gr.	Calomel.........	ââ 0gr,05
Sirop des cinq racines	50 —	Scammonée.....	
M. 4 cuillerées par jour.		A prendre en 2 fois dans un cachet.	

Contre l'œdème, la faiblesse du pouls. — Digitale :

Poudre de digitale...............	0,05 centigr.
Poudre de Dower...............	0.20 —

Pour 1 cachet, n° 10, 2 par jour, pendant 2 ou 3 jours.

Dans la péricardite rhumatismale. — Salicylate de soude.

Quand l'épanchement augmente rapidement, déterminant de l'asystolie aiguë. — Pratiquer la ponction ou paracentèse du péricarde, soit immédiatement le long du bord gauche du sternum, soit à 6 centimètres de ce bord (Dieulafoy), dans le 5e espace.

SYMPHYSE CARDIAQUE

Synonymie. — Péricardite adhésive.

Symptômes. — Dépression systolique des espaces intercostaux. Ondulation et mouvement de roulis de la paroi thoracique. Invariabilité de la matité précordiale pendant l'inspiration et l'expiration. Parfois pouls dit *paradoxal* (filiforme pendant l'inspiration, normal pendant l'expiration). Anxiété précordiale, sensation de constriction. Crises d'asystolie.

Traitement. — Révulsifs sur la région précordiale. Opiacés. Traitement de l'asystolie.

RÉTRÉCISSEMENT MITRAL PUR

Symptômes. — Frémissement cataire présystolique, souffle présystolique avec dédoublement du second temps et ronflement diastolique. Gène pour courir, palpitations, épistaxis, dysménorrhée, aspect chlorotique, parfois congestion pulmonaire, refroidissement des extrémités, embolie cérébrale.

Diagnostic. — Avec : chlorose, tuberculose pulmonaire au début.

Traitement. — Repos, éviter les fatigues, les émotions, alimentation légère, stimulants :

Bioxyde de manganèse 0 gr. 10
Poudre de quinquina } āā 0 — 20
— de colombo }
P. un cachet, n° 20, 2 à 4 par jour.

Sulfate de manganèse. 0 gr 15
Extrait de gentiane.... 0 — 10
P. une pilule, n° 30, 2 à 4 par jour.

INSUFFISANCE MITRALE

Symptômes. — Dyspnée, d'abord intermittente, puis habituelle, s'accusant par la marche, les efforts; palpitations, sensation de constriction épigastrique, dyspepsie, tendance au sommeil, céphalalgie, œdème des membres inférieurs, se montrant d'abord le soir.

Examen du cœur : frémissement cataire systolique, augmentation de la matité cardiaque, souffle systolique de la pointe, en jet de vapeur, se propageant dans l'aisselle et jusque dans le dos, arythmie des pulsations, pouls irrégulier et faible, saillie des jugulaires, tendance à la cyanose, foyers d'apoplexie pulmonaire, crises répétées de dyspnée, surtout nocturnes, asthme cardiaque, accès d'asystolie.

Diagnostic. — Avec : souffles extra-cardiaques, anémiques ou fébriles, avec frottement péricardique, avec souffle tricuspidien.

Traitement. — *Contre la stase pulmonaire.* — Ventouses, sinapismes, teinture d'iode, vésicatoires, purgatifs, rhubarbe (0gr,50), calomel et scammonée, pilules de podophyllin (une pilule le soir en se couchant).

Contre la dyspnée, l'œdème, la cyanose. — Voyez *Asystolie*.

MALADIE MITRALE

Coexistence du rétrécissement et de l'insuffisance mitrale.

Symptômes. — A l'auscultation : souffle systolique de la pointe, dédoublement du second bruit, souffle diastolique, et non constamment, souffle présystolique; mêmes signes fonctionnels.

RÉTRÉCISSEMENT TRICUSPIDIEN

Symptômes. — Souffle présystolique à maximum xyphoïdien, inconstant. Battement présystolique des veines jugulaires. Essoufflement, dyspnée d'effort, œdème, ascite, parfois ictère.

Diagnostic. — Difficile en raison de la rareté du rétrécissement pur, il est ordinairement associé au rétrécissement mitral.

INSUFFISANCE TRICUSPIDIENNE

Symptômes. — Essoufflement, dyspnée, œdème. Teinte bleuâtre et jaunâtre des téguments. Ascite, souvent subictère. A l'examen du cœur et des vaisseaux : matité précordiale par dilatation du cœur droit, souffle systolique, ordinairement doux, remontant en haut, le long du bord droit du sternum. Pouls veineux jugulaire : à chaque systole, la partie inférieure des jugulaires est dilatée par le reflux du sang. Battements du foie.

Diagnostic. — Avec : souffle mitral. Le pouls veineux vrai doit être distingué du faux pouls veineux, qui est présystolique.

Traitement. — Celui de l'asystolie.

RÉTRÉCISSEMENT PULMONAIRE

Symptômes. — Pas de cyanose, peu d'œdème et peu de dyspnée. Frémissement cataire systolique. Souffle systolique de la base à maximum dans le 2ᵉ espace intercostal gauche, se propageant vers la clavicule gauche, pouls régulier, le rétrécissement pulmonaire acquis se termine souvent par phtisie.

Diagnostic. — Avec : souffle systolique aortique, avec souffles anémiques: l'absence de cyanose fait éliminer le rétrécissement pulmonaire congénital.

INSUFFISANCE PULMONAIRE

Symptômes. — La pointe est refoulée à gauche, frémissement cataire dans le 2ᵉ espace gauche, souffle diastolique dans le 2ᵉ espace gauche, pouls petit, dyspnée, palpitations, toux, congestion pulmonaire.

Diagnostic. — Avec : insuffisance aortique, anévrysme de l'aorte, souffles extra-cardiaques, péricardite.

RÉTRÉCISSEMENT AORTIQUE

Symptômes. — Période de début assez longue, essoufflement après la marche, parfois accès de toux sèche et quinteuse, vertiges, lipothymies, syncopes, douleurs précordiales.

A l'examen du cœur : la pointe bat dans le 6ᵉ espace au lieu du 5ᵉ (par suite de l'hypertrophie du ventricule gauche); choc brusque, limité, parfois accompagné de frémissement cataire.

A l'auscultation : souffle systolique, dur, râpeux, à maximun situé dans le 2ᵉ espace intercostal droit, se propageant verticalement en haut. Pouls petit, dur, régulier. Pas de troubles généraux.

Diagnostic. — Avec : souffles anémiques de la base.

Traitement. —*Tant que la lésion est compensée*, c'est-à-dire qu'il n'y a pas de dilatation du cœur droit, pas d'asystolie. — Repos, éviter les exercices fatigants, les excès.

Contre l'oppression. Bromure de potassium, chloral, fer, quinquina.

INSUFFISANCE AORTIQUE

Symptômes. — Début lent et insidieux, parfois brusque, à la suite d'un effort violent, par une syncope. Céphalée, bourdonnements d'oreilles, tendance à la syncope, bouffées congestives du visage; troubles dyspeptiques, crises gastralgiques.

A l'examen du cœur et des vaisseaux : voussure précordiale; souffle doux, moelleux, aspiratif, au second temps et à la base, à maximum siégeant dans le 2e espace droit, se propageant tout le long du sternum, battements des artères, en particulier des carotides; pouls bondissant, dépressible (c'est-à-dire retombant aussitôt) et régulier (pouls de Corrigan); double souffle intermittent crural, pouls capillaire.

Marche. — L'insuffisance aortique peut être longtemps compatible avec une vie active. Elle peut se terminer par syncope, mort subite, œdème aigu du poumon, embolie.

Variété. — Insuffisance aortique par athérome, ou maladie de Hodgson.

Diagnostic. — Avec : souffles diastoliques extra-cardiaques, anévrysme de l'aorte.

Traitement. — Iodure de potassium, à petites doses, 0^{gr},50 à 2 grammes. Pendant les accès douloureux : ventouses scarifiées sur la région précordiale, injection de morphine, exalgine (0^{gr},25 p. 1 cachet), trinitrine, antipyrine.

Contre la dyspepsie :

Teinture de noix vomique. 2 gr.	Gouttes amères de Baumé.......... } āā 5 gr.
Vin de gentiane...... 200 —	Teinture de quassia. }
Sirop d'écorc. d'or. am. 100 —	M. X gouttes avant le repas.
1 cuillerée à bouche avant le repas.	

Contre la congestion pulmonaire. — Iodure de potassium, racine de polygala (10 gr. infusés dans un litre d'eau bouillante et sucrés avec du sirop de Tolu), jusquiame :

Extrait de jusquiame....................	0 gr. 05
— thébaïque........................	0 — 02

Pour 1 pilule, n° 20, 1 à 3 par jour.

Contre les accidents d'asystolie. — Voyez *Asystolie.*

ASYSTOLIE

Définition. — État d'affaiblissement et d'insuffisance du myocarde et des vaisseaux, par lequel peuvent se terminer la plupart des maladies du cœur.

Symptômes. — L'asystolie peut s'installer progressivement, ou bien être précédée d'accès répétés de plus en plus graves. Faciès spécial; visage violacé, teinte subictérique, paupières œdématiées. Œdème des membres inférieurs, ou anasarque généralisée. Ascite. Sensibilité et tuméfaction du foie. Le pouls est petit, intermittent, irrégulier. Les contractions cardiaques sont affaiblies et désordonnées; les bruits du cœur sont confus (murmure asystolique). Palpitations. Congestion pulmonaire bilatérale. Asthme cardiaque, accès de dyspnée, insomnie. Épanchement pleural. Urines rouges, foncées, chargées d'acide urique et d'urates, peu abondantes, albumineuses. Après un certain nombre d'accès, l'asystolie devient permanente et se termine soit brusquement par syncope, soit lentement par asphyxie, avec hydropisie généralisée, subictère, délire, oligurie.

Diagnostic. — Avec : œdème de la néphrite chronique, de la cirrhose, du cancer; asthme vrai.

Traitement. — 1° **Hyposystolie.** — Contre la dyspnée, prescrire la théobromine (1 gr. 50 par jour).

Contre l'asthénie cardiaque, prescrire un quart de milligramme de digitaline par semaine.

Eau-de-vie allemande (1 à 2 cuillerées à café). Régime lacto-végétarien.

2° **Asystolie aiguë.** — Préparer le malade à la digitale : régime lacté absolu; purgatif drastique ou lavement purgatif, saignée si besoin est, ventouses sèches. Puis prescrire la digitale.

Digitaline cristallisée 1/4 de milligramme. A prendre 2 par 2, pour 1 granule n° 4.

Solution de digitaline du Codex : 50 gouttes à prendre en 2 fois.

Autres médicaments succédanés de la digitale :

Strophantus. — Teinture de strophantus à 1 p. 10 : 10 gouttes 3 fois par jour.

Muguet.

Extrait de muguet	10	grammes.
Sirop d'écorces d'oranges	200	—
Sirop diacode	100	—

3 cuillères à soupe par jour.

Sulfate de spartéine. — Dose : 0gr,15 à 0gr,20.

Asystolie chronique. — Essayer successivement les divers toni-cardiaques.

Poudre de scille........................	āā 0 gr. 05
Poudre de digitale......................	
Poudre de scammonée....................	

3 ou 4 pilules par jour pendant 4 à 5 jours.

S'il y a cyanose et encombrement de la circulation veineuse. — Saignée de 3 à 500 grammes ou ventouses scarifiées de la région dorsale :

Eau de vie allemande...........	āā 15 à 20 grammes.
Sirop de nerprun..............	

ou

Calomel.................................	āā 0 gr. 50 en une dose.
Scammonée.............................	

MYOCARDITE AIGUE

Symptômes. — Début insidieux au cours ou au déclin d'une maladie infectieuse. Palpitations. Dyspnée. Fréquence du pouls (90 à 110), léger souffle systolique de la pointe, puis affaiblissement des contractions cardiaques. Douleurs rétrosternales. Pouls irrégulier, petit, faible. Œdème pulmonaire et dyspnée angoissante, refroidissement des extrémités, collapsus, ou mort par syncope.

Traitement. — Caféine en injections sous-cutanées de 1 à 2 grammes chez l'adulte, 25 à 50 centigrammes chez l'enfant. Ergotine (2 à 4 gr.). Camphre (50 centigr. à 1 gr.). Digitale 0gr,50 de macération de poudre de feuilles. Toniques et stimulants : rhum, cognac, quinquina. Régime lacté et repos absolu.

MYOCARDITE CHRONIQUE

Symptômes. — Augmentation de la matité cardiaque. Retentissement du deuxième bruit de la base. Arythmie et rapidité du pouls. Induration des artères. Absence ordinaire de souffle.

Traitement. — Digitale. Sulfate de spartéine. Caféine. Café. Iodure de sodium (1 gr. à 4 gr. par jour).

HYPERTROPHIE DU CŒUR

Elle s'observe pendant la grossesse, pendant la croissance.

Symptômes. — Augmentation de la matité cardiaque. Palpitations. Dyspnée d'effort.

Traitement. — Repos physique et moral. Pas d'excitants. Séjour à la campagne ou à la montagne.

PALPITATIONS

Symptômes. — Accès revenant à intervalles plus ou moins rapprochés, sous l'influence de la fatigue, ou d'émotions. Le malade sent battre son cœur dans sa poitrine ; sensation d'oppression, de plénitude thoracique, angoisse, violence des battements cardiaques, parfois arythmie.

Variétés. — Palpitations essentielles, chez les nerveux. Palpitations d'origine organique dans les affections du cœur du système nerveux, des poumons.

Diagnostic. — Avec névralgie intercostale.

Traitement. — Abstention de mets épicés et excitants, de thé, alcool, café, tabac. Calmants et antispasmodiques : Chloral, valériane, hypnal, bromure de potassium. Hydrothérapie.

Poudre de valériane....	0 gr. 50
Poudre d'assa fœtida....	0 gr. 25

3 cachets par jour.

Teinture éthérée de valériane..................	4 gr.
Sirop d'éther...........	30 —
Eau de tilleul..........	120 —

A prendre par cuillère à soupe.

ARTÉRITE AIGUE

Symptômes. — Apparition au niveau d'un membre d'une douleur vive sur le trajet de l'artère, qui devient dure à la palpation. Disparition des battements artériels au-dessous du point obstrué, cyanose du membre, gangrène si la circulation ne se rétablit pas.

Variétés. — L'artérite de la fièvre typhoïde est la plus fréquente.

Traitement. — Iodure de potassium. Fer, quinquina. Placer le membre dans une gouttière. Pansements humides, chauds, antiseptiques faibles.

CYANOSE

Synonymie. — Maladie bleue. Rétrécissement congénital de l'artère pulmonaire.

Symptômes. — Ils peuvent se manifester peu après la naissance, ou seulement d'une façon tardive : Teinte bleuâtre des téguments, s'accusant par les efforts, les cris, la toux. Sensation de froid. Dyspnée. Hémorragie. Infantilisme. Souffle systolique à gauche du sternum dans le 3ᵉ espace. Terminaison fréquente par tuberculose pulmonaire.

Traitement. — Hygiène sévère ; repos ; séjour à la campagne. Frictions, lotions tièdes, massage. Préparations bromurées et valériane.

COMMUNICATION INTERVENTRICULAIRE DU CŒUR

Synonymie. — Maladie de Roger.

Symptômes. — Souffle systolique intense, siégeant dans le 3ᵉ espace gauche. Légère dyspnée. Peu de cyanose, terminaison fréquente par phtisie.

POULS LENT PERMANENT

Synonymie. — Maladie de Stokes-Adams.

Symptômes. — Caractérisée par la lenteur permanente du pouls, associée à d'autres symptômes d'origine bulbaire.

Le début est toujours méconnu et la lenteur du pouls est constatée par hasard, ou bien à l'occasion d'un accident brusque : Vertige, syncope ou attaque apoplectiforme. Le pouls bat au-dessous de 60 pulsations par minute ; leur nombre peut descendre à 40, 32, 24. On a noté des cas où il y avait 20, 18 et même 5 pulsations.

L'auscultation du cœur décèle une longueur exagérée des silences, les bruits sont normaux ; parfois, entre chaque systole accompagnée de pulsation radiale, on perçoit le bruit sourd d'une systole avortée (rythme couplé du cœur). L'orifice aortique est celui qui est le plus souvent le siège de souffles.

Des accidents nerveux surviennent presque toujours : vertiges, syncopes, parfois mortelles, attaques apoplectiformes répétées, non suivies de paralysie, attaques épileptiformes. Ces accidents peuvent se montrer isolés ou, au contraire, se succéder chez le même malade.

On peut encore observer : la dyspnée commune, ou à type de Cheyne-Stokes; les vomissements qui précèdent ordinairement la syncope et l'attaque comitiale ; la dilatation pupillaire.

Marche. — Après une durée de 3 ou 4 ans, la mort survient brusquement, dans une syncope, ou lentement, dans une crise asystolique.

La guérison ne s'observerait que dans le pouls lent consécutif à un traumatisme ou à une anémie grave.

Diagnostic. — Doit être distingué : de la brachycardie de certains sujets absolument sains; dans la dégénérescence graisseuse du cœur; dans l'athérome des coronaires; dans l'anémie, la chlorose. Mais le ralentissement est ici passager et non permanent.

Diagnostic avec la syncope et les attaques comitiales.

Traitement. — Eviter les efforts, les excès, les fatigues. A l'intérieur : 2 ou 3 gouttes de la solution de trinitrine au 100e ou spartéine.

Chez un syphilitique. — Instituer le traitement spécifique.

Chez un athéromateux. — Donner KI et NaI. Régime lacté.

Si le cœur faiblit. — Ne jamais prescrire de digitale. Si l'arythmie est marquée, sulfate de spartéine — Si l'asthme prédomine, caféine, huile camphrée.

Prévenir les crises paroxystiques : régime lacté; iodure de sodium. En cas de crises, nitrite d'amyle en inhalations : II à V gouttes par jour; morphine, si le rein fonctionne bien.

TACHYCARDIES

Accélération notable des contractions du cœur, survenant comme *symptôme* dans un certain nombre d'affections, ou bien constituant une maladie spéciale, la *tachycardie essentielle.*

Tachycardies symptomatiques. — ***Symptômes.*** — Le nombre des battements cardiaques atteint 120, 160, et même 200 par minute. Le rythme cardiaque peut rester régulier; parfois les deux silences deviennent égaux, et le premier et le second bruit perdent leurs caractères distinctifs : c'est le *rythme fœtal.* Les malades se plaignent d'une gêne précordiale vive, d'oppression, de palpitations, d'angoisse respiratoire ; il y a quelquefois de la dyspnée intense, des accès de suffocation, des troubles de la voix (compression nerveuse), des vomissements, de l'albuminurie, de la céphalée, de l'insomnie.

La tachycardie peut être permanente ou passagère : Elle s'observe dans : Compressions du pneumogastrique (adénopathie trachéo-bronchique, tuberculose, rougeole, coqueluche...). Paralysies bulbaires. Myélite aiguë. Tabes. Maladie de Basedow. Épilepsie. Hystérie. Dyspepsie. Helminthiase intestinale. Dans les myocardites, insuffisance mitrale et aortique. Péricardite. Angine de poitrine, à la fin de la crise. Dans la fièvre typhoïde, la diphtérie, la grippe, etc. ; le cancer, la convalescence des maladies aiguës. L'alcool, le tabac, le café et le thé accélèrent le cœur ; de même la digitale et l'atropine à doses fortes et prolongées.

Diagnostic. — A différencier des tachycardies *physiologiques* de l'effort, de la digestion, de l'accouchement, de la ménopause ; de celle de l'enfant, dont le pouls bat normalement pendant la première année 120 à 130 fois par minute.

Tachycardie paroxystique essentielle. — ***Symptômes.*** — L'accès débute brusquement, sans prodromes bien nets : le pouls bat 190 à 200 fois par minute : les bruits du cœur deviennent semblables comme intensité et comme timbre ; les silences sont égaux (rythme fœtal), la contraction cardiaque est violente et le choc précordial est remplacé par une vibration de la paroi thoracique ; on peut entendre un souffle systolique à la pointe, un dédoublement du deuxième bruit. Le pouls est faible, dépressible, souvent incomptable.

La quantité d'urine est diminuée : elle peut contenir, pendant la crise, de l'albumine ou du sucre.

Pendant l'accès, le malade est très pâle et bientôt cyanosé ; il se plaint d'une douleur vague à la région précordiale. L'accès peut se terminer rapidement par l'*asystolie* (affaiblissement du pouls, œdème pulmonaire, œdème des membres inférieurs, tuméfaction du foie). La température peut s'élever à 39, 40°. Quand l'accès se termine favorablement, le pouls tombe brusquement au chiffre normal, le corps se couvre de sueurs; les symptômes asystoliques disparaissent plus lentement.

Marche. — La tachycardie essentielle évolue par accès, les uns courts (quelques minutes à 4 ou 5 jours), les autres prolongés (plusieurs semaines). Entre les accès, il n'existe aucun trouble cardiaque. Ils peuvent se terminer par asystolie, ou par syncope.

Diagnostic. — Avec : tachycardies liées à une lésion cardiaque ou nerveuse ; palpitations simples ; maladie de Basedow fruste.

Traitement. — *Pendant l'accès* : le malade restera au repos, couché sur le côté droit, la tête basse. Pulvérisations de chlorure de méthyle sur la région précordiale ; vésicatoire ou pointes de feu sur la nuque, électrisation des pneumogastriques.

Morphine en injections sous-cutanées. Injection de 2 ou 3 centimètres cubes de la solution suivante :

Caféine..................................	2gr,50
Benzoate de soude....................	3 gr.
Ergotine Yvon Q. S. 10 centimètres cubes	(Huchard)

Sérum artificiel qui relève la tension sanguine.

Proscrire la digitale, le chloroforme, le nitrite d'amyle.

Dans l'intervalle des accès : le malade devra éviter toute fatigue, physique ou morale ; s'abstenir de café, thé, tabac, alcool. Prescrire l'arsenic, le sulfate de quinine, l'ergot de seigle :

Sulfate de quinine..............................	ãã 4 gr.
Extrait aqueux d'ergot de seigle.............	ãã 4 gr.
Extrait de noix vomique........................	0 — 10

Pour 40 pilules : 4 à 6 pilules par jour, pendant deux à trois semaines.

Bromure de potassium ; valériane.

SYNCOPE

Perte plus ou moins complète du mouvement volontaire, de la sensibilité et de l'intelligence, avec suspension, ou affaiblissement considérable des contractions cardiaques et des mouvements respiratoires.

Symptômes. — La syncope est précédée de quelques prodromes : sensation de vertige, nausées ou vomissements, obnubilation de la vue. Le malade pâlit, et il s'affaisse ; la peau se couvre d'une sueur froide. Les mouvements respiratoires sont abolis ; les battements du cœur et le pouls deviennent imperceptibles : il semble qu'ils soient suspendus complètement. Cet état dure quelques secondes ou quelques minutes, puis le malade reprend connaissance. Le pouls reparaît, ainsi que les mouvements respiratoires.

Si, au contraire, l'état syncopal se prolonge, il a une terminaison mortelle.

Diagnostic. — Avec le coma (apoplectique, urémique, toxique), dans lequel la respiration subsiste, ainsi que les battements du cœur, avec l'asphyxie, où la teinte des téguments est bleuâtre, sauf dans l'asphyxie des nouveau-nés (asphyxie blanche). Le silence du cœur n'est pas suffisant pour conclure à la mort.

Étiologie. — La syncope s'observe dans les affections du cœur : traumatismes, péricardites, myocardites, insuffisance aortique, tachycardie essentielle. Pouls lent permanent ; angine de poitrine. Dans : les embolies pulmonaires ; les pleurésies, à grand épanchement, les hémorragies abondantes, les anémies, les lésions cérébrales et bulbaires, l'hystérie, les émotions vives chez les sujets nerveux, les traumastismes de la région épigastrique, dans certaines maladies infectieuses (fièvre typhoïde, variole, fièvre pernicieuse) dans quelques intoxications (chloroforme, empoisonnements alimentaires), dans les kystes hydatiques rompus.

Traitement. — Placer immédiatement le malade dans la position horizontale, la tête plus basse que le tronc, afin de combattre l'anémie encéphalique. Débarrasser le cou et la poitrine de tout ce qui peut gêner les mouvements respiratoires. Exposer le malade à l'air frais ; flageller la face et la poitrine avec une serviette trempée dans l'eau froide ; frictionner la peau avec du vinaigre, de l'alcool. Pratiquer la respiration artificielle et les tractions rythmées de la langue.

En cas d'hémorragie grave : faire la compression de l'aorte, la ligature des quatre membres (bandes d'Esmarch); pratiquer la transfusion ou l'injection de sérum.

Après le retour à l'état normal, laisser le malade étendu, immobile; boissons alcooliques et aromatiques :

Acétate d'ammoniaque.	5 gr.
Rhum................	40 —
Sirop d'éc. d'or. amères	40 —
Hydrolat de mélisse...	100 —

M. par cuillerées à bouche.

Acétate d'ammoniaque.	5 gr.
Potion acidulée.......	150 —

F. s. a. Par cuillerées à bouche.

PHLÉBITES

Définition. — Inflammation des veines, résultant soit de leur infection *primitive*, consécutive à une plaie septique, soit de leur infection *secondaire*, consécutive à une infection générale.

Symptômes. — Phlébite *des membres* ou phlegmatia alba dolens. A la suite d'une plaie, au cours d'une maladie infectieuse, ou bien après un accouchement, apparaissent, généralement à l'un des membres inférieurs, de la douleur et de l'œdème. La douleur immobilise le membre; elle est modérée ou bien intense, gravative, quelquefois avec crises paroxystiques; elle a un point maximum au pli de l'aine, au canal de Hunter, ou bien au creux poplité; elle s'affaiblit progressivement. Elle s'accompagne de sensation de fourmillements, d'engourdissements, de crampes. Le gonflement commence tantôt à l'aine, tantôt au pied; il ne conserve pas l'empreinte du doigt; la peau est blanche, anémiée, quelquefois violacée. Le membre inférieur se place momentanément dans l'extension avec légère abduction et rotation en dehors, la jambe légèrement fléchie sur la cuisse.

L'examen du membre montre souvent de l'hydarthrose du genou; la recherche des veines doit être évitée. Il peut exister quelques troubles nerveux; anesthésie cutanée, hyperesthésie, purpura, ecchymose, gangrène, pied-bot phlébitique.

L'état général reste bon; la température s'élève très peu au-dessus de la normale.

Durée. — Six semaines à deux mois environ.

Terminaison. — Résolution progressive; persistance des douleurs et des crampes à l'occasion de la marche; névralgies, au moment des règles, induration de la peau; ulcères de jambe.

Complications. — Embolie pulmonaire : peut être le premier accident d'une phlébite latente; se révèle par : point de de côté violent, dyspnée, fièvre, crachats sanguinolents, ou bien par syncope brusque et asphyxie.

Variétés cliniques. — *Phlébite suppurée*, grands frissons, sueurs profuses, fièvre à grandes oscillations.

Phlébite typhique (pronostic ordinairement bénin); *phlébites grippales* (apparaissant à la convalescence); *phlébite pneumonique*; *phlébite érysipélateuse*; *phlébite blennorragique* (ordinairement accompagnée de manifestations articulaires); *phlébite rhumatismale*; *phlébites cachectiques*, (tuberculose, cancer); *phlébite des chlorotiques*, *des goutteux*.

Diagnostic. — Avec névralgies, douleurs articulaires, œdèmes cardiaque ou brightique.

Traitement. — 1° Assurer l'immobilité du membre en le plaçant dans une gouttière ouatée qui remonte jusqu'à la racine de la cuisse; le malade ne devra pas faire le mouvement de flexion du tronc sur la cuisse. Au quarantième jour, au plus tôt, retirer la gouttière.

2° Diminuer la douleur par des application locales : liniments calmants, onguents, mixtures,

3° Faciliter ensuite le rétablissement de la circulation veineuse par de la compression légère et plus tard le massage, et le port d'un bas à varices;

4° *Contre les accidents trophiques* : massage, électrisation.

PHLÉBITE DES SINUS DE LA DURE-MÈRE

Consécutive le plus souvent à une suppuration de l'oreille, moyenne, la phlébite atteint le plus souvent le sinus latéral, puis le sinus caverneux.

Symptômes. — Au début, signes d'une mastoïdite aiguë : douleur locale profonde, céphalée, signes de réaction méningée, raideur de la nuque; puis signes d'infection veineuse; oscillations thermiques, frissons, diarrhée, subictère, état général mauvais.

Dans la thrombose du sinus latéral : douleur exquise rétroapophysaire; phlébite de la veine jugulaire interne se traduisant par de l'empâtement cervical, un cordon dur, douloureux sous le bord antérieur du sterno-mastoïdien; troubles dans le domaine du glosso-pharyngien (paralysie du voile du palais, troubles de la déglutition) du pneumogastrique (dyspnée, dysphonie, ralentissement du pouls), du spinal, (contracture du sterno-mastoïdien, du trapèze).

Dans la thrombose des *sinus caverneux* (qui succède à une

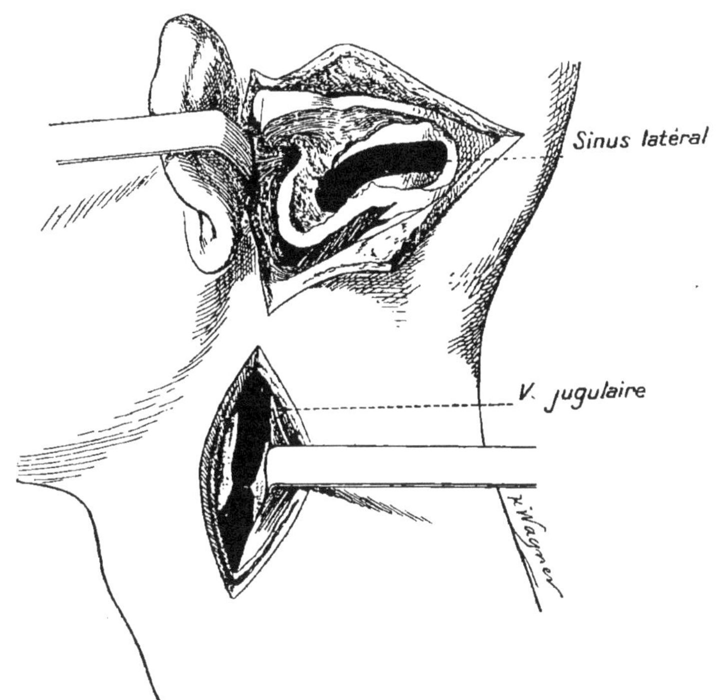

Fig. 96. — Ligature de la jugulaire et mise à nu du sinus latéral.

lésion de la face ou de la bouche), il y a de la névralgie sus-orbitaire, céphalée, œdème de la face et des paupières, et, si la veine ophtalmique est envahie, exophtalmie et paralysies oculo-motrices.

Diagnostic. — Avec mastoïdite aiguë, méningite suppurée, abcès encéphalique.

Traitement. — Intervention chirurgicale à bref délai.

Si la phlébite du sinus latéral est certaine, on fera l'opération suivante : ligature au cou de la jugulaire, trépanation de la mastoïde et mise à nu du sinus; ouverture et désinfection du sinus.

Si le diagnostic est hésitant, suivre la technique suivante : trépanation de la mastoïde; dénudation du sinus; le ponctionner avec une aiguille fine et aspirer : si le sang pénètre dans la seringue, pas de thrombose; sinon, le sinus est thrombosé; il faut alors lier la jugulaire interne du cou; puis inciser le sinus sur une étendue de 2 à 3 centimètres, enlever le caillot, curetter doucement la cavité du sinus. Ouvrir la jugulaire au-dessus de la ligature, cathétériser, laver le vaisseau. Tamponnement de la mastoïde, drainage de la plaie cervicale.

La thrombose du sinus caverneux est au-dessus des ressources de la chirurgie.

GOITRE EXOPHTALMIQUE

Synonymie. — Maladie de Graves ou de Basedow.

Symptômes. — Début progressif, exceptionnellement brusque. Trois signes cardinaux : tachycardie, goitre, exophtalmie.

Symptômes cardiaques. — La malade se plaint de palpitations, survenant parfois par accès et accompagnées de dyspnée, de cyanose. Le pouls bat à 120, 150, 200 d'une façon permanente ; les artères du cou sont violemment soulevées à chaque systole. L'auscultation du cœur peut être négative, ou bien : souffles extra-cardiaques, et, à la longue, souffles organiques liés à la dilatation du cœur. Le corps thyroïde est hypertrophié, mais sans atteindre un volume considérable ; par la palpation on peut percevoir un frémissement systolique. Rarement, on observe de la dyspnée, des accès de suffocation, de la dysphagie par compression des récurrents ou de l'œsophage.

Symptômes oculaires. — Les globes oculaires sont saillants, ce qui donne à la physionomie un aspect étrange ; l'exophtalmie est toujours double et ordinairement symétrique. Les paupières ne peuvent recouvrir le globe oculaire, d'où : larmoiement, écoulement des larmes, kératite. En outre, il existe de l'affaiblissement de l'acuité visuelle, de la diplopie, quelquefois des paralysies motrices, de la photophobie.

Symptômes nerveux inconstants. — *Psychiques :* modification progressive du caractère, irritabilité, émotivité, hallucinations, accès de manie temporaire, tristesse, lypémanie.

Moteurs : **tremblement**, marqué surtout aux mains ; convulsions, parésies.

Sensitifs : névralgies surtout des nerfs supérieurs ; gastralgie.

Trophiques : crises sudorales (expliquant la diminution de la résistance électrique, Vigouroux) ; polyurie, albuminurie, glycosurie : sensation anormale de chaleur, bouffées congestives.

Symptômes viscéraux.—Dyspepsie, diarrhée à forme lientérique ; dyspnée, congestion pulmonaire. Aménorrhée ; la grossesse paraît atténuer les symptômes nerveux, l'accouchement et la lactation les font réapparaître et les aggravent. Éruptions cutanées polymorphes.

Formes cliniques. — *Formes frustes,* dans lesquelles existe seulement la tachycardie, avec atténuation des autres signes.

Formes associées : à l'hystérie, à la syringomyélie, au tabes.

Marche. — Aiguë, dans quelques cas. A la période d'état, il y a des phases de calme et des phases d'excitation, à la suite d'un effort, d'une émotion.

La guérison est possible, elle peut être complète ou incomplète (persistance du goitre, ou d'une légère exophtalmie).

La mort peut survenir par cachexie, par accès de dyspnée et asphyxie, par asystolie rapide ou lente, par une complication (gangrène artérielle, tuberculose).

Durée. — En moyenne 1 à 3 ans ; mais cela peut durer beaucoup plus longtemps.

Diagnostic. — Facile, quand sont réunis les trois signes cardinaux. Sinon, diagnostic avec : Anémie, neurasthénie, cœur brightique ; hystérie et chlorose ; iodisme chronique ; dans les formes à début brusque, avec les maladies fébriles ; avec goitre simple, exophtalmie symptomatique d'une tumeur, d'un abcès de l'orbite.

Traitement. — Régime alimentaire modérément carné. Comme boissons : eau à faible minéralisation : Evian, Alet, Suppression du café, thé, alcool (Papillon).

Contre la tachycardie. Teinture de strophantus à 1 pour 20, 5 grammes : 7 ou 8 gouttes, 3 fois par jour. Ne pas prolonger plus de huit jours et alterner avec le traitement bromuré ou valérianique.

Bromure de camphre..................	} ââ 0gr,10
Valérianate de quinine................	

Pour 1 cachet, 2 à 3 par jour.

Valérianate de quinine..................	0gr,10
Bicarbonate de soude....................	0gr,20
Bromure de sodium......................	0gr,30

Pour 1 cachet, 2 par jour.

N'employer la digitale qu'en cas d'asystolie.

Dans les périodes d'anémie :

Arséniate de fer..........................	0gr,001
Poudre de feuilles de belladone.......	0gr,01
Poudre de valériane......................	0gr,10
Extrait de gentiane......................	Q. S.

Pour 1 pilule, 2 à 5 par jour.

Sesquibromure de fer....................	0gr,05
Poudre de réglisse.........................	} Q. S.
Extrait de gentiane........................	

Pour 1 pilule, 2 à 6 par jour.

Contre les bouffées de chaleur, ou éréthisme vasculaire : 1 (ou 2) à 3, au maximum, des pilules suivantes :

Poudre d'ipéca..................	0gr,02 à 0gr,04
Poudre de feuilles de digitale....	0gr,01 à 0gr,02
Extrait d'opium..................	0gr,005

(Dieulafoy).

En cas de prédominance d'accidents convulsifs : 1 à 6 des pilules suivantes en 24 heures :

Bromure de camphre.....................	0gr,15
Extrait de belladone.....................	0gr.01
Extrait de laitue.........................	Q. S.

Traitement chirurgical. — Thyroïdectomie partielle, résection du sympathique cervical.

ANGINE DE POITRINE

Synonymie. — Angor pectoris, maladie de Rougnon-Heberden.

Symptômes. — L'affection consiste en accès, dans l'intervalle desquels la santé peut être excellente.

Accès. — *L'accès* d'angine de poitrine est subit et survient à l'occasion d'une cause ordinairement toujours la même pour chaque malade : effort, marche contre le vent, ascension d'un escalier, influence du froid ; parfois sans cause, pendant le sommeil; parfois à la suite d'émotion vive, de surmenage cérébral. Le malade ressent brusquement une douleur très forte au niveau du sternum, une oppression précordiale intense ; il pâlit et reste immobile; les extrémités se refoidissent; il existe souvent une irradiation douloureuse dans l'épaule et le bras gauches. Après quelques minutes, un quart d'heure au plus, l'accès cesse subitement, laissant le malade dans une angoisse profonde. Les irradiations peuvent se faire sur les différents nerfs périphériques, ou sur les viscères (gastralgie, aphonie, boule hystérique). Pendant l'accès, le pouls reste normal; la respiration est un peu accélérée; après l'accès, il se produit souvent une miction abondante, des éructations gazeuses, des hémoptysies, de l'engourdissement du bras gauche.

Retour des accès. — Le *retour des accès* se fait à intervalles assez éloignés, des mois, des années. Le premier accès peut être mortel. La mort peut survenir par syncope, ou par asystolie.

Diagnostic. — Avec : asthme, insuffisance aortique (parfois accompagnée d'angine de poitrine) ; névralgie intercostale, péricardites, pleurésie diaphragmatique, cancer de l'œsophage et surtout avec la pseudo-angine de poitrine.

Angine de poitrine symptomatique, ou **angina minor.** — Elle se distingue de l'angine vraie ou angina major par les caractères suivants : 1° l'existence d'un *aura* avant l'accès (toux nerveuse, hypéresthésie, crise gastrique, irradiations nerveuses); 2° la fréquence des accès, qui est beaucoup plus grande que dans l'angine vraie; 3° la durée des accès, qui est plus longue, une demi-heure à 3 heures, et la coexistence d'autres phénomènes nerveux; 4° leur bénignité, la guérison étant la règle ; 5° la fin de l'accès est suivie de crises de larmes, éructations, perte de connaissance, polyurie, incontinence d'urine, accidents hystériques ; 6° la moindre intensité des symptômes; 7° leur étiologie (sexe féminin, hystérie, affections gastriques agissant comme cause réflexe, intoxication tabagique).

Traitement. — 1° *Pendant un accès.* — Ventouses scarifiées, sinapismes. Sur la région précordiale; injection hypodermique de 1 à 2 centigrammes de morphine, inhalations de nitrite d'amyle pur (trois à six gouttes sur un mouchoir) ; trinitrine par la bouche :

Solution alcoolique de trinitrine à 1/100	XXX gouttes.
Eau distillée........................	300 grammes.

Trois cuillerées à dessert par jour.

ou en injection sous-cutanée :

Eau distillée........................	10 grammes.
Solution alcoolique de trinitrine à 1/100	XL gouttes.

Un quart de seringue de Pravaz, trois à quatre fois par jour.

ou bien :

Tribromure d'allyle..............	IV gouttes.
(ou..........	0 gr. 10)
Ether............................	1 cent. cube.

Pour une seringue.

2° *En dehors des accès.* — Iodure de potassium.

Régime : Eviter les fatigues physiques, le surmenage moral, les excès de boisson ou d'alimentation ; abstention de tabac.

Dans les fausses angines. — L'hydrothéraphie est indiquée et le traitement s'adressera en outre à la cause (hystérie, neurasthénie, dyspepsie).

ANÉVRYSME DE L'AORTE

Symptômes. — Début insidieux et progressif. Douleur continue ou paroxystique rétrosternale avec irradiations intercostales. Crises de dyspnée, accès de suffocation. Aphonie, dysphonie. Paralysies laryngées. Toux coqueluchoïde. Inégalité pupillaire. Cornage. Hémoptysies. Dysphagie. Hématémèses. Aspect bleuâtre, cyanotique de la face et du cou (compression des veines), tous ces signes fonctionnels peuvent se montrer isolés ou s'associer entre eux. Examen physique : tuméfaction fluctuante, arrondie, à droite du sternum, plus ou moins saillante; battements rythmés avec les contractions cardiaques, frémissement vibratoire. Matité ; à l'auscultation, claquements, le premier systolique, le second diastolique. Souffles systolique et diastolique inconstants. Retard du pouls. Inégalité des deux pouls (variable suivant le siège de l'anévrysme avant ou après le tronc brachio-céphalique). Suppression du pouls. Après une durée plus ou moins longue, l'anévrysme se termine par rupture du sac dans le péricarde; dans la plèvre, le poumon, la trachée, dans les veines (anévrysme artério-veineux de l'aorte) ou par tuberculose pulmonaire.

Diagnostic. — Avec insuffisance aortique, tumeur du médiastin, adénopathie médiastine, tuberculose pulmonaire, cancer de l'œsophage, anévrysmes des branches de l'aorte.

Traitement. — *Si la syphilis est en cause* : injections mercurielles d'huile bi-iodurée hydrargyrique. Iodure de potassium à haute dose. — Sinon : iodure de potassium à dose moyenne. Aconit. Ergot de seigle. Digitale, seulement s'il y a asystolie. Repos absolu. Régime lacté. Injections sous-cutanées de sérum gélatiné à 1 ou 1,5 p. 100. — Autres procédés de traitement local : acupuncture, galvanopuncture. Electrothérapie, ligature de la carotide ou de la sous-clavière.

Contre la dyspnée. — Révulsifs, saignées, opiacés.

Contre les douleurs. — Antipyrine, phénacétine, morphine, bromures, glace localement.

Contre la suffocation. — Trachéotomie.

XXVII
MALADIES DU THORAX

I. — AFFECTIONS TRAUMATIQUES

CONTUSIONS DU THORAX

Symptômes. — Il existe de la douleur, de la gène respiratoire; les troubles sont plus graves, lipothymie, tendances syncopales, dyspnée intense, lorsque existent des déchirures de la plèvre ou du poumon; les lésions du cœur et du péricarde sont rapidement ou immédiatement mortelles.

Traitement. — Imposer au malade une immobilité absolue; parer au collapsus par les injections sous-cutanées d'éther, de caféine, de sérum artificiel. On est désarmé contre les lésions viscérales graves.

FRACTURES DE COTES

Symptômes. — **S. Fonctionnels.** — Douleur provoquée par la respiration, la toux, l'effort, l'éternuement; cette douleur se localise au niveau de la fracture ; dyspnée.

S. Physiques. — La déformation est rare dans les fractures simples ; elle peut exister dans les fractures multiples. — Ecchymose parfois. — Douleur provoquée par pression au point de fracture; par pression à distance sur les deux fragments de l'os. — La mobilité anormale est rare. Crépitation inconstante ; pour la percevoir, palper à plat au niveau de la fracture ou bien ausculter, en commandant au sujet de tousser.

Complications. — Emphysème sous-cutané avec ou sans pneumothorax ; hémopneumothorax ; hémothorax.

Traitement. — Appliquer au niveau de la fracture une large bande de diachylon modérément serrée, faisant une fois et demi le tour de la poitrine ; en général, les douleurs sont calmées.

Si elles persistent, si les fragments embrochent le poumon, pratiquer la résection des extrémités fracturées.

Fig. 97. — Fracture du sternum, vue de profil.

FRACTURES DU STERNUM

Symptômes. — Douleur vive provoquée par la respiration, la toux ; dyspnée variable. — Une déformation peut exister, surtout quand la poignée du sternum est luxée en arrière du corps. — Crépitation inconstante ; enfoncement variable des fragments (fig. 97).

Traitement. — *S'il n'y a pas de déplacement*, si les symptômes sont légers, appliquer le bandage de diachylon.

Si les fragments étaient une cause de douleurs, de troubles de compression, il faudrait inciser les téguments, réduire les fragments, soit en les mettant en place, soit en les supprimant.

FRACTURES DE LA CLAVICULE

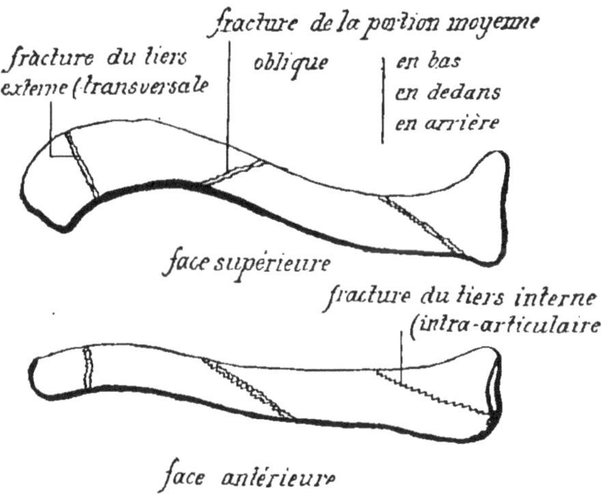

Fig. 98. — Traits de fracture dans les différentes variétés.

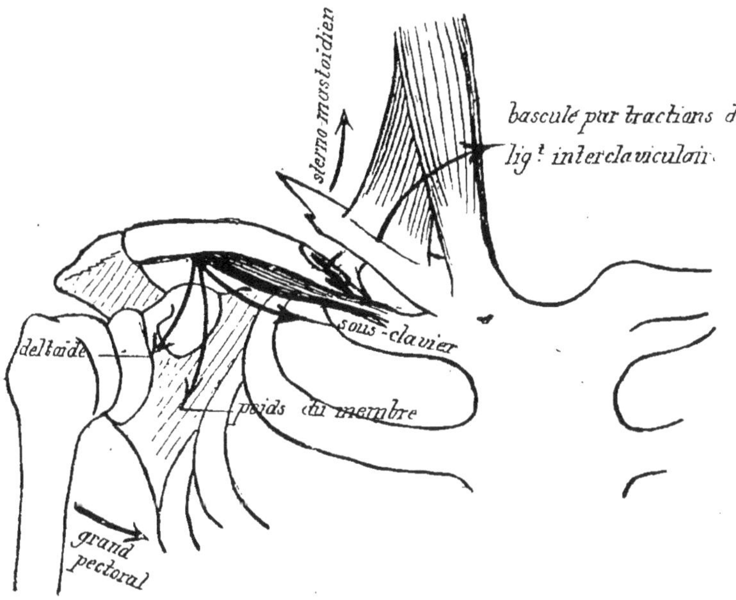

Fig. 99. — Facteurs du déplacement dans les fractures du tiers moyen de la clavicule.

Symptômes. — **Fractures du tiers moyen.** — *Fractures ordinaires avec déplacement.* — Le malade se présente maintenant avec la main du côté sain, le coude fléchi du côté malade ; le moignon de l'épaule est abaissé. — La douleur empêche l'élévation du bras ; la distance acromio-sternale est diminuée ; le bras est collé au tronc en rotation interne. — On sent le fragment interne saillant sous la peau et séparé du fragment externe qui est abaissé, par une encoche (fig. 98 et 99). — On provoque facilement la crépitation et la mobilité anormale.

Fig. 100. — Bandage de Mayor.

Fractures sans déplacement. — La déformation locale n'existe pas ; signes fonctionnels identiques. — Le signe capital consiste dans une douleur vive, bien localisée, provoquée par les mouvements actifs ou passifs du bras, par la pression directe, par la pression sur l'une des extrémités.

Fractures du tiers externe. — En cas de déplacement, on voit les mêmes signes que dans la fracture du tiers moyen. En l'absence de déplacement, une douleur bien limitée, la crépitation provoquée par les mouvements du coude, tels sont les signes essentiels.

Fractures du tiers interne. — Signes quelquefois nuls ; en général existent le gonflement, une ecchymose, la douleur localisée, la crépitation.

Complications. — **Immédiates.** — Fracture des deux clavicules ; lésions du plexus brachial ; blessure des vaisseaux du cou (très rare) ; blessure de la plèvre et du poumon.

Tardives. — Pseudarthrose ; cals vicieux surtout s'accompagnant de troubles dus à la compression des vaisseaux ou des nerfs.

Traitement. — *Fractures sans déplacement.* — Immobiliser le bras par une écharpe de Mayor (fig. 100); par une série de tours de bande qui fixent le bras contre le tronc.

Fractures avec déplacement, mais faciles à maintenir réduites. — Pratiquer la réduction d'abord; puis immobiliser. Les indications de la réduction sont d'abaisser le fragment interne, et de relever le fragment externe, ce qui se fait en portant le moignon de l'épaule en haut, en arrière et en dehors, par un coussinet qu'on introduit dans l'aisselle et par l'adduction forte du bras, le coude étant collé au tronc. — On immobilise alors soit avec l'écharpe de Mayor, soit avec une série de tours de bande, soit avec l'appareil de Le Dentu, qui est formé d'une bande plâtrée de 6 m. 50 de long sur 10 centimètres de large, faite de huit épaisseurs de tarlatane et appliquée par-dessus une bande d'ouate (fig. 101). La bande plâtrée suit deux fois le trajet indiqué. On peut serrer un peu, car à la longue l'ouate se tasse.

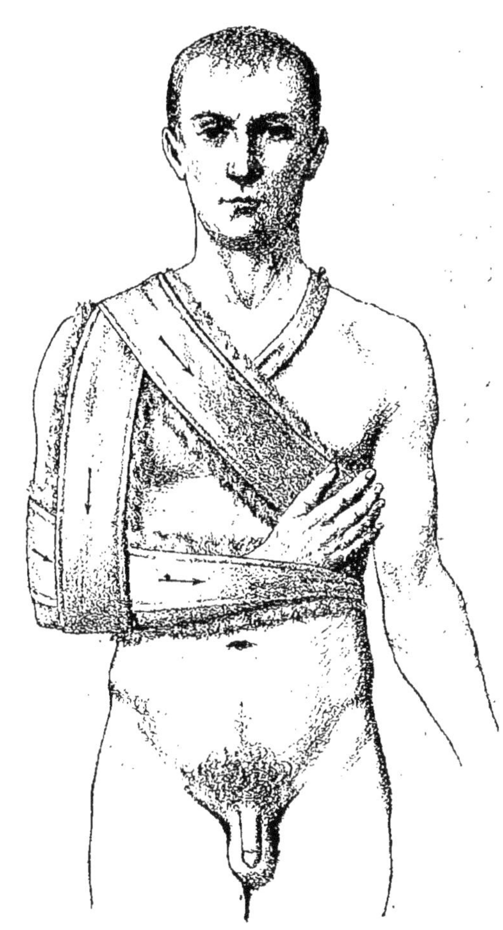

Fig. 101. — Appareil de Le Dentu pour les fractures de la clavicule.

Au bout de trois à quatre semaines, supprimer l'appareil et si la consolidation paraît suffisante, massage immédiat.

Chez l'enfant. — Si l'on veut avoir un bon résultat, il est nécessaire d'appliquer un appareil plâtré : nous indiquons ici la technique d'Ombredanne.

L'enfant est assis sur un escabeau ; un aide se place derrière lui, fait fléchir l'avant-bras sur le bras et empoigne le coude, l'épaule malade est portée doucement en haut, en arrière, en dehors. Dans ce mouvement, la main doit être amenée au contact du gril costal, dans la ligne du creux axillaire, à la hauteur du sillon sous-mammaire. Le chirurgien surveille la réduction de la fracture. Lorsqu'elle est obtenue, on applique un appareil plâtré.

Une première bande plâtrée est passée alternativement autour des épaules et des aisselles, en 8 de chiffre ; une seconde entoure le thorax de circulaires jusqu'au bas des côtes et complète la moitié supérieure du corset.

Sur ce corset, il s'agit de fixer le bras et l'avant-bras en position de réduction : on fait quelques tours de bande au poignet, puis un circulaire autour du tronc ; le dos de la main et le pouce sont enfouis sous des circulaires ; puis les bandes passent en pont du thorax au bras et à l'avant-bras, la pointe du coude restant à découvert. L'appareil est émondé : on dégage le cou et la clavicule se trouve à découvert. On peut enlever l'appareil au bout de 15 jours.

Fractures difficiles à maintenir réduites. — La pseudarthose est à craindre, ou bien le cal vicieux et les troubles de compression consécutifs ; il est indiqué d'ouvrir le foyer de fracture et de suturer par un fil métallique les extrémités des fragments. — Le même traitement est indiqué contre la pseudarthrose.

Les cals vicieux, lorsqu'ils donnent lieu à des troubles de compression, doivent être réséqués.

FRACTURES DE L'OMOPLATE

1° **Fractures du corps.** — *Symptômes.* — Gonflement ; ecchymose ; douleur provoquée par les mouvements du bras et par la pression sur l'os ; déplacement variable selon le siège de la fracture; mobilité anormale et crépitation parfois difficiles à constater.

Traitement. — *S'il n'y a pas de déplacement*, pratiquer d'emblée le massage; de même, *si le déplacement est modéré*;

S'il est considérable, immobiliser le bras pendant quelque temps par une écharpe de Mayor ou par un bandage de diachylon.

2° **Fractures du col chirurgical** (fig. 102). — *Symptômes.* — Ils ressemblent beaucoup à ceux de la luxation sous-coracoïdienne; seulement la déformation est corrigée facilement et se reproduit aussitôt; on sent la crépitation en imprimant au bras des mouvements de rotation.

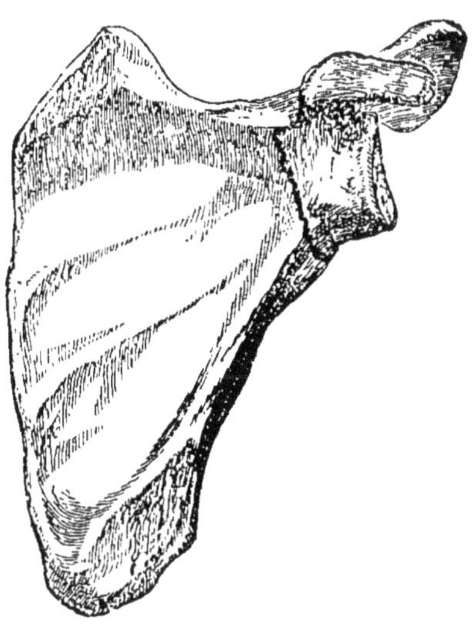

Fig. 102. — Fracture du col de l'omoplate.

Traitement. — Il faut porter le moignon de l'épaule en haut, en arrière et en dehors par un coussin mis dans l'aisselle et immobiliser le bras comme pour les fractures de la clavicule.

3° **Fractures de l'acromion.** — *Symptômes.* — Symptômes variables selon que :

Il n'y a pas de déplacement. — Gêne fonctionnelle, ecchymose légère, douleur localisée au trait de fracture.

Il y a déplacement. — Moignon aplati, bras porté en bas et en dedans, saillie du fragment externe exagérée par l'abaissement du bras, mobilité anormale de ce fragment, crépitation facile à provoquer.

Traitement. — Coussin axillaire, immobilisation du bras.

LUXATIONS DE LA CLAVICULE

Elles sont complètes ou incomplètes.

1° Extrémité interne ou sternale : En avant, présternale

(fig. 103); en arrière, rétro-sternale; en haut, sus-sternale.

2° Extrémité externe ou acromiale : sus-acromiales, sous-acromiales.

Luxation sus-acromiale. — *Symptômes.* — Attitude du sujet comme dans les fractures de la clavicule. — Saillie de la clavicule au-dessus de l'acromion; cet os est mobile, peut être remis en place en portant le moignon de l'épaule en dehors et en arrière; raccourcissement de la distance qui sépare l'acromion du sternum.

Diagnostic. — *Ne pas confondre* avec la fracture de l'extrémité externe de la clavicule.

Traitement. — Réduire la luxation par le coussin axillaire et immobiliser le bras, le coude collé au tronc, comme dans les fractures de la clavicule.

L'appareil devra passer sur la clavicule et l'abaisser.

Si la luxation est irréductible, ou si elle se reproduit sous l'appareil, mettre à nu les os et suturer la clavicule à l'acromion, par un fil métallique.

Luxation sous-acromiale. — *Symptômes.* — La pointe de l'acromion fait une saillie anormale sous la peau; l'extrémité interne de la clavicule est saillante; son corps s'incline et disparaît sous la voûte acromiale.

Traitement. — Réduire par des tractions exercées sur le bras en abduction avec contre-extension sur le thorax; immobiliser avec un coussin axillaire et une écharpe de Mayor. *Si la luxation est irréductible ou récidivante*, pratiquer la suture.

Luxation pré-sternale. — *Symptômes.* — Attitude de la fracture de la clavicule. — Douleur provoquée par les mouvements d'élévation et d'adduction du bras. L'épaule est abaissée et portée en dedans et en avant, saillie de l'extrémité interne de la clavicule, plus ou moins près de la ligne médiane; au-dessus, on sent la cavité sternale déshabitée. L'acromion est plus rapproché du sternum que normalement (fig. 86).

Traitement. — Réduire par tractions sur le bras en abduction et porté en arrière, avec pression directe sur l'extrémité interne de la clavicule. — Immobiliser le bras avec un fort coussin axillaire. En cas d'insuccès, suture osseuse.

Luxation rétro-sternale. — *Symptômes.* — Epaule abaissée. — Encoche profonde à la place de l'extrémité interne de la clavicule, dont le corps se dirige de dehors en dedans et d'avant en arrière. Parfois troubles légers de compression

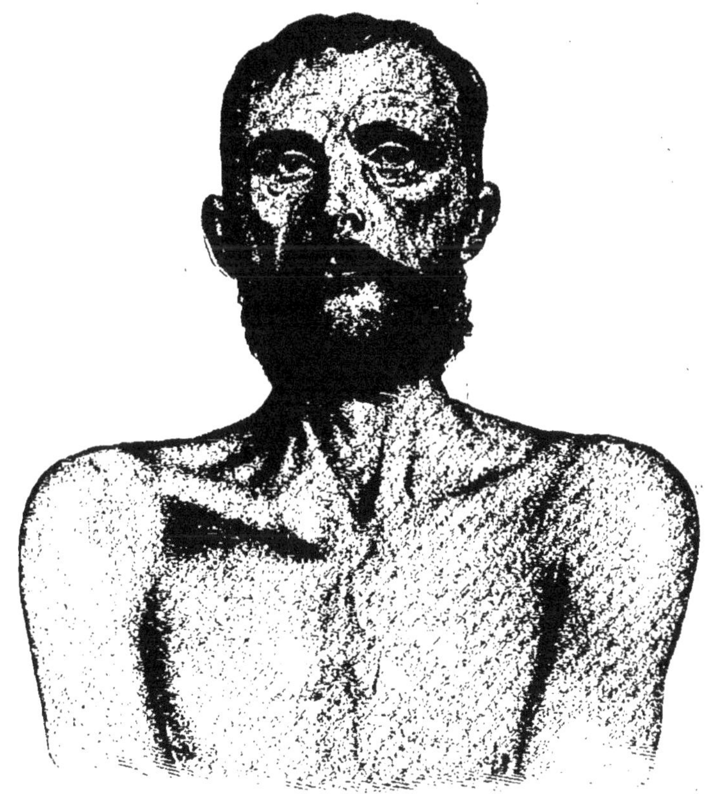

Fig. 103. — Luxation présternale de la clavicule droite.

de la trachée avec dyspnée, de l'œsophage avec dysphagie, de la sous-clavière avec diminution du pouls radial.

Traitement. — Réduction par traction sur le bras et immobilisation, comme pour les variétés précédentes.

PLAIES DE POITRINE

Symptômes. — 1° **Plaies non pénétrantes**. — Douleur d'intensité variable. Plaie de profondeur, de largeur différentes selon l'instrument. Hémorragie généralement peu abondante. Absence de troubles fonctionnels sérieux. S'ils existent quelquefois, ils sont dus à l'émotion, au nervosisme et disparaissent par le repos ou l'administration de remèdes calmants.

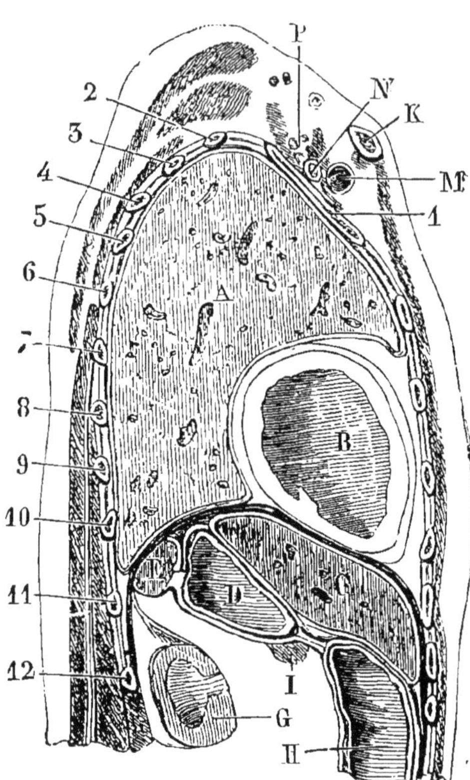

Fig. 104. — Rapports de la région diaphragmatique à gauche. Section verticale antéro-postérieure du thorax et de l'abdomen, au niveau de la région mammaire gauche. La section a été faite vers la partie moyenne de la clavicule gauche et s'est arrêtée à 2 centimètres au-dessus de l'ombilic. Elle traverse aussi les régions sus et sous-claviculaires le thorax et la moitié supérieure de l'hypocondre gauche.

A, poumon gauche, au milieu duquel se voient de nombreuses ouvertures de vaisseaux ; B, ventricule gauche, distendu par la matière à injection ; C, foie, lobe moyen ou lobe gauche ; D, estomac ; E rat ; G, rein gauche, entouré de graisse ; H, côlon descendant ; I, pancréas ; K, clavicule gauche ; M, veine sous-clavière ; N, artère sous-clavière ; 1 à 12, coupe des côtes (B. Anger).

2° **Plaies pénétrantes.** — *Plaies de la plèvre pariétale.* — Elles peuvent se traduire par un pneumothorax et par une hernie du poumon, quand la plaie est large.

Plaies du poumon. — Lorqu'elles sont suffisamment profondes, elles s'accompagnent de pneumothorax coïncidant en général avec de l'hémothorax et souvent avec une hémoptysie. L'hémothorax peut rester aseptique, ne provoquant que les troubles d'une hémorragie interne et des troubles dyspnéiques ; puis il se résorbe. — S'il s'infecte, on voit apparaître les signes d'une pleurésie purulente ou d'une pleurésie putride. La gangrène pulmonaire peut survenir, surtout autour d'un corps étranger. L'emphysème sous-cutané accompagne souvent les plaies du poumon, avec ou sans pneumothorax.

Plaies du péricarde. — Elle coïncident souvent avec les plaies du poumon gauche; alors coexistent les signes de l'hémothorax et de l'hémopéricarde.

Plaies du cœur. — Elles peuvent être suivies de syncope immédiate ; l'hémorragie externe dépend de la largeur de la plaie pariétale et de sa situation ; des troubles circulatoires intenses s'observent toujours avec ou sans troubles respiratoires. Le pronostic en est très grave.

Plaies du médiastin. — Elles sont souvent mortelles d'emblée quand elles intéressent les vaisseaux.

Traitement. — 1° **Plaies non pénétrantes.** — Asepsie de la plaie et du voisinage ; pincer et lier les vaisseaux qui saignent ; pratiquer quelques points de suture, suivis d'un pansement ouaté aseptique ou d'une occlusion au collodion.

2° **Plaies de la plèvre pariétale seule.** — *Si l'hémorragie est abondante*, lier l'artère qui est soit une intercostale, soit une mammaire interne.

S'il existe un pneumothorax ouvert, appliquer un pansement aseptique, qui en fera un pneumothorax fermé, avec ou sans drainage, selon que l'on redoute ou non l'infection.

3° **Plaies du poumon.** — *Quand le pneumothorax et l'hémorragie font soupçonner une plaie du poumon*, il faut surtout s'abstenir d'explorer la plaie au stylet et de rechercher le corps étranger. On doit laver et occlure la plaie ; il faut prescrire l'immobilité absolue du blessé, les inhalations d'oxygène contre la dyspnée, la morphine contre l'agitation et la douleur.

Si le pneumothorax devient suffocant, agrandir la plaie.

S'il y a emphysème sous-cutané à marche inquiétante, agrandir encore la plaie, ou bien pratiquer des mouchetures sur les tissus gonflés.

Contre l'hémothorax, indications variables selon les cas.

Si l'hémothorax se limite et ne paraît pas menacer la vie, ne pas y toucher.

S'il devient abondant et menace la vie par anémie ou par suffocation, pratiquer une thoracotomie et aller lier ce qui saigne, plaie du poumon ou plaie de la paroi.

Si l'épanchement, pendant les jours qui suivent l'opération, tend à s'infecter, l'évacuer par un large drainage.

Si, *longtemps après ce traumatisme*, il reste enkysté et ne se résorbe pas, le soustraire par ponction.

4° **Plaies du cœur.** — *Lorsque la plaie du cœur devient grave* par l'abondance de l'hémorragie qu'elle suscite, il faut intervenir par l'ouverture du péricarde et la suture de la plaie ; ce mode de traitement est très rationnel et a fourni de bons résultats. En même temps on extraira les corps étrangers, balles ou autres, arrêtés dans le péricarde ou dans la paroi du muscle cardiaque.

Si l'on n'est pas intervenu tout de suite après l'accident et si l'hémopéricarde s'infecte secondairement, il faut ouvrir largement la collection plutôt que de la ponctionner (Delorme et Mignon).

II. — AFFECTIONS INFLAMMATOIRES

ABCÈS CHAUDS, PHLEGMONS DES PAROIS THORACIQUES

Symptômes. — Phénomènes généraux très graves, fièvre, prostration, céphalalgie, troubles gastriques. Sur une étendue variable du thorax existent tous les signes du phlegmon diffus qu'on a vus plus haut. L'évolution n'offre rien de spécial ; affection grave, terminée souvent par la mort.

Traitement. — Incisions larges, nombreuses, au thermocautère ou au bistouri. Pansements et lavages antiseptiques. Relever l'état général par les toniques.

ABCÈS CHAUDS, PHLEGMONS DU MÉDIASTIN

Symptômes. — Phénomènes généraux intenses, fièvre élevée, respiration difficile, délire, etc. Douleur rétro-sternale très vive, avec troubles de compression divers, dyspnée, toux sèche, dysphagie, etc. La mort peut survenir rapidement ou bien le pus se fait jour à l'extérieur, par un espace intercostal, par le creux sus-sternal, rarement à travers la plèvre.

Traitement. — Il faut donner issue au pus par le plus court chemin et là où il se présente.

En cas de médiastinite antérieure, on pratiquera, soit la trépanation du sternum, soit la résection d'une partie de cet os, soit la résection de deux ou trois cartilages costaux.

En cas de médiastinite postérieure, Quénu et Hartmann recommandent d'atteindre le médiastin, à gauche de la colonne vertébrale, entre l'omoplate et la crête épineuse, par la résection partielle de trois ou quatre côtes ; par cette brèche, la main décolle la plèvre gauche et pénètre dans le médiastin postérieur.

ABCÈS FROIDS DU THORAX

Symptômes. — Au début, masse indurée, de volume variable, généralement peu ou pas douloureuse. Plus tard, le centre devient fluctuant, le pourtour restant dur. La grosseur s'accroît, se perfore, donnant lieu à une ou à plusieurs fistules. Par la palpation, les signes concomitants, l'exploration au stylet, on reconnaît que l'abcès froid provient d'une ostéite costale, d'un tubercule sous-pleural, d'une ostéite sternale, d'un mal de Pott, etc.

Traitement. — A LA PÉRIODE D'INDURATION. — Ouvrir l'abcès, le curetter, enlever tout le tissu tuberculeux, abraser la partie malade des os et suturer la plaie, pour obtenir une guérison par première intention.

A LA PÉRIODE DE FLUCTUATION. — Ponctionner l'abcès à l'aide d'un trocart, l'évacuer, injecter à son intérieur de l'éther iodoformé ou du thymol camphré.

Si la guérison ne survient pas, on est autorisé à inciser et curetter l'abcès, à réséquer les portions d'os malade, à supprimer une partie d'une ou de plusieurs côtes pour évider un abcès sous-pleural ; il faut cependant respecter d'une manière à peu près absolue les abcès pottiques et ne jamais les inciser. On réunira ensuite pour avoir une guérison *per primam*.

Si l'abcès est fistuleux, curetter l'abcès et les surfaces osseuses dénudées, panser à plat la plaie ainsi faite.

III. — AFFECTIONS DE LA RÉGION MAMMAIRE

CONTUSIONS DU SEIN

Symptômes. — Douleur vive, exagérée par les mouvements respiratoires, par la palpation, par la pression des vêtements ; ecchymose légère.

Traitement. — Cataplasmes chauds, faits avec de l'eau

bouillie et de l'amidon. Compression ouatée modérée. Frictions avec la pommade à l'iodure de potassium ou de plomb (4 gr. pour 30). Application de compresses imbibées de chlorhydrate d'ammoniaque (eau 100, chlorhydrate d'ammoniaque 10).

GERÇURES DU MAMELON

Symptômes. — Petites excoriations sur le mamelon, sur l'aréole ; sous forme d'érosions à fond rouge vif ou de crevasses longitudinales, à bords durs, très douloureuses. Elles peuvent être l'origine d'une lymphangite avec adénite axillaire, ou d'un abcès du sein.

Traitement. — Lavage soigné du mamelon avec de l'eau bouillie, aussitôt après chaque tétée ; application de compresses imbibées d'eau boriquée à 4 p. 100, de vaseline boriquée, d'eau picriquée à 2 p. 100. Cautérisations avec une solution de nitrate d'argent à 1 p. 100, dans les cas rebelles.

En cas d'insuccès, ne donner à téter qu'avec un bout de sein en caoutchouc, avec une tétine en verre.

ECZÉMA DU MAMELON

Symptômes. — Croûtes fendillées, reposant sur un fond rouge, siège d'un suintement qui tache le linge et de démangeaisons ; il coïncide souvent avec des gerçures, des crevasses.

Traitement. — Lavages fréquents avec l'eau bouillie, l'eau boriquée, l'eau de guimauve; application de compresses imbibées d'eau bouillie, fréquemment changées, ou cataplasmes amidonnés, pour ramollir et détacher les croûtes. Application ensuite de pommade alcaline, boriquée, soufrée. Dans les cas rebelles, attouchements légers avec la solution de nitrate d'argent à 1 p. 100 ou 2 p. 100 ; quelquefois, il faut pratiquer des scarifications (Voy. ***Eczéma***).

ULCÉRATIONS SYPHILITIQUES

Symptômes. — *Chancre syphilitique.* — Il se présente sous ses caractères habituels et siège sur le mamelon ou l'aréole. Il forme une tumeur indolore, à bords légèrement surélevés, dont le centre se déprime en cupule, recouverte par un enduit peu épais, sous lequel l'ulcération revêt une couleur rouge jambonné; induration caractéristique, si on saisit la tumeur entre les doigts; adénite axillaire.

Plaques muqueuses. — Elles n'offrent aucun caractère spécial.

Ulcérations tertiaires. — Elles succèdent à l'expulsion d'une gomme cutanée ou profonde. L'ulcération, de largeur variable, a des bords taillés à pic, un fond sanieux, jaune gris ou jaune doré. Il y a une ou plusieurs ulcérations; pas de douleurs, ni d'hémorragies.

Traitement. — Laisser évoluer le chancre.

Quand éclatent les accidents secondaires, diriger contre eux le traitement mercuriel. Les gommes ulcérées ou non sont justiciables du traitement ioduré. Localement, on augmentera l'efficacité du traitement par des pansements humides avec la solution de bichlorure de mercure à 1 p. 1000 et par l'emplâtre de Vigo.

PHLEGMONS OU ABCÈS CHAUDS DU SEIN

I. Abcès superficiels.

Symptômes. — L'*abcès du mamelon* succède en général aux gerçures, soit au cours, soit en dehors de la lactation. L'*abcès de l'aréole* peut être un *abcès lymphangitique* accompagné d'une rougeur diffuse; ou un *abcès tubéreux*, siégeant dans les glandes sébacées de la région, plus acuminé que le précédent; il se distingue lui-même du *furoncle* par l'absence de bourbillon. L'*abcès du tissu cellulaire sous-cutané* succède à une lymphangite, suite de gerçures, ou à un abcès profond (abcès en bouton de chemise). Peau rouge, chaude; douleur; œdème.

Traitement. — Au début, soigner les gerçures qui sont la voie d'entrée de l'infection et la cause la plus fréquente de ces abcès; on peut les voir rétrocéder.

Si la douleur persiste, on peut la calmer par des compresses chaudes, par des cataplasmes, ou mieux par l'ouverture du foyer infecté, par une pointe de bistouri ou de thermocautère. Pansement humide et compression modérée des seins.

II. Abcès glandulaires ou mastite. — ***Symptômes.*** — Ils s'observent à toutes les périodes de la vie génitale de la femme, naissance, puberté, mais surtout pendant l'allaitement; plus souvent au début de l'allaitement.

Période de début. — Engorgement, gonflement de toute la glande; peau tendue blanche, à grosses veines bleuâtres; le sein est collé au thorax, immobilisé; douleurs très vives, spontanées, provoquées par l'attouchement le plus léger; au toucher, bosselures dures, avec empâtement autour; par la pression, on fait sourdre du mamelon le lait mélangé de pus.

Période d'état. — Après plusieurs jours, la peau rougit, la douleur s'exaspère; la malade a de la fièvre, de l'anorexie; un point se ramollit, 12 à 25 jours après le début, puis s'ouvre spontanément, donnant issue à du pus mélangé de lait. D'autres abcès évoluent de la sorte et on peut en voir se développer jusqu'à 30 et 50.

Suites : fistulation interminable; mastite chronique; atrophie du sein.

Traitement. — Cesser l'allaitement par le sein malade.

Au début, vider la glande : par l'expression, par l'aspiration avec un tire-lait; soigner les gerçures; cataplasmes émollients, laudanisés.

Quand le pus est collecté, incision profonde, drainage, lavages et pansements aseptiques, comprimer modérément le sein.

III. Abcès rétro-mammaires. — *Symptômes.* — Ils succèdent en général au précédent; quelquefois à une pleurésie aiguë. Ils repoussent fortement le sein en avant et le détachent de la poitrine.

Traitement. — Incision large au-dessous du sein, drainage.

Phlegmon diffus de la mamelle. — *Symptômes.* — Il occupe tous les tissus de la mamelle; s'observe surtout chez les cachectiques, albuminuriques, diabétiques. Rougeur diffuse érysipélateuse, phlyctènes; état général grave; douleur violente.

Traitement. — Incisions multiples et larges au thermocautère; pansements humides; pulvérisations antiseptiques avec le pulvérisateur de Lucas-Championnière; lavages antiseptiques; soutenir l'état général.

TUMEURS BÉNIGNES DE LA MAMELLE

Synonymie. — Fibromes, adénomes, adéno-fibromes, mammite chronique.

Symptômes. — Chez une femme généralement jeune : tumeur rarement de gros volume, libre sous la peau et sur le reste de la glande, indolente, sans adénite concomitante, n'atteignant pas l'état général, ne s'ulcèrant pas.

Traitement. — Il faut toujours la supprimer, car elle peut dégénérer en tumeur maligne. Anesthésie locale à la novocaïne; incision; l'extirpation de la tumeur est facile, car elle est encapsulée; suture avec réunion par première intention.

TUMEURS MALIGNES DE LA MAMELLE

Symptômes. — Ils présentent quelques différences selon les variétés anatomiques des tumeurs.

I. Carcinomes. — La tumeur est le siège de douleurs spontanées qui s'accroissent avec le temps; il existe parfois des écoulements de sang par le mamelon; la tumeur est rameuse, adhère à la glande; elle adhère à la peau, donnant lieu au phénomène de la peau d'orange; mamelon rétracté; plus tard elle adhère au grand pectoral et devient immobilisable sur le thorax; rapidement apparaît une adénite axillaire, du côté malade en général, quelquefois du côté sain; plus tard, existe l'adénite sus-claviculaire. La tumeur s'ulcère, après un temps variable, donnant lieu à un écoulement de sanie et de sang. Les bords de l'ulcération sont indurés, éversés. L'état général finit par être très altéré. — A la fin, l'écoulement de sanie et de sang, la compression des vaisseaux et des nerfs du bras, l'extension à la plèvre et au poumon, les foyers à distance rendent l'état des malades déplorable.

Variétés de carcinomes. — SQUIRRHE ATHROPHIQUE. — Tumeur petite, très dure, atrophiant le sein, évoluant lentement, arrivant lentement à l'ulcération; ganglions durs et petits.

ENCÉPHALOÏDE. — Tumeur à évolution rapide, moins dure, se généralisant plus facilement.

CANCER DISSÉMINÉ. — A noyaux multiples (squirrhe pustuleux), soit superficiels, soit profonds; marche rapide.

CANCER EN CUIRASSE.

II. Sarcomes. — Tumeur d'apparence bénigne, à ses débuts; augmente de volume, mais sans adhérer à la peau; elle étale le mamelon sans le rétracter; grosses veines superficielles; consistance moins dure que dans le carcinome; adénopathie rare; l'ulcération survient par distension de la peau; les bords sont amincis, décollés, non indurés, ni adhérents à la tumeur ; pas de cachexie.

Traitement. — Il faut extirper en bloc, la totalité de la glande mammaire, la plus grande partie du grand pectoral, les ganglions axillaires.

1er *Temps.* — Incision cutanée en ellipse circonscrivant la glande mammaire et se prolongeant le long du bord inférieur du grand pectoral; les deux lambeaux cutanés sont relevés de façon à bien découvrir la région thoraco-axillaire.

2e *Temps.* — Ablation qui doit être faite de dehors en dedans. L'index gauche est glissé sous le tendon du grand pectoral qui est sectionné au ras de l'humérus : le petit pectoral est sectionné à son insertion coracoïdienne ou seulement récliné. — Curage de l'aisselle : reconnaître et dégager le paquet vasculo-nerveux axillaire, enlever toute la graisse et les ganglions en bloc si possible. Puis détacher le grand pectoral et la glande mammaire attenante de ses insertions costales.

3e *Temps.* — Hémostase soignée, surtout dans le creux axillaire, suture des lambeaux cutanés au fil de bronze après décollement pour permettre l'affrontement des lèvres de la plaie. Drainage axillaire. Pansement compressif.

Traitement palliatif. — Dans les cas inopérables (cachexie, extension trop grande, noyaux trop disséminés, généralisation au poumon, aux os, aux ganglions sus-claviculaires).

Contre les douleurs : emplâtre d'extrait de ciguë, applications laudanisées ; piqûres de morphine.

Contre les hémorragies : compresses imbibées de solutions fortes d'antipyrine (eau 10, antipyrine 10), de solution de perchlorure de fer, d'eau oxygénée.

Contre les écoulements ichoreux et fétides : lavages avec la solution de permanganate au 1000e, avec l'eau oxygénée; saupoudrer avec les poudres de salol, d'eucalyptus, de charbon. Pansement au carbure de calcium (Guinard).

TUMEURS LIQUIDES DE LA MAMELLE

Symptômes. — Elles ont toutes pour caractère distinctif de donner lieu à de la fluctuation ou à la rénitence.

La *galactocèle* survient au cours de la lactation, donne lieu à un écoulemeut de lait par le mamelon quand on le presse ; se vide entièrement de la sorte ou par ponction.

Le *kyste hydatique* est indolore, donne à la ponction un liquide analogue à l'eau de roche, avec des crochets d'échinocoques.

L'*abcès froid* se développe soit dans la glande, soit au-dessous d'elle, cas auquel il la repousse et la détache du thorax. Il existe soit les signes d'une ostéite costale, soit les attributs généraux de la tuberculose ; l'abcès peut devenir fistuleux, donnant issue au pus tuberculeux banal et les bords de la fistule sont alors caractéristiques.

L'*adénome kystique* présente les caractères habituels des adénomes : il est en outre fluctuant ou rénitent.

Traitement. — Il varie avec l'espèce de collection.

Vider la galactocèle et comprimer modérément le sein pendant quelques jours.

Dans le kyste hydatique, extirper au bistouri la membrane germinatrice.

L'*abcès froid non ouvert* sera ponctionné et traité par les injections d'éther iodoformé ; l'ostéite costale, si elle existe, sera curettée ; après ouverture, on traitera la fistule par les injections modifiantes à l'éther iodoformé ou thymol camphré, à la teinture d'iode, etc. ; on grattera, on curettera la côte malade, s'il y a lieu.

L'*adénome kystique* sera énucléé sous anesthésie locale.

XXVIII. — MALADIES DU MEMBRE SUPÉRIEUR

I. — ÉPAULE

CONTUSION DE L'ÉPAULE

Elle succède à une chute sur le moignon de l'épaule

Symptômes. — Elle s'accompagne d'une ecchymose généralement peu prononcée et peu étendue ; d'une impotence fonctionnelle du bras parfois complète, souvent d'insensibilité du moignon de l'épaule, par lésion du nerf circonflexe et d'atrophie rapide du deltoïde.

Diagnostic. — *Ne pas confondre* avec une fracture *du col anatomique* ou *du col chirurgical* (Voy. ci-dessous); ni *avec une luxation*, car les mouvements passifs sont possibles dans la contusion.

Traitement. — Pas d'immobilisation. Masser et électriser le deltoïde. Mobiliser le bras, pour éviter les raideurs articulaires.

LUXATIONS RÉCENTES DE L'ÉPAULE

Variétés. — **I. Variétés fréquentes.** — Luxations en avant et en dedans : sous-coracoïdiennes { complètes.
— { incomplètes.
intra-coracoïdiennes.
sous-claviculaires.

II. Variétés rares. — Luxations en bas : scapulaire.
— costale.
— erecta.

Luxations en arrière et en dehors : sous-acromiales.
— — sous-épineuses.

Luxation en haut : sus-glénoïdienne.

I. **Luxations en avant et en dedans.** — (*a*) **Luxation sous-coracoïdienne complète** (fig. 105).

Étiologie. — Chute sur le moignon de l'épaule. — Le bras est porté fortement en arrière, dans l'abduction et la rotation externe.

Symptômes. — 1° **Physiques.** — Déformation. — Aplatissement de la région deltoïdienne ; saillie de l'acromion (signe de l'épaulette), soulèvement du creux pectoro-deltoïdien ; abaissement de la saillie du bord inférieur du muscle grand pectoral.

Attitude du membre. — Coude écarté de 10 centimètres du tronc ; l'axe du bras se dirige vers l'apophyse coracoïde, située

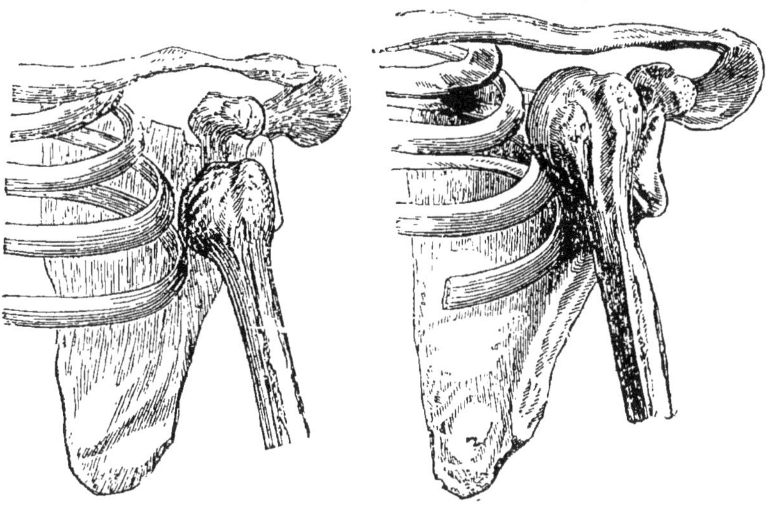

Fig. 105. — Luxation sous-coracoïdienne.

Fig. 106. — Luxation intra-coracoïdienne complète (Malgaigne).

à l'union du tiers externe et du tiers moyen de la clavicule, à 2 centimètres sous son bord antérieur, rotation du bras en dehors ; avant-bras fléchi sur le bras et soutenu par la main du côté sain ; tronc incliné du côté malade.

Palpation. — Dépression facile du deltoïde; glène abandonnée par la tête ; tête sensible sous la coracoïde et on sent sa surface articulaire dans l'aisselle.

Mensuration. — Allongement du bras pour Velpeau et Malgaigne ; pas d'allongement pour Ch. Nélaton (on mesure de l'acromion à l'épicondyle).

Mouvements provoqués. — Possibilité de porter le bras en

abduction, en rotation externe; impossibilité de le porter en abduction, en rotation interne, de l'élever.

2° **Fonctionnels.** — Douleur, impotence fonctionnelle absolue.

Diagnostic. — Avec : *contusion simple*; *fracture du col anatomique*; *fracture du col chirurgical de l'humérus; fracture de la clavicule; fracture du col chirurgical de l'omoplate.*

b) **Luxation sous-coracoïdienne incomplète.**

Symptômes. — Analogues, sauf que l'aplatissement de l'épaule et l'abduction du coude sont moindres; la rotation externe est au contraire plus prononcée.

c) **Luxation intra-coracoïdienne** (fig. 106).

Symptômes. — 1° **Fonctionnels.** — Impotence absolue.

2° **Physiques. — Déformation.** — Saillie de l'acromion ; aplatissement de la région deltoïdienne; soulèvement du creux sous-claviculaire.

Attitude du membre. — Abduction moindre du bras; axe du bras passant à l'union du tiers interne et des deux tiers externes de la clavicule; rotation légère du bras en dedans; l'épicondyle regarde en avant.

Palpation.— Dépression facile du deltoïde; tête humérale en dedans de la coracoïde; par la palpation axillaire, on ne sent pas la surface articulaire de la tête, mais la diaphyse humérale.

Mensuration.— Raccourcissement du bras.

d) **Luxation sous-claviculaire.**

Symptômes. — Analogues aux précédents, mais exagérés : saillie de l'acromion; au-dessus, encoche vive en coup de hache; creux sous-claviculaire très soulevé; pas de rotation définie; la tête est sous la clavicule; dans l'aisselle, on ne sent que la diaphyse humérale.

II. Luxations en bas (fig. 107).

Étiologie. — Choc sur le membre supérieur en abduction et en rotation externe.

Symptômes. — **Luxation scapulaire.** — Saillie de l'acromion; dépression deltoïdienne très accentuée; abduction considérable du bras, pouvant aller jusqu'à l'angle droit; axe prolongé du bras aboutissant au-dessus et en dedans de la cavité glénoïde; membre en rotation externe; tête humérale sentie contre le bord externe de l'omoplate.

Luxation costale. — Signes identiques et exagérés; la tête humérale repose sur le troisième espace intercostal.

Luxation erecta. — Bras vertical, coude fléchi, main appuyée sur la tête; tête humérale saillante sous la peau de l'aisselle.

III. **Luxations en arrière.**

Symptômes. — **Luxation sous-acromiale** (fig. 108). — La plus fréquente : moignon de l'épaule aplati en avant; en arrière, il est saillant et le vide sous-acromial normal est soulevé par la tête humérale, qui suit les mouvements de rotation imprimés à l'humérus; bras pendant le long du corps; rotation interne du bras; l'épicondyle regarde en avant.

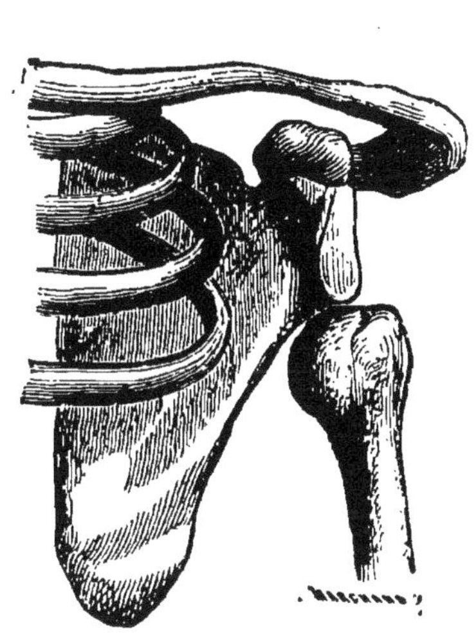

Fig. 107. — Luxation sous-glénoïdienne ou en bas (gauche).

Fig. 108. — Luxation sous-acromiale.

Luxation sous-épineuse. — Tête portée plus en arrière, sous l'épine de l'omoplate; saillie considérable de l'acromion, dépression sous-acromiale; rotation interne forcée du bras.

IV. **Luxations en haut, sus-glénoïdiennes.**

Symptômes. — Saillie considérable à la tête humérale au-devant de l'acromion; elle dépasse la coracoïde et la clavicule de quelques millimètres; la palpation en reconnaît les contours; bras pendant le long du corps, en rotation externe, notablement raccourci; les mouvements communiqués d'abduction sont diminués.

Complications des luxations. — Surtout dans le cas de luxation antéro-interne.

Fracture du col chirurgical de l'humérus. — La tête ne participe pas aux mouvements imprimés au bras ; le bras pend le long du corps ; le coude peut être amené au contact du tronc ; on constate la mobilité anormale sur l'humérus et on sent la crépitation.

Fracture du col anatomique de l'humérus. — Diagnostic difficile ; la crépitation peut manquer ; on peut sentir un fragment mobile s'abaisser, quand on exerce des tractions sur le coude, puis se relever quand on cesse la traction.

Ouverture de l'articulation. — Accident rare.

Compressions nerveuses. — Le nerf circonflexe est souvent intéressé ; la paralysie peut intéresser à la fois le circonflexe, le musculo-cutané, le cubital, le radial.

Lésions vasculaires. — Rupture de l'axillaire, formation d'un anévrisme diffus avec disparition du pouls radial et gangrène consécutive du membre.

Traitement des luxations de l'épaule. — *Anesthésie.* — Se souvenir que l'anesthésie générale est dangereuse dans ce cas : recourir à *l'anesthésie locale à la novocaïne* : avec une aiguille longue, injecter dans la cavité articulaire, en passant par la face externe, deux ou trois centimètres cubes de novocaïne ; injecter la même quantité dans les muscles péri-articulaires. Au bout de 5 minutes on pourra procéder aux manœuvres de réduction, sans déterminer de douleurs appréciables et sans avoir à lutter contre la contracture musculaire.

Luxations sous-coracoïdiennes. — Procédé de Kocher. — Le patient est assis ou mieux couché sur un lit dur, l'épaule malade portant à faux. Un aide immobilise l'omoplate, en embrassant l'aisselle avec les deux mains placées, l'une en avant, l'autre en arrière.

1er *Temps :* Saisir le coude d'une main, le poignet de l'autre ; fléchir l'avant-bras sur le bras ; par une pression lente et continue, amener le bras au contact du tronc dans toute son étendue.

2e *Temps :* Le coude étant maintenu au corps, porter l'avant-bras en dehors, jusqu'à ce qu'il soit dans le plan transversal du corps.

3e *Temps :* Porter le membre, maintenu dans la même position en haut, en avant, légèrement en dedans jusqu'à la hauteur de l'épaule.

4e *Temps :* Par un mouvement brusque, porter la main du bras luxé sur l'épaule du côté sain.

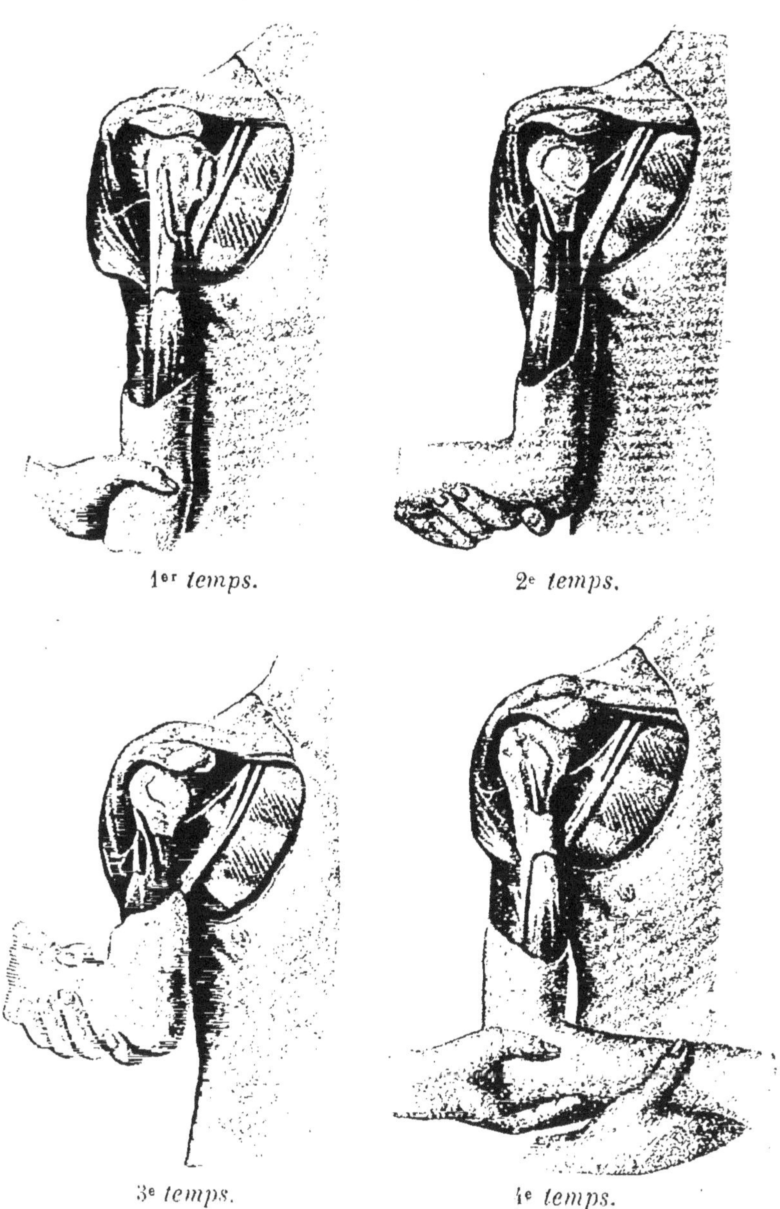

Fig. 109. — Les quatre temps de la réduction par le procédé de Kocher.

Tous ces différents mouvements doivent être faits sans brusquerie et lentement, pour vaincre la résistance musculaire.

La réduction se fait souvent avant la fin, surtout à la fin du deuxième temps et pendant le troisième.

Après insuccès de cette méthode, on essaiera le procédé suivant :

Procédé de Malgaigne. — Le sujet étant couché et l'omoplate immobilisée par un aide, le chirurgien tire sur le bras (fig. 110) d'abord obliquement en bas : il l'élève lentement jusqu'à

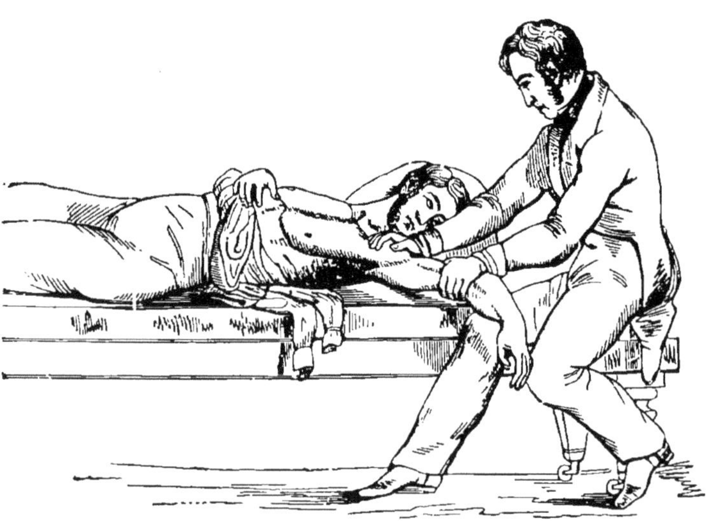

Fig. 110. — Réduction de luxation par élévation du bras. Procédé de Malgaigne.

l'horizontale, puis la dépasse légèrement en portant le coude un peu en arrière. Quand la résistance musculaire est vaincue, un aide mettant la main dans l'aisselle pour retenir la tête humérale, le bras est abaissé vivement et porté transversalement devant le corps.

Si le sujet est très musclé, la traction est pratiquée par deux aides; ou bien le chirurgien prend un point d'appui sur l'acromion du sujet.

Luxations intra-coracoïdiennes et sous-claviculaires. — Procédé de Mothes. — C'est le plus recommandable; la traction doit être prolongée jusqu'à ce que la tête ait dépassé en dehors la coracoïde.

On peut encore transformer la luxation en une sous-coracoïdienne par le procédé de Mothes et achever la réduction par le procédé de Kocher.

Luxations sous-glénoïdiennes. — PROCÉDÉ DE MOTHES. — Tractions sur le bras par des liens élastiques.

PROCÉDÉ DE DESAULT. — Pendant qu'un aide tire sur le bras, le chirurgien croise les quatre derniers doigts des deux mains sous la tête humérale, tandis que les pouces prennent appui sur l'acromion, pour remettre la tête en place.

Luxation en arrière ou en haut. — Tractions sur le bras, combinées à une pression directe sur la tête.

Dans tous les cas, après réduction, il faut maintenir le bras par une écharpe de Mayor ou une série de tours de bande.

Immobilisation de 8 à 10 jours; puis massage et mobilisation de l'épaule, pour combattre l'enraidissement et l'atrophie musculaire.

Traitement des complications. — **Fracture du col chirurgical.** — Laisser consolider la fracture, puis réduire la luxation, soit par manœuvres, soit par l'arthrotomie.

Ou bien pratiquer simultanément la réduction sanglante et la suture osseuse par enchevillement.

Fracture du col anatomique. — Extraire la tête, lorsqu'elle est mobile et réduire le fragment inférieur en bonne attitude.

Compression nerveuse. — Aller supprimer l'agent compresseur.

Lésions vasculaires. — Aller lier le vaisseau, au niveau du point où il est entièrement ou partiellement déchiré.

LUXATIONS ANCIENNES DE L'ÉPAULE

Ce sont celles qui sont irréductibles d'une façon absolue ou d'une façon relative, temps variable (un mois à un an) après leur production.

Symptômes. — Ils n'ont rien de particulier.

Traitement. — 1° MÉTHODE DE DOUCEUR. — Les procédés de Kocher et de Mothes, avec anesthésie chloroformique, peuvent amener la réduction; les tentatives de réduction sont précédées de mouvements de rotation et d'extension du bras destinés à rompre les adhérences.

2° MÉTHODE DE FORCE. — Par des tractions exercées à l'aide d'appareils à moufles; elles exposent à des dangers : arrachement du membre, du tégument, des nerfs, du plexus brachial, déchirure de l'axillaire, etc.

3° Méthodes sanglantes. — Ce sont l'arthrotomie et la résection.

Arthrotomie. — Elle a pour but d'ouvrir la cavité articulaire néo-formée, afin de réintégrer la tête humérale dans la cavité glénoïde. C'est la *réduction sanglante*.

Faire une incision verticale, longue de 10 centimètres, commençant à l'apophyse coracoïde, suivant l'espace delto-pectoral. Ecarter les muscles bordant cet espace, en évitant la veine céphalique. Chercher à reconnaître le tendon du biceps. Inciser la capsule verticalement et mettre la tête à découvert. Pour réintégrer la tête à sa place, il faut libérer les adhérences qui retiennent l'humérus, dégager la glène, abraser des masses hypertrophiques souvent nées sur la tête. Si l'on réussit à mettre la tête en place et à l'y maintenir, on referme l'incision de la capsule par un surjet de catgut ; on ne draine que s'il existe des doutes sur l'asepsie. La peau est suturée.

Résection. — Elle consiste à supprimer une portion ou la totalité de la tête humérale, lorsqu'il est impossible de la réintroduire dans la glène. On commence par l'ouverture de la capsule, selon les règles qui viennent d'être exposées. On enlève par tranches successives des portions de la tête, jusqu'à ce que le bout supérieur de l'humérus puisse être remis en place. On se sert pour cela de la scie à main, de la scie à chaîne, ou du ciseau. Si la tête est très hypertrophiée, si la réduction est très difficile, on réséquera l'épiphyse humérale au niveau du col anatomique. Puis on détache, à l'aide de la rugine, les insertions des ligaments sur la glène et on suture l'incision capsulaire.

Précautions. — Les désinsertions des ligaments doivent être faites à l'aide de la rugine, au ras de l'os, par la méthode sous-capsulo-périostée. Il faut respecter les muscles deltoïde, biceps et les rotateurs de l'humérus. On évitera de léser les nerfs, notamment le circonflexe.

Traitement consécutif. — De bonne heure, ont imprimera des mouvements au bras pour aider à la formation d'une articulation ; on fortifiera les muscles par le massage et l'électrisation.

Résultats. — La résection semble fournir des résultats supérieurs à ceux de la réduction sanglante. La majorité des chirurgiens l'appliquent de préférence.

Si le blessé refuse de se soumettre à une opération, on obtient, à la longue, des résultats très satisfaisants par la mobilisation et le massage. L'omoplate supplée en partie, par sa mobilité, à la perte des mouvements de la tête humérale.

LUXATIONS RÉCIDIVANTES

Chez certains sujets, surtout chez les épileptiques, la luxation de l'épaule se reproduit plusieurs fois. La raison anatomique de ce fait réside dans la laxité de la capsule, dans la faiblesse des muscles de l'épaule, dans une fracture non consolidée du rebord antérieur de la glène.

Traitement. — *Il est prophylactique*, et consiste à ne pas permettre trop tôt la reprise des mouvements, surtout si l'on suppose une fracture de la glène ou des déchirures graves des ligaments ou des attaches des muscles rotateurs. Il faut laisser à ces lésions le temps de se guérir.

Il peut être palliatif et réside dans la prescription d'appareils prothétiques, empêchant l'exécution de mouvements d'abduction ou d'extension trop étendus, dans le massage des muscles atrophiés.

Il sera le plus souvent curatif. Ricard a exécuté et conseillé la *capsulorraphie*, opération qui consiste à diminuer la cavité articulaire, en plissant la capsule par des fils de catgut qui la froncent en un bourrelet saillant, sans qu'il soit nécessaire de faire l'arthrotomie.

FRACTURES DE L'EXTRÉMITÉ SUPÉRIEURE DE L'HUMÉRUS

Variétés. — 1° fracture du col anatomique; 2° fracture du col chirurgical; 3° décollement épiphysaire.

Symptômes. — **I. Fracture du col anatomique.** — Age. — Elle survient surtout chez les vieillards.

Déformation. — Nulle, s'il n'y a pas pénétration des fragments; s'il y a pénétration, le deltoïde est soulevé et n'est pas dépressible.

Attitude. — Le bras pend naturellement le long du corps.

DIMENSION. — Longueur normale du bras, mesuré de l'acromion à l'épicondyle.

ECCHYMOSE. — Très intense, descendant parfois jusqu'à l'épine iliaque; très persistante, dure encore souvent quand la fracture est consolidée (Malgaigne).

MOUVEMENTS ACTIFS — Impossibles.

MOUVEMENTS PASSIFS. — Possibles, mais limités. Si une main repose sur l'épaule, pendant les essais de mobilisation du bras, on sent une crépitation fine, abondante, de tonalité élevée (Trélat), quand il n'y a pas pénétration; s'il y a pénétration, cette crépitation n'existe naturellement pas; s'il se produit une crépitation bruyante, en *sac de noix*, la fracture est comminutive.

DOULEUR. — Provoquée au-dessous du bord externe de l'acromion.

PALPATION. — Elle révèle quelquefois la tête mobile ou des fragments de la tête, dans le cas de fracture comminutive.

II. Fracture du col chirurgical. — AGE. — Surtout chez l'adulte.

DÉFORMATION. — Le bras pend le long du corps. Si on le porte dans l'abduction, il se fait une encoche en *coup de hache*, à 5 centimètres sous l'acromion. Effacement du sillon delto-pectoral.

ECCHYMOSE. — Intense.

PALPATION. — Elle révèle la dépressibilité du deltoïde à 3 centimètres sous l'acromion; la saillie en ce point du fragment supérieur; la saillie dans l'aisselle du fragment inférieur, saillie qui disparaît quand on tire le coude en bas; elle provoque la douleur et la mobilité anormale au niveau de l'encoche; elle fait reconnaître la crépitation.

DIMENSIONS. — Bras racourci d'un à trois centimètres.

III. Décollement épiphysaire. — AGE. — Il survient chez des enfants ou des adolescents.

IMPOTENCE FONCTIONNELLE. — Complète.

INSPECTION. — Déformation en *coup de hache* sous-acromial.

PALPATION. — Dépressibilité du deltoïde; douleur à 3 centimètres sous l'acromion; sensation du fragment supérieur et d'une encoche au-dessous de lui; mobilité anormale en ce point; crépitation fine, égale, légère; disparition de la déformation par une traction sur le coude.

Mensuration. — Raccourcissement du bras quand le chevauchement des fragments est complet.

Traitement.

I. Fracture du col anatomique. — Fracture sans déplacement et avec pénétration (Cas habituel). — Maintenir le bras quelque temps dans une écharpe; très rapidement pratiquer la mobilisation et le massage (Championnière).

Fracture avec déplacement. — Attendre la consolidation et pratiquer rapidement la mobilisation.

Si la consolidation ne se fait pas, surtout chez le vieillard, si la tête reste mobile, aller l'extraire par l'arthrotomie ou la suturer au reste de la diaphyse par l'enchevillement.

II. Fracture du col chirurgical. — Il faut réduire d'abord la fracture et reporter le fragment inférieur en bonne position, soit par des tractions simples, soit avec l'aide de chloroforme, s'il a des contractures. La coaptation est bien faite, lorsque l'épicondyle regarde en avant et se trouve sur une ligne verticale passant par la pointe de l'acromion. Appliquer ensuite l'appareil de Hennequin (voy. p. 466).

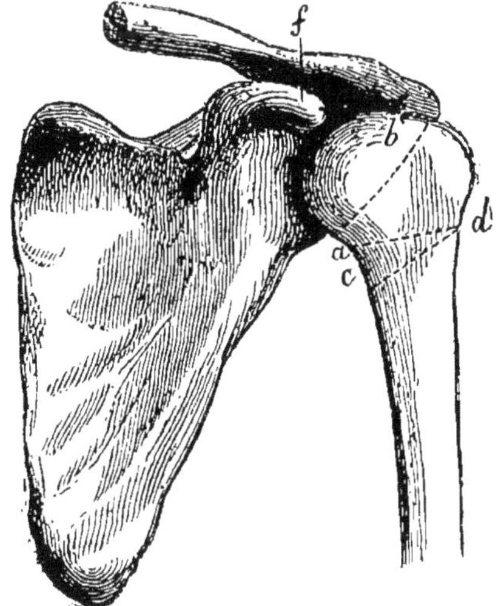

Fig. 111. — Fracture de l'extrémité supérieure de l'humérus.

ab, col anatomique ; *ad*, col chirurgical ; *cd*, extrémité supérieure de l'humérus ; *f*, coracoïde.

III. Décollement de l'épiphyse supérieure.

S'il n'y a pas de déplacement. — Appliquer une écharpe.

En cas contraire. — Réduire et appliquer l'appareil de Hennequin.

Si la réduction est impossible. — Endormir le sujet, réduire à ciel ouvert et fixer les fragments, soit par la suture métallique, soit par l'enchevillement central avec un clou d'acier ou avec une cheville d'ivoire.

AFFECTIONS PÉRI-ARTICULAIRES

Hygroma sous-deltoïdien. — Il est rarement aigu, plus souvent chronique ; il se révèle par la fluctuation à siège sous-acromial ; la poche se tend, quand le malade contracte le deltoïde en élevant le bras.

Péri-arthrite scapulo-humérale. — Douleur, quand le bras dépasse l'abduction à 45° ; douleur par la pression au-dessous de l'acromion et aux attaches du deltoïde ; fatigue rapide du bras ; atrophie du deltoïde ; les mouvements provoqués du bras sont d'une amplitude moindre qu'à l'état normal et l'omoplate se trouve entraînée.

Traitement. — Topiques calmants contre les douleurs ; révulsion par des vésicatoires volants, par des applications de teinture d'iode, par des pointes de feu superficielles ; douches et bains sulfureux.

ARTHRITES SCAPULO-HUMÉRALES

L'articulation de l'épaule peut être le siège d'affections inflammatoires diverses ; les plus importantes sont les suivantes :

Arthrites traumatiques. — Elles succèdent à une plaie ayant intéressé l'articulation (fracture ou luxation exposée, plaie par balle, par instrument tranchant, etc.). L'épaule est rouge, chaude, tendue, spontanément douloureuse ; son exploration est pénible ; la fièvre est élevée.

Arthrites infectieuses. — Elles se montrent au cours de la variole, de la scarlatine, de la rougeole, de la fièvre typhoïde, de la pyohémie. Elles sont d'origine métastatique et ont le caractère des arthrites purulentes : rougeur, chaleur, douleur ; gonflement articulaire et saillie des culs-de-sac soulevée par le pus ; œdème péri-articulaire ; fièvre élevée, état général mauvais.

Arthrite blennorragique. — Elle survient au cours de la blennorragie, urétrale ou vaginale.

Symptômes. — 1° **Signes fonctionnels.** — Douleurs spontanées, très violentes, très intenses ; impotence fonctionnelle due à la douleur.

2° **Signes physiques.** — Gonflement notable de l'épaule et œdème de toute la région ; douleur par la palpation en avant et en arrière de l'épaule; mouvements provoqués empêchés par la contracture musculaire; l'omoplate est entraînée.

3° **Signes généraux**. — Fièvre intense.

Évolution. — Début brusque; au bout de trois à quatre semaines, tendance à l'ankylose.

Arthrite rhumatismale. — Elle présente les mêmes caractères que l'arthrite blennorragique; elle s'en distingue par des douleurs moins vives; de plus, l'épaule est prise en même temps que d'autres articulations dans le rhumatisme (affection polyarticulaire), non dans la blennorragie ; elle a moins de tendance à l'ankylose; elle peut s'accompagner de lésions cardiaques.

Traitement. — **Arthrites infectieuses et traumatiques**. — — Ouverture large de l'articulation; drainage et lavages abondants.

Arthrite blennorragique. — Traiter avec soin la vaginite ou l'urétrite; applications calmantes sur l'articulation, enveloppements chauds et repos; quand l'inflammation est tombée, combattre l'ankylose par le massage et la mobilisation.

Arthrite rhumatismale. — Administrer le salicylate de soude à haute dose.

SCAPULALGIE

C'est l'ostéo-arthrite tuberculeuse de l'épaule.

Symptômes. — **Première période** : Symptômes fonctionnels. — Douleurs spontanées, localisées à l'articulation, irradiées au coude et au poignet. Gène des mouvements. Fatigue rapide.

Symptômes physiques. — Épaule augmentée de volume, contrastant avec l'atrophie du bras (l'épaule en gigot de mouton). Bras en abduction et en rotation externe.

Douleur causée par la pression sur la coulisse bicipitale, par la pression sur la tête humérale, par le choc sur le coude, par les mouvements provoqués. Sensation particulière de mollesse de la région, due aux fongosités. Dans les mouvements provoqués, l'omoplate est entraînée. — Ganglions dans l'aisselle.

Le bras est légèrement allongé.

Deuxième période. — Période de suppuration. — Il existe des tuméfactions soulevant la peau et fluctuantes : ce sont des abcès froids, qui apparaissent de préférence en dehors (coulisse bicipitale), en arrière de l'épaule, dans la gouttière sus-épineuse. — Le bras est en adduction forcée, collé au tronc.

Période de fistules. — Les fistules criblent le moignon de

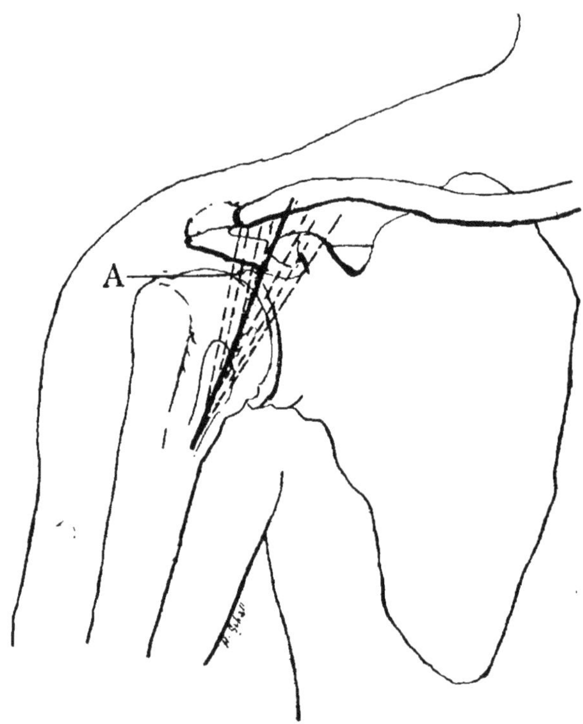

Fig. 112.— Incision de la résection de l'épaule, la partie pointillée représente la zone d'incision (d'après Ollier).

l'épaule en plus ou moins grand nombre. L'humérus se luxe souvent en avant et en dedans.

Diagnostic. — *Arthrite blennorragique*. — Lésions génitales; début aigu spécial; tendance à l'ankylose.

Arthrite déformante. — Indolence relative; craquements bruyants; poussées d'hydarthrose; âge avancé du malade.

Arthrite tabétique. — Signes du tabes; indolence absolue; usure des surfaces osseuses; **épaule de polichinelle**.

Ostéomyélite chronique de l'épiphyse supérieure de l'humérus qui a débuté, de façon aiguë, chez un sujet jeune, sans tares tuberculeuses, est juxta-articulaire et n'intéresse pas l'articulation.

Traitement. — Traitement général. — Celui des affections tuberculeuses : bonne hygiène, bonne nourriture, minimum de fatigue.

Chez l'enfant. — Immobilisation par un appareil plâtré ; on applique la bande plâtrée en circulaires autour du tronc ; puis la bande est conduite de l'aisselle du côté sain à l'épaule malade : elle descend sur la face antérieure du bras, fait une boucle sous le coude fléchi, remonte en arrière et se croise sur l'épaule ; puis on fait des circulaires du bras, de l'avant-bras, du poignet. L'appareil étant sec, on fait une fenêtre au niveau du deltoïde, une autre au niveau du coude.

Injections articulaires ; en avant à 1/2 centimètre en dehors de l'apophyse coracoïde.

Chez l'adulte. — Traitement de choix ; résection de l'épaule.

1er *temps* : Incision cutanée de 10 à 12 centimètres, passant entre les fibres deltoïdiennes.

2e *temps* : Incision de la capsule en dehors de la coulisse bicipitale et parallèlement au tendon du biceps ; détacher les insertions des muscles sus et sous-épineux et petit rond ; détacher la capsule en arrière et en dehors.

3e *temps* : Sectionner la tête humérale avec une scie à chaîne. Excision, évidement de la cavité glénoïde.

4e *temps* : Excision de tous les tissus fongueux ; ménager soigneusement le tendon du biceps.

5e *temps* : Incision et drainage postérieur. Drainage. Pansements.

OSTÉO-SARCOME DE L'EXTRÉMITÉ SUPÉRIEURE DE L'HUMÉRUS

Symptômes. — Douleurs spontanées. Impotence fonctionnelle. Gonflement de l'épaule, sans caractères inflammatoires. Tumeur arrondie, profonde, se continuant avec le corps de l'humérus ; elle est dure : donne parfois la crépitation parcheminée. Douleur à la pression. Liberté complète des mouvements passifs de la jointure.

Évolution rapide. Augmentation de volume, bosselures, irrégularités, ulcération de la tumeur.

Traitement. — 1° **Désarticulation de l'épaule.** — Elle doit être faite le plus tôt possible.

Procédé de Larrey, en raquette (fig. 113). — Incision verticale, commençant sous l'acromion, entre son sommet et la coracoïde, descendant sur la face externe de l'épaule, longue de 10 centimètres et allant à fond, jusqu'à l'os. Une incision oblique, exclusivement cutanée, part du milieu de la fente verticale, descend à droite, croise la face interne du bras, au niveau de l'extrémité inférieure de la fente verticale et remonte à gauche par une reprise exécutée par-dessus le membre jusqu'au milieu de la fente verticale. — Les muscles antérieurs sont sectionnés au ras de la peau rétractée par l'aide (faisceaux antérieurs du deltoïde, tendon du grand pectoral, coraco-brachial). Le nerf médian est récliné, l'humérale est liée. Le deltoïde postérieur est coupé au ras de la peau. Le coude est collé au tronc et la tête est portée en dehors ; sur elle on coupe la portion externe de la capsule ; la tête est poussée au dehors par cet orifice ; les faisceaux internes de la capsule sont détachés au ras de l'humérus, puis le couteau coupe les tendons triceps, grand dorsal, grand rond et sort au ras de la peau. Suture verticale et pansement.

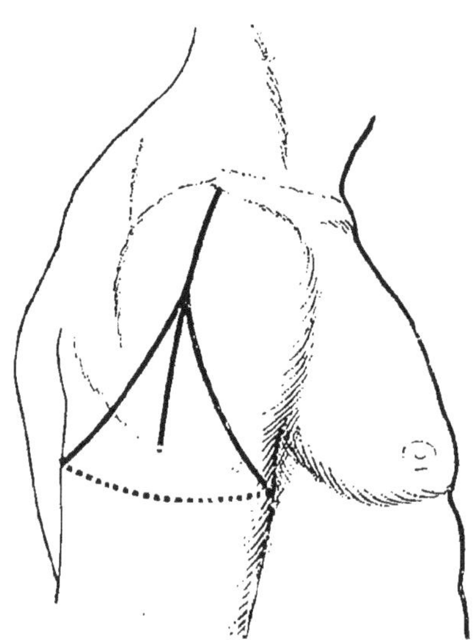

Fig. 113. — Désarticulation de l'épaule, procédé de Larrey.

2° **Amputation inter-scapulo-thoracique** (Berger).

II. — AISSELLE

PLAIES DE L'AISSELLE

Ce sont des plaies par instruments piquants, tranchants, contondants, par projectiles divers, etc. La gravité de ces traumatismes réside dans la blessure possible des vaisseaux ou des nerfs de l'aisselle.

Blessure de la veine. — Elle donne lieu à l'écoulement de sang noir, qui sort en bavant, sans jet et est arrêté par le tamponnement. Pouls normal. Le principal danger est l'infection et la thrombose de la veine, la phlébite et l'infection sanguine.

Blessure de l'artère. — Elle donne lieu à une hémorragie énorme et rapidement mortelle, *si la plaie est large* ; *si la plaie est étroite*, il se produit un *anévrisme diffus ;* tumeur dans l'aisselle, molle, fluctuante, non réductible, ni pulsatile ; souffle léger à l'auscultation ; diminution ou abolition du pouls radial ; refroidissement du membre et finalement gangrène.

Blessure des nerfs. — Elle s'accompagne de douleurs locales, de trémoussements musculaires dans le bras, ou de perte de la sensibilité et de la motricité dans le territoire d'un ou plusieurs troncs nerveux.

Traitement. — Inciser largement pour enlever les projectiles ; esquilles, débris de vêtements ; pour désinfecter la plaie et le trajet ; pour intervenir selon les indications.

Plaie de la veine. — Suture latérale ; *si la plaie est petite*, suture longitudinale ; *si elle est large avec* déchirure, ligature des deux bouts ; drainer la plaie ; pansement, compression modérée du membre, pour permettre la circulation du sang.

Plaie de l'artère. — Suture latérale de la plaie, *si elle est longitudinale* ; s'il y a anévrysme diffus, nettoyer le foyer, lier les deux bouts de l'artère dans la plaie (voir ci-dessous).

Plaie des nerfs. — Enlever les corps étrangers. Suturer avec soin les troncs nerveux sectionnés.

AFFECTIONS ORGANIQUES DE L'AISSELLE

Anévrisme de l'axillaire. — *Symptômes.* — 1° **Signes fonctionnels.** — Douleurs du bras, fatigue rapide, engourdissement, sensation de battements.

2° **Signes. physiques.** — Tumeur de volume variable, animée de battements, invisible, si elle est petite et cachée dans l'aisselle. Tumeur molle, rénitente, réductible par compression, siège de battements perceptibles à la main et d'expansion, s'affaissant si on comprime l'artère au-dessus, augmentant si on la comprime au-dessous. Pouls radial plus faible que du côté sain, et en retard. Souffle systolique.

Anévrisme artério-veineux. — Causé en général par un traumatisme.

Symptômes. — **Signes fonctionnels.** — Identiques.

Signes physiques. — Tumeur pulsatile, donnant la sensation du thrill, au palper et à l'auscultation. Veines dilatées dans tout le membre, animées de battements au voisinage de l'anévrisme. Œdème fréquent. Pouls affaibli et ralenti du côté malade. Membre plus froid.

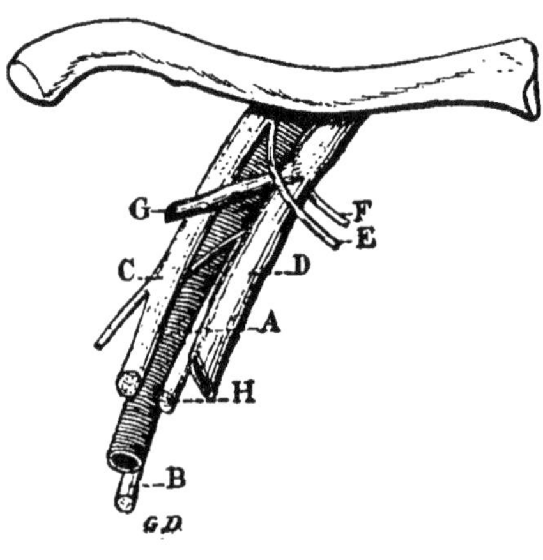

Fig. 114. — Schéma des rapports de l'axillaire.

A, artère axillaire ; B, radiale, C, médian; H, cubital : D, veine axillaire; E, nerf du grand pectoral; F, nerf du petit pectoral; G, veine céphalique.

Traitement. — **Anévrisme artériel.** — Ligature au-dessus et au-dessous avec extirpation du sac anévrismal (P. Delbet).

Ligature de l'artère axillaire. — 1° *Au niveau de l'aisselle, sous la clavicule.* — Incision horizontale, parallèle au bord inférieur de la clavicule, à un travers de doigt sous lui, longue de 8 centimètres, répondant par son milieu au milieu de cet os. Sectionner les faisceaux claviculaires du grand pectoral au ras de la clavicule. Fendre l'aponévrose du muscle sous-clavier avec le bistouri horizontal, au ras de la clavicule. Libérer le bord inférieur de ce muscle. Sentir les vaisseaux à travers le feuillet profond de la gaine de ce muscle, artère en dehors, veine en dedans. Dissocier l'aponévrose. Lier de dedans en dehors, en évitant de blesser la veine et les branches du plexus brachial (fig. 114).

2° *A la base de l'aisselle.* — Malade sur le dos, le bras perpendiculaire au tronc. Incision cutanée de 8 centimètres, sur le bord interne du coraco-brachial. Porter le grand pectoral en haut, la veine basilique en bas. Inciser l'aponévrose sur le bord interne du coraco-brachial, sous la lèvre antérieure de la plaie ; récliner ce muscle en dehors. Sous lui sentir et accrocher le paquet vasculo-nerveux; laisser échapper un cordon, le nerf médian, le relever et le porter en dehors, l'artère est au-dessous. La séparer des veines satellites et la lier d'arrière en avant. Pansement ouaté, sans compression, pour éviter la gangrène du membre.

Anévrisme artério-veineux. — « Tenter la compression à la fois directe et indirecte dans les cas récents, mais sans y insister;

« Faire la quadruple ligature lorsque le sac est très petit ou qu'il manque;

« Extirper le sac dès qu'il a un certain volume » (P. Delbet).

AFFECTIONS INFLAMMATOIRES DE L'AISSELLE

Abcès tubéreux. — Ils siègent dans la peau de la base de l'aisselle; ils prennent naissance dans les glandes sébacées et les follicules pileux, ce sont des *furoncles.*

Hydrosadénites. — Elles prennent naissance dans les glandes sudoripares : petite tumeur arrondie, grosse comme une cerise, douloureuse.

Traitement. — Il faut raser avec soin la région, la savonner, la laver à l'alcool; inciser les collections au bistouri ou au thermocautère : pansement humide antiseptique. Lavages fréquents, pour empêcher la récidive.

Abcès du tissu cellulaire sous-cutané. — Peau rouge, douloureuse, tendue. Incision et pansement antiseptique.

Phlegmons profonds. — Sous-aponévrotiques. Ce sont en général des **adéno-phlegmons**; ils succèdent à des plaies des doigts, du sein, en général à une infection partie du territoire d'apport des ganglions lymphatiques de l'aisselle.

Symptômes. — **Signes fonctionnels.** — Douleur vive, gêne du bras.

Signes généraux. — Fièvre, souvent intense (piqûre anatomique), prostration, délire, état grave.

Signes physiques. — Gonflement des ganglions axillaires, qui sont douloureux; rougeur des cordons lymphatiques afférents. Empâtement du creux axillaire. La fluctuation apparaît tardivement et il ne faut pas l'attendre pour intervenir.

Le pus peut fuser vers le cou et dans le médiastin, dans la plèvre par les espaces intercostaux; ou se faire jour à la base de l'aisselle.

Traitement. — Incision large de l'aisselle, qu'on aborde par sa base. Lavages antiseptiques. Drainage. Pansements humides. Nettoyer et panser la plaie d'où est partie l'infection. Relever l'état général du sujet.

Phlegmon de la paroi antérieure. — Il peut se développer *sous le petit pectoral* et tend à fuser soit vers le cou, soit vers le thorax : œdème du bras, dyspnée, phénomènes généraux graves.

L'abcès qui se développe entre les *muscles pectoraux* évolue sur place, n'envahit pas le thorax, vient s'ouvrir sous la saillie du grand pectoral.

C'est en ce point qu'on incisera l'un et l'autre.

Adénite tuberculeuse. — Mêmes caractères qu'au niveau du cou (voir plus loin).

Névrome. — Tumeur allongée selon le trajet d'un nerf, déterminant des troubles de la sensibilité et de la motilité dans le domaine de ce nerf, mobile, sensible à la pression.

Traitement. — Topiques calmants, ablation.

Adénopathie cancéreuse, secondaire à un cancer du sein en général. — Située sur la face interne de l'aisselle contre laquelle on devra appliquer la face palmaire des doigts pour l'explorer. Tumeur mobile d'abord, arrondie, puis adhérente, très dure, augmentant progressivement de volume, adhérant à la peau, l'ulcérant, comprimant les nerfs et la veine axillaire.

Traitement. — Il faut enlever de bonne heure ces ganglions et extirper plusieurs fois les récidives se prolongeant au-dessus de la clavicule.

Adénopathie syphilitique. — Elle coïncide avec d'autres manifestations. Traitement spécifique.

Lymphadénome. — Il se développe aux dépens des ganglions qui ont une consistance uniforme. Jamais il ne suppure. Rapidement les ganglions du cou, de l'aisselle, de l'aine sont hypertrophiés. Pâleur caractéristique du sujet ; hyperleucocytose.

Lymphosarcome. — A développement rapide, formant une tumeur inégale, bosselée, qui s'ulcère, siège d'hémorragies fréquentes et abondantes, unilatéral le plus souvent.

Emphysème. — L'emphysème succède à une plaie de poitrine ayant intéressé le poumon. Tumeur sonore, faisant bomber l'aisselle, donnant une crépitation fine.

III. — BRAS

FRACTURE DE LA DIAPHYSE HUMÉRALE

Symptômes. — 1° **Fonctionnels.** — Impotence fonctionnelle.

2° **Physiques.** — Gonflement du bras, avec ou sans ecchymose. Encoche sur la face externe du bras, ouverte en dehors. Douleur à la pression au niveau de la fracture ; flexibilité anormale de l'humérus; crépitation. Raccourcissement du bras, pouvant aller jusqu'à 15 et 20 millimètres. Chevauchement du fragment inférieur en dedans et en arrière du supérieur, le plus souvent.

Complications. — Fractures ouvertes. Fractures comminutives. Coexistence d'une luxation de l'épaule ou du coude.

Lésions vasculaires, artérielle ou veineuse.

Lésions nerveuses. Elles sont fréquentes. *Immédiates*, elles peuvent intéresser le cubital, le médian, le radial; *tardives*, elles intéressent surtout le *radial* (flexion du poignet et des doigts avec impossibilité de les relever); anesthésie plus ou moins étendue : troubles trophiques; quelquefois impossibilité d'étendre l'avant-bras.

Pseudarthrose. — *Très fréquente*, permettant un usage fonctionnel du bras très variable.

Traitement de la fracture. — **Fracture sans déplacement.** — On peut se contenter, surtout chez l'enfant, de gouttières en carton, en gutta-percha.

Fracture avec déplacement. — Il faut appliquer un appareil plâtré qui immobilise les fragments après réduction en bonne attitude.

Appareil de Hennequin (fig. 115). — 1° Asseoir le blessé sur une chaise ou sur le bord de son lit.

2° Appliquer un bandage ouaté peu épais, sur la main, l'avant-bras, la moitié inférieure du bras; fléchir l'avant-bras à angle droit sur le bras et le maintenir par une bande qui s'enroule autour du cou.

3° Contre-extension réalisée par une bande qui passe sous l'aisselle garnie d'ouate et s'attache à un point d'appui fixe; extension faite par une bande qui embrasse la face postérieure du bras, croise la face antéro-supérieure de l'avant-bras,

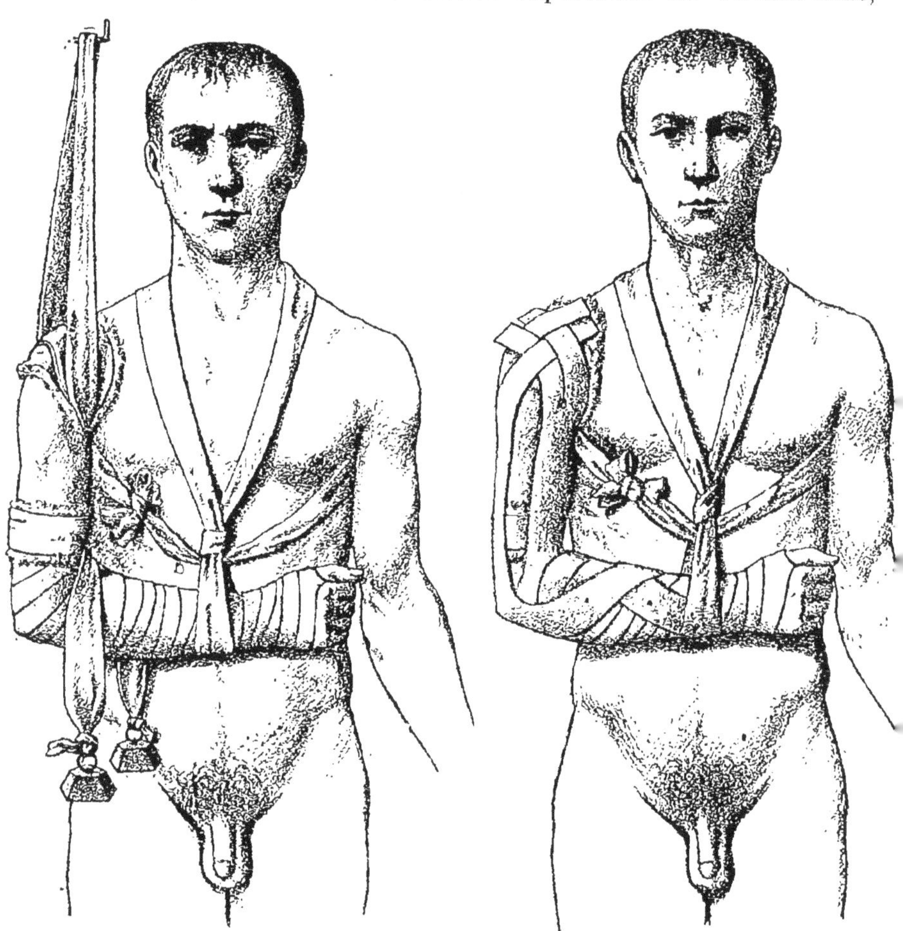

Fig. 115. — Appareil de Hennequin pour les fractures de l'humérus.

pend sous lui et porte un poids de deux kilogs environ (fig. 115).

4° Faire alors une bande de seize feuilles de tarlatane, longue d'un mètre, ayant la largeur du bras à sa partie moyenne; faire une échancrure de 20 centimètres à son bord supérieur, de 42 à 50 centimètres à son bord inférieur; la bande a la forme d'un H (fig. 116); ses deux branches courtes sont divisées longitudinalement en deux; tremper la bande dans le plâtre gâché.

5° Pendant ce temps, la réduction s'est faite ; sinon, on l'aide par des tractions sur le coude.

6° La bande est passée entre le tronc et le bras ; l'échancrure supérieure embrasse l'aisselle et les deux branches se croisent par-dessus le moignon de l'épaule ; l'échancrure inférieure embrasse le pli du coude et les deux branches s'enroulent autour de l'avant-bras, se croisant deux fois. La face antérieure du bras est laissée à découvert.

7° Enrouler une bande de toile pour fixer et modeler l'appareil : quand il est sec, supprimer les bandes d'extension et de contre-extension.

Au bout d'un mois, supprimer l'appareil, mobiliser l'avant-bras et le bras pour combattre les raideurs articulaires.

Fracture avec plaie. — Pansement antiseptique ; extraire

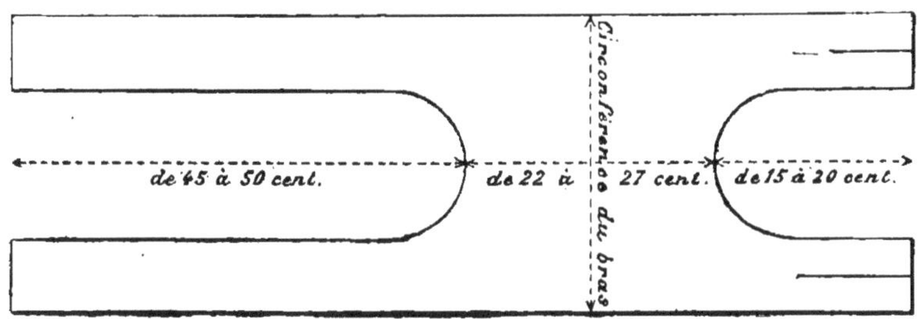

Fig. 116. — Patron de l'appareil de Hennequin.

les esquilles osseuses privées de leurs attaches périostiques. Appliquer un appareil plâtré ou une gouttière métallique, permettant les pansements ultérieurs.

Fracture avec luxation. — Laisser consolider la fracture et réduire secondairement la luxation, par les procédés de douceur, par les procédés de force ou par la méthode sanglante.

Pseudarthrose. — *Si elle permet un usage satisfaisant du bras*, ne pas y toucher.

Dans le cas contraire, conseiller l'emploi d'un appareil prothétique servant d'attelle au bras et immobilisant les deux fragments. L'intervention sanglante ouvre le foyer de fracture, supprime les tissus mous interposés aux fragments, avive leurs extrémités et les fixe, soit par la suture et la ligature isolées ou combinées, en cas de fracture oblique, soit par l'enchevillement central, en cas de fracture transversale.

Compressions nerveuses. — Elles sont surtout tardives et intéressent le radial. Libérer le nerf par une intervention sanglante. Le régénérer par l'électrisation.

AMPUTATION DU BRAS

1° **Au tiers inférieur.** — MÉTHODE CIRCULAIRE. — Opérateur en dehors ; le premier aide tient le bras écarté du tronc; le deuxième aide rétracte la peau. Marquer le point de la section osseuse, mesurer le pourtour du bras à ce niveau ; le lambeau aura la moitié de cette longueur. Incision circulaire de la peau, la mobiliser et la faire rétracter d'au moins deux centimètres. Couper les muscles jusqu'à l'os, au ras de la peau rétractée ; faire rétracter les chairs en un cône à base supérieure; couper ce cône à sa base jusqu'à l'os. Détacher une manchette périostique à l'aide de la rugine et scier l'os au point voulu. Lier les vaisseaux qu'on a pincés à mesure qu'on les sectionnait. Suture au catgut des muscles. Suture de la peau avec ou sans drainage. Pansement aseptique.

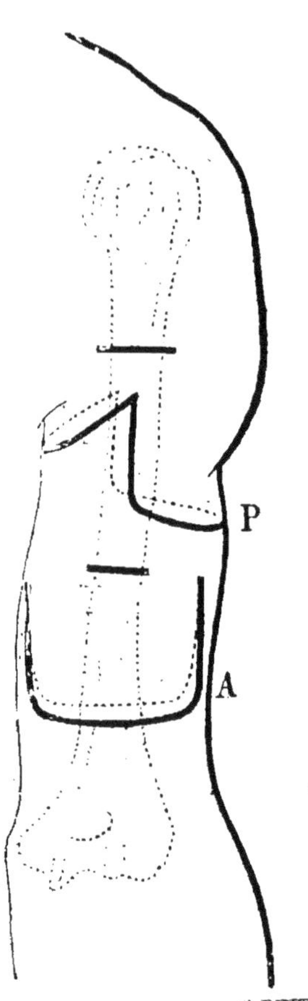

Fig. 117. — Amputation du bras.

A, méthode à deux lambeaux : antérieur et postérieur ; P, méthode à un lambeau externe, les traits indiquent le lieu de section de l'os.

2° **Au tiers moyen.** — DEUX LAMBEAUX ÉGAUX : UN ANTÉRIEUR, UN POSTÉRIEUR. — Les lambeaux ont chacun : en largeur, la moitié du pourtour du bras mesuré au ruban métrique ; en longueur, la moitié également de ce pourtour. On incise d'abord la peau du lambeau antérieur, puis celle du lambeau postérieur ; les chairs sont coupées par transfixion. A la base des lambeaux, on achève de couper les chairs circulairement, la manchette périostique est détachée et l'os est scié. Protéger les chairs par la compresse à deux chefs.

3° **Au tiers supérieur.** — Lambeau externe. — Le lambeau mesure, en largeur et en longueur, la moitié du pourtour du bras. Tailler des téguments de gauche à droite : première incision commençant et finissant à 3 centimètres au-dessous du niveau de la section osseuse, ayant la forme d'un U dessinant le grand lambeau ; deuxième incision, passant sur la face interne du bras, unissant les deux extrémités de la précédente, un peu convexe en bas. Taille des muscles du lambeau, de bas en haut, en creusant profondément. Détacher les insertions du grand pectoral, du coraco-brachial. Lier l'axillaire et la couper. Couper les tendons grand dorsal et grand rond. Scier près du col chirurgical.

IV. — COUDE

AFFECTIONS TRAUMATIQUES

1° FRACTURES DU COUDE

Symptômes. — **Fractures sus-condyliennes.** — *a*) Sans déplacement. — Tuméfaction articulaire; pas de déformation de la région. Douleur vive à la pression, plus exquise sur le trait de fracture ; mobilité anormale, crépitation, déformation obtenue en coudant en arrière le fragment inférieur sur le supérieur.

b) Avec chevauchement en arrière du fragment inférieur. — Coude fléchi, main en pronation ; élargissement antéro-postérieur du coude ; quelquefois déformation angulaire, à angle ouvert en arrière. On sent, en avant, une saillie arrondie au-dessus du pli du coude qui est l'extrémité du fragment inférieur. Les trois saillies, olécrâne, épicondyle, épitrochlée sont élevées, portées en arrière, avec conservation des rapports normaux. Mobilité anormale, d'avant en arrière, latéralement. Crépitation. La réduction, facile à réaliser, ne se maintient pas. Diminution de la distance de l'acromion à l'épitrochlée.

Diagnostic. — Ne pas confondre avec la luxation du coude en arrière.

Fracture sus et intercondylienne, en T, en Y. — Elle appartient à l'âge mûr; même déformation que dans la fracture sus-condylienne. De plus, le coude est élargi; l'épicondyle et l'épitrochlée sont mobiles l'un sur l'autre, avec crépitation et provocation d'une douleur très vive. Hémarthrose et épanchement péri-articulaire très considérables, rendant souvent le diagnostic très délicat.

Décollement de l'épiphyse inférieure de l'humérus. — Observé surtout chez l'enfant depuis la naissance jusqu'à 4 ans. Signes identiques à ceux de la fracture sus-condylienne; seule différence : le fragment supérieur présente latéralement les saillies de l'épicondyle et de l'épitrochlée.

Fracture du condyle externe. — Elle appartient surtout à l'enfance.

Sans déplacement : Ecchymose externe et gonflement : points douloureux sur le bord externe de l'humérus et sur le condyle; crépitation par les mouvements de pronation et de supination.

Avec déplacement : Signes surtout sensibles dans l'extension forcée; le sommet du fragment est attiré en bas, sa base est poussée en haut et avec elle la tête du radius, dont on sent la cupule rouler sous les doigts dans la pronation.

Fractures du condyle interne. — Surtout chez l'enfant.

Sans déplacement : Ecchymose, gonflement limités; crépitation par des mouvements de flexion et de supination.

Avec déplacement : Le fragment est porté en haut, en arrière et en dedans, suivi par le cubitus, avec subluxation du radius.

Pronostic des fractures de l'extrémité inférieure de l'humérus. — Il est sérieux pour des raisons multiples : la réduction est souvent difficile à réaliser et délicate à maintenir. La consolidation se fait bien, mais il se produit des cals volumineux, des ponts osseux dus au décollement du périoste, des hyperostoses, qui gênent le jeu de la jointure. Le traumatisme est cause d'arthrite, de rétractions ligamenteuses, d'adhérences plastiques péri ou intra-articulaires. L'amyotrophie est la règle. Le cubital peut être comprimé par un fragment osseux ou par un cal difforme.

Traitement. — **Fractures récentes.** — Il n'y a pas de déplacement. — Pas d'appareil, masser et mobiliser immédiatement l'articulation et le membre, en veillant à ne pas déplacer les fragments par ces manœuvres.

Le déplacement existe, facilement réductible. — Après réduction, immobiliser dans une gouttière postérieure (plâtrée, métallique, etc.). L'appareil circulaire doit être proscrit.

La réduction est difficilement maintenue. — On peut tenter des moyens divers; l'immobilisation dans une gouttière postérieure, l'avant-bras étant en extension forcée et en supination; l'extension continue sur l'avant-bras par des poids; l'ouverture du foyer et la suture ou l'enchevillement des fragments.

Fractures comminutives. — Immobiliser l'avant-bras à angle droit ou aigu, si l'on craint l'ankylose.

Fractures exposées. — Antisepsie minutieuse et immobilisation. Supprimer les esquilles. Pas de résection, ni d'amputation hâtive.

Fracture ancienne avec cal difforme. — L'ostéoclasie doit être proscrite. Il faut ouvrir l'articulation, voir la nature de l'obstacle aux mouvements. On l'enlève ou on le modère, selon les cas, si c'est une hyperostose, un cal exubérant, un fragment mal placé ; la *résection orthopédique* peut être indiquée et est suivie d'un bon résultat fonctionnel.

Fractures de l'olécrâne. — *Symptômes.* — 1° **Fractures de la partie moyenne.** — Impossibilité de fléchir et d'étendre activement l'avant-bras. Avant-bras fléchi à angle droit sur le bras et soutenu par la main saine. Ecchymoses et gonflement de le région du coude. Les mouvements passifs de l'avant-bras sont possibles, mais s'accompagnent de douleurs.

Fracture sans déplacement. — Pas d'écartement entre les fragments; douleur localisée et sensation quelquefois d'une encoche linéaire. Ecchymose linéaire.

Fracture avec déplacement. — Fléchissez l'avant-bras, il existe un espace entre les deux fragments, allant de quelques millimètres à 5 et 6 centimètres; le doigt s'enfonce entre eux, sent la fluctuation de l'hémarthose, peut arriver sur la trochlée. Etendez l'avant-bras, l'écartement disparait. L'olécrâne est mobile transversalement avec production de la crépitation.

2° **Fracture du sommet.** — Mouvements actifs d'extension conservés. Douleur à la palpation, localisée au sommet de l'olécrâne. Pas de mobilité latérale, pas de crépitation. Pas d'écartement.

3° **Fracture de la base.** — Symptômes fonctionnels et physiques analogues à ceux de la fracture à la partie moyenne; en plus, le fragment supérieur est plus gros, taillé en pointe, soulevant les téguments qu'il peut perforer; sous lui, le cubitus est coupé en biseau aux dépens de son bord postérieur.

4° **Fractures anciennes.** — En cas de déplacement un peu considérable, le cal osseux est rare. Les deux fragments sont réunis par un cal fibreux ; s'il est court et épais, usage du membre satisfaisant; s'il est long et mince, gêne des mouvements, faiblesse surtout de l'extension.

Traitement. — Il n'y a pas de déplacement. — Pratiquer immédiatement le massage de tout le membre et de la région articulaire surtout pour favoriser la résorption du sang intra et péri-articulaire. Mobiliser le coude, avec précaution au début, franchement au bout de huit jours.

L'élévation du fragment est faible (quelques millimètres). — Rejeter d'une manière absolue l'immobilisation en demi-flexion qui sépare les fragments, s'accompagne de cal fibreux, laisse les muscles s'atrophier.

Deux méthodes de traitement:

1° Immobilisation dans l'extension par une gouttière plâtrée antérieure, étendue de l'épaule au poignet; de la gouttière partent des bandes obliques qui pressent sur l'olécrâne et le portent en bas. Au bout de huit jours, on commence les séances de massage, sur tout le membre et sur l'articulation: on imprime des mouvement légers à l'articulation, les doigts fixant le fragment olécrânien et l'obligeant à suivre le cubitus. Puis le bras est remis dans la gouttière. Les mouvements sont de plus en plus étendus les jours suivants.

2° Massage (Tripier, de Lyon). Massage dès le 2e ou le 4e jour. Le bras est maintenu ensuite dans l'extension et fixé ainsi par des attelles ouatées. Massage journalier portant sur tout le membre. L'olécrâne est maintenu fixé par les doigts. Mobilisation dès le 10e jour, progressivement croissante. Guérison en 30 à 40 jours.

L'écartement des fragments est considérable. — Pratiquer la suture des fragments par des fils métalliques; avant-bras dans l'extension; massage journalier; mobilisation dès le 10e jour.

Fracture ancienne avec cal fibreux. — Incision, avivement

des fragments osseux, suture osseuse. Massage des muscles.

Fracture de l'apophyse coronoïde sans luxation du coude en arrière. — *Symptômes.* — **Pas de déplacement du fragment.** — Le diagnostic est basé « sur la douleur localisée, l'apparition ultérieure d'une ecchymose dans le pli du coude et peut-être la crépitation dans cette même région » (Kœnig).

Il y a déplacement. — Présence d'une saillie osseuse dans le pli du coude; crépitation rare; tendance au chevauchement en arrière du cubitus qui se réduit par une pression directe.

Traitement. — Massage *s'il n'y a pas de déplacement et mobilisation. Dans le cas contraire*, immobilisation de quelques jours en flexion et exécution précoce de mouvements passifs.

Fractures du col du radius. — *Symptômes.* — Gonflement et ecchymose au-dessous du pli du coude. Douleur par les mouvements passifs de pronation et de supination. La tête ne suit pas les mouvements du radius. Crépitation. Douleur à la pression au niveau du col. Sensation d'une saillie qui est le bout du fragment inférieur, lorsqu'il y a déplacement.

Traitement. — Immobilisation dans une gouttière plâtrée postérieure, le coude étant à angle droit et le pouce en l'air. Mobiliser dès le quinzième jour.

Fractures de la tête du radius. — *Symptômes.* — Gonflement, ecchymose à la face externe du coude. — *Il y a fissure seulement :* douleur à la pression sur la tête. — *Fracture incomplète :* tête saillante, augmentée de volume; mouvements d'avant en arrière s'accompagnant de crépitation (Delorme). — *Fracture complète* : on sent un fragment libre et mobile; douleur et crépitation provoquées par les mouvements de supination.

Traitement. — Massage contre la fissure simple et la fracture incomplète. *Si le fragment est mobile*, il faut l'enlever; *s'il se fait un cal vicieux*, réséquer la tête radiale.

2° LUXATIONS DU COUDE

Les variétés suivantes sont celles qu'on observe le plus souvent :

Luxations simultanées du radius et du cubitus sur l'humérus.	en arrière...........		fréquentes.
	en avant	complètes ou incomplètes	rares.
	en dehors		
	en dedans		
	divergentes..........		exceptionnelles.

Luxations isolées du radius en avant, fréquentes.
— — en bas, surtout chez les enfants.

Luxations récentes. — I. Luxations en arrière. — ***Symptômes.*** — Inspection. — Avant-bras fléchi sur le bras à 120° ou 140°, rarement à angle droit. Accroissement notable du diamètre antéro-postérieur du coude. L'avant-bras est raccourci (on mesure de l'épitrochlée à l'apophyse styloïde du cubitus) ; le pli du coude paraît remonté et la face postérieure du bras semble raccourcie. Saillie notable de l'olécrâne, s'exagérant par la flexion, et surmontée d'une dépression (fig. 118 et 120).

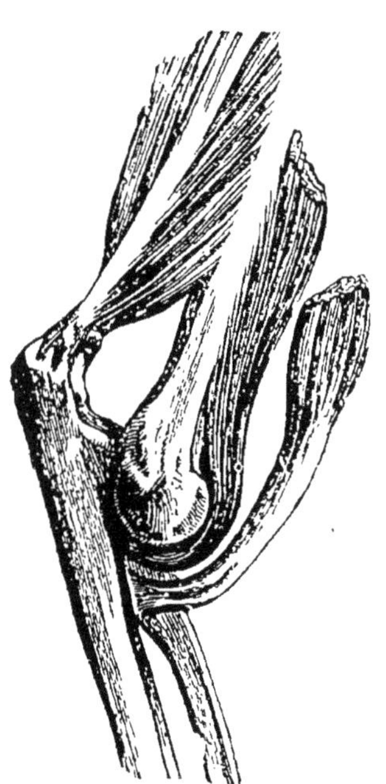

Fig. 118. — Luxation de l'articulation du coude en arrière.

Palpation. — Dans le pli du coude, saillie de l'épiphyse humérale. En arrière, l'olécrâne est très saillant, surmonté par la corde du triceps à concavité postérieure. En dedans d'elle, on sent la cavité sigmoïde du cubitus ; en dehors, on sent la cupule du radius roulant sous le doigt dans les mouvements de supination. L'olécrâne a perdu ses rapports avec les tubérosités de l'humérus : *normalement*, « l'avant-bras (étant fléchi sur le bras, à angle droit, le plan vertical qui passe par les deux tubérosités humérales, épicondyle et épitrochlée, rase la face postérieure de l'olécrâne, le bras étant regardé par sa face interne » (Nélaton); dans cette position, les trois tubérosités forment un triangle à sommet inférieur, représenté par l'olécrâne; le triangle est isocèle, c'est-à-dire que l'olécrâne est à égale distance de l'épicondyle et de l'épitrochlée; dans l'extension de l'avant-bras, les trois tubérosités sont sur la même ligne transversale et l'olécrâne un peu plus rapproché de l'épitrochlée; *dans la luxation en arrière*, si l'avant-bras et étendu, l'olécrâne est au-dessus des deux apophyses humé-

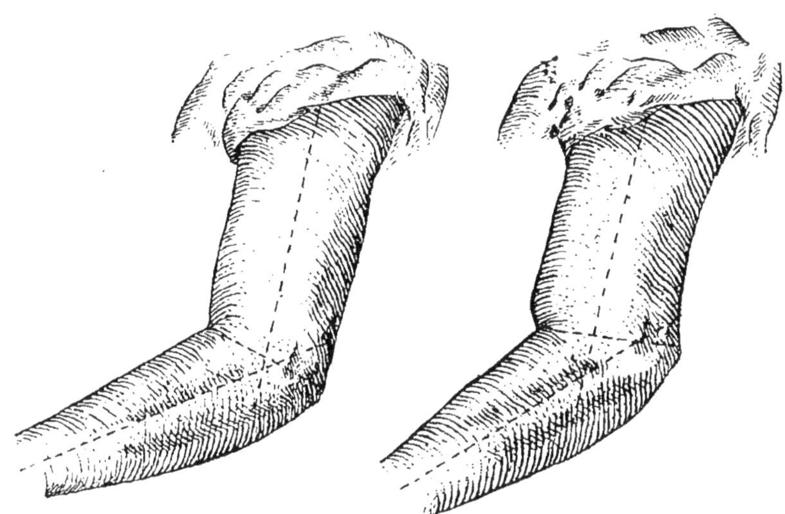

Fig. 119. — Coude normal (d'après Tillaux).

Fig. 120. — Coude atteint d'une luxation (d'après Tillaux).

rales et forme avec elles un triangle à sommet supérieur; si l'avant-bras est fléchi à angle droit, le plan vertical bi-apophysaire passe en avant de l'olécrâne.

Mouvements. — Actifs, nuls; — passifs : extension, elle peut être exagérée; flexion, elle ne peut dépasser 90° à 100°; mouvements de latéralité très étendus.

Mensuration. — Diminution de la distance entre l'épitrochlée et la styloïde cubitale : diminution de la distance entre l'acromion et l'olécrâne.

Diagnostic. — 1° De la luxation : avec la fracture sus-condylienne : dans celle-ci, l'olécrâne a gardé ses rapports avec les tubérosités humérales; la saillie antérieure est moins large et plus arrondie; elle est au-dessus du pli du coude, tandis qu'elle est au-dessous, dans la luxation. Raccourcissement, en mesurant la distance de l'acromion à l'épitrochlée (Malgaigne).

2° DE LA VARIÉTÉ : *luxation postérieure directe*, olécrâne à égale distance des tubérosités humérales ; — *luxation postéro-interne*, olécrâne porté en dedans, avant-bras en supination ; — *luxation postéro-externe*, olécrâne porté en dehors, avant-bras en pronation.

3° DE LA FRACTURE CORONOÏDE CONCOMITANTE : la luxation est réduite facilement, mais se reproduit aussitôt.

Traitement. — LUXATIONS SIMPLES. — Plusieurs procédés de réduction.

1° *Procédé par pression et traction* (Malgaigne, Nélaton, Pingaud). — Faire asseoir le malade sur une chaise ; faire embrasser à pleines mains par un aide la partie supérieure du bras au-dessous de l'aisselle et maintenir fortement le segment du membre. Par un second aide, faire prendre à deux mains le poignet du blessé et, pendant trois minutes, faire ainsi l'extension et la contre-extension. Lorsque les trois minutes sont écoulées, le deuxième aide fléchit un peu l'avant-bras, et le chirurgien, placé derrière ou sur le côté du malade, embrasse le coude avec ses deux mains, de façon que ses deux pouces portent sur l'olécrâne et les huit doigts sur le pli du coude. Il tire alors sur le coude et le fait forcément fléchir, pendant que l'aide qui tient le poignet exagère davantage la flexion à l'avant-bras, le chirurgien exerce alors une pression sur l'olécrâne, qu'il repousse en avant avec ses pouces, tandis que, avec les doigts de ses mains, il repousse en arrière l'extrémité inférieure de l'humérus (Excellent procédé — Desprès).

2° *Procédé par bascule* (Cooper). — Pratiquer l'extension sur l'avant-bras étendu ou fléchi ; presser avec les doigts sur l'olécrâne, ou bien faire fléchir l'avant-bras sur le bras et exercer, avec le talon de la main, une forte pression sur l'olécrâne en s'aidant d'un mouvement de bascule, et cela, en se servant du talon d'un aide, ou bien du genou, ou bien de l'avant-bras du chirurgien placé au pli du coude (fig. 121).

3° *Traction élastique*, quand les tractions manuelles ont échoué. — « Le malade est assis sur une chaise placée de champ à côté de son lit, de telle manière que le membre relevé à angle droit puisse y reposer à plat. Il fait ainsi, par exemple, face à la tête du meuble. Un drap d'alèze, plié en cravate, assujettit en arrière, au pied du lit, la partie la plus inférieure du bras; l'avant-bras, amené dans la flexion à angle droit, est relié de même à la tête du lit par une bande ou un tube de caoutchouc prenant son point d'appui autour du poignet. La traction n'a pas besoin d'être forte, 30 à 48 kilos suffisent » (Pingaud). Au bout d'une demi-heure, on trouve la luxation réduite.

Après réduction, quel que soit le procédé employé, immo-

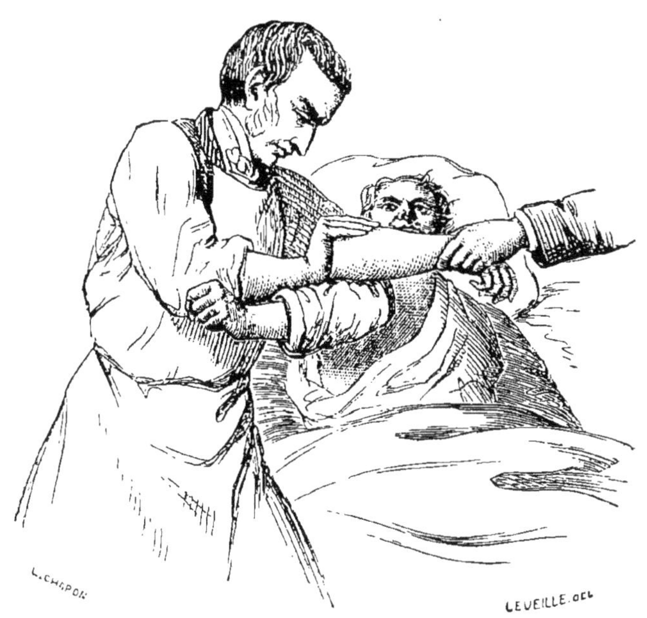

Fig. 121. — Réduction d'une luxation en arrière du coude droit, par le procédé de la paume de la main.

bilisation par une écharpe. Mobilisation précoce, dès le huitième jour et massage.

Luxations avec fracture. — Réduire la luxation et les fragments osseux. Immobiliser pendant 24 jours dans un plâtre, le coude fléchi à angle droit, le pouce en l'air. Mobiliser dès le quinzième jour.

Luxation ouverte. — Pansement antiseptique, après réduction. Tenter par tous les moyens la conservation du membre.

Luxation irréductible d'emblée. — Après les moyens de douceur, tenter les manœuvres de force sous chloroforme. Si insuccès, faire l'arthrotomie et la réduction sanglante.

II. Luxations en avant. — Rares.

Symptômes. — L. INCOMPLÈTE. — Diminution du diamètre antéro-postérieur du coude; étranglement du membre au-dessous des tubérosités humérales; disparition de la saillie olécrânienne. Avant-bras étendu ou un peu fléchi. On sent, en avant, les deux saillies de la tête radiale et de la coronoïde; en arrière, les saillies humérales. Mouvements de latéralité de l'avant-bras. Membre allongé de toute la longueur de l'olécrâne.

L. COMPLÈTE. — Augmentation du diamètre antéro-postérieur du coude. Avant-bras fléchi à angle droit. Pli du coude remonté. En avant, l'avant-bras paraît allongé et le bras raccourci; c'est le contraire en arrière. On sent facilement les saillies et dépressions formées par les extrémités articulaires. Raccourcissement du membre. Mouvements de latéralité.

Complications. — Fracture de l'olécrâne, de la trochlée, etc.

Traitement. — Contre-extension par un aide sur le bras. Le deuxième aide tient le poignet et le fléchit à angle droit. Le chirurgien embrasse, avec ses deux mains, l'extrémité supérieure du cubitus et du radius, tire en bas et les repousse en arrière.

III. Luxations en dehors. — *Symptômes.* — LUXATION INCOMPLÈTE. — Avant-bras demi-fléchi, en forte pronation. En dedans, saillies de l'épitrochlée. A la palpation, on sent, en dedans, les saillies de l'épiphyse humérale; en dehors, le radius en haut, le cubitus en bas. Membre raccourci (fig. 122). Mobilité latérale.

LUXATION INCOMPLÈTE. — Déformation moins intense (fig. 122).

Traitement. — LUXATION COMPLÈTE. — Contre-extension sur le bras par un aide. Flexion et supination de l'avant-bras par un second aide. Le chirurgien refoule en dedans, avec les deux pouces, les os de l'avant-bras, et il maintient avec les autres doigts le bord interne de l'humérus.

LUXATION INCOMPLÈTE. — Manœuvre analogue, mais l'avant-bras est maintenu en supination et extension.

IV. Luxations en dedans. — *Symptômes.* — Elargissement transversal du coude, saillie de l'épicondyle. Avant-bras fléchi en pronation ou en supination. On sent en dehors le condyle abandonné (fig. 123 et 124).

V. Luxations divergentes. (Variété antéro-postérieure). — *Symptômes.* — Avant-bras fléchi à angle obtus, en supination. On sent la tête du radius en avant, et le cubitus derrière la trochlée. Mouvements de latéralité étendus. Mouvements de flexion et d'extension douloureux et limités.

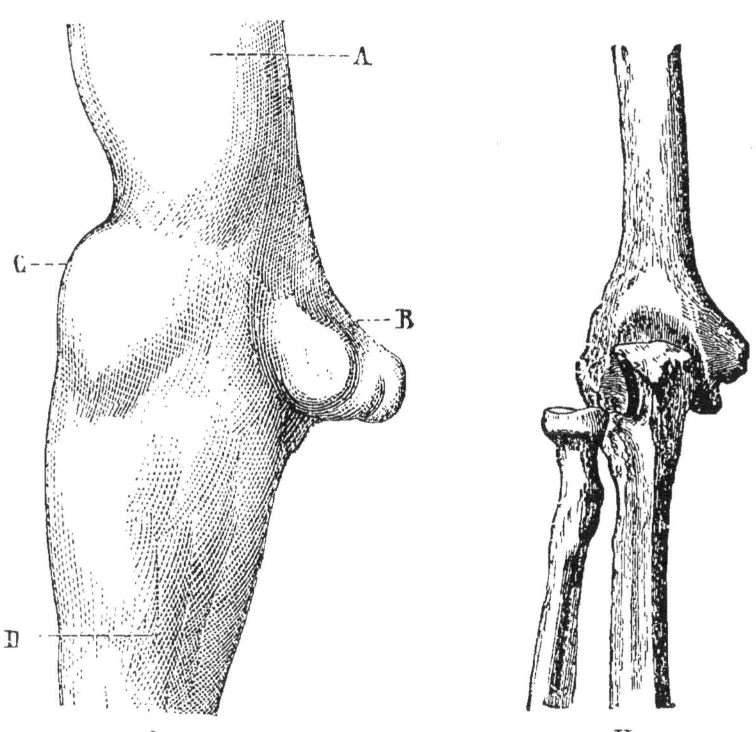

Fig. 122 — I. Luxation complète en dehors (bras droit).

A, face antéro-externe du bras : B, extrémité inférieure de l'humérus ; C, saillie que fait l'extrémité supérieure du cubitus et du radius au côté externe de l'humérus D, bord externe de l'avant-bras, devenu antérieur.

II. Luxation incomplète en dehors.

Traitement. — Extension sur l'avant-bras ; contre-extension sur le bras ; avec les doigts, forcer les os de l'avant-bras à réintégrer leur place.

VI. Luxations du radius en avant. — Fréquentes chez l'adolescent.

Symptômes. — Avant-bras intermédiaire à la pronation et à la supination, infléchi en dehors, raccourci sur son côté externe. On sent la tête du radius, roulant sous le doigt, dans le pli du coude. Le condyle est abandonné. Extension limitée. La flexion ne dépasse pas l'angle droit.

Traitement. — Traction sur l'avant-bras en extension. Porter la tête radiale à sa place par une pression directe. Maintenir ensuite le coude en flexion à angle droit, pendant quelques jours. Mobilisation précoce.

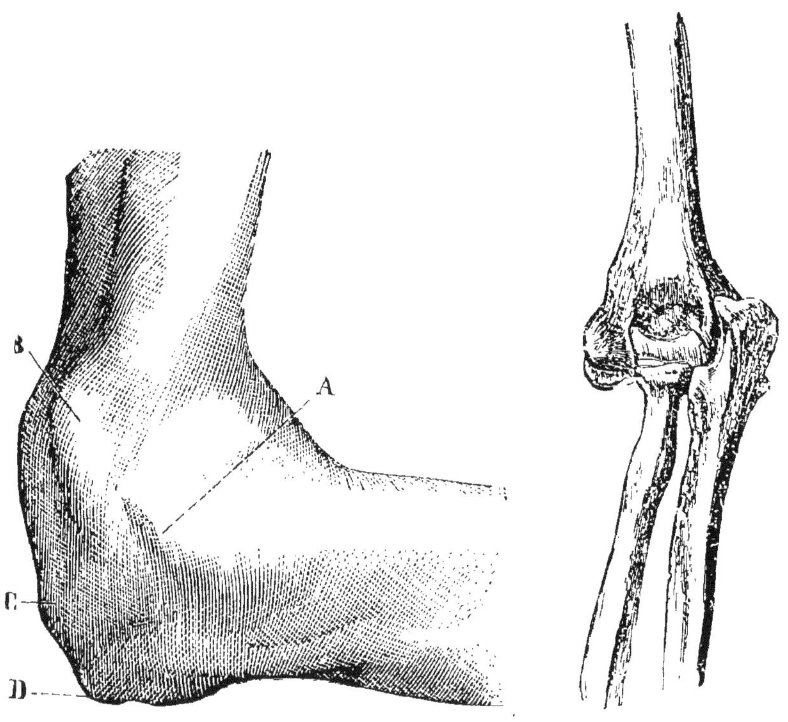

Fig. 123. Fig. 124.

Fig. 123. — Luxation du coude en dedans. Variété radio-postérieure (pièce de M. Broca). Face interne de l'articulation.

A, épitrochlée ; B, sommet de l'olécrâne ; C, angle de l olécrâne ; D, tête du radius ; E, apophyse coronoïde.

Fig. 124. — Luxation incomplète en dedans.

VII. Luxations de la tête du radius en bas. — C'est la *pronation douloureuse.* Elles sont fréquentes chez l'enfant au-dessous de trois ans. Elles se produisent quand on soulève l'enfant par la main en pronation forcée, pour lui faire franchir un obstacle.

Symptômes. — Avant-bras demi-fléchi, entre la pronation et la supination. Mouvements actifs impossibles; mouvements passifs limités.

Traitement. — Tirer sur le radius fortement et le porter à la fois en pronation et en flexion.

AFFECTIONS INFLAMMATOIRES

Affections péri-articulaires, aiguës.

Hygroma aigu rétro-olécrânien, non suppuré.

Traitement. — Enveloppements ouatés et repos de la région.

Hygroma suppuré. — *Traitement.* — Incision large.

Phlegmons. — Ils succèdent à la lymphangite, à l'hygroma suppuré, à l'inflammation du ganglion sus-épitrochléen.

Traitement. — Incision, grands bains antiseptiques, pansements humides.

Affections intra-articulaires, aiguës. — Mêmes divisions et mêmes symptômes qu'à l'épaule (voy. plus haut).

Arthrites chroniques. — **Arthrites tuberculeuses.**

Première période. — *Symptômes.* — S. FONCTIONNELS. — Douleurs peu vives; mouvements actifs impossibles.

S. PHYSIQUES. — Région articulaire augmentée de volume; avant-bras et bras atrophiés. Avant-bras fléchi à 120° environ en pronation.

On sent des fongosités d'épaisseur variable, de l'œdème périarticulaire. Douleur à la pression sur l'interligne. Les mouvements communiqués sont possibles, mais pénibles.

Deuxième période. — Apparition d'abcès et de fistules. Ne pas confondre avec l'ostéomyélite chronique (voir *Épaule*). — Reconnaître l'étendue des destructions osseuses par la recherche des mouvements de latéralité et de la position de la tête radiale, qui se luxe souvent en arrière.

Diagnostic. — Avec : arthrites traumatique, blennorragique, rhumatismale chronique, sèche, syphilitique, tabétique (voy. *Épaule*).

Traitement. — **Général.** — Celui des affections tuberculeuses.

Local. — CHEZ L'ENFANT, appareil plâtré remontant à la partie supérieure du bras comprenant le poignet; immobilisant le coude en flexion à angle droit.

Injections modificatrices postérieures, dans le cul-de-sac sus-olécrânien

Chez l'adulte. Résection du coude.

LIGATURE DE L'HUMÉRALE AU PLI DU COUDE

Un aide tient l'avant-bras en abduction et supination, étendu pour l'incision des téguments, fléchi pour la recherche de l'artère. Incision cutanée, longue de 6 centimètres, parallèle au bord interne du tendon biceps, passant au milieu du pli du coude, oblique en bas et en dehors. Rejeter la veine basilique en dedans. Couper l'expansion aponévrotique du biceps sur une sonde cannelée, glissée de haut en bas. L'artère est en arrière et en dedans du tendon biceps, en dehors du nerf médian. Charger de dedans en dehors. Faire la ligature.

SAIGNÉE AU PLI DU COUDE

(fig. 125 et 126).

Notions anatomiques. — La veine médiane monte sur le milieu de l'avant-bras ; elle se divise en deux branches : branche externe, la médiane céphalique, qui reçoit la veine radiale superficielle et forme avec elle la veine céphalique ; branche interne, la médiane basilique, qui reçoit la cubitale superficielle et forme avec elle la veine basilique. La médiane céphalique est éloignée de l'artère, mais souvent de petit volume ; la médiane basilique est de plus gros volume, mais superposée et parallèle à l'artère dont la sépare seulement l'expansion aponévrotique du biceps.

Opération. — Enrouler trois tours de bande sur le milieu du bras, les serrer fortement. Si les veines ne se gonflent pas, faire rouler dans la main un corps dur. Lavage de la région au savon, à l'alcool, à l'éther. L'opérateur se met indifféremment en dehors ou en dedans, selon le côté choisi. Il tient une lancette à grain d'orge ou un bistouri fin à lame courte, arrêté près de la pointe. Il introduit la pointe obliquement au-dessous de la veine, puis la ramène vivement en dehors, en sectionnant une portion des parois veineuses. Le sang s'écoule en bavant. Inciser de préférence la médiane ou la médiane céphalique du côté où elles sont plus apparentes. Veiller à main-

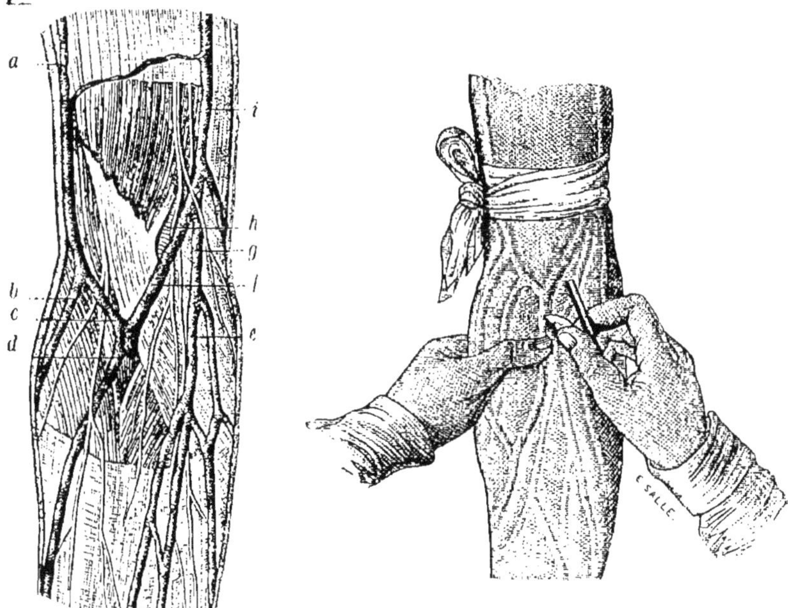

Fig. 125. Fig. 126.

Fig. 125. — Anatomie des veines du pli du coude.

a, veine céphalique; *b*, veine radiale superficielle; *c*, veine médiane céphalique; *d*, veine médiane; *e*, veine cubitale; *f*, médiane céphalique; *h*, artère humérale; *i*, veine basilique (Sédillot).

Fig. 126. — Saignée du pli du coude. Position de la lancette dans la saignée.

tenir le parallélisme des plaies veineuse et cutanée. Quand l'écoulement de sang est jugé suffisant, faire enlever le lien constricteur du bras, appliquer une compresse aseptique sur la piqûre et faire un pansement modérément serré.

RÉSECTION DU COUDE

Procédé d'Ollier. 1er *Temps.* — Incision commençant à la région postéro-externe du bras, verticalement descendante le long de l'interstice du long supinateur et des radiaux, allant de 6 centimètres au-dessus de l'interligne à la saillie de l'épicondyle ; puis oblique en bas et en dedans jusqu'à l'olécrâne ; enfin verticalement descendante sur le bord postérieur du cubitus, sur une longueur de 6 centimètres et allant jusqu'à l'os

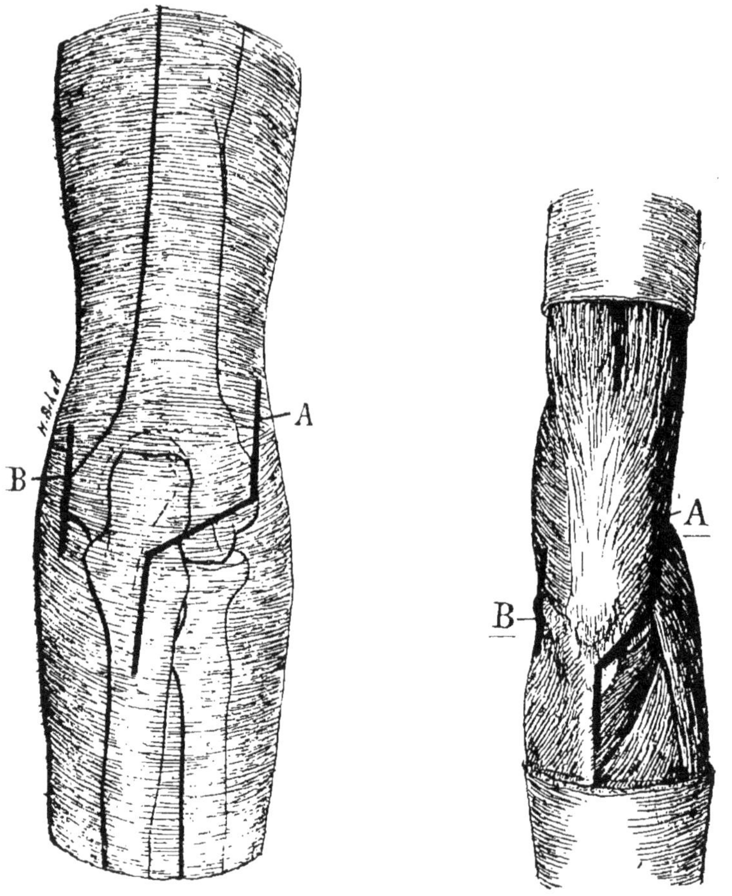

Fig. 127. — Résection du coude (procédé Ollier).

A, incision en baïonnette ; B, incision épitrochléenne ; l'incision A, passe entre le triceps d'une part et le long supinateur, puis le premier radial, suit dans sa partie moyenne et oblique (approximativement) l'interstice qui existe entre le triceps et l'anconé, pour s'attacher exactement dans sa partie terminale au bord postérieur du cubitus ; B, contre-ouverture épitrochléenne

(*Incision en baïonnette*). Le bistouri passe dans la première portion entre le triceps et les radiaux, incise le périoste et ouvre l'articulation ; suivant la 2e portion, il passe entre le triceps et l'anconé (fig. 127).

2e *Temps*. — Quitter le bistouri pour la rugine; faire fléchir l'avant-bras à angle droit ; détacher l'attache sous-épicondylienne du ligament latéral externe; dénuder aussi loin que possible la tubérosité externe de l'humérus, la tête et le col du radius, la face externe du cubitus. L'avant-bras étant remis dans l'extension, détacher avec soin le tendon triceps, en rasant l'os de près et le rejeter en dedans. Détacher les ligaments insérés au bord interne de la cavité sigmoïde du cubitus : enfin libérer l'apophyse coronoïde et détacher le tendon brachial antérieur.

3e *Temps*. — On peut faire saillir à ce moment les os de l'avant-bras dans la plaie ; débarrasser la synoviale des fongosités, soit avec la curette, soit avec les ciseaux, curetter les os, ou les abraser à l'aide de la scie ou de la cisaille.

4e *Temps*. — On dénude l'épiphyse humérale, en s'aidant quelquefois d'une incision interne descendant de la pointe de l'épitrochlée et on scie l'os à hauteur voulue.

Il faut veiller à ne pas léser *le nerf cubital*, qui est au ras des os, dans la gouttière épitrochléo-olécrânienne.

Drainer et panser aseptiquement.

L'avant-bras est immobilisé dans une gouttière plâtrée antérieure, qui facilite les pansements ultérieurs. Immobiliser à angle droit, le pouce en l'air, mobiliser au bout de 15 jours.

DÉSARTICULATION DU COUDE

1° Méthode oblique, dite circulaire. — Marquer l'interligne à 2 centimètres au-dessous du pli de flexion du coude. Mesurer, au-dessous de lui, 4 travers de doigt en dehors, 2 en avant, 2 en arrière et en dedans (fig. 128).

1er *Temps*. — Incision elliptique de la peau. Faire rétracter la peau, en la libérant. La relever sur les côtés en une manchette.

2e *Temps*. — Un aide embrasse les chairs avec les mains et remonte jusqu'aux éminences latérales. Appuyer le couteau sur les muscles antérieurs, couper en creusant et en s'enfonçant, arriver aux os, les raser jusqu'à atteindre la trochlée.

3e *Temps*. — La main gauche tient l'avant-bras, le pouce gauche cherche l'interligne, la pointe du couteau s'y insinue et coupe le ligament antérieur, en suivant la direction de l'interligne (— Λ). Couper successivement les ligaments latéraux externe et interne, en tordant l'avant-bras en dedans et en dehors. Extension forcée de l'avant-bras ; couper les fibres huméro-olécrâniennes et le tendon triceps au ras de l'olécrâne.

Suture transversale. Pansement aseptique.

2° Méthode a lambeau antérieur, tracé elliptique (Farabeuf)

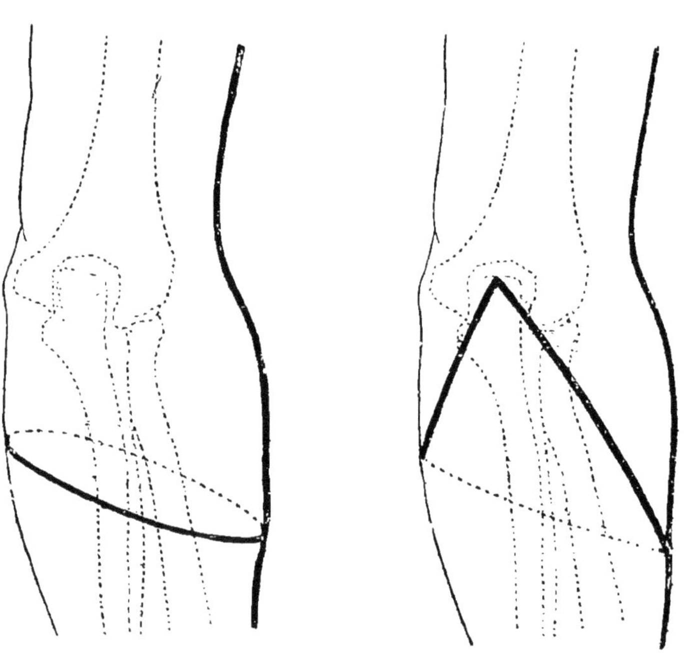

Fig. 128. — Désarticulation du coude. Méthode circulaire oblique.

Fig. 129. — Désarticulation du coude. Procédé elliptique.

(fig. 129). — Marquer le sommet de l'olécrâne, le milieu de l'avant-bras sur son bord externe, l'union des deux tiers moyen et supérieur sur son bord interne.

1er *Temps. Section de la peau.* — L'incision unit ces trois points. L'avant-bras étant fléchi, elle commence à l'olécrâne, descend sur le bord gauche de l'avant-bras, au point marqué, traverse obliquement la face antérieure vers le bord droit en s'arrondissant et sans faire de pointe ; l'avant-bras étendu, puis porté à gauche de l'opérateur, remonter à la pointe de l'olécrâne, en fléchissant de nouveau.

2e *Temps. Section des muscles.* — Faire rétracter la peau

Pincer les chairs du lambeau antérieur et les couper en remontant et en creusant.

3e *Temps. Désarticulation.* — Comme dans le procédé ci-dessus.

La cicatrice ainsi obtenue est postérieure.

V. — AVANT-BRAS

AFFECTIONS TRAUMATIQUES

Fractures des deux os. — ***Symptômes.*** — **Fracture incomplète, fracture complète sans déplacement.** — Impotence fonctionnelle absolue. Tuméfaction légère. Ecchymose secondaire. Déformation. Douleur ocale à la pression. La crépitation ne doit pas être recherchée.

Fracture complète avec déplacement. — Perte des mouvements actifs de pronation et de supination. Aspect cylindrique et non aplati de l'avant-bras. Déviation angulaire. Mobilité anormale et crépitation. Raccourcissement.

Traitement. — Réduction. — Elle est obtenue par une double traction sur le bras et sur la main.

Immobilisation. — Elle est réalisée : soit par les compresses graduées de Nélaton (fig. 130) appliquées à la face antérieure et à la face postérieure de l'avant-bras, maintenues par deux attelles en bois ou en carton, que fixent trois tours de diachylon (fig. 131); soit par deux attelles de bois ouatées, l'une antérieure, l'autre postérieure.

Appareil plâtré. — C'est encore le meilleur moyen de contention. On appliquera une longue attelle plâtrée postérieure remontant au-dessus du coude fléchi à angle droit; on place une autre attelle plâtrée, courte, sur la face antérieure de l'avant-bras, en supination. — Deux colliers plâtrés sont placés aux deux extrémités de l'avant-bras. Par ce procédé, on évite le rapprochement des deux foyers de fracture et par suite l'englobement de l'espace interosseux par le cal ; on peut facilement surveiller l'état de l'avant-bras.

Si l'appareil est mal supporté, s'il y a œdème ou cyanose de la main, *ablation immédiate ;* gouttière interne, étendue du tiers inférieur du bras aux éminences thénar et hypothénar.

Ne pas appliquer d'appareil circulaire, qui expose à la gangrène. Fléchir l'avant-bras sur le bras. Mettre l'avant-bras intermédiaire à la pronation et à la supination ou mieux dans la supination complète, si elle peut être tolérée.

Dès le 10e jour, imprimer de petits mouvements et masser.

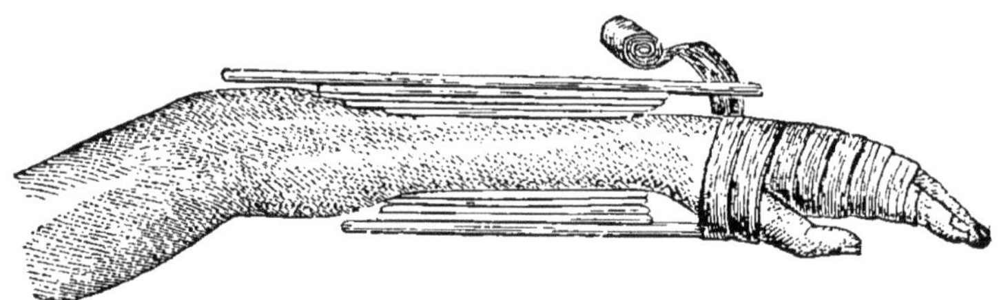

Fig. 130. — Appareil pour fracture de l'avant-bras.

Les pseudarthroses sont fréquentes : intervenir par la suture osseuse.

Les cals vicieux (cals angulaires, cals interosseux, synos-

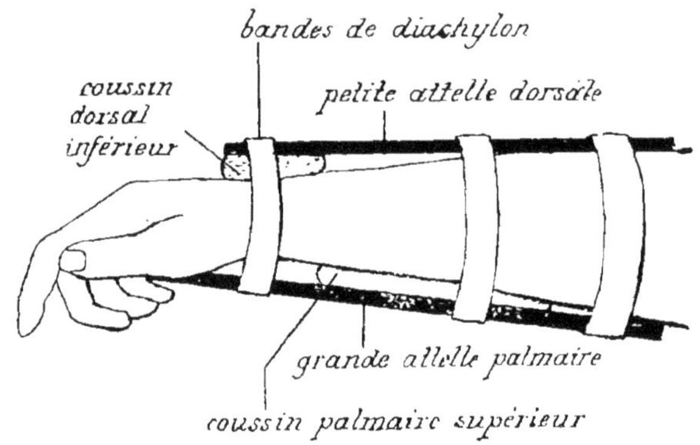

Fig. 131. — Appareil à attelles.

tose des quatre fragments) constituent une gène notable et sont d'un traitement difficile et aléatoire.

Si la frature est exposée, laver et panser aseptiquement la plaie, lier les vaisseaux, suturer les extrémités osseuses, pour prévenir la pseudarthrose et immobiliser le membre en supination dans une gouttière postérieure avec flexion à angle droit.

LIGATURES DE LA RADIALE (fig. 132)

Ligne d'incision. — Elle va du milieu du pli du coude à la gouttière du pouls.

1° **Au tiers supérieur de l'avant-bras.** — Incision de la peau seule, longue de 6 centimètres, commençant à trois travers de doigt au-dessous du pli du coude. Rejeter en dehors les veines superficielles. Inciser l'aponévrose en dehors de la gouttière antibrachiale, pour pénétrer dans la gaine du long

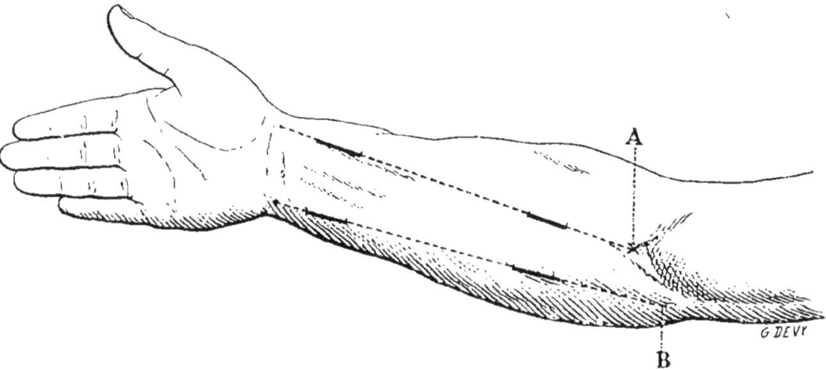

Fig. 132. — Ligatures de la radiale et de la cubitale.

A, ligne de la radiale, B. ligne de la cubitale.

supinateur (Farabeuf). Récliner en dehors ce muscle. Sentir l'artère à travers l'aponévrose profonde de ce muscle. La dilacérer. Chercher de dehors en dedans, en évitant le nerf radial antérieur, qui est en dehors de l'artère.

2° **Au tiers inférieur.** — Incision cutanée de 5 centimètres, finissant à un travers de doigt au-dessus du poignet; sectionner l'aponévrose sur la sonde; sentir l'artère, la lier.

LIGATURES DE LA CUBITALE

Ligne d'incision. — Elle va de la pointe de l'épitrochlée au côté externe du pisiforme.

1° **Au milieu de l'avant-bras et au-dessus.** — Incision cutanée de 7 centimètres, commençant à trois travers de doigt sous l'épitrochlée; récliner les veines; le pouce gauche sent le bord interne du cubitus sous la lèvre interne de la plaie; le ramener en dehors; il sent un interstice (du cubital et du fléchisseur sublime); ouvrir l'aponévrose en dehors de l'interstice, sur le fléchisseur, le récliner en dehors; l'artère est sous sa gaine; la dilacérer; charger de dedans en dehors (nerf médian).

2° **Au tiers inférieur.** — Incision commençant à deux travers de doigt au-dessus du poignet, cutanée, longue de 5 centimètres en dehors du tendon cubital antérieur. Inciser l'aponévrose en dehors de lui; écarter le tendon en dedans; l'artère est au-dessous d'une seconde aponévrose qu'il faut inciser. Charger de dedans en dehors.

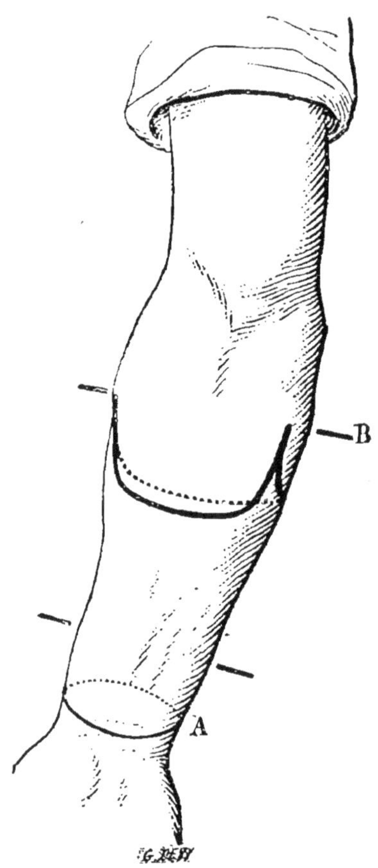

Fig. 133. — Amputation de l'avant-bras.

A, méthode circulaire; B, deux lambeaux égaux : les traits indiquent où l'os sera scié.

AMPUTATION DE L'AVANT-BRAS

1° Méthode circulaire (au tiers inférieur). — L'opérateur se place à gauche du membre à opérer et lui faisant face. L'aide tient l'avant-bras en position moyenne et rétracte les téguments vers l'aisselle (fig. 133). Marquer le point de section osseuse; mesurer la largeur du membre à ce niveau; porter cette mesure en long, c'est la dimension de la manchette. Incision circulaire de la peau; la relever, avec le tissu sous-cutané, en manchette, jusqu'au niveau de la section osseuse. Introduire le couteau en avant et au ras des os, le plus haut possible sous la peau rétractée, le tranchant en bas; relever le tranchant et couper les chairs en un lambeau court et carré qui se rétracte. Couper de même en arrière. Section des chairs interosseuses par un mouvement de la pointe en 8 de chiffre. Compresse à trois chefs. Section du cubitus d'abord en partie, puis du radius en totalité, puis enfin du cubitus (os fixe). Lier les vaisseaux. Tirer les troncs nerveux et les couper le plus haut possible. Suture transversale. On a une cicatrice trans-

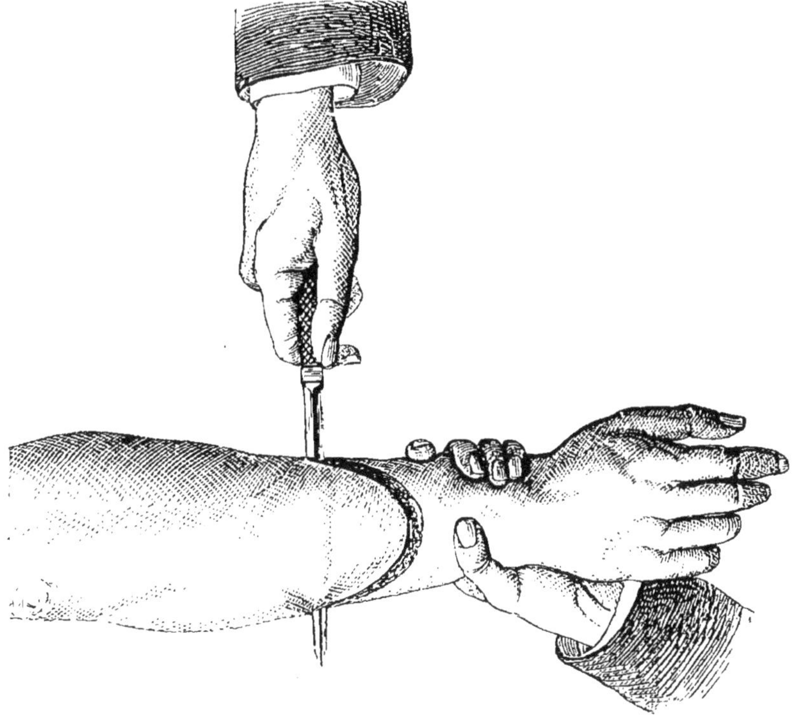

Fig. 134. — Amputation par transfixion, les lambeaux ayant été préalablement limités par des incisions cutanées faites de gauche à droite. Bras droit, face postérieure (Alph. Guérin).

versale et terminale permettant l'appui d'un appareil, en avant surtout.

2° MÉTHODE A DEUX LAMBEAUX ÉGAUX (AUX DEUX TIERS SUPÉRIEURS). — Chaque lambeau aura pour largeur la moitié de la circonférence de l'avant-bras au niveau de la section osseuse; pour longueur, le quart de cette circonférence. Les deux lambeaux sont égaux. Les chairs sont taillées par transfixion (fig. 134). La section des chairs interosseuses et des os comme ci-dessus.

VI. — POIGNET

AFFECTIONS TRAUMATIQUES

I. Fracture de l'extrémité inférieure du radius. — *Symp-*

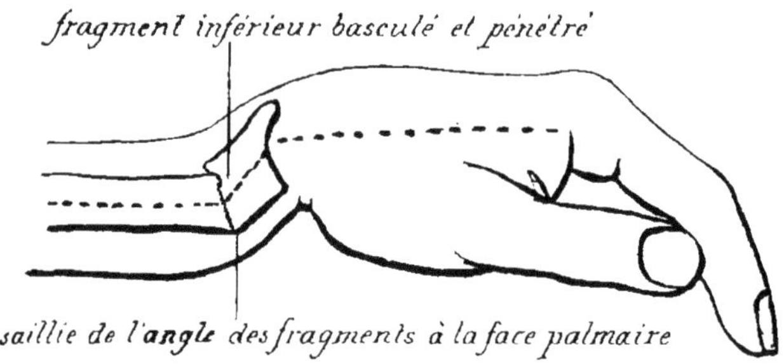

Fig. 135. — Fracture du radius (dos de fourchette).

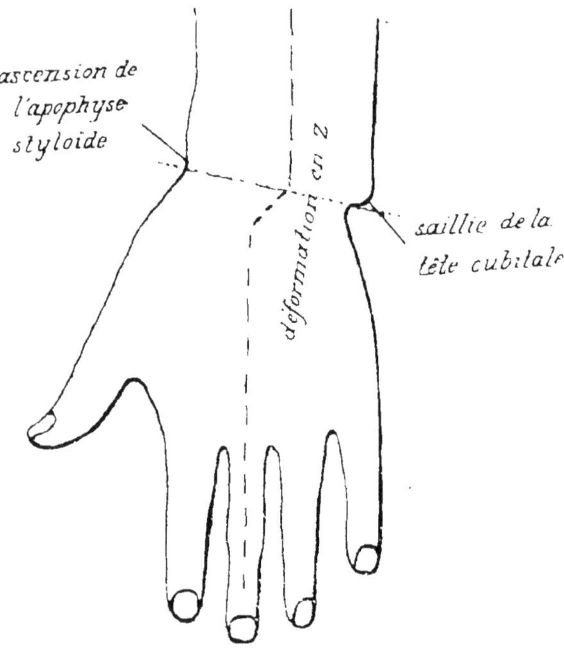

Fig. 136. — Fracture du radius. Vue de face.

tômes. — S. FONCTIONNELS. — Abolition de la pronation et de la supination, des mouvements du poignet.

S. PHYSIQUES. — Déformation du poignet en *dos de fourchette* (fig. 135) : le poignet est devenu cylindrique ; la main est portée sur un plan postérieur à celui de l'avant-bras, tout en lui restant parallèle et lui est réunie par un double plan incliné,

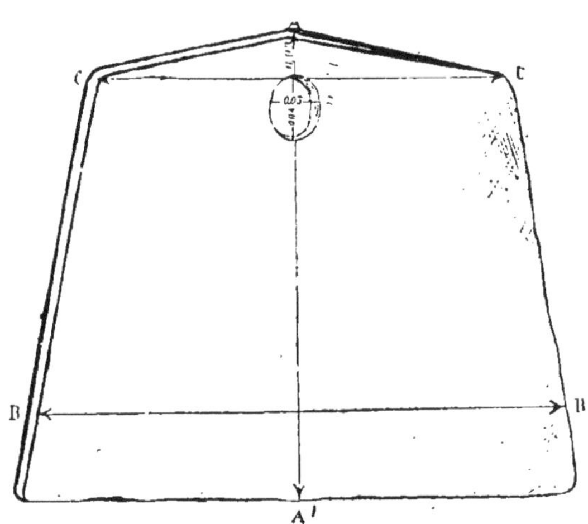

Fig. 137. — Patron de l'appareil de Hennequin pour les fractures de l'extrémité inférieure du radius.

concave en arrière, convexe en avant. La main est déjetée sur le bord radial. En dedans, l'extrémité inférieure du cubitus fait une saillie (fig. 136).

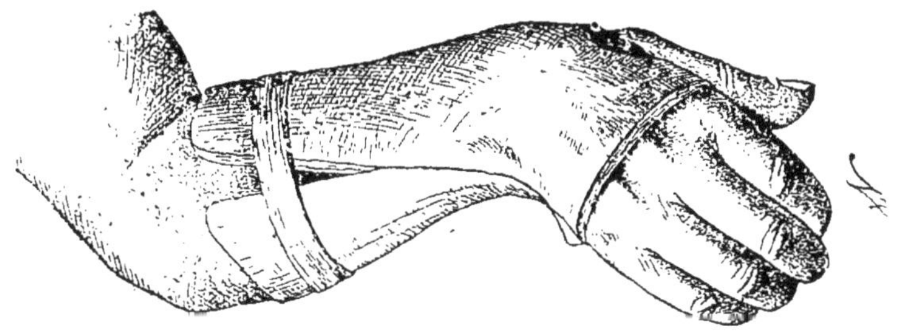

Fig 138. — Appareil de Hennequin pour les fractures de l'extrémité inférieure du radius appliqué.

Douleur exquise à la pression, sur le radius, 6 à 24 millimètres au-dessus de l'interligne, surtout en dehors et en arrière ; douleur aussi à la pointe du cubitus. La styloïde radiale est élevée au même niveau que la styloïde cubitale, au lieu d'être à

6 millimètres plus bas. Mobilité anormale non constante. Crépitation souvent absente, lorsqu'il y a pénétration.

Toujours penser aux *lésions du carpe*, fréquentes dans cette variété de fracture. L'impotence fonctionnelle partielle, même après un traitement judicieux des fractures de l'extrémité

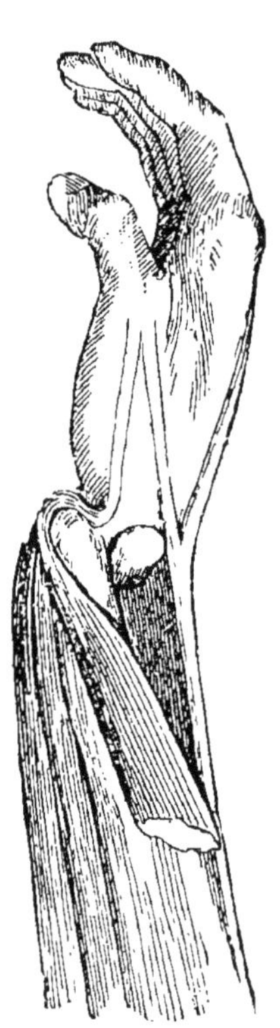

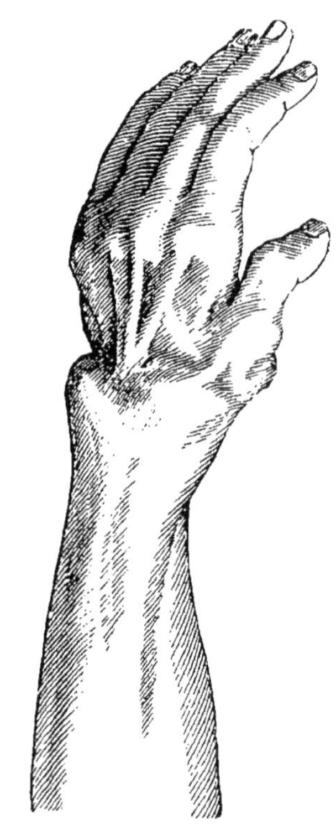

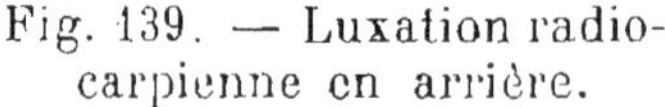

Fig. 139. — Luxation radio-carpienne en arrière.

Fig. 140. — Luxation radio-carpienne en avant.

du radius, s'explique presque toujours par une lésion méconnue des os de carpe.

Traitement. — Il n'y a ni déplacement, ni déviation. — S'abstenir d'appareils, pratiquer tout de suite le massage et la mobilisation du poignet.

Il y a déplacement. — Pratiquer la réduction. Un aide fait la contre-extension sur le bras ; le coude est fléchi ; l'opérateur tire sur la main, tente de désengréner les fragments et porte la main en adduction sur le bord cubital et en flexion forte. Immobiliser dans la gouttière de Hennequin (fig. 137 et 138).

C'est un quadrilatère de 12 épaisseurs de tarlatane ; il a la longueur du coude au pli palmaire métacarpo-phalangien ; pour largeur, il mesure en haut, la circonférence de l'avant-bras à sa partie supérieure ; en bas, celle du poignet, plus trois centimètres. A deux centimètres du milieu du bord digital, est pratiquée une ouverture arrondie où est logé le pouce. La gouttière plâtrée est appliquée sur le bord radial de l'avant-bras par son milieu et ses bords se croisent sous le cubitus (fig. 138). On cesse la traction sur la main quand le plâtre est sec.

Après quinze jours d'immobilisation. — Commencer le massage et la mobilisation.

II. **Luxation radio-carpienne.** — **Luxation en arrière** (fig. 140). — La main paraît raccourcie; elle reste parallèle à l'avant-bras ; elle est légèrement fléchie. Première phalange des doigts étendue ; deuxième et troisième phalanges fléchies.

On sent à la face dorsale du poignet la saillie du condyle carpien, masquée par les tendons extenseurs ; à la face palmaire, la saillie des épiphyses antibrachiales, qui ont conservé leurs rapports.

Luxation en avant (fig. 140). — « Le poignet est déformé : en avant, on trouve une forte saillie constituée par le carpe, dont la palpation permet de reconnaître la surface articulaire convexe, immédiatement en avant des os de l'avant-bras ; en arrière, est une autre saillie, formée par les extrémités inférieures du cubitus et du radius. La main est dans l'extension, les doigts fléchis » (Ch. Nélaton).

Luxation en avant, avec fracture de l'extrémité inférieure du radius. — Main et doigts fléchis. Corde des fléchisseurs en avant. Main en pronation ; supination limitée ; flexion et extension possibles ; mouvements de latéralité faciles. Saillie notable du carpe à la face palmaire du poignet et du cubitus à sa face dorsale. Apophyse styloïde du radius surélevée.

Traitement. — Réduction par une traction sur la main, aidée d'une contre-extension sur l'avant-bras. Presser directement sur les saillies osseuses du carpe et de l'avant-bras.

En cas d'irréductibilité. — Pratiquer l'arthrotomie, enlever l'obstacle et réduire.

Si impossibilité. — Pratiquer la résection, qui supprimera des portions des os du carpe ou des os de l'avant-bras.

En cas de plaie. — Asepsie rigoureuse et drainage.

Traitement consécutif. — Massage, électricité, mobilisation.

III. **Entorse du poignet.** — Le diagnostic se fait par exclusion, par l'absence de signes de fracture et de luxation; par la douleur aux attaches ligamenteuses et aux interlignes articulaires.

Traitement. — Massage immédiat.

TRAUMATISMES DU CARPE

Définition. — Les lésions traumatiques des os du carpe ont acquis une grande importance ces dernières années; elles peuvent exister isolément; souvent elles accompagnent et compliquent les fractures de l'extrémité inférieure du radius. Les lésions les plus fréquentes sont: la fracture du scaphoïde, la luxation dorsale du grand os, ces deux dernières étant souvent associées.

Symptômes. — Douleur généralement vive; œdème considérable.

Attitude de la main dans une position fixe, intermédiaire entre la flexion et l'extension; demi-flexion des doigts.

Translation de la main vers le bord radial; dépression sous-cubitale. Déformation en dos de fourchette.

A la palpation: augmentation du diamètre antéro-postérieur du carpe. Si le semi-lunaire est luxé en avant, il est perceptible à la face antérieure du poignet.

Dans la fracture du scaphoïde, ecchymose localisée à la tabatière anatomique; si l'os est luxé, il fait saillie entre les tendons extenseurs et la tabatière anatomique est comblée.

Signes de compression du nerf médian dans la luxation antérieure du semi-lunaire.

Diagnostic. — Avec la fracture de l'extrémité inférieure du radius. Le diagnostic exact de la lésion carpienne est plus délicat.

Luxation du grand os sans énucléation du semi-lunaire.

1° Déformation en dos de fourchette.
2° Saillie en arrière du grand os.
3° Translation externe de la main.
4° Raccourcissement léger du carpe.
5° Tabatière anatomique comblée ou douloureuse, suivant que le scaphoïde est luxé ou fracturé.

Luxation du grand os avec énucléation du semi-lunaire.	3° Pas de translation.
	4° Raccourcissement notable.
	5° Tabatière anatomique peu modifiée.
1° Pas de déformation.	
2° Saillie antérieure notable.	(DELBET).

Radiographie de face et de profil nécessaire.

Traitement. — Réduction par manœuvres ou réduction sanglante. Extirpation.

SYNOVITES TENDINEUSES DU POIGNET

Synovites séreuses. — *Symptômes.* — S. FONCTIONNELS. — Douleur par les mouvements, qui allongent les tendons correspondants.

S. PHYSIQUES. — Gonflement allongé selon la forme de la bourse séreuse ; douleur à la pression ; douleur par étirement du tendon correspondant.

Diagnostic de la cause. — *Synovite rhumatismale* : Douleur exquise à la pression; rougeur à fleur de peau; œdème de voisinage.

Synovite blennorragique: phénomènes plus intenses; autres signes.

Synovites sèches. — Deux variétés.

SYNOVITE CRÉPITANTE OU AÏ DOULOUREUX. — Crépitation fine, amidonnée, si, embrassant le poignet avec la main, on mobilise le poignet; cri arraché au malade en même temps.

SYNOVITE PLASTIQUE. — Ni gonflement, ni douleur à la pression; douleur vive au moindre mouvement, gêne de la main.

Traitement. — Bandage ouaté compressif, repos du membre; applications de laudanum, de compresses chaudes.

Affections péri-articulaires chroniques. — **Kyste synovial folliculaire ou ganglion.** — Tumeur arrondie, dure, rarement fluctuante, de volume variable, fixe ou peu mobile.

Traitement. — L'écraser par une pression forte ou l'extirper, en totalité.

Synovite séreuse. — Mêmes caractères que précédemment. elle est de nature rhumatismale, blennorragique ou syphilitique.

Traitement causal.

Synovite à grains riziformes. — Elle se reconnaît au bruit de chaînon (voir *Main*).

Synovite fongueuse (voir *Main*).

ARTHRITES RADIO-CARPIENNES

Arthrite rhumatismale. — *Symptômes.* — Caractères généraux : gonflement en bracelet ; douleur à la pression sur l'interligne, par la mobilisation du poignet ; envahissement de plusieurs articulations, évolution rapide, pas de tendance à l'ankylose, fréquence des complications cardiaques.

Traitement. — Celui du rhumatisme articulaire aigu.

Arthrite blennorragique. — *Symptômes.* — Gonflement rapide. Rougeur et apparence phlegmoneuse de la peau depuis le niveau de l'avant-bras jusqu'aux doigts. Peau épaisse, œdémateuse, gardant le *godet*. Fausse fluctuation. Craquements articulaires, frottements cartilagineux, *tendance à l'ankylose*. Sensation de touche de piano, quand on mobilise la tête du cubitus. Phénomènes généraux, fièvre. Examiner l'appareil uro-génital.

Traitement. — Celui de la blennorragie. Immobiliser la main sur une planche ou dans un appareil plâtré. Topiques calmants.

Affections intra-articulaires chroniques. Arthrite tuberculeuse. — *Symptômes.* — **Première période.** — Gonflement, d'abord dorsal externe, puis circulaire. Main un peu fléchie. Main et poignet ressemblent à un battoir. Pouce collé à l'index. Atrophie des muscles de l'avant-bras, d'où limitation des mouvements des doigts. Sensation de fongosités, surtout à la face dorsale. Douleur par les mouvements provoqués ; craquements en **sac de noix** ; mobilité du radius sur le cubitus.

Période de fistules. — Abcès et fistules apparaissent surtout à la face dorsale ; ils apparaissent à la face palmaire, quand les fongosités ont envahi les gaines. Le stylet conduit sur les os et dans les interlignes du poignet.

Traitement. — **Chez l'enfant.** — Immobilisation de la main dans la rectitude ; pointes de feu superficielles et profondes ; injections de chlorure de zinc dans les fongosités (Lannelongue).

Injections de thymol camphré, d'huile goménolée dans

l'articulation : à la face dorsale, enfoncer l'aiguille à six millimètres au-dessus du milieu de la ligne bistyloïdale. Appareil plâtré.

Chez l'adulte. — Résection précoce.

RÉSECTION DU POIGNET

Incision, de 9 à 12 centimètres, entre les tendons long extenseur du pouce et extenseurs de l'index, un tiers au-dessus, deux tiers au-dessous de l'interligne. Reconnaître ces tendons, les séparer à petits coups, sur le radius, en coupant leurs gaines aponévrotiques. Couper le périoste radial, la capsule, le périoste carpien et décoller avec la rugine la lèvre capsulo-périostée externe sur le radius et sur le carpe; de même en dedans. Par la plaie fortement écartée, faire saillir le radius, libérer son apophyse et faire saillir le cubitus. Ces deux os bien dénudés en avant, les saisir avec un davier et les scier. Faire saillir ensuite le condyle carpien et supprimer successivement chacun de ses os, après l'avoir décortiqué avec la rugine.

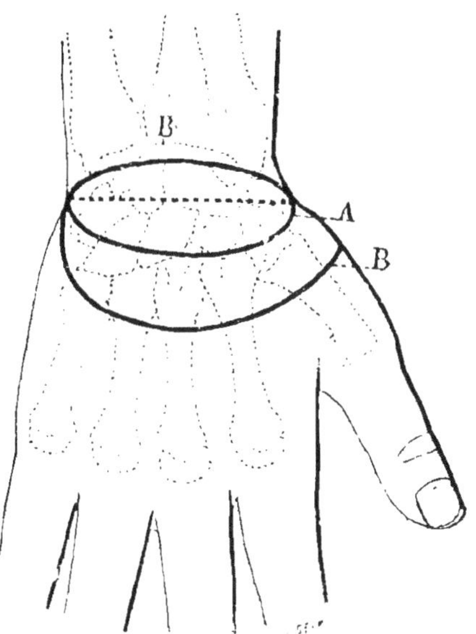

Fig. 141. — Tracé d'incision pour l'amputation du poignet.

A, méthode circulaire; BB, méthode elliptique à lambeau antérieur.

DÉSARTICULATION DU POIGNET

Méthode elliptique. — Lambeau antérieur. Incision à tracé elliptique faite, au dos, à un centimètre sous l'interligne et concave en bas; à la paume, à 5 centimètres sous l'interligne et concave en haut; en dehors, sur le premier métacarpien; en dedans, sous le pisiforme.

Faire rétracter la peau; fléchir la main en supination, couper les tendons extenseurs sur le condyle carpien et le ligament articulaire postérieur; couper successivement le ligament latéral droit et le gauche. Tordre la main à gauche et détacher le ligament antérieur sur le carpe, de droite à gauche. La main ne pend que par les parties molles du canal carpien. Les couper à plein tranchant, au ras de la section cutanée palmaire.

VII. — MAIN ET DOIGTS

AFFECTIONS TRAUMATIQUES

Fracture du corps d'un métacarpien. — *Symptômes.* — Gonflement du dos de la main: quelquefois ecchymose linéaire. Le doigt correspondant est raccourci, fléchi, impotent. Saillie angulaire dorsale, non constante. Mobilité

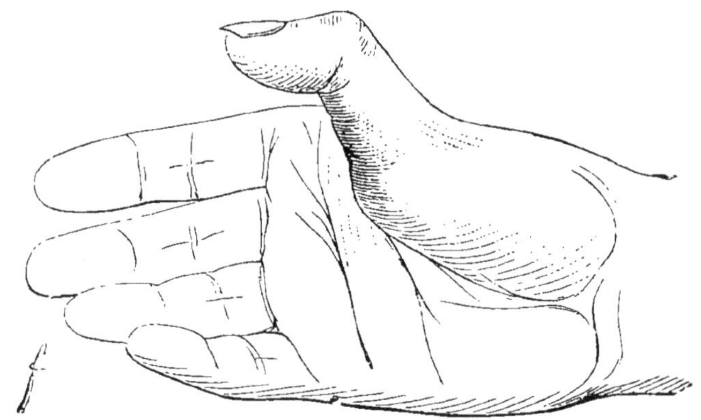

Fig. 142. — Luxation simple incomplète. Déformation (Farabeuf).

anormale, facile à reconnaître. Crépitation quelquefois.

Traitement. — Planchette maintenant toute la main dans l'extension.

Fracture d'une phalange. — Mobilité anormale, déformation, crépitation.

Traitement. — Immobiliser le doigt dans l'extension sur une planchette. Le fixer par une série de tours avec une bandelette de diachylon.

Luxation du pouce en arrière. — *Symptômes.* — **Luxation incomplète.** — « Le pouce a la forme d'un Z mal fait, c'est-à-dire que le métacarpien et la phalangette font, avec la phalange, des angles obtus. La phalangette est donc fléchie, le métacarpien en opposition, la phalange redressée. Examine-t-on la jointure, on constate, en avant, la saillie métacarpienne formant une tumeur vague et profonde, masquée par le tendon fléchisseur, les fibres plus ou moins éraillées du muscle sésamoïdien externe, le ligament glénoïdien et ses osselets que l'on sent, en général, assez facilement avec l'ongle. On ne voit pas de sinus notable entre la face palmaire de la phalange et les os sésamoïdes. La phalange, quelquefois légèrement inclinée en dedans, n'est jamais trans-

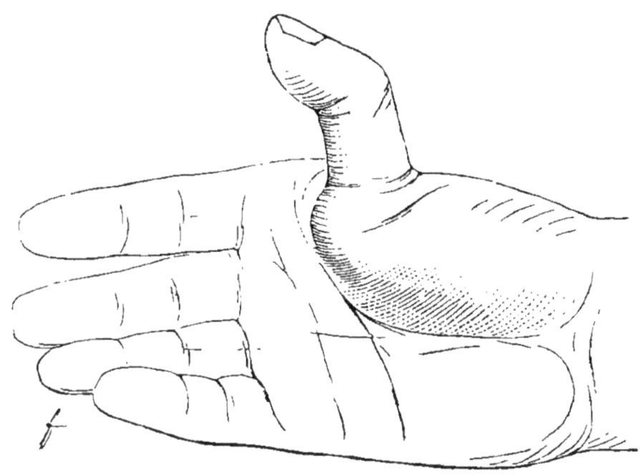

Fig. 143. — Luxation simple complète. Déformation (Farabeuf).

portée ni dans un sens, ni dans l'autre. Elle est peu mobile. La phalange étant rabattue, le pouce mesuré depuis le trapèze jusqu'à l'ongle ne présente point de raccourcissement » (Nélaton).

Luxation complète. — Pouce en Z; phalangette moins fléchie sur la phalange; tête métacarpienne très saillante sous la peau; dépression nette entre elle et la face palmaire de la phalange; phalange portée en masse vers l'index; doigt raccourci.

Luxation complexe (après des manœuvres maladroites de réduction de luxation complète). — Pouce rectiligne, parallèle à l'axe du métacarpien; en redressant la phalange, on sent le sésamoïde externe interposé entre le métacarpien et la phalange.

Traitement. — **Luxation incomplète.** — Saisir fortement

le pouce, le maintenir redressé et l'attirer en avant. On sent un soubresaut indiquant la réussite.

Luxation complète. — Saisir le pouce avec les doigts ou avec le davier de Farabeuf (fig. 144), tirer fortement en l'air, le métacarpien étant solidement maintenu. Porter la phalange ainsi maintenue verticalement en avant. Elle s'abaisse d'elle-même, quand le sésamoïde a franchi la crête du métacarpien.

Luxation complexe. — Endormir le patient ; saisir la phalange avec le davier ; tirer dans l'axe, jusqu'à donner au pouce plus que sa longueur normale ; relever à angle droit, en continuant la traction, ce qui donne l'attitude de la luxation incomplète. Il n'y a plus qu'à abaisser.

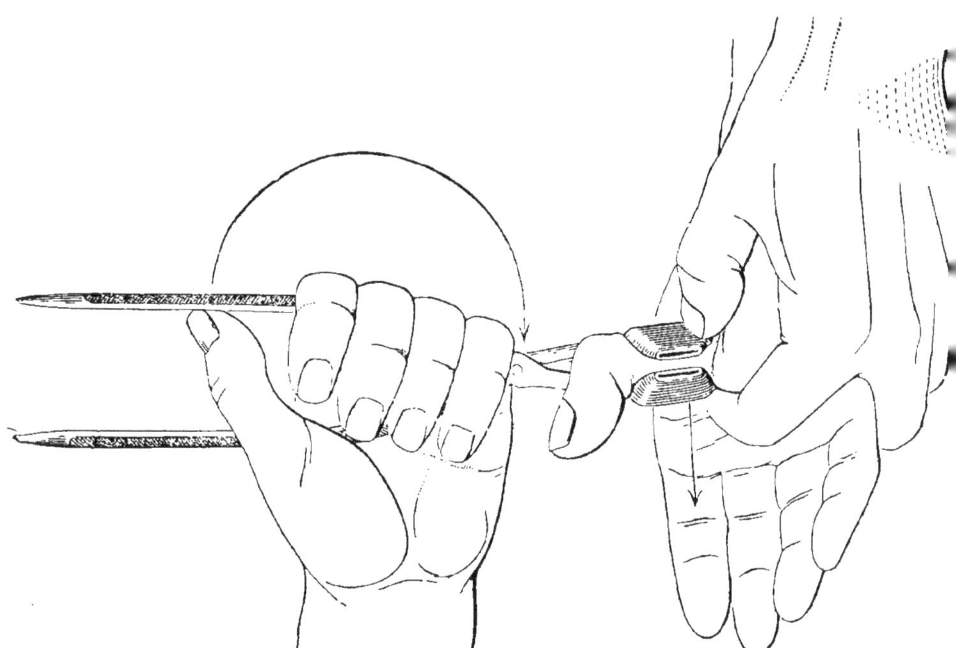

Fig. 144. — Pince de Farabeuf pour la réduction des luxations du pouce.

En cas d'insuccès. — Pratiquer la réduction sanglante.

Plaies du poignet et de la main. — *Symptômes.* — Selon les lésions anatomiques, on observe : perte de la flexion, de l'extension d'un ou de plusieurs doigts (sections tendineuses); perte de la motricité des muscles de la main et de la sensibilité (sections de nerfs); hémorragies (plaies artérielles).

Traitement. — Agrandir la plaie; lavage abondant avec de l'eau bouillie, des antiseptiques faibles. Saisir les vaisseaux avec une pince et les lier avec du catgut. Pratiquer la suture des tendons : le bout central se rétracte beaucoup, il faut débrider pour le trouver. Les nerfs se reconnaissent à leur structure fasciculée ; on unit les deux chefs bout à bout. Drainage. Pansement aseptique. Mettre la main en flexion forte sur l'avant-bras (plaie en avant) ou en extension (plaie en arrière), pour empêcher le tiraillement aux points de suture. Le succès est subordonné à l'asepsie de la plaie.

En cas d'écrasement. — Laver et drainer la plaie ; faire un pansement antiseptique. A la main, le traitement doit être conservateur ; il faut faire le moins possible d'amputations d'emblée et ne supprimer un doigt de la main que si l'on y est forcé.

AFFECTIONS INFLAMMATOIRES AIGUES

Panaris sous-épidermique. — Petit abcès blanc jaunâtre, appelé encore **tourniole, panaris phlycténoïde** ; diverses variétés de siège (fig. 145), autour de l'ongle, c'est le panaris périunguéal ; l'inflammation de la bourse séreuse située sous un durillon est le *durillon forcé*.

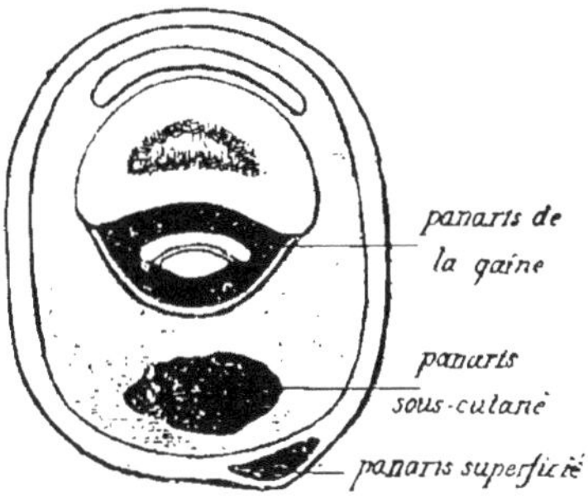

Fig. 145. — Coupe d'un doigt. Divers sièges d'un panaris.

Symptômres. — Douleurs vives ; accès fébriles ; battements nocturnes.

Traitement. — Incision de la phlyctène ; supprimer tout l'épiderme soulevé avec les ciseaux ; bains antiseptiques prolongés et pansements humides.

Panaris sous-cutané. — *Symptômes.* — Douleur vive ; élancements ; rougeur et gonflement modérés ; tension extrême des tissus ; sensibilité exquise à la pression. Fièvre. Frissons légers.

Traitement. — *Ne pas s'attarder* aux cataplasmes, ni aux bains.

Ne pas attendre la fluctuation. — Incision précoce, suffisamment large et profonde, qui donne issue à une goutte de pus, à de la sérosité ou à du sang seulement. On évite ainsi la nécrose des phalanges et les phlegmons des gaines.

S'il y a un abcès en bouton de chemise (fig. 146), supprimer la phlyctène superficielle, agrandir l'orifice par où sourd le pus. Bains prolongés. Pansements humides.

Panaris anthracoïde. —***Symptômes.*** — Vrai furoncle de la face dorsale.

Traitement. — Incision précoce. Cautérisation au thermocautère.

Panaris endo-périostique. —***Symptômes.*** — Doigt enflé sur tout son pourtour, dur, tendu, très douloureux, rigide. Succède à un panaris sous-cutané ou bien est primitif (ostéomyélite de la phalange).

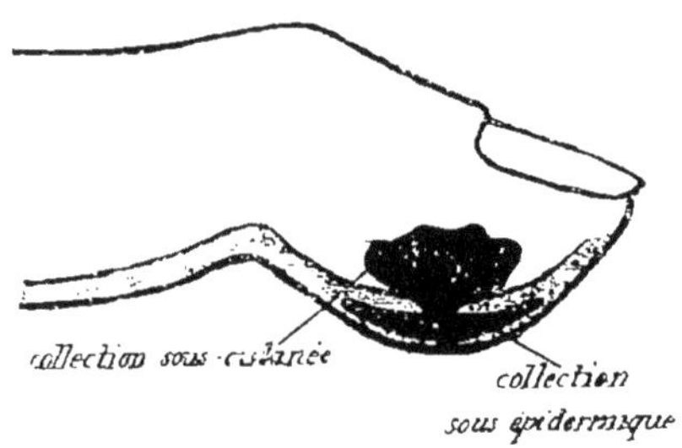

Fig. 146. — Schéma d'un panaris en bouton de chemise.

Traitement. — Nécessité de débrider largement et de très bonne heure.

Phlegmon des gaines. — ***Symptômes.*** — Au niveau *des trois doigts du milieu*, on observe, sur la face palmaire des première et deuxième phalanges, du gonflement, de la rougeur, une sensibilité exquise à la pression ; le doigt est fléchi en crochet et ne peut être étendu. En quelques jours le pus se fait jour au dehors ; puis les articulations sont envahies, les os se nécrosent, les tendons s'exfolient. Le doigt suppure deux à trois mois, guérit finalement ankylosé en flexion.

Traitement. — Nécessité d'ouvrir largement la gaine, de drainer, de prescrire des bains antiseptiques.

Phlegmon de la gaine du pouce. —***Symptômes.***—Le pouce fléchi ne peut être étendu ; gonflement de sa face palmaire, de l'éminence thénar, du poignet au-dessus du ligament annulaire du carpe ; pression en ces points très douloureuse ; fluctuation quelquefois perceptible du poignet à l'éminence thénar; œdème assez notable du dos de la main. Douleurs spontanées très vives, élancements; fièvre, frissons, état général atteint.

Complications. — Suppuration, arthrites purulentes métacarpo-phalangiennes du pouce, du poignet; phlegmons profonds du bras, lymphangite et adénite axillaire; exfoliation des tendons fléchisseurs du pouce; phlegmon total de la main.

Phlegmon de la gaine du petit doigt. — *Symptômes.* — Saillie de la face palmaire du petit doigt, tumeur dans la paume et au-dessus du ligament annulaire. Les quatre derniers doigts ont la phalange étendue, la phalangine et la phalangette fléchies. Impossibilité de les étendre. Œdème du dos de la main. Phénomènes généraux et complications graves. Si on n'intervient pas, la main est perdue.

Traitement. — 1° TRAITEMENT CLASSIQUE. — Incision palmaire, incision antibrachiale, drain en anse passant sous le ligament annulaire antérieur. Ce traitement est insuffisant.

2° TRAITEMENT ACTUEL (Lecène). — Anesthésie générale et hémostase à la bande d'Esmarch. Incision cutanée médiane commençant à cinq centimètres au-dessous du pli de flexion de la main, se prolongeant au milieu de la main, puis s'inclinant soit vers le pouce, soit vers le petit doigt suivant la gaine atteinte.

Dans un second temps, l'incision coupe l'aponévrose antibrachiale, le ligament annulaire du carpe : le nerf médian est récliné en dehors; l'aponévrose palmaire est incisée jusqu'au milieu de la paume; ligature de l'arcade palmaire superficielle.

Si la gaine cubitale seule est prise, l'incision est prolongée jusqu'au bout du petit doigt, en se tenant bien sur la ligne médiane. Si la gaine radiale est prise, incision jusqu'au bout du pouce.

Extirpation des parties infectées de la gaine synoviale.

Ablation de la bande d'Esmarch; lavage à l'eau oxygénée.

Pansement à plat journalier.

SYNOVITES TUBERCULEUSES

Affections inflammatoires chroniques.

Synovite à grains riziformes. — Tumeur en bissac : une

poche dans la main, l'autre au poignet, communiquant par-dessous le ligament carpien.

Symptômes. — La pression alternative sur l'une et l'autre permet de sentir la fluctuation et le **bruit de chaînon.** L'annulaire et l'auriculaire sont fléchis.

Diagnostic. — Avec le *lipome crépitant de la paume :* évolution lente, fluctuation moins nette, ne dépasse pas en haut le ligament annulaire.

Traitement. — Ponction et injections modificatrices de thymol camphré, de naphtol camphré. Extirpation au bistouri et dissection de la gaine.

Synovite fongueuse. — *Symptômes.* — *Avant la suppuration :* marche lente, insidieuse ; tumeur molle, fluctuante ou rénitente, donnant la sensation de fongosités, allongée dans le sens des tendons. Rétraction des tendons correspondants et gêne des mouvements. Puis apparition d'abcès froids. *ulcération*, suppuration et exfoliation des tendons.

Traitement. — D'abord on peut tenter la dissection et l'extirpation ; après la fonte caséeuse, injections d'huile iodoformée. d'éther iodoformé, curettage des trajets fistuleux et des diverticules.

SPINA VENTOSA

Définition. — Tuberculose diaphysaire des phalanges.

Symptômes. — Tuméfaction fusiforme d'une phalange : infiltration et rougeur des parties molles : os boursouflé, crépitant. Plus tard, apparition d'une fistule qui conduit le stylet sur un os carié.

Traitement. — **Chez l'enfant** : appliquer un appareil plâtré engainant tout le doigt et remontant autour du poignet. Faire une fenêtre au niveau du foyer osseux et injecter quelques gouttes d'huile iodoformée créosotée.

Chez l'adulte : curettage, amputation

AFFECTIONS DIVERSES DES DOIGTS

Panaris diabétique. — *Symptômes.* — Marche torpide. Aspect gangréneux. Sucre dans les urines.

Traitement. — Traitement du diabète.

Panaris de Morvan ou syringomyélique. — Indolence du panaris, nécrose des os, anesthésie du membre, parésie des muscles et autres signes de la syringomyélie.

Dactylite syphilitique. — *Symptômes.* — Doigt fusiforme ; téguments violacés ; douleurs vives, surtout nocturnes ; fonte et ulcération gommeuse caractéristique.

Traitement. — Traitement spécifique.

DÉSARTICULATION DES DOIGTS, DES PHALANGES

Désarticulation des petites et moyennes phalanges (fig. 147). — MÉTHODE A LAMBEAU PALMAIRE UNIQUE. — Sec-

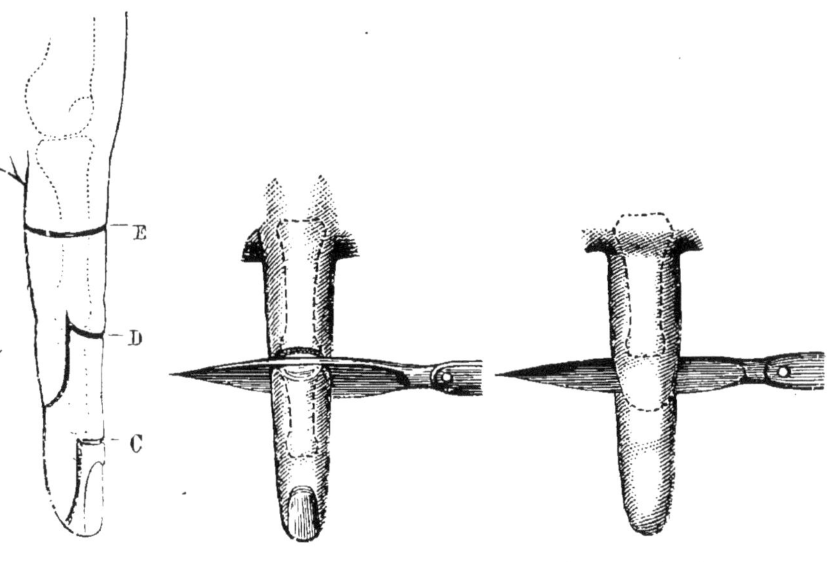

Face dorsale. Face palmaire.

Fig. 147. — Désarticulation de la deuxième phalange des doigts (Bernard et Huette).

C, désarticulation de la 1re phalange ; D, désarticulation de la seconde phalange ; E, désarticulation d'un doigt.

tionner de gauche à droite les téguments dorsaux, au niveau de l'article, laissant intacte la demi-circonférence palmaire ; section des tendons extenseurs. Pénétrer dans l'articulation et couper les ligaments latéraux. Fléchir fortement la phalange, passer le bistouri sous elle et couper les chairs au ras de l'os, d'arrière en avant. Réarticuler la phalange, continuer la section des chairs par des mouvements de va-et-vient. Quand le lambeau mesure 15 millimètres, incliner le tranchant en bas et couper en carré.

Désarticulation du pouce (fig. 148 et 149). — LAMBEAU

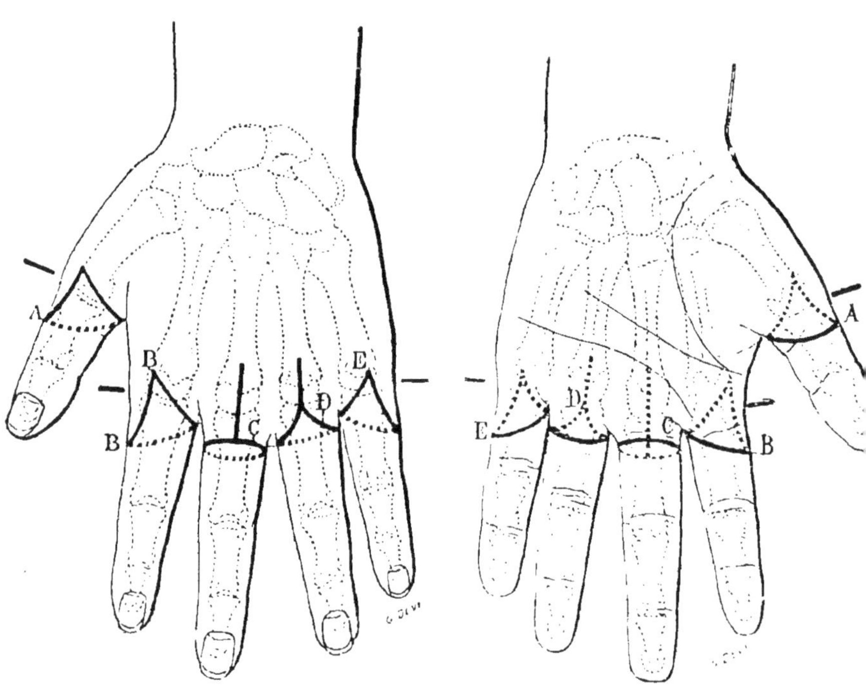

Fig. 148. — Face dorsale.

A, lambeau palmaire et externe; B, lambeau palmaire et externe; C, lambeau circulaire et incision dorsale; D. croupière; E. lambeau palmaire et interne.

Fig. 149. — Face palmaire.

A, lambeau palmaire et externe; B, lambeau palmaire et externe; C, lambeau circulaire et incision dorsale; D. croupière; E. lambeau palmaire et interne.

EXTERNE ET PALMAIRE. — Incision dorsale, commençant à l'interligne, en dedans du tendon extenseur, descendant médiane jusqu'au milieu de la première phalange, se prolongeant transversalement sur le bord externe et jusqu'au milieu de la face palmaire, finissant à la partie la plus externe du pli digito-palmaire. Seconde incision, unissant les deux bouts de la précédente, en empiétant sur le pouce. Disséquer le lambeau.

Désarticuler de gauche à droite, en tordant le doigt convenablement.

Désarticulation de l'index. — Lambeau externe et palmaire. — L'incision part de l'interligne, sur le dos, en dehors du tendon extenseur, descend, médiane, de 15 millimètres, passe sur la face palmaire à 10 millimètres sous le pli digito-palmaire, qu'elle atteint à son extrémité interne. Incision interne unissant les deux extrémités de la précédente. Dissection du lambeau et section des tendons. Désarticulation.

Désarticulation de l'auriculaire. — Lambeau palmaire et interne. — L'incision commence, au dos, en dedans du tendon extenseur, médiane, longue de 15 millimètres, atteint la face palmaire à 15 millimètres. au-dessous du pli et finit à son extrémité externe. Incision externe unissant les deux bouts de la précédente. Dissection du lambeau. Désarticulation.

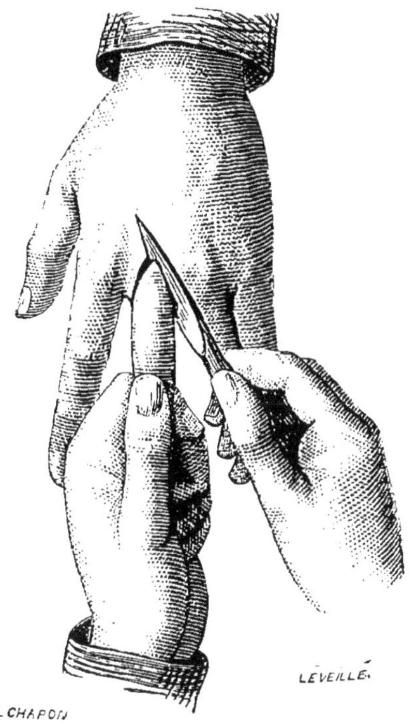

Fig. 150. — Désarticulation métacarpo-phalangienne, méthode à lambeau (Sédillot).

Désarticulation du troisième ou quatrième (fig. 148 et 149). — Incision en raquette. — Incision médiane dorsale, commençant à 5 millimètres au-dessus de l'interligne, descendant à 15 millimètres, s'arrondissant à droite vers le pli digito-palmaire, s'y engageant, remontant à gauche et allant rejoindre l'incision médiane. Dissection des angles du lambeau. Désarticulation en coupant successivement le ligament gauche, le dorsal, le droit, en tordant le doigt vers la gauche et en coupant le ligament palmaire.

Désarticulation du premier métacarpien. — Procédé en raquette (fig. 151). — Incision dorsale médiane, commençant à un centimètre au-dessus de l'interligne, descendant de 2 centimètres, coupant les tendons extenseurs, contournant à droite la tête du métacarpien, passant à 5 millimètres sous le pli d'opposition, remontant à gauche par un chemin analogue et aboutissant à l'incision dorsale. Mobiliser les téguments dorsaux et palmaires, trancher la gorge du métacarpien en coupant en plein au-dessus des sésamoïdes qu'il faut enlever et dénuder l'os de bas en haut. Désarticuler, en commençant par le côté où est la radiale.

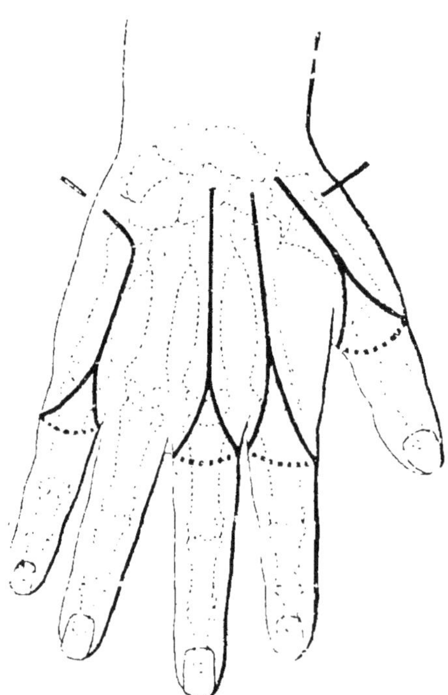

Fig. 151. — Désarticulation des métacarpiens.

Désarticulation des deuxième, troisième, quatrième métacarpiens. — Procédé en raquette. — Incision dorsale commençant à un centimètre au-dessus de l'interligne, descendant jusqu'à un centimètre du pli digito-palmaire ; se portant à droite vers lui, le coupant transversalement, remontant à gauche jusqu'à l'incision longitudinale. Disséquer les faces de la raquette sur les côtés. Faire la manœuvre de Liston (3e et 4e doigts) : engager la lame à droite, tranchant en bas jusqu'au milieu de l'os, raser la face inférieure de l'os, puis la face gauche et sortir le tranchant en l'air. Disséquer l'os jusqu'à l'interligne. Désarticuler.

Désarticulation du cinquième métacarpien. — Raquette a manche recourbé et a valve interne (fig. 152). — Incision commençant sous la racine du petit doigt, dans le pli digito-palmaire en dehors, à un centimètre sous lui en dedans. La conduire obliquement vers le milieu de la face dorsale du métacarpien, la prolonger verticalement en haut, puis à 2 millimètres sous l'interligne la porter en dedans, parallèlement à lui. Par une reprise,

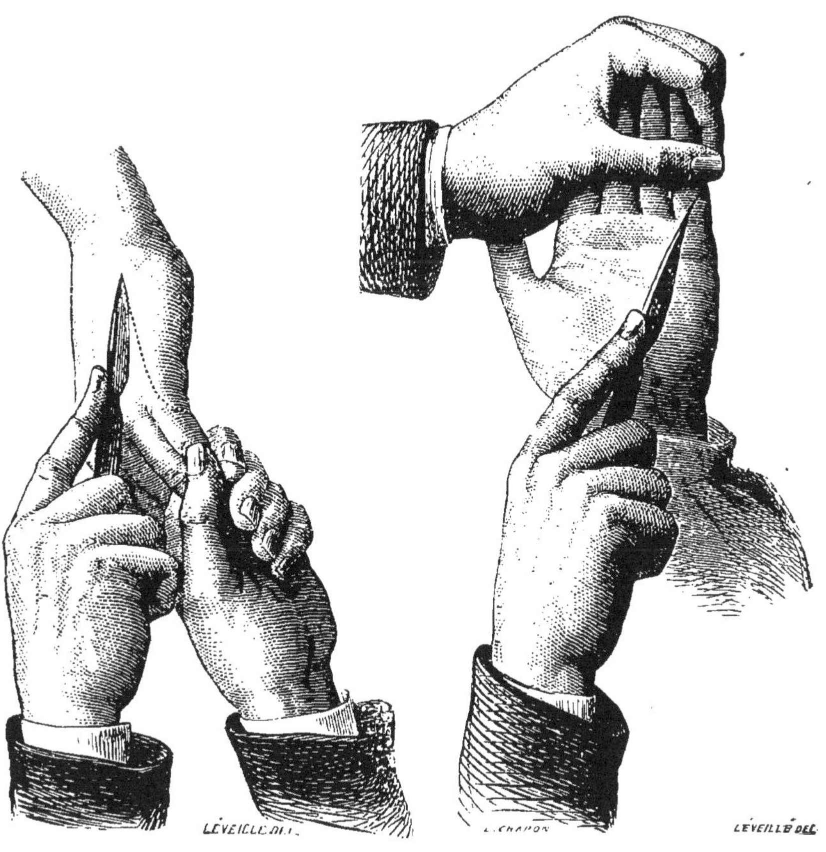

1er temps. 2e temps.

Fig. 152. — Désarticulation du 5e métacarpien de la main gauche.

faire le second côté de la raquette. Dénuder le squelette et désarticuler.

XXIX. MALADIES DE L'ABDOMEN.

CONTUSIONS DE L'ABDOMEN

Symptômes. — Ils varient selon que l'on considère le blessé au moment de l'accident ou quelques heures après (A. Guinard).

1° **Au moment de l'accident.** — Douleur vive, étendue à tout le ventre, parfois syncopale ; angoisse, anxiété, état syncopal et pâleur ; hypothermie ; modifications du pouls, qui est petit, ralenti, fuyant ; vomissements fréquents.

2° **Quelques heures après l'accident.** — Les accidents varient selon la nature des organes blessés.

A. Contusion sans lésions viscérales graves. — La douleur diminue ; le pouls revient à la normale ; la température s'élève à 38°, 38°,5 ; des ecchymoses apparaissent, variables d'étendue ; quelquefois signes de ruptures musculaires et éventration consécutive.

B. Contusion avec rupture immédiate du tube digestif. — Après quelques heures, 6 à 24, les signes de la perforation apparaissent ; la disparition de la matité hépatique est précoce, par insinuation des gaz entre le foie et la paroi ; contracture des muscles abdominaux, exagérée par la palpation ; rapidement apparaissent le météorisme et tous les signes de la péritonite par perforation : absence de selles, de gaz, vomissements, pouls petit, rapide, abdominal, langue sèche, soif vive, traits tirés, nez pincé, orbites creusés ; anxiété respiratoire vive, hoquets, oligurie ou anurie. La température s'abaisse à 36°.

C. Contusion avec rupture d'un viscère, suivie d'hémorragie interne. — L'hémorragie est violente, mortelle, s'il s'agit de la rupture d'un gros vaisseau ; elle est abondante, s'il s'agit d'une plaie du foie, de la rate, du rein : dans ce dernier cas, il y a hématurie et quelquefois des coliques dues à l'expulsion d'un caillot. On observe tous les signes de **l'hémorragie interne :** pouls petit, rapide, dépressible, hypothermie, soif vive, pâleur des téguments et des muqueuses.

D. Contusion avec escarre et rupture tardive d'un viscère. — Les symptômes primitifs s'amendent, la santé est bonne pendant quelques jours ; puis apparaissent, après 6 à 8 jours, soit les signes de la rupture de la vessie, soit ceux de la rupture de l'intestin ; il se fait soit une *péritonite généralisée*, soit une péritonite enkystée avec *fistule pyostercorale*.

Traitement. — Indications. — La pratique à tenir devant un malade qui a subi une contusion sérieuse de l'abdomen est des plus délicates et des plus discutées.

Si le traumatisme est léger, attendre, prescrire l'opium, les injections de morphine, le repos absolu, la diète, la glace sur le ventre.

S'il y a hypothermie, shock, relever le pouls par les injections de caféine, de spartéine, d'éther, de sérum artificiel.

Si les signes de perforation d'un viscère sont nets, intervenir tout de suite par la laparotomie.

Si ces signes ne sont pas nets, qu'on craigne des lésions graves, pratiquer une laparotomie exploratrice, qui sera, au besoin, curatrice.

Technique opératoire. — Endormir à l'éther qui soutient le pouls. Asepsie rigoureuse. Incision médiane. Examiner successivement l'intestin et les viscères jusqu'à trouver la lésion causale des accidents. La cause trouvée, plaie de l'intestin, d'un viscère, etc., se comporter comme on verra dans le chapitre suivant.

PLAIES DE L'ABDOMEN

1° Plaies non pénétrantes.

Symptômes. — Variables selon la nature de l'agent vulnérant ; hémorragies, douleurs modérées. S'abstenir d'exploration au stylet, ou la pratiquer très proprement.

Traitement. — Nettoyage du pourtour au savon ; lavage à l'alcool et à l'éther.

Si la plaie est large, suture partielle et drainage.

Si la plaie est petite, pansement aseptique, ou bien occlusion avec du collodion aseptique.

2° Plaies pénétrantes sans lésions viscérales.

Symptômes. — *Si la plaie est petite*, on peut se rendre compte qu'elle est pénétrante, en l'agrandissant. Ne jamais explorer au stylet. Si elle est large, l'issue de l'épiploon, d'intestin, la production d'une hémorragie intrapéritonéale sont fréquentes.

Si la plaie est septique, survient la péritonite traumatique. Les portions de viscères herniés peuvent se sphacéler.

Traitement. — Plaie petite. — Agrandir, nettoyer la plaie ; ne pas la suturer ;

Introduire un drain, qui drainera la cavité péritonéale, *si elle est infectée.*

Ôter le drain le troisième jour, *s'il n'y a pas de fièvre.*

Plaie large. — Réduire les portions de viscères herniés, laver la plaie ; drainer largement la cavité péritonéale ; suturer une faible partie de la plaie seulement. Pansement aseptique.

3° Plaies pénétrantes avec lésions viscérales.

Symptômes. — **Symptômes généraux.** — Les mêmes que pour la contusion de l'abdomen.

Symptômes locaux. — Variables selon le viscère perforé.

Estomac. — Vomissement de sang. *Plaie petite :* pas d'épanchement dans le péritoine. — *Plaie large :* hémorragie intrapéritonéale et tous les signes de la péritonite par perforation.

Intestin. — *Plaie petite :* la guérison spontanée est possible, mais rare. — *Plaie large:* Issue de matières fécales et signe de la péritonite par perforation : notamment sonorité hépatique apparaissant rapidement.

Foie. — Signes d'hémorragie interne : matité des parties déclives du ventre. Écoulement de sang noir, quelquefois de bile par la plaie. Douleur locale vive, provoquée par la respiration, irradiée à l'épaule droite ; hoquets ; quelquefois ictère consécutif.

Rate. Pancréas. — Signes d'hémorragie interne grave.

Reins. — Hémorragie interne : le sang fait issue quelquefois par la plaie ; hématurie ; coliques.

Vessie. — Écoulement d'urine par la plaie ou dans le ventre : la vessie est vide.

Diaphragme. — Dyspnée. Respiration pénible, douloureuse. Toux sèche, fréquente. Hoquets. Rictus sardonique.

Traitement. — Indications. — *Le diagnostic de plaie péné-*

trante avec lésions viscérales comporte la laparotomie immédiate.

Manuel opératoire. — Placer le malade sur un plan incliné, le bassin bien élevé (fig. 153).

L'incision sera faite là où est la plaie, médiane ou latérale, selon le cas (fig. 154). Elle sera aussi large qu'il sera nécessaire pour bien voir.

Incision large; explorer tous les viscères; dévider l'intestin en totalité, quand les blessures sont à son niveau, et le tenir enfermé dans une compresse chaude; examiner successivement tous les viscères, sans oublier le mésentère et l'épiploon.

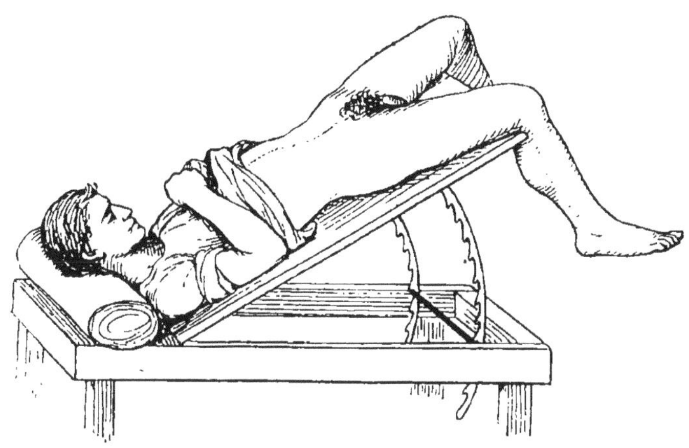

Fig. 153. — Élévation du bassin par le plan incliné.

Plaie de l'estomac. — Suture totale des lèvres de la plaie au catgut fin, avec une soie fine, avec du fil de lin; cette suture prend toutes les tuniques de l'organe; par-dessus elle, une seconde suture séro-séreuse, à la Lembert, adosse péritoine à péritoine et achève l'occlusion. Nettoyer le péritoine, sans lavage. Drainage large, *s'il y a eu infection*. Glace à l'intérieur. L'alimentation sera reprise vers le deuxième ou cinquième jour, progressivement croissante.

Même conduite, *si les plaies sont multiples*.

Plaie de l'intestin. — *Plaies proprement dites*. — Suturer de la même façon : Première suture avec une aiguille fine prenant toutes les tuniques de l'intestin; deuxième plan séro-séreux, à la Lembert.

Rupture complète de l'intestin. — On peut supprimer les

bords, lorsqu'ils sont déchiquetés, mâchonnés dans les blessures par un coup de feu (entérectomie), puis pratiquer la suture bout à bout des deux anses (*entérorraphie circulaire terminale*), par deux lignes de suture : une comprenant tous les plans, l'autre séro-séreuse. Ce procédé est long; les fils

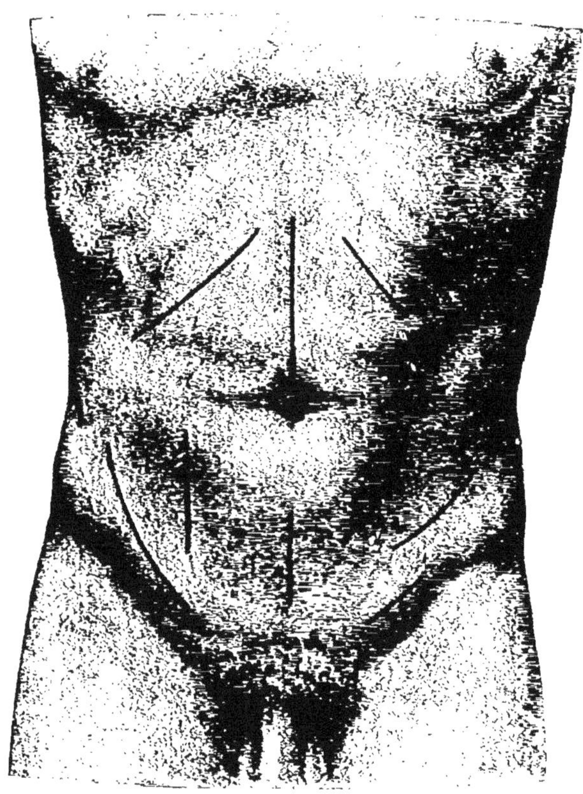

Fig. 154. — Incisions de la paroi abdominale.

peuvent lâcher les jours suivants; il expose aux rétrécissements. On préfère l'*entéro-anastomose atérale* : on ferme les deux bouts intestinaux; on les accole ensuite et on les anastomose à peu de distance du bout aveugle soit à l'aide de bouton de Murphy, soit par des sutures n deux plans. Drainer largement.

Foie. — *Plaie légère; écoulement en nappe.* — Toucher au thermocautère; tamponner fortement avec une compresse de gaze : appliquer une solution aseptique de gélatine.

Plaie large. — Suture enchevillée avec de gros fils de soie ou de catgut : on éprouve souvent des difficultés à cause de la friabilité du tissu de l'organe.

RATE. — *Plaie superficielle :* comme pour le foie. *Plaie profonde :* il n'y a qu'une ressource, pratiquer la splénectomie.

PANCRÉAS. MÉSENTÈRE, EPIPLOON. — Il faut chercher le vaisseau qui donne et jeter une ligature sur lui.

REIN. — *Si une suture du tissu arrête l'hémorragie*, s'en tenir là.

Si la plaie intéresse les vaisseaux du hile, pratiquer la néphrectomie.

HERNIES OMBILICALES

Symptômes. — Tumeur molle, élastique, de forme et de volume variables; chez l'enfant, elle est petite, sonore, réductible et le doigt qui la suit reconnaît le pourtour de l'anneau ombilical ; chez l'adulte, surtout chez les femmes grosses, tumeur arrivant parfois à un volume énorme, permettant de reconnaître de l'intestin et de l'épiploon; siège de tiraillements, de douleurs, de coliques. Elle s'étrangle assez souvent.

Traitement. — **Chez l'enfant.** — Une pelote d'ouate maintenue par un bandage, un bandage de caoutchouc à air maintiennent la hernie et peuvent amener la guérison, l'anneau ombical se rétractant et se fermant; saupoudrer auparavant la peau de poudre de riz, poudre de talc, lycopode.

Chez l'adulte. — Les bandages ne sont que palliatifs; ils peuvent irriter la tumeur; ils n'empêchent pas la hernie de s'accroître.

CURE RADICALE. — Incision elliptique, circonscrivant la tumeur et intéressant la peau, puis le tissu cellulaire souscutané; reconnaître, à droite, le muscle droit, inciser la paroi antérieure de sa gaine, récliner le muscle en dehors; inciser la paroi postérieure de la gaine et le péritoine; on incise alors de dehors en dedans l'anneau ombilical, on entre dans le sac herniaire par son collet et on libère les anses intestinales lorsque la hernie en contient ; l'épiploon adhère au collet et au sac, formant des loges dans lesquelles l'intestin peut aussi être adhérent ; supprimer le plus d'épiploon possible ; enlever tout le tissu fibreux de l'anneau ombilical et tout le péritoine du sac.

Suturer alors, soit en plusieurs plans, soit par un seul plan. Il est indispensable de bien coapter les deux feuillets péritonéaux et de rapprocher les muscles droits sans interposition de tissu fibreux.

Kélotomie. — *Lorsque la hernie est étranglée*, il faut toujours pratiquer la kélotomie et s'abstenir complètement du taxis et de manœuvres semblables.

L'incision sera faite en dehors de la hernie comme précé-

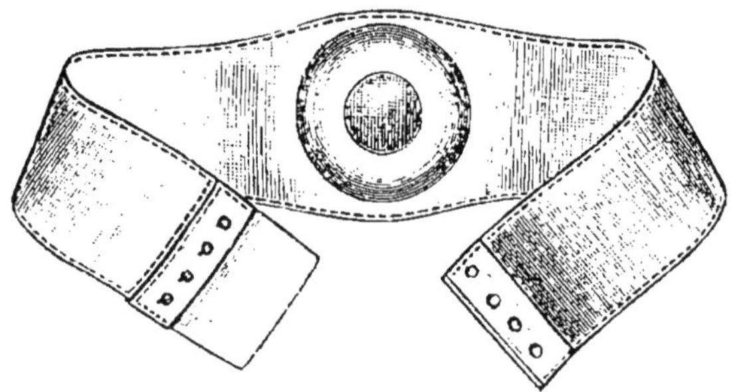

Fig. 155. — Bandage en caoutchouc pour hernie ombilicale des enfants (Sultan-Kuss).

demment, ira jusque dans la cavité péritonéale ; alors elle se portera en dedans, incisera l'anneau et on libérera l'intestin, en l'ayant sous les yeux, sans risquer de le couper, comme on pourrait le faire en incisant sur le sac ou sur l'épiploon ; le sac est très irrégulier et adhérent souvent à l'intestin, de même l'épiploon.

Le pronostic de la kélotomie ombilicale est très grave.

HERNIES PARA-OMBILICALES

Appelées encore *hernies de la ligne blanche, hernies épigastriques*, ont la même symptomatologie et sont passibles du même traitement que les hernies ombilicales.

FIBROMES DES PAROIS ABDOMINALES

Symptômes. — Apparaissent surtout chez la femme. Tumeurs à évolution lente, situées latéralement dans l'épaisseur des parois abdominales, à forme arrondie ou ovoïde, sans irrégularités ni bosselures; elles sont immobilisées par la contracture des muscles abdominaux.

Traitement. — Enlever les fibromes chirurgicalement: suturer ensuite les divers plans de la paroi qui ont été sectionnés.

XXX. MALADIES DES REINS

EXAMEN DES URINES

1° **Caractères normaux.** — **Quantité des 24 heures.** — 1400 à 1500 centimètres cubes chez l'homme adulte, 1200 à 1300 chez la femme. L'excrétion urinaire peut être supprimée (*anurie*), diminuée (*oligurie*), augmentée (*polyurie*).

Couleur. — Jaune ambré; elle peut être modifiée: jaune clair, dans les polyuries; jaune foncé, rouge, rouge brun quand la quantité est diminuée; rouge brun ou verdâtre, ou noirâtre dans l'hématurie; elle est teintée en noir verdâtre par la mélanine (cancer mélanique), en rouge brun ou verdâtre par les pigments biliaires; elle est blanc laiteux dans la chylurie; elle peut être colorée par des médicaments.

Odeur. — Fade ou légèrement aromatique à l'état normal, elle peut devenir ammoniacale dans les cystites, fécaloïde dans la gangrène, aigrelette ou chloroformique dans le diabète; enfin certaines essences aromatiques (santal, cubèbe, etc.) passent dans l'urine.

Réaction.—Normale, elle est acide; elle peut devenir alcaline dans les cystites, l'anémie, la chlorose.

Densité. — 1016 à 1022.

Urée. — 25 à 30 grammes par jour; l'élimination de l'urée est en général augmentée dans les maladies aiguës fébriles, diminuée dans les maladies chroniques.

2° **Eléments anormaux de l'urine.**

Albumine. — Elle peut être décelée par le procédé de la chaleur : l'urine, préalablement acidifiée avec 2 gouttes d'acide acétique, est chauffée dans un tube à essai jusqu'à ébullition. L'albumine se coagule et forme un trouble plus ou moins marqué, qui ne se dissout pas par l'acide acétique.

Par l'acide azotique, procédé moins fidèle.

Par le réactif de Tanret.

Le dosage peut être fait approximativement par le réactif d'Esbach.

Sucre.— Décelé par la liqueur de Fehling; on chauffe dans un tube à essai 2 à 3 centimètres cubes de ce liquide jusqu'à ébullition; il doit rester bleu; on ajoute doucement l'urine; on chauffe de nouveau. S'il y a du sucre, il se forme immédiatement un précipité rouge brique d'oxyde de cuivre.

Le dosage se fait par la liqueur de Fehling titrée, par la polarimétrie.

Acétone. — L'urine prend une odeur aigrelette, comparée à la pomme de rainette, au chloroforme. En versant dans l'urine quelques gouttes de perchlorure de fer, on obtient une coloration rouge semblable à celle du vin de Porto; par le réactif de Legal (nitro-prussiate de soude), on obtient une coloration pourpre. L'acétone existe dans le coma diabétique.

Pigments biliaires. — Réaction de Gmelin (acide azotique).

Urobiline, indican, mélanine. — Les urines peuvent contenir encore de l'urobiline, de l'indican, de la mélanine, des substances de la série aromatique (décelées par la diazoréaction d'Erlich), des médicaments absorbés.

3° **Examen microscopique.** — Il permettra de constater la présence de : globules rouges, dans l'hématurie (absents dans l'hémoglobinurie); leucocytes, dans la pyurie; cellules épithéliales et cylindres, dans les néphrites; gouttelettes de graisses, parasites (filaria sanguinis de la chylurie du Brésil; Bilharzia hæmatobia; strongylus gigas; oxyures; échinocoque vésiculaire); sédiments cristallins; microorganismes, tels que le bacillus coli, le gonocoque, le bacille de Koch.

HÉMATURIE

Symptômes. — Présence de sang dans l'urine, en plus ou moins grande quantité : l'urine est trouble, ou brune, ou rouge, ou noire. Le sang se dépose en caillots au fond du récipient. L'hématurie peut être isolée ou répétée, brusque ou annoncée par des prodromes, et des douleurs de reins. L'urine peut être uniformément colorée par le sang (origine rénale), colorée surtout à la fin de la miction (origine vésicale), ou au commencement (urètre prostatique). L'hématurie peut être accompagnée de colique néphrétique (élimination de calculs), provoquée par la marche, la fatigue (lithiase rénale ou vésicale). Elle peut être spontanée, irrégulière, très abondante (tuberculose, cancer). Tantôt elle est accompagnée d'autres hémorragies (maladies infectieuses, purpuras), tantôt elle paraît essentielle (hématurie d'Égypte, du Brésil, due à la bilharzie ou au distome).

Diagnostic. — Avec : hémoglobinurie, coloration des urines par la rhubarbe, le séné ou l'acide phénique.

Traitement. — Repos au lit. Lavement laudanisé. Boissons calmantes : infusion d'uva ursi ; teinture d'hamamelis virginica XX à XXX gouttes. Injection sous-cutanée d'ergotine. Régime lacté absolu. Pilules de tanin.

CONGESTION RÉNALE AIGUE

Symptômes de la congestion primitive a frigore. — Après un refroidissement subit, quelquefois après le surmenage, le malade est pris de fièvre avec frisson, céphalalgie, anorexie, courbature, parfois état rappelant la fièvre typhoïde au début. Le pouls bat à 90 ou 100. La température atteint 38°, rarement 40°. En même temps, il existe des douleurs lombaires : la palpation des régions lombaires est douloureuse; il y a des envies fréquentes d'uriner, de la dysurie; pas d'œdème. L'urine est trouble, foncée, un peu rougeâtre, contenant de l'albumine (3 à 6 gr.).

Au bout de quelques jours, une semaine dans la forme typhoïde, les symptômes s'amendent et l'albumine disparaît. La convalescence est assez longue.

Pronostic. — Il est bénin, mais il comporte des réserves, au point de vue de la fonction rénale.

Diagnostic. — Avec : embarras gastrique fébrile, lumbago, courbature, néphrite aiguë légère. En outre, avant d'attribuer la congestion rénale à l'action du froid, il faudra éliminer les autres causes de congestion aiguë : l'intoxication cantharidienne, la congestion rénale au cours des néphrites chroniques ou de la tuberculose rénale.

Traitement. — Repos au lit, régime lacté exclusif, ventouses scarifiées sur la région lombaire. Bains chauds. Boissons diurétiques : bicarbonate de soude (0gr,50 par cachet), benzoate de soude (0gr,50 par cachet), purgatif salin (sulfate de magnésie).

CONGESTION PASSIVE, REIN CARDIAQUE

Étiologie. — La congestion passive peut résulter d'une thrombose de la veine rénale, auquel cas il existe en même temps des signes de compression de la veine cave inférieure (œdème et cyanose des membres inférieurs), ou bien d'une stase générale du système veineux, réalisée dans les affections chroniques du cœur ou du poumon.

Symptômes. — La quantité des urines est très diminuée. Elle peut tomber au-dessous du tiers de la quantité normale Leur couleur est rouge brunâtre ; elles laissent déposer des sédiments briquetés (sels uriques). Il y a peu d'albumine ; les chlorures et les phosphates sont augmentés. L'hématurie révèle des infarctus hémorragiques. La marche est liée à celle de l'asystolie.

Diagnostic. — Avec néphrite chronique, compliquée d'accidents cardiaques.

Traitement. — Purgatifs drastiques (aloès, jalap, eau-de-vie allemande). Diurétiques (digitale, caféine, lactose, strophantus). Régime lacté (Voir le traitement de *l'asystolie*).

ALBUMINURIE

Symptôme essentiel des néphrites aiguës ou chroniques. Recherche de l'albumine par la chaleur, l'acide azotique, le réactif de Tanret. La quantité d'albumine peut être minime (quelques milligrammes), ou considérable (10 gr., 50 gr., et jusqu'à 100 gr.).

Albuminurie physiologique. — L'albuminurie peut exister

chez les sujets en apparence sains : chez le nouveau-né, chez l'adulte après une fatigue musculaire, pendant la digestion. Elle est parfois intermittente (albuminurie cyclique de Pavy).

L'albuminurie existe à la phase d'invasion dans presque toutes les **maladies infectieuses aiguës** ; et dans les **maladies infectieuses chroniques** : tuberculose pulmonaire, syphilis, paludisme. Elle peut survenir à titre de complications dans le diabète, la goutte, l'obésité, les dyspepsies, les névroses, la grossesse, l'asystolie.

Sa *durée* est variable ; tantôt passagère, elle dure 2 ou 3 jours, quand elle relève de la fatigue, du surmenage ou d'un trouble digestif ; tantôt elle persiste plusieurs semaines, dans les néphrites aiguës ; tantôt elle est permanente, dans le mal de de Bright.

Diagnostic et traitement. — Voir *Néphrites*.

NÉPHRITE AIGUE

Symptômes. — **Période de début.** — Début quelquefois brusque, par frissons, fièvre, douleurs lombaires, vomissements. Plus souvent insidieuse par l'albuminurie seule.

Période d'état. — Les urines sont diminuées. De couleur foncée, contenant parfois du sang ; laissant se former un dépôt. Albumine : 2, 3 grammes, et jusqu'à 10 grammes, et plus.

Œdème localisé aux malléoles, au scrotum, aux paupières, ou généralisé (anasarque) à tous les téguments et pouvant alors s'accompagner d'œdème de la glotte, d'hydrothorax, d'ascite.

Le doigt, déprimant la peau infiltrée, laisse une empreinte (*godet*).

Troubles urémiques : vomissements incoercibles, nausées, dyspnée sans signes d'auscultation, céphalée, amblyopie, amaurose, hémiopie, convulsions, délire, coma.

L'auscultation du cœur révélera rarement le bruit de galop.

Formes cliniques et Marche. — *Néphrite a frigore.* — Le début est brusque le plus souvent ; l'œdème et les accidents urémiques sont précoces ; la durée varie de 12 jours à un mois.

Néphrite scarlatineuse. — Parfois précoce, elle se montre ordinairement du 15ᵉ au 25ᵉ jour de la scarlatine. Elle peut être légère (albuminurie seule) ou grave (œdème pulmonaire, œdème glottique, urémie).

Néphrite de la grossesse. — Elle atteint de préférence les primipares, et débute insidieusement, ne se révélant que par des œdèmes fugaces ou un accident urémique (hémiplégie, coma, troubles oculaires, etc.).

Néphrite syphilitique. — Elle survient à la période secondaire, chez les alcooliques.

Néphrite pneumonique. — Tantôt très légère, tantôt grave et accompagnée d'hématurie, d'œdèmes, d'urémie.

Néphrite de la fièvre typhoïde. — Elle apparaît insidieusement du 15ᵉ au 20ᵉ jour de la maladie. Les hématuries sont fréquentes. La néphrite peut constituer, dans quelques cas, le début de la fièvre typhoïde.

Diagnostic. — Nécessité d'examiner les urines, dans les maladies aiguës fébriles.

Diagnostic avec : hématurie passagère des maladies aiguës. Œdème d'origine cardiaque. Hématuries d'origine vésicale. Bronchite, céphalée, épanchements pleuraux d'autres causes.

Traitement. — Repos et régime lacté absolu. Frictions sur la peau. Ventouses sur la région des reins.

Si le lait détermine de la constipation : purgatifs légers (manne, huile de ricin, magnésie).

Tanin à l'alcool. Infusion d'uva ursi.

Dans les cas d'urémie : saignée de 200 à 300 grammes.

Le régime lacté doit être continué pendant plusieurs semaines après la guérison.

NÉPHRITES CHRONIQUES

Il existe deux variétés très dissemblables ; la néphrite chronique interstitielle urémigène et la néphrite chronique parenchymateuse, hydropigène. Symptômes et traitement sont bien différents.

1°. — NÉPHRITE INTERSTITIELLE, URÉMIGÈNE

Symptômes. — **Période de début.** — Le *début* est insidieux. Pendant une période parfois de longue durée, on observe : maux de tête, envies fréquentes d'uriner, légères épistaxis, palpitations, crampes des mollets, essoufflement, douleurs lombaires, troubles visuels, troubles digestifs. Puis apparaissent : oppression, céphalées violentes.

Période d'état. — Caractérisée par un syndrome urinaire, des accidents cardio-artériels, des phénomènes urémiques.

1° Syndrome urinaire. — Pollakiurie, polyurie (3 et 4 litres en 24 heures); urines pâles, mousseuses, sans dépôt. Petite quantité d'albumine (0^gr, 50 à 1 gramme), perméabilité rénale diminuée.

2° Troubles cardio-artériels. — Hypertrophie du ventricule gauche; bruit de galop fréquent; pouls ample, tendu.

Les hémorragies sont assez fréquentes : épistaxis, hémoptysie, hématurie, hémorragie cérébrale, stomatorragie, mélœna.

3° Phénomènes urémiques. — Les symptômes dus à l'intoxication urémique (insuffisance de la dépuration urinaire) sont tantôt tardifs, tantôt précoces; tantôt ils sont persistants, tantôt ils apparaissent par accès.

Urémie cérébrale. — A forme convulsive (épilepsie), délirante (excitation, agitation, insomnie, loquacité, vociférations, hallucinations de l'ouïe et de la vue, délire de persécution, mélancolique ou religieux), céphalalgique, comateuse (coma progressif ou apoplectiforme), paralytique (aphasie, hémiplégie, etc.). A ces troubles nerveux peuvent se joindre les troubles oculaires (amblyopie, amaurose, hémorragies rétiniennes).

Urémie dyspnéique. — Oppression et essoufflement permanent : accès nocturnes ou diurnes de dyspnée violente, simulant l'asthme; type respiratoire de Cheyne-Stokes. L'examen des poumons peut rester absolument négatif (dyspnée toxique), ou révéler la coexistence de bronchite, épanchement pleural, œdème aigu pulmonaire (dyspnée considérable avec anxiété, expectoration spumeuse et sanguinolente).

Urémie gastro-intestinale. — Vomissements glaireux ou alimentaires, parfois incoercibles : diarrhée dysentériforme.

Évolution. — La marche de la néphrite chronique est lente; sa durée peut se prolonger des années; elle se termine par une complication (pneumonie, érysipèle, péricardite et, plus souvent, par l'urémie.

Variétés cliniques. — Néphrites chroniques goutteuse, saturnine, et par artériosclérose, rein sénile.

Diagnostic. — Avec albuminuries physiologiques ; syphilis rénale tardive, dégénérescence amyloïde des reins.

Traitement. — **Hygiène**. — Frictions quotidiennes de la peau ; repos physique relatif ; éviter l'hydrothérapie.

Traitement général. — Être sobre de médicaments ; on peut avec Robin diviser le traitement en étapes :

1°	Lactate de strontium...........	40 grammes.
	Eau distillée....................	600 —

1 cuiller à soupe avant chacun des 3 repas ; puis passer à 4, 5 cuillers par jour pour arriver à 6 le septième jour. Maintenir cette dose pendant huit jours.

2°	Acide tannique........................	0gr,50

Deux cachets par jour pendant huit jours.

3°	Acétate de potasse...............	4 grammes.
	Eau de fenouil....................	120 —
	Sirop des 5 racines..............	30 —

A prendre dans les 24 heures, pendant huit jours.

La teinture de cantharides (1 goutte dans 4 cuiller d'eau. à rendre en 4 fois), l'opothérapie rénale, l'iodure de potassium 20 à 40 centigrammes par jour) doivent être employés très prudemment.

Traitement des complications. — Urémie : purgatif drastique ; saignée générale ; régime lacté absolu.

Défaillance cardiaque. Employer très prudemment la digitale, lui préférer la caféine.

Régime alimentaire. — Lacto-végétarien.

Traitement thermal. — Saint-Nectaire, Evian, Brides.

2°. — NÉPHRITE PARENCHYMATEUSE, HYDROPIGÈNE

Symptômes. — **Période de début**. — Œdèmes, oligurie, douleurs lombaires.

Période d'état. — *Syndrome urinaire* : oligurie ; urines foncées, rougeâtres ; albuminurie (3 à 6 gr en 24 heures ; augmentation de l'urée ; perméabilité rénale augmentée. Œdème. L'œdème peut être localisé à la face : les paupières sont tuméfiées, le visage est bouffi ; aux malléoles, aux jambes, au scrotum, et peut être généralisé d'emblée aux membres, à la face, à l'abdomen, au thorax (anasarque). Cet œdème peut se développer et disparaître rapidement. Il peut s'étendre aux séreuses et aux viscères (hydrothorax, hydropéricarde, œdème de la glotte, œdème pulmonaire).

Troubles cardiaques : ce sont des signes d'asystolie subaiguë.

Evolution. — En 12 à 15 mois, mort par urémie, rare; par asystolie progressive, fréquente. Par complication : érysipèle, pneumonie, œdème de la glotte.

Diagnostic. — Avec asystolie à forme rénale, dégénérescence amyloïde du rein.

Traitement. — **Traitement général.** — Purgatifs : soit purgatifs salins à petites doses souvent répétées ; soit purgatifs drastiques.

Diurétiques. Lactose : 50 à 100 grammes.

Théobromine : 1gr,50 en 3 fois, en 24 heures — ou bien santhéose (Huchard).

Traitement des complications. — Œdèmes considérables : mouchetures sous le couvert de la plus stricte asepsie.

Asthénie cardio-vasculaire. Caféine, digitale.

Régime alimentaire. — Régime lacté absolu, puis régime ovo-lacto-végétarien déchloruré.

SYPHILIS RÉNALE

Symptômes. — 1° **Syphilis rénale précoce.** — Elle survient dans les trois premières années de la syphilis.

L'albuminurie peut être le seul symptôme ; elle apparaît insidieusement et cède, avec les accidents secondaires, au traitement spécifique.

D'autres fois, il s'agit d'une néphrite aiguë à début assez brusque : fatigue, céphalée, douleurs lombaires, œdèmes, d'abord partiels et fugaces, puis généralisés, pâleur et sécheresse de la peau, dyspnée : oligurie ; albumine : 5, 10 ou 20 grammes. La mort peut survenir par œdème de la glotte, asystolie ou urémie.

2° **Syphilis rénale tardive.** — Elle se manifeste sous la forme de néphrite aiguë, subaiguë ou chronique, conduisant à l'urémie. Les **gommes** du rein peuvent donner lieu à de l'hématurie. La dégénérescence amyloïde atteint en même temps le foie et la rate (œdèmes, albuminurie considérable, polyurie).

Diagnostic. — Fondé sur la coexistence d'accidents syphilitiques ou leur existence antérieure certaine.

Traitement. — *Si l'albuminurie est légère et existe seule*, on continuera le traitement mercuriel, en y associant le régime lacté.

Dans les formes persistantes ou graves, on associera au traitement commun des néphrites, le mercure à doses faibles et l'iodure de potassium.

HÉMOGLOBINURIE

Définition. — Excrétion par l'urine d'une certaine quantité d'hémoglobine dissoute.

Symptômes. — Les urines ont une couleur rouge brunâtre, comme dans l'hématurie ; mais elles ne contiennent pas de globules rouges.

L'hémoglobinurie s'observe à titre de symptôme ou de complication dans l'ictère grave, le typhus, la scarlatine, la diphtérie, la variole hémorragique, et surtout dans le paludisme où elle constitue la **fièvre bilieuse hémoglobinurique**, précédée ordinairement d'accès simples ou bilieux, revêtant une forme légère ou une forme grave (anurique, urémique).

L'hémoglobinurie peut enfin être primitive : **hémoglobinurie paroxystique essentielle** ou **a frigore**. Elle survient par accès, après un refroidissement : frisson, faiblesse subite, vertiges, cyanose, fièvre 39° à 40°, puis les urines sont émises avec leurs caractères spéciaux. Durée de l'accès : 1 à 2 ou 3 jours. Les accès surviennent surtout en hiver. La guérison est la règle.

Diagnostic. — Avec hématurie (par l'examen spectroscopique qui révèle l'hémoglobine et l'examen microscopique qui montre l'absence de globules rouges).

Traitement. — Repos au lit. Régime lacté absolu. Nitrite d'amyle. Bains froids.

Chez les syphilitiques, iodure de potassium et traitement mercuriel.

MALADIE D'ADDISON

Définition. — Syndrome lié à la dégénérescence des capsules surrénales, le plus souvent de nature tuberculeuse.

Symptômes. — Début insidieux par : faiblesse progressive, douleurs musculaires, troubles digestifs.

A la période d'état, on constate : une asthénie progressive, une faiblesse musculaire d'abord peu marquée, puis considérable, allant jusqu'à l'apathie la plus profonde, sans paralysie, des vomissements, de la diarrhée, des douleurs lombaires ou épigastriques, ou des membres, de la mélanodermie : la peau est d'abord gris clair, puis bistrée, bronzée ; la pigmentation s'accuse aux régions exposées à l'air, puis se généralise ; certains points peuvent être respectés ; les poils, les cheveux sont plus foncés. Les muqueuses peuvent être tachetées de noir.

Marche. — Lente et progressive, parfois assez rapide, parfois avec rémission, elle se termine fatalement, après une durée de 2 à 3 ans, par la mort due à la cachexie, à la tuberculose pulmonaire, ou à des complications cérébrales.

Diagnostic. — Avec la pigmentation de certains phtisiques, des paludéens, du diabète bronzé.

Traitement. — Toniques. Fer, kola, quinquina, huile de foie de morue. Electrothérapie. *Injection de capsules surrénales.* Iodure de potassium.

Contre les vomissements : Eau chloroformée.

Contre les douleurs : Morphine, vésicatoires.

TRAUMATISMES DU REIN

1° **Contusion du rein.** — *Symptômes.* — Etat de choc plus ou moins accentué. Signes variables d'hémorragie interne : pâleur, pouls rapide, filant. Douleur locale et irradiée dans la vessie et le testicule correspondant ; dyspnée provoquée par la douleur. Hématurie précoce ou retardée. Variations de la quantité d'urine émise : oliguric, anurie, polyurie. La région lombaire peut être tuméfiée et le rein augmenté de volume ; ecchymose lombaire, ecchymose des bourses. Rétention d'urine, due à l'engagement de caillots dans l'urètre.

Complications. — Hémorragie intrapéritonéale. Hydronéphrose. Rein mobile. Pyélo-néphrite. Périnéphrite.

Traitement. — Repos absolu, injections stimulantes, injections de sérum, dans les cas moyens.

Si les signes d'hémorragie sont graves, avec symptômes d'inondation péritonéale, *laparotomie médiane*, évacuer le sang et traiter le rein.

En cas de tuméfaction lombaire, incision lombaire (fig. 156.

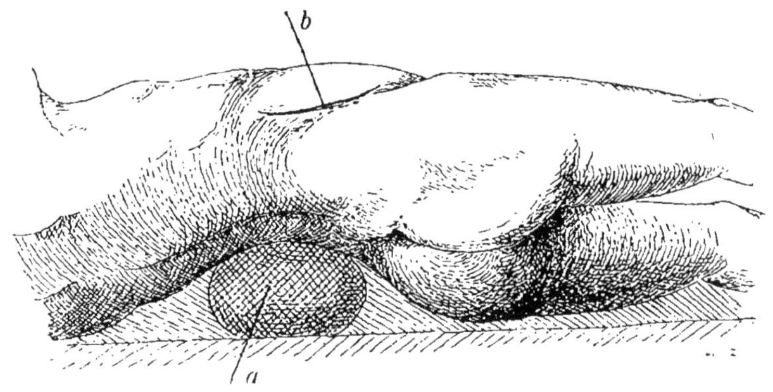

Fig. 156. — Attitude du malade, dans le décubitus dorsal latéral, pour l'incision exploratrice et les opérations sur le rein par la voie lombaire.

a, coussin ; *b*, incision lombaire.

La conduite à tenir varie avec les indications :

Déchirure du rein, suture au catgut ;

Écrasement partiel du rein, tamponnement aseptique avec de la gaze stérilisée ;

Rupture d'une artère rénale, la lier ;

Écrasement total, néphrectomie.

2° **Plaies du rein**. — *Symptômes*. — Les mêmes que précédemment ; en plus, hémorragie par la plaie ; issue d'urine par la plaie.

Traitement. — Intervention variable selon les lésions du rein.

REIN MOBILE. REIN FLOTTANT

Symptômes. — Début brusque ou lent et progressif. Surtout chez la femme et à droite. Douleurs continues, exagérées par la fatigue, la menstruation; localisées au rein et irradiées dans la jambe. Accidents d'étranglement rénal, par hydronéphrose aiguë intermittente, terminés par une crise de polyurie. Troubles digestifs variés. Troubles nerveux. Au palper bima-

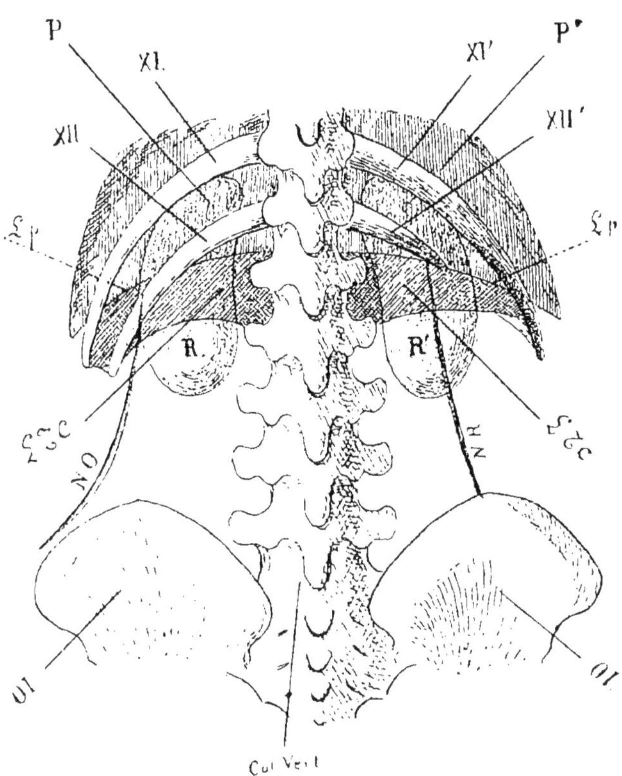

Fig. 157. — Rapports du rein avec le squelette, la plèvre, le ligament transverso-costal. Lignes d'incision des opérations lombaires :

LTC. ligament transverso-costal; XI, XI', 11e côte; XII, 12e côte longue; XIII', 12e côte courbe; P, plèvre; *Lp*, *Lp'*, ligne du cul-de sac inférieur de la plèvre; R, R', rein; OI, os iliaque; *Col. Vert*, colonne vertébrale; NR, ligne d'incision de néphrorraphie; NO. ligne d'incision de néphrotomie et néphrectomie.

nuel. on sent le rein abaissé. ballottant, pouvant par pression être remonté à sa place.

Traitement. — Appareils orthopédiques. — Ceinture hypogastrique. *lorsque l'entéroptose est associée au rein flottant*: ceinture rénale avec pelote pressant sur l'hypocondre et maintenant le rein.

MASSAGE. — Il est surtout efficace dans les cas d'entéroptose et de congestion rénale provoquant le rein flottant.

NÉPHROPEXIE. — Lorsque ces moyens ont échoué : incision lombaire, reconnaître le rein, le fixer à la 12e côte (fig. 157) et aux muscles lombaires par trois fils de catgut qui passent à travers le tissu rénal.

CANCER DU REIN

Symptômes. — *Hématurie*, spontanée « survenant par crises, colorant uniformément toute l'urine, non modifiable par le repos ou le mouvement, indolore et assez abondante » (Albarran).

Tumeur rénale, de volume variable, reconnaissable par le palper bimanuel, donnant lieu au ballottement rénal de Guyon, mate à la percussion.

Douleur, inconstante.

Varicocèle à apparition rapide, existant à droite comme à gauche.

Cachexie assez rapide.

Traitement. — NÉPHRECTOMIE TOTALE PAR VOIE LOMBAIRE, *si la tumeur est de volume moyen* (fig. 157). — Incision cutanée en écharpe (Guyon), commençant à la 12e côte, descendant sur le bord externe de la masse sacro-lombaire, allant vers la crête iliaque et marchant parallèlement à elle, variablement prolongée selon le jour dont on a besoin. Inciser successivement l'aponévrose lombaire, l'aponévrose moyenne du transverse, l'antérieure; dissocier le tissu sous-péritonéal avec les doigts et séparer le rein des organes voisins : côlon, duodénum, veine cave, sans les blesser. Saisir le pédicule avec une pince clamp, enlever la tumeur; lier le pédicule au gros catgut ou à la soie. L'uretère est lié séparément.

NÉPHRECTOMIE TRANSPÉRITONÉALE (Terrier). — Incision médiane sus et sous-ombilicale. Incision du péritoine prérénal en évitant les vaisseaux sous-péritonéaux, après avoir refoulé les anses grêles et le côlon. Décoller le tissu péri-rénal, en avant, puis en arrière. Pincer le pédicule vasculaire, enlever la tumeur; ligature en chaîne. Lier l'uretère à part et suturer le bout restant. Attirer en avant les bords de l'incision péritonéale postérieure et les fixer aux bords de l'incision abdominale antérieure rétrécie; drainer ainsi, à l'abri de la grande séreuse, la loge déshabitée du rein.

PYÉLO-NÉPHRITES INFECTIEUSES

Les plus intéressantes sont celles qu'on observe chez les vieux urinaires, rétrécis, prostatiques.

Symptômes. — Début brusque ou lent. Polyurie trouble, 2 à 4 litres d'urine trouble avec dépôt purulent. Albuminurie. Rein augmenté de volume, douloureux à la pression. Amaigrissement, teinte cachectique, soif vive, langue sèche, frissons vespéraux, fièvre intermittente à accès vespéraux; anorexie; mort dans le coma urémique.

Traitement. — S'abstenir de balsamiques qui congestionnent le rein, de salol, de borate de soude qui sont inutiles.

Prescrire le régime lacté, l'emploi des eaux d'Evian, Contrexéville, Vittel, des tisanes abondantes; chlorure de calcium en potion.

S'adresser à la maladie causale : rétrécissement (urétrotomie), cystite des prostatiques (drainage permanent et lavages de la vessie), calcul, tuberculose du rein (néphrotomie).

PÉRINÉPHRITES SUPPURÉES
PHLEGMON PÉRINÉPHRÉTIQUE

Symptômes. — Début brusque, ou insidieux dans le cas de lésions rénales préexistantes. Fièvre intense, frissons. Douleur rénale, violente, continue, exaspérée par les mouvements, par la pression, irradiée vers la cuisse, le scrotum. Tuméfaction périrénale, dure, perceptible par le palper bimanuel, mate à la percussion, devient fluctuante très tardivement.

Marche. — Résolution partielle et reprises. Evolution de la suppuration vers la peau des lombes; vers le thorax (pleurésie, vomique); vers les viscères abdominaux; vers la fosse iliaque.

Traitement. — Le traitement chirurgical est seul efficace. Incision large comme pour une néphrotomie, même si le pus s'est fait jour à l'extérieur par la peau, par une vomique... etc. Arriver sur la collection, rompre les cloisons et drainer largement. S'il existe un foyer intrarénal, l'inciser et le drainer.

TUBERCULOSE DU REIN

Symptômes. — *Hématurie*, fréquente à la période de début, généralement indolore. — *Pyurie.* La présence du bacille de Koch dans les urines est démontrée par l'examen direct ou par l'inoculation de l'urine au cobaye. Douleurs rénales, à type névralgique ou à type de colique néphrétique. — *Douleur*, provoquée par le ballottement rénal et la pression sur le rein. — *Hypertrophie du rein*, sensible par la palpation. Du côté de la vessie, douleurs de nature réflexe ou dues à la cystite tuberculeuse. L'état général est atteint à la longue; la fièvre ne survient que s'il y a infection. Il n'est pas rare d'observer la tuberculose de l'épididyme ou d'une vésicule séminale.

Traitement. — Bien qu'on ait préconisé le traitement par la tuberculine, il semble jusqu'à plus ample informé que l'on doive s'en tenir au traitement chirurgical.

Néphrectomie. — Dans les tuberculoses rénales fermées, après s'être assuré du fonctionnement de l'autre rein — Opérer par voie lombaire.

Néphrostomie. — Dans les pyonéphroses tuberculeuses, se contenter de faire la néphrostomie dans un premier temps pour drainer le rein — quand l'état général est meilleur, néphrectomie.

URONÉPHROSE, HYDRONÉPHROSE

Symptômes. — Tumeur rénale de volume quelquefois énorme, présentant le plus souvent le ballottement rénal. Rénitence et fluctuation inconstantes. Matité. Le cathétérisme urétéral permet d'évacuer la poche, quand l'uretère est franchissable.

Hydronéphrose intermittente. — On observe en général trois signes : douleur, augmentation de volume du rein, débâcle polyurique avec effacement de la tumeur.

Marche. — Aiguë ou chronique.

Complications. — Rupture spontanée ou traumatique; infection et formation d'une uro-pyo-néphrose.

Traitement. — Essayer la ponction lombaire de la poche, dans l'hydronéphrose traumatique.

Si elle dépend d'un calcul, faire la néphrolithotomie.

Dans le rein mobile, pratiquer la fixation du rein et détruire la coudure de l'uretère.

Pour les autres variétés d'uronéphrose, essayer le cathétérisme urétéral, qui amène parfois la guérison (Albarran); ou bien atteindre chirurgicalement l'uretère et supprimer les causes variées qui siègent à son niveau.

Dans les cas rebelles, pratiquer la néphrectomie, si le rein opposé est sain.

Si on a des doutes sur l'état du second rein, faire une néphrotomie du côté malade.

Si l'urine émise par la vessie et venant du côté sain est suffisante, faire alors la néphrectomie secondaire du rein malade pour supprimer la fistule urinaire.

PYONÉPHROSE

Symptômes. — Elle succède à l'infection des voies urinaires inférieures ou à une rétention rénale primitive (calculs, rein mobile). Douleurs. Augmentation du volume du rein. Crises de rétention suivies de débâcles. Urines troubles à dépôt purulent. Fièvre et frissons vespéraux. Avec cela existent en général des signes de cystite ou les complications suivantes : calculs phosphatiques du rein et de la vessie, phlegmon périnéphrétique.

Traitement. — Commencer par assurer l'asepsie de la vessie et de l'urètre. Le cathétérisme urétéral avec lavage de la poche purulente donne des résultats heureux (Albarran, Pawlick).

La *néphrostomie*, qui consiste à ouvrir le rein et à le drainer, est le traitement le plus employé; si c'est possible, pratiquer le cathétérisme rétrograde de l'uretère pour assurer le cours normal de l'urine. Il reste, dans la moitié des cas, une fistule urinaire.

La *néphrectomie* n'est indiquée que *si le rein malade est totalement détruit, si le rein opposé est intact, si l'état général est satisfaisant.*

La *néphrolithotomie*, ouverture du rein, extirpation des calculs et drainage, est indiquée *dans les cas de pyonéphrose calculeuse.*

ANURIE

Absence de sécrétion d'urine.

Etiologie. — Elle dépend de causes diverses. L'anurie calculeuse est la plus fréquemment observée.

Traitement de l'anurie calculeuse. — Essayer le régime lacté, les diurétiques, les purgatifs drastiques.

En cas d'insuccès, intervenir chirurgicalement sans retard.

Urétérotomie au-dessus de l'obstacle, *si le calcul est enclavé dans l'uretère.*

Pyélotomie, ouverture du bassinet; elle expose à la fistule.

Néphrostomie, opération de choix : incision lombaire de Guyon en écharpe; recherche du rein; compression du pédicule vasculaire par l'aide; incision du rein sur le bord convexe; explorer le bassinet et retirer les calculs; explorer avec une sonde la perméabilité de l'uretère; refermer en grande partie le rein et le drainer; il se forme une fistule qui disparaît par la suite, si l'uretère est perméable.

LITHIASE RÉNALE

Symptômes. — 1° **Lithiase latente.** — Urines foncées, acides, faisant un dépôt rouge brique. Les calculs sont ou non expulsés, sans déterminer aucun trouble.

2° **Lithiase confirmée.** — Sans cheminement du calcul. Expulsion de gravier, de sables, sans douleur; caractères de l'urine comme précédemment.

Douleurs localisées au rein, exagérées par le mouvement, par les cahots, par l'exploration du rein ; calmées par le repos, par une pression modérée ; d'intensité variable selon les sujets ; s'irradiant à la vessie, au scrotum, au membre inférieur jusqu'au talon ; s'accompagnant de phénomènes réflexes variables. Hématuries provoquées par les cahots, les mouvements, calmées par le repos.

3° **Colique néphrétique** (fig. 158). — Elle est due à la migration du calcul. Début brusque. Douleur continue, coupée de paroxysmes, localisée à un rein, aux deux reins, à l'uretère; toujours très vive; irradiée au testicule qui se rétracte, au cordon qui se gonfle, à la cuisse qui se fléchit, au périnée, à l'anus, à la vessie, à la verge; durant cinq à huit heures; terminée par une exacerbation plus violente et finissant brusquement. Phénomènes sympathiques concomitants : état nauséeux, vomissements, météorisme par paralysie réflexe de l'intestin ; convulsions, manifestations délirantes; pouls petit, rapide, bruit de galop à l'auscultation : mort quelquefois par syncope. Modifications de l'urine : anurie réflexe ou par obstruction : polyurie critique réflexe; hématurie, le plus souvent après la crise. — Accidents d'obstruction : anurie, hydronéphrose.

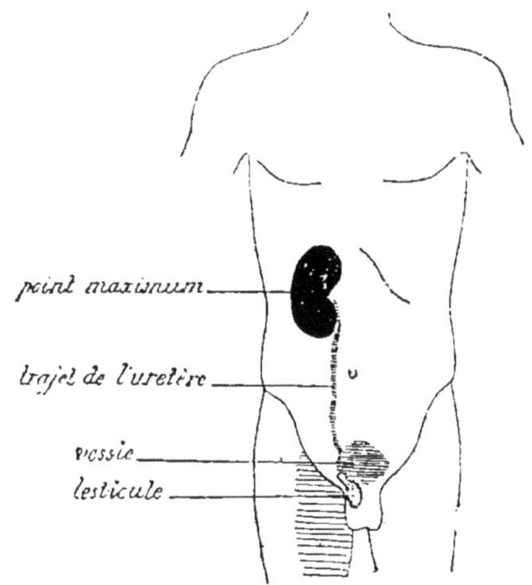

Fig. 158. — Siège et irradiations de la douleur dans la colique néphrétique.

4° **Pyonéphrose calculeuse.** ***Traitement.*** — 1° Traitement médical. — Traitement hydrominéral : Contrexéville, Évian, Vittel, Saint-Nectaire, Vichy, Pougues. Hygiène privée sérieuse : vie au grand air, massage, frictions sèches. Régime alimentaire : éviter les viandes noires, gibier, foie, ris de veau, rate, cervelle, fruits acides, oseille, tomates, asperges, haricots verts, fruits verts, raisin; alcool, bière, vins généreux. Recommander les viandes blanches, les fruits cuits, la médication alcaline. Conseiller de prendre 1 à 2 grammes de pipérazine, dissous dans 500 grammes d'eau de seltz, à absorber dans la journée.

Pendant la colique, bains chauds prolongés, grands lavements chauds; injections de morphine; inhalations d'éther, de chloroforme; absorption de chloral, d'antipyrine; tisanes chaudes à boire.

2° Traitement chirurgical. — Quand le diagnostic de calcul est posé, il faut intervenir.

Si le calcul est dans un rein aseptique et peu volumineux, pratiquer soit la néphrolithotomie, soit la pyélotomie, extirper le calcul et suturer l'ouverture faite.

S'il y a uronéphrose, faire la néphrotomie, extraire le calcul, pratiquer le cathétérisme rétrograde de l'uretère, drainer le rein. La fistule rénale se guérit en général spontanément.

Si le rein est suppuré, faire la néphrotomie.

Après suppression du calcul, si la fistule persiste et si le rein opposé est sain, on fera plus tard la néphrectomie secondaire.

XXXI. — MALADIES DE LA VESSIE

RUPTURES ET PLAIES DE LA VESSIE

Symptômes. — Phénomènes de choc, comme dans tous les traumatismes de l'abdomen. En plus, miction fréquente douloureuse, sanglante; issue d'urine par la plaie, non d'une manière constante. — *Si la plaie est intrapéritonéale*, les signes de la péritonite apparaissent après quelques jours avec suppression de la miction; si le péritoine n'est pas intéressé, il se fait, en général dans la cavité de Retzius, une collection séro-purulente. Les complications sont des fistules cutanées, vaginales ou rectales ; des troubles de cystite, dus à la présence de corps étrangers dans la vessie.

Traitement. — *Plaie intrapéritonéale :* laparotomie, suturer la plaie vésicale par deux plans de sutures, l'un musculo-séreux, l'autre séro-séreux; nettoyer les portions contaminées de la séreuse : drainer largement le petit bassin; cathétérisme de l'urètre et sondage permanent de la vessie.

Plaie extra-péritonéale : agrandir la plaie, la nettoyer, repérer les bords de la vessie, les suturer en deux plans, totalement; sondage permanent de la vessie ; drainage large de la plaie jusqu'à la vessie; veiller à ce que la sonde fonctionne régulièrement.

CALCULS VÉSICAUX

Symptômes. — *Douleurs* localisées au bas-ventre, irradiées à la verge, à l'anus, au membre inférieur; provoquées par la marche, le saut, les cahots; exagérées par la contraction de la vessie à la fin de la miction et s'accompagnant alors de spasmes, de ténesme; calmée par le repos.

Hématurie, provoquée par la fatigue, calmée par le repos; dure tout le temps de la miction et se fonce à la fin.

Pollakiurie, provoquée par le mouvement. Interruption brusque du jet par le calcul, chez l'enfant et l'adulte. Miction impérieuse, due à la cystite. Rétention par enclavement du calcul. Il y a des *calculs latents*.

Complications. — Perforation de la vessie Néphrite congestive. Pyélo-néphrite ascendante.

Symptômes cliniques. — Examen de la vessie avec l'explorateur de Guyon, après introduction dans la vessie de 60 à 100 grammes d'eau stérilisée. Le frottement de l'explorateur métallique et le bruit de contact permettent de reconnaître s'il y a un calcul, quel est son volume, quelle est sa nature; en saisissant le calcul entre les mors du lithotriteur, on reconnaît son volume. Les difficultés de cet examen augmentent chez la femme dont la vessie est plus large, à parois plus dépressibles; quand le calcul est enchatonné ou enkysté : quand des incrustations calcaires tapissent la vessie. Le toucher vaginal est précieux chez la femme, le toucher rectal ne peut révéler un calcul que chez l'enfant. La cystoscopie permet de voir le calcul.

Traitement. — Comme traitement préventif, il n'y a qu'à suivre les prescriptions indiquées plus haut (lithiase rénale).

Le traitement curatif se résume dans la lithotritie et la taille hypogastrique.

LITHOTRITIE. — La lithotritie se pratique selon la méthode de Bigelow sous chloroforme et en une séance unique. Le malade est sur le dos, le bassin relevé par un coussin, les cuisses écartées, la tête basse, le chirurgien placé à sa droite. Lavage de la vessie à l'eau bouillie. Laisser 150 grammes d'eau. Retirer la sonde en gomme. Introduire le lithotriteur. Chercher avec son bec le calcul, écarter les mors et saisir le calcul entre eux, sans saisir la muqueuse; on broie le calcul en rapprochant les mors; le broiement est répété sur chaque

Fig. 159. — Ballon de Pétersen.

débris jusqu'à réduire le calcul en poussière. Pour évacuer les débris du calcul, on fait d'abord un lavage prolongé de la vessie à l'aide d'une large sonde mandrin métallique introduite par l'urètre : l'eau entraîne avec elle des débris du calcul; on achève l'évacuation en assujettissant à la sonde un aspirateur.

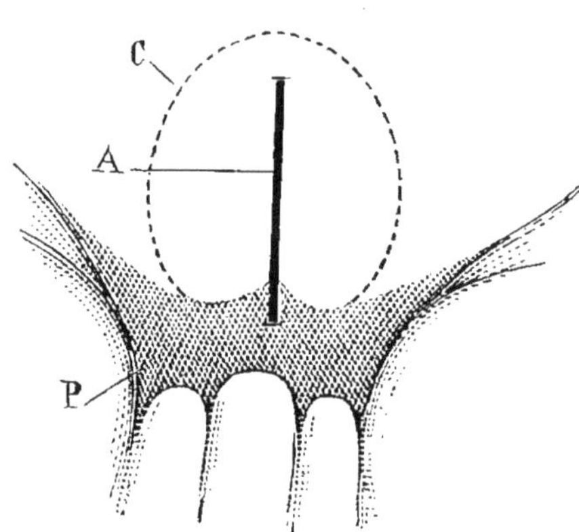

Fig. 160. — Taille hypogastrique.

A, incision de la paroi abdominale. C. vessie, P, pubis.

S'il reste encore des débris de calcul trop gros pour sortir, on recommence le broiement.

Taille hypogastrique. — Elle est indiquée en cas de calcul trop volumineux, dépassant 5 et 6 centimètres; de calcul trop dur, résistant au lithotriteur; de calcul enchatonné; de vessie irritable. On la pratique de préférence à la taille latéralisée ou prérectale. On commence par introduire un ballon de Pétersen (fig. 159), puis on fait une incision longitudinale, partant à trois travers de doigt au-dessus du pubis (fig. 160).

Chez la femme, la lithotritie est difficile; les petits calculs sont retirés par l'urètre dilaté; les calculs moyens ou gros par taille vésico-vaginale avec suture immédiate de la plaie.

CORPS ÉTRANGERS DE LA VESSIE

Symptômes. — Nuls ou bien aussi intenses que dans le cas de calcul, surtout lorsqu'un calcul s'est formé autour du corps étranger.

Traitement. — *Chez la femme*, dilater l'urètre et retirer le corps étranger avec des pinces.

Chez l'homme, on retire les conducteurs à l'aide d'un crochet qui les force à se plier en deux dans l'urètre; on écrase avec le lithotriteur les corps étrangers friables et on les aspire comme un calcul: on emploie des redresseurs pour les corps étroits mais rigides; on écrase avec le lithotriteur la gaine phosphatique qui les entoure (fig. 162).

Dans les cas rebelles où le corps ne peut être retiré par les voies naturelles, on pratique la *cystotomie sus-pubienne*. Il faut suturer la vessie immédiatement après.

Le cystoscope est utile, en ce qu'il permet de voir le corps étranger et de le saisir sans tâtonnement.

CYSTITE AIGUE

Symptômes. — Miction fréquente, jusqu'à 100 fois dans les 24 heures. Miction impérieuse; le malade ne peut résister au besoin. Douleur accentuée. surtout au début et à la fin de la miction; quelquefois très violente. Elle peut exister en dehors de la miction; elle est rétro-pubienne, avec irradiations dans l'aine, la verge, les reins. Pus dans les urines; si on fait uriner le malade dans trois verres, au début, au milieu, à la fin de la miction, le premier et le dernier contiennent plus de pus que le second. Hématurie, surtout à la fin de la miction. Douleur provoquée par le palper sus-pubien, par le toucher vaginal et rectal; par l'exploration du col vésical avec une bougie olivaire; par la distension de la vessie à l'aide d'une injection d'eau bouillie. Il n'y a pas de fièvre, lorsque la cystite existe seule, sans complications du côté des reins.

Traitement. — Supprimer la cause : calcul, par la lithotritie; rétrécissement, par l'urétrotomie interne et le cathétérisme. S'abstenir de sondages répétés, d'injections forcées.

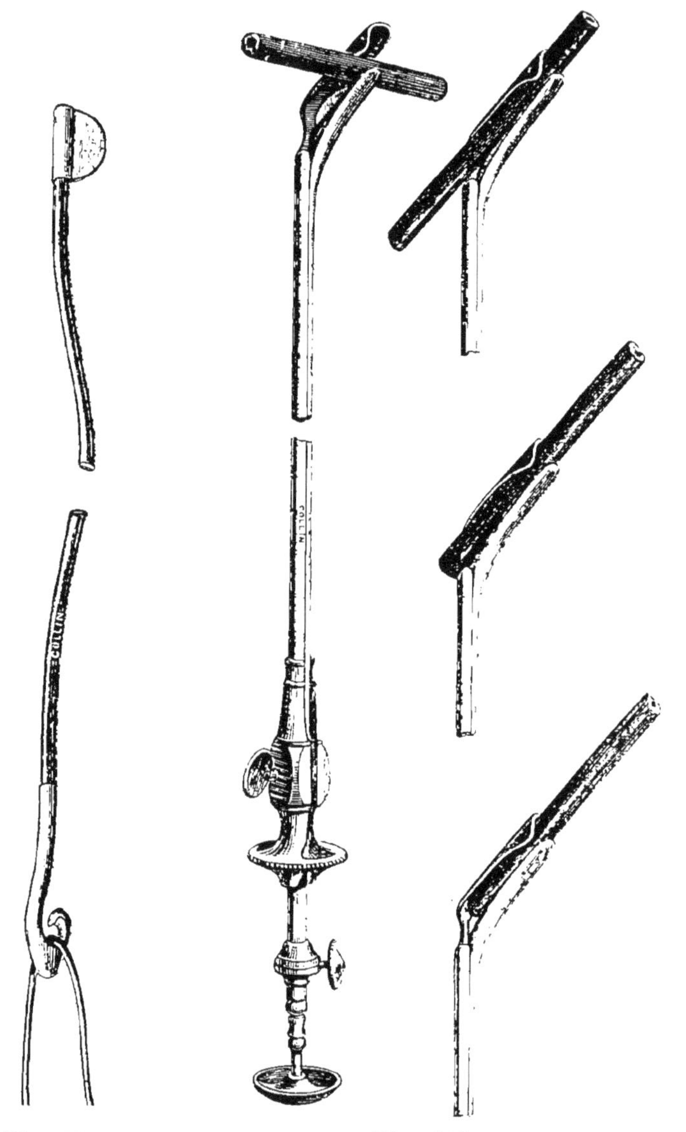

Fig. 161. Fig. 162.

Fig. 161. — Crochet du professeur Guyon pour retirer de la vessie les bougies fines.

Fig. 162. — Instrument de Collin pour l'extraction des corps étrangers de la vessie chez l'homme.

Proscrire les mets épicés, les boissons fermentées; ordonner le régime lacté, les boissons abondantes, le régime alcalin. Calmer les douleurs par de grands bains de siège chauds prolongés, par des douches rectales chaudes, les fomentations chaudes à l'hypogastre, au périnée; par les injections sous-cutanées de morphine; par les suppositoires contenant 2 à 6 milligrammes de morphine.

Localement : pratiquer tous les jours un lavage simple de la vessie avec de l'eau bouillie; l'instillation de quelques gouttes de la solution de nitrate d'argent de 1 à 4 pour 100 donne parfois de bons résultats. On s'en abstiendra, lorsqu'un premier essai sera accompagné d'une exagération des douleurs.

CYSTITE CHRONIQUE OU CATARRHE VÉSICAL

Symptômes. — Ceux de la cystite aiguë, mais atténués.

Traitement. — Supprimer la cause : rétrécissement, calcul, rétention incomplète, hypertrophie prostatique. Éviter les mets excitants, les boissons irritantes, la fatigue. Prescrire le repos, les boissons abondantes, le régime lacté, s'abstenir en général de salol, de benzoate de soude, qui fatiguent l'estomac et aseptisent l'urine d'une façon douteuse; les balsamiques ont le même inconvénient. La térébenthine en capsule de 10 centigrammes (6 à 8 par jour) calme les fréquences. Diminuer les douleurs par les bains de siège chauds, les fomentations chaudes, les suppositoires au chloral, à la belladone, à la morphine.

Injection vésicales tièdes avec de l'eau bouillie ou boriquée; les faire suivre d'une instillation de 20 à 40 gouttes de nitrate d'argent au 1/50e ou de sublimé au 1/5000e, puis au 1/1000e.

Si la douleur résiste à tout, faire le sondage permanent de la vessie ou mieux une boutonnière sus-pubienne avec sondage à demeure; chez la femme, on peut également faire la taille vésico-vaginale ou mieux le drainage de la vessie par la sonde à demeure.

TUBERCULOSE VÉSICALE

Symptômes. — Pollakiurie. Hématurie précoce, peu abondante, spontanée, venant sans causes, diminuant en général avec le temps. Pyurie qui succède à l'hématurie. La présence du bacille de Koch se prouve par l'inoculation au cobaye. Douleur exagérée au début et à la fin de la miction, persistant dans l'intervalle, telle que quelquefois il y a rétention d'urine. On réveille cette douleur par le palper hypogastrique, par le toucher rectal et vésical par l'exploration de la vessie.

Traitement. — 1° Médical. — Frictions sèches, bains salés, repos à la campagne, à la mer, traitement à Salies-de-Béarn, Luchon, La Bourboule, Berck; préparations arsénicales, créosotées, huile de foie de morue; alimentation substantielle. Supprimer les irritants : boissons alcooliques, épices.

2° Chirurgical. — Le nitrate d'argent aggrave la cystite. L'instillation de quelques gouttes de liqueur de Van Swieten est recommandée par Guyon.

Les lavages de vessie à l'eau goménolée, suivis d'instillations d'huile goménolée à 20 puis 33, p. 100 donnent de bons résultats. — On a préconisé également l'huile phéniquée en instillations (Pilliet).

En cas d'insuccès, faire la cystotomie, attoucher la muqueuse au chlorure de zinc (1 p. 10), au sublimé (1 p. 500), curetter les fongosités, cautériser les nodules tuberculeux avec une pointe fine de thermocautère ; ensuite laisser une sonde à demeure dans la boutonnière sus-pubienne; la vessie, mise au repos, cesse d'être douloureuse.

TUMEURS

Symptômes. — **Hématurie.** — C'est le symptôme capital; elle survient spontanément, dure un temps variable et cesse brusquement; elle est plus abondante à la fin qu'au commencement de la miction; augmente d'abondance, à mesure que les lésions progressent et produit une anémie profonde; est provoquée aussi par le cathétérisme de la vessie. Les caillots peuvent provoquer une rétention d'urine.

Douleur. — Elle est inconstante, mais, si elle existe, elle peut revêtir une acuité très grande.

Le toucher vaginal ou rectal permet quelquefois de sentir une induration localisée, la dureté de la paroi vésicale : combiné avec le cathétérisme, il permet de constater l'épaississement de la paroi vésicale. Le cathétérisme expose à l'hématurie. La distension de la vessie avec la solution boriquée provoque aussi l'hématurie. Dans le cas de tumeurs petites ou pédiculées, les signes physiques sont nuls.

Traitement. — 1° Palliatif. — *Qand la tumeur est inextirpable*, incision sus-pubienne de la vessie et drainage, qui combattent la douleur et l'hématurie.

Chez la femme, incision vésico-vaginale.

2° Curatif. — Cystotomie et extirpation de la tumeur, partielle ou totale, selon sa nature et ses connexions avec la vessie. Cautériser la cicatrice avec le thermocautère porté au rouge sombre, pour arrêter l'hémorragie. Fermer la vessie par un double plan de sutures.

INCONTINENCE D'URINE

I. — INCONTINENCE DES ENFANTS

(Miction involontaire nocturne).

Chercher si elle est liée ou non à une lésion organique.

A. Incontinence organique. — La lésion causale siège sur l'urètre (phimosis, épispadias, adhérences balano-préputiales, atrésie du méat), sur la vessie (calcul, vessie spacieuse avec spasme urétral), sur le rectum (vers intestinaux).

B. Incontinence essentielle. — Trois variétés :

a) Incontinence par défaut de contractilité du sphincter urétral. — L'incontinence est alors diurne et nocturne. *Electrisation faradique* (Guyon), l'électrode négative est poussée dans l'urètre membraneux, l'électrode positive est placée sur le pubis : courant faible, à interruptions rares.

b) Incontinence par irritabilité vésicale. — Pollakiurie diurne et nocturne; incontinence exclusivement nocturne. Electrisation galvanique : électrode sur le pubis; électrode sur la région lombaire; courant poussé progressivement jusqu'à 50 et 80 milliampères.

c) Incontinence des dégénérés, des psychopathes. — Très fréquente.

Traitement. — **Hygiène.** — Rendre léger le sommeil de l'enfant : thé léger, café le soir; réveiller l'enfant avant la miction; suggestion à l'état de veille ; éviter mets et boissons diurétiques. Hydrothérapie froide.

Traitement local. — Cathétérisme avec de gros béniqués ; cautérisation du méat chez les filles : électrisation par les courants faradiques (électrode dans le vagin ou le rectum, un autre au périnée).

Injection de sérum physiologique dans l'espace rétro-rectal (Jaboulay). Ponction lombaire simple ; injections épidurales

Traitement général. — Antispasmodiques : bromure de potassium, belladone.

Extrait de belladone..................	0gr,60
Poudre de noix vomique...	1gr,20
Iodure de fer réduit...................	1gr,20
Extrait de quinquina..................	*q. s.*

pour 60 pilules : 1 à 4 par jour.

Adrénaline (Ferrari) : XX à XL gouttes, 2 fois par jour.

Strychnine ; teinture de rhus aromatica (X à C gouttes par jour).

II. — INCONTINENCE DES ADULTES

Chercher avant tout comme causes : rétrécissement urétral ; hypertrophie prostatique.

En dehors de ces deux causes, penser à l'incontinence épileptique, à l'incontinence de la convalescence des pyrexies graves, à l'incontinence par regorgement due à une lésion médullaire.

Chez la femme : Prolapsus génital, accouchement, déformation de l'urètre, atonie du sphincter chez les vieilles femmes.

RÉTENTION D'URINE

Symptômes. — **Rétention complète aiguë.** — Impossibilité absolue d'uriner, douleur très violente dans le bas-ventre et irradiée, troubles nerveux dus à la douleur, accidents divers (hémorroïdes, hémorragies, congestion cérébrale), dus aux efforts ; le globe vésical est progressivement croissant. La crise se termine : par une miction, par la rupture de la vessie dans le péritoine, par la rupture de l'urètre et l'infiltration d'urine, par l'incontinence vraie ou rétention partielle avec distension.

Rétention incomplète sans distension. — La miction

est normale; après la miction, il reste un résidu variable d'urine dans la vessie.

Rétention incomplète avec distension ou incontinence vraie. — Globe vésical énorme; écoulement incessant d'urine, miction par regorgement.

Traitement. — **Rétention complète aiguë.** — Il faut évacuer la vessie : par le cathétérisme de l'urètre, s'il est pratiquable; par la ponction hypogastrique, dans le cas contraire; on évacuera l'urine en totalité.

Rétention incomplète sans distension. — Pratiquer d'une façon régulière l'évacuation du résidu de la miction pour empêcher la dilatation de la vessie et calmer la pollakiurie.

Rétention incomplète avec distension. — Évacuer la vessie, par l'urètre ou par voie sus-pubienne, mais incomplètement; enlever un litre d'urine à la fois seulement. L'évacuation totale donnerait lieu à une hémorragie par décompression d'un pronostic grave.

OPERATIONS QUI SE PRATIQUENT SUR LA VESSIE

PONCTION SUS-PUBIENNE

Raser la région sus-pubienne. La savonner; la frotter à l'alcool et à l'éther. Fixer les téguments sus-pubiens avec la main gauche et reconnaître le bord supérieur de la symphyse. La main droite tient l'aiguille droite n° 6 de l'appareil Potain et s'enfonce perpendiculairement à la paroi (fig. 163), profondément, surtout chez les sujets gras, un centimètre au-dessus du pubis. Le trocart retiré (fig. 164), on aide l'issue de l'urine par pression sur le globe vésical. Dans la rétention aiguë, on peut évacuer toute l'urine; dans les rétentions chroniques, il est préférable de ne l'évacuer que partiellement, pour éviter l'hémorragie par décompression. Retirer vivement l'aiguille, en tenant l'orifice externe bien bouché, pour empêcher que le contenu tombe dans l'espace prévésical. On pourra préalablement pratiquer un lavage de la vessie, lorsque l'urine est purulente, louche, ammoniacale. Couvrir la piqûre d'ouate collodionnée. Essayer ensuite le cathétérisme, avec des sondes métalliques ou en caoutchouc, uni- ou bicoudées, à béquille, filiformes, selon que l'on a affaire à un rétréci, à un prostatique. La ponction peut être pratiquée plu-

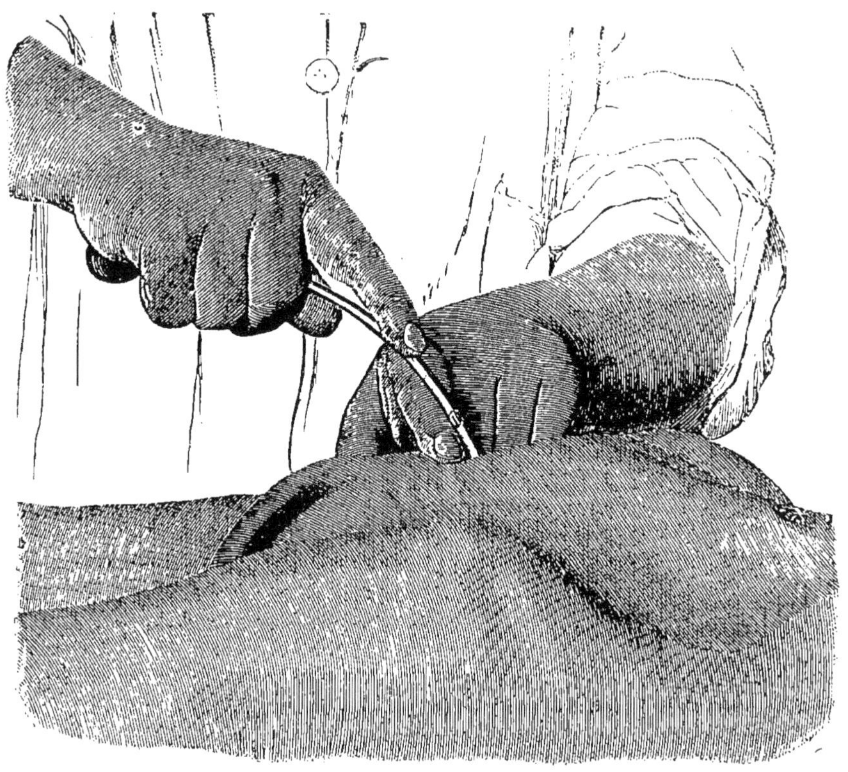

Fig. 163. — Ponction de la vessie. Position pour exécuter la ponction.

sieurs fois de suite; mais si la rétention se prolonge, il vaut mieux avoir recours à la cystostomie.

TAILLE HYPOGASTRIQUE

Raser et laver la région. Introduire dans la vessie 150 à 300 grammes d'eau boriquée; la sonde est laissée en place et bouchée par un fausset. Introduire dans le rectum le ballon de Petersen, qu'on remplit de 300 à 500 grammes d'eau. Incision cutanée, sur la ligne médiane, longue de 10 centimètres, empiétant sur le pubis. Incision de la ligne blanche et du fascia transversalis. Reconnaître la graisse de l'espace prévésical, semblable à du beurre frais, faire relever le cul-de-sac péritonéal par un écarteur et mettre le malade dans la position

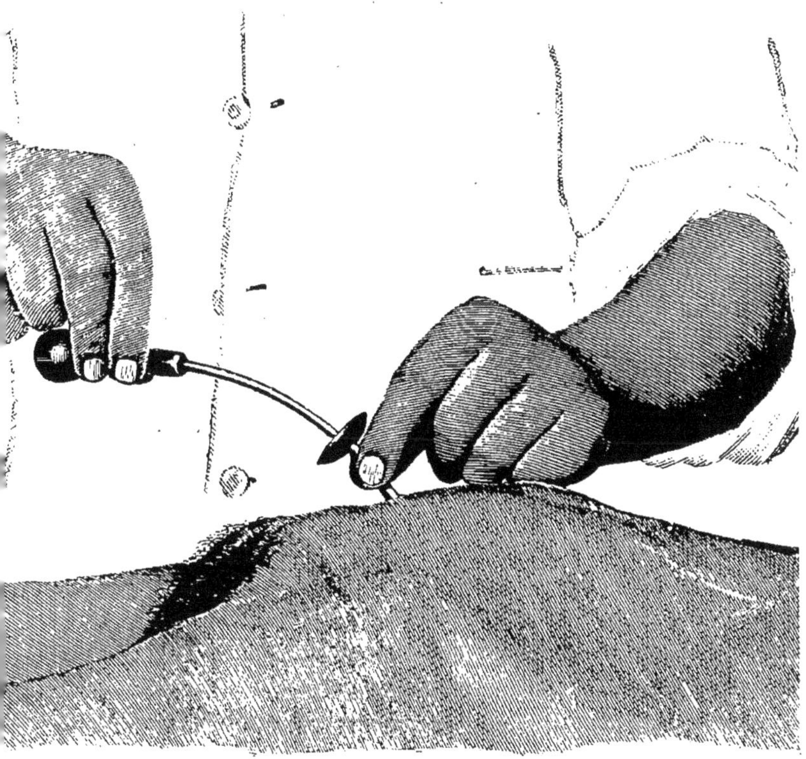

Fig. 164. — Ponction de la vessie. On enlève le stylet du trocart.

déclive de Trendelenburg. La vessie apparaît, semblable à une tête de fœtus, sillonnée de veines ; l'inciser verticalement en son milieu ; passer deux fils en anse dans chaque lèvre de l'incision, pour empêcher leur rétraction. Agir dans la vessie selon les indications, pour extraire un calcul, supprimer un lobe prostatique, enlever un papillome. On peut ensuite, selon que l'urine est septique ou non, drainer ou suturer la vessie. Pour drainer, on laisse deux gros tubes dans la vessie et la brèche cutanée est fermée partiellement. La suture totale de la vessie se fait en deux plans : un premier plan de sutures au catgut prend la couche musculaire, non la muqueuse, et affronte les deux lèvres d'incision; le second plan adosse les parois musculaires à la Lembert. Suture de la paroi abdominale par des crins. Sonde à demeure dans la vessie.

CYSTOSTOMIE

On agit comme dans l'opération précédente jusqu'à l'ouverture de la vessie. Puis on fixe les bords de l'incision vésicale à la paroi abdominale par des crins de Florence : un drain est laissé dans l'incision.

XXXII. — MALADIES DE L'APPAREIL GÉNITAL DE L'HOMME

I. — URETRE ET VERGE

HYPOSPADIAS

Fistule à la face inférieure de l'urètre.

Symptômes. — Les troubles urinaires consistent dans l'issue de l'urine pendant la miction, par l'orifice anormal qui est différemment placé selon qu'il s'agit d'hypospadias balanique. pénien, péno-scrotal, scrotal ou périnéo-scrotal. Le méat est ou non perméable. Les urines tombent le long du scrotum et des bourses qu'elles irritent. Pas d'incontinence. Erection et copulation difficiles, imparfaites, douloureuses; éjaculation sans force.

Traitement. — 1° **Procédé de Nové-Josserand**. — Il convient à l'hypospadias péno-scrotal (fig. 165).

1. Tunnellisation du pénis. — Incision sur la face inférieure de la verge, en avant du méat hypospadien ; par l'incision, introduction d'une sonde cannelée qu'on pousse en avant, de

façon à creuser un tunnel sous-cutané à la base du gland, la sonde est remplacée par un trocart qu'on enfonce en plein tissu balanique pour sortir à l'extrémité du gland.

2. Greffe dermo-épidermique. — On taille une longue lanière dermo-épidermique (face interne de la cuisse) que l'on enroule face cutanée en dedans, face cruentée en dehors, autour d'une sonde en gomme, une ligature circulaire maintient les deux extrémités de la greffe fixées sur la sonde.

Celle-ci revêtue de sa greffe est glissée dans le canal sous-cutané précédemment créé. — Sonde à demeure par l'orifice hypospadien.

Trois jours plus tard, on retire doucement la bougie.

Au bout de 10 jours, cathétérisme quotidien du néo-canal pendant 1 à 2 mois.

3. Abouchement du nouvel urètre et de l'ancien. — Sonde à demeure réunissant les deux conduits; avivement et suture du méat hypospadien.

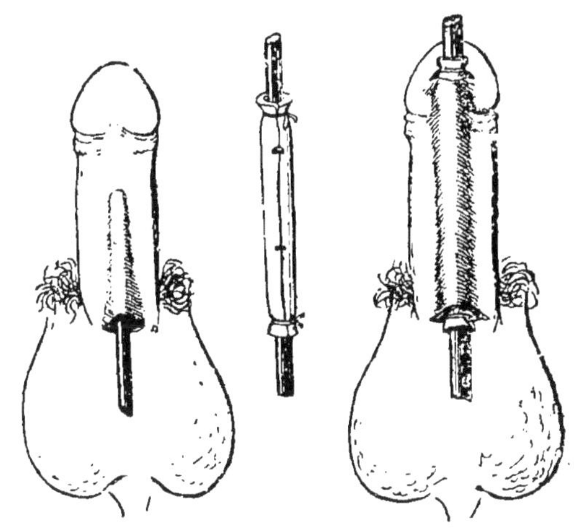

Fig. 165. — Procédé de Nové-Josserand pour la cure de l'hypospadias péno-scrotal.

2° **Procédé de Beck-Von Hacker**. — Il convient à l'hypospadias balanique.

1. Mobilisation de l'urètre. — Incision circulaire autour du méat hypospadien et dissection d'une petite collerette muco-cutanée qui reste adhérente à l'orifice ; prolonger l'incision en arrière et disséquer l'urètre sur toute sa circonférence.

2. Tunnellisation du gland. — A l'aide d'un trocart, d'un bistouri étroit ; par l'orifice ainsi formé, on introduit une pince hémostatique qui va saisir l'extrémité de l'urètre libéré et l'attire à l'extrémité du gland.

3. Suture de la collerette muco-cutanée aux lèvres du nouveau méat. — A l'aide de quatre fils de lin. Sonde à demeure.

4. Suture de la plaie de la face inférieure de la verge.

ÉPISPADIAS

Fistule à la face supérieure de l'urètre.

Symptômes. — Miction volontaire, mais sans jet ; souvent incontinence. Fonctions génitales affaiblies ou nulles.

Traitement (Duplay). — 3 temps : redresser la verge ; créer ensuite un canal entre l'orifice épispadien et le méat ; enfin réunir les deux portions d'urètre et fermer l'orifice anormal.

PLAIES DU PÉNIS

Symptômes. — Plaie de profondeur variable avec hémorragie. Si l'urètre est atteint, l'urine s'écoule par la plaie pendant la miction. La verge peut être amputée par le traumatisme.

Traitement. — Laver et aseptiser l'organe. Lier les artères qui saignent ; suturer les bords de la plaie, quelle que soit sa profondeur, si la section n'est pas complète.

Si l'urètre est intéressé, introduire une sonde jusqu'à la vessie, suturer l'urètre avec soin par-dessus elle au catgut, suturer le corps spongieux.

Pansement aseptique. — Enlever la sonde au bout de huit jours. Une séance de dilatation tous les mois, pour éviter le rétrécissement consécutif.

RUPTURE DE L'URÈTRE

Symptômes. – Urétrorragie ; miction difficile ou impossible ; tuméfaction du périnée par épanchement de sang et d'urine ; plus tard encore, rétrécissement cicatriciel.

Traitement. — *Si le malade pisse seul*, s'abstenir du cathétérisme qui ne peut être que nuisible.

Si le malade pisse, mais difficilement, tenter un cathétérisme prudent avec une sonde de Nélaton montée sur un mandrin et suivant la paroi supérieure de l'urètre restée intacte dans les cas moyens.

Si la sonde ne peut pas passer, et dans les cas où la miction est impossible, abandonner la sonde et aller tout de suite au périnée. Le malade est dans la position de la taille ; on insensibilise le périnée à la cocaïne pour que le malade, en pissant, montre le bout supérieur de l'urètre. Incision périnéale médiane, au bistouri, depuis la racine des bourses jusqu'à un travers de doigt devant l'anus. Après incision de l'aponévrose superficielle, on tombe dans une loge contenant du sang, quelquefois de l'urine ; la nettoyer avec un courant d'eau bouillie. La recherche du bout antérieur est facile ; il suffit de pousser une sonde par le méat ; on voit quelquefois une bride allant du bout antérieur au bout postérieur ; celui-ci peut bâiller et être visible dans la plaie bien asséchée ; si le malade urine, on le reconnaît ; dans les cas difficiles, on est autorisé à faire le cathétérisme rétrograde par la cystotomie. Les deux bouts de l'urètre étant reconnus, passer une sonde n° 16 jusqu'à la vessie ; suturer par-dessus elle les deux bouts de l'urètre sectionné, avec du catgut fin ; par-dessus suturer les fibres du muscle bulbo-caverneux et l'aponévrose superficielle : suturer enfin la peau, sous laquelle on laisse un petit drain. La sonde est remplacée au bout de huit jours par un n° 18 et supprimée le 12e jour. Une séance de dilatation tous les mois, pour éviter le rétrécissement. S'il se faisait par hasard une fistulette, elle guérirait spontanément dans la suite.

CORPS ÉTRANGERS DE L'URÈTRE

Symptômes. — Douleurs vives, exagérées par les érections, irradiées. Miction gênée ou impossible. Urétrorragie. Formation d'un abcès du pénis, suivie de l'expulsion du corps étranger et d'une fistule. Le corps étranger peut passer dans la vessie.

Traitement. — Manœuvre d'Amussat : pincer le méat pendant les efforts de miction et le lâcher brusquement. Enlever le corps étranger directement avec une pince à forcipressure ordinaire, avec la pince de Collin.

Dans les cas rebelles, inciser l'urètre sur le corps étranger et le suturer ensuite sur une sonde poussée jusqu'à la vessie.

CALCULS DE L'URÈTRE

Symptômes. — Brusquement douleur, troubles de la miction chez un malade qui a déjà eu la gravelle ou a subi la lithotritie. On peut sentir le calcul à travers les téguments; on le reconnaît par l'exploration du canal avec la sonde molle, avec l'explorateur métallique de Guyon, avec une bougie fine si le calcul peut être arrêté par rétrécissement. Le calcul peut être expulsé ou déterminer une rétention aiguë, un abcès urineux, une infiltration d'urine.

Traitement. — L'extraire par les voies naturelles, par la manœuvre d'Amussat, à l'aide d'une curette, avec des pinces, à l'aide d'un petit lithotriteur qui l'écrase.

En cas d'insuccès, inciser l'urètre directement sur le calcul qu'on extirpe et suturer tout de suite le canal.

PAPILLOMES DU GLAND

Symptômes. — Ils se développent surtout dans le sillon balano-préputial et forment des élévations rosées semblables à des verrues. Ils récidivent facilement et sont contagieux.

Traitement. — Ablation à la base d'un coup de ciseau et cautérisation au thermocautère. Attouchements avec l'acide chromique, acide nitrique faible. Soins de propreté.

CANCER DE LA VERGE

Symptômes. — Il naît en général sur le gland et le prépuce et envahit secondairement les corps caverneux. Au début, fissure à bords indurés; plus tard, tumeur végétante et ulcérée reposant sur une base indurée. L'adénite inguinale apparaît rapidement, gène de la miction, quelquefois rétention. Hémorragies. Amaigrissement et cachexie à la longue.

Traitement. — *Au début*, faire l'éradication large de la forme indurée.

En général, on n'opère qu'à une période assez avancée, il faut faire l'amputation de la verge.

1. Incision cutanée circulaire, hémostase des artères dorsales de la verge.

2. Section du corps caverneux et de l'urètre, au ras de la peau rétractée.

3. Ablation des ganglions inguinaux, en prolongeant sur les régions inguinales l'incision péri-pénienne: on extrait donc en bloc tumeur et ganglions.

4. Hémostase des artères caverneuses, suture hémostatique de l'albuginée des corps caverneux.

5. Etablissement du nouveau méat ; incision longitudinale de la paroi inférieure de l'urètre et de la peau sous-jacente; sutures à points séparés urétro-cutanées, de facon à obtenir un méat elliptique, largement béant. Sonde à demeure.

Guérison fréquente sans récidive.

RÉTRÉCISSEMENT DE L'URÈTRE

Symptômes. — 1° **Fonctionnels.** — 1re Période : **Troubles de la miction.** — Le jet d'urine est modifié dans sa forme, surtout dans sa force; la miction est longue et laborieuse, le malade devant faire effort; pollakiurie diurne : sensations douloureuses pendant la miction; quelques gouttes d'urine après la miction tombent dans le pantalon du sujet. Goutte matinale, goutte militaire.

Troubles de l'érection, qui est lente, peu durable.

Troubles de l'éjaculation, qui est, soit trop rapide, soit retardée.

2e Période : **Rétention incomplète sans distension.** — Caractérisée par la possibilité d'extraire avec la sonde de l'urine de la vessie, tout de suite après la miction. La pollakiurie augmente.

Par instants, crises de rétention complète (Voy. *Rétention d'urine*).

3e Période. — Après une série de crises, le malade arrive à l'incontinence vraie, à la rétention incomplète avec distension, à la miction involontaire et inconsciente. Cette incontinence est d'abord diurne; puis elle devient diurne et nocturne. Retentissement des lésions sur le rein : néphrite interstitielle avec polyurie claire; facilité d'infection des voies urinaires.

2° **Physiques.** — Explorer l'urètre avec des bougies à boule olivaire de grosseur variable; la boule dépasse le rétrécissement; en l'attirant à soi, on sent un ressaut à chaque rétrécissement. Le nombre des rétrécissements est variable; ils siègent surtout au niveau du bulbe, dans la région périnéoscrotale, à la région naviculaire; ils sont si serrés parfois qu'ils n'admettent qu'une bougie filiforme (fig. 166).

Traitement. — **Dilatation progressive.** — Elle convient

aux rétrécissements souples et dilatables; elle se fait avec des bougies en gomme élastique ou mieux avec des bougies Béniqué. Celles-ci sont graduées au 6e de millimètre, c'est-à-dire que le n° 30, par exemple, a un diamètre de 5 millimètres.

Procédé ordinaire. — Prendre le numéro du Béniqué correspondant à l'olive qui a pu franchir le rétrécissement. On a préalablement lavé le gland et l'urètre antérieur du patient par un courant d'eau boriquée. Le malade est couché dans son lit, les cuisses modérément fléchies, le bassin soulevé par un coussin. L'opérateur est à sa droite. Il présente de la main droite le bout de la bougie Béniqué enduit de vaseline au méat, tandis qu'il tient la verge de la main gauche. L'instrument est parallèle au pli de l'aine du malade et la portion courbe est poussée lentement jusqu'à la région du bulbe; alors le manche de l'instrument est porté doucement vers le milieu du ventre, parallèlement à lui, puis il s'élève, tandis que la pointe s'engage dans l'urètre membraneux; finalement le manche est oblique en haut et en avant, tandis que la pointe a pénétré dans la vessie. La main a senti un ressaut à chaque rétrécissement. La marche de l'instrument doit se faire sans effort et sans maladresse, pour éviter les fausses routes. On laisse la bougie en place quelques minutes, on la retire et on passe, par le même mécanisme, une bougie d'un numéro supérieur. Après quatre à cinq passages, on remet la continuation à une séance ultérieure, à trois ou quatre jours. Il faut arriver jusqu'à 40, 48, qui représente un diamètre de 8 millimètres; et faire une séance tous les mois, car le rétrécissement se reproduirait.

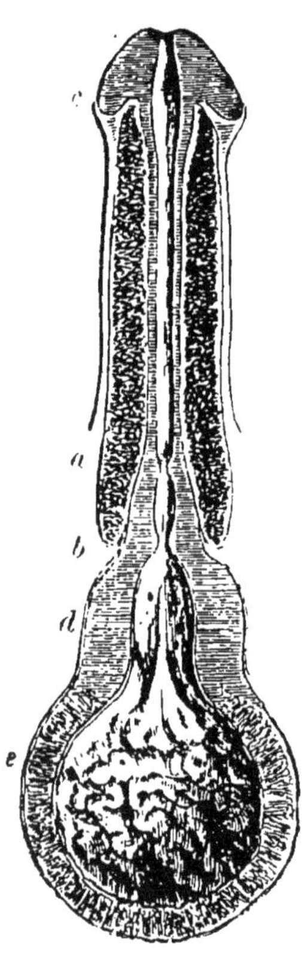

Fig. 166. — Rétrécissement fibreux de l'urètre.

Quand la dilatation est parfaite, on est autorisé à tenter la guérison de la gonorrhée par les instillations de nitrate.

Urétrotomie interne. — Elle convient aux rétrécissements étroits, fibreux, non dilatables. Laver l'urètre. Instiller quelques gouttes de cocaïne (à 1 p. 50). Introduire la bougie filiforme conductrice : urétrotome de Maisonneuve (fig. 167); visser sur elle le conducteur courbe et l'introduire jusqu'à la vessie par le même mécanisme que ci-devant les bougies Béniqué. Grâce au conducteur, la manœuvre est facile. La rainure du conducteur est sur le bord concave et regarde en haut. Introduire une lame moyenne dans la rainure ; un aide tient le conducteur; l'opérateur tient la verge de la main gauche et de la main droite pousse la lame à travers les rétrécissements jusque dans la région prostatique; il la retire; il passe par le même chemin la plus grande lame, une seule fois, et la retire. Il dévisse le conducteur, visse à sa place un mandrin droit, qu'il pousse dans la vessie. Sur ce mandrin il introduit dans la vessie une sonde à bout coupé n° 18. Il retire mandrin et bougie conductrice. La sonde est fixée en place par des fils qui s'attachent aux poils du pubis, qui s'enroulent dans le sillon balano-préputial ou que des rubans de diachylon collent sur la verge. Lavage boriqué de la vessie. Un fausset bouche la sonde. On l'enlève 5 à 6 fois par jour pour évacuer la vessie. Le 8e jour, on enlève la sonde. Le 10e jour, on commence la dilatation avec les bougies Béniqué jusqu'au n° 48. Tous les mois ultérieurement une séance de dilatation, pour prévenir la récidive du rétrécissement.

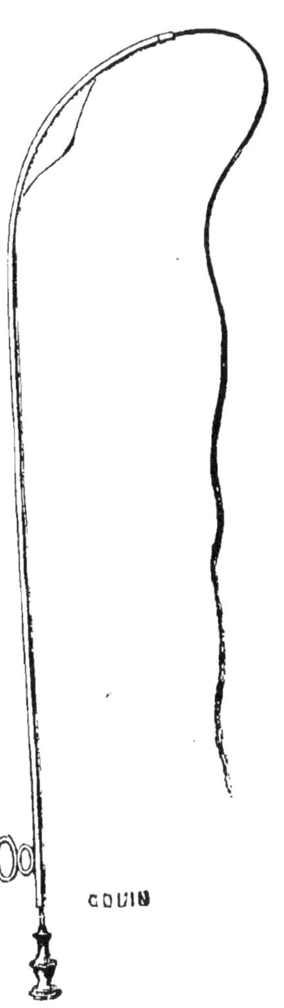

Fig. 167. — Urétrotome de Maisonneuve.

Urétrotomie externe. — Convient aux cas dans lesquels le conducteur de l'urétrotome ne peut être introduit, que le rétrécissement soit infranchissable ou que la bougie ne puisse passer. Introduire une sonde fine jusqu'aux rétrécissements les plus serrés, qui sont à la région bulbaire. Incision médiane de la peau, du périnée, de l'aponévrose superficielle, du muscle bulbo-caverneux, du bulbe urétral; inciser l'urètre sur le bout de la sonde; reconnaître à partir de ce point et en arrière l'urètre fibreux, dur et sténosé; le disséquer jusqu'à la portion membraneuse, là où cessent les rétrécissements; exciser le tissu fibreux; le bout postérieur de l'urètre doit être repéré avec des pinces, pour empêcher son retrait; introduire une sonde n° 16 dans l'urètre pénien, traversant la plaie périnéale, l'urètre membraneux, jusqu'à la vessie; par-dessus la sonde, suturer les parties molles du périnée; la continuité du canal se rétablira entre les deux bouts de l'urètre sectionné. La sonde est laissée en place 10 à 15 jours. Séances ultérieures de dilatation.

INFILTRATION D'URINE. ABCÈS URINEUX

Symptômes. — **Infiltration au-dessous de l'aponévrose moyenne.** — Le malade n'urine plus; le périnée est saillant; la verge, les bourses sont œdémateuses, présentent rapidement des plaques de sphacèle; frisson violent; fièvre élevée, langue sèche, état général infectieux très grave.

Infiltration au-dessus de l'aponévrose moyenne. — Etat général identique. Œdème et gonflement moindre du périnée: pas d'urine; défécation impossible; par le toucher rectal, on sent une saillie de la loge prostatique, de l'une ou des deux fosses ischio-rectales. Le pus peut fuser vers le périnée ou remonter vers la fosse iliaque, dans la cavité prévésicale.

Traitement. — Il faut ouvrir largement, évacuer toutes les poches de pus, aller jusqu'à l'urètre et rendre l'évacuation de l'urine possible et facile. Le malade est dans la position de la taille; on s'arme du large couteau, du thermocautère qui est antiseptique et hémostatique. Incision médiane du périnée; incision médiane des bourses, qu'on entr'ouvre comme un livre; aller jusqu'à l'urètre et l'inciser au niveau du bulbe; ouvrir les collections scrotales; enlever les portions nécrosées des bourses: chercher avec le doigt et effondrer les collections de l'espace ischio-rectal; s'il y a une collection prévésicale.

l'ouvrir par la voie sus-pubienne. Pulvérisations bi-quotidiennes du scrotum et du périnée avec de l'eau oxygénée : lavages abondants avec de l'eau oxygénée diluée avec partie égale d'eau bouillie ; s'abstenir de sublimé et d'iodoforme ; pansements aseptiques après les lavages.

Si l'état général est grave, administrer 1 gramme de quinine par jour, donner de la potion de Todd, du rhum ; injecter sous la peau 1500 grammes de sérum artificiel par 24 heures.

Si une nouvelle collection apparaît, l'inciser encore.

Après ce traitement, la fièvre tombe, les sphacèles se détergent et la cicatrisation devient si parfaite que l'on cherche avec peine les larges surfaces sphacélées et éliminées.

FISTULES URINEUSES

Succèdent à des abcès urineux, à une infiltration d'urine, chez les rétrécis le plus souvent.

Symptômes. — Fistules périnéales, scrotales ou péniennes, laissant sourdre une quantité variable d'urine pendant la miction, siège d'un suitement de pus variable ; en nombre variable, creusées dans un tissu variablement dur ; l'urètre est plus ou moins perméable.

Traitement. — Essayer de calibrer l'urètre par la dilatation, par l'urétrotomie interne ; l'urine peut reprendre son cours normal et les fistules se fermer.

En cas d'insuccès, enlever au bistouri les fistules et le tissu calleux, faire une urétrotomie externe : supprimer le cordon fibreux de l'urètre, rétablir la continuité entre l'urètre membraneux sain et l'urètre pénien par une sonde autour de laquelle l'épithélium urétral se reformera.

BALANITE

Symptômes. — Survient sur des gens malpropres ou atteints d'une affection vénérienne : écoulement de pus ; muqueuse du gland rouge, ulcérée : œdème du prépuce.

Traitement. — De la maladie causale d'abord : lavages fréquents du gland en le décalottant ou en faisant passer un courant d'eau entre le gland et le prépuce; interposer du coton hydrophile aseptique au gland et au prépuce; saupoudrer avec la poudre de calomel, de nitrate de bismuth.

PRIAPISME

Traitement local. — Enveloppements froids de la verge; applications locales de glace — Onctions avec pommade camphrée ou belladonée. Dans le cas de thrombose ou d'abcès du corps caverneux, incision, lavage, drainage.

Saignées locales : section de la veine dorsale de la verge, incision des corps caverneux.

Radiothérapie locale, en cas de leucémie.

Traitement général. — Bains tièdes à 35°; sédatifs variés : opium, morphine, chloral, camphre.

Traitement adjuvant. — Traiter la cause du priapisme.

Leucémie : Bains tièdes, radiothérapie.

Affections nerveuses : Compression médullaire, tabes.

Neurasthénie : Hydrothérapie, électrothérapie, persuasion, changement de milieu.

PHIMOSIS

Symptômes. — Prépuce trop étroit à son ouverture, ne pouvant être ramené en arrière, il gêne la miction l'éjaculation.

Traitement. — Traiter la balanite, si elle est cause du phimosis. On peut arriver à le guérir par une gymnastique persévérante et prudente, par des dilatations progressives du prépuce.

En cas d'insuccès, pratiquer la circoncision.

Circoncision. — 1° Procédé ordinaire. — Marquer à la teinture d'iode le tracé d'incision qui est, comme la base du gland, oblique en bas et en avant. Attirer le prépuce en avant; placer une pince en avant du gland, tenant le prépuce sur le tracé marqué et la serrer fortement (fig. 168); raser au bistouri ce qui dépasse de prépuce; la pince enlevée, la muqueuse dépasse la peau, car elle est moins élastique, on en supprime l'excès d'un coup de ciseau ; on unit la peau à la muqueuse par 8 à 10 points de suture ; on met un pansement sec, qu'on change après chaque miction.

2° Incision dorsale. — Prendre le prépuce entre le pouce et

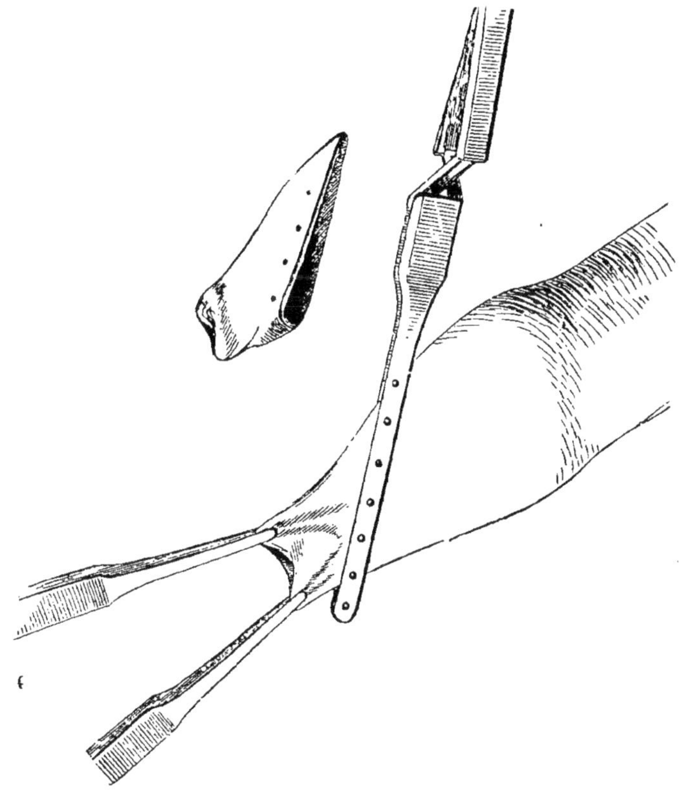

Fig. 168. — Circoncision. Ablation avec le bistouri.

l'index; glisser sous lui une sonde cannelée, à la face dor-

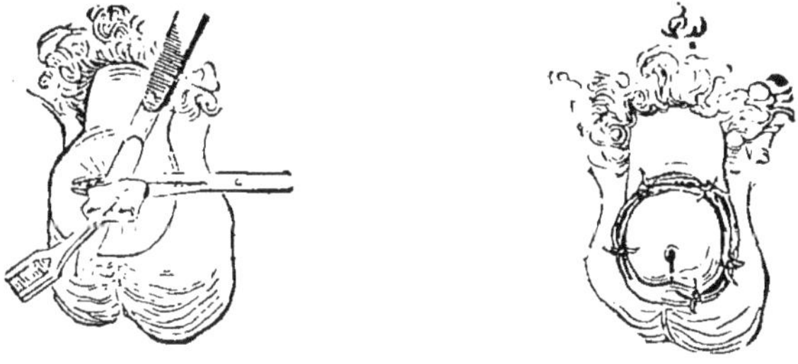

Fig. 169. — Circoncision. Réunion de la peau et de la muqueuse avec points de suture.

Fig. 170. — Opération du phimosis, 2e temps (Vidal).

sale du gland, jusqu'au sillon balano-préputial; pousser un bistouri dans la rainure, tranchant en haut et faire sortir sa pointe à travers le prépuce de la rainure ; l'attirer à soi et en haut, en sectionnant le prépuce ; prendre chacune des lèvres de l'incision et la couper à sa base avec des ciseaux jusqu'au frein ; unir la peau à la muqueuse par des fils, qu'on enlève le 4e jour (fig. 169, 170).

PARAPHIMOSIS

Symptômes. — Le prépuce œdématié, rouge, quelquefois ulcéré et partiellement nécrosé, forme une couronne autour de la base du gland, qui est gonflée, rougeâtre.

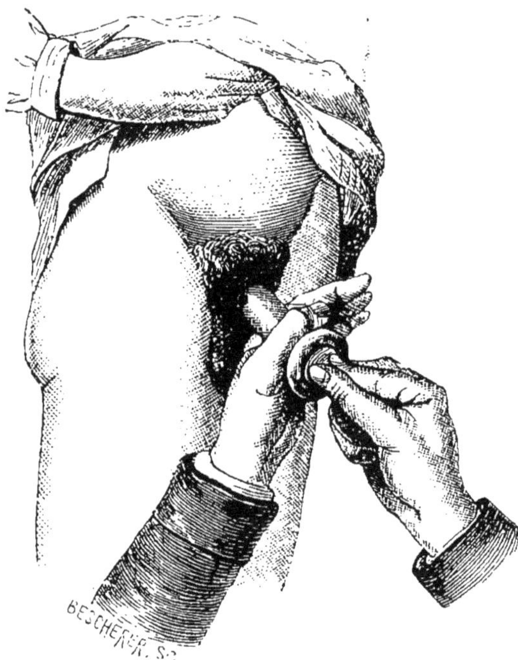

Fig. 171. — Réduction du paraphimosis.

Traitement. — Tenter la réduction ; vaseliner le gland, presser doucement sur lui et attirer en avant le prépuce (fig. 171).

En cas d'insuccès, il n'y a qu'à sectionner le prépuce d'un coup de ciseau introduit dans le sillon balano-préputial : on réalise l'antisepsie par des lavages fréquents, des pansements humides.

CATHÉTÉRISME DE L'URÈTRE

Quel que soit l'instrument dont on se sert (fig. 172 à 177), il faut toujours nettoyer le gland et laver l'urètre antérieur par un jet d'eau bouillie ou boriquée sous pression. Les mains de l'opérateur seront soigneusement lavées. Les sondes doivent être rigoureusement aseptisées. Faute de ces précautions, le

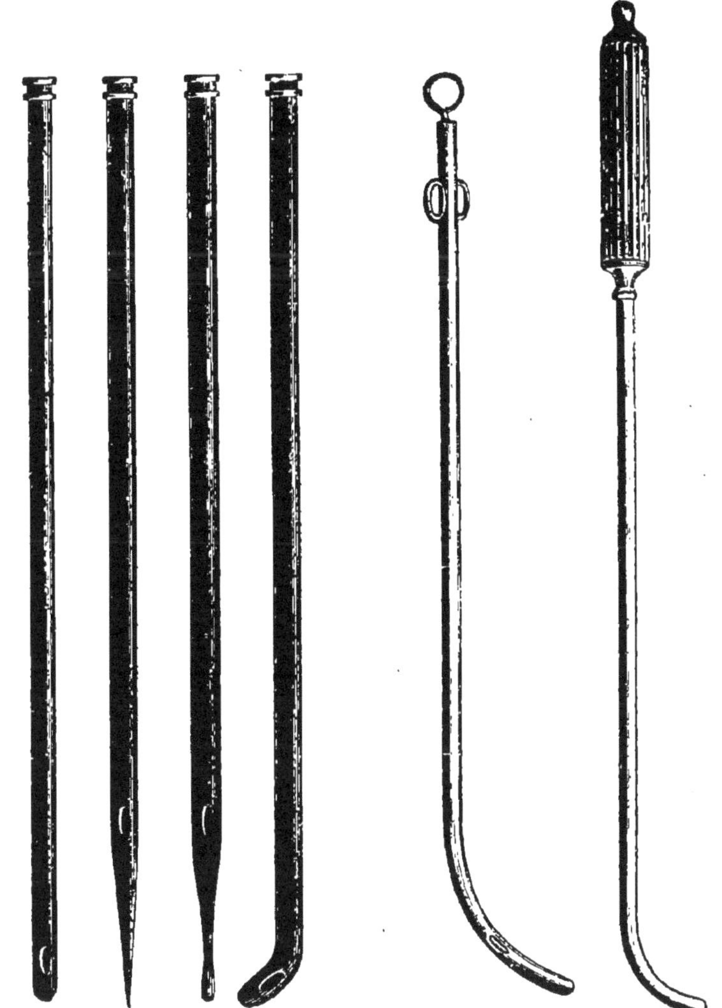

Fig. 172. — Cathéter coudé.
Fig. 173. — Cathéter conique boutonné (sonde béquille).
Fig. 174. — Cathéter conique pointu.
Fig. 175. — Cathéter cylindrique.
Fig. 176. — Cathéter métallique.
Fig. 177. — Sonde massive en acier pour l'exploration de la vessie.

cathétérisme peut provoquer les accidents infectieux les plus graves.

1° Avec la sonde molle de Nélaton. — Choisir le n° 16, si

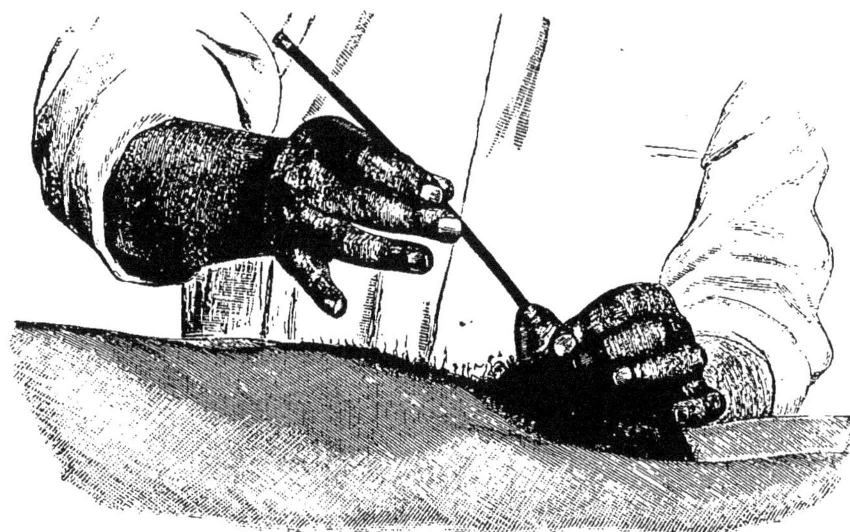

Fig. 178. — Méthode d'introduction du cathéter semi-rigide.

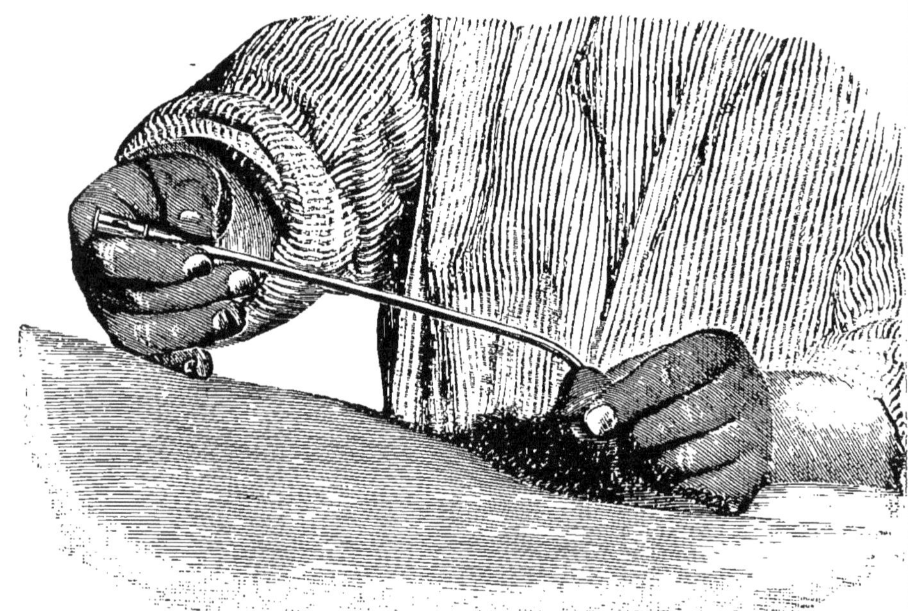

Fig. 179. — Position pour l'exécution du tour abdominal.

l'urètre a son calibre normal, l'enduire d'huile stérilisée et la pousser doucement.

2° Avec la sonde béquille. — A employer surtout chez les prostatiques. La béquille doit suivre la paroi supérieure de l'urètre (fig. 172).

3° Avec la sonde métallique (fig. 178). — Malade couché, les cuisses fléchies et écartées, un coussin sous le sacrum. La verge est tenue par la main gauche; la main droite tient la sonde dont le bout est huilé (fig. 179); l'opérateur pousse la portion

Fig. 180. — Le cathéter a été enlevé jusqu'à la verticale, on cherche à faire pénétrer le bec dans la portion membraneuse.

courbe jusqu'à la courbure sous-pubienne, le pavillon étant médian et parallèle à la ligne blanche; puis le pavillon se relève; devient vertical, pendant que le bout de la sonde s'engage dans l'urètre membraneux (fig. 180) et quand celui-ci entre dans la vessie, le pavillon est au-dessus des cuisses. Il est inutile de le faire descendre entre les deux cuisses. La progression de la sonde doit se faire sans violence.

Chez les sujets gras, on peut procéder comme plus haut (Voy. *Dilatation progressive.*)

Fig. 181. — Le cathéter a pénétré dans la portion membraneuse et franchi le diaphragme uro-génital. En abaissant la poignée, le bec pénètre dans la vessie.

Fig. 182. — Position pour exécuter le tour du maître.

II. — PROSTATE

PROSTATITE AIGUE SUPPURÉE

Symptômes. — 1° **Locaux**. — Pesanteur du périnée; pollakiurie, miction douloureuse, souvent gênée, douleur pendant la défécation, ténesme rectal, sensation de masse à rejeter. Impossibilité de s'asseoir, de croiser les jambes. Le premier jet d'urine chasse du pus. Au toucher rectal, la prostate est grosse, siège de battements, douloureuse : on peut sentir une collection fluctuante ou, par pression, faire sortir du pus par l'urètre.

2° **Généraux**. — Frisson, fièvre, état général grave.

Marche. — Ouverture de la collection dans l'urètre, dans le rectum, dans les deux à la fois, dans le périnée antérieur, dans l'espace ischio-rectal.

Traitement. — *Au début*. — Lavements très chauds; bains de siège chauds; fomentations périnéales chaudes; sangsues au périnée. Suppositoires belladonés, opiacés.

Il y a du pus. — Il faut l'évacuer.

Anesthésie générale. — On peut ouvrir l'abcès soit par voie rectale, soit par voie périnéale.

1° *Voie rectale*. — Dilatation du sphincter ; application d'une valve sur la paroi postérieure du rectum ; le doigt repère la partie fluctuante de l'abcès et le long de lui on guide un bistouri dont la pointe seule est libre. On incise franchement la paroi rectale et on dilacère avec le doigt la cavité de l'abcès. Mèche iodoformée dans le rectum.

2° *Voie périnéale* — Incision pré-rectale, section des fibres ano-bulbaires; éviter le bulbe et effondrer l'aponévrose périnéale moyenne à la sonde cannelée. Ouvrir l'abcès. Drainage, tamponnement; suture partielle.

PROSTATITE CHRONIQUE

Symptômes. — 1° **Locaux**. — Pesanteur anale, pollakiurie et dysurie; prostatorrhée; toucher rectal un peu douloureux; prostate un peu hypertrophiée.

2° **Généraux**. — Hypocondrie, neurasthénie.

Traitement. — Soigner d'abord la cause, qui est en général la gonorrhée. Traitement névropathique, tonifier les anémiques. Lavements très chauds. Massage de la prostate par le rectum.

HYPERTROPHIE DE LA PROSTATE

Symptômes. — 1° **Fonctionnels.** — 1re Période : Troubles de la miction. — Chez un sujet frisant la soixantaine, pollakiurie nocturne; la miction est difficile : son début est retardé, les grands efforts la contrarient, elle est favorisée par tout ce qui décongestionne : compresses froides sur les cuisses, sur le ventre, sur le périnée, promenade de quelques minutes; elle est difficile si le malade n'obéit pas de suite au besoin d'uriner. Le jet d'urine est sans force. Le matin, reviennent des érections mi-molles, désagréables.

2e Période : Troubles de rétention. — Rétention incomplète sans distension; par moments, à l'occasion d'un excès, crise de rétention aiguë.

3e Période : Rétention complète avec distension. — Miction par regorgement. Incontinence vraie. Retentissement sur le rein, avec troubles digestifs et urémiques.

2° **Physiques.** — Le toucher rectal permet de sentir la prostate dure, hypertrophiée en masse ou par l'un de ses lobes.

Traitement. — **Hygiène du prostatique.** — Régime sobre, sans alcool, ni épices, ni viandes noires, ni excès. Sommeil court. Promenades répétées. Vie en plein air. Bains alcalins, frictions sèches, massage. Éviter les excès génésiques. Selles journalières, aidées par les laxatifs et les lavements. Mictions régulières, toutes les 2 ou 3 heures. Tous les jours, 20 à 30 centigrammes d'iodure de sodium.

Deuxième période. — Évacuer à intervalles réguliers l'urine résiduelle, restant après la miction.

Si une crise de rétention aiguë survient, vider la vessie avec la sonde béquille unie ou bi-coudée : la décongestion prostatique qui en résulte suffit souvent pour rendre la miction possible.

Si le résidu d'urine est trop grand, évacuer régulièrement la vessie par un sondage journalier, pour éviter que le muscle vésical ne soit forcé.

Troisième période. — Évacuer la vessie avec la sonde molle de Nélaton ou avec la sonde béquille, jamais avec la sonde métallique; *évacuation partielle* seulement; d'un litre au plus, pour éviter l'hématurie par décompression.

Si la sonde ne passe pas, faire la ponction sus-pubienne de la vessie.

Quand l'urine s'infecte, pratiquer le sondage à demeure avec lavages fréquents de la vessie ou la cystostomie sus-pubienne.

Intervention chirurgicale. — Indiquée chez les sujets dont la vessie n'est pas trop infectée, dont les reins sont en bon état.

Prostatectomie par voie périnéale ou par voie transvésicale.

III. — SCROTUM

CONTUSIONS. PLAIES DU SCROTUM

Symptômes. — Variables selon la nature du traumatisme. Plaie plus ou moins large des enveloppes et du testicule. Hématome des bourses dans les contusions graves, avec coloration noire des bourses et de la verge.

Traitement. — **Hématomes.** — Compression ouatée des bourses; empêcher leur contamination par l'urine.

Plaie récente. — Remettre le testicule en place: supprimer aux ciseaux les bords contus; réunir partiellement après nettoyage; drainage suffisant.

Grangrène-traumatique. — Enlever aux ciseaux les tissus sphacélés; pulvérisations antiseptiques et larges avec l'eau oxygénée diluée; pansements humides.

VAGINALITES AIGUËS

Symptômes. — 1° **Vaginalite séreuse.** — Elle coexiste en général avec une orchi-épidymite, bourses rouges, pendantes, douloureuses; douleurs irradiées dans le cordon. Sensibilité extrême à la palpation; fièvre légère; amendement en 10 à 15 jours.

2° **Vaginalite suppurée.** — Rougeur plus intense; œdème

sous-scrotal; phénomènes généraux plus intenses; la suppuration se fait jour à l'extérieur avec phénomènes gangréneux.

Traitement. — Ponctionner avec un trocart fin flambé la vaginalite séreuse : les douleurs sont calmées. Compression ouatée.

Ouvrir largement au bistouri les vaginalités suppurées, laver, drainer largement, pansement aseptique.

HYDROCÈLE CONGÉNITALE

Symptômes. — Il existe deux poches liquides, communiquant par un canal; la poche inférieure se distend dans la station verticale; le liquide reflue dans la poche supérieure dans le décubitus horizontal ou par pression sur les bourses; impulsion à la toux; transparence; matité; ectopie fréquente du testicule.

Traitement. — On peut essayer la ponction simple. *Ne jamais injecter de liquide irritant.* Il est indiqué d'exciser les deux poches scrotale et pariétale, de remettre le testicule en place et de refaire la paroi, lorsqu'il existe une pointe de hernie.

HYDROCÈLE ENKYSTÉE DU CORDON

Symptômes. — Tumeur ovale, bien circonscrite, sur le trajet du cordon, distincte du testicule et de l'anneau inguinal, lisse, fluctuante, indolente, transparente, mobile en tous sens.

Traitement. — Ponction simple. En cas d'insuccès, excision au bistouri.

HYDROCÈLE VAGINALE ACQUISE

Symptômes. — Tumeur ovale, pyriforme, élastique, en bissac quelquefois, indolente, à surface lisse, unie, **transparente**, ne diminuant pas par la compression, ni la position horizontale, mate à la percussion, se développant lentement, pouvant atteindre un volume énorme.

Traitement. — 1° PONCTION SIMPLE. — La récidive est la règle.

2° Ponction et injection irritante. — Reconnaître par l'étude de la transparence le siège exact du testicule qui est opaque, situé généralement à la partie inférieure et postérieure de la tumeur. La main gauche embrasse la tumeur et empêche le glissement de la peau. La main droite tient un trocart stérilisé et l'enfonce d'un coup sec dans la tumeur à distance du testicule (fig. 183). Evacuation du liquide en maintenant la canule pour éviter ses déplacements. Injecter deux à trois centimètres cubes de la solution de cocaïne à 1 p. 100 et attendre 5 minutes; évacuer complètement le liquide. Par la canule, injecter alors 20 à 30 grammes de teinture d'iode pure, fraîchement préparée, ou diluée à la moitié, au tiers, au quart avec la solution iodo-iodurée. Malaxer le scrotum quelques minutes en maintenant la canule bouchée; évacuer le liquide, retirer l'aiguille vivement, fermer l'orifice avec de l'ouate collodionnée et appliquer un pansement compressif.

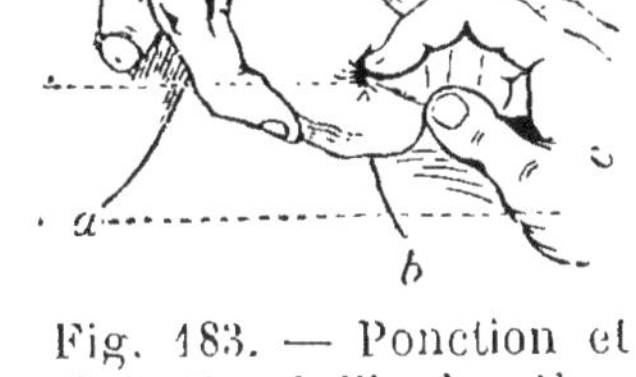

Fig. 183. — Ponction et injection de l'hydrocèle.

Il faut éviter de piquer le testicule et d'injecter la teinture d'iode dans la celluleuse sous-scrotale.

L'injection est suivie du gonflement des bourses avec rougeur et douleur pendant quelques jours, puis l'inflammation tombe et l'épanchement disparaît.

La récidive de l'hydrocèle est rare, mais on l'observe.

3° Excision de la tunique vaginale. — Raser et savonner le scrotum. Anesthésie locale à la cocaïne ou chloroforme. Incision du scrotum, de l'anneau inguinal à la partie la plus déclive de la tumeur. Mise à nu de la tumeur vaginale sur tout son pourtour par dissection du tissu cellulaire sous-scrotal. Evacuation du liquide. Fendre la poche de bas en haut. Enlever le kyste et les corps étrangers, s'ils existent. Exciser la vaginale, en respectant les organes du cordon et en ne gardant que le juste nécessaire pour habiller le testicule. Frotter fortement la séreuse avec un liquide antiseptique. Suturer ce qui reste de vaginale, pour réformer une séreuse pariétale. Suture du scrotum.

4° Retournement de la vaginale. — Convient aux hydrocèles

de moyen volume avec séreuse peu épaissie. Incision du scrotum, mise à nu de la tumeur, incision longitudinale de la séreuse. Retourner la vaginale, de telle sorte que sa face séreuse soit au contact de la face cruentée du scrotum et lui adhère plus tard; suture du scrotum; opération très rapide, la plus efficace contre la récidive.

Doit être faite sous anesthésie locale.

HÉMATOCÈLE

Symptômes. — Tumeur analogue à celle de l'hydrocèle. *Différences :* elle n'est pas transparente ; sa surface est plus irrégulière ; par instants surviennent des poussées avec augmentation de volume de la tumeur et douleurs.

Traitement. — Excision de la séreuse pariétale épaissie et de la gaine dure qui englobe le testicule. Veiller à ne pas inciser le testicule et à respecter le cordon. On refait une gaine séreuse au testicule.

Si c'est impossible, le laisser à nu dans le scrotum que l'on suture.

VARICOCÈLE

Symptômes. — 1° **Locaux**. — Tuméfaction et allongement des bourses, du côté gauche en général : tumeur irrégulière, bosselée, avec dilatation des veines superficielles. Au palper, le cordon donne la sensation d'un paquet de ficelle, le testicule est ramolli. Les veines se dilatent par la chaleur, se vident par le froid, par la pression de bas en haut, par le décubitus horizontal.

2° **Fonctionnels**. — Sensation de gêne et de pesanteur, le long du cordon; névralgies dans le testicule, dans l'aine, dans les reins quand les veines sont dilatées, dans la station debout prolongée, après le coït ; les sujets deviennent parfois hypocondriaques. La réduction du varicocèle provoque des crises gastriques avec nausées, vomissements.

Traitement. — 1° Palliatif. — Usage du suspensoir; s'abstenir d'exercices violents.

2° Curatif. — Réséquer les veines du paquet variqueux, en

ménageant le canal déférent et l'artère spermatique; réséquer le plus possible du scrotum.

Après guérison opératoire, porter un suspensoir court.

Ne jamais opérer les varicocèles petits, douloureux, chez des sujets mélancoliques ou hypocondriaques.

ECTOPIE DU TESTICULE

Symptômes. — 1° **Locaux.** — Elle est plus souvent unilatérale que bilatérale. Le scrotum déshabité est atrophié. On sent la glande sous la peau, en dehors de l'orifice inguinal externe, dans le canal inguinal ou derrière la paroi abdominale. On a cité des ectopies crurale, pénienne, périnéale. La glande ectopiée est atrophiée, souvent elle est le siège de douleurs spontanées ou provoquées par un traumatisme. Elle s'enflamme fréquemment.

2° **Fonctionnels.** — Nuls dans l'ectopie unilatérale. Dans l'ectopie bilatérale : infantilisme, impuissance, stérilité, absence d'animalcules dans le sperme.

Traitement. — L'orchidopeixe consiste à abaisser le testicule ectopié et à le fixer au fond du scrotum.

1. Incision cutanée et ouverture du canal inguinal.

2. Ouverture de la séreuse testiculaire et traitement, s'il y a lieu, de la hernie concomitante.

3. Isolement et allongement du cordon; détruire les lames fibreuses qui fixent le cordon en ayant soin de respecter l'artère spermatique et le canal déférent; continuer la libération jusqu'à ce que le testicule descende sans effort de traction.

4. Création dans la moitié correspondante du scrotum d'une loge susceptible de contenir le testicule.

5. Fixation du testicule au fond des bourses soit en l'anastomosant au testicule du côté opposé, soit en le fixant à la face profonde du scrotum.

SPERMATORRHÉE

Symptômes. — 1° **Locaux**. — Rêves érotiques, survenant le matin, quelques heures avant le lever et accompagnés d'éjaculation; ces éjaculations se renouvellent plus ou moins souvent, plusieurs fois dans la même nuit. Le nombre des animalcules va diminuant. Peu à peu les *pertes séminales* surviennent, sans rêves, sous l'influence d'un lit chaud, du décubitus dorsal, de la plénitude de la vessie (*pollutions nocturnes*), pendant la défécation, la fatigue ou l'effort (*pollutions diurnes*), sans la moindre sensation voluptueuse.

2° **Généraux**. — Nuls, quand l'affection est légère ; quand les pertes séminales se répètent, émaciation, affaiblissement, langueur, tristesse, perte de mémoire, d'appétit, de sommeil ; hypocondrie, neurasthénie ; impuissance virile ; troubles digestifs ; troubles circulatoires, palpitations, anémie.

Moyen de rechercher les zoospermes. — Placer le liquide recueilli entre deux lamelles, une seule goutte suffit. Si l'on n'a que du linge, faire la dilution aqueuse le plus tôt possible avec de l'eau tiède alcalinisée avec du sel marin. Faire traverser le porte-objet par la lumière, car les zoospermes ne sont vus que par réfraction. En faisant monter et descendre successivement le foyer, en variant la position des réflecteurs, on les reconnaît. Ils ont la forme de têtards, ayant une grosse tête ovoïde, brillante, une queue allongée ; ils sont en nombre variable sur la lamelle, animés ou non de mouvements ondulatoires, sous l'influence d'une chaleur modérée.

Traitement. — POLLUTIONS STHÉNIQUES. — Elles dépendent de la continence : éviter la constipation ; uriner avant de se mettre au lit ; coucher sur un lit dur et peu couvert ; se lever de bonne heure. Exercices corporels modérés et au grand air. Eviter les excitations et les désirs vénériens, les lectures, les fréquentations troublantes. Régime végétal. Topiques froids, lavements froids, applications froides sur la région lombaire. Mariage.

POLLUTIONS ASTHÉNIQUES. — Hydrothérapie, douches, bains sulfureux, bains salés, frictions stimulantes sur les lombes ; à l'intérieur, eaux sulfurées sodiques, arsenic, noix vomique, toniques. Sédatifs du système nerveux : lupulin en poudre (1 à 4 gr.), mêlé avec du sucre ; bromure de potassium (1 à 4 gr.) ; camphre (0,25 à 0,50), en pilules argentées ; bromure de camphre, 2 à 6 pilules de 0,10.

Il ne faudra pas oublier, dans tous les cas, de rechercher et de traiter les affections causales de l'urètre, de la prostate, des vésicules séminales, la balanite, l'herpès préputial, les oxyures, les hémorroïdes, etc.

NÉVRALGIE DU TESTICULE

Symptômes. — Pesanteur dans le testicule, le long du cordon, dans les reins; douleurs parfois très violentes (*testicule irritable*), contraction du scrotum, rétraction du testicule vers l'anneau inguinal; ces douleurs surviennent par crises, puis cessent peu à peu.

Traitement. — S'adresser d'abord à la cause, varicocèle, orchite chronique, hydrocèle, kystes, etc.

Combattre l'hystérie. — Calmer les douleurs par la quinine, l'antipyrine, la morphine, l'aconitine, la valériane, les applications locales de glace, les pulvérisations de chlorure de méthyle; modifier l'état général par l'électricité, l'hydrothérapie, les frictions sèches.

ORCHITE BLENNORRAGIQUE AIGUË

Symptômes. — 1° **Locaux.** — 20 à 30 jours après le début de la chaude-pisse, douleur dans le testicule, augmentant par la palpation; gonflement du scrotum, qui est tendu, luisant, rosé. On sent le canal déférent augmenté de volume; l'épididyme hypertrophié, très sensible, coiffe la glande; la vaginale est distendue par du liquide.

2° **Fonctionnels et généraux.** — Pollutions nocturnes; fièvre peu prononcée; anorexie, vomissements, constipation opiniâtre; état nerveux très accusé, agitation, insomnie, anxiété, céphalalgie, douleurs lombaires; anémie rapide.

Marche. — L'épididymite peut guérir complètement après une à trois semaines; ou bien elle laisse un noyau induré à la queue de l'épididyme; on observe parfois la suppuration, la nécrose du testicule et le fongus. La marche est variable selon qu'on a une orchite double, une orchite à bascule (Ricord), une orchite à rechutes, une orchite à récidives.

Traitement. — 1° **Orchite aiguë.** — Les sangsues sur le canal inguinal exposent à des inoculations septiques; l'onguent mercuriel a une efficacité douteuse. Coucher le malade; relever les testicules sur le pubis, les entourer largement d'ouate et faire un pansement compressif; très efficace contre les douleurs. On peut encore entourer les parties de compresess imbibées d'eau glacée; pulvérisations, matin et soir, avec du chlorure de méthyle.

Régime doux. Lavements journaliers contre la constipation. Si l'épanchement intra-vaginal provoque des douleurs d'étranglement violentes, on les calmera instantanément par une ponction aseptique.

2° **Orchite subaiguë.** — Repos au lit, laxatifs légers, cataplasmes laudanisés, pas de sangsues, frictions avec l'onguent mercuriel belladoné, avec :

♃ Axonge........... 30 gr. Iodure de plomb.. } ââ 2 — Extrait de ciguë.. }	♃ Onguent mercuriel.. 30 gr. Extrait de belladone. 2 —

3° **Orchite chronique.** — Guérir l'urétrite chronique, qui entretient l'épididymite.

TUBERCULOSE DU TESTICULE

Symptômes. — Deux formes :

1° **Forme aiguë, orchite tuberculeuse.**

Prodromes. — Précédant à distance l'accès aigu (Monod et Terrillon) : écoulements urétraux répétés, tenaces, indolores. *blennorrhée* tuberculeuse; pollakiurie, irritabilité de l'urètre prostatique au cathéter; pertes séminales.

Début. — Rapide, aigu, et symptômes analogues à ceux de l'orchite blennorragique aiguë; cet état dure 5 à 6 jours.

Terminaison. — Par suppuration, au 25e jour en général, et par formation d'une fistule.

2° **Forme chronique, tuberculose du testicule.**

Prodromes. — Comme précédemment.

1re période, induration. — Indolence; douleur provoquée par la palpation, le choc. On sent des indurations, irrégulières, inégales, siégeant de préférence sur la tête de l'épididyme ou sur tout l'organe qui coiffe la glande en cimier de casque; testicule peu modifié; hydrocèle symptomatique peu abondante; canal déférent pris à ses deux bouts, moniliforme, épaissi, irrégulier; pointe des vésicules séminales indurée; tuberculose de la prostate.

2e période, ramollissement. — Adhérence à la peau qui rougit, devient violacée; indolence; mollesse et fluctuation.

douleurs lombaires, périnéales ; métrite et leucorrhée ; dysurie ; pollakiurie, ténesme vésical ; constipation, ténesme anal ; menstruation régulière, fécondation possible. L'examen direct montre : au début, la saillie de la paroi vaginale antérieure,

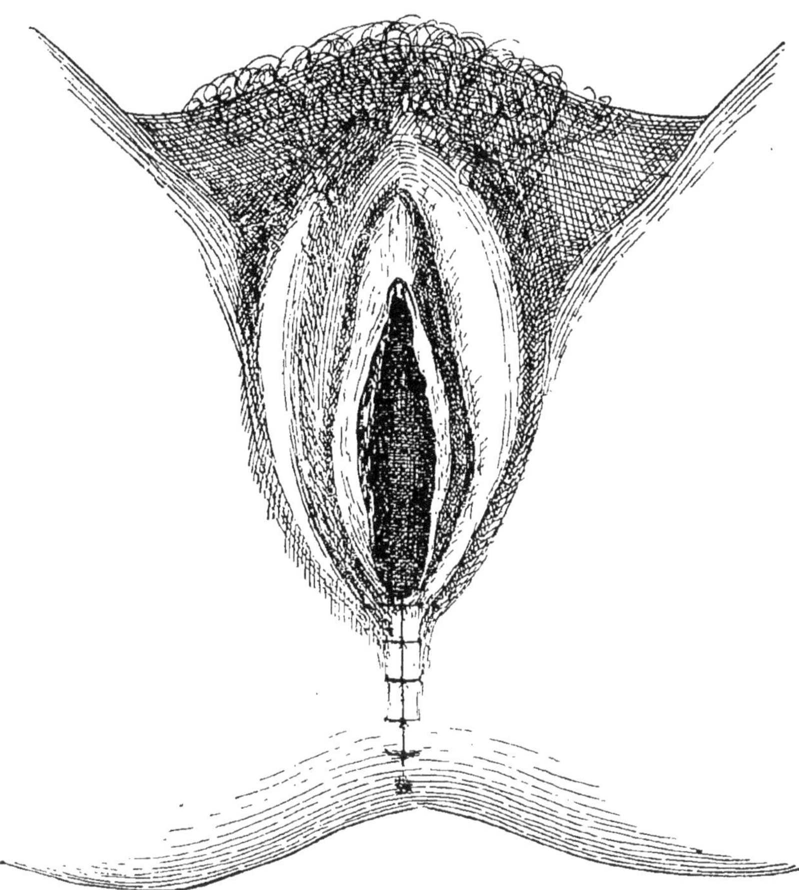

Fig. 204. — Colpopérinéoplastie par glissement ; tous les fils sont serrés (Doléris).

intermittente ou permanente (*cystocèle*) ; puis la saillie du col approché de la vulve ou la dépassant, enflammé, ulcéré ; si la paroi vaginale postérieure est entraînée, il y a *rectocèle ;* la cavité utérine peut être allongée ; la réduction de l'utérus est possible ou impossible ; parfois la chute se reproduit aussitôt, l'utérus a perdu droit de domicile.

Traitement. — 1° **Prothétique.** — Réduction de l'utérus dans la position génu-pectorale, gardée pendant 15 à 20 minutes, pour décongestionner l'utérus; pressions lentes et graduelles. Contention par le repos au lit, cuisses allongées et serrées par une ceinture hypogastrique, soutenant les viscères abdominaux; par les pessaires de Hodge, de Dumontpallier (fig. 201 et 202), par le massage.

Traiter la métrite, d'où décongestion de l'utérus et perte de poids.

2° **Chirurgical.** — *Colpopérinéorraphie*, qui refait le plancher pelvien (fig. 203 et 204).

Amputation du col, associée à la précédente, si le col est hypertrophié.

Hystérectomie vaginale, chez les vieilles femmes à prolapsus irréductible ou difficilement réductible. Ensuite périnéorraphie pour rétrécir l'orifice vulvaire.

INVERSION DE L'UTÉRUS

Symptômes. — 1° **Inversion aiguë.** — Après l'accouchement, douleur syncopale, vomissements, état général grave hémorragie abondante.

2° **Inversion chronique.** — Coliques, métrorragies, leucorrhée; on voit une tumeur fongueuse, molle, sortir entre les lèvres du col; la cavité utérine est réduite à rien; le palper révèle que le corps utérin est absent.

Traitement. — 1° **Inversion aiguë.** — Tenter la réduction de la portion inversée.

2° **Inversion chronique.** — Réduction manuelle; ne pas faire l'ablation de la partie inversée, car on s'expose à léser l'intestin; si la réduction est impossible, pratiquer *l'hystérectomie vaginale.*

MÉTRITES

Symptômes fonctionnels. — **Communs à toutes les formes de métrites.** — **Syndrome utérin de Pozzi.**

Douleur hypogastrique; rétro-pubienne, compliquée en général d'une douleur à droite ou à gauche, attribuable à la salpingite concomitante; irradiée aux lombes, aux jambes.

La douleur est spontanée, exagérée par la fatigue, la marche, les cahots; elle est provoquée par la pression sur le corps utérin, par le toucher du col, par le ballottement utérin. A tout moment, sensation de pesanteur continue, pénible.

Leucorrhée, flueurs blanches, pâles couleurs. — Les pertes blanches sont verdâtres, purulentes dans la blennorragie ; peu visqueuses, quand elles proviennent du corps utérin ; séreuses, quand elles proviennent du vagin ; gluantes, empesant fortement le linge, quand elles proviennent du col.

Dysménorrhée et quelquefois **aménorrhée.**

Métrorragies ou **ménorragies.**

Stérilité.

Troubles de voisinage. — Ténesme vésical ; douleur pendant la défécation, ténesme, épreintes, constipation ; coccygodynie.

Troubles digestifs. — Dilatation d'estomac ; anorexie ; dyspepsie, tympanisme abdominal.

Troubles nerveux. — Névralgies à distance, faciale, intercostale, lombo-abdominale ; névroses, hystérie, neurasthénie.

Etat général. — Débilité, chloro-anémie, palpitations.

Formes cliniques. — 1° Forme aigue. — Début par des douleurs utérines vives et des troubles de voisinage, avec frisson, fièvre, vomissements, tympanisme ; col rouge, chaud, œdémateux, orifice externe entr'ouvert ; écoulement visqueux, crémeux, purulent, sanguinolent, la métrite guérit en 5 à 6 semaines, ou passe à la chronicité, ou se complique de salpingite, de péritonite purulente, de suppuration pelvienne.

Elle reconnaît pour causes : la blennorragie, l'accouchement, un traumatisme utérin.

2° Forme catarrhale chronique. — Elle succède à la précédente ou est chronique d'emblée. Syndrome utérin type. Le col est le siège des lésions principales : col couvert d'ulcérations ou d'érosions, parsemé d'œufs de Naboth ; déchiré à gauche le plus souvent, couvert de mucus très adhérent ; douloureux à la pression (cheville douloureuse).

3° Forme hémorragique. — Ménorragies ou métrorragies, d'abondance variable.

Les deux formes, catarrhale et hémorragique, s'accompagnent souvent de *polypes muqueux*, mous, sessiles ou pédiculés, gros comme une noisette, siégeant sur le col de préférence ;

d'*hypertrophie folliculaire*; le col s'allonge, est raboteux, irrégulier.

4° FORME DOULOUREUSE CHRONIQUE. — Douleurs vives, obligeant la malade au repos absolu.

5° DYSMÉNORRHÉE MEMBRANEUSE. — Caractérisée par l'expulsion douloureuse, au moment des règles, d'un sac membraneux qui est la muqueuse enflammée.

Traitement. — 1° **Prophylactique.** — Antisepsie rigoureuse au cours et à la suite de l'accouchement. Pratiquer aseptiquement toutes les explorations et les interventions faites sur le vagin et l'utérus.

2° **Curatif général.** — Immobiliser le ventre par une ceinture ventrière; laxatifs légers; toniques; hydrothérapie.

3° **Curatif local et spécial à chaque forme.** — I. MÉTRITE AIGUE (PUERPÉRALE OU TRAUMATIQUE). — Repos absolu, dans le décubitus horizontal.

Bains de siège très chauds (sublimé étendu, eau bouillie, eau de pavots, eau boriquée), avec un spéculum laissant le col baigner dans le liquide. Lavements laudanisés et suppositoires opiacés ou belladonés, contre les douleurs.

Injections vaginales très chaudes, abondantes et prolongées : la malade reste dans son lit, ayant un bassin sous elle et prend une injection de trois litres d'eau très chaude (à 45°) coulant très lentement (eau bouillie, permanganate à 1 p. 3000, eau formolée à 3 p. 1000, sublimé à 1 p. 4000). Ces injections sont répétées deux fois par jour; puis on met sur le col un tampon glycériné : la glycérine est avide d'eau et fait une saignée blanche de l'utérus.

On calme l'inflammation par des scarifications du col, faites avec un bistouri ordinaire et on facilite l'issue du sang par une injection d'eau tiède.

II. MÉTRITE AIGUE BLENNORRAGIQUE. — Mêmes précautions que ci-dessus; soigner d'abord la vaginite et la vulvite; puis instillation de quelques gouttes de nitrate d'argent à 1 p. 100 dans l'utérus, de chlorure de zinc à 1 pour 100: irrigations intra utérines, avec la sonde à double courant et le permanganate à 1 p. 2000.

III. MÉTRITE CATARRHALE CHRONIQUE. — *a*) *Métrite du corps.* — Irrigations vaginales abondantes, chaudes, répétées. Irrigations intra-utérines avec la sonde à double courant, après dilatation du col par la laminaire: faire ensuite un tamponnement intra-utérin à la gaze iodoformée que l'on enlève après 24 heures. Ecouvillonner la cavité utérine avec du coton hydrophile aseptique, monté sur un hystéromètre; tremper ensuite l'écouvillon dans la teinture d'iode, dans le chlorure de zinc à 1 p. 10, dans le permanganate à 1 p. 100 dans la glycérine créosotée à 1 p. 10 et frictionner fortement la cavité. Instillations de quelques gouttes de ces liquides avec une bougie fine.

Dans les cas rebelles, pratiquer le *curettage utérin*. Raser la vulve, la savonner et endormir la malade. Savonner le vagin: irrigation au sublimé. Attirer l'utérus avec une nce de Museux, qui saisit le col. Dilater le col avec la série des bougies d'Hégar. Curetter la cavité utérine avec la curette de Récamier. La laver avec la sonde à double courant; la cautériser avec un tampon imbibé de teinture d'iode, de chlorure de zinc au dixième, de glycérine créosotée au dixième; laver à nouveau; introduire une mèche dans l'utérus; tampon vaginal; le 2ᵉ jour on enlève les mèches vaginales et intra-utérines: 2 injections vaginales par jour.

Ne jamais faire de curettage s'il y a des lésions tubaires.

b) *Métrite cervicale*, avec ulcérations et productions folliculaires. *Cautérisations au moyen des caustiques de Filhos* (chaux et potasse), après injection vaginale et nettoyage du col, on promène dans la cavité cervicale un crayon de Filhos, en appuyant particulièrement sur les points malades; l'opération ne doit pas durer plus d'une à deux minutes. — Escarre noirâtre qui tombe au bout de six à huit jours.

Opération d'Emmet. — Convient aux cols déchirés. — Exciser la cicatrice et suturer en tissu sain.

Opération de Schrœder. — Amputation bi-conique du col.

MÉTRITE HÉMORRAGIQUE. — Injections chaudes. Tamponnement utérin et vaginal; curettage de l'utérus.

FIBROMES DE L'UTÉRUS

Symptômes. — 1° **Fonctionnels.** — Hémorragies.

Surtout dans les fibromes sous-muqueux; leucorrhée; hydrorrhée.

Douleurs dues à la métrite, aux contractions utérines expulsant un polype, à la compression des nerfs pelviens. Retentissement sur le cœur, le foie et le rein. Compression des viscères : vessie (dysurie, rétention d'urine, pollakiurie) ; rectum (stercorémie), uretères (néphrite interstitielle).

2° **Physiques.** — Inspection. — Ventre augmenté de volume, éventration.

Palpation. — Tumeur dure, ligneuse, indolente, parfois molle, mobile ou enclavée.

Percussion. — La tumeur est mate : aire de sonorité autour.

Toucher combiné a la palpation. — Tumeur, confondue avec l'utérus. On peut sentir un **polype** fibreux expulsé entre les lèvres du col ; il est normalement dur, ou bien étranglé, œdémateux, ulcéré, gangrené.

Cathétérisme. — Cavité utérine allongée.

Traitement. — **1° En dehors de la grossesse.** — *a*) Traitement médical. — Chez les femmes voisines de la ménopause, si le fibrome n'augmente pas : Traiter les métrorragies, par l'ergot de seigle, par les injections chaudes, l'extrait fluide d'*hydrastis canadensis*, la poudre de sabine : les douleurs, par les lavements et suppositoires calmants.

Comme reconstituants : arsenic, eaux chlorurées sodiques de Salies-de-Béarn, Salins-du-Jura, Kreuznach.

b) Traitement chirurgical. — *Chez la femme jeune.* — Lorsque le fibrome s'accompagne de troubles graves.

Corps fibreux du col : ablation au bistouri, suture des lèvres de la plaie.

Corps fibreux sortant par le col : saisir le polype avec une pince, dilater le col, si c'est nécessaire, sectionner aux ciseaux le pédicule, tamponner la cavité utérine, pour arrêter l'hémorragie.

Fibromes interstitiels ou sous-péritonéaux : la méthode de choix est l'hystérectomie abdominale supra-vaginale. On peut pratiquer l'hystérectomie vaginale, pour les fibromes petits, mobiles, non enclavés.

2° **Au cours de la grossesse.** — Laisser la grossesse évoluer.

Si des troubles éclatent pendant son décours, pratiquer l'avortement ou l'accouchement prématuré. Au moment de l'accouchement, le fibrome peut ne causer aucune gêne.

En cas contraire, pratiquer l'opération césarienne ou mieux l'opération de Porro, qui supprime en même temps la tumeur.

CANCER

I. Cancer du col. — *Symptômes.* — **1° Fonctionnels.** — Ils évoluent en 3 périodes (P. Delbet).

Période latente. — Ménorragies et métrorragies.

Période d'hémorragies et d'écoulements. — Les écoulements sont clairs, **eaux rousses, râclures de boyaux, lavures de chair**, fades, d'odeur écœurante. Douleurs de métrite, de salpingite, douleurs réflexes.

Période de douleurs. — Douleurs de **compression**, de **cachexie**; troubles vésicaux, rectaux; retentissement sur le cœur, sur le rein; **phlegmatia alba dolens**.

2° **Physiques.** — Le toucher permet de sentir *au début*, soit une **infiltration** du col, dure, à muqueuse adhérente, soit une **ulcération** à bords indurés, relevés, reposant sur une base dure, soit une *végétation* en chou-fleur; *à la période d'état*, on sent un *cratère profond*, à bords indurés, creusant et détruisant le col, ou une saillie en chou-fleur, saignant facilement. Il convient d'examiner si les culs-de-sac vaginaux, les bases des ligaments larges, les organes voisins, sont indemnes ou envahis, si l'utérus est mobile.

Traitement. — 1° **Curatif.** — Lorsque l'utérus est mobile, les culs-de-sac peu envahis, l'état général bon, on peut pratiquer l'*hystérectomie vaginale*. L'hystérectomie abdominale est préférable, car elle permet l'ablation des ganglions cancéreux et l'évidement du petit bassin.

2° **Palliatif.** — Dans les cas de cancer trop étendu. Le curettage diminue l'écoulement et les hémorragies.

Injections au permanganate ou solutions diluées de liqueur de Labarraque contre les écoulements odorants; purgatifs; calmer la douleur par les opiacés.

Le *carbure de calcium* (Guinard) combat efficacement les pertes sanguines et fétides. Au spéculum, nettoyage et assèchement soigneux du col cancéreux; de petits fragments de carbure de calcium sont enveloppés dans une compresse de gaze stérile et le tout est appliqué contre les fongosités du col; tampon ouaté pour maintenir en place le carbure.

II. Cancer du corps. — *Symptômes.* — 1° **Fonctionnels.** — Hémorragies. Douleurs violentes, paroxystiques, dans le petit bassin et dans les nerfs de la cuisse. Écoulement ichoreux, fétide.

2° **Physiques.** — Utérus gros : par le col dilaté, on sent des fongosités ; le curettage ramène des débris de muqueuse abondants.

Traitement. — Hystérectomie abdominale totale.

IV. — ANNEXES DE L'UTÉRUS

OOPHORO-SALPINGITES

Symptômes. — 1° **Fonctionnels.** — *Prodromes*, consistant en des troubles de métrite.

Début brusque : Dans la métrite aiguë, par douleurs pelviennes violentes, vomissements, constipation, ballonnement abdominal.

Début lent et progressif plus souvent.

Période d'état : Douleur iliaque, à gauche le plus souvent, irradiée aux lombes, aux cuisses, au périnée, au coccyx : elle s'exagère par la station debout, la marche, le coït, se calme par le repos, est provoquée par la pression sur les trompes.

Coliques salpingiennes. — Troubles de la menstruation, ménorragies, dysménorrhée, leucorrhée, pyorrhée. Troubles digestifs. Troubles névropathiques.

2° **Généraux.** — Amaigrissement, pâleur, poussées fébriles, cachexie, état misérable.

3° **Physiques.** — Culs-de-sac endoloris, dans la salpingite catarrhale. Tuméfaction située sur les côtés de l'utérus ou derrière lui, le repoussant, fluctuante ou rénitente, remontant plus ou moins haut vers l'ombilic.

4° **Evolution.** — Guérison rare, à moins de soins attentifs. Ouverture de l'abcès dans le vagin, dans le rectum, dans les deux à la fois. Péritonite généralisée.

Traitement. — **Salpingite catarrhale récente.** — Repos au lit, injections rectales et vaginales très chaudes : sur le ventre, cataplasmes chauds ou vessies de glace : laxatifs. Laudanum et belladone en suppositoires.

Salpingite aiguë suppurée. — Il faut ouvrir la collection comme un abcès : par le cul-de-sac postérieur, si elle y bombe ; par une incision sus-pubienne, si elle fait saillie à ce niveau.

Plus tard quand le pus sera évacué, la poche rétractée, faire l'extirpation de la trompe.

Si la collection est peu volumineuse, la laisser refroidir par le repos, la glace sur le ventre, les injections vaginales ; quand elle est refroidie, extirper la trompe par la voie abdominale.

Salpingite ancienne. — Ne pas s'attarder trop longtemps au traitement médical : repos, irrigations vaginales ou rectales chaudes ; tampons à l'ichtyol, etc.

Intervenir chirurgicalement. Deux voies :

1° *Voie basse*. — Hystérectomie vaginale ; on draine ains largement par le vagin les poches purulentes du petit bassin.

2° *Voie haute*. — Hystérectomie abdominale totale ; drainage vaginal ; c'est le procédé de choix.

KYSTES DE L'OVAIRE

Symptômes. — 1° **Fonctionnels**. — Troubles de la menstruation ; douleurs, troubles dyspeptiques. Troubles de compression viscérale (vessie, rectum), nerveuse, veineuse (œdème des jambes), si le kyste est enclavé dans le petit bassin. Troubles cardiaques. Urémie par compression de l'uretère. Amaigrissement, finalement **cachexie ovarienne**.

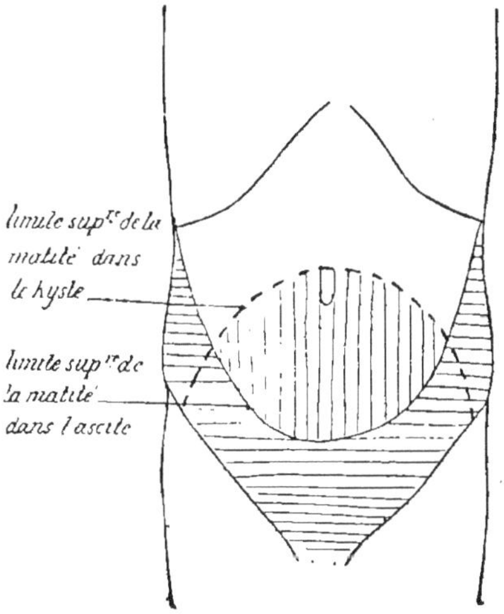

Fig. 205. — Limites de la matité dans l'ascite et le kyste de l'ovaire.

2° **Physiques**. — *Inspection*. — Abdomen saillant, globuleux, si le kyste est volumineux ; veines dilatées.

Palpation. — Tumeur rénitente, fluctuante ; avec plusieurs centres de fluctuation, si le kyste est polykystique.

Percussion. — Matité centrale (fig. 205), sonorité périphérique.

Toucher combiné au palper. — Tumeur indépendante de l'utérus.

3° **Evolution.** — **Marche progressive.** — Apparition de complications: ascite, obstruction intestinale, hémorragie intrakystique, torsion du pédicule, rupture du kyste, ouverture du kyste dans les viscères voisins, suppuration du kyste.

Traitement. — La ponction n'est indiquée que si le kyste est inopérable à cause de ses adhérences, de sa généralisation, de la cachexie du sujet.

Le seul traitement est l'extirpation par voie abdominale.

CANCER DE L'OVAIRE

Symptômes. — Ascite à marche rapide; tumeur qui s'accroît très vite; douleurs, cachexie précoce.

Traitement. — 1° **Chirurgical.** — Ablation par voie abdominale.

2° **Palliatif.** — Ponction de l'ascite.

MÉTRORRAGIES (NON PUERPÉRALES)

Symptômes. — Perte de sang considérable; le sang est rouge, noir, ichoreux, pur ou mélangé de glaires, de sanie, fluide ou en caillots; douleurs vagues ou coliques expulsives; quantité de sang variable. Malaise, céphalalgie, accélération et petitesse du pouls, refroidissement des extrémités, vertiges, tintements d'oreille, pâleur du tégument et des muqueuses.

Traitement. — 1° **Traitement local.** — Grandes irrigations vaginales à l'eau bouillie (45°-50°). Injections vaginales de sérum gélatiné ou applications directes de gaze imbibée de sérum gélatiné.

Tamponnement vaginal ou utérin à l'aide de gaze iodoformée, d'ouate imbibée d'une solution de ferripyrine à 1 p. 10.

2° **Traitement général.** — Ergot de seigle, à doses légères, mais répétées (Dalché).

Ergotine	0gr,10
Sulfate de quinine	0gr,02
Poudre de digitale	0gr,01
Poudre de coca	Q.S.

Pour 1 pilule, cinq par jour (Dalché).

Gossypium herbacéum : XX à XXX gouttes d'extrait fluide 4 fois par jour, ou bien prescrire les pilules :

Ergotine	$0^{gr},10$
Acide gallique	$0^{gr},05$
Extrait de gossypium herbacéum	$0^{gr},10$
Poudre de ratanhia	Q. S.

2 pilules par jour (Dalché).

Hydrastis canadensis, hamamelis virginica, viburnum prunifolium.

Opothérapie thyroïdienne ou mammaire. Métrorragies des fibromes.

Chlorhydrate de stypticine.

3° **Traitement adjuvant.** — Injections sous-cutanées de sérum artificiel. Injections sous-cutanées de glycérophosphates, cacodylates, etc.

4° **Traitement des formes.** Consulter articles : Métrite, Fibrome, Cancer, Salpingite. En dehors de ces métrorragies, on peut avoir affaire aux :

a) *Métrorragies des jeunes mariées.* — Repos absolu, bains tièdes, irrigations vaginales, lavements chauds.

b) *Métrorragies dues à la constipation.* — Proscrire l'aloès qui congestionne le petit bassin. Dalché conseille :

Poudre de réglisse	ãã 20 grammes.
— de feuilles de séné	
Crème de tartre	ãã 10 grammes.
Soufre sublimé et lavé	
Magnésie calcinée	

2 cuillères à café par jour ; une avant chaque repas.

c) *Métrorragies de la lithiase biliaire.* — Boldo, alcalins, glycérine et éther.

d) *Métrorragies des cardiopathies.* — Digitale, strophantus, noix vomique.

5° **Traitement thermal.** (Robin). — a) *Métrorragies de la puberté.* — En cas de chlorose, Forges, Bussang, Luxeuil ; en cas de congestion interne hémorragique des jeunes filles, Biarritz, Salies-de-Béarn, Salins.

b) *Métrorragies de la ménopause.* — S'il y a hypertension artérielle, Bourbon-Lancy, Nauheim ; s'il y a simple état congestif local, Châtel-Guyon, Brides, Santenay, Saint-Gervais.

AMÉNORRHÉE

Songer toujours à la possibilité d'une grossesse et ne se laisser influencer par aucune considération ; s'il subsiste le moindre doute, rester dans la réserve (Dalché).

1° **Aménorrhée accidentelle.** — La médication emménagogue sera instituée dans les 3 ou 4 jours qui suivent la date normale des règles et reprise à la date probable des règles suivantes.

Bains de siège, sinapisme aux cuisses; purgatifs (aloès).

Les emménagogues ne seront prescrits que s'il n'y a pas de lésions utéro-annexielles.

Poudre de rue....... }	
— de sabine.... } ââ 0gr,05	
— d'ergot....... }	
Pour 1 pilule ; 3 par jour.	

Poudre de sabine.... }	
— de safran.... } ââ 2gr,50	
Extrait d'absinthe.... }	
Sirop de sucre....... Q.S.	

F. S. A. 25 pilules; 2 à 4 par jour

Apiol en capsules de 0gr,25 (2 par jour).

2° **Aménorrhée des arrêts de développement utéro-ovariens :** — Ergot de seigle (0gr,15 à 0gr,20 par jour pendant 3 semaines). Opothérapie ovarienne, seule ou associée à l'opothérapie thyroïdienne.

Traitement thermal : Forges, Bussang, Saint-Nectaire.

3° **Aménorrhée des atrésies ou sténoses vulvaires, hyménales, vaginales, utérines.** Traitement chirurgical.

4° **Aménorrhée de l'hystérie, tuberculose, syphilis, diabète, goitre exophtalmique, saturnisme,** etc. Traiter la cause.

DYSMÉNORRHÉE

Symptômes. — Douleurs précédant l'écoulement de 1 à 2 jours, ou l'accompagnant; violentes, les deux premiers jours. Le sang s'écoule goutte à goutte, en caillots, avec coliques expulsives, pouvant provoquer une syncope.

Traitement. — Calmer la douleur par le bromure de potassium, le chloral, le valérianate d'ammoniaque, les suppositoires belladonés, opiacés.

S'il y a obstacle utérin, le lever par la dilatation avec la

3e période, fistulisation. — Ulcération de la peau, issue de liquide séro-purulent; fistule à bords décollés, violacés : tractus fibreux l'unissant au testicule; elle siège en arrière et en bas, à moins d'inversion du testicule; il peut y avoir plusieurs orifices.

Traitement. — **1° Forme aiguë.** — Traitement antiphlogistique des accidents aigus, comme dans l'orchite blennorragique. L'abcès sera incisé, vidé, curetté, tamponné à la gaze iodoformée.

2° Forme chronique. — **1re Période.** — Le sujet est un tuberculeux, donc ordonner le traitement général antituberculeux. Localement, il n'y a rien à faire qu'à prévenir les accidents aigus, en évitant les chocs; porter un suspensoir.

2e Période. — Essayer les ponctions de l'abcès, suivies d'injections d'éther iodoformé. Ouvrir l'abcès, le curetter, supprimer l'épididyme en totalité et la portion funiculaire du canal déférent : laisser en place le testicule qui est sain et dont le rôle moral et sécréteur est important.

3e Période. — Les infections secondaires associées à la tuberculose ont généralement aggravé l'état local, atteint la glande elle-même ; pratiquer la castration, pour supprimer ce foyer tuberculeux, qui est un danger pour l'autre testicule et pour l'organisme entier.

TUMEURS DU TESTICULE

Symptômes. — **I. Cancer encéphaloïde.** — **1° Symptômes locaux.** — Augmentation graduelle de volume, parfois poussées rapides ; tumeur unilatérale, lourde, molle, quelquefois demi-fluctuante, charnue, non transparente ; douleurs spontanées, irradiées aux lombes ; adhérence rapide à la peau qui devient rouge, perd ses rides normales ; dilatation des veines sous-cutanées. Adénite iliaque et lombaire au début ; plus tard, quand la peau est envahie, adénite inguinale. La peau s'ulcère et on voit un champignon végétant, à bords indurés, sanieux, siège d'hémorragie. Marche très rapide.

2° Symptômes généraux. — A cette période, inappétence, cachexie, teinte jaune sale, œdème des membres inférieurs.

II. Squirrhe. — Rare. Marche moins rapide. Testicule faiblement augmenté de volume, mais dur.

III. Sarcome. — Tumeur volumineuse à marche rapide ; elle n'adhère pas à la peau, ne l'envahit pas, l'ulcère par distension seulement.

IV. Lymphadénome. Gros testicule. — Sans adénite, sans envahissement de la peau, sans atteinte de l'état général. Autres localisations de la maladie: foie, ganglions, etc. Ne s'ulcère pas.

Traitement. — La *castration* est le seul traitement de ces tumeurs malignes. Elle doit être précoce et complétée par l'ablation de tous les ganglions cancéreux, de la peau et des tissus envahis par le cancer.

SYPHILIS DU TESTICULE

Symptômes. — **I. Orchite scléreuse diffuse.** — Le testicule forme une tumeur ovoïde, aplatie, en forme de galet, d'une consistance *ligneuse* avec blindages et grains de plomb, ayant perdu sa sensibilité spéciale, sans adhérence au scrotum ; on ne distingue pas la glande de l'épididyme ; les deux testicules sont souvent pris ; finalement atrophie (*haricocèle*) ; le canal déférent, les vésicules séminales, la prostate restent indemnes ; début insidieux.

II. Orchite gommeuse. — Nodosité fluctuante au bord antérieur de la glande ; peau luisante et rouge ; ulcération et fistulisation à la partie antérieure du scrotum, à moins d'inversion ; ulcération à bords taillés à pic, secs, rouges, à fond jaune soufré ; quelquefois fongus syphilitique.

III. Orchite scléro-gommeuse. — Les signes de la gomme et de la sclérose coexistent.

Traitement. — Frictions d'onguent napolitain sur le scrotum deux fois par jour ; iodure de potassium, 2 grammes d'abord, élever la dose de 0,50 tous les 2 ou 3 jours, la porter jusqu'à 6 grammes par jour et s'y tenir jusqu'à la guérison.

A la période d'ulcération, pansements humides avec la liqueur de van Swieten, pansements à l'emplâtre de Vigo, associés au traitement interne.

FONGUS DU TESTICULE

Symptômes. — **I. Fongus bénin.** — Ulcération du scrotum, par laquelle le testicule fait hernie, recouvert de végétations.

Il résulte d'affections diverses : fongus traumatique, fongus par gangrène des bourses, fongus tuberculeux, fongus syphilitique.

Il a une marche peu envahissante, est peu douloureux, cause peu d'hémorragies, guérit facilement.

II. **Fongus malin**. — C'est l'ulcération du cancer du testicule : hémorragies, écoulement sanieux, douleurs.

Marche progressivement envahissante.

Traitement. — Lavages antiseptiques, contre le fongus traumatique ou gangréneux ; traitement spécifique, contre le fongus syphilitique ; castration, contre le fongus malin ou le fongus tuberculeux.

CASTRATION

Incision cutanée, verticale et médiane, si la peau est intacte ; si la peau est malade, incision elliptique, embrassant dans l'ellipse toute la portion de peau malade. Séparer le testicule du scrotum grâce à la laxité de la celluleuse sous-scrotale ; le testicule est suspendu aux éléments du cordon. Jeter une ligature au catgut n° 3 sur le cordon, très haut et sectionner le cordon au-dessous.

Dans la tuberculose du testicule, il y a intérêt à supprimer le canal déférent et la vésicule séminale malade, en ouvrant le canal inguinal, en décollant le péritoine de la fosse iliaque ; on peut atteindre facilement par cette voie la face postérieure de la vessie. Suture de la plaie scrotale.

XXXIII. — MALADIES DE L'APPAREIL GÉNITAL DE LA FEMME

I. — VULVE

VULVITE

Symptômes — Douleur locale, aggravée par la marche, la miction. Ecoulement de liquide clair, irritant les cuisses. Muqueuse des lèvres rouge, boursouflée, couverte de pus ; possibilité d'abcès. Adénite inguinale.

Traitement. — Lavages fréquents avec l'eau boriquée, l'eau blanche, le permanganate au 1/4000e. Soigner la vaginite causale. Cautérisation des lèvres avec la solution de nitrate d'argent à 1/50. Ouvrir les abcès et les bubons.

PRURIT VULVAIRE

Symptômes. — Prurit continu ou intermittent, exagéré par la chaleur du lit, les règles, la grossesse. Il siège sur le clitoris, les lèvres; s'accompagne d'ulcérations et de cuissons. Conduit à l'onanisme et à des troubles mentaux graves. Il peut exister sans aucune modification de l'état local.

Traitement. — Régime antiarthritique : abstinence de poissons, de crustacés, de boissons alcooliques, d'épices, de charcuterie; boissons alcalines, laxatifs fréquents; traitement antidiabétique, s'il est indiqué.

Lotions fréquentes avec :

♃ Eau d'orge........ 250 gr.
Alun.............. 2 —
Lotions, 3 à 4 fois par jour.

♃ Eau commune..... 250 gr.
Borax............. 15 —
Lotions, 3 à 4 fois par jour.

♃ Glycérolé d'amidon . 20 gr.
Bromure de potassium.......... } ââ 1 gr.
Sous-nitrate de bismuth.......... }
Calomel à la vapeur. 0,40
Extrait de belladone. 0,20
Pour onctions matin et soir.

℞ Hydrate de chloral............ 5 grammes.
Eau........................... 250 —

℞ Emulsion d'amandes amères... 200 —
Chlorhydrate d'ammoniaque. } āā 0 gr. 10
Bichlorure de mercure....... }

Lotions matin et soir (Gowland).

Poudre d'orthoforme. } āā	Menthol........ 0,05 centigr.
— de diiodoforme.............. }	Gaïacol......... 0,50 —
Poudre de talc.......	Oxyde de zinc.. 10 grammes.
(Robin et Dalché).	Poudre d'aloès.. 0,50 centigr.
	Vaseline....... 30 grammes.

Bains d'amidon, bains alcalins; saupoudrer les lèvres avec de la poudre d'amidon, de talc, de sous-nitrate de bismuth.

Dans les cas rebelles. — Badigeonnages à la cocaïne à 1 p. 100; modifier l'état local par des badigeonnages au nitrate d'argent au 1/50, par des scarifications linéaires.

GANGRÈNE DE LA VULVE

Symptômes. — Plaques de gangrène, plus ou moins étendues, avec atteinte sérieuse de l'état général; elle survient à la suite d'un accouchement, dans le brightisme, le diabète, au cours des maladies infectieuses.

Traitement. — Général et causal. Localement, pansements humides antiseptiques et pulvérisations.

HERPÈS DE LA VULVE

Symptômes. — 1° **Locaux.** — Vésicules à contenu transparent, du volume d'une tête d'épingle, *discrètes* ou *disséminées*, reposant sur une plaque rouge; elles donnent lieu à une ulcération à bords polycycliques ou se couvrent de croûtes.

2° **Généraux.** — Fatigue, courbature, céphalée, troubles digestifs.

Traitement. — Bains fréquents; soins de propreté sérieux. Interposer aux lèvres des mèches d'ouate, imbibées d'une solution alcaline de borax, de bicarbonate de soude, d'une solution d'alun à 1 p. 100; ou bien saupoudrer de poudre d'oxyde de zinc, de sous-nitrate de bismuth.

VÉGÉTATIONS, PAPILLOMES, CRÊTES DE COQ

Symptômes. — Tumeurs en chou-fleur, de coloration blanc rosé, situées au pourtour de la vulve et de l'anus, avec écoulement sanieux et fétide.

Traitement. — Rechercher la syphilis et la blennorragie et les traiter.

En dehors d'elles, pratiquer l'excision des papillomes au bistouri ou aux ciseaux, après cocaïnisation ; cautériser au thermocautère la base des végétations. Il faut traiter ainsi les végétations de la grossesse, car elles exposent à l'infection post partum.

BARTHOLINITE

Symptômes. — Douleur vive, lancinante, siégeant dans une des grandes lèvres qui s'œdématie, grossit, devient rouge : sa face muqueuse se bombe, fait saillie en dedans on sent d'abord une tumeur dure, du volume d'une noix puis fluctuante. La collection s'ouvre à la face interne de la lèvre par un ou plusieurs pertuis; par instants, poussées nouvelles.

Traitement. — Incision large de la collection par la face muqueuse de la grande lèvre, drainage et lavages.

Si l'écoulement persiste, pratiquer l'extirpation totale de la glande.

KYSTES DE LA GLANDE DE BARTHOLIN

Symptômes. — Tumeur arrondie ou ovoïde, indolore, mobile, située dans l'épaisseur d'une des grandes lèvres, sous la muqueuse qu'elle soulève.

Diagnostic. — *Ne pas confondre* avec les **kystes séreux de la grande lèvre**, qui siègent entre le pôle supérieur de la grande lèvre et l'anneau inguinal.

Traitement. — Incision de la muqueuse sur le kyste après cocaïnisation; disséquer le kyste, grâce au plan de clivage qui l'entoure; cette dissection est laborieuse, quand la paroi du kyste est très mince. Suture de la muqueuse.

CANCER DE LA VULVE

Symptômes. — Début insidieux par du prurit, du psoriasis vulvaire, un petit papillome.

Plus tard, tumeur ulcérée au centre, à bords inégaux, végétants, éversés, reposant sur une base indurée, envahissant le vagin, indurant l'urètre; sécrétion sanieuse, fétide; hémorragies. Adénite inguinale. Cachexie.

Finalement envahissement de la vessie, du rectum.

Traitement. — 1° **Curatif**, quand la tumeur est limitée. — Ablation large de la tumeur, avec restauration du méat urinaire et de l'entrée vaginale.

2° **Palliatif**, quand la tumeur est diffuse. — Grattage et cautérisation contre l'hémorragie et l'écoulement, applications cocaïnées, laudanisées, belladonées.

ESTHIOMÈNE DE LA VULVE

Symptômes. — 1° **Forme ulcéreuse.** — Ulcérations à bords irréguliers, soit superficielles, soit profondes et perforant la vessie et le rectum. Les cicatrices consécutives produisent l'atrésie du vagin, de l'urètre ou de l'anus.

2° **Forme hypertrophique.** — Hypertrophie des petites lèvres, du capuchon, du clitoris, quelquefois des grandes lèvres; soit régulière, soit formée de bourgeonnements et de mamelons de grosseur inégale.

3° **Forme mixte.** — La plus fréquente; formée par l'association des deux formes précédentes.

Traitement. — 1° **Général.** — Fortifiant, antituberculeux.

2° **Local.** — Cautérisation des ulcères au thermocautère; ignipuncture; curettage et attouchements légers au nitrate d'argent, à la teinture d'iode; excision au bistouri des parties hypertrophiées.

COCCYGODYNIE

Symptômes. — Douleur localisée au coccyx, violente, comparée à une névralgie ou à une rage de dents; provoquée par la marche, l'action de se lever, de s'asseoir, la défécation, le coït, l'effort.

Traitement. — Variable selon la cause; hystéropexie, dans le cas de déviations utérines; suppression du coccyx, dans le cas de tuberculose, de cal douloureux de cet os; électricité faradique, contre la névralgie du plexus coccygien. Injections sous-cutanées de cocaïne, lavements ou suppositoires belladonés, laudanisés.

II. — VAGIN

MALFORMATIONS DU VAGIN

1° **Vagin absent ou rudimentaire.** — *Symptômes.* — La vulve fait défaut ou est à peine ébauchée; l'utérus est généralement atrophié; le vagin est remplacé par un cordon fibreux sensible au toucher rectal.

Traitement. — Combattre la rétention de sang menstruel ou hématométrie par l'hystérectomie abdominale; la douleur ovarienne, par la castration.

On peut créer un vagin artificiel, en séparant prudemment le rectum de la vessie par voie périnéale, en faisant glisser dans l'infundibulum la muqueuse et la peau voisines, pour combattre la tendance à l'atrésie. On empêche l'obstruction de ce canal par un mandrin, par le pessaire à air de Gariel, par le coït.

2° **Vagin cloisonné.** — Avec utérus double; cloisonnement partiel ou total.

3° **Vagin borgne latéral.** — *Symptômes.* — L'un des deux vagins est normal, l'autre est fermé du côté de la vulve, mais ouvert dans un col d'utérus double. Celui-ci est distendu par le sang menstruel (*hématocolpos*), lequel peut s'infecter (*pyocolpos*).

Traitement. — Exciser la poche ou l'inciser simplement, l'ouvrir largement dans le vagin normal et la tamponner.

CORPS ÉTRANGERS DU VAGIN

Symptômes. — Ils sont longtemps tolérés et ne déterminent aucun trouble. Ils ulcèrent tardivement la muqueuse, s'enfoncent dans les tissus voisins et provoquent des fistules vagino-rectales, vagino-vésicales, des écoulements leucorrhéiques et hémorragiques abondants. Ils provoquent un rétrécissement du vagin, à cause du travail de réparation qui tend à les enchâtonner.

Complications graves : suppurations pelviennes, péritonite.

Traitement. — Il faut les extraire, dès qu'on les reconnaît. Grands lavages antiseptiques du vagin ; libérer le corps par incision de la muqueuse vaginale, si c'est nécessaire ; le fragmenter ou l'extraire entier à l'aide des doigts ou d'instruments divers choisis selon l'indication. Pansements vaginaux et traitement de la métrite et de la vaginite consécutives.

DÉCHIRURES DU PÉRINÉE

Symptômes. — 1° **Fonctionnels.** — Dysurie, pollakiurie, dues à la cystocèle ; incontinence des gaz et des matières si le sphincter anal est lésé ; douleurs lombaires et hypogastriques, dues au prolapsus utérin.

2° **Physiques.** — Déchirure de profondeur et de dimensions variables, accompagnée ou non de cystocèle, de rectocèle, de prolapsus plus ou moins complet de l'utérus. La cloison recto-vaginale est détruite à des degrés divers.

Traitement. — *La déchirure est récente.* — Anesthésie générale ou locale par la cocaïne ; avec l'aiguille courbe d'Emmet, passer 3 à 5 fils profonds, crins de Florence, fils d'argent, en évitant de perforer le rectum ; ces fils rapprochent les tissus, refont le périnée et la cloison recto-vaginale (fig. 164).

Si c'est nécessaire, surjet superficiel au catgut ou au crin ; une mèche iodoformée dans le vagin qu'on enlève le 3e jour ; puis injections biquotidiennes ; pansement aseptique à plat. Enlever les fils le 10e jour.

La déchirure est ancienne. — Aviver la plaie en enlevant sur la cloison recto-vaginale un triangle muqueux à base postérieure. Suturer comme précédemment par des points rès profonds (colpo-périnéorraphie).

S'il y a de la cystocèle. — On commence par enlever une ellipse de muqueuse vagino-vésicale et suturer par un surjet

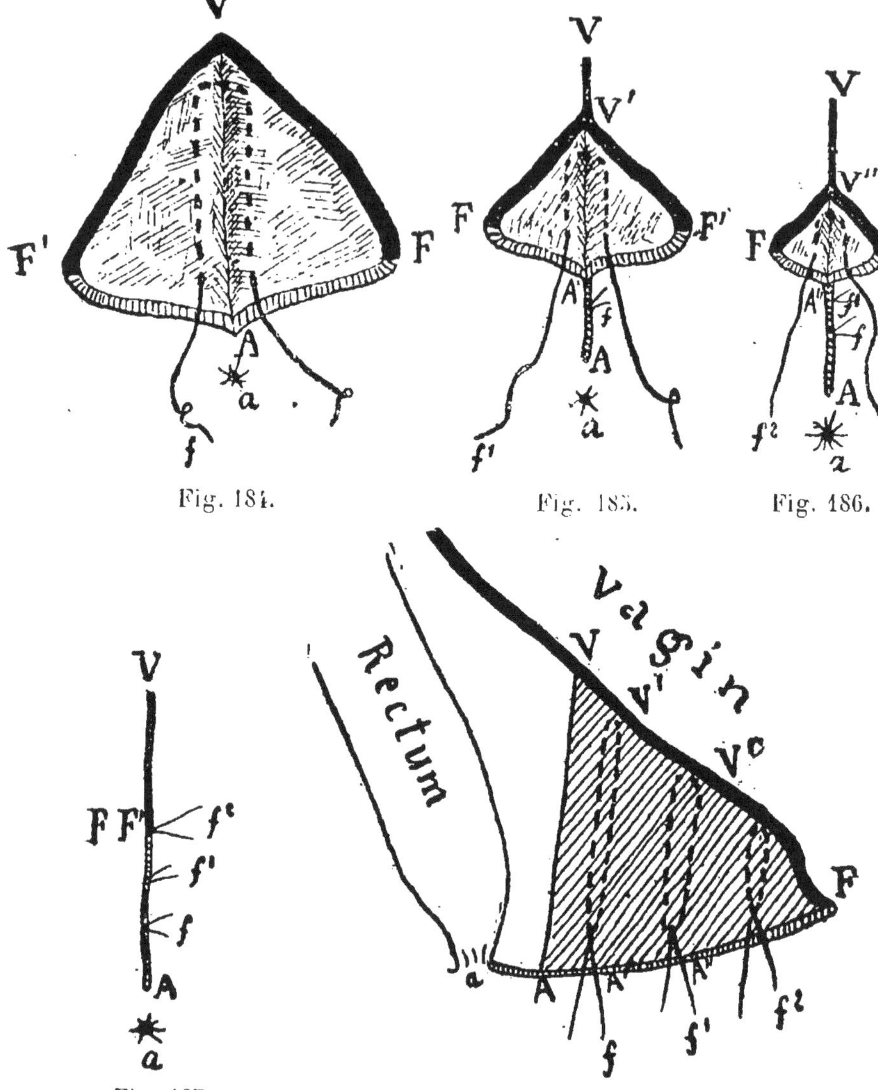

Fig. 184.

Fig. 185.

Fig. 186.

Fig. 187.

Fig. 188.

Fig. 184 à 188. — Déchirures du périnée.

184. — Projection schématique d'une déchirure incomplète. V, angle supérieur, vaginal, de la déchirure ; A, son angle inférieur, anal ; F F', angles rétractés de la fourchette; *a*, orifice anal.

185. — Mêmes lettres que dans la figure 1. Le 1er fil *f* est serré. On voit sortir ses extrémités coupées en *f*. Le périnée est reconstitué du côté de la peau dans la portion A A', du côté du vagin dans la portion V V'. Placement du 2e fil *f* .

186. — Le 2e fil *f f'* serré et coupé. On a gagné du côté de la peau A A", du côté du vagin V V". Le 3e fil f^2 est placé.

187. — Après serrage du 3e fil, le périnée est entièrement reconstitué. F F' sont affrontés. Par suite de la projection sur un seul plan, il se produit des effets de raccourci exigeant que l'examen des fig. 1, 2, 3 et 4 soit complété par celui de la fig. 5.

188. — Coupe de profil idéale du périnée reconstitué. La partie ombrée représente la déchirure. Mêmes indications que dans les figures précédentes (J. Gallois). —— Indique la muqueuse vaginale déchirée, ⅢⅢⅢ indique la peau déchirée, ‐‐‐‐‐‐ indique le trajet interstitiel.

de catgut les bords de la plaie (colporraphie antérieure); pansements consécutifs identiques. Cette opération refait une cloison vésico-vaginale épaisse, rétrécit la vulve et détruit la cystocèle ; l'utérus se trouve maintenu en place.

FISTULES VAGINALES

1. **Fistule urinaire.** — *Symptômes.* — 1° **Fonctionnels.** — Suintement d'urine dans le vagin, 4 à 8 jours après l'accouchement; ce suintement se fait à un moment variable, selon le siège de la fistule : dans la station verticale (fistule du col), dans le décubitus horizontal (fistule du bas-fond) pendant la miction (fistule urétro-vaginale) ; la fistule uretéro-vaginale provoque un suintement continu et la vessie garde bien l'urine venue de l'autre uretère. Les conséquences de ces fistules sont : la vaginite, des douleurs, l'érythème le long des cuisses, la métrite, la salpingite, la cystite, la pyélo-néphrite.

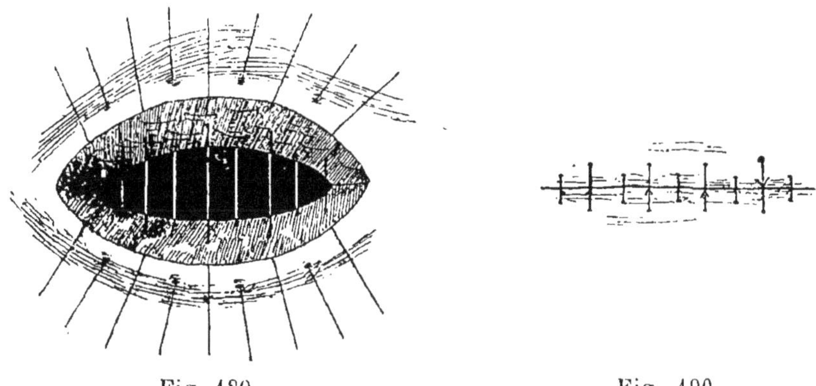

Fig. 189. Fig. 190.

Fig. 189 et 190. — Fistules vésico-vaginales. Procédé américain. Suture après avivement par excision.

Fig. 189, fils profonds et superficiels en place; fig. 190, les fils sont serrés.

2° **Physiques.** — A l'examen, on voit un ou plusieurs orifices, à bords calleux, indurés, de dimensions variables, situés plus ou moins haut sur le vagin, médians ou latéraux.

Traitement. — Attendre 8 à 10 semaines après l'accouchement, car la guérison spontanée est possible. Si elle ne se fait pas, il faut tenter la cure chirurgicale.

1° Fistules vésico-vaginales et urétro-vaginales.

a. Procédé américain. — Femme en position dorsale, endormie. Attirer le col utérin par une pince de Museux, abaisser le bas-fond par une sonde métallique intra-vésicale.

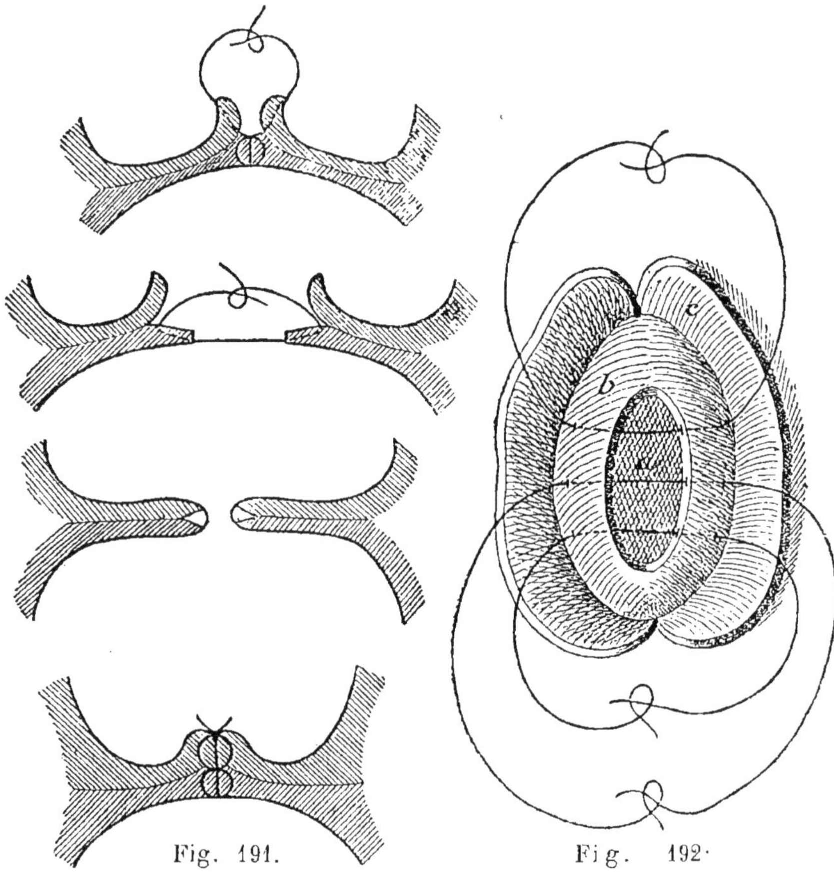

Fig. 191 et 192. — Fistules vésico-vaginales. Autoplastie pour dédoublement.

a, fistule; *b*, paroi vésicale; *c*, paroi vaginale.

1er *Temps. Avivement.* — Tailler une collerette au pourtour de l'orifice, large de 6 à 20 millimètres, s'arrêtant à la limite des muqueuses vaginale et vésicale.

2e *Temps. Suture.* — Avec des aiguilles fines et courbes et des fils métalliques ou des crins de Florence, par points très rapprochés, prenant de loin la paroi vaginale, n'intéressant pas la muqueuse vésicale (fig. 170 et 171).

b. Autoplastie par dédoublement, dans les larges pertes de substance. — Aviver la fistule; séparer la vessie du vagin sur une large étendue; suturer séparément les deux organes; les points vésicaux ne doivent pas intéresser la muqueuse (fig. 191 et 192).

c. Procédé de Braquehaye (fig. 174).

d. Oblitération indirecte. — En cas d'insuccès des méthodes précédentes; fermer le vagin au-dessous de la fistule; celle-ci doit être large pour permettre l'issue du sang menstruel par la vessie.

2° **Fistules vésico-cervicales.** — Inciser la lèvre antérieure

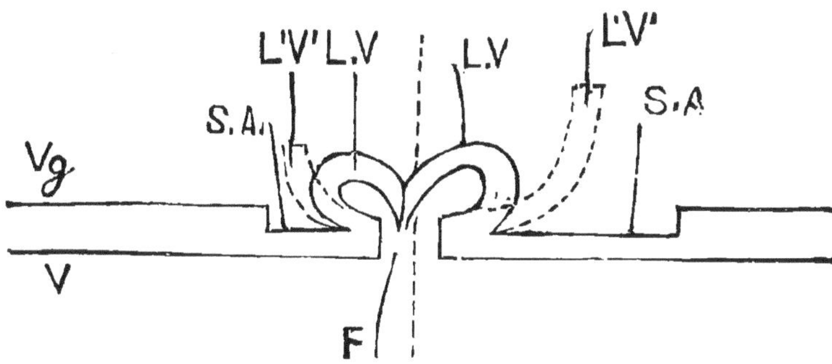

Fig. 193. — Fistule vésico-vaginale. Procédé Braquehaye

Coupe antéro-postérieure ; V, côté vessie ; Vg, côté vagin ; F, fistule ; L V, lambeau vaginal disséqué, et replié ; L' V', le même disséqué, mais non replié ; SA, surface avivée (Braquehaye).

du col jusqu'à la fistule; aviver les bords de celle-ci et les suturer par le procédé américain; suturer ensuite l'incision du col. *En cas d'insuccès*, oblitérer le col : le sang menstruel s'écoule par la vessie.

3° **Fistules uretéro-vaginales et uretéro-cervicales.** — On a tenté successivement : l'ouverture large de l'uretère dans la vessie, suivie de fermeture de la fistule uretérale; la greffe de l'uretère dans la vessie par voie vaginale ou abdominale; l'oblitération indirecte par occlusion du vagin ou du col; la greffe de l'uretère dans le côlon; la néphrectomie, lorsque le rein opposé fonctionne bien.

II. Fistules fécales. — *Symptômes.* — Passage des gaz et des matières dans le vagin. Phénomènes inflammatoires consécutifs.

Traitement. — Cautérisation avec une pointe fine de thermocautère pour les fistulettes.

Dans les cas de fistule bas située et réfection parfaite de la paroi en plusieurs plans, section complète de la cloison.

Avivement et suture par le vagin, comme dans le procédé américain.

Dans les fistules à large perte de substance, dédoublement de la paroi recto-vaginale et suture des deux parois prises séparément.

VAGINITE

I. **Vaginite blennorragique aiguë.** — *Symptômes.* — 1° **Locaux.** — Sensation de douleur locale, de chaleur, de prurit, de pesanteur au périnée : douleurs expulsives, violentes; ténesme anal et vésical, vaginisme. Les grandes lèvres sont gonflées, rouges; muqueuse vaginale rouge, couverte de pus, d'ulcérations, de saillies folliculaires; l'introduction du doigt, du spéculum est douloureuse, parfois impossible. Ecoulement, séreux d'abord, puis blanc verdâtre, purulent, tachant et empesant le linge, contenant des cellules épithéliales et du gonocoque.

2° **De voisinage.** — Urétrite, envies fréquentes et pressantes d'uriner, ténesme; la pression sur l'urètre fait sourdre une goutte de pus. Bartholinite fréquente. Métrite du col ou du corps; salpingite.

3° **Généraux.** — Fièvre, troubles gastriques.

Traitement. — Repos au lit dans le décubitus dorsal. Régime sévère, abstention d'alcool, de café. Un grand bain tous les deux jours.

Larges irrigations, avec une canule bouillie chaque fois, de trois à quatre litres d'eau bouillie, contenant 2 p. 1000 de permanganate de potasse; les renouveler trois ou quatre fois par jour.

Quand l'inflammation tombe, faire ces injections à l'aide du spéculum grillagé; laisser dans le vagin une mèche de gaze iodoformée ou un tampon imbibé de :

Iodoforme	5
Tanin	10
Glycérine	40

Contre l'urétrite, crayons d'iodoforme, instillations avec quelques gouttes de nitrate d'argent à 1 p. 100 ; pas de balsamiques.

Contre la salpingite : Douches rectales chaudes, glace sur le ventre, suppositoires et lavements laudanisés.

II. Vaginite chronique, leucorrhée vaginale.

Symptômes. — Écoulement de caractère et d'abondance variables; sensations subjectives nulles; le danger réside dans la possibilité d'infecter autrui dans le coït et, pour la malade elle-même, dans les complications utérines et tubaires.

Traitement. — **1° Général.** — Par les toniques, les ferrugineux, traiter l'arthritisme, la chloro-anémie, etc.

2° **Local.** — 1° VAGINITE LÉGÈRE. — Deux injections par jour avec le mélange suivant :

Eau	2 litres.
Tanin	1 cuiller à café.
Laudanum........................	LX gouttes.

2° VAGINITE CHRONIQUE REBELLE. — Injections au sublimé, au permanganate de potasse.

Si la leucorrhée est fétide : alun, tanin (5 à 10 grammes par litre d'eau), décoction de feuilles de noyer, d'eucalyptus.

Levure de bière : injection vaginale de 25 à 30 centimètres cubes de levure de bière et obturation du vagin avec un tampon d'ouate. Ou bien tamponnement vaginal à l'aide de rouleaux de gaze stérile, trempés dans la levure de bière.

Acide lactique : Deux ou trois fois par jour, tampon trempé dans la solution :

Acide lactique....................	3 grammes.
Glycérine........................	100 —

Bicarbonate de soude : 2 cuillers à soupe par litre d'eau.

Traiter la métrite du col et du corps, qui entretient la vaginite. Après l'injection, mèches iodoformées ou tampons imbibés de glycérine au tanin, de pommade à l'alun (50 gr. p. 100 d'axonge), au tanin (50 p. 100). Repos au lit pendant les règles.

TUMEURS DU VAGIN

I. Polypes de l'urètre. — ***Symptômes.*** — Envies fréquentes d'uriner, ténesme ; hématurie à la fin de la miction;

coït pénible; douleur ou gène augmentant dans la marche, la station debout. On voit au bord du méat une tumeur petite, rouge, saignant facilement, mollasse, douloureuse au toucher.

Traitement. — Cautériser la tumeur au thermo-cautère jusqu'à sa base d'implantation. La récidive est fréquente.

II. **Kystes du vagin.** — *Symptômes.* — Evolution lente et longtemps ignorée. Quand il a un certain volume, il provoque des douleurs périnéales, des tiraillements, gêne le coït, la miction, la marche. A l'examen, grosseur lisse, arrondie, sessile, recouverte par la muqueuse, qui est mobile et garde son aspect normal; tumeur dure et très tendue. Par les efforts, la tumeur tend à sortir par la vulve, produisant une rectocèle ou une cystocèle plus souvent. Le kyste peut se rompre, s'enflammer et suppurer.

Traitement. — L'incision seule est insuffisante. L'injection d'un liquide irritant expose à des accidents infectieux.

L'extirpation est préférable : incision de la muqueuse; énucléation de la tumeur, grâce au tissu cellulaire qui l'entoure; suture de la muqueuse.

Si le kyste adhère à la muqueuse, éviter de le rompre.

III. **Cancer primitif du vagin.** — *Symptômes.* — Ce sont ceux du cancer du col.

Traitement. — Eradication aussi parfaite que possible.

VAGINISME

Symptômes. — Contracture douloureuse et spasmodique des muscles vulvo-vaginaux, pouvant s'étendre aux autres muscles du plancher pelvien. La contracture et l'hypéresthésie existent quelquefois isolément. La douleur est provoquée par le coït, par l'exploration du vagin.

Traitement. — 1° **Général.** — Calmer l'hyperexcitabilité générale par l'hydrothérapie, le bromure de potassium.

2° **Local.** — Badigeonnages cocaïnés, bains de siège, excision des caroncules myrtiformes, de l'hymen, lorsqu'ils sont cause de la maladie; cautériser, panser les ulcérations vulvaires ou vaginales.

Tenter la dilatation forcée du vagin, sous chloroforme, par la même technique que la dilatation de l'anus, avec un spéculum ou avec les doigts. On a proposé, puis délaissé la section des nerfs honteux. Sims conseille la section du sphincter vulvaire; enlever l'hymen, les caroncules, les ulcérations vulvaires; inciser la vulve de haut en bas, de chaque côté de la ligne médiane, en formant un V qui entaille la vulve, le tissu vaginal et le sphincter vulvaire; dilater la vulve, matin et soir, à l'aide de grosses bougies en caoutchouc

III. — UTÉRUS

ATRÉSIE DU COL UTÉRIN

Symptômes. — Oblitération acquise ou congénitale du col, avec rétention du sang menstruel (*hématométrie* et *hématosalpinx*) qui peut être infecté (*pyométrie*).

Traitement. — Ouvrir largement le col, évacuer le contenu de l'utérus, curetter ses parois pour les désinfecter, lavages intra-utérins, drainage s'il est nécessaire.

Empêcher la reproduction de l'oblitération par des dilatations régulières avec les tiges de laminaire.

STÉNOSE DU COL

Symptômes. — Rétrécissement du col. Dysménorrhée; métrite; stérilité.

Traitement. — Dilatation du col, soit à l'aide de tiges de laminaire, soit par l'introduction de bougies d'Hégar à calibre progressivement croissant. Pratiquer ces manœuvres aseptiquement.

Si la sténose se reproduit. — Pratiquer la section sanglante de l'orifice externe du col, tamponner la cavité cervicale.

Repos au lit.

Dans les cas rebelles. — Amputer le col

HYPERTROPHIE DU COL UTÉRIN

I. Hypertrophie du segment vaginal. — ***Symptômes.*** — Gène dans la station assise, coït douloureux, métrite. Allongement du col utérin, le corps ayant ses dimensions normales. Le cul-de-sac postérieur est très profond.

Traitement. — Amputation biconique du col : sur chaque lèvre, l'incision enlève un cône à base inférieure, à sommet supérieur; on suture au catgut les deux lèvres de l'incision; de la sorte, la muqueuse cervicale est respectée et on n'a pas à craindre la sténose du col.

II. Hypertrophie du segment sus-vaginal. — ***Symptômes.*** — Douleur lombaire, pesanteur dans le bassin; leucorrhée; pollakiurie; ténesme vésical. Museau de tanche abaissé, rapproché de la vulve ou la dépassant; il entraîne avec lui une rectocèle, plus souvent une cystocèle. Cavité utérine très allongée. Le museau de tanche ne peut être réduit en place.

Traitement. — Amputation sus-vaginale du col. Désinsérer le vagin de toutes ses attaches au col utérin; libérer la portion sus-vaginale du col jusqu'au corps; amputation biconique du col à ce niveau; suture au catgut des deux lèvres du col; par quelques fils de catgut, suturer à nouveau la section vaginale à l'utérus, à un centimètre au-dessus de la section du col.

DÉVIATIONS DE L'UTÉRUS

I. Antéversion. — ***Symptômes*** .— Corps derrière le pubis, sur la vessie (fig. 194). Col en arrière et en bas, contre le rectum, sans flexion de l'organe. Ténesme vésical et ténesme rectal métrite, leucorrhée, troubles digestifs et nerveux.

Traitement. — 1° De la métrite, qui est souvent causale.

2° De la déviation. — *S'il y a entéroptose*, ceinture hypogastrique.

Si l'antéversion existe seule, prescrire le *pessaire de Dumontpallier*; c'est un anneau de caoutchouc élastique, qu'on plie entre le pouce et l'index; on pousse son bout supérieur derrière le col, dans le cul-de-sac postérieur. On le laisse s'ouvrir, il distend les parois vaginales et fixe l'utérus.

Le nettoyer au bout de deux mois et le remettre; s'il gêne, l'enlever et le remplacer par un plus gros ou un plus petit.

II. Antéflexion. — ***Symptômes.*** — Utérus plié en deux, le corps reposant en avant sur la vessie, derrière le pubis, le col gardant sa direction normale (fig. 195). Troubles de la menstruation : aménorrhée; dysménorrhée surtout, métrite. Ténesme vésical. coït douloureux (*dyspareunie*). Stérilité.

Traitement. — 1° De la métrite causale.

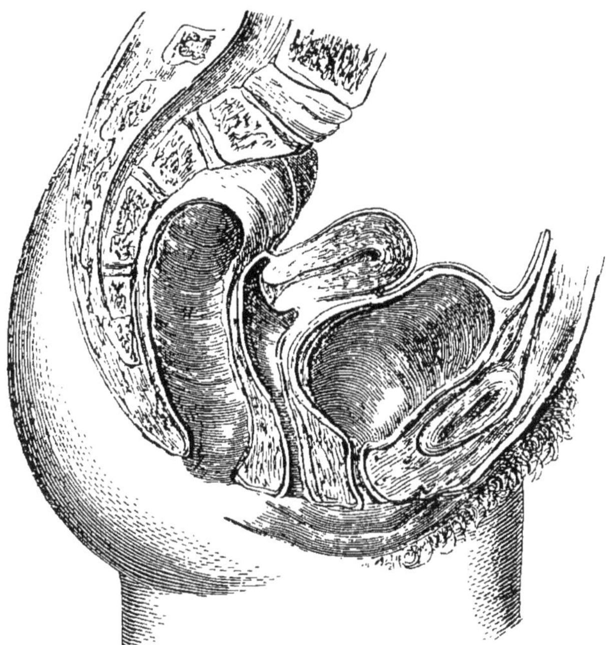

Fig. 194. — Antéversion de l'utérus.

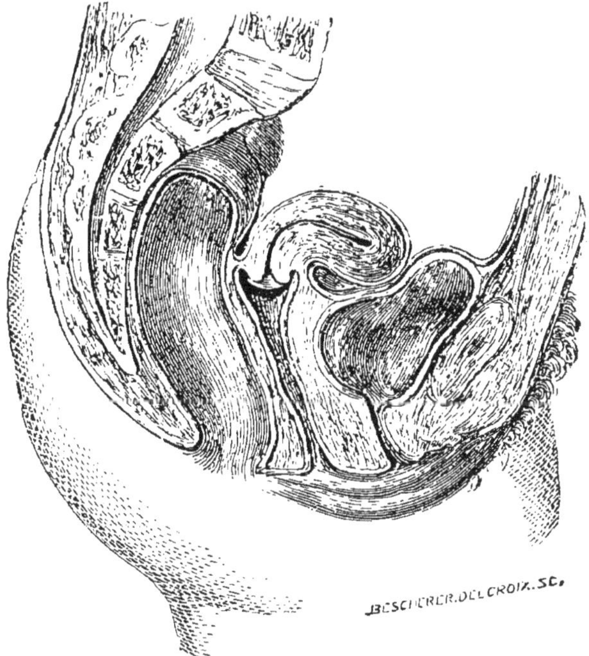

Fig. 195. — Antéflexion de l'utérus.

2° De la déviation. — Pessaires de Dumontpallier, de Hodge; ne pas employer les pessaires à tige intra-utérine. Massage utérin. Dilatation du col, contre la dysménorrhée.

III. Rétroversion. — *Symptômes.* — Corps appuyé sur le rectum; col en avant, derrière le pubis, contre le bas-fond vésical (fig. 196). L'utérus ne peut être remis en place lorsque des adhérences fixent le fond; très souvent annexite concomi-

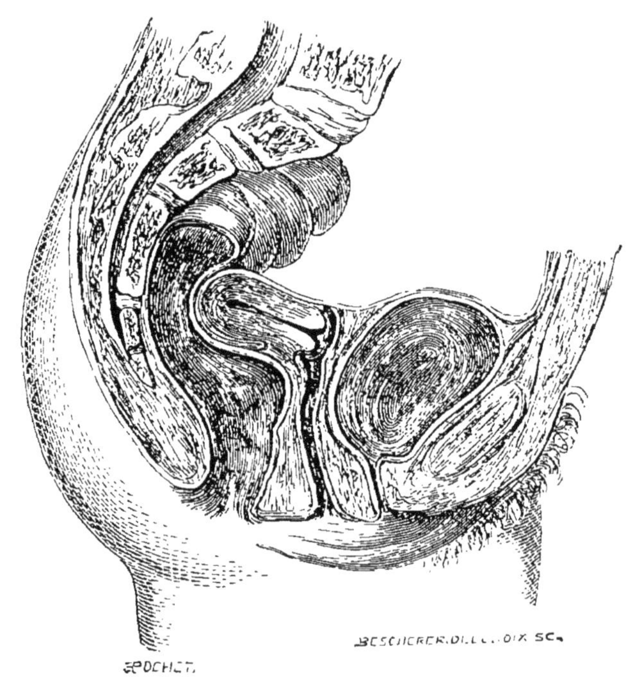

Fig. 196. — Rétroversion de l'utérus.

tante. Métrite, augmentation du volume du corps. Ténesme vésical et rectal; dysménorrhée, douleurs lombaires; stérilité.

Traitement. — Le même que pour la rétroflexion.

IV. Rétroflexion. — *Symptômes.* — Utérus plié en deux; col en position normale; corps tombé dans le cul-de-sac postérieur, contre le rectum, immobilisé ou non par des adhérences (fig. 197). Salpingite fréquente. Métrite; dysménorrhée; stérilité; douleurs lombaires; troubles douloureux et paralytiques dans les membres inférieurs; dyspepsie; constipation, ténesme.

Traitement. — 1° De la métrite, qui est souvent causale;

2° De la déviation. — Position génu-pectorale, prise par la malade plusieurs fois par jour (action incertaine).

Redressement bi-manuel. — Les doigts relèvent le fond par le cul-de-sac postérieur, tandis que l'autre main l'accroche à travers la paroi abdominale (fig. 198).

Réduction avec une sonde ou *avec le redresseur utérin de Trélat.* — Ramollir l'utérus avec des tiges de laminaire; le

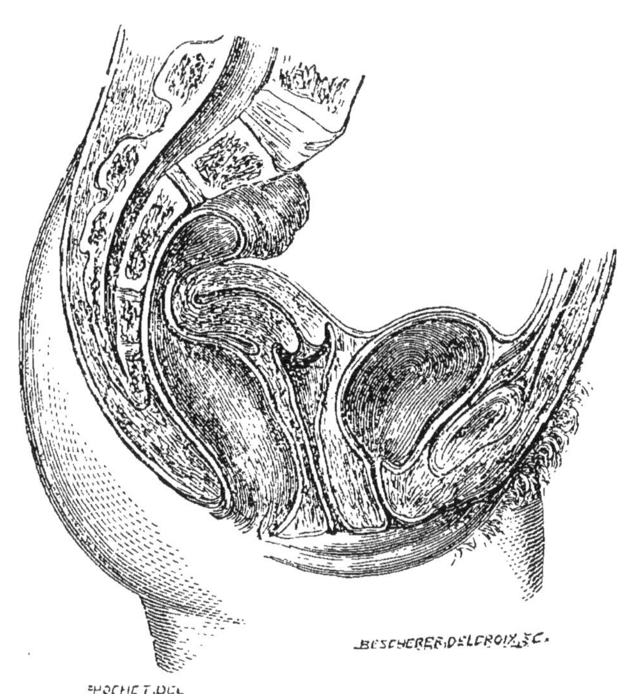

Fig. 197. — Rétroflexion de l'utérus.

curetter pour guérir la métrite; le redresser lentement, relever le fond, en plusieurs séances, lorsque des adhérences s'opposent à la réduction; introduire des tampons dans le cul-de-sac postérieur.

Emploi de pessaires : de *Dumontpallier*; de *Hodge*, qui est formé de deux courbures disposées en sens inverse; on le fait glisser de champ dans le vagin, on le retourne horizontalement, de sorte qu'il embrasse la face postérieure du col par sa courbure convexe en haut, et qu'il appuie sur le pubis par sa courbure concave en bas.

Hystéropexie abdominale. — Laparotomie sus-pubienne;

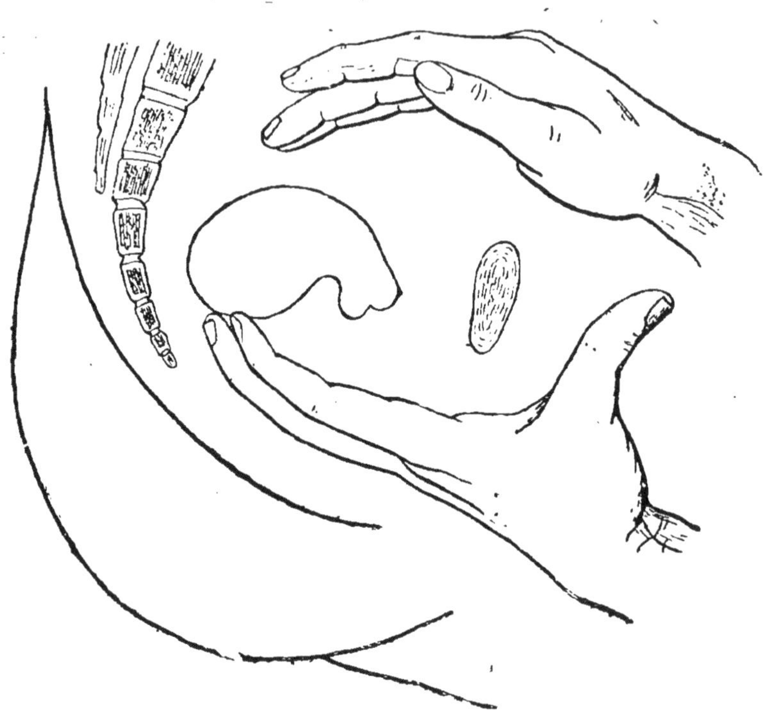

Fig. 198. — Réduction manuelle de la rétrodéviation mobile.
Procédé de Schultze; 1er temps.

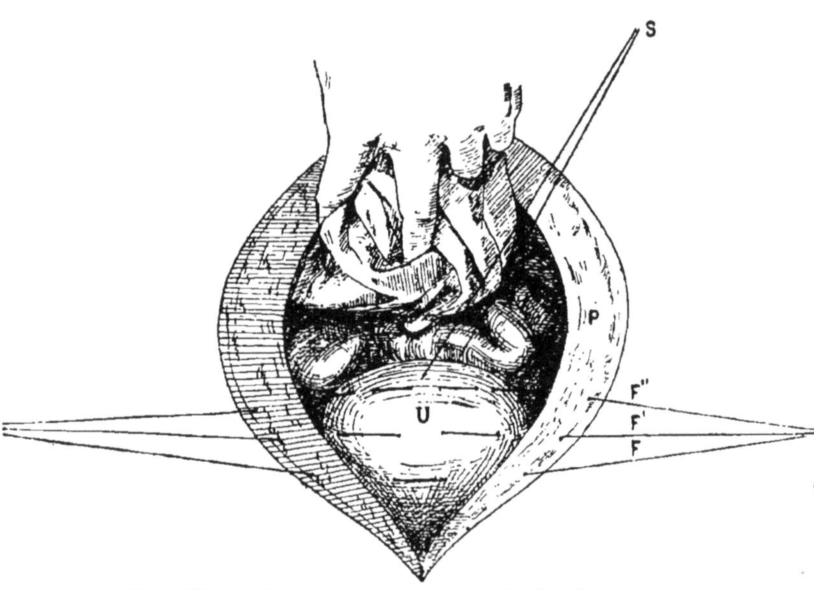

Fig. 199. — Hystéropexie, procédé de F. Terrier.

U, utérus ; F, F', F," fils fixateurs (anses avec points passés) ; S, fil de soie destiné à amener l'utérus en avant pendant l'opération et à le maintenir ; P, paroi abdominale (Dumont).

libérer l'utérus de ses adhérences; le fixer à la paroi par des fils de catgut qui traversent le corps utérin, ou mieux les ligaments ronds au voisinage de l'utérus; dans les grossesses ultérieures, l'ampliation de l'utérus sera plus aisée avec ce dernier procédé (fig. 199).

Hsytéropexie vaginale. — Inciser le cul-de-sac antérieur; refouler la vessie; atteindre et relever le corps utérin, le fixer à l'incision vaginale antérieure.

ABAISSEMENT, PROLAPSUS, CHUTE DE L'UTÉRUS

Symptômes. — 1° **Prolapsus aigu.** — Douleur violente,

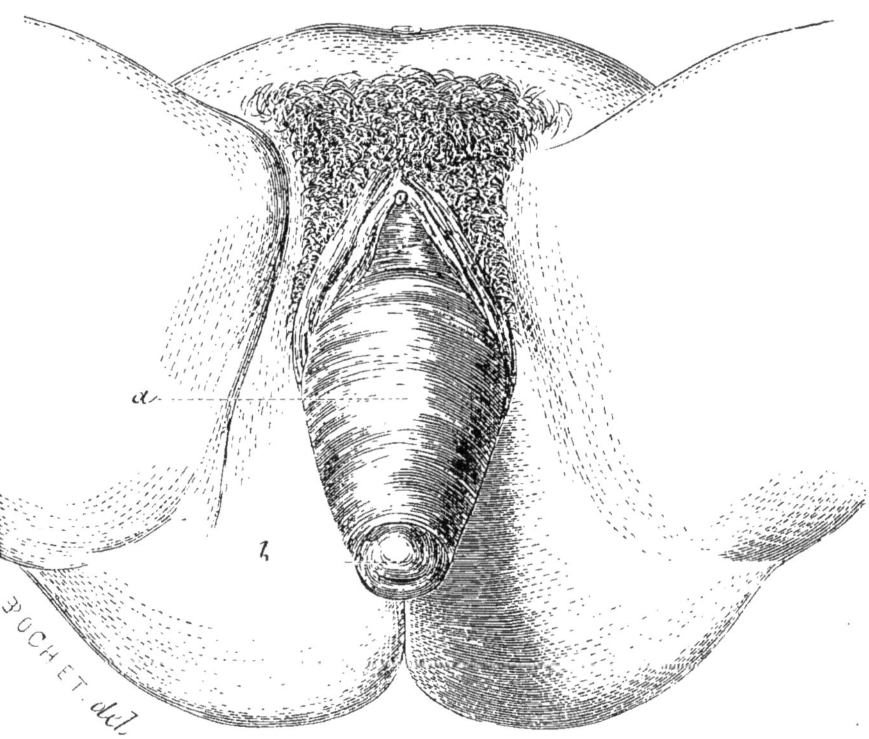

Fig. 200. — Prolapsus consécutif à une descente de matrice.

avec tendance à la syncope; on voit subitement l'utérus à la vulve (fig. 200).

2° **Prolpasus lent.** — Tiraillements pelviens et pesanteur,

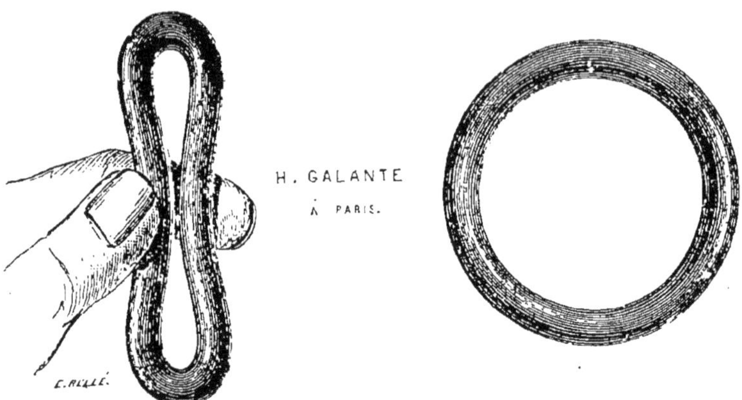

Fig. 201 et 202. — Pessaire-anneau de Meigs, modifié par Dumontpallier.

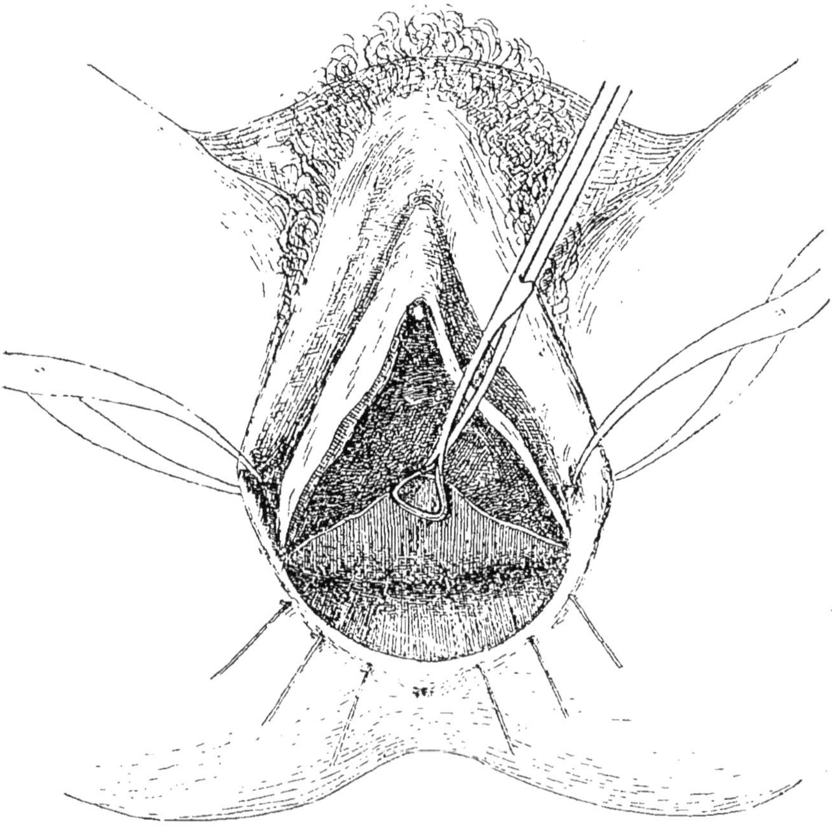

Fig. 203. — Colpopérinéoplastie par glissement; trajet des fils profonds (Doléris).

laminaire ; redresser l'utérus par des pessaires ou par une opération spéciale. Curettage.

S'il y a lésion tubo-ovarienne, tenter sa guérison.

MÉNOPAUSE

Traitement général. — Médication dérivatrice si un mouvement fluxionnaire se manifeste à une époque correspondant aux règles absentes ou insuffisantes.

Bains de siège, sinapismes, ventouses sèches ou scarifiées sur la région lombaire. Saignée dans les cas graves.

Purgatifs légers (calomel).

Opothérapie ovarienne : soit sous forme d'ovaire cru de brebis (10 à 20 gr. par jour), soit sous forme de liquide ovarique qu'on injecte sous la peau (extrait glycériné à 1 p. 5 dont on injecte 0,50 à 1 gr. par jour), soit sous forme de poudre d'ovaire desséchée, en cachets ou tablettes (0,20 à 0,40 centigrammes, par jour). Frictions sèches, hydrothérapie.

Traitement des complications. — *Bouffées de chaleur, crises de sueurs.*— Purgations, hydrothérapie, opothérapie ovarienne; en outre atropine, tanin, agaric, ergot.

Prurit généralisé. — Lavages à l'eau phéniquée faible additionnée de menthol, en outre :

Oxyde de zinc	0gr,30
Quinine	2gr,50
Extrait d'aloès	1 gramme
Suc de réglisse	Q. S.

F. S. A. 20 pilules; 3 par jour.

Métrorragies. — Ergotine, digitale, hamamélis, hydrastis. Combattre la coprostase ; s'il y a sclérose utérine, iodure de potassium ; s'il y a métrite fongueuse, curettage.

XXXIV. — MALADIES DU RACHIS

FRACTURES DE LA COLONNE VERTÉBRALE

Symptômes. — Faiblesse et douleur de la région fracturée ; saillie d'une apophyse ; écartement de deux apophyses (fig. 206) ; douleur à la pression. Symptômes nerveux, localisés au-dessous de la région fracturée, consistant en troubles gastriques, en troubles de la sensibilité, paralysies sphinctériennes, modifications des réflexes. Troubles trophiques ; ils varient avec le siège surtout et avec l'intensité de la lésion.

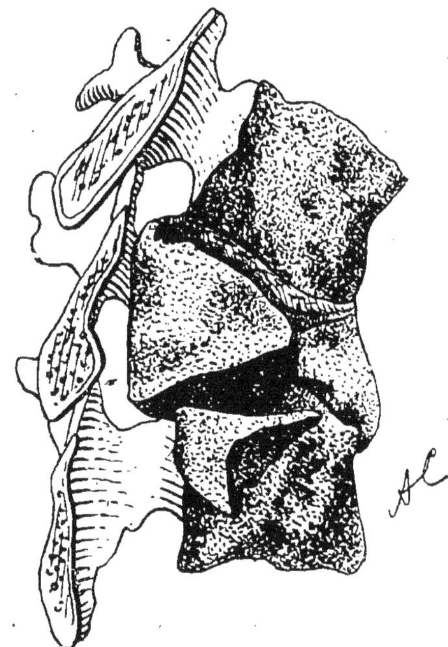

Fig. 206. — Fracture type de la colonne vertébrale. Pièce considérée à tort comme un cas de tassement.

Marche. — Le malade meurt en état de choc ; ou bien il survit quelques jours, mais meurt de myélite ascendante ou de complications pulmonaires ; il meurt après quelques semaines par infection résultant de ses escarres, de sa cystite, etc. : il peut survivre, rester infirme, bossu, impotent, incontinent.

Plus rarement il guérit, sans garder aucun trouble ni difformité de son accident.

Traitement. — Ne pas faire asseoir le blessé, mais le rouler sur un brancard et le porter allongé dans son lit, sans plier son dos. Immobiliser le malade dans la gouttière de Bonnet. S'il y a des troubles nerveux, il faut intervenir pour libérer la moelle ; **laminectomie**, qui la décomprime partiellement ;

on peut alors tenter de remettre les fragments en place, supprimer les éclats, abraser l'arête saillante inférieure, avec la gouge et le maillet ; inciser la dure-mère, si elle paraît tendue par un caillot. Immobiliser ensuite dans la gouttière. Soins de propreté extrêmes. Asepsie minutieuse des sondages vésicaux.

LUXATION DES VERTÈBRES CERVICALES

La seule luxation des vertèbres observée dans la pratique.

Symptômes. — 1° **Physiques.** — A la suite d'un traumatisme, d'une chute sur la tête, on observe une déformation du cou ; la tête est mobile transversalement, le malade ne peut la soutenir. Le toucher pharyngien permet aussi de sentir le déplacement du corps vertébral.

2° **Fonctionnels.** — Douleur locale vive ; accidents paralytiques, étendus à un seul membre, à une moitié du corps, aux quatre membres et au tronc moins le diaphragme. Mort possible par asphyxie, par accidents infectieux tardifs.

Traitement. — Réduire la luxation par tractions directes et modérées sur la tête (A. Richet). Immobiliser ensuite sur un lit dur ou dans un appareil plâtré. Cette conduite s'impose, surtout quand l'asphyxie est menaçante.

TUBERCULOSE VERTÉBRALE, MAL DE POTT

Symptômes. — **Début.** — La maladie débute en général par des douleurs, localisées à un point du rachis, en ceinture, irradiées dans les jambes ; par de la faiblesse du rachis ; par la rigidité du rachis.

Période d'état. — On peut observer trois symptômes : la gibbosité, les abcès migrateurs, la paralysie.

Gibbosité. — Elle manque parfois chez l'adulte ; elle est peu accentuée généralement au cou et aux lombes ; elle prend ses plus fortes proportions à la région dorsale moyenne et supérieure. Au début, c'est une saillie angulaire, médiane ; plus tard, une difformité en pain de sucre ; on peut observer plusieurs gibbosités sur le même sujet. Par le repos et la guérison, des courbures de compensation se font au-dessus et au-dessous de la gibbosité.

Abcès migrateurs (fig. 207). — Ils évoluent : au cou, vers les creux sus-claviculaires ; au dos, vers les espaces intercostaux et les gouttières vertébrales ; aux lombes, vers les fosses iliaques, en suivant le muscle psoas, et ils arrivent jusqu'à la cuisse, formant les abcès en bissac ; à la région sacrée, vers l'échancrure sciatique et la fesse. Ils sont indolores, évoluent lentement, ont tous les caractères des abcès froids. S'ils s'infectent et deviennent fistuleux, le pronostic du mal de Pott est aggravé, presque désespéré.

Paraplégie. — Elle débute par de la faiblesse des jambes, par de la parésie avec exagération des réflexes ; puis la paraplégie est complète. Elle dure un temps variable, persiste rarement et guérit le plus souvent par un traitement convenable.

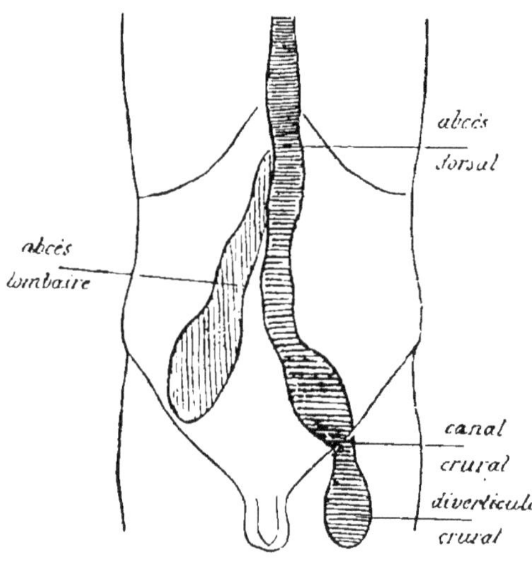

Fig. 207. — Trajet des abcès par congestion.

Traitement. — 1° **Gibbosité.** — **Au début et à la période d'état.** — Immobiliser le malade sur un lit dur, dans le décubitus horizontal prolongé pendant un à trois ans : on peut obtenir la guérison avec une gibbosité nulle ou minime.

Si la gibbosité est prononcée, elle cessera de s'accroître grâce à ce moyen.

Si le repos est irréalisable, confectionner un corset qui permettra à l'enfant d'aller et venir sans trop fatiguer le foyer vertébral tuberculeux.

Quand la gibbosité est en voie de guérison, remplacer le repos au lit par la déambulation avec corset.

Les corsets en plâtre sont les meilleurs ; ils doivent prendre point d'appui très haut au-dessus et au-dessous de la gibbosité. Lorsque le mal de Pott est cervical ou cervico-dorsal, il faut faire un corset-minerve ; pour le mal de Pott dorsal moyen ou dorso-lombaire, le corset remonte à la base du cou, recouvrant les épaules, et descend jusqu'au bassin, coiffant les crêtes iliaques. Dans le mal de Pott lombo-sacré, l'appareil

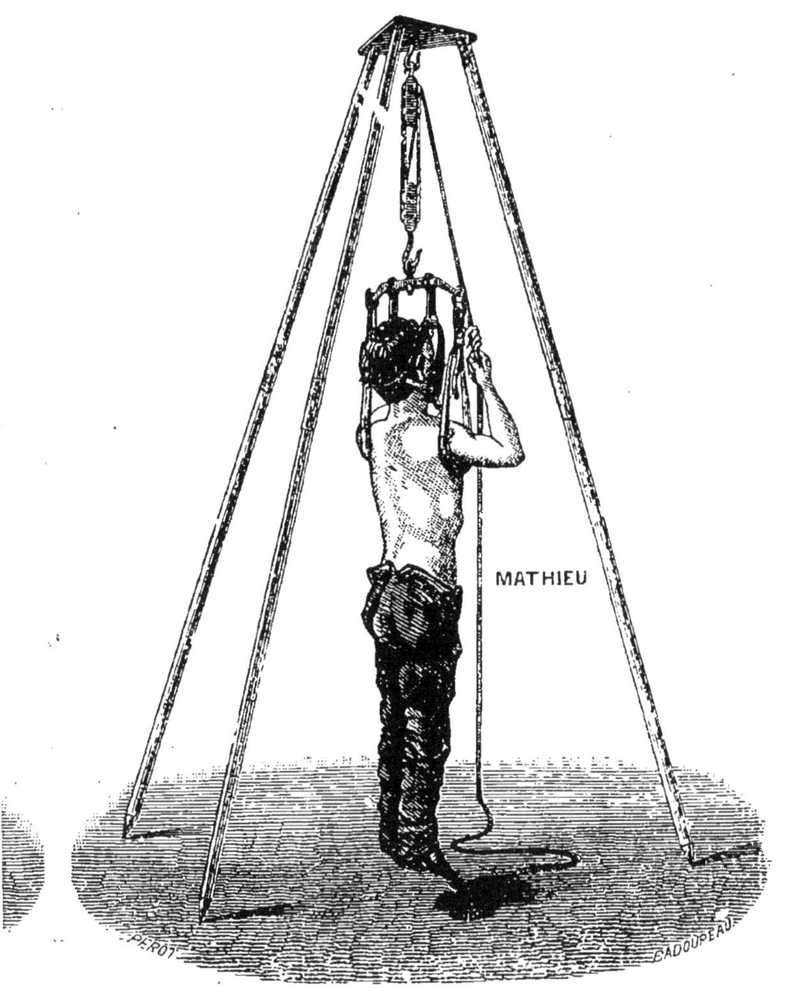

Fig. 208. — Trépied de Sayre pour application du corset plâtré.

remonte aux aisselles et sa partie inférieure entoure une des cuisses comme un appareil de coxalgie.

Le corset ordinaire est appliqué sur le sujet tenu en décubitus ventral, appuyé sur les épaules et les cuisses, le dos cambré (Ménard), tandis que le corset-minerve est appliqué sur le sujet suspendu par la tête seule. La suspension par les aisselles, à l'imitation de Sayre (fig. 208) est inutile et douloureuse.

Le redressement violent de la gibbosité n'a donné que des déboires et est aujourd'hui complètement abandonné.

Le traitement par les corsets doit être prolongé très longtemps.

2° **Abcès par congestion.** — Ne jamais les ouvrir au bistouri. Les traiter par la ponction et les injections modificatrices.

Lorsqu'ils sont devenus fistuleux, pansements antiseptiques soignés; le pronostic est de ce fait seul très considérablement aggravé. Il faut donc éviter avec soin la fistulisation des abcès par une ponction faite à **temps, aseptiquement** et **régulièrement.**

3° **Paralysie.** — Le malade doit être couché et souvent après quelques mois il recouvre l'usage de ses jambes.

Contre les cas rebelles, on a tenté d'aller libérer la moelle : laminectomie, costo-transversectomie (Ménard). L'emploi des cautères serait trop ridicule aujourd'hui pour qu'il soit nécessaire de le condamner.

Traitement général. — Comme pour toutes les affections tuberculeuses, le traitement général a une importance capitale. Immobilisé sur son lit ou dans son corset, le malade vivra au grand air, à la campagne, *au bord de la mer de préférence ;* alimentation généreuse. Bonne hygiène. Toniques. Reconstituants. Usage large de l'huile de foie de morue.

ARTHRITE SOUS-OCCIPITALE, MAL SOUS-OCCIPITAL

Symptômes. — Inclinaison latérale de la tête, rotation de la tête et du cou. Immobilisation dans cette attitude vicieuse. Déformation de la région sous-occipitale; disparition du creux sous-occipital; saillies osseuses appréciables, de l'axis en arrière, de l'atlas dans le pharynx.

Douleurs locales, sourdes, profondes, provoquées par la pression sous l'occiput, par les essais de mobilisation de la tête; abcès froids à la nuque, sur les côtés du cou, derrière le pharynx. Paralysies et troubles divers de la motilité. Parfois asphyxie brusque et mort rapide par luxation pathologique.

Diagnostic. — *Ne pas confondre* avec le torticolis.

Traitement. — 1° **Général.**

2° **Local.** — Immobilisation en bonne position pour le corset-minerve jusqu'à l'ankylose; traiter les abcès comme on l'a vu page 495.

TOUR DE REINS

Symptômes. — A la suite d'un mouvement brusque ou exagéré de la colonne vertébrale, douleur vive, provoquée par les mouvements, par la pression.

Traitement. — Repos au lit, frictions calmantes, cataplasmes chauds laudanisés, ventouses scarifiées.

LUMBAGO. RHUMATISMES

Symptômes. — Douleur dans les masses charnues de la région lombaire, surtout dans les mouvements qui les font contracter. Fièvre légère, embarras gastrique.

Traitement. — **A l'état aigu**. — Tisane sudorifique, fleurs de sureau, de bourrache, de tilleul; grands bains chauds; cataplasmes chauds, liniments calmants :

Baume tranquille	100 gr.	Vaseline...............	60 gr.
Chloroforme..........	20 —	Salicylate de méthyle ..	15 —
		Ichtyol	1 —

Ventouses simples ou scarifiées. — A l'intérieur, 2 à 4 grammes de salicylate de soude par jour.

A l'état chronique. — Frictions avec le baume Opodeldoch, l'essence de térébenthine, la pommade camphrée; frictions sèches, massage, teinture d'iode morphinée :

Teinture d'iode.	10 grammes.
Sulfate de morphine....	1 —

Bains sulfureux; douches sulfureuses; douches de vapeurs.

Eaux sulfureuses, Bagnères, Cauterets, Aix en Savoie, Eaux-Bonnes, Enghien.

Climat sec; flanelle, chaleur.

NÉVRALGIE LOMBO-ABDOMINALE

Symptômes. — Douleurs uni ou bilatérales, vives, irradiées vers la paroi abdominale, avec exacerbations momentanées; trois points très sensibles (Valleix) à la pression, en arrière, sur le côté, en avant.

Diagnostic. — **Ne pas confondre** avec les pesanteurs lombaires de cause utérine ou ovarienne.

Traitement. — Cataplasmes laudanisés très chauds; quart de lavement avec quinze à vingt gouttes de laudanum; 1 centigramme de morphine en injection hypodermique; collodion élastique additionné de morphine (1 gr. p. 30); frictions avec l'essence de térébenthine; à l'intérieur, 75 centigrammes à 1 gramme d'antipyrine, de quinine.

SCOLIOSE

Symptômes. — Cette affection apparaît principalement dans l'adolescence, chez les jeunes filles; elle coexiste souvent avec la chlorose (**scoliose essentielle des jeunes filles**). Il faut la distinguer de celle qui survient dans **l'enfance** (**scoliose rachitique**) et de celle qui est liée au **mal de Pott**.

1re Période. — Faiblesse spinale; fatigue rapide; courbature. Les enfants se tiennent voûtés; ils ne se tiennent droits qu'au moment où on leur reproche leur mauvaise tenue. L'épaule droite est saillante, le rachis commence à se dévier **à droite** dans la région dorsale (fig. 209).

2e Période. — Convexité à droite de la crête épineuse dorsale; courbure en sens inverse du rachis cervical et lombaire; l'omoplate droite est saillante; l'épine iliaque à droite s'élève.

3e Période. — A la déviation du rachis s'est ajoutée la rotation en arrière des côtes droites, qui forment **une bosse**; la moitié gauche du thorax fait saillie en avant; les poumons et le cœur sont à l'étroit dans le thorax déformé et rétréci; l'alimentation est languissante; fatigue rapide; gravité des accidents pulmonaires.

Diagnostic. — **Ne pas confondre** la scoliose essentielle des jeunes filles avec la **scoliose pleurétique,** la **scoliose**

sciatique, la **scoliose syringomyélique**, la **scoliose rachitique**, la **scoliose du mal de Pott.**

Traitement de la scoliose essentielle. — AU DÉBUT, obliger les enfants à se tenir droits, vie au grand air; alimentation tonique, viandes grillées, rôties; beurre frais, œufs; vin vieux, séjour à la campagne, bains de mer, bains sulfureux, bains salés; gymnastique rationnelle, développant les muscles des gouttières vertébrales, surtout ceux du côté droit; massage des mêmes muscles. Corsets à baleines, corsets plâtrés ou silicatés appliqués dans la suspension par la tête, position dans laquelle le poids du corps combat la contracture musculaire, détruit les courbures latérales du rachis.

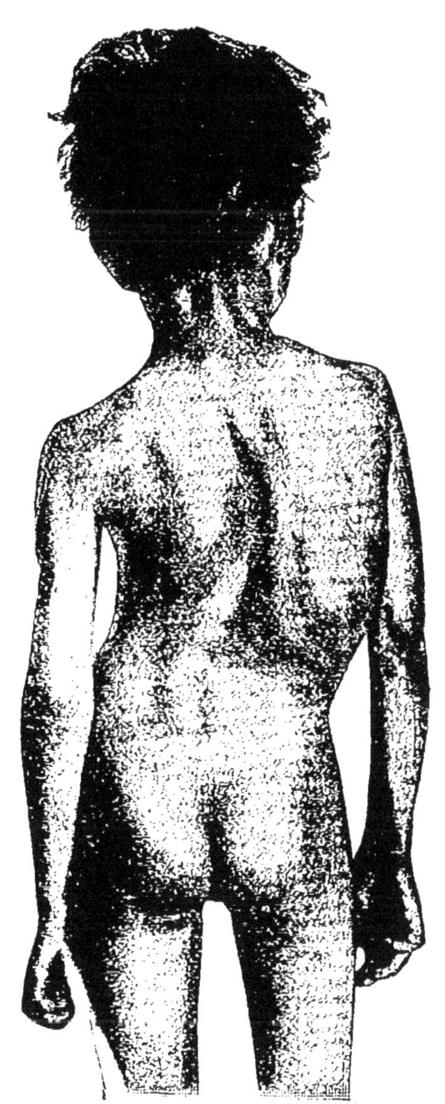

Fig. 209. — Scoliose.

Si la condition du malade le permet, repos prolongé au lit, sur un matelas horizontal et dur; le sujet se couchera tôt, se lèvera tard; éviter les fatigues, les longues marches, tous les efforts qui surchargent la colonne vertébrale. Ce traitement doit être prolongé très longtemps; malheureusement la déviation persiste ou s'accroît souvent malgré le traitement le mieux conduit.

Lorsque la rotation des vertèbres et des côtes complique

la déviation rachidienne, on mettra en œuvre le même traitement, en essayant surtout l'effet des corsets et des lits orthopédiques, sur les sujets âgés de moins de vingt ans. Après cet âge, les déviations restent acquises et le traitement ne peut rien contre elles.

SPINA BIFIDA, HYDRORACHIS

Symptômes. — Affection congénitale, consistant en une tumeur située sur la ligne épineuse, généralement aux lombes; arrondie, ovoïde, sessile ou pédiculée ; le pédicule est entouré par un cercle osseux à travers lequel la tumeur communique avec le canal rachidien; volume variable entre une noisette et une tête d'adulte; peau normale ou anémiée, ou translucide, la tumeur étant alors transparente; tumeur flasque dans le décubitus, dure dans la station verticale, pendant les efforts et les cris, pendant l'expiration. Tumeur partiellement ou totalement réductible.

Si l'hydrocéphalie coexiste, ce qui est fréquent, la compression du spina bifida distend les fontanelles et réciproquement. Souvent troubles paralytiques ou parésiques du membre inférieur. La poche peut se rompre, s'infecter et la mort survient par méningite cérébro-spinale.

Traitement. — Quelques malades voient leur spina bifida guérir spontanément ou rester stationnaire. C'est l'exception. Plus souvent il s'accroît progressivement.

1° **Traitement palliatif.** — Protéger la poche, lorsqu'elle est très petite ou lorsqu'elle menace de se rompre.

2° **Traitement curatif.** — **L'excision** est seule pratiquée, mais outre qu'elle est difficilement praticable lorsque la moelle s'étale sur les parois de la poche, l'hydrocéphalie suit souvent la guérison du spina bifida. On devra cependant la tenter car elle peut procurer une guérison durable.

XXXV. — MALADIES DU BASSIN

FRACTURES DU BASSIN

Symptômes. — Choc, pâleur, pouls petit, refroidissement des extrémités.

Douleur au niveau du pubis, irradiée dans le membre inférieur. Membre impotent, inerte, souvent en rotation externe.

S'il y a déplacement, on constate, ou bien l'élévation d'une moitié du bassin, avec le membre correspondant (double fracture verticale), ou bien l'enfoncement du pubis (fractures de l'arc antérieur).

Si le déplacement fait défaut, le palper, le toucher vaginal et rectal révèlent un point douloureux sur le pubis, sur le sacrum ou l'interligne sacro-iliaque. Douleur par pression bilatérale des ailes iliaques.

La rupture de l'urètre se traduit par la rétention d'urine, l'urétrorragie, la tumeur périnéale contenant du sang et de l'urine.

La rupture de la vessie s'accompagne de rétention d'urine, d'épanchement d'urine dans la cavité prévésicale, dans la cavité péritonéale; le cathétérisme ramène un peu d'urine sanglante. Infection diffuse, avec symptômes d'infiltration d'urine ou de péritonite, selon le lieu où l'urine s'est épanchée.

Traitement. — **Fracture sans déplacement.** — Immobilisation dans une gouttière de Bonnet.

Fracture avec déplacement. — *Lorsque le déplacement existe*, on doit, selon sa nature, exercer des tractions sur le membre inférieur (double fracture verticale) par les appareils à poids; réduire manuellement le fragment enfoncé (fracture du pubis); supprimer le fragment qui blesse l'urètre ou la vessie.

Si l'urètre est déchiré, incision périnéale et suture des deux bouts du conduit.

Si la vessie se vide dans le péritoine, laparotomie immédiate, suture de la vessie et drainage de la cavité péritonéale

Si elle se vide en dehors du péritoine, sondage à demeure d'abord; si des accidents infectieux surviennent, drainage permanent hypogastrique de la vessie et ouvrir la collection urineuse soit par l'abdomen, soit par le périnée.

OSTÉITES DU BASSIN

I. **Ostéomyélite aiguë.** — *Symptômes.* — Elle atteint surtout l'ilion, la crête iliaque, présente les mêmes phénomènes généraux que l'ostéomyélite du fémur et comme phénomènes locaux: l'empâtement, le développement d'un abcès qui s'ouvre, donne lieu à des fistules persistantes de l'aine, de la fesse, avec flexion de la cuisse. Quelquefois arthrite coxo-fémorale aiguë.

Traitement. — *A la période aiguë.* — Trépanation précoce de l'os, jusqu'à ce que le foyer intra-osseux soit ouvert.

A la période d'ostéomyélite chronique. — Incision et grattage des fistules; aller retirer les séquestres qui causent la suppuration prolongée.

II. **Ostéite tuberculeuse.** — *Symptômes.* — **Ostéite du sacrum.** — Evolution lente, sciatique fréquente, rebelle à tous les traitements; abcès froid, apparaissant et s'ouvrant à la fesse, à la cuisse, au périnée, au pourtour de l'anus, dans le rectum, dans la vessie, dans la fosse iliaque interne.

Ostéite de l'ilion. — L'abcès évolue vers la fesse ou vers la fosse iliaque interne.

Ostéite de l'ischion. — Elle peut simuler une coxalgie.

Traitement. — 1° **Général.** — Antituberculeux.

2° **Local.** — Ponction et injection modificatrice, dans les abcès froids.

A la période de fistulisation. — Tenter le curettage des os malades, si on peut les atteindre; le résultat de ces opérations est généralement mauvais, à cause de la nature spongieuse des os, grâce à laquelle le mal s'étend toujours.

SACRO-COXALGIE

Symptômes. — On l'observe surtout de vingt à trente ans, plus souvent chez l'homme, quelquefois chez la femme gravide (Panas).

Début insidieux : douleurs localisées à l'articulation, irradiées au membre inférieur ; provoquées par la pression sur l'interligne, grâce au toucher rectal ou à la pression directe, par la pression sur les deux ailes iliaques : les mouvements de la cuisse sont libres. Claudication. Allongement apparent du membre inférieur, dû à l'abaissement du bassin du côté malade. Abcès froid, à la face superficielle ou profonde du sacrum ; ouverture fréquente ; fièvre hectique.

Traitement. — 1° **Général.** — Antituberculeux.

2° **Local.** — Immobilisation prolongée, dans la gouttière de Bonnet. Traitement des abcès froids comme on a vu plus haut.

Si l'abcès est fistuleux. — Tenter le curettage et le drainage profonds. Les résultats sont peu encourageants.

PSOÏTIS

Symptômes. — **Début.** — Insidieux, s'il apparaît au cours d'une maladie infectieuse (infection puerpérale) ; brusque, s'il succède à un traumatisme.

Période d'état. — Douleur iliaque, provoquée par la pression, par les mouvements de la cuisse. Attitude de la cuisse en flexion et rotation externe. Tumeur iliaque, descendant dans la cuisse, occupant toute la gaine du psoas.

Symptômes généraux graves. — Fièvre intense, frissons irréguliers, vomissements, diarrhée ; quelquefois fièvre légère, lassitude.

Le pus s'ouvre à l'extérieur, aux lombes, à l'aine, ou bien fuse très loin de son origine ; l'ouverture dans l'intestin est grave ; péritonite par perforation ou par propagation ; embolie pulmonaire.

Traitement. — *Au début.* — Immobiliser le membre, narcotiques, repos au lit.

Le pus est collecté. — Il faut l'inciser sans retard, là où la collection est le plus superficielle : voie lombaire, voie iliaque, au-dessus de l'arcade de Fallope, en décollant le péritoine ; trépanation de l'os iliaque et drainage par la fesse. Drainage, lavages abondants.

Dès que la suppuration est tarie. — Mobiliser la cuisse, pour éviter les raideurs articulaires.

XXXVI. — MALADIES DU MEMBRE INFÉRIEUR

I. — HANCHE

CONTUSION DE LA HANCHE

Symptômes. — Elle s'observe à tous les âges. Elle succède au choc sur le trochanter. Gonflement de la région. Raccourcissement **apparent**, dû à l'ascension de l'épine iliaque ; il disparaît, quand on abaisse l'épine. Rotation externe, facile à corriger. Impotence fonctionnelle. Mouvements passifs douloureux, mais possibles.

Diagnostic. — Avec fracture du col, souvent difficile.

Traitement. — Immobiliser quelques jours ; mobilisation précoce; massage.

FRACTURES DU COL DU FÉMUR

1° **Fracture intra-capsulaire.** — *Symptômes.* — Impotence fonctionnelle complète : douleurs au creux inguinal par les essais de mobilisation.

Trait de fracture (fig. 210). Peu de gonflement, pas d'ecchymose. Rotation externe du membre (fig. 211), facile à corriger. Raccourcissement primitif, nul; secondaire, limité à 3 centimètres; il est corrigé en même temps que la rotation externe. Trochanter rapproché de l'épine iliaque. Crépitation exceptionnelle. Mobilité anormale difficile à contrôler.

Traitement. — **Vieillards.** — Mouvements provoqués précoces, marche prématurée et massage pour combattre l'hypostase et les raideurs articulaires Lucas-Championnière).

Adultes. — Réduction en bonne attitude et extension continue : ou bien arthrotomie et suture des fragments.

2° **Fracture extra-capsulaire.** — *Symptômes.* — Impotence fonctionnelle, moins nette quand il y a pénétration ; douleurs au niveau du trochanter. Forte ecchymose de la hanche.

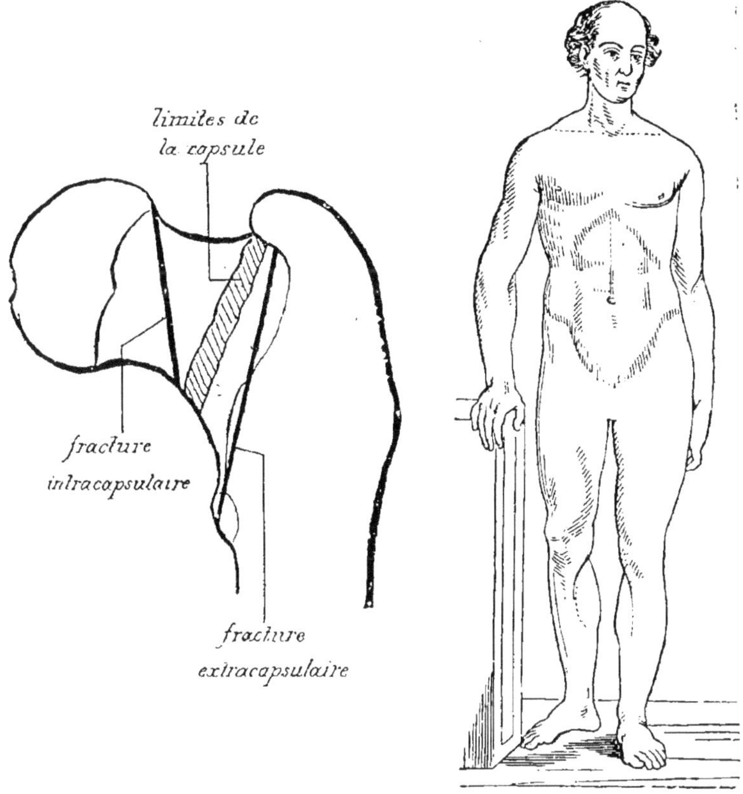

Fig. 210. — Traits de fracture du col du fémur.
Fig. 211. — Fracture du fémur. Rotation externe du pied.

Trait de fracture (fig. 210). Le raccourcissement est immé-

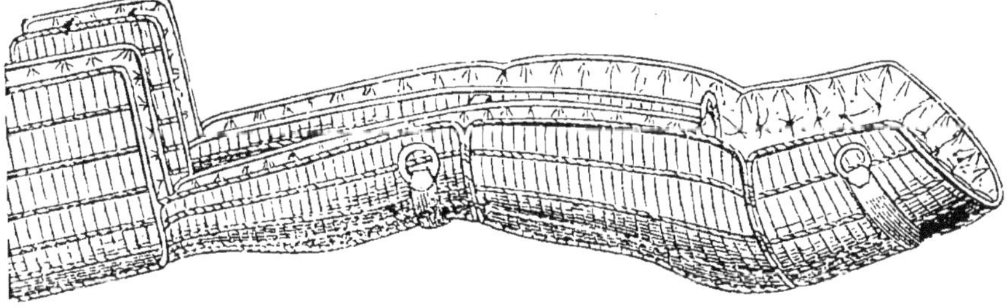

Fig. 212. — Gouttière double pour les fractures du fémur (Bonnot).

diat et définitif, varie de un à six centimètres ; il est incorrigible sans désengrènement des fragments. Rotation externe, incorrigible. Trochanter épaissi d'emblée; triangle de Scarpa bombé. Ni mobilité anormale, ni crépitation.

Traitement. — **Vieillards.** — Repos au lit d'un mois, mobilisation et massage.

Adultes. — Désengréner les fragments et immobiliser (fig. 212).

LUXATIONS DE LA HANCHE

Symptômes.

LUXATIONS EN ARRIÈRE

ILIAQUE	ISCHIATIQUE
Adduction, extension de la cuisse ou flexion légère.	Adduction, flexion considérable.
Rotation en dedans.	Rotation en dedans.
Saillie de la fesse.	Saillie de la fesse.
Trochanter porté en arrière, élevé au-dessus de la ligne de Nélaton.	Trochanter porté en arrière.
Pli fessier élevé.	Pli fessier abaissé.
Tête fémorale, sentie de la fosse iliaque externe.	Tête fémorale, sentie au-dessous et en arrière de l'ischion.
Raccourcissement du membre de plusieurs centimètres.	Raccourcissement de quelques millimètres.
Abduction et rotation externe impossibles.	Abduction, rotation interne impossibles.

LUXATIONS EN AVANT

PUBIENNE	OBTURATRICE
Abduction, extension, rotation externe.	Abduction, flexion forcée, rotation externe.
Aplatissement de la fesse.	Aplatissement de la fesse.
Dépression trochantérienne.	Dépression trochantérienne.
Pli fessier élevé.	Pli fessier abaissé.
Tête fémorale sentie dans l'aine, sous l'arcade crurale.	Tête fémorale sentie sur la face interne de la cuisse, près de l'ischion ou du pubis.
Raccourcissement faible.	Allongement ou pas de changement.
Adduction, rotation interne, flexion impossibles.	Adduction, rotation interne impossibles.

LUXATION EN BAS OU SOUS-COTYLOÏDIENNE	LUXATION EN HAUT OU SUS-COTYLOÏDIENNE
Cuisse fléchie, sans abduction ni adduction.	Extension, abduction ou adduction légères, rotation externe prononcée.
Fesse non déformée.	Fesse aplatie.
Dépression trochantérienne.	Dépression trochantérienne.
Pli fessier abaissé.	Pli fessier élevé.
Tête fémorale, sentie au niveau de l'ischion.	Tête fémorale, sentie au niveau de l'épine iliaque antéro-inférieure.
Allongement et mouvements communiqués impossibles.	Raccourcissement léger. Rotation interne impossible.

Traitement. — **Luxations récentes.** — Luxations en arrière. — Endormir le malade ; le coucher sur un lit bas et

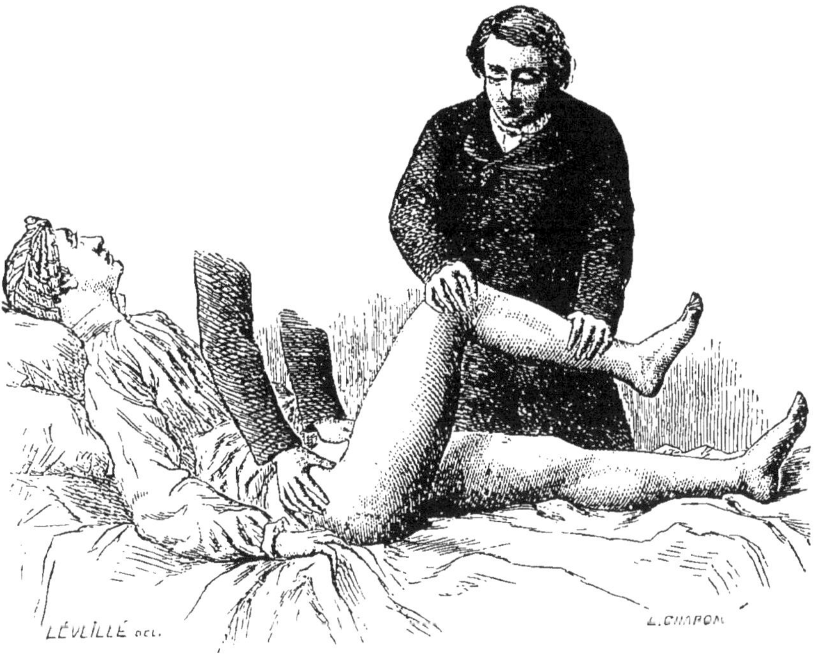

Fig. 213. — Luxation en arrière, réduction par le procédé de Desprès.

dur ; un aide presse sur la ceinture pelvienne osseuse ; le chirurgien saisit le jarret, fléchit la cuisse sur le tronc ; la porte en abduction et la soulève verticalement (fig. 213). La traction verticale se fera, dans les cas rebelles, par des poulies et à l'aide d'un lacs passant sous le jarret (fig. 214).

Luxations en avant. — Les manœuvres consistent en des efforts de flexion, adduction et traction verticale.

Luxation sus-cotyloïdienne. — A réduire comme une luxation en arrière.

Luxation sous-cotyloïdienne. — A réduire comme une luxation en avant.

Immobiliser 15 jours sans appareil. Puis massage et mobilisation.

Luxations récentes irréductibles. — Pratiquer l'arthro-

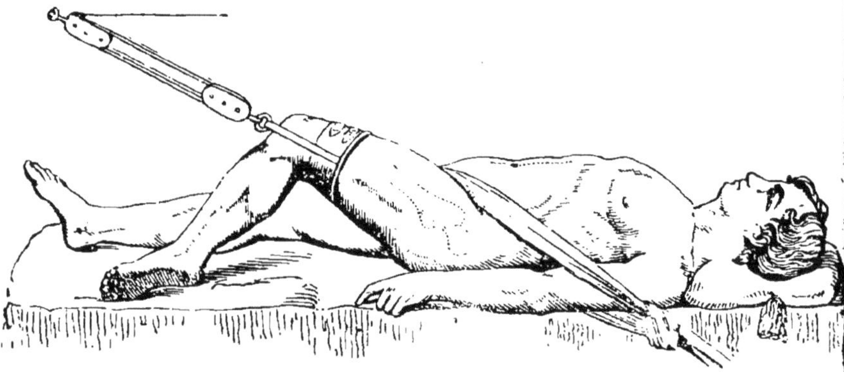

Fig. 214. — Luxation en arrière, réduction par le procédé de Cooper.

tomie et la réduction sanglante ; si la réduction est impossible, réséquer la tête fémorale.

Luxations anciennes. — Tenter les **méthodes de douceur,** comme ci-dessus.

En cas d'insuccès, **méthode de force** : traction sur le membre en flexion, avec mouvements préalables de circumduction, pour *balayer* le pourtour du cotyle. Ouverture de l'articulation et soit réduction, soit résection de la tête fémorale. Ostéotomie ou ostéoclasie, pour obvier aux déplacements vicieux du membre.

AFFECTIONS INFLAMMATOIRES

AFFECTIONS AIGUËS

Ostéomyélite aiguë de l'extrémité supérieure du fémur. — Voir *Ostéomyélite de l'extrémité inférieure.*

Arthrites aiguës de la hanche. — ***Symptômes.*** — Impotence fonctionnelle, douleur. Gonflement de la hanche. Cuisse en flexion et abduction légères.

Atteinte de l'état général.

Causes. — La cause peut être le rhumatisme, la blennorragie, une infection générale, etc.

AFFECTIONS CHRONIQUES

Ostéite tuberculeuse du trochanter. — ***Symptômes.*** — Douleur localisée au trochanter, spontanée et à la pression. Gonflement. Apparition d'un abcès froid, d'abord fermé,

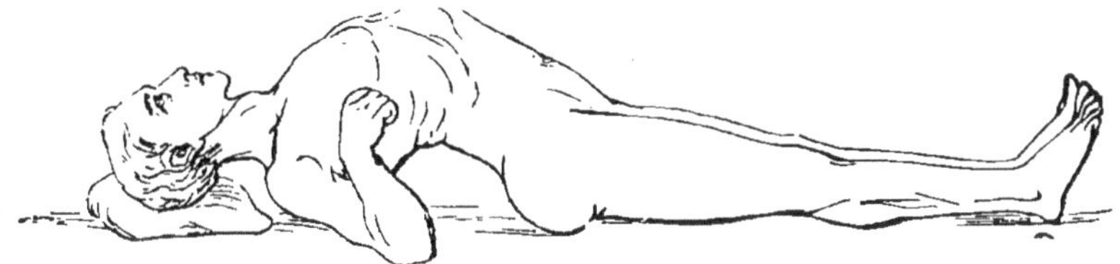

Fig. 215. — Flexion du fémur; ensellure lombaire, quand les membres sont ramenés au parallélisme, le sujet étendu sur un plan résistant (Barwell).

puis ouvert; la fistule mène sur l'os dénudé. Gêne de la marche.

Traitement. — Curettage de l'abcès et des fistules; évidement des lésions osseuses.

Arthrite tuberculeuse. Coxalgie. — ***Symptômes.*** — **1re Période.** — Douleurs spontanées et provoquées par la fatigue, surtout nocturnes, localisées à la hanche et au genou. Fatigue rapide. Claudication (*Signe du maquignon*). Atrophie musculaire rapide. Contracture musculaire et attitude en flexion légère, abduction et rotation externe avec **allongement apparent**, dû à l'abaissement de l'épine iliaque. Douleur provoquée par la pression sur le trochanter, sur la tête fémorale. Immobilisation de la jointure: le bassin suit les mouvements imprimés au fémur (fig. 215). Engorgement ganglionnaire. Généralement atteinte grave de la santé générale.

2e Période. — Apparition d'abcès froids, qui sont cruraux, fessiers ou pelviens. S'ils s'ouvrent, suppuration et fistules.

Atteinte plus grave de l'état général. Luxation de la tête à degré variable, en haut et en arrière. (Le trochanter atteint et dépasse la ligne de Nélaton, tendue de l'ischion à l'épine iliaque antéro-supérieure). Alors la cuisse est en flexion, adduction, rotation interne (fig. 216).

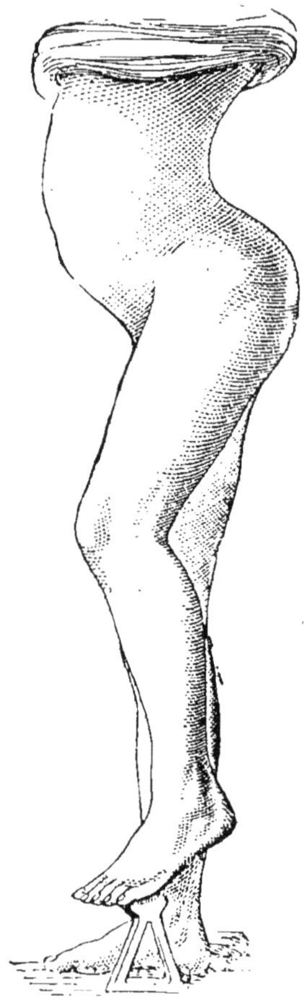

Fig. 216. — Flexion du fémur sur le bassin ; le sujet étant supposé debout, les deux membres inférieurs ramenés au parallélisme.

Diagnostic. — **Première période.** — Avec luxation congénitale, paralysie infantile, coxalgie hystérique, névralgie sciatique, péri-arthrite coxo-fémorale.

Deuxième période. — Avec affection tuberculeuse à point de départ fémoral, iliaque, vertébral, etc.

Traitement. — **Première période.** — Traitement général. — Bonne hygiène, vie au grand air, à la campagne ou au bord de la mer; suralimentation.

Traitement local. — Immobilisation et repos de la jointure qui est réalisable de deux façons : par le décubitus horizontal, dans le lit de Lannelongue avec extension continue (la gouttière de Bonnet est peu recommandable); par l'application d'un grand appareil plâtré, qui embrasse tout le tronc et tout le membre inférieur jusqu'au pied. Le membre a été préalablement mis dans la rectitude et dans l'extension (fig. 218). Ce traitement doit être prolongé longtemps jusqu'à guérison complète, laquelle réclame, sans complications, deux ou trois ans.

Deuxième période. — Traitement local. — Ponction des abcès froids avec l'appareil Potain ou Dieulafoy : injection d'éther iodoformé dans leur cavité.

Quand ils sont fistuleux, injecter dans les trajets l'éther-iodoformé, le thymol camphré.

Si la suppuration persiste, il faut s'attaquer aux os, curettages partiels, curettage complet, résection de la tête fémo-

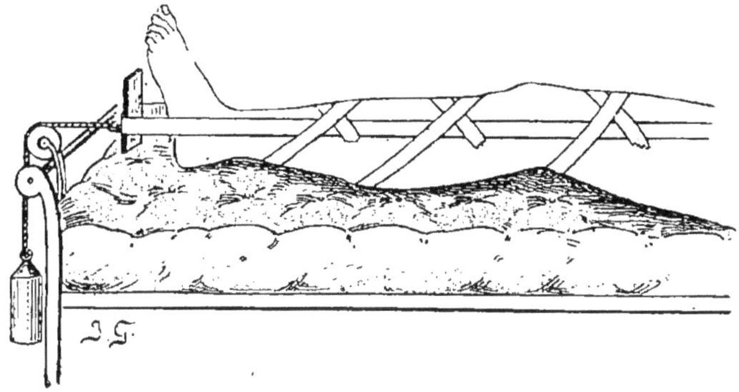

Fig. 217. — Disposition schématique des bandelettes de diachylon un bandage roulé concourt au maintien et à la solidité de la traction.

rale. Pendant toute cette période, l'immobilisation dans l'appareil est de rigueur.

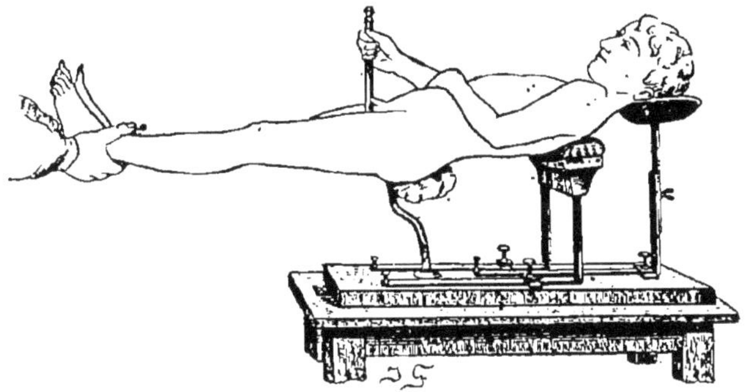

Fig. 218. — Pelvi-cervico-support sur lequel on place le sujet pour appliquer les bandages.

La déviation du membre persistant après guérison est combattue par l'ostéotomie sous-trochantérienne.

COXA VARA

Affection caractérisée par une inclinaison du col fémoral, telle que l'angle formé par le col et la diaphyse fémorale tend à se rapprocher de l'angle droit.

Coxa vara traumatique, consécutive à une fracture du col.

Coxa vara essentielle, de nature rachitique.

Symptômes. — Claudication assez analogue à celle de la coxalgie, mais sans phénomènes douloureux, sans limitation des mouvements, sans empâtement de la région coxo-fémorale; la jambe est le plus souvent en adduction et rotation externe.

Guérison spontanée quand la croissance est terminée.

Diagnostic. — Coxalgie, luxation congénitale de la hanche.

Traitement. — Celui du rachitisme ; en outre, repos avec extension continue entrecoupé de périodes de déambulation.

Le traitement chirurgical (ostéotomie cunéiforme du col, ostéotomie sous-trochantérienne) n'est pas à conseiller.

TUMEURS

Ostéo-sarcome de l'extrémité supérieure du fémur. — *Symptômes.* — Gêne de la marche. Douleurs irradiées dans tout le membre. Œdème malléolaire. Amaigrissement rapide. Déformation spéciale du membre, en gigot. On sent que le fémur, normal en bas, s'hypertrophie en haut. Crépitation parcheminée parfois. Battements et souffles vasculaires. Intégrité, longtemps conservée, des mouvements de la jointure. La radiographie révèle l'hypertrophie de l'os.

Traitement. — Traitement curatif. — Désarticulation de la hanche.

VICES DE DÉVELOPPEMENT

LUXATION CONGÉNITALE DE LA HANCHE

Variétés. — La luxation est uni ou bilatérale.

Luxation bilatérale. — *Symptômes.* — Surtout fréquente chez la jeune fille. Claudication très spéciale. Adduction très marquée des genoux. Ascension des trochanters au-dessus de la ligne de Nélaton. La tête est sensible dans la fosse iliaque. Les membres semblent trop courts par rapport au tronc. Ensellure lombaire très accusée. Mobilité extrême de l'articulation de la hanche, surtout dans l'adduction et la flexion (fig. 219 et 220).

Traitement. — **Réduction non sanglante.** — Mouvements de circumduction, qui balayent le pourtour du cotyle. La cuisse est fléchie à angle droit, tirée verticalement, portée en abduction pour faire rentrer la tête dans le cotyle. Immobilisation, dans un appareil plâtré, de la cuisse en abduction de 70° à 80°, en flexion de 70°, sans rotation. La cavité cotyloïde se modèle sur la tête.

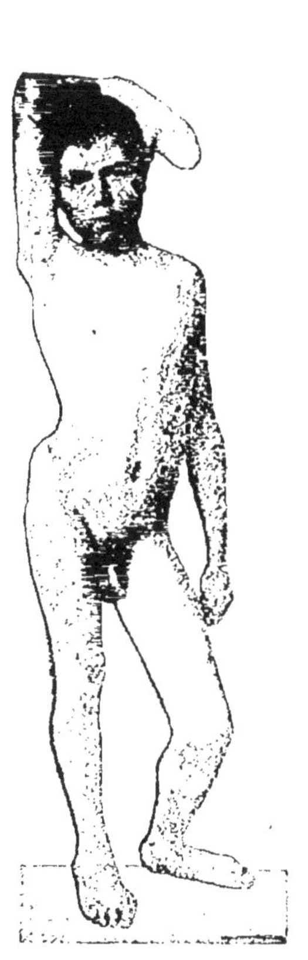

Fig. 219. — Luxation congénitale de la hanche.

Fig. 220. — Luxation congénitale de la hanche.

Deux à trois mois plus tard, on fait un nouveau plâtre immobilisant la cuisse dans la position suivante : flexion 15°, abduction 30°, rotation interne 60°.

Au bout de deux mois, massage et marche.

Réduction sanglante. — L'opération de Hoffa est exceptionnellement pratiquée; on sculpte au ciseau une nouvelle cavité cotyloïde.

MÉDECINE OPÉRATOIRE

RÉSECTION DE LA HANCHE

Incision rectiligne, allant du bord inférieur du trochanter à 8 centimètres au-dessus de son bord supérieur, passant sur le milieu de cette tubérosité. Fendre le grand fessier et en écarter les bords; porter en avant le moyen fessier, en arrière le pyramidal. Fendre longitudinalement la capsule et le périoste du col. Décoller à la rugine la lèvre antérieure capsulo-périostique et, avec elle, désinsérer les moyen et petit fessiers. Décoller la lèvre postérieure et aussi les muscles obturateurs, pyramidal, carré crural, tandis que l'aide porte la cuisse en extension. La tête se luxe, si on porte la cuisse en adduction, extension, rota-

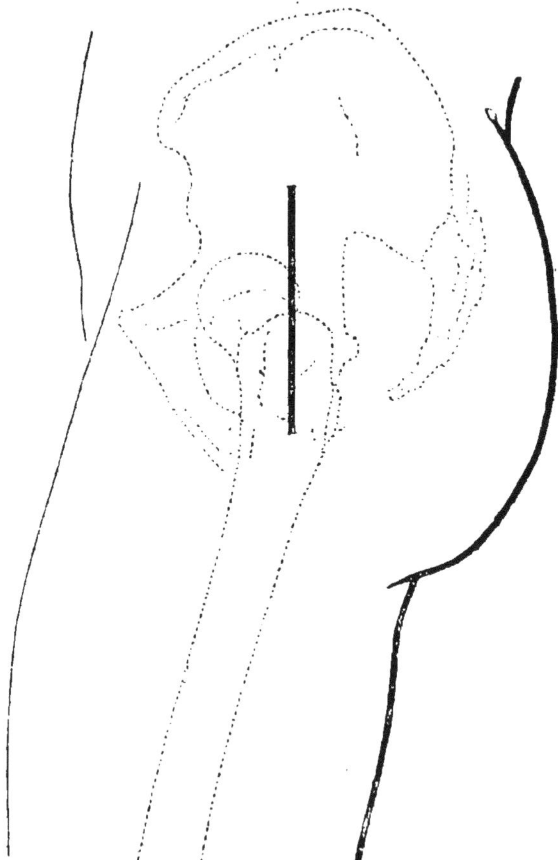

Fig. 221. — Résection de la hanche.

tion externe. Sectionner le col fémoral et extirper la tête que retient seulement le ligament rond. Attaquer la cavité cotyloïde avec la curette ou la rugine. Drainer et suturer.

DÉSARTICULATION DE LA HANCHE

Méthode a raquette antérieure (fig. 222). — Incision rectiligne, longue de quatre travers de doigt à partir du milieu du

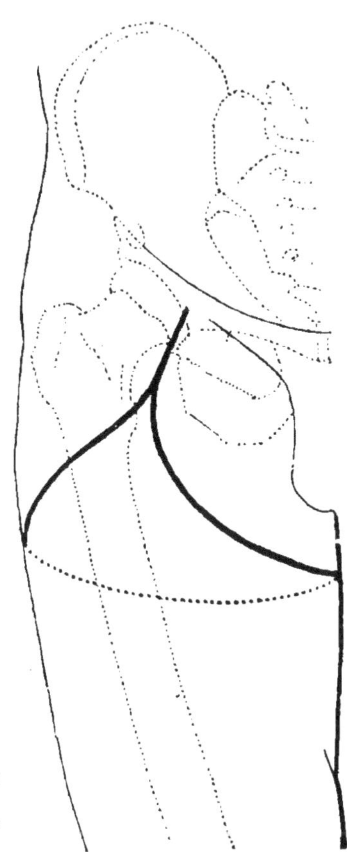

Fig. 222. — Désarticulation de la hanche, méthode à raquette antérieure.

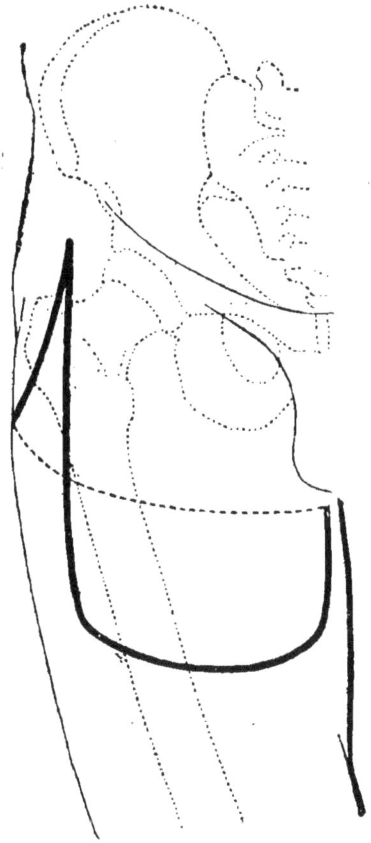

Fig. 223. — Désarticulation de la hanche, méthode à lambeau antérieur.

pli de l'aine. Lier les vaisseaux. Achever la raquette cutanée, qui passe, en dehors à trois travers de doigt sous le trochanter, en dedans à 10 centimètres sous le pli génito-crural. Couper successivement le couturier, le tenseur du fascia lata, le grand fessier, le droit antérieur, le psoas, fendre la capsule parallèlement au col. Couper la lèvre externe de la fente et désinsérer les muscles pelvi-trochantériens. Couper la lèvre interne. Faire luxer la tête par cette incision ; couper le ligament rond. Détacher au ras de l'os ce qui reste de la capsule. Couper les parties molles, en sortant au ras de la peau. Attirer et couper haut le sciatique. Drainer. Suturer.

Méthode a lambeau antérieur (fig. 223).

II. — RÉGION INGUINO-CRURALE

AFFECTIONS INFLAMMATOIRES

AFFECTIONS AIGUËS

Phlébite, phlegmatia alba dolens.

Symptômes. — Douleur spontanée le long des vaisseaux et des nerfs du membre inférieur, quelquefois à caractère névralgique. Œdème pâle, qui suit une marche variable : après l'accouchement, il procède de haut en bas ; au cours des plaies du pied ou de la jambe, il va de bas en haut. Peau tendue, blanche, lisse, conservant le **godet**. Bandes bleuâtres, le long du trajet des veines. La fémorale, la saphène forment un cordon dur, gros, sensible. Procéder à cet examen avec modération, pour éviter le détachement d'un thrombus. Fièvre variable. En dehors de la puerpéralité, rechercher la plaie qui a causé la phlébite. Il existe souvent de la lymphangite et de l'adénite inguinale concomitante.

Traitement de la phlébite chirurgicale. — Déterger, panser la plaie causale ; bains prolongés du pied, de la jambe ; pansement humide.

Si la phlébite est limitée à la saphène, à une tumeur variqueuse, l'extirper chirurgicalement.

Si la phlébite est généralisée, immobiliser tout le membre dans un enveloppement ouaté pendant 60 jours, recommander au malade une immobilité absolue, pour éviter le détachement d'un caillot et la production d'une embolie pulmonaire. S'abstenir de frictions calmantes.

Extrait thébaïque, à l'intérieur.

Adénite aiguë.

Symptômes. — 1° **Période d'engorgement.** — Une ou plusieurs tumeurs superficielles, mobiles, douloureuses spontanément et à la pression, sans modification de la couleur de la peau, séparées ou réunies en masse. Siège variable : **à la région crurale**, proviennent d'une plaie, d'une éraillure du pied ou de la jambe; **à la région inguinale interne**, des organes génitaux ou de l'anus : **à la région inguinale externe**, de la fesse et de l'anus,

2° **Période de suppuration.** — La tumeur devient fluctuante, la peau rougit et s'amincit, gêne pendant la marche, dans la position assise et accroupie.

3° **Période d'ouverture.** — Le pus sort par une ou plusieurs ouvertures ; pus de nature variable selon la cause.

Diagnostic. — **De l'adénite.** — Il est facile ;

De la cause. — Explorer le membre inférieur, plaies, durillons, lymphangite ; les organes génitaux (bubons), blennorragie, chancre mou, ulcération simple, herpès ; l'anus, fissures, chancres mous, etc.

Traitement. — Soigner d'abord la lésion causale. Prescrire le repos au lit, dès le début, raser l'aine ; compresses humides et chaudes, contre la douleur ; onguent mercuriel belladoné. Dès qu'il y a fluctuation, inciser au bistouri, lavages antiseptiques, toucher la plaie à la teinture d'iode, ou au crayon de nitrate d'argent. Pansements aseptiques.

AFFECTIONS CHRONIQUES

Adénites inguinales chroniques.

Adénopathie syphilitique. — *Symptômes.* — Ganglions nombreux, petits, très durs, étroitement groupés (pléiade ganglionnaire), autour d'un ganglion plus gros (*préfet de l'aine*), indolores. Accompagnent le chancre induré. Coexistent avec d'autres ganglions analogues, au cou, à la nuque, à l'aisselle et avec d'autres stigmates de syphilis. Ne suppurent pas, à moins d'infection secondaire.

Traitement. — Celui de la syphilis.

Adénopathie tuberculeuse. — Voir *Adénites du cou.*

Abcès froid. — *Symptômes.* — Tumeurs faisant une saillie variable sous la peau, indolores, fluctuantes ou rénitentes. Elles sont exceptionnellement d'origine ganglionnaire. Elles constituent le plus souvent des abcès migrateurs d'origine osseuse.

Abcès coxalgiques. — ***Symptômes.*** — Généralement peu volumineux, développés au voisinage des vaisseaux fémoraux, ou faisant saillie à la partie interne de la cuisse, remontant rarement dans la fosse iliaque par la gaine du psoas. Les signes de la coxalgie coexistent et aident au diagnostic.

Abcès pottiques. — Deux variétés :

1° *Abcès iliaques.* — Arrêtés au-dessus de l'arcade fémorale et développés au-dessus de l'aponévrose iliaque. Ils sont perçus assez facilement par la palpation profonde de la fosse iliaque, après relâchement des muscles de la paroi ;

2° *Abcès ilio-fémoraux.* — Ils ont suivi le psoas dans la cuisse ; ils sont en bissac avec un renflement iliaque et un renflement crural, séparés par un rétrécissement au-dessous de l'arcade. Fluctuation transmissible de l'un à l'autre ; tumeur crurale réductible dans la fosse iliaque.

Dans les deux cas, rechercher les signes de mal de Pott lombaire ou dorsal inférieur.

Traitement. — Il faut proscrire absolument l'ouverture au bistouri. Il faut vider l'abcès par ponction au trocart, afin qu'il ne s'infecte pas, et modifier sa paroi par l'injection, après évacuation, d'éther iodoformé. Ponction de l'abcès là où il est le plus facilement accessible ; évacuation de son contenu par pression simple ou à l'aide d'un aspirateur ; lavage de la cavité par un courant d'eau bouillie, injectée avec une seringue, afin de chasser les grumeaux tuberculeux ; injection de 15 à 25 grammes d'éther iodoformé ; attendre le dégagement des vapeurs et les évacuer ensuite, retirer le trocart ; occlure l'orifice avec du collodion.

Si l'abcès se reproduit. — Le reponctionner.

HERNIES INGUINALES SIMPLES

Variétés. — **Pointe de hernie.** — Tumeur perceptible seulement dans l'effort, petite, à l'orifice inguinal profond.

Bubonocèle. — Saillie légère à l'orifice inguinal superficiel, sonore, avec impulsion à la toux.

Hernie funiculo-scrotale. — N'arrivant pas au contact du testicule.

Hernie scrotale. — Elle est très volumineuse en général, ou, si elle est de faible volume, elle est congénitale.

Hernie chez la femme. — Plus rare que chez l'homme ; elle descend jusque dans la grande lèvre.

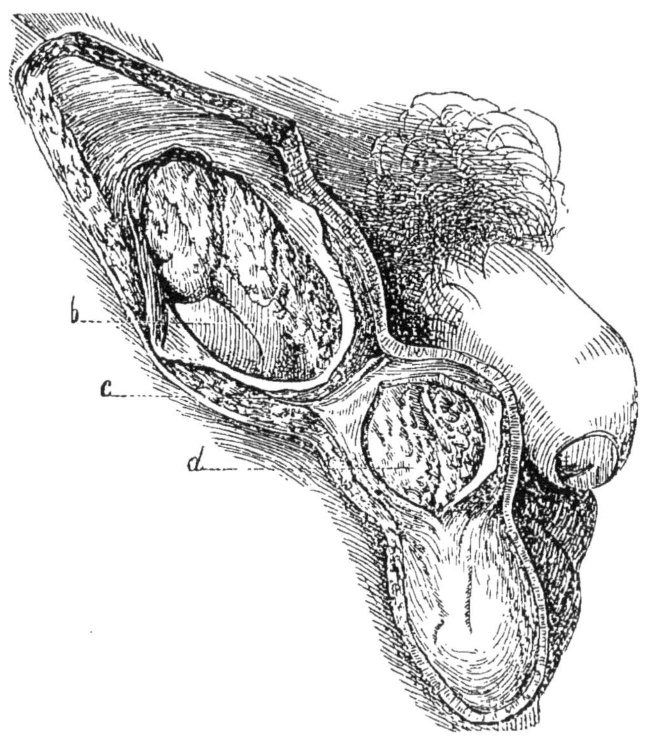

Fig. 224. — Hernie inguinale entéro-épiploïque à sac biloculaire (les deux loges sont ouvertes).

Le renflement *b* offre l'épiploon et une anse intestinale ; le renflement *d*, qui est l'inférieur, ne contient que de l'épiploon, c. indique le point de séparation des deux sacs superposés (d'après une pièce de Demeaux).

Nature du contenu. — **Entérocèle**, sonorité partout, tumeur élastique, réductible avec gargouillement ; **épiplocèle,** matité partout, tumeur pâteuse, irrégulière, réductible sans gargouillement, souvent irréductible en totalité ou en partie ; **entéro-épiplocèle**, mélange des deux, très fréquente.

Hernie de la vessie. — Tumeur fluctuante, réductible en provoquant le besoin d'uriner.

Hernie de l'ovaire, de l'appendice, etc. — Plus rares.

Symptômes. — S. Physiques. — Inspection. — Saillie de forme variable selon la grosseur de la tumeur : à peine appréciable dans la pointe de hernie, arrondie dans le bubonocèle, allongée dans la hernie funiculaire, pyriforme à pédicule supérieur dans la hernie scrotale (fig. 224). Téguments non modifiés, sauf le cas d'érythème dû au bandage. La tumeur est régulière ou bien bosselée, mamelonnée. Elle s'accroît en général par la station verticale, la toux, les efforts; elle diminue généralement dans le décubitus horizontal.

Palpation. — Indolence habituelle, sensation de mollesse due à l'intestin, de granulations dues à l'épiploon. Réductibilité avec gargouillements, soit totale, soit partielle. Le doigt s'engage à la suite de l'intestin dans l'anneau inguinal. La toux reproduit la hernie, de même l'effort. Impulsion par la toux, soit dans toute la tumeur, soit au niveau de son pédicule.

Le testicule affecte des rapports variables avec la tumeur.

Percussion. — Sonorité au niveau des portions d'intestin : matité partout ailleurs.

S. fonctionnels. — Sont quelquefois nuls. Tiraillement. Douleurs plus ou moins vives, au niveau de la hernie, dans les reins, dans l'estomac. Gêne et pesanteur dans le ventre. Troubles dyspeptiques et intestinaux divers. Gêne de la marche, quand la hernie est volumineuse.

Diagnostic. — **Ne pas confondre** avec hernie crurale, hydrocèle, adénite, varicocèle, testicule en ectopie.

Traitement. — **Indications.** — Maintenir la hernie réduite par un bandage suffisant, lorsque le sujet est trop jeune pour supporter une opération ou qu'on peut espérer une guérison spontanée; de même lorsqu'il est trop âgé, ou qu'il a dépassé l'âge moyen de la vie. La hernie est une infirmité dont il faut se débarrasser. Elle peut être une source de gros danger.

Réduction de la hernie. — Faire coucher le sujet horizontalement, les épaules relevées par un coussin, les cuisses écartées et légèrement fléchies. Saisir le collet de la hernie de la main gauche, entre le pouce d'une part, de l'index avec le médius d'autre part; le globe herniaire est saisi de la main droite. Celle-ci comprime la tumeur, l'exprime en quelque sorte pour en chasser les gaz. Il se produit un gargouillement avec rentrée brusque de la tumeur. En cas contraire, pousser le contenu de la hernie vers l'abdomen, en maintenant bien serré le pédicule de la hernie, pour que l'intestin le suive et ne s'étale pas sur l'aponévrose du grand oblique. La réduction est totale ou partielle.

Maintien de la hernie. — Par un bandage de volume, de forme, de force variables selon la nature de la hernie.

Cure radicale. — Proposer la **cure radicale** à tout hernieux adolescent ou adulte; à celui qui souffre de sa hernie; à celui qui est exposé aux fatigues, aux efforts répétés.

Manuel opératoire. — Purger le sujet la veille de l'opération; raser le pubis à sec : badigeonnage iodé.

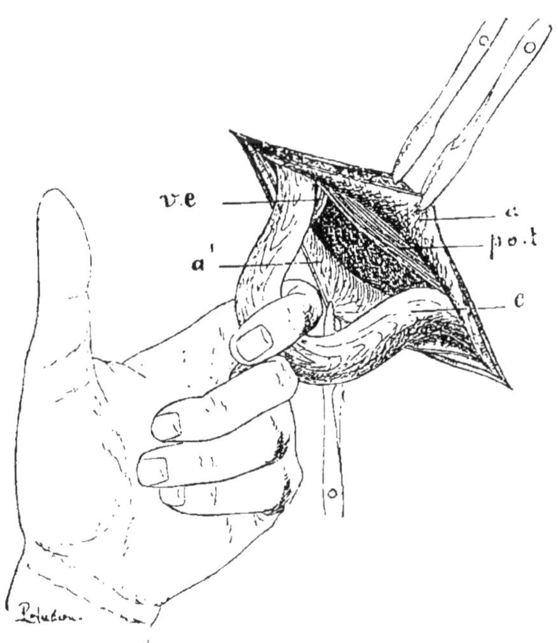

Fig. 225. — Hernie inguinale, d'après A. Broca.

Le cordon *c*, entouré du crémaster, est chargé sur l'index gauche et il est décollé jusqu'à ce que l'on voie dans la paroi postérieure du trajet les vaisseaux épigastriques. *ve*; *aa'*, aponévrose du grand oblique; *po. t*, bord inférieur des muscles petit oblique et transverse.

Au moment d'opérer, sommeil anesthésique, nouveau badigeonnage iodé.

1er *Temps.* — *Incision de la peau*, qui doit être haute, parallèle à l'arcade fémorale et au canal inguinal, descendant de quelques centimètres sur le scrotum. Section du tissu sous-cutané jusqu'à l'aponévrose du grand oblique, qu'on met à nu.

2e *Temps.* — *Ouverture du trajet inguinal*, par incision longitudinale de l'aponévrose du grand oblique, qu'on repère avec deux pinces.

3e *Temps.* — *Dissection du sac* (fig. 225) : le reconnaître à son aspect nacré spécial ; le séparer des éléments du cordon, artères, veines, canal déférent, celui-ci reconnaissable par sa consistance spéciale ; poursuivre cette dissection très haut, jusqu'à l'orifice inguinal profond.

4e *Temps.* — *Ouverture du sac.* — Refouler l'intestin dans le ventre ; réséquer le plus possible d'épiploon, après ligature par points séparés ou par points enchaînés.

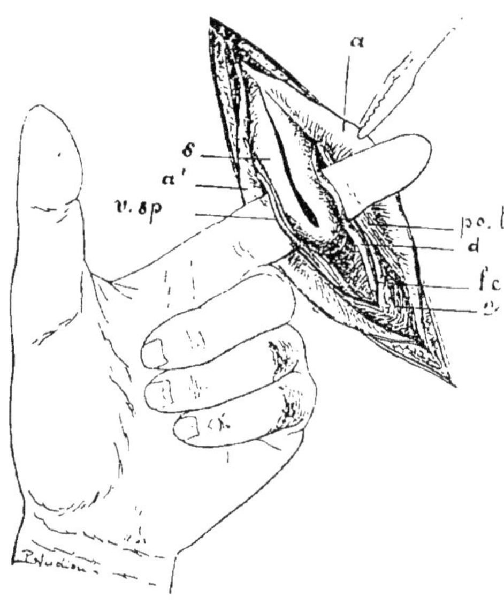

Fig. 226. — Hernie inguinale, d'après A. Broca.

Le crémaster, et, sous lui, la tunique fibreuse commune ont été incisés largement *s*, sac fendu d'un coup de pointe, mais non jusqu'au fond ; *vsp*, vaisseaux spermatiques ; *d*, canal déférent ; *aa*, aponévrose du grand oblique ; *c*, crémaster fendu *fc*, fibreuse commune, également incisée ; *po. t*, bord inférieur des muscles petit oblique et transverse.

5e *Temps.* — *Ligature du sac herniaire* le plus haut possible, par un fil de catgut n° 2, plutôt que par un fil de soie ; couper le sac au-dessous de la ligature ; le moignon disparaît dans le ventre (fig. 227).

6e *Temps.* — *Réfection de la paroi* (fig. 228 et 229). — *Paroi postérieure* : repérer avec des pinces le tendon conjoint et le bord profond de l'arcade crurale (Bassini) ; les réunir par deux ou trois fils de catgut. *Paroi antérieure* : suture de la paroi antérieure suffit dans les hernies congénitales ; le plan profond sera suturé avec soin, dans les hernies dues à une faiblesse considérable des parois. Il faut préférer le catgut à la soie, car il expose moins à la suppuration et aux fistules interminables.

7e *temps.* — *Suture de la peau* sans drainage. Pansement aseptique.

Les malades se lèvent le 15e jour et n'ont plus à porter de bandage.

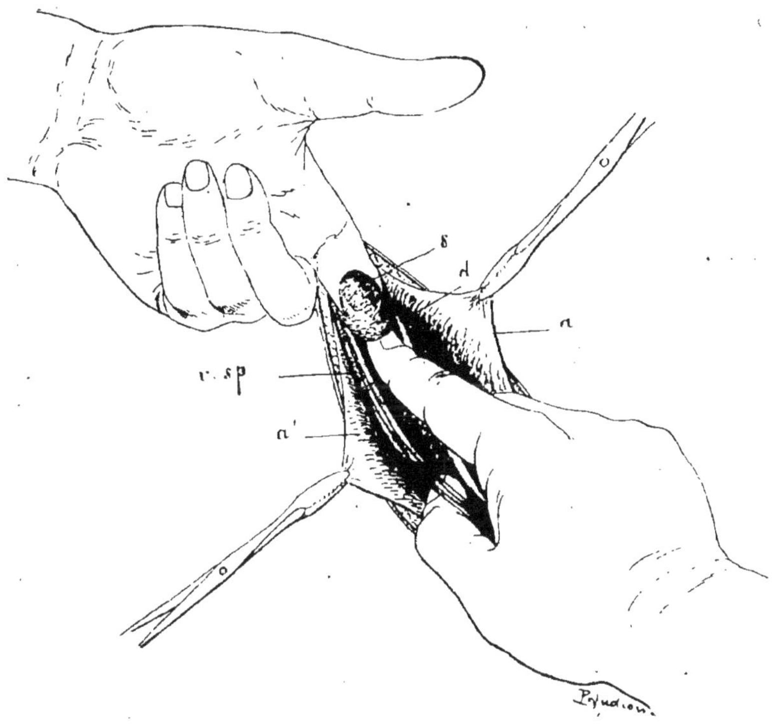

Fig. 227. — Hernie inguinale, d'après A. Broca.

L'index gauche a été introduit dans le sac *s*, dont le fond respecté coiffe la phalangette. Une légère flexion de cette phalangette amorce le décollement du sac. L'index droit est poussé entre le sac et les éléments du cordon, ces derniers étant saisis entre le pouce et le médius de la même main. *vsp*, vaisseaux spermatiques ; *d*, canal déférent ; *aa'*, aponévrose du grand oblique.

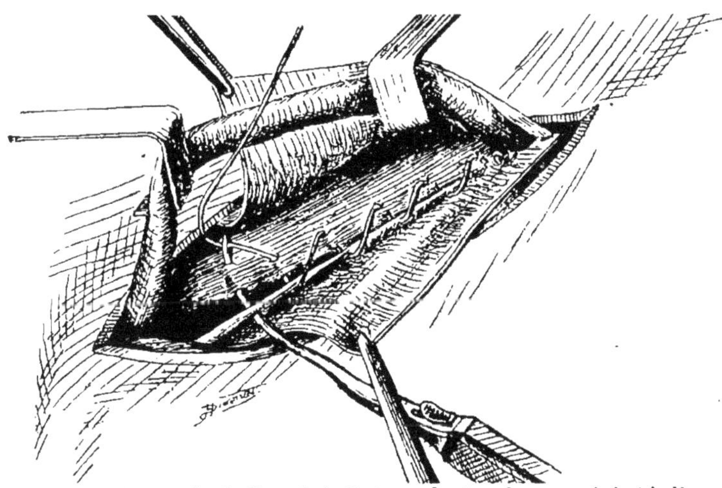

Fig. 228. — Procédé de Bassini. Suture du tendon conjoint à l'arcade de Fallope (le cordon est récliné en haut ; les deux lèvres du grand oblique sont écartées).

HERNIES CRURALES SIMPLES

Symptômes. — 1° **Symptômes physiques.** — Inspection. — Cette variété de hernie est surtout fréquente chez la femme. Tumeur de volume variable, généralement faible, arrondie, située au niveau de la région crurale (fig. 230), empiétant quelquefois sur l'arcade de Fallope; la peau est normale ou irritée par les bandages.

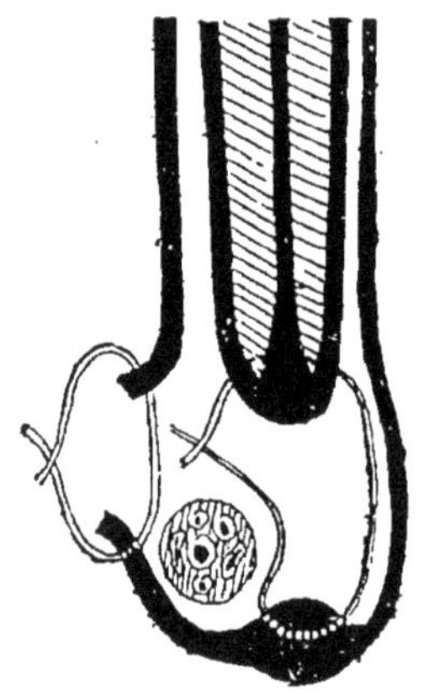

Fig. 229. — Procédé de Bassini. Coupe sagittale. Reconstitution du canal inguinal. Le cordon est compris entre le grand oblique et la paroi postérieure du canal, réunie à l'arcade de Fallope.

Palpation. — Sensation élastique, en cas d'entérocèle; granuleuse, en cas d'épiplocèle. Impulsion à la toux. Réductibilité avec gargouillement ou irréductibilité. Dans le premier cas, on peut engager le doigt, à la suite de la hernie, dans l'anneau crural.

Percussion. — Matité ou sonorité de la tumeur, selon le contenu.

2° **Symptômes fonctionnels.** — Douleurs locales, tiraillements, troubles gastro-intestinaux.

Diagnostic. — **Ne pas confondre** la hernie crurale réductible avec un abcès froid, avec la dilatation ampullaire de la saphène; la hernie crurale irréductible avec des ganglions.

Ne pas confondre la hernie crurale avec la hernie inguinale; la première est en plus grande partie située au-dessous de la ligne ilio-pubienne; son pédicule se dirige directement en arrière et en bas; après réduction, le doigt s'engage dans le canal crural, non dans le canal inguinal, et il sent en dehors battre l'artère fémorale (Malgaigne).

Traitement. — Il est palliatif (contention par un bandage) (fig. 231) ou curatif (cure radicale).

Réduction. — Rien de particulier.

Cure radicale. — Manuel opératoire. — Il ressemble beaucoup au procédé dirigé contre la hernie inguinale. L'incision cutanée sera verticale et faite sur la partie la plus saillante de la tumeur, dissociation du tissu cellulaire sous-cutané et

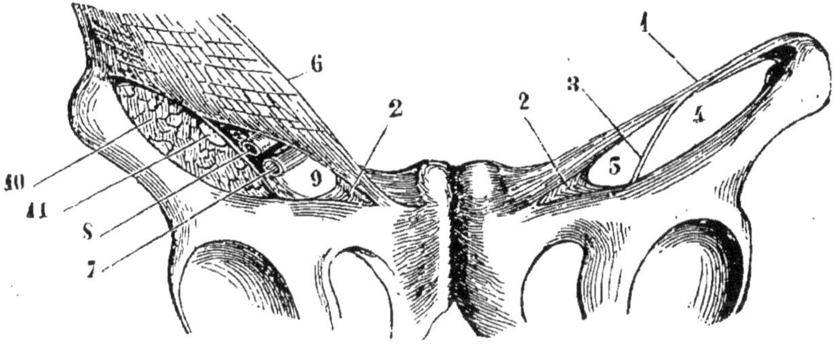

Fig. 230. — Canal crural.

1, arcade crurale; 2, ligament de Gimbernat; 3, fascia iliaca; 4, canal iliaque; 5, ouverture pour le passage des vaisseaux fémoraux; 6, aponévrose du grand oblique; 7, veine crurale; 8, artère crurale 9, anneau curral; 10, psoas; 11, nerf crural.

du fascia cribriformis. Mise à nu du sac herniaire et dissection, en séparant le corps et le collet des tissus voisins; redoubler de prudence en dehors où est la veine fémorale. Ouverture du sac; réduction de l'intestin; résection la plus étendue possible d'épiploon. Ligature du sac au catgut, le plus haut possible et ablation du sac. La réfection de la paroi s'obtient par des procédés nombreux, dont le plus simple consiste à rapprocher par quelques fils de catgut l'arcade fémorale et l'aponévrose du pectiné. Suture de la peau.

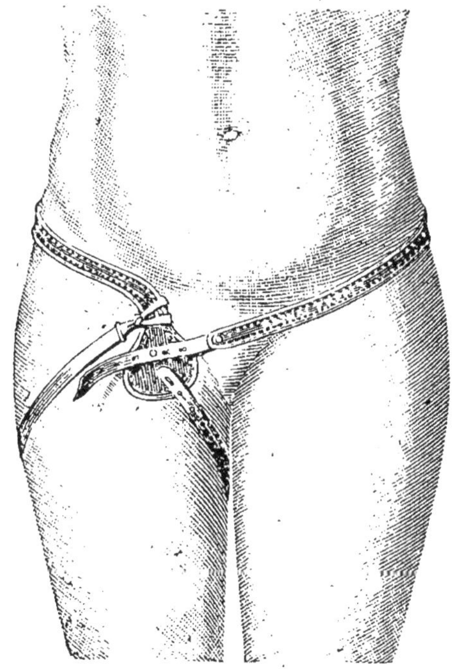

Fig. 231. — Bandage français pour hernie crurale.

Indications. — Elles sont les mêmes que dans la hernie inguinale.

ÉTRANGLEMENT HERNIAIRE

L'étranglement se rapporte à toutes les espèces de hernies : inguinale, crurale, ombilicale et aux variétés plus rares, lombaire, obturatrice, etc.

Symptômes. — **1° Symptômes physiques.** — A. Du côté de la hernie. — *Irréductibilité brusque*, signe valable surtout dans le cas de hernie habituellement réductible :

Ou bien *irréductibilité d'emblée*, la hernie apparaissant pour la première fois;

Consistance plus dure que normalement :

Matité, remplaçant la sonorité préalablement notée ;

Augmentation de volume ;

Sensibilité à la palpation, surtout au niveau du collet.

B. Du côté du ventre. — Rétraction d'abord; plus tard ballonnement. Sensibilité au voisinage de la hernie.

2° Symptômes fonctionnels. — *Douleurs*, surtout vives au début (*coliques de miserere*), ayant le caractère de coliques, irradiées à partir de la hernie.

Arrêt absolu des matières et des gaz : pendant quelques heures le sujet cependant peut vider le bout inférieur du tube digestif.

Vomissements, d'abord alimentaires, puis bilieux, puis fécaloïdes.

Hoquet à la fin, de pronostic grave.

3° Symptômes généraux. — *Température* normale ou abaissée.

Pouls abdominal, fréquent, dépressible.

Respiration superficielle et précipitée.

Sécrétion urinaire nulle.

Intelligence conservée, quelquefois délire.

Marche. — *Guérison* possible par réduction spontanée, (exceptionnel), par formation d'un anus contre nature.

La mort est la règle, par évolution progressive des accidents, cyanose, refroidissement, algidité du sujet.

Diagnostic. — **Ne pas confondre** avec occlusion intestinale et péritonite infectieuse surtout.

Traitement. — **Indications.** — Si l'on est appelé dans les premières heures, tenter la réduction de la hernie par le *taxis*. En dehors de ce cas, pratiquer toujours le débridement de l'anse étranglée, la *kélotomie*, qui donne le maximum de garanties.

Taxis. — Manuel opératoire. — Préparer le malade, pour lui faire la kélotomie, en cas d'insuccès du taxis. La tentative de taxis doit être faite *sous le chloroforme* pour annuler la contracture musculaire; elle doit être prolongée quelques minutes seulement, rarement plus de 5, jamais plus de 10 minutes; elle doit être unique ; elle doit être douce et on doit absolument proscrire les manœuvres du taxis forcé. La réduction se fait comme nous l'avons vu plus haut.

En cas de succès, la tumeur disparaît et le doigt peut s'engager dans le trajet herniaire.

Accidents du taxis. — Ils sont nombreux : *contusion de l'anse étranglée*, lorsqu'il est trop prolongé, trop brutal.

Déchirure de l'anse étranglée, avec réduction et développement d'une péritonite généralisée, — sans réduction et avec production d'un abcès stercoral.

Persistance des symptômes d'étranglement, qui relèvent de la *paralysie intestinale*, de la *réduction en masse* de l'anse qui a entraîné avec elle le collet du sac, de la *fausse réduction* dans un sac propéritonéal.

Quand ces accidents surviennent, il faut pratiquer la kélotomie sans retard.

Kélotomie. — Manuel opératoire. — *Incision cutanée* sur le milieu de la tumeur.

Dénudation du sac. *Ouverture* du sac faite avec prudence. Il s'écoule un liquide coloré en noir, odorant, lorsqu'on est dans sa cavité. L'intestin apparaît très tendu. Lavage avec de l'eau bouillie très chaude.

Libérer l'anse étranglée avec un bistouri ordinaire ou avec un bistouri boutonné de Cooper. Ici les règles varient : *hernie inguinale*, débrider directement en haut le collet du sac et, si c'est insuffisant, l'anneau inguinal ; *hernie crurale*, débrider soit directement en haut, mais avec prudence, soit de préférence en bas et en dedans, sur le ligament de Gimbernat; *hernie ombilicale*, débrider directement en haut.

Attirer l'anse et examiner son état, surtout au niveau du sillon d'étranglement. L'arroser d'eau très chaude; si elle rougit uniformément, il n'y a pas à craindre le sphacèle.

La palper, pour sentir les points amincis qui menacent de se perforer.

La conduite à tenir est variable : *Anse saine*, la rentrer dans le ventre.

Un point de sphacèle limité, l'enfouir par un étage de points de Lembert et rentrer l'anse en drainant par l'orifice herniaire.

Surface notable de vitalité douteuse, fixer l'anse au dehors, après avoir débridé largement ; après quelques heures, si elle a rougi, on la rentre et on draine,

Large sphacèle non douteux, pratiquer l'anus contre nature, en fixant l'anse à la paroi et en l'ouvrant ; l'entérectomie avec entérorrhaphies est un procédé plus brillant, mais moins prudent et moins sûr, étant donné l'état grave du patient.

ANÉVRISME ARTÉRIEL ET ARTÉRIO-VEINEUX

Mêmes symptômes et même traitement que pour les anévrismes de l'aisselle.

TUMEURS GANGLIONNAIRES

Voir : *Région du cou.*

ECTOPIE INGUINALE DU TESTICULE

La plus fréquente de toutes.

Symptômes. — 1° **Symptômes physiques.** — A la vue, l'une des deux bourses, la droite le plus souvent, est déshabitée ; quelquefois les deux ; tumeur quelquefois visible dans l'aine. Au palper, on sent le testicule, placé dans l'aine, soit sous la peau, soit dans le canal inguinal, à une hauteur variable, plus ou moins près des orifices profond ou superficiel ; le testicule est plus petit que normalement, sensible au palper. Coexistence fréquente d'une hernie congénitale inguinale, surtout de la variété interstitielle.

2° **Symptômes fonctionnels.** — Douleurs provoquées par les chocs, les froissements.

3° **Symptômes généraux.** — Infantilisme et féminisme en cas d'ectopie double.

Diagnostic. — **Ne pas confondre** l'orchite du testicule ectopique avec la hernie étranglée.

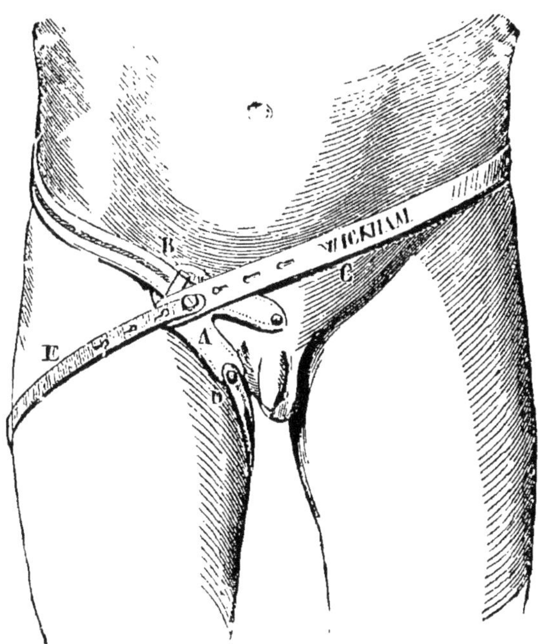

Fig. 232. — Bandage à pelote bifurquée, pour le cas de descente tardive du testicule.

Traitement. — 1° **Orthopédique.** — A la naissance et dans les premiers mois de la vie : bandages en fourche qui abaissent le testicule (fig. 232 et 233); massage ayant le même but.

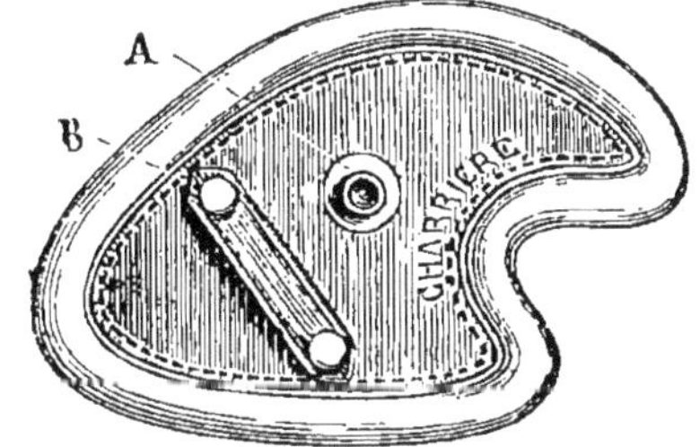

Fig. 233. — Pelote échancrée (hernie congénitale).

2° **Chirurgical.** — Plus tard. *Orchidopexie*, abaisser le testicule libéré de ses adhérences et le fixer au fond des bourses.

Castration, après insuccès de la précédente, quand l'abaissement est impossible, quand le testicule est dégénéré ou devenu cancéreux.

III. — CUISSE

AFFECTIONS TRAUMATIQUES DE LA CUISSE

FRACTURES DE LA DIAPHYSE FÉMORALE

Symptômes. — Déformation de la cuisse. Raccourcissement. Rotation en dehors, le bord externe du pied reposant

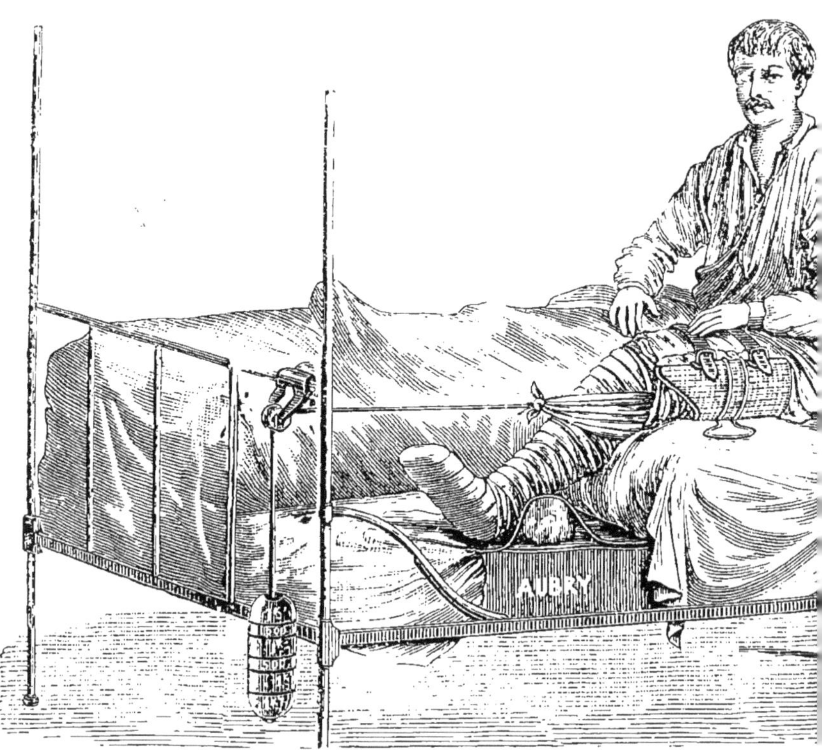

Fig. 234. — Appareil de Hennequin pour les fractures de cuisse.

sur le plan du lit. Mobilité anormale et inflexion au niveau du point fracturé. Crépitation par les mouvements de rotation. Déplacement des fragments : angle antéro-externe dans la fracture sous-trochantérienne ; fragment supérieur en avant et en dehors dans les fractnres du tiers moyen ; fragment supérieur en avant et en dessus dans les fractures du tiers inférieur.

Pas de déformation, dans les fractures incomplètes ou sous-périostées.

Traitement. — Il faut réduire et immobiliser. La réduction, facile en général, exige quelquefois l'emploi du chloroforme. Immobilisation obtenue par l'*appareil de Hennequin* (fig. 234). Description : envelopper le pied, la jambe, le tiers inférieur de la cuisse d'ouate, plus épaisse sur les saillies osseuses, la fixer par des tours de bandes de toile. Porter le blessé sur un matelas, dont la laine a été enlevée sur une largeur de 30 centimètres carrés, pour former un espace vide où sera la jambe fléchie. Un lacs extenseur est passé sur la face antérieure de la cuisse, puis sous le jarret et ses deux chefs passent sur les côtés de la jambe. Une gouttière métallique, creusée en avant pour recevoir le mollet, a été garnie d'ouate ; on y met la cuisse. Sur celle-ci, est placée une attelle de bois bien rembourrée, par-dessus laquelle on serre deux courroies attachées à la gouttière, qui immobilise ainsi les fragments. Au lacs extérieur, s'attache une ficelle portant un poids de 2 à 4 kilogrammes. La contre-extension est réalisée par le poids du corps. Le malade peut s'asseoir dans son lit. Immobilisation prolongée 50 à 60 jours.

Si fracture sous-périostée, simple appareil à attelles.

MÉDECINE OPÉRATOIRE

LIGATURES DE LA FÉMORALE

La ligne d'incision (fig. 235) va du milieu de l'arcade fémorale à la face postérieure du condyle interne.

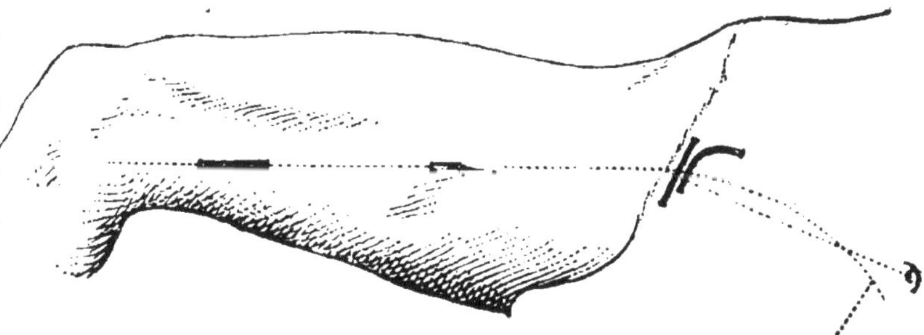

Fig. 235. — Lignes d'opération de la fémorale et des iliaques.

1° Dans le canal de Hunter (fig. 235). — Incision de 8 centimètres à 6 travers de doigt au-dessus du condyle, sur cette ligne, ménageant la veine saphène ; porter le couturier en dedans; on sent la corde du 3e adducteur, inciser en dehors d'elle de bas en haut par l'orifice de sortie du nerf saphène interne; l'artère est en avant de la veine.

2° A LA POINTE DU TRIANGLE DE SCARPA. — Incision de 8 centimètres, évitant la saphène : porter le couturier en dehors :

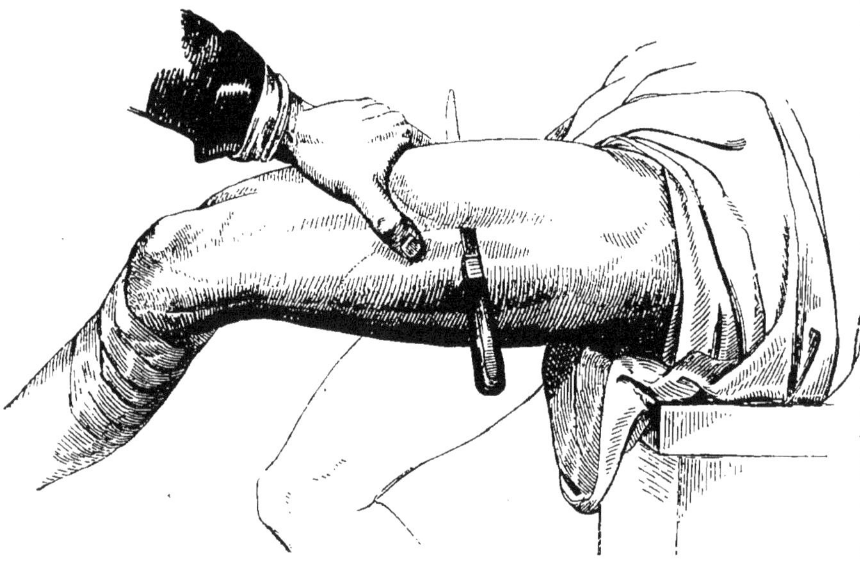

Fig. 236. — Amputation de la cuisse, méthode à deux lambeaux inégaux.

sentir les vaisseaux à travers l'aponévrose ; déchirer celle-ci ; isoler l'artère et lier.

AMPUTATION DE LA CUISSE

1° **Méthode circulaire.** — Au tiers inférieur. — Voir *Bras*.

2° **Méthode à deux lambeaux inégaux** (fig. 236 et 237). — Grand lambeau, antérieur; petit lambeau, postérieur. Marquer le point de section osseuse. Inciser le tégument des lambeaux qui ont : le grand, en largeur la demi-circonférence, en longueur un diamètre et demi ; le petit, en longueur la moitié du diamètre. L'incision est en U. Lambeau antérieur, coupé par entaille, en creusant vers la racine du membre. Tailler un lambeau périostique de 3 centimètres ; protéger les chairs par la compresse à 2 chefs. Scier. Réséquer le nerf très haut. Lier les vaisseaux. Suturer.

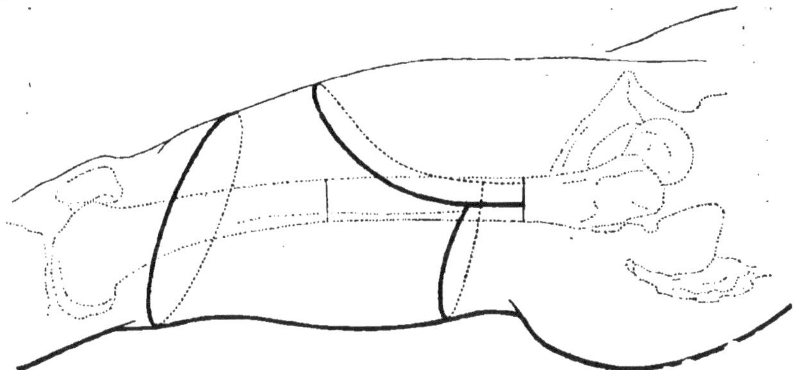

Fig. 237. — Amputation de la cuisse, méthode à lambeau inégaux.

IV. — GENOU

CONTUSION

Variétés. — Suivant le degré de la contusion, elle est bornée aux parties molles péri-articulaires, ou elle s'étend à l'articulation. On observe donc tantôt une large *infiltration sanguine sous-cutanée*; tantôt un *hématome de la bourse séreuse prérotulienne*; tantôt une *hémarthrose*.

Infiltration sanguine. — ***Symptômes.*** — Augmentation du volume du genou, remontant plus ou moins haut: coloration qui passe successivement par le rouge, le noir, le vert et le jaune ; phlyctènes, souvent à la période de début; douleur, à la palpation.

Traitement. — Donner un coup de ciseau à la base des phlyctènes et en évacuer le contenu sans enlever l'épiderme; pansement aseptique par-dessus; large enveloppement ouaté fortement compressif; immobilisation de quelques jours.

Hématome de la bourse prérotulienne. — ***Symptômes.*** — Fluctuation au début : après quelques jours, crépilation sanguine.

Diagnostic. — **Ne pas confondre avec** l'hémarthrose, avec la fracture de la rotule.

Traitement. — Compression ouatée et repos ; si l'épanchement est notable, l'évacuer comme pour l'hémarthrose.

Hémarthrose. — ***Symptômes.*** — Déformation du genou, apparue rapidement après le traumatisme. Saillie des culs-de-sac latéraux de la rotule et du cul-de-sac inférieur. Fluctuation plus ou moins nette ; rénitence, quand la tension du liquide est très grande. Rotule repoussée en avant, éloignée de la trochlée. Le choc rotulien existe avec un épanchement modéré. Au bout de plusieurs jours, crépitation sanguine. Jambe en flexion légère sur la cuisse ; atrophie du biceps très précoce. Mouvements volontaires du genou abolis ; mouvements passifs très limités. Douleur modérée à l'exploration.

Traitement. — *Épanchement modéré.* — Compression élastique du genou par un pansement ouaté et repos au lit.

Épanchement considérable. — Il faut évacuer l'articulation. Lavage soigné des mains de l'opérateur et de tout le genou du sujet. Prendre un trocart n° 2 de Potain, bien stérilisé. L'enfoncer dans l'articulation, sous un des bords, externe ou interne, de la rotule et le faire cheminer parallèlement à la face profonde de cet os et sous elle. Evacuer l'articulation par pression directe, sans aspirateur, s'abstenir de tout lavage et de toute injection. Retirer vivement la canule. Fermer l'orifice par un brin d'ouate collodionnée et appliquer par-dessus un pansement ouaté compressif. Le supprimer au bout de 8 à 10 jours, mobiliser le genou, masser les muscles de la cuisse. Le 15° jour, le sujet peut se lever et marcher.

A l'heure actuelle, on préfère à la ponction, *l'arthrotomie.*— Celle-ci doit être faite sous le couvert de la plus stricte asepsie

Incision parallèle au bord externe de la rotule ; ouverture de la synoviale ; évacuation des vaisseaux sanguins, lavage à l'eau phéniquée faible ; suture sans drainage.

Deux jours plus tard, mobilisation active et passive du genou.

ENTORSE

Symptômes. — Le sujet est tombé, la jambe étant fléchie latéralement sur la cuisse, quelquefois en dedans, plus souvent en dehors. Impotence fonctionnelle absolue. Déformation variable du genou, selon qu'il y a ou non infiltration sanguine sous-cutanée et hémarthrose. Celle-ci est presque constante. Douleur très vive par la palpation de la région, par la pression sur l'interligne et surtout sur les attaches du ligament latéral interne, quelquefois sur celles de l'externe. Mouvements anormaux de latéralité de la jambe sur le genou, qu'il faut rechercher dans l'extension forcée où ils n'existent pas normalement.

Traitement. — *Il y a hémarthrose.* — Évacuer le sang, comme il vient d'être dit; ouater le membre depuis la cheville jusqu'à la racine de la cuisse et comprimer. Repos pendant 10 à 15 jours, puis mobilisation et massage.

Dans les cas graves, avec déchirure de l'un des ligaments latéraux à son insertion et arrachement osseux, il faut immobiliser dans un appareil plâtré.

Il n'y a pas d'hémarthrose. — Compression simplement. Massage et mobilisation précoces.

PLAIES

Plaies superficielles. — ***Traitement.*** — Désinfection de la plaie par un simple badigeonnage à la teinture d'iode. Pansement sec.

Plaies profondes. — ***Symptômes.*** — L'écoulement de synovie trahit l'ouverture de l'articulation. S'abstenir de toute exploration à l'aide du stylet dans les plaies étroites; surveiller l'état local et la température, pour saisir à son début l'infection de la jointure.

Traitement. — *Plaie étroite, ne paraissant pas infectée.* — Badigeonnage à la teinture d'iode.

Plaie infectée. — Débrider largement, extraire les corps étrangers, débris divers, etc., lavages antiseptiques, pansements humides. Quand il y a arthrite, se comporter comme on verra plus loin.

LUXATIONS DU TIBIA

Luxation en avant. — La plus fréquente.

Symptômes. — La cuisse paraît raccourcie en avant, rallongée en arrière; c'est le contraire pour la jambe. Jambe en extension ou en hyperextension. Pied à angle droit sur la jambe. Existence d'une saillie en avant de l'extrémité inférieure du fémur, formée par les plateaux du tibia, qu'on reconnaît aisément à travers les téguments (fig. 238); au-dessus de la saillie, est une dépression, au fond de laquelle on sent la rotule. La

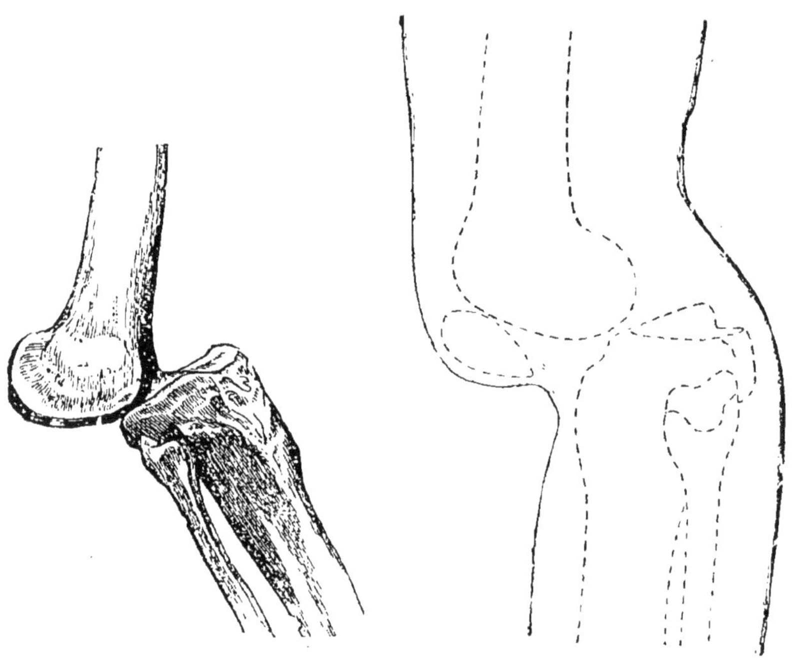

Fig. 238. — Luxation incomplète de la tête du tibia en avant.

Fig. 239. — Schéma des déformations dans la luxation du tibia en arrière.

dépression du jarret est effacée, et remplacée par la saillie des condyles fémoraux.

Complications. — Fréquentes.

Rupture ou compression des vaisseaux poplités, avec gangrène du membre; tiraillement des sciatiques poplités, avec troubles trophiques. Quelquefois ouverture de l'articulation en arrière.

Traitement, — **Luxation simple**. — Tractions sur la jambe et réduction par pression directe sur les extrémités tibiale et fémorale.

Luxation compliquée : *de plaie articulaire.* — Réduire, drainer l'articulation et la panser;

De déchirure vasculaire. — Réduire et aller lier les deux bouts du vaisseau dans le jarret, pour permettre le rétablissement de la circulation collatérale.

De gangrène du membre. — Amputation de jambe ou désarticulation du genou.

De troubles nerveux. — Avoir recours à l'électricité.

Luxation en arrière. — Plus rare.

Symptômes. — Jambe en extension ou légèrement fléchie. La cuisse paraît allongée en avant, raccourcie en arrière; le contraire pour la jambe; le diamètre antéro-postérieur du genou est augmenté. En avant, saillie des condyles fémoraux et de la rotule dont la face antérieure regarde en bas (fig. 239). Le jarret est soulevé par les plateaux du tibia.

Complications. — Les mêmes que dans la variété précédente.

Traitement. — Traction sur la jambe; y ajouter soit la flexion de la jambe sur la cuisse, soit l'impulsion directe sur les épiphyses tibiale et fémorale.

En cas d'irréductibilité, pratiquer l'arthrotomie.

Luxations latérales. — Exceptionnelles.

Symptômes. — Augmentation du diamètre transversal du genou, jambe fléchie et portée en adduction ou en abduction selon le cas. Saillie anormale de la diaphyse fémorale, soit en dehors, soit en dedans, distendant variablement la peau.

Traitement. — Tractions sur la jambe et pressions directes sur les os.

LUXATIONS DE LA ROTULE

Luxation en dehors complète. — *Symptômes.* — Douleur vive, au moment de l'accident; impossibilité de se relever, d'étendre la jambe. Jambe en demi-flexion. Diamètre transverse du genou augmenté; gonflement de tout le genou. On sent le creux de la trochlée vide. La rotule est portée sur le condyle externe; sa face antérieure regarde en avant ou en dehors; son bord interne est dirigé en dedans ou en avant.

Variétés. — **Variété incomplète.** — Jambe en extension;

la facette externe seule de la rotule dépasse le condyle externe. Relief saillant du bord externe de cet os (fig. 240).

Variété verticale externe. — Jambe demi-fléchie ou étendue; la rotule repose par son bord interne sur la rainure intercondylienne, soulève la peau par son bord externe, regarde en dehors par sa face profonde.

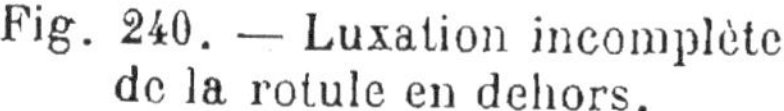

Fig. 240. — Luxation incomplète de la rotule en dehors.

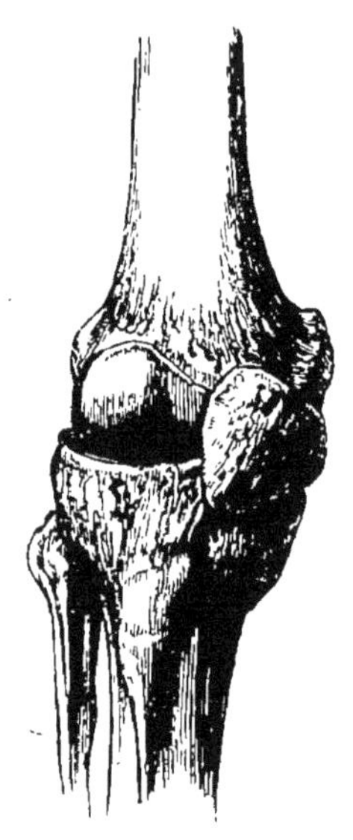

Fig. 241. — Luxation interne de la rotule.

Luxations en dedans. — Rares.

Variété verticale interne. — Même position que ci-devant, mais la face profonde regarde en dedans (fig. 241).

Traitement des luxations de la rotule. — Relâcher le triceps par l'extension de la jambe et la flexion de la cuisse sur le tronc; remettre l'os en bonne position par des pressions directes. S'aider au besoin par le chloroforme. En cas d'insuccès, pratiquer la réduction sanglante par l'arthrotomie.

LUXATIONS RÉCIDIVANTES DE LA ROTULE

Symptômes. — Se font surtout en dehors.

Causes. — Sont dues à un relâchement de la capsule.

Traitement. — Pratiquer le *plissement* de la capsule mise à nu, par des points perdus au catgut.

LUXATION DES CARTILAGES SEMI-LUNAIRES

Symptômes. — Pendant une chute, douleur brusque à la face interne ou externe du genou. Extension de la jambe impossible; si elle se fait, elle s'accompagne d'un claquement et d'un ressaut. Douleur à la pression, limitée sur une partie de l'interligne. Signes d'hémarthrose ou d'irritation de la jointure. On sent quelquefois le fragment de ménisque.

Diagnostic. — *Ne pas confondre* avec les corps étrangers articulaires.

Traitement. — Fléchir fortement le genou; on sent une saillie formée par le cartilage déplacé. Presser sur lui fortement, pour le repousser et étendre subitement la jambe. Il se produit un claquement et un ressaut. Immobilisation de 15 jours.

En cas de luxation récidivante, on peut : ou bien pratiquer l'ablation du ménisque par arthrotomie, ou bien le fixer par des fils de catgut à la capsule et au périoste tibial.

FRACTURES DE LA ROTULE

Plusieurs variétés : fractures transversales, fractures verticales, fractures multiples.

I. — FRACTURES TRANSVERSALES

Symptômes. — 1° **S. fonctionnels.** — Le malade est tombé le plus souvent la jambe fléchie sous lui et n'a pu se relever. Impotence fonctionnelle absolue; impossibilité d'étendre la jambe, d'élever le membre. Il ne faut pas pousser le malade à tenter ces mouvements, lesquels augmenteraient les déchirures ligamenteuses, et avec elles l'écartement des fragments.

2° **S. physiques.** — Jambe légèrement fléchie sur la cuisse. Au début, on note une dépression interfragmentaire sur la saillie de la rotule; après quelques heures, l'hémarthrose arrondit le genou et le rend globuleux. Il existe une ecchymose transversale dans la fracture par choc direct. La palpation permet de sentir quelquefois la fluctuation dans la bourse séreuse prérotulienne; la distension de la synoviale par l'hémarthrose, avec fluctuation; l'existence d'une rainure entre deux fragments de la rotule, rainure de hauteur variable selon le degré d'écartement des fragments, augmentant par la flexion de la jambe (fig. 242 et 243); la mobilité anormale, en saisissant deux fragments et les mouvant en

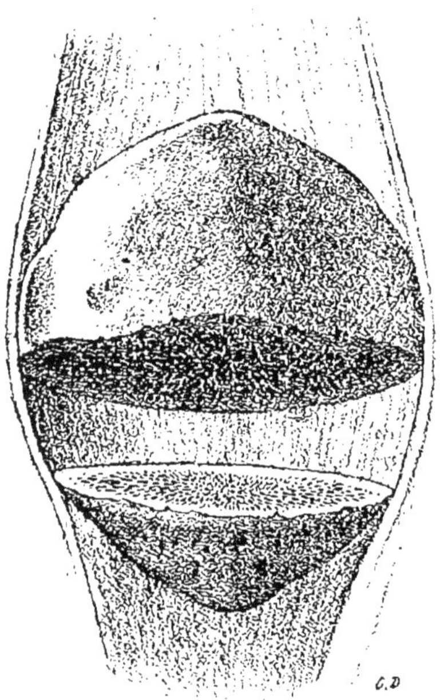

Fig. 242. — Fracture de rotule avant rupture du surtout ligamenteux. Vue par la face postérieure (Hoffa).

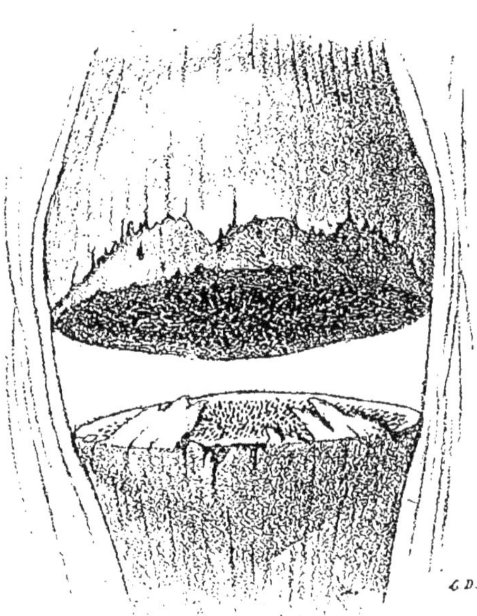

Fig. 243. — Même fracture après rupture du surtout ligamenteux. Vue par la face antérieure (Hoffa).

sens inverse; la crépitation, quand les fragments sont en contact, mais la recherche de ce dernier signe est inutile et douloureuse.

Diagnostic. — **Ne pas confondre** : avec l'*hématome de la bourse séreuse prérotulienne* ; crépitation sanguine et fausse sensation de fragment, mais absence de mobilité anormale; avec la *rupture du tendon triceps*, la *rupture du tendon rotulien*, l'*arrachement de la tubérosité antérieure du tibia* : la solution de continuité n'est pas au niveau de la rotule ; avec l'*hématome* sans fracture.

Traitement. — **Indications.** — Avec un écartement nul,

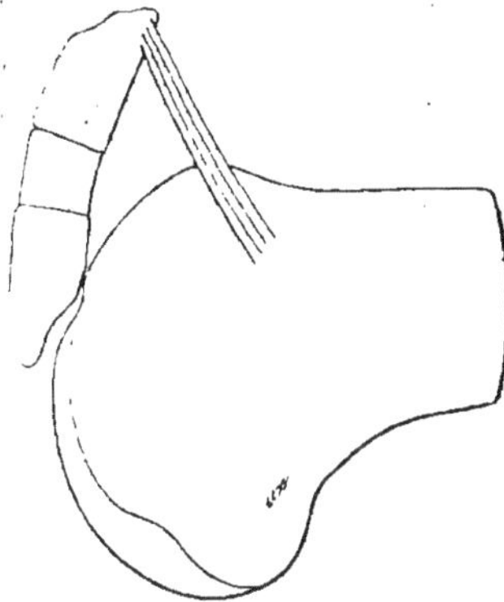

Fig. 244. — Type 2.

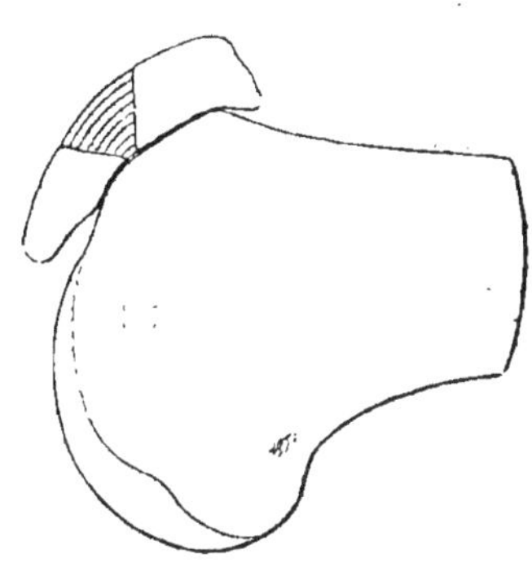

Fig. 245. — Type 3.

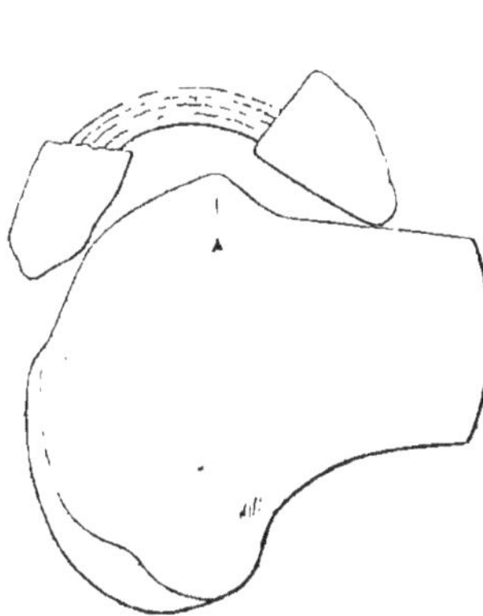

Fig. 246. — Type 4 *a*.

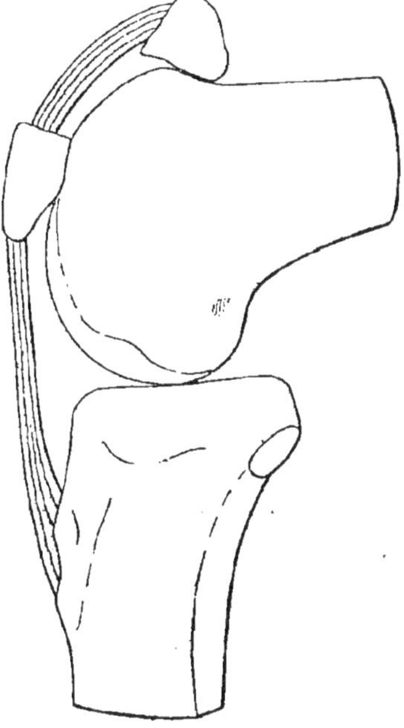

Fig. 247. — Type 4 *b*.

Fig. 244 à 247. — Types de cals fibreux. Consolidation des fractures transversales de la rotule.

Type 2 : arrêt de la flexion par une rotule à cal rigide et trop longue. — Type 3 : cal court et flexible ne gênant pas la flexion. — Type 4 : on voit en *a* un cal moyen de 3 à 5 centimètres ; on comprend (*b*) que, dans ce type, la flexion soit arrêtée par le fragment supérieur, qui bute contre la crête articulaire A.

on sait qu'il se produit très rarement un cal osseux et généralement un cal fibreux, qui est primitivement court et peut s'allonger par la suite; en cas d'écartement modéré, il se produit toujours un cal fibreux ; en cas de diastasis considérable, les deux fragments ne sont réunis par aucun lien (fig. 244 à 247).

Le traitement de choix est donc l'ouverture de la jointure et le rapprochement direct des fragments.

Méthode de choix : arthrotomie et suture. — Asepsie ri-

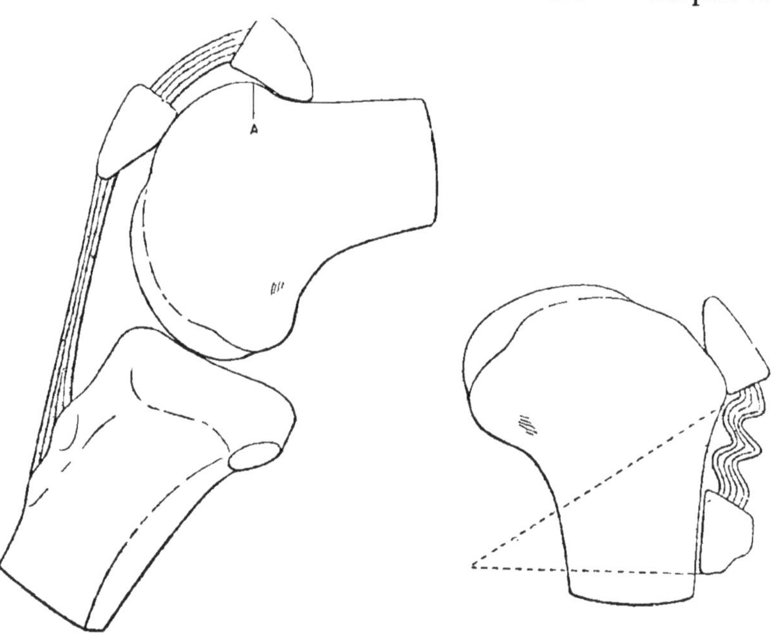

Fig. 248. — Type 5 *a*. Fig. 249. — Type 5 *b*.

Fig. 248 et 249. — Consolidation des fractures transversales de la rotule, types des cals fibreux (Chaput).

Type 5 *a* : le cal est long; mais, en *b*, ce cal, en se dépliant, permet la flexion.

goureuse du genou, des mains de l'opérateur et de l'aide, des instruments. Incision curviligne à convexité inférieure, passant sous la pointe de la rotule. Débarrasser l'articulation du sang qu'elle contient; lier les vaisseaux, s'il y a lieu. Les lavages avec les antiseptiques sont inutiles et nuisibles; se contenter d'eau bouillie. Supprimer aux ciseaux les languettes fibreuses qui recouvrent les surfaces de section des fragments; les frotter à la curette pour enlever les caillots. Le rapprochement des fragments est facile, si on intervient de bonne heure; les réunir : *par la suture* (fig. 250), deux ou trois fils d'argent sont passés à travers les deux fragments et serrés pour les affronter étroitement; *par le cerclage* (fig. 251) (Berger), quand le fragment inférieur est grêle : le fil ne traverse pas la rotule, mais suit ses bords, dans l'épaisseur des tissus

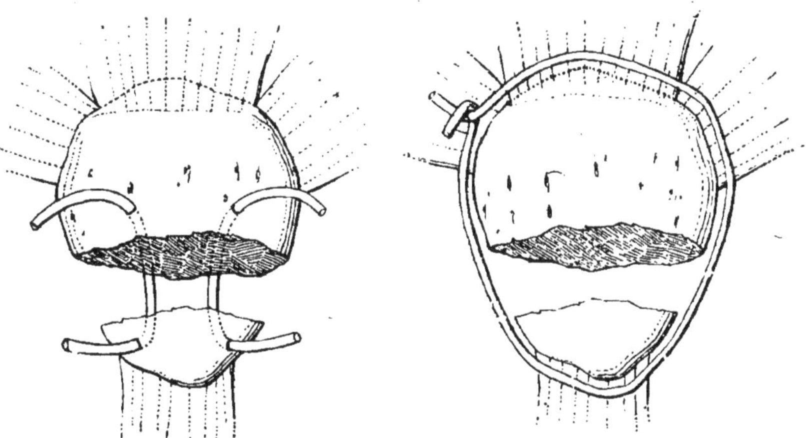

Fig. 250. — Suture de la rotule par points séparés.

Fig. 251. — Cerclage de la rotule.

fibreux qui s'y attachent : serrer le fil et coapter les fragments. Suture de la peau. Pansement. Immobiliser.

Dès le 15e jour, mobilisation de la jointure, progressivement croissante et massage du triceps.

II. — FRACTURES VERTICALES

Symptômes. — Douleur limitée selon le trait de fracture. Hémarthrose fréquente. Pas de diastasis.

Traitement. — Massage précoce.

III. — FRACTURES MULTIPLES

Symptômes. — Ecchymose en avant du genou, hémarthrose, augmentation de volume de l'os, douleur à la pression, pas de diastasis.

Traitement. — Massage et mobilisation précoces.

Si les fragments s'écartent; pratiquer le cerclage.

FRACTURES DE L'EXTRÉMITÉ INFÉRIEURE DU FÉMUR

I. — FRACTURES SUS-CONDYLIENNES

Symptômes. — Déformation de la région, tenant à un épanchement intra-articulaire et au déplacement du fragment inférieur en arrière et en haut. On sent par la palpation les saillies des fragments. Mobilité anormale, mouvements de latéralité exagérés, dont le centre est au-dessus de l'interligne. Crépitation. Raccourcissement. Lésion possible des vaisseaux et nerfs poplités.

Diagnostic. — *Ne pas confondre* avec la *fracture de la rotule*, la luxation du tibia en arrière.

Traitement. — Extension par l'appareil d'Hennequin pendant 60 à 80 jours. Mobilisation précoce du genou et massage des muscles de la cuisse.

S'il n'y a pas de déplacement, appliquer un appareil plâtré.

II. — FRACTURES SUS ET INTER-CONDYLIENNES

Symptômes. — Ceux de la variété précédente, auxquels s'ajoutent : l'élargissement transversal du genou ; un raccourcissement plus accentué ; la mobilité des deux condyles l'un sur l'autre ; l'existence d'une hémarthrose très considérable.

Traitement. — Ponctionner l'hémarthrose : pratiquer l'extension continue, en maintenant les condyles en place par des tours de bande de diachylon. Massage et mobilisation dès que la consolidation est suffisante.

Si les condyles ont tendance à se luxer, pratiquer l'arthrotomie et l'enchevillement des fragments condyliens.

III. — FRACTURES UNI-CONDYLIENNES

Symptômes. — **Fractures incomplètes.** — Douleur linéaire, réveillée par la pression : symptômes de l'entorse du genou.

Fractures complètes. — Déplacement variable, d'où résulte l'élargissement du genou ; mobilité et crépitation ; la jambe se place du côté fracturé en genu valgum ou genu varum. Mouvements de latéralité de la jambe exagérés ; hémarthrose notable.

Traitement. — Immobiliser par une gouttière plâtrée la jambe en bonne position et en demi-flexion sur la cuisse; massage dès le 15e jour; mobilisation précoce du genou.

Si le déplacement du fragment est irréductible, le fixer par enchevillement.

IV. — DÉCOLLEMENT DE L'ÉPIPHYSE INFÉRIEURE DU FÉMUR

Symptômes. — Ceux de la fracture sous-condylienne. Le décollement s'observe exclusivement chez les jeunes sujets de un à treize ans.

Complications. — Il s'accompagne de *complications* fréquentes, du côté de l'articulation, des vaisseaux, des nerfs.

Traitement. — Réduction quelquefois difficile à faire sous le chloroforme; immobilisation par une gouttière plâtrée ou par l'appareil d'Hennequin. L'amputation s'impose quelquefois, en raison des complications déjà vues.

FRACTURES DE L'EXTRÉMITÉ SUPÉRIEURE DES DEUX OS DE LA JAMBE

Symptômes. — Infiltration sanguine énorme, phlyctènes. Tous les signes des fractures : mobilité anormale, crépitation, douleur locale, etc. Hémarthrose du genou fréquente.

Complications. — Fréquentes, du côté des vaisseaux.

Traitement. — Appliquer de bonne heure une gouttière plâtrée et la renouveler, quand le gonflement de la jambe a diminué, ou bien laisser la jambe se dégonfler dans une gouttière métallique, avec l'aide du massage et d'une compression légère, puis on applique l'appareil plâtré. La consolidation demande plus de deux mois. Combattre le plus tôt possible les raideurs articulaires.

FRACTURES DU PLATEAU TIBIAL EN TOTALITÉ

Symptômes. — Signes habituels des fractures. L'élargissement total de l'extrémité supérieure du tibia est particulier;

l'observer, en comparant avec le côté sain. Translation de la jambe en arrière ou latéralement, d'où cause d'erreur avec les subluxations du genou.

Traitement. — *S'il n'y a pas tendance au déplacement*, masser d'emblée.

En cas contraire, appareil plâtré, après réduction en rectitude et massage hâtif.

FRACTURES UNI-CONDYLIENNES DU TIBIA

Symptômes. — Déviation de la jambe en varus ou valgus, selon le plateau fracturé; mobilité anormale du genou; mobilité anormale d'un plateau tibial; crépitation; douleur localisée.

Traitement. — Immobilisation dans une gouttière plâtrée, la jambe en flexion. Importance extrême du traitement consécutif.

FRACTURES DE L'EXTRÉMITÉ SUPÉRIEURE DU PÉRONÉ

Symptômes. — Une dépression remplace la saillie de la tête du péroné; tête du péroné mobile sous la peau, au-dessus de cette dépression; on sent quelquefois au-dessous le fragment inférieur. Douleurs vives, sur le dos du pied et la face externe de la jambe; anesthésie sur le même territoire (nerfs musculo-cutané et tibial antérieur); paralysie des muscles antéro-externes de la jambe. Le nerf sciatique poplité externe a été lésé par la tête péronière.

Traitement. — Maintenir la tête abaissée par un tampon d'ouate.

Si la réduction est impossible, pratiquer la suture osseuse.

Quand le nerf est comprimé ou tiraillé intervenir pour le libérer.

AFFECTIONS INFLAMMATOIRES DU GENOU

I. AFFECTIONS AIGUËS

I. — AFFECTIONS EXTRA-ARTICULAIRES

Hygroma aigu de la bourse pré-rotulienne

Symptômes. — Tumeur arrondie, de volume variable, chaude, couverte d'une peau normale ou rosée au début, fluctuante, diversement douloureuse; quand elle passe à la suppuration, la peau rougit, la fièvre se déclare. Le pus se fait jour au dehors ou diffuse dans les parties voisines, donnant lieu à un phlegmon.

Traitement. — S'adresser à la cause, en cas de rhumatisme, de blennorragie; inciser, drainer et laver, si l'hygroma est suppuré.

Hygroma des tendons de la patte d'oie

Symptômes. — Caractères identiques; siège différent; il suppure exceptionnellement.

Ostéomyélite aiguë des os

Symptômes. — Elle siège en général à l'épiphyse fémorale, rarement sur le tibia.

Chez un enfant de 3 à 12 ans, début par des frissons violents, une fièvre élevée à 40°, du délire, un état typhoïdique; en même temps, œdème du tiers inférieur de la cuisse; douleur très vive spontanément et à la pression légère, contracture musculaire. En un ou deux jours, la fluctuation apparaît, avec fièvre très élevée et augmentation de la douleur; le pus se fait jour à l'extérieur, ou diffuse dans la jointure, dans le voisinage. Puis la suppuration s'éternise avec élimination de séquestres dentelés.

Complications. — Pyarthrose: phlegmons; pyohémie; pneumonie infectieuse, etc.

Traitement. — Il n'y a pas à tenter de traitement médical. Endormir le malade: inciser largement la peau là où le gonflement est maximum: trépaner l'os, au niveau du bulbe, jusqu'à ce que l'on trouve la lésion et drainer le foyer purulent ; arthrotomie, lorsque l'articulation est envahie et drainage.

En cas d'ostéomyélite prolongée, aller à la recherche des séquestres et les extirper.

II. — AFFECTIONS INTRA-ARTICULAIRES

Arthrites aiguës

Symptômes. — Les caractères généraux sont identiques à ceux des arthrites de l'épaule.

Traitement. — Traitement semblable.

AFFECTIONS CHRONIQUES

I. — AFFECTIONS EXTRA-ARTICULAIRES

Hygroma de la bourse pré-rotulienne

Symptômes. — Tumeur située en avant de la rotule, arrondie, fluctuante, superficielle.

Traitement. — Pratiquer une traînée verticale et intradermique de novocaïne, disséquer les parois de la poche et l'enlever entièrement. Suture de la peau sans drainage. Il faut proscrire l'incision simple, qui expose à une fistule interminable.

II. — AFFECTIONS ARTICULAIRES

Arthrite syphilitique

Surtout fréquente à la période tertiaire.

Symptômes. — Troubles fonctionnels peu intenses, mouvements conservés. Douleurs spontanées et provoquées légères ; hyperostoses ; épaississement de la synoviale ; hydarthrose, d'abondance variable. Autres signes de tertiarisme.

Traitement. — Frictions mercurielles sur le genou ; traitement mixte à l'intérieur.

Arthrite tabétique

Symptômes. — Débute par un gonflement subit de tout le membre qui disparaît et ne laisse que l'hydarthrose ; indolence complète de l'articulation ; déformation des surfaces osseuses ; craquements ; mobilité anormale, allant jusqu'à la dislocation de l'article.

Traitement. — Celui du tabes.

Arthrite déformante

Symptômes. — Survient chez un malade âgé, par poussées successives d'hydarthrose, avec déformation de la jointure, ostéophytes, craquements sonores, enraidissement, limitation des mouvements.

Traitement. — Palliatif.

Arthrite tuberculeuse

Symptômes. — **Période de début**. — Fatigue rapide, intermittente du sujet ; douleurs spontanées, localisées au genou, dans le cou-de-pied, dans le pied. Douleurs provoquées par la pression sur l'articulation ; contracture musculaire ; atrophie de la cuisse ; adénite poplitée. Claudication légère.

Période d'état. — Les troubles fonctionnels augmentent. Claudication accrue. Tendance de la jambe à se fléchir et à tourner en dehors. Déformation de l'articulation par hydarthrose, par l'existence de fongosités, par l'hypertrophie des os, tout cela contrastant avec l'amaigrissement de la cuisse. La guérison peut se faire à cette période par ankylose.

Période de suppuration. — Apparition d'abcès froids, qui sont, d'après leur siège, fémoraux, tibiaux, poplités latéro-rotuliens. Flexion de la jambe à un degré variable. Luxation incomplète du tibia en arrière avec rotation en dehors. Si les abcès s'ouvrent, ils s'infectent rapidement, la température s'élève, la cachexie s'accroît.

Traitement. — **Période de début**. — Traitement général antituberculeux, hygiène, alimentation suffisante, aération, repos. Immobiliser le membre dans un appareil plâtré en rectitude.

A. *Chez l'enfant*. — Traitement uniquement orthopédique.

Période d'état. — Appareil plâtré en rectitude ; pointes de feu superficielles ou profondes, injections de chlorure de zinc au 10e.

Période de suppuration. — Traiter les abcès froids par la ponction au trocart, suivie de l'injection d'éther iodoformé, de thymol camphré. Ne jamais les inciser au bistouri. Immobiliser le membre en bonne attitude, en le réduisant au besoin sous le chloroforme.

B. *Chez l'adulte.* — Le traitement doit en général être chirurgical. La résection du genou supprime la synoviale et les foyers osseux, assure une ankylose solide en rectitude.

Amputation, si les lésions sont très avancées et très étendues.

CORPS ÉTRANGERS DU GENOU

Symptômes. — Douleur aiguë, subite, syncopale dans la marche, pouvant produire une entorse du genou, suivie d'hydarthrose ; ce phénomène se renouvelle plus ou moins souvent. Possibilité de sentir le corps étranger, de mobilité, de consistance variables, unique ou multiple.

Traitement. — Arthrotomie et extraction du corps étranger.

S'abstenir d'intervention dans le cas de corps étrangers multiples (arthrite déformante).

GENU VALGUM

Définition. — Caractérisé par un angle ouvert en dehors que forment la jambe et la cuisse (fig. 252).

Symptômes. — La jambe, portée en dehors dans l'extension, reprend sa place normale dans la flexion; le condyle interne du fémur descend plus bas que normalement ; le pied repose surtout sur son bord interne. Fatigue dans la marche, mouvements de latéralité du genou; claudication, si la lésion est unilatérale; démarche canetante si elle est bilatérale.

Traitement. — 1° **Traitement orthopédique**. — On cherche à obtenir le redressement par des procédés non sanglants.

Avec ou sans anesthésie chloroformique, on cherche à l'aide de pressions méthodiques à faire disparaître l'angle à sinus externe formé par le fémur et le tibia; lorsque l'on a obtenu une correction suffisante, on la maintient en immobilisant le membre dans un appareil plâtré comprenant le cou-de-pied et la hanche.

L'appareil est laissé deux ou trois mois. — Massage, mobilisation progressive; marche au quatrième mois avec une genouillère plâtrée.

2° **Traitement chirurgical.** — C'est l'ostéotomie sus-condylienne.

Incision : à 2 centimètres au-dessus du bord supérieur du

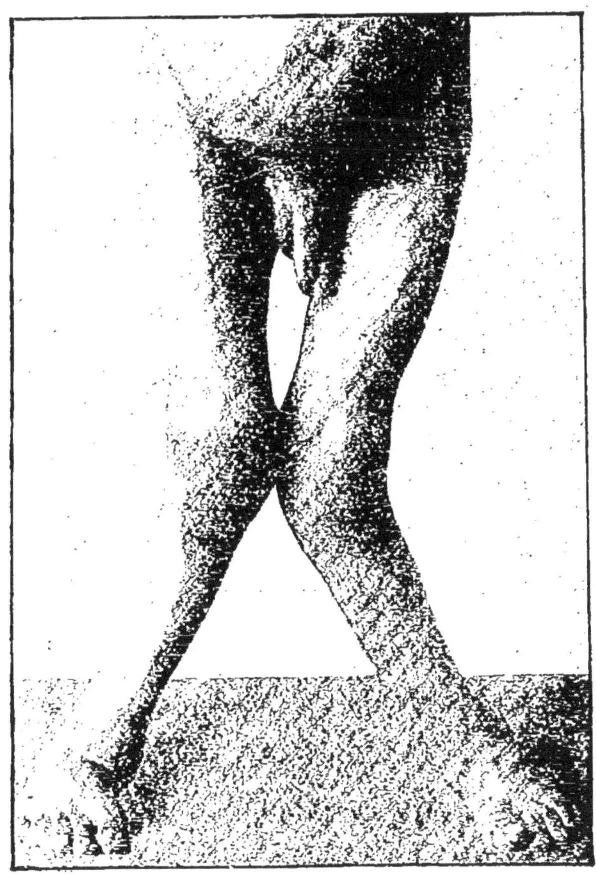

Fig. 252. — Genu valgum.

condyle interne, en avant du tendon du 3e adducteur; enfoncer le bistouri jusqu'à l'os et fendre le périoste.

Introduire l'ostéotome de Mac-Ewen parallèlement à l'incision, jusqu'à l'os, et le retourner transversalement en le dirigeant de dedans en dehors, d'arrière en avant.

Pousser l'ostéotome à travers l'os, soit à la main, soit à etits coups de marteau et terminer par une ostéoclasie.

Corriger la déviation : appliquer un grand plâtre qu'on laissera 60 jours en place. — Puis, massage et mobilisation.

Ostéo-sarcome de l'extrémité inférieure du fémur

Symptômes. — Augmentation de volume de l'épiphyse fémorale, de consistance variable, dure avec des points ramollis, siège de battements quelquefois, à crépitation parcheminée. Mouvements passifs du genou conservés. Degré léger d'hydarthrose. Douleurs vives dans la gaine. Amaigrissement.

Traitement. — Désarticulation de la hanche.

V. — CREUX POPLITÉ

ABCÈS CHAUD

Symptômes. — Jambe fléchie. Douleurs spontanées très vives. Œdème du pied par compression veineuse. Fièvre et mauvais état général. La fluctuation, la rougeur de la peau apparaissent tardivement, à cause de la situation profonde de l'abcès.

Traitement. — Incision précoce. Traiter l'écorchure du pied qui a causé le plus souvent l'adéno-phlegmon du jarret.

ANÉVRISME ARTÉRIEL CIRCONSCRIT

Symptômes. — Signes types : œdème du membre, dilatation des veines ; parésie musculaire, engourdissement, anesthésie légère ; jambe fléchie, tumeur molle, fluctuante, réductible, siège de battements expansifs et d'un souffle systolique, qui disparaissent par compression de la fémorale ; à la longue, peuvent survenir la gangrène du pied, la rupture de l'anévrisme en dehors ou dans la jointure ; regarder s'il n'y a pas hydarthrose ou luxation du tibia en avant.

Traitement. — Des méthodes nombreuses ont été préconisées. Compression générale du membre par la bande d'Esmarch, pendant une heure et demie : résultat incertain, dangers à craindre ; flexion de la jambe sur la cuisse, aléatoire et douloureux ; compression de la fémorale au pli de l'aine ; ligature au-dessus ou au-dessous.

Le procédé de choix est l'extirpation chirurgicale de l'anévrisme, considéré comme une tumeur maligne (P. Delbet).

ANÉVRISME DIFFUS ET ANÉVRISME ARTÉRIO-VEINEUX

Voir *Aisselle* et *coude*.

KYSTES POPLITÉS

Symptômes. — Début insidieux et lent; douleurs et gène à peu près nulles.

Tumeur ovoïde, lisse, de volume variable; dure, rénitente ou fluctuante; placée sous l'aponévrose, donc plus facilement sensible dans la flexion de la jambe; peu mobile; tantôt irréductible; tantôt réductible dans l'articulation du genou, dont l'hydarthrose concomitante devient plus tendue; quelquefois siège de battements transmis par l'artère, mais sans expansion, sans souffle. Ils ont une origine différente selon leur siège : en dehors et en haut, ils proviennent de la bourse séreuse poplitée; en dehors et en bas, de la bourse du biceps : en dedans et en haut, de celle du jumeau interne et au demi- membraneux; sur le milieu, ils proviennent d'une hernie de la synoviale du genou.

Traitement. — Ponction simple; ou mieux, excision au bistouri et énucléation complète.

MÉDECINE OPÉRATOIRE

Ligature de l'artère poplitée. — Opérateur placé en dehors du membre; le sujet est couché sur le ventre; un aide tient la jambe étendue pour l'incision, fléchie pour la recherche du vaisseau. Sur le milieu du pli du jarret (fig. 253), incision verticale de la peau, haute de 10 centimètres; ménager la veine saphène externe : inciser l'aponévrose; reconnaître et écarter en dehors le nerf; dissocier la gaine du paquet vasculaire; attirer la veine en dehors; charger l'artère, qui est profonde, de dehors en dedans (fig. 254).

Désarticulation du genou. — 1. Méthode elliptique

(fig. 255). — Elle donne une cicatrice postérieure. Incision cutanée, faite en deux temps, formant une ellipse, dont le point infime en avant, est à cinq travers de doigt sous la rotule, dont le point culminant, en arrière, est à trois doigts sous le pli de flexion poplité. Relever la peau en une manchette jusqu'à la face antérieure de la rotule, et avec elle les tendons de la patte d'oie coupés au ras de l'os.

II. Désarticuler. — La jambe fléchie, couper le tendon rotulien sous la pointe rotulienne, puis les ailerons de bas en haut jusqu'aux condyles du fémur, sectionner les ligaments latéraux droit et gauche sur le condyle fémoral, pour laisser les cartilages semi-lunaires adhérents au tibia; couper les ligaments croisés avec la pointe du couteau; luxer le plateau du tibia en avant, détacher sur lui le ligament postérieur, couper les parties molles à plein tranchant, pour sortir en arrière au ras de la peau (fig. 255).

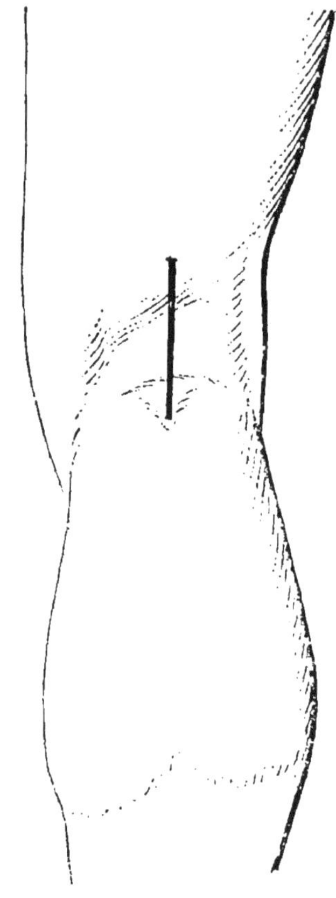

Fig. 253. — Tracé d'incision de la poplitée.

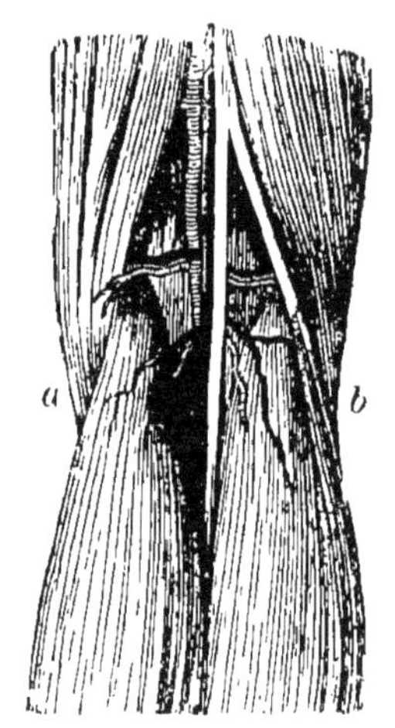

Fig. 254. — Ligature de l'artère poplitée.

III. Méthode à grand lambeau antérieur et petit lambeau

postérieur (fig. 256). — Le grand lambeau a pour longueur le diamètre du genou, pour largeur la demi-circonférence augmentée de deux doigts. Le petit lambeau a pour longueur un demi-diamètre.

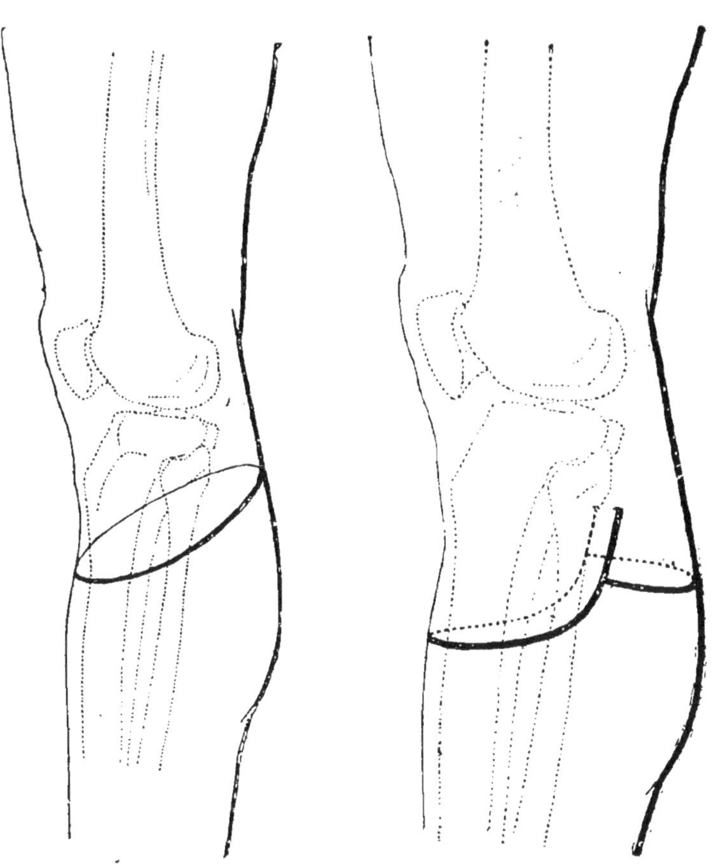

Fig. 255. — Désarticulation du genou. Méthode elliptique.

Fig. 256. — Désarticulation du genou. Méthode à grand lambeau antérieur.

Inciser le lambeau antérieur, en commençant à un doigt sous l'interligne, en passant en dehors derrière la tête du péroné, en dedans derrière la tubérosité interne du tibia : inciser le lambeau postérieur; disséquer et relever le lambeau antérieur. Désarticuler.

RÉSECTION DU GENOU

1er temps. — Incision transversale au-dessous de la rotule, longue de 8 à 10 centimètres et pénétrant d'emblée jusqu'à l'articulation.

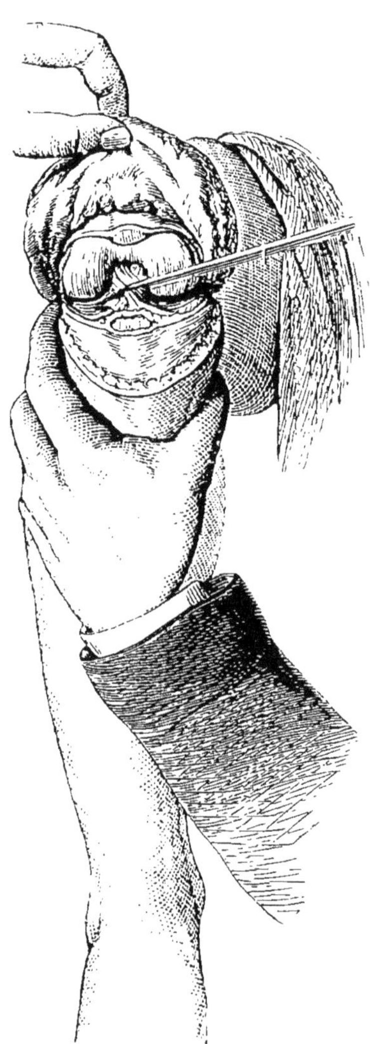

Fig. 257. — Désarticulation du genou.

2e temps. — Relever le lambeau cutané, saisir la rotule et l'extirper en la dénudant de manière à conserver sa loge périostique qui contient le tendon du quadriceps. Extirper le cul-de-sac synovial, sous-tricipital.

3e temps. — La cuisse fléchie, l'articulation bâille en avant, section des ligaments latéraux et dissociation des ligaments croisés à leur insertion condylienne. Faire saillir le fémur et le scier avec une scie à large lame, perpendiculairement à l'axe de l'os.

4e temps. — Dépérioster l'extrémité supérieure du tibia ; scier le plateau tibial.

Le membre est alors placé en extension ; on vérifie l'adaptation des deux tranches osseuses.

5e temps. — Extirpation de la synoviale fongueuse avec la pince à griffes et les ciseaux mousses ; enlever les replis de la synoviale, les curetter, les cautériser.

Suture osseuse au fil d'argent. Suture du quadriceps ; suture de la peau. Pansement iodoformé, très épais. immobilisation dans un plâtre ou une gouttière, pendant 60 jours. Pansements rares.

VI. — JAMBE

FRACTURES DES OS DE LA JAMBE OU FRACTURES DE JAMBE

Ce sont celles qui occupent les deux tiers moyen et inférieur des os de la jambe ; elles sont comprises entre le trou nourricier des os et une ligne passant à 4 centimètres au-dessus de l'interligne tibio-tarsien (fig. 258 et 259).

Symptômes. — 1° **Il n'y a pas de déplacement.** — Impotence fonctionnelle. Douleurs vives spontanées. Œdème du membre : douleur par la pression au niveau du trait de fracture ; mobilité anormale ; crépitation.

2° **Il y a déplacement** (cas le plus fréquent). — Symptômes fonctionnels identiques. En plus, **soubresauts tendineux**, se produisant surtout la nuit, réveillant les malades, s'accompagnant de douleurs. Œdème énorme du membre le plus souvent ; **phlyctènes**, qui apparaissent rapidement, en nombre et de dimensions variables, surtout à la face antéro-interne : ecchymose. Déformation due à la saillie en avant et en dedans du fragment supérieur, à la translation du fragment inférieur en haut et en dehors. Jambe raccourcie, pied renversé généralement en dehors et en équinisme. Douleur à la pression sur le trait de fracture, encoche à ce niveau ; mobilité anormale, crépitation. Il faut examiner le genou, qui peut présenter de l'hydarthrose ou de l'hémarthrose et le cou-de-pied, qui est distendu par le sang, surtout dans les fractures hélicoïdales.

Complications. — *Ouverture de la fracture*, soit par le fragment supérieur (ouverture primitive ou secondaire), soit par l'agent vulnérant, en cas de fracture directe : *Ouverture et fracture à fragments multiples* ; *lésions vasculaires ; thromboses et embolies veineuses ; défaut de consolidation.*

Traitement des fractures simples. — **Fracture sans déplacement.** — Immobiliser le membre, pendant quelques jours, dans une gouttière ; le masser, mobiliser les articulations du genou et du cou-de-pied. Permettre la marche le 30e jour.

Fracture avec déplacement. — Facilement réductible. Il faut réduire en bonne attitude et immobiliser le membre par un appareil plâtré.

Pour réduire. — Un aide pratique la contre-extension sur la cuisse : le chirurgien saisit le pied avec une main embrassant le talon, l'autre embrassant le bord interne. Il pratique une traction lente, sans secousses, progressive. La réduction

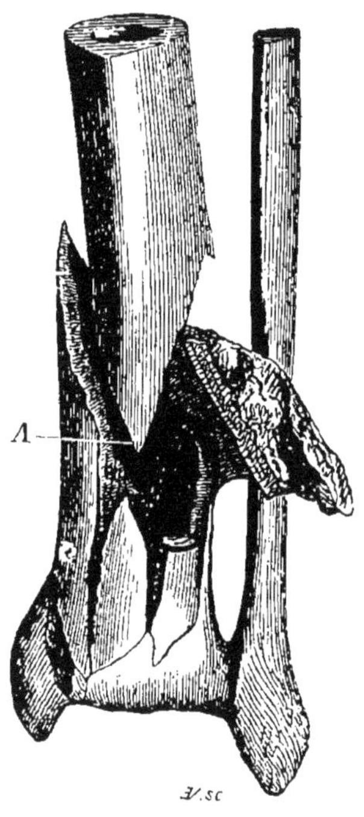

Fig. 258. — Fracture en V.

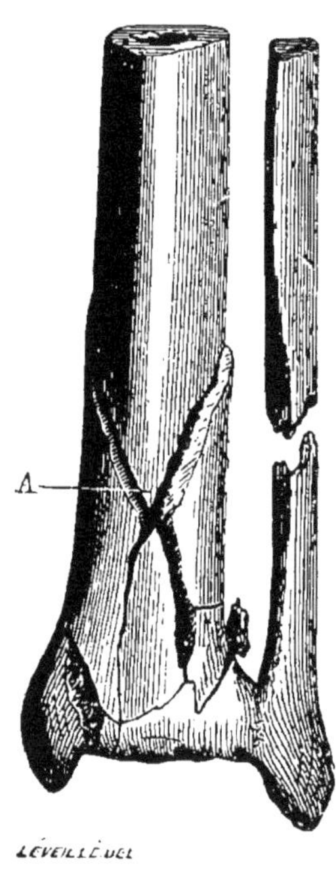

Fig. 259. — Fracture en V, les fragments remis en place.

est faite quand la crète du tibia prolongée tombe sur le premier espace interdigital; quand l'angle interne est effacé, quand l'épine iliaque antéro-supérieure, le bord externe de la rotule, le bord interne du gros orteil sont sur la même ligne droite. Le pied doit être mis à **angle droit** sur la jambe.

Pour immobiliser. — Un troisième aide applique l'appareil plâtré sur le membre ainsi maintenu. Une attelle postérieure et une attelle en étrier, formées de 12 à 16 épaisseurs de tarlatane, trempées dans la bouillie plâtrée, forment une gouttière postérieure remontant jusqu'au milieu de la cuisse. On les applique par un tour de bandes de toile. **Ne jamais confectionner d'appareil circulaire.**

S'il y a des phlyctènes, laver le membre au savon, à l'alcool; inciser finement les phlyctènes, chasser leur contenu, respecter la pellicule épidermique; les couvrir de gaze aseptique; par-dessus appliquer l'appareil plâtré.

La position de la réduction sera conservée jusqu'à dessiccation complète du plâtre.

Fracture oblique avec raccourcissement notable et difficilement réductible. — *Pour réduire.* — Un aide fait la contre-extension sur le périnée ou sur la cuisse fléchie, la jambe étant elle-même fléchie sur la cuisse, ce qui détend les muscles du mollet; un aide fait l'extension sur le pied mis en bonne attitude; le chirurgien appuie sur les fragments et s'efforce de les mettre en place. On est autorisé à se servir de l'anesthésie générale, qui supprime la contracture musculaire et facilite la réduction.

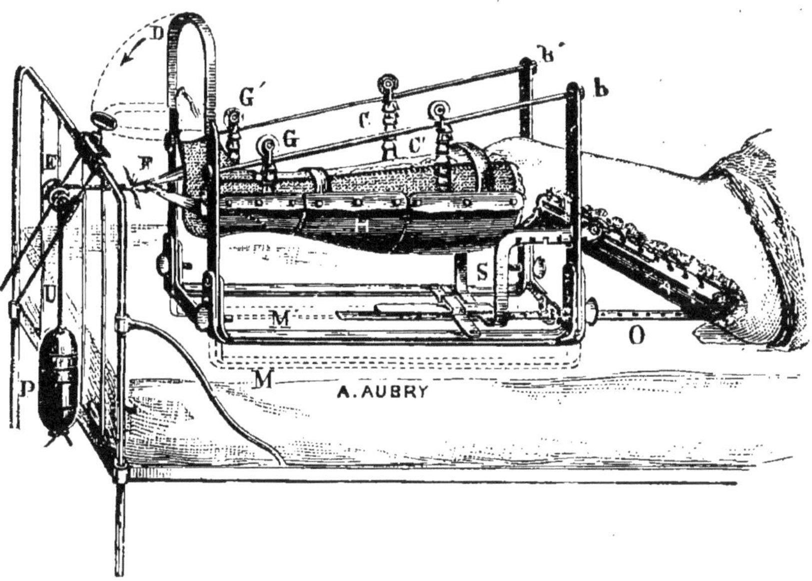

Fig. 260. — Appareil d'Hennequin à extension continue pour la jambe.

Pour immobiliser. — On applique l'appareil plâtré.

Appareil d'Hennequin (fig. 260). — A extension continue, il est indiqué dans certains cas de fractures irréductibles. Quand la fracture est irréductible ou que le déplacement se reproduit, on doit ouvrir le foyer de fracture et pratiquer soit la suture, soit l'enchevillement des os.

Traitement des fractures compliquées (Lejars). 1° **Fracture compliquée non comminutive**, ou peu comminutive, sans lésions vasculaires, ni attritions musculaires importantes, avec une petite plaie cutanée. Laver la région (savon, alcool, éther). Débrider la plaie ; désinfecter le foyer de fracture, sans traumatiser la région, enlever les caillots de sang, laver avec de l'eau bouillie, sans user des antiseptiques ; drainer et suturer très peu ou pas du tout. Appliquer un pansement aseptique. Coapter enfin les fragments, comme il a été dit plus haut et les immobiliser dans une gouttière plâtrée.

2° **Fracture compliquée comminutive** à gros fragments, sans lésions vasculaires graves, avec lésions musculaires et cutanées plus ou moins étendues. — Laver, débrider largement, désinfecter la plaie par un courant abondant d'eau bouillie ou de sérum de Hayem. On se comporte ensuite différemment selon les lésions du squelette.

S'il n'y a que deux fragments principaux, taillés obliquement. — On dégage les pointes, on coapte les os et, si c'est nécessaire, on les suture.

Si avec ces deux fragments principaux on trouve un ou plusieurs fragments intermédiaires inversés, placés de champ. — On les redresse, pour rétablir la continuité longitudinale de l'os, en pratiquant la suture ou l'enchevillement, si c'est nécessaire.

Les fragments multiples, qu'on peut rapprocher, et enclaver l'un dans l'autre, sont suturés.

Les fragments incapables de vivre sont enlevés et on rapproche ceux qui restent, au risque de raccourcir le membre, en les fixant par la suture, par la ligature ou l'enchevillement.

C'est seulement dans le cas de lésions vasculaires notables, avec attrition grave des parties molles et du squelette, qu'on sera autorisé à pratiquer l'amputation d'emblée, laquelle devra être aussi économique que possible.

Traitement des pseudarthroses. — Ouvrir le foyer ; supprimer les tissus fibreux qui unissent et séparent les fragments ; aviver ces derniers, à l'aide de la rugine, des ciseaux et fixer les surfaces avivées en contact par la suture ou l'enchevillement.

VARICES DU MEMBRE INFÉRIEUR

Symptômes. — **Varices profondes.** — Fatigue par la station verticale prolongée, œdème malléolaire le soir, fatigue rapide à la marche, crampes dans le mollet; le mollet est douloureux à la pression.

Varices superficielles. — Les veines apparaissent dilatées, tortueuses, surtout dans la station verticale, diminuent au lit; nouures, noyaux calcaires (phlébolites). Tous les signes des varices profondes qui coexistent avec les varices superficielles; coloration brunâtre des téguments.

Complications. — *Rupture d'une varice superficielle*, hémorragie abondante, sans tendance à l'arrêt spontané, quelquefois mortelle. *Rupture d'une varice profonde*, douleur vive, *coup de fouet*, avec ecchymose du mollet. *Ulcères variqueux. hlébite variqueuse.*

Traitement. — 1° **Palliatif.** — Repos au lit. Cessation du travail. Suppression des jarretières et de tout lien gênant la circulation en retour. Compression régulière, circulaire, uniforme du membre inférieur, soit à l'aide d'*un bas élastique*, soit à l'aide *des bandes*. Bas ou bandes doivent être mis le matin, avant le lever.

2° **Curatif.** — Résection et ligature des grosses veines superficielles : saphène interne, anastomose intersaphène. De la sorte, le reflux du sang de haut en bas est empêché. Il faut ensuite prescrire la compression par les bas ou les bandes.

L'*hémorragie* est arrêtée par une compression forte, avec repos au lit.

ULCÈRES DE JAMBE

On désigne ainsi le plus souvent *les ulcères variqueux*.

Symptômes. — Ulcération siégeant généralement à la face interne de la jambe, dans ses 2/3 inférieurs; survenant après un traumatisme léger, une écorchure, une hémorragie variqueuse; augmentée par la fatigue; bilatéralité fréquente. Dimensions variables en largeur et en hauteur. Ulcère en surface ou profondément creusé ; fond bourgeonnant, saignant facilement (ulcère fongueux) ; fond livide, pâle, bords décollés (ulcère atonique). Au voisinage, peau pigmentée, sèche, siège de dermatoses diverses, adhérente à la profondeur, mal nourrie. Varices superficielles et profondes de tout le membre, avec leurs troubles divers.

Diagnostic. — **Ne pas confondre** avec l'ulcération syphilitique, fistules tuberculeuses ou gommes cutanées tuberculeuses, cancroïde, ecthyma simple, etc.

Traitement. — **Ulcère peu étendu, peau saine.** — Eradication de l'ulcère au bistouri, suture des lèvres de la plaie. Traiter les varices par la résection et l'oblitération des veines.

Ulcère étendu, peau malade. — Repos absolu au lit ; si l'ulcère est infecté, à bords lymphangitiques, pansements humides avec antiseptiques faibles.

Puis applications journalières de la pommade suivante :

Extrait vert populus nigra..............	àà 3 grammes.
— jaune — balsamifera........	
— aqueux — trémula............	
— — Atropa belladona...	àà 0gr,50
— — Hyoscyamus niger.........	
— — Solanum nigrum..........	
— — Papaver somniferum......	
— — Balsamum peruvianum	
Axonge lavée et purifiée..................	40 grammes.

Ulcère fongueux à fond bourgeonnant. — Cautériser les bourgeons charnus avec le crayon au nitrate d'argent. Greffes épidermiques.

Ulcère atonique. — Circonvallation de l'ulcère ; incision circulaire à un centimètre des bords de l'ulcère, pour sectionner les filets nerveux. Élongation du nerf cutané qui commande la région de l'ulcère. Pansements au vin aromatique. Onguent styrax. Bandelettes de diachylon. Pansements à l'alcool.

Lorsque la guérison est impossible, que l'ulcère est trop étendu, que les muscles, les os sont infiltrés, que le membre est inutile et douloureux, on est autorisé à pratiquer l'amputation.

MÉDECINE OPÉRATOIRE

Ligatures de la tibiale antérieure. — 1° Au tiers inférieur de la jambe (fig. 261). — *La ligne d'incision* va de la dé-

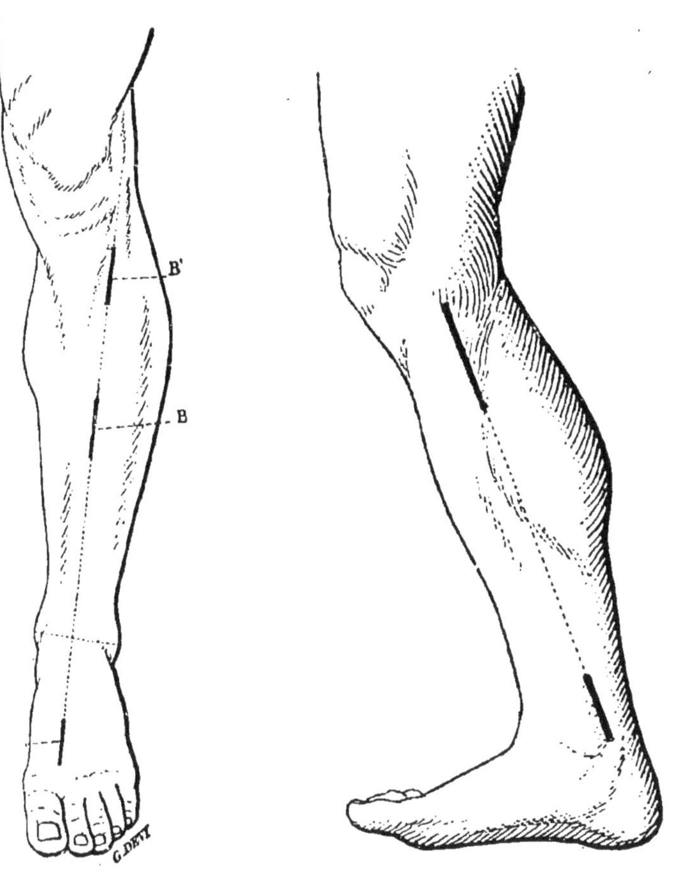

Fig. 261. — Ligne d'opération de la pédieuse, A ; et de la tibiale antérieure, BB'.

Fig. 262. — Ligne d'opération de la tibiale postérieure.

pression antépéronière, située entre la tête du péroné et le tubercule de Gerdy, au milieu de l'espace intermalléolaire antérieur, en dehors du tendon jambier antérieur. Incision sur cette ligne, longue de 6 centimètres, de la peau d'abord, de l'apovrénose ensuite. Sentir avec l'index gauche la crête du tibia, en dehors d'elle, le tendon jambier antérieur ; plus en dehors, le tendon de l'extenseur propre. Le paquet vasculo-nerveux est entre ces deux muscles. Lier de dehors en dedans.

2° **Au tiers supérieur.** — Incision cutanée de 8 centimètres sur la ligne d'incision; sous la lèvre interne de la plaie, piquer l'aponévrose, glisser une sonde de dedans en dehors; jusqu'à être arrêté par une cloison résistante; ouvrir l'aponévrose sur la sonde. Ramener celle-ci de dehors en dedans, le premier espace senti est le bon ; inciser l'aponévrose de haut en bas sur cet espace; écarter les muscles. L'artère est profonde et elle émet des branches musculaires, qui servent de guide.

Ligature de la tibiale postérieure (fig. 262) **au niveau du mollet.** — Le sujet, étendu sur le dos, a la jambe fléchie reposant sur son bord externe. L'opérateur est en dehors. inciser la peau à un travers de doigt derrière le bord interne du tibia, parallèlement à lui, sur une longueur de 10 centimètres, en respectant la veine saphène externe. Couper l'aponévrose le long du bord interne du jumeau et rejeter ce muscle en dehors. Inciser le soléaire perpendiculairement à sa surface avec le bistouri tenu horizontalement, le plus loin possible du bord tibial. Quand on rencontre l'aponévrose intra-musculaire du soléaire, procéder avec attention, car il y a peu de fibres musculaires au-dessous. Au-dessous d'une fine aponévrose, est l'artère, placée en dedans du nerf tibial postérieur.

Amputation de la jambe. — **Au lieu d'élection**, c'est-à-dire à cinq travers de doigt au-dessous de l'interligne du genou (fig. 264).

PROCÉDÉ A LAMBEAU EXTERNE (fig. 265). — Marquer le lambeau qui aura le diamètre de la jambe, plus 3 centimètres en longueur, et en largeur la demi-circonférence de la jambe.

Inciser le lambeau externe en U, la branche antérieure située en dedans de la crête tibiale, la branche postérieure moins longue de 2 centimètres que l'antérieure. Incision transversale interne, du sommet de la branche postérieure à 2 centimètres sous le sommet de la branche antérieure. Mobiliser les téguments, que l'aide rétracte. Couper l'aponévrose le long du bord interne du tibia : couper les muscles antérieurs transversalement, suivant le contour du lambeau. Disséquer les muscles antérieurs, les détacher de l'os et de l'aponévrose interosseuse en respectant l'artère tibiale antérieure, le relever de bas en haut jusqu'à la base du lambeau. Saisir les chairs postérieures et les couper de bas en haut, en creusant de plus en plus dans la profondeur jusqu'au lieu de section osseuse. Couper les muscles profonds postérieurs transversa-

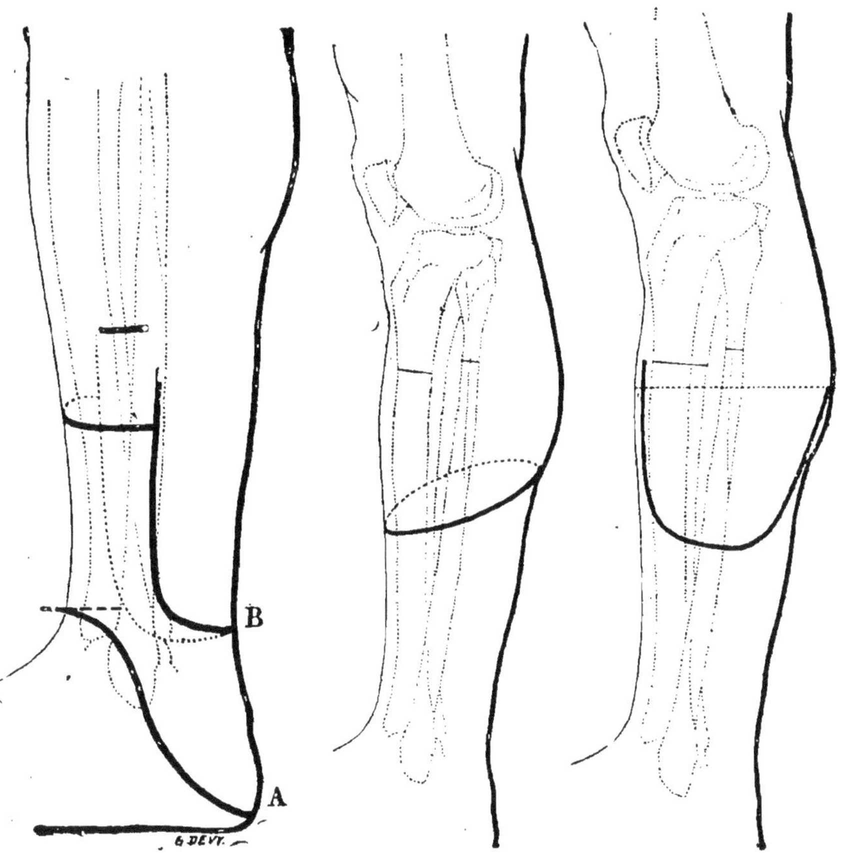

Fig. 263. — A, ellipse; B, à deux lambeaux inégaux.
Fig. 264. — Méthode circulaire.
Fig. 265. — Méthode à lambeau externe.

lement et le ligament interosseux. Relever sur les deux os une manchette périostique de 2 centimètres, à la rugine. Application de la compresse à trois chefs. Scier en commençant et en finissant par le tibia, en coupant le péroné à un centimètre plus haut que le tibia et en abattant la crête du tibia. Suturer les muscles profonds au catgut. Suturer la peau. Pansement compressif.

VII. — MALADIES DU COU-DE-PIED

ENTORSE DU COU-DE-PIED

Symptômes. — Gonflement d'intensité et d'étendue variables ayant son maximum à l'interligne ; quelquefois ecchymose légère, soit en dehors, soit en dedans. Douleur vive à la pression sur les ligaments antéro-externes, au bord antérieur et au sommet de la malléole externe (*entorse tibio-tarsienne externe*), avec douleur provoquée par l'adduction du pied, ou bien par l'abduction et la pression sur la pointe de la malléole interne (*entorse tibio-tarsienne interne*). Les mouvements passifs du pied sont à peu près intacts. Pas de mobilité transversale du pied. On peut reconnaître l'arrachement de la pointe des malléoles. Troubles fonctionnels : impossibilité de la marche, contracture musculaire, douleur par le moindre mouvement. La douleur sur l'interligne tibio-péronier révèle le diastasis de cette articulation.

Traitement. — Repos au lit. Compression ouatée pendant quelques jours, pour laisser tomber l'irritation et diminuer le gonflement. Massage précoce, mobilisation légère. Bains de pied très chauds.

FRACTURES MALLÉOLAIRES

Symptômes. — **1° Fracture de la malléole externe par arrachement.** — Pas de déplacement ; déformation minime ; gonflement limité à la région malléolaire externe : ecchymose linéaire. Douleur à la pression, localisée à la base de la malléole ; quelquefois on sent une rainure, un peu de mobilité, de la crépitation, en portant le pied dans l'adduction.

2° Fracture bi-malléolaire par adduction. — Gonflement de tout le cou-de-pied ; impotence fonctionnelle absolue ; pied transporté en dedans ou en dehors ; ecchymose. Douleur à la base de la malléole externe ; possibilité de produire le *ballottement* de l'astragale.

3° Fracture de Dupuytren (fig. 266 et 267). — Impossibilité de marcher. Gonflement en anneau du cou-de-pied. Transport du pied en dehors de l'axe de la jambe. Transport du pie en arrière, se traduisant par la diminution de longueur du dos du pied, par la saillie des tendons extenseurs soulevés par le tibia, par la saillie du talon (Tillaux). Elargissement de l'espace intermalléolaire. Saillie de la base de la malléole interne qui peut perforer la peau primitivement ou secondairement. *Coup de hache de Dupuytren* : Encoche ouverte en

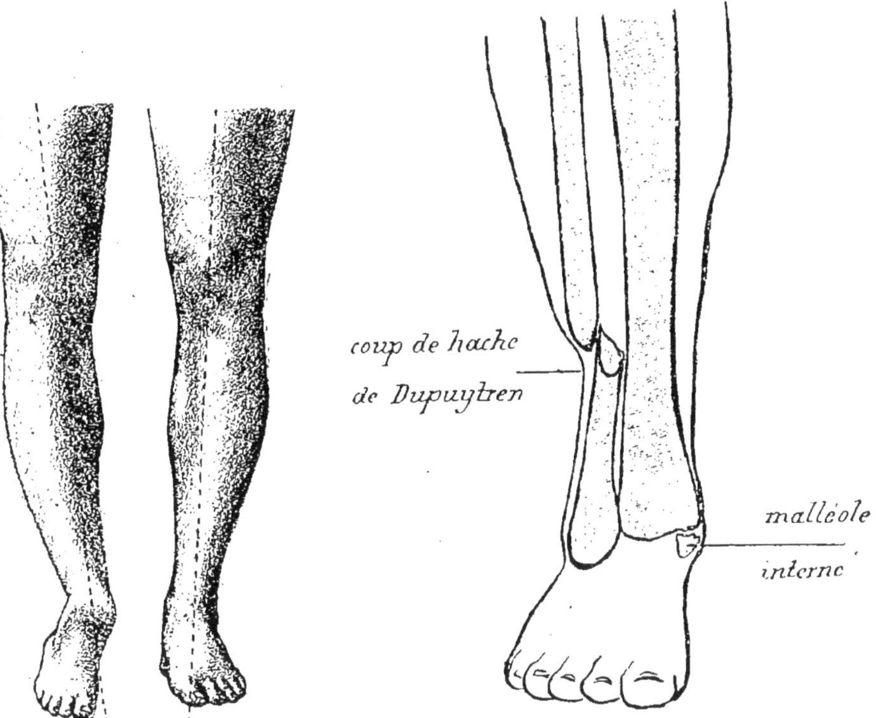

Fig. 266. — Fracture de Dupuytren (Hoffa).

Fig. 267. — Fracture de Dupuytren

dehors, à 6 ou 8 centimètres au-dessous de la pointe de la malléole. Ballottement de l'astragale. Crépitation.

Traitement. — **Fracture de la malléole externe.** — *Il n'y a pas de déplacement.* — Repos au lit pendant 15 jours, pendant lesquels on exécute la compression élastique, le massage, la balnéation chaude.

Il y a déplacement. — Réduire en bonne position ; immobiliser dans un plâtre pendant trois semaines. Puis massage.

Fractures bi-malléolaires par abduction et fractures de

Dupuytren. — Il faut réduire en bonne attitude, sous chloroforme si c'est nécessaire, en exagérant la correction, c'est-à-dire le pied étant à *angle droit* sur la jambe ou le dépassant et étant *en varus forcé*. On immobilise dans un plâtre, selon les préceptes énoncés précédemment. Surveiller chaque jour le déplacement, qui a tendance à se reproduire. Dès le 25e ou le 30e jour, commencer à masser et à mobiliser, en maintenant le pied dans le plâtre dans l'intervalle des séances de massage. Le 40e jour, la consolidation est généralement suffisante.

Si la déviation est irréductible, suturer ou encheviller les fragments.

FRACTURES DE L'ASTRAGALE

Symptômes. — **Fractures du col.** — Douleur vive à ce niveau, crépitation par les mouvements de latéralité.

Fractures du corps. — Tuméfaction intermalléolaire, les malléoles se rapprochant du sol ; crépitation en sac de noix quelquefois.

Traitement. — Il n'y a véritablement qu'un seul traitement, c'est l'astragalectomie ; on extirpe les deux fragments, on immobilise dans un plâtre pendant 30 jours ; puis massage et mobilisation progressives.

LUXATIONS TIBIO-TARSIENNES

Luxations latérales. — Elles sont une complication : la luxation en dehors de la fracture de Dupuytren, la luxation en dedans de la fracture bi-malléolaire.

Luxations du pied en arrière. — Incomplète ou complète, selon le degré.

Symptômes. — Raccourcissement du dos du pied, allongement du talon ; l'axe de la jambe est reporté en avant. On sent en avant le plateau tibial, soulevant les tendons extenseurs ; en arrière, la courbe concave du tendon rotulien et en avant de lui, la poulie astragalienne. Mobilité anormale dans le sens transversal. Crépitation quelquefois, révélant des fractures malléolaires.

Diagnostic. — **Ne pas confondre** avec **la** *fracture sus-malléolaire* avec trait de fracture oblique en bas et en avant.

Luxations du pied en avant. — *Symptômes.* — Allongement de la face dorsale du pied : effacement du talon ; absence du relief du tendon d'Achille ; abaissement des malléoles. On sent en avant la poulie de l'astragale superficiellement placée.

Traitement des luxations tibio-tarsiennes. — Réduire en bonne position par tractions exercées à la fois sur la jambe et sur le pied, aidées de pressions directes. Immobiliser, jusqu'à ce qu'il n'y ait aucune tendance à la luxation, ce qui dépend de l'état du squelette. Puis massage, mobilisation, électrisation des muscles.

AFFECTIONS INFLAMMATOIRES

Symptômes. — Les synovites aiguës ou chroniques, les arthrites ont les mêmes caractères généraux qu'au niveau du poignet. Les caractères propres ne tiennent qu'aux particularités anatomiques de la région du cou-de-pied. Elles peuvent provenir des mêmes causes.

Traitement. — Elles sont justiciables du même traitement.

ARTHRITE TUBERCULEUSE

Symptômes. — **Période de début.** — Douleur provoquée par la marche, la station debout, localisée dans la jointure et irradiée dans le membre entier. Fatigue rapide. Gonflement en anneau autour du cou-de-pied. Douleur à la pression de l'interligne ; fluctuation, en cas d'hydarthrose ; rénitence en cas de synovite fongueuse. Le pied est en équinisme. Douleurs provoquées par les tentatives de mobilisation. Atrophie des muscles du mollet.

Période de suppuration. — Existence d'abord d'abcès fluctuants, au voisinage de l'articulation, qui s'ouvrent et donnent lieu à des fistules multiples conduisant le stylet explorateur dans l'interligne.

Diagnostic. — **Ne pas confondre** avec les arthrites blennorragiques, rhumatismales, chroniques, tabétiques, sèches ; avec la tuberculose de l'astragale, du calcanéum.

Traitement. — Au début, instituer le traitement général antituberculeux. Prescrire le repos du membre, par un appareil plâtré immobilisant le pied à angle droit sur la jambe.

Pour la marche, le malade ne se servira pas du membre malade. On peut associer au repos les pointes de feu superficielles ou profondes. Les injections de chlorure de zinc sont d'un secours douteux.

Dès qu'un abcès apparaît, ponction, suivie d'injection d'éther iodoformé. Ne jamais pratiquer l'incision au bistouri.

S'il existe des fistules, injecter de l'éther iodoformé, du thymol camphré, pratiquer des curettages partiels des surfaces osseuses malades.

Chez l'adulte, le traitement de choix est l'astragalectomie.

MÉDECINE OPÉRATOIRE

Ligature de la tibiale derrière la malléole interne (fig. 262). — Opérateur en dehors; sujet sur le dos, la jambe

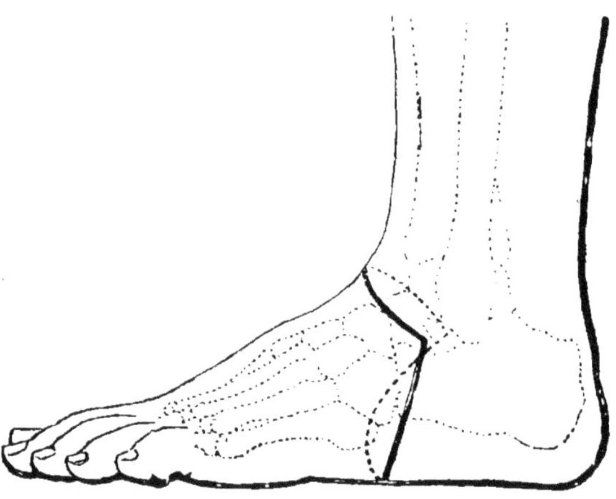

Fig. 268 — Lambeau talonnier : incision des téguments.

fléchie, reposant sur sa face externe, la cuisse en flexion et en abduction. Incision cutanée verticale, à égale distance du bord postérieur de la malléole et du tendon d'Achille, longue de 5 centimètres. Incision de l'aponévrose, tendue par la flexion du pied contre le tendon. Sentir avec les doigts les tendons fléchisseurs; l'artère est en dehors d'eux et en dedans du nerf tibial postérieur. La dénuder et la lier.

Désarticulation tibio-tarsienne. — 1° Lambeau talonnier; procédé de Syme. — Incision dorsale, exclusivement cutanée, partant d'un centimètre en avant et au-dessous de la malléole gauche, pour aboutir devant la malléole droite, en s'arrondissant au-devant de la tête astragalienne (fig. 268). Incision plantaire, unissant les deux extrémités de la précédente, oblique dans son ensemble en bas et en avant, coupant toutes les parties molles jusqu'à l'os. Mobiliser les téguments

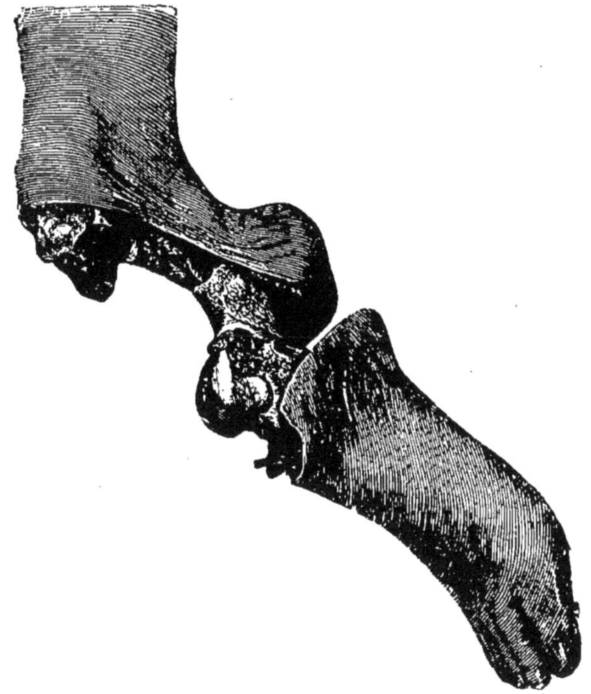

Fig. 269. — Amputation de Syme. Dénudation de la tubérosité calcanéenne.

du dos; couper les tendons, au niveau de la peau rétractée. Disséquer le lambeau supérieur jusqu'à l'interligne. Disséquer l'inférieur en dedans jusqu'à la petite apophyse du calcanéum en dehors aussi loin que possible, en bas sur 2 ou 3 centimètres.

Pour désarticuler. — Etendre le pied et couper le ligament antérieur, le porter en dedans et couper le ligament latéral externe, le mettre en abduction et couper prudemment le ligament latéral interne; attirer le pied en avant, détacher le tendon d'Achille au ras de l'os et dénuder celui-ci sur toutes ses faces, en le tordant en tous sens et en respectant les organes situés dans la gouttière calcanéenne (fig. 269). Scier le malléoles. Suturer les deux lambeaux.

Résection tibio-tarsienne. — La jambe repose sur sa face interne. Incision en T, comprenant une branche verticale, parallèle au bord postérieur du péroné, allant de la pointe malléolaire à 6 centimètres au-dessus et une incision horizontale, passant sous la malléole, longue de 4 centimètres, coupée en son milieu par la précédente. Dénuder le péroné à la rugine et détacher les ligaments externes. Tourner la jambe en dehors et pratiquer une incision verticale, longue de 6 centimètres, sur la face interne du tibia, à partir de la pointe de la malléole. Dénuder à la rugine les surfaces antérieure et postérieure du tibia et détacher le ligament latéral interne. En écartant convenablement les parties molles, on peut scier les extrémités osseuses, le péroné par la fente externe, le tibia par l'interne.

ASTRAGALECTOMIE

1er temps. — Le pied est étendu sur la jambe et en adduction.

Incision à 6 centimètres au-dessus de la malléole externe, sur le bord interne du péroné, descendant jusqu'au cuboïde.

Perpendiculairement à cette incision, tracer une incision de 3 centimètres jusqu'au-dessous de la malléole externe. — Section de la peau du tissu cellulaire sous-cutané, éviter de couper les tendons des péroniers : ouvrir l'articulation péronéo-tibiale, la tibio-tarsienne et l'astragalo-scaphoïdienne. Dénuder le col de l'astragale en sectionnant le ligament péronéo-astragalien antérieur, le faisceau superficiel du ligament en Y, le ligament interosseux, le ligament péronéo-calcanéen.

Puis incision postéro-externe, derrière la malléole conduisant à la face postérieure de l'article; section du faisceau postérieur du ligament latéral externe.

2e temps. — Incision antéro-interne, semi-circulaire, passant devant la malléole interne ; section du ligament deltoïdien et dégagement de l'astragale.

Incision postéro-interne, par laquelle on libère le bord postérieur de l'os.

3e temps. — Extraction de l'astragale avec le davier.

4e temps. — Toilette de la cavité astragalienne, excision de la synoviale (astragalectomie pour tumeur blanche), évidement des surfaces osseuses, curettage. Cautérisation, drainage.

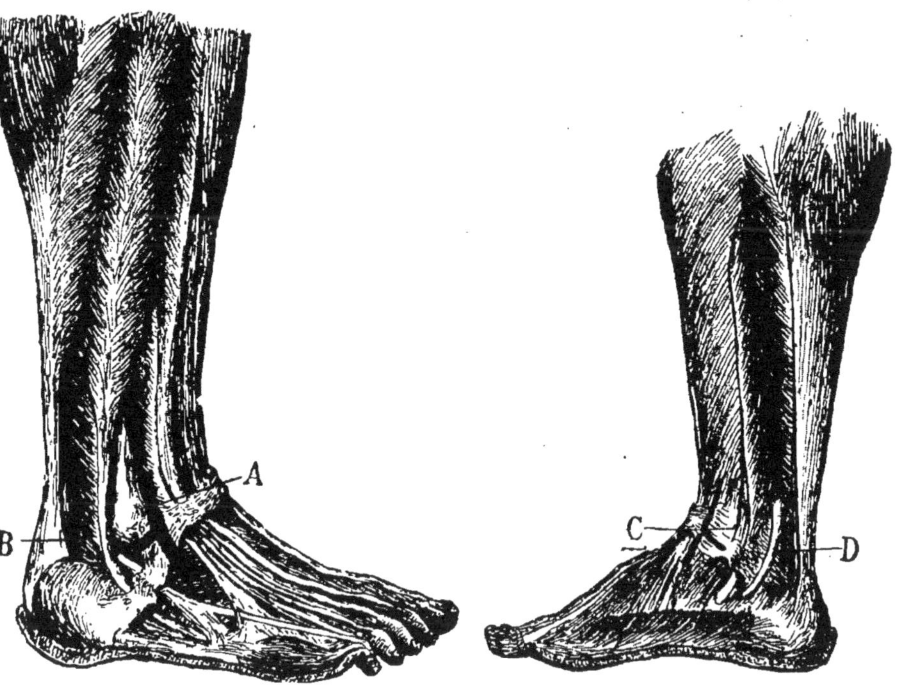

Fig. 270. Fig. 271.

A, Incision en avant de la malléole externe; B, contre-ouverture postéro-externe; C, incision en avant de la malléole interne; D, contre-ouverture postéro-interne.

Pansement. — Pied fléchi à angle droit, pansement iodoformé; gouttière plâtrée. — Pansements rares.

VIII. — PIED

FRACTURES DES MÉTATARSIENS

Symptômes. — Douleur vive, localisée à un point de l'os, provoquée en refoulant d'avant en arrière l'orteil correspondant. Ecchymose tardive, apparaissant dans les espaces interdigitaux voisins du métacarpien fracturé. Mobilité anormale et crépitation inconstantes. Le déplacement du fragment antérieur, quand il existe, se fait tantôt en haut, tantôt en bas.

Traitement. — Réduire le déplacement, quand il existe, par un petit appareil à attelles.

S'il n'existe pas, masser le pied d'emblée, maintenir le pied avec une bande et faire marcher le malade de bonne heure.

FRACTURES ET LUXATIONS DES ORTEILS

Symptômes. — Les mêmes que pour les fractures et luxations des doigts de la main.

TARSALGIE DES ADOLESCENTS

Synonymie. — Crampe du pied, pied plat valgus douloureux, impotence fonctionnelle du long péronier.

Symptômes. — 1re **Période. Pied plat simple.** — Chez un sujet généralement jeune, de 12 à 18 ans, se tenant debout par profession, existe une douleur vive dans un pied ou dans les deux pieds, apparaissant vers la fin de la journée; les jambes sont faibles et engourdies; la douleur disparaît au lit et par le repos; elle se localise et on peut la provoquer aux points suivants : articulations astragalo-scaphoïdienne et calcanéo-cuboïdienne, insertion plantaire du long péronier latéral. Le pied s'aplatit, perd sa concavité plantaire par la fatigue et la recouvre par le repos.

2e **Période. Pied plat valgus intermittent.** — Cette déformation, calmée par le repos, est provoquée par la fatigue. Le pied repose alors sur son bord interne. Le muscle long péronier latéral est affaibli : si l'on presse avec le pouce sur la tête du premier métacarpien, le malade ne peut vaincre cette résistance et ne peut reprendre la cambrure du pied.

3e **Période. Pied plat valgus permanent.** — Les contractures musculaires sont devenues permanentes. On sent la saillie des extenseurs du pied et du péronier antérieur. L'électrisation du long péronier ne modifie pas la forme du pied. La malléole interne et la tête de l'astragale font une saillie appréciable et se rapprochent du sol; le valgus est très prononcé. Douleurs vives, provoquées par la marche.

Traitement. — *Début.* — Repos absolu; le malade abandonnera les professions qui exigent la station verticale dans

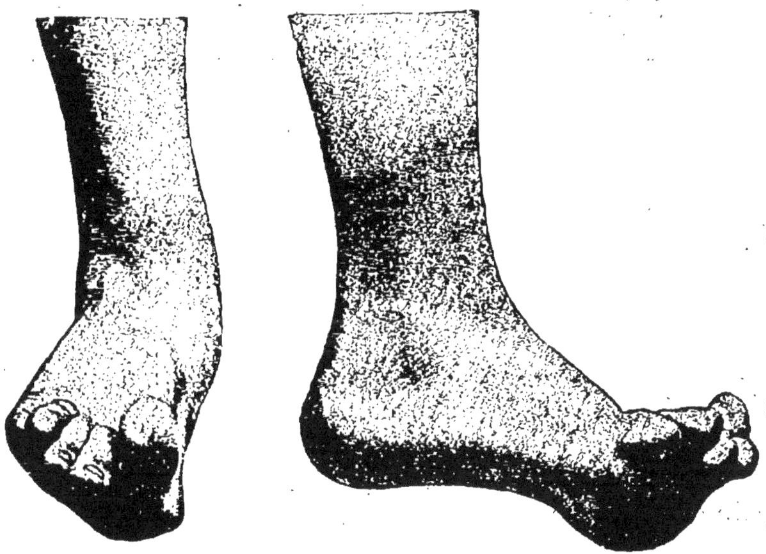

Fig. 272. — Pied plat paralytique.

l'immobilité; il choisira une profession assise ou une profession de marche; masser les muscles de la jambe, électriser le long péronier.

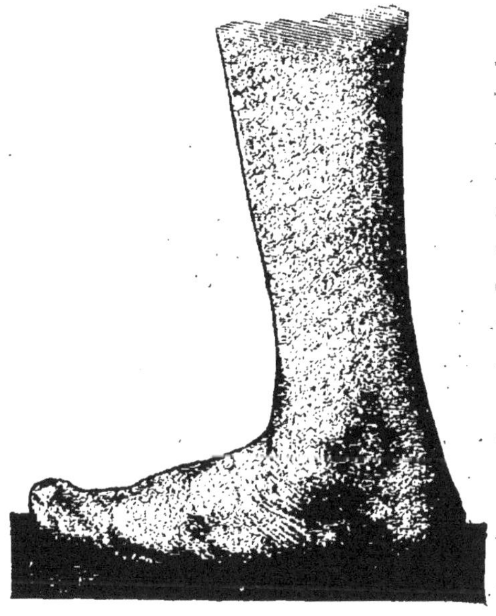

Fig. 273. — Pied plat paralytique.

2e *période*. — Immobiliser pendant quelque temps le pied dans un appareil plâtré, en le portant fortement en adduction et en rotation interne, pour combattre la contracture musculaire. Repos au lit.

Quand il a repris sa souplesse, masser et électriser les muscles; ne permettre la marche qu'avec des semelles spéciales, qui relèvent le bord interne du pied, rétablissent et soutiennent la voûte plantaire.

3e période. — Pratiquer une tarsectomie cunéiforme à base interne, qui corrige le valgus et rétablit la voûte plantaire.

PIEDS BOTS

Les plus fréquents sont le pied bot équin et le pied bot varus équin.

PIED BOT ÉQUIN

Symptômes. — S'observe surtout quand le membre inférieur est raccourci par une coxalgie ou une tuberculose du genou ; encore dans le cas de paralysie infantile, d'arrachement du tendon d'Achille. Le pied repose sur le sol par sa pointe ; la tête de l'astragale est subluxée en avant.

PIED BOT VARUS ÉQUIN

Causes. — Il est généralement congénital, plus rarement il est acquis et dû à la paralysie infantile.

Symptômes. — On remarque les déformations suivantes qui existent à des degrés variables : Adduction de l'avant-pied, la pointe du pied étant tournée en dedans et le bord externe regardant en avant ; enroulement du pied sur son bord interne, au niveau de l'interligne médio-tarsien. Il se forme ainsi un angle interne, ouvert en dedans, qui est obtus, droit ou aigu, selon le degré de la déviation. L'équinisme est variable et se caractérise par l'ascension du talon, par la rétraction du triceps, qui forme une corde dure sous la peau. Le pied se renverse sur son bord externe, de telle sorte que l'appui du membre peut arriver à se faire sur le dos du pied. Il existe des durillons et des bourses séreuses au niveau de ces points d'appui.

A la longue, l'aponévrose plantaire se rétracte et le pied se recroqueville en boule. L'atrophie des muscles de la jambe existe toujours à un degré variable. Il y a coexistence fréquente de genu valgum.

Traitement. — **1° Redressement manuel.** — Dans les cas de déformation réductible. — Corriger l'adduction et l'enroulement du bord interne, supprimer la flexion dorsale du pied et la supination du bord interne, combattre l'équinisme. Contenir le pied par un appareil plâtré pendant longtemps ; électriser les muscles ; soutenir ensuite le pied par des appareils orthopédiques.

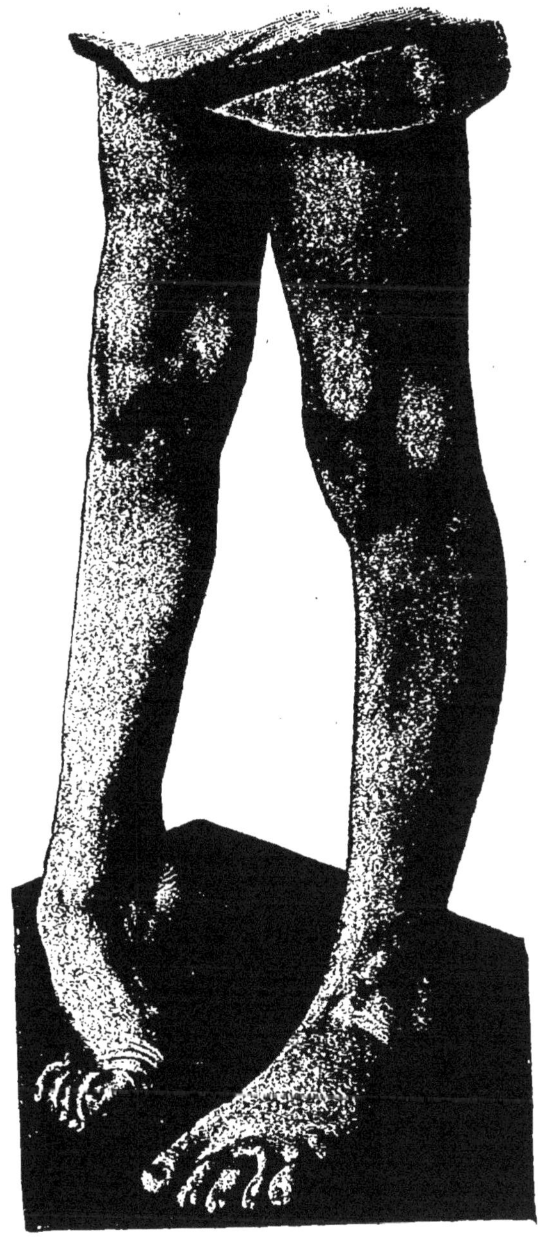

Fig. 274. — Pied équin paralytique.

2° Opérations sanglantes sans action sur le squelette.—Dans le cas de déformations osseuses moyennement accentuées.

Opération de Phelps. — Sectionner sur le bord interne du pied, au niveau du pli d'enroulement, la peau, l'aponévrose plantaire et toutes les parties molles jusqu'au squelette ; redressement forcé du pied ; ténotomie du tendon d'Achille, pour corriger l'équinisme ; pansement; appareil plâtré jusqu'à la guérison complète.

Opération de Kirmisson. — Kirmisson ajoute à la section de Phelps l'ouverture de l'interligne astragalo-scaphoïdien et même calcanéo-cuboïdien, si c'est nécessaire; il bourre la plaie de gaze iodoformée et met un plâtre en bonne attitude.

3° **Opérations sanglantes portant sur le squelette.** — En cas de déformations sérieuses du squelette.

Tarsectomie antérieure cunéiforme. — Elle consiste à enlever un coin osseux à base externe, comprenant le cuboïde, la tête de l'astragale, le scaphoïde, quelquefois les cunéiformes. Les résultats en sont imparfaits.

Tarsectomie postérieure. — Lucas-Championnière, dans le cas de pied bot invétéré, supprime l'astragale, la grande apophyse du calcanéum, le scaphoïde, le cuboïde, les cunéiformes et même une partie du 5e métatarsien. Il pratique la mobilisation précoce, après avoir mis en pratique ce principe que « l'œuvre de redressement du pied doit être achevée par l'opération ».

MAL PERFORANT PLANTAIRE

Symptômes. — Le début de l'affection est insidieux, caractérisé par l'apparition d'un durillon à l'un des points par lesquels le pied appuie sur le sol, tête du premier ou du cinquième métatarsien, talon. Puis le durillon tombe, laissant à nu une plaie généralement anfractueuse, à bords indurés, complètement insensibles au toucher et à la piqûre; l'écoulement qui s'y fait est modéré. A la longue, l'os voisin se nécrose, l'articulation est envahie. Pas de tendance à la guérison.

Traitement. — Il faut d'abord s'adresser à la cause, la reconnaître et la traiter convenablement : tabes surtout, diabète, alcoolisme, etc. Repos absolu au lit. Panser aseptiquement. On fera utilement l'évidement de l'ulcération ou l'amputation du métatarsien et de l'orteil.

Quand il y a ostéite et arthrite, il faut savoir que l'ulcération peut persister ou revenir dans la cicatrice. On a proposé (Chipault) l'**élongation** du nerf tibial postérieur, qu'on va chercher derrière la malléole interne, ou bien le **hersage** du même nerf : les résultats de ces deux manœuvres sont encore discutés.

ONGLE INCARNÉ (fig. 275).

Symptômes. — Ulcération située généralement dans la rainure onguéale externe du gros orteil, avec production de bourgeons rougeâtres; douleurs très vives; complications infectieuses diverses. Elle peut occuper les deux rainures et siéger à d'autres orteils.

Traitement. — **Préventif.** — Couper l'ongle carré et non rond; propreté extrême; porter des chaussures carrées. Introduire avec un instrument mousse un lit d'ouate entre les bourgeons charnus et l'ongle, lequel est soulevé et cesse d'être irritant et douloureux.

Curateur. — On peut pratiquer l'anesthésie, soit à l'aide de la cocaïne, soit par la réfrigération avec l'éther ou le chlorure d'éthyle, après constriction préalable de la racine de l'orteil. Plusieurs procédés de cure radicale.

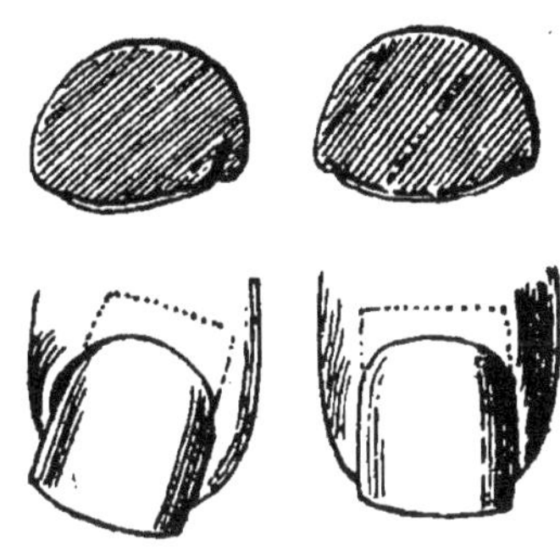

Fig. 275. — Ongle incarné.

1° *En cas d'onyxis unilatérale*, supprimer un quadrilatère comprenant la moitié externe de l'ongle, les bourgeons charnus et la partie correspondante de la matrice onguéale.

2° *Arracher l'ongle* complètement et, lorsqu'il pousse à nouveau, veiller à ce qu'il ne blesse pas.

3° *En cas d'onyxis bilatérale*, appliquer le procédé de Guérin : arracher l'ongle en totalité; supprimer à l'aide du bistouri toute la matrice, laquelle s'étend de la lunule au voisinage de l'articulation interphalangienne; suturer tout ce qui reste de peau sur le dos de l'orteil ; la réunion est parfaite, mais l'ongle ne pousse plus.

TALALGIE

Symptômes. — Douleur vive, provoquée par la marche et localisée à la face inférieure du talon; elle siège dans le tissu cellulo-graisseux ou plutôt dans la bourse séreuse située au niveau des tubérosités calcanéennes. Elle reconnaît souvent pour cause le développement d'exostoses sous ou rétro-calcanéennes, constatables par la radiographie.

Traitement. — 1° **Palliatif.** — Faire porter au malade des chaussures dont le talon sera excavé intérieurement et garni d'ouate.

2° **Curatif.** — Incision en fer à cheval au niveau du talon. Aller jusqu'à l'os et reconnaître l'exostose sous-calcanéenne; la faire sauter au ciseau et au maillet et ruginer son point d'implantation. Ablation aux ciseaux mousses du tissu cellullaire ou de la bourse séreuse développée à ce niveau.

Dans le cas d'exostose rétro-calcanéenne, incision parallèle au bord du tendon d'Achille; même technique.

MÉDECINE OPÉRATOIRE

Désarticulation médio-tarsienne. Amputation de Chopart. — Notions anatomiques. — L'articulation est double, formée en dedans par l'articulation astragalo-scaphoïdienne, en dehors par l'articulation calcanéo-cuboïdienne. Le ligament en Y est commun aux deux articulations; attaché en arrière à la partie interne de la grande apophyse du calcanéum, il s'attache en avant par un faisceau interne au scaphoïde, par un faisceau externe au cuboïde. Il est la clef de l'articulation de Chopart. Il ne forme pas un simple trait, mais une vraie cloison verticale, qu'il faut sectionner dans toute sa hauteur. La direction générale de l'interligne est transversale.

Manuel opératoire. — L'opérateur tient le pied avec la main gauche, pouce en dessous, doigts en dessus; un aide fixe la jambe et rétracte la peau. Reconnaître *les points de repère :* en dedans *le tubercule du scaphoïde*, derrière lequel se trouve l'interligne; il est saillant à 2 centimètres devant la malléole interne; en dehors, le *tubercule du* 5e *métatarsien*; l'interligne est à un travers de doigt derrière lui.

1. Méthode a lambeau plantaire unique (fig. 276). — Incision dorsale, tirée de gauche à droite, finissant en dedans sur le tubercule du scaphoïde, en dehors à un doigt derrière le tubercule du 5e métatarsien, convexe en avant, coupant à

fond la peau et les tendons jusqu'au squelette. Relever les orteils, pour bien voir la plante.

Incision plantaire : le couteau, mis dans l'extrémité gauche de l'incision dorsale, coupe d'arrière en avant sur le bord du pied, s'arrondit sous les articulations métatarso-phalan-

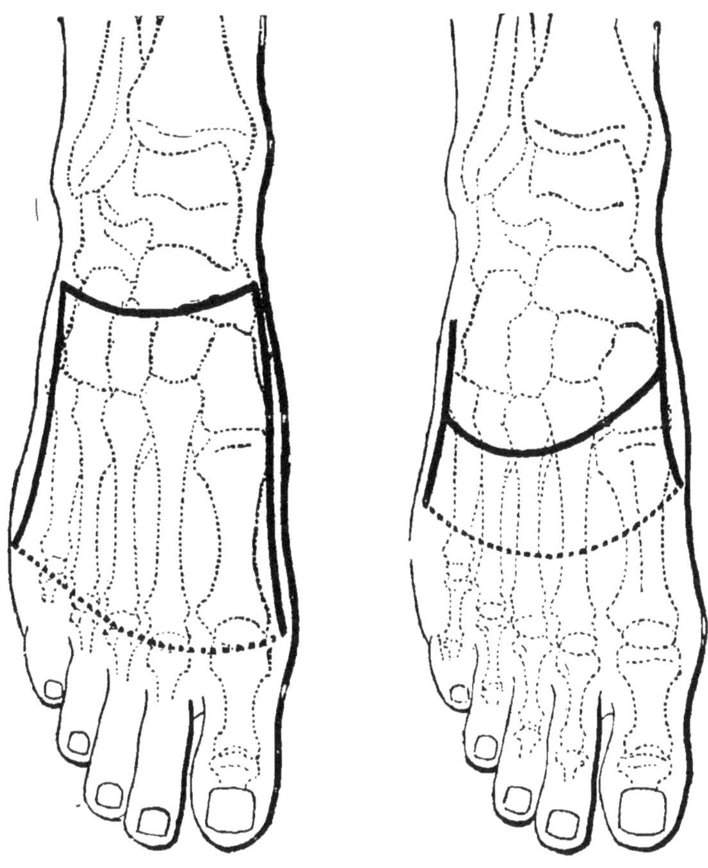

Fig. 276. — Méthode à lambeau plantaire unique.

Fig. 277. — Incision dorsale.

giennes, suit le bord droit du pied jusqu'à l'incision dorsale.

Dissection du lambeau plantaire : confier les orteils à l'aide, dénuder la tête des métatarsiens et leur face inférieure sur la moitié de leur longueur.

Désarticulation : l'aide rétractant les téguments, l'opérateur porte le pied en varus, coupe le ligament calcanéo-cuboïdien supérieur et l'astragalo-scaphoïdien ; puis il fléchit le pied, fait bâiller l'interligne et coupe le ligament en Y ; il désinsère les ligaments plantaires, sectionne le jambier postérieur, le long péronier. Il réarticule, engage le couteau à plat sous le

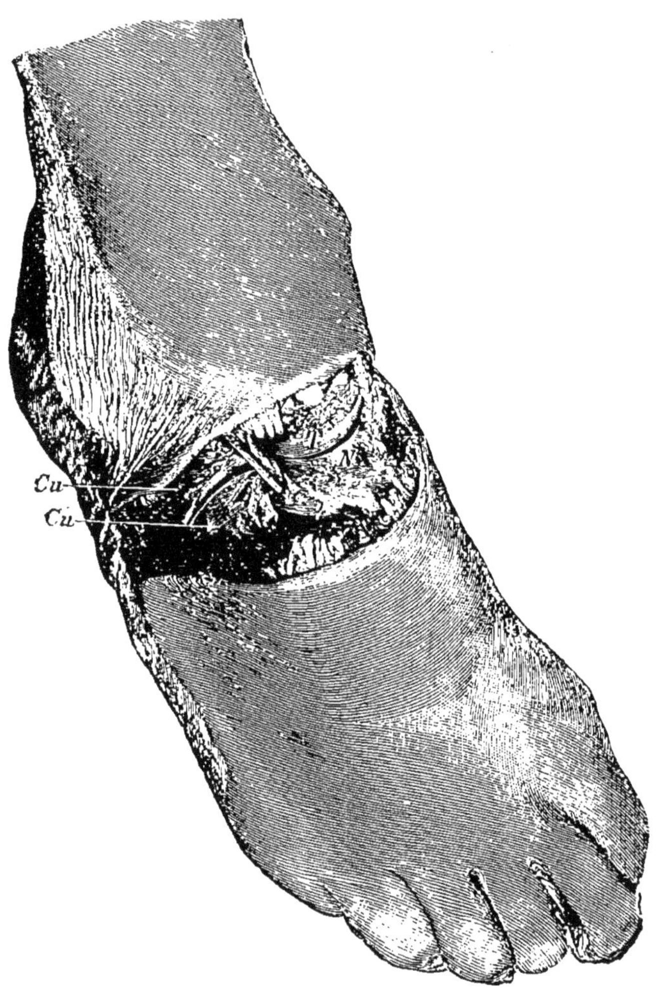

Fig. 278. — Interligne de Chopart.

T, tête de l'astragale ; N, scaphoïde ; Na, calcanéum ; Cu, cuboïde.

pied, tranchant en avant et rase la face inférieure des os jusqu'à ce qu'il sorte là où le lambeau inférieur a été arrêté.

2. Méthode a deux lambeaux inégaux, le plantaire plus long que le dorsal (fig. 277). — Inciser le lambeau plantaire, qui va du tubercule du scaphoïde à un doigt derrière le tubercule

du 5e métatarsien, longe les bords du pied et est long de 4 à 5 travers de doigt. Couper le lambeau dorsal par une incision suivant les deux bords de l'incision plantaire et limitant un lambeau qui mesure 2 centimètres à ses bords, 4 centimètres au centre. Aller à fond jusqu'au squelette. Entailler en partie les chairs plantaires, comme on vient de le voir. Relever le lambeau dorsal jusqu'à l'interligne. Désarticuler. Réarticuler et achever l'entaille des chairs plantaires. Ligature des vaisseaux. Suture de la peau. Pansement.

Désarticulation tarso-métatarsienne. Opération de Lisfranc. — NOTIONS ANATOMIQUES (fig. 279). — L'interligne est sinueux. Entre le 1er métatarsien et le 1er cunéiforme, oblique en dehors et en avant; entre les 4e et 5e métatarsiens et le cuboïde, oblique en dedans et en avant; entre le 3e métatarsien et le 3e cunéiforme, transversal, entre le 2e métatarsien et le 2e cunéiforme, transversal, mais situé à 5 millimètres derrière le précédent et à 10 millimètres derrière le premier espace cunéo-métatarsien. Les ligaments consistent en des trousseaux fibreux à la face dorsale et à la face plantaire, ceux-ci moins solides; un ligament interosseux résistant, *clef de l'articulation*, s'étend du 1er cunéiforme au 2e métatarsien.

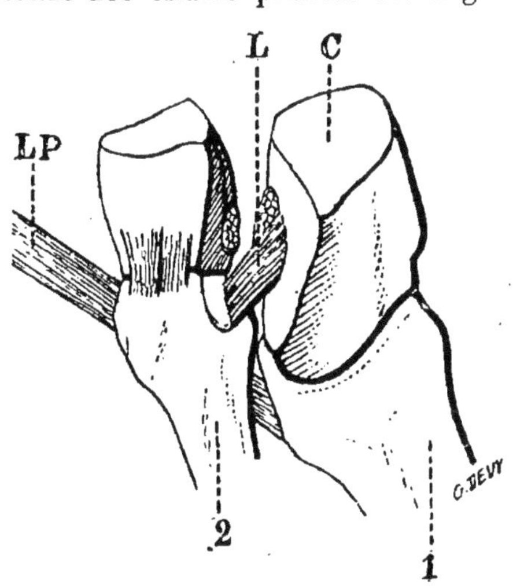

Fig. 279. — Ligament de Lisfranc.

L, Ligament du 1er cunéiforme. C, au 2e métatarsien; PL, muscle long péronier latéral.

Manuel opératoire. — L'opérateur tient le pied de la main gauche, pouce en dessus, doigts en dessous, un aide maintient la jambe et rétracte la peau. Reconnaître les *points de repère :* en dehors, le *tubercule du 5e métatarsien ;* en dedans, le *tubercule du 1er métatarsien*, à 2 millimètres en avant de l'interligne. L'extrémité interne de l'interligne est à 2 centimètres en avant de l'extrémité externe.

MÉTHODE A DEUX LAMBEAUX INÉGAUX. — Grand lambeau plantaire, petit lambeau dorsal (cicatrice dorsale). — Incision cutanée dorsale tirée transversalement d'un bord à l'autre du pied (fig. 280), convexe en avant; elle finit en dedans à 2 centimètres en avant du tubercule du 1er métatarsien, en dehors à 1 centimètre devant le tubercule du 5e. Couper les tendons au ras de la peau rétractée jusqu'à l'os. Relever les orteils; l'incision plantaire unit les deux extrémités de l'incision dorsale, suit les bords du pied, s'arrondit dans le pli digito-plantaire.

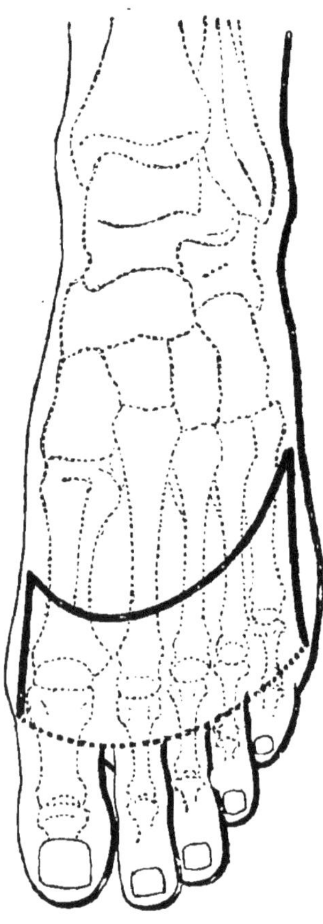

Fig. 280. — Méthode à deux lambeaux inégaux.

L'aide relevant les orteils, disséquer le lambeau au ras de l'os jusqu'au delà des têtes métatarsiennes; bien libérer les bords latéraux (fig. 281). Le pied étant remis horizontal, relever le lambeau dorsal jusqu'au-dessus de l'interligne. Désarticuler : ouvrir le 1er interligne métatarso-cunéen; porter l'avant-pied en dedans et ouvrir les interlignes cuboïdo-métatarsiens, puis le 3e espace cunéo-métatarsien ; abaisser l'avant-pied, reconnaître le 2e espace cunéo-métatarsien et l'ouvrir ; enfoncer le couteau horizontalement, entre le 1er et le 2e métatarsien, jusqu'à ce qu'il refuse d'avancer, le tranchant en haut, soulever le manche du couteau, sans laisser glisser la pointe, pendant qu'on presse sur l'avant pied ; le ligament interosseux de Lisfranc étant sectionné, l'articulation bâille ; désinsérer les ligaments plantaires, raser la face inférieure des os, jusqu'à ce que l'avant-pied soit complètement détaché.

Désarticulation du petit orteil — PROCÉDÉ A LAMBEAU DORSAL ET EXTERNE (fig. 284). — Incision cutanée, dorsale, commençant à 2 millimètres devant l'interligne, parallèle au tendon extenseur et en dehors de lui, dépassant le pli phalangophalanginien, se portant à la face plantaire et gagnant, par un trajet oblique, l'extrémité interne du pli digito-plantaire aboutissant enfin au point de départ. Disséquer le lambeau; couper le tendon fléchisseur et désarticuler.

Désarticulation du gros orteil. — PROCÉDÉ A LAMBEAU

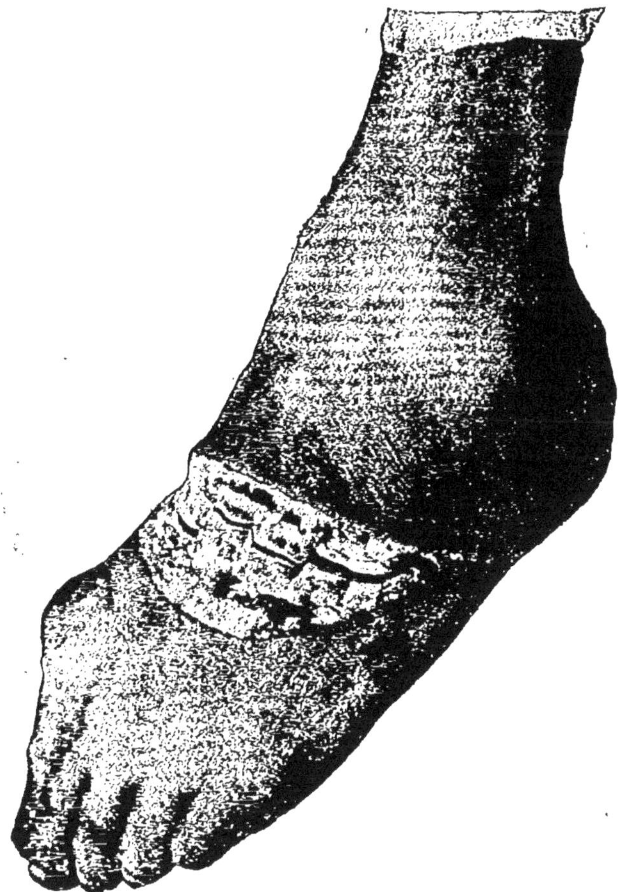

Fig. 281. — L'interligne est mis à nu sur le dos du pied.

PLANTAIRE ET INTERNE (fig. 283). — Incision cutanée commençant à 2 millimètres en avant de l'interligne, descendant parallèlement au tendon extenseur et en dedans de lui sur une longueur de 2 centimètres; suivant le pli phalango-phalangettien, se recourbant vers le pli interdigital et aboutissant au point de départ. Disséquer le lambeau, couper le tendon fléchisseur; tirer sur l'orteil, reconnaître, ouvrir l'interligne, détacher la phalange, en laissant les sésamoïdes adhérer au métatarsien.

Désarticulation d'un orteil du milieu. — Méthode ova-

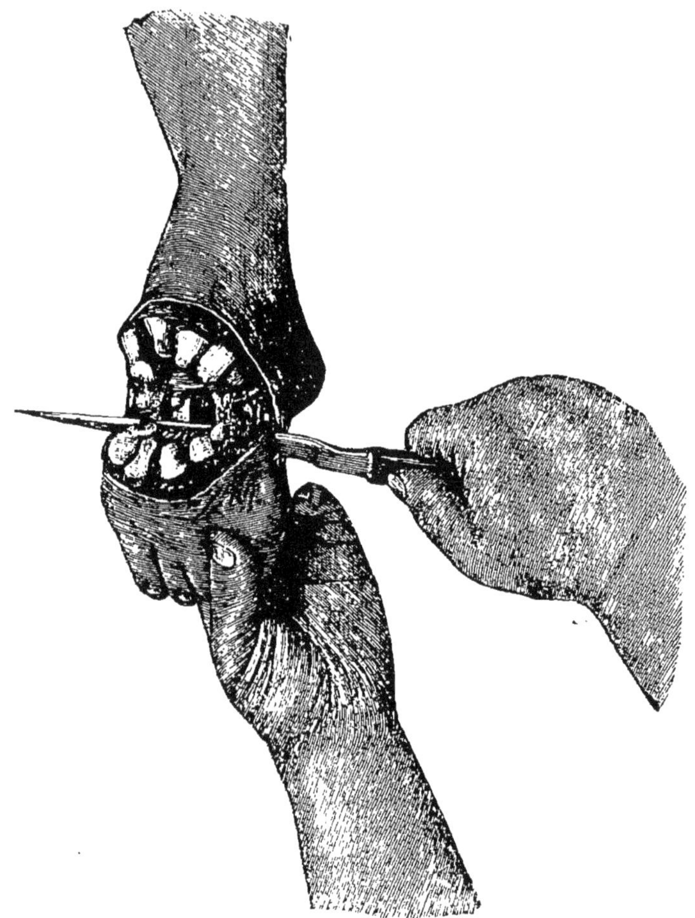

Fig. 282. — Le pied est abaissé dans l'articulation de Lisfranc. On taille le lambeau musculo-cutané plantaire.

laire, modifiée comme pour l'amputation d'un doigt du milieu (voir plus haut).

Désarticulation du premier métatarsien (fig. 286). — L'interligne est au milieu du bord interne du pied, mesure de la pointe du gros orteil au talon. Si on suit le bord interne du pied avec le doigt, on sent, d'avant en arrière, trois saillies :

le tubercule du 1er métatarsien, à 2 millimètres devant l'interligne; le tubercule du 1er cunéiforme, à 4 millimètres derrière l'interligne; le tubercule du scaphoïde à 3 centimètres derrière l'interligne.

Procédé en raquette a queue recourbée (cicatrice dorsale externe). Incision commençant sur le tubercule du 5e méta-

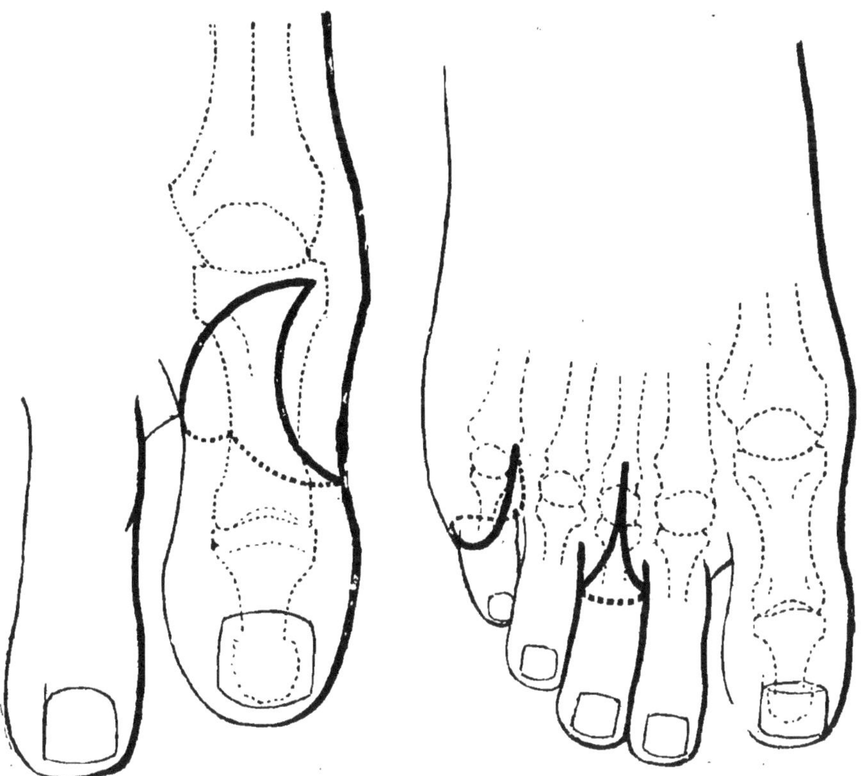

Fig. 283. — Procédé à lambeau plantaire et interne.

Fig. 284. — Procédé à lambeau dorsal externe.

tarsien, montant obliquement sur la face interne de cet os, atteignant son bord dorsal et le suivant sur une longueur d'un centimètre; descendant à droite vers l'extrémité du pli digito-plantaire, s'y engageant à fond, en coupant les tendons fléchisseurs, remontant par un chemin analogue vers l'incision dorsale.

Dénuder le métatarsien d'avant en arrière, en rasant l'os de très près et en passant sous les sésamoïdes, pour ne pas ouvrir l'interligne métatarso-phalangien; désarticuler; pour cela, la main gauche tord le doigt, fait bâiller l'articulation où s'engage la pointe du bistouri.

Désarticulation du cinquième métatarsien. — PROCÉDÉ EN RAQUETTE A QUEUE RECOURBÉE (fig. 285). — L'incision commence à un centimètre au-dessus de l'interligne, suit le bord dorsal

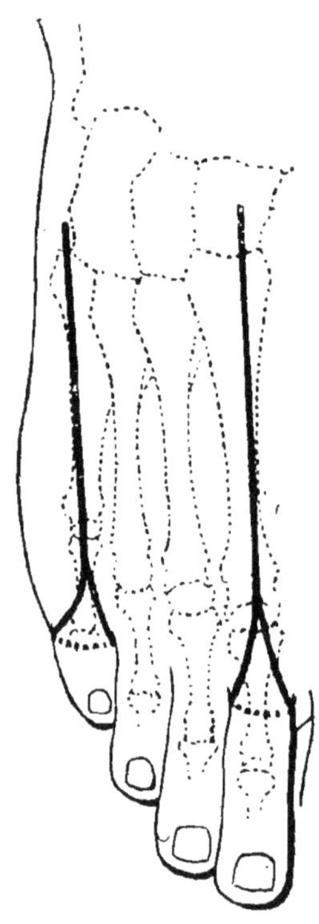

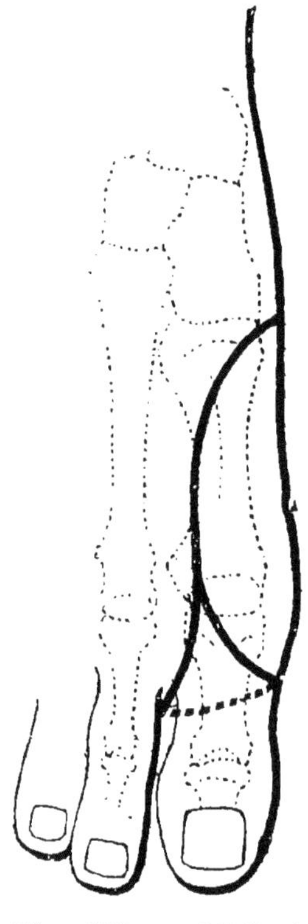

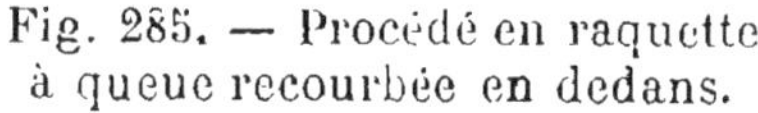

Fig. 285. — Procédé en raquette à queue recourbée en dedans.

Fig. 286. — Méthode en raquette à queue recourbée.

du métatarsien jusqu'à l'interligne métatarso-phalangien, se porte à droite vers le pli digito-plantaire, le coupe transversalement et remonte à gauche rejoindre l'incision dorsale; dissection des valves interne et externe de la raquette; puis désarticulation.

Désarticulation d'un métatarsien du milieu. — Méthode en raquette simple à longue queue dorsale, comme pour un métacarpien du milieu (voir plus haut).

XXXVII. — ACCOUCHEMENTS

SIGNES ET DIAGNOSTIC DE LA GROSSESSE

Interrogatoire. — **Suppression des règles.** — Signe qui a toute sa valeur chez une femme jeune, bien réglée, ne présentant aucune autre cause d'aménorrhée; cependant il peut y avoir des hémorragies pendant la grossesse.

Augmentation de volume du ventre; épaississement de la taille.

Troubles digestifs. — Nausées, vomissements survenant le matin, sans malaises concomitants; modifications du goût (*envies*), de l'appétit, qui est diminué au commencement de la grossesse, augmenté à la fin; constipation en général.

Troubles nerveux. — Névralgies, somnolence, modifications du caractère.

Troubles urinaires. — Pollakiurie.

Troubles vasculaires. — Pléthore, varices des jambes et des organes génitaux.

Perception par la mère des mouvements actifs. — A 4 mois et demi, surtout le soir quand la mère se couche, ils sont quelquefois rythmés; ils manquent dans l'hydramnios.

Inspection. — Masque de grossesse. Hypertrophie des seins, pigmentation de l'aréole vraie, apparition de l'aréole secondaire, tubercules de Montgoméry, mamelon sensible, *colostrum* sortant spontanément ou par pression.

L'abdomen grossit, la taille s'épaissit; vergetures rosées; ligne brune, pigmentation des organes génitaux externes, coloration violacée de la vulve, du vagin et du col. Varices et œdème du membre inférieur.

On n'oubliera pas *l'examen du squelette.*

Palper abdominal. — Hypertrophie de l'utérus, qui est

mou, ou présente par moments des contractions indolores.

Perception des mouvements passifs (4e mois), **ballottement abdominal, double choc abdominal.**

Perception des mouvements actifs.

Auscultation. — A l'aide du stéthoscope à large pavillon.

Bruits maternels. — Souffle utérin, souffle placentaire, isochrone au pouls de la mère.

Bruits fœtaux. — Bruits des mouvements actifs du fœtus; *bruits du cœur fœtal*, doubles, semblables au tic-tac d'une montre, nombre moyen 140 à la minute, perçus à 4 mois et demi, non isochrones au pouls maternel, plus nets en un foyer d'auscultation limité; ils servent à préciser la vitalité de l'enfant, sa position, la gémellité; souffle fœtal isochrone au pouls fœtal.

Toucher vaginal. — Combiné au palper, fait aseptiquement.

I. **Ballottement vaginal.** — A double choc (4e mois).

II. **Examen du col.** — Il est modifié selon l'âge de la grossesse et selon l'état primipare ou multipare.

Fin du 4e mois. — Col élevé, porté en arrière et à gauche; fermé chez la primipare, élargi chez la multipare.

Fin du 6e mois. — Ramolli dans sa moitié inférieure, chez la primipare; chez la multipare, ramolli entièrement, assez ouvert pour recevoir la pulpe de l'index.

Fin du 8e mois. — Chez la primipare, col entièrement ramolli, sauf l'orifice interne qui est fermé; chez la multipare, l'orifice interne s'entr'ouvre.

Fin du 9e mois. — Le col est ramolli entièrement, mais il ne s'efface que pendant le travail.

III. **Toucher intra-utérin.** — Par le col béant, on sent le membranes, les parties fœtales, le placenta prævia.

IV. **Toucher mensurateur du pelvis osseux** (Pinard).

Valeur sémiologique de ces signes. — **Signes maternels.** — Ils sont signes de présomption.

Signes fœtaux. — Ils sont signes :

1° de probabilité :

Mouvements actifs perçus par la mère;
Ballottement abdominal.. } perçus par l'accoucheur.
Ballottement vaginal..... }

2° de certitude :

Mouvements actifs....... }
Bruits du cœur..... .... } perçus par l'accoucheur.
Parties fœtales.......... }

Diagnostic de l'âge de la grossesse. — 1° Par la date du coït fécondant unique.

2° Par la date de la première perception des mouvements actifs du fœtus (4 mois 1/2 en général).

Tables de la grossesse.

ÉPOQUE de la dernière période.		JOUR de l'accouchement.		ÉPOQUE de la dernière période.		JOUR de l'accouchement.		ÉPOQUE de la dernière période.		JOUR de l'accouchement.	
Janvier	1	Oct.	8	Mai	5	Février	9	Sept.	5	Juin	12
—	5	—	12	—	10	—	14	—	10	—	17
—	10	—	17	—	15	—	19	—	15	—	22
—	15	—	22	—	20	—	24	—	20	—	27
—	20	—	27	—	25	Mars	1	—	25	Juillet	2
—	25	Nov.	1	—	28	—	4	—	28	—	5
—	28	—	4	Juin	1	—	8	Oct.	1	—	8
Février	1	—	8	—	5	—	12	—	5	—	12
—	5	—	12	—	10	—	17	—	10	—	17
—	10	—	17	—	15	—	22	—	15	—	22
—	15	—	22	—	20	—	27	—	20	—	27
—	20	—	27	—	25	Avril	1	—	25	Août	1
—	25	Déc.	2	—	28	—	4	—	28	—	4
Mars	1	—	6	Juillet	1	—	7	Nov.	1	—	8
—	5	—	10	—	5	—	11	—	5	—	12
—	10	—	15	—	10	—	16	—	10	—	17
—	15	—	20	—	15	—	21	—	15	—	22
—	20	—	25	—	20	—	26	—	20	—	27
—	25	—	30	—	25	Mai	1	—	25	Sept.	1
—	28	Janvier	2	—	28	—	4	—	28	—	4
Avril	1	—	6	Août	1	—	8	Déc.	1	—	7
—	5	—	10	—	5	—	12	—	5	—	11
—	10	—	15	—	10	—	17	—	10	—	16
—	15	—	20	—	15	—	22	—	15	—	21
—	20	—	25	—	20	—	27	—	20	—	26
—	25	—	30	—	25	Juin	1	—	25	Oct.	1
—	28	Février	2	—	28	—	4	—	28	—	4
Mai	1	—	5	Sept.	1	—	8				

Tableau du développement du produit de la conception.

ÉPOQUES de la conception.	LONGUEUR du fœtus.	POIDS du fœtus.	POIDS du placenta.	LONGUEUR du cordon.
	m.	gr.	gr.	m.
à 28 jours	0,02	2,5	9	0,05
à 56 —	0,04	5	18	0,1
à 84 —	0,07	11	36	0,7
à 112 —	0,10	57	80	1,9
à 140 —	0,18	284	178	3,1
à 168 —	0,28	634	273	3,7
à 196 —	0,35	1218	374	4,2
à 224 —	0,39	1569	451	4,6
à 252 —	0,42	1971	461	4,7
à 280 —	0,46	2334	481	5,2
Nouveau-né	0,50	3250	590	5,5

3° Par la hauteur du pôle supérieur de l'utérus : « en général, à 3 mois, le fond de l'utérus déborde de deux travers de doigt le bord supérieur de la symphyse pubienne; à quatre mois, il est à égale distance de l'ombilic et du pubis; à quatre mois et demi, à deux travers de doigt au dessous de l'ombilic; à cinq mois, au niveau de l'ombilic ; à six mois, à deux travers de doigt au-dessus de l'ombilic; à sept mois, à deux travers de doigt au-dessous des fausses côtes; à huit mois, il affleure la base du thorax; à huit mois et demi, il s'enfonce sous les fausses côtes; à neuf mois, il s'abaisse au même niveau qu'à huit mois si la présentation est engagée (primipares); au cas où il n'y a pas d'engagement, le diaphragme est refoulé de bas en haut » (Bonnaire).

4° Par la date de la dernière menstruation.

Présentations. — Reconnaître par le toucher, par le palper et par l'auscultation, si l'enfant *se présente* : 1° par l'occiput ; 2° par la face ; 3° par le front ; 4° par le siège ; 5° par le tronc (côté droit ou côté gauche).

Positions. — La présentation étant reconnue, chercher les rapports qui existent entre la partie fœtale qui se présente et le bassin de la mère, c'est-à-dire la *position* des enfants.

Présentation		Variété	Rang	
1° Occiput.	*Occipito-*	iliaque gauche antérieure	1re	position.
		— droite postérieure	2e	—
		— droite antérieure	3e	—
		— gauche postérieure	4e	—
2° Face...	*Mento-*	iliaque gauche antérieure	1re	position.
		— droite postérieure	2e	—
		— droite antérieure	3e	—
		— gauche postérieure	4e	—
3° Front. (Menton) comme pour la face.				
4° Siège...	*Sacro-*	iliaque gauche antérieure	1re	position.
		— droite postérieure	2e	—
		— droite antérieure	3e	—
		— gauche postérieure	4e	—
5° Thorax. (Epaule dr. / Epaule g.)	Acromio-	iliaq. gauche. *Dos* antérieur	1re	position
		— droite — postérieur	2e	—
		— droite — antérieur	3e	—
		— gauche — postérieur	4e	—

Nota. — Les positions *transversales*, très rares d'ailleurs, sont des positions primitivement postérieures en train de se transformer en antérieures (Joulin).

Diagnostic des positions. — **Présentations du sommet** (fig. 287 et 288). — Envies fréquentes d'uriner; douleurs irradiées dans les membres inférieurs, respiration plus facile; troubles gastriques moindres.

A la vue. — Ovoïde utérin vertical, dirigé en bas et à gauche.

Palper (*procédé de choix*) (fig. 287). — La tête est ou non engagée dans le bassin, tumeur dure; au fond utérin, extrémité volumineuse irrégulière, moins dure, avec les membres; le dos est contre le plan latéral et du côté opposé est l'encoche du ventre avec des petites parties; l'épaule antérieure confirme la position et sert à reconnaître la marche de l'accouchement.

Auscultation. — Le *foyer* est sous-ombilical, après l'engagement; sus-ombilical, avant l'engagement.

Toucher. — Il permet de sentir la tête.

Variétés. — Occipito-iliaque gauche antérieure. — *Palper.* — Front à droite, en bas, en arrière; siège à droite et en haut; dos à gauche; encoche à droite (fig. 288).

Auscultation. — Bruits du cœur à gauche de la ligne médiane, peu intenses.

Toucher. — Lambda à gauche, bregma en haut, à droite, en arrière, difficilement accessible.

Occipito-iliaque droite postérieure. — *Palper.* — Front à gauche, en avant, très accessible; siège à gauche, ballottant, dos à droite peu accessible.

Auscultation. — Bruits à droite de la ligne médiane.

Toucher. — Lambda à droite, en arrière ; bregma en avant, en haut, à gauche.

OCCIPITO-ILIAQUE DROITE ANTÉRIEURE. — Symptômes directement inverses (fig. 289 et 290).

OCCIPITO-ILIAQUE GAUCHE POSTÉRIEURE (fig. 291). — Signes directement inverses.

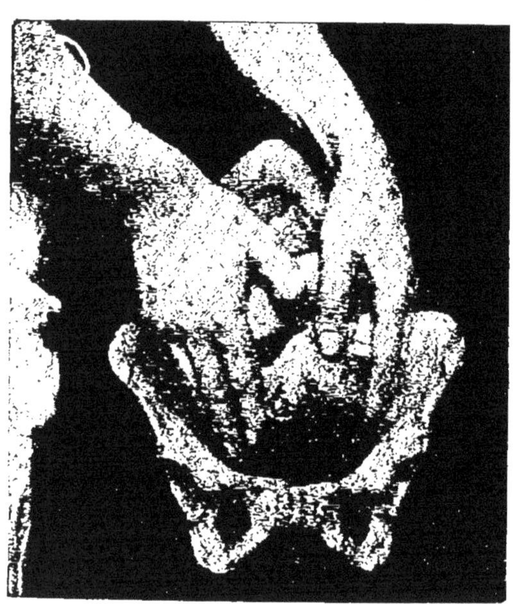

Fig. 287. — Présentation du sommet. Palper.

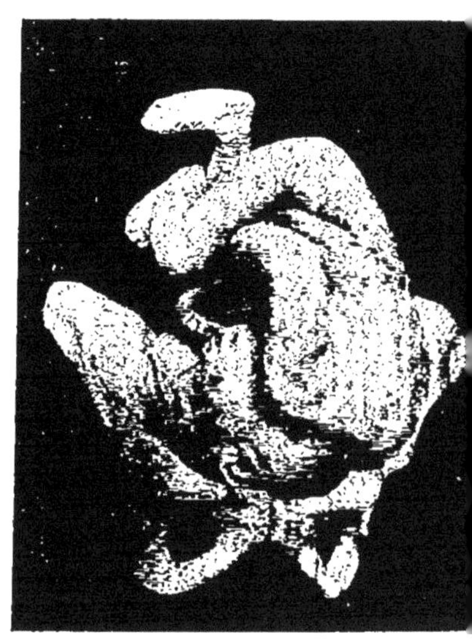

Fig. 288. — Position de la tête et engagement en OIGA.

Auscultation. — Double foyer de bruits; *à gauche*, en arrière en haut; *à droite*, loin en arrière.

Présentations de la face. — **Avant le travail.** — Y penser si l'engagement tarde à se faire.

Pendant le travail. — *Palper.* — Masse lisse d'un côté, *l'occiput*; de l'autre, saillie en fer à cheval, *menton*; en haut, le *siège*, avec parties fœtales nettes; le *dos* est au-dessus de l'occiput (différence avec les présentations du sommet), il s'enfonce dans le ventre, d'où difficulté de le suivre; il est séparé de l'occiput par un coup de hache prononcé. Du côté opposé, membres facilement sentis.

Auscultation. — Foyer élevé en général, plus net dans les mento-gauches.

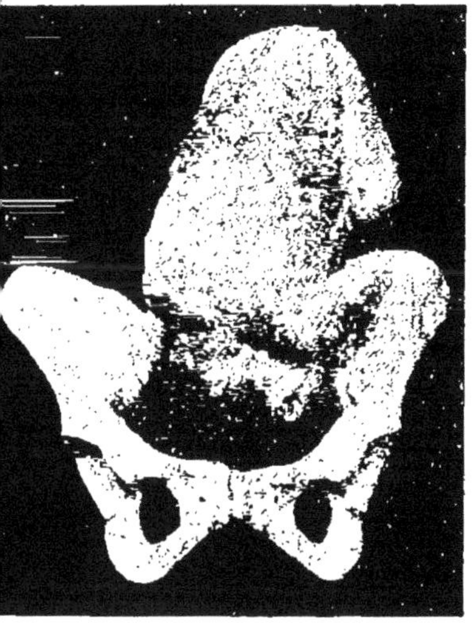

Fig. 289. — Sommet en position antérieure, OIDA, peu engagée.

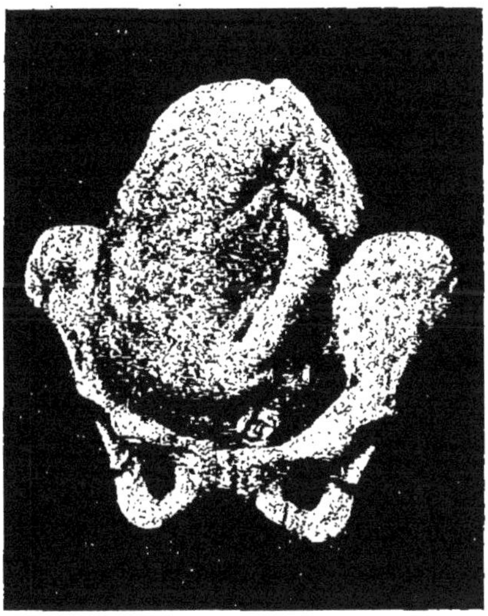

Fig. 290. — Position antérieure profondément engagée.

Toucher. — Tête inaccessible au début; après la rupture

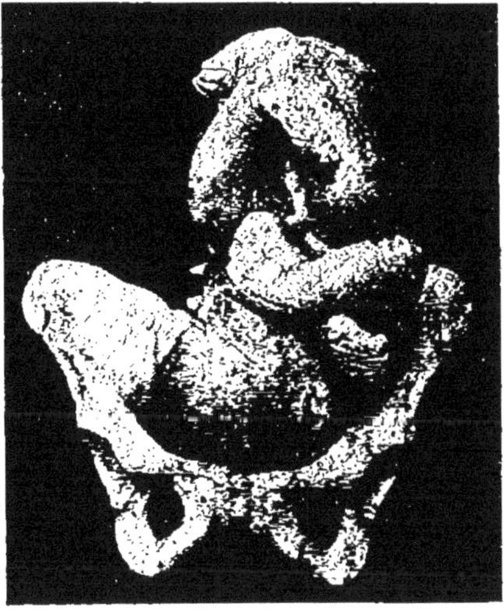

Fig. 291. — Sommet en position postérieure (OIGP).

des membranes, on sent, d'avant en arrière, la joue antérieure.

le sillon des yeux, du nez et de la bouche, la joue postérieure.

Variétés. — *Palper.* — Il indique le siège de l'occiput, le menton est à l'opposé et l'attitude du dos sert à reconnaître l'orientation de la tête.

Toucher. — *Le nez est le repère clinique.*

Mento-postérieures (fig. 292 et 294). — Les trous du nez regardent en arrière et à droite ou à gauche, selon la variété de la présentation.

Mento-antérieures (fig. 293). — Ils regardent en avant, à

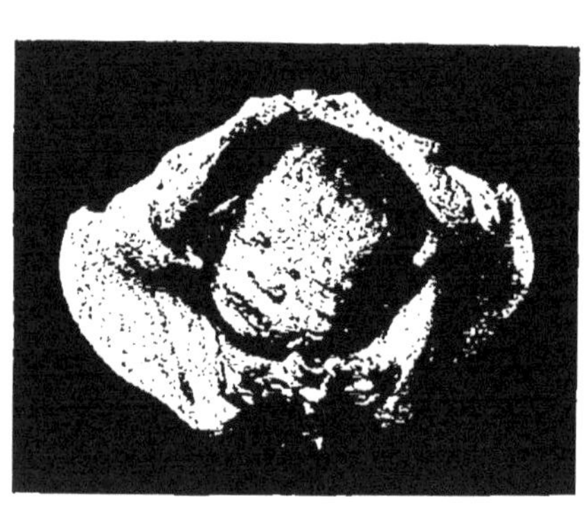

Fig. 292. — Mento-iliaque droite postérieure (MIDP).

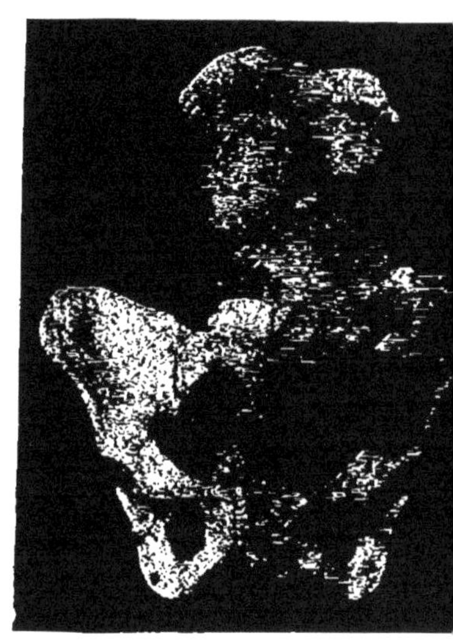

Fig. 293. — Mento-iliaque gauche antérieure (MIGA).

droite ou à gauche. Parfaire le diagnostic en cherchant la bouche.

Mento-iliaque gauche antérieure. — *Palper.* — Menton en rapport avec l'éminence iléo-pectinée gauche; *front en arrière et à droite*; face regardant dans l'excavation (fig. 293); dos tourné à droite.

Auscultation. — Bruits du cœur fœtal faibles dans la fosse iliaque droite.

Toucher. — Trous du nez regardant en avant et à gauche.

Mento-iliaque droite postérieure. — *Palper.* — Le menton en arrière est en rapport avec la symphyse sacro-iliaque droite; *le front en avant et à gauche*, l'occiput plus ou moins rapproché de la nuque, le dos en avant et à gauche (fig. 292).

Auscultation. — Battements du cœur dans la partie gauche de l'abdomen.

Toucher. — Partie fœtale et élevée, poche des eaux volumineuse; *absence de suture, de fontanelles*; si le col est largement ouvert, chercher à reconnaître, avec le doigt, le front ou le nez, ou la bouche, ou le menton. Eviter de confondre avec les fesses. Les trous du nez regardent en arrière et à droite.

Mento-iliaque droite antérieure. — *Palper.* — Le menton

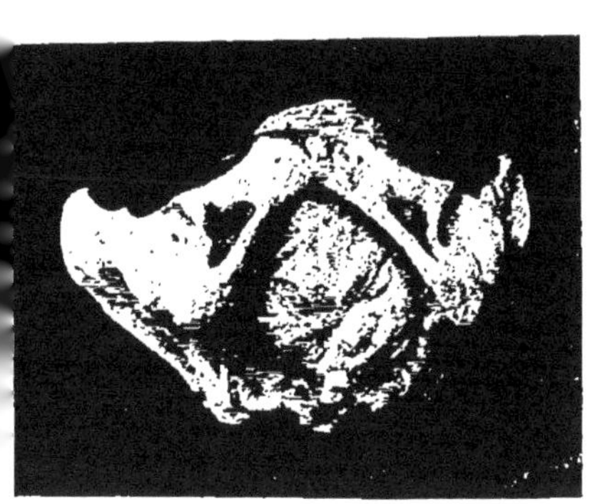

Fig. 294. — Mento-iliaque gauche postérieure (MIGP).

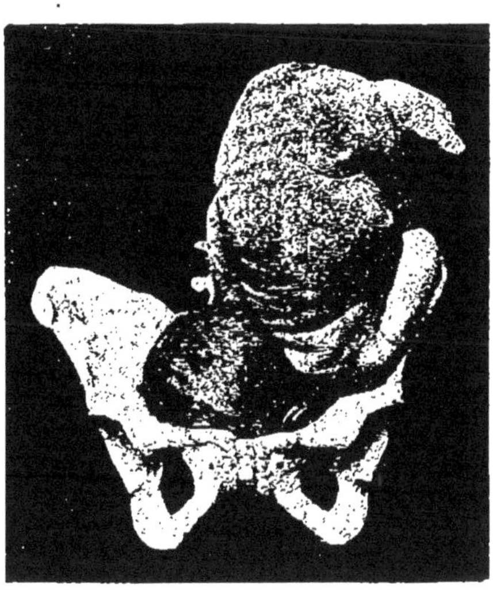

Fig. 295. — Mento-iliaque gauche postérieure (MIGP).

est en avant et à droite; *front en arrière et à gauche;* dos en arrière, tourné à gauche.

Auscultation. — Bruits du cœur faibles dans la fosse iliaque gauche.

Toucher. — Trous du nez regardant en avant et à droite.

Mento-iliaque gauche postérieure. — *Palper.* — Le menton est en arrière et à gauche, le *front en avant et à droite*; face dans le diamètre oblique droit du bassin; dos en avant et à droite.

Auscultation. — Bruit fœtal dans la fosse iliaque gauche (fig. 295).

Toucher. — Trous du nez regardant en arrière et à gauche

Présentations du siège (fig. 296 à 303). — *Palper.* — Excavation vide; masse volumineuse, moins dure que la tête, accompagnée des petites parties, empiétant sur une fosse

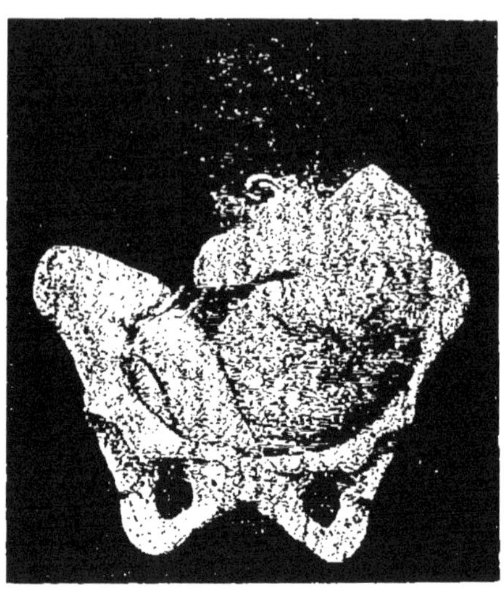

Fig. 296. — Présentation du siège (SIGA).

iliaque; le dos se continue avec elle sans encoche; au-dessus du dos, encoche profonde, sillon de la nuque; puis tête, dure, régulière, qui *ballotte.*

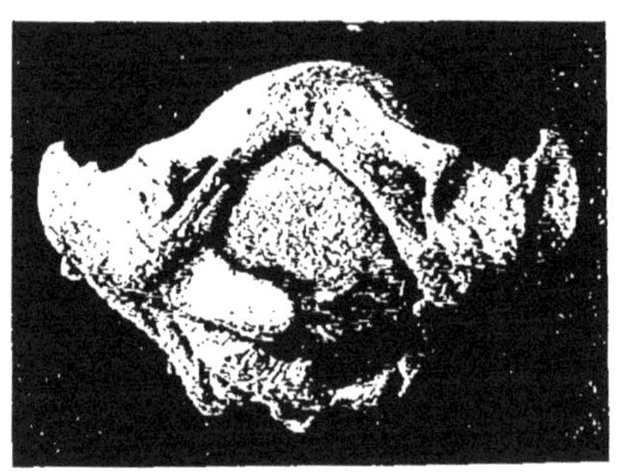

Fig. 297. — SIGA.

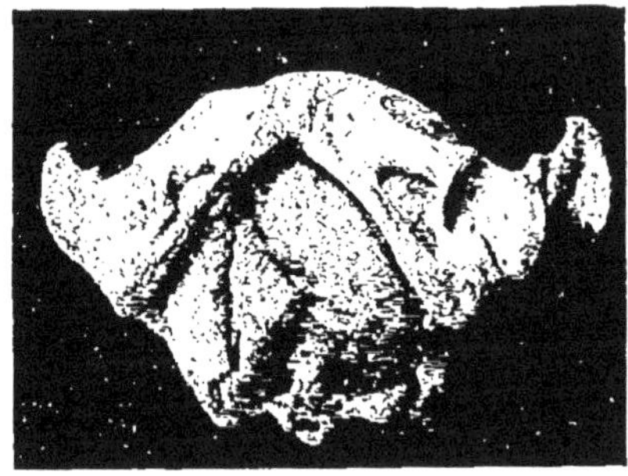

Fig. 298. — SIGT. Toucher.

Auscultation. — Le foyer est plus élevé qu'en cas de sommet; il est plus net dans les positions gauches.

Toucher. — Rien avant l'engagement; après l'engagement, la poche des eaux est saillante; après sa rupture, on sent bien.

Variétés. — *Palper et auscultation*

Sacro-iliaque gauche antérieure (fig. 296 et 297). — Siège dans la fosse iliaque gauche; dos à gauche et en avant; sillon de la

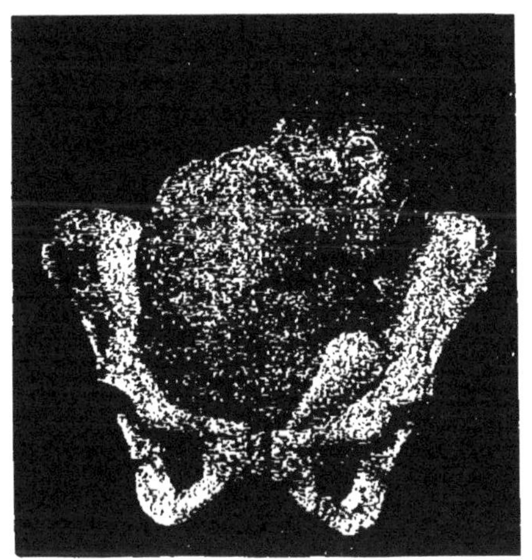

Fig. 299. — acro-iliaque droite antérieure.

nuque net; la tête ballotte nettement à droite; l'épaule gauche en avant et à droite de la ligne médiane; foyer d'auscultation au voisinage de l'ombilic très net.

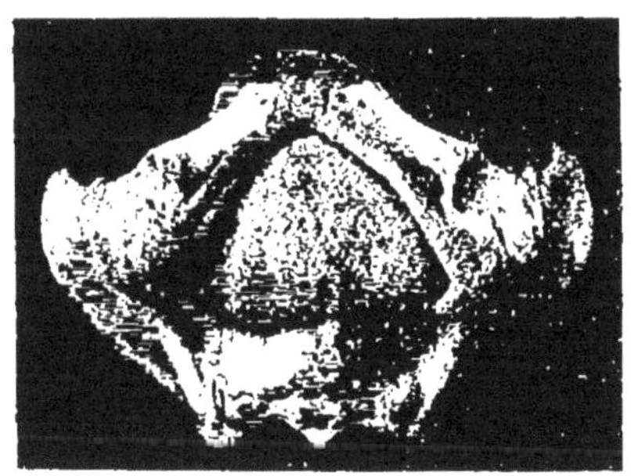

Fig. 300. — SIDA.

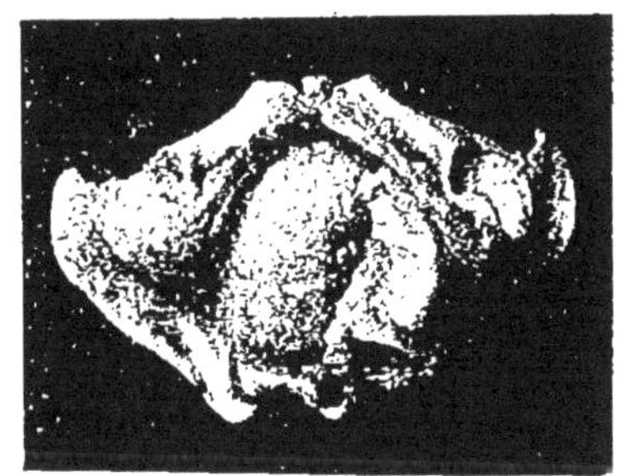

Fig. 301. — SIDT. Toucher.

Sacro-iliaque droite postérieure. — Siège à droite et en arrière; membres à gauche et en avant; sillon de la nuque à droite; tête ballottant à gauche; foyer d'auscultation à gauche, peu net.

Sacro-iliaque droite antérieure. — Signes identiquement inverses; foyer d'auscultation en arrière et à droite (fig. 299 et 300).

Sacro-iliaque gauche postérieure (fig. 302 et 303). — Symptômes identiquement inverses ; foyer d'auscultation, à gauche, très net.

Toucher.

Siège complet. — On sent d'avant en arrière la fesse antérieure, un sillon présentant l'anus, la vulve ou le testicule, le coccyx, et la fesse postérieure. Pieds accolés aux fesses. Carac-

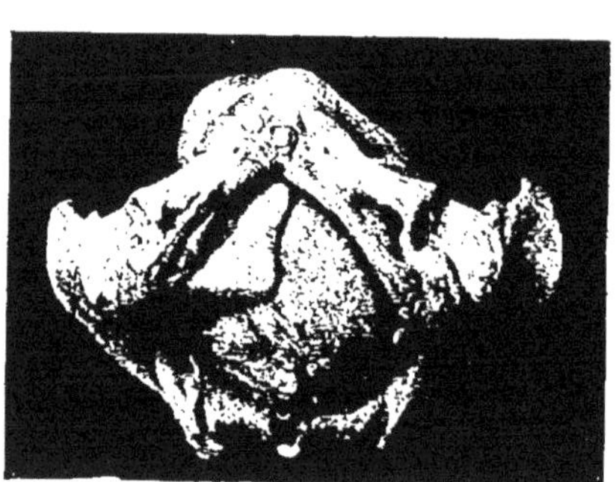

Fig. 302. — SIGP

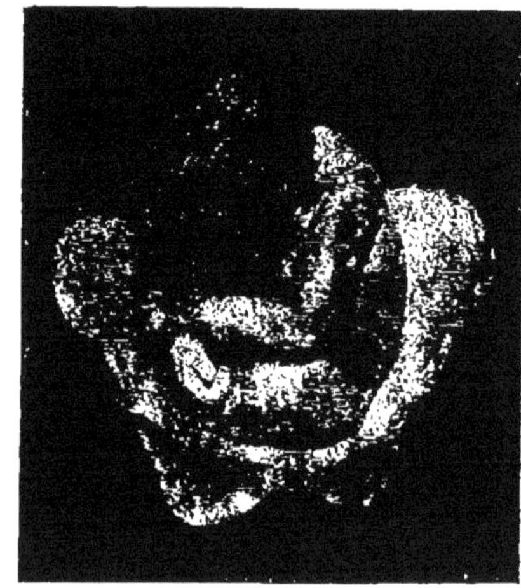

Fig. 303. — Sacro-iliaque gauche postérieure.

tères des pieds (différence avec les mains) : doigts courts, pouce non écartable, pieds à angle droit sur la jambe, saillie des malléoles et du talon ; diamètre longitudinal plus long que le transversal.

Mode des fesses : pas de membres, pas de talon.

Mode des genoux : partie arrondie se continuant en haut avec deux cylindres.

Mode des pieds : facile.

Présentations de l'épaule (fig. 304 à 307). — *A la vue*, diamètre transversal du ventre.

Palper. — D'un côté, tête qui ballotte ; de l'autre, le siège avec les petites parties ; au milieu, soit le dos, soit les parties œtales ; l'excavation est vide.

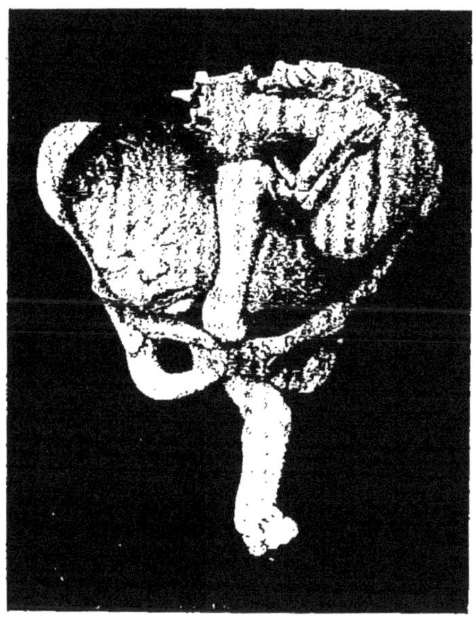

Fig. 304. — Présentation de l'épaule droite en acromio-iliaque droite.

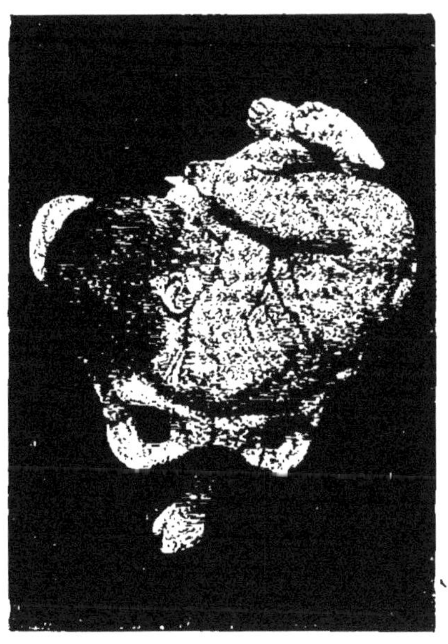

Fig. 305. — Présentation de l'épaule gauche en AID.

Auscultation. — Foyer au-dessous de l'ombilic.

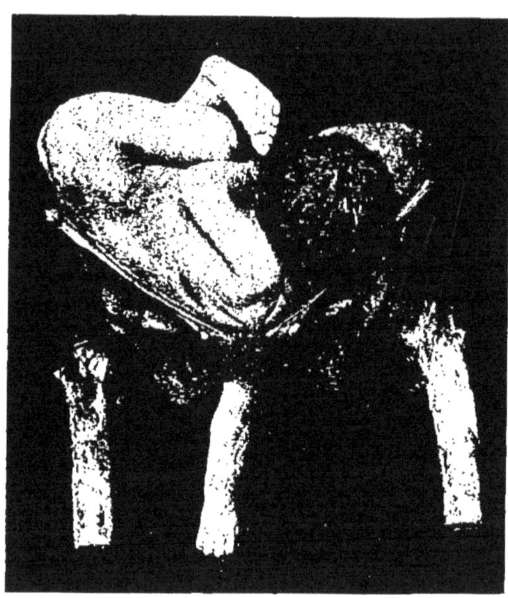

Fig. 306. — Présentation de l'épaule droite en AIG.

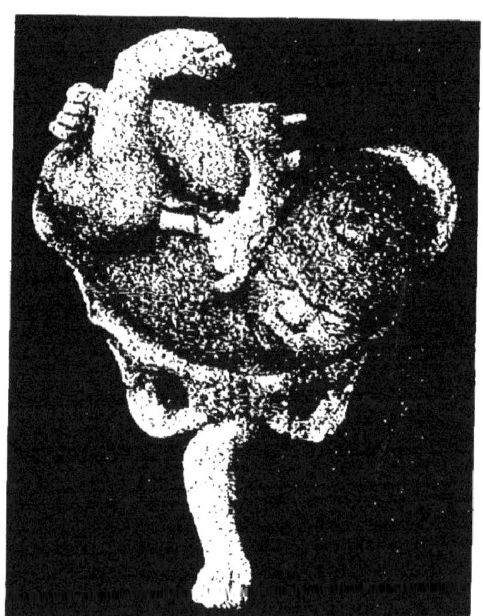

Fig. 307. — Présentation de l'épaule gauche en AIG.

Toucher. — Avant la rupture des membranes, on peut sentir

un membre : après la rupture, on trouve une main, ou on ne la trouve pas.

I. **Variété brachiale.** — Le bras a été abaissé. Suivre le bras, rechercher le gril costal ; reconnaître la main qui se présente, la retourner la paume en l'air ; *si le pouce regarde à gauche de la mère, c'est l'épaule gauche qui est engagée, et inversement.* — Rechercher le creux axillaire en suivant le bras, l'acromion est au bout du sinus formé par le bras et le tronc. On sait quelle épaule est engagée, de quel côté elle est, on se figure aisément la situation de l'enfant.

II. **Variété acromiale et cubitale.** — Le bras restant accolé au tronc, glisser un doigt entre le bras et le tronc jusqu'à l'aisselle on connaît la situation de l'épaule.

Palper. — Chercher le dos, on se figure ainsi la position.

MÉCANISME DE L'ACCOUCHEMENT SPONTANÉ

I. Par le sommet (6 temps). — 1° Amoindrissement, par flexion exagérée de la tête et par tassement des os.

2° Engagement ou descente.

3° Rotation interne de la tête, mettant l'occiput sous la symphyse pubienne.

4° Dégagement de la tête.

5° Rotation externe de la tête et rotation interne des épaules.

6° Dégagement du tronc.

II. Par la face.

1° Déflexion.

2° Engagement.

3° Rotation interne, mettant le menton sous la symphyse.

4° Dégagement de la tête.

5° Rotation externe et rotation interne des épaules.

6° Dégagement des épaules.

III. Par le siège.

1° Amoindrissement.

2° Engagement.

3° Rotation interne, qui met une hanche sous le pubis, l'autre devant le sacrum.

4° Dégagement du siège et du tronc.

5° Rotation externe du corps; rotation interne de la tête, qui se met en occipito-pubienne.

6° Dégagement de la tête.

ACCOUCHEMENT PROPREMENT DIT

ROLE DU MÉDECIN

I. — SOMMET OU FACE

Le médecin appelé auprès d'une femme enceinte doit s'occuper de voir :

1° Si elle est réellement enceinte ;

2° Quelle est la présentation ;

3° Si les urines ne contiennent pas d'albumine.

Appelé auprès d'une femme qui se dit en couches, il doit voir :

1° Si la grossesse est à terme ;

2° S'il y a des phénomènes de travail (douleurs, écoulement de glaires, effacement du col, commencement de dilatation).

Pendant le travail. — *Pratiquer le toucher le moins possible,* ou le pratiquer *très proprement ;* ausculter le cœur fœtal de temps en temps. *Ne pas toucher aux membranes.*

La malade est couchée sur un lit ordinaire, garni d'un drap plié fixé sous le siège ; ce drap est recouvert d'une toile cirée de même dimension, de papier goudronné plié en double ou d'une série de journaux superposés ; par-dessus est attaché un second drap dont les chefs libres sont dirigés du côté des pieds.

Veiller à ce que la vessie et le rectum soient libres, prescrire un lavement laxatif et au besoin faire le cathétérisme.

Faire préparer les accessoires dont on pourra avoir besoin : une grosse éponge bouillie pour les soins vulvaires ou de vieux linges bouillis ; plusieurs cuvettes ; le bandage de corps ; la compresse ombilicale ; un fil convenable pour la ligature du cordon ; des ciseaux qu'on passera à la flamme d'une lampe à alcool, au moment de s'en servir ; une baignoire de siège ou un grand seau ou une grande terrine, au besoin ; vérifier si les premiers vêtements de l'enfant sont complets.

Si c'est nécessaire, la femme prendra un grand bain de propreté, elle savonnera vigoureusement les organes génitaux.

Au début du travail, on pratiquera un lavage antiseptique de la vulve et du vagin : savonnage de la vulve et de la face interne des cuisses; lavage de la vulve avec la solution de sublimé à 1 p. 1000 ; injection vaginale, à pression faible, avec une solution chaude de sublimé. La canule doit être bouillie tous les jours et conservée dans le sublimé pendant l'intervalle des lavages. La femme est allongée, son siège reposant sur un bidet.

Période de dilatation. — On laissera la femme entièrement libre de ses mouvements ; elle ne sera astreinte à aucune position spéciale, à moins d'indications particulières.

Lorsque le col de l'utérus sera dirigé très haut et en arrière, la femme restera couchée le siège élevé, au moyen d'un oreiller, jusqu'à ce que l'orifice utérin ait repris sa direction normale.

Quand la dilatation est lente malgré d'énergiques contractions, le bain de siège est un très bon moyen de la favoriser. C'est surtout pendant cette période que les douleurs de reins se manifestent : on en diminue l'intensité en soulevant la région lombaire de la malade, ou en lui faisant prendre la station sur les genoux, le corps étant penché en avant.

Les crampes seront combattues par des frictions sèches sur le trajet de la douleur.

Il faut s'abstenir de dilater artificiellement, au moyen des doigts, l'orifice cervical.

Les efforts volontaires de la femme sont inutiles pendant cette période. On l'obligera à épargner cette fatigue inutile.

L'*intégrité des membranes sera respectée jusqu'à l'entière dilatation du col.* Leur rupture prématurée aurait des inconvénients. La persistance de la poche des eaux après la dilatation complète peut retarder le travail et déterminer des décollements partiels et fâcheux du placenta. On en opère alors la rupture artificielle en la grattant de l'ongle sur l'extrémité libre duquel on taille au besoin une légère aspérité. Il est difficile parfois de reconnaître que les eaux sont écoulées, le plissement du cuir chevelu au moment de la contraction est le meilleur signe de la rupture des membranes.

Dans certains cas exceptionnels, on doit déterminer la division des membranes avant l'entière dilatation (Joulin).

En cas de poche constamment tendue dans l'intervalle des contractions ou d'excès de liquide, une évacuation légère rend au muscle sa tonicité.

L'hémorragie révélatrice d'un placenta prævia ou d'un décollement prématuré est une indication de ponction des membranes.

Période d'expulsion. — Dans cette période, le médecin ne doit plus s'abstenir

Fig. 308. — Protection du périnée. Position des mains pendant l'expulsion. Elles empêchent la sortie trop rapide de la tête et permettent au périnée de se distendre progressivement.

En général, à partir de ce moment, la femme doit garder le lit, pour ne pas s'exposer aux accidents qui pourraient survenir si elle accouchait debout.

Lorsque le bord antérieur de l'orifice utérin pincé entre la symphyse et la présentation forme un bourrelet volumineux, il faut le repousser doucement en haut, dans l'intervalle des contractions.

La femme gardera le décubitus dorsal. Les membres inférieurs seront fléchis et écartés : 1° au moment de l'engagement au détroit supérieur; 2° pendant le toucher; 3° lorsque le périnée est distendu et jusqu'à l'expulsion complète: 4° pendant la délivrance.

Les épreintes causées par la pression du fœtus sur le rectum font naître de faux besoins, on s'opposera à ce que la femme se lève pour les satisfaire. Il faut régler les efforts volontaires de la patiente et les interdire, s'ils sont prématurés ou s'ils deviennent gênants dans la période ultime du travail.

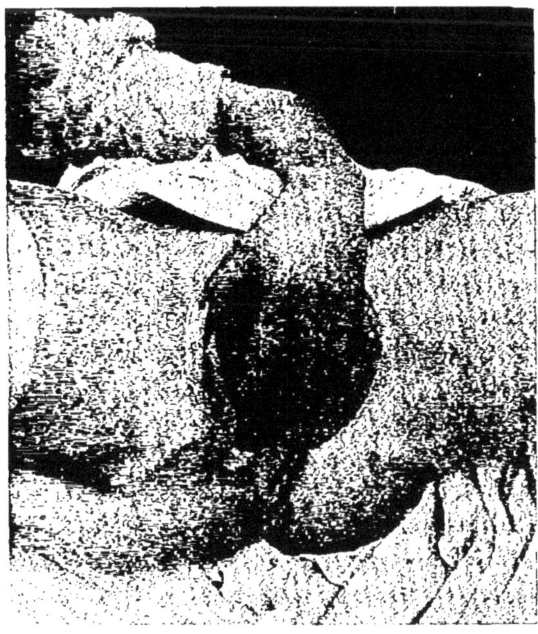

Fig. 309. — Sortie de la tête. — La main gauche applique fortement l'occiput sous le pubis maternel.

La femme ne doit être découverte qu'au moment où le fœtus franchit la vulve.

Le praticien apportera tous ses soins pour que l'anneau vulvaire se dilate avec lenteur et progressivement : c'est le seul moyen d'éviter la lésion du périnée.

On a donné comme précepte de soutenir le périnée; il est préférable d'appliquer verticalement les doigts sur la tête (fig. 308, 309, 310). La main ralentit la sortie de la tête et pousse l'occiput au contact du pubis. On règle beaucoup mieux la progression.

Si l'amplitation de la vulve était insuffisante pour livrer passage à l'enfant on ferait au moyen des ciseaux une petite incision sur le côté de la grande lèvre, vers sa partie inférieure. Il est douteux que le passage des épaules puisse entamer le périnée.

Quelques minutes après la délivrance, on procède avec soin et rapidité au nettoyage de l'accouchée (Joulin).

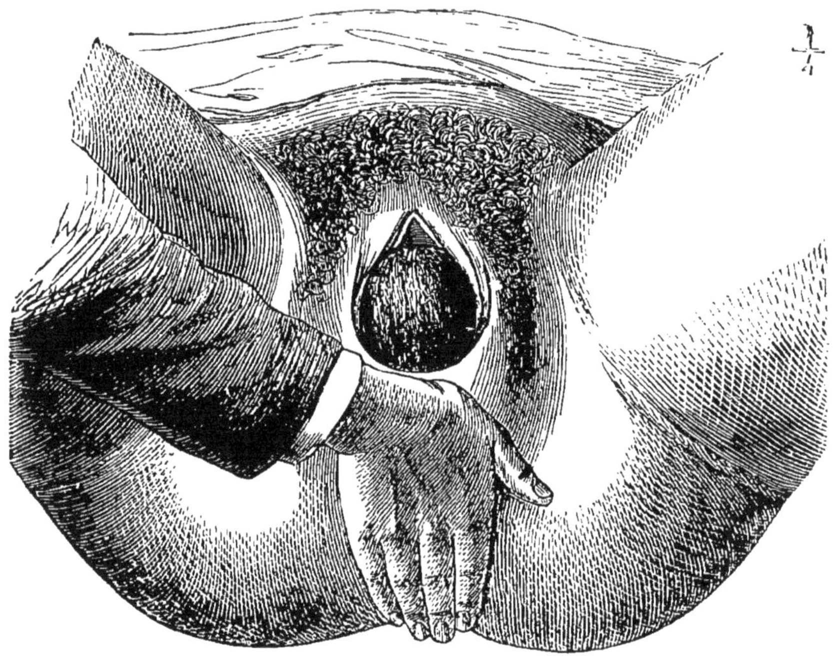

Fig. 310. — Manière de soutenir le périnée dans le décubitus dorsal. La main empêche l'issue brusque et applique l'occiput sous le pubis.

Le meilleur moyen de prévenir les déchirures n'est pas de soutenir le périnée, mais d'empêcher l'issue trop rapide de la tête en la retenant et en commandant à la femme de moins pousser; de diriger la tête, d'appliquer la protubérance occipitale sous le pubis, de faire sortir les bosses pariétales l'une après l'autre.

Ausculter les battements du cœur fœtal toutes les 5 minutes.

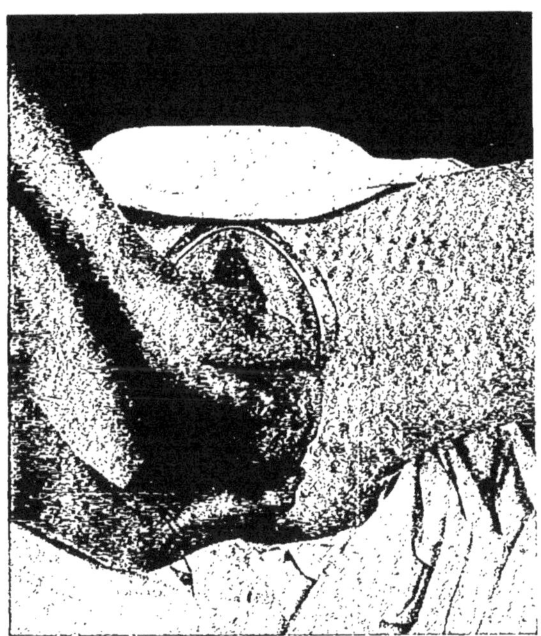

Fig. 311. — Rotation externe de la tête.

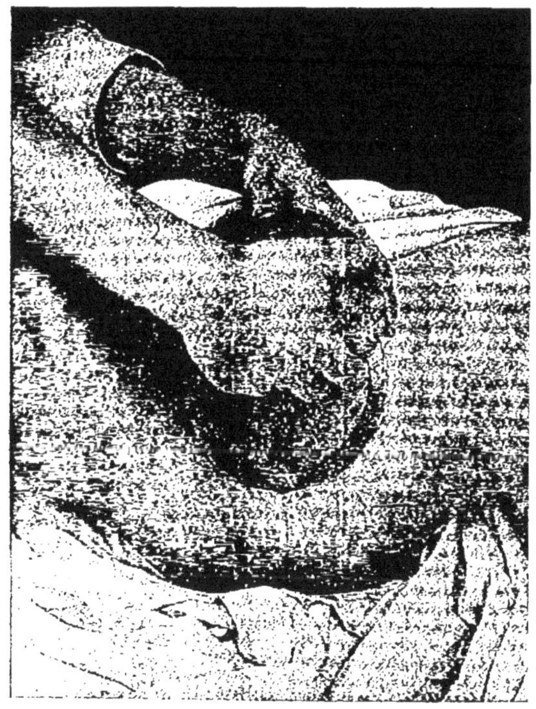

Fig. 312. — Traction en haut pour dégager l'épaule postérieure.

Ne pas laisser le fœtus rester 2 heures au même point sans progresser.

Dans les occipito-postérieures, faire la rotation interne par la manœuvre de Tarnier, pour amener la tête en occipito-pubienne : passer un doigt derrière l'occiput et le pousser en avant pendant une contraction

S'il existe un circulaire du cordon, le passer par-dessus la

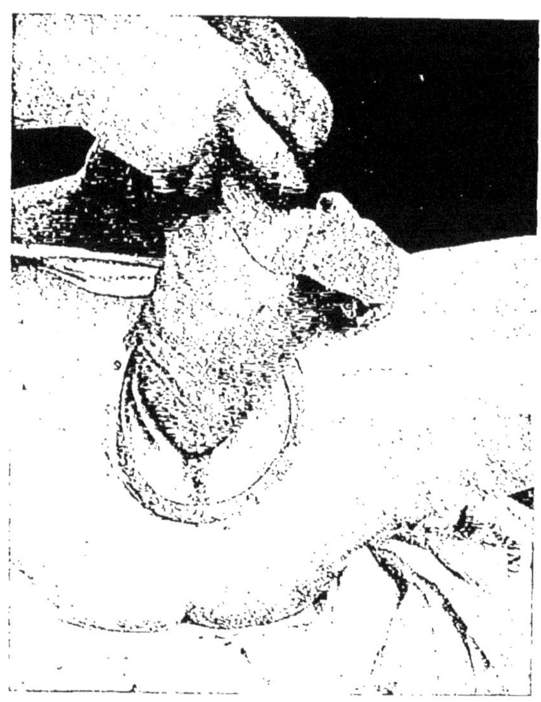

Fig. 313. — Dégagement du torse et du siège.

tête ou par-dessus les épaules ; il est rarement indiqué de le sectionner entre deux ligatures.

Aider le dégagement des épaules en accrochant l'épaule antérieure derrière le pubis, lever la tête fortement, l'épaule postérieure se dégage, puis l'antérieure (fig. 312 et 313).

II. — SIÈGE

1° *Siège complet.* — PENDANT LA GROSSESSE. — Tenter la version par manœuvres externes et la transformation en présentation du sommet.

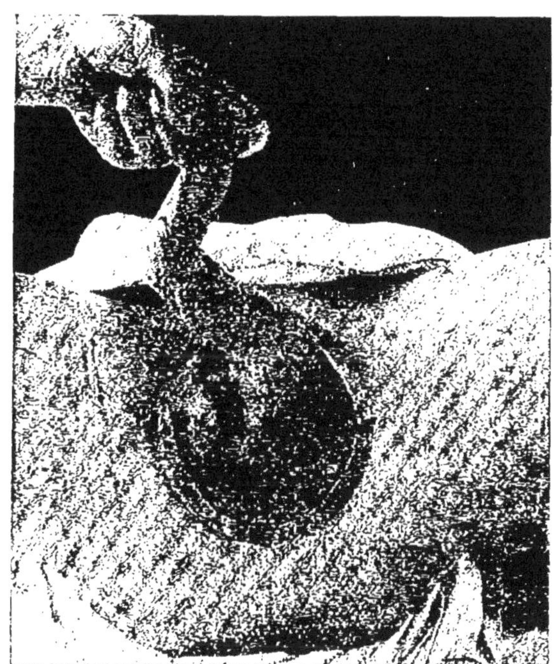

Fig. 314. — Dégagement de la hanche postérieure. Elever fortement le membre antérieur.

Fig. 315. — Anse au cordon.

Pendant le travail. — On peut tenter cette transformation avant la rupture des membranes et la dilatation complète.

Sinon, laisser l'accouchement se faire.

Mettre la femme dans la position obstétricale, couchée en travers du lit, le siège au bord, les cuisses relevées et écartées par deux aides ou appuyées sur deux chaises.

Fig. 316. — Bras antérieur relevé au devant de la tête.

Antisepsie des organes génitaux externes et des mains de l'opérateur.

Pendant le dégagement du siège, appliquer fortement la jambe antérieure contre le pubis pour empêcher la déchirure du périnée.

Après dégagement des hanches (fig. 314), attirer un peu le cordon au dehors et lui faire une anse (fig. 315).

Se garder de tractions sur les membres inférieurs : laisser les épaules se dégager.

Si ce temps se fait lentement, aller à la recherche du

Fig. 317. — Traction en bas du siège entouré de compresses pour engager fortement l'occiput sous le pubis.

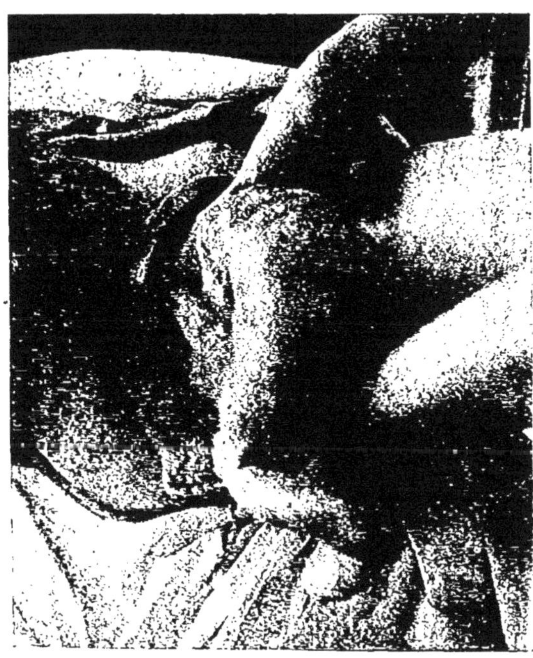

Fig. 318. — Manœuvre de Mauriceau.

Fig. 319. — Manœuvre de Mauriceau.

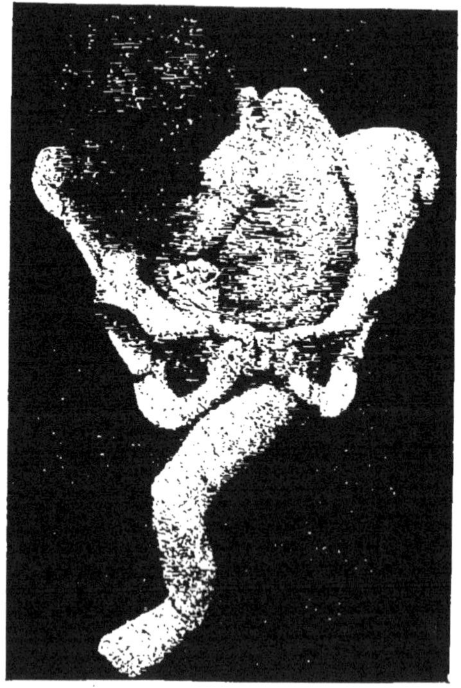

Fig. 320. — On a tiré sur le pied antérieur (bon pied), l'engagement se fait sans obstacle en S. I. G. P.

membre postérieur et le tirer au dehors par le coude ; autant pour l'antérieur.

Si les bras sont relevés le long de la tête (fig. 316), aller à la recherche du bras postérieur avec la main homonyme, glisser le long de l'humérus jusqu'au coude, l'abaisser ; l'avant-bras descend devant la face, on le saisit par le poignet et on attire le membre au dehors : de même pour le membre

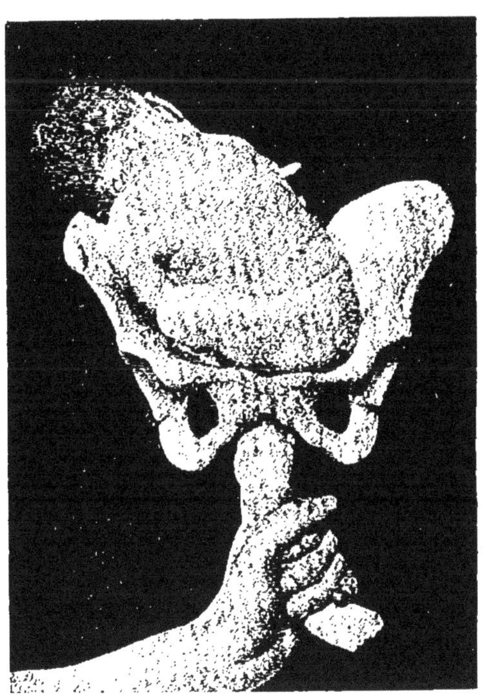

Fig. 321. — Traction sur le pied postérieur (mauvais pied). La hanche antérieure appuie sur le pubis et empêche la progression.

antérieur. Puis tirer fortement sur le siège pour engager l'occiput sous le pubis (fig. 317). Ces tractions seront faites sur les membres ou sur le siège, entourés de compresses, jamais sur le ventre du fœtus.

Aider au dégagement de la tête par la **manœuvre de Mauriceau** (fig. 318 et 319) : mettre le fœtus à cheval sur l'avant-bras droit ; introduire l'index et le médius dans sa bouche ; l'index et le médius gauche prennent le cou dans leur fourche ; fléchir avec les doigts de la main droite le menton sur la poitrine, en le ramenant sur la ligne médiane, tirer en bas avec les deux mains, tout en appuyant fortement l'occiput contre la symphyse et dégager la tête par flexion en prenant point d'appui sur le maxillaire inférieur et en relevant le corps du fœtus.

Cette manœuvre doit être faite avec une lenteur modérée, non exagérée, car le cordon est comprimé par .a tête sur les parties maternelles.

Si le siège s'immobilise dans l'excavation, aller à la recherche

Fig. 322.

Fig. 323. — Traction inguinale.

Fig. 322. — Abaissement prophylactique du pied antérieur dans le siège décomplété, mode des fesses.

du *pied antérieur* (fig. 320 et 322), l'attirer *lentement* pendant les contractions utérines et achever le reste de l'extraction comme il a été dit. Ces tractions ne doivent être exercées que si l'accouchement tarde à se terminer.

Ne pas attirer les deux pieds, car la dilatation des parties maternelles serait insuffisante et l'issue de la tête rendue difficile.

2° **Siège, mode des fesses.** — Après rupture des membranes et dilatation complète, remonter avec le bras homonyme le long de la *cuisse antérieure*, jusqu'au creux poplité, la porter fortement en abduction (Pinard), la jambe se fléchit et le pied tombe dans la main (fig. 322) ; l'attirer au dehors ; attirer de même le membre postérieur opposé ; laisser l'accouchement continuer spontanément : s'il se fait lentement, exercer des tractions sur les membres ainsi abaissés.

On peut encore favoriser la descente par des tractions inguinales pratiquées avec l'index, jamais avec un instrument métallique (fig. 323).

III. — ÉPAULE

Pendant la grossesse. — Tenter la *version céphalique* par manœuvres externes : chloroforme, le plus souvent ; saisir le fœtus et le mobiliser, le faire évoluer ; l'immobiliser, lorsqu'il est en bonne position, par une ceinture ou par la perforation des membranes, après dilatation du col avec le ballon de Champetier de Ribes.

Pendant le travail. — Laisser se faire la dilatation ou l'aider, percer les membranes et faire la *version podalique*.

DÉLIVRANCE

I. — DÉLIVRANCE NATURELLE

On aura rarement à attendre que l'expulsion des membranes se fasse spontanément.

Quelques moments, 5 à 15 minutes après l'accouchement, exercer sur le muscle utérin quelques frictions légères, puis une véritable expression, qui excite la contractilité du muscle et par suite le décollement du placenta et des membranes, suivi de leur rejet ; dans un second temps, combiner des tractions légères sur le cordon à l'expression de l'utérus (fig. 324 et 325) ; les tractions doivent être faites d'abord obliquement en bas, puis horizontalement, puis obliquement en haut, à mesure que le placenta cède ; le placenta se présente à la vulve ; empêcher son issue trop rapide, le soutenir doucement et enrouler les membranes, qui viennent dernières, en les attirant lentement (fig. 326). Regarder de suite si *les membranes et le placenta sont expulsés en entier*.

Exprimer une dernière fois l'utérus que l'on sent durci (*globe de sûreté de Pinard*) et, avant de quitter la malade, donner à

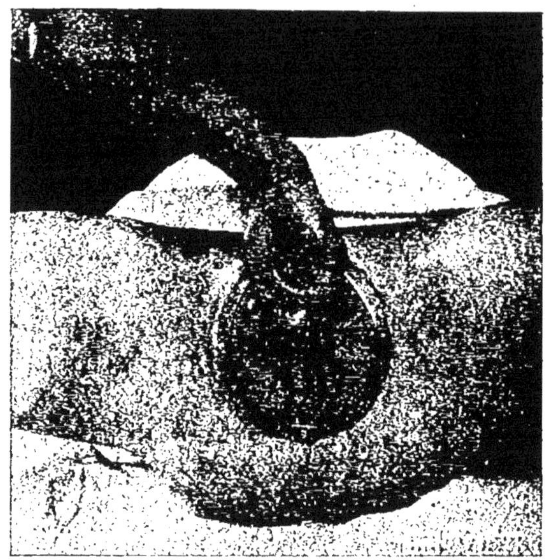

Fig. 324. — Délivrance par tractions sur le cordon.

l'utérus une dernière *poignée de main* (Pinard), pour s'assurer que sa contractilité persiste.

Fig. 325. — Traction et expression combinées.

Examiner le placenta et les membranes (fig. 27, 38).

ACCIDENTS DE LA DÉLIVRANCE

I. **Rétention des membranes.** — Elle est *totale* : placenta et membranes, — ou *partielle*, partie du placenta, toutes les membranes seules, une partie des membranes.

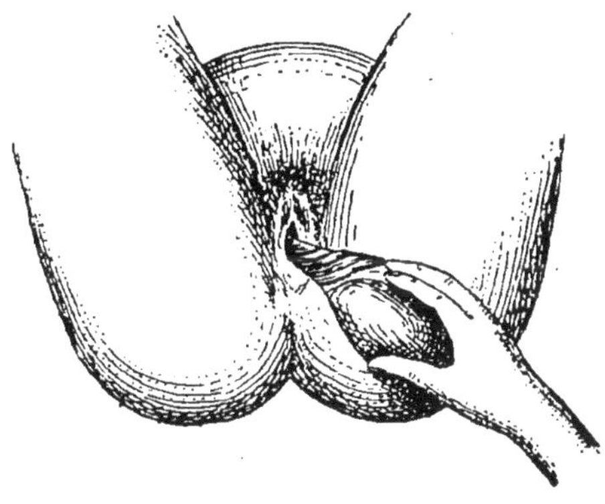

Fig. 326. — Torsion des membranes, encore adhérentes, après expulsion du placenta.

On reconnaît par l'examen de l'arrière-faix qu'il manque une partie des membranes, un cotylédon accessoire, une partie du placenta.

La rétention est due à l'inertie utérine ; à un spasme utérin au niveau d'un orifice normal ou d'un orifice néoformé dans la

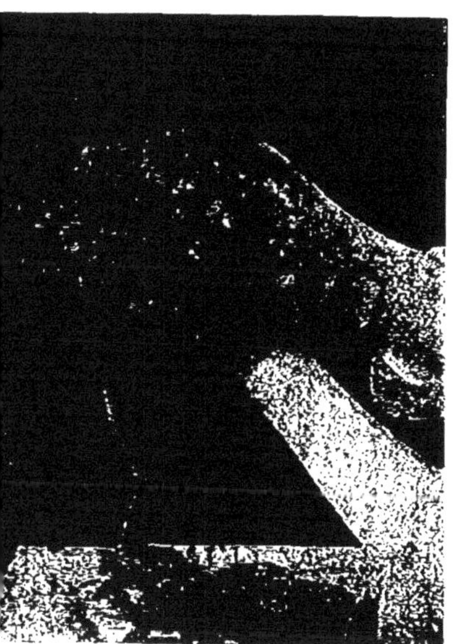

Fig. 327 et 328. — Examen du placenta et des membranes.

cavité utérine; à une tumeur utérine, vaginale ou vulvaire; à l'excès de volume du placenta, à l'adhérence exagérée du placenta à l'utérus ; à l'encapuchonnement d'un caillot par les membranes ; à la rupture du cordon, laquelle résulte de tractions intempestives, d'un accouchement debout, de la brièveté naturelle, de la gracilité naturelle ou de l'insertion vicieuse du cordon.

La rétention s'accompagne d'hémorragies, de tranchées utérines ; elle expose, pendant les jours suivants, à la *septicémie* et cette considération doit porter à intervenir sans retard.

Traitement. — **1° Rétention totale.** — Si le placenta est à l'orifice interne, attendre quelques heures son expulsion spontanée ; si le placenta est inaccessible, attendre encore tant que l'orifice interne reste souple ; s'il se ferme, pratiquer la délivrance artificielle.

Délivrance artificielle. — *Antisepsie rigoureuse de l'opérateur*, mains, avant-bras et bras.

Savonnage de la vulve et du vagin, irrigation vaginale antiseptique ; anesthésie générale, sauf contre-indications.

Mettre la femme en position obstétricale.

La main est introduite, les doigts réunis en cône, à travers l'orifice utérin qu'il faut dilater lentement, progressivement et dépasser. Les doigts cherchent le placenta, vont à un de ses bords, le décollent et, s'insinuant entre le placenta et l'utérus, décollent le premier lentement et tout entier ; procéder avec douceur, pour éviter les déchirures de l'utérus. La main ramène le placenta détaché. L'examiner attentivement.

S'il manque un cotylédon, réintroduire la main dans l'utérus pour l'aller chercher.

Si une portion du placenta est trop adhérente, renoncer à l'enlever pour éviter la déchirure utérine.

Lorsque la contracture des orifices utérins ne peut être forcée par la main, les dilater à l'aide du ballon de Champetier.

2° Rétention partielle. — *a*) Du placenta. — Faire la délivrance artificielle ou le curettage avec une curette large et mousse promenée dans l'utérus avec douceur.

b) Des membranes. — Faire le curettage ou bien attendre l'expulsion spontanée, sous le couvert d'une antisepsie rigoureuse obtenue par des lavages vaginaux soignés.

II. Hémorragies de la délivrance. — ***Symptômes.*** —

Écoulement de sang parfois énorme (hémorragie externe), l'écoulement au dehors peut ne pas se faire, l'utérus est distendu par le sang (hémorragie interne); généralement les deux coïncident (hémorragie mixte).

Si l'hémorragie est due à l'*inertie utérine*, l'utérus est inerte, mou, remonte plus ou moins haut dans le ventre; on ne sent pas le globe de sûreté. L'hémorragie est très abondante et la femme présente tous les signes des grandes hémorragies.

L'écoulement de sang peut être dû à la *rupture du col ou du corps de l'utérus*, à *l'inversion*, à une *déchirure de la vulve ou du vagin*, à la *rétention des annexes*.

Traitement. — 1° **Hémorragie par rétention.** — *Vider l'utérus d'abord* comme il a été dit.

Ce moyen suffit en général. Injection intra-utérine d'eau bouillie à 48°. Injection sous-cutanée d'un à deux grammes d'ergotine. L'*ergotine ne doit être injectée qu'après évacuation complète de la cavité utérine.*

Relever ensuite l'état général par les injections sous-cutanées ou intra-veineuses de sérum; maintenir la femme dans le décubitus dorsal tête basse, immobile; combattre les tendances syncopales par les injections d'éther, l'alcool, les enveloppements chauds.

2° **Hémorragies par inertie utérine.** — Introduire une main dans l'utérus, s'assurer qu'il n'y a pas de membranes ni de cotylédon placentaire; exciter l'utérus par des frictions faites avec les deux mains, une dans l'utérus, l'autre sur la paroi abdominale.

Injections intra-utérines (fig. 329) d'eau stérilisée très chaude; injections sous-cutanées d'ergotine, *lorsqu'il n'existe aucun doute sur la vacuité de l'utérus.*

En cas d'insuccès, tamponnement intra-utérin et vaginal avec des compresses ou des tampons aseptiques.

III. **Inversion de l'utérus**. — ***Symptômes.*** — Hémorragie abondante; le toucher permet de reconnaître le fond utérin renversé dans la cavité utérine, ou faisant saillie par le col.

Traitement. — 1° **Préventif.** — S'abstenir de tractions sur le cordon.

2° **Curatif.** — Plusieurs cas peuvent se présenter (Bar).

a. *Le placenta reste adhérent à l'utérus inversé.* — Se garder de le decoller et reduire à la fois utérus et placenta ; si on craint de reproduire l'inversion, en faisant la délivrance immédiatement, attendre au lendemain; jusque-là l'utérus reste tamponné.

b. *Le placenta est décollé.* — L'utérus est saisi entre les deux mains; refouler tout d'abord sa paroi antérieure. L'anesthésie générale est nécessaire.

c. *La réduction n'a pu être obtenue par les procédés simples.* — Pratiquer la laparotomie pour dilater par l'abdomen, l'orifice « du cul de fiole » pendant qu'un aide rétropulsera par le vagin la « tumeur » inversée.

Fig. 329. — Injection intra-utérine. Sonde guidée par la main.

d. *Si on ne voit la malade que 4 ou 5 jours après le début.* — Introduire un ballon de Champetier ou un pessaire de Gariel et le laisser 24 heures; souvent on obtiendra la réduction.

e. *L'utérus est en voie de sphacèle.* — Pratiquer l'hystérectomie vaginale par hémisection.

En cas d'inversion irréductible, sans sphacèle de l'utérus, datant de plusieurs jours : colpotomie postérieure suivie d'hystérotomie médiane poursuivie jusqu'à ce que la réduction soit possible. Suture de la plaie utérine.

Conduite à tenir après la délivrance normale. — Nettoyer les organes génitaux externes de la femme; les garnir d'ouate aseptique; rouler et enlever le drap souillé et mettre la mère sur un drap propre. La laisser immobile et tranquille.

Surveiller pendant une heure l'état du pouls et du globe utérin, l'écoulement de sang.

Il est inutile de pratiquer une injection intra-utérine, lorsque tout a bien marché.

Au contraire, on la pratiquera toujours (sublimé à 1 p. 1.000), lorsque la main aura été introduite dans l'utérus, lorsque l'accouchement aura été si rapide qu'aucune injection vaginale n'aura pu être faite.

SOINS PENDANT LES SUITES DE COUCHES

La chambre de l'accouchée sera maintenue dans un état de propreté minutieuse. On n'y laissera jamais séjourner les linges salis par la couche.

On changera fréquemment les serviettes garnissant la vulve, qui sera lavée quatre fois par jour.

S'abstenir d'injections vaginales pendant 8 à 10 jours, à moins que les lochies ne sentent mauvais, s'abstenir aussi d'injections intra-utérines. Couvrir la vulve d'ouate aseptique.

A sa première visite, le médecin examinera la fréquence du pouls, la sensibilité du ventre, l'état de rétraction de l'utérus; il s'informera surtout si la femme a uriné. Si la vessie est paralysée, on la videra au moyen du cathétérisme.

Provoquer la première selle, 48 heures après l'accouchement.

La femme doit être dans le calme physique et moral le plus complet. On interdira les visites pendant les premiers jours et on lui cachera avec soin toute nouvelle de nature à lui causer de l'émotion.

La malade conservera pendant les premiers jours le décubitus dorsal, soit pour prendre ses repas, soit pour les excrétions, qui seront reçues dans un vase plat, légèrement chauffé.

La durée du séjour au lit sera de neuf jours au moins, et de deux semaines si cela est possible.

Le premier lever sera limité à une heure, puis, peu à peu, dans les jours suivants, l'exercice sera progressif. Le moment de la première sortie ne peut être fixé d'avance, il dépendra de l'état de la femme, de la saison, du temps; en général, on peut lui permettre une promenade du vingt-cinquième au vingt-sixième jour.

Pendant les suites de couches, on couvrira la femme assez pour qu'elle ne prenne pas froid; mais il faut éviter de provoquer des sueurs.

On combat la constipation avec un quart de lavement contenant 30 ou 40 grammes de sel de cuisine.

L'appétit est en général assez nul pour qu'on laisse la femme libre de son régime ; des bouillons et des potages lui suffisent dans les premiers jours. La boisson ordinaire est une infusion de feuilles d'oranger et de tilleul (Joulin).

SOINS A L'ENFANT NOUVEAU-NÉ

LIGATURE ET SECTION DU CORDON

Il y a avantage pour l'enfant à ne pas pratiquer la ligature trop tôt. Attendre 10 à 15 minutes que le pouls de l'artère ombilicale ait cessé de battre, ce qui fait gagner à l'enfant environ 90 grammes de sang.

La ligature se fait avec un fil de soie plate conservé dans un liquide antiseptique avec les ciseaux qui serviront à le couper. On le place à 3 centimètres de l'insertion abdominale du cordon, en veillant à ce qu'il n'y ait pas de hernie ombilicale, auquel cas on le placerait encore plus loin, pour éviter le pincement de l'intestin. Le fil est passé deux fois autour du cordon, serré fortement et progressivement, de manière à écraser la couche muqueuse et à arriver directement sur la paroi des vaisseaux qu'il étreint. On coupe le cordon à un centimètre au delà.

Il n'est indiqué de lier le bout maternel du cordon que dans le cas de grossesse gémellaire.

Dans les autres cas, le sang placentaire s'écoule et la délivrance se trouve facilitée.

Sur le moignon du cordon, on applique une compresse aseptique, maintenue par un petit bandage de corps en flanelle.

On veillera les neures suivantes sur les hémorragies possibles du cordon.

MORT APPARENTE DU NOUVEAU-NÉ

Symptômes. — La souffrance du fœtus se traduit pendant le travail par deux signes :

1° L'expulsion de méconium ;

2° La modification des bruits du cœur, accélération jusqu'à 170 et 180, ralentissement au-dessous de 100, 80.

Traitement. — Enlever les mucosités de l'arrière-bouche à l'aide du doigt entouré d'un linge fin.

Pour désobstruer les voies respiratoires et si l'on manque de tout instrument, pratiquer l'aspiration bouche à bouche, en couvrant la bouche de l'enfant d'un linge fin et en bouchant ses narines.

Si l'on a introduit le tube de Chaussier ou le tube de Ribemont-Dessaignes, on évacue les voies respiratoires, soit en aspirant sur le tube (fig. 330), soit en faisant l'aspiration avec la poire.

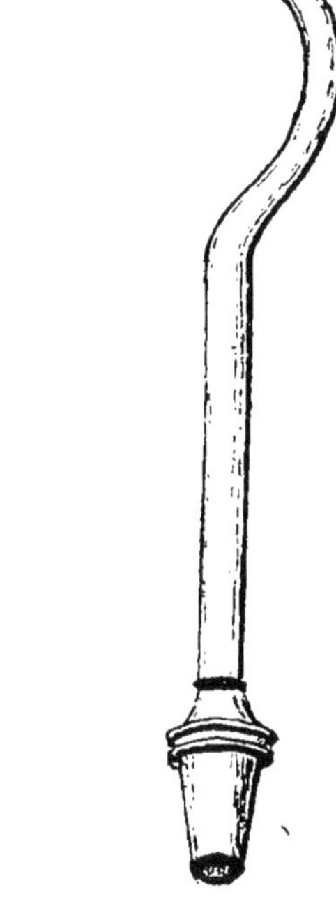

Fig. 330. — Insufflateur Ribemont-Dessaignes.

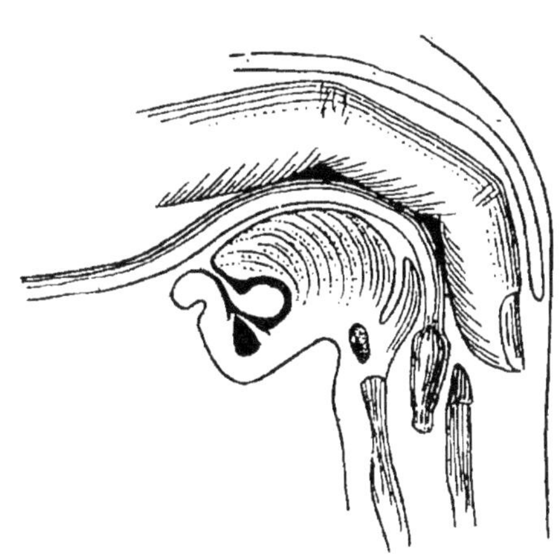

Fig. 331. — Introduction du tube pour l'insufflation.

Si l'asphyxie est peu prononcée, plonger alors l'enfant dans un bain chaud à 45° ou dans un bain tiède, additionné de farine de moutarde. Après deux ou trois minutes, le frictionner avec un linge très chaud.

Si ces excitations périphériques restent sans effet, il faut pratiquer l'*insufflation*. Introduire l'index gauche pour chercher les cartilages aryténoïdes; à l'aide de ce repère, introduire le tube de Ribemont, tenu de la main droite dans le larynx (fig. 331). Enlever d'abord les mucosités comme il a été dit. Puis faire l'insufflation soit avec la bouche, soit avec la poire en caoutchouc.

Les insufflations doivent être faites lentement toutes les 8 ou 10 secondes.

Observer si le thorax se dilate pendant l'insufflation, ce qui prouve que le tube est bien en place.

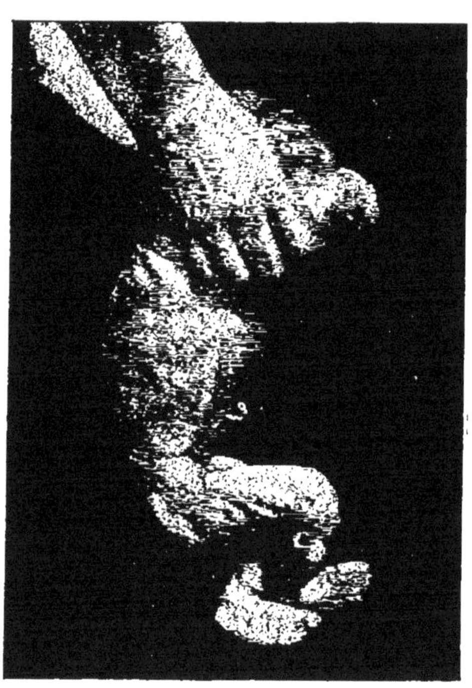

Fig. 332. — Manœuvre de Schultze, 1er temps : inspiration.

Si on l'introduit dans l'œsophage, l'estomac et l'intestin se ballonnent, ce qui gène le fonctionnement du diaphragme.

Pour éviter le retour de l'air par la bouche et les narines, fermer ces ouvertures avec une compresse fine, que la main applique hermétiquement. Tenir chaudement l'enfant.

Pendant l'insufflation, un aide peut utilement relever les bras pour agrandir la cage thoracique et dessiner un mouvement d'inspiration ; de même des pressions méthodiques sur la poitrine rendent l'expiration plus profonde.

Continuer les insufflations, jusqu'à ce qu'il se produise huit à dix inspirations spontanées par minute et que l'enfant crie. Il faut quelquefois s'obstiner pendant plus d'une heure. Il est rare cependant, s'il faut prolonger plus longtemps l'insufflation, qu'on obtienne un résultat.

On peut également pratiquer la manœuvre de Schultze (fig. 332 et 333).

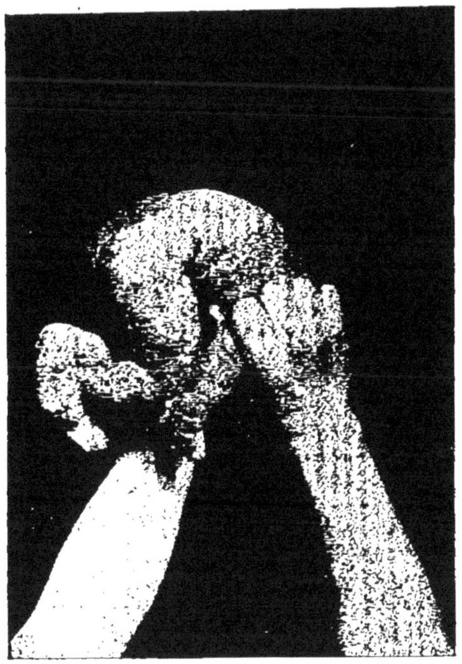

Fig. 333. — Manœuvre de Schultze, 2e temps : expiration.

Lorsque les battements du cœur ont complètement cessé, il n'y a plus d'espoir ; tant qu'ils persistent, il faut continuer.

Quand l'enfant commence à respirer, le plonger dans un bain très chaud ou sinapisé, frictions chaudes et alcooliques, pratiquées énergiquement sur le thorax, flagellation, titillation du pharynx.

ALLAITEMENT

ALLAITEMENT MATERNEL

Toute femme saine doit allaiter son enfant (Pinard).

L'allaitement s'impose, lorsque la mère est syphilitique

depuis longtemps ou que le père a présenté des accidents peu avant la conception ; l'enfant pourrait infecter sa nourrice.

L'allaitement est contre-indiqué, quand la mère présente une affection organique du cœur, des poumons (tuberculose surtout), du cerveau. L'albuminurie gravidique n'est pas une contre-indication (Pinard), lorsqu'elle est transitoire; mais elle en est une, lorsqu'elle est permanente.

La première tétée aura lieu six à dix heures après l'accouchement.

Au début, la mère donnera les deux seins à chaque tétée; plusieurs jours après, elle n'en donnera qu'un; les tétées doivent être régulières, espacées de deux heures dans la journée, de quatre à six heures la nuit.

La nourrice mangera de tout, sauf asperges, ails, oignons; boissons recommandées : bière, vin coupé d'eau ; s'abstenir d'alcool ; café, thé en quantité modérée.

Soins de propreté extrême des mamelons. — Les recouvrir d'une compresse, bouillie dans l'eau boriquée, recouverte de taffetas imperméable et maintenue par une bande de flanelle, qu'on enlève au moment des tétées.

Nettoyer avec un tampon boriqué les lèvres de l'enfant. On évite ainsi les lymphangites et les abcès du mamelon.

ALLAITEMENT PAR UNE NOURRICE

Choix de la nourrice. — **Examen de l'enfant.** — L'enfant doit être bien conformé, sans manifestations syphilitiques à la bouche, à l'anus, à la plante des pieds, à la paume des mains, au scrotum.

S'assurer que l'enfant a été élevé exclusivement au sein et qu'il est bien portant.

Qualités d'une bonne nourrice. — Ne prendre qu'une nourrice accouchée depuis 4 à 5 mois.

Les seins, de volume moyen, pas trop gros, parcourus de nombreuses veines, à mamelon bien conformé, sans excoriations, ni gerçures, indiquent une bonne nourrice.

La dentition en bon état permet une bonne digestion et met la nourrice à l'abri des douleurs et des fluxions.

Il ne doit exister aucune trace de scrofule : blépharite, kératite, adénite cervicale, écrouelles, otorrhée. On ne doit trouver aucun stigmate de syphilis, les amygdales ne doivent pas présenter l'hypertrophie folliculaire, signe d'angines à répétition.

L'auscultation de la poitrine ne révélera ni pleurésie ancienne, ni lésion des sommets, ni affection organique du cœur.

L'examen de l'abdomen prouvera l'intégrité du foie, de l'estomac. Il n'y aura ni métrorragies ni endolorissement des culs-de-sac.

L'urine ne contiendra ni sucre, ni albumine.

On doit aussi avoir beaucoup d'égards aux qualités morales (Baudelocque).

ALLAITEMENT ARTIFICIEL

Le lait doit être stérilisé.

Le lait le plus communément employe est le lait de vache, le lait de chèvre et le lait de brebis.

Procédés divers de stérilisation.

1° **Stérilisation absolue.** — Par chauffage du lait immédiatement après la traite à 110°, dans des flacons hermétiquement fermés : ils peuvent se conserver pendant plusieurs semaines. Cette stérilisation se fait industriellement.

Pour s'en servir, chauffer le flacon au bain-marie, y ajouter une cuillerée de sucre en poudre.

« Aucune des objections de principe adressées à la stérilisation du lait n'est suffisante pour empêcher qu'on ne s'en serve dans l'allaitement artificiel. Si on choisit un lait de bonne marque, stérilisé depuis peu de temps, si on examine avec soin chaque bouteille débouchée, on peut le donner en toute confiance » (Marfan).

2° **Pasteurisation.** — Chauffage du lait à 80°. Il se conserve très peu de temps; stérilisation imparfaite.

3° **Ébullition.** — Faire bouillir le lait pendant 5 minutes. Boucher hermétiquement les flacons.

Le lait doit être consommé dans la journée.

4° **Chauffage au bain-marie à 100 degrés.** — Le lait, *aussitôt après la traite*, est réparti dans des flacons d'une contenance moyenne de 150 à 250 grammes, stérilisés préalablement eux-mêmes par l'ébullition prolongée. Les flacons remplis sont mis dans une marmite pleine d'eau, que l'on porte à l'ébullition pendant 40 minutes. On laisse refroidir. Alors les flacons s'obturent, grâce à une fermeture automatique (appareil de Budin et Chavane).

Le lait doit être consommé dans les 24 heures.

Coupage du lait. — Pendant les 5 premiers jours, couper le lait de vache avec la moitié d'eau.

Du cinquième jour au sixième mois, couper le lait avec un tiers d'eau; l'eau de coupage doit contenir 10 p. 100 de lactose cristallisée du commerce.

Après le sixième mois, donner du lait pur.

GROSSESSE GÉMELLAIRE

Symptômes. — **Interrogatoire.** — Troubles digestifs et nerveux plus accusés; phénomènes de compression plus intenses, varices, œdème sus-pubien, dyspnée.

Inspection. — Développement du ventre, disproportionné avec l'âge de la grossesse.

Palper. — Tension permanente de la paroi utérine. La perception de trois pôles fœtaux suffit au diagnostic; de même la constatation de deux plans dorsaux. Les fœtus sont verticaux (fig. 334) ou en T (fig. 335).

Auscultation. — Double foyer net de battements (signe de valeur restreinte).

Accouchement. — 1° **Accouchement successif.** — Les deux fœtus s'engagent et se dégagent successivement.

2° **Accouchement simultané.** — Ils s'engagent simultanément et créent une variété spéciale de dystocie. Dans ce dernier cas, on ne pourra se renseigner que par le toucher, en introduisant la main entière dans le vagin.

Conduite a tenir. — D'une manière générale, si l'un des fœtus a succombé, le réduire par embryotomie ou éviscération.

Si les deux têtes se présentent ensemble, refouler l'une d'elles avec la main.

Si on trouve au détroit supérieur des membres et une tête, réduire les membres, appliquer le forceps sur la tête.

Si les deux sièges se présentent, réduire l'un d'eux, attirer un membre ; se garder de tirer sur plus d'un membre à la fois.

Délivrance. — Après naissance du premier enfant, il faut lier le cordon, du côté maternel comme du côté fœtal.

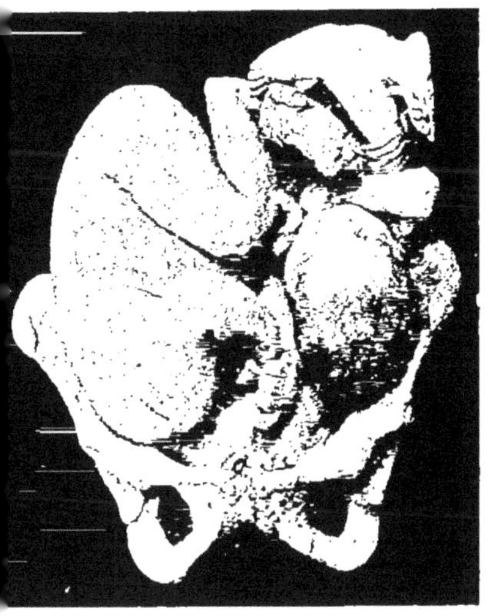

Fig. 334. — Deux fœtus verticaux.

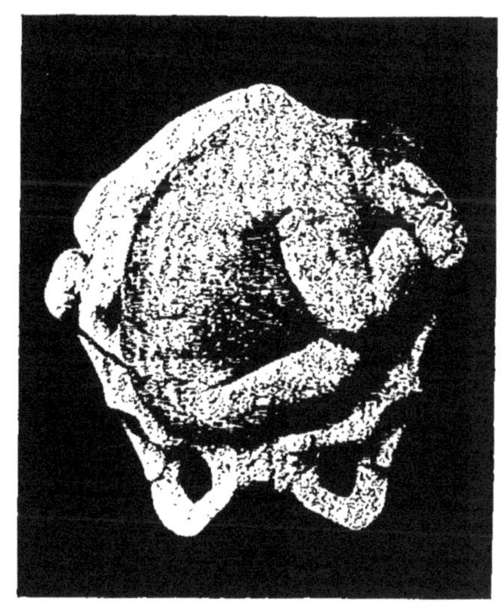

Fig. 335. — Deux fœtus en T

Ne pas laisser le col se refermer, sinon crever la deuxième poche des eaux.

Après sortie du deuxième enfant, surveiller l'utérus et laisser la délivrance se faire spontanément.

Si la femme perd *du sang*, délivrance artificielle.

PATHOLOGIE DE LA GROSSESSE

Troubles nerveux. — *Traitement.* — **Chorée gravidique.** — Bromure de potassium, hydrate de chloral, morphine ; toniques, préparations ferrugineuses et arsénicales ; antipyrine à haute dose, drap mouillé.

Dans les cas graves, avortement ou accouchement prématuré.

Folie gravidique. — Isolement, hydrothérapie, toniques, calmants.

Troubles digestifs. — *Traitement.* — **Contre la gingivite.**

— Enlever le tartre, brossage fréquent des dents, tous les jours déposer sur les dents un peu de :

Hydrate de chloral...........	ââ parties égales.
Alcoolat de cochléaria.........	

Lavages avec le chlorate de potasse; attouchements légers avec la teinture d'iode.

Contre l'odontalgie. — Soins des dents cariées, enlever les chicots, plomber les dents partiellement saines; médication calmante (opiacés, quinine, chloral).

Contre le ptyalisme. — Gargarismes amers; gentiane ou rhubarbe dans la bouche.

Contre les vomissements dits incoercibles. — Varier les aliments liquides ou solides qui sont tolérés. Viande crue. Lavements nutritifs. Limonades gazeuzes, eau de Seltz, eau glacée, glace pilée avant les repas, potion de Rivière, perles d'éther; teinture d'iode alcoolisée (5 à 10 gouttes dans 1/2 verre d'eau sucrée à prendre par cuillerées) :

Teinture d'iode.........................	1 gr.
Alcool rectifié.........................	5 —.

Mêlez :

Teinture de noix vomique, 2 gouttes toutes les heures, dans un peu d'eau; extrait thébaïque (0,025) un quart d'heure avant chaque repas; kirsch ou élixir de Garus, après le repas.

Vésicatoire morphiné ou injections hypodermiques à l'épigastre; irrigations d'éther sur l'épigastre; quarts de lavements laudanisés (30 à 40 gouttes); eau-de-vie, champagne frappé, quinine, liqueur ou élixir de pepsine, grog chaud (Fonssagrives); suppositoires morphinés (0,01 à 0,05), introduits dans le vagin.

Repas nombreux, mais peu copieux, froids : lait.

Extrait de quinquina......................	2 gr.
Chlorhydrate de morphine..............	0 — 20.

F. s. a. 20 pilules ; une matin et soir.

Bromure de potassium, 3 à 4 grammes; quarts de lavements avec 2 à 4 grammes de chloral, avant le repas.

Antipyrine, cocaïne.

Voltaïsation continue descendante du pneumogastrique.

Régime lacté, képhir, koumis (Pinard), quand les vomissements deviennent graves.

Ingestion de X à XX gouttes d'une solution d'adrénaline à 1 p. 1000.

Lorsque le traitement médical échoue, que la femme maigrit, que le pouls s'accélère notablement, il faut évacuer l'utérus.

Contre la constipation. — Lavements pris au lit dans le décubitus dorsal (un à deux litres de liquide), laxatifs légers non drastiques, massage, électricité.

Contre la diarrhée. — Régime lacté, opiacé, nitrate d'argent en pilules d'un centigramme, une matin et soir (Charpentier).

Troubles urinaires. — **I. Albuminurie gravidique.** — ***Traitement.*** — Purgatifs drastiques (Pinard), eau-de-vie allemande et sirop de nerprun associés à la dose de 15 à 20 grammes chacun. Calomel, 50 centigrammes en un cachet.

Régime lacté exclusif. — C'est le traitement de choix : le lait peut être pris froid ou chaud, cru ou bouilli, sucré ou salé, aromatisé au besoin avec du kirsch ou du café; coupé avec de l'eau de Vals, de Vichy, de l'eau de chaux.

Repos au lit, dans les cas graves; inhalations de 20 à 30 litres d'oxygène par jour. Enveloppement chaud contre le froid.

Mouchetures sur les tissus œdématiés, faites et entretenues aseptiquement.

Lorsque, sous l'influence du régime lacté absolu, continué pendant huit jours au moins, l'albuminurie ne diminue pas ou continue à faire des progrès, lorsque les autres symptômes s'aggravent, on doit, dans l'intérêt de la mère, interrompre le cours de la grossesse (Pinard).

Si le fœtus meurt, du fait de l'albuminurie, *ne pas provoquer l'accouchement* (Ribemont-Dessaignes et Lepage), car l'albuminurie disparaît, du fait de la mort de l'enfant.

Après l'accouchement, continuer le régime lacté, tant que persiste l'albuminurie.

II. **Accès éclamptiques.** — ***Symptômes.*** — Ils apparaissent de préférence pendant les derniers mois de la grossesse, le travail et les suites de couches. Ils sont précédés par l'œdème des membres inférieurs, la céphalalgie frontale, des troubles divers de la vue, la dyspnée, la sensation de barre épigastrique, la somnolence.

L'accès débute par des mouvements convulsifs de la face, la fixité du regard, la déviation des globes oculaires, l'agitation des ailes du nez, la rotation de la tête à gauche.

Survient la phase des *convulsions toniques*, suivie de celle des *convulsions cloniques;* la crise se termine par la torpeur ou le coma.

Les accès se suivent en nombre variable et le coma peut se terminer par la mort.

Traitement. — 1° Prophylactique. — Examen fréquent des urines pendant les derniers mois de la grossesse, surtout chez les femmes ayant eu de l'albuminurie ou des accès éclamptiques dans les grossesses précédentes; en cas d'albuminurie, prescrire le *régime lacté absolu.* Il est exceptionnel que les accès éclamptiques apparaissent chez des femmes soumises depuis huit jours au régime lacté absolu (Tarnier).

2° Curatifs de l'accès. — *Si on craint l'accès,* donner du chloral à haute dose.

Pendant les prodromes, faire inhaler du chloroforme à dose massive, jusqu'à ce que la respiration soit régulière (Pinard).

Protéger la langue par des compresses insinuées entre les arcades dentaires.

Dans l'intervalle des accès, administrer 8 à 10 grammes de chloral en lavements, administrés plusieurs fois dans la journée :

Hydrate de chloral....................	2 à 4 gr.
Lait..................................	130 —
Jaune d'œuf...........................	n° 1.

La saignée est indiquée seulement chez les femmes pléthoriques. Bains tièdes prolongés (Bar).

On doit abandonner le seigle ergoté, les sinapismes et les vésicatoires.

L'utilité des opiacés, morphine et autres, est discutée.

3° Obstétrical. — *En règle générale, chez une femme éclamptique au cours de la grossesse, il ne faut recourir ni à l'accouchement provoqué, ni à l'accouchement forcé* (Ribemont-Dessaignes et Lepage, Pinard, Tarnier). Régime lacté, inhalations d'oxygène, de chloroforme, chloral en lavements.

Chez l'éclamptique en travail : 1° *L'enfant est vivant.* — Hâter l'accouchement.

2° *L'enfant est mort.* — Attendre la dilatation complète et extraire l'enfant par une version, une application de forceps, une crâniotomie, hâter la délivrance.

3° *La mère meurt, l'enfant étant vivant.* — L'extraire par les voies naturelles ou par une opération césarienne.

Syphilis et grossesse. — Lorsque la mort du fœtus survient à une époque plus ou moins avancée de la grossesse et se reproduit à plusieurs grossesses, il faut songer à la syphilis des générateurs.

Traitement. — Instituer un traitement convenable.

L'enfant né de père et mère syphilitiques ou d'un père syphilitique ne peut être allaité que par la mère, qu'il ne contagionne jamais (Fournier).

Si la mère ne peut allaiter, l'allaitement artificiel est seul praticable.

Une femme saine enceinte d'un syphilitique et qui accouche d'un enfant syphilitique aura ultérieurement des enfants sains d'un homme sain (Pinard).

PLACENTA PRÆVIA

Insertion du placenta sur le segment inférieur de l'utérus (fig. 336).

Symptômes. — 1° **Pendant la grossesse.** — Hémorragies, pendant les 3 derniers mois de la grossesse, survenant sans cause provocatrice, abondantes, s'arrêtant spontanément, se répétant souvent, d'où anémie notable.

Du 3e au 6e mois, elles provoquent l'avortement. Rupture prématurée des membranes avec écoulement de liquide amniotique, plus ou moins longtemps avant le début du travail.

Accouchement prématuré dans un tiers des cas. Défaut d'accommodation du fœtus, d'où fréquence des présentations du siège, de l'épaule.

Au palper, le sommet s'engage mal; lorsqu'on l'abaisse, il s'arrête sur une substance à résistance molle.

Au toucher, un des côtés de l'utérus est tendu, saillant (fig. 337).

2° **Pendant le travail.** — Les hémorragies augmentent avec les contractions utérines; avant la rupture des membranes, non après leur rupture. Lenteur de la période de dilatation.

Au toucher, selon le degré de dilatation, on sent l'éponge préfœtale, le pouls placentaire, des cotylédons.

3° **Pendant l'accouchement.** — Perte de sang.

4° **Pendant la délivrance.** — Hémorragies fréquentes.

Traitement. — 1° **Pendant la grossesse.** — Hémorragie

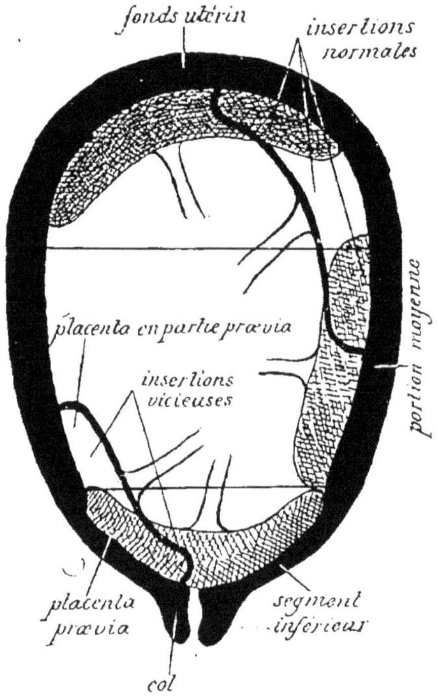

Fig. 336. — Insertions normales et vicieuses du placenta.

légère : repos au lit, injections chaudes. Hémorragies graves : rupture large des membranes.

En cas de danger, provoquer l'accouchement prématuré.

2° **Pendant le travail.** — Rupture large des membranes (fig. 338); dilater le col avec un ballon et activer l'accouchement.

3° **Pendant l'accouchement**. — Sommet : application de forceps, si le dégagement est lent.

Siège : extraction manuelle.

Épaule : version podalique.

4° **Pendant la délivrance.** — Expression utérine; injections intra-utérines très chaudes; ergotine, après évacuation com-

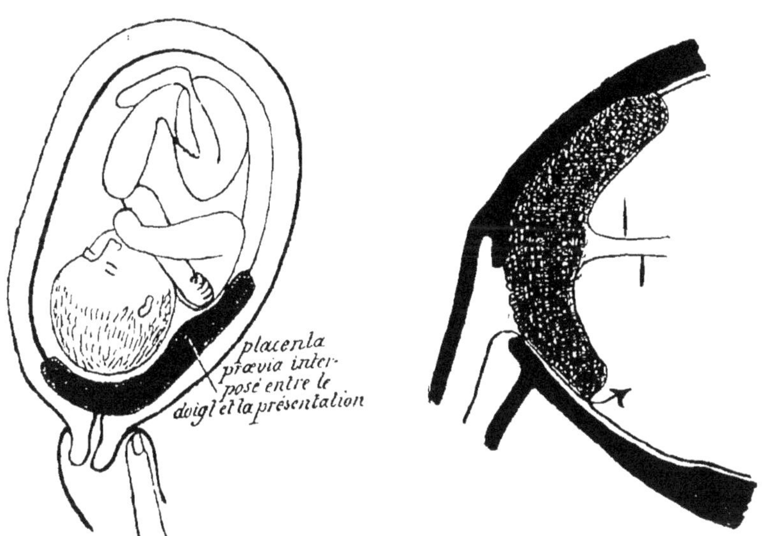

Fig. 337. — Toucher d'un placenta prævia.

Fig. 338. — Chemin à suivre pour la rupture des membranes.

plète de l'utérus; tamponnement de la cavité utérine et du vagin (Leroux, Tarnier).

Injection de sérum artificiel.

HYDRAMNIOS

Symptômes. — 1° **Hydramnios à marche lente.** — Douleurs abdominales; vomissements; volume exagéré du ventre; troubles de compression; tension constante de l'utérus; déhiscence du col avant le travail; mouvements actifs faiblement perçus par la mère ; difficulté du palper.

2° **Hydramnios à marche aiguë.** — Développement rapide du ventre; vomissements; amaigrissement; douleurs très vives.

Traitement. — Repos et régime lacté, qui agit par son pouvoir diurétique.

Si les troubles persistent ou augmentent, provoquer l'accouchement.

Pendant le travail, rompre les membranes, pour que la contraction utérine soit efficace : tenir la main sur la vulve, pour régler l'issue du liquide et empêcher que le cordon ou un membre ne soit entraîné par lui.

MORT DU FŒTUS

Symptômes. — Cessation des troubles sympathiques de la grossesse, de l'albuminurie ; diminution du volume du ventre, montée de lait.

Phénomènes infectieux, lochies fétides, fièvre, lorsque le fœtus se putréfie.

Cessation des mouvements actifs; disparition des bruits du cœur fœtal; diminution de volume de l'utérus.

Traitement. — **1° Pendant la grossesse.** — En cas de mort habituelle du fœtus à un âge déterminé, provoquer l'accouchement prématuré quelque temps avant cette date.

Après la mort, attendre l'expulsion spontanée; antisepsie vaginale, pour prévenir l'infection utérine.

En cas d'infection, dilatation par un ballon et évacuation rapide de l'utérus. Injection intra-utérine.

2° Pendant le travail. — Ne pas rompre les membranes avant la dilatation complète.

Après leur rupture, aider l'accouchement, selon les indications, par une basiotripsie, par l'embryotomie, etc.

AVORTEMENT

Avortement : expulsion du produit non viable (2 premiers trimestres).

Accouchement prématuré : expulsion de l'enfant viable (3ᵉ trimestre).

Symptômes. — **1° Physiques**. — a) *Avortement ovulaire.* — Passe inaperçu.

b) *Avortement embryonnaire* (type, 2ᵉ mois). — Expulsion en un seul temps de l'œuf et de la caduque, pas d'effacement; pas de placenta ; villosités sur tout le tour de l'œuf; l'embryon ne donne pas signe de vie.

c) *Avortement fœtal* (type, 5ᵉ mois). — Pas d'effacement; expulsion en trois temps : expulsion du fœtus, expulsion des annexes, moins la caduque, expulsion de la caduque. Le placenta est formé, le cœur bat, l'enfant essaie de respirer.

d) *Accouchement prématuré.* — Analogue à l'accouchement normal.

2° **Fonctionnels.** — Douleurs, hémorragies ; cessation des troubles sympathiques ; montée de lait ; réapparition des menstrues.

L'avortement peut rétrocéder.

Complications. — *Hémorragies* par décollement partiel des membranes ;

Septicémie par rétention, surtout au 2e trimestre (4e mois).

Traitement. — 1° **Préventif.** — Eviter la constipation, les marches, la fatigue, les voyages, les rapports sexuels, lorsque l'avortement se produit facilement chez une femme.

Traitement antisyphilitique, s'il y a lieu.

Repos au lit, pendant les quelques jours répondant aux règles.

2° **Des menaces d'avortement.** — Repos au lit, tête basse ; immobilité absolue ; lavements laudanisés (eau, 150 gr. laudanum 20 gouttes) ou belladonés ; injections sous-cutanées de morphine, lavements de choral.

3° **De la rétention placentaire.** — Deux méthodes.

Expectation. — Repos au lit ; injections vaginales antiseptiques fréquentes ; on attend l'expulsion spontanée.

Prendre avec soin la température matin et soir, pour faire le curettage dès qu'il y a signe d'infection.

Curettage d'emblée. — Il est plus rationnel. Dilatation du col et curettage avec de larges cuillers. Veiller à ne pas perforer l'utérus.

Lavage intra-utérin chaud et antiseptique. Tamponnement peu serré.

4° **De la septicémie post abortum.** — Curettage intra-utérin ou curage digital après dilatation. Irrigations intra-utérines et vaginales.

GROSSESSE EXTRA-UTÉRINE

Symptômes. — 1° **De la grossesse extra-utérine.**

Tous les symptômes sympathiques de la grossesse normale, En outre symptômes spéciaux :

Douleurs hypogastriques ; constantes, exagérées par les règles avec poussées péritonitiques ;

Troubles de compression vésicale, rectale, vasculaire, nerveuse; *Métrorragies* périodiques, correspondant aux règles.

Au palper. — Deux tumeurs : l'une latérale, de volume variable, le kyste fœtal; l'autre médiane, l'utérus hypertrophié.

Au toucher. — Mêmes résultats: le col utérin est ramolli.

2° **De la mort du fœtus.** — Faux travail, caractérisé par des coliques utérines, par la déhiscence du col sans effacement. par des métrorragies, par l'expulsion d'une caduque, par la montée de lait et tous les phénomènes qui caractérisent la cessation de la grossesse.

A l'examen, la tumeur fœtale persiste et présente des caractères variables, selon que le fœtus se momifie, se calcifie, se résorbe ou que l'œuf s'infecte.

3° **De la rupture du kyste fœtal.** — (Voir *Hématocèle*).

Traitement. — *Pendant la première partie de la grossesse extra-utérine.* — On doit la considérer comme une tumeur maligne et l'extirper par laparotomie sus-pubienne.

A une période avancée de la grossesse. — Si le fœtus est vivant, attendre son développement, mais se tenir prêt à intervenir, le cas échéant. L'extirper plus ou moins près du terme par laparotomie.

Savoir que cette intervention tardive est grave.

Si le fœtus meurt, l'extirper immédiatement de même manière. Intervenir dès qu'il y a rupture du kyste fœtal (voir *Hématocèle*).

HÉMATOCÈLE RÉTRO-UTÉRINE

Causes. — Elle est due à la rupture d'une grossesse extra-utérine, le plus souvent d'une grossesse tubaire.

Symptômes. — 1° **Forme foudroyante.** — Hémorragie intra-abdominale abondante; tous les symptômes des hémorragies internes, mort rapide, à moins qu'on n'intervienne hâtivement.

2° **Forme grave, commune.** — Chez une femme qui se croyait enceinte de quelques semaines à 2 mois, subitement, douleur poignante dans le ventre, chute ou obligation de s'aliter; pâleur rapide, sensation de chaleur dans le ventre; tous les signes des hémorragies intenses : pâleur de la face et des muqueuses, pouls rapide, petit, dépressible, hypothermie; lipothymies, syncopes, bourdonnements d'oreille ; vomissements, nausées, métrorragies. Le ventre est ballonné, matité sus-pubienne ; le palper, combiné au toucher, fait sentir un col mou, déhiscent : sang épanché dans le petit bassin faisant bomber le cul-de-sac postérieur, repoussant l'utérus en avant. L'hémorragie continue et devient mortelle, ou elle s'arrête et s'enkyste.

3° **Forme lente.** — Hémorragies par petites poussées, qui arrivent à constituer une collection rétro-utérine, repoussant l'utérus contre le pubis, bombant le cul-de sac postérieur, Symptômes d'hémorragie moins graves.

La collection enkystée se résorbe lentement ou elle s'infecte donnant lieu à des poussées fébriles, à des frissons : ouverture secondaire dans le vagin, dans le rectum ; péritonite.

Traitement. — 1° **Préventif.** — Extirper la grossesse extra-utérine dès qu'elle est reconnue.

2° **Curatif.** — *a*) FORME FOUDROYANTE. — Laparotomie immédiate ; extirper le kyste fœtal et la trompe déchirée ; lier le pédicule utéro-ovarien qui saigne ; évacuer le sang épanché entre les anses intestinales ; tamponner les adhérences qui saignent ; drainer ; injections abondantes de sérum artificiel.

b) FORME COMMUNE. — Traitement identique.

c) FORME LENTE. — Il est préférable d'opérer dès que le diagnostic est posé.

Si on n'est pas outillé, prescrire l'immobilité absolue, les douches vaginales très chaudes, la glace sur le ventre, les lavements laudanisés ; les injections peu abondantes (250 à 500 gr.) de sérum artificiel.

Lorsque la collection est enkystée dans le Douglas, ne jamais l'évacuer par colpotomie : on s'exposerait à des hémorragies à répétition. Intervenir par l'abdomen.

La colpotomie n'est permise, que *si la collection est suppurée*.

RÉTRÉCISSEMENTS DU BASSIN

1° *Diagnostic*. — Pelvimétrie. — 1° Digitale (fig. 339). — Mesurer par le *toucher mensurateur le diamètre promonto-sous-pubien*, du promontoire au bord inférieur de la symphyse pubienne ; diminuer d'un centimètre et demi environ, on a le *diamètre promonto-pubien minimum*.

Si le promontoire est très bas ou si la symphyse est très inclinée, le diamètre promonto-pubien minimum est presque égal au diamètre promonto-sous-pubien (fig. 340, 341, 342).

Fig. 339. — Pelvimensuration digitale.

2° **Instrumentale.** — A l'aide de la sonde, équerre de Farabœuf, pelvimètre de Budin (fig. 343).

Dans l'un et l'autre cas, il est facile de mesurer le diamètre *sous-sacro-pubien*, du bord inférieur de la symphyse à l'articulation sacro-coccygienne.

2° Conduite à tenir dans les bassins rétrécis.

a) **Femme enceinte** (Auvard). — 1° **Femme et enfant bien portants.** — *Bassin au-dessus de 5 centimètres.* — Provoquer l'avortement à moins que la femme ne réclame l'opération césarienne à terme.

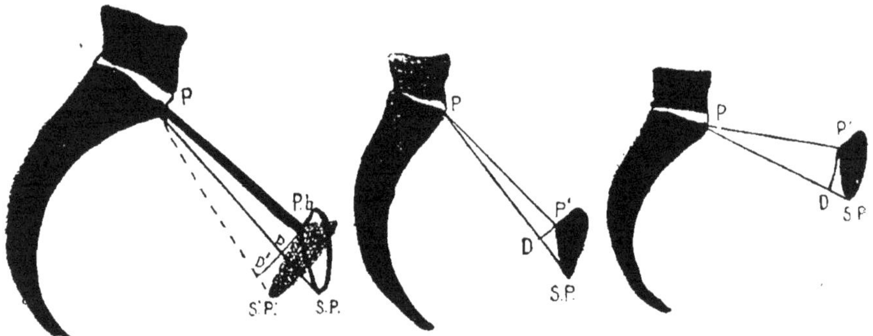

Fig. 340. — Variations du diamètre promonto-sous-pubien par rapport au diamètre promonto-pubien minimum, suivant l'inclinaison de la symphyse pubienne.

Fig. 341 et 342. — Variations du diamètre promonto-sous-pubien par rapport au diamètre promonto-pubien minimum, suivant la hauteur de la symphyse. La différence DSP est plus grande avec une symphyse basse.

Bassin de 5 à 9 centimètres. — La conduite à tenir est la suivante :

Bassin de 5 centimètres. — Accouchement provoqué à 7 mois et symphyséotomie.

Bassin de 6 centimètres. — Accouchement provoqué à 8 mois et symphyséotomie.

Bassin de 7 centimètres. — Accouchement provoqué à 7 mois sans symphyséotomie probable ou à 8 mois avec symphyséotomie probable.

Bassin de 8 centimètres. — Accouchement provoqué à 8 mois sans symphyséotomie préalable, ou laisser la grossesse aller à terme, avec symphyséotomie probablement nécessaire.

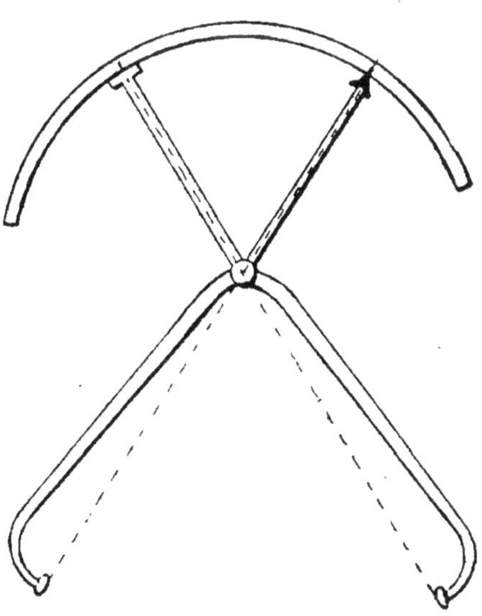

Fig. 343. — Pelvimètre de Budin.

Nous adoptons la terminologie suivante : un bassin de 5,7 centimètres, etc., est un bassin dont le *plus petit diamètre* mesure 5, 7 centimètres, etc.

2° **Femme bien portante, enfant mort.** — Attendre l'apparition spontanée du travail.

3° **Femme malade, enfant bien portant.** — Si l'affection de la mère est mortelle (tuberculose, cancer), laisser la grossesse arriver à terme et pratiquer l'opération césarienne.

b) **Femme en travail.** — Selon l'âge de la grossesse et l'étroitesse du bassin, on pratiquera le *forceps*, la *version*, la *symphyséotomie*, l'*hystérotomie* ; l'*embryotomie* ne convient que si l'enfant est mort.

OPÉRATIONS OBSTÉTRICALES

ACCOUCHEMENT PRÉMATURÉ ARTIFICIEL

Indications. — Rétrécissements du bassin très serrés. Rétrécissements par fibrome, kyste, tumeur pelvienne, etc. Vomissements incoercibles, anémie gravidique grave, éclampsie, hydramnios, hémorragies graves, mort habituelle du fœtus à un âge fixe.

Contre-indications. — Mort du fœtus ; rétrécissement trop étroit du bassin; état trop grave de la mère.

Méthodes opératoires. — 1° Sonde de Krause. — Sonde

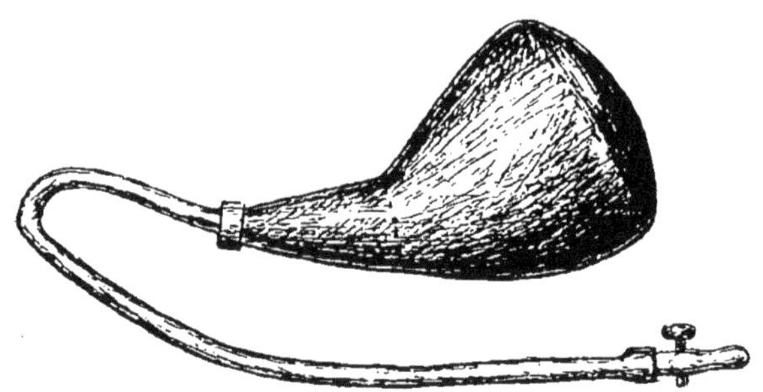

Fig. 344. — Ballon de Champetier.

molle en caoutchouc rouge, n° 16 de la filière Charrière, stérilisée, qu'on insinue par l'orifice du col entre les parois de l'œuf et l'utérus. Le tout fait aseptiquement.

2° Ballon de Champetier de Ribes (fig. 344, 345). — Introduit

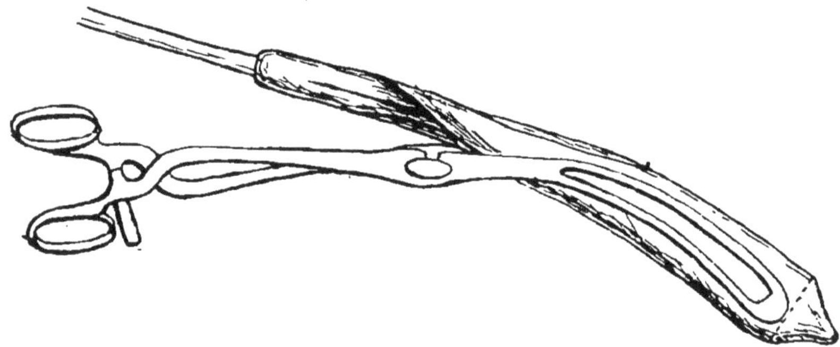

Fig. 345. — Ballon de Champetier roulé et placé dans les mors de la pince porte-ballon pour l'introduction.

avec une pince spéciale jusqu'au delà de l'orifice interne. On le distend par du liquide. Le ballon est d'abord expulsé, il dilate le col et le vagin et facilite la sortie de l'enfant. Il agit très vite et provoque l'accouchement en 10 à 48 heures. On l'emploiera quand il y a intérêt à aller vite.

3° Perforation des membranes. — A l'aide d'un perce-membranes.

VERSION PODALIQUE

Indications. — *Présentation de l'épaule surtout*, lorsqu'on n'a pu faire la version céphalique pendant le travail, quand un bras est engagé.

Survenue d'un accident, hémorragie, rupture, défaut d'engagement.

Présentation de la face, qu'on ne peut ni fléchir, ni défléchir.

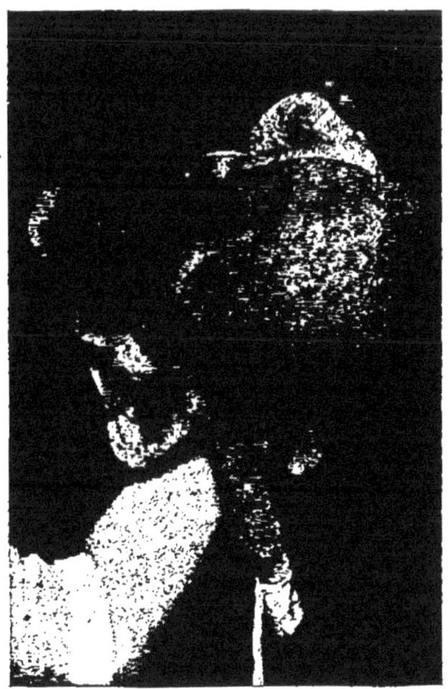

Fig. 346. — Épaule en position dorso-antérieure droite (épaule gauche). Introduire la main la plus commode ; ici c'est la main gauche. Saisir le pied inférieur, le gauche. Bonne prise.

Bassin asymétrique. Bassin rétréci avec fœtus avant terme.

Conditions nécessaires. — *Col dilaté ou dilatable.* — Fœtus peu engagé, mobilisable ; non rétraction de l'utérus. Quantité suffisante de liquide amniotique pour les évolutions du fœtus. Bassin assez large pour le passage du fœtus.

Contre-indications. — Engagement trop avancé. Contracture de l'utérus ; craindre alors la rupture.

Soins préliminaires. — Antisepsie de la vulve, du vagin, des mains. Diagnostic exact de la variété de présentation.

Femme en position obstétricale.

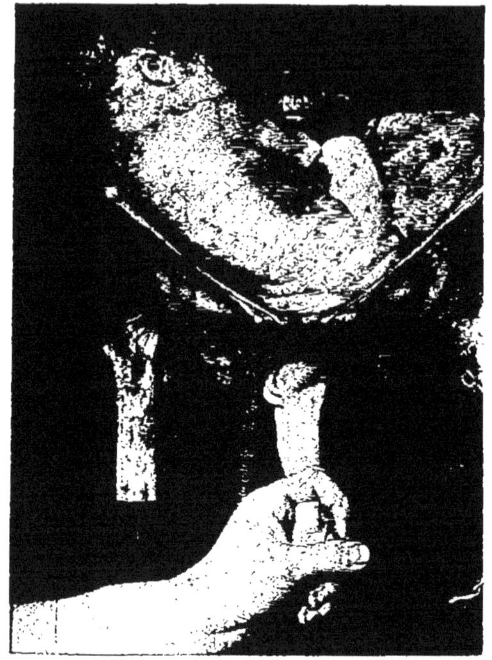

Fig. 347. — Le siège s'engage et se présente en SIGA.

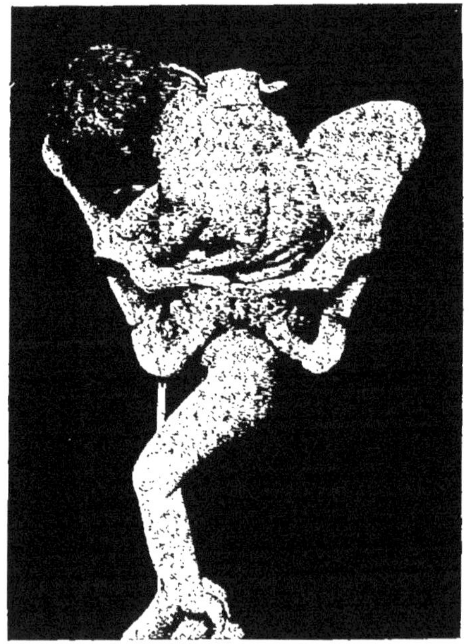

Fig. 348. — Le siège se met en SIGT et est extrait en SIGP.

Chloroforme, surtout chez les primipares.

Préparer le nécessaire pour ranimer l'enfant.

Manuel opératoire. — **1er Temps : Introduction de la main.** — Main à introduire :

Dans les présentations de l'épaule, main de même nom que l'épaule qui se présente dans les dorso-antérieures.

Dans les dorso-postérieures, main de nom contraire.

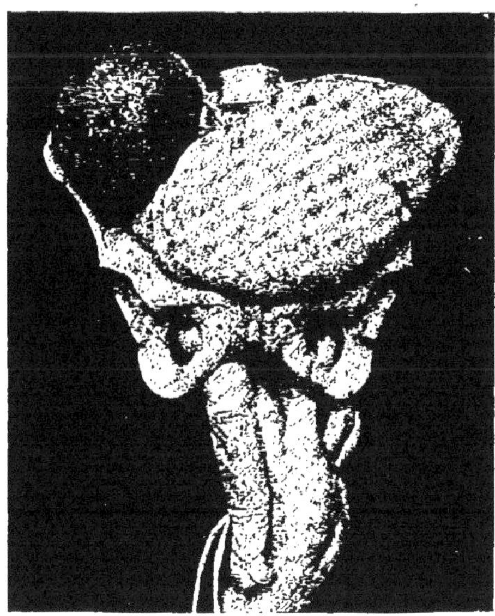

Fig. 349. — Si on a saisi le mauvais pied, le pied supérieur, le pied droit, la fesse gauche heurte le pubis et empêche l'engagement. Mauvais prise. Cela n'est vrai, d'ailleurs, qu'avec les gros enfants. Il faut alors faire la grande évolution et transformer le pied postérieur en pied antérieur, en faisant une grande évolution.

Dans les présentations du sommet, main de même nom que le côté de la femme vers lequel est dirigé l'occiput.

Les doigts sont réunis en cône, oints de vaseline aseptique. La main libre appuie sur le fond de l'utérus, pour l'empêcher d'être refoulé en haut.

Rompre les membranes dans l'intervalle de deux contractions et introduire rapidement la main dans la brèche, pour empêcher l'issue trop brusque de liquide.

Aller à la recherche du pied dans l'intervalle de deux contractions.

2e Temps : Saisie des pieds (fig. 346). — Dans les dorso-antérieures, saisir le pied de même nom que l'épaule qui se présente et que la main introduite ; dans les dorso-postérieures, saisir le pied de nom contraire (fig. 349).

3e Temps : Extraction du fœtus (fig. 349, 350).

Faire évoluer le fœtus **dans l'intervalle des contractions.** Attirer le pied hors de la vulve (fig. 346), saisir le membre

Fig. 350. — Le siège se met en SIGT, et les épaules commencent à se relever. On voit que la hanche gauche doit gêner la descente.

inférieur de plus en plus haut, à mesure qu'il descend. Tirer d'abord le pied en bas et en arrière ; porter ensuite le mollet en haut et en avant ; dégager le membre opposé ; tirer sur les deux membres ; attirer le cordon en anse hors de la vulve ; dégager successivement chaque bras, en commençant par le postérieur ; enfin dégager la tête par la **manœuvre de Mauriceau.**

Manœuvre de Champetier de Ribes. — Elle est indiquée lorsque la tête s'arrête au niveau du détroit supérieur rétréci. L'accoucheur introduit la main, qui, par sa face palmaire, re-

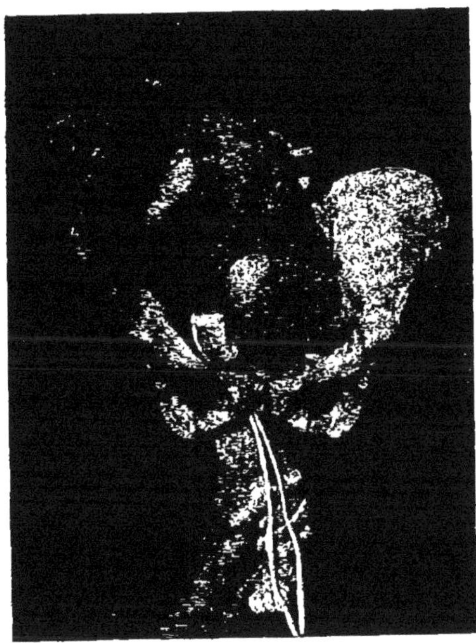

Fig. 351. — L'évolution a lieu, le fœtus est en sacro-sacrée. La hanche gauche du fœtus balaie le bassin maternel de gauche à droite.

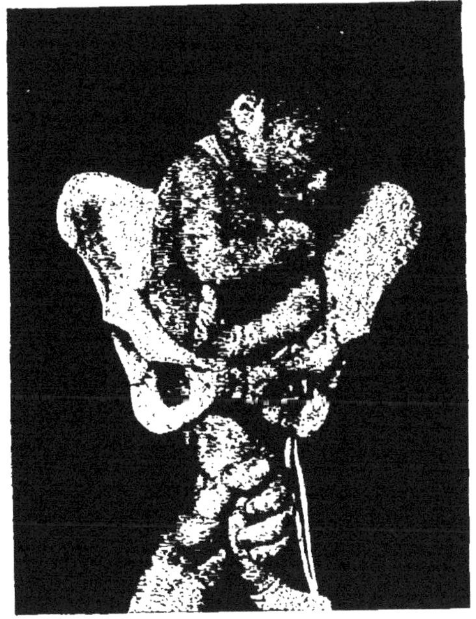

Fig. 352. — L'évolution se continue; le fœtus est en SIDP.

garde le visage du fœtus et il introduit l'index et le médius dans la bouche; avec l'autre main, il saisit les épaules en enfourchant le cou; un aide tire sur les deux membres inférieurs, un second aide à genoux sur le lit presse, à travers la paroi abdominale, sur la tête et l'enfonce dans le bassin; les efforts sont synergiques; l'accoucheur doit chercher à fléchir

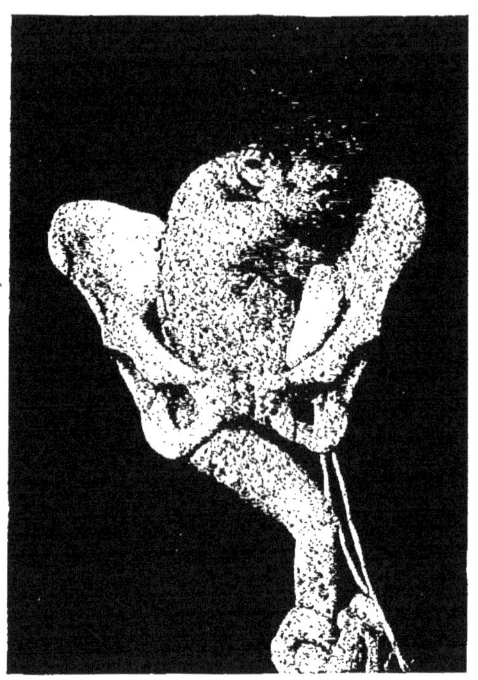

Fig. 353. — L'évolution est terminée; le fœtus est en SIDP et se dégage.

fortement la tête et à engager d'abord la bosse pariétale postérieure.

Difficultés de la version. — **Au 1er Temps.** — Étroitesse ou œdème de la vulve; sténose du col, on le dilate avec le ballon; fibrome, cancer, etc.; placenta prævia, le décoller et procéder rapidement.

Au 2e Temps. — Rétraction de l'utérus, procéder lentement, pour éviter une déchirure; fœtus immobilisé ou trop mobile; on ne reconnaît pas le bon pied, tirer sur les deux. Si on s'est trompé de pied; ou bien prendre la cuisse du fœtus, l'amener en sacro-sacrée et transformer le mauvais pied en pied antérieur, en faisant la grande évolution (fig. 350 à 353); ou bien aller chercher le bon pied, après avoir mis un lacs sur le mauvais pied.

Au 3e Temps. — Le fœtus est à cheval sur le cordon, le dégager; la tête est retenue, on peut, selon la situation de la tête, faire la manœuvre de Mauriceau, celle de Champetier, ou bien appliquer un forceps sur la tête dernière.

L'enfant peut présenter des fractures des membres supérieurs, de la clavicule, des paralysies du plexus brachial, des lésions crâniennes, etc.

FORCEPS

Les seuls employés sont le forceps de Levret et le forceps de Tarnier. Ce dernier se compose d'un *appareil de préhension* et d'un *appareil de traction.*

Indications. — 1° Travail dynamique normal, contractions utérines normales, mais :

Du côté de la mère, éclampsie, rupture utérine, hémorragie prolongée, asystolie aiguë.

Du côté du fœtus, souffrance caractérisée par l'expulsion de méconium, par le ralentissement, l'accélération ou l'assourdissement des bruits du cœur.

2° Anomalies dans le mécanisme de l'accouchement.

Du côté du fœtus : excès de volume.

Procidence d'un membre, procidence du cordon.

Du côté de la filière pelvi-génitale : tumeurs, viciations osseuses; obstacle musculaire à la rétropulsion du coccyx; chez les primipares âgées, résistance du périnée; si le détroit supérieur est trop étroit, le forceps est dangereux, il faut lui associer la symphyséotomie.

Du côté de l'utérus : *inertie utérine.*

Il faut appliquer le forceps, quand la tête, à nu dans l'excavation, reste pendant deux heures au même point sans progresser.

Contre-indications. — Rétrécissements du bassin osseux.

Mort du fœtus; préférer la basiotripsie.

Conditions. — *Col dilaté ou dilatable.* — Rupture de la poche des eaux. Bassin normal ou peu rétréci. A 7 centimètres, résultat douteux, sauf symphyséotomie préalable.

Le forceps convient aux présentations du sommet fléchi ou défléchi; rarement au siège; jamais à l'épaule.

Soins préliminaires. — **Opérateur.** — Asepsie parfaite des mains; connaissance exacte de la présentation.

Instruments. — Asepsie; graisser la face externe; les chauffer légèrement.

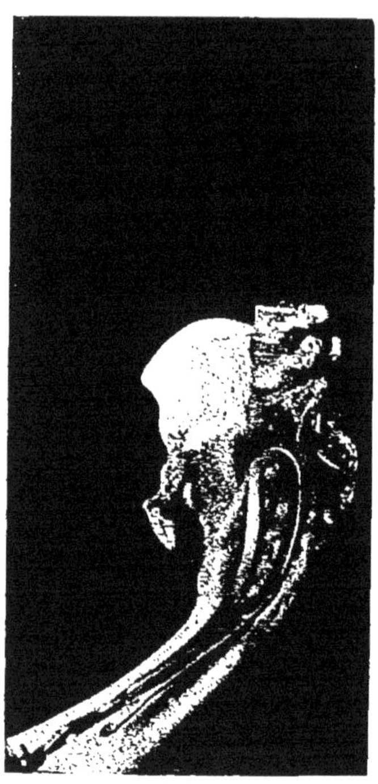

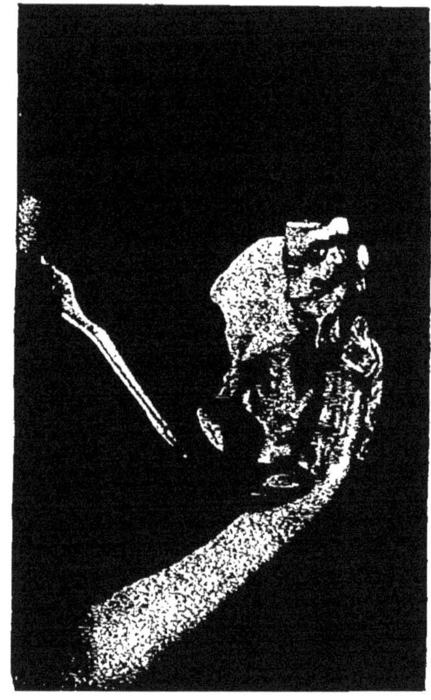

Fig. 354. — La main guide est introduite en arrière et latéralement.
Fig. 355. — Introduction de la cuiller sur la main guide par abaissement du manche.

Parturiente. — Asepsie des organes génitaux; position obstétricale; chloroforme, si c'est nécessaire.

Règles communes à toutes les présentations. Ce sont :

Premier temps : Introduction et placement des branches. — Introduire la **main guide** (fig. 354) de nom contraire à la branche qui doit être introduite la première; sentir et dépasser l'oreille. L'autre main introduit (fig. 355, 356, 357) la branche homonyme du côté homonyme : **commencer toujours par la branche qui sera postérieure.** Introduire la deuxième branche, ce qui serait quelquefois plus difficile, sur la main de nom contraire préalablement introduite, mais non jusqu'à l'oreille, ce qui serait parfois impossible. Il faut éviter avec soin de saisir le col utérin; la pénétration des branches doit toujours se faire facilement, sans effort. La concavité du forceps doit regarder du côté de la tête fœtale qui viendra sous le pubis.

Deuxième temps : Articulation. — En introduisant la deuxième branche, on amène son articulation au voisinage de celle de la première branche; on articule le pivot avec la mortaise.

Difficultés. — Les branches sont à hauteur inégale, sur un plan inégal, mal croisées; si on ne peut les articuler, il vaut mieux tout retirer et recommencer une seconde application qu'user de violence.

Fig. 356. — La cuiller est amenée latéralement à sa place définitive par un mouvement de spire.

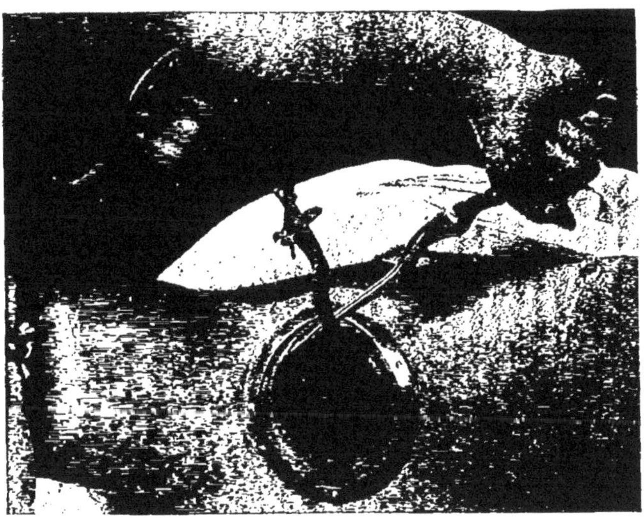

Fig. 357. — Comment on enlève les branches du forceps l'une après l'autre pour faire une autre prise.

Vérifier la prise ; ne pas encadrer les oreilles qui doivent être en avant des cuillers (fig. 356, 357, 358, 359, 360, 361) ; enfin serrer fortement la vis à ailettes.

Troisième temps : Extraction. — Exercer les tractions pendant les contractions utérines et en recommandant à la femme de pousser. Il faut aller lentement.

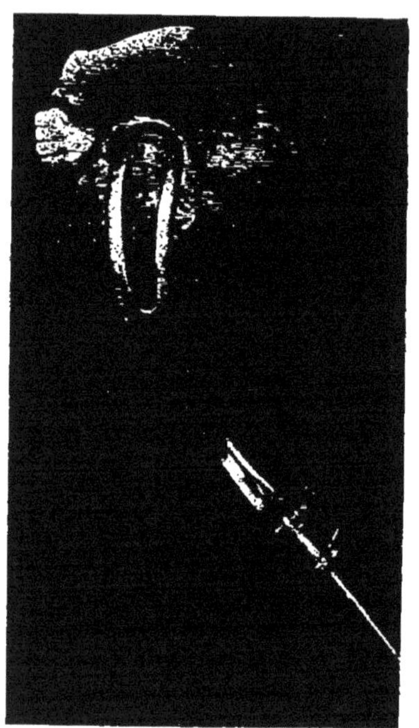

Fig. 358. — Forceps sur le sommet fléchi. Prise idéale suivant le méridien céphalique.

Fig. 359. — Forceps sur le sommet insuffisamment fléchi. Prise bi-auriculaire instable. Sous les tractions la tête se fléchit ou se défléchit. Il faut alors réappliquer le forceps, soit sur le sommet fléchi, soit sur la face.

Avec le forceps de Levret, il faut serrer les manches, pour maintenir la tête, tirer et faire tourner les manches et avec elles la tête fœtale.

Avec le forceps Tarnier, la tête est maintenue grâce à la vis à ailettes ; il faut tirer sur le tracteur, non sur les manches. Les branches du tracteur ne doivent pas être à plus d'un centimètre des manches du forceps ; la rotation de la tête se fait spontanément. Ne tirer qu'avec une main ; l'autre main sert à modérer la progression de la tête et à empêcher les déchirures du périnée.

Règles particulières. — **Présentations du sommet.** — OCCIPITO-PUBIENNE. — Branche gauche, introduite la première, à gauche, tenue par la main gauche, guidée par la main droite, l'oreille au-devant de la fenêtre. De même pour la branche

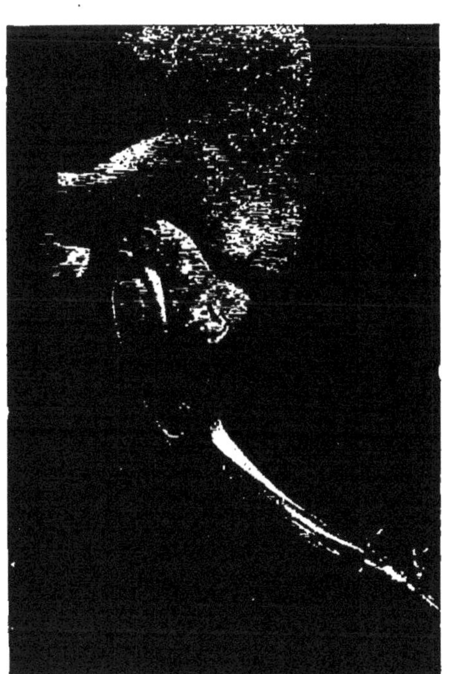

Fig. 360. — Prise oblique fronto-mastoïdienne.
Fig. 361. — Prise occipito-faciale au détroit supérieur (Auvard).

droite. Les manches du forceps se relèvent au fur et à mesure de l'extraction et sont finalement dans la verticale.

OCCIPITO-SACRÉE. — Branche gauche, la première, introduite à gauche, par la main gauche, guidée par la main droite ; l'oreille en arrière de la fenêtre.

De même pour la branche droite.

Les branches s'abaissent et finalement regardent en bas à mesure que la tête se défléchit autour de la fourchette.

Occipito-transversales. — Introduire d'abord la branche postérieure, la concavité de la cuiller tournée vers l'occiput; faire la rotation interne par le plus court chemin; amener la tête en occipito-pubienne et achever le dégagement comme ci-devant.

Occipito-obliques. — 1° *Antérieures.* — Branche postérieure

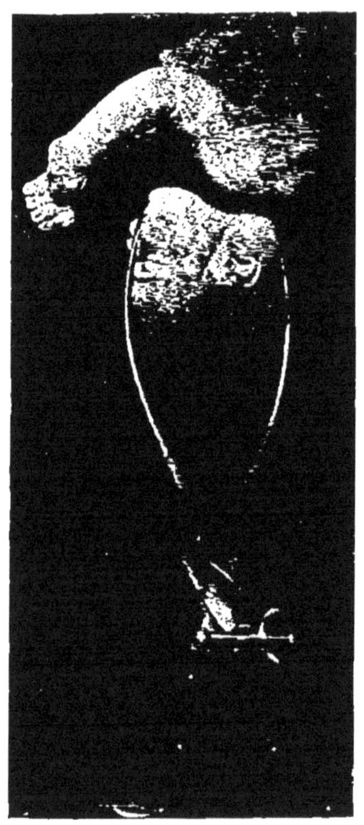
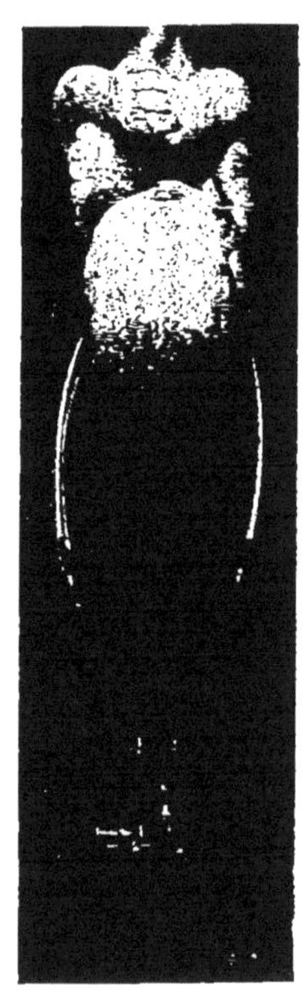

Fig. 362 et 363. — Prises mauvaises, inefficaces et dangereuses.

introduite la première; la concavité des cuillers vers l'occiput; amener la tête en occipito-pubienne, etc.

2° *Postérieures.* — Amener la tête en position transversale par une pression manuelle exercée sur elle. Appliquer ensuite le forceps comme ci-devant.

Présentations de la face. — Les règles sont les mêmes que pour les présentations du sommet. Le menton remplace l'occiput et doit être ramené sous le pubis. Le forceps doit être appliqué de telle façon qu'il augmente la déflexion de la tête (fig. 364).

Complications et difficultés du forceps. — **1° La position est inconnue.** — Faire une application directe (si la rotation de la tête n'était pas effectuée, il arrive parfois qu'elle s'éxécute après l'introduction d'une branche, ou entre les deux branches, ou encore la tête tourne et le forceps avec elle). Si le mouvement de rotation ne se produit pas, l'application directe sera irrégulière, mais, en général, le dégagement se fera même dans ce cas.

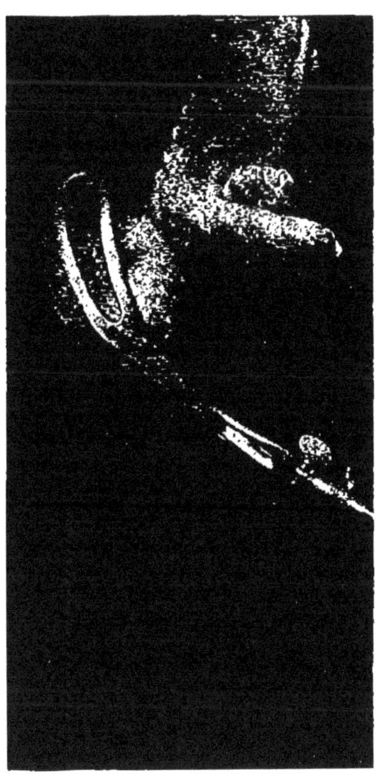

Fig. 364. — Forceps sur la face.

2° On ne peut pas placer la seconde branche. — Retirer la première et commencer par l'autre. Dans les applications obliques, il y a toujours une branche plus difficile à placer : c'est l'antérieure (la droite dans les 1re et 2e positions ; la gauche dans les 3e et 4e). On commence par celle-là ; mais pour articuler (la mortaise se trouvant sous le pivot, dans les 1re et 2e positions, puisque la seconde branche s'applique toujours par-dessus la première), on est, dans ces deux positions, forcé de faire le décroisement des branches.

3° L'extrémité d'une cuiller heurte contre un obstacle. Retirer un peu la branche et la mieux diriger, mais ne jamais forcer une résistance.

Ce temps ne souffre jamais l'emploi de la force : la branche doit pour ainsi dire s'introduire par son propre poids, la main la guide seulement ; elle est bien placée, quand, en la poussant avec douceur, on sent qu'elle pénétrerait plus profondément avec facilité.

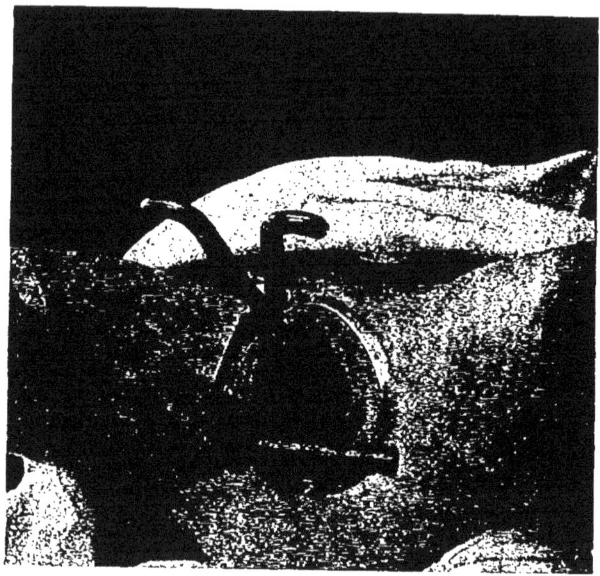

Fig. 365. — Comment on tire sur le tracteur.

4° **On ne peut articuler.** — *A. Parce que le pivot et la mortaise*

Fig. 366. — Comment on dégage en relevant le forceps saisi à pleine main près de l'articulation.

ne sont pas sur le même plan. — Tordre doucement les branches de manière à les amener (pivot et mortaise) en présence; tâtonner.

B. Parce qu'une branche est plus enfoncée que l'autre. — Retirer la plus enfoncée; faire pénétrer l'autre un peu plus, tâtonner.

C. Parce que les branches sont trop écartées l'une de l'autre

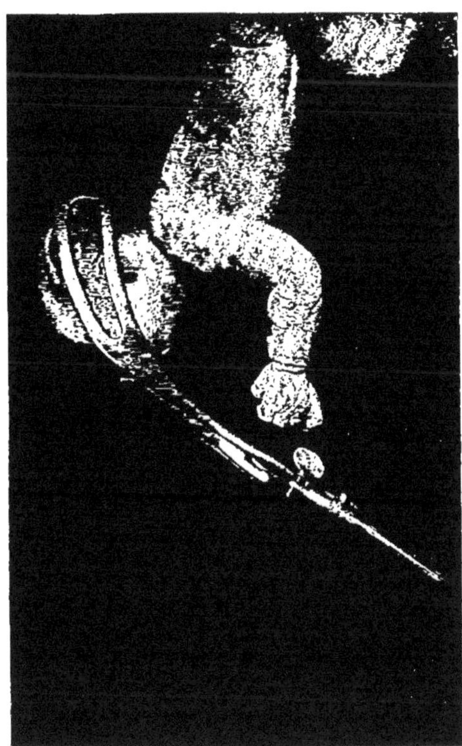

Fig. 367. — Comment la tête est prise par le forceps sur la tête dernière.

et qu'on ne peut les rapprocher. — La tête est probablement alors saisie irrégulièrement ou bien par l'extrémité des cuillers. Il faut introduire les deux branches plus profondément avec de grandes précautions *et selon les axes.* Quand la tête est élevée, l'articulation du forceps doit parfois être portée jusqu'à l'entrée du vagin, le pivot et la mortaise se rapprochent alors facilement.

5° **La tête reste immobile, malgré des tractions suffisantes.**

— Cela ne s'observe guère que dans des bassins viciés ou avec des têtes très volumineuses. Renoncer au forceps.

6° **Le forceps lâche prise**. — Se garder de tirer avec le corps : l'instrument sortirait brusquement ; on déchirerait les parties et on tomberait en arrière avec le forceps.

7° **On n'était pas sûr de la position**. — Chercher à la re-

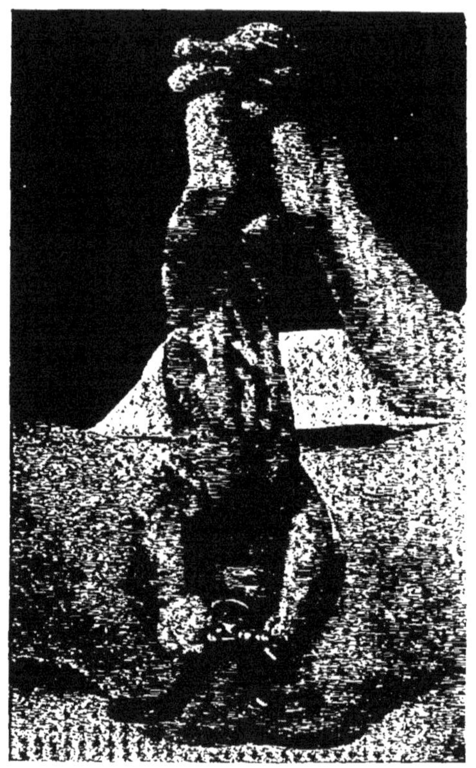

Fig. 368. — Forceps sur la tête dernière.

connaître, quand la tête arrive à la vulve. Si le doute persiste, redoubler de lenteur pour le dégagement. S'il y a des contractions, on pourrait retirer le forceps dans quelques cas. Si l'on s'apercevait que l'application est très irrégulière, la conduite serait la même.

8° **Le périnée menace de se rompre malgré la lenteur et les précautions**. — Ralentir la sortie de la tête.

9° **L'extrémité des cuillers est encore dans la vulve, la**

tête dégagée. — Désarticuler et repousser les branches l'une après l'autre suivant les axes.

10° **La tête dégagée, il n'y a plus de contractions, l'enfant souffre.** — Engager la femme à pousser, aller chercher les aisselles, dégager les bras, exécuter la rotation des épaules et extraire le tronc en tirant en bas avec lenteur (Pajot).

On peut appliquer le forceps sur *la tête dernière* (fig. 367 et 368) ; mais il est plus simple et préférable d'employer la manœuvre de Mauriceau.

SYMPHYSÉOTOMIE

Indications. — Enfant vivant. Rétrécissement irréductible du bassin, dans les conditions indiquées plus haut.

Opération. — Incision des téguments sur la ligne médiane. au niveau de la symphyse.

Incision des trousseaux fibreux prépubiens et abaissement du clitoris qu'il faut respecter.

Section de la symphyse, soit directement, en protégeant la vessie avec un doigt introduit derrière la symphyse, soit sur la sonde-gouttière de Farabœuf.

Écartement des os pubis, par deux aides pressant sur les cuisses fléchies et portées en abduction ; écartement de 4 à 5 centimètres.

Extraction du fœtus plus ou moins rapidement, selon son état, à l'aide du forceps ou de la version. Aider ou faire la délivrance sans perdre de temps.

Suture des pubis, à l'aide de trois fils de soie ou de trois fils métalliques. Suture de la peau.

La femme restera immobile dans son lit, les cuisses immobilisées et liées ensemble. On la traitera en accouchée ordinaire.

Pour prévenir la disjonction des pubis, il est bon de maintenir fortement les os du bassin, lorsqu'elle marchera, par une ceinture spéciale.

BASIOTRIPSIE

Indications. — Elle ne doit être pratiquée que sur l'**enfant mort.** — Bassin rétréci. Eclampsie. Infection fœtale avec dilatation incomplète.

Contre-indication absolue. — Lorsque l'enfant est *vivant*.

Manuel opératoire. — Le seul instrument employé aujourd'hui est le *basiotribe de Tarnier*.

La tête est immobilisée fortement par un aide; introduire sur la main gauche comme guide le perforateur et le pousser dans la tête, au point approximatif d'intersection des deux dia-

Fig. 369. — Perforation.

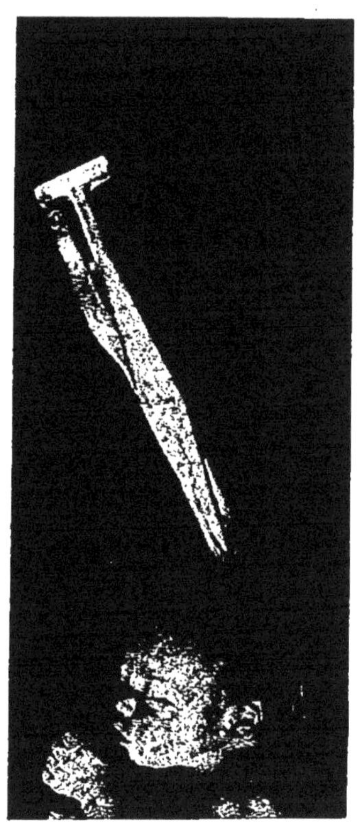

Fig. 370. — Petit broiement.

mètres promonto-pubien et transversal (fig. 369); le perforateur crève la voûte, traverse la substance cérébrale et est arrêté par les os de la base; le faire maintenir en ce point par un aide.

Introduire la branche gauche, tenue de la main gauche, à gauche de la femme, sur la main droite comme guide, à l'égal d'une branche de forceps.

Articuler cette branche avec le perforateur;

Petit broiement (fig. 370), soit avec la main, soit avec la vis. Introduire la branche droite, comme l'homon

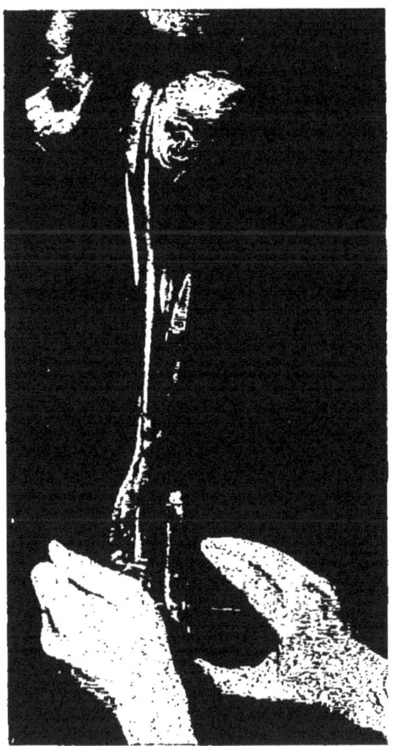

Fig. 371. — Grand broiement.
Fig. 372. — Aplatissement et réduction de la tête obtenus par le broiement.

L'articuler avec le perforateur. Faire le grand broiement à l'aide de la vis. Enfin extraire le fœtus (fig. 371 et 372).

CRANIOTOMIE (fig. 373).

Placer la femme dans la position obstétricale, introduire dans l'utérus la main gauche, sauf le pouce, glisser jusqu'à l'occiput le perforateur, ou les ciseaux de Smellie, ou le perce-crâne de Blot. Ne chercher ni sutures ni fontanelles; appliquer la pointe de l'instrument sur le crâne, abaisser fortement le manche et faire pénétrer l'instrument qui provoque l'issue de sang noir et de matière cérébrale. Agrandir l'ouverture et retirer l'instrument avec précaution.

Si le corps est sorti de l'utérus, et si la tête dernière reste

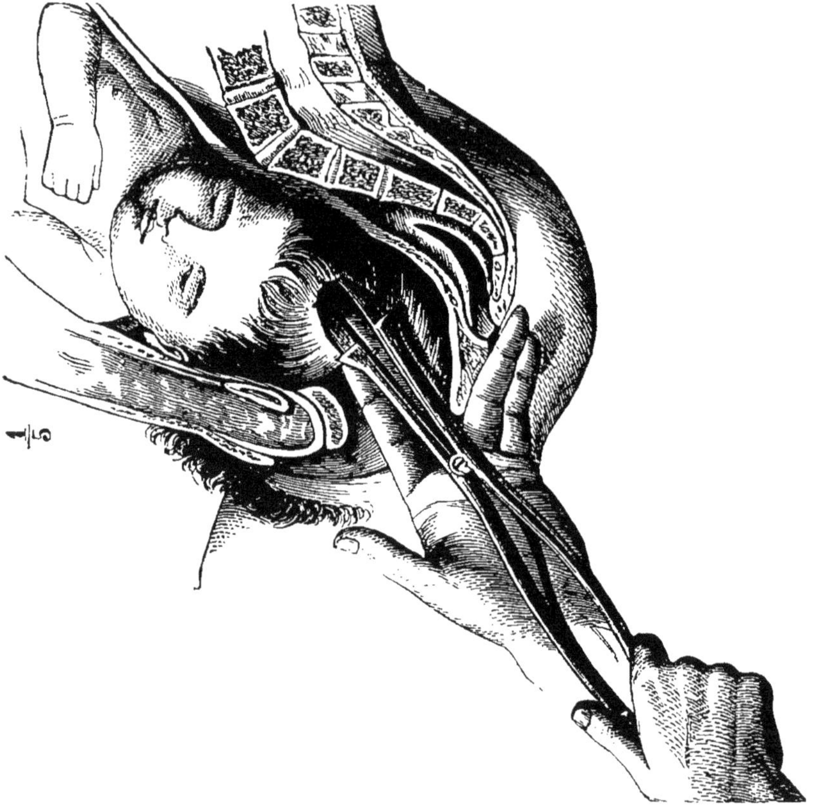

Fig. 373. — Crâniotomie pratiquée à l'aide du perforateur en forme de ciseaux.

enclavée dans le bassin, faire soutenir l'enfant par un aide. introduire les deux doigts de la main gauche dans la bouche de l'enfant et faire pénétrer les ciseaux par la voûte palatine.

OPÉRATION CÉSARIENNE

Indications. — Tous les cas où il est impossible d'extraire le fœtus, mort ou vivant, par les voies naturelles : rétrécissements extrêmes du bassin, obstruction par tumeur.

Manuel opératoire. — Préparatifs de toute laparotomie.

Incision médiane du pubis à l'ombilic. Saisir l'utérus et mettre bien au milieu de l'incision cutanée sa ligne médiane. L'inciser verticalement et rapidement, sur une étendue suffisante. Un flot de liquide amniotique s'écoule au dehors ; il est donc indispensable d'avoir préalablement garanti par des compresses la cavité abdominale. Extraire rapidement l'enfant, saisir le cordon avec une pince, le lier du côté fœtal et confier l'enfant à un aide. Décoller et extraire le placenta et les membranes; généralement l'utérus se rétracte et l'hémostase se fait spontanément. En cas contraire, tamponner les lèvres de l'incision et la plaie placentaire, injecter de l'ergotine, masser l'utérus.

Suturer l'utérus au catgut n° 3 par deux rangs de sutures en surjet; l'une musculo-musculeuse ; l'autre séro-séreuse : ne pas intéresser la muqueuse. Toilette du péritoine.

Suture de la paroi avec ou sans drainage.

Soins consécutifs. — Ceux de toute laparotomie.

OPÉRATION DE PORRO

Indications. — Cancer, fibrome de l'utérus gravide. Rétrécissement très serré du bassin ou tumeur très volumineuse.

Manuel opératoire. — Opération menée comme une césarienne. Après extraction du fœtus et sans faire la délivrance, on procède à une hystérectomie abdominale sub-totale sus-vaginale, par le procédé habituel.

TABLE ALPHABÉTIQUE

A

B

C

E

F

H

I

M

N

O

P

Q

R

S

T

Y

Z

TABLE DES MATIÈRES

15549. — Corbeil. Imprimerie Crété.

www.ingramcontent.com/pod-product-compliance
Ingram Content Group UK Ltd.
Pitfield, Milton Keynes, MK11 3LW, UK
UKHW011958240726
13965UKWH00001B/20